Elektrodynamik

Dietmar Petrascheck · Franz Schwabl

Elektrodynamik

4. Auflage

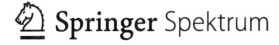

Springer Spektrum

Dietmar Petrascheck
Johannes Kepler Universität Linz
Linz, Österreich

Franz Schwabl
Technische Universität München
Garching, Deutschland

ISBN 978-3-662-68527-3   ISBN 978-3-662-68528-0   (eBook)
https://doi.org/10.1007/978-3-662-68528-0

Die Deutsche Nationalbibliothek verzeichnet diese Publikation in der Deutschen Nationalbibliografie; detaillierte bibliografische Daten sind im Internet über http://dnb.d-nb.de abrufbar.

Planung/Lektorat: Gabriele Ruckelshausen
Springer Spektrum ist ein Imprint der eingetragenen Gesellschaft Springer-Verlag GmbH, DE und ist ein Teil von Springer Nature.
Die Anschrift der Gesellschaft ist: Heidelberger Platz 3, 14197 Berlin, Germany

Das Papier dieses Produkts ist recyclebar.

Vorwort zur 4. Auflage

Die Elektrodynamik (ED) greift in viele Bereiche der Physik ein, wie der Quantenelektrodynamik (QED), der Quantenmmechanik, der Vielteilchenphysik, etc. und wird dort auch in verschiedenen Systemen angegeben. Hier ist die ED durchgehend in einer für alle Maßsysteme gültigen Form angegeben. Das ist gewöhnungsbedürftig, insbesondere in Materie, erleichtert aber den Zugang zur ED in anderen Bereichen der Physik.

Außerhalb der klassischen ED und der speziellen Relativitätstheorie (SRT) wird auf die dynamische Theorie der Röntgenbeugung, auf die paraxiale Optik und die Quantisierung des elektromagnetischen Feldes eingegangen. Einmal mehr möchte ich mich für die Unterstützung durch Herrn Prof. Dr. Dr.h.c. Folk bedanken.

Linz, im September 2023   Dietmar Petrascheck

Vorwort zur 1. Auflage

Mit dem hier vorliegenden Buch *Elektrodynamik* soll die bisherige Reihe von Lehrbüchern von Prof. Schwabl (*Quantenmechanik*, *Quantenmechanik für Fortgeschrittene* und *Statistische Mechanik*) durch einen Band über Elektrodynamik ergänzt werden.

Das Buch richtet sich an Studierende der Physik, die in einem Zyklus über Theoretische Physik eine Vorlesung über *Elektrodynamik* besuchen. Erwartet werden dabei Kenntnisse in Mathematik in einem Umfang, wie er in Vorlesungen über mathematische Methoden in der Physik, die es an fast allen Universitäten gibt, gelehrt wird. Sind diese Kenntnisse nicht oder nur teilweise vorhanden, so kann der Leser/die Leserin den ausführlich gehaltenen mathematischen Anhang zu Hilfe nehmen. Dieser geht über den in der Elektrodynamik erforderlichen unmittelbaren Bedarf hinaus.

Es wird in dem Buch die (klassische) Elektrodynamik inklusive der speziellen Relativitätstheorie im üblichen Rahmen abgedeckt.

In der Elektrostatik werden einfache, aber charakteristische Ladungsverteilungen behandelt. Das erachten wir wegen der Linearität der Maxwell-Gleichungen als sinnvoll, da mit diesen auf einfache Weise die Potentiale komplexerer Ladungsverteilungen zusammengesetzt werden können. Recht ausführlich wird in der Elektrostatik die Potentialtheorie behandelt.

Einige Phänomene, die der Festkörperphysik zugeschrieben werden, aber direkt mit der klassischen Elektrodynamik zu tun haben, wie die Clausius-Mossotti-Formel, der Hall-Effekt etc. sind Teil des Inhalts.

Ein besonderer Fall ist die Magnetostatik; geht man ein wenig über die einfachsten Konfigurationen hinaus, so werden die nicht sonderlich komplizierten Rechnungen schnell unübersichtlich; wir haben diese trotzdem dargelegt, wenngleich sie nur für wenige Leser von Interesse sind.

Weder in Lehrbüchern der Elektrodynamik noch in solchen der Festkörperphysik wird auf die dynamische Theorie der Röntgen-Strahlung eingegangen, obwohl sie als direkte Anwendung der Maxwell-Gleichungen auf Idealkristalle beide Gebiete tangiert. Ihre Bedeutung liegt in der Optik und der Topografie mit Röntgen-(und Neutronen-)Strahlen. Die für die dynamische Theorie notwendige Kenntnis der kinematischen Streuung wurde auf ein Minimum beschränkt.

Knapp gehalten sind die (technischen) Anwendungen in Netzwerken mithilfe der stationären Näherung, aber auch die (geometrische) Optik, wogegen der speziellen Relativitätstheorie (SRT) und hier insbesondere der Lorentz-Transformation (LT) viel Platz eingeräumt wird.

Am Ende jedes Kapitels sind einige Übungsbeispiele. Musterlösungen können auf der Produktseite des Buches http://www.springer.com/978-3-662-43456-7 heruntergeladen werden.

In den Büchern *Statistische Mechanik*, *Quantenmechanik* oder *Höhere Quantenmechanik* von F. Schwabl wird für Größen aus der Elektrodynamik das Gauß-System verwendet. Ausgenommen ist die Quantisierung des Strahlungsfeldes, da in der Quantenelektrodynamik das rationale Heaviside-Lorentz-System verbreitet ist. So war es naheliegend auch für dieses Buch das Gauß-System zu nehmen; damit der Zugriff auf alle Formeln auch im SI-System gegeben ist, ist im Anhang eine Übersetzungstabelle Gauß → SI.

Professor Dr. Franz Schwabl hat mir, seinem ehemaligen Assistenten, angeboten bei der Elektrodynamik mitzuarbeiten. Leider konnten wir das Buch nicht zusammen vollenden, da er während der Arbeit völlig unerwartet gestorben ist. Es hat dann meinerseits einer Phase des Überdenkens bedurft, bis ich die Arbeit abschließen konnte. Das wäre ohne die Unterstützung von Professor Dr. Dr. h.c. Reinhard Folk, der mir mit einem sehr hohen Zeitaufwand in allen Belangen geholfen hat, nicht möglich gewesen. Abschließend möchte ich noch Herrn DI Jakob Egger für die Anfertigung von Abbildungen danken.

Linz, im Juni 2014   Dietmar Petrascheck

Inhaltsverzeichnis

Einleitung

In der Elektrodynamik werden die durch ruhende und bewegte Ladungen erzeugten elektrischen und magnetischen Felder behandelt sowie die Bewegung und Wechselwirkung geladener Teilchen unter dem Einfluss elektromagnetischer Felder.

Obwohl einfache elektromagnetische Erscheinungen schon in der Antike bekannt waren, blieben Elektrostatik und Magnetostatik bis ins 19. Jahrhundert als unzusammenhängend angesehene Gebiete.

Erste Erkenntnisse zum Magnetismus, wie die Auffassung der Erde als Magnet mit Nord- und Südpol kommen 1600 von *W. Gilbert* (1544–1603). *C. Dufay* (1698–1739) fand 1733 positive (*Glaselektrizität*) und negative (*Harzelektrizität*) Ladungen.

Die systematische Erfassung elektrischer Vorgänge beginnt um 1785 mit der Beschreibung der Kraftwirkung ruhender elektrischer Ladungen aufeinander durch das nach seinem Entdecker *Charles A. de Coulomb* (1736–1806) benannte *Coulomb'sche Gesetz*.

Zur Zeit der Konstruktion der ersten Batterie von *Alessandro Volta*, der *Volta'schen Säule*, um 1800 war auch der Zusammenhang zwischen elektrischem Strom und Magnetismus unbekannt. Erst um 1820 entdeckte *H.C. Øersted* (1777–1851), ein dänischer Physiker, dass der elektrische Strom eine Kraft auf eine Magnetnadel ausübt und dass die Kraft senkrecht zum Strom ist. Der Feldbegriff war damals noch nicht bekannt und man ist von einer instantanen Fernwirkung ausgegangen.

Bereits 1802 beobachtete *G.D. Romagnosi*, ein Jurist aus Trient, den Einfluss elektrischen Stroms auf eine Magnetnadel[1]. Es geht aus der Beschreibung des Experiments nicht eindeutig hervor, ob Romagnosi die Kraftwirkung des Magnetfeldes einer Stromschleife beobachtet hat. Wir schließen uns der Meinung von *B. Dibner*[2]

---

[1] S. Stringari & R. Wilson, Rend. Fis. Lincei **11**, 115–136 (2000)

[2] B. Dibner *Oersted and the Discovery of Electromagnetism*, Blaisdell Publishing Company (1962)

an, dass Romagnosis Experiment zu früh war, um von der Wissenschaft wahrgenommen zu werden.

In den folgenden Jahren (1820–1825) ist es vor allem *André Marie Ampère*, der mit wesentlich genaueren Messungen die Grundlagen der Magnetostatik gefunden hat.

1831 entdeckte *Michael Faraday* die magnetische Induktion, die Erzeugung eines elektrischen Stroms durch Änderung des Magnetfeldes. Damit waren die experimentellen Grundlagen für die Vereinheitlichung der elektromagnetischen Vorgänge gegeben.

Basierend auf Faradays Vorstellungen eines den Raum durchdringenden Feldes stellte *James Clerk Maxwell* (1831–1879) 1861 und 1865 die nach ihm benannten Feldgleichungen des Elektromagnetismus auf[3]. In diese Zeit fällt auch die Einführung des elektromagnetischen Äthers[4] in das physikalische Weltbild. Breitet sich eine Wechselwirkung mit endlicher Geschwindigkeit aus, so nahm man ein hypothetisches Medium mit gewissen (mechanischen) Eigenschaften an, das Träger der Wechselwirkung sein sollte. *Wilhelm E. Weber* (1804–1891) und *Rudolf Kohlrausch* (1808–1858) bestimmten 1856 die Ausbreitungsgeschwindigkeit mit $311\,000$ km/s so nahe der von Fizeau ermittelten Lichtgeschwindigkeit von $315\,000$ km/s, dass Maxwell die Vermutung aussprach, dass Licht aus transversalen Schwingungen desselben Mediums besteht, das die Ursache elektrischer und magnetischer Phänomene ist.

Der Nachweis elektromagnetischer Wellen gelang 1888 *Heinrich Hertz* (1857–1894). Man wusste, dass das Bezugssystem in dem der Äther ruht, ausgezeichnet war und die Gesetze der Elektrodynamik, anders als die der Mechanik, in Systemen, die sich gegen den Äther kräftefrei bewegen, modifiziert werden müssten. Daher suchten 1881 *Albert A. Michelson* (1852–1931) und (1887) *Edward W. Morley* (1838–1923) die Bewegung der Erde gegen das Bezugssystem, in dem der Äther ruht, festzustellen. Sie wiesen die Konstanz der Lichtgeschwindigkeit, unabhängig von Beobachter und Quelle, nach. Demnach wäre der Äther für jeden Beobachter in Ruhe. Zur Erklärung des Experiments haben 1889 *George FitzGerald* (1851–1901) und unabhängig davon 1892 *Hendrik A. Lorentz* (1853–1928, Nobelpreis 1902) eine Kontraktion der Länge bei bewegten Körpern postuliert. Eine wirklich befriedigende Erklärung des Experiments gelang jedoch nicht. Die Transformation, unter der die Maxwell-Gleichungen ihre Form beibehielten, die Lorentz-Transformation, geht auf Arbeiten von *W. Voigt, J. Larmor, H.A. Lorentz* zurück und wurde 1905 in allgemeiner Form von *H. Poincaré* formuliert. Damit war 1905 der Weg für die spezielle Relativitätstheorie (SRT) von *Albert Einstein* (1879–1955, Nobelpreis 1922 für den lichtelektrischen Effekt) frei. Erwähnt sei noch, dass

---

[3] J.C. Maxwell *On Physical Lines of Force*, Philosophical Magazine, 4. Ser. (March 1861); *A Dynamical Theory of the Electromagnetic Field*, Philosophical Transactions of the Royal Society of London **155**, 459–512 (1865).

[4] Einen Lichtäther zur Fortpflanzung der Lichtwellen hat bereits Huygens eingeführt.

die Maxwell-Gleichungen in heute gebräuchlicher Vektorschreibweise 1892 von *Oliver Heaviside* (1850–1925) formuliert wurden.

Die Entwicklung der klassischen Elektrodynamik war damit im Wesentlichen abgeschlossen. Eine nicht restlos geklärte Frage betrifft die Existenz magnetischer Monopole, die von vereinheitlichten Feldtheorien (grand unified theory) als nicht unmöglich dargestellt wird, wobei die Monopole aber Massen von $10^{16}\,\mathrm{GeV}/c^2$ haben sollten, so dass deren Erzeugung nur kurze Zeit nach dem Urknall möglich gewesen wäre.

Die Bedeutung elektromagnetischer Kräfte beschränkt sich nicht nur auf die Materie, deren Erscheinungsformen durch diese Kräfte geprägt sind, sondern bestimmt mittels elektromagnetischer Strahlung auch Instrumente, mit denen die Materie erforscht wird. Mit der Erfindung der *Puluj*-Lampe, einer Röntgen-Röhre, 1881, und der Entdeckung der Röntgen-Strahlung 1895 durch *Wilhelm Röntgen* hat die Untersuchung von Materie mittels Röntgen-Streuung ihren Weg genommen.

Max von Laue (1879–1960, Nobelpreis 1914) beobachtete 1912 die Beugung von Röntgen-Strahlen an Kristallgittern (mit *W. Friedrich* und *P. Knipping*), was sowohl den Wellencharakter der Röntgen-Strahlung als auch die Existenz regelmäßiger Anordnungen von Atomen in Kristallen belegte. Etwa gleichzeitig entwickelte *W. Bragg* (1862–1942, Nobelpreis 1915) mit seinem Sohn die Drehkristallmethode zur Untersuchung von Kristallstrukturen. In diesen Fällen ist die Streuung im Kristall kinematisch und hat nur am Rande mit der Elektrodynamik zu tun.

Schon ein paar Jahre später, 1917, wurde von *P.P. Ewald* (1888–1985) die *dynamische Theorie der Röntgen-Strahlung* entwickelt. Mit dieser werden die Maxwell-Gleichungen für Röntgen-Strahlen in Kristallen näherungsweise gelöst; sie ist daher noch der Elektrodynamik zuzuordnen, wenngleich die Kristalloptik und die Interferometrie mit Röntgen-Strahlen selbstständige Zweige geworden sind.

1

Die Maxwell'schen Feldgleichungen

Vorbemerkung

Im Text vorkommende Absätze in kleiner Schrift enthalten ergänzende Anmerkungen. Sind diese Absätze jedoch, wie der folgende Absatz, eingerückt und durch horizontale Linien vom übrigen Text getrennt, so ergänzen sie das behandelte Thema:

Absätze wie dieser enthalten Zwischenrechnungen, Formeln, Ergänzungen etc., die fallweise von Interesse sein mögen.

Wir werden in diesem Kapitel ziemlich unvermittelt mit den Maxwell-Gleichungen konfrontiert. Zum Verständnis dieser werden Kenntnisse der Vektoranalysis, oder genauer, der Vektorfelder und der Integralsätze von Gauß, Stokes und Green vorausgesetzt. Fehlen diese Kenntnisse, so ist es vorteilhaft mit dem Anhang A.4 zu beginnen.

Zur Notation sei angemerkt, dass durchgehend die sogenannte *Einstein'sche Summenkonvention* verwendet wird, die besagt, dass über doppelt vorkommende Indizes summiert wird. Die Divergenz eines Tensors lautet so

$$\nabla_j T_{ij} \equiv T_{ij,j} \equiv \sum_{j=1}^{3} \nabla_j T_{ij},$$

wobei das Komma in $T_{ij,j}$ anzeigt, dass nach x_j differenziert wird.

1.1 Ladungen, Ströme und Ladungserhaltung

Die Elektrodynamik behandelt die durch ruhende und bewegte Ladungen erzeugten elektrischen und magnetischen Felder, die Bewegung und die Wechsel-

---

Ergänzende Information Die elektronische Version dieses Kapitels enthält Zusatzmaterial, auf das über folgenden Link zugegriffen werden kann https://doi.org/10.1007/978-3-662-68528-0_1.

wirkung von geladenen Teilchen unter dem Einfluss von elektromagnetischen Feldern.

Die Erfahrung zeigt, dass es zwei Arten Ladungen gibt, positive und negative. Die Festlegung des Vorzeichens ist reine Konvention[1]. Sie hat zur Folge, dass Protonen eine positive und Elektronen eine negative Ladung tragen.

Als Elementarladung e_0 wird die kleinste elektrische Ladung bezeichnet. Das Elektron trägt die Ladung $-e_0$, das Proton die Ladung $+e_0$. Quarks mit einem und zwei Drittel der Elementarladung werden hier nicht einbezogen, da diese nicht als freie Teilchen vorkommen, sondern nur in Kombinationen mit der Ladung 0, $\pm e_0$.

Die Ladungsträger, die uns hier begegnen werden, sind stabil. Das sind Elektronen, Protonen, Atomkerne, die die Ladung Ze_0 mit der Ordnungszahl Z tragen und Ionen mit der Ladung $\pm z e_0$, wobei z in Elektrolyten gleich der Wertigkeit ist.

Um die Größe einer Ladung angeben zu können, müssen wir uns für ein Einheitensystem entscheiden. Damit legen wir nicht nur die Zahlenwerte elektrischer Größen fest, sondern auch deren Dimensionen und (fast) alle Relationen zwischen elektromagnetischen Größen. Im Folgenden sind wir bemüht Elektrodynamik, d.h. die Maxwell-Gleichungen ganz allgemein, ohne Bezug auf ein bestimmtes Einheitensystem anzugeben. Erst in der Relativitätstheorie (SRT), d.h. ab dem 12. Kapitel werden wir uns auf das Gauß-System beschränken. In diesem ist die Einheit der Ladung 1 statC(oulomb) so festgelegt, dass die Kraft zwischen zwei Einheitsladungen im Abstand von 1 cm den Wert von 1 dyn hat:

$$1\,\text{statC} = 1\,\text{cm}^{3/2}\,\text{g}^{1/2}\,\text{sec}^{-1}.$$

Nun sind die Gauß'schen Einheiten nur von begrenztem Interesse und bei messtechnischen Anwendungen sollte man SI-Einheiten (Système internationale; siehe S. 648) verwenden. In diesen ist die Einheit der Ladung das Coulomb (1 C). Das ist die Ladung, die bei einem Strom von 1 Ampere in einer Sekunde durch einen Leiter fließt. Die Umrechnung auf die Gauß-Einheit findet man in Tab. C.6, S. 652:

$$1\,\text{C} = 1\,\text{As} \approx 3\times 10^9\,\text{statC}.$$

Die Elementarladung e_0 hat in diesen Einheiten die Werte

$$e_0^{\text{SI}} = 1.60218 \times 10^{-19}\,\text{C} \qquad \Leftrightarrow \qquad e_0 = 4.80320\times 10^{-10}\,\text{statC}.$$

Man kann daraus ablesen, dass für einen Strom von 1 Mikroampere (μA) pro Mikrosekunde (μs) die Ladungen von 6×10^6 Elektronen notwendig sind. Wir folgern daraus, dass einerseits die Ladung diskret ist, also nur als Vielfaches der Elementarladung auftritt, andererseits die große Zahl an Elementarladungen mit einer Mittelung über einen kleinen Volumenbereich die Darstellung von ρ als kontinuierliche (Raum-)Ladungsdichte erlaubt.

---

[1] Reibt man einen Glasstab, so wird dieser positiv aufgeladen; bei Hartgummi ist die Ladung negativ.

Die ersten Hinweise auf die Existenz einer Elementarladung gaben die 1832 von *Faraday*[2] aufgestellten Gesetze der Elektrolyse. In heutiger Formulierung besagt das 1. Faraday'sche Gesetz, dass in einem Elektrolyten die für die Abscheidung eines Mols eines z-wertigen Ions erforderliche Ladung gegeben ist durch $Q = zF$. Hierbei gibt die Faraday-Konstante $F = e_0 N_A = 96\,485\,\mathrm{C}\,\mathrm{mol}^{-1}$ die Ladungsmenge an, die notwendig ist, um 1 Mol eines einwertigen Ions abzuscheiden. $N_A = 6.022{\times}10^{23}\,\mathrm{mol}^{-1}$ ist die Avogadro-Konstante. Die Existenz einer Elementarladung mit dem Namen *Elektron* wurde 1874 vom irischen Physiker *Stoney*[3] vorgeschlagen. 1881 stellte *H. von Helmholtz*[4] vor der *Chemical Society* in London die Existenz einer elektrischen Elementarladung als Konsequenz der Faraday-Gesetze dar. Die Entdeckung des Elektrons 1897 geht unabhängig auf *Emil Wiechert*[5] und *J. J. Thomson*[6] [Wiechert, 1897; J.J. Thomson, 1897] zurück.

Der Wert der Elementarladung wurde 1909 experimentell von *Millikan*[7] bestimmt [Millikan, 1911].

Millikan-Versuch: Bewegung von Öltröpfchen mit der Ladung $e > 0$ in einem Gas. Auf das Tröpfchen, eine Kugel mit dem Radius a, wirken das elektrische Feld E (*Coulomb-Kraft*) und das Schwerefeld (vermindert um den Auftrieb der Kugel im Gas)

$$m\ddot{x} = eE - 6\pi\eta a\dot{x} - gm.$$

Der erste Term auf der rechten Seite gibt die Beschleunigung des Tröpfchens durch das elektrische Feld an, der zweite Term die (Stokes'sche) Reibung im Gas mit der Viskosität η und der dritte Term die Erdbeschleunigung.

Zuerst haben die Tröpfchen die Ladung $e = 0$. Durch das Ionisieren des Gases bekommen die Tröpfchen die Ladung $e = \pm Z e_0$. Aus ihrer Bewegung wird e bestimmt.

Die elektrische Ladung ist eine fundamentale Größe. Bei jedem Wechselwirkungsprozess von Elementarteilchen bleibt die gesamte Ladung der Teilchen unverändert, gleichgültig, ob bei dieser Wechselwirkung die starke, schwache oder elektromagnetische Wechselwirkung ins Spiel kommt[8]. Es gilt demnach für Ladungen ein Erhaltungssatz:

In einem abgeschlossenen System bleibt die Summe aller Ladungen konstant.

Die Ausdehnung der Ladung in diesen Teilchen ist unterschiedlich. Elektronen sind punktförmig, d.h., endliche Abmessungen sind nicht nachweisbar.

---

[2] Michael Faraday, 1791–1867; engl. Naturwissenschafter; elmagn. Induktion.

[3] George Stoney, 1826–1911.

[4] Hermann von Helmholtz, 1821–1894, vielseitiger Gelehrter, u.a. Wirbelsätze, Wellengleichung. Ab 1870 Professur für Physik in Berlin.

[5] Emil Wiechert, 1861–1928, ab 1905 o. Prof. für Geophysik in Göttingen.

[6] Joseph John Thomson, 1846–1940, Nobelpreis 1906 für el. Leitfähigkeit von Gasen.

[7] Robert Andrews Millikan, 1868–1953; Nobelpreis 1923. An den Messungen war Harvey Fletcher (unerwähnt) beteiligt.

[8] stark: $p+p \rightarrow \Sigma^0 + p + K^+$; schwach: $n \rightarrow p + e^- + \bar{\nu}$; elektromagnetisch: $\pi^0 \rightarrow \gamma + \gamma$.

Protonen haben einen endlichen Radius von $\sim 10^{-13}$ cm. Aber auch die Ausdehnung der Protonen und Kerne kann vernachlässigt werden, so dass im Folgenden alle Ladungsträger als Punktteilchen behandelt werden.

Anmerkung: Punktteilchen machen auch in der klassischen Elektrodynamik Schwierigkeiten. Die Selbstenergie einer endlichen Ladung divergiert, wenn der Radius der Ladungsverteilung gegen null strebt. In ähnlicher Weise führt auch die Reduktion des Durchmessers eines Drahtes bei endlich bleibendem Strom zu einer Divergenz der Selbstinduktivität.

Aus der Dynamik der Elektronen lernt man, dass die Annahme eines Radius $a \lesssim r_e \approx 3 \times 10^{-13}$ cm der Ladungsverteilung zu inkorrekten Ergebnissen führt (siehe Strahlungsrückwirkung, Abschnitt 8.5). Darüber hinaus wäre bei Abständen der Größenordnung der Compton-Wellenlänge $\lambda_c \approx 4 \times 10^{-11}$ cm die Quantenmechanik zu berücksichtigen. Einen Ausweg bietet erst die QED (Quantenelektrodynamik).

Man kann diese nur selten auftretenden Schwierigkeiten umgehen, so dass wir trotz der konzeptionellen Einwände gegen Punktteilchen an diesen festhalten.

Die gesamte Ladung Q eines Atomkerns ist die Summe der Ladungen der Protonen

$$Q = \sum_p e_p = Z \, e_0 \, ,$$

wobei Z die Kernladungszahl ist. Rechnet man noch die negative Ladung der Z Elektronen hinzu, so ist Gesamtladung des Atoms null. Anders ausgedrückt, gilt für Ladungen die Additivität, nach der die Gesamtladung Q die Summe der Teilladungen q_i ist.

Wichtiger als die gesamte Ladung Q ist oft die (Raum-)Ladungsdichte ρ, d.h. die Ladung ΔQ pro Volumenelement ΔV. Vorhanden seien n Teilchen, die mit i nummeriert sind. Sie tragen die Ladung e_i am Ort $\mathbf{x}_i(t)$ zur Zeit t. Man definiert:

Mikroskopische Ladungsdichte

$$\rho(\mathbf{x}, t) = \sum_{i=1}^{n} e_i \, \delta^{(3)}(\mathbf{x} - \mathbf{x}_i(t)). \tag{1.1.1}$$

Mikroskopische Stromdichte

$$\mathbf{j}(\mathbf{x}, t) = \sum_{i=1}^{n} e_i \, \delta^{(3)}(\mathbf{x} - \mathbf{x}_i(t)) \, \dot{\mathbf{x}}_i \, . \tag{1.1.2}$$

Hierbei ist $\delta^{(3)}(\mathbf{x})$ die dreidimensionale *Dirac'sche Delta-Funktion* (B.6.12). $\rho(\mathbf{x}, t)$ und $\mathbf{j}(\mathbf{x}, t)$ erfüllen die *Kontinuitätsgleichung*

$$\frac{\partial}{\partial t} \rho(\mathbf{x}, t) + \boldsymbol{\nabla} \cdot \mathbf{j}(\mathbf{x}, t) = 0, \tag{1.1.3}$$

was durch Ableitung der Ladungsdichte nach der Zeit verifiziert werden kann:

$$
\frac{\partial}{\partial t}\rho(\mathbf{x},t) = \sum_i e_i \frac{\partial}{\partial t}\delta^{(3)}\big(\mathbf{x}-\mathbf{x}_i(t)\big) = \sum_i e_i \Big[\frac{\partial\delta(x-x_i)}{\partial x_i}\dot{x}_i\,\delta(y-y_i)\,\delta(z-z_i)
$$
$$
+ \delta(x-x_i)\frac{\partial\delta(y-y_i)}{\partial y_i}\dot{y}_i\,\delta(z-z_i) + \delta(x-x_i)\,\delta(y-y_i)\frac{\partial\delta(z-z_i)}{\partial z_i}\dot{z}_i\Big]
$$
$$
= -\sum_i e_i\,\boldsymbol{\nabla}\delta^{(3)}\big(\mathbf{x}-\mathbf{x}_i(t)\big)\cdot\dot{\mathbf{x}}_i\,.
$$

Anmerkung: Die Kontinuitätsgleichung ist für jedes einzelne Teilchen i

$$
\rho_i(\mathbf{x},t) = q_i\,\delta^{(3)}(\mathbf{x}-\mathbf{x}_i(t)), \qquad\qquad \mathbf{j}_i(\mathbf{x},t) = q_i\mathbf{v}_i\,\delta^{(3)}(\mathbf{x}-\mathbf{x}_i(t))
$$

separat gültig.

Strom durch eine Fläche

Die Ladung innerhalb eines festen Volumens V ist

$$
Q(t) = \int_V \mathrm{d}^3x\,\rho(\mathbf{x},t) = \sum_{\mathbf{x}_i(t)\in V} e_i\,. \tag{1.1.4}
$$

In vielen Fällen hat man es mit Ladungsträgern einer Sorte (oder einiger weniger Sorten) zu tun, so dass man die Dichte auf die Form

$$
\rho(\mathbf{x},t) = q\sum_{i=1}^n \delta^{(3)}(\mathbf{x}-\mathbf{x}_i(t)) = q\,n(\mathbf{x},t) \tag{1.1.5}
$$

bringen kann. $n(\mathbf{x},t)$ ist die Teilchendichte. Die Stromdichte $\mathbf{j}(\mathbf{x},t)$ kann mithilfe einer mittleren Geschwindigkeit $\mathbf{v}(\mathbf{x},t)$ definiert werden:

$$
\mathbf{v}(\mathbf{x},t) = \frac{1}{n}\sum_{i=1}^n \mathbf{v}_i \qquad\Rightarrow\qquad \mathbf{j}(\mathbf{x},t) = \rho(\mathbf{x},t)\,\mathbf{v}(\mathbf{x},t)\,.
$$

Wir wenden uns jetzt der Abb. 1.1 zu, um die durch die Fläche $\mathrm{d}\mathbf{f}$ in der Zeit δt fließende Ladung δQ zu bestimmen. Die Änderung der Ladung pro Zeiteinheit ergibt den Strom durch die Fläche. $\mathbf{j}\cdot\mathbf{n}\,\mathrm{d}f$ ist die Ladung, die pro Zeiteinheit durch die Flächeneinheit senkrecht zu $\mathbf{j}$ strömt ($[j] = \mathrm{statC}/(\mathrm{cm}^2\,\mathrm{s})$). Während δt führt der Strom durch $\mathrm{d}\mathbf{f}$ zu dem Ladungsverlust (siehe Abb. 1.1)

$$
\delta Q = -\mathbf{j}\cdot\mathbf{n}\,\delta t\mathrm{d}f = -\rho\,\mathbf{v}\cdot\mathrm{d}\mathbf{f}\,\delta t\,.
$$

Für einen endlichen Querschnitt F erhält man

$$
\frac{\delta Q}{\delta t} = -\iint_F \rho\,\mathbf{v}\cdot\mathrm{d}\mathbf{f}\,.
$$

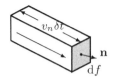

Abb. 1.1. v ist die mittlere Geschwindigkeit der Ladungsträger und $\mathrm{d}\mathbf{f} = \mathbf{n}\,\mathrm{d}f$ das Flächenelement, durch welches in der Zeit δt die sich im Volumen $\delta t\,\mathbf{v}\cdot\mathbf{n}\,\mathrm{d}f$ befindenden Teilchen strömen

Kontinuierliche Ladungsverteilungen

Wir rufen uns in Erinnerung, dass der Abstand der Ladungsträger in kondensierter Materie (Festkörper, Flüssigkeit, Plasma) etwa $10^{-8}\,\mathrm{cm}$ beträgt. Bei allen makroskopischen Beobachtungen sind Distanzen dieser Größenordnung nicht auflösbar. Die Teilchenstruktur der Materie ist also nicht sichtbar, sondern man hat es mit einer scheinbar kontinuierlichen Ladungsverteilung zu tun, die durch Mittelung der mikroskopischen Ladungsverteilung in einem Volumen $\Delta V(\mathbf{x})$ zu bilden ist.

Nach *Lorentz*[9] ist es naheliegend alle Ladungen, die innerhalb einer Kugel $K_a = 4\pi a^3/3$ mit dem Radius a um den betrachteten Punkt $\mathbf{x}$ liegen, zusammenzufassen:

$$\Delta Q = \int_{K_a(\mathbf{x})} \mathrm{d}^3x' \sum_j e_j \delta^{(3)}\!\left(\mathbf{x}'-\mathbf{x}_j(t)\right) = \sum_{\mathbf{x}_j \in K_a(\mathbf{x})} e_j\,.$$

Man erhält so die mittlere Dichte

$$\bar{\rho}(\mathbf{x},t) = \frac{\Delta Q}{K_a} = \int \mathrm{d}^3x'\, f(\mathbf{x}-\mathbf{x}')\,\rho(\mathbf{x}') \quad \text{mit} \quad f(\mathbf{x}-\mathbf{x}') = \frac{\theta(a-|\mathbf{x}-\mathbf{x}'|)}{K_a}\,,$$

wobei f normiert

$$\int \mathrm{d}^3x'\, f(\mathbf{x}-\mathbf{x}') = 1$$

und $\theta(x)$ die Stufenfunktion (Heaviside-Funktion) (B.6.17) ist.

Anmerkung 1: Obige Verteilungsfunktion f hat den Nachteil der Unstetigkeit auf der Kugeloberfläche. Wir denken uns f dort etwas geglättet, wie in Abb. 1.2 skizziert, so dass wir eine stetige Funktion erhalten, was etwa durch

$$f(r) = \frac{\gamma}{\ln(e^{\gamma K_a} + 1)} \frac{1}{e^{\gamma(K_r - K_a)} + 1} \qquad \text{mit} \qquad K_r = \frac{4\pi r^3}{3} \tag{1.1.6}$$

erreicht werden kann. γ bestimmt die Glättung von f. Für $\gamma K_a = 50$ liegen etwa 10% des Volumens im Übergangsbereich um $r = a$ und für $\gamma K_a \to \infty$ geht (1.1.6) in die θ-Funktion über.

In einer Dimension ($K_a = 2a$) erhält man mit

$$f(x) = \frac{\gamma}{\ln(e^{2\gamma a} + 1)} \frac{1}{e^{2\gamma(|x|-a)} + 1} \tag{1.1.7}$$

---

[9] Hendrik Antoon Lorentz, 1853–1928; Nobelpreis 1902 für Zeeman-Effekt

eine gemittelte *Linienladungsdichte* $\bar{\lambda}(x)$.

In Abb. 1.3 ist sowohl die Mittelung einer linearen Ladungsverteilung als auch (im Insert) die zugehörige Verteilungsfunktion (1.1.7) dargestellt. Hätten wir die Mittelung mit einer Rechteckverteilung durchgeführt, so wären kleine Unstetigkeiten sichtbar geworden.

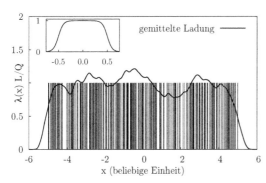

Abb. 1.2. Verteilungsfunktion $f(|\mathbf{x}-\mathbf{x}'|)$, die, ausgehend von einer Kugel K_a mit dem Radius a (strichliert), gemäß (1.1.6) am Rand geglättet ist

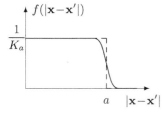

Abb. 1.3. Normierte mittlere Linienladungsdichte $\bar{\lambda}(x)/(Q/L)$; die vertikalen Striche sind Punktladungen mit der Gesamtladung Q, die sich auf einer Länge $L = 10$ (beliebige Längeneinheit) verteilen. Die Mittelung wurde mit (1.1.7): $\gamma = 10$ und $a = 0.5$ (siehe Insert) durchgeführt

Anmerkung 2: In manchem Zusammenhang ist eine (zusätzliche) zeitliche Mittelung sinnvoll. In klassischer Betrachtung erzeugt ein punktförmiges Elektron, das sich auf einer Kreisbahn mit dem Radius a und Geschwindigkeit $\mathbf{v} = a\omega\mathbf{e}_\varphi$ um den Kern bewegt den Strom

$$\mathbf{j}(\mathbf{x}, t) = \rho(\mathbf{x}, t)\,\mathbf{v}(\mathbf{x}, t) = -e_0\delta(\varrho - a)\,\delta(\varphi - \omega t)\,\delta(z)\,\omega\,\mathbf{e}_\varphi\,.$$

Die zeitliche Mittelung ergibt den Ringstrom

$$\mathbf{j}(\mathbf{x}) = -\frac{e_0}{2\pi}\,\delta(\varrho - a)\,\delta(z)\,\omega\,\mathbf{e}_\varphi\,,$$

der ein konstantes magnetisches Moment $\boldsymbol{\mu}$ erzeugt.

Anmerkung 3: Die hier angeführten Mittelungen beziehen sich auf Ladungsträger eines Typs und sollen die Verwendung kontinuierlicher Ladungsverteilungen erläutern. Nicht einbezogen sind Ladungsträger (Atome oder Moleküle) mit Ladungen verschiedenen Vorzeichens, deren gesamte Ladung zwar verschwindet, die aber endliches (mikroskopisches) Dipolmoment haben. Man hat es hier mit gebundenen Ladungen zu tun, wie sie in Materie auftritt und auf die erst im Abschnitt 5.2 eingegangen wird.

Die mittlere Dichte ist definiert durch

$$\bar{\rho}(\mathbf{x},t) \equiv \int \mathrm{d}^3x'\, f(\mathbf{x}-\mathbf{x}')\,\rho(\mathbf{x}',t) = e\,\bar{n}(\mathbf{x},t). \tag{1.1.8}$$

Mit $\bar{n}(\mathbf{x},t)$ wird die Teilchendichte bezeichnet. Für den Strom erhält man

$$\bar{\mathbf{j}}(\mathbf{x},t) \equiv \int \mathrm{d}^3x'\, f(\mathbf{x}-\mathbf{x}')\,\mathbf{j}(\mathbf{x}',t) = \bar{\rho}(\mathbf{x},t)\,\mathbf{v}(\mathbf{x},t). \tag{1.1.9}$$

Die mittlere Geschwindigkeit $\mathbf{v}(\mathbf{x},t)$ ist so definiert als

$$\mathbf{v}(\mathbf{x},t) = \frac{1}{\bar{n}(\mathbf{x},t)} \sum_{i=1}^{n} \int \mathrm{d}^3x'\, f(\mathbf{x}-\mathbf{x}')\, n_i(\mathbf{x}',t)\, \mathbf{v}_i\,.$$

Zu zeigen ist, dass die gemittelten Größen ebenfalls die Kontinuitätsgleichung erfüllen. Das ist der Fall, wenn Mittelung und Ableitung vertauschen. Dann gilt für den Integranden die Kontinuitätsgleichung und somit auch für das Integral. Für

$$\dot{\bar{\rho}}(\mathbf{x},t) = \int \mathrm{d}^3x'\, f(\mathbf{x}-\mathbf{x}')\dot{\rho}(\mathbf{x}',t) = \dot{\bar{\rho}}(\mathbf{x},t) \tag{1.1.10}$$

ist das offensichtlich und für

$$\boldsymbol{\nabla} \cdot \bar{\mathbf{j}}(\mathbf{x},t) = \boldsymbol{\nabla} \cdot \int_V \mathrm{d}^3x'\, f(\mathbf{x}-\mathbf{x}')\,\mathbf{j}(\mathbf{x}',t)$$

verwenden wir zwei „Kunstgriffe", die noch öfter vorkommen werden.

1. Hängt eine Funktion nur von der Differenz zweier Variabeln ab, so ist

$$\boldsymbol{\nabla} f(\mathbf{x}-\mathbf{x}') = -\boldsymbol{\nabla}' f(\mathbf{x}-\mathbf{x}'). \tag{1.1.11}$$

Daraus folgt

$$\boldsymbol{\nabla} \cdot \int_V \mathrm{d}^3x'\, f(\mathbf{x}-\mathbf{x}')\mathbf{j}(\mathbf{x}',t) = -\int_V \mathrm{d}^3x'\, \mathbf{j}(\mathbf{x}',t)\cdot\boldsymbol{\nabla}' f(\mathbf{x}-\mathbf{x}'). \tag{1.1.12}$$

2. *Partielle Integration*: Ergänzung des Integranden zu einer vollständigen Divergenz, auf welche dann der Gauß'sche Satz (A.4.3) angewandt werden kann:

$$\int_V \mathrm{d}^3x'\, \mathbf{j}(\mathbf{x}',t)\cdot\boldsymbol{\nabla}' f(\mathbf{x}-\mathbf{x}') \tag{1.1.13}$$

$$= \int_V \mathrm{d}^3x'\, \left\{ \boldsymbol{\nabla}' \cdot \left[f(\mathbf{x}-\mathbf{x}')\,\mathbf{j}(\mathbf{x}',t) \right] - f(\mathbf{x}-\mathbf{x}')\,\boldsymbol{\nabla}' \cdot \mathbf{j}(\mathbf{x}',t) \right\}$$

$$= \oiint_{\partial V} \mathrm{d}\mathbf{f}' \cdot f(\mathbf{x}-\mathbf{x}')\,\mathbf{j}(\mathbf{x}',t) - \int_V \mathrm{d}^3x'\, f(\mathbf{x}-\mathbf{x}')\,\boldsymbol{\nabla}' \cdot \mathbf{j}(\mathbf{x}',t).$$

Der Randterm ist hier ein Oberflächenintegral, das verschwindet, da V genügend groß gewählt wird, so dass auf der Oberfläche keine Ströme mehr vorhanden sind.

Es gilt somit

$$\boldsymbol{\nabla}\cdot\bar{\mathbf{j}}(\mathbf{x},t) = \overline{\boldsymbol{\nabla}\cdot\mathbf{j}}(\mathbf{x},t). \tag{1.1.14}$$

Mittelungen und Ableitungen sind also vertauschbar und somit erhalten wir die Kontinuitätsgleichung für die gemittelte Ladungs- und Stromdichte

$$\frac{\partial}{\partial t}\bar{\rho}(\mathbf{x},t) + \boldsymbol{\nabla}\cdot\bar{\mathbf{j}}(\mathbf{x},t) = 0. \tag{1.1.15}$$

Eine Unterscheidung zwischen gemittelten, kontinuierlichen und mikroskopischen Strömen und Dichten ist fortan nicht mehr notwendig und wird im Allgemeinen nicht gemacht, so dass für Ströme und Ladungen, mit der Ausnahme ganz spezieller Fälle, nur **j** *und* ρ *verwendet werden.*

Wir integrieren nun den 2. Term der Kontinuitätsgleichung über das Volumen V und wenden den Gauß'schen Satz (A.4.3) an:

$$I(t) = \int_V \mathrm{d}^3x\, \boldsymbol{\nabla}\cdot\mathbf{j}(\mathbf{x},t) = \oiint_{\partial V} \mathrm{d}\mathbf{f}\cdot\mathbf{j}(\mathbf{x},\mathbf{t}). \tag{1.1.16}$$

∂V bezeichnet die Oberfläche von V. Mit div **j** sind die Quellen (Senken) in V bezeichnet, die den gesamten Strom I ergeben, der durch die Oberfläche ∂V tritt. Die zeitliche Änderung der Gesamtladung Q (siehe (1.1.4)) muss den Strom I ergeben, der durch die das Volumen einschließende Oberfläche fließt:

$$\dot{Q} + I = 0 \qquad \Leftrightarrow \qquad \frac{\mathrm{d}}{\mathrm{d}t}\int_V \mathrm{d}^3x\, \rho(\mathbf{x},t) + \oiint_{\partial V} \mathrm{d}\mathbf{f}\cdot\mathbf{j} = 0. \tag{1.1.17}$$

Wir haben hier die integrale Form der Kontinuitätsgleichung und können (1.1.15) präziser als differentielle Form der Kontinuitätsgleichung bezeichnen. Dieselbe Unterscheidung zwischen differentiellen und integralen Formen kommt an vielen Stellen zum Ausdruck, insbesondere bei den Maxwell-Gleichungen.

1.2 Lorentz-Kraft

Elektrische Ladungen sind nicht per se definiert, sondern über Wechselwirkungskräfte, die sie aufeinander ausüben. Die Kraft, die eine Ladung erfährt, wenn sie sich in elektrischen und magnetischen Feldern bewegt, nennt man Lorentz-Kraft. Bei dieser sind genau zwei Konstanten, k_C und k_L, frei wählbar. Sind sie festgelegt, so sind es auch die Ladungen, Ströme, Felder und (mit Zusatzannahmen) die Maxwell-Gleichungen.

1.2.1 Kraft auf eine ruhende Ladung

Nach dem Coulomb'schen Gesetz üben zwei ruhende elektrische Ladungen die Coulomb-Kraft

$$\mathbf{F}_1 = q_1\,\mathbf{E}_2(\mathbf{x}_1) = k_C\,q_1 q_2\,\frac{\mathbf{x}_1 - \mathbf{x}_2}{|\mathbf{x}_1 - \mathbf{x}_2|^3} = -\mathbf{F}_2 \qquad (1.2.1)$$

aufeinander aus, wobei der Faktor k_C die Ladung definiert. In Folge sind mit (1.1.2) auch die Stromdichte $\mathbf{j}$ und mit (1.2.2) das elektrische Feld $\mathbf{E}$ bestimmt, wie in Tab. 1.1, S. 22 angegeben.

Coulomb[10] fand das nach ihm benannte Gesetz 1785 aus der Abstoßung zweier Ladungen mittels einer Drehwaage. Priestley [1767, S. 732] hat (auf Hinweis von *Benjamin Franklin*) aus der Tatsache, dass auf Kugeln, die sich in einem geladenen Metallgefäß befinden, keine Kraft wirkt, geschlossen, dass die elektrostatische Kraft $\sim 1/r^2$ ist:

> *May we not infer from this experiment that the attraction of electricity is subject to the same laws with that of gravitation, and is therefore according to the squares of distances; since it is easily demonstrated, that where the earth in the form of a shell, a body in the inside of it would not be attracted to one side more than another?*

Auf ähnliche Art hat 1773 *Cavendish*[11] das Kraftgesetz bestimmt, aber leider nicht veröffentlicht. Es blieb *Maxwell*[12] vorenthalten auf diese Messungen hinzuweisen [Maxwell, 1873, Art. 74a] und Cavendish's Arbeit bekannt zu machen [Maxwell, 1879].

In der Skizze Abb. 1.4 haben q_1 und q_2 das gleiche Vorzeichen, d.h., die Kräfte sind abstoßend. $\mathbf{E}_2(\mathbf{x}_1)$ ist dabei das elektrische Feld der Ladung q_2,

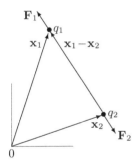

Abb. 1.4. Die Kräfte $\mathbf{F}_1$ und $\mathbf{F}_2$, die zwei ruhende Punktladungen q_1 und q_2 aufeinander ausüben, sind (anti-) parallel zur Verbindungslinie $\mathbf{x}_1 - \mathbf{x}_2$. Eingezeichnet sind die Kräfte für Punktladungen gleichen Vorzeichens

das die Ladung q_1 am Ort $\mathbf{x}_1$ spürt:

$$\mathbf{E}_2(\mathbf{x}_1) = k_C\,q_2\,\frac{\mathbf{x}_1 - \mathbf{x}_2}{|\mathbf{x}_1 - \mathbf{x}_2|^3} = -k_C\,q_2\,\boldsymbol{\nabla}_1\,\frac{1}{|\mathbf{x}_1 - \mathbf{x}_2|}. \qquad (1.2.2)$$

Aus dieser Definition der Kraft folgt, dass sie analog zur Gravitation aus einem Potential herleitbar ist:

---

[10] Charles Augustin de Coulomb, 1736–1806.

[11] Henry Cavendish, 1731–1810, englischer Naturwissenschafter.

[12] James Clerk Maxwell, 1831–1879; Forschung zu Elektrodynamik, kinet. Gastheorie, statist. Mechanik.

$$\mathbf{F}_1 = -q_1 \boldsymbol{\nabla}_1 \phi(\mathbf{x}_1 - \mathbf{x}_2) \qquad \text{mit} \qquad \phi(\mathbf{x}_1 - \mathbf{x}_2) = k_C \frac{q_2}{|\mathbf{x}_1 - \mathbf{x}_2|}. \qquad (1.2.3)$$

ϕ ist das skalare elektrostatische Potential, das in dieser Form nur für ruhende Ladungen gültig ist. Die Coulomb-Kraft (1.2.1) ist eine Zentralkraft, analog der Schwerkraft.

Zentralkräfte zeigen immer auf das Kraftzentrum ($\mathbf{x}_1$, Abb. 1.4); das Drehmoment $\mathbf{N}$ verschwindet, und der Drehimpuls $\mathbf{L}$ ist zeitlich konstant

$$\mathbf{K}(\mathbf{x}) = K(|\mathbf{x} - \mathbf{x}_1|) \frac{\mathbf{x} - \mathbf{x}_1}{|\mathbf{x} - \mathbf{x}_1|}, \qquad \mathbf{N} = \dot{\mathbf{L}} = (\mathbf{x} - \mathbf{x}_1) \times \mathbf{K}(\mathbf{x}) = 0.$$

Nach (1.2.2) ist

$$\mathbf{F}_1 = q_1 \mathbf{E}_2 = -q_2 \mathbf{E}_1. \qquad (1.2.4)$$

1.2.2 Kraft auf eine bewegte Ladung

Ein Magnetfeld $\mathbf{B}$ übt auf eine bewegte Ladung eine Kraft senkrecht auf die Bewegungsrichtung $\mathbf{v}$ der Ladung aus. Diese Kraft $\mathbf{F}_L$ muss der Coulomb-Kraft $\mathbf{F}_C$ hinzugefügt werden:

$$\mathbf{F} = \mathbf{F}_C + \mathbf{F}_L, \qquad \mathbf{F}_C = q\mathbf{E}, \qquad \mathbf{F}_L = k_L q \frac{\mathbf{v}}{c} \times \mathbf{B}. \qquad (1.2.5)$$

Der speziellen Wahl von $\mathbf{v}/c$ in $\mathbf{F}_L$ mit der Lichtgeschwindigkeit c liegt zugrunde, dass die Gleichwertigkeit von Inertialsystemen (Systeme, die sich kräftefrei gleichförmig bewegen) eine universelle Geschwindigkeit c zur Folge hat, wie im Abschnitt 12.1.1 dargelegt wird. Daher treten Geschwindigkeiten im Verhältnis $\mathbf{v}/c$ auf, wie es in $\mathbf{F}_L$ berücksichtigt ist. Das muss nicht beachtet werden, denn k_L ist eine frei wählbare Konstante, die das Magnetfeld $\mathbf{B}$ bestimmt, aber eine Wahl mit $k_L \neq 1$ greift in die Symmetrie zwischen elektrischem Feld $\mathbf{E}$ und Magnetfeld $\mathbf{B}$ ein.

Nun sind alle Größen, die in den Maxwell-Gleichungen (1.3.21) vorkommen, das sind ρ, $\mathbf{j}$, $\mathbf{E}$ und $\mathbf{B}$, durch die beiden Konstanten k_C und k_L festgelegt. Das System mit $k_C = 1$ und $k_L = 1$ heißt *Gauß-System*.

$\mathbf{B}$ ist gemäß (1.3.1) die *magnetische Flussdichte* und heißt (historisch bedingt) *magnetische Induktion*; wie aus (1.2.5) ablesbar, ist $\mathbf{B}$ das physikalische Feld, dessen Kraftwirkung auf bewegte Ladungen messbar ist. Zur Beschreibung elektromagnetischer Vorgänge in Materie führt man Hilfsfelder ein, die dielektrische Verschiebung $\mathbf{D}$ und das Magnetfeld $\mathbf{H}$, die mittels Materialgleichungen (5.2.17) definiert sind. Verwendet man für $\mathbf{B}$ die Bezeichnung Magnetfeld, so sollte man, um genau zu sein, bei $\mathbf{H}$ von einem *magnetischen Hilfsfeld* [Griffiths, 2011, S. 350] oder der *magnetischen Erregung* [Sommerfeld, 1967, S. 10], sprechen, was eher selten gemacht wird. Die Kraft $\mathbf{F}_L$, die die

Ablenkung bewegter Teilchen in einem Magnetfeld beschreibt, heißt *Lorentz-Anteil* der (*Lorentz*)-*Kraft*. Die Literatur ist hier nicht einheitlich, manchmal wird $\mathbf{F}_L$ als Lorentz-Kraft bezeichnet, manchmal $\mathbf{F}$.

Arbeit ist als Kraft mal Weg definiert. Der Lorentz-Anteil $\mathbf{F}_L$ leistet keine Arbeit, da die Kraft senkrecht auf den Weg $\delta\mathbf{s} = \mathbf{v}\delta t$ steht:

$$\delta W = q\left(\mathbf{E} + \frac{k_L}{c}\mathbf{v}\times\mathbf{B}\right)\cdot\mathbf{v}\delta t = q\mathbf{E}\cdot\delta\mathbf{s}. \tag{1.2.6}$$

Anmerkungen: Maxwell [1873, Art. 599] bezeichnet das Feld[13] $\mathbf{E}_1 = \mathbf{v}\times\mathbf{B}$ als den Teil der elektromotorischen Kraft (*electromotive intensity*), der der Bewegung eines Teilchens, das magnetische Feldlinien quert, zuzuordnen ist (d.h. $\mathbf{F}_L = q\mathbf{E}_1$). $\mathbf{E}_1$ ist eine Konsequenz des Induktionsgesetzes für bewegte Leiter (1.3.4) und wird von Maxwell [bereits 1861, (77)] angegeben. Man könnte meinen, dass hiermit $\mathbf{F}_L$ gefunden ist.

Es dauerte ~ 30 Jahre bis Lorentz [1892, (61)] die Kraft auf ein sich im Feld $\mathbf{B}$ bewegendes geladenes Teilchen mit $\mathbf{F}_L$ angibt. Zu dieser Zeit hatte man bereits ein atomistisches Bild der Materie mit Hinweisen Elektronen. Der direkte experimentelle Nachweis durch die Ablenkung von Kathodenstrahlen in elektromagnetischen Feldern geht auf Lenard[14] und J.J. Thomson [1897] zurück. Als indirekter Nachweis kann die Hall-Spannung (entdeckt 1879, Abschnitt 5.3.3), die durch die Ablenkung von Elektronen in einem Leiter verursacht wird, verstanden werden.

1.3 Maxwell-Gleichungen

Die Gleichungen, die das Verhalten geladener Teilchen in elektromagnetischen Feldern bestimmen, die Maxwell-Gleichungen, können sowohl in differentieller als auch in integraler Form angegeben werden. In Letzterer hat man Integrale, vor allem über Oberflächen, die Volumina und Linien, die Flächen einschließen; diese Darstellung eignet sich meist besser für die Untersuchungen von Stetigkeitsbedingungen an Grenzflächen.

Zunächst ist es notwendig, einige Begriffe zu definieren:

$$\begin{aligned}
\text{magnetischer Fluss durch Fläche } F\colon \Phi_B &= \iint_F \mathrm{d}\mathbf{f}\cdot\mathbf{B}\,,\\[4pt]
\text{elektrischer Fluss durch Fläche } F\colon \quad \Phi_E &= \iint_F \mathrm{d}\mathbf{f}\cdot\mathbf{E}\,,\\[4pt]
\text{magnetische Ringspannung:} \quad Z_B &= \oint_{\partial F} \mathrm{d}\mathbf{x}\cdot\mathbf{B}\,,\\[4pt]
\text{elektrische Ringspannung:} \quad Z_E &= \oint_{\partial F} \mathrm{d}\mathbf{x}\cdot\mathbf{E}\,.
\end{aligned} \tag{1.3.1}$$

∂F ist eine geschlossene Kurve, die als Randkurve der Fläche F mit deren

---

[13] elektrostatische Einheiten, $k_c = 1$, $k_L = c$, d.h. $\mathbf{E}_1 = (k_L/c)\mathbf{v}\times\mathbf{B} \to \mathbf{v}\times\mathbf{B}$.

[14] Philipp Lenard (1862–1947), Nobelpreis 1905.

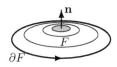

Abb. 1.5. Fläche F mit Randkurve ∂F, die im Gegenuhrzeigersinn durchlaufen wird und mit $d\mathbf{f} = df\,\mathbf{n}$ eine Rechtsschraube bildet

Normalenvektor $\mathbf{n}$ eine Rechtsschraube bildet, wie in Abb. 1.5 skizziert. Die Felder $\mathbf{B}$ bzw. $\mathbf{E}$ müssen Wirbel (rot $\mathbf{E} \neq 0$) haben, damit eine Ringspannung (Zirkulation) auftritt.

Der elektrische (magnetische) Fluss wird auch als elektrische (magnetische) Durchflutung bezeichnet oder als Stromlinien-(Kraftlinien-)Zahl. $\mathfrak{E}$ oder EMK (elektromotorische Kraft) sind alternative Ausdrücke für die elektrische Ringspannung Z_E, wobei „Kraft" in ihrer älteren Bedeutung für Energie steht [Sommerfeld, 1967, S. 12].

Die Maxwell-Gleichungen, auf denen die Elektrodynamik beruht, sind Ergebnis der Erfahrung mit elektrodynamischen Phänomenen und so etwa den Newton'schen Axiomen der Mechanik gleichzusetzen. Wir nehmen dabei vorweg, dass wir zwei Gesetze, das *Faraday'sche Induktionsgesetz* und das *Ampère-Maxwell-Gesetz* in den Vordergrund stellen. Die beiden anderen Gesetze, das Gauß'sche Gesetz und die Divergenzfreiheit des Magnetfeldes, sind Zusatzaxiome, die aus der Annahme folgen, dass $\mathbf{E}$ und $\mathbf{B}$ Vektorfelder sind mit den elektrischen Ladungen als Quellen und Senken von $\mathbf{E}$.

1.3.1 Gauß'sches Gesetz

Von Interesse ist der Fluss Φ_E durch die Oberfläche ∂V des (einfach zusammenhängenden) Volumens V, skizziert in Abb. 1.6. Φ_E ist proportional der in V enthaltenen Ladung Q. Dieser Proportionalitätsfaktor ist $4\pi k_C$, wie in (1.3.3') gezeigt wird.

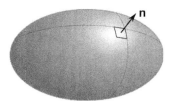

Abb. 1.6. Einfach zusammenhängendes Volumen V mit der Oberfläche ∂V; diese ist stückweise glatt (siehe S. 595), wobei $d\mathbf{f} = df\,\mathbf{n}$ immer nach außen zeigt

Gauß'sches Gesetz oder *Kraftflusssatz*:

$$\oiint_{\partial V} d\mathbf{f} \cdot \mathbf{E}(\mathbf{x}, \mathbf{t}) = 4\pi k_C Q(t). \tag{1.3.2}$$

Der Name Kraftflusssatz nimmt Bezug auf die ältere Bezeichnung *Kraftfluss* für Φ_E. Wandeln wir das Oberflächenintegral mit dem Gauß'schen Satz (A.4.3) in ein Volumenintegral um, so erhalten wir das Gauß'sche Gesetz in der Form

$$\int_V \mathrm{d}^3x \left(\boldsymbol{\nabla} \cdot \mathbf{E} - 4\pi k_C \rho(\mathbf{x}, t) \right) = 0.$$

Diese Gleichung gilt für beliebige Volumina V nur, wenn der Integrand verschwindet

$$\boldsymbol{\nabla} \cdot \mathbf{E}(\mathbf{x}, t) = 4\pi k_C \rho(\mathbf{x}, t), \tag{1.3.3}$$

womit wir die differentielle Form des Gauß'schen Gesetzes (1.3.2) hergeleitet haben. Setzt man das elektrische Feld (1.2.2) der Ladung q_2 in (1.3.3) ein, so kann man den Proportionalitätsfaktor $4\pi k_C$ verifizieren:

$$\boldsymbol{\nabla} \cdot \mathbf{E}(\mathbf{x}) = -q_2 k_C \Delta \frac{1}{|\mathbf{x} - \mathbf{x}_2|} \overset{(2.1.7)}{=} 4\pi k_C q_2 \delta^{(3)}(\mathbf{x} - \mathbf{x}_2) \equiv 4\pi k_C \rho(\mathbf{x}). \tag{1.3.3'}$$

1.3.2 Faraday'sches Induktionsgesetz

Faraday [1832] fand, dass in einer Leiterschleife ein Strom (Feld) induziert wird, wenn sich der durch die Schleife der Fläche F tretende magnetische Fluss Φ_B ändert. Das kann durch eine benachbarte Schleife geschehen, in der der Strom variiert wird; es kann aber auch diese Schleife (oder ein Permanentmagnet) relativ zur Leiterschleife bewegt werden. Anders ausgedrückt, wird die Flussänderung durch eine Änderung des Magnetfeldes $\mathbf{B}$ und/oder der Fläche $F(t)$ hervorgerufen. Mit der Flussänderung wird in der Leiterschleife eine Ringspannung induziert, wobei $\mathbf{E}'$ das Feld im System der Schleife ist:

$$\oint_{\partial F} \mathrm{d}\mathbf{s} \cdot \mathbf{E}' = -k_3 \frac{\mathrm{d}}{\mathrm{d}t} \iint_F \mathrm{d}\mathbf{f} \cdot \mathbf{B}, \qquad k_3 \overset{(1.3.8)}{=} \frac{k_L}{c}. \tag{1.3.4}$$

k_3 ist ein vorerst unbestimmter Proportionalitätsfaktor, der in (1.3.8) als $k_3 = k_L/c$ identifiziert wird. Das negative Vorzeichen nimmt vorweg, dass das Magnetfeld des induzierten Stromes der den Strom erzeugenden Flussänderung entgegengerichtet ist (Lenz'sche Regel). Der Umlaufsinn des Wegintegrals entlang ∂F ist im mathematisch positiven Sinn, d.h. gegen den Uhrzeigersinn, wie durch das Integralzeichen in (1.3.4) angedeutet und in Abb. 1.7 skizziert ist. Mittels der Definitionen der Ringspannung Z_E und des magnetischen Flusses Φ_B (1.3.1) kann man das Induktionsgesetz auf die kompakte Form

$$Z_E = -k_3 \dot{\Phi}_B \tag{1.3.5}$$

bringen. In Worten:

Die in einem Leiter induzierte Ringspannung ist gleich der k_L/c-fachen Abnahme des magnetischen Flusses pro Zeiteinheit.

Die *Lenz'sche Regel* gibt die Richtung des Stroms an, der durch die Änderung des durch F gehenden magnetischen Flusses erzeugt wird. Wie in Abb. 1.7(a) skizziert, ist es die „Linksschraubenregel". Stellt die Berandung ∂F der Fläche

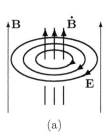

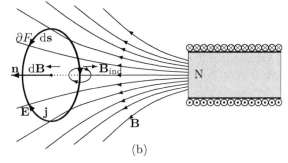

(a)   (b)

Abb. 1.7. (a) Induktionsgesetz (Linksschraubenregel); das Magnetfeld wird stärker: $\dot{\mathbf{B}} \parallel \mathbf{B}$.
(b) (Ruhende) Leiterschleife der Fläche F mit dem Normalenvektor $\mathbf{n}$ und der Randkurve ∂F; wird das Feld stärker, so ist $\mathbf{n} \cdot \dot{\mathbf{B}} > 0$ und als Folge $\dot{\Phi}_B > 0$. $\mathbf{E}$ und $\mathbf{j}$ sind dem Umlaufsinn der Randkurve ∂F entgegengerichtet. $\mathbf{j}$ induziert ein Feld $\mathbf{B}_{\text{ind}}$, das $d\mathbf{B}$ entgegengesetzt gerichtet ist

F, wie in Abb. 1.7(b) skizziert, eine Leiterschleife dar, so bewirkt die in dieser induzierte Spannung einen Strom, dessen Magnetfeld $\mathbf{B}_{\text{ind}}$ der Feldänderung $d\mathbf{B}$ entgegengesetzt gerichtet ist.

Lenz'sche Regel: Das induzierte elektrische Feld ist so gerichtet, dass das von diesem induzierte Magnetfeld der verursachenden Flussänderung entgegenwirkt.

Wird $F(t)$ bewegt, so ist in (1.3.4) $\mathbf{E}'$ das Feld im (momentanen) Ruhsystem der Schleife; hierbei soll v/c genügend klein sein, so dass höhere Ordnungen nicht zu berücksichtigen sind; im Ruhsystem der Schleife wird $F(t)$ nicht deformiert, weshalb die Ableitung mit dem Integral vertauscht werden kann. Zur Berechnung von $\frac{d\mathbf{B}}{dt}$ verwenden wir (A.2.35) für konstantes $\mathbf{a}$:

$$\boldsymbol{\nabla} \times (\mathbf{a} \times \mathbf{b}) = \mathbf{a}(\boldsymbol{\nabla} \cdot \mathbf{b}) - (\mathbf{a} \cdot \boldsymbol{\nabla})\mathbf{b}.$$

Damit erhält man die sogenannte *konvektive Ableitung*

$$\frac{d\mathbf{B}}{dt} = \frac{\partial \mathbf{B}}{\partial t} + (\mathbf{v} \cdot \boldsymbol{\nabla})\mathbf{B} = \dot{\mathbf{B}} - \boldsymbol{\nabla} \times (\mathbf{v} \times \mathbf{B}), \tag{1.3.6}$$

da der Term $\mathbf{v}(\boldsymbol{\nabla} \cdot \mathbf{B})$ wegen der erst später angesprochenen Divergenzfreiheit (1.3.19) von $\mathbf{B}$ verschwindet. Nun wendet man den Stokes'schen Satz (A.4.13) auf (1.3.4) an und erhält:

$$\oint_{\partial F(t)} d\mathbf{s} \cdot \mathbf{E}' = -k_3 \iint_F d\mathbf{f} \cdot \dot{\mathbf{B}} + k_3 \oint_{\partial F(t)} d\mathbf{s} \cdot \mathbf{v} \times \mathbf{B}. \tag{1.3.7}$$

Wir haben so die Beziehung zwischen dem Feld $\mathbf{E}'$ im bewegten und $\mathbf{E}$ im ruhenden System:

$$\mathbf{E}' = \mathbf{E} + k_3 \mathbf{v} \times \mathbf{B} \qquad \overset{(1.2.5)}{\Longrightarrow} \qquad k_3 = \frac{k_L}{c}. \tag{1.3.8}$$

Maxwell, der die von Faraday beobachtete Induktion in eine mathematische Form brachte, hat diese Gleichung hergeleitet [Maxwell, 1861, (77)]. Sie beschreibt das Feld, das eine bewegte Ladung q spürt; daher kann k_3 durch Vergleich mit der Kraft (1.2.5) auf eine bewegte Ladung angegeben werden: $k_3 = k_L/c$. Nach Anwendung des Stokes'schen Satzes (A.4.13) erhält man

$$\iint_F d\mathbf{f} \cdot (\operatorname{rot} \mathbf{E} + \frac{k_L}{c} \dot{\mathbf{B}}) = 0. \tag{1.3.9}$$

Da das Verschwinden obigen Integrals nicht von der Fläche abhängt, muss der Integrand verschwinden und man erhält das Induktionsgesetz in differentieller Form

$$\operatorname{rot} \mathbf{E} + \frac{k_L}{c} \dot{\mathbf{B}} = 0. \tag{1.3.10}$$

Anmerkungen: Wir haben in (1.3.4) eine sich mit $\mathbf{v}$ bewegende Stromschleife betrachtet und nur in v lineare Beiträge berücksichtigt [Jackson, 2006, Abschn. 5.15]. $\mathbf{E}$ geht hier durch die lineare *Galilei-Transformation* (12.0.1) aus $\mathbf{E}'$ hervor. Im Rahmen der SRT werden wir sehen, dass die korrekte Transformation, die *Lorentz-Transformation* im bewegten System eine Kontraktion der zu $\mathbf{v}$ parallelen Länge zur Folge hat, die ein Effekt höherer Ordnung in v ist; (13.1.29) ist die Transformation für $\mathbf{E}$. Die differentiellen Maxwell-Gleichungen, wie (1.3.10), sind forminvariant unter Lorentz-Transformationen, worauf im Abschnitt 13.1.4 näher eingegangen wird.

1.3.3 Ampère-Maxwell-Gesetz

Das *Ampère-Maxwell-Gesetz* beschreibt den Aufbau eines Magnetfeldes $\mathbf{B}$ um einen elektrischen Stromleiter:

$$\oint_{\partial F} d\mathbf{s} \cdot \mathbf{B} = k_4 \left[\frac{4\pi k_C}{c} \iint_F d\mathbf{f} \cdot \mathbf{j} + \frac{1}{c} \frac{d}{dt} \iint_F d\mathbf{f} \cdot \mathbf{E} \right], \qquad k_4 \overset{(1.3.15')}{=} \frac{1}{k_L}. \tag{1.3.11}$$

k_4 ist ein zu bestimmender Proportionalitätsfaktor, der im Folgenden mittels der Wellengleichung (1.3.15') als $1/k_L$ identifiziert wird. Die Korrektheit des Ausdrucks in der eckigen Klammer, der den gesamten Strom $(4\pi k_C/c)\,I_{tot}$ beschreibt, wird mittels der Kontinuitätsgleichung gezeigt.

Zur (Leitungs-)Stromdichte $\mathbf{j}$ kommt noch die Verschiebungsstromdichte $\mathbf{j}_d = \dot{\mathbf{E}}/4\pi k_C$ hinzu und bildet so die Gesamtstromdichte. $\mathbf{j}_d$ (*displacement current*) ist proportional der zeitlichen Änderung der elektrischen Flussdichte:

$$\mathbf{j}_{tot}(\mathbf{x}, t) = \mathbf{j}(\mathbf{x}, t) + \mathbf{j}_d(\mathbf{x}, t), \qquad \mathbf{j}_d(\mathbf{x}, t) = \frac{1}{4\pi k_C} \dot{\mathbf{E}}(\mathbf{x}, t). \tag{1.3.12}$$

Das Ampère-Maxwell-Gesetz hat so die Form des Ampère'schen Gesetzes

$$Z_B = k_4 \frac{4\pi k_C}{c} I_{tot} \quad \text{mit} \quad k_4 \overset{(1.3.15')}{=} \frac{1}{k_L} \quad \text{und} \quad I_{tot} = \iint_F d\mathbf{f} \cdot \mathbf{j}_{tot}, \tag{1.3.13}$$

wobei Z_B die Ringspannung (Wirbelstärke) des Magnetfeldes ist. *Röntgen* hat 1888 den Verschiebungsstrom durch ein im elektrischen Feld bewegtes Dielektrikum (*Röntgen-Strom*) experimentell nachgewiesen [Röntgen, 1888], was von Lorentz als nahezu ebenso wichtige Entdeckung wie die der Röntgen-Strahlen angesehen wurde [Beier, 2013, S. 62].

Für das Ampère-Maxwell-Gesetz, von Sommerfeld auch als Ampère'sches elektromagnetisches Verkettungsgesetz bzw. (elektromagnetisches) Durchflutungsgesetz bezeichnet [Sommerfeld, 1967, S. 13], kann die folgende Formulierung verwendet werden, wenn man zur Stromdichte $\mathbf{j}$ auch die Verschiebungsstromdichte $\mathbf{j}_d$ rechnet:

Die Zahl elektrischer Stromlinien, die eine beliebige Fläche F durchsetzen, ist begleitet von einer ihr gleichen, auch dem Schraubensinn nach gleichen magnetischen Ringspannung in der Randkurve ∂F von F.

Von größerer Relevanz ist die Umformung des Linienintegrals in ein Flächenintegral mit der Wirbeldichte $z_B = \mathbf{n} \cdot \mathrm{rot}\,\mathbf{B}$ durch Anwendung des Stokes'schen Satzes (A.4.13):

$$\iint_F d\mathbf{f} \cdot \left\{ \mathrm{rot}\,\mathbf{B} - k_4 \left[\frac{1}{c}\dot{\mathbf{E}} + \frac{4\pi k_C}{c}\mathbf{j} \right] \right\} = 0. \tag{1.3.14}$$

Da das Integral für jede Fläche gilt, muss der Integrand verschwinden, so dass wir die differentielle Form des Ampère-Maxwell-Gesetzes:

$$\mathrm{rot}\,\mathbf{B} = k_4 \frac{4\pi k_C}{c}\left[\mathbf{j} + \frac{1}{4\pi k_C}\dot{\mathbf{E}} \right], \qquad k_4 \overset{(1.3.15')}{=} \frac{1}{k_L} \tag{1.3.15}$$

erhalten. Aus der Bildung der Divergenz folgt mithilfe der Kontinuitätsgleichung (1.1.15):

$$\boldsymbol{\nabla} \cdot \boldsymbol{\nabla} \times \mathbf{B} \overset{(1.3.3)}{=} k_4 k_C \frac{4\pi}{c}\left[\boldsymbol{\nabla} \cdot \mathbf{j} + \dot{\rho} \right] \overset{(1.1.15)}{=} 0.$$

Zwischen $\mathbf{j}$ und $\mathbf{j}_d$ kann somit kein weiterer Proportionalitätsfaktor sein. Zur Bestimmung von k_4 nehmen wir die Maxwell-Gleichungen für das Vakuum ($\mathbf{j} = \rho = 0$), leiten die Ampère-Maxwell-Gleichung nach der Zeit ab und setzen für $\dot{\mathbf{B}}$ die Induktionsgleichung ein:

$$\boldsymbol{\nabla} \times \dot{\mathbf{B}} = -\frac{c}{k_L}\boldsymbol{\nabla} \times (\boldsymbol{\nabla} \times \mathbf{E}) \overset{(A.2.38)}{=} \frac{c}{k_L}\Delta\mathbf{E} = \frac{k_4}{c}\ddot{\mathbf{E}}.$$

Verwendet haben wir bei der Berechnung von $\boldsymbol{\nabla} \times (\boldsymbol{\nabla} \times \mathbf{E})$, dass keine Quellen vorhanden sind ($\boldsymbol{\nabla} \cdot \mathbf{E} = 0$) und so die Wellengleichung für $\mathbf{E}$ erhalten:

$$\left(\frac{k_4 k_L}{c^2}\frac{\partial^2}{\partial t^2} - \Delta \right)\mathbf{E} = 0 \qquad \Longrightarrow \qquad k_4 = \frac{1}{k_L}. \tag{1.3.15'}$$

c ist die Fortpflanzungsgeschwindigkeit elektrischer Wellen, weshalb $k_4 = 1/k_L$.

Anmerkung: Zu (1.3.15) wäre hinzuzufügen, dass um 1860 nur das *Ampère'sche Durchflutungsgesetz*

$$\text{rot } \mathbf{B} = \frac{4\pi k_C}{ck_L} \mathbf{j} \tag{1.3.16}$$

bekannt war. Maxwell bemerkte, dass dieses für zeitabhängige Phänomene nicht richtig sein konnte. Es muss durch einen Term, den Verschiebungsstrom $\mathbf{j}_d$, ergänzt werden, der garantiert, dass div rot $\mathbf{B} = 0$ und der gleichzeitig die Ladungserhaltung (Kontinuitätsgleichung) erfüllt, wie vorher gezeigt wurde. Erst mit dem Verschiebungsstrom $\mathbf{j}_d = \frac{1}{4\pi k_C} \dot{\mathbf{E}}$ sind elektromagnetische Wellen als Lösungen der Maxwell-Gleichungen im Vakuum ($\rho = j = 0$) möglich.

Es war das Verdienst von *Hertz*[15] um 1887 die Existenz elektromagnetischer Wellen nachzuweisen und damit auch die Ampère-Maxwell-Gleichung zu verifizieren, die zur Zeit ihrer Aufstellung experimentell nicht abgesichert war.

Bereits erwähnt haben wir das dem Ampère-Maxwell-Gesetz vorangehende *Ampère'sche Gesetz* für stationäre Ströme, das in integraler Form lautet:

$$\oint_{\partial F} d\mathbf{s} \cdot \mathbf{B} = \frac{4\pi k_C}{ck_L} I, \qquad I = \iint_F d\mathbf{f} \cdot \mathbf{j}. \tag{1.3.17}$$

Noch etwas früher (1820) hat Ørsted entdeckt, dass ein elektrischer Strom in einem linearen Leiter ein Magnetfeld erzeugt, wie es in Abb. 1.8 dargestellt ist und das mit dem *Biot-Savart'schen Gesetz*, manchmal auch als *Ørsted'sches Gesetz* bezeichnet, berechnet werden kann.

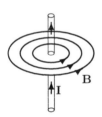

Abb. 1.8. Im Draht fließt ein Strom I, der das Magnetfeld $\mathbf{B}$ erzeugt. Als Ampère'sche Regel bezeichnet man die Rechtsschraubenregel, wenn $\mathbf{I}$ nach oben zeigt und $\mathbf{B}$ im Gegenuhrzeigersinn gerichtet ist (Rechtsschraube)

Das Magnetfeld ist kreisförmig, und die magnetische Ringspannung auf einem Kreis mit dem Radius R ist gegeben durch

$$Z_B = \oint_C d\mathbf{s} \cdot \mathbf{B} = 2\pi R B = \frac{4\pi k_C I}{ck_L}, \qquad \text{so dass } B = \frac{k_C}{ck_L} \frac{2I}{R}.$$

Dieses hier für einen unendlich langen Leiter (Draht) gültige Gesetz folgt sowohl aus dem *Ampère'schen Durchflutungsgesetz* als auch aus dem *Biot-Savart'schen Gesetz* (1820).

In allgemeinerer Form ersetzt man den Draht durch einen Strom, der sich über die Fläche F verteilt.

---

[15] Heinrich Hertz, 1857–1894.

1.3.4 Divergenzfreiheit der magnetischen Flussdichte

In Analogie zum Gauß'schen Gesetz für das elektrische Feld gilt auch für $\mathbf{B}$, dass div $\mathbf{B}$ die Quelldichte des Magnetfeldes angibt. Wegen des Fehlens magnetischer Ladungen (Monopole) ist die Quelldichte null und damit verschwindet auch der magnetische Fluss durch eine geschlossene Oberfläche ∂V

$$\oiint_{\partial V} \mathrm{d}\mathbf{f} \cdot \mathbf{B} = 0. \tag{1.3.18}$$

Dieses (4.) Maxwell-Gesetz ist analog dem Gauß'schen Gesetz für das elektrische Feld, mit dem bereits erwähnten Unterschied, dass bisher noch keine magnetischen Ladungen (magnetische Monopole) nachgewiesen werden konnten. Daher wird das Magnetfeld als quellenfrei angenommen:

$$\boldsymbol{\nabla} \cdot \mathbf{B}(\mathbf{x}, t) = 0. \tag{1.3.19}$$

Das Oberflächenintegral (1.3.18) haben wir mit dem Gauß'schen Satz in ein Volumenintegral mit div $\mathbf{B}$ als Integranden umgeformt, woraus (1.3.19), die differentielle Form von (1.3.18) folgt. Damit sind die Maxwell-Gleichungen vollständig.

1.3.5 Maxwell-Gleichungen in integraler Form

Unter dem Begriff Maxwell-Gleichungen sind das Gauß'sche Gesetz (1.3.2), das Faraday'sche Induktionsgesetz (1.3.4), das Ampère-Maxwell-Gesetz (1.3.12) und die Divergenzfreiheit des Magnetfeldes (1.3.18) zusammengefasst. Diese werden immer in obiger Reihenfolge angesprochen, gleich ob in differentieller oder integraler Form:

$$
\begin{aligned}
&\text{(a)} \ \oiint_{\partial V} \mathrm{d}\mathbf{f} \cdot \mathbf{E} = 4\pi k_C \int_V \mathrm{d}^3 x \, \rho, &&\text{(b)} \ \oint_{\partial F} \mathrm{d}\mathbf{s} \cdot \mathbf{E} = -\frac{k_L}{c}\frac{\mathrm{d}}{\mathrm{d}t}\iint_F \mathrm{d}\mathbf{f} \cdot \mathbf{B}, \\
&\text{(c)} \ \oint_{\partial F} \mathrm{d}\mathbf{s} \cdot \mathbf{B} = \frac{4\pi k_C}{c k_L}\iint_F \mathrm{d}\mathbf{f} \cdot \big(\mathbf{j} + \frac{\dot{\mathbf{E}}}{4\pi k_C}\big), &&\text{(d)} \ \oiint_{\partial V} \mathrm{d}\mathbf{f} \cdot \mathbf{B} = 0.
\end{aligned}
\tag{1.3.20}
$$

∂F ist die Randkurve der Fläche F und ∂V die Oberfläche des Volumens V.

Anmerkungen: Sommerfeld [1967, S. 14] hat gezeigt, dass unter gewissen Voraussetzungen über die Abschaltbarkeit der Felder $\mathbf{E}$ und $\mathbf{B}$ die Divergenzfreiheit des Magnetfeldes aus dem Induktionsgesetz (siehe (a)) und das Gauß-Gesetz aus dem Ampère-Maxwell-Gesetz folgen (siehe (b)).

(a) Nimmt man das Induktionsgesetz und bildet um die Kurve C eine geschlossene Oberfläche, bei der die zweite Fläche im entgegengesetzten Sinn orientiert ist, so verschwindet die elektrische Ringspannung und man erhält

$$0 = -\frac{k_L}{c}\frac{\mathrm d}{\mathrm dt}\oiint \mathrm df\cdot\mathbf B\,.$$

Die Integration ergibt

$$\oiint \mathrm df\cdot\mathbf B(t) = \text{const} = \oiint \mathrm df\cdot\mathbf B(t_0)\,.$$

Die Annahme, dass $\mathbf B(t_0)=0$, führt zu const $= 0$ und damit zu div $\mathbf B = 0$.

(b) Beim Ampère'schen Gesetz für eine geschlossene Oberfläche muss die Kurve C ebenfalls zusätzlich im entgegengesetzten Richtungssinn durchlaufen werden. Die magnetische Ringspannung kompensiert sich auf den beiden Durchläufen, und es bleibt

$$0 = 4\pi k_C \oiint \mathrm df\cdot\mathbf j + \frac{\mathrm d}{\mathrm dt}\oiint \mathrm df\cdot\mathbf E\,.$$

Daraus folgt nach dem Gauß'schen Satz

$$0 = 4\pi k_C \int_V \mathrm d^3x\,\boldsymbol\nabla\cdot\mathbf j + \frac{\mathrm d}{\mathrm dt}\oiint \mathrm df\cdot\mathbf E\,.$$

Im 1. Term auf der rechten Seite setzen wir die Kontinuitätsgleichung ein. Man erhält so

$$0 = -4\pi k_C \frac{\mathrm d}{\mathrm dt}\int_V \mathrm d^3x\,\rho(\mathbf x,t) + \frac{\mathrm d}{\mathrm dt}\oiint \mathrm df\cdot\mathbf E\,.$$

Die Integration ergibt

$$\text{const} = -4\pi k_C \int \mathrm d^3x\,\rho + \oiint \mathrm df\cdot\mathbf E\,.$$

Das ist das Gauß'sche Gesetz, wenn const$=0$ angenommen wird, was analog zum vorhergehenden Beispiel durchgeführt werden kann.

1.3.6 Die Maxwell-Gleichungen in differentieller Form

Wir haben bereits bei den Maxwell-Gleichungen in integraler Form auf die differentielle Form hingewiesen, indem wir beim Gauß'schen Gesetz und bei der Divergenzfreiheit der magnetischen Flussdichte festgestellt haben, dass beim Verschwinden des Integrals über ein beliebiges Volumen V der Integrand verschwinden muss (siehe (1.3.3) und (1.3.19)). Das Faraday'sche Induktionsgesetz und das Ampère-Maxwell-Gesetz haben wir als Integrale über beliebige Flächen dargestellt, deren Integranden dann ebenfalls verschwinden mussten (siehe (1.3.10) und (1.3.15)):

$$
\begin{aligned}
&\text{(a)}\qquad \boldsymbol\nabla\cdot\mathbf E = 4\pi k_C\rho &\qquad &\text{(b)}\;\; \boldsymbol\nabla\times\mathbf E + \frac{k_L}{c}\dot{\mathbf B} = 0\\[2mm]
&\text{(c)}\;\; k_L\boldsymbol\nabla\times\mathbf B = \frac{4\pi k_C}{c}\mathbf j + \frac{1}{c}\dot{\mathbf E} &\qquad &\text{(d)}\qquad\qquad \boldsymbol\nabla\cdot\mathbf B = 0\,.
\end{aligned}
\qquad (1.3.21)
$$

Die beiden inhomogenen Maxwell-Gleichungen sind auf der linken Seite, die beiden homogenen auf der rechten Seite.

Diese Gleichungen bedürfen noch einer Modifizierung, wenn sie in Materie angewandt werden, in der die elektrische und/oder die magnetische Suszeptibilität eine Rolle spielen.

Wir werden uns dabei nicht nur auf Punktteilchen beschränken, sondern auch kontinuierlich verteilte Dichten untersuchen. Wir wissen schon, dass sich durch Mittelung über ein Auflösungsvolumen ΔV aus den mikroskopischen Dichten kontinuierliche Dichteverteilungen ergeben. Wir werden später sehen, dass man aus den mikroskopischen Maxwell-Gleichungen, die ρ und $\mathbf{j}$ als Quellen enthalten, durch Mittelung ähnlich strukturierte Maxwell-Gleichungen für über ΔV gemittelte Felder $\mathbf{E}$ und $\mathbf{B}$ erhält, die $\bar{\rho}$ und $\bar{\mathbf{j}}$ als Quellen enthalten.

Wir haben hier der Reihe nach das Gauß'sche Gesetz (Kraftflusssatz), das (Faraday'sche) Induktionsgesetz, das Ampère-Maxwell-Gesetz ((elektromagnetisches) Durchflutungsgesetz) und die Divergenzfreiheit (Quellenfreiheit) der magnetischen Flussdichte kennengelernt, die zusammen die Maxwell'schen Gesetze bilden. Nun wird diese Reihenfolge der Gesetze zwar innerhalb des Buches eingehalten, doch ist in der Literatur keine einheitliche Reihung gegeben, so dass die Bezeichnung des Induktionsgesetzes als 2. Maxwell-Gesetz nur begrenzt sinnvoll ist. Wir werden uns deshalb vor allem an die Namen der Gesetze halten, obwohl diese in erster Linie auf die integrale Form hinweisen, von uns aber überwiegend in differentieller Form angesprochen werden.

1.3.7 Superpositionsprinzip

Anfangs haben wir festgestellt, dass zur Berechnung der Gesamtladungen die Punktladungen q_i addiert werden wie reelle Zahlen. Aus der Coulomb-Kraft (1.2.1) folgt sofort, dass sich dann auch die Felder einzelner Ladungen zu einem gesamten Feld aufaddieren:

$$\mathbf{E}(\mathbf{x}) = \sum_i \mathbf{E}^{(i)}(\mathbf{x}) = k_C \sum_i q_i \frac{\mathbf{x} - \mathbf{x}_i}{|\mathbf{x} - \mathbf{x}_i|^3} = -\boldsymbol{\nabla}\phi(\mathbf{x}).$$

Das gilt auch für Potentiale (1.2.3) und Ladungsverteilungen:

$$\phi(\mathbf{x}) = \sum_i \phi^{(i)}(\mathbf{x}) = k_C \sum_i \frac{q_i}{|\mathbf{x} - \mathbf{x}_i|},$$

$$\boldsymbol{\nabla}\cdot\mathbf{E} = -\sum_i \Delta\phi^{(i)} = 4\pi k_C \sum_i q_i \delta^{(3)}(\mathbf{x} - \mathbf{x}_i) = 4\pi k_C \rho(\mathbf{x}).$$

Was hier für Punktladungen gezeigt wurde, gilt natürlich auch für kontinuierliche Ladungsverteilungen $\rho^{(i)}(\mathbf{x})$ und für Stromdichten (1.1.1). Das geht aus der Kontinuitätsgleichung (1.1.3) hervor. Aufgrund der Linearität der Maxwell-Gleichungen gilt das Superpositionsprinzip auch für das Magnetfeld $\mathbf{B}$, das später einzuführende Vektorpotential $\mathbf{A}$ mit $\mathbf{B} = \boldsymbol{\nabla} \times \mathbf{A}$ etc.

1.4 Anmerkungen zu den Einheiten

Legt man in der Coulomb-Kraft $\mathbf{F}_C$ den Faktor k_C fest, so sind die Ladungs-dichte ρ, die Stromdichte $\mathbf{j}$ und das elektrische Feld $\mathbf{E}$ bestimmt. Da k_L das Magnetfeld $\mathbf{B}$ festlegt, sind alle Größen, die in den Maxwell-Gleichungen vor-kommen, definiert. Mithilfe der Tab. 1.1 können so die Maxwell-Gleichungen in jedem beliebigen System dargestellt werden, wobei nach heutigen Maßstäben nur drei Systeme übrig geblieben sind.

Tab. 1.1. Einheiten-Systeme in der Elektrodynamik: Das Heaviside-Lorentz-System und das SI-System nennt man rational; gemäß (C.2.7) ist $\mu_0 = 1/k_L^2\epsilon_0$.

System	k_C	k_L	$\rho' = \dfrac{1}{\sqrt{k_C}}\rho$	$\mathbf{j}' = \dfrac{1}{\sqrt{k_C}}\mathbf{j}$	$\mathbf{E}' = \sqrt{k_C}\,\mathbf{E}$	$\mathbf{B}' = \dfrac{\sqrt{k_C}}{k_L}\mathbf{B}$
Gauß	1	1	ρ	$\mathbf{j}$	$\mathbf{E}$	$\mathbf{B}$
Heaviside-Lorentz	$\dfrac{1}{4\pi}$	1	$\rho^{\mathrm{H}} = \sqrt{4\pi}\,\rho$	$\mathbf{j}^{\mathrm{H}} = \sqrt{4\pi}\,\mathbf{j}$	$\mathbf{E}^{\mathrm{H}} = \dfrac{\mathbf{E}}{\sqrt{4\pi}}$	$\mathbf{B}^{\mathrm{H}} = \dfrac{\mathbf{B}}{\sqrt{4\pi}}$
SI	$\dfrac{1}{4\pi\epsilon_0}$	c	$\rho^{\mathrm{SI}} = \sqrt{4\pi\epsilon_0}\,\rho$	$\mathbf{j}^{\mathrm{SI}} = \sqrt{4\pi\epsilon_0}\,\mathbf{j}$	$\mathbf{E}^{\mathrm{SI}} = \dfrac{\mathbf{E}}{\sqrt{4\pi\epsilon_0}}$	$\mathbf{B}^{\mathrm{SI}} = \sqrt{\dfrac{\mu_0}{4\pi}}\,\mathbf{B}$

1.4.1 Maßsysteme

Gauß-System

Systeme mit $k_L = 1$ nennt man *symmetrisch*. In diesen haben die Felder $\mathbf{E}$ und $\mathbf{B}$ die gleiche Dimension. Das trifft für die nach Gauß und Heaviside-Lorentz benannten Systeme zu. Ende des 19. Jahrhunderts haben sich die Gauß-Einheiten durchgesetzt, sind aber mittlerweile durch die SI-Einheiten ersetzt worden. Die Coulomb-Kraft wird mit $k_C = 1$ herangezogen, um die elektrische Ladung zu definieren [Maxwell, 1873, Art. 41]:

Die electrostatische Einheit der Electricität ist diejenige positive Electricitäts-menge, welche eine ihr gleiche positive Electricitätsmenge in der Einheit der Entfernung mit der Einheit der Kraft abstösst.

Im Gauß-System ist die Einheit der Kraft 1 dyn und die der Länge 1 cm. Aus (1.2.1) folgt, dass die Ladung q die Dimension (dyn=g cm s^{-2})

$$[q] = \sqrt{\mathrm{dyn}}\,\mathrm{cm} = \sqrt{\mathrm{g\,cm^3}}\,\mathrm{s}^{-1} = \mathrm{statC(oulomb)}$$

hat, was bereits auf S. 2 vorweggenommen wurde. Setzt man $[q]$ in die Cou-lomb-Kraft (1.2.4) ein, so erhält man die Dimension von $[E]$. Die Dimen-sion der Stromdichte $[j]$ folgt aus der Kontinuitätsgleichung (1.1.15). Mit $k_L = 1$ ist das Magnetfeld $\mathbf{B}$ bestimmt, d.h. alle Größen, die in den Maxwell-Gleichungen vorkommen, sind definiert. Mithilfe der Tab. 1.1 können so die

Maxwell-Gleichungen in jedem beliebigen System dargestellt werden. Inkonsequent sind die Definitionen der Polarisation und der Magnetisierung (5.2.17), was sich nachteilig in Materie auswirkt. Maxwell-Gleichungen:

$$
\text{G:} \quad
\begin{array}{ll}
\text{(a)} \quad \operatorname{div}\mathbf{E} = 4\pi\rho, & \text{(b)} \quad \boldsymbol{\nabla}\times\mathbf{E} = -\dfrac{1}{c}\dot{\mathbf{B}}, \\[2ex]
\text{(c)} \quad \boldsymbol{\nabla}\times\mathbf{B} = \dfrac{4\pi}{c}\mathbf{j} + \dfrac{1}{c}\dot{\mathbf{E}}, & \text{(d)} \quad \operatorname{div}\mathbf{B} = 0\,.
\end{array}
\qquad (1.3.21")
$$

Das Heaviside-Lorentz-System

Man nennt Systeme, in denen im Nenner des Coulomb-Gesetzes der Faktor 4π auftaucht, rational. In diesen nehmen die Maxwell-Gleichungen eine einfache Form an. Verwendet wird das Heaviside-Lorentz-System in der Quantenelektrodynamik, wo meist von natürlichen Einheiten ausgegangen wird; es wäre aber auch in der Elektrodynamik ideal.

Das SI-System

Will man die Ladung als eine für die Elektrodynamik charakteristische Basiseinheit darstellen, so muss in der Coulomb-Kraft (1.2.5) der Faktor k_C dimensionsabhängig sein, damit F_C die Dimension einer Kraft bekommt. Nun wird die Kraft, die zwei Ladungen aufeinander ausüben, in einem Dielektrikum durch die Polarisation, d.h. durch die Verschiebung der negativen Ladungen gegen die positiven mit $\propto 1/\epsilon$ geschwächt, wobei ϵ die Dielektrizitätskonstante ist. Im SI-System führt man eine solche Konstante (ϵ_0) auch für das Vakuum ein; daher der Faktor $k_C = 1/4\pi\epsilon_0$. Nur nimmt man als vierte Basiseinheit den Strom und misst zur Festlegung der elektrischen Feldkonstante ϵ_0 die Kraft zwischen zwei parallelen Strömen (C.2.9). $\mu_0 = 1/k_L^2\epsilon_0$ definiert die magnetische Feldkonstante.

Seine Wurzeln hat das SI-System in dem von Giorgi [1901] vorgeschlagenen MKS-System mit einer noch nicht festgelegten elektrischen Einheit. 1948 wurde von der CPGM (Conférence Générale des Poids et Mésures) das Ampere als vierte Basiseinheit (MKSA-System) offiziell eingeführt [PTB, 2007, S. 14] (siehe (C.2.9)). Für die Physik wäre es günstiger, wenn im SI-System statt der historisch älteren Variante mit $k_L = c$ die symmetrische ($k_L = 1$) zum Zug gekommen wäre. Das würde nur magnetische Größen/Einheiten betreffen (μ_0, $\mathbf{B}$, ...), aber die Symmetrie der SRT wäre erhalten. Im Anhang C wird genauer auf die verschiedenen Systeme eingegangen. Maxwell-Gleichungen:

$$
\text{SI:} \quad
\begin{array}{ll}
\text{(a)} \quad \operatorname{div}\mathbf{E} = \rho/\epsilon_0, & \text{(b)} \quad \boldsymbol{\nabla}\times\mathbf{E} = -\dot{\mathbf{B}}, \\[2ex]
\text{(c)} \quad \boldsymbol{\nabla}\times\dfrac{1}{\mu_0}\mathbf{B} = \mathbf{j} + \epsilon_0\dot{\mathbf{E}}, & \text{(d)} \quad \operatorname{div}\mathbf{B} = 0\,.
\end{array}
\qquad (1.3.21')
$$

Zur Systemunabhängigkeit

Die Formeln wirken in der für alle Systeme geltenden Notation ungewohnt, obwohl nur 2 Größen (k_C und k_L) nicht festgelegt sind. In Materie wird dieser Eindruck durch die Einführung der Feldkonstanten ϵ_0 und μ_0 verstärkt. Ein nicht zu unterschätzender Vorteil ist jedoch, dass man sofort sieht, welche Formeln bzw. Größen in allen Systemen gleich sind.

Die Gleichungen in Materie haben im SI-System einfachere Faktoren, nicht zuletzt, weil c zugunsten von ϵ_0 und μ_0 'eliminiert' wird. Dazu verwendet man auch im Vakuum vier verschiedene Felder, wie aus Tab. C.2, S. 642 hervorgeht. Man hat für das elektrische Feld $\mathbf{E}$ ($\mathrm{V\,m^{-1}}$), die dielektrische Verschiebung $\mathbf{D}$ ($\mathrm{C\,m^{-2}}$), die Magnetfelder $\mathbf{B}$ (T) und $\mathbf{H}$ ($\mathrm{A\,m^{-1}}$) verschiedene Dimensionen, die vier unabhängige Felder andeuten könnten.

Nach unserer Auffassung hat die Elektrodynamik, die eine klassische Feldtheorie ist, nur die Felder $\mathbf{E}$ und $\mathbf{B}$, die in der SRT als Tensorkraft dargestellt werden. $\mathbf{D} = \epsilon\epsilon_0\mathbf{E}$ und $\mathbf{H} = (\mu_0\mu)^{-1}\mathbf{B}$ sind Hilfsfelder (5.2.17), die dadurch entstehen, dass man in Materie die von den gebundenen Ladungen herrührende Polarisation und die von den gebundenen Strömen herrührende Magnetisierung zu den Feldern $\mathbf{E}$ und $\mathbf{B}$ addiert. Daher 'sollten' $\mathbf{D}$ und $\mathbf{H}$ die gleichen Dimensionen wie $\mathbf{E}$ und $\mathbf{B}$ haben, d.h. $\epsilon_0 = \mu_0 = 1$ und die Dielektrizitätskonstante ϵ wie auch die Permeabilität μ sind Zahlen.

Die Lorentz-Transformation (LT) zeigt, wie $\mathbf{E}$ und $\mathbf{B}$ voneinander abhängen: Ein ruhendes Elektron hat nur das Feld $\mathbf{E}$; in einem gegen das Elektron gleichförmig bewegten System (Boost) wird nicht nur $\mathbf{E}$ transformiert, sondern es kommt noch das Feld $\mathbf{B}$ hinzu, wobei die Geschwindigkeit mit $\beta = \frac{v}{c} \leq 1$ parametrisiert ist[16]. Das wird im SI-System nur holprig dargestellt, weshalb in der SRT, d.h. in der kovarianten Formulierung der Elektrodynamik, das SI-System seltener verwendet wird.

Auch in Mechanik und Quantenmechanik wird die Bewegung von Teilchen im elektromagnetischen Feld (Hamilton-Funktion bzw. Schrödinger-Gleichung) noch mehrheitlich auf der Basis des Gauß-Systems dargestellt, was insbesondere für die Lehrbücher *Statistische Mechanik*, *Quantenmechanik* und *Quantenmechanik für Fortgeschrittene* von Schwabl [2004, 2007, 2008] gilt. Die systemunabhängige Darstellung ist jedoch gleichermaßen für das SI-System gültig.

1.4.2 Die Elektrodynamik und ihr Umfeld

Wir versuchen die Bereiche, in die die Elektrodynamik eingreift und die uns im Laufe der folgenden Kapitel begegnen werden, in einem Schema, dem Flussdiagramm auf S. 26, zu ordnen. Wenn wir hier, am Ende des 1. Kapitels, mit

---

[16] In Bezug auf die SRT wäre es logisch, eine reduzierte Stromdichte zu definieren: $\mathbf{j}_r = \mathbf{j}/c = \rho\mathbf{v}/c$. c tritt dann nur mit den Zeitableitungen auf, d.h., mit der Ableitung nach $x_0 = ct$ hätte man c in den Maxwell-Gleichungen eliminiert.

einer Einteilung der klassischen Elektrodynamik beginnen, so können wir dies auf der Basis der Kenntnis der Maxwell-Gleichungen tun, zu der die Kontinuitätsgleichung und die Lorentz-Kraft hinzugekommen sind. Bringt man ein Atom (Molekül) in ein elektrisches Feld, so kann sich die Elektronenhülle gegen den Kern verschieben. Das Atom wird polarisiert, ohne dass die Elektronen ihre Bindung an den Atomkern verlieren; diese an das Atom gebundenen Elektronen sind anders zu behandeln als in Materie frei bewegliche Elektronen. Die Aufspaltung von Ladungen und Strömen in gebundene und freie Anteile hat in Materie eine Aufteilung der Felder zur Folge und damit eine Umstrukturierung der Maxwell-Gleichungen (Abschnitt 5.1 und 5.2).

Ein weiterer Faktor zur Einteilung und Lösung der Maxwell-Gleichungen ist die Zeitskala, auf der die Prozesse ablaufen und die im Diagramm in Form von drei Spalten hinunter bis zur strichlierten Linie dargestellt sind:

1. Zeitunabhängige Vorgänge: Die Maxwell-Gleichungen entkoppeln in elektrostatische (Kap. 2, 3, 6) und magnetostatische (Kap. 4, 7) Anteile.
2. In zeitlich langsam veränderlichen Vorgängen wird der Verschiebungsstrom $\mathbf{j}_d$ vernachlässigt, und es ist $\nabla \cdot \mathbf{j}_f = 0$. Der Strom ist dann innerhalb des Systems quellenfrei und es gibt keine Abstrahlung. Verwendet wird das in elektrischen Netzwerken, in der Magnetohydrodynamik (Kap. 9), für die London-Gleichungen (Abschnitt 5.4.3) oder den Skin-Effekt (Abschnitt 10.4.2). In allen diesen Systemen spielt auch das (phänomenologische) Ohm'sche Gesetz (Abschnitt 5.3) eine Rolle. Zur Magnetohydrodynamik kommt von außen die Hydrodynamik mit den Navier-Stokes-Gleichungen und der Kontinuitätsgleichung für die Dichte der Flüssigkeit hinzu. Die London-Gleichungen, die Teilaspekte der Supraleitung, wie den Meissner-Effekt, das Nicht-Eindringen des Magnetfeldes in den Supraleiter, klassisch erklären, verwenden für die Dynamik der Elektronen Bewegungsgleichungen der Mechanik, die der Trägheit der Leitungselektronen Rechnung tragen.
3. Zu den zeitlich schnell veränderlichen Vorgängen zählen die Abstrahlung schnell bewegter Ladungen (Kap. 8), die Optik (Kap. 10) und die dynamische Theorie (Kap. 11). Viele Anwendungen der Optik und der dynamischen Theorie, wie die Berechnung von Strahlwegen (Brechungsgesetze), Intensitäten etc. können jedoch zeitunabhängig durchgeführt werden.

Außerhalb dieses Schemas steht die Bewegung des Elektrons im äußeren elektromagnetischen Feld, da hiezu nur die Lorentz-Kraft in die Euler-Lagrange-Gleichung der klassischen Mechanik eingebracht wird (Abschnitt 5.4).

Einen größeren Raum beansprucht die SRT, wo gezeigt wird, dass die Maxwell-Gleichungen kovariant unter der Lorentz-Transformation (Kap. 13) sind, nicht aber die Gesetze der klassischen Mechanik, so dass Letztere umgeformt werden müssen, damit sie der Lorentz-Kovarianz genügen (Kap. 14). Nicht angesprochen werden die Quantentheorie, obwohl diese in sehr vielen Bereichen entscheidenden Anteil hätte, und die Quantenelektrodynamik.

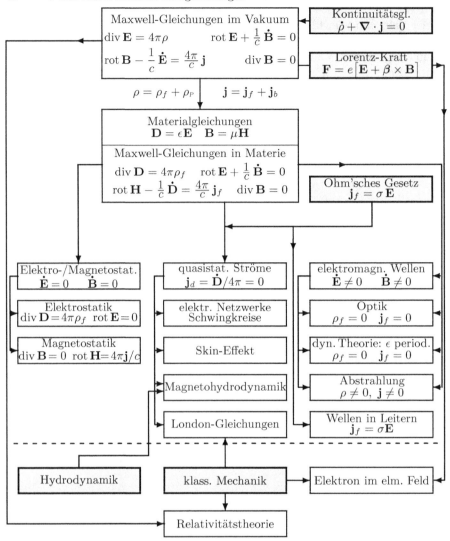

Abb. 1.9. Flussdiagramm zu den Anwendungsbereichen der Elektrodynamik. Formeln sind im Gauß-System angegeben

Aufgaben zu Kapitel 1

1.1. *Coulomb-Kraft*: Wie groß ist die Kraft mit der sich Proton und Elektron im Abstand $r_0 = a_B \approx 0.593$ Å anziehen?

1.2. *Quellen und Wirbel eines Vektorfeldes*: Gegeben ist das Vektorfeld

$$\mathbf{v} = \lambda \frac{\mathbf{e}_z \times \mathbf{x}}{|\mathbf{e}_z \times \mathbf{x}|^2}.$$

Berechnen Sie die Quellen und Wirbel von $\mathbf{v}$, d.h. insbesondere div $\mathbf{v}$ und rot $\mathbf{v}$.

Zusatzfrage: Welche physikalische Anordnung liegt $\mathbf{v}$ zugrunde, wenn Sie für $\lambda = 2I/c$ einsetzen (siehe Abschnitt 4.1.4)?

1.3. *Konservatives Vektorfeld*: Sei $\mathbf{E} = f(r)\,\mathbf{x}$. Berechnen Sie div $\mathbf{E}$, rot $\mathbf{E}$ und geben Sie die Resultate für $\mathbf{E} = \mathbf{x}/r^3$ an. Zeigen Sie insbesondere, dass rot $\mathbf{E} = 0$ auch für $r = 0$ gilt, selbst wenn $\mathbf{E}$ dort singulär ist.

1.4. *'Polarisationspotential'*: Es sei $\mathbf{Z} = \boldsymbol{\mu}/r$, wobei $\boldsymbol{\mu}$ ein konstanter Vektor sein soll. Berechnen Sie $\phi = -\operatorname{div}\mathbf{Z}$, $\mathbf{A} = \operatorname{rot}\mathbf{Z}$, $\mathbf{B} = \operatorname{rot}\mathbf{A}$, $\mathbf{E} = \operatorname{grad}\operatorname{div}\mathbf{Z}$ und $\mathbf{B} - \mathbf{E}$.

1.5. *Zeitliche Änderung des Flusses durch eine Fläche $F(t)$*:

$$\frac{d\Phi}{dt} = \frac{d}{dt}\iint_F d\mathbf{f}\cdot\mathbf{a}$$

gibt den Fluss des Vektorfeldes $\mathbf{a}$ durch die Fläche $F(t)$ an, den wir für (1.3.4) mithilfe der konvektiven Ableitung berechnet haben. Mit der folgenden „direkteren" Methode erhält man die Relation

$$\frac{d\Phi}{dt} = \iint_{F(t)} d\mathbf{f}\cdot\frac{\partial\mathbf{a}}{\partial t} + \iint_{F(t)} d\mathbf{f}\cdot\mathbf{v}\,(\boldsymbol{\nabla}\cdot\mathbf{a}) - \oint_{\partial F(t)} d\mathbf{x}\cdot(\mathbf{v}\times\mathbf{a})\,, \qquad (1.4.1)$$

deren Gültigkeit Sie zeigen sollen.

Hinweis: Bilden Sie $\lim\limits_{\delta\to 0}\dfrac{\Phi(t+\delta t)-\Phi(t)}{\delta t}$ und orientieren Sie sich an Abb. 1.10, die zeigt, wie die Flächenintegrale zu einem Oberflächenintegral ergänzt werden können.

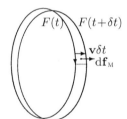

Abb. 1.10. $d\mathbf{f}_\mathrm{M} = d\mathbf{x}\times\mathbf{v}\delta t$ ist der Vektor des Flächenelementes auf der Mantelfläche F_M. Mit V bezeichnet man das von $F(t)$, $F(t+\delta t)$ und der Mantelfläche F_M eingeschlossene Volumen, dessen Oberfläche gegeben ist durch $\partial V = F(t+\delta t) + F(t) + F_\mathrm{M}$

1.6. *Induktion im Magnetfeld der Erde*: Die Tragflächen eines Flugzeugs (Airbus A380) haben eine Spannweite von 80 m. Das Flugzeug fliege mit 900 km/h über Mitteleuropa nach Norden, wobei die Vertikalkomponente des erdmagnetischen Feldes $B = 45\times 10^{-6}$ T betragen soll.

Berechnen Sie die Potentialdifferenz zwischen den beiden Enden der Tragflächen und geben Sie an, welches der beiden auf höherem Niveau liegt.

Hinweis: Der magnetische Südpol liegt in der Nähe des geografischen Nordpols.

1.7. *Poisson-Gleichung*: Zeigen Sie, dass aus dem Coulomb-Gesetz (1.2.1) das Potential einer Punktladung und damit die Green-Funktion der Poisson-Gleichung hergeleitet werden kann. Außerdem erhalten Sie, ausgehend von der einzelnen Punktladung mithilfe des Superpositionsprinzips die Poisson-Gleichung für die mikroskopische Ladungsdichte (1.1.1).

Literaturverzeichnis

W. Beier *Wilhelm Conrad Röntgen*, Springer Berlin (2013)

M. Faraday *Experimental Researches in Electricity*, Phil. Trans. **122**, 125–162 (1832)

G. Giorgi *Unità Razionali di Elettromagnetismo*, Atti della Associazione Elettrotecnica Italiana **5**, 402, Torino (1901) und G. Giorgi, Nuovo Cimento (5) **4**, 11 (1902)

D. Griffiths *Elektrodynamik*, 3. Aufl., Pearson München (2011)

H. von Helmholtz *On the Modern Development of Faraday's Conception of Electricity*, Science **2**, 182–185 (1881) bzw. in J. Chem. Soc. **39**, 277-304 (1881)

J. D. Jackson, *Klassische Elektrodynamik*, 4. Aufl., Walter de Gruyter, Berlin (2006)

P. Lenard *Ueber die magnetische Ablenkung der Kathodenstrahlen*, Ann. Physik. Neue Folge **52**, 23–33 (1894)

H. A. Lorentz *La théorie électromagnétique de Maxwell et son application aux corps mouvants* E.J. Brill, Harlem (1892); aus den Archives Néerlandaises **XXV**, 363 (1892)

J. C. Maxwell *On Physical Lines of Force* Phil. Mag. **21**, part II, *A Dynamical Theory of the Electromagnetic Field*, 338–348 (1861)

J. C. Maxwell *A treatise on electricity and magnetism*, 2 volumes, Clarendon Press Oxford (1873), auf deutsch:
Lehrbuch der Electricität und des Magnetismus, 2 Bände, Springer Berlin (1883)

J. C. Maxwell *The electrical research of the Honourable Henry Cavendish written between 1771 and 1781*, edited from the original manuscripts, Cambridge at the University Press (1879)

R. A. Millikan *The Isolation of an Ion, a Precision Measurement of its Charge, and the Correction of Stokes's Law*, Phys. Rev. (series 1) **32**, 349–397 (1911)

Joseph Priestley *The History and Present State of Electricity, with Original Experiments*, London (1767)

PTB Mitteilungen, Jahrgang **117**, Heft 2 (2007)

W.C. Röntgen *Über die durch Bewegung eines im homogenen elektrischen Felde befindlichen Dielektrikums hervorgerufene elektrodynamische Kraft*, Sitzungsberichte der Königlich Preussischen Akademie der Wissenschaften zu Berlin **7**, 23–29 (1888)

F. Schwabl *Statistische Mechanik*, 2. Aufl., Springer Berlin (2004)

F. Schwabl *Quantenmechanik*, 7. Aufl. Springer Berlin (2007)

F. Schwabl *Quantenmechanik für Fortgeschrittene*, 5. Aufl. Springer Berlin (2008)

A. Sommerfeld *Elektrodynamik*, 5. Aufl. Akad. Verlagsges. Leipzig (1967)

J.J. Thomson *Cathode rays*, Phil. Mag. **44**, 293 (1897)

E. Wiechert, Schriften d. phys.-ökon. Gesell. zu Königsberg in Pr. Jahrgang **38**, No. 1. Sitzungsber. 3–16 (1897)

Ruhende elektrische Ladungen und die Verteilung der Elektrizität auf Leitern

In der systemunabhängigen Formulierung der Elektrostatik tritt nur der der Coulomb-Kraft zuzuordnende Faktor k_C auf:

Gauß: $k_C = 1$	Heaviside: $k_C = \dfrac{1}{4\pi}$	SI: $k_C = \dfrac{1}{4\pi\epsilon_0}$.

2.1 Elektrostatisches Potential und Poisson-Gleichung

In der Elektrostatik wird vorausgesetzt, dass die Ladungsdichte ρ zeitunabhängig ist und die Stromdichte $\mathbf{j}$ verschwindet. Dann sind $\mathbf{E}$ und $\mathbf{B}$ ebenfalls zeitunabhängig und in den Maxwell-Gleichungen (1.3.21") aufgrund von $\dot{\mathbf{E}} = \dot{\mathbf{B}} = 0$ entkoppelt:

$$
\begin{aligned}
&\text{(a)} && \operatorname{div}\mathbf{E} = 4\pi k_C \rho \;\Rightarrow\; \text{SI: } \operatorname{div}\mathbf{E} = \rho/\epsilon_0 && \text{(b)} && \operatorname{rot}\mathbf{E} = 0 \\
&\text{(c)} && \operatorname{rot}\mathbf{B} = 0 && \text{(d)} && \operatorname{div}\mathbf{B} = 0\,,
\end{aligned}
\tag{2.1.1}
$$

wobei für die Phänomene der Elektrostatik nur die erste Zeile von (2.1.1) relevant ist.

Das Gauß'sche Gesetz (Kraftflusssatz) besagt, dass $\mathbf{E}$ Quellen und Senken hat, und dem Faraday'schen Induktionsgesetz entnehmen wir, dass beim Vorhandensein keiner oder nur statischer Magnetfelder das elektrische Feld wirbelfrei ist ($\operatorname{rot}\mathbf{E} = 0$).

Ein wirbelfreies Feld $\mathbf{E}$ kann als Gradient eines skalaren Potentials ϕ dargestellt werden:

$$
\mathbf{E} = -\boldsymbol{\nabla}\phi\,,
\tag{2.1.2}
$$

da $\operatorname{rot}\mathbf{E} = -\boldsymbol{\nabla}\times\boldsymbol{\nabla}\phi = 0$. Das Integral

Ergänzende Information Die elektronische Version dieses Kapitels enthält Zusatzmaterial, auf das über folgenden Link zugegriffen werden kann https://doi.org/10.1007/978-3-662-68528-0_2.

$$V = -\int_{\mathbf{x}_A}^{\mathbf{x}_B} d\mathbf{x} \cdot \mathbf{E} = \int_{\mathbf{x}_A}^{\mathbf{x}_B} \left\{ \frac{\partial \phi}{\partial x} dx + \frac{\partial \phi}{\partial y} dy + \frac{\partial \phi}{\partial z} dz \right\} = \int_{\mathbf{x}_A}^{\mathbf{x}_B} d\phi$$
$$= \phi(\mathbf{x}_B) - \phi(\mathbf{x}_A) \tag{2.1.3}$$

ist ein vom Weg unabhängiges Linienintegral (siehe Abb. 2.1). Die Potential-

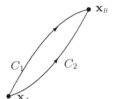

Abb. 2.1. Die Differenz des elektrischen Potentials $\phi(\mathbf{x}_B) - \phi(\mathbf{x}_A)$ ist für die Wege C_1 und C_2 gleich

differenz V wird als *Spannung* bezeichnet. Sie ist die Potentialdifferenz vom Endpunkt zum Ausgangspunkt. Geht man entlang einer Feldlinie, so nimmt das Potential ab.

Die Spannung wird in Volt angegeben, der Einheit des SI-Systems, nach der $1\,\mathrm{Volt} = 1\,\mathrm{J/(A\,s)}$. Kaum verwendet wird die Einheit $1\,\mathrm{statV} \approx 300\,\mathrm{V}$ des elektrostatischen bzw. Gauß'schen Systems.

Ist der Weg geschlossen, so ist die Ringspannung $\oint d\mathbf{x}' \cdot \mathbf{E} = 0$, da das elektrostatische Feld wirbelfrei ist.

Die Kraft auf ein Testteilchen mit der Ladung e ist nach (2.1.3) $e\,\mathbf{E}$. Um dieses Teilchen gegen die Wirkung des elektrischen Feldes vom Punkt A zum Punkt B zu verschieben, muss man die Arbeit

$$W_{AB} = -e \int_{\mathbf{x}_A}^{\mathbf{x}_B} d\mathbf{x} \cdot \mathbf{E} = e\left(\phi(\mathbf{x}_B) - \phi(\mathbf{x}_A) \right) = eV \tag{2.1.4}$$

leisten. Somit kann $e\phi(\mathbf{x})$ als potentielle Energie der Testladung im Feld angesehen werden.

Setzt man $\mathbf{E} = -\boldsymbol{\nabla}\phi$ in das Gauß'sche Gesetz (2.1.1a) ein, so erhält man die Poisson-Gleichung

$$\Delta\phi(\mathbf{x}) = -4\pi k_C \rho(\mathbf{x}). \tag{2.1.5}$$

Diese können wir mittels der Green'schen Funktion der Poisson-Gleichung

$$G(\mathbf{x} - \mathbf{x}') \equiv G_0(\mathbf{x}, \mathbf{x}') = \frac{1}{|\mathbf{x} - \mathbf{x}'|} \tag{2.1.6}$$

integrieren. Für G werden wir manchmal die Bezeichnung G_0 verwenden. In der Potentialtheorie können Green-Funktionen G_i mit dem stärkeren asymptotischen Abfall $1/r'^{1+i}$ notwendig sein, um konvergente Integrale der Form von (2.1.8) zu erhalten (siehe S. 603). G erfüllt die Differentialgleichung

$$\Delta \frac{1}{|\mathbf{x} - \mathbf{x}'|} = -4\pi\delta^{(3)}(\mathbf{x} - \mathbf{x}').\tag{2.1.7}$$

Multiplikation mit $\rho(\mathbf{x}')$ und Integration $\int d^3x'$ ergibt

$$\Delta \int d^3x' \, \frac{\rho(\mathbf{x}')}{|\mathbf{x} - \mathbf{x}'|} = -4\pi\rho(\mathbf{x}) \,,$$

woraus die allgemeine Lösung der Poisson-Gleichung

$$\phi(\mathbf{x}) = k_C \int d^3x' \, \frac{\rho(\mathbf{x}')}{|\mathbf{x} - \mathbf{x}'|}\tag{2.1.8}$$

folgt. Es bleibt noch zu zeigen, dass $1/r$ die Green-Funktion der Poisson-Gleichung ist. Mit $r = |\mathbf{x}|$ bekommt man

$$\frac{\partial r}{\partial x_i} = \frac{x_i}{r}, \qquad \frac{\partial}{\partial x_i} \frac{1}{r} = -\frac{x_i}{r^3}, \qquad \frac{\partial^2}{\partial x_i^2} \frac{1}{r} = -\frac{1}{r^3} + 3\frac{x_i^2}{r^5},$$

$$\boldsymbol{\nabla} \frac{1}{r} = -\frac{\mathbf{x}}{r^3} \quad \text{und} \quad \Delta \frac{1}{r} = -3\frac{1}{r^3} + 3\frac{r^2}{r^5} = 0 \qquad \text{für} \quad r \neq 0.$$

Zur Bestimmung von $\Delta\frac{1}{r}$ am Nullpunkt bildet man das Integral innerhalb einer Kugel K_ϵ vom Radius ϵ, wobei $d\mathbf{f} = r^2\mathbf{e}_r \, d\Omega$ und $\mathbf{e}_r = \mathbf{x}/r$:

$$\int_{K_\epsilon} d^3x \, \nabla^2 \frac{1}{r} = \oiint_{\partial K_\epsilon} d\mathbf{f} \cdot \boldsymbol{\nabla} \frac{1}{r} = -\oiint_{\partial K_\epsilon} d\mathbf{f} \cdot \frac{\mathbf{x}}{r^3} = -\int d\Omega = -4\pi.\tag{2.1.9}$$

Somit ist $\Delta\frac{1}{r} = -4\pi\delta^{(3)}(\mathbf{x})$, wie in (2.1.7) behauptet. Ausführlicher wird auf die Poisson-Gleichung im Anhang A.4.4 und A.4.6 eingegangen.

2.2 Potential und Feld für vorgegebene Ladungsverteilungen

Es werden nun Potentiale und Felder für einige einfache und für die Elektrostatik charakteristische Ladungsverteilungen berechnet. Diese können als Bausteine für komplexere Ladungsverteilungen verwendet werden, um deren Potentiale und Felder durch Superposition zu berechnen.

2.2.1 Einfache Anordnungen von Ladungen

Eine räumlich ausgedehnte Ladungsverteilung hat im Allgemeinen nicht verschwindende Momente

$$M_{ij...} = \int d^3x' \, \rho(\mathbf{x}') x_i' x_j' ...$$

in beliebiger Ordnung. Die nullte Ordnung gibt die Gesamtladung an, die erste das Dipolmoment etc.. Eine punktförmige Ladung hat jedoch außer dem nullten Moment keine weiteren. Beim Punktdipol verschwindet nur das erste Moment nicht. Man kann also an einfachen Anordnungen von Ladungen die Winkelverteilung und die Reichweite des Feldes der einzelnen Momente studieren.

Punktladung

An der Stelle $\mathbf{x}_0$ befindet sich eine Punktladung e, deren Ladungsdichte gemäß (1.1.1) gegeben ist durch

$$\rho(\mathbf{x}) = e\,\delta^{(3)}(\mathbf{x}-\mathbf{x}_0).$$

Das Potential wird mittels (2.1.8) bestimmt als

$$\phi(\mathbf{x}) = k_C \frac{e}{|\mathbf{x}-\mathbf{x}_0|} \qquad \Rightarrow \quad \mathbf{E} = -\boldsymbol{\nabla}\phi = k_C e \frac{\mathbf{x}-\mathbf{x}_0}{|\mathbf{x}-\mathbf{x}_0|^3}. \qquad (2.2.1)$$

$\mathbf{E}$ zeigt von positiver zu negativer Ladung und ist, wie in Abb. 2.2 skizziert, um $\mathbf{x}_0$ radialsymmetrisch, was als *Coulomb-Feld* bezeichnet wird. Die Flächen gleichen Potentials, die *Äquipotentialflächen*, sind Kugeloberflächen.

Abb. 2.2. Coulomb-Feld um eine positive Punktladung an der Stelle $\mathbf{x}_0$ mit Äquipotentiallinien (Kreise)

Elektrischer Dipol

Gegeben seien zwei Ladungen e und $-e$ im Abstand d, wobei die negative im Ursprung sitzt, wie in Abb. 2.3 skizziert. Die Ladungsdichte ist dann in 1. Ordnung einer Taylorentwicklung für $r \gg d$:

$$\rho(\mathbf{x}) = e\left[\delta^{(3)}(\mathbf{x}-\mathbf{d}) - \delta^{(3)}(\mathbf{x})\right] \approx -e\mathbf{d}\cdot\boldsymbol{\nabla}\delta^{(3)}(\mathbf{x})$$
$$= -\mathbf{p}\cdot\boldsymbol{\nabla}\delta^{(3)}(\mathbf{x}). \qquad (2.2.2)$$

$\mathbf{p} = e\mathbf{d}$ ist das Dipolmoment der Ladungsverteilung, wobei $\mathbf{p}$ zur positiven Ladung zeigt. Wird der Grenzübergang

$$\mathbf{p} = \lim_{d\to 0\ ;\ ed<\infty} e\mathbf{d} \qquad (2.2.3)$$

Abb. 2.3. Der Dipol $\mathbf{p} = e\mathbf{d}$ ist zur positiven Ladung $e > 0$ hin gerichtet (im Gegensatz zum Feld $\mathbf{E}$, das zum niedrigeren Potential zeigt))

so geführt, dass $\mathbf{p}$ endlich ist, so liegt ein Punktdipol vor, dessen Ladungsdichte durch (2.2.2) gegeben ist. Setzt man (2.2.2) in $\phi(\mathbf{x})$ (2.1.8) ein, so erhält man nach partieller Integration

$$\phi(\mathbf{x}) = -k_C \int \mathrm{d}^3 x' \, \frac{\mathbf{p}\cdot\boldsymbol{\nabla}'\,\delta^{(3)}(\mathbf{x}')}{|\mathbf{x}-\mathbf{x}'|} = k_C \int \mathrm{d}^3 x' \, \delta^{(3)}(\mathbf{x}') \left(\mathbf{p}\cdot\boldsymbol{\nabla}'\frac{1}{|\mathbf{x}-\mathbf{x}'|}\right).$$

Potential und Feld eines im Ursprung sitzenden Punktdipols sind

$$\phi(\mathbf{x}) = -k_C \mathbf{p}\cdot\boldsymbol{\nabla}\frac{1}{r} = k_C \frac{\mathbf{p}\cdot\mathbf{x}}{r^3}, \tag{2.2.4}$$

$$\mathbf{E}(\mathbf{x}) = k_C \boldsymbol{\nabla}(\mathbf{p}\cdot\boldsymbol{\nabla}\frac{1}{r}) = -\frac{k_C}{r^3}\left[\mathbf{p} - 3\frac{(\mathbf{p}\cdot\mathbf{x})\mathbf{x}}{r^2}\right]. \tag{2.2.5}$$

Manchmal ist es zweckmäßig, den Sitz des Dipols $\mathbf{x}_0$ nicht mit dem Ort der negativen Ladung gleichzusetzen. In Abb. 2.4 zeigt $\mathbf{x}_0$ in die Mitte der Verbindungslinie der beiden Ladungen

$$\rho(\mathbf{x}) = e\left[\delta^{(3)}\left(\mathbf{x}-(\mathbf{x}_0+\frac{\mathbf{d}}{2})\right) - \delta^{(3)}\left(\mathbf{x}-(\mathbf{x}_0-\frac{\mathbf{d}}{2})\right)\right], \tag{2.2.6}$$

wo die Abweichungen der Dichte, des Potentials und des Feldes von den Dipolbeiträgen (2.2.7)-(2.2.9) am geringsten sind

$$\rho(\mathbf{x}) = -\mathbf{p}\cdot\boldsymbol{\nabla}\,\delta^{(3)}(\mathbf{x} - \mathbf{x}_0), \tag{2.2.7}$$

$$\phi(\mathbf{x}) = -k_C\,\mathbf{p}\cdot\boldsymbol{\nabla}\frac{1}{|\mathbf{x}-\mathbf{x}_0|}, \tag{2.2.8}$$

$$\mathbf{E}(\mathbf{x}) = k_C\boldsymbol{\nabla}(\mathbf{p}\cdot\boldsymbol{\nabla}\frac{1}{|\mathbf{x}-\mathbf{x}_0|}). \tag{2.2.9}$$

Abb. 2.4. Die Beiträge der Ordnung $O(d^2)$ zu ϕ und $\mathbf{E}$ sind minimal, wenn $\mathbf{x}_0$ in der Mitte der Verbindungslinie der beiden Ladungen liegt

Elektrischer Quadrupol

Wir gehen jetzt von je zwei Punktladungen mit den Ladungen $e > 0$ und $-e$ aus. Die Gesamtladung q verschwindet so. Zusätzlich wird verlangt, dass auch das Dipolmoment verschwindet. Das wird durch den Ansatz

$$\rho(\mathbf{x}) = \sum_{i=1}^{4} \rho_i(\mathbf{x}) = e\left[\delta^{(3)}(\mathbf{x}-\mathbf{c}) - \delta^{(3)}(\mathbf{x}-\mathbf{a})\right] - e\left[\delta^{(3)}(\mathbf{x}+\mathbf{a}) + \delta^{(3)}(\mathbf{x}+\mathbf{c})\right]$$

gewährleistet. Skizziert ist eine solche Konfiguration in Abb. 2.5. In großem Abstand von der um den Nullpunkt lokalisierten Ladungsverteilung erhält man durch Taylorentwicklung bis zur 2. Ordnung

$$\rho(\mathbf{x}) = e\left[\delta^{(3)}(\mathbf{x}-\mathbf{c}) + \delta^{(3)}(\mathbf{x}+\mathbf{c}) - \delta^{(3)}(\mathbf{x}-\mathbf{a}) - \delta^{(3)}(\mathbf{x}+\mathbf{a})\right]$$
$$\approx e\left(c_i c_j - a_i a_j\right)\nabla_i\nabla_j\delta^{(3)}(\mathbf{x})\,.$$

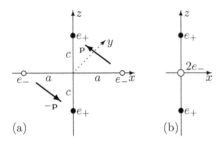

(a)   (b)

Abb. 2.5. (a) Die Ladungen sind so angeordnet, dass Dipolmoment und Quadrupolmomente Q_{ij} für $i \neq j$ verschwinden (b) axialsymmetrischer, gestreckter Quadrupol als Grenzwert $a \to 0$

Die 2. Momente dieser Ladungsverteilung sind

$$M_{kl} = \int \mathrm{d}^3x\, x_k x_l\, \rho(\mathbf{x})$$
$$= e\left(c_i c_j - a_i a_j\right) \int \mathrm{d}^3x\, x_k x_l\, \nabla_i\nabla_j\delta^{(3)}(\mathbf{x}) \overset{\text{part. int}}{=} 2e\left(c_k c_l - a_k a_l\right)\,.$$

Mittels

$$\rho(\mathbf{x}) \approx \frac{1}{2}M_{ij}\nabla_i\nabla_j\delta^{(3)}(\mathbf{x})$$

berechnet man nun das Potential obiger Punktladungen und erhält nach zweimaliger partieller Integration und Überwälzen der Differentiation von $\nabla_i' \to -\nabla_i$

$$\phi_Q(\mathbf{x}) = k_C \frac{M_{ij}}{2} \int \frac{\mathrm{d}^3x'}{|\mathbf{x}-\mathbf{x}'|}\nabla_i'\nabla_j'\delta^{(3)}(\mathbf{x}') = k_C \frac{M_{ij}}{2}\int \mathrm{d}^3x'\,\delta^{(3)}(\mathbf{x}')\nabla_i'\nabla_j'\frac{1}{|\mathbf{x}-\mathbf{x}'|}$$
$$= k_C \frac{M_{ij}}{2}\nabla_i\nabla_j\frac{1}{r} = k_C \frac{M_{ij}}{2}\frac{3x_i x_j - \delta_{ij}r^2}{r^5}\,. \tag{2.2.10}$$

Jetzt wird der letzte Term umgeformt

$$M_{ij}\delta_{ij}r^2 = x_i x_j \delta_{ij} M \qquad \text{mit} \qquad M = \mathrm{Sp}\,\mathsf{M} = \sum_k M_{kk}\,.$$

Wir erhalten schließlich

$$\phi_Q(\mathbf{x}) = \frac{k_C}{2} Q_{ij} \frac{x_i x_j}{r^5} \qquad \text{mit} \qquad Q_{ij} = 3M_{ij} - \delta_{ij} \operatorname{Sp} \mathsf{M}. \qquad (2.2.11)$$

Auf Hauptachsenform gebracht hat man drei diagonale Quadrupolmomente Q_i mit $i = 1, 2, 3$. Aufgrund der Spurfreiheit bleiben jedoch nur zwei unabhängige Momente. Die in Abb. 2.5a skizzierte Ladungsverteilung hat mit a und c zwei Parameter für zwei unabhängige Quadrupolmomente, was ausreichend für die Darstellung jedes Quadrupols in Hauptachsenform ist. Der Punktquadrupol ist nach Abb. 2.5 bestimmt durch

$$Q_1 = -\lim_{\substack{a,c\to 0 \\ a^2 e<\infty;\, c^2 e<\infty}} e(4a^2 + 2c^2), \qquad Q_3 = \lim_{\substack{a,c\to 0 \\ a^2 e<\infty;\, c^2 e<\infty}} e(4c^2 + 2a^2). \qquad (2.2.12)$$

Ist die Ladungsverteilung axialsymmetrisch, $Q_1 = Q_2$, so hat man nur ein Quadrupolmoment $Q = Q_3$. Für $Q > 0$ ist der Quadrupol gestreckt, wie in Abb. 2.5b skizziert.

Das Feld eines im Ursprung gelegenen Quadrupols ist

$$E_i(\mathbf{x}) = -\nabla_i \phi_Q(\mathbf{x}) = k_C \left[\frac{5}{2} Q_{jk} \frac{x_i x_j x_k}{r^7} - Q_{ij} \frac{x_j}{r^5} \right]. \qquad (2.2.13)$$

Linienladung

Die Ladungsdichte ρ eines Drahtes sei homogen und sein Querschnitt so klein, dass man den Draht als Linie behandeln kann. Auf der Linie befinde sich pro Längeneinheit die Ladung λ, die sogenannte Linienladung. $q = 2l\lambda$ ist die Gesamtladung eines Drahtes der Länge $2l$.

Gerade Linienladung unendlicher Länge

Abb. 2.6 zeigt einen Draht, der in der z-Achse liegt, wobei

$$\rho(\mathbf{x}) = \lambda\delta(x)\delta(y)\,\theta(l-|z|) \qquad (2.2.14)$$

seine Ladungsdichte, wie in Abb. 2.6 eingezeichnet, und

$$\phi(\mathbf{x}) = k_C \lambda \int_{-l}^{l} \frac{\mathrm{d}z'}{\sqrt{\varrho^2 + (z-z')^2}} = -k_C \lambda \ln\left[z - z' + \sqrt{\varrho^2 + (z-z')^2}\right]\Big|_{-l}^{l} \quad (2.2.15)$$

das zugehörige Potential sind.

Nehmen wir an, dass $l \to \infty$, so hängt ϕ nur vom Abstand $\varrho = \sqrt{x^2 + y^2}$ des Drahtes vom Aufpunkt ab, so dass wir $z = 0$ setzen können:

$$\phi(\varrho) = -k_C \lambda \ln \frac{-l + \sqrt{\varrho^2 + l^2}}{l + \sqrt{\varrho^2 + l^2}} = k_C \lambda \ln \frac{\left(l + \sqrt{\varrho^2 + l^2}\right)^2}{\varrho^2} \approx 2k_C \lambda \left[\ln(2l) - \ln\varrho\right].$$

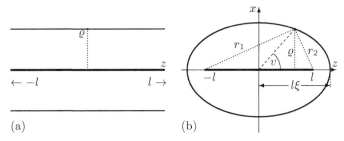

Abb. 2.6. (a) Linienladung mit $l \gg \varrho$; die Äquipotentiallinie ist eine Gerade   (b) Äquipotentiallinie (Ellipse) einer Linienladung in der zx-Ebene. $r_{1,2}$ sind die Fahrstrahlen, l die lineare Exzentrizität und $l\xi$ die Halbachse

Wir haben Zähler und Nenner mit $l + \sqrt{\varrho^2 + l^2}$ erweitert und für $l \gg \varrho$ entwickelt. Im Grenzwert $l \to \infty$ tritt also eine unendliche Konstante auf, die zwar keinen Einfluss auf das elektrostatische Feld hat, aber vermieden werden kann, wenn das Potential nur als Differenz zu einem beliebigen anderen Punkt ϱ_0 (*Regularisierungspunkt*, siehe Anhang S. 603 bzw. Aufgabe 4.1) bestimmt wird. Man erhält so

$$\phi(\mathbf{x}, \mathbf{x}_0) = \lambda \lim_{l \to \infty} \big[\phi(\varrho) - \phi(\varrho_0)\big] = 2k_C\lambda\big(\ln \varrho_0 - \ln \varrho\big). \tag{2.2.16}$$

Die Abhängigkeit von ϱ_0 ist ohne Einfluss auf $\mathbf{E}$. Mit dem unendlich langen Draht hat man ein zweidimensionales Problem vor sich. In zwei Dimensionen ist es typisch, dass $|\phi(\varrho \to \infty)|$ nicht abnimmt. Für das Feld erhält man

$$\mathbf{E} = k_C(2\lambda/\varrho)\,\mathbf{e}_\varrho\,. \tag{2.2.17}$$

Gerade Linienladung endlicher Länge

Bei der Bestimmung von ϕ für einen Draht endlicher Länge, wie er in Abb. 2.6b dargestellt ist, erhält man aus (2.2.15)

$$\phi(\mathbf{x}) = -k_C\lambda \ln \frac{z - l + r_2}{z + l + r_1} \qquad \text{mit} \qquad r_{1,2} = \sqrt{\varrho^2 + (z \pm l)^2}\,. \tag{2.2.18}$$

Das elektrostatische Feld erhalten wir wiederum durch Gradientenbildung aus dem Potential, wobei wir Zähler und Nenner mit $-z - l + r_1$ erweitert haben:

$$\frac{\partial \ln(z + l + r_1)}{\partial \varrho} = \frac{1}{z + l + r_1}\frac{\varrho}{r_1} = \frac{-z - l + r_1}{\varrho^2}\frac{\varrho}{r_1} = \frac{1}{\varrho} - \frac{z + l}{\varrho r_1}\,.$$

Die Ableitung nach z kann von (2.2.15) abgelesen werden, so dass

$$\mathbf{E}(\mathbf{x}) = -\boldsymbol{\nabla}\phi(\mathbf{x}) = k_C\lambda\Big[\Big(\frac{z + l}{r_1} - \frac{z - l}{r_2}\Big)\mathbf{e}_\varrho - \Big(\frac{1}{r_1} - \frac{1}{r_2}\Big)\mathbf{e}_z\Big]. \tag{2.2.18'}$$

Zu zeigen ist noch, dass die Äquipotentialflächen Rotationsellipsoide mit den Brennpunkten $z = \pm l$ sind. Zunächst führen wir neue Größen ein:

$$\xi = \frac{1}{2l}(r_1 + r_2), \qquad r_1 = l(\xi + \eta), \qquad l^2(\xi^2 + \eta^2) = \frac{1}{2}(r_1^2 + r_2^2) = \varrho^2 + z^2 + l^2,$$

$$\eta = \frac{1}{2l}(r_1 - r_2), \qquad r_2 = l(\xi - \eta), \qquad \xi\eta = \frac{1}{4l^2}(r_1^2 - r_2^2) = \frac{z}{l}.$$

Damit erhält man

$$r_{1,2} + z \pm l = l[\xi \pm \eta + \xi\eta \pm 1] = l(\xi \pm 1)(1 + \eta)$$

$$\phi(\mathbf{x}) = k_C \lambda \big[\ln(\xi + 1) - \ln(\xi - 1) \big]. \qquad (2.2.19)$$

Damit stellt $\xi = (r_1 + r_2)/2l = $ const eine Äquipotentialfläche dar. Unter dieser Annahme sind $r_{1,2}$ die Fahrstrahlen der Ellipse in Abb. 2.6, l ist die lineare Exzentrizität, $l\xi$ die Halbachse und die Konfiguration ist axialsymmetrisch. Die Äquipotentialflächen sind so gestreckte Rotationsellipsoide und die Feldlinien Rotationshyperboloide.

Um den Zusammenhang mit zweidimensionalen elliptischen Koordinaten herzustellen, betrachten wir die zx-Ebene. Für eine Ellipse gilt $a = (r_1 + r_2)/2$. Wir stellen fest, dass

$$z = \xi\eta, \qquad\qquad x^2 = l^2(\xi^2 - 1)(1 - \eta^2),$$

was elliptischen Koordinaten entspricht. Hier ist $\eta = \cos v$ der Azimutalwinkel in der zx-Ebene mit $0 \le v < 2\pi$ und $1 \le \xi < \infty$. Setzt man $\xi = \cosh u$, so erhält man die zx-Darstellung zweidimensionaler elliptischer Koordinaten mit

$$z = l \cosh u \cos v, \qquad\qquad x = l \sinh u \sin v.$$

Betrachtet man die Linienladung aus Entfernungen $r \gg l$, so erscheint diese als Punktladung $q = 2l\lambda$ mit einem gestreckten axialsymmetrischen Quadrupol $Q_3 = \lambda 4l^3/3$.

Endlicher Querschnitt und gekrümmte Linien

Wenn der Querschnitt des Drahtes F klein gegen seine Länge ist, ist es sinnvoll den Draht als Linie (Kurve) zu behandeln. Sei s die Parameterdarstellung für diese Kurve, so ist

$$\int \mathrm{d}^3 x \, \rho(\mathbf{x}) = \int_C \mathrm{d}s \, F(s) \, \rho = \int_C \mathrm{d}s \, \lambda(s),$$

mit der Linienladungsdichte λ. Das Linienintegral erstreckt sich über die Kurve C (siehe Abb. 2.7).

Geht man von einer Linienladung aus, so kann man entlang C lokale orthogonale Koordinaten $\boldsymbol{\xi}$ einführen. Es gilt dann

$$\rho(\mathbf{x}) \, \mathrm{d}^3 x = \rho(\xi) \, |\frac{\partial \mathbf{x}}{\partial \boldsymbol{\xi}}| \, \mathrm{d}^3 \xi = \lambda(\xi_3) \, \delta(\xi_1) \, \delta(\xi_2) \, \mathrm{d}^3 \xi,$$

wobei das Integral über ξ_3 entlang der Kurve C zu berechnen ist.

Abb. 2.7. Draht mit dem Querschnitt $F(s)$ und der Ladung λ pro Längeneinheit

Flächenladung

Gegeben sei eine mit Ladungen gleichmäßig belegte ebene Fläche, wie in Abb. 2.8 skizziert. Sie hat die Ladungsdichte

$$\rho(\mathbf{x}) = \sigma\,\delta(z)\,. \tag{2.2.20}$$

z ist die Koordinate normal auf die geladene Fläche, wie Abb. 2.8 entnommen

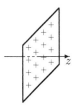

Abb. 2.8. Flächenladungsdichte σ in der Ebene mit $z = 0$; es ist $\rho(\mathbf{x}) = \sigma(\mathbf{x}_\parallel)\,\delta(z)$

werden kann, und σ die Dichte der auf die Fläche gebrachten Ladung. Versucht wird das skalare Potential ϕ mithilfe von (2.1.8) zu berechnen, wobei $x = y = 0$ gesetzt werden darf, da ϕ nur von z abhängen darf. Da das Integral in der über $\mathbb{R}^3$ divergiert, beschränken wir uns vorerst auf einen endlichen mit Ladung belegten Kreis des Radius R:

$$\hat{\phi}(\mathbf{x}) = 2\pi k_C \sigma \int_0^R \mathrm{d}\varrho'\, \frac{\varrho'}{\sqrt{\varrho'^2 + z^2}} = 2\pi k_C \sigma\left[\sqrt{R^2 + z^2} - |z|\right].$$

Das Potential divergiert also mit $R \to \infty$. Das ist nicht weiter tragisch, da beim Potential nur Differenzen, aber nicht dessen absoluter Wert relevant sind. Man nimmt also das Potential $\hat{\phi}(\mathbf{x}_0)$ und bildet die Differenz:

$$\phi(\mathbf{x}) = \lim_{R\to\infty}\left[\hat{\phi}(\mathbf{x}) - \hat{\phi}(\mathbf{x}_0)\right] = 2\pi k_C \sigma\left(|z_0| - |z|\right).$$

Alternative Methode: Die Poisson-Gleichung vereinfacht sich wegen $\phi(\mathbf{x}) = \phi(z)$ zu

$$\Delta\phi = \frac{\mathrm{d}^2}{\mathrm{d}z^2}\,\phi = -4\pi k_C \sigma\,\delta(z)\,. \tag{2.2.21}$$

Aus $\frac{\mathrm{d}}{\mathrm{d}x}\,\mathrm{sgn}\,x = 2\delta(x)$ folgt $\frac{\mathrm{d}\phi}{\mathrm{d}z} = A - 2\pi k_C \sigma\,\mathrm{sgn}\,z$. Da $E_\perp = -\frac{\mathrm{d}\phi}{\mathrm{d}z}$ bei diesen Anwendungen antisymmetrisch sein muss, folgt $A = 0$. Das ergibt für das in Abb. 2.9 skizzierte Feld bzw. Potential

$$E_\perp = 2\pi k_C \sigma\,\mathrm{sgn}\,z\,, \qquad\qquad \phi = \phi_0 - 2\pi k_C \sigma|z|\,. \tag{2.2.22}$$

$E_\perp$ hat einen Sprung von $4\pi k_C \sigma$ an der Ladungsschicht. Der absolute Wert des Potentials ist weder bestimmbar noch physikalisch relevant.

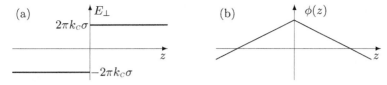

Abb. 2.9. (a) Sprung des elektrischen Feldes einer Flächenladung an der Oberfläche (b) Elektrostatisches Potential ϕ einer Flächenladung in der Ebene $z = 0$

2.2.2 Feldlinien

Zur Darstellung des elektrostatischen Potentials ϕ kann man in Analogie zu den Höhenschichtlinien in den geografischen Karten Äquipotentiallinien $\phi = \text{const}$ einzeichnen. Senkrecht auf diese Äquipotentiallinien sind die Feldlinien, früher auch als Kraftlinien bezeichnet. Diese werden zur grafischen Charakterisierung des Feldes benutzt. Es ist die Schar von Kurven, deren Tan-

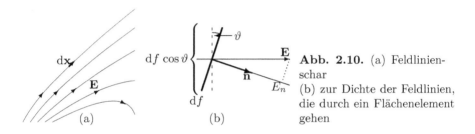

Abb. 2.10. (a) Feldlinienschar (b) zur Dichte der Feldlinien, die durch ein Flächenelement gehen

gente in jedem Punkt parallel zur Feldstärke $\mathbf{E}$ ist ($\mathrm{d}\mathbf{x} \| \mathbf{E}$), wie in Abb. 2.10 skizziert.

Eigenschaften von Feldlinien

- Die Tangenten der Feldlinien $\mathbf{x}(s)$ sind entlang des Weges s parallel $\mathbf{E}(\mathbf{x}(s))$:

$$\frac{\mathrm{d}\mathbf{x}(s)}{\mathrm{d}s} = \frac{\mathbf{E}(\mathbf{x}(s))}{|\mathbf{E}(\mathbf{x}(s))|} \overset{\mathrm{d}\mathbf{x}\|\mathbf{E}}{\text{oder}} \frac{\mathrm{d}x_i}{\mathrm{d}x_j} = \frac{E_i}{E_j} \overset{i,j=1,2,3}{\Longleftrightarrow} \frac{\mathrm{d}x_i}{E_i} = \frac{\mathrm{d}x_j}{E_j}. \quad (2.2.23)$$

- In der Elektrostatik kennt man nur wirbelfreie Felder (rot $\mathbf{E} = 0$). Bei diesen beginnt eine Feldlinie auf einem höherem Potential (Quelle, positive Ladung) und endet auf niedrigerem Niveau (Senke, negative Ladung).

- Um die Dichte der Feldlinien festzulegen, gibt man für den Fluss einen Wert Φ_0 vor, in den eine Feldlinie fällt. Durch das Flächenelement $\Delta\mathbf{f}$ gehen dann

$$\Delta\Phi_E/\Phi_0 = \Delta\mathbf{f}\cdot\mathbf{E}/\Phi_0$$

Feldlinien (siehe Abb. 2.10b). Hierbei ist $\mathrm{d}\mathbf{f}\cdot\mathbf{E} = \mathrm{d}f\,E\cos{(\mathbf{n},\mathbf{E})}$.

Alternativ können wir die aus der Oberfläche ∂V eines Volumens V mit der Ladung $Q > 0$ austretende Anzahl an Feldlinien (proportional zu Q) frei wählen. Diese Anzahl bleibt dann im ladungsfreien Raum ($\Delta\phi = 0$) unverändert.

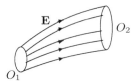

Abb. 2.11. Feldlinien auf einer Röhre

Wir betrachten eine Röhre, die von Feldlinien begrenzt ist (siehe Abb. 2.11):

$$\oiint_O \mathrm{d}\mathbf{f}\cdot\mathbf{E} = O_2\,E_2 - O_1\,E_1 = 0\,,$$

wobei O_1 und O_2 senkrecht auf die Feldlinien stehen. Daraus folgt, dass die Zahl der Feldlinien durch O_2 gleich der Zahl der Feldlinien durch O_1 ist, falls keine Ladungen in dem Gebiet vorhanden sind.

Wenn $\rho \neq 0$, ist $4\pi k_C Q = \oiint \mathrm{d}\mathbf{f}\cdot\mathbf{E} = \oiint \mathrm{d}f\,E\,\cos(\mathbf{n},\mathbf{E})$

$$= \text{Zahl der Feldlinien durch die Oberfläche.}$$

Analytische Bestimmung der Feldlinien für ein Dipolfeld

Gegeben sei ein Punktdipol, der am Koordinatenursprung sitzt und in die z-Richtung zeigt, $\mathbf{p} = p\mathbf{e}_z$, wie in Abb. 2.12 skizziert. Nach (2.2.4) sind die Feldlinien in der xz-Ebene ($y = 0$)

$$\mathbf{E} = k_C\frac{p}{r^3}\Big(3\frac{z\mathbf{x}}{r^2}-\mathbf{e}_z\Big), \qquad \frac{\mathrm{d}z}{\mathrm{d}x} = \frac{E_z}{E_x} = \frac{2z^2-x^2}{3zx} = \frac{2z}{3x}-\frac{x}{3z}. \qquad (2.2.24)$$

Damit kann zwar das Vektorfeld skizziert werden, für eine Darstellung der Feldlinien muss aus (2.2.24) der Verlauf der Feldlinien $z = f(x)$ bestimmt werden. Mit der Koordinatentransformation $z = u\,x$ kann erreicht werden, dass $g(u)\,\mathrm{d}u = f(x)\,\mathrm{d}x$:

$$\frac{\mathrm{d}z}{\mathrm{d}x} = x\frac{\mathrm{d}u}{\mathrm{d}x}+u = \frac{2u}{3} - \frac{1}{3u} \qquad \Rightarrow \qquad \frac{3u\,\mathrm{d}u}{u^2+1} = -\frac{\mathrm{d}x}{x}.$$

Die Integration und nachfolgende Exponentiation ergeben

$$(3/2)\ln(u^2+1) = -\ln x + C \qquad \Rightarrow \qquad (u^2+1)^{3/2} = C/x.$$

Angestrebt ist eine Lösung der Form $z(x)$, wobei x_0 mit $z(x_0) = 0$ der Startpunkt auf der x-Achse ist. Damit wird die Integrationskonstante C festgelegt:

$$z^2 = x^2\big[(C/x)^{2/3}-1\big] \quad \overset{C=x_0}{\Longrightarrow} \quad z(x) = \pm x^{2/3}\sqrt{x_0^{2/3}-x^{2/3}}. \qquad (2.2.25)$$

Zu einem vorgegebenen x_0 ist so die zugehörige Feldlinie, beginnend mit

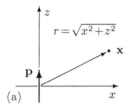

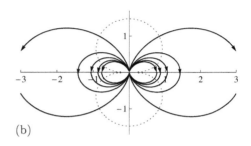

Abb. 2.12. (a) Punktdipol (b) Feldlinien und Äquipotentiallinien (strichliert) des Punktdipols

$z = 0$, bestimmt. Will man die benachbarten Feldlinien berechnen, so hat man das Wegstück 2δ auf der x-Achse zu bestimmen, durch das ein Fluss Φ_E vorgegebener Stärke geht:

$$\Phi_E = \int_{x_0-\delta}^{x_0+\delta} \mathrm{d}x\,|E_z(z{=}0)| = k_C p \int_{x_0-\delta}^{x_0+\delta} \mathrm{d}x\, x^{-3} = k_C \frac{2px_0\delta}{(x_0^2-\delta^2)^2}.$$

Die so berechnete Feldliniendichte ist auf eine Linie, nicht aber auf eine Fläche ('Flussröhre') bezogen; Abb. 2.12 zeigt die Feldlinien eines Punktdipols.

Quadrupolfeld

In Ergänzung zum Dipolfeld zeigen wir noch ohne detaillierte Rechnung das Feldlinienbild von vier Punktladungen in der Anordnung eines axialsymmetrischen Quadrupols nach Abb. 2.13a. Das resultierende Feldlinienbild Abb. 2.13b hat insbesondere außerhalb des Quadrats die für einen Quadrupol typische Form.

2.2.3 Randbedingung des elektrischen Feldes an einer Oberfläche

Gegeben sei eine Fläche mit der Flächenladung σ. Zu bestimmen sind die Randbedingungen für **E** an dieser Grenzfläche, wobei zwischen der Normal- und den Tangentialkomponenten zu unterscheiden ist.

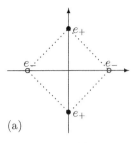

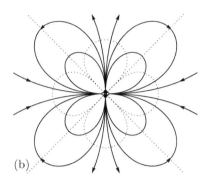

(a)

(b)

Abb. 2.13. (a) Anordnung der Ladungen des Quadrupols   (b) Zugehöriges Feldlinienbild

Sprung in der Normalkomponente

Beim Durchgang durch eine mit der Flächenladung σ belegten Fläche macht die Normalkomponente $\mathbf{E}_\perp$ einen Sprung von $4\pi\sigma$, wie aus (2.2.22) hervorgeht. Dieser Sprung in der Normalkomponente wurde aus dem Potential einer unendlich ausgedehnten, ebenen Fläche hergeleitet. Hier wird gezeigt, dass dieses Resultat allgemeiner gilt.

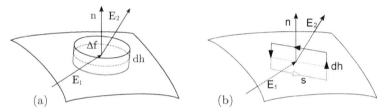

(a)   (b)

Abb. 2.14. (a) Sprung in der Normalkomponente   (b) Stetigkeit der Tangentialkomponenten

Die Grenzfläche werde von einem Zylinder mit dem Radius Δr, der Deckfläche $\Delta\mathbf{f} = \Delta f\mathbf{n}$ und der infinitesimalen Höhe $\mathrm{d}h$ durchdrungen, wie in Abb. 2.14a skizziert. Hierbei gelte $\mathrm{d}h \ll \Delta r$, so dass die Mantelfläche $2\pi\mathrm{d}h\Delta r$ gegenüber den Deckflächen $\pi(\Delta r)^2$ vernachlässigt werden kann. Auf diesen Zylinder wendet man das Gauß'sche Gesetz an;

$$\oiint \mathrm{d}\mathbf{f} \cdot \mathbf{E} = 4\pi k_C Q = 4\pi k_C \sigma \Delta f \,.$$

Nun wird das Oberflächenintegral berechnet. Es gilt $\Delta\mathbf{f}^{(2)} = -\Delta\mathbf{f}^{(1)} = \Delta f\mathbf{n}$.

$$\Delta\mathbf{f}^{(1)} \cdot \mathbf{E}^{(1)} + \Delta\mathbf{f}^{(2)} \cdot \mathbf{E}^{(2)} = \Delta f\mathbf{n} \cdot \left(\mathbf{E}^{(2)} - \mathbf{E}^{(1)}\right) = 4\pi k_C \sigma \Delta f \,.$$

Daraus folgt, dass die Normalkomponente des elektrischen Feldes einen Sprung beim Durchgang durch die Fläche macht:

$$\mathbf{n} \cdot \left(\mathbf{E}^{(2)} - \mathbf{E}^{(1)}\right) = E_\perp^{(2)} - E_\perp^{(1)} = 4\pi k_C \sigma. \tag{2.2.26}$$

Stetigkeit der Tangentialkomponenten

Bei der Untersuchung der Tangentialkomponenten an Randflächen nimmt man, wie in Abb. 2.14b skizziert, ein kleines, senkrecht auf die Grenzfläche stehendes Rechteck und bestimmt mithilfe des Stokes'schen Satzes den Fluss durch dieses. Aus rot $\mathbf{E} = 0$ folgt

$$\iint_F d\mathbf{f} \cdot \operatorname{rot} \mathbf{E} = \oint_{\partial F} d\mathbf{s} \cdot \mathbf{E} = E_{tg}^{(2)} \Delta s + E_n \, dh - E_{tg}^{(1)} \Delta s - E_n \, dh$$
$$= (E_{tg}^{(2)} - E_{tg}^{(1)}) \Delta s = 0.$$

Somit ist $E_{tg}^{(1)} = E_{tg}^{(2)}$, solange rot $\mathbf{E} = 0$. Diese Relation gilt in der Fläche, d.h., die beiden Tangentialkomponenten des elektrischen Feldes $\mathbf{E}_\parallel$ sind stetig:

$$\mathbf{E}_\parallel^{(1)} = \mathbf{E}_\parallel^{(2)}. \tag{2.2.27}$$

Anmerkung: Die Randbedingungen eines Vektorfeldes $\mathbf{v}$ werden noch bei einigen Gelegenheiten zur Sprache kommen. Die Vorgehensweise ist immer gleich: Für die Normalkomponente integriert man über einen infinitesimalen Zylinder V (*Pillendose*) und für die Tangentialkomponenten über ein infinitesimales Rechteck F, wie in Abb. 2.14 skizziert:

$$\text{Tangentialkomponenten} \quad \oint_{\partial F} d\mathbf{x} \cdot \mathbf{v} \overset{\text{Stokes}}{=} \iint_F d\mathbf{f} \cdot \operatorname{rot} \mathbf{v},$$
$$\text{Normalkomponente} \quad \oiint_{\partial V} d\mathbf{f} \cdot \mathbf{v} \overset{\text{Gauß}}{=} \int_V d^3 x \, \operatorname{div} \mathbf{v}.$$

2.2.4 Dipolschicht und Kondensator

Dipolschicht auf einer ebenen Fläche

Aus zwei entgegengesetzt geladenen Platten (siehe Abb. 2.15) wird für $d \to 0$ eine Dipolschicht, wenn der Grenzwert $\sigma \to \infty$ so geführt wird, dass die Dipolflächendichte $D = \sigma d$ endlich bleibt. Die Taylorentwicklung der Ladungsdichte

 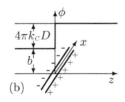

Abb. 2.15. (a) Dipolschicht (b) Sprung in der Normalkomponente beim Durchgang durch die Dipolschicht; links sei $\phi = b$ und rechts ist dann $\phi = b + 4\pi k_C D$

ergibt

$$\rho(\mathbf{x}) = \sigma\left(\delta(z-\frac{d}{2}) - \delta(z+\frac{d}{2})\right) = -D\frac{\partial}{\partial z}\delta(z).$$

Die Dipoldichte $D = \sigma d$ ist das Dipolmoment/Fläche:

$$\frac{\partial^2}{\partial z^2}\phi = 4\pi k_C D\frac{\partial}{\partial z}\delta(z) \qquad \Rightarrow \qquad \frac{\partial}{\partial z}\phi = 4\pi k_C D\delta(z) + a.$$

Für große Abstände $|z| \gg d$ muss das Feld verschwinden, da sich die Ladungen der beiden Schichten kompensieren, woraus $a = 0$ folgt:

$$\phi = 4\pi k_C D\theta(z) + b. \tag{2.2.28}$$

Das Potential springt um $4\pi k_C D$.

Dipolschicht auf einer beliebigen Fläche

Die Ladung pro Flächeneinheit sei $\sigma(\mathbf{x})$, wobei (siehe Abb. 2.16) sich die negative Ladung auf der Fläche 1 und die positive im Abstand $\mathbf{d}(\mathbf{x})$ auf der Fläche 2 befindet.

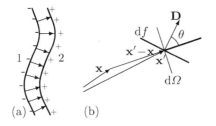

Abb. 2.16. (a) Dipolschicht auf beliebiger Fläche
(b) $\mathbf{x}$ ist links von (hinter) der Schicht, d.h. $\cos\theta \geq 0$

Potential von 1. Schicht: $\quad\phi_1(\mathbf{x}) = -k_C \iint_F \mathrm{d}f'\, \dfrac{\sigma(\mathbf{x}')}{|\mathbf{x}-\mathbf{x}'|}\,,$

Dipoldichte: $\qquad\qquad\mathbf{D}(\mathbf{x}) = \sigma(\mathbf{x})\,\mathbf{d}(\mathbf{x})\,,$

Potential von 2. Schicht: $\quad\phi_2(\mathbf{x}) = k_C \iint_{F+d} \mathrm{d}f'\, \dfrac{\sigma(\mathbf{x}'-\mathbf{d}(\mathbf{x}'))}{|\mathbf{x}-\mathbf{x}'|}$

$$= k_C \iint_F \mathrm{d}f''\, \frac{\sigma(\mathbf{x}'')}{|\mathbf{x}-\mathbf{x}''-\mathbf{d}(\mathbf{x}'')|}\,,$$

wobei $\mathbf{x}'' = \mathbf{x}'-\mathbf{d}(\mathbf{x}') \approx \mathbf{x}'-\mathbf{d}(\mathbf{x}'')$. Hieraus folgt:

$$\phi(\mathbf{x}) = \phi_1+\phi_2 \approx k_C \iint \mathrm{d}f'\, \sigma(\mathbf{x}')\,\mathbf{d}\cdot\boldsymbol{\nabla}'\frac{1}{|\mathbf{x}-\mathbf{x}'|} = k_C \iint \mathrm{d}f'\, \mathbf{D}(\mathbf{x}')\cdot\boldsymbol{\nabla}'\frac{1}{|\mathbf{x}-\mathbf{x}'|}$$

$$= -k_C \iint \mathrm{d}f'\, \mathbf{D}(\mathbf{x}')\cdot\frac{\mathbf{x}'-\mathbf{x}}{|\mathbf{x}'-\mathbf{x}|^3}\,.$$

Gemäß der Skizze in Abb. 2.16 ist $\mathrm{d}f' = |\mathbf{x}'-\mathbf{x}|^2\,\mathrm{d}\Omega\dfrac{1}{\cos\theta}$.

Ist der Winkel θ zwischen dem Dipolvektor $\mathbf{D}$ und der Flächennormale $\mathbf{n}$ kleiner als $90°$, was in der Skizze 2.16 rechts von der Doppelschicht der Fall ist, so erhält man in (2.2.29) das positive Vorzeichen. Das Potential hat also wiederum links und rechts der Dipolschicht ein unterschiedliches Vorzeichen:

$$\mathbf{D}(\mathbf{x}') \cdot \frac{\mathbf{x}' - \mathbf{x}}{|\mathbf{x}' - \mathbf{x}|^3} = \pm D \frac{\cos\theta}{|\mathbf{x}' - \mathbf{x}|^2} \quad \begin{cases} + & \text{links} \\ - & \text{rechts} \end{cases} \tag{2.2.29}$$

$$\phi(\mathbf{x}) = \mp k_C \iint d\Omega\, D \quad \begin{array}{l} \text{links} \\ \text{rechts.} \end{array}$$

Das Potential am Ort $\mathbf{x}$ hat einen positiven oder negativen Öffnungswinkel, auf jeder Seite maximal 2π.

Platten- und Kugelkondensator

Wir machen jetzt insofern einen Vorgriff auf die Elektrostatik in Gegenwart von Leitern, als die Platten eines Kondensators Leiter sind, auf die die Oberflächenladung gebracht wird. In einem Leiter sind die Ladungsträger (Elektronen) frei beweglich und stellen sich so ein, dass keine Kraft auf sie wirkt. Im Gleichgewicht verschwindet also das elektrische Feld damit ist das Potential ϕ konstant. Aus den Stetigkeitsbedingungen (siehe Abschnitt 2.2.3) folgt, dass die Tangentialkomponenten von $\mathbf{E}$ im Außenraum an der Leiteroberfläche verschwinden und $\mathbf{E}$ somit senkrecht auf die Leiteroberfläche steht.

Plattenkondensator
Wir gehen hier davon aus, dass wir zwei Schichten vor uns haben, auf denen auf einer die Flächenladung $+\sigma$ und auf der anderen die Flächenladung $-\sigma$ aufgebracht ist, wie in Abb. 2.17 dargestellt.

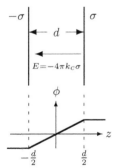

Abb. 2.17. Feld E und Potential ϕ. Wie aus der Skizze hervorgeht, ist der Abstand der Platten d; das Potential erhalten wir aus (2.2.22)

$$\phi(z) = 2\pi k_C \sigma \left(|z + \frac{d}{2}| - |z - \frac{d}{2}|\right) = \begin{cases} -2\pi k_C \sigma d & z < -\frac{d}{2} \\ 4\pi k_C \sigma z & -\frac{d}{2} \le z \le \frac{d}{2} \\ 2\pi k_C \sigma d & z > \frac{d}{2}. \end{cases}$$

ϕ ist höher bei der positiven Platte, da man Arbeit leisten muss, um eine positive Ladung dorthin zu bringen:

$$\mathbf{E}(\mathbf{x}) = \mathbf{e}_\perp 2\pi k_C \sigma \big[-\operatorname{sgn}(z+\tfrac{d}{2}) + \operatorname{sgn}(z-\tfrac{d}{2}) \big] = \begin{cases} -4\pi k_C \sigma \mathbf{e}_\perp & -\tfrac{d}{2} \le z \le \tfrac{d}{2} \\ 0 & \text{sonst}, \end{cases}$$

$$\rho(\mathbf{x}) = \sigma \big[-\delta(z+\tfrac{d}{2}) + \delta(z-\tfrac{d}{2}) \big].$$

Dieses für unendlich ausgedehnte Platten gültige Resultat ist auch auf endliche anwendbar, falls deren Fläche $F \gg d^2$. Die Gesamtladung einer Fläche ist $Q = \sigma F$. Damit bekommt man

Spannung $\qquad V = -\int_{-d/2}^{d/2} \mathrm{d}\mathbf{s} \cdot \mathbf{E} = 4\pi k_C \sigma d = 4\pi k_C \dfrac{Q}{F} d,$

Feldstärke $\qquad E = 4\pi k_C \dfrac{Q}{F},$

Kapazität $\qquad C \equiv \dfrac{Q}{V} = \dfrac{1}{4\pi k_C} \dfrac{F}{d}.$ $\qquad$ (2.2.30)

Um die im Kondensator gespeicherte Energie zu berechnen, müssen wir auf (2.4.2) vorgreifen:

$$U = \frac{1}{2} \int \mathrm{d}^3 x\, \rho(\mathbf{x})\phi(\mathbf{x}) = \frac{\sigma}{2} \iint_F \mathrm{d}x\mathrm{d}y \big[\phi(\tfrac{d}{2}) - \phi(-\tfrac{d}{2}) \big]$$

$$= \frac{1}{2}\sigma V F = \frac{1}{2} C V^2. \qquad (2.2.31)$$

Tatsächliche Feldverteilung: In Abb. 2.18(a) ist die Feldverteilung von zwei

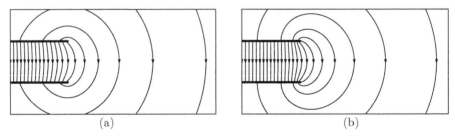

(a) $\qquad\qquad\qquad\qquad\qquad\qquad\qquad$ (b)

Abb. 2.18. Feldlinien zweier sich im Abstand d befindenden entgegengesetzt geladenen unendlichen Halbebenen (Platten): (a) Konstante Ladungsdichten $\pm\sigma$. (b) Metallplatten (konstantes Potential $\pm\phi$); die Feldlinien stehen normal auf den Platten

halbunendlichen Platten konstanter Ladungdichte ($\pm\sigma$) im Abstand d gemäß

$$\mathbf{E}(\mathbf{x}) = k_C \sigma \Big\{ \mathbf{e}_x \ln \frac{x^2 + (z+d/2)^2}{x^2 + (z-d/2)^2} \qquad\qquad (2.2.32)$$

$$+ \mathbf{e}_z \Big[\pi \operatorname{sgn}(z-\tfrac{d}{2}) - 2\arctan\frac{x}{z-d/2} - \pi \operatorname{sgn}(z+\tfrac{d}{2}) + 2\arctan\frac{x}{z+d/2} \Big] \Big\}$$

skizziert (siehe Aufgabe 2.5). Abb. 2.18(b) zeigt die Feldverteilung, wenn die Platten leitend sind (siehe Aufgabe 3.6). Die Feldlinien stehen normal auf die Platten und da sich die im Metall frei beweglichen Ladungsträger gegenseitig abstoßen, werden sie den Rand gedrängt. Also ist insgesamt die Kapazität größer. Berechnungen zu den Streufeldern des Kondensators wurden von *G. Kirchhoff* gemacht. Für einen kreisförmigen Plattenkondensator mit dem Radius R und dem Abstand d erhält Kirchhoff [1891, S. 109]

$$C = \frac{1}{4\pi k_C}\Big[\frac{R^2\pi}{d} + R\big(\ln\frac{16\pi R}{d} - 1\big)\Big].$$

Kugelkondensator

Die beiden Kugelschalen des Kondensators tragen die Ladungen $\pm Q$, woraus sich die Flächenladungen

$$\sigma_{1,2} = \pm Q/(4\pi r_{1,2}^2)$$

ergeben. Das Feld zeigt zum Mittelpunkt der Kugel; es genügt also die Komponente E_r zu betrachten, die wir aus dem Gauß'schen Satz (1.3.2) durch Integration über eine Kugel K_r mit dem Radius $r_1 \leq r < r_2$ erhalten:

$$\oiint_{K_r} \mathrm{d}\mathbf{f} \cdot \mathbf{E} = 4\pi r^2 E_r = 4\pi k_C Q \qquad r_1 \leq r < r_2.$$

Das Feld wird nach innen stärker, was auch in Abb. 2.19 die innen dichter verlaufenden Feldlinien andeuten. Die an den Kondensatorplatten angelegte Spannung erhalten wir aus

$$V = -\int_{r_2}^{r_1} \mathrm{d}r\, E_r = k_C Q\big(\frac{1}{r_1} - \frac{1}{r_2}\big).$$

Die Kapazität des Kugelkondensators ist gleich der eines Plattenkondensators der Fläche $F{=}4\pi R^2$, wobei $R{=}\sqrt{r_1 r_2}$ das geometrische Mittel der Kugelradien ist:

$$C = \frac{Q}{V} = \frac{r_1 r_2}{k_C d} = \frac{1}{4\pi k_C}\frac{F}{d}. \tag{2.2.33}$$

2.3 Felder von ruhenden Ladungen in Gegenwart von Leitern

Leiter sind Medien, in denen sich Elektronen frei bewegen können. Während die Berechnung des Feldes von fest vorgegebenen Ladungen auf ein Integral der Form von (2.1.8) führt, muss man beim Vorhandensein von Leitern berücksichtigen, dass sich die Elektronen in Leitern frei bewegen und den vorgegebenen Ladungen anpassen.

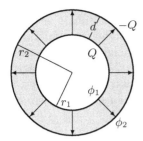

Abb. 2.19. Richtung des Feldes im Kugelkondensator; auf den Kugelschalen sind die Ladungen $\pm Q$ aufgebracht, d.h., die Flächenladungsdichte auf der inneren Kugelschale ist höher und die Potentialdifferenz beträgt $V = \phi_1 - \phi_2$

Elektrische Eigenschaften von Leitern

1. *Das Feld im Leiter ist null*: Wäre zu einem Zeitpunkt ein Feld vorhanden, würden sich die frei beweglichen Elektronen solange umverteilen bis das Feld kompensiert ist. Im ganzen Leiter ist dann $\mathbf{E} = 0$ und $\phi = \text{const}$.

2. *Die Ladungsdichte im Inneren eines Leiters ist null*: Andernfalls wäre wegen div $\mathbf{E} = 4\pi k_C \rho$ ein Feld im Inneren vorhanden.
   Anmerkung: An der Oberfläche können Ladungen auftreten.

3. *Tangentialkomponenten* $\mathbf{E}_\parallel = 0$ *verschwinden an der Metalloberfläche*. Aus rot $\mathbf{E} = 0$ folgt (siehe Abb. 2.20), da im Metall $\mathbf{E}^i = 0$,

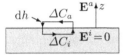

Abb. 2.20. $\mathbf{E}_\parallel$ verschwindet an der Metalloberfläche, und $\mathbf{E}^a$ ist endlich und steht senkrecht auf die Oberfläche

$$\oint_C \mathrm{d}\mathbf{s} \cdot \mathbf{E} = E_\parallel^a \Delta C_a - E_z^a \mathrm{d}h + E_z^a \mathrm{d}h = E_\parallel^a \Delta C_a = 0 \,.$$

Die Tangentialkomponenten $\mathbf{E}_\parallel = 0$ verschwinden auf der Metalloberfläche ∂L, weshalb dort $\phi(\partial L)$ konstant ist.

4. *Sprung in der Normalkomponente*: Eine im Raum vorhandene positive Ladung induziert auf einem Leiter eine negative Oberflächenladung σ. Die Normalkomponente des elektrischen Feldes erfährt dadurch beim Eintritt in das Metall den Sprung von $4\pi k_C \sigma$, den man beim Durchgang durch eine Oberflächenladung erwartet. Für diese Schicht an der Metalloberfläche

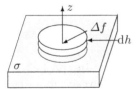

Abb. 2.21. Zylinder vom Volumen V der Höhe $2\mathrm{d}h$ und der Basis Δf an Metalloberfläche

gilt div $\mathbf{E} = 4\pi k_C \sigma \, \delta(z)$, wenn, wie in Abb. 2.21 skizziert, die Metalloberfläche durch $z = 0$ gekennzeichnet ist. Nimmt man als Volumen V den
infinitesimalen Zylinder

$$\oiint_{\partial V} \mathrm{d}\mathbf{f} \cdot \mathbf{E} = 4\pi\sigma k_C \Delta f,$$

so folgt durch Auswertung des Oberflächenintegrals

$$\Delta f E_n = 4\pi k_C \sigma \Delta f \rightarrow E_n = 4\pi k_C \sigma.$$

Das Feld steht senkrecht auf der Metalloberfläche, was, wie in Abb. 2.23
skizziert, die induzierten Ladungen (*Influenzladungen*) bewirken.

5. *Faraday-Käfig*: Das ist, wie in Abb. 2.22 skizziert, ein von einem Leiter
umgebener Hohlraum. Sind in diesem keine Ladungen vorhanden, so gilt
dort die Laplace-Gleichung, deren Lösungen harmonische Funktionen sind.
Für diese liegen die maximalen/minimalen Werte am Rand des Hohlraums
(siehe Anhang A.4.5). Da dort ϕ konstant ist, muss das für den gesamten
Hohlraum gelten, d.h. $\mathbf{E} = 0$. Das heißt aber nicht, dass es keine elektro-

Abb. 2.22. In dem von einem Leiter umgebenen Hohlraum
ist $\phi = $ const., woraus folgt, dass $\mathbf{E} = 0$

magnetischen Wellen im Hohlraum geben kann; doch diese sind Lösungen
der Wellengleichung (siehe Abschnitt 10.5).

Aus den ersten Punkten folgt, dass ein Leiter nur auf eine der beiden folgenden
Arten vorgegeben werden kann:

1. durch das Potential $\phi = $ const. oder

2. durch die Ladung auf der Oberfläche $\displaystyle\oiint_{\partial V} \mathrm{d}\mathbf{f} \cdot \mathbf{E} = 4\pi k_C Q.$ $\qquad$ (2.3.1)

Eindeutigkeitssatz für das Grundproblem der Elektrostatik

Beim Grundproblem der Elektrostatik, der Lösung der Poisson-Gleichung
$\Delta\phi(\mathbf{x}) = -4\pi k_C \rho$ für ein vorgegebenes ρ, sind bei Anwesenheit von Leitern
noch die Nebenbedingungen (2.3.1) einzuhalten. Es gibt zwar keine allgemei-
ne Methode diese Aufgabe zu lösen, aber es kann gezeigt werden, dass die
gefundene Lösung eindeutig ist [Becker, Sauter, 1973, §1.5].

Wir nehmen an, dass wir zwei unterschiedliche Lösungen ϕ_1 und ϕ_2 zu
denselben Quellen und Randbedingungen hätten. Die Differenz $\phi_d = \phi_1 - \phi_2$

genügt dann $\Delta\phi_d = 0$, wobei im Leiter L_i gemäß (2.3.1) entweder das Potential $\phi_{di} = 0$ oder die Ladung $\displaystyle\oiint_{\partial L_i} d\mathbf{f}_i \cdot \mathbf{E} = 0$ verschwindet. Wir verwenden jetzt den 1. Green'schen Satz (A.4.19) mit $\phi = \psi = \phi_d$ und berücksichtigen sodann, dass der zweite Term auf der rechten Seite aufgrund der Randbedingungen verschwindet:

$$\int_{\mathbb{R}^3\setminus\sum_i L_i} d^3x \, |\boldsymbol{\nabla}\phi_d(\mathbf{x})|^2 = \oiint_{r\to\infty} d\mathbf{f}\cdot\phi_d\boldsymbol{\nabla}\phi_d - \sum_i \phi_{di} \oiint_{\partial L_i} d\mathbf{f}_i\cdot\boldsymbol{\nabla}\phi_{di}$$

$$\overset{r\to\infty}{\sim} r^2 \frac{1}{r}\frac{1}{r^2} \to 0.$$

Unter der Annahme, dass sich Ladungen und Leiter im Endlichen befinden, kann $|\mathbf{E}|$ asymptotisch nicht schwächer als $1/r^2$ abfallen. Somit verschwindet das Oberflächenintegral mit mindestens $1/r$. Da der Integrand $|\boldsymbol{\nabla}\phi_d|^2 \geq 0$ ist, muss $\phi_d = 0$ sein, damit das Integral verschwindet. Somit ist die Lösung eindeutig.

Anmerkungen: Das negative Vorzeichen berücksichtigt, dass die Normale $d\mathbf{f}_i$ aus dem Volumen L_i heraus zeigt, also zu $\mathbb{R}^3\setminus\sum_i L_i$ entgegengesetzt gerichtet ist. Der Beweis gilt auch für ein endliches Volumen, wenn ϕ am Rand vorgegeben ist (*Dirichlet-Randbedingung*, siehe Abschnitt 3.1). Dann verschwindet ϕ_d am Rand automatisch.

2.3.1 Methode der Bildladungen

In Anwesenheit eines Leiters, etwa einer geerdeten unendlichen Platte, wie in Abb. 2.23 skizziert, werden auf dieser durch die positive Ladung q negative Ladungen aus weiter Entfernung (Erde) angezogen. Es bildet sich eine negative Ladungsschicht, deren Flächenladungsdichte σ sei.

Das Feld $\mathbf{E}$ bestimmt man, indem man im Metallinneren, d.h. außerhalb des betrachteten Volumens V, *fiktive* (Bild-)Ladungen so aufbringt, dass diese zusammen mit der tatsächlichen Ladung q ein Feld erzeugen, das die Randbedingungen $\mathbf{E}_\parallel = 0$ erfüllt. Innerhalb von V ergibt sich dann $\mathbf{E}$ durch die Superposition des Feldes der Ladung mit dem der Bildladungen. Man unterscheidet dabei die folgenden Randbedingungen

1. Geerdeter Metallkörper ($\phi = 0$): Man sucht zur Ladung q die Bildladung(en) q'.
2. Nicht geerdeter Metallkörper mit vorgegebener Ladung Q_0: Lösung wie unter dem ersten Punkt, wobei noch das Feld der Ladung $Q_0 - q'$ hinzukommt, wobei $Q_0 - q'$ so platziert wird, dass das Feld senkrecht auf die Leiteroberfläche steht (z.B. für Kugel im Zentrum).
3. Metallkörper auf festem Potential V: Zweite Lösung, wobei die Zusatzladung $Q_0 - q'$ durch CV zu ersetzen ist ($C=$ Kapazität des Leiters, $V=$ Potential).

Punktladung vor leitender Platte

Gegeben sei eine unendlich ausgedehnte, geerdete Metallplatte vor der eine Punktladung q im Abstand d ($\mathbf{d} = (0,0,d)$) angebracht ist. Skizziert ist diese Konfiguration in Abb. 2.23.

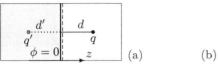

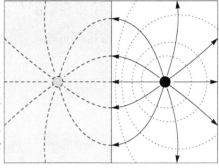

(a)   (b)

Abb. 2.23. (a) Ladung $q > 0$ mit Bildladung $q' = -q$ vor einer geerdeten Metallplatte; die induzierte Flächenladung ist strichliert; hier ist $d' = d$ und $q' = -q$
(b) Feld- und (punktiert) Äquipotentiallinien der positiven Punktladung vor einer geerdeten Metallplatte

Im Falle einer einzelnen Punktladung q genügt eine Bildladung $q' = -q$ im Abstand $d' = -d$ von der Platte ($z = 0$), um das Verschwinden der Tangentialkomponente $\mathbf{E}_\parallel$ sicherzustellen. Es gilt dann

$$\phi(\mathbf{x}) = k_C q\Big(\frac{1}{|\mathbf{x} - d\mathbf{e}_z|} - \frac{1}{|\mathbf{x} + d\mathbf{e}_z|}\Big)$$

$$\mathbf{E}(\mathbf{x}) = k_C q\Big(\frac{\mathbf{x} - d\mathbf{e}_z}{|\mathbf{x} - d\mathbf{e}_z|^3} - \frac{\mathbf{x} + d\mathbf{e}_z}{|\mathbf{x} + d\mathbf{e}_z|^3}\Big)$$

für $z \geq 0$.   (2.3.2)

Feldstärke auf der Leiteroberfläche $\mathbf{x} = (x, y, 0)$:

$$\mathbf{E}(x, y, 0) = \frac{-2k_C q d\mathbf{e}_z}{(\sqrt{x^2 + y^2 + d^2})^3} = E_n \mathbf{e}_z \qquad (\perp \text{ auf Oberfläche}).$$

Flächenladungsdichte ($x^2 + y^2 = \varrho^2$):

$$\sigma = \frac{E_n}{4\pi k_C} = -\frac{q d}{2\pi(\sqrt{\varrho^2 + d^2})^3}.$$ (2.3.3)

Zuletzt zeigen wir noch, dass die gesamte auf der Oberfläche induzierte Ladung $-q$ ist:

$$Q = \int \mathrm{d}^3 x'\, \sigma(\mathbf{x}')\, \delta(z') = -qd \int_0^\infty \frac{\mathrm{d}\varrho'\, \varrho'}{\sqrt{\varrho'^2 + d^2}^3} = \left.\frac{qd}{\sqrt{\varrho'^2 + d^2}}\right|_0^\infty = -q.$$

Das Feld der Bildladung im linken Halbraum ist das an der $z = 0$-Ebene gespiegelte Bild der wirklichen Ladung, abgesehen von der Richtung der Feldlinien, die im ersten Fall zur Bildladung $q' < 0$ hin gerichtet sind. Auf der Metalloberfläche kompensieren sich so die Tangentialkomponenten der beiden Felder, während sich die Normalkomponenten addieren.

Inversion an leitender Kugel

Gegeben ist eine Ladung q, die sich am Ort $\mathbf{d}$ vor einer geerdeten Kugel K mit dem Radius R befindet. Zusammen mit einer Spiegelladung q' am Ort $\mathbf{d}'$ hat man das Potential

$$\phi(\mathbf{x}) = k_C \left(\frac{q}{|\mathbf{x} - \mathbf{d}|} + \frac{q'}{|\mathbf{x} - \mathbf{d}'|} \right).$$

q' und $\mathbf{d}'$ sind so zu bestimmen, dass ϕ auf der Kugeloberfläche verschwindet (siehe Abb. 2.24).

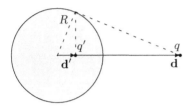

Abb. 2.24. Ladungsspiegelung von q an einer Kugel mit dem Radius R. Spiegelladung q' im Abstand $\mathbf{d}'$ vom Zentrum

---

Bestimmung der Bildladung und ihrer Position innerhalb der Kugel:

$$\phi(\mathbf{R}) = 0 = k_C \left(\frac{q}{|\mathbf{R} - \mathbf{d}|} + \frac{q'}{|\mathbf{R} - \mathbf{d}'|} \right) \quad \Rightarrow \quad \frac{q}{|\mathbf{R} - \mathbf{d}|} = \frac{-q'}{|\mathbf{R} - \mathbf{d}'|}.$$

Aus Symmetriegründen ist $\mathbf{d}' \| \mathbf{d}$; es gilt dann

$$q^2(R^2 + d'^2 - 2Rd' \cos\vartheta) = q'^2(R^2 + d^2 - 2Rd \cos\vartheta).$$

Die von ϑ abhängigen Terme werden auf die linke Seite gebracht, wobei berücksichtigt wird, dass d' und q' nicht von ϑ abhängen dürfen. Der Vorfaktor von $\cos\vartheta$ muss demnach verschwinden:

$$(q'^2 d - q^2 d')2R \cos\vartheta = 0 = q'^2(R^2 + d^2) - q^2(R^2 + d'^2).$$

Zunächst folgt daraus, dass $q' = -q\sqrt{d'/d}$. Eingesetzt in die rechte Seite der obigen Gleichung erhält man, dass $dd' = R^2$:

$$0 = d'(R^2 + d^2) - d(R^2 + d'^2) = (d' - d)(R^2 - dd'),$$

Es gilt also

$$dd' = R^2 \qquad \text{und} \qquad q' = -q\sqrt{\frac{d'}{d}} = -q\frac{R}{d}. \qquad (2.3.4)$$

Gemäß Abb. 2.24 ist $\mathbf{d}' = \frac{d'}{d}\mathbf{d}$. Das Potential der Bildladung hat so die Form

$$\phi_{q'}(\mathbf{x}) = \frac{k_C q'}{|\mathbf{x} - \mathbf{d}'|} = -\frac{R}{d} \frac{k_C q}{|\mathbf{x} - \frac{R^2}{d^2}\mathbf{d}|}. \qquad (2.3.5)$$

Die induzierte Ladung $q' = -(R/d)q$ ist auf die Kugeloberfläche verteilt gemäß:

$$\sigma^{\mathrm{ind}}(\vartheta) = \frac{E(\mathbf{R})}{4\pi k_C} = -\frac{q}{4\pi R} \frac{d^2 - R^2}{\sqrt{R^2 + d^2 - 2Rd\cos\vartheta}^{\,3}}. \tag{2.3.4'}$$

Leitende Kugel auf konstantem Potential

In diesem Fall wird die Kugel auf dem Potential ϕ_0 gehalten, was einer Ladung $Q = C\phi_0$ entspricht, wobei die Kapazität der Kugel $C = \frac{R}{k_C}$ ist. Man erhält so

$$\phi(\mathbf{x}) = k_C\Big(\frac{q}{|\mathbf{x}-\mathbf{d}|} + \frac{q'}{|\mathbf{x}-\mathbf{d}'|}\Big) + \frac{\phi_0 R}{r}, \qquad \sigma = \sigma^{\mathrm{ind}} + \frac{\phi_0}{4\pi k_C R}. \tag{2.3.5'}$$

Leitende Kugel mit der Ladung Q

Die Kugel ist jetzt isoliert, aber durch Influenz bereits mit $q' = -qR/d$ geladen, d.h., es muss ihr noch die Ladung $Q - q'$ zugeführt werden, damit sie die Gesamtladung Q erreicht:

$$\phi(\mathbf{x}) = k_C\Big(\frac{q}{|\mathbf{x}-\mathbf{d}|} + \frac{q'}{|\mathbf{x}-\mathbf{d}'|} + \frac{Q + qR/d}{r}\Big). \tag{2.3.5''}$$

Die Randbedingung eines konstanten Potentials auf der Kugeloberfläche ∂K ist mit q' erfüllt. σ_P beschreibt die Verschiebung (Polarisation) der Oberflächenladungen durch die externe Ladung q:

$$\sigma = \frac{Q}{4\pi R^2} + \sigma_P, \qquad \sigma_P = \sigma^{\mathrm{ind}} + \frac{R}{d}\frac{q}{4\pi R^2}, \qquad \oiint_{\partial K} \mathrm{d}\Omega\, \sigma_P(\vartheta) = 0.$$

2.3.2 Maxwell'scher Spannungstensor

Die Coulomb-Kraft, die $\mathbf{E}$ auf eine Testladung e ausübt, ist nach (1.2.1) $\mathbf{K} = e\,\mathbf{E}$. Auf $\rho(\mathbf{x})$ wirkt demgemäß die Kraftdichte

$$\mathbf{k}(\mathbf{x}) = \rho(\mathbf{x})\,\mathbf{E}(\mathbf{x}). \tag{2.3.6}$$

Auf den Körper wirkt so die Kraft

$$\mathbf{K} = \int_V \mathrm{d}^3 x\, \rho(\mathbf{x})\,\mathbf{E}(\mathbf{x}),$$

wobei V die gesamte Ladung einschließen soll. Ist kein äußeres Feld und/oder keine weitere Ladung vorhanden, so erwartet man, dass auf den Körper keine Kraft ausgeübt wird:

$$\mathbf{K} = -\int_V \mathrm{d}^3 x\, \rho(\mathbf{x})\,\boldsymbol{\nabla}\phi(\mathbf{x}) = k_C \int_V \mathrm{d}^3 x\, \rho(\mathbf{x}) \int \mathrm{d}^3 x'\, \rho(\mathbf{x}') \frac{\mathbf{x} - \mathbf{x}'}{|\mathbf{x} - \mathbf{x}'|^3} = 0.$$

Der Integrand ist antisymmetrisch unter der Vertauschung von $\mathbf{x} \leftrightarrows \mathbf{x}'$, weshalb das Integral verschwindet. Mit einem äußeren Feld oder mit einem zweiten Körper wird diese Antisymmetrie aufgehoben ($\rho(\mathbf{x}') \to \rho(\mathbf{x}') + \rho_{\text{extern}}(\mathbf{x}')$) und $\mathbf{K}$ gibt die Kraft an, die das externe Feld auf den Körper ausübt, wie es in Abb. 2.25 skizziert ist.

Nach der auf Faraday und Maxwell zurückgehenden Vorstellung werden alle Kraftwirkungen durch das elektromagnetische Feld in kontinuierlicher Weise übertragen. Es müssen also die von $\mathbf{E}$ auf den Körper übertragenen Kräfte durch eine Fläche um den Körper hindurchtreten, wobei es gleichgültig ist, ob diese Fläche die Oberfläche des Körpers ist oder eine Fläche außerhalb mit $\rho = 0$. Es sollte also die auf das Volumen wirkende Kraft $\mathbf{K}$ durch eine Flächenkraft ersetzt werden können.

Aus der Elastizitätstheorie ist es uns durchaus geläufig, dass durch eine an der Oberfläche wirkende Kraft (Spannung, Druck) Volumenkräfte auf das Innere des Körpers ausgeübt werden. Kann eine Relation der Form

$$k_i(\mathbf{x}) = \nabla_j T_{ij}(\mathbf{x})$$

gefunden werden, so ist die Kraftdichte als Divergenz eines Tensors, des Maxwell'schen Spannungstensors T_{ij}, gegeben und man kann mit dem Gauß'schen Satz die Kraft K_i durch Flächenkräfte

$$K_i = \int_V \mathrm{d}^3 x \, T_{ij,j}(\mathbf{x}) = \oiint_{\partial V} \mathrm{d}f_j \, T_{ij} \tag{2.3.7}$$

darstellen, wobei $T_{ik,k} \equiv \nabla_k T_{ik}$. Die T_{ik} sind also die Spannungen an der

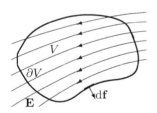

Abb. 2.25. Einfach zusammenhängendes Volumen V mit Ladungsdichte $\rho(\mathbf{x})$ im äußeren Feld $\mathbf{E}(\mathbf{x})$

Oberfläche. Für die Darstellung $k_i = \nabla_j T_{ij}$ verwenden wir den Kraftflusssatz $\operatorname{div} \mathbf{E} = 4\pi k_C \rho$ und die Relation $\nabla_i E_j = -\nabla_i \nabla_j \phi = \nabla_j E_i$:

$$k_i = \frac{1}{4\pi k_C} E_i \nabla_j E_j = \frac{1}{4\pi k_C}\left[\nabla_j E_i E_j - E_j \nabla_j E_i\right] = \frac{1}{4\pi k_C}\left[\nabla_j E_i E_j - E_j \nabla_i E_j\right]$$

$$= \nabla_j \frac{1}{4\pi k_C}\left[E_i E_j - \frac{1}{2}\delta_{ij} E_l E_l\right].$$

Der *Maxwell'sche Spannungstensor* ist demnach

$$T_{ik} = \frac{1}{4\pi k_C}\left(E_i E_k - \frac{1}{2}\delta_{ik} E_l E_l\right) \tag{2.3.8}$$

mit der Spur

$$\mathrm{Sp}\,\mathsf{T} = \sum_i T_{ii} = \frac{1}{4\pi k_C} \sum_{i=1}^{3} \left(E_i\,E_i - \frac{1}{2}E^2 \right) = -\frac{1}{8\pi k_C}\,E^2 = -u(\mathbf{x})\,.$$

Diese Darstellung ist dann zweckmäßig, wenn man Leiter im Volumen V hat, deren Ladungsverteilung man nicht berechnen muss, um die Feldstärke $\mathbf{E}$ zu bestimmen.

Elektrische Spannungen: Die auf einen Körper wirkende Kraft ist nach (2.3.7)

$$K_i = \oiint_{\partial V} \mathrm{d}f\,T_{n\,i} \quad \mathrm{mit} \quad T_{n\,i} = T_{ij}n_j\,, \quad n_j = \mathbf{n}\cdot\mathbf{e}_j \quad \Leftrightarrow \quad \mathbf{K} = \oiint_{\partial V} \mathrm{d}f\,\mathbf{T}_n\,.$$

Wir greifen ein Flächenelement $\mathrm{d}f$ heraus und legen die z-Achse parallel zu $\mathbf{n}$. Der elektrische Feldvektor $\mathbf{E}$ soll, wie in Abb. 2.26 eingezeichnet, in der xz-Ebene liegen: $E_x = E\sin\vartheta$, $E_y = 0$ und $E_z = E\cos\vartheta$. Für die auf das Flächenelement wirkende Kraft erhält man

$$\mathbf{T}_n = T_{xz}\mathbf{e}_x + T_{zz}\mathbf{e}_z = \frac{E^2}{8\pi k_C}\left(\sin(2\vartheta)\,\mathbf{e}_x + \cos(2\vartheta)\,\mathbf{e}_z\right)\,.$$

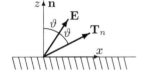

Abb. 2.26. Kraft auf Flächenelement $\mathrm{d}x\mathrm{d}y$, wobei $\mathbf{E}$ in der xz-Ebene liegt: $\mathbf{T}_n = T_{xz} + T_{zz}$

Wir sehen daraus, dass für $\vartheta = 0$ die Flächenkraft $\mathbf{T}_n$ parallel zu $\mathbf{E}$ ist, was einer Zugspannung entspricht. Ist $\vartheta = \pi/4$, so liegt $\mathbf{T}_n$ in der Ebene des Flächenelements, was eine Scherkraft (Scherspannung) darstellt, und bei $\vartheta = \pi/2$ zeigt $\mathbf{T}_n$ senkrecht ins Innere des Körpers und wirkt daher als Druck.

Kraft auf eine Ladung q vor einer metallischen Platte

Es wird nun die Kraft betrachtet, mit der eine Ladung q von der geerdeten Metallplatte angezogen wird, wie in Abb. 2.27 skizziert. Den Spannungstensor

Abb. 2.27. Ladung vor einer leitenden Fläche: Die strichlierte Linie skizziert das Volumen V auf dessen Oberflächenelement $\mathrm{d}f$ die Flächenkraft $T_{nz} = T_{zz}$ angreift.

(2.3.8) der Metallplatte erhält man aus dem elektrischen Feld der Punktladung an der Grenzfläche $z = 0$:

$$\mathbf{E} = -\frac{2k_C q d \mathbf{e}_z}{(\sqrt{x^2+y^2+d^2})^3} = \mathbf{e}_z E_z\,,$$

$$T_{zz} = k_C \frac{q^2 d^2}{2\pi}\frac{1}{(x^2+y^2+d^2)^3}\,,\quad T_{xx}=T_{yy}=-T_{zz}\quad \text{und}\quad T_{ik}=0\quad \forall\, i\neq k.$$

In dem in Abb. 2.27 skizzierten Fall trägt von dem die Metallplatte mit $z = 0$ umschließenden Volumen V nur die Vorderseite mit $z = \mathrm{d}z$ bei. Innerhalb der Metallplatte verschwinden die Felder und damit auch die T_{ik}. Man erhält so

$$K_i = \iint \mathrm{d}x\mathrm{d}y\, T_{iz} = k_C \frac{q^2 d^2}{2\pi}\,\delta_{iz} \iint \mathrm{d}x\mathrm{d}y\,\frac{1}{(x^2+y^2+d^2)^3}$$

$$= k_C \frac{q^2 d^2}{2\pi}\,\delta_{iz}\, 2\pi \int_0^\infty \mathrm{d}\varrho\,\frac{\varrho}{(\varrho^2+d^2)^3} = k_C \frac{q^2}{4d^2}\,\delta_{iz}.$$

Auf die Metallplatte wird so von q die Kraft $\mathbf{K} = k_C(q^2/4d^2)\mathbf{e}_z$ ausgeübt, ungeachtet des Vorzeichens ihrer Ladung. Die Ladung q induziert auf der Metallplatte eine Oberflächenladung entgegengesetzten Vorzeichens und diese beiden Ladungen ziehen sich an.

2.3.3 Felder in der Nähe von Spitzen

Felder sind in der Nähe von Spitzen besonders stark. Um das einzuordnen, betrachten wir zwei Kugeln, die miteinander verbunden sind. Die Potentiale an der Oberfläche sind:

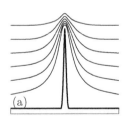

Abb. 2.28. (a) Äquipotentiallinien um Spitze (skizziert)
(b) Zwei Kugeln auf gleichem Potential; das Feld um die kleinere Kugel ist um den Faktor r_a/r_b stärker

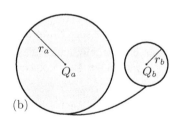

$$\phi_a = k_C \frac{Q_a}{r_a}\,,\qquad \phi_b = k_C\frac{Q_b}{r_b}\qquad \Longrightarrow \qquad \frac{Q_a}{r_a}=\frac{Q_b}{r_b}\,,$$

da die Potentiale gleich sein müssen. Das Innere ist feldfrei, weshalb die Ladungen nur an der Oberfläche sein können. Die Normalkomponente der Feldstärke ist an der Oberfläche nach (2.2.26) gegeben durch $E_n = 4\pi k_C \sigma$:

$$\sigma_a = \frac{Q_a}{4\pi r_a^2} \Rightarrow E_a = k_C \frac{Q_a}{r_a^2}\,,\quad \sigma_b = \frac{Q_b}{4\pi r_b^2} \Rightarrow E_b = k_C \frac{Q_b}{r_b^2}\,,\quad \frac{E_a}{E_b}=\frac{Q_a}{Q_b}\frac{r_b^2}{r_a^2}=\frac{r_b}{r_a}.$$

Die Feldstärke in der Nähe der kleineren Kugel ist größer. Nicht berücksichtigt ist hier die Wirkung der Kugeln aufeinander; für eine Abschätzung ist die Rechnung aber gut genug.

Die Feldstärke ist umso größer, je kleiner der Krümmungsradius ist. Wird die Feldstärke an einer Stelle $> 3 \times 10^6$ V, so wird die Luft dort ionisiert und es kommt zum Durchschlag. Die Ladungsdichte ist in den Spitzen relativ hoch, weil sie weit weg vom Rest des Körpers sind und dadurch die Coulomb-Energie klein wird. Beim *Feldelektronenmikroskop* und beim *Feldionenmikroskop* treten die Elektronen wegen des starken Feldes aus der Oberfläche der Metallspitze aus.

Felder an Kanten und Ecken

Angegeben werden soll das Feld nur in der Nähe der Kanten, die in einem zwei-dimensionalen Modell Spitzen sind, wie aus Abb. 2.29 für $\beta > \pi$ hervorgeht. In deren Nähe erwartet man starke Felder und damit hohe Flächenladungen, was die nachfolgende Rechnung [Jackson, 2006, Abschn. 2.11] bestätigt.

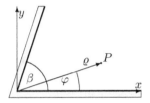

Abb. 2.29. Zwei leitende Ebenen schneiden sich im Winkel β.

Im Außenraum ist die zweidimensionale Laplace-Gleichung zu lösen, vorzugsweise in ebenen Polarkoordinaten, (A.3.20) und mit einem Separationsansatz $\phi = R(\varrho)\,\Psi(\varphi)$ ergibt sich [Greiner, 2002, Aufgabe 2.3]

$$\frac{1}{\varrho}\frac{\partial}{\partial\varrho}\left(\varrho\frac{\partial\phi}{\partial\varrho}\right) + \frac{1}{\varrho^2}\frac{\partial^2\phi}{\partial\varphi^2} = 0 \quad \Rightarrow \quad \frac{1}{R}\frac{\partial}{\partial\varrho}\left(\varrho\frac{\partial R}{\partial\varrho}\right) = \nu^2 = -\frac{1}{\Psi}\frac{1}{\varrho}\frac{\partial^2\Psi}{\partial\varphi^2}\,.$$

Die Lösungen sind

$$R(\varrho) = a_\nu\,\varrho^\nu + b_\nu\,\varrho^{-\nu} \quad \text{und} \quad \Psi(\varphi) = A_\nu\,\cos(\nu\varphi) + B_\nu\,\sin(\nu\varphi)\,.$$

Separat behandelt werden muss der Fall $\nu = 0$:

$$R(\varrho) = a_0 + b_0\ln\varrho \quad\quad \text{und} \quad\quad \Psi(\varphi) = A_0 + B_0\,\varphi\,.$$

Angenommen wird, dass sich auch im Ursprung keine Ladungen befinden, d.h., dass auch dort die Laplace-Gleichung gilt; damit müssen alle b_ν verschwinden. Der Winkelbereich von φ ist eingeschränkt auf $0 \leq \varphi \leq \beta$ und die Randbedingung besagt, dass $\phi(\varrho, 0) = \phi(\varrho, \beta)$. Dann ist auch $B_0 = 0$ und für ν gilt die Einschränkung $\nu = \frac{m\pi}{\beta}$ mit $m \geq 1$ und ganzzahlig. Die allgemeine Lösung ist daher

$$\phi = \phi_0 + \sum_{m=1}^{\infty} a_m \, \varrho^{m\pi/\beta} \, \sin\frac{m\pi\varphi}{\beta} \overset{\varrho\to 0}{\approx} \phi_0 + a_1 \, \varrho^{\pi/\beta} \, \sin\frac{\pi\varphi}{\beta} \, .$$

Daraus ergeben sich die Felder

$$E_\varrho = -\frac{\partial\phi}{\partial\varrho} \approx -\frac{a_1\pi}{\beta} \, \varrho^{\pi/\beta-1} \, \sin\frac{\pi\varphi}{\beta} \, , \qquad E_\varphi = -\frac{1}{\varrho}\frac{\partial\phi}{\partial\varphi} \approx -\frac{a_1\pi}{\beta} \, \varrho^{\pi/\beta-1} \, \cos\frac{\pi\varphi}{\beta} \, .$$

Für $\beta \approx 2\pi$ hat man in 2 Dimensionen eine scharfe Spitze mit den Feldern

$$E_\varrho \approx -\frac{a_1}{2\sqrt{\varrho}} \, \sin\frac{\varphi}{2} \, , \qquad\qquad E_\varphi \approx -\frac{a_1}{2\sqrt{\varrho}} \, \cos\frac{\varphi}{2} \, .$$

Der Anstieg der Feldstärke ist somit bei einer scharfen Kante nicht so dramatisch wie bei einer Spitze ($E \sim 1/r^2$).

Die Flächenladungsdichten sind an beiden Flächen, $\varphi = 0$ und $\varphi = \beta$ gleich

$$\sigma(\varrho) = \frac{E_\varphi(\varrho,0)}{4\pi k_C} = -\frac{a_1}{4k_C\beta} \, \varrho^{\pi/\beta-1} \, .$$

2.4 Energie des elektrischen Feldes

Wir bestimmen die Arbeit, die aufgewandt werden muss, um mit N Punktladungen $(e_n, \mathbf{x}_n)$, wobei $n = 1, ..., N$, eine Konfiguration endlicher Ausdehnung zu erzeugen.

Dazu bringen wir die Ladungen aus dem Unendlichen, wo ihre Wechselwirkungsenergie null ist, auf die Positionen $\mathbf{x}_n$.

	Arbeit	Potential
$e_1 \to \mathbf{x}_1$	0	$\phi_1(\mathbf{x})$
$e_2 \to \mathbf{x}_2$	$e_2\phi_1(\mathbf{x}_2)$	$\phi_1(\mathbf{x}) + \phi_2(\mathbf{x})$
$e_N \to \mathbf{x}_N$	$e_N\left(\phi_1(\mathbf{x}_N) + \cdots + \phi_{N-1}(\mathbf{x}_N)\right)$	$\phi_1(\mathbf{x}) + \cdots + \phi_N(\mathbf{x})$

$\phi_n(\mathbf{x}) = k_C \dfrac{e_n}{|\mathbf{x}-\mathbf{x}_n|}$ ist das von n erzeugte Coulomb-Potential.

Die gesamte aufzuwendende Arbeit, d.h. die Wechselwirkungenergie der Konfiguration ist

$$A = \sum_{n>m} e_n\phi_m(\mathbf{x}_n) = k_C \frac{1}{2} \sum_{n\neq m} \frac{e_n e_m}{|\mathbf{x}_n - \mathbf{x}_m|} \, . \tag{2.4.1}$$

Dies ist die Energie, die in diesem System gespeichert ist. Mit Punktladungen, deren Ladungsdichte $\rho(\mathbf{x}) = \sum_n e_n \, \delta^{(3)}(\mathbf{x}-\mathbf{x}_n)$ ist, können wir A jedoch nicht in der Form

$$A \overset{?}{=} \frac{1}{2} \int \mathrm{d}^3x \, \rho(\mathbf{x})\phi(\mathbf{x}) = \frac{k_C}{2} \int \mathrm{d}^3x \, \mathrm{d}^3x' \, \frac{\rho(\mathbf{x})\rho(\mathbf{x}')}{|\mathbf{x} - \mathbf{x}'|}$$

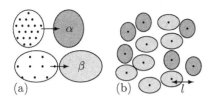

Abb. 2.30. (a) Punktladungen in zwei ausgedehnten Bereichen, α und β werden in Gruppen mit verschmierter Ladung zusammengefasst
(b) Der mittlere Abstand der kontinuierlichen Ladungsverteilungen ist l

schreiben, da die Selbstenergie der Punktladungen, das sind die unendlichen $n = m$ Terme in (2.4.1), nicht vorkommt. Wir versuchen aber A durch kontinuierliche Ladungsverteilungen darzustellen.

Wir stellen uns vor, die Ladungen fallen in Gruppen zusammen, innerhalb derer die Ladungsdichte durch eine verschmierte ersetzt werden kann, wie es in Abb. 2.30 angedeutet ist. Offenbar gilt für die Wechselwirkungsenergie der Ladungen, die zu verschiedenen $\alpha \neq \beta$ gehören,

$$A = \frac{1}{2} \sum_{\alpha,\beta \; \alpha \neq \beta} \int \mathrm{d}^3 x \, \rho_\alpha(\mathbf{x}) \phi_\beta(\mathbf{x}).$$

Für die Wechselwirkungsenergie der Ladungen innerhalb einer solchen Ladungswolke können wir $\frac{1}{2} \int \mathrm{d}^3 x \, \rho_\alpha(\mathbf{x}) \phi_\alpha(\mathbf{x})$ schreiben.

Dabei haben wir allerdings einen Fehler gemacht, da wir die Selbstwechselwirkung einer einzelnen verschmierten Ladung mitzählen.

Abschätzung: Der Selbstwechselwirkungsanteil trägt etwa mit $N_\alpha \, e^2 \, l^{-1}$ bei, wenn l die mittlere Ausdehnung eines Bereiches α ist.

Die Wechselwirkungsenergie verschiedener Bereiche $\alpha \neq \beta$ ist zwar wegen des größeren Abstands $l \, N_\alpha^{1/3}$ wesentlich kleiner, doch die Anzahl mit N_α^2 bedeutend größer:

$$N_\alpha \frac{e^2}{l} \ll N_\alpha^2 \frac{e^2}{N_\alpha^{\frac{1}{3}} l} = \frac{N_\alpha^{\frac{5}{3}} e^2}{l}.$$

Die Selbstwechselwirkung kann also vernachlässigt werden. Somit ist die gesamte Energie, inklusive der Energie die Ladungsverteilungen aufzubauen

$$U = \frac{1}{2} \int \mathrm{d}^3 x \sum_\alpha \rho_\alpha(\mathbf{x}) \sum_\beta \phi_\beta(\mathbf{x}) = \frac{1}{2} \int \mathrm{d}^3 x \, \rho(\mathbf{x}) \phi(\mathbf{x})$$

$$\rho(\mathbf{x}) = \sum_\alpha \rho_\alpha(\mathbf{x}) \qquad \text{und} \quad \phi(\mathbf{x}) = \sum_\beta \phi_\beta(\mathbf{x}).$$

Hierbei enthält $\rho(\mathbf{x})$ alle Ladungen, auch die induzierten:

$$U = \frac{k_C}{2} \int \mathrm{d}^3 x \, \mathrm{d}^3 x' \, \frac{\rho(\mathbf{x}) \rho(\mathbf{x}')}{|\mathbf{x} - \mathbf{x}'|} = \frac{1}{2} \int \mathrm{d}^3 x \, \rho(\mathbf{x}) \phi(\mathbf{x}). \tag{2.4.2}$$

Die Benützung der Poisson-Gleichung ergibt

$$U = -\frac{1}{8\pi k_C} \int d^3x \, (\nabla^2\phi)\phi = -\frac{1}{8\pi k_C} \int d^3x \left[\nabla \cdot ((\nabla\phi)\phi) - (\nabla\phi)^2 \right].$$

Der erste Term verschwindet, wie man durch Anwendung des Gauß'schen Satzes sieht:

$$\oiint df \cdot (\nabla\phi)\phi \sim \int d\Omega \, R^2 \frac{1}{R^2} \frac{1}{R} \to 0,$$

$$U = \frac{1}{8\pi k_C} \int d^3x \, \mathbf{E}^2(\mathbf{x}). \tag{2.4.3}$$

Es ist $\mathbf{E}^2 \geq 0$ und somit $U \geq 0$, da darin die Selbstwechselwirkung der Ladungsverteilung enthalten ist. Die Energiedichte ist so gegeben durch

$$u(\mathbf{x}) = \frac{1}{8\pi k_C} E^2(\mathbf{x}). \tag{2.4.4}$$

Anmerkung: In den ersten Darstellungen ist die Energie als potentielle Energie der Ladungen ρ_α im Potential ϕ_β der anderen dargestellt. Dies entspricht dem Fernwirkungsstandpunkt. Die letzte Darstellung legt den feldtheoretischen Standpunkt nahe, dass die Energie mit der Energiedichte $E^2/8\pi$ im Raum gespeichert ist. Dies ist analog zu einer gespannten Feder, an der die Masse m befestigt ist. Die Energie kann als höhere potentielle Energie der Masse m oder als elastische Energie der gespannten Feder interpretiert werden kann.

2.4.1 Die Wechselwirkungsenergie zweier Ladungsverteilungen

Die Energie einer Ladungsverteilung ist nach (2.4.2) und (2.4.3) gegeben durch

$$U = \frac{k_C}{2} \int d^3x d^3x' \frac{\rho(\mathbf{x})\,\rho(\mathbf{x}')}{|\mathbf{x}-\mathbf{x}'|} = \frac{1}{2} \int d^3x \, \rho(\mathbf{x})\,\phi(\mathbf{x}) = \frac{1}{8\pi k_C} \int d^3x \, E^2(\mathbf{x}).$$

Besteht $\rho(\mathbf{x}) = \rho_1(\mathbf{x}) + \rho_2(\mathbf{x})$ aus zwei (räumlich getrennten) Ladungsverteilungen, so sind deren Potentiale gegeben durch $\phi(\mathbf{x}) = \phi_1(\mathbf{x}) + \phi_2(\mathbf{x})$. Damit erhält man

$$U = \sum_{i,j=1}^{2} U_{ij} \qquad \text{mit} \qquad U_{ij} = \frac{1}{2} \int d^3x \, \rho_i(\mathbf{x})\phi_j(\mathbf{x}). \tag{2.4.5}$$

Diesen Ausdruck teilt man auf in Selbstenergie $U_s = U_{11} + U_{22}$ und Wechselwirkungsenergie

$$U_w = U_{12} + U_{21} = \int d^3x \, \rho_1(\mathbf{x})\phi_2(\mathbf{x}). \tag{2.4.6}$$

$U_s > 0$ ist positiv, während U_w auch negativ sein kann. In (2.4.6) haben wir benützt, dass $U_{12} = U_{21}$, was manchmal als *Reziprozitätstheorem* von Green bezeichnet wird. Der Beweis ist einfach, da man in (2.4.2) nur $\mathbf{x}$ mit $\mathbf{x}'$ zu vertauschen hat.

Die Wechselwirkungsenergie von zwei Punktladungen

Das Potential von 2 Punktladungen ist nach (2.2.1) gegeben durch

$$\phi = \phi_1 + \phi_2 = \frac{k_C q_1}{|\mathbf{x} - \mathbf{x}_1|} + \frac{k_C q_2}{|\mathbf{x} - \mathbf{x}_2|}.$$

Daraus folgt für die Energie

$$U = \frac{1}{2} \int d^3x\, \rho(\mathbf{x})\, \phi(\mathbf{x})$$

$$= k_C \left\{ \frac{q_1^2}{2} \int d^3x\, \frac{\delta^{(3)}(\mathbf{x} - \mathbf{x}_1)}{|\mathbf{x} - \mathbf{x}_1|} + \frac{q_2^2}{2} \int d^3x\, \frac{\delta^{(3)}(\mathbf{x} - \mathbf{x}_2)}{|\mathbf{x} - \mathbf{x}_2|} + \frac{q_1 q_2}{|\mathbf{x}_1 - \mathbf{x}_2|} \right\}.$$

Zunächst bemerken wir den singulären Charakter der Selbstenergie von Punktladungen, der deutlicher in der alternativen Formulierung der Energie

$$U = \frac{1}{8\pi k_C} \int d^3x\, E^2 \quad \text{mit} \quad \mathbf{E} = -\boldsymbol{\nabla}\phi = k_C \left[q_1 \frac{\mathbf{x} - \mathbf{x}_1}{|\mathbf{x} - \mathbf{x}_1|^3} + q_2 \frac{\mathbf{x} - \mathbf{x}_2}{|\mathbf{x} - \mathbf{x}_2|^3} \right]$$

zum Ausdruck kommt. Für die Selbstenergien folgt daraus

$$U_{ii} = \frac{q_i^2}{8\pi k_C} \int d^3x\, \frac{1}{|\mathbf{x} - \mathbf{x}_i|^4} = \lim_{\epsilon \to 0} \frac{q_i^2}{2k_C} \int_\epsilon^\infty dr\, \frac{1}{r^2} = \lim_{\epsilon \to 0} \frac{q_i^2}{2k_C \epsilon}.$$

Sie ändern sich bei Annäherung der beiden Ladungen nicht und entsprechen dem elektrischen Teil der Arbeit, die aufzuwenden wäre, um die Ladung q_i aus einer unendlich ausgedehnten Ladungsverteilung auf eine Kugel vom Radius ϵ zusammenzuballen, wie aus (2.4.8) hervorgeht. Die Gesamtenergie U ist wegen der Selbstenergien positiv definit, während die Wechselwirkungsenergie

$$U_w = 2U_{12} = \frac{k_C q_1 q_2}{|\mathbf{x}_1 - \mathbf{x}_2|}$$

bei Ladungen mit unterschiedlichem Vorzeichen negativ ist, weshalb sich dann die beiden Ladungen anziehen und die Energie der Konfiguration bei Annäherung minimiert wird. Das Ergebnis ist in dieser Form nicht überraschend, da die Kraft zwischen zwei Ladungen $\mathbf{F}_C = -\boldsymbol{\nabla}U_{12}$ wie erwartet die Coulomb-Kraft (1.2.1) ist.

Die Berechnung der Wechselwirkungsenergie aus der Feldenergie $E^2/8\pi k_C$ bringt natürlich dasselbe Ergebnis:

$$U_{12} = k_C \frac{q_1 q_2}{4\pi} \int d^3x\, \frac{(\mathbf{x} - \mathbf{x}_1) \cdot (\mathbf{x} - \mathbf{x}_2)}{|\mathbf{x} - \mathbf{x}_1|^3\, |\mathbf{x} - \mathbf{x}_2|^3} \qquad \begin{cases} \mathbf{x}' = \mathbf{x} - \mathbf{x}_1 \\ \mathbf{d} = \mathbf{x}_1 - \mathbf{x}_2 \end{cases} \Rightarrow \mathbf{x} - \mathbf{x}_2 = \mathbf{x}' + \mathbf{d}$$

$$= k_C \frac{q_1 q_2}{4\pi} \int d^3x'\, \frac{\mathbf{x}' \cdot (\mathbf{x}' + \mathbf{d})}{r'^3\, |\mathbf{x}' + \mathbf{d}|^3} \qquad\qquad\qquad \text{Kugelkoordinaten}$$

$$= k_C \frac{q_1 q_2}{2} \int_{-1}^1 d\xi \int_0^\infty dr'\, \frac{r' + d\xi}{\left(r'^2 + d^2 + 2r'd\xi\right)^{3/2}}.$$

Das Integral ist lösbar, da im Zähler die innere Ableitung des Nenners steht:

$$U_{12} = k_C \frac{q_1 q_2}{2} \int_{-1}^{1} d\xi \, \frac{-1}{\left(r'^2 + d^2 + 2r'd\xi\right)^{1/2}} \bigg|_0^\infty = k_C \frac{q_1 q_2}{d}.$$

2.4.2 Die Selbstenergie einer homogen geladenen Kugel

Zunächst berechnen wir das Feld einer homogen geladenen Kugel mit dem Radius R und der Ladungsdichte ρ_0, das aufgrund der Symmetrie von der Form $\mathbf{E} = E\mathbf{e}_r$ sein muss. $\mathbf{E}$ ist dann mithilfe des Gauß'schen Gesetzes (1.3.2) bestimmbar, wobei das Integrationsvolumen eine Kugel K_r vom Radius r sein soll:

$$\oiint_{\partial K_r} d\mathbf{f} \cdot \mathbf{E} = 4\pi r^2 E = 4\pi k_C \int_{K_r} d^3x \, \rho_0 \, \theta(R-r) = 4\pi k_C \begin{cases} Q \, r^3/R^3 & r < R \\ Q & r \geq R. \end{cases}$$

$Q = \rho_0 \, 4\pi R^3/3$ ist die gesamte Ladung der Kugel K_R. Wir unterscheiden zwischen $\mathbf{E}^{(i)}$, dem Feld innerhalb, und $\mathbf{E}^{(a)}$, dem außerhalb der Kugel:

$$E = \begin{cases} E^{(i)} = k_C Q r/R^3 & r < R \\ E^{(a)} = k_C Q/r^2 & r \geq R. \end{cases}$$

Durch Integration finden wir die Potentiale

$$\phi^{(i)}(r) = k_C \left[-Q \frac{r^2}{2R^3} + C(R) \right] \qquad \text{und} \qquad \phi^{(a)}(r) = k_C Q \frac{1}{R}.$$

Die Integrationskonstante im Außenraum setzen wir null und bestimmen $C(R)$ aus der Stetigkeit der Potentiale an der Kugeloberfläche:

$$\phi^{(i)}(R) = \phi^{(a)}(R) \qquad \Rightarrow \qquad C(R) = \frac{3Q}{2R}.$$

Für Potential und Feld folgt daraus:

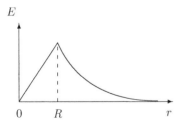

Abb. 2.31. Skizzierter Feldverlauf für homogene Kugel mit dem Radius R

$$\phi(r) = k_C \Big(\frac{3Q}{2R} - \frac{Qr^2}{2R^3} \Big) \theta(R-r) + k_C \frac{Q}{r} \theta(r-R),$$

$$\mathbf{E} = k_C \Big[\frac{Q}{R^3} \, \theta(R-r) + \frac{Q}{r^3} \, \theta(r-R) \Big] \mathbf{x}, \tag{2.4.7}$$

$$\boldsymbol{\nabla} \cdot \mathbf{E} = k_C \frac{3Q}{R^3} \, \theta(R-r) = 4\pi k_C \rho_0 \, \theta(R-r).$$

Abb. 2.31 zeigt den Feldverlauf. Für die Energie innerhalb und außerhalb der Kugel erhält man aus (2.4.7)

$$U^{(i)} = \frac{1}{8\pi k_C} \int_V \mathrm{d}^3 x \, E^2 = \frac{k_C}{8\pi} \Big(\frac{Q}{R^3} \Big)^2 4\pi \int_0^R \mathrm{d}r \, r^4 = k_C \frac{Q^2}{2R^6} \frac{R^5}{5} = k_C \frac{Q^2}{10R},$$

$$U^{(a)} = k_C \frac{Q^2}{8\pi} 4\pi \int_R^\infty \mathrm{d}r \, \frac{1}{r^2} = k_C \frac{Q^2}{2} \frac{1}{R}. \tag{2.4.8}$$

Die Gesamtenergie (Selbstenergie) der Kugel ist dann

$$U = U^{(i)} + U^{(a)} = k_C \frac{Q^2}{R} \Big(\frac{1}{10} + \frac{1}{2} \Big) = k_C \frac{3Q^2}{5R}. \tag{2.4.9}$$

Die Selbstenergie einer Kugel divergiert mit $R \to 0$.

Der Anteil des Außenraums ist – unabhängig vom Kugelradius – um einen Faktor 5 größer als der vom Inneren der Kugel. Durch eine innere Struktur würden zu den Feldern Beiträge hinzukommen, sowohl im Innen- als auch im Außenraum (Multipolmomente). Experimentelle Hinweise auf eine räumliche Struktur der Ladung hat man jedoch beim Elektron nicht.

Da nach der Einstein-Formel $E = m_e c^2$, siehe (14.1.2), die elektrostatische Energie eines Teilchens nicht beliebig groß werden kann, da diese ja der Masse zugerechnet werden muss, kann man auch für den „Radius des Elektrons" eine Abschätzung machen mit

$$k_C \frac{3e_0^2}{5r_e} < k_C \frac{e_0^2}{r_e} = m_e c^2 \qquad \Longrightarrow \qquad r_e = k_C \frac{e_0^2}{m_e c^2} \approx 2.8 \times 10^{-13} \, \mathrm{cm}.$$

r_e ist der klassische Elektronenradius und m_e die Ruhmasse des Elektrons. r_e^2 gibt bei der Streuung von Licht an Elektronen (siehe Abschnitt 11.1.1) die Größenordnung des Streuquerschnittes an. In klassischen Modellen wird meist der umgekehrte Weg genommen, indem man zu einem Radius a die der elektrostatischen Selbstenergie zuzuordnende Masse

$$m_{\mathrm{es}} = U/c^2 = k_C e_0^2 / 2ac^2 \tag{2.4.10}$$

berechnet. Hier wurde angenommen, dass die Ladung homogen auf der Kugeloberfläche verteilt ist, da dann $U^{(i)} = 0$.

Anmerkung: Die Selbstenergie der homogenen Kugel kann natürlich auch mit

$$U = \frac{k_C}{2} \int \mathrm{d}^3x \, \mathrm{d}^3x' \, \frac{\rho(\mathbf{x})\rho(\mathbf{x}')}{|\mathbf{x}-\mathbf{x}'|} = \frac{1}{2} \int \mathrm{d}^3x \, \rho(\mathbf{x}) \, \phi(\mathbf{x})$$

berechnet werden, wobei $\phi = \phi^{(i)}$. Die Berechnung von $\phi^{(i)}$ ergibt

$$\phi^{(i)}(\mathbf{x}) = k_C \int_V \mathrm{d}^3x' \, \frac{\rho(\mathbf{x}')}{|\mathbf{x}-\mathbf{x}'|} \stackrel{(\text{B.5.23})}{=} k_C \frac{3Q}{R^3} \left\{ \frac{1}{r} \int_0^r \mathrm{d}r' \, r'^2 + \int_r^R \mathrm{d}r' \, r' \right\} = k_C \left[\frac{3Q}{2R} - \frac{Qr^2}{2R^3} \right].$$

2.4.3 Theorem von Thomson

Das Theorem von Thomson[1] besagt, dass für n Leiter, die in fester (unveränderbarer) Lage sind und auf die eine bestimmte totale Ladung gebracht worden ist, die elektrostatische Energie des Systems ein absolutes Minimum ist, wenn die Ladungen so verteilt werden, dass jede Oberfläche eine Äquipotentialfläche darstellt.

Physikalisch ist das einleuchtend, wenn wir uns die Ladungen auf den Leitern in einer beliebigen Anordnung fixiert vorstellen. In dem Moment, wo die Fixierung aufgehoben wird, werden sich die Ladungen innerhalb der Leiter so verteilen, dass diese kräftefrei ($\mathbf{E}(\mathbf{x}) = 0$ für $\mathbf{x} \in L_i$) sind, was zu einer Erniedrigung der Feldenergie führt. Innerhalb jeden Leiters ist dann ϕ konstant.

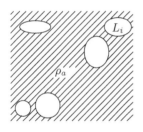

Abb. 2.32. n Leiter mit den Volumina L_i und den Gesamtladungen Q_i. Außerhalb der Leiter ist die Ladungsverteilung ρ_a

Vorhanden seien n Leiter mit den Volumina L_i. Die Konfiguration der Leiter und ihre Ladungen Q_i sind vorgegeben, wie in Abb. 2.32 angedeutet ist. Außerhalb der Leiter ist noch feste äußere Ladungsverteilung mit dem Potential ϕ_a. Die Energie dieser Anordnung ist gegeben durch

$$U = \frac{k_C}{2} \sum_{i=1}^{n} \int_{L_i} \mathrm{d}^3x_i \, \rho_i(\mathbf{x}_i) \left\{ \sum_{j=1}^{n} \int_{L_j} \mathrm{d}^3x_j \, \frac{\rho_j(\mathbf{x}_j)}{|\mathbf{x}_i - \mathbf{x}_j|} + \phi_a(\mathbf{x}_i) \right\}. \tag{2.4.11}$$

Der 1. Term ist die Energie der Ladungen auf den Oberflächen der Leiter und der 2. Term die Wechselwirkung mit dem äußeren Potential ϕ_a.

Die vorgegebenen Gesamtladungen auf den Oberflächen sind

---

[1] W. Thomson, später Lord Kelvin, 1848; [siehe Maxwell, 1892, S. 138]

$$\int_{L_i} \mathrm{d}^3 x \, \rho_i(\mathbf{x}) = Q_i \,.$$

Wir minimieren nun die Energie durch Variation der Ladungsdichten bei festgehaltenen Ladungen Q_i. ϕ_i sind die zu dieser Nebenbedingung gehörenden Lagrange-Multiplikatoren:

$$\frac{\delta}{\delta \rho_k(\mathbf{x}_k)} \left\{ \frac{k_C}{2} \sum_{i=1}^{n} \int_{L_i} \mathrm{d}^3 x_i \, \rho_i(\mathbf{x}_i) \left\{ \sum_{j=1}^{n} \int_{L_j} \mathrm{d}^3 x_j \, \frac{\rho_j(\mathbf{x}_j)}{|\mathbf{x}_i - \mathbf{x}_j|} + \phi_a(\mathbf{x}_i) + \phi_i \right\} \right\} = 0.$$

Das ergibt, aufgelöst nach ϕ_k

$$\phi_k = \phi_a(\mathbf{x}_k) + \sum_{j=1}^{n} k_C \int_{L_j} \mathrm{d}^3 x_j \, \frac{\rho_j(\mathbf{x}_j)}{|\mathbf{x}_k - \mathbf{x}_j|} \qquad \mathbf{x}_k \in L_k \,. \qquad (2.4.12)$$

Der Lagrange-Multiplikator ϕ_k hat die Form des Potentials auf dem Leiter k. Da nun ϕ_k eine Konstante für den Leiter k unabhängig von $\mathbf{x}_k$ ist, ist das Potential im gesamten Volumen gleich. Die Konfiguration mit minimaler (extremaler) Energie ist also die, bei der sich die Ladungen so verteilen, dass auf jedem Leiter i das Potential ϕ_i konstant ist.

Kapazitätskoeffizienten

Sind außerhalb der Leiter keine Ladungen vorhanden, ist also $\phi_a = 0$, und sind die Ladungen Q_i auf den Leitern vorgegeben, so ist die Energie (2.4.11)

$$U = \frac{1}{2} \sum_{i=1}^{n} \int_{L_i} \mathrm{d}^3 x_i \, \rho_i(\mathbf{x}_i) \sum_{j=1}^{n} \phi_j(\mathbf{x}_i) = \frac{1}{2} \sum_{i=1}^{n} Q_i \phi_i \,.$$

Wir berechnen jetzt ϕ_i mithilfe des Superpositionsprinzips, indem wir zunächst das Potential der Konfiguration berechnen, in der nur der Leiter k eine Ladung trägt:

$$\phi_i = \sum_{j=1}^{n} \phi_j(\mathbf{x}_i) \qquad \overset{Q_j = Q_k \delta_{jk}}{\Longrightarrow} \qquad \phi_i^{(k)} = \phi_k(\mathbf{x}_i) \qquad \mathbf{x}_i \in L_i \,.$$

Summiert man nun über alle Konfigurationen $k = 1$ bis n, so erhält man wiederum ϕ_i, erkennt aber, dass die einzelnen Summanden konstant sind. Damit können die Potentiale und in Folge die Energie auf die Form gebracht werden

$$\phi_i = \sum_{k=1}^{n} \phi_i^{(k)} = \sum_{k=1}^{n} \Gamma_{ik} Q_k \qquad \Longrightarrow \qquad U = \frac{1}{2} \sum_{i,k=1}^{n} Q_i \Gamma_{ik} Q_k. \qquad (2.4.13)$$

Auf die *Potentialkoeffizienten* Γ_{ik} wird näher einzugehen sein, wobei es günstig ist normierte Teilchendichten $\hat{\rho}_j = \rho_j / Q_j$ und die dazugehörigen Potentiale $\hat{\phi}_j = \phi_j / Q_j$ einzuführen

$$\hat{\phi}_j(\mathbf{x}_i) = k_c \int_{L_j} \mathrm{d}^3 x_j' \, \frac{\hat{\rho}_j(\mathbf{x}_j')}{|\mathbf{x}_i - \mathbf{x}_j'|} = \Gamma_{ij} \qquad\qquad \mathbf{x}_i \in L_i.$$

Von Interesse ist vor allem die zu Γ inverse Matrix C:

$$U = \frac{1}{2} \sum_{i,j=1}^{n} \phi_i C_{ij} \phi_j. \tag{2.4.14}$$

Die C_{ij} sind die sogenannten Kapazitätskoeffizienten. Sowohl die Kapazitäts- als auch die Potentialkoeffizienten sind symmetrisch, $C_{ij} = C_{ji}$. Das ist eine Folge der Symmetrie der Summanden von (2.4.11):

$$U_{ij} = \frac{k_c}{2} \int \mathrm{d}^3 x \, \mathrm{d}^3 x' \, \frac{\rho_i(\mathbf{x})\rho_j(\mathbf{x}')}{|\mathbf{x} - \mathbf{x}'|} = \frac{1}{2} \int \mathrm{d}^3 x \, \rho_i(\mathbf{x})\phi_j(\mathbf{x}) = \frac{1}{2} \int \mathrm{d}^3 x \, \rho_j(\mathbf{x})\phi_i(\mathbf{x}).$$

Die rechte Seite ($\rho_i \phi_j \rightleftharpoons \rho_j \phi_i$) ist das Reziprozitätstheorem von Green.

2.5 Multipolentwicklung

Wir gehen von einer lokalisierten Ladungsverteilung aus und betrachten deren Fernfeld. Für $\rho(\mathbf{x}')$ soll gelten, dass $\rho(\mathbf{x}') = 0$ für $r' > R$. In Atomen und

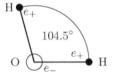

Abb. 2.33. Ladungsverteilung im Wassermolekül. $e_+ \approx 0.4e_0$ und $e_- \approx -0.8e_0$

Molekülen sind die Ladungsverteilungen oft nicht isotrop. Die Anisotropie zeigt sich in erster Linie durch ein intrinsisches Dipolmoment, wie beim H_2O Molekül (siehe Abb. 2.33). Aufgrund der größeren Elektronegativität des O-Atoms bildet sich um dieses eine negative Raumladung und um das H-Atom eine positive. Moleküle mit ionischer Bindung haben immer ein elektrisches Dipolmoment, wie etwa HCl[2]. Die Dipolmomente der meisten Moleküle sind kleiner als 10 Debye.

In einer systematischen Entwicklung wird man ϕ nach den Beiträgen der Momente von $\rho(\mathbf{x}')$ ordnen, indem man in

$$\phi(\mathbf{x}) = k_c \int \mathrm{d}^3 x' \, \frac{\rho(\mathbf{x}')}{|\mathbf{x} - \mathbf{x}'|} \tag{2.5.1}$$

eine Taylorentwicklung von $1/|\mathbf{x} - \mathbf{x}'|$ für $r > R$ einsetzt.

---

[2] $H_2O : p = 1.84\,\mathrm{Debye} = 6.14 \times 10^{-30}\,\mathrm{Cm}$; HCl: $p = 1.03\,\mathrm{Debye} = 3.44 \times 10^{-30}\,\mathrm{Cm}$.

Es ist das jedoch nicht die einzige Möglichkeit, Multipolmomente zu definieren. Insbesondere wenn höhere Ordnungen eine Rolle spielen, entwickelt man $1/|\mathbf{x}-\mathbf{x}'|$ nach Kugelflächenfunktionen. Diese Entwicklung wird erst im Abschnitt 3.3.3 behandelt, wo die notwendigen mathematischen Voraussetzungen vorhanden sind. Man hat dort eine Entwicklung nach r'^l – wie das letztlich auch die Taylorentwicklung ist –, so dass die Momente gleicher Ordnung durch Linearkombinationen ineinander übergeführt werden können (siehe (3.3.12)).

2.5.1 Entwicklung nach Momenten der Ladungsverteilung

Die Taylorentwicklung von $1/|\mathbf{x} - \mathbf{x}'|$ für $r > R$, eingesetzt in (2.5.1), ergibt

$$\phi(\mathbf{x}) = \sum_{n=0}^{\infty} \phi^{(n)}(\mathbf{x}) = k_C \frac{q}{r} + k_C \sum_{n=1}^{\infty} \frac{(-1)^n}{n!} M_{i_1 \ldots i_n} \nabla_{i_1} \ldots \nabla_{i_n} \frac{1}{r}, \quad (2.5.2)$$

$$M_{i_1 \ldots i_n} = \int \mathrm{d}^3 x' \, \rho(\mathbf{x}') \, x'_{i_1} \ldots x'_{i_n} . \quad (2.5.3)$$

Das gesamte Potential wird durch Superposition der Potentiale von am Ursprung sitzenden (Punkt-)Ladungen, Dipolen, etc. angenähert.

Monopol

Das nullte Moment ist die gesamte Ladung. Man erhält so für den ersten Term Taylorentwicklung (2.5.2)

$$\phi^{(0)}(\mathbf{x}) = \phi_e(\mathbf{x}) = k_C \frac{q}{r}, \qquad\qquad q = \int \mathrm{d}^3 x' \, \rho(\mathbf{x}'),$$

$$E_i = -k_C q \nabla_i \frac{1}{r} = k_C q \frac{x_i}{r^3}. \quad (2.5.4)$$

Dipol

Der zweite Term von (2.5.2) bestimmt den Anteil des Dipolmoments zum Potential

$$\phi^{(1)} = \phi_p = -k_C p_j \nabla_j \frac{1}{r} \qquad\qquad p_i = \int \mathrm{d}^3 x' \, \rho(\mathbf{x}') \, x'_i$$

$$E_i = k_C p_j \nabla_i \nabla_j \frac{1}{r} = k_C \frac{p_j}{r^3} \big(3 \frac{x_i x_j}{r^2} - \delta_{ij}\big), \quad (2.5.5)$$

was mit (2.2.5) übereinstimmt. Das Dipolfeld (2.5.5) ist für $r = 0$ singulär und kann dort gesondert behandelt werden. Legt man eine Kugel K_a mit dem Radius a um den Ursprung, so ist der gesamte Beitrag des Dipolfeldes innerhalb der Kugel gegeben durch

$$\int_{K_a} d^3x\, E_i(\mathbf{x}) = k_C p_j \int_{K_a} d^3x\, \nabla_i \nabla_j \frac{1}{r} = k_C \frac{p_i}{3} \int_{K_a} d^3x\, \nabla^2 \frac{1}{r}.$$

Man erhält den gleichen von a unabhängigen Beitrag, wenn man $\mathbf{E}$ ersetzt durch:

$$\mathbf{E}(\mathbf{x}) = k_C \frac{\mathbf{p}}{3} \Delta \frac{1}{r} = -k_C \frac{4\pi}{3} \mathbf{p}\, \delta^{(3)}(\mathbf{x}).$$

Das Dipolfeld kann so geschrieben werden als [siehe Jackson, 2006, (4.20)]:

$$\mathbf{E} = \lim_{a \to 0} k_C \Big[3 \frac{(\mathbf{p} \cdot \mathbf{x})\mathbf{x}}{r^5} - \frac{\mathbf{p}}{r^3} \Big] \theta(r-a) - k_C \frac{4\pi}{3}\, \mathbf{p}\, \delta^{(3)}(\mathbf{x}). \tag{2.5.6}$$

Anmerkungen: Natürlich muss $\mathbf{E}$ auch in der Form von (2.5.6) wirbelfrei sein und dem Gauß'schen Gesetz genügen. Es sind die Beiträge der Stufenfunktion, die das gewährleisten, wie in Aufgabe 2.17 zu zeigen ist.

Der innere Bereich muss keine Kugel sein; es genügt die Inversionssymmetrie des Bereiches zu fordern damit der Integrand $\nabla_i \nabla_j \frac{1}{r}$ für $i \neq j$ verschwindet. Statt der Stufenfunktion kann man für den ersten Term den Hauptwert P (siehe Abschn. B.1.2, S. 614) nehmen, der bei Integration eine infinitesimale Kugel um den Sitz des Dipols ausschließt [Fließbach, 2008, (12.33)].

Anschaulicher läßt sich $\mathbf{E}$ erklären, wenn man von einem Dipol ausgeht, der aus zwei im Abstand d fixierten Ladungen $\pm e$ besteht, wie in Abb. 2.4 skizziert. Eine Kugel mit dem Radius $a = d/2$ um den Sitz des Dipols teilt das Feld in einen inneren Bereich mit einem starken Feld zwischen den beiden Ladungen und einen äußeren Bereich, der für $r > a$ in linearer Näherung von $\mathbf{d}$ ein Dipolfeld ergibt. In dieser Näherung erhält man das (singuläre) Feld in der Kugel [Brandt, Dahmen, 2004, Abschn. 2.10.1]

$$\mathbf{E} = -k_C e \frac{\mathbf{d}}{a^3} \theta(a-r) \xrightarrow{a \to 0;\, e d = p} -k_C \frac{4\pi}{3} \mathbf{p}\, \delta^{(3)}(\mathbf{x}). \tag{2.5.6'}$$

Quadrupol

Den nächsten Beitrag zu ϕ bringt das Quadrupolmoment von $\rho(\mathbf{x})$

$$\phi^{(2)}(\mathbf{x}) = \phi_Q(\mathbf{x}) = \frac{k_C}{2} M_{ij} \nabla_i \nabla_j \frac{1}{r}, \tag{2.5.7}$$

$$M_{ij} = \int d^3x'\, \rho(\mathbf{x}')\, x_i' x_j', \qquad\qquad M = \sum_i M_{ii}. \tag{2.5.8}$$

Man kann zu den M_{ij} diagonale Terme $\delta_{ij} M$ hinzufügen ohne $\phi^{(2)}$ zu verändern, da

$$\delta\phi^{(2)} = k_C M \delta_{ij} \nabla_i \nabla_j \frac{1}{r} = k_C M \Delta \frac{1}{r} = 0 \qquad \text{für } r > R.$$

Anstelle der M_{ij} werden spurfreie Quadrupolmomente Q_{ij} verwendet:

$$\phi_Q = \frac{k_C}{6} Q_{kl} \nabla_k \nabla_l \frac{1}{r} = k_C \frac{Q_{kl}}{6} \frac{3x_k x_l - r^2 \delta_{kl}}{r^5} = k_C \frac{Q_{kl}}{2} \frac{x_k x_l}{r^5},$$

$$Q_{kl} = 3M_{kl} - \delta_{kl} M = \int d^3 x' \, \rho(\mathbf{x}') \left(3x_k' x_l' - r'^2 \delta_{kl} \right), \qquad (2.5.9)$$

$$E_i = -\frac{k_C}{6} Q_{kl} \nabla_i \nabla_k \nabla_l \frac{1}{r} = k_C \frac{Q_{kl}}{2} \frac{5x_i x_k x_l - r^2 (\delta_{kl} x_i + \delta_{il} x_k + \delta_{ik} x_l)}{r^7}$$

$$= k_C \frac{Q_{kl}}{2} \frac{5x_i x_k x_l}{r^7} - k_C Q_{ik} \frac{x_k}{r^5}.$$

In Tensor-Schreibweise lautet das Feld

$$\mathbf{E} = \frac{5k_C}{2r^7} (\mathbf{x}^T \mathsf{Q} \mathbf{x}) \mathbf{x} - \frac{k_C}{r^5} (\mathsf{Q} \mathbf{x}). \qquad (2.5.9')$$

Für Ladungen eines Vorzeichens (Ladungsdichte des Atomkerns, Massendichte in der Gravitation) kann man durch eine geeignete Wahl des Bezugspunktes $\mathbf{p} = 0$ erreichen. Dann ist das Quadrupolmoment ein Maß für die Abweichung von der Kugelsymmetrie.

Auf Diagonalform gebracht hat der Quadrupoltensor wegen $\sum_k Q_{kk} = 0$ nur zwei unabhängige Elemente. Ist die Ladungsdichte zusätzlich axialsymmetrisch, bleibt nur ein Element, das Quadrupolmoment $Q = Q_{33}$. Eine axialsymmetrische, elongierte, positive Ladungsverteilung hat $Q = Q_{33} > 0$; bei flacher Verteilung wäre $Q < 0$.

Beispiele für Quadrupolmomente von Atomkernen

$$\frac{1}{e_0} Q_{\text{Deut}} = 2.87 \times 10^{-27} \text{cm}^2 \quad \frac{1}{e_0} Q_{\text{Lu}^{176}} = 8 \times 10^{-24} \text{cm}^2 \quad \frac{1}{e_0} Q_{\text{Bi}^{203}} = -4 \times 10^{-25} \text{cm}^2.$$

Höhere Multipolmomente

Die aus der Taylorentwicklung folgenden Multipolmomente werden im Allgemeinen nur bis zum Quadrupol verwendet, da die Anzahl der zu summierenden Terme viel schneller ansteigt als die der unabhängigen Momente. Man nimmt dann meist die über die Entwicklung nach Y_{lm} definierten Multipolmomente. „Spurfreie" Oktupolmomente sind

$$\phi^{(3)}(\mathbf{x}) = -\frac{k_C}{3! \, 5} o_{ijk} \nabla_i \nabla_j \nabla_k \frac{1}{r}$$

$$= \frac{k_C}{10} o_{ijk} \left[5x_i x_j x_k - r^2 (\delta_{ij} x_k + \delta_{ik} x_j + \delta_{jk} x_i) \right] \frac{1}{r^7} = \frac{k_C}{2} o_{ijk} \frac{x_i x_j x_k}{r^7}$$

$$o_{ijk} = 5M_{ijk} - (\delta_{ij} o_k + \delta_{ik} o_j + \delta_{jk} o_i) \qquad (2.5.10)$$

$$= \int d^3 x' \, \rho(\mathbf{x}') \left[5x_i' x_j' x_k' - r'^2 (\delta_{ij} x_k' + \delta_{ik} x_j' + \delta_{jk} x_i') \right],$$

wobei $o_k = \sum_i M_{iik}$ und $\sum_i o_{iik} = 0$.

Das Potential, um den Ursprung nach Multipolmomenten bis zur 2. Ordnung entwickelt, ist

$$\phi(\mathbf{x}) = k_C \left\{ \frac{q}{r} + \mathbf{p} \cdot \frac{\mathbf{x}}{r^3} + \frac{1}{2} Q_{kl} \frac{x_k x_l}{r^5} + \dots \right\} \qquad (2.5.11)$$

Änderung des Raumpunktes, um den entwickelt wird

Verlegt man den Bezugspunkt der Entwicklung von $\rho(\mathbf{x})$ nach Multipolmomenten vom Ursprung zu $\mathbf{x}_0$, so wird aus (2.5.1)

$$\phi(\mathbf{x}) = k_C \int d^3x' \frac{\rho(\mathbf{x}')}{|\underbrace{\mathbf{x} - \mathbf{x}_0}_{\bar{\mathbf{x}}} - \underbrace{(\mathbf{x}' - \mathbf{x}_0)}_{\mathbf{x}''}|} = k_C \Big\{ \frac{q}{r} - \bar{\mathbf{p}} \cdot \nabla \frac{1}{r} + \frac{1}{6} \bar{Q}_{kl} \nabla_k \nabla_l \frac{1}{r} + \dots \Big\}$$

mit den Momenten

$$\bar{\mathbf{p}} = \int d^3x' \, \rho(\mathbf{x}') \, \mathbf{x}'' = \mathbf{p} + q \, \mathbf{x}_0,$$

$$\bar{Q}_{kl} = \int d^3x' \, \rho(\mathbf{x}') \, (3x_k'' x_l'' - r''^2)$$

$$= Q_{kl} + 3(p_k x_{0l} + p_l x_{0k} + q x_{0k} x_{0l}) - 2\mathbf{p} \cdot \mathbf{x}_0 - q r_0^2.$$

Verschwindet die gesamte Ladung ($q = 0$), so ist das Dipolmoment unabhängig vom Bezugspunkt ($\bar{\mathbf{p}} = \mathbf{p}$). Ist auch noch $\mathbf{p}=0$, so sind die $\bar{Q}_{kl} = Q_{kl}$. Es gilt ganz allgemein:

Das niedrigste nicht verschwindende Multipolmoment ist unabhängig vom Bezugspunkt.

In einer Ladungsverteilung mit $q \neq 0$ kann man mit $\bar{\mathbf{p}} = \mathbf{p} + q \mathbf{x}_0 = 0$ den Bezugspunkt so legen, dass das Dipolmoment verschwindet. Das ist in Analogie zum Schwerpunkt der Massenverteilung jener der Ladungsverteilung. Bei der Massenverteilung gibt dann das Quadrupolmoment die Abweichung von der sphärischen Symmetrie an, was bei einer Ladungsverteilung nur für den Überschuss an positiver (negativer) Ladung gilt. In Ionen (Na^+) mit einer weitgehend sphärischen Symmetrie werden Ladungs- und Massenschwerpunkt zusammenfallen, in anderen ((OH)$^-$) nicht. Ist man an den elektrischen Kräften interessiert, die auf ein Atom oder Molekül wirken, so ist der Massenschwerpunkt, der insbesondere bei Molekülen von dem der Ladung abweichen kann, für die Multipolentwicklung eher geeignet.

2.5.2 Energie einer Ladungsverteilung im äußeren Feld

Gegeben seien eine räumlich begrenzte Ladungsverteilung $\rho(\mathbf{x})$ und ein äußeres Potential $\phi^e(\mathbf{x})$. Innerhalb der Ladungsverteilung sei die Änderung von $\phi^e(\mathbf{x})$ so moderat, dass eine Taylorentwicklung sinnvoll erscheint. Die Energie der Ladungsverteilung im äußeren Feld ist dann

$$U = \int d^3x \, \rho(\mathbf{x}) \, \phi^e(\mathbf{x}) = \int d^3x \, \rho(\mathbf{x}) \Big[\phi^e(0) + \mathbf{x} \cdot \nabla \phi^e(0) + \frac{1}{2} x_i x_j \nabla_i \nabla_j \phi^e(0) \Big]$$

$$= q \, \phi^e(0) - \mathbf{p} \cdot \mathbf{E}^e(0) - \frac{1}{6} Q_{ij} \, E_{i,j}^e(0). \qquad (2.5.12)$$

Q_{ij}, das zweite Moment der Ladungsverteilung, heißt Quadrupolmoment, das an den Gradienten des äußeren Feldes

$$E^e_{i,j} = \nabla_j E^e_i = E^e_{j,i} = -\phi^e_{,ij} = -\nabla_i \nabla_j \phi^e$$

koppelt. Wir erhalten für die zweite Ordnung

$$Q_{ij} E^e_{i,j}(0) = \int \mathrm{d}^3x \, \rho(\mathbf{x}) \left(3x_i x_j - \delta_{ij} r^2\right) E^e_{i,j}(0) \,.$$

Den letzten Term, der in (2.5.12) nicht vorkommt, haben wir hinzugefügt. Er bringt keinen Beitrag:

$$-\delta_{ij} E^e_{i,j} = \Delta\phi^e = 0 \,,$$

da im Volumen V keine äußeren Ladungen vorhanden sind, und das Feld so die Laplace-Gleichung erfüllt und die so definierten, spurfreien Quadrupolmomente sind ident zu (2.5.9).

Anmerkung: Nach (2.4.2) könnte man meinen, dass in (2.5.12) der Faktor 1/2 fehlt. Nach dortiger Vorschrift wäre jedoch

$$U = \frac{1}{2} \int \mathrm{d}^3x' \left[\rho(\mathbf{x}') \, \phi^e(\mathbf{x}') + \rho^e(\mathbf{x}') \, \phi(\mathbf{x}')\right] \,,$$

was genau (2.5.12) ergibt, da die beiden Beiträge gleich groß sind.

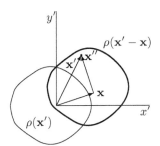

Abb. 2.34. Die Ladungsverteilung $\rho(\mathbf{x}')$ wird um $\mathbf{x}$ verschoben, wobei $\mathbf{x}'' = \mathbf{x}' - \mathbf{x}$

Wenn die um den Ursprung konzentrierte Ladungsverteilung, die wir jetzt mit $\rho(\mathbf{x}')$ bezeichnen, an die Stelle $\mathbf{x}$ geschoben wird, wie in Abb. 2.34 skizziert, haben wir bei $\mathbf{x}'$ die Ladungsverteilung $\rho(\mathbf{x}' - \mathbf{x})$.

Die Energie dieser Ladungsverteilung im externen Potential ist

$$U(\mathbf{x}) = \int \mathrm{d}^3x' \, \rho(\mathbf{x}' - \mathbf{x}) \, \phi^e(\mathbf{x}') = q \, \phi^e(\mathbf{x}) - \mathbf{p} \cdot \mathbf{E}^e(\mathbf{x}) - \frac{1}{6} Q_{ij} E^e_{i,j}(\mathbf{x}), \quad (2.5.13)$$

wobei die Rechnung völlig analog zu (2.5.12) verläuft.

Wechselwirkung zweier Dipole

Als Beispiel kann die Wechselwirkung zweier Dipole $\mathbf{p}_1, \mathbf{x}_1$ und $\mathbf{p}_2, \mathbf{x}_2$ betrachtet werden. Der Dipol 1 erzeugt am Ort $\mathbf{x}$ das Feld (2.2.4)

$$\mathbf{E}(\mathbf{x}) = \frac{k_C}{|\mathbf{x} - \mathbf{x}_1|^3} \left(-\mathbf{p}_1 + \frac{3\,\mathbf{p}_1 \cdot (\mathbf{x} - \mathbf{x}_1)(\mathbf{x} - \mathbf{x}_1)}{|\mathbf{x} - \mathbf{x}_1|^2} \right).$$

Die Wechselwirkungsenergie eines Dipols im Feld $\mathbf{E}$ ist (2.5.13)

$$U_{DD} = -\mathbf{E}(\mathbf{x}_2) \cdot \mathbf{p}_2 = k_C \left\{ \frac{\mathbf{p}_1 \cdot \mathbf{p}_2}{|\mathbf{x}_1 - \mathbf{x}_2|^3} - 3 \frac{\mathbf{p}_1 \cdot (\mathbf{x}_2 - \mathbf{x}_1)\,\mathbf{p}_2 \cdot (\mathbf{x}_2 - \mathbf{x}_1)}{|\mathbf{x}_1 - \mathbf{x}_2|^5} \right\}. \quad (2.5.14)$$

Wie aus Tab.2.1 ersichtlich, ist die Dipol-Dipol-Energie am kleinsten, wenn die beiden Dipole parallel zueinander und zu $\mathbf{x}_1 - \mathbf{x}_2$ sind. Dies trifft für Bariumtitanat (Ba Ti O$_3$) zu, einem Kristall mit Perowskit-Struktur. Substanzen, die parallel ausgerichtete elektrische Dipolmomente haben, werden als Ferroelektrika bezeichnet.

Tab. 2.1. Dipol-Dipol Energie für $\perp$ und $\parallel$ Orientierung der Dipole auf die Verbindungslinie

$\mathbf{p}_1$	$\mathbf{p}_2$	$\mathbf{x}_1 - \mathbf{x}_2$	U_{DD} gemessen in Einheiten : $U_d = p_1\,p_2/r_{12}^3$	
↑	↑	→	$U_d > 0$	
↑	↓	→	$-U_d < 0$	
→	→	→	$-2U_d < 0$	Ferroelektrizität
→	←	→	$+2U_d > 0$	
↑	→	→	$0 \to 0$	

Die Kraft, die auf einen Dipol $\mathbf{p}$ im Feld $\mathbf{E}$ wirkt, ist[3]

$$\mathbf{K} = -\frac{\partial U}{\partial \mathbf{x}} = \boldsymbol{\nabla}(\mathbf{p} \cdot \mathbf{E}) = (\mathbf{p} \cdot \boldsymbol{\nabla})\mathbf{E} + \mathbf{p} \times (\boldsymbol{\nabla} \times \mathbf{E}), \quad (2.5.15)$$

wobei der letzte Term wegen rot $\mathbf{E} = 0$ verschwindet; alternativ können Sie auch die aus der Vertauschung der Ableitungen folgende Symmetrie $E_{k,i} = E_{i,k} = -\phi_{,ik}$ für die Umformung von (2.5.15) heranziehen.

Das Drehmoment, das auf $\mathbf{p}$ wirkt, ist definiert durch

$$\mathbf{N} = \mathbf{p} \times \mathbf{E}. \quad (2.5.16)$$

Anmerkung: In der Mechanik ist das Drehmoment $\mathbf{N} = \mathbf{x} \times \mathbf{K}$, wobei $\mathbf{K}$ die Kraft ist; ersetzt man $\mathbf{p} = q\mathbf{d}$, so ist $q\mathbf{E}$ die (Coulomb-)Kraft, die am Hebel $\mathbf{d}$ ansetzt.

---

[3] $\big(\mathbf{p} \times (\boldsymbol{\nabla} \times \mathbf{E})\big)_i = \epsilon_{ijk} p_j\, \epsilon_{klm} \nabla_l E_m = (\delta_{il}\delta_{jm} - \delta_{im}\delta_{jl}) p_j \nabla_l E_m = p_j \nabla_i E_j - p_j \nabla_j E_i$. Vektoriell geschrieben ist das $\mathbf{p} \times (\boldsymbol{\nabla} \times \mathbf{E}) = \boldsymbol{\nabla}(\mathbf{p} \cdot \mathbf{E}) - (\mathbf{p} \cdot \boldsymbol{\nabla})\,\mathbf{E}$.

Kraft auf eine Ladungsverteilung

Nach der Bestimmung der Energie $U(\mathbf{x})$ (2.5.13) einer Ladungsverteilung im externen Potential ist der nächste Schritt Berechnung der Kraft auf eben diese Ladungsverteilung

$$\mathbf{K}(\mathbf{x}) = -\boldsymbol{\nabla}U = -\int \mathrm{d}^3x' \, \boldsymbol{\nabla}\rho(\mathbf{x}'-\mathbf{x})\, \phi(\mathbf{x}') = \int \mathrm{d}^3x' \, (\boldsymbol{\nabla}'\rho(\mathbf{x}'-\mathbf{x}))\phi(\mathbf{x}')$$

$$= -\int \mathrm{d}^3x' \, \rho(\mathbf{x}'-\mathbf{x})\, \boldsymbol{\nabla}'\phi(\mathbf{x}').$$

Bei der partiellen Integration verschwindet der Oberflächenterm. Es ist also

$$\mathbf{K}(\mathbf{x}) = \int \mathrm{d}^3x' \, \rho(\mathbf{x}'-\mathbf{x})\, \mathbf{E}(\mathbf{x}'). \tag{2.5.17}$$

Mit der Taylorentwicklung für das Feld $\mathbf{E}(\mathbf{x} + (\mathbf{x}' - \mathbf{x}))$ erhält man

$$K_i(\mathbf{x}) = \int \mathrm{d}^3x' \, \rho(\mathbf{x}'-\mathbf{x})\Big[E_i(\mathbf{x}) + (x'_j - x_j)E_{i,j}(\mathbf{x})$$

$$+\frac{1}{6}\big(3(x'_j - x_j)(x'_k - x_k) - \delta_{jk}(\mathbf{x}'-\mathbf{x})^2\big)E_{i,jk}(\mathbf{x}) + \dots\Big],$$

$$K_i(\mathbf{x}) = q\,E_i(\mathbf{x}) + p_j\,E_{i,j} + \frac{1}{6}\,Q_{jk}\,E_{i,jk}$$

$$= -q\,\phi_{,i}(\mathbf{x}) - p_j\,\phi_{,ij} - \frac{1}{6}\,Q_{jk}\,\phi_{,ijk}. \tag{2.5.18}$$

Die Kraft auf die Ladung wird vom elektrischen Feld bestimmt und die auf das Dipolmoment von den Feldgradienten. Für die auf das Quadrupolmoment wirkende Kraft sind die 2. Ableitungen des elektrischen Feldes verantwortlich.

Drehmoment

Auf eine Ladungsverteilung wirkt naturgemäß auch ein Drehmoment, das in Analogie zur Mechanik steht

$$\mathbf{N} = \int \mathrm{d}^3x' \, \rho(\mathbf{x}'-\mathbf{x})\, (\mathbf{x}' - \mathbf{x}) \times \mathbf{E}(\mathbf{x}'). \tag{2.5.19}$$

Die Auswertung ist einfacher für die einzelnen Komponenten mithilfe des ϵ-Tensors durchzuführen

$$N_i = \int \mathrm{d}^3x' \, \rho(\mathbf{x}'-\mathbf{x})\, \epsilon_{ijk}(x'_j - x_j)E_k(\mathbf{x}')$$

$$= \int \mathrm{d}^3x' \, \rho(\mathbf{x}'-\mathbf{x})\, \epsilon_{ijk}(x'_j - x_j)\Big[E_k(\mathbf{x}) + (x'_l - x_l)E_{l,k}$$

$$+\frac{1}{6}\big(3(x'_l - x_l)(x'_m - x_m) - \delta_{lm}(\mathbf{x}'-\mathbf{x})^2\big)E_{l,mk}(\mathbf{x}) + \dots\Big].$$

Der letzte Term ist von 3. Ordnung in $(x'_i - x_i)$ und wird vernachlässigt; der vorletzte Term kann durch das Quadrupolmoment dargestellt werden, hat aber den Vorfaktor $1/3$:

$$N_i = (\mathbf{p} \times \mathbf{E})_i - \frac{1}{3}\,\epsilon_{ijk}\,\phi_{,km}\,Q_{jm}\,. \tag{2.5.20}$$

Das Drehmoment, das auf einen Dipol wirkt, ist durch das elektrische Feld gegeben; der Quadrupol spürt die elektrischen Feldgradienten.

Explizite Bestimmung der Komponenten des Drehmomentes: Wir gehen von einem in z-Richtung weisenden Feld und einem in der xz-Ebene liegendem Dipol aus:

$$\mathbf{E}(0) = E_3\,\mathbf{e}_3\,, \qquad\qquad \mathbf{p} = \mathbf{e}_1\,p\,\sin\vartheta + \mathbf{e}_3\,p\,\cos\vartheta\,.$$

Die z'-Achse wird parallel zum Dipolmoment gewählt, so dass auch diese den Winkel ϑ mit der z-Achse einschließt, wie in Abb. 2.35 gezeigt ($\varphi = 0$). Das Dipolmoment $\mathbf{p}$ liegt in z'-Achse: $\mathbf{p} = p(\sin\vartheta, 0, \cos\vartheta)$.

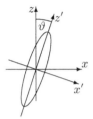

Abb. 2.35. Skizze zur Lage des Quadrupolmoments; die z'-Achse ist so orientiert, dass sie in die Richtung des Dipols zeigt ($\mathbf{p} = p\mathbf{e}_{z'}$)

Die Situation wird mit der Berücksichtigung des Quadrupolmoments etwas komplexer. Der Tensor der Feldgradienten ist mit der vereinfachenden Annahme $E_3 = E_3(x_3)$ diagonal und naturgemäß spurfrei ($\sum_i \phi_{,ii} = 0$):

$$\begin{pmatrix} -\frac{1}{2}\,\phi_{,33} & 0 & 0 \\ 0 & -\frac{1}{2}\,\phi_{,33} & 0 \\ 0 & & \phi_{,33} \end{pmatrix}.$$

Die Berechnung von $\mathbf{N}$ gemäß (2.5.20) ergibt

$$N_1 = p_2 E_3 - p_3 E_2 + \frac{1}{3}\left(\epsilon_{123}\,\phi_{,22}\,Q_{32} + \epsilon_{132}\,\phi_{,33}\,Q_{23}\right) = 0\,,$$

$$N_2 = p_3 E_1 - p_1 E_3 + \frac{1}{3}\left(\epsilon_{231}\,\phi_{,33}\,Q_{13} + \epsilon_{213}\,\phi_{,11}\,Q_{31}\right) = -pE\sin\vartheta + \frac{1}{2}\,\phi_{,33}\,Q_{13}\,,$$

$$N_3 = p_1 E_2 - p_2 E_1 + \frac{1}{3}\left(\epsilon_{312}\,\phi_{,11}\,Q_{21} + \epsilon_{321}\,\phi_{,22}\,Q_{12}\right) = 0\,.$$

Vom Drehmoment ist nur N_2 von null verschieden, d.h., es steht senkrecht auf die xz-Ebene und wir benötigen nur das Moment Q_{13}.

Wir nehmen an, dass die Hauptachse von $\mathbf{Q}$ ebenfalls die z'-Achse ist: $Q = Q_{3'3'}$. Die Berechnung der Momente im ungestrichenen System wird in der folgenden Nebenrechnung gemacht und ergibt $Q_{13} = Q_{31} = 3Q/2 \sin\vartheta \cos\vartheta$. Damit erhalten wir das Drehmoment

$$\mathbf{N} = -\left(pE + \frac{3Q}{4} E_{3,3} \cos\vartheta\right) \sin\vartheta \, \mathbf{e}_2 \, . \qquad (2.5.21)$$

Dipol- und Quadrupolmoment versuchen sich parallel zu $\mathbf{E} = (0,0,E)$ einzustellen.

Berechnung der Quadrupolmomente:

$$Q_{ik} = \begin{pmatrix} \cos\vartheta & 0 & \sin\vartheta \\ 0 & 1 & 0 \\ -\sin\vartheta & 0 & \cos\vartheta \end{pmatrix} \begin{pmatrix} -\frac{Q}{2} & 0 & 0 \\ 0 & -\frac{Q}{2} & 0 \\ 0 & 0 & Q \end{pmatrix} \begin{pmatrix} \cos\vartheta & 0 & -\sin\vartheta \\ 0 & 1 & 0 \\ \sin\vartheta & 0 & \cos\vartheta \end{pmatrix}$$

$$= Q \begin{pmatrix} -\frac{1}{2}\cos^2\vartheta + \sin^2\vartheta & 0 & \frac{3}{2}\sin\vartheta\cos\vartheta \\ 0 & -\frac{1}{2} & 0 \\ \frac{3}{2}\sin\vartheta\cos\vartheta & 0 & -\frac{1}{2}\sin^2\vartheta + \cos^2\vartheta \end{pmatrix} ,$$

$$Q_{13} = Q_{31} = \frac{3Q}{4} \sin 2\vartheta, \quad Q_{11} = \frac{Q}{4}(1 - 3\cos 2\vartheta), \quad Q_{22} = \frac{-Q}{2}, \quad Q_{33} = \frac{Q}{4}(1 + 3\cos 2\vartheta).$$

Aufgaben zu Kapitel 2

2.1. *Einfache Ladungsverteilungen*: Drücken Sie folgende Ladungsverteilungen durch Verwendung von δ-, θ-Funktionen und Raum-, Flächen- oder Linienladungsdichten aus (ρ_0, σ_0 oder λ), wobei alle Körper die Gesamtladung Q haben sollen.

Kugelkoordinaten
1. Homogen geladene Kugel, Radius a.
2. Homogen geladene Kugelschale infinitesimaler Dicke, Radius a.
3. Punktladung.

Zylinderkoordinaten
4. Homogen geladener Zylinder, Radius a und Länge $2l$.
5. Homogen geladener Hohlzylinder infinitesimaler Dicke, Radius a und Länge $2l$.
6. Homogene Linienladung, Länge $2l$.

2.2. *Dipollinie*: Zeigen Sie, dass das Feld zweier Ladungen $\pm q$ an den Orten $\mathbf{x}_{1,2}$ durch das Feld einer Linie von Dipolen dargestellt werden kann, die parallel zur Verbindungslinie ausgerichtet sind.

2.3. *Potential einer sphärisch-symmmetrischen Ladungsverteilung*: Zeigen Sie, dass das Potential einer Ladungsverteilung $\rho(r)$ dargestellt werden kann als

$$\phi(r) = 4\pi \left[\frac{1}{r} \int_0^r dr' \, r'^2 \, \rho(r') + \int_r^\infty dr' \, r' \, \rho(r') \right] .$$

2.4. *Potential und Feld des H-Atoms*: Die Ladungsdichte des H-Atoms im Grundzustand ist

$$\rho^{(H)}(\mathbf{x}) = e_0 \delta^{(3)}(\mathbf{x}) - (e_0/\pi a_B^3) e^{-2r/a_B} \quad \text{mit dem Bohr'schen Radius } a_B \approx 0.529\,\text{Å}.$$

1. Berechnen Sie $\phi^{(H)}$, $\mathbf{E}^{(H)}$.
2. Skizzieren Sie den Verlauf qualitativ.

3. Nehmen Sie an, dass der Atomkern den Radius $R = 1.5 \times 10^{-13}$ cm hat. Geben sie die Feldstärken für $r = R$ und $r = a_B$ an.

2.5. *Feld einer halbunendlichen Doppelschicht*:

1. Zu berechnen ist das elektrostatische Feld der Ladungsdichte

$$\rho(\mathbf{x}) = \sigma\big[\theta(a+x) - \theta(x)\big]\theta(b-|y|)\delta(z).$$

2. Im Grenzwert $a, b \to \infty$ divergiert $\mathbf{E}$, aber die Differenz zu einem (fast) beliebigen Punkt $\mathbf{x}_0$: $\mathbf{E}(\mathbf{x}, \mathbf{x}_0) = \tilde{\mathbf{E}}(\mathbf{x}) - \tilde{\mathbf{E}}(\mathbf{x}_0)$ bleibt endlich. Verifizieren Sie:

$$\tilde{\mathbf{E}}(\mathbf{x}) = \sigma\Big\{ - \mathbf{e}_x \ln(x^2+z^2) + \mathbf{e}_z\Big[\pi\,\mathrm{sgn}\,z - 2\arctan\frac{x}{z}\Big]\Big\} + \mathrm{const.} \qquad (2.5.22)$$

3. Verifizieren Sie jetzt das Feld der Doppelschicht (2.2.32):

$$\rho(\mathbf{x}) = \sigma\theta(-x)\Big[\delta(z-\frac{d}{2}) - \delta(z+\frac{d}{2})\Big].$$

$$\int \frac{\mathrm{d}x}{(a^2+x^2)\sqrt{a^2+b^2+x^2}} = \frac{1}{ab}\arctan\frac{bx}{a\sqrt{a^2+b^2+x^2}} \qquad \text{(Hilfsintegral)}.$$

2.6. *Äquipotentialflächen zweier Linienladungen*: Gegeben sei die Ladungsdichte $\rho(\mathbf{x}) = \lambda\delta(y)\big[\delta(x-a) - \delta(x+a)\big]$.

1. Geben Sie das Potential der Linienladungen an.
2. Bestimmen Sie Potentialflächen für ein vorgegebenes ϕ_0.
3. Skizzieren Sie Äquipotentiallinien in der xy-Ebene.

Anmerkung: Der negativ geladene Draht kann auch als Bildladung verstanden werden, so dass die Äquipotentiallinien mit $x > 0$ gleich sind mit denen des Drahtes vor einer geerdeten Fläche.

2.7. *Potential einer Linienladung vor zwei Metallplatten*:

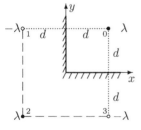

Eine Linienladung λ hat zu zwei aufeinander senkrecht stehenden geerdeten Leitern jeweils den Abstand d, wie in der Skizze angedeutet. Um die Randbedingungen zu erfüllen, werden drei Spiegelladungen verwendet

Bestimmen Sie das Potential ϕ, die Feldstärke $\mathbf{E}$ und die auf der Leiteroberfläche induzierte Ladung σ.

2.8. *Punktladung vor leitenden Ebenen*

Die Punktladung q befindet sich jetzt vor zwei im Winkel von $\alpha = 60°$ zueinander geneigten, unendlich ausgedehnten Metallplatten (siehe Skizze). q induziert an der Metalloberfläche eine Ladung, die durch geeignete Platzierung von fünf Spiegelladungen dargestellt werden kann. Skizzieren Sie die Lagen der (Spiegel-)Ladungen und zeigen Sie, warum die Randbedingung $\mathbf{E}_\parallel = 0$ auf den Metalloberflächen erfüllt ist.

2.9. *Dipol vor leitender Ebene*

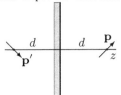

Ein Punktdipol befinde sich im Abstand d vor einer leitenden Ebene.

1. Bestimmen Sie ϕ und $\mathbf{E}$ im Halbraum $z \geq 0$.
2. Bestimmen Sie die induzierte Oberflächenladung.
3. Bestimmen Sie die Konfiguration minimaler Energie.

2.10. *Maxwell'scher Spannungstensor:*

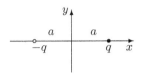

Gegeben sind eine positive $(q>0)$ und eine negative Ladung im Abstand $2a$, wie aus der nebenstehenden Skizze hervorgeht.
Berechnen Sie für diese Anordnung den Maxwell'schen Spannungstensor und bestimmen Sie mithilfe des Spannungstensors die Kraft auf die negative Ladung.

2.11. *Wechselwirkungsenergie im H-Atom:* Bestimmen Sie die Wechselwirkungsenergie zwischen Kern und Elektron im H-Atom mit der Ladungsverteilung

$$\rho_K(\mathbf{x}) = e_0 \delta^{(3)}(\mathbf{x})\,, \qquad \rho_e(\mathbf{x}) = -\frac{e_0}{\pi a_B^3}\, \mathrm{e}^{-2r/a_B}\,.$$

2.12. *Wechselwirkungsenergie zweier Drahtschleifen*

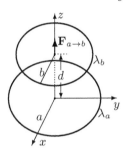

Bestimmen Sie die Wechselwirkungsenergie und die Kraft, die zwei konzentrische Kreisringe mit den Radien a und b, deren Mittelpunkte sich im Abstand z voneinander befinden (siehe Skizze 2.36), aufeinander ausüben.

Abb. 2.36. Zwei Kreisringe mit den Linienladungen λ_a und λ_b

2.13. *Zur Energie eines Dipols im äußeren Feld:* Ein Dipol befinde sich in einem konstanten äußeren (externen) Feld $\mathbf{E}^e$. Berechnen Sie die (Wechselwirkungs-)Energie des Dipols im Feld $\mathbf{E}^e$. Zeigen Sie, dass

$$U = \frac{1}{4\pi} \int \mathrm{d}^3 x \, \mathbf{E}^e \cdot \mathbf{E}^p$$

nicht zum richtigen Ergebnis führt, wobei $\mathbf{E}^p$ das Feld des Dipols ist. Gilt das auch für einen Quadrupol?

2.14. *Selbstenergie der Kugelschale:* Auf einer Kugel vom Radius a ist die Ladung Q gleichmäßig auf der Oberfläche verteilt. Berechnen Sie die elektrostatische Selbstenergie und vergleichen Sie diese mit der Vollkugel, wenn Q homogen verteilt ist.

2.15. *Beweis des Theorems von Thomson:* Vorhanden seien n Leiter mit den Volumina L_i und den Ladungen Q_i, die sich innerhalb eines endlichen Bereiches befinden. Außerhalb der Leiter sei eine, auch auf einen endlichen Bereich beschränkte, Ladungsverteilung ρ_{ext}.

Im Abschnitt 2.4.3 wurde die Ladungsverteilung bei konstanten Q_i variiert. In der energetisch günstigsten Konfiguration verschwindet in jedem Leiter L_i das Feld $\mathbf{E}=0$. Hier sollen Sie von der Lösung ausgehen für die in den Leitern $\mathbf{E}=0$, wobei

$$\oint\!\!\!\!\!\oint_{\partial L_i} d\mathbf{f}_i \cdot \mathbf{E} = 4\pi Q_i \qquad \text{und} \qquad \operatorname{div}\mathbf{E} = 4\pi\rho_{ext} \qquad (*)$$

erfüllt sind. Sie sollen zeigen, dass jedes Feld $\mathbf{E}'$, das die Bedingungen (*) erfüllt, zu einer höheren Energie führt, wenn innerhalb der Leiter $\mathbf{E}' \neq 0$ ist.

2.16. *Kapazitätsmatrix*: Bestimmen Sie die Kapazitätsmatrix folgender Konfigurationen

1. Zwei konzentrische Kugeln mit den Radien $a < b$ und den Ladungen Q_a und Q_b.
2. Zwei Kugeln mit den Radien a und b und den Ladungen Q_a und Q_b. Deren Mittelpunkte befinden sich im Abstand d voneinander, wobei $d \gg a$ und $d \gg b$.

Betrachten Sie für beide Konfigurationen den Fall $Q_a = -Q_b = Q$ und bestimmen Sie die zugehörige Kapazität.

2.17. *Divergenz und Rotation des Dipolfeldes*: Separiert man vom Dipolfeld gemäß (2.5.6) die Singularität $\mathbf{E}^s = -(4\pi/3)\mathbf{p}\delta^{(3)}(\mathbf{x})$ am Sitz des Dipols vom 'Rest' des Feldes, so sollte man zeigen, dass $\boldsymbol{\nabla}\cdot\mathbf{E} = 4\pi\rho(\mathbf{x})$ und $\boldsymbol{\nabla}\times\mathbf{E} = 0$ weiterhin erfüllt sind. Hinweis:

$$\lim_{a \to 0} \frac{3}{4\pi a^3}\theta(a-r) \mathbin{\widehat{=}} \delta^{(3)}(\mathbf{x}). \qquad (2.5.23)$$

Literaturverzeichnis

R. Becker, F. Sauter *Theorie der Elektrizität 1*, 21. Aufl. Teubner, Stuttgart (1973)

S. Brandt, H.D. Dahmen *Elektrodynamik* 4. Aufl. Springer Berlin (2004)

T. Fließbach *Elektrodynamik* 5. Aufl. Springer Spektrum (2008)

W. Greiner *Klassische Elektrodynamik* 6. Aufl., Harri Deutsch, Frankfurt (2002)

J. D. Jackson *Klasssische Elektrodynamik*, 4. Aufl., Walter de Gruyter, Berlin (2006)

G. Kirchhoff *Vorlesungen über mathematische Physik*, Vol. 3 *Electricität und Magnetismus*, Teubner Verlag, Leipzig (1891)

J.C. Maxwell *A Treatise on Electricity and Magnetism*, Vol. I, 3. ed. Oxford at the Clarendon Press (1892)

3

Randwertprobleme in der Elektrostatik

Die Elektrostatik ist eine Potentialtheorie, d.h. eine Theorie für wirbelfreie Vektorfelder (rot $\mathbf{E} = 0$). Innerhalb dieser ist das Vektorfeld $\mathbf{E}$ aus einem skalaren Potential ϕ herleitbar, das der (skalaren) Poisson-Gleichung genügt. Zunächst werden Bedingungen gesucht, die an den Rand des betrachteten Volumens gestellt werden dürfen, damit das Problem eine eindeutige Lösung hat. Bei der Lösung der Laplace- bzw. Poisson-Gleichung verwendet man oft die Kugelsymmetrie. Es wird aber auch auf die doch kompliziertere Zylindersymmetrie eingegangen. In einigen Fällen, wenn die Konfiguration in zwei Dimensionen dargestellt werden kann, bietet sich die Funktionentheorie mit der konformen Abbildung als Lösungsmethode an.

3.1 Lösung der Poisson-Gleichung mit Randbedingung

Eine allgemeine Methode zur Lösung der Poisson-Gleichung ist nicht oder nur bedingt vorhanden. Daher ist es umso wichtiger zu wissen, welche Bedingungen an die Randflächen gestellt werden dürfen und, wenn eine Lösung gefunden wurde, dass diese eindeutig ist.

3.1.1 Eindeutigkeit der Lösung der Poisson-Gleichung mit Randbedingung

Wir gehen von einer lokalen Ladungsverteilung auf einem einfach zusammenhängenden Gebiet, wie es in Abb. 3.1 skizziert ist, aus. Um das Potential ϕ bestimmen zu können, muss die Poisson-Gleichung gelöst werden, wobei auf der Oberfläche ∂V das Potential $\phi(\partial V)$ oder das Feld $\mathbf{E}(\partial V)$ vorgegeben werden kann.

Zuerst wird gezeigt, dass bei Vorgabe entweder des Potentials (oder der Parallelkomponente des Feldes, beides *Dirichlet-Randbedingung*) oder der Normalkomponente des Feldes (*Neumann-Randbedingung*) die gefundene Lösung

Ergänzende Information Die elektronische Version dieses Kapitels enthält Zusatzmaterial, auf das über folgenden Link zugegriffen werden kann https://doi.org/10.1007/978-3-662-68528-0_3.

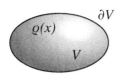

Abb. 3.1. Einfach zusammenhängendes Gebiet vom Volumen V, das durch die Oberfläche ∂V begrenzt ist. $\rho(\mathbf{x})$ ist die Ladungsdichte im Inneren des Gebietes

eindeutig ist. Damit ist das Problem bei Vorgabe von Potential und Feld im Allgemeinen überbestimmt.

Es gibt auch sogenannte *gemischte Randbedingungen* mit einer Vorgabe von Werten des Potentials und des Feldes; auf diese wird hier nicht eingegangen.

Dirichlet-Randbedingung: $\phi(\partial V)$ vorgegeben.

Neumann-Randbedingung: $\dfrac{\partial \phi(\partial V)}{\partial n} = \mathbf{n} \cdot \boldsymbol{\nabla} \phi$ vorgegeben.

Für die Elektrostatik typische Dirichlet-Randbedingungen sind Leiter, die auf verschiedenen Potentialen gehalten werden, während vorgegebene Flächenladungsdichten $\sigma = \mathbf{E} \cdot \mathbf{n} / 4\pi k_C$ zu den Neumann-Randbedingungen zählen. Eine Sonderstellung nehmen die Randbedingungen im unendlichen $\mathbb{R}^3$ ein, wo mit $|\boldsymbol{\nabla} \phi(r \to \infty)| = 0$ alle Komponenten des Feldes verschwinden, was im Helmholtz'schen Zerlegungssatz, Abschnitt 7.1.2 zur Sprache kommt.

Satz: Für Dirichlet- oder Neumann-Randbedingungen ist die Lösung $\phi(\mathbf{x})$ der Poisson-Gleichung $\Delta \phi = -4\pi k_C \rho$ eindeutig in diesem Gebiet bestimmt.

Beweis der Eindeutigkeit der Lösung

Der Beweis der Eindeutigkeit läuft sehr zu dem beim Grundproblem der Elektrostatik, S. 49. Wir gehen von einer der beiden Randbedingungen (Dirichlet oder Neumann) aus und nehmen an, dass es zwei Lösungen $\phi_1(\mathbf{x})$ und $\phi_2(\mathbf{x})$ gäbe. Dann genügt

$$\phi_d(\mathbf{x}) = \phi_1(\mathbf{x}) - \phi_2(\mathbf{x})$$

der Laplace-Gleichung $\Delta \phi_d = 0$ mit $\qquad \phi_d(\partial V) = 0$ für Dirichlet,

$$\frac{\partial \phi_d(\partial V)}{\partial n} = 0 \text{ für Neumann}.$$

Setzt man im 1. Green'schen Satz (A.4.19)

$$\int_V \mathrm{d}^3x \, (\phi \nabla^2 \psi + \boldsymbol{\nabla} \phi \cdot \boldsymbol{\nabla} \psi) = \oiint_{\partial V} \mathrm{d}\mathbf{f} \cdot \phi \boldsymbol{\nabla} \psi \tag{3.1.1}$$

$\phi = \psi = \phi_d$, so folgt

$$\int_V \mathrm{d}^3x \, (\phi_d \underbrace{\nabla^2 \phi_d}_{=0} + (\boldsymbol{\nabla} \phi_d)^2) = \oiint_{\partial V} \mathrm{d}\mathbf{f} \cdot \underbrace{\phi_d(\boldsymbol{\nabla} \phi_d)}_{=0} . \tag{3.1.2}$$

Hierbei ist zu berücksichtigen, dass einerseits $\nabla^2\phi_d = 0$, andererseits auf der Oberfläche entweder $\phi_d = 0$ oder $\mathbf{n}\cdot\nabla\phi_d = 0$. Daraus folgt

$$\int_V d^3x(\nabla\phi_d)^2 = 0 \quad \Rightarrow \quad \nabla\phi_d = 0, \quad \text{da } (\nabla\phi_d)^2 \geq 0 \quad \text{und} \quad \phi_d = \text{const.}$$

Dirichlet: $\phi_d = \text{const.} = 0$ auf $\partial V \to \phi_1 = \phi_2$,
Neumann: $\phi_1 = \phi_2 + \text{const.}$

3.1.2 Lösung des Randwertproblems durch Green'sche Funktionen

Die 2. Green'sche Formel (A.4.20) lautet

$$\int_V d^3x'(\psi\nabla'^2\phi - \phi\nabla'^2\psi) = \oiint_{\partial V} d\mathbf{f}' \cdot (\psi\nabla'\phi - \phi\nabla'\psi).$$

ϕ ist das elektrostatische Potential des Problems und ψ die Green-Funktion (2.1.6) bzw. (A.4.22):

$$\nabla'^2\phi(\mathbf{x}') = -4\pi k_C\rho(\mathbf{x}'),$$

$$\psi(\mathbf{x},\mathbf{x}') = G(\mathbf{x},\mathbf{x}') = \frac{1}{|\mathbf{x}-\mathbf{x}'|}, \qquad \nabla'^2\psi = -4\pi\delta^{(3)}(\mathbf{x}-\mathbf{x}'). \qquad (3.1.3)$$

Bringt man den 1. Term der Green'schen Formel auf die rechte Seite und dividiert durch 4π, so erhält man

$$\phi(\mathbf{x}) = k_C\int_V d^3x'\,\frac{\rho(\mathbf{x}')}{|\mathbf{x}-\mathbf{x}'|} + \frac{1}{4\pi}\oiint_{\partial V} d\mathbf{f}'\cdot\Big[\frac{\nabla'\phi(\mathbf{x}')}{|\mathbf{x}-\mathbf{x}'|} - \phi(\mathbf{x}')\nabla'\frac{1}{|\mathbf{x}-\mathbf{x}'|}\Big]. \quad (3.1.4)$$

Hier treten $\phi(\mathbf{x}')$ und $\mathbf{n}\cdot\nabla'\phi(\mathbf{x}')$ an der Oberfläche auf. Die unabhängige Vergabe dieser beiden Größen ist nicht erlaubt, da jede die Lösung eindeutig bestimmt.

Green'sche Funktion für das Randwertproblem

Die Green-Funktion für das Randwertproblem

$$G_{rd}(\mathbf{x},\mathbf{x}') = G(\mathbf{x},\mathbf{x}') + F(\mathbf{x},\mathbf{x}'), \qquad\qquad G(\mathbf{x},\mathbf{x}') = \frac{1}{|\mathbf{x}-\mathbf{x}'|}$$

ist eine Erweiterung der Green-Funktion (2.1.6) mit einer Lösung der Laplace-Gleichung $\Delta F(\mathbf{x},\mathbf{x}') = 0$. Hier steht das Subskript rd für D oder N, je nachdem, ob man Dirichlet- oder Neumann-Randbedingungen hat. Erweitert man die Green-Funktion in (3.1.4) mit einer Lösung der Laplace-Gleichung $\Delta F(\mathbf{x},\mathbf{x}') = 0$, so bleibt ϕ, das mit

$$G_{rd}(\mathbf{x},\mathbf{x}') = G(\mathbf{x},\mathbf{x}') + F(\mathbf{x},\mathbf{x}')$$

berechnet wird, weiterhin Lösung des Randwertproblems, wie man durch Anwendung von Δ auf ϕ in (3.1.4) bemerkt, da nach wie vor

$$\Delta G_{rd}(\mathbf{x}, \mathbf{x}') = -4\pi\delta^{(3)}(\mathbf{x} - \mathbf{x}')$$

unverändert bleibt

$$\phi(\mathbf{x}) = k_C \int_V \mathrm{d}^3x'\, G_{rd}(\mathbf{x}, \mathbf{x}')\rho(\mathbf{x}') \tag{3.1.5}$$
$$+ \frac{1}{4\pi} \oiint_{\partial V} \mathrm{d}\mathbf{f}' \cdot \Big(G_{rd}(\mathbf{x}, \mathbf{x}')\boldsymbol{\nabla}'\phi(\mathbf{x}') - \phi(\mathbf{x}')\boldsymbol{\nabla}'G_{rd}(\mathbf{x}, \mathbf{x}') \Big).$$

Auch hier kommen noch ϕ und $\boldsymbol{\nabla}\phi$ an der Oberfläche vor. Es wird nun in (3.1.5) die Green-Funktion so modifiziert, dass einer der beiden Oberflächenterme wegfällt und so das Randwertproblem lösbar ist.

(a) *Dirichlet-Randbedingung*

Mit der Möglichkeit G_{rd} so zu modifizieren, dass

$$G_{rd}(\mathbf{x}, \mathbf{x}') = G_D(\mathbf{x}, \mathbf{x}')|_{\mathbf{x}' \text{ auf } \partial V} = 0$$

verschwindet der Randterm mit $\boldsymbol{\nabla}'\phi(\mathbf{x}')$. Die Konfiguration hat somit eine Lösung, die eindeutig sein muss:

$$\phi(\mathbf{x}) = k_C \int_V \mathrm{d}^3x'\, G_D(\mathbf{x}, \mathbf{x}')\rho(\mathbf{x}') - \frac{1}{4\pi}\oiint_{\partial V} \mathrm{d}\mathbf{f}' \cdot \phi(\mathbf{x}')\boldsymbol{\nabla}'G_D(\mathbf{x}, \mathbf{x}'). \tag{3.1.6}$$

(b) *Neumann-Randbedingung*

Es wäre naheliegend $\boldsymbol{\nabla}G_N = 0$ auf ∂V zu wählen. Das ist aber nicht zulässig, da

$$\int_V \mathrm{d}^3x'\, \boldsymbol{\nabla}'^2 G_N(\mathbf{x}, \mathbf{x}') = -\int_V \mathrm{d}^3x'\, 4\pi\delta^{(3)}(\mathbf{x} - \mathbf{x}')\,.$$

Die Anwendung des Gauß'schen Satzes ergibt

$$\oiint_{\partial V} \mathrm{d}\mathbf{f}' \cdot \boldsymbol{\nabla}'G_N(\mathbf{x}, \mathbf{x}') = -4\pi\,.$$

Die nächsteinfache Randbedingung für $G_N(\mathbf{x}, \mathbf{x}')$, die mit diesem Oberflächenintegral im Einklang ist, ist

$$\mathbf{n} \cdot \boldsymbol{\nabla}'G_N(\mathbf{x}, \mathbf{x}')\big|_{\mathbf{x}' \in \partial V} = -\frac{4\pi}{\partial V}\,,$$

wo ∂V die Größe der Oberfläche ist. Daraus folgt

$$\phi(\mathbf{x}) = k_C \int_V \mathrm{d}^3x'\, G_N(\mathbf{x}, \mathbf{x}')\rho(\mathbf{x}') + \frac{1}{4\pi}\oiint_{\partial V} \mathrm{d}\mathbf{f}' \cdot G_N(\mathbf{x}, \mathbf{x}')\boldsymbol{\nabla}'\phi + \langle\phi\rangle_{\partial V}$$
$$\langle\phi\rangle_{\partial V} = \frac{1}{\partial V}\oiint_{\partial V} \mathrm{d}f'\, \phi(\mathbf{x}') \quad \text{mit} \quad \mathrm{d}\mathbf{f} = \mathrm{d}f\,\mathbf{n}\,. \tag{3.1.7}$$

$\langle\phi\rangle_{\partial V}$ ist der Mittelwert von ϕ über alle Randflächen, der als Konstante in die Definition von ϕ einbezogen werden kann. Für $\partial V \to \infty$ geht $\langle\phi\rangle_{\partial V} \to 0$.

Bemerkungen

1. Die Green'schen Funktionen $G_{rd}(\mathbf{x}, \mathbf{x}')$ hängen nicht von der Randbedingung, die an ϕ oder $\mathbf{n} \cdot \boldsymbol{\nabla} \phi$ gestellt ist, ab, sondern nur von der Form der Oberfläche. Hat man die Green'sche Funktion gefunden, so kann man jedes Randwertproblem mit der Oberfläche ∂V durch Integration lösen.

2. $G_{rd}(\mathbf{x}, \mathbf{x}_0)$ gibt das Potential am Punkt $\mathbf{x}$ an, wenn sich eine Einheitsladung am Ort $\mathbf{x}_0$ befindet, und an der Oberfläche das Potential ($\phi(\partial V) = 0$) verschwindet (Dirichlet-Randbedingung):

$$G_{rd}(\mathbf{x}, \mathbf{x}_0) = \frac{1}{|\mathbf{x} - \mathbf{x}_0|} + F(\mathbf{x}, \mathbf{x}_0).$$

Da $F(\mathbf{x}, \mathbf{x}_0)$ die Laplace-Gleichung im Innenraum mit $\Delta F = 0$ erfüllt, rührt dieses Potential von den induzierten Oberflächenladungen oder von äquivalenten Bildladungen her. Beim sogenannten äußeren Problem hat man bei Neumann-Randbedingungen eine Fläche, die im Unendlichen liegt, so dass $\mathbf{n} \cdot \boldsymbol{\nabla} \phi(\partial V) = -4\pi/\partial V \overset{\partial V \to \infty}{\longrightarrow} 0$.

3. *Reziprozität*: Die Green'sche Funktion für das Dirichlet-Problem ist symmetrisch in Bezug auf den Quellpunkt $\mathbf{x}_0$ und den Aufpunkt (Beobachtungspunkt) $\mathbf{x}$: $G_D(\mathbf{x}, \mathbf{x}_0) = G_D(\mathbf{x}_0, \mathbf{x})$.

   Beweis: Setze in 2. Green'schen Satz (A.4.20)$\phi(\mathbf{x}') = G_D(\mathbf{x}_0, \mathbf{x}')$ und
   $$\psi(\mathbf{x}') = G_D(\mathbf{x}, \mathbf{x}') \text{ ein.}$$
   Zunächst die Oberflächenterme (rechte Seite) von (A.4.20)

$$\oiint_{\partial V} \mathrm{d}\mathbf{f}' \cdot \Big(G_D(\mathbf{x}_0, \mathbf{x}')\boldsymbol{\nabla}' G_D(\mathbf{x}, \mathbf{x}') - G_D(\mathbf{x}, \mathbf{x}')\boldsymbol{\nabla}' G_D(\mathbf{x}_0, \mathbf{x}') \Big) = 0$$

$$\text{für Dirichlet gilt}: G_D(\mathbf{x}_0, \mathbf{x}') = G_D(\mathbf{x}, \mathbf{x}')\Big|_{\mathbf{x}' \in \partial V} = 0.$$

Damit verschwindet der Oberflächenterm; zurück bleibt

$$0 = \int_V \mathrm{d}^3 x' \Big(G_D(\mathbf{x}_0, \mathbf{x}')\nabla'^2 G_D(\mathbf{x}, \mathbf{x}') - G_D(\mathbf{x}, \mathbf{x}')\nabla'^2 G_D(\mathbf{x}_0, \mathbf{x}') \Big)$$

$$= -4\pi \int_V \mathrm{d}^3 x' \Big(G_D(\mathbf{x}_0, \mathbf{x}')\delta^{(3)}(\mathbf{x}-\mathbf{x}') - G_D(\mathbf{x}, \mathbf{x}')\delta^{(3)}(\mathbf{x}_0-\mathbf{x}') \Big)$$

$$= -4\pi \Big(G_D(\mathbf{x}_0, \mathbf{x}) - G_D(\mathbf{x}, \mathbf{x}_0) \Big) = 0 \quad \text{q.e.d.}$$

Punktladung vor leitender Platte

Potential und Feld einer Punktladung q vor einer Metallplatte, wie in Abb. 3.2 skizziert, haben wir schon im Abschnitt 2.3.1 mittels einer Bildladung (oder *Spiegelladung*) $-q$ im gleichen Abstand hinter der leitenden Oberfläche berechnet. Es verschwindet dann ϕ auf der Metalloberfläche, so dass $\phi(\mathbf{x}, \mathbf{d})$ die Dirichlet-Bedingung $G_D(\mathbf{x}, \mathbf{d}) = 0$ an der Oberfläche ∂V erfüllt.

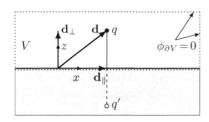

Abb. 3.2. Punktladung vor einer Metallplatte im Halbraum V mit $z > 0$. Die Spiegelladung $q' = -q$ bewirkt, dass $\phi(z=0) = 0$; außerdem ist $\phi(r \to \infty) = 0$, d.h. $\phi_{\partial V} = 0$

1. *Dirichlet-Green-Funktion*

Nimmt man (siehe Abschnitt 2.3.1) statt der Punktladung q eine Einheitsladung und ersetzt $\mathbf{d}$ durch $\mathbf{x}'$, so stellt $k_C G(\mathbf{x}, \mathbf{x}')$ das Potential der tatsächlichen Ladung dar und das Potential der Spiegelladung den Zusatzterm

$$F(\mathbf{x}, \mathbf{x}') = \frac{-1}{|\mathbf{x} - \mathbf{x}'_{\parallel} + \mathbf{x}'_{\perp}|} = \frac{-1}{|\mathbf{x} - \mathsf{M}\mathbf{x}'|} \quad \text{mit} \quad \mathsf{M} = \begin{pmatrix} 1 & 0 & 0 \\ 0 & 1 & 0 \\ 0 & 0 & -1 \end{pmatrix},$$

der für $z > 0$ die Laplace-Gleichung erfüllt. Man hat also

$$G_D(\mathbf{x}, \mathbf{x}') = \frac{1}{|\mathbf{x} - \mathbf{x}'_{\parallel} - \mathbf{x}'_{\perp}|} - \frac{1}{|\mathbf{x} - \mathbf{x}'_{\parallel} + \mathbf{x}'_{\perp}|}. \tag{3.1.8}$$

Es ist offensichtlich, dass sowohl die Symmetrie $G_D(\mathbf{x}', \mathbf{x}) = G_D(\mathbf{x}, \mathbf{x}')$ als auch die Randbedingung $G_D(z = 0, \mathbf{x}') = 0$ erfüllt ist. Das Potential ist durch (3.1.6) bestimmt:

$$\phi(\mathbf{x}) = k_C \int_V \mathrm{d}^3 x' \, G_D(\mathbf{x}, \mathbf{x}') \rho(\mathbf{x}') = k_C q \Big[\frac{1}{|\mathbf{x} - \mathbf{d}_{\parallel} - \mathbf{d}_{\perp}|} - \frac{1}{|\mathbf{x} - \mathbf{d}_{\parallel} + \mathbf{d}_{\perp}|} \Big],$$

wobei $\rho(\mathbf{x}') = q\,\delta^{(3)}(\mathbf{x}' - \mathbf{d})$. Die Felder sind wieder durch (2.3.2) gegeben.

2. *Konstantes Potential ϕ_0 auf leitender Ebene*

Jetzt modifizieren wir das Beispiel, indem wir das Potential auf der Leiteroberfläche auf $\phi(z = 0) = \phi_0$ anheben. Wir erwarten, dass im ganzen Halbraum $z \geq 0$ $\phi(\mathbf{x}) \to \phi(\mathbf{x}) + \phi_0$. Dieser Beitrag kann nur vom Oberflächenterm in (3.1.6) kommen:

$$\phi_{\partial V} = -\frac{1}{4\pi} \oiint_{\partial V} \mathrm{d}\mathbf{f}' \cdot \phi(\mathbf{x}') \, \boldsymbol{\nabla}' G_D(\mathbf{x}, \mathbf{x}') = \frac{\phi_0}{4\pi} \iint \mathrm{d}x' \, \mathrm{d}y' \, \frac{\partial}{\partial z'} G_D(\mathbf{x}, \mathbf{x}'). \tag{3.1.9}$$

Da $\phi_{\partial V}(\mathbf{x})$ nur vom Abstand z von der Ebene abhängen darf, wählen wir $x = y = 0$ und erhalten nach der Transformation zu ebenen Polarkoordinaten

$$\phi_{\partial V} = \frac{\phi_0}{4\pi} \iint \mathrm{d}x' \mathrm{d}y' \, \frac{2z}{|\mathbf{x} - \mathbf{x}'_{\parallel}|^3} = z\phi_0 \int_0^\infty \frac{\mathrm{d}\varrho' \, \varrho'}{\sqrt{\varrho'^2 + z^2}^3} = \phi_0,$$

wie es sein muss. Somit ist

$$\phi(\mathbf{x}) = k_C q\left(\frac{1}{|\mathbf{x} - \mathbf{d}|} - \frac{1}{|\mathbf{x} + \mathbf{d}|}\right) + \phi_0 .$$

3. Unterschiedliche Potentiale auf beiden Halbebenen

Die beiden Leiterplatten werden jetzt, wie in Abb. 3.3 skizziert, auf verschiedenenen Potentialen $\phi_1 \neq \phi_2$ gehalten. G_D und ρ bleiben ungeändert im Vergleich zu den beiden vorausgegangenen Fällen, da sich die räumliche Konfiguration nicht verändert hat. Nur der Oberflächenbeitrag $\phi_{\partial V}$ muss neu berechnet werden, was in Aufgabe 3.1 behandelt wird. Potential und

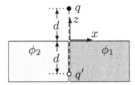

Abb. 3.3. Ladung q im Abstand d vor einer Metallplatte, die geteilt ist und deren Teile auf den Potentialen ϕ_1 bzw. ϕ_2 gehalten werden

Felder sind

$$\phi(\mathbf{x}) = k_C q\left[\frac{1}{|\mathbf{x}-\mathbf{d}|} - \frac{1}{|\mathbf{x}+\mathbf{d}|}\right] + \frac{\phi_1+\phi_2}{2} + \frac{\phi_1-\phi_2}{\pi} \arctan \frac{x}{z},$$

$$E_x = k_C q\left[\frac{x}{|\mathbf{x}-\mathbf{d}|^3} - \frac{x}{|\mathbf{x}+\mathbf{d}|^3}\right] - \frac{\phi_1-\phi_2}{\pi} \frac{z}{x^2+z^2},$$

$$E_z = k_C q\left[\frac{z-d}{|\mathbf{x}-\mathbf{d}|^3} - \frac{z+d}{|\mathbf{x}+\mathbf{d}|^3}\right] + \frac{\phi_1-\phi_2}{\pi} \frac{x}{x^2+z^2},$$

und die Oberflächenladung ist bestimmt durch

$$\sigma = \frac{E_n(z=0)}{4\pi k_C} = \frac{1}{4\pi k_C}\left[\frac{-2k_C dq}{\sqrt{x^2+d^2}^3} + \frac{\phi_1-\phi_2}{\pi} \frac{1}{x}\right].$$

Abb. 3.4a zeigt die von der Ladung q und von den Metalloberflächen $\phi_1 = -\phi_2$ induzierte Oberflächenladung. Die Singularität bei $x = 0$ wird von $\phi_2 = -\phi_1$ verursacht. Da das Potential der rechten Platte gleich dem der Punktladung ist, ist dort die induzierte Ladung eher klein. Für größere Werte von x schwindet der Einfluss der Punktladung, und die Feldlinien nähern sich Halbkreisen. In Abb. 3.4b sind Feld und Äquipotentiallinien für eine Punktladung $q = 1$ ($\mathbf{d} = d\mathbf{e}_z$) vor einer geteilten Metallplatte mit $\phi_{1,2} = \pm 1$ eingezeichnet. Das Potential ϕ_1 ist größer als die Punktladung, so dass keine Feldlinien von q auf die Platte mit $x > 0$ gehen.

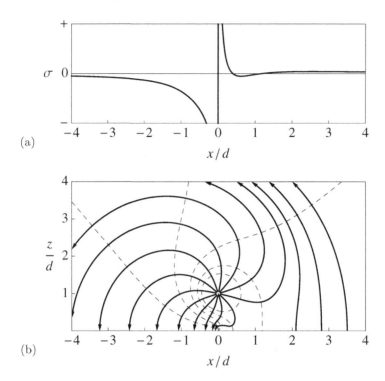

(a)

(b)

Abb. 3.4. (a) Oberflächenladung, induziert von Punktladung $q = 1$ und $\phi_1 = -\phi_2 = 1$

(b) Feld- und Äquipotentiallinien einer Punktladung $q = 1$ vor einer Metallplatte mit $\phi_1 = -\phi_2 = 1$

Inversion an einer Kugel

Gegeben sei $\rho(\mathbf{x})$ außerhalb einer Kugel mit dem Radius R, wie in Abb. 2.24, S. 52 für eine Punktladung oder in Abb. 3.5 für einen Punktdipol skizziert. V ist das Volumen außerhalb der Kugel mit der Randfläche ∂V und K_R das Kugelvolumen mit den fiktiven Ladungen.

1. *Dirichlet-Green-Funktion*

   Mithilfe der Spiegelladungsmethode wurde $\phi(\mathbf{x})$ einer Punktladung vor einer leitenden Kugel, wenn $\phi_{\partial V} = 0$ an der Oberfläche, bereits berechnet. Setzt man $q = 1$ und ersetzt $\mathbf{d}$ durch $\mathbf{x}'$, so hat man im betrachteten Volumen V die Green-Funktion G und mit dem Potential der Bildladung den Zusatzterm $F(\mathbf{x}, \mathbf{x}')$, der in V die Laplace-Gleichung erfüllt. (2.3.5) entnehmen wir

$$F(\mathbf{x}, \mathbf{x}') = \frac{-R}{r'} \frac{1}{\left| \mathbf{x} - \frac{R^2}{r'^2} \mathbf{x}' \right|}. \tag{3.1.10}$$

Die Green-Funktion des (Dirichlet'schen) Problems ist so

$$G_D(\mathbf{x}, \mathbf{x}') = \begin{cases} \dfrac{1}{|\mathbf{x} - \mathbf{x}'|} - \dfrac{R}{r'}\dfrac{1}{|\mathbf{x} - \frac{R^2}{r'^2}\mathbf{x}'|} & \text{für} \quad r, r' > R \\[2mm] 0 & \text{sonst.} \end{cases} \tag{3.1.11}$$

Anmerkung: Wegen der Symmetrie $G_D(\mathbf{x}, \mathbf{x}') = G_D(\mathbf{x}', \mathbf{x})$ muss auch $F(\mathbf{x}, \mathbf{x}')$ symmetrisch unter der Vertauschung von $\mathbf{x}$ mit $\mathbf{x}'$ sein. Man sieht das beim Übergang zu Polarkoordinaten ($\mathbf{x}\cdot\mathbf{x}' = rr'\cos\theta$):

$$F(\mathbf{x}, \mathbf{x}') = \frac{-R}{r'\sqrt{r^2 + \dfrac{R^4}{r'^2} - 2\dfrac{R^2 r}{r'}\cos\theta}} = \frac{-1}{\sqrt{\dfrac{r^2 r'^2}{R^2} + R^2 - 2rr'\cos\theta}}. \tag{3.1.12}$$

Wir wissen, dass $\Delta F = 0$ in V, aber $\Delta F \neq 0$ im Außenraum K_R, was noch verwendet wird. Nun folgt aus (3.1.10)

$$\Delta F(\mathbf{x}, \mathbf{x}') = -\frac{R}{r'}\Delta\frac{1}{|\mathbf{x} - \frac{R^2}{r'^2}\mathbf{x}'|} = \frac{4\pi R}{r'}\delta^{(3)}\left(\mathbf{x} - \frac{R^2}{r'^2}\mathbf{x}'\right)$$

$$= \Delta' F(\mathbf{x}, \mathbf{x}') = \frac{4\pi R}{r}\delta^{(3)}\left(\mathbf{x}' - \frac{R^2}{r^2}\mathbf{x}\right). \tag{3.1.13}$$

Ausgenützt wurde die Symmetrie $\mathbf{x} \rightleftharpoons \mathbf{x}'$.

2. *Punktladung vor der Kugel mit $\phi(\partial K_R) = 0$*

Der Oberflächenterm von (3.1.6) verschwindet. Potential und Feld sind gegeben durch

$$\phi^{(0)}(\mathbf{x}) = k_C \int d^3x'\, G_D(\mathbf{x}, \mathbf{x}')\, q\delta^{(3)}(\mathbf{x}' - \mathbf{d}) = k_C\left[\frac{q}{|\mathbf{x} - \mathbf{d}|} - \frac{q\frac{R}{d}}{|\mathbf{x} - \frac{R^2}{d^2}\mathbf{d}|}\right]$$

$$\mathbf{E}^{(0)} = -\boldsymbol{\nabla}\phi^{(0)}(\mathbf{x}) = k_C q\left[\frac{\mathbf{x} - \mathbf{d}}{|\mathbf{x} - \mathbf{d}|^3} - \frac{R}{d}\frac{\mathbf{x} - \frac{R^2}{d^2}\mathbf{d}}{|\mathbf{x} - \frac{R^2}{d^2}\mathbf{d}|^3}\right]. \tag{3.1.14}$$

3. *Punktladung vor der Kugel mit $\phi(\partial K_R) = \phi_0$*

Der Beitrag der Oberfläche ∂V kommt alleine von der Kugeloberfläche ∂K_R, da im Unendlichen $\phi = 0$. Das konstante ϕ_0 kommt vor das Integral und $\phi^{(0)}$ ist durch (3.1.14) gegeben:

$$\phi(\mathbf{x}) = \phi^{(0)}(\mathbf{x}) + \frac{\phi_0}{4\pi}\oiint_{\partial K_R} d\mathbf{f}' \cdot \boldsymbol{\nabla}' G_D(\mathbf{x}, \mathbf{x}').$$

Der Normalenvektor von ∂V ist $\mathbf{n}' = -\mathbf{e}_r$, weshalb der Beitrag der Oberfläche ein positives Vorzeichen hat. Mit dem Gauß'schen Satz und (3.1.13) erhält man

$$\phi(\mathbf{x}) = \phi^{(0)}(\mathbf{x}) + \frac{\phi_0}{4\pi}\int_{K_R} d^3x'\, \Delta' F(\mathbf{x}, \mathbf{x}') = \phi^{(0)}(\mathbf{x}) + \frac{\phi_0 R}{r}. \tag{2.3.5'}$$

4. *Punktladung vor isolierter leitender Kugel mit der Gesamtladung Q*

Wir starten mit einer geerdeten leitenden Kugel, vor der sich am Ort $\mathbf{d}$ ($d > R$) die Punktladung q befindet. Mit der Bildladung q' am Ort $\mathbf{d}'$ verschwindet das Potential auf der Kugeloberfläche.

Wird nun die Erdung gekappt, so befindet sich auf der Kugeloberfläche die induzierte Ladung q'. Soll nun die Kugeloberfläche die Gesamtladung Q haben, so muss man dieser die Ladung $Q - q'$ zuführen, was durch eine Bildladung im Mittelpunkt der Kugel dargestellt werden kann:

$$\phi(\mathbf{x}) = \phi^{(0)}(\mathbf{x}) + k_C \frac{Q + \frac{qR}{d}}{r} \qquad \text{für} \quad r > R, \qquad (2.3.5")$$

wobei $\phi^{(0)}$ durch (3.1.14) gegeben ist. Verwendet haben wir das Superpositionsprinzip.

Punktdipol vor leitender Kugel

Die nächsteinfache Konfiguration ist die Anbringung eines Punktdipols vor die leitende Kugel, wie in Abb. 3.5 skizziert, und dessen Ladungsverteilung nach (2.2.7) gegeben ist durch

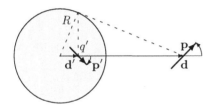

Abb. 3.5. Punktdipol $\mathbf{p}$ vor leitender Kugel mit dem Radius R. Zum Spiegeldipol $\mathbf{p}'$ ist noch eine Spiegelladung q' hinzuzufügen, die negativ ist, wenn $\mathbf{p}$ nach außen gerichtet ist. Bei Drehung von $\mathbf{p}$ gegen den Uhrzeigersinn dreht sich $\mathbf{p}'$ im Uhrzeigersinn

$$\rho(\mathbf{x}) = -\mathbf{p} \cdot \boldsymbol{\nabla} \delta^{(3)}(\mathbf{x} - \mathbf{d}).$$

Die Green'sche Funktion für diese topologische Anordnung haben wir bereits mit (3.1.11) bestimmt. Das Potential ist so gegeben durch

$$\phi(\mathbf{x}) = k_C \int d^3x' \, G_D(\mathbf{x}, \mathbf{x}') \, \rho(\mathbf{x}')$$

$$= -k_C \int d^3x' \left[\frac{1}{|\mathbf{x} - \mathbf{x}'|} - \frac{R}{r'} \frac{1}{|\mathbf{x} - \frac{R^2}{r'^2} \mathbf{x}'|} \right] \mathbf{p} \cdot \boldsymbol{\nabla}' \delta^{(3)}(\mathbf{x}' - \mathbf{d}).$$

Dieses Potential gilt nur außerhalb der Kugel. Die partielle Integration ergibt

$$\phi(\mathbf{x}) = k_C \int d^3x' \, \delta^{(3)}(\mathbf{x}' - \mathbf{d}) \, \mathbf{p} \cdot \boldsymbol{\nabla}' \left[\frac{1}{|\mathbf{x} - \mathbf{x}'|} - \frac{\frac{R}{r'}}{|\mathbf{x} - \frac{R^2}{r'^2} \mathbf{x}'|} \right]$$

$$\stackrel{\mathbf{d}' = \mathbf{d} R^2/d^2}{=} k_C \left[\frac{\mathbf{p} \cdot (\mathbf{x} - \mathbf{d})}{|\mathbf{x} - \mathbf{d}|^3} + \frac{R}{d^3} \frac{\mathbf{p} \cdot \mathbf{d}}{|\mathbf{x} - \mathbf{d}'|} + \frac{R^3}{d^3} \frac{(\mathbf{x} - \mathbf{d}')}{|\mathbf{x} - \mathbf{d}'|^3} \cdot \left(2\frac{\mathbf{p} \cdot \mathbf{d}}{d^2} \mathbf{d} - \mathbf{p} \right) \right].$$

Der erste Term ist das Potential des Punktdipols $\mathbf{p}$ am Ort $\mathbf{d}$, der zweite das einer Spiegelladung $q' = \frac{R}{d^3}\,\mathbf{p}\cdot\mathbf{d}$ am Ort $\mathbf{d}'$. Diese verschwindet, wenn $\mathbf{p}$ senkrecht auf $\mathbf{d}$ steht. Ist $\mathbf{d}$ parallel zu $\mathbf{p}$, so ist die Ladung positiv, bei antiparalleler Stellung negativ. Der Dipol

$$\mathbf{p}' = \frac{R^3}{d^3}\Big(2\frac{\mathbf{p}\cdot\mathbf{d}}{d^2}\mathbf{d} - \mathbf{p}\Big)$$

hat die Stärke $p' = \frac{R^3}{d^3}\,p$ und ist parallel zu $\mathbf{p}$, wenn dieser entlang $\mathbf{d}$ orientiert ist und antiparallel, wenn $\mathbf{p}$ senkrecht auf $\mathbf{d}$ steht.

3.2 Laplace-Gleichung in Kugelkoordinaten

3.2.1 Polarkoordinaten und Separationsansatz

Die homogene Poisson-Gleichung $\Delta\phi = 0$ heißt Laplace-Gleichung. Sie hat in kartesischen Koordinaten die Form

$$\left(\frac{\partial^2}{\partial x^2} + \frac{\partial^2}{\partial y^2} + \frac{\partial^2}{\partial z^2}\right)\phi(\mathbf{x}) = 0 \tag{3.2.1}$$

und in Polarkoordinaten (siehe (A.3.36))

$$\left(\frac{1}{r^2}\frac{\partial}{\partial r}r^2\frac{\partial}{\partial r} + \frac{1}{r^2\sin\vartheta}\frac{\partial}{\partial\vartheta}\sin\vartheta\frac{\partial}{\partial\vartheta} + \frac{1}{r^2\sin^2\vartheta}\frac{\partial^2}{\partial\varphi^2}\right)\phi(r,\vartheta,\varphi) = 0. \tag{3.2.2}$$

Der Laplace-Operator kann in einen radialen und einen winkelabhängigen Anteil geteilt werden:

$$\Delta = \Delta_r - \frac{1}{r^2}\hat{\mathbf{L}}^2,$$

$$\Delta_r = \frac{1}{r^2}\frac{\partial}{\partial r}r^2\frac{\partial}{\partial r} \overset{(A.3.36')}{=} \frac{1}{r}\frac{\partial^2}{\partial r^2}r,$$

$$\hat{\mathbf{L}}^2 = -\frac{1}{\sin\vartheta}\frac{\partial}{\partial\vartheta}\sin\vartheta\frac{\partial}{\partial\vartheta} - \frac{1}{\sin^2\vartheta}\frac{\partial^2}{\partial\varphi^2}. \tag{3.2.3}$$

$\hat{\mathbf{L}}^2$ ist das Quadrat des (dimensionslosen) Drehimpulsoperators

$$\hat{\mathbf{L}} = -i\mathbf{x}\times\boldsymbol{\nabla}. \tag{3.2.4}$$

Für die Lösung ϕ macht man den Produktansatz von einer radialen Funktion $R(r)$ mit einer winkelabhängigen Funktion $Y(\vartheta,\varphi)$

$$\phi(r,\vartheta,\rho) = R(r)\,Y(\vartheta,\varphi) \tag{3.2.5}$$

und erhält die Laplace-Gleichung

$$Y \Delta_r R - R \frac{1}{r^2} \hat{\mathbf{L}}^2 Y = 0 \,.$$

Der radiale Teil kann vom winkelabhängigen Teils separiert werden, wenn man links mit $r^2/(Y\,R)$ multipliziert und dann die nur von ϑ, φ abhängigen Terme auf die rechte Seite bringt:

$$\frac{r^2}{R} \Delta_r\, R = \frac{1}{Y}\, \hat{\mathbf{L}}^2 Y = l(l+1). \tag{3.2.6}$$

Die rechte Seite hängt nicht von r ab, die linke nicht von ϑ und φ. Somit können beide Ausdrücke nur gleich einer Konstanten sein. Da sowohl $\hat{\mathbf{L}}^2$ als auch Δ_r positiv semidefinite Operatoren sind, kann diese Konstante nur ≥ 0 sein, wobei die Wahl $l(l+1)$ erst bei der Lösung des polaren Teils verständlich wird. Die Anteile werden getrennt ausgewertet.

3.2.2 Radialteil

Für den Radialteil erhält man

$$\frac{r^2}{R} \Delta_r = \frac{r}{R} \frac{\partial^2}{\partial r^2}\, rR = l(l+1).$$

Mit der weiteren Substitution $R = \dfrac{u}{r}$ ergibt sich für den Radialteil

$$\frac{\mathrm{d}^2 u}{\mathrm{d}r^2} - \frac{l(l+1)}{r^2} u = 0. \tag{3.2.7}$$

Die Lösung dieser Differentialgleichung ist

$$u = \alpha\, r^{l+1} + \beta\, r^{-l} \qquad \Longrightarrow \qquad R = \alpha\, r^l + \beta\, r^{-l-1}. \tag{3.2.8}$$

Es genügt, sich auf $l \geq 0$ zu beschränken, da $l < 0$ durch $l' = -l - 1 \geq 0$ ersetzt werden kann. Dann ist

$$R = \alpha\, r^l + \beta\, r^{-l-1} \to \alpha\, r^{-l'-1} + \beta\, r^{l'} \,.$$

Eine Einschränkung der l auf ganze Zahlen kommt erst durch den polaren Anteil. Ist $l \geq 0$, so divergiert der zweite Term von R für $r \to 0$, während der erste Term für $r \to \infty$ zumindest nicht verschwindet.

3.2.3 Azimutaler Teil

In den winkelabhängigen Teil (3.2.6)

$$\left(\hat{\mathbf{L}}^2 - l(l+1)\right) Y = 0 \tag{3.2.9}$$

setzt man (3.2.3) ein, wobei die Abhängigkeit von φ durch den Differential-operator

$$\hat{L}_z = -\mathrm{i}\frac{\partial}{\partial\varphi} \qquad\qquad (3.2.10)$$

ausgedrückt wird:

$$\left[\frac{1}{\sin\vartheta}\frac{\partial}{\partial\vartheta}\sin\vartheta\frac{\partial}{\partial\vartheta} + l(l+1)\right]Y(\vartheta,\varphi) = \frac{1}{\sin^2\vartheta}\,\hat{L}_z^2\,Y(\vartheta,\varphi)\,. \qquad (3.2.11)$$

Mittels eines neuerlichen Produktansatzes

$$Y(\vartheta,\varphi) = \Theta(\vartheta)\,\Phi(\varphi)$$

und der Separationskonstanten m^2 erhält man für den Azimutalwinkel die Differentialgleichung

$$\left(\hat{L}_z^2 - m^2\right)\Phi = -\left(\frac{\mathrm{d}^2}{\mathrm{d}\varphi^2}+m^2\right)\Phi = 0 \quad \text{mit} \quad \Phi(\varphi) = \frac{1}{\sqrt{2\pi}}\,\mathrm{e}^{\pm\mathrm{i}m\varphi}\,. \quad (3.2.12)$$

Aus der Forderung einer eindeutigen Lösung $\Phi(\varphi+2\pi) = \Phi(\varphi)$ folgt

$$\mathrm{e}^{\pm 2\pi\mathrm{i}m} = 1 \qquad \text{mit} \quad m = 0, \pm 1, \pm 2, \ldots$$

m muss also ganzzahlig sein. Die Lösungsfunktionen

$$\Phi_m(\varphi) = \frac{1}{\sqrt{2\pi}}\,\mathrm{e}^{\pm\mathrm{i}m\varphi}\,, \qquad m \quad \text{ganz}, \qquad\qquad (3.2.13)$$

sind ebene Wellen mit der Basis $[0, 2\pi]$. Sie sind orthonormal

$$(\Phi_m, \Phi_{m'}) = \frac{1}{2\pi}\int_0^{2\pi}\mathrm{d}\varphi\,\mathrm{e}^{\mathrm{i}(m'-m)\varphi} = \delta_{mm'} \qquad\qquad (3.2.14)$$

und vollständig

$$\sum_{m=-\infty}^{\infty}\Phi_m(\varphi)\,\Phi_m^*(\varphi') = \frac{1}{2\pi}\sum_m \mathrm{e}^{\mathrm{i}m(\varphi-\varphi')} = \delta(\varphi-\varphi')\,. \qquad (3.2.15)$$

Die Gültigkeit der Orthonormalität ist evident. Zum Nachweis der Vollständigkeit (3.2.15) entwickeln wir eine Funktion $f(\varphi)$ nach den $\Phi_m(\varphi)$:

$$f(\varphi) = \int_0^{2\pi}\mathrm{d}\varphi'\,\delta(\varphi-\varphi')f(\varphi') = \sum_m \Phi_m(\varphi)\int_0^{2\pi}\mathrm{d}\varphi'\,\Phi_m^*(\varphi')\,f(\varphi')$$

$$= \sum_m \Phi_m(\varphi)\,(\Phi_m, f)\,.$$

Diese Entwicklung verifizieren wir, indem wir von links mit $\displaystyle\int_0^{2\pi}\mathrm{d}\varphi\,\Phi_n^*(\varphi)$ multiplizieren und die Orthonormalität verwenden $(\Phi_n, f) = \displaystyle\sum_m \delta_{nm}\,(\Phi_m, f)\,.$

3.2.4 Polarer Teil

Für den Polarwinkel ϑ erhält man die Differentialgleichung

$$\left[\frac{1}{\sin\vartheta}\frac{\partial}{\partial\vartheta}\left(\sin\vartheta\frac{\partial}{\partial\vartheta}\right) - \frac{m^2}{\sin^2\vartheta} + l(l+1)\right]\Theta(\vartheta) = 0 \;. \tag{3.2.16}$$

Das ist die Differentialgleichung für die zugeordneten (assoziierten) Legendre-Polynome, die jedoch meist in der Variablen $\xi = \cos\vartheta$ angegeben wird.

Für die Transformation auf $\xi = \cos\vartheta$ mit $-1 \le \xi \le 1$ benötigt man

$$\frac{d\xi}{d\vartheta} = -\sin\vartheta = -\sqrt{1-\xi^2}, \qquad \frac{d}{d\vartheta} = \frac{d\xi}{d\vartheta}\frac{d}{d\xi} = -\sqrt{1-\xi^2}\frac{d}{d\xi},$$

$$\frac{1}{\sin\vartheta}\frac{\partial}{\partial\vartheta}\left(\sin\vartheta\frac{\partial}{\partial\vartheta}\right) = \frac{d}{d\xi}(1-\xi^2)\frac{d}{d\xi} \;.$$

Die Lösungen von (3.2.16) $\Theta(\vartheta)$ werden mit $P_l^m(\xi)$ bezeichnet. Somit bekommt man die Differentialgleichung

$$\left[\frac{d}{d\xi}(1-\xi^2)\frac{d}{d\xi} - \frac{m^2}{1-\xi^2} + l(l+1)\right]P_l^m(\xi) = 0 \;, \tag{3.2.17}$$

deren Lösung die assoziierten Legendre-Polynome sind. Zur Bestimmung der Lösungen für die P_l^m geht man vom Fall $m = 0$ aus. Hat man die Lösungen P_l, so können daraus in einfacher Weise die P_l^m bestimmt werden, wie später gezeigt wird. Daher wird im Folgenden kurz auf die Legendre-Polynome $P_l(\xi)$ eingegangen.

Legendre'sche Differentialgleichung

Für $m = 0$ erhält man aus (3.2.17) die *Legendre'sche Differentialgleichung*

$$\left[(1-\xi^2)\frac{d^2}{d\xi^2} - 2\xi\frac{d}{d\xi} + l(l+1)\right]P_l(\xi) = 0 \tag{3.2.18}$$

mit dem Grundgebiet $[-1,1]$. Reguläre Lösungen sind die *Legendre-Polynome* $P_l(\xi)$, deren Grad mit l bezeichnet wird.

Legendre-Polynome

Hier werden die P_l auf „klassischem" Wege hergeleitet, was einen Potenzreihenansatz mit Rekursionsbedingungen für die Koeffizienten bedeutet. Mit deren Hilfe kann dann das Polynom bestimmt werden.

Der Differentialoperator ist invariant unter $\xi \rightarrow -\xi$, also sind die Lösungen gerade oder ungerade Funktionen von ξ.

Ferner ist der Differentialoperator nicht singulär für $|\xi| < 1$, weshalb die Lösung als Potenzreihe

$$P(\xi) = \sum_{n=0}^{\infty} a_n \, \xi^n$$

dargestellt werden kann. Man erhält durch Einsetzen in (3.2.18)

$$\sum_{n \geq 2} n(n-1)a_n \, \xi^{n-2} - \sum_{n \geq 0} \big[n(n+1) - l(l+1) \big] a_n \, \xi^n = 0 \,.$$

Da jede Potenz von ξ gesondert verschwinden muss, ergibt der Koffizientenvergleich

$$\xi^n : \quad (n+2)(n+1)a_{n+2} - \big[n(n+1) - l(l+1) \big] a_n = 0$$

die Rekursionsrelation

$$a_{n+2} = \frac{n(n+1) - l(l+1)}{(n+1)(n+2)} a_n = - \frac{(l+n+1)(l-n)}{(n+1)(n+2)} \, a_n \,. \tag{3.2.19}$$

Die Reihe enthält also nur gerade oder nur ungerade Potenzen in ξ, je nachdem, ob die Lösung eine gerade oder ungerade Funktion in ξ ist. Für große n verhält sich die Reihe wie $a_{n+2}/a_n \to n/(n+2)$ und divergiert für $\xi = \pm 1$ wie

$$\ln \frac{1+\xi}{1-\xi} = 2 \left(\xi + \frac{1}{3}\,\xi^3 + \frac{1}{5}\,\xi^5 + \cdots \right) \,.$$

Damit die Lösung auch bei $\xi = \pm 1$ endlich ist, muss die Reihe abbrechen, was nach (3.2.19) der Fall ist, wenn $n = l$. Aus der Abbruchbedingung folgt, dass l eine ganze Zahl ist. Als Lösung hat man demnach Polynome $P_l(\xi)$.

Die P_l können unter Verwendung der Rekursionsrelation (3.2.19) berechnet werden (siehe Aufgabe B.1). Man erhält schließlich

$$P_l(\xi) = \sum_n \frac{(-1)^{\frac{l-n}{2}}\,(l+n)!\,\xi^n}{2^l \left(\frac{l+n}{2} \right)! \left(\frac{l-n}{2} \right)! \, n!} \quad \begin{cases} n = 0, 2, ..., l & \text{für gerades } l \\ n = 1, 3, ..., l & \text{für ungerades } l. \end{cases} \tag{3.2.20}$$

P_l ist also ein Polynom des Grades l im Grundgebiet $[-1, 1]$. Die einfachsten Polynome P_0 bis P_3 sind in Abb. 3.6 sowohl definiert als auch abgebildet. Im Anhang B.2.1 wird nicht nur ein eleganterer Weg mithilfe der Rodrigues-Formel gewählt, um die Legendre-Polynome herzuleiten, sondern es werden auch einige wichtige mit ihnen im Zusammenhang stehende Relationen (die aber über den hier benötigten Umfang hinausgehen) gebracht.

Symmetrieeigenschaft

Die P_l sind gerade oder ungerade Funktionen:

$$P_l(-\xi) = (-1)^l P_l(\xi) \qquad \text{Symmetrieeigenschaft.} \tag{3.2.21}$$

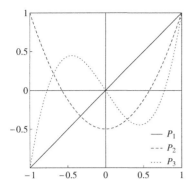

Abb. 3.6. Legendre-Polynome 1. Art:
$$P_0 = 1, \qquad P_1 = \xi, \qquad P_2 = (3\xi^2 - 1)/2,$$
$$P_3 = (5\xi^3 - 3\xi)/2.$$
Die geraden Polynome sind symmetrisch, die ungeraden antisymmetrisch

Orthogonalität und Vollständigkeit

Die P_l bilden ein vollständiges und orthogonales System.

$$\int_{-1}^{1} d\xi \, P_l(\xi) \, P_{l'}(\xi) = \frac{2}{2l+1} \, \delta_{ll'} \qquad \text{Orthogonalitätsrelation. (3.2.22)}$$

$$\sum_{l=0}^{\infty} \frac{2l+1}{2} P_l(\xi) P_l(\xi') = \delta(\xi - \xi') \qquad \text{Vollständigkeitsrelation. (3.2.23)}$$

Die Beweise für die Gültigkeit der beiden Relationen sind im Anhang ((B.2.13) und (B.2.15)).

Zugeordnete Legendre-Polynome

Es sollen nun die Lösungsfunktionen für den polaren Teil (3.2.17) der Laplace-Gleichung, die zugeordneten (assoziierten) Legendre-Polynome P_l^m, bestimmt werden. Zunächst wird ein Ansatz der Form

$$P_l^m(\xi) = (1 - \xi^2)^{\frac{m}{2}} P_l^{(m)}(\xi) \qquad m = 0, 1, ..., l \tag{3.2.24}$$

gemacht und die Differentialgleichung für die $P_l^{(m)}$ hergeleitet:

$$\frac{d}{d\xi}(1-\xi^2)\frac{d}{d\xi}\left[(1-\xi^2)^{\frac{m}{2}} P_l^{(m)}\right] = \frac{d}{d\xi}\left[-\xi m(1-\xi^2)^{\frac{m}{2}} + (1-\xi^2)^{\frac{m}{2}+1}\frac{d}{d\xi}\right] P_l^{(m)}$$

$$= \left[-m(1-\xi^2)^{\frac{m}{2}} + \xi^2 m^2(1-\xi^2)^{\frac{m}{2}-1} - \xi m(1-\xi^2)^{\frac{m}{2}}\frac{d}{d\xi}\right.$$

$$\left. - \xi(m+2)(1-\xi^2)^{\frac{m}{2}}\frac{d}{d\xi} + (1-\xi^2)^{\frac{m}{2}+1}\frac{d^2}{d\xi^2}\right] P_l^{(m)}$$

$$= (1-\xi^2)^{\frac{m}{2}}\left[(1-\xi^2)\frac{d^2}{d\xi^2} - 2\xi(m+1)\frac{d}{d\xi} - m(m+1) + m^2(1-\xi^2)^{-1}\right] P_l^{(m)}.$$

Dieser Ausdruck in (3.2.17) eingesetzt, ergibt (3.2.25).

$$\left[(1-\xi^2)\frac{\mathrm{d}^2}{\mathrm{d}\xi^2} - 2\xi(m+1)\frac{\mathrm{d}}{\mathrm{d}\xi} + \left[l(l+1) - m(m+1)\right]\right]P_l^{(m)} = 0\,. \qquad (3.2.25)$$

Der Nutzen des Ansatzes (3.2.24) wird erkennbar, wenn man die Legendre'sche Differentialgleichung (3.2.18) m-mal differenziert:

$$\frac{\mathrm{d}^m}{\mathrm{d}\xi^m}\left[(1-\xi^2)\frac{\mathrm{d}^2}{\mathrm{d}\xi^2} - 2\xi\frac{\mathrm{d}}{\mathrm{d}\xi} + l(l+1)\right]P_l(\xi) = 0\,. \qquad (3.2.26)$$

Man erhält

$$\left\{(1-\xi^2)\frac{\mathrm{d}^2}{\mathrm{d}\xi^2} - 2\xi(m+1)\frac{\mathrm{d}}{\mathrm{d}\xi} + \left[l(l+1) - m(m+1)\right]\right\}\frac{\mathrm{d}^m}{\mathrm{d}\xi^m}P_l = 0\,. \quad (3.2.27)$$

Das ist genau (3.2.25) für $P_l^{(m)}$, womit wir zeigen können, dass

$$P_l^{(m)}(\xi) = \frac{\mathrm{d}^m}{\mathrm{d}\xi^m}P_l$$

durch die m-te Ableitung der P_l bestimmt sind.

Für die Differentiation in (3.2.26) verwenden wir die Hilfsformel

$$\frac{\mathrm{d}^m(f\,g)}{\mathrm{d}\xi^m} = \sum_{k=0}^{m}\binom{m}{k}\frac{\mathrm{d}^k f}{\mathrm{d}\xi^k}\frac{\mathrm{d}^{m-k}g}{\mathrm{d}\xi^{m-k}}\,.$$

$$\frac{\mathrm{d}^m}{\mathrm{d}\xi^m}(1-\xi^2)\frac{\mathrm{d}^2}{\mathrm{d}\xi^2} = (1-\xi^2)\frac{\mathrm{d}^{m+2}}{\mathrm{d}\xi^{m+2}} - 2\xi m\frac{\mathrm{d}^{m+1}}{\mathrm{d}\xi^{m+1}} - m(m-1)\frac{\mathrm{d}^m}{\mathrm{d}\xi^m}\,.$$

$$-\frac{\mathrm{d}^m}{\mathrm{d}\xi^m}2\xi\frac{\mathrm{d}}{\mathrm{d}\xi} = -2\xi\frac{\mathrm{d}^{m+1}}{\mathrm{d}\xi^{m+1}} - 2m\frac{\mathrm{d}^m}{\mathrm{d}\xi^m}\,.$$

Damit sind die $P_l^{(m)}$ bestimmt und in Folge auch die assoziierten Legendre-Polynome:

$$P_l^m(\xi) = (1-\xi^2)^{m/2}\frac{\mathrm{d}^m}{\mathrm{d}\xi^m}P_l(\xi) \qquad\qquad (3.2.28)$$

$$= \frac{1}{2^l\,l!}(1-\xi^2)^{m/2}\frac{\mathrm{d}^{l+m}}{\mathrm{d}\xi^{l+m}}(\xi^2-1)^l \qquad -l \le m \le l\,.$$

Für die P_l wurde die Rodrigues-Formel (B.2.2) eingesetzt. Die so entstandene Formel ist nicht mehr nur auf $0 \ge m \ge 0$ beschränkt, sondern deckt den gesamten Bereich $-l \le m \le l$ ab. Gezeigt wird im Anhang B.3 die Identität

$$P_l^{-m}(\xi) = (-1)^m\frac{(l-m)!}{(l+m)!}P_l^m(\xi)\,. \qquad\qquad (3.2.29)$$

Die einfachsten Polynome sind

$$P_l^0 = P_l, \qquad\qquad P_l^l = (2l-1)!! \,(1-\xi^2)^{\frac{1}{2}}.$$

Orthogonalität

Die zugeordneten Legendre-Polynome mit gleichem m sind in Bezug auf l orthogonal

$$\int_{-1}^{1} \mathrm{d}\xi\, P_l^m(\xi)\, P_{l'}^m(\xi) = \frac{2}{2l+1}\,\frac{(l+m)!}{(l-m)!}\,\delta_{ll'} \tag{3.2.30}$$

was hier nicht gezeigt wird.

Anmerkung: Die häufig verwendete Definition

$$P_l^m(\xi) = (-1)^m\,(1-\xi^2)^{m/2}\,\frac{\mathrm{d}^m}{\mathrm{d}\xi^m}P_l(\xi)$$

unterscheidet sich von (3.2.28) durch den Faktor $(-1)^m$; das ist z.B. bei Rekursionsrelationen zu beachten.

Kugelflächenfunktionen

Die Lösungsfunktionen des winkelabhängigen Teils $Y(\vartheta,\varphi)$ der Laplace-Gleichung sind die Kugelflächenfunktionen

$$Y(\vartheta,\varphi) = \Theta(\vartheta)\,\Phi(\varphi) \to Y_{lm}(\vartheta,\varphi) = A_{lm}\, P_l^m(\cos\vartheta)\,\Phi_m(\varphi).$$

Die zugeordneten Legendre-Polynome P_l^m sind, anders als die Φ_m, nicht normiert. Den Normierungsfaktor $|A_{lm}|$ erhält man aus der Orthogonalitätsrelation (3.2.30):

$$A_{lm} = (-1)^m\,\sqrt{\frac{2l+1}{2}\,\frac{(l-m)!}{(l+m)!}}\,, \tag{3.2.31}$$

so dass $\Theta_{lm} = A_{lm}\,P_l^m$ das normierte zugeordnete Legendre-Polynom ist. Es ist dann

$$Y_{lm}(\vartheta,\varphi) = (-1)^m\,\left[\frac{2l+1}{4\pi}\,\frac{(l-m)!}{(l+m)!}\right]^{\frac{1}{2}} P_l^m(\cos\vartheta)\,\mathrm{e}^{im\varphi} \tag{3.2.32}$$

$$= \frac{(-1)^{m+l}}{2^l l!}\,\left[\frac{2l+1}{4\pi}\,\frac{(l-m)!}{(l+m)!}\right]^{\frac{1}{2}} \sin^m\vartheta\,\frac{\mathrm{d}^{l+m}\sin^{2l}\vartheta}{\mathrm{d}\cos\vartheta^{l+m}}\,\mathrm{e}^{im\varphi}.$$

Symmetrieeigenschaften

Die Y_{lm} erfüllen die Symmetrie

$$Y_{l\,-m}(\vartheta,\varphi) = (-1)^m\, Y_{lm}^*(\vartheta,\varphi), \tag{3.2.33}$$

was aus (3.2.29) und $\Phi_{-m} = \Phi_m^*$ folgt.

Bei Inversion $(\mathbf{x} \to -\mathbf{x})$ gilt $(r, \vartheta, \varphi) \to (r, \pi - \vartheta, \pi + \varphi)$, da $\cos(\pi - \vartheta) = -\cos\vartheta$ und $\sin(\pi - \vartheta) = \sin\vartheta$. Damit ist gemäß (3.2.32)

$$Y_{lm}(\pi - \vartheta, \varphi + \pi) = (-1)^l \, Y_{lm}(\vartheta, \varphi). \tag{3.2.34}$$

Anmerkung: Die Kugelflächenfunktionen Y_{lm} sind durchwegs einheitlich definiert und ihr Zusammenhang mit den Legendre-Polynomen ist gegeben durch

$$P_l(\cos\vartheta) = \sqrt{\frac{4\pi}{2l+1}} \, Y_{l0}(\vartheta, \varphi). \tag{3.2.35}$$

Orthogonalität

$\Theta_{lm} = A_{lm} \, P_l^m$ sind orthonormal, ebenso Φ_m, woraus folgt, dass $Y_{lm} = \Theta_{lm} \, \Phi_m$ ebenfalls orthormal sein müssen:

$$\int_0^\pi \mathrm{d}\vartheta \, \sin\vartheta \int_0^{2\pi} \mathrm{d}\varphi \, Y_{lm}^*(\vartheta, \varphi) \, Y_{l'm'}(\vartheta, \varphi) = \delta_{ll'} \, \delta_{mm'}. \tag{3.2.36}$$

Vollständigkeit

$$\sum_{l=0}^\infty \sum_{m=-l}^l Y_{lm}(\vartheta, \varphi) \, Y_{lm}^*(\vartheta', \varphi') = (\sin\vartheta)^{-1} \, \delta(\vartheta - \vartheta') \, \delta(\varphi - \varphi'). \tag{3.2.37}$$

3.2.5 Lösungsfunktion der Laplace-Gleichung

Die allgemeine Lösung der Laplacegleichung (3.2.2), die Multiplikation des Radialteiles (3.2.8) mit der des winkelabhängigen Teils (3.2.32) ergibt

$$\phi(r, \vartheta, \varphi) = \sum_{l=0}^\infty \sum_{m=-l}^l (\alpha_{lm} r^l + \beta_{lm} r^{-l-1}) Y_{lm}(\vartheta, \varphi). \tag{3.2.38}$$

Es ist das die Entwicklung des elektrostatischen Potentials nach Kugelflächenfunktionen[1].

Diese Entwicklung setzt ein ladungsfreies Gebiet voraus, in dem das Potential der Laplace-Gleichung genügt. Die Lösung ist nur für endliche r regulär.

In einem Gebiet, das $r = 0$ enthält, müssen alle $\beta_{lm} = 0$ verschwinden, und in einem Gebiet, das $r = \infty$ enthält, sind alle $\alpha_{lm} = 0$ für $l > 1$.

Berücksichtigt ist dabei ein homogenes Feld, bei dem das Potential $\phi \sim r$ ist. Die Lösungen der Laplace-Gleichung sind harmonische Funktionen.

Definition: Eine Funktion ϕ ist harmonisch in einem Gebiet G, wenn sie dort mindestens $2\times$ stetig differenzierbar ist und die Laplace-Gleichung erfüllt.

Eigenschaften harmonischer Funktionen:

---

[1] auch Kugelfunktionen

1. *Mittelwerteigenschaft*: Sei K eine ganz in G gelegene Kugel mit dem Radius R, so ist der Funktionswert im Mittelpunkt der Kugel gleich dem (arithmetischen) Mittel der Funktionswerte von ϕ auf der Kugeloberfläche (siehe Anhang B.1.2, Seite 615)

$$\phi(\mathbf{x}) = \frac{1}{4\pi R^2} \oiint_{\partial K} \mathrm{d}f' \, \phi(\mathbf{x}') \, . \tag{3.2.39}$$

Beweis: In den 2. Green'schen Satz (A.4.20) wird eingesetzt $\psi = \dfrac{1}{|\mathbf{x}' - \mathbf{x}|}$.

$$\oiint_{\partial K} \mathrm{d}\mathbf{f}' \cdot \left(\frac{1}{|\mathbf{x}' - \mathbf{x}|} \boldsymbol{\nabla}'\phi(\mathbf{x}') - \phi(\mathbf{x}') \boldsymbol{\nabla}' \frac{1}{|\mathbf{x}' - \mathbf{x}|} \right)$$
$$= \int_K \mathrm{d}^3x' \left(\frac{1}{|\mathbf{x}' - \mathbf{x}|} \Delta'\phi(\mathbf{x}') - \phi(\mathbf{x}')\Delta' \frac{1}{|\mathbf{x}' - \mathbf{x}|} \right) = 4\pi\phi(\mathbf{x}) \, .$$

Im linken Oberflächenintegral wird $|\mathbf{x}' - \mathbf{x}| = R$ eingesetzt und das Oberflächenintegral mit dem Gauß'schen Satz in ein Volumenintegral umgeformt, das wegen $\Delta\phi = 0$ verschwindet.

$$\oiint_{\partial K} \mathrm{d}\mathbf{f}' \cdot \frac{1}{R} \boldsymbol{\nabla}'\phi(\mathbf{x}') = \frac{1}{R} \int_K \mathrm{d}^3x' \, \Delta'\phi(\mathbf{x}') = 0$$

Zur Berechnung der Oberflächenterme führen wir die weitere Transformation $\mathbf{x}'' = \mathbf{x}' - \mathbf{x}$ durch und berücksichtigen das Oberflächenelement $\mathrm{d}\mathbf{f}' = \mathrm{d}f'' \, \mathbf{e}_{r''}$

$$\phi(\mathbf{x}) = \frac{1}{4\pi} \oiint_{\partial K} \mathrm{d}f'' \, \mathbf{e}_{r''} \cdot \phi(\mathbf{x}''+\mathbf{x}) \frac{\mathbf{e}_{r''}}{r''^2} = \frac{1}{4\pi R^2} \oiint_{\partial K} \mathrm{d}f'' \, \phi(\mathbf{x}''+\mathbf{x}) \qquad \text{q.e.d.}$$

2. *Prinzip vom Maximum und Minimum*: Eine im Gebiet G harmonische Funktion ϕ hat ihre Maxima und Minima immer am Rand ∂G des Gebiets.
3. Liegt ein Maximum/Minimum im Inneren von G, so ist ϕ konstant.

Kann man aufgrund der Symmetrie erwarten, dass ϕ axialsymmetrisch ist, so kann man die xz-Ebene herausgreifen, wo $\varphi = 0$. Von (3.2.38) bleiben nur Summanden mit $m = 0$, die proportional den Legendre-Polynomen sind

$$\phi(r, \vartheta) = \sum_{l=0}^{\infty} (a_l r^l + b_l r^{-l-1}) P_l(\cos\vartheta) \, . \tag{3.2.40}$$

Diese Entwicklung ist wegen der einfacheren Koeffizienten der P_l leichter handhabbar.

Theorem von Earnshaw

Das Earnshaw-Theorem besagt, dass kein geladener Körper unter dem alleinigen Einfluss elektrostatischer Kräfte in einem stabilen Gleichgewicht gehalten werden kann.

Damit ein Körper in einem stabilen Gleichgewicht gehalten werden kann, muss das Potential ein Minimum haben. Ist $\mathbf{x}_0$ der Ort des Minimums, so muss in einer Umgebung $\Delta\phi = 0$, da dort keine Ladungen sind. Das Prinzip vom Maximum und Minimun besagt, dass es in einer Kugel um das Minimum Funktionswerte von ϕ gibt, die größer bzw. kleiner sind als $\phi(x_0)$ (es ist eine Eigenschaft harmonischer Funktionen, dass diese keine Maxima/Minima besitzen, sondern nur Sattelpunkte).

Anmerkung: Das Theorem gilt auch in der Magnetostatik, aber nur in Gebieten, die ladungs- und stromfrei sind. In diamagnetischen Substanzen werden vom äußeren Magnetfeld B Ströme induziert, deren Magnetfeld dem äußeren Feld entgegengerichtet ist (siehe Abschnitt 7.3.1). Mit sehr starken Feldern können so Körper in Schwebe gehalten werden (diamagnetische Levitation).

3.3 Kugelsymmetrische Probleme

3.3.1 Eigenschaften der Kugelflächenfunktionen

In Randwertproblemen der Elektrostatik mit sphärischer Symmetrie spielen die Kugelflächenfunktionen Y_{lm} eine zentrale Rolle. Es ist daher notwendig auf diese näher einzugehen.

Entwicklung nach Kugelflächenfunktionen

Da die Y_{lm} vollständig sind, kann jede Funktion $f(\vartheta, \varphi)$ nach ihnen entwickelt werden. Man multipliziert die Vollständigkeitsrelation (3.2.37) von links mit $\int d\vartheta' \sin \vartheta' \, d\varphi' \, f(\vartheta', \varphi')$:

$$f(\vartheta, \varphi) = \sum_{l=0}^{\infty} \sum_{m=-l}^{l} Y_{lm}(\vartheta, \varphi) \, (Y_{lm}, f),$$

$$(Y_{lm}, f) \equiv f_{lm} = \int_0^{\pi} d\vartheta' \sin \vartheta' \int_0^{2\pi} d\varphi' \, Y_{lm}^*(\vartheta', \varphi') \, f(\vartheta', \varphi') \tag{3.3.1}$$

und hat die Entwicklung von $f(\vartheta, \varphi)$ nach Kugelflächenfunktionen erhalten. In der Entwicklung von $f(\vartheta = 0, \varphi)$ hat man zu berücksichtigen, dass

$$Y_{lm}(0, \varphi) = \delta_{m0} \, Y_{l0}(0, \varphi) = \delta_{m0} \sqrt{\frac{2l+1}{4\pi}} \, P_l(1),$$

wobei $P_l(1) = 1$. Daraus folgt

$$f(\vartheta = 0, \varphi) = \sum_{l=0}^{\infty} \sqrt{\frac{2l+1}{4\pi}} \, (Y_{l0}, f) = \sum_{l=0}^{\infty} \frac{2l+1}{4\pi} \, (P_l, f),$$

$$(P_l, f) = \int_0^{\pi} d\vartheta' \sin \vartheta' \int_0^{2\pi} d\varphi' \, P_l(\cos \vartheta') \, f(\vartheta', \varphi'). \tag{3.3.2}$$

Kugelflächenfunktionen bis 2. Ordnung

Im Folgenden sind die niedrigsten Polynome Y_{lm} angeführt, wobei bemerkt werden darf, dass man in vielen Fällen mit den Ordnungen bis $l = 2$ das auskommt. Die Polynome selbst können mit Rekursionsformeln, die im Anhang B.3 angeführt sind, berechnet werden:

$$Y_{00} = \frac{1}{\sqrt{4\pi}}, \tag{3.3.3}$$

$$Y_{10} = \sqrt{\frac{3}{4\pi}} \begin{cases} \cos\vartheta \\ \frac{z}{r}, \end{cases} \qquad Y_{1\pm1} = \mp\sqrt{\frac{3}{8\pi}} \begin{cases} e^{\pm i\varphi} \sin\vartheta \\ \frac{x\pm iy}{r}, \end{cases}$$

$$Y_{20} = \sqrt{\frac{5}{16\pi}} \begin{cases} 3\cos^2\vartheta - 1 \\ \frac{3z^2 - r^2}{r^2}, \end{cases} \quad Y_{2\pm1} = \mp\sqrt{\frac{15}{32\pi}} \begin{cases} e^{\pm i\varphi} \sin 2\vartheta \\ \frac{(x\pm iy)z}{r^2}, \end{cases} \quad Y_{2\pm2} = \sqrt{\frac{15}{32\pi}} \begin{cases} e^{\pm 2i\varphi} \sin^2\vartheta \\ \frac{(x\pm ix)^2}{r^2}. \end{cases}$$

Additionstheorem für Kugelflächenfunktionen

Eine wegen ihres großen Anwendungsgebietes wichtige Beziehung ist das sogenannte *Additionstheorem für Kugelflächenfunktionen*

$$\sum_{m=-l}^{l} Y_{lm}(\vartheta, \varphi) Y_{lm}^*(\vartheta', \varphi') = \frac{2l+1}{4\pi} P_l(\cos\theta). \tag{3.3.4}$$

θ ist der von den Vektoren $\mathbf{x}$ und $\mathbf{x}'$ eingeschlossene Winkel, wie in Abb. 3.7 skizziert. Ein Spezialfall des Additionstheorems (3.3.4) für $l = 1$ ist der sphärische Kosinussatz

$$\cos\theta = \cos\vartheta \cos\vartheta' + \sin\vartheta \sin\vartheta' \cos(\varphi - \varphi') \tag{3.3.5}$$

$$= \frac{4\pi}{3} \sum_{m=-1}^{1} Y_{1m}(\vartheta, \varphi) Y_{1m}^*(\vartheta', \varphi'),$$

und ein Beweis des Additionstheorems ist im Anhang B.3.

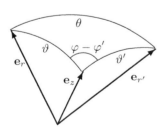

Abb. 3.7. Lage der Vektoren $\mathbf{x}$ und $\mathbf{x}'$ in Bezug auf $\mathbf{e}_z$-Achse

3.3.2 Entwicklung von $|\mathbf{x}-\mathbf{x}'|^{-1}$ nach Kugelflächenfunktionen

Ausgangspunkt ist die Erzeugende der Legendre-Polynome (B.2.6)

$$(1 - 2\xi t + t^2)^{-\frac{1}{2}} = \sum_{l=0}^{\infty} P_l(\xi)\, t^l \qquad\qquad |t| < 1\,. \tag{3.3.6}$$

Ihre Herleitung ist im Anhang explizit ausgeführt. Die Funktion

$$\frac{1}{|\mathbf{x} - \mathbf{x}'|} = \frac{1}{\sqrt{r^2 + r'^2 - 2rr'\cos\theta}} = \frac{1}{r\sqrt{1 + \frac{r'^2}{r^2} - 2\frac{r'}{r}\cos\theta}}$$

kann so direkt nach Potenzen von $\frac{r'}{r}$ entwickelt werden, soweit $r' < r$ oder von $\frac{r}{r'}$, wenn $r < r'$. Es ist also $t = r/r'$ bzw. $t = r'/r$, je nachdem, ob $r < r'$ oder $r > r'$ in (3.3.6) einzusetzen. Mit θ wird der Winkel zwischen $\mathbf{x}$ und $\mathbf{x}'$ bezeichnet, wobei $\xi = \cos\theta$.

$$\frac{1}{|\mathbf{x}-\mathbf{x}'|} = \frac{1}{\sqrt{r^2 - 2rr'\cos\theta + r'^2}} = \begin{cases} \dfrac{1}{r}\displaystyle\sum_{l}\left(\dfrac{r'}{r}\right)^l P_l(\cos\theta) & r > r' \\[3mm] \dfrac{1}{r'}\displaystyle\sum_{l}\left(\dfrac{r}{r'}\right)^l P_l(\cos\theta) & r < r'. \end{cases} \tag{3.3.7}$$

Diese Beziehung ist nützlich bei der Berechnung des Potentials in kugelsymmetrischen Problemen. Mit dem Additionstheorem (3.3.4) erhält man

$$\frac{1}{|\mathbf{x}-\mathbf{x}'|} = \begin{cases} \dfrac{1}{r}\displaystyle\sum_{l=0}^{\infty}\dfrac{4\pi}{2l+1}\left(\dfrac{r'}{r}\right)^l \displaystyle\sum_{m=-l}^{l} Y_{lm}(\vartheta,\varphi)\, Y_{lm}^*(\vartheta',\varphi') & r > r' \\[4mm] \dfrac{1}{r'}\displaystyle\sum_{l=0}^{\infty}\dfrac{4\pi}{2l+1}\left(\dfrac{r}{r'}\right)^l \displaystyle\sum_{m=-l}^{l} Y_{lm}(\vartheta,\varphi)\, Y_{lm}^*(\vartheta',\varphi') & r < r'. \end{cases} \tag{3.3.8}$$

3.3.3 Multipolentwicklung nach Kugelflächenfunktionen

Das Potential der auf $r' < r$ beschränkten Ladungsverteilung ist

$$\phi(r,\vartheta,\varphi) = k_C \sum_{l=0}^{\infty} r^{-l-1} \int \mathrm{d}^3x'\, \rho(\mathbf{x}')\, r'^l\, P_l(\cos\theta)\,, \tag{3.3.9}$$

wenn $\dfrac{1}{|\mathbf{x} - \mathbf{x}'|}$ gemäß (3.3.7) nach Legendre-Polynomen entwickelt wird.

Unter Verwendung des Additionstheorems (3.3.4) erhalten wir

$$\phi(r,\vartheta,\varphi) = k_C \sum_{l=0}^{\infty}\sum_{m=-l}^{l} r^{-l-1} Y_{lm}(\vartheta,\varphi)\, Q_{lm}\, \frac{4\pi}{2l+1} \tag{3.3.10}$$

mit

$$Q_{lm} = \int d^3x' \, \rho(\mathbf{x}') \, r'^l \, Y_{lm}^*(\vartheta', \varphi') = (-1)^m \, Q_{lm}^* \,. \tag{3.3.11}$$

Die einzelnen Summanden von (3.3.10) sind die Beiträge der 2^l-Pole zum Potential. Diese sind proportional zu $1/r^{l+1}$, und die Q_{lm} sind die sphärischen Multipolmomente des 2^l-Pols (siehe in Tab. 3.1)

Tab. 3.1. 2^l-Pole

l	2^l	
0	1	Monopol
1	2	Dipol
2	4	Quadrupol
3	8	Oktupol
4	16	Hexadekapol

Dipol- und Quadrupolmomente

Hergestellt werden kann der Zusammenhang zwischen den Dipol- und Quadrupolmomenten, die aus der Taylor-Entwicklung kommen, mit den entsprechenden sphärischen Multipolmomenten:

$$Q_{10} = \sqrt{\frac{3}{4\pi}} \, p_z, \qquad Q_{1\pm 1,} = \sqrt{\frac{3}{8\pi}} (\mp p_x + \mathrm{i} p_y), \tag{3.3.12}$$

$$Q_{20} = \sqrt{\frac{5}{16\pi}} \, Q_{zz}, \quad Q_{2\pm 1} = \sqrt{\frac{5}{24\pi}} (\mp Q_{xz} + \mathrm{i} Q_{yz}), \quad Q_{2\pm 2} = \sqrt{\frac{5}{96\pi}} (Q_{xx} - Q_{yy} \mp 2\mathrm{i} Q_{yx}).$$

Mittleres elektrisches Feld

Das elektrische Feld einer vorgegebenen Ladungsverteilung ρ ist durch diese eindeutig bestimmt. Ausnahmen bilden Punkte an denen das Feld singulär ist. Durch Integration von $\mathbf{E}$ über eine Kugel K_a mit dem Radius a kann man an diesen Punkten ein mittleres Feld definieren. Um den Ursprung erhält man so

$$K_a \, \bar{\mathbf{E}}(0) = \int_{K_a} d^3x \, \mathbf{E}(\mathbf{x}) = -\mathbf{e}_i \int_{K_a} d^3x \, \boldsymbol{\nabla}\phi(\mathbf{x}) \cdot \mathbf{e}_i \tag{3.3.13}$$

$$= -\mathbf{e}_i \oiint_{\partial K_a} d\mathbf{f} \cdot \mathbf{e}_i \, \phi(\mathbf{x}) = -k_C \int d^3x' \, \rho(\mathbf{x}') \oiint_{\partial K_a} \frac{d\mathbf{f}}{|\mathbf{x} - \mathbf{x}'|} \,.$$

Zuerst haben wir die Identität $\mathbf{E} = \mathbf{e}_i (\mathbf{e}_i \cdot \mathbf{E})$ verwendet, wobei $\mathbf{E} = -\boldsymbol{\nabla}\phi$. Anschließend haben wir das Volumenintegral mit dem Gauß'schen Satz in ein Oberflächenintegral umgeformt und für ϕ (2.1.8) eingesetzt. Der Faktor $1/|\mathbf{x} - \mathbf{x}'|$ wird mit (3.3.8) durch Y_{lm} dargestellt, wobei die Fälle $r > r'$ und $r < r'$ unterschieden werden. $\bar{\mathbf{E}} = \bar{\mathbf{E}}_i + \bar{\mathbf{E}}_e$ besteht also aus zwei Beiträgen, dem von der Dichte $\rho_i(\mathbf{x}')$ innerhalb der Kugel $r' < a$ und dem von $\rho_e(\mathbf{x}')$ außerhalb der Kugel $r' > a$, wie in Abb. 3.8 skizziert.

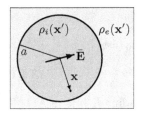

Abb. 3.8. Elektrisches Feld $\bar{\mathbf{E}} = \bar{\mathbf{E}}_i + \bar{\mathbf{E}}_e$ gebildet durch Mittelung über eine Kugel mit dem Radius a; ρ_i bezeichnet die Ladung innerhalb und ρ_e die Ladung außerhalb der Kugel

Beitrag zum mittleren Feld von den Ladungen innerhalb der Kugel

In (3.3.13) setzt man (3.3.8) für $r' < r$ und $d\mathbf{f} = a^2 d\Omega\, \mathbf{e}_r$ ein:

$$K_a\, \bar{\mathbf{E}}_i = -a^2 k_C \sum_{l,m} \frac{4\pi}{2l+1} \int d^3x'\, \rho_i(\mathbf{x}')\, \frac{r'^l}{a^{l+1}}\, Y_{lm}(\Omega') \oiint d\Omega\, Y_{lm}^*(\Omega)\, \mathbf{e}_r\,.$$

Nun ist

$$\mathbf{e}_r = \sin\vartheta(\cos\varphi\, \mathbf{e}_x + \sin\varphi\, \mathbf{e}_y) + \cos\vartheta\, \mathbf{e}_z$$

eine Linearkombination der $Y_{1m'}(\Omega)$. Aufgrund der Orthogonalität erhält man

$$Y_{lm}(\Omega') \oiint d\Omega\, Y_{lm}^*(\Omega)\, Y_{1m'}(\Omega) = \delta_{l1}\, \delta_{mm'}\, Y_{1m'}(\Omega')\,.$$

Die Linearkombination der $Y_{1m'}$ bleibt also ungeändert, nur wird Ω durch Ω' ersetzt, d.h. $\mathbf{e}_r$ durch $\mathbf{e}_{r'}$:

$$K_a\, \bar{\mathbf{E}}_i = -\frac{4\pi k_C}{3} \int_{K_a} d^3x'\, \rho_i(\mathbf{x}')\, r'\, \mathbf{e}_{r'} = -\frac{4\pi k_C}{3}\, \mathbf{p}_i\,. \tag{3.3.14}$$

Zu $\bar{\mathbf{E}}_i(\mathbf{x})$ trägt also nur das Dipolmoment der um $\mathbf{x}$ zentrierten Kugel mit dem Radius a bei. Für ein Dipolfeld (2.5.6) kommt dieser Beitrag allein vom Sitz $\mathbf{x}$ des Dipols (δ-Term) [Jackson, 2006, (4.20)].

Beitrag zum mittleren Feld von den Ladungen außerhalb der Kugel

Der Innenraum der Kugel K_a ist jetzt ladungsfrei und somit Lösung der Laplace-Gleichung. Für diese harmonischen Lösungen gilt der Satz vom arithmetischen Mittel nach dem der Mittelwert des Feldes auf jeder Kugeloberfläche $r' \le a$ gleich dem Wert $\mathbf{E}_e(\mathbf{x})$ im Zentrum der Kugel ist. Es ist demnach das mittlere Feld $\bar{\mathbf{E}}_e(\mathbf{x})$ gleich dem (nicht gemittelten) Feld $\mathbf{E}_e(\mathbf{x})$ der Ladungsverteilung $\rho_e(\mathbf{x}')$.

Ist $r' > r$, so folgt mithilfe von (3.3.8) und zu ρ_i analoger Vorgehensweise (Anwendung der Orthonormalität der Kugelflächenfunktionen)

$$\bar{\mathbf{E}}_e = -k_C \frac{4\pi a^3}{3K_a} \int_{r'>a} d^3x'\, \rho_e(\mathbf{x}')\, \frac{1}{r'^2}\, \mathbf{e}_{r'} = -k_C \boldsymbol{\nabla} \int_{r'>a} d^3x'\, \frac{\rho_e(\mathbf{x}')}{|\mathbf{x}-\mathbf{x}'|}\bigg|_{\mathbf{x}=0} = \mathbf{E}_e(0).$$

3.3.4 Leitende Kugel im homogenen Feld

Das Potential zu einem homogenen Feld $\mathbf{E}_0 = (0, 0, E_0)$ ist

$$\phi(\mathbf{x}) = -E_0\, z = -E_0 r\, \cos\vartheta = -E_0 r\, P_1(\cos\vartheta)\,. \tag{3.3.15}$$

Bei $\mathbf{x}=0$ befindet sich eine leitende Kugel mit dem Radius R, wie in Abb. 3.9 skizziert. Sie hat die Gesamtladung Q. Dann gilt (3.3.15) nur mehr im Limes $r \to \infty$. Legt man den Koordinaten-Ursprung in den Mittelpunkt der Kugel,

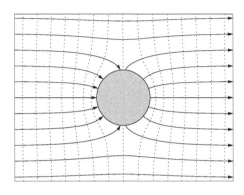

Abb. 3.9. Feldlinien einer leitenden Kugel mit dem Radius R und der Gesamtladung $Q = 0$

so kann man den für axiale Symmetrie geltenden Ansatz (3.2.40)

$$\phi(\mathbf{x}) = \sum_l (a_l\, r^l + b_l\, r^{-l-1}) P_l(\cos\vartheta) \tag{3.3.16}$$

verwenden. Man bekommt aus (3.3.15) für $r \to \infty$

$$a_1 = -E_0\,, \qquad\qquad a_l = 0 \qquad\qquad \text{für}\quad l \neq 1\,.$$

Auf der Kugeloberfläche ist das Potential konstant, d.h. das Potential des äußeren Feldes muss durch induzierte Ladungen kompensiert werden. Daraus ergibt sich der Ansatz für die Kugeloberfläche $r = R$

$$\phi(R) = \sum_{l=0}^{\infty} P_l(\cos\vartheta)\big(\delta_{l1}\, a_l\, R + b_l\, R^{-l-1}\big) = \text{const.}$$

Das homogene Feld kann an der Kugeloberfläche nur durch einen Term mit der Winkelabhängigkeit $P_1(\cos\vartheta)$ kompensiert werden. Ein konstantes Potential auf der Oberfläche kann nur durch $P_0(\cos\vartheta) = 1$ hinzukommen. Alle anderen Beiträge müssen verschwinden:

$$P_0\, b_0\, R^{-1} = \text{const,} \quad P_1\big(a_1\, R + b_1\, R^{-2}\big) = 0\,, \quad P_l\, b_l\, R^{-l-1} = 0 \qquad \text{für } l > 1\,.$$

Potential und Feld haben also die Form

$$\phi(\mathbf{x}) = b_0\, P_0\, \frac{1}{r} + a_1\left(r - \frac{R^3}{r^2}\right) P_1(\cos\vartheta) = b_0\, \frac{1}{r} - E_0\left(1 - \frac{R^3}{r^3}\right) z\,,$$

$$\mathbf{E}(R) = b_0\, \frac{\mathbf{e}_r}{R^2} + 3E_0\, \cos\vartheta\, \mathbf{e}_r\,.$$

Um die Konstante b_0 zu bestimmen, berechnen wir

$$k_c Q = \frac{1}{4\pi} \oiint_{\partial K_R} \mathrm{d}\mathbf{f}\cdot\mathbf{E} = b_0 + 3E_0\, R^2\, \frac{1}{2}\int_0^\pi \mathrm{d}\vartheta\, \sin\vartheta\, \cos\vartheta = b_0\,.$$

Somit ist das Potential bestimmt durch

$$\phi(\mathbf{x}) = k_c \frac{Q}{r} - E_0\left(1 - \frac{R^3}{r^3}\right) z\,. \tag{3.3.17}$$

Bei verschwindender Gesamtladung $Q=0$ ($z = r\cos\vartheta$) erhält man

$$E_r = -\frac{\partial\phi}{\partial r} = E_0\left(1 + 2\,\frac{R^3}{r^3}\right)\cos\vartheta\,,$$

$$E_\vartheta = -\frac{1}{r}\frac{\partial\phi}{\partial\vartheta} = -E_0\left(1 - \frac{R^3}{r^3}\right)\sin\vartheta\,.$$

Das sich daraus ergebende Feldlinienbild ist in Abb. 3.9 dargestellt. Auf der Kugeloberfläche sind $E_\vartheta(R) = 0$ und $E_r = 3E_0\,\cos\vartheta$. Die induzierte Oberflächenladungsdichte ist ($E_\perp = E_r$)

$$\sigma = \frac{E_r}{4\pi k_c} = \frac{3}{4\pi k_c}\, E_0\,\cos\vartheta\,. \tag{3.3.18}$$

Die auf der Kugel induzierte Ladung hat ein induziertes Dipolmoment $\mathbf{p} \propto \mathbf{E}_0$. Das Potential kann dann auch geschrieben werden als

$$\phi(\mathbf{x}) = -\mathbf{E}_0\cdot\mathbf{x} + k_c\,\frac{\mathbf{p}\cdot\mathbf{x}}{r^3} \tag{3.3.19}$$

mit dem induzierten Dipolmoment

$$\mathbf{p} = R^3\, \mathbf{E}_0 = \alpha\, \mathbf{E}_0\,.$$

Hier ist $\alpha = R^3$ die Polarisierbarkeit der Kugel.

3.4 Zylindersymmetrische Probleme

Die Lösung der Laplace-Gleichung in Zylinderkoordinaten führt uns zu Bessel-Funktionen, und die Entwicklung der Green-Funktion (2.1.6) nach Bessel-Funktionen erweist sich als komplizierter als die nach Legendre-Polynomen oder Kugelflächenfunktionen. Der folgende Abschnitt ist somit sehr formal gehalten und nur von Interesse, wenn eine vorliegende elektrostatische Konfiguration eine Entwicklung nach Zylinderfunktionen nahelegt.

3.4.1 Laplace-Gleichung in Zylinderkoordinaten

In Zylinderkoordinaten hat die Laplace-Gleichung (siehe (A.3.20)) die Form

$$\left(\frac{1}{\varrho}\frac{\partial}{\partial\varrho}\varrho\frac{\partial}{\partial\varrho} + \frac{1}{\varrho^2}\frac{\partial^2}{\partial\varphi^2} + \frac{\partial^2}{\partial z^2}\right)\phi(\varrho,\varphi,z) = 0\,. \tag{3.4.1}$$

Mit dem Separationsansatz

$$\phi(\varrho,\varphi,z) = R(\varrho)\,\Phi(\varphi)\,Z(z) \tag{3.4.2}$$

erhält man zunächst, wenn man von links mit $1/\phi$ multipliziert,

$$\frac{1}{R}\left(\frac{\partial^2 R}{\partial\varrho^2} + \frac{1}{\varrho}\frac{\partial R}{\partial\varrho}\right) + \frac{1}{\varrho^2\,\Phi}\frac{\partial^2\Phi}{\partial\varphi^2} + \frac{1}{Z}\frac{\partial^2 Z}{\partial z^2} = 0\,.$$

Separation des Azimut-Winkels

Die Separationskonstante $n^2 \geq 0$ für den Azimut-Winkel muss positiv sein, um die erforderliche Periodizität $\Phi(\varphi) = \Phi(\varphi+2\pi)$ sicherzustellen. Man erhält so

$$\varrho^2\left[\frac{1}{R}\left(\frac{\partial^2 R}{\partial\varrho^2} + \frac{1}{\varrho}\frac{\partial R}{\partial\varrho}\right) + \frac{1}{Z}\frac{\partial^2 Z}{\partial z^2}\right] = n^2 = -\frac{1}{\Phi}\frac{\partial^2\Phi}{\partial\varphi^2}$$

mit

$$\left(\frac{\partial^2}{\partial\varphi^2} + n^2\right)\Phi(\varphi) = 0\,, \quad \Phi(\varphi) = A\cos(n\varphi) + B\sin(n\varphi)\,, \quad n \text{ ganz}\,. \tag{3.4.3}$$

Separation der Variablen z

Mit der Separationskonstanten c erhält man

$$\frac{1}{R}\left(\frac{\partial^2}{\partial\varrho^2} + \frac{1}{\varrho}\frac{\partial}{\partial\varrho}\right)R(\varrho) - \frac{n^2}{\varrho^2} = c = -\frac{1}{Z}\frac{\partial^2 Z}{\partial z^2}\,.$$

Man unterscheidet jetzt die folgenden Fälle:

1. *Separationskonstante $c = -k^2 < 0$*

   Leicht zu lösen ist

   $$\left(\frac{\partial^2}{\partial z^2} - k^2\right)Z = 0\,, \qquad\qquad Z(z) = \alpha e^{kz} + \beta e^{-kz}\,. \tag{3.4.4}$$

   Zur radialen Funktion merken wir vorerst nur an, dass man aus

   $$\left(\frac{\partial^2}{\partial\varrho^2} + \frac{1}{\varrho}\frac{\partial}{\partial\varrho} + k^2 - \frac{n^2}{\varrho^2}\right)R(\varrho) = 0 \quad R(\varrho) = CJ_n(k\varrho) + DN_n(k\varrho) \tag{3.4.5}$$

mittels der Transformation $x = k\varrho$ die Bessel'sche Differentialgleichung (B.4.1)

$$\left(\frac{\mathrm{d}^2}{\mathrm{d}x^2} + \frac{1}{x}\frac{\mathrm{d}}{\mathrm{d}x} + 1 - \frac{n^2}{x^2}\right)R(x) = 0 \tag{3.4.6}$$

erhält, deren Lösungen die Bessel-Funktionen 1. Art $J_n(x)$ und 2. Art, die Neumann-Funktionen $N_n(x)$ sind.

2. *Separationskonstante $c = 0$*

$$\frac{\partial^2 Z}{\partial z^2} = 0, \qquad Z(z) = \alpha + \beta z,$$

$$\left(\frac{\partial^2}{\partial \varrho^2} + \frac{1}{\varrho}\frac{\partial}{\partial \varrho} - \frac{n^2}{\varrho^2}\right)R(\varrho) = 0, \qquad R(\varrho) = C\varrho^n + D\varrho^{-n}.$$

Die Lösung von $Z(z)$ bedarf wieder keiner Erklärung. Für R machen wir den Potenzreihenansatz $R(\varrho) = \sum_j a_j \varrho^j$, den wir in die Radialgleichung einsetzen:

$$(j(j-1) + j - n^2)a_j\, \varrho^{j-2} = 0 \qquad \Rightarrow \qquad a_j = \delta_{j\,\pm n}$$

und berücksichtigen, dass die Koeffizienten aller Potenzen von ϱ getrennt verschwinden müssen.

3. *Separationskonstante $c = k^2 > 0$*

$$\left(\frac{\partial^2}{\partial z^2} + k^2\right)Z = 0, \quad Z(z) = \alpha\cos(kz) + \beta\sin(kz),$$

$$\left(\frac{\partial^2}{\partial \varrho^2} + \frac{1}{\varrho}\frac{\partial}{\partial \varrho} - k^2 - \frac{n^2}{\varrho^2}\right)R(\varrho) = 0, \quad R(\varrho) = CI_n(k\varrho) + DK_n(k\varrho).$$

Geht man wieder zu $x = k\varrho$ über, erhält man die modifizierte Bessel'sche Differentialgleichung (B.4.5)

$$\left(\frac{\mathrm{d}^2}{\mathrm{d}x^2} + \frac{1}{x}\frac{\mathrm{d}}{\mathrm{d}x} - 1 - \frac{n^2}{x^2}\right)R(x) = 0. \tag{3.4.7}$$

Ersetzt man $x \to \mathrm{i}x$, so kommt man wieder zu (3.4.6) und damit zu den Lösungen $J_n(\mathrm{i}k\varrho)$ und $N_n(\mathrm{i}k\varrho)$. Man verwendet jedoch anstelle dieser die modifizierten Bessel-Funktionen $I_\nu(x)$ und $K_\nu(x)$ (B.4.6).

3.4.2 Fourier-Bessel-Entwicklung

Mit den Bessel-Funktionen J_ν und $\nu \geq -1$ kann man auf dem endlichen Intervall $[0, a]$ Funktionen definieren, die orthogonal und vollständig sind. Man kann mit ihnen daher Funktionen $f(\varrho)$ in eine Reihe entwickeln. Die *Fourier-Bessel-Reihe* ist eine Verallgemeinerung der (trigonometrischen) Fourierreihe

[Oberhettinger, 1973]. In der Potentialtheorie wird sie auf Probleme mit Zylindersymmetrie angewandt, ist aber in der Elektrodynamik mit dem Schwerpunkt Physik eher selten thematisiert [Rebhan, 2007, S. 166–177], [Jackson, 2006, S. 131–139]. Für die Orthogonalität von Funktionen ist es wesentlich, dass jede Funktion $f_k(\varrho) \neq f_l(\varrho)$ im Inneren des Intervalls eine andere Anzahl an Nullstellen $k \neq l$ hat, damit das Integral null ergeben kann. Es sei $f_{l-1}(\varrho) = J_n(\frac{\varrho}{a}x_{nl})$, wobei x_{nl} die l-te Nullstelle von $J_n(x_{nl}) = 0$ ist. f_{l-1} hat damit $l-1$ Nullstellen im Inneren des Intervalls. $w(\varrho) = \varrho$ ist die Gewichtsfunktion dieser Entwicklung[2].

Orthogonalität der Bessel-Funktionen 1. Art

Seien x_{nl} und x_{nk} Nullstellen von J_n mit $J_n(x_{nl}) = J_n(x_{nk}) = 0$ und $0 \leq \varrho \leq a$, so sind die J_n in Bezug auf verschiedene l und k zu gleichem $n \geq 0$ orthogonal:

$$\int_0^a \mathrm{d}\varrho\,\varrho\, J_n(\frac{\varrho}{a}x_{nk})\, J_n(\frac{\varrho}{a}x_{nl}) = \delta_{lk}\,\frac{a^2}{2}\,J_{n+1}^2(x_{nl})\,. \tag{3.4.8}$$

Beweis: Wir multiplizieren die Radialgleichung (3.4.5) von links mit ϱ und $J_n(q\varrho)$, der Lösung von (3.4.5) für q. Dabei verwenden wir den Differentialoperator in der Form von (3.4.1). Dann vertauschen wir $k \leftrightarrows q$ und subtrahieren die beiden Gleichungen:

$$J_n(q\varrho)\frac{\mathrm{d}}{\mathrm{d}\varrho}\Big(\varrho\,\frac{\mathrm{d}J_n(k\varrho)}{\mathrm{d}\varrho}\Big) - J_n(k\varrho)\frac{\mathrm{d}}{\mathrm{d}\varrho}\Big(\varrho\,\frac{\mathrm{d}J_n(q\varrho)}{\mathrm{d}\varrho}\Big) + \varrho(k^2-q^2)\,J_n(q\varrho)\,J_n(k\varrho) = 0\,.$$

Die beiden ersten Terme können zu einem vollständigen Differential zusammengefasst werden:

$$\frac{\mathrm{d}}{\mathrm{d}\varrho}\,\varrho\Big(J_n(q\varrho)\frac{\mathrm{d}J_n(k\varrho)}{\mathrm{d}\varrho} - J_n(k\varrho)\frac{\mathrm{d}J_n(q\varrho)}{\mathrm{d}\varrho}\Big) + \varrho\,(k^2 - q^2)\,J_n(q\varrho)\,J_n(k\varrho) = 0\,.$$

Jetzt integrieren wir über ϱ und erhalten

$$(q^2-k^2)\int_0^a \mathrm{d}\varrho\,\varrho\, J_n(q\varrho)\, J_n(k\varrho) = \varrho\Big\{J_n(q\varrho)\frac{\mathrm{d}J_n(k\varrho)}{\mathrm{d}\varrho} - J_n(k\varrho)\frac{\mathrm{d}J_n(q\varrho)}{\mathrm{d}\varrho}\Big\}\Big|_0^a\,. \tag{3.4.9}$$

Setzen wir nun für $k = x_{nk}/a$ und für $q = x_{nl}/a$ mit $k \neq l$ in (3.4.9) ein, so verschwindet die rechte Seite. Dann muss auch das Integral auf der linken Seite verschwinden, womit (3.4.8) für $k \neq l$ gezeigt ist.

Zur Berechnung der Normierung setzen wir für $q = k + \epsilon$ in (3.4.9) und entwickeln bis zur 1. Ordnung[3] in ϵ

$$2\epsilon k\int_0^a \mathrm{d}\varrho\,\varrho\, J_n(\varrho k)\, J_n(\varrho k) = \epsilon a k a\Big[J_n'(ka)J_n'(ka) - J_n(ka)\,J_n''(ka)\Big] + O(\epsilon^2)\,.$$

Setzen wir nun für $ka = x_{nk}$ ein und verwenden die Rekursionsrelation $x\,J_n'(x) = n\,J_n(x) - x\,J_{n+1}(x)$, so verschwinden alle Terme der rechten Seite auf bis $J_{n+1}^2(x_{nk})$, so dass

$$\int_0^a \mathrm{d}\varrho\,\varrho\, J_n^2(\frac{\varrho}{a}x_{nk}) = \frac{a^2}{2}\,J_{n+1}^2(x_{nk})\,.$$

---

[2] Das ist äquivalent zur Entwicklung mit $f_{l-1}(\varrho) = \sqrt{\varrho}\, J_n(\varrho x_{nl}/a)$ und $w(\varrho) = 1$.

[3] $J_n'(ka) = k\,\mathrm{d}J_n(k\varrho)/\mathrm{d}\varrho\Big|_{\varrho=a}$

Fourier-Bessel-Reihe

Um nach Bessel-Funktionen mit der Gewichtsfunktion $w(\varrho) = \varrho$ entwickeln zu können, verlangen wir noch deren Vollständigkeit. Die Entwicklung einer gegebenen Funktion $f(\varrho)$ nach Bessel-Funktionen 1. Art ist

$$f(\varrho) = \sum_{k=1}^{\infty} c_{nk} \, J_n(\frac{\varrho}{a} x_{nk}), \tag{3.4.10}$$

$$c_{nk} = \frac{2}{a^2 \, J_{n+1}^2(x_{nk})} (J_{nk}, f) \quad \text{und} \quad (J_{nk}, f) = \int_0^a \mathrm{d}\varrho \, \varrho \, J_n(\frac{\varrho}{a} x_{nk}) \, f(\varrho) \, .$$

Vollständigkeit der Bessel-Funktionen 1. Art

$$\sum_{l=1}^{\infty} \frac{2 \, J_n(\frac{\varrho}{a} x_{nl}) \, J_n(\frac{\varrho'}{a} x_{nl})}{a^2 \, J_{n+1}^2(x_{nl})} = \frac{1}{\varrho} \, \delta(\varrho - \varrho') \, . \tag{3.4.11}$$

Die Vollständigkeit der Entwicklung verifiziert man, indem man für die δ-Funktion (3.4.11) einsetzt:

$$f(\varrho) = \int_0^a \mathrm{d}\varrho' \, \delta(\varrho' - \varrho) \, f(\varrho') = \int_0^a \mathrm{d}\varrho' \, \varrho' \sum_{l=1}^{\infty} \frac{2 \, J_n(\frac{\varrho}{a} x_{nl}) \, J_n(\frac{\varrho'}{a} x_{nl})}{a^2 \, J_{n+1}^2(x_{nl})} \, f(\varrho')$$

$$= \sum_{l=1}^{\infty} c_{nl} \, J_n(\frac{\varrho}{a} x_{nl}) \, .$$

Fourier-Bessel-Transformation

Für $k \gg n$ sind die Nullstellen der J_n gemäß (B.4.9)

$$x_{nk} = k\pi + \frac{n\pi}{2} - \frac{\pi}{4} \, .$$

An diesen Werten hat J_{n+1} die maximalen oder minimalen Werte: $x_{nk} - \frac{\pi}{2}(n+\frac{3}{2}) = \pi(k-1)$ und man kann die asymptotische Näherung für die Bessel-Funktion verwenden (siehe Tab. B.2, S. 630):

$$J_{n+1}(x_{nk}) = \sqrt{\frac{2}{\pi x_{nk}}} \, (-1)^{k-1} \, .$$

Für die Fourier-Bessel-Reihe (3.4.10) folgt daraus

$$f(\varrho) = \sum_{k=1}^{\infty} J_n(\frac{\varrho x_{nk}}{a}) \, (J_{nk}, f) \, \frac{x_{nk}}{a} \, \Delta k \, , \qquad \qquad \Delta k = \frac{x_{nk+1} - x_{nk}}{a} = \frac{\pi}{a} \, .$$

Für $a \to \infty$ geht man zur kontinuierlichen Variablen $k = x_{nk}/a$ über, wobei man bemerkt, dass der Bereich von k, in dem die asymptotische Näherung nicht gilt, gegen null schrumpft und aus der Summe ein Integral wird:

$$f(\varrho) = \int_0^\infty \mathrm{d}k\, k\, c_n(k)\, J_n(k\varrho)\,, \tag{3.4.12}$$

$$c_n(k) = \int_0^\infty \mathrm{d}\varrho\, \varrho\, f(\varrho)\, J_n(k\varrho)\,.$$

Der Übergang von der Fourier-Bessel-Reihe zur Fourier-Bessel-Transformation ist ähnlich dem von der Fourierreihe zur Fouriertransformation. Häufiger wird für (3.4.12) jedoch der Name *Hankel-Transformation* verwendet.

Orthogonalität und Vollständigkeit erhält man aus (3.4.8) und (3.4.11) im Limes $a \to \infty$:

$$\int_0^\infty \mathrm{d}\varrho\, \varrho\, J_n(k\varrho)\, J_n(q\varrho) = \frac{1}{k}\, \delta(k-q) \qquad \text{Orthogonalität} \tag{3.4.13}$$

$$\int_0^\infty \mathrm{d}k\, k\, J_n(k\varrho)\, J_n(k\varrho') = \frac{1}{\varrho}\, \delta(\varrho - \varrho') \qquad \text{Vollständigkeit.} \tag{3.4.14}$$

3.4.3 Entwicklung der Green'schen Funktion nach Zylinderfunktionen

Analog der Entwicklung von $1/|\mathbf{x}-\mathbf{x}'|$ nach Kugelflächenfunktionen (3.3.8) für Randwertprobleme mit sphärischer Symmetrie kann eine solche nach Bessel-Funktionen für Randwertprobleme mit Zylinder-Symmetrie durchgeführt werden, wobei die Green'sche Funktion $1/|\mathbf{x}-\mathbf{x}'|$ das Potential $\phi(\mathbf{x})$ einer Einheits-Punktladung ($q=1$) am Ort $\mathbf{x}'$ ist und im ganzen Raum bis auf den Ort der Punktladung der Laplace-Gleichung genügt.

Die Lösungsfunktionen der Laplace-Gleichung haben wir nach der Separationskonstante c unterschieden, wobei diese für $c = -k^2$ die Bessel-Funktionen 1. und 2. Art und für $c = k^2$ die modifizierten Bessel-Funktionen waren.

Entwicklung nach Bessel-Funktionen 1. Art

Für $c = -k^2$ werden die Partiallösungen (3.4.4)

$$Z_k(z) = \alpha \mathrm{e}^{kz} + \beta \mathrm{e}^{-kz}$$

für $z \to \pm\infty$ singulär. $\mathrm{e}^{-k|z-z'|}$ mit $k > 0$ ist eine reguläre Funktion, die nur für $z' = z$ die Laplace-Gleichung nicht erfüllt und die für die Entwicklung von G herangezogen wird. Schließt man noch die im Ursprung singulären Neumann-Funktionen aus, erhält man den Ansatz

$$G(\mathbf{x}, \mathbf{x}') = \int_0^\infty \mathrm{d}k\, \mathrm{e}^{-k|z-z'|} \sum_{n=-\infty}^\infty \mathrm{e}^{in\varphi}\, J_n(k\varrho)\, A_{nk}(\varrho', \varphi')\,. \tag{3.4.15}$$

Wir bestimmen die Koeffizienten A_{nk} aus der Poisson-Gleichung:

$$\Delta G(\mathbf{x}, \mathbf{x}') = -\boldsymbol{\nabla}\cdot\mathbf{E} = -\frac{4\pi}{\varrho}\, \delta(z-z')\, \delta(\varphi-\varphi')\, \delta(\varrho-\varrho')\,.$$

Die Diskontinuität von $\partial G/\partial z = -E_z$ ist

$$\delta E_z = \int_{z'-\epsilon}^{z'+\epsilon} dz\, \boldsymbol{\nabla} \cdot \mathbf{E} = E_z(z'+\epsilon) - E_z(z'-\epsilon) = \frac{4\pi}{\varrho}\,\delta(\varphi-\varphi')\,\delta(\varrho-\varrho')\,.$$

Eingegangen ist hier, dass die Komponenten E_ϱ und E_φ für $z = z'$ stetig sind. δE_z berechnen wir mittels (3.4.15):

$$\delta E_z = 2 \int_0^\infty dk\, k \sum_{n=-\infty}^\infty e^{in\varphi}\, J_n(k\varrho)\, A_{nk}\,.$$

Im nächsten Schritt multiplizieren wir mit $(1/4\pi)\int_0^{2\pi} d\varphi\, e^{-im\varphi}$ und verwenden die Orthogonalität der ebenen Wellen:

$$\frac{1}{2\pi} \int_0^{2\pi} d\varphi\, e^{i(n-m)\varphi} = \delta_{n,m}\,, \tag{3.4.16}$$

$$\int_0^\infty dk\, k\, J_m(k\varrho)\, A_{mk} = \frac{1}{\varrho}\, e^{-im\varphi'}\, \delta(\varrho-\varrho')\,.$$

Jetzt multiplizieren wir von links mit $\int_0^\infty d\varrho\,\varrho\, J_m(q\varrho)$ und wenden die Orthogonalitätsrelationen der Fourier-Bessel-Transformation (3.4.13) an:

$$A_{mq}(\varrho',\varphi') = e^{-im\varphi'}\, J_m(q\varrho')\,.$$

Eingesetzt in (3.4.15) erhalten wir für die Entwicklung von G nach Bessel-Funktionen

$$G(\mathbf{x},\mathbf{x}') = \frac{1}{|\mathbf{x}-\mathbf{x}'|} = \int_0^\infty dk\, e^{-k|z-z'|} \sum_{n=-\infty}^\infty e^{in(\varphi-\varphi')}\, J_n(k\varrho)\, J_n(k\varrho')\,. \tag{3.4.17}$$

Entwicklung nach modifizierten Bessel-Funktionen

Bei der Entwicklung von $1/|\mathbf{x}-\mathbf{x}'|$ nach modifizierten Bessel-Funktionen gehen wir jetzt von den Partiallösungen (3.4.7) aus, wobei wir der Einfachheit halber sowohl die Entwicklung nach ebenen Wellen in der z-Richtung ($Z_k = e^{ikz}$) als auch die Entwicklung in eine Fourierreihe ($\Phi_n = e^{i\varphi n}$) komplex anschreiben. Der (3.4.15) entsprechende Ansatz ist

$$G(\mathbf{x},\mathbf{x}') = \int_{-\infty}^\infty dk\, e^{ik(z-z')} \sum_{n=-\infty}^\infty e^{in(\varphi-\varphi')}\, g_{nk}(\varrho,\varrho')\,,$$

$$g_{nk} = \alpha_{nk} \begin{cases} I_n(k\varrho)\, K_n(k\varrho')) & \text{für} \quad \varrho' > \varrho \\ K_n(k\varrho)\, I_n(k\varrho') & \text{für} \quad \varrho' < \varrho\,. \end{cases} \tag{3.4.18}$$

Die Unterscheidung von $\varrho' > \varrho$ und $\varrho' < \varrho$ folgt aus dem asymptotischen Verhalten der Bessel-Funktionen 2. Art: $I_n(k\varrho)$ sind im Ursprung regulär und divergieren für $\varrho \to \infty$. $K_n(k\varrho)$ sind im Ursprung singulär und verschwinden für $\varrho \to \infty$. Der Ansatz spiegelt auch die Symmetrie $\mathbf{x} \leftrightharpoons \mathbf{x}'$ wider, da G letztlich reell ist.

Die Rechtfertigung des Ansatzes wird in den nächsten Schritten bestätigt: Zunächst wird $\Delta G = -(4\pi/\varrho)\delta^{(3)}(\mathbf{x} - \mathbf{x}')$ von links mit $\int_{-\infty}^{\infty} \frac{dz}{2\pi} e^{-iqz}$ multipliziert:

$$\sum_{n=-\infty}^{\infty} e^{in(\varphi-\varphi')}\left(\frac{1}{\varrho}\frac{\partial}{\partial\varrho}\varrho\frac{\partial}{\partial\varrho} - q^2 - \frac{n^2}{\varrho^2}\right)g_{nq}(\varrho,\varrho') = -\frac{2}{\varrho}\delta(\varphi-\varphi')\,\delta(\varrho-\varrho').$$

Dann wird mit $\int_0^{2\pi} \frac{d\varphi}{2\pi} e^{-im\varphi}$ multipliziert und die Orthogonalität der Fourierreihe (3.4.16) berücksichtigt:

$$\left(\frac{1}{\varrho}\frac{\partial}{\partial\varrho}\varrho\frac{\partial}{\partial\varrho} - q^2 - \frac{m^2}{\varrho^2}\right)g_{mq}(\varrho,\varrho') = -\frac{1}{\pi\varrho}\delta(\varrho-\varrho'). \qquad (3.4.19)$$

Am Punkt $\varrho = \varrho'$ sind die Lösungen von (3.4.19) stetig. Wir verifizieren nun noch die Diskontinuität von $dg_{mq}/d\varrho$ durch Integration von (3.4.19) um diese:

$$\int_{\varrho'-\epsilon}^{\varrho'+\epsilon} d\varrho \left(\frac{d}{d\varrho}\varrho\frac{d}{d\varrho} - \varrho\left(k^2 + \frac{n^2}{\varrho^2}\right)\right)g(n,k;\varrho,\varrho') = -\frac{1}{\pi}.$$

Daraus folgt

$$\frac{dg_{mq}(\varrho,\varrho')}{d\varrho}\bigg|_{\varrho'+\epsilon} - \frac{dg_{mq}(\varrho,\varrho')}{d\varrho}\bigg|_{\varrho'-\epsilon} =$$
$$= \alpha_{mq}q\big(K'_m(q\varrho')\,I_m(q\varrho') - I_m(q\varrho')\,K_m(q\varrho')\big) = -\frac{1}{\pi\varrho'}. \qquad (3.4.20)$$

Den Wert der Konstanten $\alpha_{mq} = 1/\pi$ bestimmt man mit den asymptotischen Darstellungen von I und K (siehe Tab. B.2, S. 630).

Anmerkung: Der Differentialoperator von (3.4.19)

$$L = \frac{\partial}{\partial x}p(x)\frac{\partial}{\partial x} + q(x)$$

wird als Sturm-Liouville-Operator bezeichnet. Seien ψ_1 und ψ_2 Lösungen von $L\psi = 0$, so ist (3.4.20) die Wronski-Determinante $W = \begin{vmatrix} \psi_1 & \psi_2 \\ \psi'_1 & \psi'_2 \end{vmatrix}$, die proportional zu $\frac{1}{p(x)}$ ist.

Somit erhält man für die Green-Funktion

$$\frac{1}{|\mathbf{x} - \mathbf{x}'|} = \frac{1}{\pi}\int_{-\infty}^{\infty} dk\, e^{ik(z-z')} \sum_{n=-\infty}^{\infty} e^{in(\varphi-\varphi')}\,I_n(k\varrho')\,K_n(k\varrho). \qquad (3.4.21)$$

Hier ist angenommen, dass $\varrho' < \varrho$. Ist das nicht der Fall, muss $\varrho \leftrightarrows \varrho'$ vertauscht werden.

Dirichlet-Problem für den Zylindermantel

Ist $\phi(a, \varphi, z)$ auf einem Zylindermantel vorgegeben und soll das Potential im Inneren desselben bestimmt werden, bestimmt man zuerst die Dirichlet'sche Green-Funktion G_D für den Innenraum des unendlich langen Hohlzylinders mit dem Radius a (siehe Abb. 3.10):

$$G_D(\mathbf{x}, \mathbf{x}') = G(\mathbf{x}, \mathbf{x}') + F(\mathbf{x}, \mathbf{x}') \qquad \text{mit}$$

$$\Delta F(\mathbf{x}, \mathbf{x}') = 0 \quad \text{und} \quad F(\mathbf{x}, \mathbf{x}')\Big|_{\varrho'=a} = -\frac{1}{|\mathbf{x} - \mathbf{x}'|}\Big|_{\varrho'=a}. \tag{3.4.22}$$

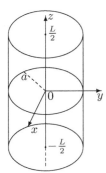

Abb. 3.10. Hohlzylinder mit Radius a und der Länge $L \to \infty$; $G_D(\varrho, \varphi, z; a, \varphi', z') = 0$ auf der Mantelfläche

Für die Entwicklung von F kommen einzig die modifzierten Bessel-Funktionen I_n in Frage, da wegen der unendlichen Länge des Zylinders die Lösungen (3.4.4): $Z(z) = \alpha e^{kz} + \beta e^{-kz}$ divergieren und die $K_n(k\varrho)$ im Ursprung singulär sind:

$$F(\mathbf{x}, \mathbf{x}') = \int_{-\infty}^{\infty} dk z \, e^{ik(z-z')} \sum_{n=-\infty}^{\infty} e^{in(\varphi-\varphi')} \alpha_{nk} \, I_n(k\varrho) \, I_n(k\varrho'). \tag{3.4.23}$$

Am Zylindermantel ist $F(\mathbf{x}, \mathbf{x}') = -G(\mathbf{x}, \mathbf{x}')$, wobei G eine der beiden Funktionen (3.4.17) oder (3.4.21) ist. Sind die beiden Funktionen auf dem Zylindermantel (bis auf das Vorzeichen) gleich, so müssen auch alle Fourierkoeffizienten gleich sein. Das ergibt für (3.4.17)

$$\int_{-\infty}^{\infty} dk z \, e^{ik(z-z')} \alpha_{nk} \, I_n(k\varrho) \, I_n(ka) = -\int_0^{\infty} dk \, e^{-k|z-z'|} \, J_n(k\varrho) \, J_n(ka).$$

Um die α_{nk} bestimmen zu können, mutliplizieren wir mit $\int_{-\infty}^{\infty} dz \, e^{-iq(z-z')}$:

$$2\pi\,\alpha_{nq}\,I_n(q\varrho)\,I_n(qa) = -\int_0^\infty dk\,J_n(k\varrho)\,J_n(ka)\int_{-\infty}^\infty dz\,\mathrm{e}^{-\mathrm{i}q(z-z')}\,\mathrm{e}^{-k|z-z'|}$$

$$= -\int_0^\infty dk\,\frac{2k}{k^2+q^2}\,J_n(k\varrho)\,J_n(ka)\,.$$

Damit ist $G_D(\mathbf{x},\mathbf{x}') = G(\mathbf{x},\mathbf{x}') + F(\mathbf{x},\mathbf{x}')$ mit

$$F(\mathbf{x},\mathbf{x}') = \frac{-1}{\pi}\int_{-\infty}^\infty dq\,\mathrm{e}^{\mathrm{i}q(z-z')}\sum_{n=-\infty}^\infty \mathrm{e}^{\mathrm{i}n(\varphi-\varphi')}\frac{1}{I_n(qa)}\int_0^\infty \frac{dk\,k}{k^2+q^2}\,J_n(k\varrho)\,J_n(ka).$$

$$\text{(3.4.24)}$$

3.5 Probleme in zwei Dimensionen

3.5.1 Potentialtheorie

Potentiale, deren Ladungsverteilungen in der z-Richtung homogen sind, können zweidimensional behandelt werden, wie es etwa bei der unendlich ausgedehnten Linienladung der Fall ist (siehe Abschnitt 2.2.1):

$$\Delta\phi(\mathbf{x}) \equiv \Big(\frac{\partial^2}{\partial x^2} + \frac{\partial^2}{\partial y^2}\Big)\phi(x,y) = -4\pi k_C\lambda\delta(x)\delta(y).$$

Wir gehen hier nicht von einer zweidimensionalen Ladungsverteilung $\sigma(x,y)$ mit $\rho(\mathbf{x}) = \sigma(x,y)\,\delta(z)$ aus, sondern von einer Ladungsverteilung $\rho(x,y)$, die nicht von z abhängt und

$$\Delta\phi(x,y) = -4\pi k_C\rho(x,y) \tag{3.5.1}$$

genügt.

Green-Funktion für den zweidimensionalen Laplace-Operator

Die Green-Funktion $G(x,y)$ für den zweidimensionalen Laplace-Operator ist definiert durch[4]

$$\Delta G(\mathbf{x}-\mathbf{x}') = 2\pi\delta(x-x')\delta(y-y'). \tag{3.5.2}$$

Wir werden nachweisen, dass

$$G(\mathbf{x}-\mathbf{x}') = \ln|\mathbf{x}-\mathbf{x}'| \tag{3.5.3}$$

(3.5.2) erfüllt.

---

[4] In drei Dimensionen hatten wir $\Delta G(\mathbf{x}) = -4\pi\delta^{(3)}(\mathbf{x}-\mathbf{x}')$.

$$\frac{\partial G}{\partial x} = \frac{x - x'}{|\mathbf{x} - \mathbf{x}'|^2} \qquad \Rightarrow \qquad \frac{\partial^2 G}{\partial x^2} = \frac{1}{|\mathbf{x} - \mathbf{x}'|^2} - 2\frac{(x - x')^2}{|\mathbf{x} - \mathbf{x}'|^4}\,.$$

Damit ist

$$\Delta G = 0 \qquad \text{für} \quad \mathbf{x} \neq \mathbf{x}'\,.$$

Es ist noch der Beitrag für $\mathbf{x} = \mathbf{x}'$ zu berechnen, wofür, wie in drei Dimensionen, das Divergenztheorem (3.5.4) für die Fläche F herangezogen wird:

$$\iint_F \mathrm{d}x\mathrm{d}y\,\Delta G(\mathbf{x} - \mathbf{x}') = \oint_{\partial F} \mathrm{d}\mathbf{n} \cdot \boldsymbol{\nabla} G(\mathbf{x} - \mathbf{x}')$$

$$= 2\pi \iint_F \mathrm{d}x\mathrm{d}y\,\delta(x - x')\delta(y - y') = 2\pi.$$

$F = K_{\varrho_0}$ sei eine Kreisfläche des Radius ϱ_0 um $\mathbf{x}'$, d.h. $\mathbf{n} = \dfrac{\mathbf{x} - \mathbf{x}'}{|\mathbf{x} - \mathbf{x}'|}$ und $|\mathbf{x} - \mathbf{x}'| = \varrho_0$. Entlang des Kreises C ist $\mathrm{d}\mathbf{n} = \varrho_0 \mathrm{d}\varphi_0\,\mathbf{n}$. Damit ist

$$\oint_{\partial K_{\varrho_0}} \mathrm{d}\mathbf{n} \cdot \boldsymbol{\nabla} G(\mathbf{x} - \mathbf{x}') = \int_0^{2\pi} \mathrm{d}\varphi_0 = 2\pi\,.$$

Das Divergenztheorem in zwei Dimensionen

Gesucht wird eine geeignete Formulierung für den Gauß'schen Satz in zwei Dimensionen. Ausgangspunkt ist der Stokes'sche Satz

$$\iint_F \mathrm{d}\mathbf{f} \cdot (\boldsymbol{\nabla} \times \mathbf{v}) = \oint_{\partial F} \mathrm{d}\mathbf{s} \cdot \mathbf{v}\,.$$

Nun sei F eine ebene Fläche in der xy-Ebene und auch $\mathbf{v}$ sei ein (zweidimensionaler) Vektor in der xy-Ebene:

$$\iint_F \mathrm{d}x\mathrm{d}y\,\Big[\frac{\partial}{\partial x}v_y - \frac{\partial}{\partial y}v_x\Big] = \oint_{\partial F} \mathrm{d}\mathbf{s} \cdot \mathbf{v}\,.$$

Der (nach außen gerichtete) Normalenvektor $\mathrm{d}\mathbf{n}$ steht senkrecht auf ∂F, d.h. senkrecht auf den Vektor $\mathrm{d}\mathbf{s}$, der parallel zu ∂F gerichtet ist.

$$\begin{aligned} \mathrm{d}\mathbf{n} &= \mathrm{d}y\mathbf{e}_x - \mathrm{d}x\mathbf{e}_y \\ \mathrm{d}\mathbf{s} &= \mathrm{d}x\mathbf{e}_x + \mathrm{d}y\mathbf{e}_y \end{aligned} \quad \Rightarrow \quad \mathrm{d}\mathbf{n} \cdot \mathrm{d}\mathbf{s} = \mathrm{d}y\,\mathrm{d}x - \mathrm{d}x\mathrm{d}y = 0 \text{ Orthogonalität.}$$

Mit der Transformation $w_x = v_y$ und $w_y = -v_x$ bekommt man

$$\iint_F \mathrm{d}x\mathrm{d}y\,\Big(\frac{\partial}{\partial x}w_x + \frac{\partial}{\partial y}w_y\Big) = \iint_F \mathrm{d}f\,\mathrm{div}\,\mathbf{w} = \oint_{\partial F} \mathrm{d}\mathbf{n} \cdot \mathbf{w}\,. \tag{3.5.4}$$

Somit hat man den Gauß'schen Satz in zwei Dimensionen.

Elektrostatisches Potential

Die Lösungsfunktion der zweidimensionalen Poisson-Gleichung (3.5.1), das elektrostatische Potential, ist (in Analogie zu drei Dimensionen)

$$\phi(\mathbf{x}) = -2k_C \int \mathrm{d}^2 x'\, G(\mathbf{x} - \mathbf{x}')\, \rho(\mathbf{x}') \qquad \text{mit} \qquad G(\mathbf{x}) = \ln \varrho\,. \qquad (3.5.5)$$

Multipolentwicklung in zwei Dimensionen

Das Potential einer lokalisierten Ladungsverteilung $\rho(x, y)$ kann außerhalb derselben nach den Momenten von ρ entwickelt werden:

$$\phi(\mathbf{x}) = -2k_C M_0^{(c)} \ln \varrho + 2k_C \sum_{n=1}^{\infty} \frac{1}{n\rho^n} \left[M_n^{(c)} \cos(n\varphi) + M_n^{(s)} \sin(n\varphi) \right]. \quad (3.5.6)$$

Die Momente sind

$$M_n^{(c)} = \int \mathrm{d}^2 x'\, \rho(\mathbf{x}')\, \varrho'^n \cos(n\varphi'), \quad M_n^{(s)} = \int \mathrm{d}^2 x'\, \rho(\mathbf{x}')\, \varrho'^n \sin(n\varphi'). \quad (3.5.7)$$

Herleitung von (3.5.6) und (3.5.7) mittels der Hilfsformel [Gradshteyn, Ryzhik, 1965, Ziff. 1514]

$$\ln(1 + t^2 - 2t \cos \alpha) = -2 \sum_{n=1}^{\infty} \frac{t^n}{n} \cos(n\alpha) \qquad |t| < 1\,.$$

Gemäß (3.5.5) gilt

$$\phi(x, y) = -2k_C \int \mathrm{d}^2 x'\, \rho(x', y') \ln \sqrt{\varrho^2 + \varrho'^2 - 2\cos(\varphi - \varphi')}$$

$$= -k_C \int \mathrm{d}^2 x'\, \rho(\mathbf{x}') \left(2\ln \varrho + \ln \left(1 + \frac{\varrho'^2}{\varrho^2} - 2\frac{\varrho'}{\varrho} \cos(\varphi - \varphi') \right) \right)$$

$$= -2k_C \left\{ M_0^{(c)} \ln \varrho + \sum_{n=1}^{\infty} \frac{1}{n\varrho^n} \int \mathrm{d}^2 x'\, \rho(\mathbf{x}')\, \varrho'^n \cos\left(n(\varphi - \varphi') \right) \right\}.$$

Setzen wir $\cos(n\varphi - n\varphi') = \cos(n\varphi) \cos(n\varphi') + \sin(n\varphi) \sin(n\varphi')$ in obige Gleichung ein, so erhalten wir mit den Definitionen (3.5.7) für die Momente die zu beweisende Entwicklung (3.5.6).

3.5.2 Funktionentheoretische Methoden

Funktionentheoretische Methoden sind oft bei zweidimensionalen Problemen sehr nützlich. Manche Potentiale, die in einer Dimension gleichförmig unendlich ausgedehnt sind, können als zweidimensionales Problem einfacher behandelt werden als in drei Dimensionen. Das gilt insbesondere für Systeme mit zylindrischer Symmetrie, wie für einen Metallzylinder in einem sonst ladungs-freien Raum. Die z-Koordinate ist parallel zur Zylinderachse, und zu lösen ist die zweidimensionale Laplace-Gleichung $\Delta\phi(x_1, x_2) = 0$, wozu man komplex-wertige Funktionen

$$f(z) = \phi(x, y) + \mathrm{i}\psi(x, y) \qquad \text{mit} \quad z = x + \mathrm{i}y \qquad (3.5.8)$$

heranzieht. ϕ und ψ sind reelle Funktionen der reellen Variablen x, y. Ist $f(z)$ in einem offenen Gebiet $\mathsf{G} \subset \mathbb{C}$ differenzierbar, so ist $f(z)$ analytisch. Eigenschaften analytischer (holomorpher) Funktionen sind im Anhang B.1.1, Seite 611, angeführt.

Nach dem Satz von Liouville ist eine Funktion $f(z)$, die in der ganzen z-Ebene analytisch, eindeutig und beschränkt ist, eine Konstante. $f(z)$ hat also Pole und diese stellen die Quellen dar; wäre die Laplace-Gleichung in der ganzen Ebene erfüllt, so wäre das zugeordnete Potential konstant (null).

Aus den Cauchy-Riemann'schen Differentialgleichungen (B.1.3) folgt

$$\frac{\partial\phi}{\partial x} = \frac{\partial\psi}{\partial y}, \quad \frac{\partial\phi}{\partial y} = -\frac{\partial\psi}{\partial x} \quad \Rightarrow \quad (\boldsymbol{\nabla}\phi)\cdot(\boldsymbol{\nabla}\psi) = \frac{\partial\phi}{\partial x}\frac{\partial\psi}{\partial x} + \frac{\partial\phi}{\partial y}\frac{\partial\psi}{\partial y} = 0\,.$$

Die Gradienten von ϕ und ψ sind also in jedem Punkt orthogonal aufeinander. Sind ϕ_i=const Äquipotentiallinien, so geben die Linien ψ_i=const den Feldver-lauf an, wie in Abb. 3.11 dargestellt. Eine geeignete Funktion $f(z)$ beschreibt

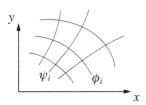

Abb. 3.11. Die Feldlinien ψ_i stehen senkrecht auf den Äquipotentiallinien mit konstantem ϕ_i; aus der Hydro-dynamik kommt für $\psi(x, y)$ der Name *Stromfunktion*

also Äquipotential- und Feldlinien einer Konfiguration.

Anwendung der konformen Abbildung in der Potentialtheorie

Eine analytische Funktion vermittelt an jeder Stelle, wo ihre Ableitung nicht verschwindet, eine konforme, d.h. eine winkel- und streckentreue Abbildung (siehe Seite 615).

1. *Winkeltreue*: Der Schnittwinkel α zweier Kurven wird durch die konforme Abbil-dung $z = g(\zeta)$ nicht verändert:

$$z = z_0 + \delta z = z_0 + |\delta z|\mathrm{e}^{\mathrm{i}\alpha} = g(\zeta_0) + g'(\zeta_0)\,\delta\zeta \quad \Rightarrow \quad |\delta z|\mathrm{e}^{\mathrm{i}\alpha} = |g'(\zeta_0)|\mathrm{e}^{\mathrm{i}\beta'}\,|\delta\zeta|\mathrm{e}^{\mathrm{i}\beta}\,.$$

Für ein δz gleicher Länge, aber anderer Richtung, $\delta z = |\delta z|\mathrm{e}^{\mathrm{i}(\alpha+\gamma)}$, ändert sich in der konformen Abbildung nur der Winkel von β zu $\beta + \gamma$. Der Schnittwinkel α der beiden Linien bleibt also ungeändert.

2. *Streckentreue*: Sie besagt, dass das Streckungsverhältnis $|\delta z|/|\delta \zeta| = |g'(\zeta_0)|$ nur von ζ_0 (d.h. z_0), nicht aber von der Richtung abhängt.

Hat man mit $f(z)$ eine Darstellung, die ein vorgegebenes Problem löst, so kann man durch eine konforme Transformation $\zeta = g(z)$, wobei $g(z)$ eine analytische Funktion sein soll, die Randbedingungen für eine andere Konfiguration bestimmen.

Man hat so die Möglichkeit komplexere Konfigurationen zu lösen, indem man durch Transformation auf ein bekanntes, meist einfacheres System die Verbindung zum vorgegebenen Problem herstellt.

Potential eines homogenen Feldes

Man geht von einem homogenen Feld aus, das in die x-Richtung zeigt und durch das Potential $\phi = -Ex$ beschrieben wird. Das komplexe Potential sei

$$f = -Ez = -E(x + \mathrm{i}y) = \phi + \mathrm{i}\psi.$$

Die Stromlinien (Feldlinien) sind dann durch $\psi = \text{const}$ gegeben. Das sind Geraden parallel zur x-Achse.

Linienladung

Ein gerader Draht infinitesimaler Dicke mit der Linienladungsdichte λ durchstoße die xy-Ebene im rechten Winkel im Ursprung. Das elektrische Feld $\mathbf{E} = E\mathbf{e}_\varrho$ ist radial und wird mit dem Gauß'schen Gesetz (1.3.2) berechnet, wobei über einen Zylinder der Länge L mit dem Radius ϱ integriert wird $(q = \lambda L)$:

$$\oiint \mathrm{d}\mathbf{f} \cdot \mathbf{E} = 2\pi\varrho L E = 4\pi k_C \lambda L.$$

Es ist somit

$$\mathbf{E} = k_C \frac{2\lambda \mathbf{e}_\varrho}{\varrho}$$

mit $\varrho = \sqrt{x^2 + y^2}$. Das zugehörige elektrostatische Potential ist

$$\phi = -2k_C \lambda \ln \varrho. \tag{3.5.9}$$

In zwei Dimensionen fällt das Potential für $\varrho \to \infty$ nicht auf null ab, was als Folge der unendlichen Ausdehnung der Linienladung senkrecht zur xy-Ebene zu sehen ist. Legt man nun die Linienladung in den Punkt z_λ, so ist der Abstand ϱ von der Ladung zu ersetzen durch

$$\varrho \to \sqrt{(x - x_\lambda)^2 + (y - y_\lambda)^2} = \sqrt{(z - z_\lambda)(z^* - z_\lambda^*)}. \tag{3.5.10}$$

Das legt den Ansatz für das komplexe Potential

$$f(z) = -2k_C\lambda\ln(z - z_\lambda) \tag{3.5.11}$$

nahe. Man erhält so

$$\phi = \frac{f(z) + f^*(z)}{2} = -2k_C\lambda\ln\sqrt{(z - z_\lambda)(z^* - z_\lambda^*)}\,.$$

Beim Übergang zu ebenen Polarkoordinaten $z = \varrho e^{i\varphi}$ folgt daraus

$$\phi = -k_C\lambda\ln\left[\varrho^2 + \varrho_\lambda^2 - 2\varrho\varrho_\lambda\cos(\varphi - \varphi_\lambda)\right]$$

und $(\ln z = \ln\varrho + i\varphi)$

$$\psi = \frac{f(z) - f^*(z)}{2i} = ik_C\lambda\ln\frac{z - z_\lambda}{z^* - z_\lambda^*} = -2k_C\lambda\arctan\frac{y - y_\lambda}{x - x_\lambda}\,.$$

In ebenen Polarkoordinaten ist $\varphi = \arctan\frac{y}{x}$, d.h., ist $\psi = \psi_0$ konstant, so ist $\varphi = \varphi_0$. Die Feldlinien sind so radiale Geraden zu festem φ_0; ist $z_\lambda \neq 0$, so gehen die Geraden vom Punkt z_λ aus.

Zylinderkondensator

Eine mit funktionentheoretischen Methoden einfach zu behandelnde Anordnung ist der Zylinderkondensator [Becker, Sauter, 1973, §1.6c]. Er besteht aus 2 koaxialen leitenden Kreiszylindern mit den Radien $0 < \varrho_1 < \varrho_2$ mit der Flächenladungsdichte $\sigma_1 > 0$ für den inneren Zylinder.

Die Höhe des Zylinders L sei sehr viel größer als ϱ_2, so dass Randeffekte vernachlässigt werden können. Die Gesamtladung des inneren Zylinders sei $q = \lambda L > 0$ und die des äußeren $-q$. Hierbei sind λ die Ladung pro Längeneinheit und L die Länge des Zylinders mit $L \gg \varrho_2$. Das Feld $\mathbf{E} = E\mathbf{e}_\varrho$ zwischen den beiden Metallplatten ist radial nach außen gerichtet, wie in Abb. 3.12a skizziert. Man erhält aus dem Gauß'schen Gesetz (1.3.2), indem man über einen Zylinder mit $\varrho_1 < \varrho < \varrho_2$ der Länge L integriert:

$$\oiint d\mathbf{f}\cdot\mathbf{E} = 2\pi\varrho LE = 4\pi k_C(\sigma_1 2\pi\varrho_1 L)\,.$$

Ausgedrückt durch die Linienladung λ erhält man das elektrische Feld

$$\mathbf{E} = 2k_C\lambda\frac{\mathbf{x}}{\varrho^2}, \qquad\qquad \lambda = 2\pi\varrho_1\sigma_1 = -2\pi\varrho_2\sigma_2$$

und daraus das elektrostatische Potential für den Bereich $\varrho_1 \leq \varrho \leq \varrho_2$

$$\phi = -2k_C\lambda(\ln\varrho - \ln\varrho_m)\,.$$

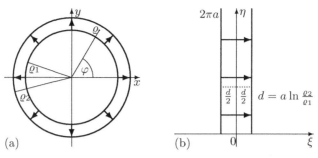

Abb. 3.12. Konforme Abbildung eines Zylinderkondensators in einen Plattenkondensator gleicher Kapazität
(a) Zylinderkondensator: Der innere Zylinder ist positiv geladen, wie aus der Feldrichtung hervorgeht
(b) Plattenkondensator: a ist ein Skalenfaktor für die Längen

$\varrho_m = \sqrt{\varrho_1 \varrho_2}$ ist so gewählt, dass $\phi(\varrho_2) = -\phi(\varrho_1)$. Am Kondensator liegt die Spannung

$$V = \phi(\varrho_1) - \phi(\varrho_2) = -2k_C \lambda \ln \frac{\varrho_1}{\varrho_2}\,.$$

Die Kapazität C des Kondensators ist bestimmt durch

$$C = \frac{q}{V} = \frac{L}{2k_C \ln(\varrho_2/\varrho_1)}\,. \tag{3.5.12}$$

ψ ergibt sich aus den Cauchy-Riemann'schen Differentialgleichungen (B.1.3)

$$\frac{\partial \psi}{\partial x} = -\frac{\partial \phi}{\partial y} = 2k_C \lambda \frac{y}{\varrho} \quad \text{und} \quad \frac{\partial \psi}{\partial y} = \frac{\partial \phi}{\partial x} = -2k_C \lambda \frac{y}{\varrho}\,.$$

Daraus folgt zunächst

$$\psi = -2k_C \lambda \arctan \frac{y}{x} + \text{const.} = -2k_C \lambda (\varphi - \varphi_m)\,.$$

Das komplexe Potential ist dann gegeben durch

$$f(z) = -2k_C \lambda \ln \frac{z}{z_m}\,. \tag{3.5.13}$$

Abbildung des Zylinderkondensators auf einen Plattenkondensator

Mit der funktionentheoretischen Methode kann die gefundene Lösung durch eine konforme Abbildung $z = g(\zeta)$ mit $\zeta = \xi + i\eta$ für eine andere geometrische Anordnung verwendet werden.

Zunächst sucht man die Transformation, die den Kreis mit ϱ_m auf die positive η-Achse abbildet:

$$z = \varrho_m e^{\zeta/a} = \varrho_m e^{\xi/a}\, e^{i\eta/a}\,,$$

wobei $a > 0$ eine reeller Skalierungsfaktor ist. Der Kreis mit $z = \varrho_m \mathrm{e}^{\mathrm{i}\varphi}$ wird so auf die Gerade mit $\xi = 0$ und $0 \le \eta < 2\pi a$ abgebildet. Analog erhält man für den inneren Zylinder

$$z = \varrho_1 \mathrm{e}^{\mathrm{i}\varphi} = \varrho_m \mathrm{e}^{\xi/a}\, \mathrm{e}^{\mathrm{i}\eta/a}\,,$$

woraus $\xi = -d/2 = a\ln(\varrho_1/\varrho_m)$ und $0 \le \eta < 2\pi a$ folgt. Der äußere Zylinder wird auf die Gerade gleicher Länge im Abstand $\xi = d/2$ von der η-Achse abgebildet, was den in Abb. 3.12b skizzierten Plattenkondensator ergibt.

Für das komplexe Potential $F(\zeta) = \Phi(\xi,\eta) + \mathrm{i}\Psi(\xi,\eta)$ gilt, dass

$$F(\zeta) = f(g(\zeta)) = f(z)\,.$$

Damit sind die Potentiale auf den Leiterflächen $z_{1,2} = \varrho_{1,2}\,\mathrm{e}^{\mathrm{i}\varphi}$ ungeändert:

$$\Phi(\mp\frac{d}{2},\eta) = \phi(\varrho_{1,2}) \qquad \text{und} \quad \Psi(\mp\frac{d}{2},\eta) = \psi(\varphi).$$

Da die Ladung q ebenfalls ungeändert bleibt, ist die Kapazität des Plattenkondensators gleich der des Zylinderkondensators (3.5.12). Setzt man noch den Abstand der Platten $d = a\ln(\varrho_2/\varrho_1)$ ein, so bekommt man die vom Plattenkondensator her bekannte Form (2.2.30)

$$C = \frac{L}{2k_C\ln(\varrho_2/\varrho_1)} = \frac{2aL}{k_C d} = \frac{F}{4\pi k_C d} \qquad \text{mit} \quad F = 2\pi a L.$$

Aufgaben zu Kapitel 3

3.1. *Punktladung vor geteilter Metallplatte*: Eine Punktladung q befinde sich vor einer Metallplatte ($z = 0$), die entlang der Linie $x = 0$ geteilt ist, wie in Abb. 3.3 auf Seite 85 skizziert. G_D können Sie für diese Konfiguration als bekannt voraussetzen (3.1.8). Nehmen Sie an, dass der Leiter für $x > 0$ auf dem konstanten Potential ϕ_1 und für $x < 0$ auf ϕ_2 gehalten werde. Berechnen Sie $\phi(\mathbf{x})$. Bestimmen Sie $\mathbf{E}$ für großes r.
Hilfsintegrale: (B.5.10) und (B.5.17)

3.2. *Kraft zwischen Metallkugel und Punktladung*: Vor einer Metallkugel (Radius R, Ladung $Q > 0$) befinde sich im Abstand $d > R$ eine Punktladung q. Bestimmen Sie die Kraft zwischen der Metallkugel und der Punktladung und geben Sie die Bedingung an, die Sie an $q > 0$ stellen müssen, damit sich die beiden positiven Ladungen anziehen.

3.3. *Sphärischer Kosinussatz*: Beweisen Sie den sphärischen Kosinussatz ohne das Additionstheorem für Kugelflächenfunktionen zu verwenden.

3.4. *Theorem von Earnshaw*: Die Gültigkeit des Theorems von Earnshaw wurde auf der Grundlage des Prinzips vom Maximum/Minimum bzw. des Mittelwertsatzes gezeigt. Leiten Sie hier die Gültigkeit des Theorems mithilfe des Gauß'schen Satzes her.

3.5. *Multipolentwicklung in zwei Dimensionen*: Leiten Sie die zweidimensionale Multipolentwicklung (3.5.6) mit den Momenten (3.5.7) her, wobei Sie Hilfsformel

$$\ln(1 + t^2 - 2t\cos\alpha) = -2\sum_{n=1}^{\infty} \frac{t^n}{n}\cos(n\cos\alpha) \quad |t| < 1$$

[Gradshteyn, Ryzhik, 1965, Ziff. 1514] verwenden können.

3.6. *Randkorrektur des Plattenkondensators nach Kirchhoff*: Zu berechnen ist das Streufeld eines Plattenkondensators, der sich wie in Abb. 3.13 angedeutet, von $x = -\infty$ bis $x = 0$ erstreckt [Sommerfeld, 1967, S. 308]. Zeigen Sie, dass das Streufeld durch

$$z = g(\zeta) \quad \text{mit} \quad g(\zeta) = \frac{d}{2\pi}\Big(1 + \frac{2\pi i \zeta}{V} + e^{\frac{2\pi i \zeta}{V}}\Big) \quad \text{und} \quad \begin{cases} z &= x + iy \\ \zeta &= \xi + i\eta \end{cases}$$

beschrieben werden kann, wobei $\xi \equiv \phi$ und $\eta \equiv \psi$. Zeigen Sie insbesondere, dass die

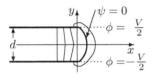

Abb. 3.13. Plattenkondensator $(-\infty < x \le 0)$ mit der Spannungsdifferenz V

Feldlinie $\psi = 0$, die die Punkte $(0, d/2)$ mit $(0, -d/2)$ verbindet (und in Abb. 3.13 eingezeichnet ist), eine Zykloide ist:

$$x = \frac{d}{2\pi}\Big(1 + \cos(\frac{2\pi\phi}{V})\Big), \qquad y = \frac{d}{2\pi}\Big(\frac{2\pi\phi}{V} + \sin(\frac{2\pi\phi}{V})\Big).$$

3.7. *Randwerte auf Rechteck vorgegeben*

1. Zeigen Sie mithilfe des Separationsansatzes $\phi(x, y) = f(x)g(y)$, dass

$$f(x) = a\sin(\nu x) + b\cos(\nu x), \qquad g(y) = c\sinh(\nu y) + d\cosh(\nu y) \qquad (3.5.14)$$

   eine Lösung der Laplace-Gleichung darstellt. a bis d sind Integrationskonstanten und ν^2 die Separationskonstante.

2. Das Potential ϕ eines Rechteckes mit den Seitenlängen l_x und l_y sei nur auf einer Seite, der oberen Kante $\phi(x, l_y) = \psi(x)$ von null verschieden. Bestimmen Sie das Potential $\phi(x, y)$.

Literaturverzeichnis

R. Becker, F. Sauter *Theorie der Elektrizität 1*, 21. Aufl. Teubner, Stuttgart (1973)

I.S. Gradshteyn, I.M. Ryzhik, *Table of Integrals, Series, and Products*, Academic Press N.Y. (1965)

J. D. Jackson *Klasssische Elektrodynamik*, 4. Aufl., Walter de Gruyter, Berlin (2006)

F. Oberhettinger *Fourier Expansions*, Academic Press N.Y. (1973)

E. Rebhan *Theoretische Physik: Elektrodynamik*, Spektrum München (2007)

A. Sommerfeld *Elektrodynamik*, 5. Aufl. Akad. Verlagsges. Leipzig (1967)

Magnetostatik im Vakuum

Die systemunabhängige Schreibweise führt in der Magnetostatik bereits im Vakuum zu unhandlichen Ausdrücken. In Tab. 4.1 sind daher einige der auftretenden Kombinationen von Konstanten angeführt.

Tab. 4.1. Einheitensysteme in der Elektrodynamik; k_C ist der Vorfaktor zum Coulomb-Gesetz (1.2.1), k_L zur Lorentz-Kraft (1.2.5), k_M zum magnetostatischen Kraftgesetz (7.1.42) und k_r zu rationalen Systemen. ϵ_0 und μ_0 sind die elektrischen und magnetischen Feldkonstanten (C.2.6) und (C.2.10).

System	k_C	k_L	ϵ_0	$\mu_0 = \dfrac{1}{k_L^2 \epsilon_0}$	$k_r = k_C \epsilon_0$	$k_M = \dfrac{k_C}{k_L^2}$	$\dfrac{k_C}{ck_L}$	$\dfrac{4\pi k_C}{ck_L}$
Gauß	1	1	1	1	1	1	$\dfrac{1}{c}$	$\dfrac{4\pi}{c}$
Heaviside-Lorentz	$\dfrac{1}{4\pi}$	1	1	1	$\dfrac{1}{4\pi}$	$\dfrac{1}{4\pi}$	$\dfrac{1}{4\pi c}$	$\dfrac{1}{c}$
SI	$\dfrac{1}{4\pi\epsilon_0}$	c	ϵ_0	$\mu_0 = \dfrac{1}{c^2 \epsilon_0}$	$\dfrac{1}{4\pi}$	$\dfrac{\mu_0}{4\pi}$	$\dfrac{\mu_0}{4\pi}$	μ_0

4.1 Grundgleichungen der Magnetostatik

4.1.1 Maxwell-Gleichungen

Die Grundgleichungen der Magnetostatik betreffen nur das Magnetfeld $\mathbf{B}$. Man hat keine elektrischen Ladungen und keine elektrischen Felder, sondern nur die (elektrische) Stromdichte $\mathbf{j}$, die aber zeitunabhängig ist. Von den Maxwell-Gleichungen (1.3.21) bleibt daher die Ampère-Maxwell-Gleichung, aber ohne den von Maxwell hinzugefügten Verschiebungsstrom $\mathbf{j}_d = \frac{1}{4\pi k_C}\dot{\mathbf{E}}$,

Ergänzende Information Die elektronische Version dieses Kapitels enthält Zusatzmaterial, auf das über folgenden Link zugegriffen werden kann https://doi.org/10.1007/978-3-662-68528-0_4.

der in zeitunabhängigen Fragestellungen nicht auftritt. Hinzu kommt nur die Divergenzfreiheit des magnetischen Feldes $\mathbf{B}$:

$$\boldsymbol{\nabla}\times\mathbf{B} = \frac{4\pi k_C}{ck_L}\,\mathbf{j} \overset{\text{SI}}{=} \mu_0\mathbf{j}, \qquad\qquad \boldsymbol{\nabla}\cdot\mathbf{B} = 0. \qquad (4.1.1a\text{–}b)$$

Aus $\boldsymbol{\nabla}\cdot\mathbf{B} = 0$ folgt, da $\boldsymbol{\nabla}\cdot(\boldsymbol{\nabla}\times\mathbf{A}) = 0$, dass $\mathbf{B}$ dargestellt werden kann durch

$$\mathbf{B} = \operatorname{rot}\mathbf{A}. \qquad (4.1.2)$$

Aus der Ampère-Gleichung folgt mittels (A.2.38)

$$\boldsymbol{\nabla}\times\mathbf{B} = \boldsymbol{\nabla}\times(\boldsymbol{\nabla}\times\mathbf{A}) = \boldsymbol{\nabla}(\boldsymbol{\nabla}\cdot\mathbf{A}) - \Delta\mathbf{A} = -\Delta\mathbf{A} = \frac{4\pi k_C}{ck_L}\,\mathbf{j}$$

die Vektor-Poisson-Gleichung

$$\Delta\mathbf{A} = -\frac{4\pi k_C}{ck_L}\,\mathbf{j} \qquad\qquad \text{mit} \qquad\qquad \boldsymbol{\nabla}\cdot\mathbf{A} = 0. \qquad (4.1.3)$$

Es sind das (skalare) Poisson-Gleichungen für jede Komponente von $\mathbf{A}$, analog zur Elektrostatik (2.1.8) für das skalare Potential. Man hat für $\mathbf{A}$ in (2.1.8) nur ρ durch $\mathbf{j}/ck_L$ zu ersetzen:

$$\mathbf{A}(\mathbf{x}) = \frac{k_C}{ck_L}\int \mathrm{d}^3x'\,\frac{\mathbf{j}(\mathbf{x}')}{|\mathbf{x}-\mathbf{x}'|} = \frac{1}{4\pi}\int \mathrm{d}^3x'\,\frac{\operatorname{rot}'\mathbf{B}(\mathbf{x}')}{|\mathbf{x}-\mathbf{x}'|}. \qquad (4.1.4)$$

Die rechte Seite erhält man durch das Einsetzen der Ampère-Gleichung (4.1.1a–b) in (4.1.4).

Anmerkung: Eigentlich beinhaltet die rechte Seite von (4.1.4) bereits, dass div $\mathbf{A} = 0$. Wir zeigen es noch explizit, indem wir $\boldsymbol{\nabla}\to-\boldsymbol{\nabla}'$ ersetzen und partiell integrieren:

$$\boldsymbol{\nabla}\cdot\mathbf{A} = \frac{k_C}{ck_L}\int \mathrm{d}^3x'\,\mathbf{j}(\mathbf{x}')\cdot\boldsymbol{\nabla}\frac{1}{|\mathbf{x}-\mathbf{x}'|} = \frac{k_C}{ck_L}\int \mathrm{d}^3x'\,\frac{1}{|\mathbf{x}-\mathbf{x}'|}\,\boldsymbol{\nabla}'\cdot\mathbf{j}(\mathbf{x}') = 0,$$

woraus aber hervorgeht, dass das im zeitabhängigen Fall $\dot{\rho}\neq 0$ nicht selbstverständlich ist. Man kann jedoch, wenn $\boldsymbol{\nabla}\cdot\mathbf{A}'\neq 0$, zu $\mathbf{A}'$ immer den Gradienten einer skalaren Funktion χ hinzufügen ohne rot $\mathbf{A}'$, d.h. ohne das Feld $\mathbf{B}$ zu ändern

$$\mathbf{A} = \mathbf{A}' + \boldsymbol{\nabla}\chi \qquad \text{mit} \qquad \Delta\chi = -\operatorname{div}\mathbf{A}' \qquad \Rightarrow \qquad \operatorname{div}\mathbf{A} = 0\,.$$

4.1.2 Ampère'sches Gesetz

Das Ampère'sche Durchflutungsgesetz ist die integrale Form der Ampère-Maxwell-Gleichung in zeitunabhängiger Form (4.1.1a–b), angewandt auf eine Fläche F mit dem Rand ∂F, wie in Abb. 4.1 skizziert. Man erhält so

$$\iint_F \mathrm{d}\mathbf{f}\cdot\operatorname{rot}\mathbf{B} = \frac{4\pi k_C}{ck_L}\iint_F \mathrm{d}\mathbf{f}\cdot\mathbf{j}$$

Abb. 4.1. Fluss durch die Fläche F, umrandet von der Kurve ∂F

und wendet den Stokes'schen Satz (A.4.13) an, woraus direkt das Ampère'sche Gesetz folgt:

$$Z_B = \oint_{\partial F} \mathrm{d}\mathbf{s} \cdot \mathbf{B} = \frac{4\pi k_C}{ck_L} I \stackrel{\mathrm{SI}}{=} \mu_0 I. \qquad (4.1.5)$$

Um etwas genauer zu sein, sollte (4.1.5) als *Ampère'sches Durchflutungsgesetz*, als *Ampère'sches Verkettungsgesetz* [Sommerfeld, 1967, §3] oder als *Ørsted'sches Gesetz* [Becker, Sauter, 1973, (5.4.1)] bezeichnet werden. Dabei sind

$$I = \iint_F \mathrm{d}\mathbf{f} \cdot \mathbf{j} \qquad (4.1.6)$$

der Strom durch die Fläche F und Z_B die magnetische Ringspannung. Das Ampère'sche Gesetz ist vor allem bei der Lösung von einfachen symmetrischen Problemen nützlich, ähnlich wie in der Elektrostatik das Gauß'sche Gesetz (1.3.21").

4.1.3 Biot-Savart-Gesetz

Das Magnetfeld $\mathbf{B}$ erhält man mittels (4.1.4) aus dem Vektorpotential $\mathbf{A}$:

$$\mathbf{B} = \boldsymbol{\nabla} \times \mathbf{A} = \frac{k_C}{ck_L} \int \mathrm{d}^3x' \, \boldsymbol{\nabla} \times \frac{\mathbf{j}(\mathbf{x}')}{|\mathbf{x}-\mathbf{x}'|} = \frac{k_C}{ck_L} \int \mathrm{d}^3x' \, \frac{\mathbf{j}(\mathbf{x}') \times (\mathbf{x}-\mathbf{x}')}{|\mathbf{x}-\mathbf{x}'|^3} \quad (4.1.7)$$

in einer Form, die man als ein allgemein gehaltenes *Biot-Savart-Gesetz* bezeichnen kann [Becker, Sauter, 1973, (5.4.14)].

Dünne Drähte

In vielen Fällen verteilt sich der Strom nicht auf größere Bereiche des Volumens, wie es (4.1.7) vorsieht, sondern fließt nur innerhalb dünner Drähte, wie es in Abb. 4.2 skizziert ist. Die Kurve der Drahtmittelpunkte ist durch $\mathbf{x}'(s)$ gegeben,

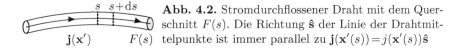

Abb. 4.2. Stromdurchflossener Draht mit dem Querschnitt $F(s)$. Die Richtung $\hat{\mathbf{s}}$ der Linie der Drahtmittelpunkte ist immer parallel zu $\mathbf{j}(\mathbf{x}'(s)) = j(\mathbf{x}'(s))\hat{\mathbf{s}}$

wobei s die Bogenlänge ist. Zu integrieren sind Ausdrücke der Form

$$\int \mathrm{d}^3x' \, \mathbf{j}(\mathbf{x}') \times \mathbf{v}(\mathbf{x},\mathbf{x}'),$$

wobei $\mathbf{v}(\mathbf{x}, \mathbf{x}')$ über den Drahtquerschnitt annähernd konstant sein soll. Wir wechseln zu einem lokalen, kartesischen Koordinatensystem $(\mathbf{s}_\perp, s)$ in dem die s-Achse $\hat{\mathbf{s}}$ parallel zu $\mathbf{j}(\mathbf{x}'(s))$ ist. Die Funktionaldeterminante (Jacobi-Determinante) der Transformation $J = \det\left[\frac{\partial(\mathbf{x}')}{\partial(\mathbf{s}_\perp, s)}\right] = 1$. Die Stromstärke I erhalten wir so aus

$$\int d^3x' \, \mathbf{j}(\mathbf{x}')... = \int ds \, d^2s_\perp \, \mathbf{j}(\mathbf{x}'(\mathbf{s}_\perp, s))...,= I \int_C ds... \tag{4.1.8}$$

$$I = \int d^2s_\perp \, j(\mathbf{x}'(\mathbf{s}_\perp, s)) = j(s) \, F(s).$$

$j(s)$ bezeichnet die über den Querschnitt gemittelte Stromdichte. Der Draht wird so durch eine unendlich dünne Linie ersetzt. Etwas salopper schreiben wir

$$d^3x' \, \mathbf{j}(\mathbf{x}') = I\delta^{(2)}(\mathbf{s}_\perp) \, d^2s_\perp \, d\mathbf{s}.$$

Die Vernachlässigung des endlichen Querschnittes des Drahtes wird in einigen Fällen, insbesondere bei der Berechnung von Selbstinduktivitäten, nicht gerechtfertigt sein (siehe Abschnitt 7.2.2).

Hat man einen stromdurchflossenen Draht, der das Feld $\mathbf{B}$ gemäß (4.1.7) erzeugt, so erhält man mithilfe von (4.1.8) das *Biot-Savart'sche Gesetz* [Abraham, Becker, 1930, (117)]

$$\mathbf{B}(\mathbf{x}) = \frac{k_C I}{ck_L} \int_C \frac{d\mathbf{s} \times (\mathbf{x} - \mathbf{x}'(s))}{|\mathbf{x} - \mathbf{x}'(s)|^3}, \qquad \text{SI:} \quad \frac{k_C}{ck_L} = \frac{\mu_0}{4\pi}. \tag{4.1.9}$$

Der Vollständigkeit halber sei hinzugefügt, dass Sommerfeld [1967, §15.A] die differentielle Form $d\mathbf{B} = (k_C I/ck_L)d\mathbf{s} \times \mathbf{x}/r^3$ als Gesetz von Biot-Savart bezeichnet, während Jackson [2006, (5.6)] (4.1.11) diesen Namen gibt.

4.1.4 Magnetfeld eines unendlich langen Drahtes

An diesem einfachen Beispiel werden wir vier verschiedene Methoden erproben, um das Magnetfeld $\mathbf{B}$ eines unendlich langen Drahtes zu bestimmen. Der Draht liegt, wie in Abb. 4.3 skizziert, in der z-Achse und damit ist $\mathbf{B} = B\,\mathbf{e}_\varphi$.

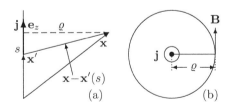

Abb. 4.3. (a) $\mathbf{j} \times (\mathbf{x} - \mathbf{x}'(s))$ steht $\perp$ auf die Papierebene und damit auch $\mathbf{B}$. $\varrho = |\mathbf{e}_z \times (\mathbf{x} - \mathbf{x}')|$
(b) $\mathbf{B} = B\,\mathbf{e}_\varphi$

1. *Bestimmung von B_φ mittels des Ampère'schen Gesetzes*

   Aus dem Ampère'schen (Durchflutungs-)Gesetz bekommt man die Ringspannung durch Integration über einen Kreis K_ϱ und daraus $\mathbf{B}$:

$$\oint_{K_\varrho} d\mathbf{s} \cdot \mathbf{B} = \frac{4\pi k_C}{ck_L} I = 2\pi\varrho B_\varphi \implies B_\varphi = \frac{k_C}{ck_L} \frac{2I}{\varrho} \overset{\mathrm{SI}}{=} \frac{\mu_0 I}{2\pi\varrho}. \quad (4.1.10)$$

2. *Bestimmung von B_φ mittels des Biot-Savart'schen Gesetzes*

In das Biot-Savart'sche Gesetz (4.1.9) setzen wir ein

$$d\mathbf{s} \times (\mathbf{x} - \mathbf{x}'(s)) = ds\, \mathbf{e}_z \times (\boldsymbol{\varrho} + \mathbf{z} - s\mathbf{e}_z) = ds\, \varrho\, \mathbf{e}_\varphi.$$

Das ergibt ($\varrho = \sqrt{x^2 + y^2}$)

$$\mathbf{B}(\mathbf{x}) = \frac{k_C}{ck_L} I\varrho\, \mathbf{e}_\varphi \int_{-\infty}^{\infty} \frac{ds}{\sqrt{\varrho^2 + (z-s)^2}^3} \overset{v\varrho = s - z}{=} \frac{k_C}{ck_L} \frac{2I\mathbf{e}_\varphi}{\varrho} \int_0^\infty \frac{dv}{\sqrt{1+v^2}^3}$$

$$\overset{(B.5.16)}{=} \frac{k_C}{ck_L} \frac{2I}{\varrho} \mathbf{e}_\varphi \frac{v}{\sqrt{1+v^2}}\Big|_0^\infty = \frac{k_C}{ck_L} \frac{2I}{\varrho} \mathbf{e}_\varphi. \quad (4.1.11)$$

Daraus folgt für das Magnetfeld eines unendlich langen Drahtes das gleiche Ergebnis wie in (4.1.10).

3. *Berechnung von* $\mathbf{B}$ *mithilfe des Vektorpotentials* $\mathbf{A}$

Wir bestimmen zunächst mithilfe von (4.1.4) $\mathbf{A}$, d.h. die Lösungsfunktion der Vektor-Poisson-Gleichung für den geraden Draht der Länge $2l$:

$$\mathbf{j}(\mathbf{x}') = I\delta(x')\delta(y')\theta(l - |z'|)\, \mathbf{e}_z \;\Rightarrow\; \mathbf{A}(\mathbf{x}) = \mathbf{e}_z \frac{k_C I}{ck_L} \int_{-l}^{l} \frac{dz'}{\sqrt{\varrho^2 + (z-z')^2}}.$$

Der Ausdruck für A_z ist, wenn man I/c durch λ ersetzt, gleich dem skalaren Potential ϕ (2.2.15) einer Linienladung. Wir orientieren uns an den dort ausgeführten Rechnungen, wobei im Hinblick auf $l \to \infty$, $z = 0$ gesetzt werden darf:

$$A_z = -\frac{k_C}{ck_L} I \ln\left(z - z' + \sqrt{\varrho^2 + (z-z')^2}\right)\Big|_{-l}^{l} \overset{z=0}{=} -\frac{k_C}{ck_L} I \ln \frac{-l + \sqrt{\varrho^2 + l^2}}{l + \sqrt{\varrho^2 + l^2}}$$

$$= -\frac{k_C}{ck_L} I \lim_{l \to \infty} \ln \frac{\varrho^2}{\left(l + \sqrt{\varrho^2 + l^2}\right)^2} = \frac{k_C}{ck_L} 2I \lim_{l \to \infty} \left[\ln(2l) - \ln\varrho\right]. \quad (4.1.12)$$

Die, wenngleich unendliche, Konstante ist für die Felder ohne Relevanz, weshalb sie in $\mathbf{A}$ meist nicht berücksichtigt wird. Besser definiert ist das Vektorpotential, wenn es, wie bereits bei der Linienladung (2.2.16) gezeigt, als Differenz zum Potential eines Regularisierungspunktes $\mathbf{x}_0$ definiert wird:

$$\mathbf{A}(\mathbf{x}, \mathbf{x}_0) = \frac{k_C}{ck_L} 2I(\varrho_0 - \varrho)\mathbf{e}_z$$

$$\mathbf{B}(\mathbf{x}) = \boldsymbol{\nabla} \times \mathbf{A} = -\frac{k_C}{ck_L} \frac{2I}{\varrho} \mathbf{e}_\varrho \times \mathbf{e}_z = \frac{k_C}{ck_L} \frac{2I}{\varrho} \mathbf{e}_\varphi. \quad (4.1.13)$$

Einmal mehr haben wir das bekannte Resultat für das $\mathbf{B}$-Feld des unendlichen Drahtes erhalten, aber mit der Option das Feld des endlichen Drahtes anzugeben.

4. *Berechnung von* **B** *über die zweidimensionale Poisson-Gleichung*

j weist in die z-Achse, so dass nur die Poisson-Gleichung für A_z inhomogen ist. Wegen der unendlichen Länge des Drahtes ist $A_z = A_z(x, y)$ von z unabhängig (und wegen der axialen Symmetrie auch von φ):

$$\Delta A_z(x, y) = \left[\frac{\partial^2}{\partial x^2} + \frac{\partial^2}{\partial y^2}\right] A_z = -\frac{k_C}{ck_L} 2I \, 2\pi \, \delta(x) \, \delta(y).$$

A_z genügt bis auf den Faktor $-\frac{k_C}{ck_L} 2I$ der Poisson-Gleichung (3.5.2) der zweidimensionalen Green-Funktion $G(x, y)$, woraus folgt:

$$\left[\frac{\partial^2}{\partial x^2} + \frac{\partial^2}{\partial y^2}\right] G(x, y) = 2\pi \, \delta(x) \, \delta(y) \quad \stackrel{(3.5.3)}{\Longrightarrow} \quad G(x, y) = \ln \varrho,$$

$$A_z(\varrho) = -\frac{k_C}{ck_L} 2I \ln \varrho, \qquad\qquad \text{SI:} \quad \frac{k_C}{ck_L} = \frac{\mu_0}{4\pi}. \qquad (4.1.14)$$

Durch Bildung der Rotation von $\mathbf{A} = -\frac{k_C}{ck_L} 2I \ln \varrho \, \mathbf{e}_z$ erhalten wir wiederum $\mathbf{B} = \frac{k_C}{ck_L} \frac{2I}{\varrho} \, \mathbf{e}_\varphi$.

4.2 Magnetischer Dipol

Statt einer systematischen Entwicklung nach magnetischen Multipolen wird den weiteren Ausführungen die Definition des magnetischen Dipolmoments **m** einer (endlichen) Stromverteilung vorangestellt:

$$\mathbf{m} = \frac{k_L}{2c} \int \mathrm{d}^3 x' \, \mathbf{x}' \times \mathbf{j}(\mathbf{x}'). \qquad (4.2.1)$$

Im Abschnitt 12.1.1 wird gezeigt, dass die Äquivalenz zweier Inertialsysteme eine universelle Geschwindigkeit, das ist c, nach sich zieht. Geschwindigkeiten treten damit parametrisiert in der Form $\mathbf{v}/c$ bzw. $\mathbf{j}/c$ auf. Das wird in einigen Systemen durchbrochen und so kommt es zur Abhängigkeit von $(k_L/c)\mathbf{j}$ in magnetischen Momenten. **m** ist unabhängig vom Bezugspunkt. Eine Translation um **a** gibt den Zusatz

$$\mathbf{a} \times \int \mathrm{d}^3 x' \, \mathbf{j}(\mathbf{x}') = \mathbf{a} \times \dot{\mathbf{p}} = 0,$$

der wegen (4.2.3) verschwindet. Bei einer Multipolentwicklung ist immer das niedrigste nicht verschwindende Multipolmoment vom Ort unabhängig. Da keine magnetischen Monopole gefunden wurden, ist es das Dipolmoment.

4.2.1 Berechnung von Momenten einer Stromverteilung

Wir betrachten eine lokalisierte Stromverteilung $\mathbf{j}(\mathbf{x}')$, die nur für $r' < R$ endlich ist. Entwickeln wir $\frac{1}{|\mathbf{x}-\mathbf{x}'|}$ in (4.1.4), so erhalten wir

$$\mathbf{A}(\mathbf{x}) = \frac{k_C}{ck_L} \int \mathrm{d}^3 x'\, \mathbf{j}(\mathbf{x}') \left(\frac{1}{r} + \frac{\mathbf{x}\cdot\mathbf{x}'}{r^3} + \dots \right) = \frac{k_C}{ck_L} \left(\frac{\mathbf{a}_1}{r} + \frac{\mathbf{a}_2}{r^3} + \dots \right). \quad (4.2.2)$$

Wir lassen im Moment auch zeitabhängige Ströme bzw. Ladungsdichten zu und sehen von den Vorfaktoren der einzelnen Terme ab.

Setzt man für $\mathbf{j}$ die Identität $\mathbf{j} \equiv (\mathbf{j}\cdot\boldsymbol{\nabla})\,\mathbf{x}$ in (4.2.2) ein, so ergibt das im 1. Term nach partieller Integration (Gauß'scher Satz) und Anwendung der Kontinuitätsgleichung (1.1.15):

$$\mathbf{a}_1 = \int \mathrm{d}^3 x'\, \mathbf{j} = \int \mathrm{d}^3 x'\, (\mathbf{j}\cdot\boldsymbol{\nabla}')\mathbf{x}' = -\int \mathrm{d}^3 x'\, (\boldsymbol{\nabla}'\cdot\mathbf{j})\mathbf{x}' = \int \mathrm{d}^3 x'\, \dot{\rho}\,\mathbf{x}' = \dot{\mathbf{p}}. \quad (4.2.3)$$

Etwas aufwendiger ist die Berechnung des 2. Terms von (4.2.2), aber im Prinzip ähnlich, nur dass jetzt noch die Graßmann-Identität (A.1.60) $\mathbf{a}\times(\mathbf{b}\times\mathbf{c}) = (\mathbf{a}\cdot\mathbf{c})\mathbf{b} - (\mathbf{a}\cdot\mathbf{b})\mathbf{c}$ und die Definition des dyadischen Produkts (A.1.15) $\mathbf{a}(\mathbf{b}\cdot\mathbf{c}) = (\mathbf{a}\circ\mathbf{b})\mathbf{c}$ hinzukommen

$$\begin{aligned}
\mathbf{a}_2 &= \int \mathrm{d}^3 x'\, (\mathbf{x}\cdot\mathbf{x}')\mathbf{j} = \frac{1}{2} \int \mathrm{d}^3 x'\, (\mathbf{x}\cdot\mathbf{x}') \left[\mathbf{j} + (\mathbf{j}\cdot\boldsymbol{\nabla}')\,\mathbf{x}' \right] \\
&\overset{\text{Gauß}}{=} \frac{1}{2} \left\{ \mathbf{a}_2 - \int \mathrm{d}^3 x'\, \mathbf{x}' \left[(\mathbf{j}\cdot\boldsymbol{\nabla}')(\mathbf{x}\cdot\mathbf{x}') + (\boldsymbol{\nabla}'\cdot\mathbf{j})\,(\mathbf{x}\cdot\mathbf{x}') \right] \right\} \\
&\overset{(1.1.15)}{=} \frac{1}{2} \left\{ \int \mathrm{d}^3 x' \left[(\mathbf{x}\cdot\mathbf{x}')\mathbf{j} - (\mathbf{x}\cdot\mathbf{j})\,\mathbf{x}' \right] + \int \mathrm{d}^3 x'\, \dot{\rho}\,\mathbf{x}'(\mathbf{x}'\cdot\mathbf{x}) \right\} \\
&= \frac{1}{2} \int \mathrm{d}^3 x'\, \mathbf{x}\times(\mathbf{j}\times\mathbf{x}') + \frac{1}{2} \int \mathrm{d}^3 x'\, \dot{\rho}\,(\mathbf{x}'\circ\mathbf{x}')\,\mathbf{x}.
\end{aligned}$$

Im ersten Term können wir das magnetische Dipolmoment einsetzen und im anderen Term die elektrischen Momente M_{ij} (2.5.3). Wir erhalten so

$$\mathbf{a}_2 = \int \mathrm{d}^3 x'\, (\mathbf{x}\cdot\mathbf{x}')\,\mathbf{j} = \frac{c}{k_L}\,\mathbf{m}\times\mathbf{x} + \frac{1}{2}\dot{\mathsf{M}}\,\mathbf{x}. \quad (4.2.4)$$

In späteren Anwendungen, wie etwa bei der Multipolstrahlung, wird man von M zum Quadrupoltensor wechseln. Wir setzen nun (4.2.3) und (4.2.4) in (4.2.2) ein und erhalten das Vektorpotential eines magnetischen Dipols:

$$\mathbf{A}(\mathbf{x}) = \frac{k_C}{k_L^2}\frac{1}{r^3}\,\mathbf{m}\times\mathbf{x}. \quad (4.2.5)$$

Ergänzung: Methode zur Berechnung höherer Momente

Wir haben $\mathbf{A}$ unter Verwendung von $\mathbf{a}_1$ und $\mathbf{a}_2$ direkt berechnet. Für höhere Momente wird das Verfahren aufwendiger und es lohnt sich eine allgemeine Formel herzuleiten.

Seien $f(\mathbf{x})$ und $g(\mathbf{x})$ nichtsinguläre Funktionen innerhalb eines Volumen V. Ist V ein quellenfreies Gebiet an dessen Oberfläche ∂V kein Strom $\mathbf{j}(\mathbf{x})$ fließt, so gilt bei Anwendung der Kontinuitätsgleichung und anschließender partieller Integration:

$$\int_V \mathrm{d}^3x\, \dot{\rho}\, fg = -\int_V \mathrm{d}^3x\, (\boldsymbol{\nabla}\cdot\mathbf{j})\, fg = \int_V \mathrm{d}^3x\, \big[(\mathbf{j}\cdot\boldsymbol{\nabla}f)g + f(\mathbf{j}\cdot\boldsymbol{\nabla}g)\big]. \qquad (4.2.6)$$

Bei stationärer Stromverteilung ist $\boldsymbol{\nabla}\cdot\mathbf{j}=0$:

$$\int_V \mathrm{d}^3x\, \big[(\mathbf{j}\cdot\boldsymbol{\nabla}f)g + f(\mathbf{j}\cdot\boldsymbol{\nabla}g)\big] = 0. \qquad (4.2.7)$$

Mittels (4.2.7) erhält man mit $f=x_i$ und $g=1$ für das nullte Moment von $\mathbf{j}$

$$\int \mathrm{d}^3x\, j_i(\mathbf{x}) = \int \mathrm{d}^3x\, \dot{\rho}\, x_i = \dot{p}_i = 0\,. \qquad (4.2.8)$$

Für die nächsteinfachen Terme, die ersten Momente von $\mathbf{j}$, setzt man $f = x_i$ und $g = x_k$ ein und bekommt die Hilfsformel

$$\int \mathrm{d}^3x\, \big(j_i\,x_k + j_k\,x_i\big) = \int \mathrm{d}^3x\, \dot{\rho}\, x_i\, x_k = 0, \qquad (4.2.9)$$

die noch mehrfach verwendet wird. Die rechten Seiten von (4.2.8) und (4.2.9) sind elektrische Dipol- und Quadrupolterme, auf die wir bei der Strahlung bewegter Ladungsverteilungen zurückkommen werden. Aus (4.2.9) folgt, dass in Integralen stationärer Stromverteilungen, deren Integranden linear nur von $\mathbf{x}$ und $\mathbf{j}$ abhängen, die Größen $\mathbf{j} \leftrightarrows -\mathbf{x}$ vertauscht werden können.

4.2.2 Magnetisches Dipolfeld

Ausgangspunkt ist das magnetische Dipol-Potential (4.2.5)

$$\mathbf{A} = \frac{k_C}{k_L^2}\, \frac{\mathbf{m} \times \mathbf{x}}{r^3} = -\frac{k_C}{k_L^2}\, \mathbf{m} \times \boldsymbol{\nabla}\frac{1}{r}, \qquad (4.2.10)$$

das zur Berechnung des Feldes

$$\mathbf{B} = \operatorname{rot}\mathbf{A} = -\frac{k_C}{k_L^2}\, \boldsymbol{\nabla} \times \Big(\mathbf{m}\times\boldsymbol{\nabla}\frac{1}{r}\Big) = -\frac{k_C}{k_L^2}\Big[\mathbf{m}\big(\boldsymbol{\nabla}\cdot\boldsymbol{\nabla}\frac{1}{r}\big) - (\mathbf{m}\cdot\boldsymbol{\nabla})\boldsymbol{\nabla}\frac{1}{r}\Big]$$

herangezogen wird. Nun ist $\Delta\frac{1}{r} = -4\pi\delta^{(3)}(\mathbf{x})$, so dass man

$$B_i = -\frac{k_C}{k_L^2}\Big[m_j\nabla_i\nabla_j\frac{1}{r} - 4\pi m_i\delta^{(3)}(\mathbf{x})\Big] \qquad (4.2.11)$$

erhält. Man kann den 1. Term modifizieren, indem man den für $r\to 0$ singulären Beitrag durch Integration über eine Kugel K_ϵ des Radius ϵ berechnet:

$$m_j\int_{K_\epsilon} \mathrm{d}^3x\, \nabla_j\nabla_i\frac{1}{r} = m_i\int_{K_\epsilon} \mathrm{d}^3x\, \frac{1}{3}\,\nabla^2\frac{1}{r} = -\frac{4\pi}{3}\, m_i$$

und separat angibt

$$(\mathbf{m} \cdot \boldsymbol{\nabla}) \frac{\mathbf{x}}{r^3} = -(\mathbf{m} \cdot \boldsymbol{\nabla}) \boldsymbol{\nabla} \frac{1}{r} = \frac{\mathbf{m}}{r^3} - 3 \frac{(\mathbf{m} \cdot \mathbf{x})\mathbf{x}}{r^5} + \frac{4\pi}{3} \mathbf{m}\, \delta^{(3)}(\mathbf{x})\,.$$

Das magnetische Dipolfeld eines lokalisierten Stroms ist demnach

$$\mathbf{B} = \frac{k_C}{k_L^2} \left[P\Big(\frac{3(\mathbf{m}\cdot\mathbf{x})\mathbf{x}}{r^5} - \frac{\mathbf{m}}{r^3}\Big) + \frac{8\pi}{3}\, \mathbf{m}\, \delta^{(3)}(\mathbf{x}) \right], \qquad (4.2.12)$$

wobei P (Hauptwert) bedeutet, dass bei Integration eine infinitesimale Kugel $r \le \epsilon$ auszuschließen ist. Die Situation ist ähnlich der des elektrischen Dipols (2.2.4) mit $E_i = p_j \nabla_j \nabla_i \frac{1}{r}$. Der singuläre Term des magnetischen Dipols trägt zur Hyperfeinstruktur atomarer s-Zustände bei [Jackson, 2006, §5.7]. Für $r > 0$ ist das $\mathbf{B}$-Feld (4.2.12) völlig gleich dem des elektrischen Punktdipols (siehe Abb. 2.12). In Tab. 4.2 sind die Eigenschaften der Potentiale und Felder elektrischer und magnetischer Dipole angegeben. Das magnetische Analogon

Tab. 4.2. Elektrische und magnetische Punktdipole ($k_M = k_C/k_L^2$).

$\phi = -k_C \mathbf{p}\cdot\boldsymbol{\nabla}\dfrac{1}{r} = k_C\dfrac{\mathbf{p}\cdot\mathbf{x}}{r^3}$	$\mathbf{A} = -k_M \mathbf{m}\times\boldsymbol{\nabla}\dfrac{1}{r} = k_M\dfrac{\mathbf{m}\times\mathbf{x}}{r^3}$
$\mathbf{E} = -\boldsymbol{\nabla}\phi = k_C\boldsymbol{\nabla}(\mathbf{p}\cdot\boldsymbol{\nabla})\dfrac{1}{r}$ $= k_C\Big[\dfrac{3(\mathbf{x}\cdot\mathbf{p})\mathbf{x}}{r^5} - \dfrac{\mathbf{p}}{r^3}\Big]$	$\mathbf{B} = \boldsymbol{\nabla}\times\mathbf{A} = k_M\Big[\boldsymbol{\nabla}(\mathbf{m}\cdot\boldsymbol{\nabla})\dfrac{1}{r} - \mathbf{m}\Delta\dfrac{1}{r}\Big]$ $= k_M\Big[\dfrac{3(\mathbf{x}\cdot\mathbf{m})\mathbf{x}}{r^5} - \dfrac{\mathbf{m}}{r^3} + 4\pi\mathbf{m}\delta^{(3)}(\mathbf{x})\Big]$
$\boldsymbol{\nabla}\cdot\mathbf{E} = k_C\Delta(\mathbf{p}\cdot\boldsymbol{\nabla})\dfrac{1}{r} = 4\pi k_C\rho(\mathbf{x})$	$\boldsymbol{\nabla}\cdot\mathbf{B} = 0$
$\boldsymbol{\nabla}\times\mathbf{E} = 0$	$\boldsymbol{\nabla}\times\mathbf{B} = k_M\mathbf{m}\times\boldsymbol{\nabla}\Delta\dfrac{1}{r} = 4\pi k_M\dfrac{k_L}{c}\mathbf{j}(\mathbf{x})$
$\rho(\mathbf{x}) = -\mathbf{p}\cdot\boldsymbol{\nabla}\delta^{(3)}(\mathbf{x})$	$\mathbf{j}(\mathbf{x}) = -\dfrac{c}{k_L}\mathbf{m}\times\boldsymbol{\nabla}\delta^{(3)}(\mathbf{x})$
SI: $k_C = 1/4\pi\epsilon_0$	SI: $k_L = c$, $\qquad k_M = \mu_0/4\pi$

zum Dipolfeld zweier entgegengesetzter elektrischer Ladungen (Abb. 4.4a) ist das $\mathbf{B}$-Feld des Kreisstroms (Abb. 4.4b), das im Folgenden berechnet wird.

4.2.3 Dipolmoment einer Stromschleife

Das magnetische Moment $\mathbf{m}$ (4.2.1) eines geschlossenen, starren Stromkreises mit konstant gehaltener Stromstärke I bezeichnet man auch als magnetisches Dipolmoment. Abb. 4.5 zeigt den Ausschnitt einer Stromschleife bestehend aus einem Draht mit dem Querschnitt $F(s)$, wobei s den Weg längs der Schleife parametrisiert. In (4.2.1) setzen wir (4.1.8) ein: $\int \mathrm{d}^3 x\, \mathbf{j} = I \int_C \mathrm{d}\mathbf{s}$ und erhalten

$$\mathbf{m} = \frac{k_L}{2c}\int \mathrm{d}^3 x\, \mathbf{x}\times\mathbf{j}(\mathbf{x}) = \frac{k_L}{c}\frac{I}{2}\oint \mathbf{x}(s)\times\mathrm{d}\mathbf{s}. \qquad (4.2.13)$$

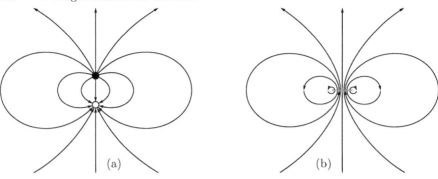

Abb. 4.4. (a) Feldlinien eines elektrischen Dipols; sie sind von der positiven (oberen) Ladung zur negativen, unteren Ladung gerichtet.
(b) Feldlinien eines magnetischen Dipols, erzeugt von einer Stromschleife; der Strom läuft im Gegenuhrzeigersinn, und innerhalb der Schleife sind die Feldlinien so nach oben gerichtet

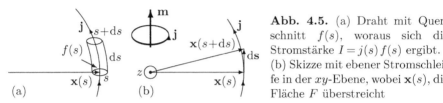

Abb. 4.5. (a) Draht mit Querschnitt $f(s)$, woraus sich die Stromstärke $I = j(s) f(s)$ ergibt. (b) Skizze mit ebener Stromschleife in der xy-Ebene, wobei $\mathbf{x}(s)$, die Fläche F überstreicht

Ebene Stromschleife

Als Spezialfall von (4.2.13) betrachten wir eine ebene Stromschleife. Die Vektoren $\mathbf{x}(s)$, $\mathbf{ds}$ und $\mathbf{x}(s+ds)$ bilden ein Dreieck mit der Fläche

$$\mathrm{d}f = \frac{1}{2}|\mathbf{x}(s) \times \mathbf{ds}|\,,$$

wie in Abb. 4.5b skizziert. Legt man gemäß (4.2.13) die ganze geschlossene Kurve entlang des Weges $C = \partial F$ zurück, so erhält man

$$\oint_{\partial F} \mathbf{x}(s) \times \mathbf{ds} = 2F\mathbf{n} \qquad \Rightarrow \qquad \mathbf{m} = \frac{k_{\mathrm{L}}}{c}IF\,\mathbf{n}. \qquad (4.2.14)$$

Hier sind I der Strom, F die Fläche der Stromschleife und $\mathbf{n}$ der Normalenvektor auf die Fläche.

4.2.4 Potential und Feld einer kreisförmigen Schleife

Die Felder von Spulen und damit auch die von kreisförmigen Schleifen, aus denen man sich eine Spule zusammengesetzt denken darf, nehmen in der Magnetostatik einen wichtigen Platz ein.

Man geht entweder von **A** (4.1.4) der Lösung der vektoriellen Poisson-Gleichung, aus und berechnet **B** = rot **A**, oder man nimmt die Biot-Savart-Gleichung (4.1.7) und erhält so **B** direkt; das geht oft schneller.

Für einfache Schleifen oder Spulen kann man **B** meist in geschlossener Form angeben, was elliptische Integrale 1. bis 3. Art einschließt. Intuitiver sind oft Näherungen, wobei die im Folgenden verwendete Entwicklung sowohl innerhalb als auch außerhalb der Schleife/Spule gut ist, abgesehen von der unmittelbaren Umgebung des Drahtes.

Vektorpotential einer kreisförmigen Stromschleife

Die kreisförmige Stromschleife in der xy-Ebene, skizziert in Abb. 4.6, ist, was das Magnetfeld betrifft, das Pendant zum elektrischen Feld zweier entgegengesetzter Ladungen in der z-Achse. Nicht nur aus diesem Grund, sondern auch weil die kreisförmige Schleife das Grundelement einer Spule ist, besteht ein prinzipielles Interesse an **A** und **B**, obgleich wir die Ausdrücke nicht in einer Form bekommen, die eine einfache Reduktion auf das Potential **A** (4.2.10) bzw. auf das Feld **B** (4.2.12) eines magnetischen Dipols zulassen. Ausgehend

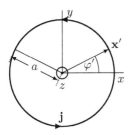

Abb. 4.6. Kreisförmige Stromschleife vom Radius a; im Draht fließt $\mathbf{j}(\mathbf{x}') = I\,\delta(a - \varrho')\,\delta(z')\,\mathbf{e}_{\varphi'}$; das magnetische Moment der Schleife ist $\mathbf{m} = (k_L/c)\,I\,a^2\pi\,\mathbf{e}_z$

von der Stromdichte

$$\mathbf{j}(\mathbf{x}) = I\delta(\varrho - a)\,\delta(z)\,\mathbf{e}_\varphi \tag{4.2.15}$$

ist das Vektorpotential (4.1.4) in Zylinderkoordinaten

$$\mathbf{A} = \frac{k_C}{ck_L}\int_0^{2\pi}\mathrm{d}\varphi'\,\frac{Ia\mathbf{e}_{\varphi'}}{\sqrt{z^2 + \varrho^2 + a^2 - 2a\varrho\cos(\varphi' - \varphi)}}. \tag{4.2.16}$$

Um das Integral auswerten zu können, muss $\mathbf{e}_{\varphi'}$ durch einen von φ' unabhängigen Vektor ersetzt werden, was in zwei Schritten durchgeführt wird, indem φ' durch $\varphi'' = \varphi' - \varphi$ ersetzt wird und danach $\mathbf{e}_{\varphi'}$ durch

$$\mathbf{e}_{\varphi''+\varphi} = -\sin(\varphi''+\varphi)\,\mathbf{e}_x + \cos(\varphi''+\varphi)\,\mathbf{e}_y = \cos\varphi''\,\mathbf{e}_\varphi - \sin\varphi''\,\mathbf{e}_\varrho\,.$$

Im Integranden von (4.2.16) verschwindet der Term mit $\sin\varphi''$ aus Symmetriegründen, so dass

$$\mathbf{A} = \frac{k_C}{ck_L} Ia\mathbf{e}_\varphi\, K_0(\alpha,\beta) \quad\text{mit}\quad K_0(\alpha,\beta) = \int_0^{2\pi} d\varphi''\, \frac{\cos\varphi''}{\sqrt{\alpha - \beta\cos\varphi''}}. \quad (4.2.17)$$

Hierbei sind $\alpha = \varrho^2 + a^2 + z^2$ und $\beta = 2a\varrho$.

Die exakte Lösung

$K_0(\alpha,\beta)$ ist ein elliptisches Integral 1. Art (4.2.25) das auf Seite 135 ausgewertet ist. Wir können also das exakte Ergebnis direkt angeben:

$$\mathbf{A} = \mathbf{e}_\varphi \frac{k_C}{ck_L} Ia \frac{4}{k\sqrt{a\varrho}} \left[(1 - \frac{k^2}{2})\, K(k) - E(k) \right] \quad\text{mit}\quad k^2 = \frac{4a\varrho}{(a+\varrho)^2 + z^2}. \quad (4.2.18)$$

K_0 divergiert logarithmisch, wenn $k \lesssim 1$ ist, was äquivalent zu $z = 0$ und $\varrho = a$ ist. Dann befindet man sich in unmittelbarer Nähe des Liniendrahtes mit seiner singulären Stromdichte.

Näherungsverfahren

Besseren Einblick als die exakte Lösung gibt die folgende „Dipol-Näherung". Sie wird nicht allein auf die Kreisschleife angewandt, sondern auch auf Spulen und überall dort, wo elliptische Integrale auftreten. Es liegt nahe, den Integranden von (4.2.17) nach

$$\kappa = \frac{\beta}{\alpha} = \frac{2\varrho a}{r^2 + a^2} \quad\quad (4.2.19)$$

zu entwickeln. κ ist symmetrisch in ϱ und hat seinen maximalen Wert $\kappa = 1$, wenn $r = \varrho = a$; dort, d.h. in der unmittelbaren Umgebung des Drahtes, ist die Näherung am schlechtesten. Auf der z-Achse mit $\varrho = 0$ wird das Resultat exakt. Es ist jetzt

$$K_0(\alpha,\beta) = \int_0^{2\pi} d\varphi\, \frac{\cos\varphi}{\sqrt{\alpha - \beta\cos\varphi}} = \frac{1}{\sqrt{\alpha}} \int_0^{2\pi} d\varphi\, \frac{\cos\varphi}{\sqrt{1 - \kappa\cos\varphi}}$$

$$\approx \frac{1}{\sqrt{\alpha}} \int_0^{2\pi} d\varphi\, \cos\varphi \left\{ 1 + \frac{1}{2}\kappa\cos\varphi + ... \right\} = \frac{2\pi}{\sqrt{\alpha}} \frac{\kappa}{4}. \quad (4.2.20)$$

Setzen wir noch $\mathbf{m} = \mathbf{e}_z(k_L/c)I\pi a^2$ und $\mathbf{e}_\varphi = \mathbf{e}_z \times \mathbf{e}_\varrho$ ein, so ist

$$\mathbf{A} = \frac{k_C}{k_L^2} \frac{\mathbf{m} \times \boldsymbol{\varrho}}{\sqrt{r^2 + a^2}^3} \approx \frac{k_C}{k_L^2} \frac{\mathbf{m} \times \mathbf{x}}{r^3}. \quad (4.2.21)$$

Da $\mathbf{x} = \boldsymbol{\varrho} + z\mathbf{e}_z$, konnten wir $\mathbf{m} \times \boldsymbol{\varrho}$ durch $\mathbf{m} \times \mathbf{x}$ ersetzen und haben für $r \gg a$ das Vektorpotential (4.2.10) eines Dipols erhalten. Wir konnten mit unserer Näherung für $\mathbf{A}$ eine direkte Beziehung zum Dipol-Potential herstellen und sehen auch, dass (4.2.21) eine gute Näherung ist, wenn nicht gerade $\varrho \approx a$.

Der Parameter κ wird auch für die Berechnung des Feldes $\mathbf{B}$ der Kreisschleife und für $\mathbf{A}$ und $\mathbf{B}$ von Spulen verwendet, wobei sich zeigen wird, dass in den meisten Fällen die Entwicklung mit dem linearen Term in κ abgebrochen werden kann.

Elliptische Integrale für Schleifen und Spulen

Wir beschränken uns auf kreisförmige Schleifen und Spulen vom Radius a und Spulen der Länge $2l$. Der Strom ist für die Schleife linienförmig (4.2.15) und für die Spule flächenförmig (4.2.36). Die auftretenden Integrale hängen jeweils von zwei Parametern ab, die gegeben sind als

$$\alpha = \varrho^2 + a^2 + (l \mp z)^2, \qquad \beta = 2a\varrho, \qquad 0 < \alpha \leq \beta.$$

Für die Schleife ist $l=0$, und hat man eine Spule, so sind $z=\pm l$ die Basisflächen. Wir beginnen mit $(\cos x = \cos(\pi+2\varphi) = -\cos(2\varphi) = 2\sin^2\varphi - 1)$

$$K_1(\alpha,\beta) = \int_0^{2\pi} \frac{dx}{\sqrt{\alpha - \beta\cos x}} \overset{2\varphi=x-\pi}{=} \int_{-\pi/2}^{\pi/2} \frac{2\,d\varphi}{\sqrt{\alpha + \beta - 2\beta\sin^2\varphi}}.$$

Obige Gleichung hat schon die Form eines elliptischen Integrals, wenn wir $\alpha+\beta$ aus der Wurzel herausziehen:

$$K_1(\alpha,\beta) = \frac{4}{\sqrt{\alpha+\beta}} \int_0^{\pi/2} \frac{d\varphi}{\sqrt{1-k^2\sin^2\varphi}} = \frac{4K(k)}{\sqrt{\alpha+\beta}}. \tag{4.2.22}$$

$K(k)$ ist das vollständige elliptische Integral 1. Art (B.5.4) mit dem Modulus

$$k^2 = \frac{2\beta}{\alpha+\beta} = \frac{2a\varrho}{(a+\varrho)^2 + (z\mp l)^2} \leq 1. \tag{4.2.23}$$

Mittels der gleichen Transformationen erhalten wir

$$K_2(\alpha,\beta) = \int_0^{2\pi} dx\,\sqrt{\alpha-\beta\cos x} = 4\sqrt{\alpha+\beta}\,E(k), \tag{4.2.24}$$

wobei $E(k)$ das vollständige elliptische Integral 2. Art (B.5.5) ist. Aus K_1 und K_2 setzt sich

$$K_0(\alpha,\beta) = \int_0^{2\pi} dx\,\frac{\cos x}{\sqrt{\alpha-\beta\cos x}} = \frac{1}{\beta}\int_0^{2\pi} dx\,\frac{\alpha-\alpha+\beta\cos x}{\sqrt{\alpha-\beta\cos x}} = \frac{\alpha K_1 - K_2}{\beta}$$

$$= \frac{4\sqrt{\alpha+\beta}}{\beta}\left[\frac{\alpha K(k)}{\alpha+\beta} - E(k)\right] = \frac{8}{k\sqrt{2\beta}}\left[\left(1-\frac{k^2}{2}\right)K(k) - E(k)\right] \tag{4.2.25}$$

zusammen. Die bei der Berechnung der Felder auftretenen Integrale sind

$$K_3(\alpha,\beta) = \int_0^{2\pi} \frac{dx}{\sqrt{\alpha-\beta\cos x}^3} = \frac{4}{\sqrt{\alpha+\beta}^3}\int_0^{\pi/2} \frac{d\varphi}{(1-k^2\sin^2\varphi)\sqrt{1-k^2\sin^2\varphi}}$$

$$= \frac{4}{\sqrt{\alpha+\beta}^3}\,\Pi(-k^2,k) \overset{(B.5.9)}{=} \frac{4k^3}{\sqrt{2\beta}^3}\frac{E(k)}{1-k^2}. \tag{4.2.26}$$

$\Pi(q,k)$ ist das vollständige elliptische Integral 3. Art (B.5.6).

$$K_4(\alpha,\beta) = \int_0^{2\pi} \frac{\cos x\,dx}{\sqrt{\alpha-\beta\cos x}^3} = \frac{1}{\beta}\int_0^{2\pi} dx\,\frac{\alpha-\alpha+\beta\cos x}{\sqrt{\alpha-\beta\cos x}^3} = \frac{\alpha K_3 - K_1}{\beta}$$

$$= \frac{4k}{\beta\sqrt{2\beta}}\left[\frac{\alpha k^2}{2\beta}\frac{E(k)}{1-k^2} - K(k)\right]. \tag{4.2.27}$$

Magnetfeld einer kreisförmigen Stromschleife

Wir werden $\mathbf{B}$ nicht aus rot $\mathbf{A}$ (4.2.17) berechnen, sondern direkt auf das Biot-Savart'sche Gesetz (4.1.7) zurückgreifen:

$$\mathbf{B} = \frac{k_C}{ck_L}Ia\int_0^{2\pi}d\varphi'\,\frac{\mathbf{e}_{\varphi'}\times(\mathbf{x}-\mathbf{x}')}{|\mathbf{x}-\mathbf{x}'|^3}. \tag{4.2.28}$$

Nebenrechnung: Mithilfe von (A.3.7) erhalten wir ($\varphi'' = \varphi'-\varphi$):

$$\mathbf{e}_{\varrho'} = \cos\varphi''\,\mathbf{e}_\varrho + \sin\varphi''\,\mathbf{e}_\varphi\,, \qquad \mathbf{e}_{\varphi'} = -\sin\varphi''\,\mathbf{e}_\varrho + \cos\varphi''\,\mathbf{e}_\varphi\,.$$

Für Zähler und Nenner des Integranden von (4.2.28) folgt daraus:

$$\mathbf{e}_{\varphi'}\times(\mathbf{x}-\mathbf{x}') = (\cos\varphi''\,\mathbf{e}_\varphi - \sin\varphi''\,\mathbf{e}_\varrho)\times\big[(\varrho-a\cos\varphi'')\mathbf{e}_\varrho - a\sin\varphi''\,\mathbf{e}_\varphi + (z-z')\mathbf{e}_z\big]$$

$$= (a-\varrho\cos\varphi'')\,\mathbf{e}_z + (z-z')\big[\cos\varphi''\,\mathbf{e}_\varrho + \sin\varphi''\,\mathbf{e}_\varphi\big], \tag{4.2.29}$$

$$|\mathbf{x}-\mathbf{x}'|^2 = \varrho^2 - 2\varrho a\mathbf{e}_\varrho\cdot\mathbf{e}_{\varrho'} + a^2 + (z-z')^2 = \alpha-\beta\cos\varphi''.$$

Wiederum sind $\alpha = \varrho^2+a^2+z^2$ und $\beta = 2a\varrho$, da für die Schleife $z' = 0$.

B_φ verschwindet aus Symmetriegründen, so dass

$$B_\varrho = \frac{k_C}{ck_L}IazK_4(\alpha,\beta), \tag{4.2.30}$$

$$B_z = \frac{k_C}{ck_L}Ia\big[aK_3(\alpha,\beta) - \varrho K_4(\alpha,\beta)\big]. \tag{4.2.31}$$

Das exakte Feld

Die Integrale K_3 und K_4 sind in (4.2.26) und (4.2.27) durch elliptische Integrale ausgedrückt und können in die Gleichungen für B_ϱ und B_z, (4.2.30) und (4.2.31) eingesetzt werden:

$$B_\varrho = \frac{k_C}{ck_L}\frac{Iz}{2\varrho}\frac{k}{\sqrt{a\varrho}}\Big[\frac{2-k^2}{1-k^2}E(k) - K(k)\Big], \qquad k^2 = \frac{4a\varrho}{(a+\varrho)^2 + z^2},$$

$$B_z = \frac{k_C}{ck_L}\frac{I}{c}\frac{k}{\sqrt{a\varrho}}\Big\{\frac{ak^2}{\varrho}\frac{E(k)}{1-k^2} - \Big[\frac{2-k^2}{1-k^2}E(k) - K(k)\Big]\Big\}.$$

In der $z=0$-Ebene verschwindet B_ϱ und B_z divergiert in der Nähe des Liniendrahtes gemäß $\sim 1/(a-\varrho)$, was bei einem endlichen Querschnitt des Drahtes nicht der Fall wäre.

Näherungsweise Berechnung des Feldes

Wenn nun die exakte Rechnung in unmittelbarer Nähe die Feldstärke überschätzt, so liegt es nahe, die bereits für die Berechnung von $\mathbf{A}$ angewandte „Dipol-Näherung" auch für das Feld $\mathbf{B}$ heranzuziehen, zumal hierbei keine

Singularität auftritt. Wir werden diesmal die nächste Korrektur zum Dipol-feld berücksichtigen und wir haben dazu in der Entwicklung der Integranden von K_3 und K_4 die nächsten Terme mitzunehmen:

$$\frac{1}{\sqrt{1-\epsilon}^3} \approx 1 + \frac{3}{2}\epsilon + \frac{3\cdot5}{2\cdot4}\epsilon^2 + \frac{3\cdot5\cdot7}{2\cdot4\cdot6}\epsilon^3 + \dots \qquad \text{binomische Reihe}$$

$$\epsilon = \kappa\cos\varphi, \qquad\qquad\qquad \kappa = \frac{\beta}{\alpha} = \frac{2a\varrho}{r^2+a^2}.$$

Eingesetzt in K_3 und K_4 erhält man

$$K_3(\alpha,\beta) = \int_0^{2\pi} \mathrm{d}\varphi \, \frac{1}{\sqrt{\alpha-\beta\cos\varphi}^3} \approx \frac{1}{\sqrt{\alpha}^3} \int_0^{2\pi} \mathrm{d}\varphi \left(1 + \frac{15}{8}\kappa^2\cos^2\varphi\right)$$

$$= \frac{2\pi}{\sqrt{\alpha}^3}\left(1 + \frac{15}{16}\kappa^2\right), \qquad\qquad\qquad (4.2.32)$$

$$K_4(\alpha,\beta) = \int_0^{2\pi} \mathrm{d}\varphi \, \frac{\cos\varphi}{\sqrt{\alpha-\beta\cos\varphi}^3} \approx \frac{1}{\sqrt{\alpha}^3} \int_0^{2\pi} \mathrm{d}\varphi \left(\frac{3}{2}\kappa\cos^2\varphi + \frac{35}{16}\kappa^3\cos^4\varphi\right)$$

$$= \frac{2\pi}{\sqrt{\alpha}^3}\frac{3\kappa}{4}\left(1 + \frac{35}{12}\kappa^2\frac{3}{8}\right). \qquad\qquad (4.2.33)$$

In dieser Näherung unterscheiden sich die Feldlinien qualitativ nicht mehr von den exakt berechneten. Das Dipolfeld in Abb. 4.4 basiert auf (4.2.32). Jetzt nehmen wir nur die führenden Terme mit und setzen $\mathbf{m} = \mathbf{e}_z I\pi a^2 k_L/c$ ein:

$$B_\varrho = \frac{k_C}{ck_L}Ia\frac{z}{\sqrt{r^2+a^2}^3}\frac{3\pi a\varrho}{r^2+a^2} = \frac{k_C}{k_L^2}m\frac{3z\varrho}{\sqrt{r^2+a^2}^5},$$

$$B_z = \frac{k_C}{ck_L}Ia\frac{2\pi}{\sqrt{r^2+a^2}^3} - \frac{\varrho}{z}B_\varrho = \frac{k_C}{k_L^2}m\frac{2}{\sqrt{r^2+a^2}^3}\left[1 - \frac{3\varrho^2}{2(r^2+a^2)}\right].$$

In der Näherung $r \gg a$ erhalten wir

$$r^5\mathbf{B} \propto 3m(r^2-\varrho^2)\mathbf{e}_z - mr^2\mathbf{e}_z + 3z\varrho\mathbf{e}_\varrho = 3(\mathbf{m}\cdot\mathbf{x})z\mathbf{e}_z - r^2\mathbf{m} + 3(\mathbf{m}\cdot\mathbf{x})\varrho\mathbf{e}_\varrho.$$

Das ergibt, wie erwartet, das Dipolfeld für $r > 0$:

$$\mathbf{B} = \frac{k_C}{k_L^2}\left[3\frac{(\mathbf{m}\cdot\mathbf{x})\mathbf{x}}{r^5} - \frac{\mathbf{m}}{r^3}\right].$$

Skalares magnetisches Potential einer Stromschleife

Vorhanden sei ein geschlossener, lokaler Stromkreis, wo der stationäre Strom nur innerhalb eines kleinen Bereiches, etwa eines Drahtes, fließen soll. Im Raum außerhalb des Stromkreises ist $\mathbf{j} = 0$ und damit auch rot $\mathbf{B} = 0$ (Ampère'sches Durchflutungsgesetz in differentieller Form (4.1.1a–b)). Damit sind die Felder dort durch ein skalares Potential ϕ_M [siehe Becker, Sauter, 1973, S. 111] darstellbar, Nach dem Biot-Savart'schen Gesetz (4.1.9) ist

$$\mathbf{B}(\mathbf{x}) = \frac{k_C}{ck_L} I \oint_{\partial F} d\mathbf{x}' \times \boldsymbol{\nabla}' \frac{1}{|\mathbf{x}-\mathbf{x}'|}. \tag{4.2.34}$$

Multiplizieren wir (4.2.34) skalar mit einem beliebigen, konstanten Vektor $\mathbf{a}$, vertauschen im Integranden zyklisch und wenden anschließend den Stokes'schen Satz an, so ist

$$\mathbf{a}\cdot\mathbf{B} \propto \oint_{\partial F} d\mathbf{x}'\cdot\boldsymbol{\nabla}' \times \mathbf{a} \frac{1}{|\mathbf{x}-\mathbf{x}'|} = \iint_F d\mathbf{f}'\cdot\boldsymbol{\nabla}' \times \left(\boldsymbol{\nabla}' \times \frac{\mathbf{a}}{|\mathbf{x}-\mathbf{x}'|}\right)$$
$$\overset{(A.2.38)}{=} \iint_F d\mathbf{f}'\cdot\left[\boldsymbol{\nabla}'\left(\boldsymbol{\nabla}'\cdot\frac{\mathbf{a}}{|\mathbf{x}-\mathbf{x}'|}\right) - \Delta' \frac{\mathbf{a}}{|\mathbf{x}-\mathbf{x}'|}\right]$$

Der 2. Term verschwindet überall außerhalb des Drahtes, so dass nur der 1. Term beiträgt, außer man berechnet $\mathbf{B}$ entlang eines Weges C, der den Draht umschließt, so dass dieser F queren muss und so der 2. Term beiträgt. Im 1. Term ersetzt man ein $\boldsymbol{\nabla}'$ durch $-\boldsymbol{\nabla}$ und erhält so

$$\mathbf{B} = -\boldsymbol{\nabla}\phi_M, \tag{4.2.35}$$
$$\phi_M = \frac{k_C}{ck_L} I \iint_F d\mathbf{f}'\cdot\frac{\mathbf{x}-\mathbf{x}'}{|\mathbf{x}-\mathbf{x}'|^3} \overset{r\gg r'}{=} \frac{k_C}{k_L^2}\mathbf{m}\cdot\frac{\mathbf{x}}{r^3}, \qquad \mathbf{m} = \frac{k_L}{c} I \iint_F d\mathbf{f}'.$$

$\mathbf{m}$ ist das magnetische Moment der Schleife und ϕ_M ist das skalare Potential eines elektrischen Dipols. Bestimmt man die Zirkulation (Ampère'sches Gesetz) $\oint d\mathbf{s}\cdot\mathbf{B}$, so ist diese $4\pi I/c$, wenn der Draht vom Weg eingeschlossen wird, sonst ist sie null. Die Zirkulation eines skalaren Potentials verschwindet immer.

4.2.5 Potentiale und Felder von Spulen

Die Magnetfelder $\mathbf{B}$ der folgenden Konfigurationen werden durchwegs auf der Basis des Biot-Savart'schen Gesetzes (4.1.7) berechnet. Für das Feld der unendlichen geraden Spule ist das zwar ein unnötiger Aufwand, da dieses am einfachsten mittels des Ampère'schen Gesetzes (4.1.5) zu bestimmt werden kann, wie der Abb. 7.8, S. 237 zu entnehmen ist. Bereits für die endliche Spule ist es jedoch sinnvoll auf das Biot-Savart-Gesetz zurückzugreifen.

Die gerade Spule

Bei Anwendungen steht sicherlich die genaue Kenntnis des Feldes $\mathbf{B}$ in Spulen endlicher Länge und endlichen Querschnittes im Vordergrund. Wir werden hier nur die Grundlagen für zu machende Näherungen und für eventuelle genauere (numerische) Berechnungen angeben. Angenommen wird, dass die Dichte n der Wicklungen genügend hoch ist, so dass der im Draht fließende

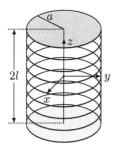

Abb. 4.7. Spule (Solenoid) mit dem Radius a und der Länge $2l$; die Wicklungen seien so dicht, dass die Ganghöhe einer Wicklung vernachlässigt werden darf und man so von einem Kreisstrom ausgehen kann

Strom I durch einen gleichförmigen Kreisstrom $I_n = nI$ pro Längeneinheit auf einem Zylindermantel dargestellt werden kann:

$$\mathbf{j} = I_n \delta(\varrho - a)\,\mathbf{e}_\varphi\,\theta(l - |z|)\,. \tag{4.2.36}$$

Diesen Strom setzen wir in das Biot-Savart-Gesetz (4.1.7) ein, wobei wir beim Vektorprodukt auf (4.2.29) zurückgreifen:

$$
\begin{aligned}
\mathbf{B}(\mathbf{x}) &= \frac{k_C}{ck_L} I_n a \int_0^{2\pi} d\varphi' \int_{-l}^{l} dz'\, \frac{\mathbf{e}_{\varphi'} \times (\mathbf{x} - \mathbf{x}')}{|\mathbf{x} - \mathbf{x}'|^3}\\
&\overset{u=z'-z}{=} \frac{k_C}{ck_L} I_n a \int_0^{2\pi} d\varphi'' \int_{-l-z}^{l-z} du\, \frac{(a - \varrho\cos\varphi'')\mathbf{e}_z - u(\cos\varphi''\mathbf{e}_\varrho + \sin\varphi''\mathbf{e}_\varphi)}{\sqrt{\varrho^2 - 2\varrho a\cos\varphi'' + a^2 + u^2}^{\,3}}\,.
\end{aligned}
$$

Die Integration kann mithilfe (B.5.16) durchgeführt werden. Aus Symmetriegründen verschwindet B_φ; die Integration nach u ergibt

$$B_\varrho(\mathbf{x}) = \frac{k_C}{ck_L} I_n a \int_0^{2\pi} d\varphi'\, \frac{\cos\varphi'}{\sqrt{(\varrho^2 - 2a\varrho\cos\varphi' + a^2) + u^2}}\Bigg|_{-l-z}^{l-z}, \tag{4.2.37}$$

$$B_z(\mathbf{x}) = \frac{k_C}{ck_L} I_n a \int_0^{2\pi} d\varphi'\, \frac{a - \varrho\cos\varphi'}{\varrho^2 - 2a\varrho\cos\varphi' + a^2}\, \frac{u}{\sqrt{(\varrho^2 - 2a\varrho\cos\varphi' + a^2) + u^2}}\Bigg|_{-l-z}^{l-z}.$$

Exaktes Feld

$\mathbf{B}$ kann ohne Näherung mithilfe vollständiger elliptischer Integrale (B.5.4) – (B.5.6) dargestellt werden. So ist B_ϱ durch K_0 (4.2.25) gegeben, wenn wir α und β (4.2.41) einsetzen. Daraus folgt

$$B_\varrho = \frac{k_C}{ck_L} I_n a \frac{4}{\sqrt{a\varrho}} \sum_{j=1,2} (-1)^{j+1} \frac{1}{k_j}\Big[\Big(1 - \frac{k_j^2}{2}\Big) K(k_j) - E(k_j)\Big] \tag{4.2.38}$$

mit $k_{1,2}^2 = \dfrac{4a\varrho}{(a+\varrho)^2 + z_{1,2}^2}$ und $z_{1,2} = l \mp z$.

Etwas komplizierter ist der Ausdruck (4.2.37) für B_z; der 1. Term ergibt K_1 (4.2.22), und der 2. Term ein vollständiges elliptisches Integral 3. Art:

$$B_z = \frac{k_C}{ck_L}\frac{I_n}{2}\sum_{j=1,2}z_j\int_0^{2\pi}d\varphi'\left[1-\frac{\varrho^2-a^2}{\varrho^2+a^2-2a\varrho\cos\varphi'}\right]\frac{1}{\sqrt{\varrho^2+a^2+z_j^2-2a\varrho\cos\varphi'}}$$

$$= \frac{k_C}{ck_L}I_n\sum_{j=1,2}\frac{z_jk_j}{\sqrt{a\varrho}}\int_0^{\pi/2}d\varphi''\left[1-\frac{\varrho-a}{\varrho+a}\frac{1}{1+q\sin^2\varphi''}\right]\frac{1}{\sqrt{1-k_j^2\sin^2\varphi''}}.(4.2.39)$$

Hierbei ist $\Pi(q,k_j)$ mit $q=-4a\varrho/(a+\varrho)^2$ das elliptische Integral 3. Art (B.5.6):

$$B_z = \frac{k_C}{ck_L}I_n\sum_{j=1,2}\frac{k_j}{\sqrt{a\varrho}}z_j\left[K(k_j)-\frac{\varrho-a}{\varrho+a}\Pi(q,k_j)\right],\quad q=\frac{-4a\varrho}{(a+\varrho)^2}.\quad(4.2.40)$$

Die Feldlinien in Abb. 4.8 wurden mit den „exakten" Feldern (4.2.38) und

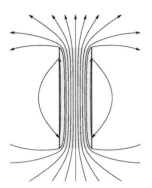

Abb. 4.8. Magnetfeld $\mathbf{B}$ einer Spule vom Radius a und der Länge $2l = 6a$. Die Feldlinien werden vom Rand weg ins Zentrum gedrängt. Vor allem in der Nähe der Enden der Spule hat man ein Streufeld

(4.2.40) berechnet. B_z kann auf der z-Achse analytisch angegeben werden (7.1.33) und ist an den Enden der Spule etwa halb so stark wie in der Mitte.

Näherungsweise Berechnung des Feldes

Zunächst macht man für (4.2.37) die gleiche Näherung wie bei der Kreisschleife, nur dass jetzt zwei Parameter $\kappa_{1,2}$ vorteilhaft sind, die die Beiträge zu $\mathbf{B}$ von Basis und Deckfläche der Spule auf der z-Achse verschieden gewichten:

$$\kappa_{1,2} = \frac{\beta}{\alpha_{1,2}} = \frac{2a\varrho}{\varrho^2+a^2+z_{1,2}^2}\qquad\text{mit}\quad z_{1,2}=l\mp z.\qquad(4.2.41)$$

Man muss aber unterscheiden, für welchen Bereich man die Näherung macht, ob im Zentrum der Spule, in der Nähe von Basis- oder Deckfläche der zylinderförmigen Spule oder asymptotisch im Außenraum. Entsprechende Rechnungen sind als Aufgabe 4.3 gestellt. Obige Näherung ergibt in niedrigster Ordnung

$$B_\varrho(\mathbf{x}) = \frac{k_C}{ck_L}I_n a\frac{\pi}{2\sqrt{2a\varrho}}\left(\sqrt{\kappa_1}^3-\sqrt{\kappa_2}^3\right),\qquad(4.2.42)$$

$$B_z(\mathbf{x}) = \frac{k_C}{ck_L}I_n a\frac{1}{\sqrt{2a\varrho}}\sum_{j=1,2}z_j\sqrt{\kappa_j}\left[\frac{2\pi}{a}\theta(a-\varrho)+\frac{\kappa_j}{2}\begin{cases}-\pi/\varrho & a<\varrho\\ \pi\varrho/a^2 & a>\varrho\end{cases}\right].$$

Das Feld der Spule ist gleich dem eines homogen magnetisierten Stabmagneten, wie in der Magnetostatik in Materie gezeigt wird (siehe (7.1.4)). Auf der z-Achse kann das Feld exakt angegeben werden ($\mathbf{z} = (0, 0, z)$):

$$\mathbf{B}(\mathbf{z}) = \frac{k_C}{ck_L} 2\pi I_n \left[\frac{l-z}{\sqrt{a^2+(l-z)^2}} + \frac{l+z}{\sqrt{a^2+(l+z)^2}} \right] \mathbf{e}_z \overset{|z|\to\infty}{=} \frac{k_C}{k_L^2} \frac{2\mathbf{m}}{|z|^3}. \quad (4.2.43)$$

Es ist in Abb. 7.6 geplottet. Im asymptotischen Bereich $|z| \to \infty$ hat man das Feld eines Dipols, wie in der Aufgabe 7.5 zu zeigen ist.

Die unendlich lange Spule

Wir nehmen das aus dem Biot-Savart-Gesetz erhaltene Integral (4.2.37) für $\mathbf{B}$ einer Spule des Radius a und der Länge $2l$, um mit dem Limes $l \to \infty$ das Feld der unendlich langen Spule zu bestimmen:

$$\mathbf{B}(\mathbf{x}) = \frac{2k_C}{ck_L} I_n a \mathbf{e}_z \int_0^{2\pi} \mathrm{d}\varphi' \, \frac{a - \varrho\cos\varphi'}{\varrho^2 - 2a\varrho\cos\varphi' + a^2} \overset{(\text{B.5.21})}{=} \frac{4\pi k_C}{ck_L} I_n \theta(a - \varrho) \mathbf{e}_z. \quad (4.2.44)$$

Wir sind hier in der Bezeichnung vom Kreisstrom I_n pro Längeneinheit der Spule wieder zum im Draht fließenden Strom $I_n = In$ übergegangen, wobei n die Anzahl der Wicklungen pro Längeneinheit ist. Auf dieses Resultat werden wir im Abschnitt 7.1.4 der Magnetostatik in Materie zurückkommen.

4.2.6 Die halbunendliche Spule und der Monopol

Von besonderem Interesse ist die halbunendliche, infinitesimal dünne Spule, skizziert in Abb. 4.9. Das „obere" Ende der Spule stellt eine Punktquelle dar, von der magnetische Feldlinien $\mathbf{B}$ ausgehen, ganz analog zu denen des elektrischen Feldes $\mathbf{E}$ einer Punktladung. Dirac [1931, 1948] nahm diese Konfiguration als Grundlage für das Modell eines magnetischen Monopols.

Anmerkung: Die Existenz von Monopolen voraussetzend, müssen die Maxwell-Gleichungen adaptiert werden, wobei ein magnetischer Strom $\mathbf{j}_m$ einzuführen ist:

$$\boldsymbol{\nabla}\cdot\mathbf{E} = 4\pi k_C \rho_e, \qquad \boldsymbol{\nabla}\times\mathbf{E} = -\frac{k_L}{c}\left(\dot{\mathbf{B}} + 4\pi k_M \mathbf{j}_m\right), \qquad (4.2.45)$$

$$\boldsymbol{\nabla}\times\mathbf{B} = \frac{1}{ck_L}\left(\dot{\mathbf{E}} + 4\pi k_C \mathbf{j}_e\right), \qquad \boldsymbol{\nabla}\cdot\mathbf{B} = 4\pi k_M \rho_m, \qquad k_M = \frac{k_C}{k_L^2}.$$

Diese Darstellung ist nicht ganz einheitlich. Jackson [2006, (6.150)] definiert Strom und Ladung als $\mathbf{j}_m' = \mu_0 \mathbf{j}_m$ und $\rho_m' = \mu_0 \rho_m$. Das hat zur Folge, dass die magnetische Polstärke p_m [Sommerfeld, 1967, (7.10)] bei Jackson [2006, (6.157), $g \equiv p_B$] ebenfalls mit μ_0 zu multiplizieren ist:

$$\rho_m = p_m \delta^{(3)}(\mathbf{x} - \mathbf{x}_m), \qquad p_B = \mu_0 p_m, \qquad \mathbf{B} = k_M p_m \frac{\mathbf{x} - \mathbf{x}_m}{|\mathbf{x} - \mathbf{x}_m|^3}. \quad (4.2.46')$$

Für beide Ströme gelten Kontinuitätsgleichungen: $\dot{\rho}_{e,m} + \boldsymbol{\nabla} \cdot \mathbf{j}_{e,m} = 0$.

Es soll hier nicht auf die physikalischen Implikationen, wie die Quantisierung der Ladung, die Beobachtbarkeit der Dipolkette oder auf Wegunterschiede in verschiedenen Dipolketten eingegangen werden. Es werden hier nur **A** und **B** dieser Konfiguration berechnet, samt deren Wirbel und Quellen und es wird auf die Konsistenz mit der klassischen Magnetostatik geachtet.

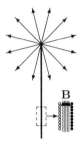

Abb. 4.9. Eine dünne Spule (Solenoid), die von $z = -\infty$ bis $z = 0$ geht, hat am Ursprung ein (Streu-)Feld, das dem einer Punktladung gleichkommt.
Die Spule kann durch eine Kette magnetischer Dipole ersetzt werden

Magnetische Flussdichte einer halbunendlichen Spule

Die Stromdichte hat, wie schon bei der endlichen Spule, die Form

$$\mathbf{j}(\mathbf{x}) = I_n \delta(\varrho - a)\, \theta(-z)\, \mathbf{e}_\varphi.$$

$I_n = nI$ ist der Strom auf dem Zylindermantel pro Längeneinheit, wenn n die Anzahl der Wicklungen pro Längeneinheit und I der Strom im Draht ist. Wie auch bei der endlichen Spule berechnen wir **B** direkt mithilfe des Biot-Savart-Gesetzes (4.1.7) (und nicht über **A**):

$$\mathbf{B}(\mathbf{x}) = \frac{k_C}{ck_L} I_n a \int_0^{2\pi} \mathrm{d}\varphi' \int_{-\infty}^0 \mathrm{d}z'\, \frac{\mathbf{e}_{\varphi'} \times (\mathbf{x} - \mathbf{x}')}{|\mathbf{x} - \mathbf{x}'|^3}.$$

Das obige Vektorprodukt (4.2.29) haben wir bereits bei der Drahtschleife berechnet ($\varphi'' = \varphi' - \varphi$):

$$\mathbf{e}_{\varphi'} \times (\mathbf{x} - \mathbf{x}') = (a - \varrho \cos\varphi'')\, \mathbf{e}_z + (z - z')\big[\cos\varphi''\, \mathbf{e}_\varrho + \sin\varphi''\, \mathbf{e}_\varphi\big],$$
$$|\mathbf{x} - \mathbf{x}'|^2 = \varrho^2 - 2\varrho a \cos\varphi'' + a^2 + (z - z')^2.$$

Eingesetzt in das Biot-Savart-Gesetz, erhält man die bereits von der endlichen Spule bekannten Integrale (4.2.37), wobei nur die Grenzen $-l < z' < l$ zu $-\infty < z' < 0$ geändert werden müssen. Aus Symmetriegründen verschwindet das Integral von $\mathbf{e}_\varphi$:

$$\mathbf{B}(\mathbf{x}) \overset{u = z' - z}{=\!=} \frac{k_C}{ck_L} I_n a \int_0^{2\pi} \mathrm{d}\varphi'' \int_{-\infty}^{-z} \mathrm{d}u\, \frac{-u \cos\varphi''\, \mathbf{e}_\varrho + (a - \varrho \cos\varphi'')\mathbf{e}_z}{\sqrt{\varrho^2 - 2\varrho a \cos\varphi'' + a^2 + u^2}^{\,3}}.$$

Das erste Integral ist trivial und das zweite ist im Anhang (B.5.16) S. 632 angeführt:

$$\int \mathrm{d}x \, \frac{x}{\sqrt{a^2+x^2}^3} = \frac{-1}{\sqrt{a^2+x^2}}\,, \qquad \int \mathrm{d}x \, \frac{1}{\sqrt{a^2+x^2}^3} = \frac{1}{a^2}\frac{x}{\sqrt{a^2+x^2}}\,.$$

$$B_\varrho(\mathbf{x}) = \frac{k_C}{ck_L}I_n a \int_0^{2\pi} \mathrm{d}\varphi'' \frac{\cos\varphi''}{\sqrt{\varrho^2-2a\varrho\cos\varphi''+a^2+z^2}}\,,$$

$$B_z(\mathbf{x}) = \frac{k_C}{ck_L}I_n a \int_0^{2\pi} \mathrm{d}\varphi'' \frac{(a-\varrho\cos\varphi'')}{\varrho^2-2a\varrho\cos\varphi''+a^2}\left[1-\frac{z}{\sqrt{\varrho^2-2a\varrho\cos\varphi''+a^2+z^2}}\right].$$

Letztlich sind wir am Grenzwert von endlichem $B\,\mathbf{e}_z$ bei $a\to 0$ interessiert und verfolgen das mit Näherungen, die wir bei der Stromschleife, aber auch bei der endlichen Spule angewandt haben, d.h. wir entwickeln die Wurzel nach $\kappa = 2a\varrho/(r^2+a^2)$

$$B_\varrho \approx \frac{k_C}{ck_L}I_n a \frac{1}{\sqrt{r^2+a^2}} \int_0^{2\pi} \mathrm{d}\varphi' \cos\varphi' \left(1+\frac{\kappa}{2}\cos\varphi'\right)$$

$$= \frac{k_C}{ck_L}I_n a \frac{2\pi}{\sqrt{r^2+a^2}} \frac{1}{4}\frac{2a\varrho}{r^2+a^2}\,.$$

Der 1. Term von B_z ergibt einen θ-Beitrag (siehe (B.5.21), S. 632) und die Wurzel entwickeln wir wiederum nach κ

$$B_z = \frac{k_C}{ck_L}I_n a\left\{\frac{2\pi}{a}\theta(a-\varrho)-\int_0^{2\pi}\mathrm{d}\varphi'\frac{a-\varrho\cos\varphi'}{\varrho^2+a^2-2\varrho a\cos\varphi'}\frac{z}{\sqrt{r^2+a^2}}\left(1+\frac{\kappa}{2}\cos\varphi'\right)\right\}.$$

Das verbleibende Integral ist exakt lösbar (siehe (B.5.22)-Aufgabe 4.5)

$$B_z = \frac{k_C}{ck_L}2\pi I_n\left\{\theta(a-\varrho)\left(1-\frac{z}{\sqrt{r^2+a^2}}\right)+\frac{a^2}{2}\frac{z}{\sqrt{r^2+a^2}^3}\left[1-\theta(a-\varrho)\frac{a^2+\varrho^2}{a^2}\right]\right\}.$$

Es soll nun der Fluss Φ_B durch die Spule bei gleichzeitiger Reduktion des Radius $a\to 0$ konstant gehalten werden ($z/\sqrt{r^2+a^2}\to -1$):

$$\Phi_B = \iint_{K_a}\mathrm{df}\cdot\mathbf{B} = B\,a^2\pi = \frac{4\pi k_C}{ck_L}I_n a^2\pi = 4\pi k_M\frac{k_L}{c}a^2\pi, \qquad \text{SI: } k_M = \frac{\mu_0}{4\pi}\,.$$

Die Stärke p_B der Punktquelle ist demnach [Jackson, 2006, (6.157)]

$$p_B = \mu_0 p_m\,, \qquad\qquad p_m = \frac{k_L}{c}I_n a^2\pi. \qquad (4.2.46)$$

Setzen wir nun $\lim_{a\to 0}\theta(a-\varrho)/a^2\pi \widehat{=}\delta(x)\delta(y)$, so erhalten wir unter Vernachlässigung des letzten Terms von B_z

$$\mathbf{B} = k_M p_m \left[4\pi\, \delta(x)\, \delta(y)\, \theta(-z)\, \mathbf{e}_z + \frac{\mathbf{x}}{r^3} \right] = \mathbf{B}^s + \mathbf{B}^p. \qquad (4.2.47)$$

Der 1. Term $\mathbf{B}^s$ ist das Feld der Spule und der 2. Term $\mathbf{B}^p$ das einer Punktquelle. Wie in der Legende von Abb. 4.9 erwähnt, kann die Spule durch eine Kette magnetischer Dipole ersetzt werden. Die Maxwell-Gleichungen ($k_M = k_C/k_L^2$)

$$\boldsymbol{\nabla}\cdot\mathbf{B} = 0, \quad \boldsymbol{\nabla}\cdot\mathbf{B}^p = -\boldsymbol{\nabla}\cdot\mathbf{B}^s = 4\pi k_M p_m\, \delta^{(3)}(\mathbf{x}), \quad \text{SI: } \boldsymbol{\nabla}\cdot\mathbf{B}^p = p_B\, \delta^{(3)}(\mathbf{x}),$$

$$\boldsymbol{\nabla}\times\mathbf{B} = \boldsymbol{\nabla}\times\mathbf{B}^s = 4\pi k_M \frac{k_L}{c}\mathbf{j}, \qquad\qquad\qquad \text{SI: } \boldsymbol{\nabla}\times\mathbf{B} = \mu_0 \mathbf{j}(\mathbf{x})$$

sind erfüllt, was in der Aufgabe 4.6 zu zeigen ist. $\mathbf{A}$ wird allein durch die Spule mit $\mathbf{B}^s$ bestimmt, da wegen $\mathrm{rot}\,\mathbf{B}^p = 0$ das Feld der Punktquelle nichts beiträgt:

$$\mathbf{A} = \frac{1}{4\pi}\int \mathrm{d}^3x'\, \frac{\boldsymbol{\nabla}'\times\mathbf{B}}{|\mathbf{x}-\mathbf{x}'|} = \frac{1}{4\pi}\int \mathrm{d}^3x'\, \frac{\mathbf{B}\times(\mathbf{x}-\mathbf{x}')}{|\mathbf{x}-\mathbf{x}'|^3} = k_M p_m \int_C \frac{\mathrm{d}\mathbf{x}'\times(\mathbf{x}-\mathbf{x}')}{|\mathbf{x}-\mathbf{x}'|^3},$$

wobei C der Weg $-\infty < z' \le 0$ ist. Man erhält (Aufgabe 4.4)

$$\mathbf{A} = k_M p_m \frac{1-\cos\vartheta}{r\sin\vartheta}\,\mathbf{e}_\varphi \quad\overset{\text{allg. Richtung}}{\Longrightarrow}\quad \mathbf{A} = k_M p_m \frac{\mathbf{n}\times\mathbf{x}}{r(r+\mathbf{n}\cdot\mathbf{x})}. \qquad (4.2.48)$$

Der rechts stehende Ausdruck ist für einen geraden Weg C (*Dirac-string*) beliebiger Richtung, die durch den Einheitsvektor $\mathbf{n}$ vorgegeben ist.

4.3 Drehimpuls, Kraft und Drehmoment

4.3.1 Drehimpuls und magnetisches Moment

Der Drehimpuls von n Teilchen, die sich an den Orten $\mathbf{x}_n$ mit dem Impuls $\boldsymbol{P}_n$ befinden, ist gegeben als

$$\mathbf{L} = \sum_n \mathbf{x}_n \times \boldsymbol{P}_n. \qquad (4.3.1)$$

Setzt man in (4.2.13) die Stromdichte $\mathbf{j}(\mathbf{x}) = \sum_n e\mathbf{v}_n\, \delta^{(3)}(\mathbf{x}-\mathbf{x}_n)$ ein, so ist

$$\mathbf{m} = \frac{k_L}{2c}\int \mathrm{d}^3x\, \mathbf{x}\times\mathbf{j}(\mathbf{x}) = \frac{k_L}{2c}\sum_n e\,\mathbf{x}_n\times\mathbf{v}_n.$$

Ohne äußeres Feld ist $\boldsymbol{P}_n = m\,\mathbf{v}_n$. Somit kann $\mathbf{m}$ durch den Bahndrehimpuls ausgedrückt werden

$$\mathbf{m} = \frac{k_L}{c}\frac{e}{2m}\,\mathbf{L}. \qquad (4.3.2)$$

Das Verhältnis des magnetischen Moments zum Drehimpuls, hier $k_L e/2mc$, wird als *gyromagnetisches Verhältnis* bezeichnet. Dazu kann noch der *gyromagnetische Faktor g* kommen. Für den Spin der Elektronen $\mathbf{m}_s = (g k_L e/2mc)\mathbf{S}$

ist $g = 2$ (nahezu). Falls ein elektromagnetisches Feld vorhanden ist, hängt der kanonische Impuls (siehe (5.4.10)) mit der Geschwindigkeit zusammen:

$$\boldsymbol{P}_n = m\,\mathbf{v}_n + \frac{k_L}{c}\,e\,\mathbf{A}(\mathbf{x}_n)\,,$$

$$\mathbf{m} = \frac{k_L}{c}\frac{e}{2m}\,\mathbf{L} - \frac{k_L^2}{c^2}\frac{e^2}{2m}\sum_n \mathbf{x}_n \times \mathbf{A}(\mathbf{x}_n)$$

$$= \frac{k_L}{c}\frac{e}{2m}\,\mathbf{L} - \frac{k_L^2}{c^2}\frac{e^2}{2m}(x^2 + y^2)\mathbf{B}\quad \text{für } \mathbf{B} = B\,\mathbf{e}_z \quad \text{und } \mathbf{A} = \frac{1}{2}\mathbf{B}\times\mathbf{x}\,.$$

Die natürliche Einheit für den Drehimpuls ist die Planck'sche Konstante $\hbar$. Wir können so $\mathbf{m}$ in der Form

$$\mathbf{m} = \frac{k_L}{c}\frac{e\hbar}{2m}\frac{\mathbf{L}}{\hbar} = -\mu_B\hat{\mathbf{L}}\,, \qquad \mu_B = \frac{k_L}{c}\frac{e_0\hbar}{2m_e}\,, \qquad \hat{\mathbf{L}} = \frac{\mathbf{L}}{\hbar}$$

angeben. Vorausgesetzt ist hier, dass das Teilchen ein Elektron mit der Ladung $e = -e_0$ und der Masse $m = m_e$ ist. μ_B ist das Bohr'sche Magneton (siehe Tab. C.7, S. 653).

4.3.2 Kraft und Drehmoment auf eine Stromschleife

Wir betrachten nun eine Stromschleife in einem Magnetfeld $\mathbf{B}(\mathbf{x})$ und wollen die Wirkung dieses Feldes auf die Stromschleife untersuchen.

Kraft auf eine Stromschleife

Ausgehend von der Lorentz-Kraft auf ein einzelnes der den Strom bildenden Teilchen finden wir die Gesamtkraft

$$\mathbf{K} = \frac{k_L}{c}\sum_n e\,\mathbf{v}_n\times\mathbf{B}(\mathbf{x}_n) = \int \mathrm{d}^3x \sum_n \frac{e}{c}\mathbf{v}_n\times\mathbf{B}(\mathbf{x}_n)\delta^{(3)}(\mathbf{x}-\mathbf{x}_n)$$

$$= \frac{k_L}{c}\int \mathrm{d}^3x\,\mathbf{j}(\mathbf{x})\times\mathbf{B}(\mathbf{x})\,. \tag{4.3.3}$$

Anmerkung: Wir setzen voraus, dass $\mathbf{B}(\mathbf{x})$ nur schwach gegenüber dem Abstand der den Strom tragenden Teilchen variiert. Dann kann man statt des oben eingehenden mikroskopischen Stroms den gemittelten schreiben – und nur für diesen gelten die verwendeten Stationaritätseigenschaften.

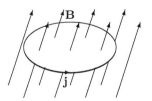

Abb. 4.10. Skizze einer Stromschleife im Feld $\mathbf{B}(\mathbf{x})$. Das Feld soll im Bereich um die Schleife nicht zu stark variieren

Für eine geschlossene Stromschleife, wie in Abb. 4.10 skizziert, kann die Kraft durch ihr magnetisches Moment ausgedrückt werden. Wir setzen voraus, dass sich die Stromschleife in der Nähe des Koordinatenursprungs befindet und entwickeln

$$\mathbf{B}(\mathbf{x}) = \mathbf{B}(0) + (\mathbf{x} \cdot \boldsymbol{\nabla})\mathbf{B}|_{\mathbf{x}=0} + \dots$$
$$B_k(\mathbf{x}) = B_k(0) + x_l\, B_{k,l}(0) + \dots$$

Der erste Term ergibt wegen $\int \mathrm{d}^3 x\, \mathbf{j} = 0$. Dann vertauschen wir die Terme solange, bis wir aus $(\mathbf{j} \times (\mathbf{x}\cdot\boldsymbol{\nabla})\mathbf{B})$ etwas mit $\mathbf{x}\times\mathbf{j}$, d.h. mit $\mathbf{m}$ erhalten haben.

$$K_i = \frac{k_L}{c} \int \mathrm{d}^3 x\, \epsilon_{ijk}\, j_j(\mathbf{x})\, x_l\, B_{k,l}(0) = \frac{k_L}{2c} \int \mathrm{d}^3 x\, \epsilon_{ijk} \big(j_j\, x_l - j_l\, x_j\big) B_{k,l}(0),$$

wobei wir die Hilfsformel (4.2.9) eingesetzt haben. Jetzt ersetzen wir noch

$$x_l\, j_j - j_l\, x_j = (\delta_{ja}\,\delta_{lb} - \delta_{jb}\,\delta_{la})\, j_a x_b = \epsilon_{\mu jl}\,\epsilon_{\mu ab}\, j_a x_b = \epsilon_{\mu jl}\left[\mathbf{j}\times\mathbf{x}\right]_\mu .$$

Der ganz rechte Term weist bereits auf $\mathbf{m}$ hin. Auszuwerten ist jetzt

$$\epsilon_{ijk}(j_j x_l - j_l x_j)B_{k,l} = \epsilon_{ijk}\,\epsilon_{\mu jl}\left[\mathbf{j}\times\mathbf{x}\right]_\mu B_{k,l} = (\delta_{i\mu}\delta_{kl} - \delta_{il}\delta_{k\mu})\left[\mathbf{j}\times\mathbf{x}\right]_\mu B_{k,l}$$
$$= \left[\mathbf{j}\times\mathbf{x}\right]_\mu B_{k,k} - \left[\mathbf{j}\times\mathbf{x}\right]_k B_{k,i}.$$

Nun ist $B_{k,k} = \boldsymbol{\nabla}\cdot\mathbf{B} = 0$. Somit erhält man

$$K_i = \frac{k_L}{2c} \int \mathrm{d}^3 x \big(\mathbf{x}\times\mathbf{j}\big)_k B_{k,i} \overset{(4.2.13)}{=} m_k B_{k,i} = \nabla_i(\mathbf{m}\cdot\mathbf{B})$$

Mittels (A.2.33) erhält man

$$\mathbf{K} = \boldsymbol{\nabla}(\mathbf{m}\cdot\mathbf{B}) = (\mathbf{m}\cdot\boldsymbol{\nabla})\mathbf{B} + \mathbf{m}\times(\boldsymbol{\nabla}\times\mathbf{B}). \tag{4.3.4}$$

Potentielle Energie eines Dipols im äußeren Feld

Es liegt nahe anzunehmen, dass die Energie eines magnetischen Dipols im Feld $\mathbf{B}$ ähnlich der des elektrischen Dipols im Feld $\mathbf{E}$ (2.5.12) sein muss: $U_e = -\mathbf{p}\cdot\mathbf{E}$. Wir können dies direkt aus der Kraft (4.3.4) berechnen, die auf einen Dipol im Feld $\mathbf{B}$ wirkt:

$$U = -\int_{-\infty}^{\mathbf{x}} \mathrm{d}\mathbf{x}' \cdot \boldsymbol{\nabla}'(\mathbf{m}\cdot\mathbf{B}(\mathbf{x}')) = -\mathbf{m}\cdot\int_0^{\mathbf{B}} \mathrm{d}\mathbf{B} = -\mathbf{m}\cdot\mathbf{B}. \tag{4.3.5}$$

U beinhaltet aber nicht die Energie, die zur Aufrechterhaltung der Stromdichte $\mathbf{j}$ notwendig ist, um $\mathbf{m}$ konstant zu halten (siehe (7.2.9)). Setzt man für $\mathbf{B}$ das Feld eines magnetischen Dipols (4.2.12) ein, so erhält man die Wechselwirkungsenergie zweier magnetischer Dipole an den Orten $\mathbf{x}_1 \neq \mathbf{x}_2$:

$$U = \frac{k_C}{k_L^2} \frac{1}{|\mathbf{x}_2-\mathbf{x}_1|^3}\left[\mathbf{m}_1\cdot\mathbf{m}_2 - 3\frac{\big(\mathbf{m}_1\cdot(\mathbf{x}_2-\mathbf{x}_1)\big)\big(\mathbf{m}_2\cdot(\mathbf{x}_2-\mathbf{x}_1)\big)}{|\mathbf{x}_1-\mathbf{x}_2|^2}\right]. \tag{4.3.6}$$

Der Ausdruck ist analog zur elektrischen Dipol-Dipol-Wechselwirkung (2.5.14).

Drehmoment

Für das Drehmoment sind ähnliche Transformationen wie bei der Kraft auszuführen. Wiederum ist das Vektorprodukt $\mathbf{j}\times\mathbf{B}$ so umzuformen, dass daraus
ein Ausdruck mit dem magnetischen Moment $(k_L/2c)\int \mathrm{d}^3x\,\mathbf{x}\times\mathbf{j}$ resultiert:

$$\mathbf{N}=e\sum_n \mathbf{x}_n \times \mathbf{K}_n = \frac{k_L}{c}\sum_n \mathbf{x}_n \times \big(e\,\mathbf{v}_n \times \mathbf{B}(\mathbf{x}_n)\big) = \frac{k_L}{c}\int \mathrm{d}^3x\,\mathbf{x}\times\big(\mathbf{j}\times\mathbf{B}\big). \quad (4.3.7)$$

In erster Näherung ist $\mathbf{B}(\mathbf{x})=\mathbf{B}(0)$. Dann kann nach (4.2.9) $\mathbf{j} \leftrightharpoons -\mathbf{x}$ vertauscht
werden:

$$\mathbf{N} = \frac{k_L}{2c}\int \mathrm{d}^3x\Big\{\mathbf{x}\times\big[\mathbf{j}(\mathbf{x})\times\mathbf{B}(0)\big] - \mathbf{j}(\mathbf{x})\times\big[\mathbf{x}\times\mathbf{B}(0)\big]\Big\}.$$

Benützen wir die Jacobi-Identität (A.1.59): $\mathbf{x}\times(\mathbf{j}\times\mathbf{B}) = -\mathbf{j}\times(\mathbf{B}\times\mathbf{x}) - \mathbf{B}\times(\mathbf{x}\times\mathbf{j})$,
so können wir (4.3.7) weiter umformen:

$$\mathbf{N} = -\frac{k_L}{2c}\int \mathrm{d}^3x\,\mathbf{B}\times\big(\mathbf{x}\times\mathbf{j}(\mathbf{x})\big) = \mathbf{m}\times\mathbf{B}. \quad (4.3.8)$$

Potentielle Energie, Kraft und Drehmoment eines Dipols im äußeren Feld:

$$U \overset{(2.5.12)}{=} -\mathbf{p}\cdot\mathbf{E}, \qquad \mathbf{K} \overset{(2.5.15)}{=} \nabla(\mathbf{p}\cdot\mathbf{E}), \qquad \mathbf{N} \overset{(2.5.16)}{=} \mathbf{p}\times\mathbf{E},$$
$$U \overset{(4.3.5)}{=} -\mathbf{m}\cdot\mathbf{B}, \qquad \mathbf{K} \overset{(4.3.4)}{=} \nabla(\mathbf{m}\cdot\mathbf{B}), \qquad \mathbf{N} \overset{(4.3.8)}{=} \mathbf{m}\times\mathbf{B}.$$

4.3.3 Ampère'sches Kraftgesetz

Das Gesetz von Biot-Savart, auf das wir in der Form von (4.1.7) Bezug nehmen, gibt uns Auskunft über das Magnetfeld einer Stromverteilung. Die Kraft,
die auf eine Stromschleife wirkt, die sich in einem Magnetfeld befindet, ist in
(4.3.3) angegeben. Damit können wir die Kraft bestimmen, die zwei Stromschleifen, wie in Abb. 4.11 skizziert, aufeinander ausüben.

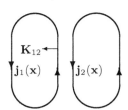

Abb. 4.11. Zwei Stromschleifen $\mathbf{j}_{1,2}$ stoßen sich ab,
wenn die Ströme antiparallel sind

$$\mathbf{B}_2(\mathbf{x}_1) = \frac{k_C}{ck_L}\int \mathrm{d}^3x_2\,\frac{\mathbf{j}_2(\mathbf{x}_2)\times(\mathbf{x}_1-\mathbf{x}_2)}{|\mathbf{x}_1-\mathbf{x}_2|^3}.$$

Der Strom $\mathbf{j}_2(\mathbf{x})$ der Schleife 2 erzeugt das Feld $\mathbf{B}_2(\mathbf{x})$. Aufgrund dieses Feldes
wirkt auf die Schleife 1 die Kraft[1]

---
[1] $\mathbf{a}\times(\mathbf{b}\times\mathbf{c}) = (\mathbf{a}\cdot\mathbf{c})\mathbf{b} - (\mathbf{a}\cdot\mathbf{b})\mathbf{c}$ (Graßmann-Identität, (A.1.60))

$$\mathbf{K}_{12} = \frac{k_L}{c} \int d^3x_1 \, \mathbf{j}_1(\mathbf{x}_1) \times \mathbf{B}_2(\mathbf{x}_1)$$

$$= \frac{k_C}{c^2} \int d^3x_1 \int d^3x_2 \, \frac{\mathbf{j}_1(\mathbf{x}_1) \times [\mathbf{j}_2(\mathbf{x}_2) \times (\mathbf{x}_1 - \mathbf{x}_2)]}{|\mathbf{x}_1 - \mathbf{x}_2|^3} = \frac{k_C}{c^2} \int d^3x_1 \int d^3x_2$$

$$\frac{(\mathbf{j}_1(\mathbf{x}_1) \cdot (\mathbf{x}_1 - \mathbf{x}_2)) \, \mathbf{j}_2(\mathbf{x}_2) - (\mathbf{j}_1(\mathbf{x}_1) \cdot \mathbf{j}_2(\mathbf{x}_2)) \, (\mathbf{x}_1 - \mathbf{x}_2)}{|\mathbf{x}_1 - \mathbf{x}_2|^3} .$$

Der 2. Term hat bereits die erwartete Symmetrie, d.h. nur das Vorzeichen der Kraft wechselt bei Vertauschung der Schleifen 1 und 2. Betrachtet werden muss nur der 1. Term. Dieser kann in der folgenden Form geschrieben werden:

$$-\frac{k_C}{c^2} \int d^3x_1 \int d^3x_2 \left(\mathbf{j}_1(\mathbf{x}_1) \cdot \boldsymbol{\nabla}_1 \frac{1}{|\mathbf{x}_1 - \mathbf{x}_2|} \right) \mathbf{j}_2(\mathbf{x}_2)$$

$$= \frac{k_C}{c^2} \int d^3x_1 \int d^3x_2 \left((\boldsymbol{\nabla}_1 \cdot \mathbf{j}_1(\mathbf{x}_1)) \frac{1}{|\mathbf{x}_1 - \mathbf{x}_2|} \right) \mathbf{j}_2(\mathbf{x}_2) = 0,$$

da $\boldsymbol{\nabla}_1 \cdot \mathbf{j}_1 = 0$. Damit erhält man die Kraft

$$\mathbf{K}_{12} = -\frac{k_C}{c^2} \int d^3x_1 \int d^3x_2 \, \mathbf{j}_1(\mathbf{x}_1) \cdot \mathbf{j}_2(\mathbf{x}_2) \frac{(\mathbf{x}_1 - \mathbf{x}_2)}{|\mathbf{x}_1 - \mathbf{x}_2|^3} \tag{4.3.9}$$

in der Form des Ampère'schen Kraftgesetzes für die Kräfte zwischen 2 Stromschleifen, nach dem sich parallele Ströme anziehen, antiparallele abstoßen.

Kraft zwischen zwei parallelen Drähten

Gegeben sind zwei parallele Drähte der Länge $L \to \infty$, die voneinander einen Abstand d haben (siehe Abb. 4.12). Die Berechnung des Integrals machen wir

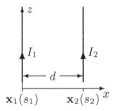

Abb. 4.12. Skizze mit 2 Drähten im Abstand d und $\mathbf{x}_{1,2}(s_{1,2})$ und parallelen Strömen.

analog zum Abschnitt 4.1.3 (Biot-Savart). Die Kurve der Drahtmittelpunkte ist durch $\mathbf{x}_i(s_i) = z_i \, \mathbf{e}_z$ gegeben. Für parallele Ströme ist

$$\mathbf{j}_1(\mathbf{x}) = I_1 \, \mathbf{e}_z \, \delta(x)\delta(y), \qquad\qquad \mathbf{j}_2(\mathbf{x}) = I_2 \, \mathbf{e}_z \, \delta(x-d)\delta(y).$$

Der Drahtquerschnitt ist $F_i(s_i)$, so dass $I_i = F_i(s_i) \, j_i(x_i)$.

$$\mathbf{x}_1(s_1) = \mathbf{e}_z s_1, \quad \mathbf{x}_2(s_2) = \mathbf{e}_x d + \mathbf{e}_z s_2 \quad \Rightarrow \quad \mathbf{x}_1 - \mathbf{x}_2 = -d\mathbf{e}_x + (s_1 - s_2)\mathbf{e}_z.$$

Damit erhält man für die auf die Schleife 1 wirkende Kraft, wenn man $s = s_1 - s_2$ und $L = \int_2 ds_2$ einsetzt:

$$\mathbf{K}_{1,2} = -\frac{k_C}{c^2}I_1I_2\int_1 \mathrm{d}s_1 \int_2 \mathrm{d}s_2 \frac{-d\mathbf{e}_x + (s_1-s_2)\mathbf{e}_z}{\sqrt{d^2 + (s_1-s_2)^2}^3} = -\frac{k_C}{c^2}I_1I_2L\int_{-\infty}^{\infty}\mathrm{d}s\frac{-d\mathbf{e}_x + s\mathbf{e}_z}{\sqrt{d^2+s^2}^3}.$$

Die Kraft pro Längeneinheit $|\mathbf{K}_{1,2}/L|$, die der Draht 2 auf den Draht 1 aus-übt, hängt, wenn der Draht 2 unendlich lang ist, nicht vom Ort s_1 ab. Die Komponente K_z verschwindet aus Symmetriegründen. So bleibt nur K_x, d.h. $\mathbf{K}_{1,2} = K\mathbf{e}_x$, wobei es sinnvoll ist nur die Kraft pro Längeneinheit anzugeben:

$$\frac{K}{L} = \frac{k_C}{c^2}I_1I_2\int_{-\infty}^{\infty}\mathrm{d}s\frac{d}{\sqrt{d^2+s^2}^3} = \frac{k_C}{c^2}\frac{I_1I_2}{d}\left.\frac{s}{\sqrt{d^2+s^2}}\right|_{-\infty}^{\infty} = \frac{k_C}{c^2}\frac{2I_1I_2}{d}. \qquad (4.3.10)$$

Die Kraft pro Längeneinheit auf den Draht 1 ist so anziehend für parallele Ströme und abstoßend für antiparallele Ströme. Mit (4.3.10) wurde bis 2019 die Einheit der Stromstärke, das Ampere (C.2.9) bestimmt. Man sollte darauf hinweisen, dass K/L nur durch k_C, d.h. ϵ_0, festgelegt wurde. jetzt wird $\mu_0 = 1/k_L^2\epsilon_0$ experimentell, d.h. unabhängig vom Ampere (C.2.8), gemessen.

4.4 Magnetische Multipolentwicklung

4.4.1 Momente des skalaren Potentials

Zunächst berechnet man mittels $\mathbf{B} = \boldsymbol{\nabla}\times\mathbf{A}$, (4.1.4), das Feld lokaler Ströme:

$$\mathbf{B} = \frac{k_C}{k_Lc}\int_V \mathrm{d}^3x'\,\boldsymbol{\nabla}\times\frac{\mathbf{j}(\mathbf{x}')}{|\mathbf{x}-\mathbf{x}'|}\overset{\boldsymbol{\nabla}\to-\boldsymbol{\nabla}'}{=}\frac{-k_C}{k_Lc}\int_V \mathrm{d}^3x'\left[\boldsymbol{\nabla}'\times\frac{\mathbf{j}(\mathbf{x}')}{|\mathbf{x}-\mathbf{x}'|} - \frac{\boldsymbol{\nabla}'\times\mathbf{j}(\mathbf{x}')}{|\mathbf{x}-\mathbf{x}'|}\right]$$

$$\overset{(\mathrm{A.4.5})}{=}\frac{-k_C}{k_Lc}\left\{\oiint_{\partial V}\mathrm{d}\mathbf{f}'\times\frac{\mathbf{j}(\mathbf{x}')}{|\mathbf{x}-\mathbf{x}'|} - \int_V \mathrm{d}^3x'\frac{\boldsymbol{\nabla}'\times\mathbf{j}(\mathbf{x}')}{|\mathbf{x}-\mathbf{x}'|}\right\}, \qquad \text{SI: } \frac{k_C}{ck_L} = \frac{\mu_0}{4\pi}.$$

Der erste Term verschwindet, da an der Oberfläche von V keine Ströme sind. Wir sind allein an den Feldern außerhalb der lokalen Stromverteilung inter-essiert, wo $\boldsymbol{\nabla}\times\mathbf{B} = 0$. Dort kann ein skalares Potential ϕ_M (siehe S. 137) definiert werden, das die Laplace-Gleichung $\Delta\phi_M = 0$ erfüllt. Für dieses gilt

$$\mathbf{x}\cdot\mathbf{B} = -\mathbf{x}\cdot\boldsymbol{\nabla}\phi_M = -r\frac{\partial}{\partial r}\phi_M$$
$$= \frac{k_C}{k_Lc}\int_V \mathrm{d}^3x'\frac{\mathbf{x}\cdot(\boldsymbol{\nabla}'\times\mathbf{j})}{|\mathbf{x}-\mathbf{x}'|} = \frac{k_C}{k_Lc}\int_V \mathrm{d}^3x'\frac{\boldsymbol{\nabla}'\cdot(\mathbf{j}\times\mathbf{x})}{|\mathbf{x}-\mathbf{x}'|}. \qquad (4.4.1a)$$

Das folgende Integral ist null, da jeder der beiden Terme auf der rechten Seite verschwindet: Der erste nach Anwendung des Gauß'schen Satzes, da die Ströme lokal sind und der zweite Term, da das Spatprodukt zwei parallele Vektoren hat:

$$\int_V \mathrm{d}^3x'\frac{\boldsymbol{\nabla}'\cdot[\mathbf{j}\times(\mathbf{x}-\mathbf{x}')]}{|\mathbf{x}-\mathbf{x}'|} = \int_V \mathrm{d}^3x'\left\{\boldsymbol{\nabla}'\cdot\frac{\mathbf{j}\times(\mathbf{x}-\mathbf{x}')}{|\mathbf{x}-\mathbf{x}'|} + [\mathbf{j}\times(\mathbf{x}-\mathbf{x}')]\cdot\boldsymbol{\nabla}'\frac{1}{|\mathbf{x}-\mathbf{x}'|}\right\} = 0.$$

Damit kann im Vektorprodukt von (4.4.1a) $\mathbf{x}$ durch $\mathbf{x}'$ ersetzt werden. Jetzt wird noch $1/|\mathbf{x}-\mathbf{x}'|$ für $r > r'$ entwickelt:

$$\mathbf{x}\cdot\mathbf{B} = \frac{k_C}{k_L c} \int_V \mathrm{d}^3 x' \frac{\boldsymbol{\nabla}' \cdot (\mathbf{j} \times \mathbf{x}')}{|\mathbf{x} - \mathbf{x}'|} \tag{4.4.1b}$$

$$\overset{(3.3.8)}{=} \sum_{l=0}^{\infty} \frac{4\pi}{2l+1} \frac{1}{r^{l+1}} \sum_{m=-l}^{l} Y_{lm}(\vartheta, \varphi) \frac{k_C}{k_L c} \int_V \mathrm{d}^3 x' \, r'^l Y_{lm}^*(\vartheta', \varphi') \boldsymbol{\nabla}' \cdot (\mathbf{j} \times \mathbf{x}').$$

(4.4.1b) kann mithilfe von

$$\frac{1}{r^{l+1}} = -\frac{r}{l+1} \frac{\partial}{\partial r} \frac{1}{r^{l+1}}$$

als Entwicklung von ϕ_M in sphärische Multipolmomente dargestellt werden

$$\phi_M(\mathbf{x}) = \frac{k_C}{k_L^2} \sum_{l=0}^{\infty} \frac{4\pi}{2l+1} \frac{1}{r^{l+1}} \sum_{m=-l}^{l} Y_{lm}(\vartheta, \varphi) \, Q_{lm}^{(M)}, \tag{4.4.2}$$

$$Q_{lm}^{(M)} = \frac{k_L}{c(l+1)} \int_V \mathrm{d}^3 x' \, r'^l \, Y_{lm}^*(\vartheta', \varphi') \boldsymbol{\nabla}' \cdot (\mathbf{j} \times \mathbf{x}').$$

Wir formen die Momente um, indem wir partiell integrieren:

$$Q_{lm}^{(M)} = \frac{-k_L}{c(l+1)} \int_V \mathrm{d}^3 x' \, (\mathbf{j} \times \mathbf{x}') \cdot \boldsymbol{\nabla}' r'^l \, Y_{lm}^*(\vartheta', \varphi').$$

Nun ist der (dimensionslose) Drehimpuls-Operator definiert durch

$$\hat{\mathbf{L}} = \mathbf{x}\times\hat{\mathbf{p}} = -\mathrm{i}\mathbf{x} \times \boldsymbol{\nabla} = \mathrm{i}\mathbf{e}_\vartheta \frac{1}{\sin\vartheta} \frac{\partial}{\partial\varphi} - \mathrm{i}\mathbf{e}_\varphi \frac{\partial}{\partial\vartheta}, \qquad \hat{\mathbf{p}} = -\mathrm{i}\boldsymbol{\nabla}. \tag{4.4.3}$$

Nach zyklischer Vertauschung erhält man die sphärischen Multipolmomente

$$Q_{lm}^{(M)} = \frac{-\mathrm{i}k_L}{c(l+1)} \int_V \mathrm{d}^3 x' \, r'^l \, \mathbf{j} \cdot \hat{\mathbf{L}}' Y_{lm}^*(\vartheta', \varphi'). \tag{4.4.4}$$

Diese können auch durch *vektorielle Kugelflächenfunktionen* (4.4.6) ([Hill, 1954] oder [Jackson, 2006, (9.119)]) ausgedrückt werden:

$$Q_{lm}^{(M)} = \mathrm{i}\sqrt{\frac{l}{l+1}} \frac{k_L}{c} \int_V \mathrm{d}^3 x' \, r'^l \, \mathbf{j}\cdot\mathbf{X}_{lm}^*(\vartheta', \varphi'), \quad \mathbf{X}_{lm}(\vartheta, \varphi) = \frac{\hat{\mathbf{L}} Y_{lm}(\vartheta, \varphi)}{\sqrt{l(l+1)}}. \tag{4.4.5}$$

4.4.2 Vektorielle Kugelflächenfunktionen

Um ein Vektorfeld nach vektoriellen Funktionen zu entwickeln, konstruiert man drei Vektorfunktionen, die nur von $\Omega = (\vartheta, \varphi)$ abhängen sollen:

$$\mathbf{Y}_{lm}(\Omega) = \mathbf{e}_r \, Y_{lm}(\Omega),$$

$$\mathbf{X}_{lm}(\Omega) = \frac{\hat{\mathbf{L}} Y_{lm}(\Omega)}{\sqrt{l(l+1)}} = \mathrm{i} \frac{r \, \boldsymbol{\nabla} \times \mathbf{Y}_{lm}(\Omega)}{\sqrt{l(l+1)}}, \qquad (4.4.6)$$

$$\mathbf{Z}_{lm}(\Omega) = \mathbf{e}_r \times \mathbf{X}_{lm}(\Omega) = \frac{-r\hat{\mathbf{p}} Y_{lm}(\Omega)}{\sqrt{l(l+1)}}.$$

Die so definierten vektoriellen Kugelflächenfunktionen sind orthonormal:

$$(\mathbf{Y}_{l'm'}, \mathbf{Y}_{lm}) = (\mathbf{X}_{l'm'}, \mathbf{X}_{lm}) = (\mathbf{Z}_{l'm'}, \mathbf{Z}_{lm}) = \delta_{ll'} \, \delta_{mm'},$$

$$(\mathbf{Y}_{l'm'}, \mathbf{X}_{lm}) = (\mathbf{Y}_{l'm'}, \mathbf{Z}_{lm}) = (\mathbf{X}_{l'm'}, \mathbf{Z}_{lm}) = 0. \qquad (4.4.7)$$

Die Skalarprodukte sind Integrale über die Kugeloberfläche $\mathrm{d}\Omega = \mathrm{d}\vartheta \mathrm{d}\varphi \sin \vartheta$.

Anmerkung: Die Definitionen (4.4.6) sind nicht „kanonisch", stehen aber in engem Zusammenhang mit den Definitionen von Barrera et al. [1985]:

$$\mathbf{Y}_{lm}(\Omega) = \mathbf{e}_r \, Y_{lm}(\Omega),$$

$$\boldsymbol{\Phi}_{lm}(\Omega) = \mathbf{x} \times \boldsymbol{\nabla} Y_{lm}(\Omega) = \mathrm{i}\hat{\mathbf{L}} Y_{lm}(\Omega) = \mathrm{i}\sqrt{l(l+1)} \, \mathbf{X}_{lm}(\Omega), \qquad (4.4.8)$$

$$\boldsymbol{\Psi}_{lm}(\Omega) = r \boldsymbol{\nabla} Y_{lm}(\Omega) = \mathrm{i}r\hat{\mathbf{p}} Y_{lm}(\Omega) = -\mathrm{i}\sqrt{l(l+1)} \, \mathbf{Z}_{lm}(\Omega).$$

Verifizierung der Orthogonalität

Zu zeigen ist, dass die Vektorfunktionen (4.4.6) orthonormal sind, d.h., dass sie die Bedingungen (4.4.7) erfüllen. Man sieht unmittelbar, dass

$$\mathbf{Y}_{l'm'} \cdot \mathbf{X}_{lm} = \mathbf{Y}_{l'm'} \cdot \mathbf{Z}_{lm} = 0,$$

da $\mathbf{e}_r \cdot \hat{\mathbf{L}} = 0$ bzw. $\mathbf{e}_r \cdot (\mathbf{e}_r \times \mathbf{X}_{lm}) = 0$. Weniger trivial ist es die Orthogonalität von

$$\mathbf{X}_{l'm'} \cdot \mathbf{Z}_{lm} = \mathbf{X}_{l'm'} \cdot (\mathbf{e}_r \times \mathbf{X}_{lm}) = (\mathbf{X}_{lm} \times \mathbf{X}_{l'm'}) \cdot \mathbf{e}_r$$

zu zeigen, was in der folgenden Nebenrechnung gemacht wird:

Nebenrechnung: $\mathbf{X}_{l'm'} \cdot \mathbf{Z}_{lm} = 0$. Hierzu berechnen wir

$$\mathbf{X}_{lm} \times \mathbf{X}_{l'm'} = \frac{-1}{l(l+1)} \left[\left(\mathbf{e}_\vartheta \frac{1}{\sin \vartheta} \frac{\partial}{\partial \varphi} - \mathbf{e}_\varphi \frac{\partial}{\partial \vartheta} \right) Y_{lm} \right] \times \left[\left(\mathbf{e}_\vartheta \frac{1}{\sin \vartheta} \frac{\partial}{\partial \varphi} - \mathbf{e}_\varphi \frac{\partial}{\partial \vartheta} \right) Y_{l'm'} \right]$$

$$= \frac{1}{l(l+1)} \frac{1}{\sin \vartheta} \left[(\mathbf{e}_\vartheta \times \mathbf{e}_\varphi) \frac{\partial Y_{lm}}{\partial \varphi} \frac{\partial Y_{l'm'}}{\partial \vartheta} + (\mathbf{e}_\varphi \times \mathbf{e}_\vartheta) \frac{\partial Y_{lm}}{\partial \vartheta} \frac{\partial Y_{l'm'}}{\partial \varphi} \right].$$

Wir erhalten so

$$\mathbf{X}_{l'm'} \cdot \mathbf{Z}_{lm} = \frac{1}{l(l+1)} \frac{1}{\sin \vartheta} \left[\frac{\partial Y_{lm}}{\partial \varphi} \frac{\partial Y_{l'm'}}{\partial \vartheta} - \frac{\partial Y_{lm}}{\partial \vartheta} \frac{\partial Y_{l'm'}}{\partial \varphi} \right].$$

Für das Skalarprodukt der Vektorfunktionen folgt daraus

$$(\mathbf{X}_{l'm'},\mathbf{Z}_{lm}) = \int \mathrm{d}\Omega\,\mathbf{X}_{l'm'}^* \cdot \mathbf{Z}_{lm} = \frac{1}{l(l+1)}\int \frac{\mathrm{d}\Omega}{\sin\vartheta}\left[\frac{\partial Y_{lm}}{\partial\vartheta}\frac{\partial Y_{l'm'}^*}{\partial\varphi} - \frac{\partial Y_{lm}}{\partial\varphi}\frac{\partial Y_{l'm'}^*}{\partial\vartheta}\right].$$

Nun wird der 1. Term bezüglich ϑ der 2. Term bezüglich φ partiell integriert:

$$(\mathbf{X}_{l'm'},\mathbf{Z}_{lm}) = \frac{1}{l(l+1)}\left\{ \int_0^{2\pi}\mathrm{d}\varphi\,Y_{lm}\frac{\partial Y_{l'm'}^*}{\partial\varphi}\bigg|_{\vartheta=0}^{\vartheta=\pi} - \int \frac{\mathrm{d}\Omega}{\sin\vartheta}\,Y_{lm}\frac{\partial^2 Y_{l'm'}^*}{\partial\vartheta\partial\varphi}\right.$$

$$\left. - \int_0^{\pi}\mathrm{d}\vartheta\,Y_{lm}\frac{\partial Y_{l'm'}^*}{\partial\vartheta}\bigg|_{\varphi=0}^{\varphi=2\pi} + \int \frac{\mathrm{d}\Omega}{\sin\vartheta}\,Y_{lm}\frac{\partial^2 Y_{l'm'}^*}{\partial\vartheta\partial\varphi}\right\}.$$

Es bleiben nur die Randterme zurück, wobei der 2. Randterm wegen $Y_{lm}(\vartheta,\varphi) = Y_{lm}(\vartheta,\varphi+2\pi)$ verschwindet. Das gilt auch für den 1. Randterm, wenn das Integral über φ ausgeführt wird:

$$\int_0^{2\pi}\mathrm{d}\varphi\,Y_{lm}(\vartheta,\varphi)\frac{\partial Y_{l'm'}^*(\vartheta,\varphi)}{\partial\varphi} = \frac{-m'}{m-m'}Y_{lm}(\vartheta,\varphi)\,Y_{l'm'}^*(\vartheta,\varphi)\bigg|_0^{2\pi} = 0,\quad m\neq m'.$$

Für $m=m'$ ist der Integrand von φ unabhängig, und wir erhalten

$$\int_0^{2\pi}\mathrm{d}\varphi\,Y_{lm}(\vartheta,\varphi)\frac{\partial Y_{l'm}^*(\vartheta,\varphi)}{\partial\varphi}\bigg|_{\vartheta=0}^{\vartheta=\pi} = 2\pi\mathrm{i}m\big[Y_{lm}(0,\varphi)Y_{l'm}^*(0,\varphi) - Y_{lm}(\pi,\varphi)Y_{l'm}^*(\pi,\varphi)\big].$$

Da die Produkte von φ unabhängig sind, setzen wir im 1. Term $\varphi \to \varphi+\pi$ und verwenden die Symmetrie $Y_{lm}(\vartheta-\pi,\varphi+\pi) = (-1)^l\,Y_{lm}(\vartheta,\varphi)$. Damit ist gezeigt, dass die drei Vektorfunktionen orthogonal sind (2. Zeile von (4.4.7)).

Es bleibt noch zu zeigen, dass die einzelnen Vektoren orthonormiert sind, was für $\mathbf{Y}_{lm}$ direkt aus der Orthonormalität (3.2.36) der Y_{lm} folgt:

$$(\mathbf{Y}_{l'm'},\mathbf{Y}_{lm}) = \int \mathrm{d}\Omega\,Y_{l'm'}^*(\Omega)\,Y_{lm}(\Omega) = \delta_{ll'}\,\delta_{mm'},$$

$$(\mathbf{X}_{l'm'},\mathbf{X}_{lm}) = \frac{-1}{l(l+1)}\int \mathrm{d}\Omega\,(\hat{\mathbf{L}}Y_{l'm'}^*)\cdot\hat{\mathbf{L}}Y_{lm},$$

$$= \frac{-1}{l(l+1)}\int \mathrm{d}\Omega\left[\frac{1}{\sin^2\vartheta}\frac{\partial Y_{l'm'}^*}{\partial\varphi}\frac{\partial Y_{lm}}{\partial\varphi} + \frac{\partial Y_{l'm'}^*}{\partial\vartheta}\frac{\partial Y_{lm}}{\partial\vartheta}\right].$$

Nach partieller Integration erhält man

$$(\mathbf{X}_{l'm'},\mathbf{X}_{lm}) = \frac{-1}{l(l+1)}\left\{ \int_0^{\pi}\frac{\mathrm{d}\vartheta}{\sin\vartheta}\,Y_{l'm'}^*\frac{\partial Y_{lm}}{\partial\varphi}\bigg|_{\varphi=0}^{\varphi=2\pi} + \int_0^{2\pi}\mathrm{d}\varphi\,Y_{l'm'}^*\frac{\partial Y_{lm}}{\partial\vartheta}\bigg|_{\vartheta=0}^{\vartheta=\pi}\right.$$

$$\left. - \int \mathrm{d}\Omega\,Y_{l'm'}^*\,\hat{\mathbf{L}}^2 Y_{lm}\right\}.$$

Die beiden Randterme verschwinden aus denselben Gründen, die wir bei der Herleitung von $(\mathbf{X}_{l'm'},\mathbf{Z}_{lm})$ angeführt haben. Y_{lm} sind die Eigenfunktionen von $\hat{L}^2$ mit den Eigenwerten $l(l+1)$ (siehe (3.2.9)). Mit diesen erhalten wir die gesuchte Orthonormalitätsbedingung

$$(\mathbf{X}_{l'm'},\mathbf{X}_{lm}) = \delta_{ll'}\,\delta_{mm'}.$$

Die Orthonormalität für $\mathbf{Z}_{lm}$ folgt unmittelbar aus

$$\mathbf{Z}^*_{l'm'}\cdot\mathbf{Z}_{lm} = (\mathbf{e}_r\times\mathbf{X}^*_{l'm'})\cdot(\mathbf{e}_r\times\mathbf{X}_{lm}) = \mathbf{X}^*_{l'm'}\cdot\mathbf{X}_{lm},$$

da $\mathbf{X}_{lm}\cdot\mathbf{e}_r = 0$. Somit ist (4.4.7) verifiziert.

Die Entwicklung nach vektoriellen Kugelflächenfunktionen

Mit den Basisvektoren, den vektoriellen Kugelflächenfunktionen $\mathbf{X}_{lm}$, $\mathbf{Y}_{lm}$ und $\mathbf{Z}_{lm}$ kann nun ein beliebiges Vektorfeld $\mathbf{v}$ wie das magnetische Vektorpotential $\mathbf{A}$ entwickelt werden [Barrera et al., 1985, (3.22)]:

$$\mathbf{v} = \sum_{l=0}^{\infty}\sum_{m=-l}^{l}\left\{Q^Y_{lm}\,\mathbf{Y}_{lm} + Q^X_{lm}\,\mathbf{X}_{lm} + Q^Z_{lm}\,\mathbf{Z}_{lm}\right\}. \tag{4.4.9}$$

Hierbei sind die Q_{lm} die sphärischen Multipolmomente von $\mathbf{v}$

$$Q^Y_{lm}(r) = (\mathbf{Y}_{lm},\mathbf{v}), \quad Q^X_{lm}(r) = (\mathbf{X}_{lm},\mathbf{v}), \quad Q^Z_{lm}(r) = (\mathbf{Z}_{lm},\mathbf{v}) \tag{4.4.10}$$

Integrale über die Kugeloberfläche. Der Helmholtz'sche Zerlegungssatz, Abschn. 7.1.2, besagt, dass ein stetig differenzierbares Vektorfeld $\mathbf{v}$, das für $r\to\infty$ stärker als $1/r$ abfällt, in ein wirbelfreies ($\boldsymbol{\nabla}\times\mathbf{v}_l = 0$) und ein quellenfreies ($\boldsymbol{\nabla}\cdot\mathbf{v}_t = 0$) Vektorfeld aufgeteilt werden kann:

$$\mathbf{v}(\mathbf{x}) = \mathbf{v}_l(\mathbf{x}) + \mathbf{v}_t(\mathbf{x}) = -\boldsymbol{\nabla}\phi(\mathbf{x}) + \boldsymbol{\nabla}\times\mathbf{A}(\mathbf{x}), \tag{7.1.15}$$

Wirbelfreie Vektorfelder

Die Entwicklung eines wirbelfreien Feldes $\mathbf{v}_l = -\boldsymbol{\nabla}\phi$ nach Kugelflächenfunktionen ist gegeben durch (3.3.1):

$$\phi(\mathbf{x}) = \sum_{l=0}^{\infty}\sum_{m=-l}^{l}\phi_{lm}(r)Y_{lm}(\Omega), \quad \phi_{lm}(r) = \int d\Omega\, Y^*_{lm}(\Omega)\phi(\mathbf{x}), \tag{4.4.11}$$

$$\boldsymbol{\nabla}[\phi_{lm}Y_{lm}] = \frac{\partial\phi_{lm}}{\partial r}\mathbf{e}_r Y_{lm} + \frac{\phi_{lm}}{r}(r\boldsymbol{\nabla}Y_{lm}) \overset{(4.4.6)}{=} \frac{d\phi_{lm}}{dr}\mathbf{Y}_{lm} - i\sqrt{l(l+1)}\frac{\phi_{lm}}{r}\mathbf{Z}_{lm}.$$

Daraus ergibt sich für die Koeffizienten der Entwicklung:

$$\mathbf{v}_l = \sum_{l=0}^{\infty}\sum_{m=-l}^{l}\left[-\frac{d\phi_{lm}}{dr}\mathbf{Y}_{lm} + i\sqrt{l(l+1)}\frac{\phi_{lm}}{r}\mathbf{Z}_{lm}\right], \tag{4.4.12}$$

$$Q^Y_{lm} = (\mathbf{Y}_{lm},\mathbf{v}_l) = -\frac{d\phi_{lm}}{dr}, \quad Q^X_{lm} = 0, \quad Q^Z_{lm} = (\mathbf{Z}_{lm},\mathbf{v}_l) = i\sqrt{l(l+1)}\frac{\phi_{lm}}{r}.$$

Das kann durch direkte Berechnung der $Q^{Y,X,Z}_{lm}$ verifiziert werden.

Quellenfreie Vektorfelder – Debye'scher Zerlegungssatz

Ein quellenfreies Vektorfeld $\mathbf{v}_t$ kann durch zwei Skalarfelder χ und ψ dargestellt werden als (*Debye'scher Zerlegungssatz*)

$$\mathbf{v}_t = \mathbf{x} \times \boldsymbol{\nabla}\psi + \boldsymbol{\nabla} \times (\mathbf{x} \times \boldsymbol{\nabla})\chi = i\hat{\mathbf{L}}\psi - \hat{\mathbf{p}} \times (\hat{\mathbf{L}}\chi). \tag{4.4.13}$$

Die Quellenfreiheit des obigen Ansatzes ist leicht zu überprüfen:

$$\boldsymbol{\nabla} \cdot \mathbf{v}_t = -\hat{\mathbf{p}} \cdot \hat{\mathbf{L}}\psi + i\hat{\mathbf{p}} \cdot (\hat{\mathbf{p}} \times \hat{\mathbf{L}}\psi) = 0.$$

Die Skalarfelder ψ und χ werden nun gemäß (4.4.11) nach $Y_{lm}(\Omega)$ entwickelt

$$\mathbf{v}_t = \sum_{l=0}^{\infty} \sum_{m=-l}^{l} \left[\psi_{lm}\, i\hat{\mathbf{L}}Y_{lm} - (\hat{\mathbf{p}}\chi_{lm}) \times \hat{\mathbf{L}}Y_{lm} - \chi_{lm}\hat{\mathbf{p}} \times \hat{\mathbf{L}}Y_{lm} \right]$$

Nebenrechnung: Zwecks Abkürzung werden die Indizes lm weggelassen:

$$(\hat{\mathbf{p}}\chi) \times \hat{\mathbf{L}}Y = -\frac{1}{r}\frac{d\chi}{dr}\mathbf{x} \times (\mathbf{x} \times \boldsymbol{\nabla})Y = \frac{d\chi}{dr}(r\boldsymbol{\nabla}Y) = \frac{d\chi}{dr}\boldsymbol{\Psi}_i,$$

$$[\hat{\mathbf{p}} \times \hat{\mathbf{L}}Y]_i = -[\boldsymbol{\nabla} \times (\mathbf{x} \times \boldsymbol{\nabla})]_i Y = -\epsilon_{ijk}\,\epsilon_{klm}\nabla_j x_l \nabla_m Y = [2\nabla_i - x_i\boldsymbol{\nabla}^2 + (\mathbf{x}\cdot\boldsymbol{\nabla})\nabla_i]Y$$

$$= [2\nabla_i - x_i\boldsymbol{\nabla}^2 + (\mathbf{x}\cdot\boldsymbol{\nabla}\frac{1}{r})(r\nabla_i)]Y = [\nabla_i - x_i\boldsymbol{\nabla}^2]Y = \frac{1}{r}\boldsymbol{\Psi}_i + \frac{l(l+1)}{r}Y_i.$$

Hierbei sind: $r^2\boldsymbol{\nabla}^2 Y_{lm} = -l(l+1)Y_{lm}$ und $r\boldsymbol{\nabla}Y_{lm} = \boldsymbol{\Psi}_{lm}$ und $\mathbf{e}_r Y_{lm} = \mathbf{Y}_{lm}$.

Damit erhält man das quellenfreie Vektorfeld:

$$\mathbf{v}_t = \sum_{l=0}^{\infty} \sum_{m=-l}^{l} \left\{ \sqrt{l(l+1)}\left[\psi_{lm}\mathbf{X}_{lm} + i\frac{d(r\chi_{lm})}{r\,dr}\mathbf{Z}_{lm} \right] - l(l+1)\frac{\chi_{lm}}{r}\mathbf{Y}_{lm} \right\}. \tag{4.4.14}$$

Zu bestimmen sind die Debye-Potentiale χ und ψ aus $\mathbf{v}_t$:

$$X(\mathbf{x}) = \mathbf{x} \cdot \mathbf{v}_t = i\mathbf{x} \cdot \hat{\mathbf{L}}\,\psi - \mathbf{x} \cdot (\hat{\mathbf{p}} \times \hat{\mathbf{L}})\chi = -\hat{\mathbf{L}}^2\chi,$$

$$\Psi(\mathbf{x}) = \mathbf{x} \cdot (\boldsymbol{\nabla} \times \mathbf{v}_t) = i\hat{\mathbf{L}} \cdot \mathbf{v}_t = -\hat{\mathbf{L}}^2\psi$$

Die Felder X und Ψ werden gemäß (4.4.11) nach Y_{lm} entwickelt und mit χ und ψ verglichen. Nun ist $\hat{\mathbf{L}}^2 Y_{lm} = l(l+1)Y_{lm}$, woraus für die Koeffizienten folgt

$$X_{lm} = -l(l+1)\chi_{lm}, \qquad\qquad \Psi_{lm} = -l(l+1)\psi_{lm}.$$

Somit sind die Debye-Potentiale bestimmt, wobei $\chi_{00}(r) = \psi_{00}(r) = 0$ gesetzt werden. Das sagt zugleich aus, dass zu den Lösungen radialsymmetrische Felder $\bar{\chi}(r)$ und $\bar{\psi}(r)$ hinzugefügt werden können ohne $\mathbf{v}_t$ zu ändern.

Aufgaben zu Kapitel 4

4.1. *Unendlicher gerader Draht*: Berechnen Sie das reguläre Potential

1. ϕ einer Linienladung λ
2. $\mathbf{A}$ eines Linienstroms I

mithilfe der Green-Funktion $G_1(\mathbf{x}-\mathbf{x}_0, \mathbf{x}'-\mathbf{x}_0) = \dfrac{1}{|\mathbf{x}'-\mathbf{x}|} - \dfrac{1}{|\mathbf{x}'-\mathbf{x}_0|}$,
wobei der Draht auf der z-Achse liegt und $\mathbf{x}_0 \neq 0$ ein in der xy-Ebene frei zu wählender Konvergenzpunkt ist.

4.2. *Magnetfeld einer rotierenden Scheibe*: Eine unendlich dünne kreisförmige Scheibe vom Radius a sei homogen geladen (σ). Die Scheibe liege in der xy-Ebene mit ihrem Mittelpunkt im Ursprung und rotiere mit der Winkelgeschwindigkeit $\boldsymbol{\omega}$ um die z-Achse.

1. Berechnen Sie das magnetische Moment $\mathbf{m}$ der Scheibe.
2. Berechnen Sie $\mathbf{B}$ näherungsweise analog zur Kreisschleife und
3. exakt auf der z-Achse und vergleichen Sie mit dem Dipolfeld für $|z| \gg a$.

4.3. *Feld einer endlichen Spule*: Das Feld $\mathbf{B}$ einer Spule der Länge $2l$ (Radius a) soll in erster Ordnung von $\kappa = 2\varrho a/(\rho^2 + a^2 + (z\pm l)^2)$ berechnet werden. Für $r \gg l$ und $r \gg a$ sollte die Näherung ein Dipolfeld ergeben. Vergleichen Sie die Näherung insbesondere auf der z-Achse mit dem exakten Resultat.

4.4. *Vektorpotential einer halbunendlichen Dipollinie.* Zu berechnen ist

$$\mathbf{A} = k_M p_m \int_C \mathrm{d}\mathbf{x}' \times \frac{\mathbf{x} - \mathbf{x}'}{|\mathbf{x} - \mathbf{x}'|^3} \,.$$

Der Weg C ist die Gerade: $\mathbf{x}' = s\mathbf{n}$ mit $-\infty < s \leq 0$, wobei $\mathbf{n}$ ein beliebig orientierter Einheitsvektor ist.

1. Berechnen Sie das Vektorpotential (siehe (4.2.48)).

$$\int \mathrm{d}x\, \frac{1}{\sqrt{ax^2 + bx + c}^{\,3}} = \frac{4ax + 2b}{4ac - b^2} \frac{1}{\sqrt{ax^2 + bx + c}} \qquad \text{Hilfsintegral}$$

2. Nehmen Sie an, dass $\mathbf{n} = \mathbf{e}_z$. Der Weg C, der sogenannte *Dirac-string* ist dann die negative z-Achse. Geben Sie $\mathbf{A}$ in Kugelkoordinaten an (siehe ebenfalls (4.2.48)) und berechnen Sie $\mathbf{B}^p = \mathrm{rot}\,\mathbf{A}$ in Kugelkoordinaten für $0 \leq \vartheta < \pi$ und $r > 0$.

3. 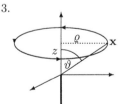   Bestimmen Sie mithilfe von $\mathbf{B}^p$ den Fluss Φ_B durch einen Kreis K_ϱ des Radius ϱ (siehe nebenstehende Skizze). Zeigen Sie, dass das Ampère-Gesetz

$$\oint_{\partial K_\varrho} \mathrm{d}\mathbf{x} \cdot \mathbf{A} = \iint_{K_\varrho} \mathrm{d}\mathbf{f} \cdot \mathbf{B}^p + 2\pi k_M p_m (1 - \mathrm{sgn}\,z)$$

für $\vartheta > \pi/2$ nicht erfüllt ist, da von $\mathbf{B}^p$ der Fluss der Dipollinie (Solenoid) nicht erfasst wird.

4.5. *Feld einer halbunendlichen Spule.* In einer zylindrischen, halbunendlichen Spule (Solenoid) mit dem Radius a und der Wicklungsdichte n fließe der Strom I. n sei hoch genug, so dass die Steigung pro Windung vernachlässigt werden und der Strom somit als kontinuierlicher Kreisstrom betrachtet werden kann, wie man ihn bei einem geladenen rotierenden Zylinder vor sich hätte.

Abb. 4.13. Halbunendliches Solenoid (Spule) mit dem Radius $a \to 0$; das Feld $\mathbf{B}$, das am Ende des Solenoids austritt, ist das eines Monopols. Die Spule erstreckt sich entlang der z-Achse von $-\infty < z \le 0$

1. Berechnen Sie $\mathbf{B}$ innerhalb und außerhalb der Spule (Biot-Savart) und nehmen Sie an, dass die Spule dünn ist: $\mathbf{B} = \mathbf{B}^s + \mathbf{B}^p$

   Hinweis: Berechnet man $\mathbf{B}$ ohne Näherungen, so erhält man die Lösung in Form von elliptischen Integralen 1., 2. und 3. Art; da dies nicht sehr anschaulich ist, sollten Sie die Näherungen machen, die denen von $\mathbf{B}$ der endlichen Spule sehr ähnlich sind (siehe (4.2.41)); Integrale sind im Abschnitt B.5.2 zu finden.

2. Machen Sie den Limes $a \to 0$ und geben Sie $\mathbf{B}$ für diesen Fall an: Wie steigt der Strom an und wie ist die Stärke des Monopols definiert?

4.6. *Nochmals Monopol*: Ausgangspunkt ist wieder das Solenoid Abb. 4.13. Für eine allgemeine Orientierung $\mathbf{n}$ gilt (4.2.48)

$$\mathbf{A} = k_M p_m \frac{\mathbf{n} \times \mathbf{x}}{r(r + \mathbf{n} \cdot \mathbf{x})}.$$

1. Verifizieren Sie

$$\mathbf{A} = \mathrm{rot}\,\mathbf{a} = k_M p_m \frac{\mathbf{n} \times \mathbf{x}}{r(r + \mathbf{n} \cdot \mathbf{x})}, \qquad \mathbf{a} = -k_M p_m \ln(r + \mathbf{n} \cdot \mathbf{x})\,\mathbf{n}.$$

2. Diesen Ansatz für $\mathbf{A}$ können Sie verwenden, um zu zeigen, dass für $\mathbf{n} = \mathbf{e}_z$

$$\mathbf{B} = \mathrm{rot}\,\mathbf{A} = k_M p_m \frac{\mathbf{x}}{r^3} + 4\pi k_M p_m\,\mathbf{e}_z\,\delta(x)\delta(y)\theta(-z)$$

gleich dem einer Punktquelle mit einer singulären Linie ist.

Hinweis: Mithilfe der Darstellung $\mathbf{A} = \mathrm{rot}\,\mathbf{a}$ kann das Feld

$$\mathbf{B} = \mathrm{rot}\,\mathrm{rot}\,\mathbf{a} = \mathrm{grad}\,\mathrm{div}\,\mathbf{a} - \Delta\mathbf{a} = \mathbf{B}^p + \mathbf{B}^s$$

in zwei Teile, die einzeln berechnet werden, zerlegt werden. Um insbesondere den singulären Beitrag von $\mathbf{B}^s$ zu bestimmen, integrieren Sie über eine Kugel (Zylinder), die die negative z-Achse einschließt.

3. Verifizieren Sie noch, dass $\mathrm{div}\,\mathbf{B}^s = -\mathrm{div}\,\mathbf{B}^p$ und $\mathrm{div}\,\mathbf{A} = 0$.

4. Zeigen Sie, dass $\mathbf{B}$ das Ampère'sche (Durchflutungs-) Gesetz erfüllt, d.h., berechnen Sie $\mathrm{rot}\,\mathbf{B}$.

   Hinweis: Gehen Sie davon aus, dass $\mathbf{B}^s$ der Grenzfall des Feldes in einer Spule mit endlichem Radius a ist, analog zum endlichen Draht, den wir durch eine Linie ersetzen konnten.

4.7. *Magnetfeld einer rotierenden Kugel*: Eine homogen geladene Kugel vom Radius R und der Ladungsdichte ρ_0 rotiert mit der konstanten Winkelgeschwindigkeit $\boldsymbol{\omega}$.

1. Berechnen Sie das magnetische Moment $\mathbf{m}$ der Kugel.
2. Berechnen Sie das Vektorpotential außerhalb der Kugel, wobei Sie dieses durch $\mathbf{m}$ ausdrücken sollen, und berechnen Sie noch $\mathbf{B}$.

   Hinweis: Die Integration über ϑ' kann mithilfe der Entwicklung von $\dfrac{1}{|\mathbf{x}-\mathbf{x}'|}$ nach Legendre-Polynomen (3.3.7) relativ elegant ausgeführt werden. Aus physikalischen Überlegungen wissen Sie, dass $\mathbf{B}$ das Feld eines Dipols sein muss.

4.8. *Kraft zwischen Stromschleifen*: Die Kraft pro Längeneinheit (4.3.10) die zwei unendlich lange und parallele Drähte aufeinander ausüben wird zur Definition des Ampères herangezogen.

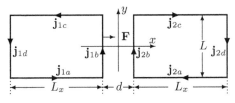

Bei endlicher Länge erwarten wir Korrekturen, die hier für zwei gleiche rechteckige Stromschleifen berechnet werden sollen. Diese sind, der Skizze entsprechend in der xy-Ebene angeordnet. Zeigen Sie, dass

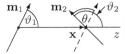

$$\mathbf{F}_{1b\,2b} = \frac{2I_1 I_2}{dc^2}\left(\sqrt{L^2+d^2}-d\right)\mathbf{e}_x$$

die Kraft ist, die die beiden Teilströme $\mathbf{j}_{1b}$ und $\mathbf{j}_{2b}$ aufeinander ausüben. Berechnen Sie darüber hinaus noch die Kraft, die zwischen $\mathbf{j}_{1a}$ und $\mathbf{j}_{2a}$ und $\mathbf{j}_{1c}$ und $\mathbf{j}_{2c}$ wirkt. Ist diese anziehend oder abstoßend?

Resultat:

$$\mathbf{F}_{1a,2a} + \mathbf{F}_{1c,2c} = \frac{2I_1 I_2}{c^2}\ln\frac{d(d+2L_x)}{(d+L_x)^2}\,\mathbf{e}_x\,.$$

4.9. *Wechselwirkungsenergie magnetischer Dipole.*

Gegeben seien zwei magnetische Momente $\mathbf{m}_1$ und $\mathbf{m}_2$.

$\mathbf{m}_1$ liege im Ursprung und $\mathbf{x}$ zeige von $\mathbf{m}_1$ zu $\mathbf{m}_2$, das nicht notwendigerweise auf der z-Achse liegt, wie es die Skizze vorgibt.

$\mathbf{m}_1 \cdot \mathbf{m}_2 = m_1 m_2 \cos\theta$, $\mathbf{m}_1 \cdot \mathbf{x} = m_1 r \cos\vartheta_1$ und $\mathbf{m}_2 \cdot \mathbf{x} = m_2 r \cos\vartheta_2$

Hilfsformel: $\cos\theta = \cos\vartheta_1 \cos\vartheta_2 + \sin\vartheta_1 \sin\vartheta_2 \cos(\varphi_1 - \varphi_2)$.

1. Bestimmen Sie die Wechselwirkungsenergie der beiden Dipole und die Kraft, die die beiden Dipole aufeinander ausüben.
2. Wie stellen sich die Dipole ein, wenn sie frei aufgehängt sind, und welche Kraft üben die beiden Dipole in der Konfiguration minimaler Energie aufeinander aus?

4.10. *Magnetfeld der Erde*: Dieses kann näherungsweise durch das Feld eines magnetischen Punktdipols im Mittelpunkt der Erdkugel beschrieben werden. Ferner nehmen wir an, dass der geografische Nordpol und der magnetische Südpol zusammenfallen, so dass die südlichen magnetischen Breitengrade (< 0) mit den nördlichen geografischen Breitengraden (> 0) zusammenfallen (keine Deklination). Das Feld ist so am Äquator parallel zur Erdoberfläche und zeigt auf der Nordhalbkugel in die Erde; dieser Winkel wird Inklination genannt.

1. Nehmen Sie an, dass auf dem 48. Breitengrad die horizontale Komponente $\mathbf{H}_\| = 18\,\mathrm{A/m}$ beträgt und berechnen Sie daraus das magnetische Moment der Erde ($\mathbf{m} = 8.7\,\mathrm{Oe\,cm^2}$).
2. Geben Sie noch den Zusammenhang zwischen geografischer Breite und der Inklination an und zeigen Sie, dass dieser auf dem 48. Breitengrad etwa 66 Grad beträgt.

Hinweis: Nehmen Sie für den mittleren Radius der Erde $R = 6\,370\,\mathrm{km}$.

4.11. *Summenregel für vektorielle Kugelflächenfunktionen*: Zeigen Sie, dass

$$\sum_{m=-l}^{l} |\mathbf{X}_{lm}(\vartheta,\varphi)|^2 = \sum_{m=-l}^{l} |\mathbf{Z}_{lm}(\vartheta,\varphi)|^2 = \frac{2l+1}{4\pi}.$$

Literaturverzeichnis

M. Abraham, R. Becker *Theorie der Elektrizität I*, 8. Aufl. Teubner Leipzig (1930)

R.G. Barrera, G.A. Estévez and J. Giraldo *Vector spherical harmonics and their application to magnetostatics*, Eur. J. Phys. **6**, 287–294 (1985)

R. Becker, F. Sauter *Theorie der Elektrizität 1*, 21. Aufl. Teubner, Stuttgart (1973)

P.A.M Dirac *Quantised Singularities in the Electromagnetic Field*, Proc. R. Soc. **A133**, 60-72 (1931)

P.A.M Dirac *The theory of Magnetic Poles*, Phys. Rev. **74**, 817 (1948)

E.L. Hill *The Theory of Vector Spherical Harmonics*, Am. J. Phys. **22**, 211–214 (1954)

J.D. Jackson *Klasssische Elektrodynamik*, 4. Aufl., Walter de Gruyter, Berlin (2006)

H. Nowotny *Elektrodynamik und Relativitätstheorie*, Skriptum an der TU-Wien, http://tph.tuwien.ac.at/~rebhana/ED-Skriptum/ (2006)

A. Sommerfeld *Elektrodynamik*, 5. Aufl. Akad. Verlagsges. Leipzig (1967)

5

Elektromagnetische Vorgänge in Materie

Die Maxwell'schen Gleichungen (1.3.21") beschreiben die elektromagnetischen Vorgänge in Anwesenheit von elektrischen Ladungen, Strömen und elektromagnetischen Feldern.

Alle bisher betrachteten Vorgänge waren zeitunabhängig. Vorgegebene Ladungsverteilungen $\rho(\mathbf{x})$ erzeugen elektrische Felder und vorgegebene Ströme $\mathbf{j}(\mathbf{x})$ magnetische Felder. Bestimmt werden konnten die Kräfte und Momente, die die Ladungsverteilungen aufeinander ausüben. Als Randbedingungen sind Flächen konstanten Potentials (Leiter) vorgekommen. Für die Beschreibung haben wir die Poisson-Gleichung mit den entsprechenden (meist Dirichlet'schen) Randbedingungen herangezogen.

In Materie (Festkörper) ist die Situation insofern komplexer, als Atome oder Moleküle nicht frei beweglich, sondern an ihre (Gitter-)Plätze gebunden sind. Sie können elektrisch neutral sein, eine Ladung (Ionen) tragen und/oder permanente Dipolmomente (Multipolmomente) haben.

Unter dem Einfluss eines elektrischen Feldes werden sich die Ladungen, etwa von Kern und Elektronenhülle, gegeneinander verschieben, was ein induziertes Dipolmoment ergibt. Natürlich treten auch alle höheren Multipolmomente auf, nur ist deren Einfluss, vor allem bei größeren Distanzen, klein im Vergleich zum Dipol. Bei diesen Ladungen, die an das Molekül und/oder den Kern gebunden und für dielektrische Eigenschaften verantwortlich sind, spricht man von *gebundenen* Ladungen. Man unterscheidet diese von den *freien* Ladungen, den Quellen der dielektrischen Verschiebungsdichte $\mathbf{D}$ (5.2.17), die in der älteren Literatur *wahre* Ladungen genannt werden. Dort wiederum werden die Quellen von $\mathbf{E}$ als *freie* Ladungen bezeichnet [Föppl, 1894, §41], [Abraham, Becker, 1930, §32].

Die Unterscheidung von freien und gebundenen Ladungen ist naheliegend, da für die Beschreibung makroskopischer Eigenschaften, wie der Polarisier-

Ergänzende Information Die elektronische Version dieses Kapitels enthält Zusatzmaterial, auf das über folgenden Link zugegriffen werden kann https://doi.org/10.1007/978-3-662-68528-0_5.

barkeit eines Mediums, die Heranziehung der mikroskopischen Felder nicht geeignet ist.

Die Felder, die durch die Maxwell-Gleichungen im Vakuum beschrieben werden, werden in den folgenden Abschnitten als mikroskopische Felder $\mathbf{e}$ und $\mathbf{b}$ bezeichnet.

Es ist für makroskopische Vorgänge weder möglich noch nötig die Felder der gebundenen Ladungen aus den mikroskopischen Maxwell-Gleichungen zu berechnen. Vielmehr führt man mittlere Felder, eine mittlere Ladungsverteilung und eine mittlere Stromverteilung ein.

5.1 Die mikroskopischen Gleichungen

Ausgangspunkt sind die Maxwell-Gleichungen im Vakuum (1.3.21), wobei hier die mikroskopischen Felder klein geschrieben werden ($\mathbf{E} \to \mathbf{e}$ und $\mathbf{B} \to \mathbf{b}$), um eine deutliche Unterscheidung zu den langsam variierenden makroskopischen Feldern zu machen:

$$
\begin{array}{lll}
\text{(a)} \qquad \operatorname{div} \mathbf{e} = 4\pi k_C \rho, & \qquad \text{(b)} \quad \operatorname{rot} \mathbf{e} + \dfrac{k_L}{c}\dot{\mathbf{b}} = 0, & \\[2mm]
\text{(c)} \quad k_L \operatorname{rot} \mathbf{b} - \dfrac{1}{c}\dot{\mathbf{e}} = \dfrac{4\pi k_C}{c}\mathbf{j}, & \qquad \text{(d)} \qquad \operatorname{div} \mathbf{b} = 0.
\end{array} \tag{5.1.1}
$$

Wir teilen Ladungen und Ströme in die Beiträge von freien und gebundenen Ladungen und Strömen:

$$
\begin{aligned}
\rho(\mathbf{x},t) &= \rho_f(\mathbf{x},t) + \rho_{\mathrm{b}}(\mathbf{x},t), \\
\mathbf{j}(\mathbf{x},t) &= \mathbf{j}_f(\mathbf{x},t) + \mathbf{j}_{\mathrm{b}}(\mathbf{x},t).
\end{aligned} \tag{5.1.2}
$$

Es wird gezeigt, dass die gebundene Ladungsdichte ρ_{b} für die Polarisation $\mathbf{P}$ des Mediums und $\mathbf{j}_{\mathrm{b}}$ für die Magnetisierung $\mathbf{M}$ und die Verschiebungsstromdichte $\dot{\mathbf{P}}/4\pi k_C \epsilon_0$ verantwortlich sind.

Gebundene Ladungen

In Materie enthält ρ neben eventuell vorhandenen freien Ladungen, vor allem in Atomen, Ionen oder Molekülen, gebundene Ladungen:

$$
\rho_{\mathrm{b}}(\mathbf{x},t) = \sum_n \rho_n(\mathbf{x} - \mathbf{x}_n(t)) \approx \sum_n \big[q_n - \mathbf{p}_n(t)\cdot\boldsymbol{\nabla} \big] \delta^{(3)}(\mathbf{x} - \mathbf{x}_n). \tag{5.1.3}
$$

Hier wird über alle Moleküle summiert; $\mathbf{x}_n = \mathbf{x}_n(t)$ ist die momentane Position des Moleküls n. Wir wissen aus dem Abschnitt über die Multipolentwicklung, dass auch eine komplizierte Ladungsverteilung für die Berechnung des Feldes in größerer Entfernung von der Ladungsverteilung durch eine kleine Zahl von Momenten dargestellt werden kann. Eine einfache Abschätzung zeigt, dass es genügt, beim Dipolterm abzubrechen. q_n ist die Ladung des Moleküls und $\mathbf{p}_n$ sein Dipolmoment (das permanent oder induziert sein kann).

Induziertes Dipolmoment: Das Atom n sei elektrisch neutral. Ist e_n die positive Kernladung, so hat die Elektronenschale die Ladung $-e_n$. Im Feld $\mathbf{E}$ bewegt sich vor allem die leichte Schale entgegen der Feldrichtung um $\mathbf{d}$ und es entsteht ein elektrischer Dipol (siehe Abb. 5.1):

$$\rho_n(\mathbf{x}) = e_n \left[\delta^{(3)}(\mathbf{x}_n - \mathbf{x}) - \delta^{(3)}(\mathbf{x}_{n_-} - \mathbf{x}) \right].$$

Im Ladungsschwerpunkt der negativen Schale verschwindet das Dipolmoment der negativen Schale und der Dipol ist (antiparallel zu $\mathbf{d}$) von dort zum Kern hin gerichtet: $\mathbf{x}_{n_-} = \mathbf{x}_n + \mathbf{d}_n$.

$$\rho_n(\mathbf{x}) \approx -e_n \mathbf{d}_n \cdot \boldsymbol{\nabla}_n \delta^{(3)}(\mathbf{x}_n - \mathbf{x}) = -\mathbf{p}_n \cdot \boldsymbol{\nabla} \delta^{(3)}(\mathbf{x} - \mathbf{x}_n).$$

Die Lage des Kerns $\mathbf{x}_n$ wird als zeitunabhängig angenommen, so dass die gesamte Zeitabhängigkeit sich auf das Dipolmoment $\mathbf{p}_n(t)$ beschränkt. Nimmt man nun statt eines neutralen Atoms ein Ion mit der Ladung q_n, so kommt man zu (5.1.3).

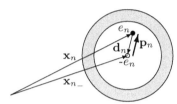

Abb. 5.1. Induziertes Dipolmoment eines neutralen Atoms mit der Kernladung e_n. $\mathbf{x}_n$ ist der Ort des Atomkerns und $\mathbf{x}_{n_-}$ der Ladungsschwerpunkt der elektronischen Schale, die um $-\mathbf{d}_n$ verschoben ist; es ist $\mathbf{p}_n = -e_n \mathbf{d}_n$

Aufgrund der Ladungsneutralität erwarten wir, dass nur der Dipolbeitrag

$$\rho_{\mathrm{p}}(\mathbf{x}, t) = -\boldsymbol{\nabla} \cdot \sum_n \mathbf{p}_n(t)\, \delta^{(3)}(\mathbf{x} - \mathbf{x}_n) = -\boldsymbol{\nabla} \cdot \mathbf{p}(\mathbf{x}, t) \tag{5.1.4}$$

auftritt, wobei die Dipolmomente sowohl induziert als auch permanent sein können.

Gebundene Ströme

Betrachtet wird das Atom/Molekül n, das sich im Ursprung befinden soll ($\mathbf{x}_n = 0$). Seine Ladungsverteilung $\rho_n(\mathbf{x}, t)$ ist verantwortlich für die Polarisierbarkeit und $\mathbf{j}_n(\mathbf{x}, t)$ für das magnetische Moment $\mathbf{m}_n$, das induziert oder permanent sein kann. Skalares und Vektorpotential sind gegeben durch

$$\phi_n(\mathbf{x}, t) = k_C \int \mathrm{d}^3 x' \frac{\rho_n(\mathbf{x}', t)}{|\mathbf{x} - \mathbf{x}'|}, \quad \mathbf{A}_n(\mathbf{x}, t) = \frac{k_C}{ck_L} \int \mathrm{d}^3 x' \frac{\mathbf{j}_n(\mathbf{x}', t)}{|\mathbf{x} - \mathbf{x}'|}. \tag{5.1.5}$$

Man nennt diese Potentiale *quasistatisch*, da sie die statischen Potentiale der Ladungs- und Stromverteilung zur Zeit t sind, d.h. $\rho_n(\mathbf{x}', t)$ bzw. $\mathbf{j}_n(\mathbf{x}', t)$ tragen instantan zu den Potentialen bei. In der Ampère-Maxwell-Gleichung

$$\boldsymbol{\nabla} \times (\boldsymbol{\nabla} \times \mathbf{A}_n) \overset{(A.2.38)}{=} \boldsymbol{\nabla}(\boldsymbol{\nabla} \cdot \mathbf{A}_n) - \Delta \mathbf{A}_n = \frac{4\pi k_C}{ck_L} \mathbf{j}_n(\mathbf{x}, t) - \frac{1}{ck_L} \boldsymbol{\nabla} \dot{\phi}_n$$

wird der Term $\boldsymbol{\nabla}\left(\boldsymbol{\nabla}\cdot\mathbf{A}_n\right)$ durch den Verschiebungsstrom $-\boldsymbol{\nabla}\dot{\phi}_n/4\pi k_C$ kompensiert, was man mithilfe der Kontinuitätsgleichung überprüfen kann. Das bedeutet zugleich, dass die in der Magnetostatik geltende Bedingung $\boldsymbol{\nabla}\cdot\mathbf{A}_n = 0$ verletzt ist.

Wir berücksichtigen in der im atomaren Bereich sehr guten Näherung nur Beiträge der elektrischen und magnetischen Dipolmomente $\mathbf{p}_n$ und $\mathbf{m}_n$, was nach (4.2.2) – (4.2.4)

$$\mathbf{A}_n(\mathbf{x},t) = \frac{k_C}{k_L^2}\left\{\frac{k_L}{cr}\,\dot{\mathbf{p}}_n + \frac{\mathbf{m}_n\times\mathbf{x}}{r^3} + \dots\right\} \tag{5.1.6}$$

ergibt. Aus (5.1.5) und (5.1.6) folgt

$$\Delta\mathbf{A}_n = \frac{k_C}{k_L c}\int\mathrm{d}^3x'\,\Delta\frac{\mathbf{j}_n(\mathbf{x}',t)}{|\mathbf{x}-\mathbf{x}'|} = -\frac{4\pi k_C}{k_L c}\,\mathbf{j}_n(\mathbf{x},t) = \frac{k_C}{k_L c}\dot{\mathbf{p}}_n\Delta\frac{1}{r} - \frac{k_C}{k_L^2}\Delta\mathbf{m}_n\times\boldsymbol{\nabla}\frac{1}{r}.$$

Der Strom $\mathbf{j}_n = \mathbf{j}_{np} + \mathbf{j}_{nm}$ besteht aus dem Polarisationsanteil $\mathbf{j}_{np}$ und dem magnetischen Anteil $\mathbf{j}_{nm}$:

$$\mathbf{j}_{np} = \dot{\mathbf{p}}_n\,\delta^{(3)}(\mathbf{x}), \quad \mathbf{j}_{nm} = \frac{c}{4\pi k_L}\Delta\mathbf{m}_n\times\boldsymbol{\nabla}\frac{1}{r} = -\frac{c}{k_L}\mathbf{m}_n\times\boldsymbol{\nabla}\delta^{(3)}(\mathbf{x}). \tag{5.1.7}$$

Summiert über alle Teilchen n folgt

$$\mathbf{j}_{\mathrm{b}} = \mathbf{j}_p + \mathbf{j}_m = \sum_n\left(\dot{\mathbf{p}}_n(t) + \frac{c}{k_L}\boldsymbol{\nabla}\times\mathbf{m}_n(t)\right)\delta^{(3)}(\mathbf{x}-\mathbf{x}_n). \tag{5.1.8}$$

Anmerkung 1: Bei der Herleitung haben wir die Retardierung vernachlässigt (siehe $\mathbf{A}$ in Coulomb-Eichung (8.2.52)). Die quasistatischen Potentiale (5.1.5) sind nur für kleine Distanzen (*Nahfeld*) gültig und genügen

$$\boldsymbol{\nabla}\cdot\mathbf{A}_n = \frac{k_C}{k_L^2}\left\{\frac{k_L}{c}\dot{\mathbf{p}}_n\cdot\boldsymbol{\nabla}\frac{1}{|\mathbf{x}-\mathbf{x}_n|} - \boldsymbol{\nabla}\cdot(\mathbf{m}_n\times\boldsymbol{\nabla}\frac{1}{|\mathbf{x}-\mathbf{x}_n|})\right\} \neq 0,$$

da auf der rechten Seite nur der 2. Term verschwindet.

Anmerkung 2: Die Kerne haben wir als statisch betrachtet $\mathbf{x}_n(t) = \mathbf{x}_n(0)$, da die leichteren Elektronen schneller auf Feldänderungen reagieren; unter dieser Voraussetzung haben wir sowohl $\dot{\rho}_{np}$ berechnet als auch $\mathbf{A}_n$, so dass die Kontinuitätsgleichung

$$\dot{\rho}_n(\mathbf{x},t) = -\boldsymbol{\nabla}\cdot\mathbf{j}_n(\mathbf{x},t) = -\boldsymbol{\nabla}\cdot\mathbf{j}_{np}(\mathbf{x},t)$$

mit der Rechnung konsistent ist; dass auch der Kern einen Beitrag zur Stromdichte liefert, ist physikalisch klar.

Die das magnetische Moment bildenden Kreisströme $\mathbf{j}_m$ tragen nichts bei, da

$$\boldsymbol{\nabla}\cdot\mathbf{j}_{nm} = -(c/k_L)\boldsymbol{\nabla}\cdot\left(\mathbf{m}_n\times\boldsymbol{\nabla}\delta^{(3)}(\mathbf{x}-\mathbf{x}_n)\right) = 0.$$

Die magnetischen Momente der Atome müssen nicht aus Kreisströmen resultieren, sondern können auch durch die intrinsischen Drehmomente der Elektronen, den Spin $\mathbf{S}$, hervorgerufen werden.

5.2 Die Mittelung der mikroskopischen Größen

Wir sind anfangs von punktförmigen Ladungsträgern ausgegangen und haben im Abschnitt 1.1 durch Mittelung von ρ und $\mathbf{j}$ über ein kleines Volumen ΔV kontinuierliche Ladungs- und Stromdichten $\bar{\rho}$ und $\bar{\mathbf{j}}$ eingeführt.

Zeitliche und räumliche Ableitungen vertauschen mit dem Mittelungsprozess, wie wir bei der Herleitung der Kontinuitätsgleichung für gemittelte Ladungsverteilungen (1.1.15) gezeigt haben. Daher macht es in den physikalischen Gesetzen keinen Unterschied, ob unsere Dichten stetig oder diskret sind, weshalb wir die Unterscheidung zwischen gemittelten und kontinuierlichen Dichten fallen gelassen haben.

Hier kommen die in einem Medium vorhandenen gebundenen Ladungen (Ströme) hinzu, deren mittlere Dichte als Divergenz (Rotation) eines Vektorfeldes dargestellt wird, das letztlich dem elektrischen (magnetischen) Feld zugeschlagen wird und so zu einer Änderung der Maxwell-Gleichungen führt.

5.2.1 Die mittlere Ladungsverteilung

Die Mittelung der Ladungsdichte haben wir im Abschnitt 1.1 mit einer normierten Verteilung

$$\int_V \mathrm{d}^3 x'\, f(\mathbf{x}-\mathbf{x}') = 1$$

der Reichweite $\Delta V^{1/3}$ realisiert, wie in Abb. 1.2 skizziert. Wir werden diese Mittelung hier auf ρ_b anwenden, wobei für den mittleren Abstand a zweier Atome die Ungleichungen

$$a \ll \Delta V^{1/3} \ll V^{1/3}$$

einzuhalten sind. Für den 1. Term von ρ_b (5.1.3) gilt wegen der Ladungsneutralität

$$\overline{\sum_n q_n\, \delta^{(3)}(\mathbf{x}-\mathbf{x}_n)} = \int \mathrm{d}^3 x'\, f(\mathbf{x}-\mathbf{x}') \sum_n q_n\, \delta^{(3)}(\mathbf{x}'-\mathbf{x}_n) = \frac{1}{\Delta V} \sum_{\mathbf{x}_i \in \Delta V} q_i = 0.$$

Den Dipolbeitrag (5.1.4) integriert man partiell und vertauscht $\boldsymbol{\nabla}' \leftrightarrows -\boldsymbol{\nabla}$:

$$\bar{\rho}_\mathrm{p}(\mathbf{x}, t) = -\int \mathrm{d}^3 x'\, f(\mathbf{x}-\mathbf{x}')\boldsymbol{\nabla}' \cdot \sum_n \mathbf{p}_n\, \delta^{(3)}(\mathbf{x}'-\mathbf{x}_n)$$

$$= -\boldsymbol{\nabla} \cdot \sum_n \int \mathrm{d}^3 x'\, \mathbf{p}_n f(\mathbf{x}-\mathbf{x}')\, \delta^{(3)}(\mathbf{x}'-\mathbf{x}_n) = -\boldsymbol{\nabla} \cdot \mathbf{P}(\mathbf{x}, t).$$

Als Polarisation $\mathbf{P}$ bezeichnet man das Dipolmoment pro Einheitsvolumen:

$$\mathbf{P}(\mathbf{x},t) = \overline{\sum_n \mathbf{p}_n \delta(\mathbf{x}-\mathbf{x}_n)} = \sum_n \mathbf{p}_n \int d^3x' \, f(\mathbf{x}-\mathbf{x}') \delta^{(3)}(\mathbf{x}'-\mathbf{x}_n)$$

$$= \frac{1}{\Delta V} \sum_{\mathbf{x}_n \in \Delta V(\mathbf{x})} \mathbf{p}_n \,. \tag{5.2.1}$$

Die gemittelte Dichte ist damit gegeben durch

$$\bar{\rho}(\mathbf{x},t) = \rho_f(\mathbf{x},t) + \rho_P(\mathbf{x},t) \qquad \text{mit} \qquad \rho_P(\mathbf{x},t) = -\boldsymbol{\nabla}\cdot\mathbf{P}(\mathbf{x},t). \tag{5.2.2}$$

Bei Größen wie der Polarisation, die nach (5.2.1) als Summe atomarer (molekularer) Momente definiert ist, kann immer die Mittelung mit der Ableitung vertauscht werden:

$$\overline{\boldsymbol{\nabla}\cdot\sum_n \mathbf{p}_n(t)} = \boldsymbol{\nabla}\cdot\overline{\sum_n \mathbf{p}_n} = \boldsymbol{\nabla}\cdot\mathbf{P}.$$

Das gilt auch für die Zeitableitung, wie bereits im Abschnitt 1.1 gezeigt wurde.

5.2.2 Die mittlere Stromdichte

Nach (1.1.9) ist die mittlere Stromdichte definiert durch

$$\bar{\mathbf{j}}(\mathbf{x},t) \equiv \int d^3x' \, f(\mathbf{x}-\mathbf{x}') \, \mathbf{j}(\mathbf{x}',t),$$

wobei in $\mathbf{j}$ die mikroskopische Stromdichte (5.1.8) einzusetzen ist

$$\mathbf{j}(\mathbf{x},t) = \mathbf{j}_f(\mathbf{x},t) + \sum_n \left[\dot{\mathbf{p}}_n(t) + \frac{c}{k_L}\boldsymbol{\nabla}\times\mathbf{m}_n(t)\right]\delta^{(3)}(\mathbf{x}-\mathbf{x}_n)\,.$$

Die Mittelung des mikroskopischen Stroms ergibt

$$\bar{\mathbf{j}}(\mathbf{x},t) = \mathbf{j}_f(\mathbf{x},t) + \dot{\mathbf{P}}(\mathbf{x},t) + \frac{c}{k_L}\boldsymbol{\nabla}\times\mathbf{M}(\mathbf{x},t)\,, \tag{5.2.3}$$

wobei wir (1.1.14) verwendet haben, gemäß der die Mittelung mit dem Nabla Operator vertauscht werden darf:

$$\mathbf{j}_P = \overline{\sum_n \dot{\mathbf{p}}_n \delta^{(3)}(\mathbf{x}-\mathbf{x}_n)} = \dot{\mathbf{P}},$$

$$\mathbf{j}_M = \frac{c}{k_L}\overline{\sum_n \boldsymbol{\nabla}\times\mathbf{m}_n \delta^{(3)}(\mathbf{x}-\mathbf{x}_n)} = \frac{c}{k_L}\boldsymbol{\nabla}\times\overline{\sum_n \mathbf{m}_n \delta^{(3)}(\mathbf{x}-\mathbf{x}_n)} = \frac{c}{k_L}\boldsymbol{\nabla}\times\mathbf{M}.$$

Hier sind $\mathbf{P}$ die Polarisation (5.2.1) und $\mathbf{M}$ die Magnetisierung

$$\mathbf{M} = \overline{\sum_n \mathbf{m}_n \delta^{(3)}(\mathbf{x}-\mathbf{x}_n)} = \frac{1}{\Delta V}\sum_{\mathbf{x}_n \in \Delta V(\mathbf{x})} \mathbf{m}_n$$

$$= \text{magnet. Dipolmoment/Volumeneinheit.} \tag{5.2.4}$$

Da $\operatorname{div} \mathbf{j}_M = 0$, lautet die Kontinuitätsgleichung

$$\dot{\rho}_P(\mathbf{x}, t) = -\boldsymbol{\nabla} \cdot \big(\mathbf{j}_P(\mathbf{x}, t) + \mathbf{j}_M(\mathbf{x}, t)\big) = -\boldsymbol{\nabla} \cdot \mathbf{j}_P(\mathbf{x}, t). \tag{5.2.5}$$

Wir können nach (5.2.2) $-\rho_P = \boldsymbol{\nabla} \cdot \mathbf{P}$ mit der Divergenz von $\mathbf{P}$ identifizieren und nach (5.2.3) $\mathbf{j}_P$ mit $\dot{\mathbf{P}}$. Damit ist die Kontinuitätsgleichung erfüllt. Zurückgreifend auf (5.1.6) erfüllt das Vektorpotential

$$\mathbf{A} = \frac{k_C}{k_L^2} \left\{ \frac{k_L}{cr} \dot{\mathbf{P}} - \mathbf{M} \times \boldsymbol{\nabla}\big(\frac{1}{r}\big) \right\}$$

nicht die Eichbedingung $\boldsymbol{\nabla} \cdot \mathbf{A} = 0$.

5.2.3 Mittelung der Felder

Das mikroskopische elektrische Feld $\mathbf{e}$ setzt sich nach dem Superpositionsprinzip aus der Summe der Felder der einzelnen Ladungen zusammen, so wie sich das Magnetfeld $\mathbf{b}$ als Summe der Anteile der einzelnen magnetischen Momente darstellen lässt. Da nun die Ableitungen mit der Mittelung bei den Ladungen und Strömen vertauschen, muss das auch für die Felder gelten:

$$\boldsymbol{\nabla} \cdot \mathbf{E} = \boldsymbol{\nabla} \cdot \bar{\mathbf{e}} = \overline{\boldsymbol{\nabla} \cdot \mathbf{e}}.$$

Die entsprechenden Gleichungen gelten auch für alle übrigen Felder und deren Ableitungen.

5.2.4 Die makroskopischen Maxwell-Gleichungen

(a) Gauß'sches Gesetz $\boldsymbol{\nabla} \cdot \mathbf{e} = 4\pi k_C (\rho_f + \rho_P)$.
Die Mittelung ergibt

$$\boldsymbol{\nabla} \cdot \mathbf{E} = 4\pi k_C \big(\rho_f + \rho_P\big), \qquad\qquad \rho_P = -\boldsymbol{\nabla} \cdot \mathbf{P}. \tag{5.2.6}$$

Man führt ein neues makroskopisches Hilfsfeld $\mathbf{D}$ ein, das die Polarisierbarkeit des Mediums berücksichtigt, die sogenannte *elektrische Flussdichte*:

$$\mathbf{D} = \epsilon_0 \mathbf{E} + 4\pi k_r \mathbf{P}. \tag{5.2.7}$$

Das Gauß'sche Gesetz lautet nun ($k_r = k_C \epsilon_0$)

$$\boldsymbol{\nabla} \cdot \mathbf{D} = 4\pi k_r \rho_f.$$

(b) Faraday'sches Induktionsgesetz $\boldsymbol{\nabla} \times \mathbf{e} + \dfrac{k_L}{c} \dot{\mathbf{b}} = 0$.
Durch die Mittelung werden die homogenen Maxwell-Gleichungen in ihrer Form nicht verändert:

$$\boldsymbol{\nabla} \times \mathbf{E} + \frac{k_L}{c} \dot{\mathbf{B}} = 0.$$

(c) Ampère-Maxwell-Gleichung $k_L \nabla \times \mathbf{b} - \dfrac{1}{c} \dot{\mathbf{e}} = \dfrac{4\pi k_C}{c}(\mathbf{j}_f + \mathbf{j}_p + \mathbf{j}_m)$.
Die Mittelung ergibt

$$k_L \nabla \times \mathbf{B} - \frac{1}{c} \dot{\mathbf{E}} = \frac{4\pi k_C}{c}(\mathbf{j}_f + \mathbf{j}_P + \mathbf{j}_M).$$

Nun ist $\mathbf{j}_P = \dot{\mathbf{P}}$. Dieser Beitrag kommt zu $\dot{\mathbf{E}}$, aus dem so $\epsilon_0 \dot{\mathbf{E}} + 4\pi k_r \dot{\mathbf{P}} = \dot{\mathbf{D}}$ wird. Der Beitrag der magnetischen Dipole zum Strom ist

$$\mathbf{j}_M = \frac{c}{k_L} \nabla \times \mathbf{M}.$$

Hier wird ein neues Hilfsfeld $\mathbf{H}$ durch

$$\mathbf{B} = \mu_0(\mathbf{H} + 4\pi k_r \mathbf{M}) \tag{5.2.8}$$

eingeführt. Man erhält so die Ampère-Maxwell-Gleichung in der Form

$$\nabla \times \mathbf{H} = \frac{1}{\mu_0 \epsilon_0 k_L^2} \frac{k_L}{c}(4\pi k_r \mathbf{j}_f + \dot{\mathbf{D}}), \qquad \mu_0 = \frac{1}{k_L^2 \epsilon_0}. \tag{5.2.8'}$$

Wir haben hier die noch unbestimmte Konstante μ_0 in einer Weise festgelegt, die sinnvoll für die hier in Frage kommenden Systeme ist. Im Anhang, (C.2.7) wird darauf anhand der Feldenergie Bezug genommen.
(d) Divergenzfreiheit des Magnetfeldes $\nabla \cdot \mathbf{b} = 0 \implies \nabla \cdot \mathbf{B} = 0$.

Materialgleichungen

Die Maxwell-Gleichungen bilden erst dann ein geschlossenes System, wenn die Materialgleichungen (5.2.7) für $\mathbf{D}$ und (5.2.8) für $\mathbf{H}$ einbezogen werden. Sie werden daher auch als Verknüpfungsgleichungen oder seltener als konstitutive Gleichungen bezeichnet.
Für die Polarisation $\mathbf{P}$ gilt, dass – mit Ausnahme ferroelektrischer Dielektrika – in der Abwesenheit eines Feldes $\mathbf{E}$ entweder überhaupt keine Dipole vorhanden sind, oder, wenn es spontane Dipolmomente gibt, so sind diese ungeordnet.
In jedem Fall ist $\mathbf{P} = 0$, wenn $\mathbf{E} = 0$. Für nicht zu starke Felder ist $\mathbf{P}$ proportional zu $\mathbf{E}$:

$$\mathbf{P} = \epsilon_0 \chi_e \mathbf{E}. \tag{5.2.9}$$

χ_e ist die elektrische Suszeptibilität und

$$\epsilon = 1 + 4\pi k_r \chi_e \tag{5.2.10}$$

ist die (relative) Dielektrizitätskonstante. $\epsilon_0 \epsilon$ wird auch Influenzkonstante oder elektrische Feldkonstante genannt; sie definiert das Verschiebungsfeld:

$$\mathbf{D} = \epsilon_0 \epsilon \mathbf{E} = \epsilon_0 \mathbf{E} + 4\pi k_r \mathbf{P}. \tag{5.2.11}$$

Anmerkungen:

1. Der lineare Zusammenhang $\mathbf{D} = \epsilon\epsilon_0\mathbf{E}$ gilt abgesehen von Ferroelektrika (Bariumtitanat, Seignette-Salz) bis zu sehr hohen Feldern. Die üblichen im Labor produzierten Felder $\lesssim 20\,\mathrm{kV\,cm}^{-1}$ sind klein gegen die interatomaren Felder $\sim 10^6\,\mathrm{kV\,cm}^{-1}$.

2. Der skalare Zusammenhang gilt für Gase, Flüssigkeiten, isotrope und kubische Festkörper. In Materialien mit niedrigerer Symmetrie ist ϵ ein Tensor 2. Stufe.

3. Die (statische) elektrische Suszeptibilität $\chi_e \geq 0$. Somit ist $\epsilon_r \geq 1$.

4. Die Suszeptibilitäten bestimmen die lineare Antwort eines Systems auf eine äußere Störung; χ_e etwa ist als tensorielle Größe definiert durch

$$\chi_{ij}^e = \frac{\partial P_i}{\epsilon_0 \partial E_j}\,.$$

Wenn die Anisotropie des Dielektrikums bemerkbar wird, so drückt sich das, wie vorher bemerkt, in der Dielektrizitätskonstanten aus.

Wie in der Elektrostatik brauchen wir eine Materialgleichung, die $\mathbf{B}$ und $\mathbf{H}$ verknüpft. In Analogie zur Elektrostatik würde sich die Definition der magnetischen Suszeptibilität χ_B durch den linearen Zusammenhang

$$\mathbf{M} = \frac{1}{\mu_0}\chi_B\mathbf{B} \tag{5.2.12}$$

anbieten. Daraus folgt gemäß (5.2.8)

$$\mathbf{H} = \frac{1}{\mu_0}\mathbf{B} - 4\pi k_r\mathbf{M} = \frac{1}{\mu_0}\big(1 - 4\pi k_r\chi_B\big)\mathbf{B} = \frac{1}{\mu\mu_0}\mathbf{B}.$$

Meist wird aber nicht $\mathbf{H}$ durch $\mathbf{B}$ ausgedrückt, sondern umgekehrt. Man schreibt also

$$\mathbf{B} = \mu\mu_0\mathbf{H} = \mu_0\big(\mathbf{H} + 4\pi k_r\mathbf{M}\big) = \mu_0(1 + 4\pi k_r\chi_m)\mathbf{H}. \tag{5.2.13}$$

μ ist die (magnetische) Permeabilität oder *magnetische Feldkonstante* und χ_m, definiert durch

$$\mathbf{M} = \chi_m\mathbf{H}, \qquad\qquad \chi_m = \frac{\chi_B}{1 - 4\pi k_r\chi_B}, \tag{5.2.14}$$

ist die magnetische Suszeptibilität in der üblichen Definition, wobei die rechte Gleichung den Zusammenhang mit der vorher definierten Suszeptibilität χ_B herstellt. Die Verbindung zur Permeabilität ist durch

$$\mu = \frac{1}{1 - 4\pi k_r\chi_B} = 1 + 4\pi k_r\chi_m \tag{5.2.15}$$

gegeben. In der üblichen Formulierung sind magnetostatische Probleme mit $\mathbf{j}_f = 0$ direkt mit den elektrostatischen Problemen vergleichbar. Ein Unterschied besteht darin, dass in der Magnetostatik für Materialien, die man diamagnetisch nennt, $\mu < 1$ ist. Für $\mu > 1$ ist das Material paramagnetisch.

Die magnetische Suszeptibilität χ_m ist – analog zu χ_e – definiert durch

$$\chi_{ij}^m = \frac{\partial M_i}{\partial H_j},$$

d.h., dass wir es auch hier im allgemeinsten Fall mit einem Tensor zu tun haben. Das trifft auf einige Kristalle nicht kubischer Struktur zu. So sind ein paar diamagnetische (Graphit), paramagnetische (Olivin) und vor allem ferromagnetische Stoffe anisotrop. Bei Ferromagneten kommt hinzu, dass $\mathbf{M}$ keine lineare Funktion von $\mathbf{H}$ ist. Man muss daher zusätzlich angeben, wie χ_m bzw. μ definiert ist.

Sind die elektrischen $\epsilon(\mathbf{x})$ und/oder magnetischen Feldkonstanten $\mu(\mathbf{x})$ der Materie keine Funktionen von $\mathbf{E}$ oder $\mathbf{H}$, so wird die Materie *linear* genannt (*lineares Medium*).

Maxwell-Gleichungen in Materie

Es ist für die makroskopischen Maxwell-Gleichungen unerheblich, ob die freien Ladungen ρ_f (Ströme $\mathbf{j}_f$) eine kontinuierliche (gemittelte) Ladungsdichte (Stromdichte) darstellen oder diskret sind:

$$
\begin{array}{llll}
\text{(a)} & \operatorname{div}\mathbf{D} = 4\pi k_r \rho_f, & \text{(b)} & \operatorname{rot}\mathbf{E} + \dfrac{k_L}{c}\dot{\mathbf{B}} = 0, \\[2mm]
\text{(c)} & \operatorname{rot}\mathbf{H} - \dfrac{k_L}{c}\dot{\mathbf{D}} = 4\pi k_r \dfrac{k_L}{c}\mathbf{j}_f, & \text{(d)} & \operatorname{div}\mathbf{B} = 0.
\end{array}
\tag{5.2.16}
$$

Im Gauß-System ist $k_L = k_r = 1$ einzusetzen und im SI-System ($k_L = c$, $k_r = \frac{1}{4\pi}$)

$$
\text{G:}\quad
\begin{array}{llll}
\text{(a)} & \operatorname{div}\mathbf{D} = 4\pi\rho_f, & \text{(b)} & \operatorname{rot}\mathbf{E} + \dfrac{1}{c}\dot{\mathbf{B}} = 0, \\[2mm]
\text{(c)} & \operatorname{rot}\mathbf{H} - \dfrac{1}{c}\dot{\mathbf{D}} = \dfrac{4\pi}{c}\mathbf{j}_f, & \text{(d)} & \operatorname{div}\mathbf{B} = 0,
\end{array}
\tag{5.2.16''}
$$

$$
\text{SI:}\quad
\begin{array}{llll}
\text{(a)} & \operatorname{div}\mathbf{D} = \rho_f, & \text{(b)} & \operatorname{rot}\mathbf{E} + \dot{\mathbf{B}} = 0, \\[2mm]
\text{(c)} & \operatorname{rot}\mathbf{H} - \dot{\mathbf{D}} = \mathbf{j}_f, & \text{(d)} & \operatorname{div}\mathbf{B} = 0.
\end{array}
\tag{5.2.16'}
$$

Die Mittelung gilt für gebundene Ladungen (Ströme) in der Materie, wo sie in der Form von Materialgleichungen

$$
\begin{aligned}
\mathbf{B} &= \mu\mu_0\mathbf{H} = (1 + 4\pi k_r \chi_m)\mu_0\mathbf{H} = \mu_0(\mathbf{H} + 4\pi k_r \mathbf{M}), \\
\mathbf{D} &= \epsilon\epsilon_0\mathbf{E} = (1 + 4\pi k_r \chi_e)\epsilon_0\mathbf{E} = \epsilon_0\mathbf{E} + 4\pi k_r \mathbf{P}
\end{aligned}
\tag{5.2.17}
$$

die Verbindung zu den (Hilfs-)Feldern in der Materie herstellen.

$$\text{G:} \quad \begin{aligned} \mathbf{B} &= \mu\mathbf{H} = (1+4\pi\chi_m)\mathbf{H} = \mathbf{H}+4\pi\mathbf{M}, \\ \mathbf{D} &= \epsilon\mathbf{E} = (1+4\pi\chi_e)\mathbf{E} = \mathbf{E}+4\pi\mathbf{P}, \end{aligned} \qquad (5.2.17'')$$

$$\text{SI:} \quad \begin{aligned} \mathbf{B} &= \mu\mu_0\mathbf{H} = (1+\chi_m)\mu_0\mathbf{H} = \mu_0(\mathbf{H}+\mathbf{M}), \\ \mathbf{D} &= \epsilon\epsilon_0\mathbf{E} = (1+\chi_e)\epsilon_0\mathbf{E} = \epsilon_0\mathbf{E}+\mathbf{P}. \end{aligned} \qquad (5.2.17')$$

$\mathbf{E}$	elektrisches Feld	$\mathbf{H}$	Magnetfeld in Materie
$\mathbf{D}$	elektrisches Verschiebungsfeld	$\mathbf{B}$	Magnetfeld/magnetische Flussdichte
$\mathbf{P}$	Polarisation	$\mathbf{M}$	Magnetisierung
ϵ	Dielektrizitätskonstante	μ	Permeabilität
χ_e	elektrische Suszeptibilität	χ_m	magnetische Suszeptibilität ($\mathbf{H}$)

Obwohl in mancher Hinsicht χ_B (5.2.12) die Entsprechung zu χ_e wäre, wird im Zusammenhang mit Magnetismus χ_m verwendet.

5.2.5 Randbedingungen an den Grenzflächen zweier Medien

Die integrale Form der Maxwell-Gleichungen erhält man aus (1.3.20), indem man gemäß (5.2.16) in den inhomogenen Gleichungen die Felder $\mathbf{E}$ und $\mathbf{B}$ durch $\mathbf{D}$ und $\mathbf{H}$ ersetzt und berücksichtigt, dass nur freie Ladungen und freie Ströme beitragen:

$$\text{(a)} \quad \oiint_{\partial V} d\mathbf{f}\cdot\mathbf{D} = 4\pi k_r \int_V d^3x\,\rho_f, \qquad \text{(b)} \quad \oint_{\partial F} d\mathbf{x}\cdot\mathbf{E} = -\frac{k_L}{c}\iint_F d\mathbf{f}\cdot\dot{\mathbf{B}},$$

$$\text{(c)} \quad \oint_{\partial F} d\mathbf{x}\cdot\mathbf{H} = \frac{k_L}{c}\iint_F d\mathbf{f}\cdot\left(4\pi k_r\mathbf{j}_f+\dot{\mathbf{D}}\right), \qquad \text{(d)} \quad \oiint_{\partial V} d\mathbf{f}\cdot\mathbf{B} = 0. \qquad (5.2.18)$$

Aus der integralen Form (5.2.18) kann man die Stetigkeitsbedingungen für die Felder beim Übergang von einem Medium zum anderen herleiten, wenn man infinitesimale Volumina (Zylinder für die Normalkomponente) oder Flächen (Rechtecke für Tangentialkomponenten) an den Grenzflächen betrachtet. Aus den Maxwell-Gleichungen (a) und (d) folgen die Bedingungen für die Normalkomponenten von $\mathbf{D}$ und $\mathbf{B}$ und mit den Materialgleichungen die von $\mathbf{E}$ und $\mathbf{H}$.

Die Maxwell-Gleichungen (b) und (c) legen die Übergangsbedingungen für die Tangentialkomponenten von $\mathbf{E}$ und $\mathbf{H}$ fest. Wiederum erhält man die Bedingungen für die fehlenden Felder, diesmal $\mathbf{D}$ und $\mathbf{B}$ aus den Materialgleichungen.

Divergenzfreiheit der magnetischen Flussdichte

Ausgangspunkt ist die Maxwell-Gleichung (5.2.18d), wobei das Volumen ΔV ein Zylinder infinitesimaler Höhe dh mit der Basisfläche Δf ist (siehe Abb. 5.2). Die Grundfläche befindet sich im Medium 1, die Deckfläche im

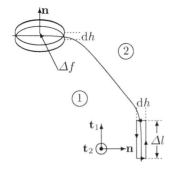

Abb. 5.2. Randbedingungen zwischen den Medien 1 und 2.   Links oben ein Zylinder mit dem Volumen $\Delta V = \Delta f \, dh$.   Rechts unten ein Rechteck mit der Fläche $\Delta F = \Delta l \, dh$. Die Tangentialkomponenten $\mathbf{t}_1$, $\mathbf{t}_2$ und der Normalenvektor $\mathbf{n}$ bilden ein rechtshändiges KS (Koordinatensystem)

Medium 2. Die Situation ist also völlig analog zu den bisher betrachteten Randbedingungen der Normalkomponente E_n zwischen Vakuum und Leiter oder einer Flächenladung:

$$\oiint_{\partial \Delta V} d\mathbf{f} \cdot \mathbf{B} = (\mathbf{B}_2 - \mathbf{B}_1) \cdot \mathbf{n} \Delta f \,.$$

Die Beiträge der Mantelfläche verschwinden in jedem Medium separat. Es bleiben also nur die Normalkomponenten, die, da es keine magnetischen Monopole gibt, stetig sind:

$$B_{n1} = B_{n2} \,. \tag{5.2.19}$$

In magnetischen Medien hat die Normalkomponente des Magnetfeldes $\mathbf{H}$ eine Diskontinuität, die von der Magnetisierung herrührt:

$$\mu_2 \, H_{n1} = \mu_1 \, H_{n2} \,. \tag{5.2.20}$$

Gauß'sches Gesetz

Die inhomogene Maxwell-Gleichung (5.2.18a) ist das Gauß'sche Gesetz, das auf eine zylinderförmige Scheibe an der Grenzfläche, wie in Abb. 5.2 skizziert, angewandt wird:

$$\oiint_{\partial \Delta V} d\mathbf{f} \cdot \mathbf{D} = 4\pi k_r \int_{\Delta V} d^3 x \, \rho_f = 4\pi k_r Q = 4\pi k_r \sigma \Delta f = (\mathbf{D}_2 - \mathbf{D}_1) \cdot \mathbf{n} \Delta f \,.$$

Der Beitrag der Mantelfläche verschwindet in beiden Medien separat, so dass nur Basis- und Deckfläche bleiben. Befindet sich auf der Grenzfläche eine Flächenladung, so bleibt Q auch bei kleiner werdender Höhe des Zylinders endlich und die Normalkomponente der dielektrischen Verschiebung ist unstetig:

$$D_{n2} - D_{n1} = 4\pi k_r \sigma \,. \tag{5.2.21}$$

Die Normalkomponente des elektrischen Feldes hat jedoch auch beim Fehlen von freien Ladungen an der Grenzfläche einen Sprung, der von den Polarisationsladungen des Dielektrikums herrührt:

$$\epsilon_2 E_{n2} = \epsilon_1 E_{n1} + 4\pi k_r \sigma / \epsilon_0 \,. \tag{5.2.22}$$

Faraday'sches Induktionsgesetz

ΔF ist ein kleines Rechteck mit einer infinitesimalen Seite $\mathrm{d}h$ senkrecht auf die Grenzfläche zwischen beiden Medien, wie in Abb. 5.2 dargestellt. Mit $\mathrm{d}h \to 0$ geht auch $\Delta F \to 0$. Daraus folgt insbesondere, dass auch $\Delta F \mathbf{B} \cdot \mathbf{t}_2 \to 0$, da $\mathbf{B}$ (und die zeitliche Ableitung) immer endlich sind und daher ihr Beitrag mit $\Delta F \to 0$ ebenfalls verschwindet:

$$\oint_{\partial \Delta F} \mathrm{d}\mathbf{s} \cdot \mathbf{E} = -\frac{k_L}{c} \iint_{\Delta F} \mathrm{d}\mathbf{f} \cdot \dot{\mathbf{B}} = 0 = \mathbf{t}_1 \cdot (\mathbf{E}_2 - \mathbf{E}_1) \Delta l$$
$$= (\mathbf{t}_2 \times \mathbf{n}) \cdot (\mathbf{E}_2 - \mathbf{E}_1) \Delta l = (\mathbf{n} \times (\mathbf{E}_2 - \mathbf{E}_1)) \cdot \mathbf{t}_2 \, \Delta l.$$

Berücksichtigt ist, dass sich die Beiträge der Normalkomponenten $(i = 1, 2)$

$$\frac{\mathrm{d}h}{2} \big[\mathbf{E}_i(\mathbf{x}) - \mathbf{E}_i(\mathbf{x} + \Delta l \, \mathbf{t}_1) \big] \cdot \mathbf{n} = 0$$

gegenseitig aufheben. Obiges Skalarprodukt verschwindet für jeden Vektor der tangentialen Ebene

$$(\mathbf{n} \times (\mathbf{E}_2 - \mathbf{E}_1)) \cdot (\alpha \mathbf{t}_1 + \beta \mathbf{t}_2) = 0.$$

Die Stetigkeit der Tangentialkomponenten wird so dargestellt durch

$$\mathbf{n} \times (\mathbf{E}_2 - \mathbf{E}_1) = 0. \tag{5.2.23}$$

Für die Tangentialkomponenten der dielektrischen Verschiebung folgt daraus

$$\epsilon_2 \mathbf{n} \times \mathbf{D}_1 = \epsilon_1 \mathbf{n} \times \mathbf{D}_2. \tag{5.2.24}$$

Ampère-Maxwell-Gesetz

Betrachtet wird wiederum ein Rechteck, das durch die Grenzfläche der beiden Medien geht, wie in Abb. 5.2 dargestellt. Das Ampère-Maxwell-Gesetz lautet für dieses

$$\oint_{\partial \Delta F} \mathrm{d}\mathbf{s} \cdot \mathbf{H} = \frac{k_L}{c} \iint_{\Delta F} \mathrm{d}\mathbf{f} \cdot \big(4\pi k_r \mathbf{j}_f + \dot{\mathbf{D}} \big) = \frac{k_L}{c} 4\pi k_r \, \mathbf{K} \cdot \mathbf{t}_2 \, \Delta l.$$

mit dem Flächenstrom [siehe Jackson, 2006, §1.5]

$$\mathbf{K} = \int \mathrm{d}h \Big(\mathbf{j}_f + \frac{1}{4\pi k_r} \dot{\mathbf{D}} \Big),$$

der entlang der Grenzfläche endlich sein soll: Alle Komponenten, die nicht parallel zur Oberfläche sind, verschwinden mit $\mathrm{d}h \to 0$, so dass nur der δ-Anteil der Oberfläche zurückbleibt. Es ist also

$$\oint_{\partial \Delta F} \mathrm{d}\mathbf{s} \cdot \mathbf{H} = \mathbf{t}_1 \cdot (\mathbf{H}_2 - \mathbf{H}_1) \Delta l = \frac{k_L}{c} 4\pi k_r \mathbf{K} \cdot \mathbf{t}_2 \, \Delta l.$$

Die Normalkomponenten von **H** bringen keinen Beitrag zum Wegintegral. Man substituiert wieder $\mathbf{t}_1 = \mathbf{t}_2 \times \mathbf{n}$ und vertauscht zyklisch:

$$\mathbf{n} \times (\mathbf{H}_2 - \mathbf{H}_1) = \frac{k_L}{c} 4\pi k_r\, \mathbf{K} = \mathbf{n} \times \mu_0(\mu_2 \mathbf{B}_2 - \mu_1 \mathbf{B}_1),$$

$$\text{SI: } \mathbf{n} \times (\mathbf{H}_2 - \mathbf{H}_1) = \mathbf{K} = \mathbf{n} \times \mu_0(\mu_2 \mathbf{B}_2 - \mu_1 \mathbf{B}_1).$$

(5.2.25)

Beim Vorhandensein eines Flächenstroms an der Grenze zweier Medien sind also auch die Tangentialkomponenten von **H** unstetig, was natürlich auch eine Änderung des Sprunges von **B** nach sich zieht.

Zusammenfassung der Randbedingungen

1. Sind die Felder (**D**, **B**) an den Randflächen quellenfrei, d.h. ist $\boldsymbol{\nabla} \cdot \mathbf{D} = 0$ bzw. $\boldsymbol{\nabla} \cdot \mathbf{B} = 0$, so ist die zugehörige Normalkomponente stetig. Gezeigt wird das mittels eines infinitesimalen Zylinders ('Pillendose').
   Der Sprung $(\mathbf{D}_2 - \mathbf{D}_1) \cdot \mathbf{n} = 4\pi k_r \sigma$ tritt auf, wenn sich an der Oberfläche freie Ladungen befinden.
2. Sind die Felder (**E**, **H**) an den Randflächen wirbelfrei, d.h. ist $\boldsymbol{\nabla} \times \mathbf{E} = 0$ bzw. $\boldsymbol{\nabla} \times \mathbf{H} = 0$, so sind die zugehörigen Tangentialkomponenten stetig. Gezeigt wird das mittels eines infinitesimalen Rechteckes, das durch die Randfläche geht.
   Existiert an der Randfläche ein Flächenstrom **K**, so tritt eine Unstetigkeit von $\mathbf{n} \times (\mathbf{H}_2 - \mathbf{H}_1) = (k_L/c) 4\pi k_r \mathbf{K}$ auf.

5.3 Ohm'sches Gesetz

5.3.1 Drude-Modell der elektrischen Leitung

Freie Elektronen genügen der Bewegungsgleichung

$$m_e \dot{\mathbf{v}} = -e_0 \mathbf{E},$$

da bei kleinen Geschwindigkeiten der Einfluss des Magnetfeldes vernachlässigt werden kann. Es ist eine bemerkenswerte Folge der Wellenmechanik, dass das periodische Gitter, skizziert in Abb. 5.3, die Bewegung der Elektronen nicht stört. Der einzige Einfluss ist, dass die Masse m_e nicht die freie, sondern eine effektive Masse ist.

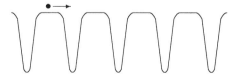

Abb. 5.3. Elektron im eindimensionalen periodischen Potential

In jedem Gitter gibt es Unregelmäßigkeiten, und die Stöße an solchen Defekten bremsen die Bewegung der Elektronen. Defekte spielen insbesondere bei tiefen Temperaturen eine Rolle. Mit zunehmender Temperatur kommt es jedoch zu Wechselwirkungen mit den Gitterschwingungen, den Phononen.

Im sogenannten *Drude-Modell* für Metalle geht man von freien Elektronen aus, die untereinander nicht wechselwirken, sondern nur mit den Atomen, d.h. den Phononen. Durch einen Stoß wird das Elektron im Mittel auf $\langle \mathbf{v}_0 \rangle = 0$ abgebremst und erreicht nach einer Zeit t, zu der es wieder am Gitter anstößt, die Geschwindigkeit $\mathbf{v}(t) = -e_0 t\mathbf{E}/m$. Die Zeiten t seien zufällig, wie in Abb. 5.4 skizziert, und genügen daher einer Poisson-Verteilung mit der Stoßzeit τ. Man erhält so die Driftgeschwindigkeit

$$\mathbf{v}_D = \frac{1}{\tau} \int_0^{\infty} \mathrm{d}t\, \frac{e\mathbf{E}t}{m_e}\, \mathrm{e}^{-t/\tau} = -\frac{e_0 \mathbf{E}\tau}{m_e}. \tag{5.3.1}$$

Die Stromdichte ist nach (1.1.9) gegeben durch

$$\mathbf{j}_f = -e_0 n\, \mathbf{v}_D = (ne_0^2 \tau/m_e)\, \mathbf{E} = \sigma\, \mathbf{E}, \tag{5.3.2}$$

wobei n die Dichte der Elektronen angibt. Dieser lineare Zusammenhang ist das bekannte Ohm'sche Gesetz mit der (Gleichstrom-)Leitfähigkeit

$$\sigma = ne_0^2 \tau/m_e. \tag{5.3.3}$$

(5.3.2) hat vielleicht nicht die vertraute Form, die man mit dem Ohm'schen

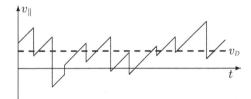

Abb. 5.4. Komponente der Geschwindigkeit parallel zu $\mathbf{E}$; zwischen den Stößen werden die Elektronen beschleunigt, woraus eine Driftgeschwindigkeit v_D resultiert

Gesetz verbindet. Nimmt man einen homogenen Leiter (Draht) der Länge l mit dem Querschnitt F und legt an diesen eine Spannung $V = El$ an, so fließt ein Strom $I = jF$, wobei der Widerstand gleich $R = l/\sigma F$ ist:

$$(jF) = (El)(\sigma F/l) \qquad \Rightarrow \qquad I = V/R. \tag{5.3.2'}$$

Anmerkung: Alle diese Materialbeziehungen gelten als instantane Relationen nur für langsame zeitliche Veränderungen. Das Ohm'sche Gesetz kann aber in allgemeinerer Form für anisotrope, nicht lokale und zeitabhängige Wechselwirkungen formuliert werden, wobei $\mathbf{j}$ auch gebundene Ströme einschließt [Bruus, Flensberg, 2004, (6.15)]

$$j_i(\mathbf{x}, t) = \int \mathrm{d}^3 x'\, \mathrm{d}t'\, \sigma_{ij}(\mathbf{x}, \mathbf{x}', t-t')\, E_j(\mathbf{x}', t'). \tag{5.3.2''}$$

5.3.2 Joule'sche Wärme

Die Energie, die das Teilchen beim Stoß an das Gitter abgibt, ist der *Joule'schen Wärme* zuzurechnen. Zu bestimmen ist also die mittlere kinetische Energie, die das Elektron im elektrischen Feld gewinnt und durch Stöße an das Medium abgibt:

$$\mathrm{E}^e_{\mathrm{kin}}(\tau) = \frac{1}{\tau} \int_0^\infty \mathrm{d}t \, \frac{e_0^2 E^2 t^2}{2m_e} \mathrm{e}^{-t/\tau} = \frac{e_0^2 \tau^2 E^2}{m_e} \,.$$

Die pro Zeiteinheit produzierte Wärme ist für n Elektronen pro Volumeneinheit (im Folgenden wird statt $\mathbf{j}_f$ wieder $\mathbf{j}$ verwendet)

$$\dot{\mathrm{E}}_{\mathrm{kin}} = \frac{n \mathrm{E}^e_{\mathrm{kin}}}{\tau} = \sigma E^2 = \mathbf{j} \cdot \mathbf{E} \,.$$

Sie ist der Zuwachs an mechanischer Energie pro Volumeneinheit $\dot{u}_{\mathrm{mech}}$. Somit ist die gesamte Joule'sche Wärme pro Zeiteinheit

$$\dot{U}_{\mathrm{mech}} = \int \mathrm{d}^3 x \, \mathbf{j}(\mathbf{x}) \cdot \mathbf{E}(\mathbf{x}) \,. \tag{5.3.4}$$

Bisher sind wir von isotropen Systemen bzw. von Systemen mit kubischer Symmetrie ausgegangen. In anisotropen Systemen ist σ ein Tensor. In Anwesenheit eines Magnetfeldes gilt die Symmetrierelation $\sigma_{ik}(\mathbf{B}) = \sigma_{ki}(-\mathbf{B})$. Sie folgt aus den Symmetrieeigenschaften der *kinetischen Koeffizienten* (*Onsager-Reziprozitäts-Beziehung*), auf die hier nicht näher eingegangen wird [Ashcroft, Mermin, 1976, (13.90)]. Wir zerlegen σ in einen symmetrischen und einen antisymmetrischen Anteil:

$$\sigma_{ik}(\mathbf{B}) = s_{ik}(\mathbf{B}) + a_{ik}(\mathbf{B}) \quad \begin{cases} s_{ik}(\mathbf{B}) & = s_{ki}(\mathbf{B}) = s_{ki}(-\mathbf{B}) \\ a_{ik}(\mathbf{B}) & = -a_{ki}(\mathbf{B}) = a_{ki}(-\mathbf{B}) \,. \end{cases} \tag{5.3.5}$$

Die pro Zeiteinheit erzeugte Joule'sche Wärme

$$\dot{u}_{\mathrm{mech}}(\mathbf{x}, t) = \mathbf{j} \cdot \mathbf{E} = s_{ik} E_i E_k \tag{5.3.6}$$

wird allein durch den symmetrischen Teil des Leitfähigkeitstensors bestimmt, da $a_{ik} E_i E_k = 0$, wie man durch Vertauschung von i mit k sofort sieht. Die s_{ik} hängen von $\mathbf{B}$ erst in 2. Ordnung ab, so dass hinreichend kleine $\mathbf{B}$ nicht zu den „mechanischen" Energieverlusten beitragen. Diese Beschreibung hat Schwächen. Die mittlere freie Weglänge ist der Messung besser zugänglich. Sie ist definiert durch $\tau = \bar{l}/v$.

Die Geschwindigkeit $\mathbf{v}$ setzt sich zusammen aus einer Geschwindigkeit v_{th} und v_D. Bei v_{th} denkt man an die thermische Geschwindigkeit, wenn kein Feld vorhanden ist:

$$v_{th} = \sqrt{3k_\mathrm{B}T/m_e} \,.$$

Im Allgemeinen wird $v_{th} \gg v_D$ sein, so dass v_D vernachlässigt werden kann. Die Leitfähigkeit ist dann $\sigma = n e_0^2 \bar{l} / m_e v_{th}$.

Messungen zeigen jedoch, dass $\bar{l}$ größer ist als es nach obiger Formel zu erwarten wäre. Eine Ursache liegt daran, dass vor allem Elektronen in der Nähe der Fermi-Energie zum Strom beitragen und so v_{th} zu ersetzen ist durch $v_F = \sqrt{2 E_F / m_e}$. Bei Metallen liegt man im Bereich von $\bar{l} \sim 10^2 - 10^3$ Å.

Alternative Beschreibungen des Energieverlustes

1. Man kann die Bewegung der Ladungsträger in einem Leiter mit der in einem zähen Medium mit großem Reibungswiderstand vergleichen, was für Ionenleiter eher zutrifft als für Metalle. Danach besitzen die Ladungsträger eine der Kraft $e\mathbf{E}$ proportionale Geschwindigkeit

$$\mathbf{v} = \mu_e \, e\mathbf{E} \,,$$

wobei μ_e die Beweglichkeit ist. Zum Strom kommt man durch Multiplikation mit $\rho = en$:

$$\mathbf{j} = \sigma \mathbf{E} \qquad \text{mit } \sigma = n e^2 \mu_e \,.$$

Ersetzt man die Beweglichkeit durch die Stoßzeit $\tau = \mu_e m_e$, so kommt man wieder auf die Gleichstromleitfähigkeit (5.3.3).

2. Wegen der Stöße kann ein Elektron, über längere Zeit betrachtet, dem Feld nur verzögert folgen. Wir können die Bewegungsgleichung für das Elektron auf die Form bringen:

$$m_e \mathbf{v}(t+\mathrm{d}t) = m_e \mathbf{v}(t) + e\mathbf{E}\mathrm{d}t + O(\mathrm{d}t^2) \,.$$

Der Einfluss der Stöße wird dadurch berücksichtigt, dass im Intervall $[t, t+\mathrm{d}t]$ der Bruchteil $\mathrm{d}t/\tau$ einen Stoß erleidet. Die Bewegungsgleichung muss daher modifiziert werden, wobei Terme der Ordnung $O(\mathrm{d}t^2)$ vernachlässigt werden:

$$\begin{aligned} m_e \mathbf{v}(t+\mathrm{d}t) &= \big(1 - \mathrm{d}t/\tau\big)\big(m_e \mathbf{v}(t) + e\mathbf{E}\mathrm{d}t\big) \\ &= m_e \mathbf{v}(t) - \big[(m_e/\tau)\mathbf{v}(t) - e\mathbf{E}\big]\mathrm{d}t \,. \end{aligned}$$

Das ist eine aus der Mechanik bekannte Bewegungsgleichung

$$m_e \dot{\mathbf{v}} = -e_0 \mathbf{E} - \frac{m_e}{\tau}\,\mathbf{v} \tag{5.3.7}$$

für Teilchen mit einer durch Reibung verursachten Dämpfung $1/\mu_e$. Wir kommen auch hier zum Ohm'schen Gesetz, indem wir (5.3.7) mit $\mathbf{v}$ multiplizieren ($\mathbf{E}(\mathbf{x}) = \mathbf{E}$):

$$\frac{\mathrm{d}}{\mathrm{d}t}\left(\frac{m_e \dot{\mathbf{x}}^2}{2} + e_0 \mathbf{E} \cdot \mathbf{x}\right) = -\frac{m_e \dot{\mathbf{x}}^2}{\tau} \,.$$

Die rechte Seite gibt die Dissipation pro Zeiteinheit an. Im stationären Fall, also bei Mittelung über eine längere Zeit, ist $\dot{\mathbf{v}} = 0$ und damit

$$n\, e_0 \mathbf{E} \cdot \dot{\mathbf{x}} = -\mathbf{j} \cdot \mathbf{E} = -n \frac{m_e \dot{\mathbf{x}}^2}{\tau} \,, \qquad \text{woraus folgt} \qquad \mathbf{j} = \frac{n e_0^2 \tau}{m_e}\,\mathbf{E} = \sigma \mathbf{E} \,.$$

3. Einen anderen, recht allgemeinen Zugang bekommt man durch die zeitliche Änderung der kinetischen Energie der Teilchen. Ausgehend von n Teilchen kann man die Änderung der gesamten kinetischen Energie angeben mit

$$\dot{E}_{kin} = \frac{d}{dt} \sum_n \frac{m_e \dot{\mathbf{x}}_n^2}{2} = \sum_n m_e \dot{\mathbf{x}}_n \cdot \ddot{\mathbf{x}}_n = \sum_n \dot{\mathbf{x}}_n \cdot \left[e\mathbf{E}(\mathbf{x}_n) + \frac{e}{c} \dot{\mathbf{x}}_n \times \mathbf{B} \right]$$

$$= \sum_n \dot{\mathbf{x}}_n \cdot e\mathbf{E}(\mathbf{x}_n) = \int d^3x \sum_n e\delta^{(3)}(\mathbf{x} - \mathbf{x}_n)\dot{\mathbf{x}} \cdot \mathbf{E}(\mathbf{x}_n) = \int d^3x\, \mathbf{j}(\mathbf{x}) \cdot \mathbf{E}(\mathbf{x}).$$

Widerstand eines Drahtes

In Abb. 5.5 ist ein Draht der Länge L mit dem Querschnitt $F(\mathbf{s})$, an dessen Enden die Punkte A und B liegen, skizziert. Ausgehend vom Ohm'schen Gesetz $\mathbf{j}(\mathbf{x}) = \sigma \mathbf{E}(\mathbf{x})$ bestimmen wir die Potentialdifferenz zwischen den Endpunkten A und B:

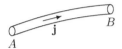

Abb. 5.5. Skizze mit Draht, Enden A und B, Querschnitt $F(s)$ und Länge L; $\phi_A > \phi_B$

$$\phi(\mathbf{x}_A) - \phi(\mathbf{x}_B) = \int_A^B d\mathbf{s} \cdot \mathbf{E} = \int d\mathbf{s} \cdot \frac{\mathbf{j}F(s)}{\sigma F(s)} = IR.$$

$I = j\, F(s)$ ist der im Draht fließende Strom und R ist der (gesamte) Ohm'sche Widerstand des Drahtes:

$$R = \int_A^B ds\, \frac{1}{\sigma F(s)}. \tag{5.3.8}$$

Spezialfall: Sind die Leitfähigkeit σ und der Querschnitt F konstant, so ist $R = L/\sigma F$, wobei L die Länge des Drahtes ist.

5.3.3 Hall-Effekt

Fließt in einem Leiter ein Strom $\mathbf{j}$ und befindet sich der Leiter in einem Magnetfeld $\mathbf{B}$, so wirken auf die Elektronen Coulomb- und Lorentz-Kraft (1.2.5):

$$\mathbf{f}_C + \mathbf{f}_L = m_e \frac{d\mathbf{v}}{dt} = -e_0 \left(\mathbf{E} + \frac{k_L}{c} \mathbf{v} \times \mathbf{B} \right).$$

Wir erwarten, dass die Elektronen zum Rand hin seitlich abgelenkt werden. Gleichzeitig baut sich so eine zum Draht transversale Spannung auf, wie in Abb. 5.6 skizziert, bis das rücktreibende Feld $\mathbf{E}_H$ die Lorentz-Kraft kompensiert. In diesem stationären Zustand bewegen sich die Elektronen wieder entlang des Leiters in z-Richtung

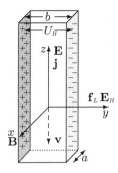

Abb. 5.6. Hall-Effekt in einem metallischen Leiter; die Lorentz-Kraft $\mathbf{f}_L$ treibt die Elektronen an den Rand, wobei die Spannung U_H aufgebaut wird, deren Feld $\mathbf{E}_H$ der Kraft f_L entgegenwirkt

$$\mathbf{E}_H = -\frac{k_L}{c}\,\mathbf{v}\times\mathbf{B} = -\frac{k_L}{nec}\,\mathbf{j}\times\mathbf{B}.$$

Der Hall-Koeffizient (für freie Ladungsträger) ist [Kittel, 2005, 6-(55)]

$$R_H = k_L/nec. \tag{5.3.9}$$

Für Elektronen mit $e = -e_0$ ist $R_H < 0$. Leicht nachgewiesen werden kann U_H, deren Vorzeichen Auskunft über die Ladungsträger gibt. Für eine Sorte an Ladungsträgern (Elektronen) ergibt sich die Hall-Spannung ($ab\mathbf{j} = -I\mathbf{e}_z$)

$$U_H = R_H \int_0^b \mathrm{d}\mathbf{s}\cdot(\mathbf{j}\times\mathbf{B}) = -R_H IB/a.$$

Nachgewiesen wurde der Effekt 1879 von Hall[1] zu einer Zeit, als weder die Existenz von Elektronen gesichert, noch die elektrische Leitung verstanden war.

Bei der Herleitung des Hall-Koeffizienten (5.3.9) sind wir von isotropen Systemen (bzw. von Systemen mit kubischer Symmetrie) ausgegangen. In Systemen mit niedrigerer Symmetrie haben wir σ durch einen Tensor ersetzt, dessen Inverse R $R_{ik}(\mathbf{B}) = R_{ki}(-\mathbf{B})$ ebenfalls die Symmetrie (5.3.5) erfüllt. Nach $\mathbf{B}$ entwickelt[2], erhält man

$$E_i = \left(R_{ik}^{(0)} + R_{ik;l}^{(1)}B_l + \frac{1}{2}R_{ik;lm}^{(2)}B_l B_m + \dots\right)j_k.$$

Hierbei sind

$$R_{ik}^{(0)} = R_{ki}^{(0)}, \qquad R_{ik;l}^{(1)} = -R_{ki;l}^{(1)}, \qquad R_{ik;lm}^{(2)} = R_{ki;lm}^{(2)}.$$

Die Hall-Koeffizienten $R_{ik;l}^{(1)} = \epsilon_{ikj}\,R_{jl}^H$ können durch die neun Komponenten eines Tensors 2. Stufe dargestellt werden:

$$E_i = R_{ik}^{(0)}\,j_k + \epsilon_{ikj}\,R_{jl}^H B_l\,j_k.$$

---

[1] Edwin Hall, amerikanischer Physiker 1855–1938.
[2] Natürlich gilt auch die Linearität von $\mathbf{E}$ und $\mathbf{j}$ nicht streng.

In kubischen (isotropen) Systemen sind $R_{ik}^{(0)} = R_0$ und $R_{jl}^{H} = R_H\,\delta_{jl}$, woraus folgt

$$\mathbf{E} = R_0\,\mathbf{j} + R_H\,\mathbf{j} \times \mathbf{B}\,.$$

Thomson-Effekt: Ist $\mathbf{B}$ parallel zu $\mathbf{j}$, so verschwindet der (transversale) Hall-Effekt und es gibt nur eine longitudinale Widerstandsänderung in 2. Ordnung in $\mathbf{B}$.

Hall-Winkel: Wenn der transversale Strom (j_x) nicht verschwindet, so ist der *Hall-Winkel* definiert durch

$$\tan\vartheta_H = \Big|\frac{E_H}{E}\Big| = \frac{k_L e_0 B \tau}{m_e c} = \omega_c \tau\,.$$

$\mathbf{E}$ ist, wie in Abb. 5.6 skizziert, parallel zum Strom. Das gesamte Feld ist $\mathbf{E}_{\text{tot}} = \mathbf{E} + \mathbf{E}_H$.

$$\omega_c = k_L e_0 B / m_e c \tag{5.3.10}$$

ist die *Zyklotronfrequenz* des Elektrons.

Magnetowiderstand: Widerstandsänderungen $R(B)$ können in vielen Fällen durch die phänomenologische *Kohler'sche Regel*

$$(R(B) - R(0))/R(0) = f(B/R(0))$$

beschrieben werden. f ist eine für die Probe charakteristische Funktion und $R(0) = R_0$ der spezifische Widerstand für $\mathbf{B} = 0$. Wenn der transversale Strom j_x verschwindet, d.h., wenn $\mathbf{E}_H$ die Lorentz-Kraft kompensiert, dann ist der Widerstand R (im Drude-Modell) unabhängig von $\mathbf{B}$.

5.4 Das Elektron im elektromagnetischen Feld

Etwas aus dem Rahmen des Kapitels, d.h. der Elektrodynamik in Materie, fallen die Bewegungsgleichungen für das Elektron im elektromagnetischen Feld im Vakuum. Jedoch nach den folgenden zwei Unterabschnitten sind wir mit den London-Gleichungen wieder in Materie.

5.4.1 Lagrange- und Hamilton-Funktion des Elektrons

Prinzip der kleinsten Wirkung oder Hamilton'sches Prinzip

Die Wirkung ([erg s]) hat in der klassischen Mechanik die Form

$$S = \int_{t_1}^{t_2} dt\, L(q, \dot{q}, t)\,, \tag{5.4.1}$$

wobei q und $\dot{q}$ die verallgemeinerten Koordinaten (Ort: $x_i, r, \vartheta, \varphi, ...$ und Geschwindigkeit: $\dot{x}_i, \dot{r}, \dot{\vartheta}, \dot{\varphi}, ...$) sind. Die Euler-Lagrange'schen Bewegungsgleichungen erhält man durch Minimierung von S durch Variation von q und $\dot{q}$, wobei man die Endpunkte festhält, wie in Abb. 5.7 skizziert:

$$\delta S = \int_{t_1}^{t_2} dt \left[L(q + \delta q, \dot{q} + \delta \dot{q}, t) - L(q, \dot{q}, t) \right] = \int_{t_1}^{t_2} dt \left[\frac{\partial L}{\partial q} \delta q + \frac{\partial L}{\partial \dot{q}} \delta \dot{q} \right] = 0.$$

Im zweiten Term verwenden wir die Relation $\delta \dot{q} = d\delta q/dt$ und integrieren

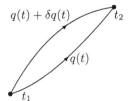

$q(t) + \delta q(t)$ t_2

$q(t)$

t_1

Abb. 5.7. Mögliche Wege zwischen dem Anfangspunkt $q(t_1)$ und dem Endpunkt $q(t_2)$

partiell, wobei der Randterm wegen $\delta q(t_1) = \delta q(t_2) = 0$ nichts beiträgt:

$$\delta S = \frac{\partial L}{\partial \dot{q}} \delta q \Big|_{t_1}^{t_2} + \int_{t_1}^{t_2} dt \left[\frac{\partial L}{\partial q} - \frac{d}{dt} \left(\frac{\partial L}{\partial \dot{q}} \right) \right] \delta q = 0.$$

Das Integral verschwindet für beliebige δq nur, wenn

$$\frac{\partial L}{\partial q} - \frac{d}{dt} \left(\frac{\partial L}{\partial \dot{q}} \right) = 0. \tag{5.4.2}$$

Das sind die *Euler-Lagrange-Gleichungen*, die die Bahnkurve festlegen, die das Teilchen zwischen festgehaltenen Punkten wählt. Der *verallgemeinerte Impuls* ist definiert durch

$$p = \frac{\partial L}{\partial \dot{q}}. \tag{5.4.3}$$

Jetzt betrachten wir Bahnen, die wieder zur Zeit t_1 vom Ort q_1 ausgehen und zu einem festen Ort q_2 gehen, den sie zu verschiedenen Zeiten t_2 erreichen. Ersetzen wir $t_2 \to t$, so erhält man die *Hamilton-Jacobi'sche Differentialgleichung*

$$\frac{dS}{dt} = L = \frac{\partial S}{\partial q} \frac{dq}{dt} + \frac{\partial S}{\partial t} \qquad \Rightarrow \qquad \frac{\partial S}{\partial t} = L - p\dot{q} = -E.$$

Diese Bahnen erfüllen die Euler-Lagrange-Gleichungen, so dass der Integrand von δS verschwindet, d.h. $\delta S = \frac{\partial L}{\partial \dot{q}} \delta q$ oder $\frac{\partial S}{\partial q} = p$, was wir in die vorhergehende Gleichung eingesetzt haben.

Die *Lagrange-Funktion* für ein Punktteilchen der Masse m im Potential $V(\mathbf{x})$ ist [Schwabl, 2008, S. 266], [Landau, Lifschitz I, 1969, §2]

$$L(\mathbf{x}, \mathbf{v}) = \frac{mv^2}{2} - V(\mathbf{x}) \tag{5.4.4}$$

mit den Euler-Lagrange'schen Bewegungsgleichungen

$$\frac{\partial L}{\partial \mathbf{x}} = \frac{\mathrm{d}}{\mathrm{d}t}\left(\frac{\partial L}{\partial \mathbf{v}}\right) \qquad \Leftrightarrow \qquad \dot{\mathbf{p}} = m\ddot{\mathbf{x}} = -\boldsymbol{\nabla}V(\mathbf{x})\,. \qquad (5.4.5)$$

Herleitung der Lagrange-Funktion aus der Lorentz-Gleichung

Unter der *Lorentz-Gleichung* verstehen wir die Bewegungsgleichung eines geladenen Teilchens (Elektrons) unter dem Einfluss der Lorentz-Kraft (1.2.5). Das ist die Euler-Lagrange-Gleichung für ein geladenes Teilchen im elektromagnetischen Feld

$$m\frac{\mathrm{d}\mathbf{v}}{\mathrm{d}t} = e\left(\mathbf{E} + \frac{k_L}{c}\mathbf{v}\times\mathbf{B}\right). \qquad (5.4.6)$$

Für diese ist die zugehörige Lagrange-Funktion zu bestimmen. Wird $\mathbf{B}$ durch ein Vektorfeld $\mathbf{A}$ (siehe (4.1.2)) dargestellt

$$\mathbf{B} = \mathrm{rot}\,\mathbf{A}\,,$$

so ist div $\mathbf{B} = 0$ automatisch erfüllt. Damit folgt aus dem Induktionsgesetz (1.3.21c)

$$\mathrm{rot}\left(\mathbf{E} + \frac{k_L}{c}\,\dot{\mathbf{A}}\right) = 0\,.$$

Verschwindet die Rotation eines Vektors, so ist dieser aus einem skalaren Potential herleitbar

$$\mathbf{E} + \frac{k_L}{c}\,\dot{\mathbf{A}} = -\boldsymbol{\nabla}\phi \qquad \Rightarrow \qquad \mathbf{E} = -\boldsymbol{\nabla}\phi - \frac{k_L}{c}\,\dot{\mathbf{A}}. \qquad (5.4.7)$$

Eingesetzt in (5.4.6) erhält man[3]

$$\frac{\mathrm{d}}{\mathrm{d}t}mv_i = -e\nabla_i\phi - \frac{k_L e}{c}\,\dot{A}_i + \frac{k_L e}{c}\left[\mathbf{v}\cdot(\nabla_i\mathbf{A}) - (\mathbf{v}\cdot\boldsymbol{\nabla})A_i\right].$$

Berücksichtigt man noch

$$\frac{\mathrm{d}A_i}{\mathrm{d}t} = \dot{A}_i + \mathbf{v}\cdot\boldsymbol{\nabla}A_i\,,$$

so lautet (5.4.6)

$$\frac{\mathrm{d}}{\mathrm{d}t}\left(m\mathbf{v} + \frac{k_L e}{c}\mathbf{A}\right) = -e\boldsymbol{\nabla}\phi + \frac{k_L e}{c}\boldsymbol{\nabla}(\mathbf{v}\cdot\mathbf{A}). \qquad (5.4.8)$$

Es ist einfach nachzuprüfen, dass (5.4.8) aus der Lagrange-Funktion

$$L = \frac{m\,v^2}{2} + \frac{k_L e}{c}\,\mathbf{v}\cdot\mathbf{A} - e\,\phi \qquad (5.4.9)$$

---

[3] Hilfsformel: $[\mathbf{a}\times(\boldsymbol{\nabla}\times\mathbf{b})]_i = \mathbf{a}\cdot\nabla_i\mathbf{b} - \mathbf{a}\cdot\boldsymbol{\nabla}\,b_i$

hergeleitet werden kann. Gemäß (5.4.3) ist

$$\boldsymbol{p} = \frac{\partial L}{\partial \mathbf{v}} = m\mathbf{v} + \frac{k_L e}{c}\,\mathbf{A} \tag{5.4.10}$$

der *verallgemeinerte Impuls* oder *kanonische Impuls*.

$$m\mathbf{v} = \boldsymbol{p} - k_L e\mathbf{A}/c$$

ist der *kinetische Impuls*. Die zugehörige *Hamilton-Funktion* ist definiert durch

$$\mathcal{H}(\boldsymbol{p},\mathbf{x}) = \boldsymbol{p}\cdot\mathbf{x} - L(\mathbf{x},\mathbf{v}) = \frac{mv^2}{2} + e\phi.$$

Man ersetzt $\mathbf{v}$ durch $\boldsymbol{p}$ und erhält, wenn man wieder $V(\mathbf{x},t)$ mitnimmt:

$$\mathcal{H}(\boldsymbol{p},\mathbf{x},t) = \frac{1}{2m}\Big[\boldsymbol{p} - \frac{k_L e}{c}\,\mathbf{A}(\mathbf{x},t)\Big]^2 + e\,\phi(\mathbf{x},t) + V(\mathbf{x},t). \tag{5.4.11}$$

Die Berücksichtigung des elektromagnetischen Feldes in der *Hamilton-Funktion* $\mathcal{H} = \boldsymbol{p}^2/2m + V(\mathbf{x})$ geschieht durch Ersetzen von $\boldsymbol{p} = m\mathbf{v} \to \boldsymbol{p} - k_L e\mathbf{A}/c$ und $\mathcal{H} \to \mathcal{H} + e\phi$, was *Minimal-Substitution* genannt wird.

5.4.2 Bewegung eines Teilchens im äußeren Feld

Homogenes Magnetfeld

Die Bewegungsgleichung für ein geladenes Teilchen ist durch die Lorentz-Kraft (5.4.6) gegeben, wobei $\mathbf{B}$ das homogene äußere Magnetfeld ist. Ohne elektrisches Feld erhält man

$$\frac{d\mathbf{v}}{dt} = \mathbf{v} \times \boldsymbol{\omega}_c \qquad \text{mit} \qquad \boldsymbol{\omega}_c = \frac{k_L e}{mc}\,\mathbf{B}. \tag{5.4.12}$$

Zerlegt man $\mathbf{v} = \mathbf{v}_\parallel + \mathbf{v}_\perp$ in seine Komponenten parallel und senkrecht zu $\mathbf{B}$, so erhält man

$$\dot{\mathbf{v}}_\perp = \mathbf{v}_\perp \times \boldsymbol{\omega}_c \qquad \text{und} \qquad \dot{\mathbf{v}}_\parallel = 0. \tag{5.4.13}$$

Man legt nun das KS so fest, dass $\mathbf{B} = B\mathbf{e}_3$ und setzt

$$\mathbf{v}_\perp(t) = \frac{v_\perp}{\sqrt{2}}(\mathbf{e}_1 - \mathrm{i}\mathbf{e}_2)\mathrm{e}^{-\mathrm{i}\omega_c t} \qquad \text{mit} \qquad \omega_c = \frac{k_L eB}{mc} = |\omega_c|\,\mathrm{sgn}\,e \tag{5.4.14}$$

ein, wobei $|\omega_c|$ die Zyklotronfrequenz (5.3.10) ist, die uns bereits beim Hall-Effekt begegnet ist. Man kann sich leicht davon überzeugen, dass (5.4.14) Lösung von (5.4.13) ist:

$$\dot{\mathbf{v}}_\perp = \frac{v_\perp}{\sqrt{2}}(\mathbf{e}_1 - \mathrm{i}\mathbf{e}_2) \times \mathbf{e}_3\,\omega_c\,\mathrm{e}^{-\mathrm{i}\omega_c t} = \frac{v_\perp}{\sqrt{2}}(-\mathbf{e}_2 - \mathrm{i}\mathbf{e}_1)\omega_c\,\mathrm{e}^{-\mathrm{i}\omega_c t} = -\mathrm{i}\omega_c\frac{\mathbf{v}_\perp}{\sqrt{2}}.$$

Das Teilchen bewegt sich so gemäß

$$\mathbf{v}(t) = \mathbf{v}_{0\parallel} + \frac{v_\perp}{\sqrt{2}}(\mathbf{e}_1 - \mathrm{i}\mathbf{e}_2)\mathrm{e}^{-\mathrm{i}\omega_c t} \tag{5.4.15}$$

mit gleichbleibender Geschwindigkeit $\mathbf{v}_\parallel$ schraubenförmig entlang des Magnetfeldes. Der Drehsinn hängt dabei vom Vorzeichen der Ladung ab und ist für $e > 0$ im Uhrzeigersinn orientiert. Für den Ortsvektor ergibt sich daraus

$$\mathbf{x}(t) = \mathbf{x}_0 + \mathbf{v}_{0\parallel}\, t - \mathrm{i}\,\mathrm{sgn}\, e\,\frac{v_\perp}{\omega_c\sqrt{2}}(\mathbf{e}_1 - \mathrm{i}\mathbf{e}_2)\,\mathrm{e}^{-\mathrm{i}\omega_c t}\,. \tag{5.4.16}$$

Der Radius der Kreisbewegung, der sogenannte *Gyroradius* oder *Larmor-Radius*, ist

$$a = v_\perp/|\omega_c|\,. \tag{5.4.17}$$

Die Energie des Teilchens $\mathrm{E} = mv^2/2$ bleibt konstant, was wir erwarten können, wenn die Kraft immer senkrecht auf die Bewegungsrichtung wirkt:

$$\frac{\mathrm{dE}}{\mathrm{d}t} = m\mathbf{v}\cdot\dot{\mathbf{v}} = 0\,.$$

Anmerkungen: In (5.4.6) haben wir für den Impuls $\boldsymbol{p} = m\mathbf{v}$ eingesetzt, was nur für Geschwindigkeiten mit $v \ll c$ gilt. Die exakte Relation wäre $\boldsymbol{p} = \gamma m\mathbf{v}$ mit $\gamma = 1/\sqrt{1-v^2/c^2}$ (siehe (14.2.14)). Es wird dann $\omega_c = k_L eB/(\gamma mc)$ kleiner und der Radius der Schraubenbewegung entsprechend größer.

In einem systematischeren Lösungsverfahren von (5.4.6) – siehe Aufgabe 5.1 – definiert man

$$\dot{v}_i = \frac{k_L eB}{mc}\epsilon_{ijk}v_j\hat{B}_k = \omega_c\, R_{ij}\, v_j \qquad\qquad \text{mit} \qquad\qquad R_{ij} = \epsilon_{ijk}B_k/B$$

den Tensor R und hat mit

$$\mathbf{v}(t) = \mathrm{e}^{\omega_c \mathsf{R}t}\,\mathbf{v}_0$$

eine Lösung, die die Anfangsbedingung erfüllt, wobei $\omega_c = |\omega_c|\,\mathrm{sgn}\, e$.

Gekreuztes magnetisches und elektrisches Feld

Zum homogenen, statischen Feld $\mathbf{B} = B\mathbf{e}_z$ kommt noch ein ebenfalls homogenes und statisches Feld $\mathbf{E} = E_\perp \mathbf{e}_y + E_\parallel \mathbf{e}_z$. In Komponenten-Schreibweise ist (5.4.6)

$$\begin{aligned}\dot{v}_x &= \omega_c v_y\\ \dot{v}_y &= \frac{e}{m}E_\perp - \omega_c v_x\end{aligned} \qquad\Longrightarrow\qquad \dot{v}_x + \mathrm{i}\dot{v}_y = \frac{\mathrm{i}e}{m}E_\perp - \mathrm{i}\omega_c(v_x + \mathrm{i}v_y), \tag{5.4.18}$$

$$\dot{v}_z = \frac{e}{m}E_\parallel\,. \tag{5.4.19}$$

Die homogene Lösung, für die $E_\perp = 0$, haben wir bereits hergeleitet:

$$v_x + \mathrm{i}v_y = v_{0\perp}\mathrm{e}^{-\mathrm{i}\omega t + \varphi_0}\,.$$

Für positive Ladungen ist das die in (5.4.15) hergeleitete Kreisbewegung im Uhrzeigersinn. Eine spezielle Lösung der inhomogenen Gleichung ist

$$v_x + \mathrm{i}v_y = \frac{eE_\perp}{m\omega_C} = \frac{cE_\perp}{k_L B}\,,$$

woraus die Lösung folgt:

$$\begin{aligned}
v_x + \mathrm{i}v_y &= v_{0\perp}\mathrm{e}^{-\mathrm{i}\omega t + \varphi_0} + \frac{cE_\perp}{k_L B}\\
v_z &= v_{0\parallel} + \frac{eE_\parallel t}{m}\,.
\end{aligned} \tag{5.4.20}$$

Mit $\mathbf{E}_\parallel$ wird die Schraubenbewegung um $\mathbf{B}$ beibehalten, nur die Ganghöhe ändert sich.

Betrachtet man viele Teilchen, für die $v_{0\perp}$ im Mittel am Anfang verschwindet, so sieht man, dass in der zu $\mathbf{B}$ senkrechten Ebene zur Kreisbewegung eine mittlere Driftgeschwindigkeit $\langle v_x + \mathrm{i}v_y\rangle = cE_\perp/k_L B$ in x-Richtung hinzukommt, die noch dazu unabhängig vom Vorzeichen der Ladung ist. Diese Drift ist senkrecht auf $\mathbf{E}_\perp$ und $\mathbf{B}$ und kann so dargestellt werden als

$$\langle \mathbf{v}_\perp\rangle = \frac{c}{k_L}\frac{\mathbf{E}_\perp}{B}\times\hat{\mathbf{B}}. \tag{5.4.21}$$

Ausgegangen sind wir von der nicht relativistischen Näherung $\boldsymbol{p} = m\mathbf{v}$ und müssen daher die Gültigkeit von (5.4.21) auf $|\langle\mathbf{v}_\perp\rangle| \ll c$ einschränken, woraus $E_\perp \ll B$ folgt.

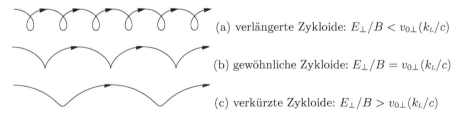

(a) verlängerte Zykloide: $E_\perp/B < v_{0\perp}(k_L/c)$

(b) gewöhnliche Zykloide: $E_\perp/B = v_{0\perp}(k_L/c)$

(c) verkürzte Zykloide: $E_\perp/B > v_{0\perp}(k_L/c)$

Abb. 5.8. Bahn eines geladenen Teilchens in xy-Ebene

Die nochmalige Integration mit den Anfangsbedinungen $\mathbf{x}_0 = 0$ und $\varphi = 0$ ergibt

$$x = \frac{v_{0\perp}}{\omega_C}\sin(\omega_C t) + \frac{cE_\perp t}{k_L B}\,, \tag{5.4.22}$$

$$y = \frac{v_{0\perp}}{\omega_C}\big(\cos(\omega_C t) - 1\big). \tag{5.4.23}$$

Für ein kleines $E_\perp$ wird, solange $\langle|\mathbf{v}_\perp|\rangle = cE_\perp/k_L B < v_{0\perp}$, aus der Kreisbewegung, wie in Abb. 5.8a skizziert, eine verlängerte Zykloide. Für $E_\perp/B = v_{0\perp}k_L/c$ ist die Bahn des Teilchens eine gewöhnliche Zykloide[4] (Abb. 5.8b) und für $E_\perp/B > v_{0\perp}/c$ eine verkürzte Zykloide (Abb. 5.8c).

Penning-Falle

In einem Bereich, in dem $\Delta\phi = 0$, kann ein Teilchen in keine stabile Gleichgewichtslage gebracht werden, da nach dem Theorem von Earnshaw (siehe S. 98) das Potential ϕ dort kein Minimum (Maximum) hat.

Mit einem zusätzlichen Magnetfeld $\mathbf{B}$ kann man jedoch Teilchen einfangen, wie anhand der Penning-Falle gezeigt wird. Brown und Gabrielse [1986] erwähnen in ihrem Review u.a. Präzisionsmessungen des gyromagnetischen Faktors g, die mittels einer solchen Falle durchgeführt wurden [Van Dyck, Schwinberg, Dehmelt, 1984].

Wir nehmen jetzt ein harmonisches Potential, das positive Ionen (Ladung $q > 0$, Masse M) in der z-Richtung auf einen kleinen Bereich eingrenzt und in der xy-Ebene abstößt:

$$\phi = \frac{V_0}{2d^2}\left(z^2 - \frac{\varrho^2}{2}\right), \tag{5.4.24}$$

wobei d in Abb. 5.9 erklärt ist. Die Äquipotentialflächen von V sind Rota-

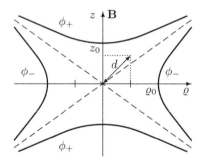

Abb. 5.9. Die beiden Elektroden mit ϕ_+ sind die Rotationshyperboloide $z^2 = z_0^2 + \varrho^2/2$, und die Ringelektrode mit ϕ_- ist das Rotationshyperboloid $z^2 = (\varrho^2 - \varrho_0^2)/2$. Charakteristische Länge der Falle: $d = \sqrt{\varrho_0^2/4 + z_0^2/2}$

tionshyperboloide, was sich auch in der Form der Elektroden niederschlägt, wie in Abb. 5.9 skizziert. Sie sind Äquipotentialflächen des Potentials (5.4.24), wobei $z_0^2 = \varrho_0^2/2$ so gewählt ist, dass $\phi_+ = -\phi_-$. Die resultierenden Felder sind die eines Quadrupols.

Haben wir jedoch ein starkes Magnetfeld $B\mathbf{e}_z$, so werden die Ionen kreisförmige Bewegungen um $\mathbf{B}$ ausführen und können so nicht entweichen. Die Bewegungsgleichungen separieren in die Bewegung parallel und senkrecht auf $\mathbf{B}$:

---

[4] $x = v\tau - a\sin\tau$ und $y = v - a\cos\tau$ ist für $a = v$ die gewöhnliche, für $v < a$ die verlängerte und für $v > a$ die verkürzte Zykloide.

$$M\ddot{z} = qE_z, \qquad\qquad M\ddot{\boldsymbol{\varrho}} = q\mathbf{E}_\perp + \frac{k_L q B}{c}\, \dot{\boldsymbol{\varrho}} \times \mathbf{e}_z\,.$$

In z-Richtung ist das eine harmonische Oszillation mit $\omega_z = \sqrt{\dfrac{qV_0}{Md^2}}$.

Strebt das Feld $\mathbf{e}_\perp = \frac{\omega_z^2}{2}\,\boldsymbol{\varrho}$ gegen null, so führt das Ion Kreisbewegungen mit der Zyklotronfrequenz $\omega_c = k_L q B/cM$ aus. Bei einem kleinen Feld $E_\perp$ kommt, wenn dieses konstant ist, noch die Drift (5.4.21) hinzu. Hier äußert sich das in den zwei stark unterschiedlichen Frequenzen

$$\omega_\pm = \frac{\omega_c}{2}\left(\omega_c \pm \sqrt{\omega_c^2 - 2\omega_z^2}\right)$$

in der zu $\mathbf{B}$ senkrechten Ebene. Damit die Teilchen eingefangen werden, muss $\omega_c \geq \sqrt{2}\omega_z$ sein. Die Details zur Rechnung sind Teil der Aufgabe 5.3.

Bei genügend starkem Feld können wir, insbesondere bei Elektronen, von

$$\omega_- \ll \omega_z \ll \omega_+$$

ausgehen. Aus der Driftbewegung bei konstantem Feld ist hier eine langsame Kreisbewegung mit ω_- geworden, die von schnellen Kreisen mit $\omega_+ \sim \omega_c$ überlagert wird.

5.4.3 London-Gleichungen

Leitungselektronen zeigen gegenüber Feldänderungen eine Massenträgheit, die durch (5.3.7) berücksichtigt werden kann:

$$m_e\dot{\mathbf{v}} - \frac{m_e}{\tau}\,\mathbf{v} = e\mathbf{E}\,.$$

τ hat die Bedeutung einer Stoß- bzw. Relaxationszeit. Geht man nun von der Geschwindigkeit zum Strom $\mathbf{j}$ über, so erhält man

$$\tau\frac{\partial\mathbf{j}}{\partial t} + \mathbf{j} = \frac{ne^2\tau}{m_e}\,\mathbf{E} = \sigma_0\,\mathbf{E}\,. \tag{5.4.25}$$

σ_0 ist die Gleichstromleitfähigkeit. Für harmonische Schwingungen von $\mathbf{j}$ und $\mathbf{E}(\mathbf{x}, t) = \mathbf{E}(\mathbf{x})\,\mathrm{e}^{-\mathrm{i}\omega t}$ folgt

$$\mathbf{j} = \sigma\,\mathbf{E} \qquad \text{mit} \qquad \sigma = \frac{\sigma_0}{1 - \mathrm{i}\omega\tau}\,. \tag{5.4.26}$$

Das ist eine Modifikation des Ohm'schen Gesetzes, bei der σ_0 durch die *dynamische Leitfähigkeit* σ ersetzt wird. Solange $\omega \ll \tau^{-1}$, bleibt der Widerstand annähernd gleich (und reell). Der Strom $\mathbf{j}$, der für niedrige Frequenzen phasengleich mit $\mathbf{E}$ ist, wird mit zunehmender Frequenz nahezu phasengleich mit $\partial\mathbf{j}/\partial t$, was einer imaginären Leitfähigkeit entspricht.

Bei Supraleitern verschwindet der Gleichstromwiderstand unterhalb einer Temperatur T_c. Wir können das phänomenologisch durch $\tau \to \infty$ beschreiben, so dass (5.4.25) die Form

$$\frac{\partial \mathbf{j}}{\partial t} = \frac{n_s e^2}{m_e} \mathbf{E} \tag{5.4.27}$$

annimmt. n_s ist dabei die Teilchendichte der an der Supraleitung beteiligten Elektronen. (5.4.27) wird als 1. *London-Gleichung* bezeichnet. Wir bilden nun die Rotation und setzen für rot $\mathbf{E} = -k_L \dot{\mathbf{B}}/c$ (Faraday'sches Induktionsgesetz) ein:

$$\frac{\partial}{\partial t} \left(\mathrm{rot}\,\mathbf{j} + \frac{k_L n_s e^2}{m_e c} \mathbf{B} \right) = 0. \tag{5.4.28}$$

Ist die Zeitabhängigkeit von $\mathbf{j}$ harmonisch, so vereinfacht sich (5.4.28) zu

$$\mathrm{rot}\,\mathbf{j} = -\frac{k_L n_s e^2}{m_e c} \mathbf{B}. \tag{5.4.29}$$

(5.4.29) wird als 2. *London-Gleichung* bezeichnet. In einer quasistationären Näherung vernachlässigt man in der Ampère-Maxwell-Gleichung (5.2.16c) den Verschiebungsstrom. Nimmt man noch $\mu = 1$ an, so ist

$$\mathrm{rot}\,\mathbf{B} = \frac{4\pi k_C}{k_L c} \mathbf{j} \overset{\mathrm{SI}}{=} \mu_0 \mathbf{j}. \tag{5.4.30}$$

Anmerkung: Mittels (5.4.30) ist zu jedem $\mathbf{B}$ ein Strom $\mathbf{j}$ bestimmt. Im statischen Fall ist (5.4.28) für alle $\mathbf{B}$ und $\mathbf{j}$ erfüllt. Das ist nicht mit dem experimentellen Befund vereinbar. F. und H. London fanden 1935 mit (5.4.30) die notwendige Einschränkung der Lösungen.

Eingesetzt in (5.4.29) erhält man mittels rot rot $\mathbf{B} = -\Delta \mathbf{B}$

$$\Delta \mathbf{B} - \frac{4\pi k_C n_s e^2}{m_e c^2} \mathbf{B} = 0. \tag{5.4.31}$$

Aus (5.4.30) folgt div $\mathbf{j} = 0$. Bildet man noch die Rotation von (5.4.29), so folgt

$$\Delta \mathbf{j} - \frac{4\pi k_C n_s e^2}{m_e c^2} \mathbf{j} = 0. \tag{5.4.32}$$

Meissner-Ochsenfeld-Effekt

Eine Kugel mit $\mu = 1$ aus einem Material, das unterhalb von T_c supraleitend ist, befinde sich in einem homogenen, externen Feld $\mathbf{B}_e$. Oberhalb von T_c ist die in Abb. 5.10b dargestellte Kugel normalleitend und $\mathbf{B}$ quert die Kugel unbehelligt. Geht man mit der Temperatur herunter, so wird die Kugel für $T < T_c$ supraleitend und $\mathbf{B}$ wird von der Kugel abgedrängt, wie in Abb. 5.10a skizziert. Dieser Effekt wird nach seinen Entdeckern *Meissner-Ochsenfeld-Effekt*[5] bezeichnet. Im Inneren des Supraleiters ist $\mathbf{B} = 0$, und aufgrund von

---

[5] Walther Meißner, 1882–1974 und Robert Ochsenfeld, 1901–1993

div $\mathbf{B} = 0$ ist die Normalkomponente von $\mathbf{B}$ stetig und verschwindet so auch an der Oberfläche des Supraleiters.

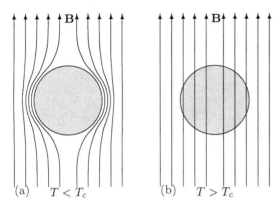

Abb. 5.10. (a) Ist ein Material unterhalb von T_c supraleitend, so dringt $\mathbf{B}$ nicht in den supraleitenden Bereich ein (b) Oberhalb von T_c ist $\mathbf{B}$ das Feld ungeändert, da $\mu = 1$

Der Halbraum mit $z < 0$ sei supraleitend und befinde sich in einem externen Feld $\mathbf{B}_e = B_0 \mathbf{e}_x$. Kleine Abweichungen von $\mu = 1$ werden vernachlässigt, so dass die Tangentialkomponenten von $\mathbf{B}$ an der Grenzfläche als stetig betrachtet werden. (5.4.31) hat dann im Supraleiter die Lösung

$$\mathbf{B} = B_0\, e^{-|z|/\Lambda}\, \mathbf{e}_x \qquad \text{mit} \qquad \Lambda = \sqrt{\frac{m_e c^2}{4\pi k_C n_s e^2}}\,. \qquad (5.4.33)$$

Λ ist die London'sche Eindringtiefe des Magnetfeldes in den Supraleiter:

$$\Lambda = r_s \sqrt{\frac{1}{3} \frac{n}{n_s} \frac{r_s}{r_e}} \qquad \text{mit} \qquad r_s^3 = \frac{3}{4\pi n} \qquad \text{und} \qquad r_e = \frac{k_C e^2}{m_e c^2}\,. \qquad (5.4.34)$$

r_s ist der Radius des Kugelvolumens, das ein Leitungselektron einnimmt und der in den meisten Metallen Werte zwischen 1 Å und 2 Å hat. r_e ist der klassische Elektronenradius (2.8×10^{-5} Å, siehe Tab. C.7, S. 653). Somit ist $\Lambda \gtrsim 100$ Å (siehe Tab. 5.1). Den supraleitenden Strom erhalten wir aus (5.4.30), dem

Tab. 5.1. London'sche Eindringtiefe Λ

Substanz	Al	Sn	Pb	Nb	Cd
Eindringtiefe[a] Λ	160 Å	340 Å	370 Å	390 Å	1100 Å

[a] R. Meservey and B. B. Schwartz, in *Superconductivity*, edited by R. D. Parks Marcel Dekker Inc., New York (1969), S. 174

Ampère'schen Durchflutungsgesetz ($z < 0$):

$$\mathbf{j} = \frac{k_L c}{4\pi k_C}\, \text{rot}\, \mathbf{B} = \frac{k_L c B_0}{4\pi k_C \Lambda}\, e^{-|z|/\Lambda}\, \mathbf{e}_y\,. \qquad (5.4.35)$$

5.5 Dielektrische Eigenschaften

5.5.1 Atomare Polarisierbarkeit

Atome und Moleküle werden unter dem Einfluss eines lokalen elektrischen Feldes $\mathbf{E}$ polarisiert. Bezeichnen wir mit α die Polarisierbarkeit eines Atoms, so ist sein Dipolmoment

$$p_i(\omega) = \alpha_{ij}(\omega)\, E_j(\omega)\,.$$

Wir werden hier weder auf Frequenzen $\omega \neq 0$ noch auf eventuelle Anisotropien der Polarisierbarkeit eingehen, so dass

$$\mathbf{P} = n\, \alpha\, \mathbf{E} \qquad\qquad \text{mit} \qquad\qquad n = N/V\,. \qquad (5.5.1)$$

Man beachte, dass α systemabhängig ist: $\alpha_{SI,H} = \alpha_G/k_C$. Wir unterscheiden elektronische, ionische und Orientierungs-Polarisierbarkeit, die im Folgenden erklärt werden sollen [Ashcroft, Mermin, 1976, S. 542].

Elektronische Polarisierbarkeit

Bei der atomaren Polarisierbarkeit haben wir ein phänomenologisches Modell vor Augen, bei dem die Elektronen durch harmonische Federkräfte mit dem Atomkern verbunden sind, wie in Abb. 5.11 angedeutet ist. Die Elektronen-

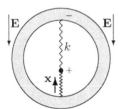

Abb. 5.11. Die Ladungsverteilung der Elektronen (Elektronenhülle) ist mit einer elastischen Feder k an den Atomkern gebunden. Durch ein konstantes Feld $\mathbf{E}$ wird die Elektronenhülle um $\mathbf{x}$ verschoben. Die Ladung der Hülle ist $-Ze_0$ und ihre Masse Zm_e

hülle ist mit der Federkraft k an den Kern gebunden, so dass die harmonische Rückstellkraft gegeben ist durch

$$\mathbf{K}_h = -m_e Z\, \omega_0^2\, \mathbf{x} \qquad \text{mit} \quad \omega_0^2 = k/Zm_e\,.$$

Auf die Elektronenhülle wirkt die Coulomb-Kraft des äußeren Feldes

$$\mathbf{F}_{\text{ext}} = -Ze_0\, \mathbf{E}$$

und wird so durch das elektrische Feld $\mathbf{E}$ gegen den Kern verschoben. Damit sind die Coulomb-Kraft $\mathbf{F}_{\text{ext}}$ und die rücktreibende harmonische Feder $\mathbf{K}_h$ parallel zu $\mathbf{E}$, so dass das Problem in einer Dimension behandelt werden kann:

$$m\ddot{x} = -m\omega_0^2 x - Ze_0 E \quad \overset{\text{Gleichgewicht}}{\Longrightarrow} \quad K_h + F_{\text{ext}} = -m\omega_0^2 x - Ze_0 E = 0.$$

Die Gleichgewichtslage im statischen Grenzfall ($\omega \to 0$) ist somit

$$x = -\frac{e_0}{m\omega_0^2} E, \qquad p = -Ze_0 x = \frac{Ze_0^2}{m\omega_0^2} E = \alpha E \qquad (5.5.2)$$

Um Aussagen über die Größenordnung von α machen zu können, müssen Annahmen zu ω_0 gemacht werden. Im H-Atom ist das Elektron im Abstand $a_B = \hbar^2/k_C m_e e_0^2 = 0.53\text{Å}$ (Bohr'scher Radius) im Gleichgewicht, so dass dort die Coulomb-Kraft die Stärke der Feder bestimmt:

$$\mathbf{F}_C = -\frac{\partial V}{\partial \mathbf{x}} = -k_C \frac{e_0^2 \mathbf{x}}{r^3} = -k\,\mathbf{x}\Big|_{r=a_B}.$$

Daraus folgt $k = m_e\omega_0^2 = k_C e_0^2/a_B^3$ und die Abschätzung für die Polarisierbarkeit ergibt

$$\alpha = e_0^2/m_e\omega_0^2 = a_B^3/k_C.$$

Ionische Polarisierbarkeit

In Substanzen mit ionischer Bindung entstehen durch die Verschiebung der Ionen im elektrischen Feld Dipole, deren Dichte die Verschiebungspolarisation $\mathbf{P}$ der induzierten Dipole ist. Dabei sind zwei Ionen mit den Massen M_+ und M_- durch eine harmonische Kraft $K = M\omega_0^2$ gekoppelt. Deren Bewegungsgleichungen sind bei harmonischer Kraft $K = M\omega_0^2$

$$M_+\ddot{\mathbf{u}}_+ = -K(\mathbf{u}_+ - \mathbf{u}_-) + e\mathbf{E},$$
$$M_-\ddot{\mathbf{u}}_- = -K(\mathbf{u}_- - \mathbf{u}_+) - e\mathbf{E}.$$

Aus Differenz und Summe folgt

$$M\ddot{\mathbf{u}} + M\omega_0^2\mathbf{u} = e\mathbf{E} \quad \text{mit} \quad M = \frac{M_+ M_-}{M_+ + M_-} \quad \text{und} \quad \mathbf{u} = \mathbf{u}_+ - \mathbf{u}_-.$$

$\mathbf{u}$ ist die relative Auslenkung der Ionen aus den Gleichgewichtslagen, $\pm e$ deren Ladung und $\mathbf{E}$ das lokale Feld. Die Frequenz ω_0 ist eine typische Mode im Kristall. Bei Frequenzen $\omega \gtrsim \omega_D$, der Debye-Frequenz, können die Ionen nicht mehr dem Feld folgen und die Verschiebungspolarisation der Ionen wird klein. Im Grenzfall $\omega \to 0$ ist die Gleichgewichtslage $\mathbf{u} = (e/M\omega_0^2)\mathbf{E}$. Daraus folgt

$$\mathbf{p} = e\mathbf{u} = \alpha_{\text{ion}}\mathbf{E} \qquad \text{mit} \qquad \alpha_{\text{ion}} = e^2/M\omega_0^2. \qquad (5.5.3)$$

Die elektronische Polarisierbarkeit $\alpha_{\text{el}}^{\pm}$ der beiden Ionen ist unterschiedlich, wobei negative Ionen meist stärker polarisierbar sind. Im statischen Grenzfall addiert man die Polarisierbarkeiten

$$\alpha = \alpha_{\mathrm{el}}^{+} + \alpha_{\mathrm{el}}^{-} + \alpha_{\mathrm{ion}} \,. \tag{5.5.4}$$

Ist n die Anzahl der Ionen pro Volumeneinheit, so erhält man aus der Polarisition, dem Dipolmoment pro Volumeneinheit, die Suszeptibilität (siehe (5.2.9))

$$\mathbf{P} = n\mathbf{p} = \chi \epsilon_0 \mathbf{E}, \qquad\qquad \chi = n\alpha/\epsilon_0 \,.$$

Die unabhängige Berechnung der einzelnen Anteile der Suszeptibilitäten ist nur gerechtfertigt, wenn man davon ausgehen kann, dass die Bewegung der (starren) Ionen zu keiner Deformation in den Schalen führt.

Orientierungs-Polarisierbarkeit

Das Molekül habe ein spontanes Dipolmoment $\mathbf{p}_0$. Bei hohen Temperaturen sind die $\mathbf{p}$ ungeordnet. Das Feld $\mathbf{E}$ orientiert die Momente. Gegeben sei ein Feld $\mathbf{E}=(0\ 0\ z)$. Dann sind bei $T = 0$ alle Dipolmomente parallel zur z Achse ausgerichtet. Mit steigender Temperatur wird das mittlere, in die z-Richtung weisende Moment gemäß der Boltzmann-Statistik kleiner:

$$\langle \mathbf{p} \rangle = \frac{\int d\Omega\, e^{-\beta H}\, \mathbf{p}}{\int d\Omega\, e^{-\beta H}} \approx \frac{1}{3} \frac{p_0^2}{k_B T}\, \mathbf{E} \quad \text{mit} \quad \mathcal{H} = -\mathbf{p}\cdot\mathbf{E} \quad \text{und} \quad \beta = \frac{1}{k_B T}\,.$$

H ist die Hamilton-Funktion und k_B die Boltzmann-Konstante (siehe Tab. C.7, S. 653).

Berechnung des mittleren Dipolmoments: $\mathbf{E} = E\,\mathbf{e}_z$

$$Z = \int d\Omega\, e^{\beta \mathbf{p}\cdot\mathbf{E}} = \int_0^{2\pi} d\varphi \int_0^{\pi} d\vartheta\, \sin\vartheta\, e^{\beta E p_0 \cos\vartheta} = 2\pi \int_{-1}^{1} d\xi\, e^{\beta E p_0 \xi}$$

$$= \frac{4\pi}{\beta E p_0}\, \sinh(\beta E p_0)\,.$$

Durch Differentiation erhält man ($\mathbf{p}_0 = p_0\, \mathbf{e}_z$):

$$\langle \mathbf{p} \rangle = \frac{1}{Z} \frac{\partial Z}{\beta \partial \mathbf{E}} \overset{u=\beta E p_0}{=} \frac{4\pi}{Z} p_0\, \mathbf{e}_z \frac{\partial}{\partial u} \frac{\sinh u}{u} = \mathbf{p}_0 \frac{u}{\sinh u} \left(\frac{\cosh u}{u} - \frac{\sinh(u)}{u^2} \right)$$

$$= \mathbf{p}_0 \left(\coth u - \frac{1}{u} \right) = \mathbf{p}_0\, L(u) \overset{u\to 0}{=} \mathbf{p}_0 \frac{1}{u} \left(1 + \frac{u^2}{3} - \dots - 1 \right) = \mathbf{p}_0 \frac{u}{3}\,.$$

$L(u)$ ist die Langevin-Funktion. $u \to 0$ ist der Grenzwert hoher Temperaturen und/oder kleiner Felder.

Die verschiedenen Beiträge zur Polarisierbarkeit, skizziert in Abb. 5.12, können gesondert bestimmt werden, wenn man ein oszillierendes Feld anlegt. Prinzipiell können die Momente leichterer Teilchen dem Feld bei höheren Frequenzen folgen als die Momente schwererer Teilchen.

Wenn ω größer wird als die Reorientierungsrate des Dipols $\mathbf{p}_0$, bleiben nur mehr α_{ion} und α_{el} bis schließlich auch die Ionenbewegung zu langsam wird.

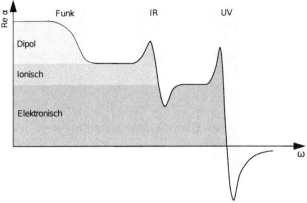

Abb. 5.12. Realteil der Polarisierbarkeit[a] separiert in elektronische, ionische und Dipolbeiträge aufgetragen gegen ω. Die Dipole folgen dem Feld bis zu Wellenlängen λ im Millimeterbereich; (Funk = UHF, Mikrowelle). Für Ionen geht der λ-Bereich bis Infrarot (IR) und für Elektronen bis Ultraviolett (UV)

[a] adaptiert nach C. Kittel *Introduction to Solid State Physics* John Wiley & Sons, 8. ed. (2004), S. 464 mit freundlicher Genehmigung von © John Wiley & Sons 2004.

5.5.2 Dielektrische Funktion

Drude-Lorentz-Modell

Das für die statische Polarisierbarkeit verwendete Oszillatormodell kann mit Modifikationen auch für die dynamische Polarisierbarkeit herangezogen werden. Es wird manchmal kürzer als *Lorentz-Modell* bezeichnet.

In einem zeitlich veränderlichen lokalen Feld $\mathbf{E} = \mathbf{E}_0\,e^{-i\omega t}$ wird die Elektronenhülle dem Feld instantan folgen, $\mathbf{x} = \mathbf{x}_0\,e^{-i\omega t}$, wobei aber zu berücksichtigen ist, dass die Elektronen der inneren Schalen weniger stark ausgelenkt werden als die äußeren.

Die einzelnen Elektronen bekommen also verschiedene Federn und der Absorption wird mit einem Dämpfungsterm Rechnung getragen. Die Feder k in Abb. 5.11 verbindet den Kern jetzt mit einem einzelnen Elektron:

$$m_e\big(\ddot{\mathbf{x}}_j + \gamma_j\dot{\mathbf{x}}_j + \omega_j^2\mathbf{x}_j\big) = -e_0\,\mathbf{E}_0 e^{-i\omega t} \tag{5.5.5}$$

und das lokale Feld $\mathbf{E}$ ist periodisch in der Zeit. Wir erhalten so den Beitrag des j-ten Elektrons zur Polarisierbarkeit

$$\mathbf{p}_j = -e_0\,\mathbf{x}_j = \frac{e_0^2}{m_e}\,\frac{1}{\omega_j^2 - \omega^2 - i\gamma_j\omega}\,\mathbf{E} = \alpha_j(\omega)\,\mathbf{E}.$$

Ein Atom und/oder Molekül habe Z Elektronen, die mit unterschiedlicher Oszillatorstärke f zur Polarisierbarkeit beitragen:

$$\alpha_{\mathrm{at}}(\omega) = \frac{e_0^2}{m_e} \sum_j \frac{f_j}{\omega_j^2 - \omega^2 - \mathrm{i}\gamma_j\omega} \qquad \text{mit} \qquad \sum_j f_j = Z. \qquad (5.5.6)$$

Die Polarisation, das Dipolmoment pro Volumeneinheit, ist bei n Atomen pro Volumeneinheit gegeben durch

$$\mathbf{P} = n\,\alpha_{\mathrm{at}}\,\mathbf{E} = \chi_e\epsilon_0\,\mathbf{E}.$$

Der Zusammenhang mit der Dielektrizitätskonstante ϵ ist bekanntlich

$$\mathbf{D} = \epsilon\epsilon_0\,\mathbf{E} = \epsilon_0(\mathbf{E} + 4\pi k_C\mathbf{P}) = \epsilon_0(1 + 4\pi k_C n\alpha_{\mathrm{at}})\mathbf{E}.$$

Man erhält so die Dielektrizitätsfunktion im Oszillatormodell, die manchmal auch als *Drude'sche Formel* bezeichnet wird; die Zuordnung von Namen ist hier nicht einheitlich. Gut charakterisiert ist (5.5.7) als dielektrische Funktion im Oszillatormodell:

$$\epsilon(\omega) = 1 + 4\pi k_C n\frac{e_0^2}{m_e} \sum_k \frac{f_k}{\omega_k^2 - \omega^2 - \mathrm{i}\gamma_k\omega}. \qquad (5.5.7)$$

Eine analoge Gleichung erhält man auch in der Quantenmechanik, wobei $\hbar\omega_k$ die Energiedifferenzen von Elektronenzuständen sind und f_k die zugehörigen Matrixelemente.

Näherungen für kleine und große Frequenzen

Ist ω weit von den Resonanzfrequenzen ω_j entfernt, so ist es sinnvoll, die ω_j und γ_j durch gemittelte Größen zu ersetzen. Für kleine Frequenzen erhalten wir die statische Polarisierbarkeit (5.5.2) und für Frequenzen die weit oberhalb der höchsten Resonanz ω_j liegen nähert sich $\alpha_{at} \to 0$, wobei der negative Wert bedingt, dass $\epsilon(\omega) \lesssim 1$:

$$\alpha_{\mathrm{at}}(0) = \frac{Ze_0^2}{m_e\omega_0^2}, \qquad\qquad \frac{1}{\omega_0^2} = \frac{1}{Z} \sum_j \frac{f_j}{\omega_j^2} \qquad \omega \ll \omega_j\ \forall j,$$

$$\alpha_{\mathrm{at}}(\omega) \approx -\frac{Ze_0^2}{m_e\omega^2}\left(1 - \mathrm{i}\frac{\gamma}{\omega}\right), \qquad \gamma = \frac{1}{Z} \sum_j f_j\gamma_j \qquad \omega \gg \omega_j\ \forall j. \qquad (5.5.8)$$

Die Elektronen folgen hier als quasifreie Teilchen dem elektrischen Feld $\mathbf{E}$. Das trifft bei Röntgen-Strahlen zu, deren Energien $\sim 10\,\mathrm{keV}$ sehr viel größer sind als die Bindungsenergien $\sim 10\,\mathrm{eV}$.

Leitfähigkeit

Metalle haben Elektronen, die nicht an Atome gebunden sind und sich so im Medium bewegen können. Nehmen wir an, dass das i-te Elektron des Atoms nicht gebunden ist, so hat dieses im Oszillator-Modell (5.5.7) die Frequenz $\omega_i = 0$

$$\epsilon(\omega) = 1 + 4\pi k_C n \frac{e_0^2}{m_e} \left(\sum_{k \neq i} \frac{f_k}{\omega_k^2 - \omega^2 - i\gamma_k \omega} - \frac{f_i}{\omega(\omega + i\gamma_i)} \right)$$

$$= \epsilon_b(\omega) + \frac{4\pi k_C i \sigma}{\omega}. \tag{5.5.9}$$

Wir haben $\epsilon(\omega)$ aufgeteilt in ϵ_b, in dem die Beiträge der an das Atom gebundenen Elektronen aufsummiert sind, und in den Beitrag des freien Elektrons

$$\sigma = \frac{ne_0^2 f_i}{m_e(\gamma_i - i\omega)}. \tag{5.5.10}$$

Wir setzen jetzt (5.5.9) in die Ampère-Maxwell-Gleichung (5.2.16) ein, wobei $\mathbf{E} = \mathbf{E}_0(\mathbf{x}) e^{-i\omega t}$ und erhalten

$$\operatorname{rot} \mathbf{H} + \frac{i\omega k_L}{c} \epsilon_b \epsilon_0 \mathbf{E} = \frac{4\pi k_C}{k_L c \mu_0} (\mathbf{j}_f + \sigma \mathbf{E}) \stackrel{\text{SI}}{=} \mathbf{j}_f + \sigma \mathbf{E}, \tag{5.5.11}$$

wobei $\mathbf{j}_f$ weitere eventuell vorhandene Ladungsträger berücksichtigt. Legt man ein Feld an das Medium, so erzeugen die freien Elektronen den durch $\sigma \mathbf{E}$ bestimmten Beitrag zur Stromdichte, was das Ohm'sche Gesetz ist. Wir sehen so, dass der Übergang vom Dielektrikum zum Leiter fließend ist. Den Parameter $\gamma = \tau^{-1}$ können wir nach (5.3.2) mit der mittleren Stoßzeit identifizieren. Die statische Leitfähigkeit ist (mit den experimentellen Werten für Cu)

$$\text{G:} \ \sigma(0) = \frac{ne_0^2}{m_e \gamma} = 6 \times 10^{17} \, \text{s}^{-1} \ , \qquad \gamma = 4 \times 10^{13} \, \text{s}^{-1}.$$

Kramers-Kronig-Dispersionsrelationen

Für Dielektrika mit nur einer Resonanzenergie ω_0 gilt

$$\epsilon(\omega) = 1 + \frac{\omega_p^2}{\omega_0^2 - \omega^2 - i\omega\gamma} = 1 + 4\pi k_C \chi_e, \qquad \omega_p^2 = \frac{4\pi k_C n e_0^2}{m_e},$$

wobei ω_p die sogenannte Plasmafrequenz ist. Abb. 5.13 zeigt die für Suszeptibilitäten $\chi_e' + i\chi_e''$ typischen Charakteristika. Der Imaginärteil, der für die Absorption (Dissipation) verantwortlich ist, ist nahezu symmetrisch um die Resonanz ω_0. Der Realteil wechselt das Vorzeichen, was bedeutet, dass die Schwingung für $\omega > \omega_0$ gegenphasig ist. Die Dämpfung $\gamma > 0$ ist immer positiv. Beide Pole von $\epsilon(\omega)$ liegen mit

$$\omega = -\frac{i\gamma}{2} \pm \sqrt{\omega_0^2 - \gamma^2/2}$$

in der unteren Halbebene, d.h., ϵ ist in der oberen Halbebene analytisch und $\epsilon - 1$ fällt für $|\omega| \to \infty$ hinreichend schnell ab.

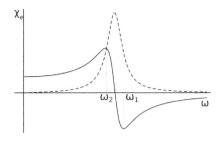

Abb. 5.13. Resonanz ω_0 in der Suszeptibilität χ_e bzw. der Polarisierbarkeit. Der Imaginärteil (strichliert) bestimmt die Absorption, der Realteil die Refraktion

Es gelten also die Kramers-Kronig-Dispersionsrelationen (B.1.13), die den Realteil der in der oberen ω-Halbebene analytischen Funktion χ_e mit dem Imaginärteil verbinden. Statt χ geben wir die Dispersionsrelationen (B.1.13) für $\epsilon = \epsilon' + i\epsilon''$ an:

$$\epsilon'(\omega) = 1 + \frac{1}{\pi} P \int_{-\infty}^{\infty} d\omega' \, \frac{\epsilon''(\omega')}{\omega' - \omega} = 1 + \frac{2}{\pi} P \int_{0}^{\infty} d\omega' \, \frac{\omega' \, \epsilon''(\omega')}{\omega'^2 - \omega^2}, \qquad (5.5.12)$$

$$\epsilon''(\omega) = \frac{-1}{\pi} P \int_{-\infty}^{\infty} d\omega' \, \frac{\epsilon'(\omega') - 1}{\omega' - \omega} = \frac{-2\omega}{\pi} P \int_{0}^{\infty} d\omega' \, \frac{\epsilon'(\omega') - 1}{\omega'^2 - \omega^2}. \qquad (5.5.13)$$

P sagt aus, dass der (Cauchy'sche) Hauptwert des Integrals zu nehmen ist. Sowohl der Imaginärteil als auch der Realteil enthalten die ganze Information über die Dielektrizitätskonstante. Es genügt also die Messung der Absorption, um auch alle Information über die Refraktion zu bekommen. Für das Oszillatormodell erhält man

$$\epsilon'(\omega) = 1 + \omega_p^2 \, \frac{\omega_0^2 - \omega^2}{(\omega_0^2 - \omega^2)^2 + \gamma^2 \, \omega^2}, \qquad (5.5.14)$$

$$\epsilon''(\omega) = \omega_p^2 \, \frac{\gamma \omega}{(\omega_0^2 - \omega^2)^2 + \gamma^2 \, \omega^2}. \qquad (5.5.15)$$

Es gilt also: $\epsilon'(-\omega) = \epsilon'(\omega)$ und $\epsilon''(-\omega) = -\epsilon''(\omega)$. Diese hier für das Lorentz-Modell gezeigten Symmetrieeigenschaften gelten allgemein.

Die Frequenzen $\omega_{1,2} = -\gamma/2 + \sqrt{\omega_0^2 + \gamma^2/4}$ grenzen den Bereich $\omega_1 \leq \omega \leq \omega_2$ ein, in dem die Steigung des Realteiles von χ_e negativ ist (und damit des Realteiles des Brechungsindex). Das bedeutet, dass Licht höherer Frequenz weniger stark gebrochen wird. Man spricht dann von anomaler Dispersion. Im Allgemeinen steigt der Brechungsindex mit der Frequenz, was als normale Dispersion bezeichnet wird.

5.6 Energie- und Impuls-Bilanz

5.6.1 Energiebilanz

Zuletzt haben wir die pro Zeiteinheit produzierte Joule'sche Wärme berechnet. Was fehlt, ist eine Bilanzgleichung, die die produzierte Wärme, das ist der „mechanische" Anteil der Energie, in Beziehung zur Feldenergie und dem Energiefluss durch das gegebene Volumen V setzt.

Ausgangspunkt ist (5.6.1), d.h. die pro Zeiteinheit und Volumeneinheit erzeugte Joule'sche Wärme $\dot{u}_{\text{mech}}$, in die für $\mathbf{j}_f$ die Ampère-Maxwell-Gleichung (5.2.16) eingesetzt wird (SI: $4\pi k_r = 1$, $k_L = c$):

$$\dot{u}_{\text{mech}}(\mathbf{x}, t) = \mathbf{j}_f(\mathbf{x}, t) \cdot \mathbf{E}(\mathbf{x}, t) = \mathbf{E} \cdot \frac{1}{4\pi k_r}\left(\frac{c}{k_L}\mathbf{\nabla} \times \mathbf{H} - \dot{\mathbf{D}}\right). \tag{5.6.1}$$

Mittels $\mathbf{\nabla} \cdot (\mathbf{E} \times \mathbf{H}) = \mathbf{H} \cdot (\mathbf{\nabla} \times \mathbf{E}) - \mathbf{E} \cdot (\mathbf{\nabla} \times \mathbf{H})$ und dem Induktionsgesetz $\text{rot}\,\mathbf{E} = -(k_L/c)\dot{\mathbf{B}}$ erhalten wir

$$\mathbf{E} \cdot (\mathbf{\nabla} \times \mathbf{H}) = -\frac{k_L}{c}\mathbf{H} \cdot \dot{\mathbf{B}} - \mathbf{\nabla} \cdot (\mathbf{E} \times \mathbf{H}). \tag{5.6.2}$$

Jetzt definieren wir noch den Poynting-Vektor

$$\mathbf{S} = \frac{c}{k_L}\frac{1}{4\pi k_r}\mathbf{E} \times \mathbf{H} \quad \Rightarrow \quad \text{G: } \mathbf{S} = \frac{c}{4\pi}\mathbf{E} \times \mathbf{H}, \quad \text{SI: } \mathbf{S} = \mathbf{E} \times \mathbf{H} \tag{5.6.3}$$

und erhalten unter der Voraussetzung, dass Permittivität $\epsilon = \epsilon(\mathbf{x})$ und Permeabilität $\mu = \mu(\mathbf{x})$ nicht von der Zeit abhängen:

$$\dot{u}_{\text{mech}}(\mathbf{x}, t) + \mathbf{\nabla} \cdot \mathbf{S} = -\frac{1}{4\pi k_r}\left[\mathbf{E} \cdot \dot{\mathbf{D}} + \mathbf{H} \cdot \dot{\mathbf{B}}\right]$$
$$= \frac{-1}{8\pi k_r}\frac{\partial}{\partial t}\left(\mathbf{H} \cdot \mathbf{B} + \mathbf{E} \cdot \mathbf{D}\right) = -\dot{u}(\mathbf{x}, t).$$

Die Energiedichte des elektromagnetischen Feldes ist so gegeben durch

$$u(\mathbf{x}, t) \equiv u_{\text{Feld}}(\mathbf{x}, t) = \frac{1}{8\pi k_r}\left(\mathbf{E} \cdot \mathbf{D} + \mathbf{H} \cdot \mathbf{B}\right) \tag{5.6.4}$$

und damit bekommt man die Bilanzgleichung für die Energie, die die Form einer Kontinuitätsgleichung für die gesamte Energiedichte u_g hat

$$\frac{\partial u_g(\mathbf{x}, t)}{\partial t} + \mathbf{\nabla} \cdot \mathbf{S} = 0, \qquad u_g(\mathbf{x}, t) = u_{\text{mech}}(\mathbf{x}, t) + u_{\text{Feld}}(\mathbf{x}, t) \tag{5.6.5}$$

und den *Satz von Poynting* darstellt. In integraler Form erhalten wir dafür nach Anwendung des Gauß'schen Satzes

$$\frac{\mathrm{d}}{\mathrm{d}t}\left(U_{\text{mech}} + U_{\text{Feld}}\right) = \int_V \mathrm{d}^3x\,\left(\mathbf{j}_f \cdot \mathbf{E} + \dot{u}_{\text{Feld}}(\mathbf{x}, t)\right) = -\oiint_{\partial V} \mathrm{d}\mathbf{f} \cdot \mathbf{S}. \tag{5.6.6}$$

Die Terme sind, von links beginnend

1. die Arbeit, die an den freien Ladungen in V geleistet wird (= Joule'sche Wärme),
2. die Änderung der Feldenergie pro Zeiteinheit in V und ganz rechts

3. der Energiestrom durch die Oberfläche $\mathbf{S} = \dfrac{c}{k_L} \dfrac{1}{4\pi k_r}\, \mathbf{E} \times \mathbf{H}$.

Der Poynting-Vektor beschreibt also die Energiestromdichte durch die Oberfläche. In (5.6.6) wird die Feldenergie

$$U_{\text{Feld}} = \int d^3x\, u(\mathbf{x}, t) = \frac{1}{8\pi k_r} \int d^3x \left(\mathbf{E}\cdot\mathbf{D} + \mathbf{H}\cdot\mathbf{B} \right) \tag{5.6.7}$$

verwendet, wobei wir für die Energiedichte meist u statt u_{Feld} verwenden, siehe (5.6.7). Die Energiebilanz (5.6.6) gilt in dieser Form auch für die mikroskopischen Felder.

5.6.2 Impulsbilanz und Spannungstensor

Die Impulserhaltung für die makroskopischen Felder bekommt man, wenn man von der Lorentz-Kraft für ein Teilchen ausgeht:

$$\frac{d\boldsymbol{p}}{dt} = e\left(\mathbf{E} + \frac{k_L}{c}\, \mathbf{v} \times \mathbf{B} \right).$$

Geht man von einem Teilchen zur kontinuierlichen Ladungs- und Stromdichte über, so erhält man

$$\frac{d\boldsymbol{P}_{\text{mech}}}{dt} = \int_V d^3x\, \dot{\boldsymbol{p}}_{\text{mech}}(\mathbf{x}, t) \quad \text{mit} \quad \dot{\boldsymbol{p}}_{\text{mech}} = \rho_f \mathbf{E} + \frac{k_L}{c}\, \mathbf{j}_f \times \mathbf{B}. \tag{5.6.8}$$

Nun ist nach (5.2.16)

$$\rho_f = \frac{1}{4\pi k_r}\, \boldsymbol{\nabla}\cdot\mathbf{D}, \qquad\qquad \mathbf{j}_f = \frac{c}{k_L} \frac{1}{4\pi k_r} \left[\boldsymbol{\nabla}\times\mathbf{H} - \frac{k_L}{c}\dot{\mathbf{D}} \right].$$

Man erhält so für (5.6.8)

$$\dot{\boldsymbol{p}}_{\text{mech}} = \frac{1}{4\pi k_r}\left[(\boldsymbol{\nabla}\cdot\mathbf{D})\mathbf{E} + (\boldsymbol{\nabla}\times\mathbf{H}) \times \mathbf{B} - \frac{k_L}{c}\dot{\mathbf{D}}\times\mathbf{B} \right]. \tag{5.6.9}$$

Die rechte Seite wird in der folgenden Nebenrechnung so umgeformt, dass den einzelnen Termen physikalische Größen (Feldimpuls, Spannungstensor) zugeordnet werden können.

Zunächst ersetzen wir im letzten Term von (5.6.9)

$$\frac{k_L}{c}\dot{\mathbf{D}} \times \mathbf{B} = \frac{k_L}{c}\frac{\partial}{\partial t}(\mathbf{D}\times\mathbf{B}) - \frac{k_L}{c}\mathbf{D}\times\dot{\mathbf{B}} = \frac{k_L}{c}\frac{\partial}{\partial t}(\mathbf{D}\times\mathbf{B}) + \mathbf{D}\times(\boldsymbol{\nabla}\times\mathbf{E}),$$

wobei wir für $\dot{\mathbf{B}} = -(c/k_L)\,\mathrm{rot}\,\mathbf{E}$ (Induktionsgleichung) eingesetzt haben. Damit erhalten wir

$$\dot{\boldsymbol{p}}_{\text{mech}} = \frac{1}{4\pi k_r}\left\{\left[(\boldsymbol{\nabla}\cdot\mathbf{D})\mathbf{E} - \mathbf{D}\times(\boldsymbol{\nabla}\times\mathbf{E})\right] + \left[(\boldsymbol{\nabla}\cdot\mathbf{B})\mathbf{H} - \mathbf{B}\times(\boldsymbol{\nabla}\times\mathbf{H})\right]\right.$$
$$\left. - \frac{k_L}{c}\frac{\partial}{\partial t}(\mathbf{D}\times\mathbf{B})\right\}.$$

Wir haben hier noch den Term $(\boldsymbol{\nabla}\cdot\mathbf{B})\mathbf{H} = 0$ addiert, um die Symmetrie zwischen $\mathbf{E} \leftrightarrows \mathbf{H}$ und $\mathbf{D} \leftrightarrows \mathbf{B}$ herzustellen und berechnen mit der Hilfsformel $\left[\mathbf{a}\times(\boldsymbol{\nabla}\times\mathbf{c})\right]_i = \mathbf{a}\cdot\nabla_i\mathbf{c} - \mathbf{a}\cdot\boldsymbol{\nabla}c_i$ den folgenden Ausdruck, wobei wir die Homogenität $\epsilon =$const und $\mu =$const verwenden

$$\left[(\boldsymbol{\nabla}\cdot\mathbf{D})\mathbf{E} - \mathbf{D}\times(\boldsymbol{\nabla}\times\mathbf{E})\right]_i = E_i(\nabla_j D_j) - D_j(\nabla_i E_j) + D_j(\nabla_j E_i)$$

$$\stackrel{\epsilon=\text{const}}{=} \nabla_j(E_i D_j) - \frac{1}{2}\nabla_i(E_j D_j).$$

Für den magnetischen Anteil ergibt sich der entsprechende Term, so dass

$$\dot{\text{p}}_{\text{mech}\,i} = \frac{1}{4\pi k_r}\left\{\left[\nabla_j(E_i D_j + H_i B_j) - \frac{1}{2}\nabla_i(\mathbf{E}\cdot\mathbf{D} + \mathbf{B}\cdot\mathbf{H})\right] - \frac{k_L}{c}\frac{\partial}{\partial t}(\mathbf{D}\times\mathbf{B})_i\right\}. \quad (5.6.10)$$

Definieren wir den Maxwell'schen Spannungstensor mit

$$T_{ij} = \frac{1}{4\pi k_r}\left[E_i D_j + H_i B_j - \frac{1}{2}(\mathbf{E}\cdot\mathbf{D} + \mathbf{H}\cdot\mathbf{B})\delta_{ij}\right], \quad (5.6.11)$$

so ist sofort zu sehen, dass der Integrand des 1. Terms von (5.6.10) die Form einer Divergenz $\nabla_j T_{ij} = T_{ij,j}$ hat. Die Bilanzgleichung für die Impulsdichten (differentielle Form der Impulsbilanz/des Impulssatzes) ist so

$$\dot{\text{p}}_{\text{mech}\,i} + \dot{\text{p}}_{\text{Feld}\,i} = T_{ij,j} \quad \text{mit} \quad \dot{\text{p}}_{\text{Feld}\,i} = \frac{1}{4\pi k_r}\frac{k_L}{c}\frac{\partial}{\partial t}(\mathbf{D}\times\mathbf{B})_i. \quad (5.6.12)$$

Die integrale Form der Impulsbilanz ist demnach [Jackson, 2006, (6.122)]

$$\left(\dot{\boldsymbol{P}}_{\text{mech}} + \dot{\boldsymbol{P}}_{\text{Feld}}\right)_i = \int_V \text{d}^3 x\, T_{ij,j} \stackrel{(\text{A.4.6})}{=} \oiint_{\partial V} \text{d}f_k\, T_{ik}(\mathbf{x},t), \quad (5.6.13)$$

wobei der Gauß'sche Satz auf die Volumenkräfte $T_{ik,k}$ angewandt wurde. Hier ist

$$\boldsymbol{P}_{\text{Feld}} = \frac{1}{4\pi k_r}\frac{k_L}{c}\int_V \text{d}^3 x\, \mathbf{D}\times\mathbf{B} \quad (5.6.14)$$

der Beitrag des elektromagnetischen Feldes zum Impuls. Die in Abb. 5.14 skizzierte *Flächenkraft* $\mathbf{T}^{(n)}$ ist definiert durch

$$\dot{\boldsymbol{P}}_{\text{mech}} + \dot{\boldsymbol{P}}_{\text{Feld}} = \oiint_{\partial V} \text{d}f\, \mathbf{T}^{(n)} \quad \text{mit} \quad \text{d}f_k\, T_{ik} = \text{d}f\, T_i^{(n)}.$$

Auf das Element $\text{d}\mathbf{f}$ der Oberfläche ∂V wirkt parallel zu $\mathbf{n}$ die Kraft $\mathbf{T}^{(n)}\cdot\mathbf{n} = n_i T_{ik} n_k$. Von Interesse ist der Zusammenhang der Feldimpulsdichte mit der Leistungsdichte des elektromagnetischen Feldes:

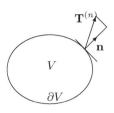

Abb. 5.14. Skizze zu den Spannungen an der Oberfläche ∂V des Volumen V. $\mathbf{T}^{(n)}\mathrm{d}f$ ist die auf das Oberflächenelement $\mathrm{d}f$ wirkende Kraft

$$\boldsymbol{p}_{\text{Feld}} = \frac{1}{4\pi k_r}\frac{k_L}{c}\mathbf{D}\times\mathbf{B} = \frac{k_L^2}{c^2}\epsilon\epsilon_0\mu\mu_0\mathbf{S} = \frac{\epsilon\mu}{c^2}\mathbf{S},\tag{5.6.15}$$

$$\text{G: } \boldsymbol{p}_{\text{Feld}} = \frac{1}{4\pi c}\mathbf{D}\times\mathbf{B}, \qquad\qquad \text{SI: } \boldsymbol{p}_{\text{Feld}} = \mathbf{D}\times\mathbf{B}.\tag{5.6.16}$$

Es ist einleuchtend, dass die Feldimpulsdichte, wenn sie durch den Poynting-Vektor ausgedrückt wird, nicht von elektromagnetischen Einheiten abhängen darf.

Aufgaben zu Kapitel 5

5.1. *Elektron im homogenen Magnetfeld*: Ein Teilchen der Ladung e und Masse m bewege sich in einem homogenen statischen Magnetfeld $\mathbf{B}$. Zeigen Sie, dass

$$\mathbf{v} = \mathrm{e}^{\omega_c t\mathsf{R}}\,\mathbf{v}_0 = \mathbf{v}_{0\|} + \big(\mathsf{R}\sin(\omega_c t) + \cos(\omega_c t)\big)\mathbf{v}_{0\perp}$$

mit

$$R_{ij} = \epsilon_{ijk}\hat{B}_k, \qquad\qquad \hat{\mathbf{B}} = \mathbf{B}/B, \qquad\qquad \omega_c = eB/mc.$$

5.2. *Versuch von K.H. Nichols*: In einer schnell rotierenden Metallscheibe wird die Dichte der Leitungselektronen wegen der Zentrifugalkraft am Rand der Scheibe größer als im Zentrum sein. Dadurch entsteht ein Feld $\mathbf{E}$, das die Zentrifugalkraft (eingeprägtes Feld) kompensiert. Berechnen Sie die Spannung V^e zwischen dem Zentrum und dem Rand für eine Scheibe mit dem Radius $5\,cm$ und der Rotationsgeschwindigkeit von $10\,000$ Umdrehungen pro Minute.

5.3. *Penning-Falle*: Mit der auf Seite 184, Abb. 5.9 skizzierten Anordnung der Elektroden soll ein elektrisches Feld erzeugt werden, das die Bewegung eines positiv geladenen Ions (Ladung q, Masse M) in z Richtung einschränkt. Mit dem homogenen Feld $B\,\mathbf{e}_z$ wird dann die Bewegung in der xy- eingegrenzt, so dass die Bewegung des Ions auf ein endliches Volumen beschränkt bleibt.
Die beiden positiven Endelektroden sind die Rotationshyperboloide $z^2 = z_0^2 + \varrho^2/2$. Die negative Ringelektrode ist das Rotationshyperboloid $z^2 = (\varrho^2 - \varrho_0^2)/2$.

1. Zeigen Sie, dass

$$\phi(\mathbf{x}) = a(z^2 - \varrho^2/2) + b$$

das von den Elektroden erzeugte Feld bei geeigneter Wahl der Parameter beschreibt, wobei wir uns auf die beiden Fälle $\phi_+ = -\phi_-$ und $\phi_- = 0$ beschränken.

2. Lösen Sie die Bewegungsgleichung für das Ion und geben Sie, bei vorgegebenem a, die minimale Stärke von B an.

5.4. *Oszillatormodell*: (5.5.6) listet die Beiträge einzelner Elektronen zu $\alpha_{\text{at}}(\omega)$ auf. Hierbei ist die Polarisierbarkeit isotrop, wenn sich das Elektron in einem homogenen Wechselfeld $\mathbf{E} = \mathbf{E}_0 e^{-i\omega t}$ befindet. Ist die Substanz jedoch einem zusätzlichen homogenen, statischen Magnetfeld $\mathbf{B}$ ausgesetzt, so bewirkt die Lorentz-Kraft, dass die Elektronen nicht mehr genau $\mathbf{E}$ folgen. Geben Sie den Tensor $\alpha_{ij}(\omega)$ für ein einzelnes Elektron des Atoms an, das sich in einem Wechselfeld $\mathbf{E}$ und einem statischen Feld $\mathbf{B}$ befindet.

5.5. *Dielektrischer Tensor*: In Fortsetzung der Aufgabe 5.4 bestimmen Sie den Tensor der dielektrischen Funktion $\epsilon_{ij}(\omega)$ im Limes hoher Frequenzen (siehe (5.5.8)).

5.6. *Rotierender Drahtring*:

Ein Drahtring habe den Radius a und den Widerstand R. Die horizontale Komponente eines Magnetfeldes sei $\mathbf{B} = B\,\mathbf{e}_z$. Der Ring rotiere mit ω im Feld $\mathbf{B} = B\,\mathbf{e}_z$ um eine vertikale Achse (die vertikale Komponente B_x trägt nichts bei und $B_y = 0$).
Wir nehmen nun an, dass der Draht aus Kupfer sei mit einem Querschnitt $1\,\text{mm}^2$. Der Drahtring hat den Radius $a = 20\,\text{cm}$ und rotiert mit 1000 Umdrehungen pro Minute.

1. Bestimmen Sie Stromstärke im Drahtring und
2. die mittlere, pro Sekunde an den Draht abgegebene Joule'sche Wärme.

Hinweis: Nehmen Sie für die horizontale Komponente des (Erd-)Magnetfeldes $H = 20\,\text{A/m}$. Die Leitfähigkeit des Drahtes (Kupfer) sei 58×10^6 Siemens/m.

5.7. *Induzierte Spannung*: Ein gerader Draht der Länge l wird mit der Geschwindigkeit $\mathbf{v}$ in einem homogenen Magnetfeld $\mathbf{B}$ bewegt. Der Stromkreis sei über ein Spannungsmessgerät geschlossen.

1. Zeigen Sie, dass die Spannung (EMK) dargestellt werden kann durch $\mathbf{l} \cdot (\mathbf{v} \times \mathbf{B})/c$.
2. Nehmen Sie an, dass die Schienen eines Eisenbahngleises isoliert und mit einem Spannungsmessgerät miteinander verbunden sind. Wie hoch ist die Spannung, die zwischen den Schienen entsteht, wenn der Zug mit $120\,\text{km/h}$ fährt (Schienenabstand ist $1.435\,\text{m}$); die Stärke des Erdfeldes sei $30\,\text{A/m}$.

5.8. *Wirbelstrombremse*: Eine ebene Metallplatte, die genügend groß ist, so dass wir sie uns in der xy-Ebene als unendlich ausgedehnt vorstellen können, wird mit der konstanten Geschwindigkeit $\mathbf{v} = v\mathbf{e}_x$ bewegt. Die Dicke der Platte sei d ($\theta(d/2 - |z|)$). Die Platte kreuzt dabei das Magnetfeld $\mathbf{B}(\mathbf{x}) = B\,\theta(\varrho_0 - \varrho)\,\mathbf{e}_z$, wobei $\varrho_0 \gg d$.

1. Berechnen Sie die (raumfeste) Stromdichte $\mathbf{j}(\varrho)$ in der Platte.
   Hinweis: Zerlegen Sie $\mathbf{E}$ in die Anteile $\mathbf{E}(\varrho > \varrho_0)$ und $\mathbf{E}(\varrho < \varrho_0)$.
2. Bestimmen Sie die Reibungskraft $\mathbf{F}$, die auf die Platte wirkt und die in der Platte pro Zeiteinheit entwickelte Joule'sche Wärme.

5.9. *Feldimpuls*: Verifizieren Sie für zeitunabhängige lokale Ladungs- und Stromdichten, ausgehend von (5.6.14):

$$\mathbf{P}_{\text{Feld}} = \frac{k_L}{4\pi c k_C} \int \mathrm{d}^3 x\, \mathbf{E} \times \mathbf{B} = \frac{1}{c^2} \int \mathrm{d}^3 x\, \phi\, \mathbf{j} = \frac{1}{c^2} \int \mathrm{d}^3 x\, (\mathbf{j} \cdot \mathbf{E})\, \mathbf{x} = \frac{k_L}{c} \int \mathrm{d}^3 x\, \rho\, \mathbf{A}.$$

Literaturverzeichnis

N. Ashcroft, D. Mermin *Solid State Physics*, Holt, Rinehart and Winston, N.Y. (1976)

M. Abraham, R. Becker *Theorie der Elektrizität I*, 8. Aufl. Teubner Leipzig (1930)

L.S. Brown and G. Gabrielse *Geonium theory: Physics of a single electron or ion in a Penning trap*, Rev. Mod Phys. **58**, 233 (1986)

H. Bruus, K. Flensberg *Many Body Quantum Theory in Condensed Matter Physics: An Introduction*, Oxford University Press, Oxford (2004)

A. Föppl, *Einführung in die Maxwellsche Theorie der Elektrizität*, Teubner Leipzig (1894)

D. J. Griffiths *Elektrodynamik* 3. Aufl., Pearson München (2011)

J. D. Jackson, *Klassische Elektrodynamik*, 4. Aufl., Walter de Gruyter, Berlin (2006)

Ch. Kittel *Introduction to Solid State Physics*, 8. ed., John Wiley & Sons, Inc. (2005)

L.D. Landau, E.M. Lifschitz *Lehrbuch der Theoretischen Physik* Bd. I, 6. Aufl. Akademie-Verlag Berlin (1969)

W. Nolting *Grundkurs Theoretische Physik 3*, 8. Aufl., Springer Berlin (2007)

F. Schwabl *Quantenmechanik für Fortgeschrittene*, 5. Aufl. Springer Berlin (2008)

R.S. Van Dyck, P.B. Schwinberg, and H.G. Dehmelt in *Atomic Physics* **9**, ed. by R.S. Van Dyck and E.N. Fortson (World Scientific, Singapore) (1984)

6

Elektrostatik in Materie

In einem Dielektrikum werden unter dem Einfluss eines elektrischen Feldes $\mathbf{E}$ durch Verschiebung der Elektronenhüllen gegen die Kerne Dipole induziert oder es werden permanente Dipole in Richtung des Feldes ausgerichtet. Die Polarisationsdichte ist dann proportional zu $\mathbf{E}$ und das Dielektrikum ist ein lineares Medium. Näher eingegangen wird hier auf die Elektrostatik solcher linearer Medien.

Tab. 6.1. In der Elektrostatik verwendete Parameter.

System	k_C	k_L	ϵ_0	$k_r = k_C \epsilon_0$
Gauß	1	1	1	1
Heaviside-Lorentz	$1/4\pi$	1	1	$1/4\pi$
SI	$1/4\pi\epsilon_0$	c	ϵ_0	$1/4\pi$

6.1 Grundgleichungen und Stetigkeitsbedingungen

Maxwell- und Materialgleichungen

Die Maxwell-Gleichungen sind über die Zeitableitungen $\dot{\mathbf{D}}$ und $\dot{\mathbf{B}}$ gekoppelt. Sind die Felder zeitunabhängig, so entkoppeln auch die Maxwell-Gleichungen in Materie (5.2.16) in je zwei unabhängige Gleichungen für die Elektrostatik und die Magnetostatik. Somit bekommen wir aus (5.2.16) die Grundgleichungen der Elektrostatik in Dielektrika

$$\text{(a)} \quad \operatorname{div}\mathbf{D} = 4\pi k_r \rho_f(\mathbf{x}), \qquad \text{(b)} \quad \operatorname{rot}\mathbf{E} = 0 \qquad (6.1.1)$$

zusammen mit den Materialgleichungen

$$\mathbf{P} = \chi_e \epsilon_0 \mathbf{E}, \qquad\qquad \operatorname{div}\mathbf{P} = -\rho_P. \qquad (6.1.2)$$

Das ergibt

——————————
Ergänzende Information Die elektronische Version dieses Kapitels enthält Zusatzmaterial, auf das über folgenden Link zugegriffen werden kann https://doi.org/10.1007/978-3-662-68528-0_6.

$$\mathbf{D} = \epsilon\epsilon_0\mathbf{E} = (1+4\pi k_r\chi_e)\epsilon_0\mathbf{E} \qquad \text{mit} \qquad \epsilon = 1+4\pi k_r\chi_e. \qquad (6.1.3)$$

Aus rot $\mathbf{E} = 0$ folgt, dass auch im Dielektrikum

$$\mathbf{E} = -\boldsymbol{\nabla}\phi, \qquad\qquad \text{div}\,\mathbf{E} = 4\pi k_C\rho = 4\pi k_C(\rho_f + \rho_P). \qquad (6.1.4)$$

Anmerkung: In der älteren Literatur wird ρ_f als wahre Ladung und $\rho = \rho_f + \rho_P$ als freie Ladung bezeichnet. Abraham, Becker [1930, S. 73]: *Freie Ladungen sind definiert als die Quellen von* $\mathbf{E}$*, wahre Ladungen dagegen als die Quellen von* $\mathbf{D}$*.*

Stetigkeitsbedingungen an Dielektrika

Im Vakuum betreffen die Stetigkeitsbedingungen die Grenzflächen zu Leitern und Flächenladungen. Jetzt kommen Grenzflächen zu Dielektrika hinzu, also zu Grenzflächen, wo keine freie Ladungen sind. Trotzdem ist die Situation ähnlich der in der Elektrostatik im Vakuum.

1. rot $\mathbf{E} = 0$: Daraus folgt (unverändert) die Stetigkeit der beiden Tangentialkomponenten (Stokes'scher Satz).
2. div $\mathbf{D} = k_r\rho_f$: An der Oberfläche sind freie Ladungen, induzierte Ladungen an der Metalloberfläche oder Flächenladungen; $\rho_f = \sigma\delta(x_\perp)$. Der Sprung in der Normalkomponente ist dann $D_n = k_r\sigma$ (siehe (2.2.26)).
3. div $\mathbf{D} = 0$: Eine Grenzfläche zwischen zwei Dielektrika stand im Vakuum nicht zur Disposition. $\mathbf{D}_\perp$ ist hier an der Grenzfläche stetig, doch die Normalkomponente von $\mathbf{E}$ hat noch immer einen Sprung beim Queren der Grenzfläche, der von der Polarisation an der Oberfläche herrührt (siehe Abb. 6.1):

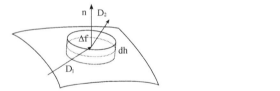 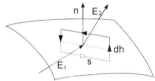

Abb. 6.1. Stetigkeit der Normalkomponente von $\mathbf{D}$ ($\rho = 0$) und Stetigkeit der Tangentialkomponenten von $\mathbf{E}$

$$\begin{aligned}
\text{rot}\,\mathbf{E} = 0 \quad &\rightsquigarrow \quad \oint_C d\mathbf{s}\cdot\mathbf{E} = 0 \implies \mathbf{E}_\parallel^{(1)} = \mathbf{E}_\parallel^{(2)}, \\
\text{div}\,\mathbf{D} = 0 \quad &\rightsquigarrow \quad \oiint_{\partial V} d\mathbf{f}\cdot\mathbf{D} = 0 \implies D_n^{(1)} = D_n^{(2)}.
\end{aligned} \qquad (6.1.5)$$

Die zweite Gleichung kann auch als $\epsilon_1 E_n^{(1)} = \epsilon_2 E_n^{(2)}$ geschrieben werden.

Zur Stetigkeit des elektrostatischen Potentials

Bei der Anwendung der Stetigkeitsbedingungen an Grenzflächen wird oft die Stetigkeit des elektrostatischen Potentials herangezogen. Dazu möchten wir

Abb. 6.2. Die Grenzfläche zweier dielektrischer Medien mit den Permittivitäten (Dielektrizitätskonstanten) ϵ_1 und ϵ_2 sei $S(\mathbf{x})$

anfügen, dass die Stetigkeit von ϕ an Grenzflächen äquivalent der Stetigkeit der Tangentialkomponenten von $\mathbf{E}$ ist. In Abb. 6.2 ist die Grenzfläche $S(\mathbf{x})$ zweier Medien durch eine Linie, auf der sich die Punkte $\mathbf{x}_a$ und $\mathbf{x}_b$ befinden, skizziert. Integriert man $\mathbf{E}$ von $\mathbf{x}_a$ nach $\mathbf{x}_b$ entlang eines beliebigen Weges auf S im Medium 1, so erhält man gemäß (2.1.3)

$$\phi^{(1)}(\mathbf{x}_b) - \phi^{(1)}(\mathbf{x}_a) = -\int_{\mathbf{x}_a}^{\mathbf{x}_b} d\mathbf{x}_\| \cdot \mathbf{E}_\|^{(1)}.$$

Man integriert nun auf demselben Weg im Medium 2 und bildet die Differenz:

$$\phi^{(2)}(\mathbf{x}_b) - \phi^{(1)}(\mathbf{x}_b) = \phi^{(2)}(\mathbf{x}_a) - \phi^{(1)}(\mathbf{x}_a) - \int_{\mathbf{x}_a}^{\mathbf{x}_b} d\mathbf{x}_\| \cdot \left[\mathbf{E}_\|^{(2)} - \mathbf{E}_\|^{(1)}\right].$$

1. Ist das Potential stetig, d.h. $\phi^{(1)}(\mathbf{x}) = \phi^{(2)}(\mathbf{x}) \quad \forall\, \mathbf{x} \in S$, so muss $\mathbf{E}_\|^{(1)}(\mathbf{x}) = \mathbf{E}_\|^{(2)}(\mathbf{x})$ gelten, damit das Integral für alle $\mathbf{x}_a$ und $\mathbf{x}_b$ verschwindet.

2. Sind die Tangentialkomponenten stetig, d.h. $\mathbf{E}_\|^{(1)}(\mathbf{x}) = \mathbf{E}_\|^{(2)}(\mathbf{x}) \quad \forall\, \mathbf{x} \in S$, so können sich $\phi^{(1)}(\mathbf{x})$ und $\phi^{(2)}(\mathbf{x}) \; \forall\, \mathbf{x} \in S$ bestenfalls um eine Konstante unterscheiden. Ein auf der Grenzfläche S unstetiges Potential hätte dort eine singuläre Normalkomponente und damit eine singuläre Oberflächenladung zur Folge, was in Dielektrika nicht der Fall ist.

6.2 Anwendung der Stetigkeitsbedingungen

6.2.1 Konfigurationen mit Dielektrika, Leitern und Ladungen

Es werden hier die grundlegenden Gleichungen der Elektrostatik für recht allgemein gehaltene Konfigurationen angegeben.

Zwei dielektrische Halbräume

Trennungsfläche der beiden Halbräume ist die xy-Ebene, wie in Abb. 6.3 dargestellt. Die Dielektrika seien homogen und $\epsilon_1 > \epsilon_2$. Der Feldvektor

$$\mathbf{E} = \theta(-z)\,\mathbf{E}^{(1)} + \theta(z)\,\mathbf{E}^{(2)}$$

liege in der xz-Ebene und unterliegt so den Randbedingungen

Tangentialkomponente : $\quad E_x^{(1)} = E_x^{(2)}, \qquad\qquad D_x^{(1)} = \dfrac{\epsilon_1}{\epsilon_2} D_x^{(2)} > D_x^{(2)},$

Normalkomponente : $\qquad E_z^{(1)} = \dfrac{\epsilon_2}{\epsilon_1}\, E_z^{(2)} < E_z^{(2)}, \quad D_z^{(1)} = D_z^{(2)}.$

Die Stetigkeitsbedingungen für **E** bilden ein „Brechungsgesetz" für die Feldli-

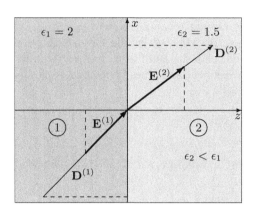

Abb. 6.3. Die Skizze zeigt die Brechung zwischen zwei Medien mit der xy-Ebene als Trennfläche; da $\epsilon_2 < \epsilon_1$, werden beide, **E** und **D**, zum Lot gebrochen. Die strichlierten Linien sind jeweils gleich lang und deuten so die Stetigkeit an

nien: Beim Übergang zu einem Medium mit größerer Dielektrizitätskonstante wird vom Lot gebrochen; das gilt dann auch für **D**. Nach dem Gauß'schen Gesetz ist, da $\rho_f = 0$,

$$\mathrm{div}\,\mathbf{D} = \epsilon_0(\mathrm{div}\,\mathbf{E} + 4\pi k_C\,\mathrm{div}\,\mathbf{P}) = 0 \quad \Rightarrow \quad \mathrm{div}\,\mathbf{E} = -4\pi k_C\,\mathrm{div}\,\mathbf{P} = 4\pi k_C\rho_P.$$

Wir erhalten so wegen $\mathrm{div}\,\mathbf{D}^{(1)} = \mathrm{div}\,\mathbf{D}^{(2)} = 0$

$$\rho_P(\mathbf{x}) = \frac{1}{4\pi k_C}\boldsymbol{\nabla}\!\cdot\!\mathbf{E} = \frac{-1}{4\pi k_C}\,\delta(z)\Big(E_z^{(1)} - E_z^{(2)}\Big) = \frac{1}{4\pi k_C}\Big(\frac{\epsilon_1}{\epsilon_2} - 1\Big)E_z^{(1)}\,\delta(z)\,.$$

Daraus folgt die Oberflächenladung an der Grenzfläche der beiden Dielektrika:

$$\rho_P(\mathbf{x}) = \big(\sigma_{P_2} - \sigma_{P_1}\big)\delta(z) = \sigma_P\,\delta(z) \quad \text{mit} \quad \sigma_P = \frac{1}{4\pi k_C}\Big(\frac{\epsilon_1}{\epsilon_2} - 1\Big)E_z^{(1)} > 0\,.$$

$4\pi k_C\sigma_P = E_z^{(2)} - E_z^{(1)}$ wird, vor allem in der älteren Literatur, als *Flächendivergenz* bezeichnet [Becker, Sauter, 1973, (1.4.9)]. In einem elektrischen Feld wirkt auf die positiven elektrischen Ladungen eine Kraft in Richtung des Feldes. Für $\epsilon_1 > \epsilon_2$ werden in einem nach rechts gerichteten Feld $E_z > 0$ die gebundenen Ladungen so verschoben, dass eine positive Ladungsschicht entsteht.

Dieser Sachverhalt kann mikroskopisch so interpretiert werden: Im Medium mit der größeren Dielektrizitätskonstante ist die Polarisation größer, die positiven und negativen Ladungen werden also stärker gegeneinander verschoben, wie in Abb. 6.4 skizziert. Es bleibt daher ein Überschuss von positiver

Ladung an der Trennfläche (und negativer Ladung dahinter), die proportional dem angelegten Feld ist.

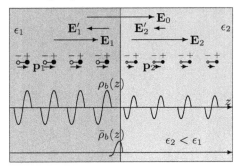

Abb. 6.4. Skizze zur Verschiebung der $\pm$ Ladungen im elektrischen Feld; das Medium 1 ist stärker polarisierbar und deshalb wird an der Grenzfläche die positive Ladung von 1 nicht ganz von der negativen Ladung von 2 kompensiert. $\mathbf{E}'_{1,2} = 4\pi k_c \mathbf{P}_{1,2}$ sind die induzierten Felder

Ladungen und Leiter in einem homogenen Dielektrikum

ρ_f seien die Ladungen und $\epsilon(\mathbf{x}) = \epsilon$ die ortsunabhängige Dielektrizitätskonstante. Es gelten die Maxwell-Gleichungen (6.1.1) der Elektrostatik:

$$\operatorname{div}\mathbf{E} = 4\pi k_c \rho_f/\epsilon, \qquad\qquad \operatorname{rot}\mathbf{E} = 0\,. \qquad (6.2.1)$$

Gegenüber dem Vakuum ist das von ρ_f erzeugte Feld $\mathbf{E}$ um den Faktor $1/\epsilon$ verkleinert.

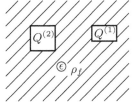

Abb. 6.5. Leiter mit den Ladungen $Q^{(i)}$ (Potential $\phi^{(i)}$), eingebettet in einem homogenen Dielektrikum, in dem sich auch freie Ladungen ρ_f (Potential ϕ_f) befinden können

Sind, wie in Abb. 6.5 skizziert, Leiter und freie Ladungen in einem Dielektrikum eingebettet, so werden an den Oberflächen der Leiter Ladungen σ^{ind} induziert, wie sie in (2.3.4') für eine Ladung vor einer geerdeten Kugel berechnet wurden. Oberflächenladungen sind für das Dielektrikum äußere (freie) Ladungen:

$$D_n^{(i)} = 4\pi k_r \sigma^{(i)}, \qquad \mathbf{E}^{(i)}_{\parallel} = 0, \qquad E_n^{(i)} = 4\pi k_c \sigma^{(i)}/\epsilon\,. \qquad (6.2.2)$$

Wir erinnern uns, dass im Leiter $\phi = \text{const.}$ und $\mathbf{E} = 0$ sind, und die Normalkomponente des Feldes einen Sprung an der Grenzfläche zum Vakuum/Dielektrikum hat. Deren nach außen gerichtete Normalkomponenten seien $s_n^{(i)}$. Das Feld im Dielektrikum wird bestimmt aus

$$\operatorname{div}\mathbf{D} = 4\pi k_r\Big[\rho_f + \sum_i \sigma^{(i)}\,\delta(s_n^{(i)})\Big], \qquad\qquad \operatorname{rot}\mathbf{E} = 0\,. \qquad (6.2.3)$$

Innerhalb des Dielektrikums gilt also

$$\operatorname{div} \mathbf{E} = 4\pi k_C \frac{\rho_f}{\epsilon}, \qquad \mathbf{E} = -\boldsymbol{\nabla}\phi \qquad \Rightarrow \qquad \Delta\phi = -4\pi k_C \frac{\rho_f}{\epsilon}. \qquad (6.2.4)$$

Denken wir unsere Konfiguration in Abb. 6.5 ohne Dielekrikum, so gilt für isolierte Leiter

$$\phi_{\text{vac}} = \phi^f_{\text{vac}} + \sum_i \phi^{(i)}_{\text{vac}}, \qquad\qquad Q^{(i)} = \oiint_{\partial V^{(i)}} \mathrm{d}f\, \sigma^{(i)}.$$

1. *Ladungen auf den Leitern vorgegeben*

$$\phi(\mathbf{x}) = \frac{1}{\epsilon}\left(\phi^f_{\text{vac}}(\mathbf{x}) + \sum_i \phi^{(i)}_{\text{vac}}(\mathbf{x})\right).$$

Die Polarisation im Dielektrikum schwächt $\mathbf{E} = \mathbf{E}_{\text{vac}}/\epsilon$, wogegen die $Q^{(i)}$ ungeändert bleiben.

2. *Potentiale auf den Leitern vorgegeben*

$$\phi(\mathbf{x}) = \frac{1}{\epsilon}\phi^f_{\text{vac}}(\mathbf{x}) + \sum_i \phi^{(i)}_{\text{vac}}(\mathbf{x}).$$

Halten wir die Potentiale $\phi^{(i)}$ auf den Leitern fest, so wird dort die Ladung um den Faktor ϵ vergrößert. Damit bleibt $\mathbf{E}$ ungeändert, wenn $\rho_f = 0$. Die Schwächung trifft jedoch auch die von ρ_f induzierten (Bild) Ladungen, die hier in ϕ^f_{vac} inkludiert sind.

6.2.2 Dielektrikum im Plattenkondensator

Im Abschn. 2.2.4 sind die wesentlichen Merkmale des Plattenkondensators, jedoch ohne Dielektrikum, angegeben. Dieses Manko soll hier behoben werden, wobei auch auf den mit einem Dielektrikum nur teilweise gefüllten Kondensator eingegangen wird. Abb. 6.6b zeigt einen im Verhältnis $\alpha = a_1/a$ mit einem Dielektrikum versehenen Kondensator. Steht die Trennfläche senkrecht

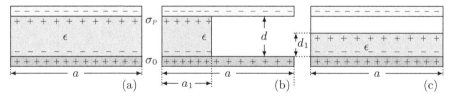

Abb. 6.6. (Isolierter) Plattenkondensator der Fläche F und der Ladung $Q = \sigma_0 F > 0$. (a) Es befindet sich ein Dielektrikum zwischen den Platten. (b) Das Dielektrikum belegt nur einen Teil des Volumens $\alpha = a_1/a$. (c) Das Dielektrikum ist parallel zu den Platten und belegt den Teil $\alpha = d_1/d$ des Volumens

auf der Kondensatorplatte, so ist das elektrische Feld wegen der Stetigkeit der

Tangentialkomponenten im gesamten Kondensator gleich. Nimmt man die Ladung $Q > 0$ der Kondensatorplatten als gegeben, so wird mit wachsendem α die Spannung V zwischen den Platten kleiner. Um $\mathbf{E}$ konstant über die gesamte Fläche zu halten, muss jedoch die Flächenbelegung σ im dielektrischen Teil um den Faktor ϵ größer sein als im Rest (Aufgabe 6.1).

In Tab. 6.2 sind die in (2.2.30) angegebenen Größen für den Plattenkondensator im Dielektrikum aufgelistet, wobei $C_\perp \geq C_\parallel$. Was die Energie des

Tab. 6.2. Plattenkondensator der Fläche F und dem Abstand d zwischen den Platten, die mit $\pm Q = \pm \sigma_0 F$ belegt sind. $\alpha = a_1/a$ bzw. $\alpha = d_1/d$ gibt den Anteil der Füllung mit dem Dielektrikum an. $V = E\,d$

			Konfiguration des Dielektrikums im Kondensator			
	leer $\epsilon=1$	(a): voll $\epsilon>1$	(b): vertikal $\alpha=a_1/a$ $\epsilon>1;\ \alpha$	$\epsilon=1;\ 1-\alpha$	(c): horizontal $\alpha=d_1/d$ $\epsilon>1;\ \alpha$	$\epsilon=1;\ 1-\alpha$
Flächen- ladung	$\sigma_0 = \dfrac{Q}{F}$	$\sigma_\epsilon = \sigma_0$	$\sigma_1 = \sigma_2\epsilon$	$\sigma_2 = \dfrac{\sigma_0}{\epsilon\alpha+(1-\alpha)}$	σ_0	
Feldstärke	$E_0 = 4\pi k_c \sigma_0$	$E_\epsilon = \dfrac{E_0}{\epsilon}$	$E = \dfrac{E_0}{\epsilon\alpha+1-\alpha}$		$E_1 = \dfrac{E_0}{\epsilon}$	$E_2 = E_0$
Kapazität	$C_0 \equiv \dfrac{Q}{V_0}$	$C_\epsilon = \epsilon C_0$	$C_\perp = C_0\big[\epsilon\alpha+1-\alpha\big]$		$C_\parallel = C_0 \dfrac{\epsilon}{\alpha+\epsilon(1-\alpha)}$	

Kondensators betrifft, so ist (2.2.31) $U = CV^2/2$ auch im Dielektrikum gültig (siehe (6.3.1)). Zur dielektrischen Verschiebung merken wir an, dass diese, bei gleicher Ladung Q, im Kondensator mit oder ohne Dielektrikum gleich ist. Wird V konstant gehalten, so ist im dielektrischen Teil D größer.

6.2.3 Bildladungen in Dielektrika

In homogenen Dielektrika kann für Randwertaufgaben die Methode der Bildladungen herangezogen werden. Die klassische Aufgabe ist die Berechnung der Potentiale und Felder für eine Ladung q vor der Grenzfläche zweier Dielektrika, wie es in Abb. 6.7 skizziert ist. An der Grenzfläche $z = 0$ kommt beim Dielektrikum, verglichen mit dem Metall, die Bedingung der Stetigkeit der Normalkomponente $D_\perp$ hinzu:

Metall-Dielektrikum$_1$: $\mathbf{E}_{2\parallel} = \mathbf{E}_{1\parallel} = 0$ $\Rightarrow$ $\sigma = D_{1\perp}/4\pi k_r$,
Dielektrikum$_2$-Dielektrikum$_1$: $\mathbf{E}_{2\parallel} = \mathbf{E}_{1\parallel}$ und $D_{2\perp} = D_{1\perp}$.

Das Potential ϕ_1 im Halbraum 1 mit $z > 0$ ist durch die Ladung q samt einer zu bestimmenden Bildladung q' festgelegt. Anders als in Metallen verschwindet $\mathbf{E}$ im Halbraum 2 mit $z<0$ nicht; wegen der zusätzlichen Bedingung der Stetigkeit der Normalkomponente von $\mathbf{D}$ ist eine weitere Bildladung q'' notwendig, die für das Feld $\mathbf{E}_2$ verantwortlich ist. Mithilfe der Randbedingungen an der Grenzfläche $z = 0$

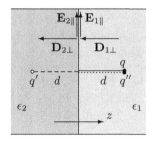

Abb. 6.7. Punktladung vor der Grenzfläche zweier homogener Dielektrika; q und die Bildladung q' bestimmen das Potential ϕ_1 im Halbraum mit $z > 0$ und die Bildladung q'' das Potential ϕ_2 im Halbraum $z < 0$

$$\frac{\partial\phi_1(\mathbf{x}_\parallel, 0)}{\partial\mathbf{x}_\parallel} = \frac{\partial\phi_2(\mathbf{x}_\parallel, 0)}{\partial\mathbf{x}_\parallel} \qquad \Leftrightarrow \qquad \phi_1(\mathbf{x}_\parallel, 0) = \phi_2(\mathbf{x}_\parallel, 0)$$

$$\epsilon_1 \frac{\partial\phi_1(\mathbf{x}_\parallel, 0)}{\partial z} = \epsilon_2 \frac{\partial\phi_2(\mathbf{x}_\parallel, 0)}{\partial z}$$

können q' und q'' ermittelt werden. Mit dem Ansatz $(\mathbf{d} = (0, 0, d))$

$$\phi_1(\mathbf{x}) = k_C \Big[\frac{q}{\epsilon_1 |\mathbf{x} - \mathbf{d}|} + \frac{q'}{\epsilon_1 |\mathbf{x} + \mathbf{d}|} \Big], \qquad \phi_2(\mathbf{x}) = k_C \frac{q''}{\epsilon_2 |\mathbf{x} - \mathbf{d}|}$$

erhält man

$$\frac{q + q'}{\epsilon_1} = \frac{q''}{\epsilon_2}, \quad q - q' = q'' \quad \Rightarrow \quad q' = \frac{\epsilon_1 - \epsilon_2}{\epsilon_1 + \epsilon_2} q, \quad q'' = \frac{2\epsilon_2}{\epsilon_1 + \epsilon_2} q.$$

6.2.4 Dielektrische Kugel im äußeren Feld $\mathbf{E}_0$

Eine dielektrische Kugel $(\epsilon > 1)$ vom Radius R wird in ein homogones äußeres Feld $\mathbf{E}_0 = E_0 \, \mathbf{e}_z$ gebracht. Die Umgebung der Kugel habe die Dielektrizitätskonstante $\epsilon = 1$. Da keine Ladungen vorhanden sind, ist $\Delta\phi = 0$ innerhalb

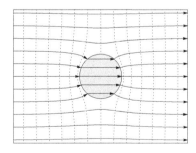

Abb. 6.8. Feldlinien um eine Kugel mit Radius R und $\epsilon = 5$; das Feld in der Kugel ist schwächer, was in den Feldlinien der Skizze nicht zum Ausdruck kommt, sondern bestenfalls durch den größeren Abstand der strichlierten Äquipotentiallinien im Bereich der Kugel ablesbar ist

$(r < R)$ rund außerhalb $(r > R)$ der Kugel. Wegen der Symmetrie ist ϕ unabhängig von φ, daher der Lösungsansatz (3.2.40) mit Legendrepolynomen:

$$\phi_i = \sum_{l=0}^{\infty} a_l \, r^l \, P_l(\cos\vartheta), \qquad \phi_a = \sum_{l=0}^{\infty} \big\{ \alpha_l \, r^l + \beta_l \, r^{-l-1} \big\} P_l(\cos\vartheta).$$

Randbedingung für $r \to \infty$:

$$\phi_a(r \to \infty) = -E_0 z = -E_0 r \cos\vartheta \qquad \Rightarrow \qquad \alpha_l = -E_0 \delta_{l1}\,.$$

Stetigkeit der Tangentialkomponente $E_{i\vartheta}(R) = E_{a\vartheta}(R)$ an der Kugeloberfläche:

$$\frac{\partial\phi_i}{\partial\vartheta} = \sum_{l=1}^{\infty} a_l r^l \frac{\partial P_l(\cos\vartheta)}{\partial\vartheta}\,, \qquad \frac{\partial\phi_a}{\partial\vartheta} = \alpha_1 \frac{\partial P_1(\cos\vartheta)}{\partial\vartheta} + \sum_{l=1}^{\infty} \frac{\beta_l}{r^{l+1}} \frac{\partial P_l(\cos\vartheta)}{\partial\vartheta}\,,$$

$$\frac{\partial\phi_i}{\partial\vartheta} = \frac{\partial\phi_a}{\partial\vartheta}\,, \qquad\qquad a_l = -E_0 \delta_{l1} + \frac{\beta_l}{R^{2l+1}}\,.$$

Für die Normalkomponente gilt $\epsilon E_{ir}(R) = E_{ar}(R)$:

$$\frac{\partial\phi_i}{\partial r} = \sum_{l=0}^{\infty} l a_l r^{l-1} P_l(\cos\vartheta)\,, \qquad \frac{\partial\phi_a}{\partial r} = \alpha_1 \cos\vartheta - \sum_{l=0}^{\infty}(l+1)\frac{\beta_l}{r^{l+2}} P_l(\cos\vartheta)\,,$$

$$\epsilon\frac{\partial\phi_i}{\partial r} = \frac{\partial\phi_a}{\partial r}\,, \qquad\qquad \epsilon l a_l = -E_0 \delta_{l1} - (l+1)\frac{\beta_l}{R^{2l+1}}\,.$$

Für $l \neq 1$ haben die Gleichungen nur die Lösung $a_l = \beta_l = 0$. Es bleiben also nur a_1 und β_1 zu bestimmen:

$$a_1 = -\frac{3}{\epsilon+2}E_0\,, \qquad\qquad \beta_1 = \frac{\epsilon-1}{\epsilon+2}R^3 E_0\,.$$

Potential und Feld im Inneren der Kugel sind

$$\phi_i = -\frac{3}{2+\epsilon}E_0 z = -\frac{3}{2+\epsilon}\mathbf{E}_0\cdot\mathbf{x}\,,$$

$$\mathbf{E}_i = \frac{3}{2+\epsilon}\mathbf{E}_0 = \mathbf{E}_0 - \frac{\epsilon-1}{\epsilon+2}\mathbf{E}_0\,. \qquad\qquad (6.2.5)$$

Die Polarisation, das Feld im Inneren der Kugel, ausgedrückt durch $\mathbf{P}$ und das Dipolmoment der Kugel sind

$$\mathbf{P} = \frac{\epsilon-1}{4\pi k_C}\mathbf{E}_i = \frac{3}{4\pi k_C}\frac{\epsilon-1}{\epsilon+2}\mathbf{E}_0 \qquad\qquad r < R\,, \qquad (6.2.6)$$

$$\mathbf{E}_i = \mathbf{E}_0 - \frac{4\pi k_C}{3}\mathbf{P} \qquad\qquad r < R\,, \qquad (6.2.7)$$

$$\mathbf{p} = \frac{4\pi R^3}{3}\mathbf{P} = \frac{1}{k_C}\frac{\epsilon-1}{\epsilon+2}R^3 \mathbf{E}_0\,. \qquad\qquad (6.2.8)$$

Die Polarisation der Kugel ist parallel zum äußeren Feld $\mathbf{E}_0$. Das makroskopische Feld im Inneren der Kugel $\mathbf{E}_i$ ist ebenfalls gleichförmig und parallel zu $\mathbf{E}_0$ mit $E_i < E_0$.

Im Außenraum setzt sich

$$\phi_a = -E_0 z + E_0 \frac{\epsilon-1}{\epsilon+2}R^3 \frac{\cos\vartheta}{r^2} = -\mathbf{E}_0\cdot\mathbf{x} + k_C\frac{\mathbf{p}\cdot\mathbf{x}}{r^3} \qquad (6.2.9)$$

zusammen aus dem Potential des homogenen Feldes $\mathbf{E}_0$ und dem Feld des Dipols $\mathbf{p}$ der Kugel; das Potential ist so vergleichbar mit dem der leitenden Kugel (3.3.19), abgesehen vom anderen Dipolmoment

$$\mathbf{E}_a = \mathbf{E}_0 - k_C \boldsymbol{\nabla} \frac{\mathbf{p} \cdot \mathbf{x}}{r^3}. \tag{6.2.10}$$

Das Feld im Außenraum ist $\mathbf{E}_0$ und das Feld des induzierten Dipols $\mathbf{p}$. Zum Abschluss berechnen wir die zu $\mathbf{P}$ gehörende Ladungsdichte (Oberflächenladung), wobei nach (6.2.6):

$$\rho_P(\mathbf{x}) = -\boldsymbol{\nabla} \cdot \mathbf{P}\,\theta(R-r) = \mathbf{P} \cdot \mathbf{e}_r\, \delta(R-r) = \frac{3}{4\pi k_C}\, \frac{\epsilon-1}{\epsilon+2}\, E_0\, \delta(R-r)\, \frac{z}{r}. \tag{6.2.11}$$

Das von ρ_P erzeugte Feld ist $\mathbf{E}_0$ im Inneren der Kugel entgegengerichtet,

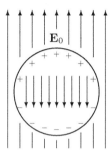

Abb. 6.9. Die Polarisation erzeugt im Inneren der dielektrischen Kugel ein Feld, das dem äußeren entgegengesetzt gerichtet ist

wie in Abb. 6.9 skizziert. $\mathbf{E}$ ist ein Quellenfeld und $\mathbf{D}$ ein Wirbelfeld mit den Quellen und Wirbeln auf der Kugeloberfläche:

$$\boldsymbol{\nabla} \cdot \mathbf{E} = 4\pi k_C \rho_P, \qquad\qquad \boldsymbol{\nabla} \times \mathbf{E} = 0.$$
$$\boldsymbol{\nabla} \cdot \mathbf{D} = 0, \qquad\qquad \boldsymbol{\nabla} \times \mathbf{D} = 4\pi k_r \mathbf{P}\, \delta(R-r), \tag{6.2.11'}$$

Anmerkung: Wir sehen an diesem Beispiel, dass für $\epsilon \to \infty$ die Lösung für eine leitende Kugel resultiert. Dies gilt in der Elektrostatik allgemein. Für $\epsilon \to \infty$ wird $E_i^n = 0$, also $\frac{\partial}{\partial n}\phi_i = 0$ auf der ganzen Oberfläche des Leiters. Dann ist $\phi_i = \text{const.}$ die einzige Lösung der Laplace-Gleichung und $\mathbf{E}_i = 0$.

Alternative Berechnung durch Verschiebung zweier homogener geladener Kugeln

Für die dielektrische Kugel im homogenen Feld $\mathbf{E}_0$ haben wir Polarisation, Potential und Feld berechnet. Die Polarisation (6.2.6) der Kugel ist homogen.

Man kann zeigen, dass aus einer kleinen Verschiebung zweier übereinanderliegender und entgegengesetzt geladener Kugeln ebenfalls eine homogene Polarisation resultiert, die gleich der homogenen dielektrischen Kugel ist, wie in Abb. 6.10 skizziert.

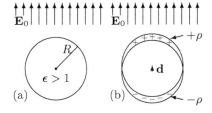

Abb. 6.10. (a) Dielektrische Kugel im homogenen Feld: Für $r \leq R$ ist das Feld homogen, für $r > R$ hat die Kugel das Feld eines Punktdipols (b) Die dielektrische Kugel kann durch zwei um **d** verschobene Kugeln mit den Ladungsdichten $\pm\rho$ dargestellt werden

Das Potential einer homogenen Kugel mit der Ladungsdichte ρ und der Gesamtladung $Q = \rho\, 4\pi R^3/3$ ist

$$\phi(r) = \phi_i(r) + \phi_a(r) = k_C \left[-\frac{Qr^2}{2R^3}\theta(R-r) + \frac{Q}{r}\theta(r-R) \right].$$

Die beiden Kugeln mit $\pm\rho$ sind $\pm \mathbf{d}/2$ verschoben:

$$\rho^{(1)}(\mathbf{x}) = \rho\,\theta\big(R - |\mathbf{x} - \tfrac{\mathbf{d}}{2}|\big), \qquad \rho^{(2)}(\mathbf{x}) = -\rho\,\theta\big(R - |\mathbf{x} + \tfrac{\mathbf{d}}{2}|\big).$$

Das Potential ist die Summe der Potentiale beider Kugeln. Im Inneren der Kugeln erhält man in 1. Ordnung

$$\phi_i = -\mathbf{E}_0 \cdot \mathbf{x} + \frac{k_C}{2}\frac{Q}{R^3}\left[\big(\mathbf{x} + \tfrac{\mathbf{d}}{2}\big)^2 - \big(\mathbf{x} - \tfrac{\mathbf{d}}{2}\big)^2\right] \approx -\mathbf{E}_0 \cdot \mathbf{x} + \frac{k_C}{2}\frac{Q}{R^3}\, 2\mathbf{x}\cdot\mathbf{d},$$

$$\phi_a = -\mathbf{E}_0 \cdot \mathbf{x} + \frac{k_C Q}{|\mathbf{x} - \tfrac{\mathbf{d}}{2}|} - \frac{k_C Q}{|\mathbf{x} + \tfrac{\mathbf{d}}{2}|} \approx -\mathbf{E}_0 \cdot \mathbf{x} + k_C Q \frac{\mathbf{d}\cdot\mathbf{x}}{r^3}. \qquad (6.2.12)$$

Im Grenzwert

$$\mathbf{p} = \lim_{\substack{d\to 0 \\ dQ<\infty}} Q\,\mathbf{d}, \qquad\qquad \mathbf{P} = \frac{3}{4\pi R^3}\,\mathbf{p} = \rho\mathbf{d}$$

sind nicht nur Dipolmoment und Dipoldichte exakt, sondern auch (6.2.12)

$$\phi_i(\mathbf{x}) = -\mathbf{E}_0 \cdot \mathbf{x} + \frac{4\pi k_C}{3}\mathbf{x}\cdot\mathbf{P} \qquad\qquad \text{für}\quad r \leq R\,,$$

$$\phi_a(\mathbf{x}) = -\mathbf{E}_0 \cdot \mathbf{x} + \frac{4\pi k_C}{3}\frac{R^3}{r^3}\mathbf{x}\cdot\mathbf{P} \qquad \text{für}\quad r > R\,. \qquad (6.2.13)$$

Die Gültigkeit der Lösung

$$\mathbf{E}_i = \mathbf{E}_0 - \frac{4\pi k_C}{3}\mathbf{P}, \qquad \mathbf{E}_a = \mathbf{E}_0 - \frac{4\pi k_C}{3}\frac{R^3}{r^3}\left[\mathbf{P} - 3\frac{(\mathbf{P}\cdot\mathbf{x})\mathbf{x}}{r^2}\right] \qquad (6.2.14)$$

wird gezeigt, indem man überprüft, dass die Stetigkeitsbedingungen an der Kugeloberfläche erfüllt sind. Für die Laplace-Gleichung zeigen wir dies nicht extra, da wir von der exakten Lösung (2.4.7) ausgegangen sind.

Da sich auf der Kugeloberfläche

$$\mathbf{E}_i(R) = \mathbf{E}_0 - \frac{4\pi k_C}{3}\mathbf{P} \quad \text{und} \quad \mathbf{E}_a(R) = \mathbf{E}_i(R) + 4\pi k_C(\mathbf{P}\cdot\mathbf{e}_r)\mathbf{e}_r \quad (6.2.15)$$

nur in der Normalkomponente unterscheiden, ist die Stetigkeit der Tangential-komponenten offensichtlich. Zu zeigen ist noch, dass die Normalkomponente von $\mathbf{D}$ keinen Sprung an der Kugeloberfläche hat, was aus (6.2.15) unmittelbar folgt:

$$\big(\mathbf{D}_a(R) - \mathbf{D}_i(R)\big) \cdot \mathbf{e}_r = \big(\mathbf{E}_a(R) - \mathbf{E}_i(R) - 4\pi k_C\mathbf{P}\big) \cdot \mathbf{e}_r = 0\,.$$

Das Feld innerhalb der Kugel kann man auf die Form

$$\mathbf{E}_i = \mathbf{E}_0 + \mathbf{E}' \quad \text{mit} \quad \mathbf{E}' = -\frac{4\pi k_C}{3}\mathbf{P} = -\frac{1}{\epsilon_0}\sum_{j=1}^{3} N_j\,\mathbf{P}_j \quad (6.2.16)$$

bringen. $\mathbf{E}'$ ist das induzierte Feld, das das äußere Feld teilweise abschirmt und N_j sind die *Entelektrisierungsfaktoren*.

Anmerkung zu komplizierteren Körpern

Das Potential ϕ_i (6.2.12) der homogen geladenen Kugel ist quadratisch in $\mathbf{x}$. Die kleine Verschiebung $\mathbf{d}$ zweier entgegengesetzt geladener Kugeln hat zu einem linearen Potential und so zu einem homogenen Feld $\mathbf{E}'$ geführt.

Wir schließen daraus, dass Körper mit $\phi_i \sim x_j^2$ ein homogenes induziertes Feld $\mathbf{E}'$ haben, oder anders gesagt, Körper die komplexer als Ellipsoide sind, werden nicht homogen polarisiert sein.

Aus dem Potential eines Ellipsoids (6.3.9) (siehe Aufgaben 6.4 und 6.5) kann ein homogenes Feld $\mathbf{E}'$ hergeleitet werden, wobei die Entelektrisierungs-faktoren die „Summenregel"

$$N_1 + N_2 + N_3 = 4\pi k_r \qquad \Rightarrow \qquad \text{SI: } N_1 + N_2 + N_3 = 1$$

erfüllen. Durch geeignete Grenzwertbildungen können dann die N_i für Kugel, Draht (gestrecktes Rotationsellipsoid) etc. abgeleitet werden:

Kugel $\qquad\qquad\qquad\qquad\qquad N_1 = \frac{4\pi k_r}{3}, N_2 = \frac{4\pi k_r}{3}, N_3 = \frac{4\pi k_r}{3}.$
Dünne Platte in xy-Ebene $\qquad N_1 = 0, \qquad N_2 = 0, \qquad N_3 = 4\pi k_r.$
Langer Zylinder (Draht auf z-Achse) $N_1 = 2\pi k_r, N_2 = 2\pi k_r, N_3 = 0.$

6.2.5 Die Clausius-Mossotti-Formel

Wir wollen versuchen, die atomare Polarisierbarkeit α in einem Kristall mit kubischer Symmetrie in Beziehung zur Dielektrizitätskonstanten ϵ zu bringen. Dazu nehmen wir eine Platte des homogenen Festkörpers, die, mikroskopisch betrachtet, aus atomaren Dipolen bestehen soll. Wir greifen jetzt einen dieser

Dipole heraus und denken uns um diesen eine kleine Hohlkugel herausgeschnitten. Innerhalb dieser sollen sich auf den Gitterplätzen Dipole befinden, die sich in einem lokalen Feld $\mathbf{E}_l$ bewegen, wie in Abb. 6.11 angedeutet. Zu berechnen ist das lokale Feld $\mathbf{E}_l$, das der im Mittelpunkt der Hohlkugel sitzende Dipol spürt, wenn an den Festkörper das äußere Feld $\mathbf{E}_0$ angelegt wird. Zwischen den Platten ist

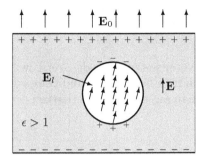

Abb. 6.11. Dielektrische Platte mit äußerem Feld und kleiner Hohlkugel mit Dipolen; $\mathbf{E}_l = \mathbf{E} + (4\pi/3)\mathbf{P} + \mathbf{E}_n$, wobei zu zeigen ist, dass das Feld der Dipole $\mathbf{E}_n = 0$ ist

$$\mathbf{E} = (1/\epsilon)\,\mathbf{E}_0$$

homogen. Wären innerhalb der Hohlkugel keine Dipole, so hätten wir das ebenfalls homogene „Fernfeld"

$$\mathbf{E}_f = \mathbf{E} + \frac{4\pi k_C}{3}\mathbf{P},$$

da die Oberflächenladungsdichte der Hohlkugel das Negative einer Vollkugel ist (6.2.5)–(6.2.11). Das Feld $(4\pi k_C/3)\,\mathbf{P}$ heißt Lorentz-Feld.

Der im Mittelpunkt der Hohlkugel gelegene Dipol spürt neben $\mathbf{E}_f$ noch das Nahfeld $\mathbf{E}_n$ von den ihn (innerhalb der Hohlkugel) umgebenden Dipolen. Das Feld dieser Dipole wird mithilfe von (2.2.24) berechnet, wobei die Dipole auf einem kubischen Gitter angeordnet sind:

$$\mathbf{E}_n = k_C \sum_{k \neq 0} \frac{1}{r_k^3}\left(-\mathbf{p}_0 + 3\mathbf{x}_k \frac{\mathbf{p}_0 \cdot \mathbf{x}_k}{r_k^2} \right).$$

Das Nahfeld $\mathbf{E}_n$, das der Dipol $k = 0$ spürt, setzt sich aus den Dipolfeldern aller anderen Dipole zusammen und verschwindet aus Symmetriegründen[1]. Wir legen die z-Achse parallel zum Dipol $\mathbf{p}_0 = p\,\mathbf{e}_z$ und erhalten so

---

[1] E_{nz} verschwindet, weil es in der Summe zu jedem Summanden mit $\mathbf{k}_i = \begin{pmatrix} k_x & k_y & k_z \end{pmatrix}$ auch die Summanden $\mathbf{n}_j = \begin{pmatrix} k_z & k_x & k_y \end{pmatrix}$ und $\mathbf{n}_l = \begin{pmatrix} k_y & k_z & k_x \end{pmatrix}$ gibt und die Summe dieser drei Terme null ergibt.

$$\mathbf{E}_{nx} = k_C \sum_{k \neq 0} \frac{1}{r_k^5} 3x_k z_k p = 0, \qquad \mathbf{E}_{ny} = k_C \sum_{k \neq 0} \frac{1}{r_k^5} 3y_k z_k p = 0,$$

$$\mathbf{E}_{nz} = k_C \sum_{k \neq 0} \frac{1}{r_k^3} \left(-p + 3\frac{p\, z_k^2}{r_k^2} \right) = 0,$$

woraus folgt, dass das lokale Feld gegeben ist als

$$\mathbf{E}_l = \mathbf{E}_f + \mathbf{E}_n = \mathbf{E} + \frac{4\pi k_C}{3}\mathbf{P}, \qquad \text{SI: } \mathbf{E}_l = \mathbf{E} + \frac{1}{3\epsilon_0}\mathbf{P}.$$

Die Isotropie des kubischen Gitters ist eine Voraussetzung für das Verschwinden des Nahfeldes, weshalb diese Formel auch für Flüssigkeiten und Gase gilt.

Die Dielektrizitätskonstante, berechnet man aus der Polarisierbarkeit α in einem Medium mit n Teilchen pro cm^{-3}:

$$\mathbf{P} = n\alpha\mathbf{E}_l = n\alpha\left(\mathbf{E} + \frac{4\pi k_C}{3}\mathbf{P}\right) = n\mathbf{p}.$$

Nach $\mathbf{P}$ aufgelöst, folgt daraus

$$\mathbf{P} = \frac{n\alpha\mathbf{E}}{1 - (4\pi k_C/3)n\alpha} = \chi_e \epsilon_0 \mathbf{E}. \qquad (6.2.17)$$

Die Suszeptibilität ist damit

$$\chi_e = \frac{n\alpha/\epsilon_0}{1 - (4\pi k_C/3)n\alpha}. \qquad (6.2.18)$$

Die Dielektrizitätskonstante können wir mit (5.2.10) aus der Suszeptibilität bestimmen als

$$\epsilon = 1 + 4\pi k_r \chi_e = \frac{1 + (8\pi k_C/3)n\alpha}{1 - (4\pi k_C/3)n\alpha}. \qquad (6.2.19)$$

Die Relation zwischen der Suszeptibilität und der atomaren Polarisierbarkeit

$$\frac{\epsilon - 1}{\epsilon + 2} = \frac{4\pi k_C}{3}n\alpha, \qquad \text{SI: } \frac{\epsilon - 1}{\epsilon + 2} = \frac{1}{3\epsilon_0}n\alpha \qquad (6.2.20)$$

ist die *Clausius-Mossotti*-Formel. In der Optik, wo man in (6.2.20) für $\sqrt{\epsilon}$ den Brechungsindex n einsetzt, heißt diese Beziehung *Lorenz-Lorentz*-Formel [Sommerfeld, 1967, S. 67]

Für Gase ist $k_C n\alpha \ll 1$, weshalb gilt

$$\epsilon = 1 + 4\pi k_r \chi_e = \frac{1 + (8\pi k_C/3)n\alpha}{1 - (4\pi k_C/3)n\alpha} \approx 1 + 4\pi k_C n\alpha \qquad \Longrightarrow \qquad \chi_e = \frac{n\alpha}{\epsilon_0}.$$

Anmerkungen: In Materialien mit komplizierterer Symmetrie gilt die Clausius-Mossotti-Formel (6.2.20) nicht in dieser Form; es ist dann das Nahfeld nicht mehr null.

Eine weitere Annahme, die nicht immer gerechtfertigt ist, ist die Polarisierbarkeit α der Atome, die dem gasförmigen Zustand entspricht. In Kristallen können die Atome gequetscht werden, was Einfluss auf deren Polarisierbarkeit hat.

Die Wahl eines kugelförmigen Hohlraums stellt sicher, dass der Entelektrisierungsfaktor $N = 4\pi k_r/3$ für alle Richtungen gleich ist, was dann auch für $\mathbf{E}_f$ gilt.

6.3 Energie im Dielektrikum

6.3.1 Herleitung der Feldenergie im Dielektrikum

Bei der Herleitung der Energie im mikroskopischen Fall sind wir davon ausgegangen, dass wir die Ladungen der Reihe nach aus dem Unendlichen an ihre Position gebracht haben. Die dazu aufzuwendende Energie konnten wir in die Form

$$U = \frac{1}{2} \int \mathrm{d}^3x \, \rho(\mathbf{x}) \, \phi(\mathbf{x}) \tag{2.4.2'}$$

bringen. Ersetzt man die mikroskopische Ladungsdichte ρ durch ρ_f, so erhält man mithilfe des Gauß'schen Gesetzes (5.2.16a) den elektrostatischen Anteil der Feldenergie in der bereits bekannten Form von (5.6.7):

$$U = \frac{1}{24\pi k_r} \int \mathrm{d}^3x \, \phi(\mathbf{x}) \boldsymbol{\nabla} \cdot \mathbf{D} \overset{\text{part. int.}}{=} \frac{1}{8\pi k_r} \int \mathrm{d}^3x \, \mathbf{E} \cdot \mathbf{D}. \tag{6.3.1}$$

Dieser ad hoc Ansatz für lineare Medien wird im Folgenden genauer erklärt.

Ergänzung zur Herleitung der Feldenergie

Es soll in Anlehnung an die Herleitung der inneren Energie im Vakuum der Aufwand an Energie δU berechnet werden, um zusätzliche Ladung in eine vorgegebene Konfiguration innerhalb eines Dielektrikums zu bringen. Zur vorhandenen Ladungsdichte $\rho_f(\mathbf{x})$ und dem Potential $\phi(\mathbf{x})$ soll jetzt die zusätzliche freie Ladung $\delta\rho_f$ gebracht werden. Anders als im Abschn. 2.4, wo von Punktladungen ausgegangen wurde, ist hier $\delta\rho_f$ kontinuierlich, so dass

$$\delta U = \int \mathrm{d}^3x \, \phi(\mathbf{x}) \, \delta\rho_f(\mathbf{x}) \, .$$

Setzen wir $\delta\rho_f = \dfrac{\boldsymbol{\nabla} \cdot \delta\mathbf{D}}{4\pi k_r}$ und $\mathbf{E} = -\boldsymbol{\nabla}\phi$ ein, so erhalten wir nach partieller Integration

$$\delta U = \frac{1}{4\pi k_r} \int \mathrm{d}^3x \, \phi(\mathbf{x}) \, \boldsymbol{\nabla} \cdot (\delta\mathbf{D}) = \frac{1}{4\pi k_r} \int \mathrm{d}^3x \, \mathbf{E} \cdot \delta\mathbf{D}. \tag{6.3.2}$$

Daraus folgt

$$U = \int_0^U \delta U = \frac{1}{4\pi k_r \epsilon_0} \int d^3x \, \frac{1}{\epsilon} \int_0^D \delta \mathbf{D} \cdot \mathbf{D} = \frac{1}{8\pi k_r} \int d^3x \, \mathbf{E}(\mathbf{x}) \cdot \mathbf{D}(\mathbf{x}).$$

Dann gilt auch

$$U = \frac{1}{8\pi k_r} \int d^3x \, (-\boldsymbol{\nabla}\phi) \cdot \mathbf{D} = \frac{1}{2} \int d^3x \, \phi \, \rho_f.$$

Sind im Dielektrikum Leiter der Volumina V_i vorhanden, so ist (6.3.1) zu modifizieren:

$$U = \frac{1}{8\pi k_r} \int d^3x \, \mathbf{E} \cdot \mathbf{D} = \frac{-1}{8\pi k_r} \int d^3x \, \phi(\mathbf{x}) \boldsymbol{\nabla} \cdot \mathbf{D} \stackrel{(A.4.3)}{=} \frac{-1}{8\pi k_r} \left\{ \oiint_{\partial V} \phi \, d\mathbf{f} \cdot \mathbf{D} \right.$$

$$\left. - \sum_i \phi_i \oiint_{\partial V_i} d\mathbf{f}_i \cdot \mathbf{D} - \int d^3x \, \phi(\mathbf{x}) \, \boldsymbol{\nabla} \cdot \mathbf{D} \right\} = \frac{1}{2} \sum_i \phi_i q_i + \frac{1}{2} \int d^3x \, \phi \, \rho_f. \quad (6.3.1')$$

Kraft auf Ladungsverteilung

Die Kraft, die vom elektrischen Feld auf ein Volumenelement im Dielektrikum wirkt, kann bestimmt werden indem man das Medium um $\delta s(\mathbf{x})$ verschiebt und die Arbeit $\delta A = -\delta U$ berechnet, die hierbei geleistet und der Feldenergie entzogen wird:

$$\delta A = \int d^3x \, \delta\mathbf{s} \cdot \mathbf{f}_C = -\delta U,$$

$$\delta U = \frac{1}{8\pi k_r \epsilon_0} \delta \int d^3x \, \frac{D^2}{\epsilon} = \frac{1}{4\pi k_r} \int d^3x \, \mathbf{E} \cdot \delta\mathbf{D} - \frac{1}{8\pi k_C} \int d^3x \, E^2 \, \delta\epsilon,$$

$$\mathbf{E} \cdot \delta\mathbf{D} = -\boldsymbol{\nabla} \cdot (\phi \delta\mathbf{D}) + \phi \boldsymbol{\nabla} \cdot \delta\mathbf{D} = -\boldsymbol{\nabla} \cdot (\phi \delta\mathbf{D}) + 4\pi k_r \phi \delta\rho.$$

Eingesetzt in δU folgt nach Anwendung des Gauß'schen Satzes für ein genügend großes Volumen V:

$$\delta U = \int_V d^3x \, \phi \delta\rho - \frac{1}{8\pi k_C} \int_V d^3x \, E^2 \, \delta\epsilon. \qquad (6.3.3a)$$

Wenn nun $\rho_f(\mathbf{x})$ um δs verschoben wurde, das Volumen aber ungeändert bleibt, so wird über $\rho_f'(\mathbf{x}) = \rho_f(\mathbf{x} - \delta\mathbf{s})$ integriert:

$$\delta\rho = \rho_f(\mathbf{x} - \delta\mathbf{s}) - \rho_f(\mathbf{x}) = -\delta\mathbf{s} \cdot \boldsymbol{\nabla} \rho_f(\mathbf{x}) = -\boldsymbol{\nabla} \cdot (\delta\mathbf{s}\rho_f). \qquad (6.3.3b)$$

Angenommen wird, dass $\delta\mathbf{s}$ nur schwach variiert. Das gleiche Verfahren kann auch für ϵ angewandt werden:

$$\delta\epsilon = -\delta\mathbf{s} \cdot \boldsymbol{\nabla}\epsilon = -\boldsymbol{\nabla} \cdot \epsilon \delta\mathbf{s}.$$

Man erhält so nach partieller Integration

$$\delta U = -\int_V d^3x \, \delta\mathbf{s} \cdot \rho_f \mathbf{E} + \frac{1}{8\pi k_C} \int d^3x \, E^2 \delta\mathbf{s} \cdot \boldsymbol{\nabla}\epsilon. \qquad (6.3.3c)$$

Daraus folgt die Kraftdichte [Greiner, 2002, (7.17)]

$$\mathbf{f}_C(\mathbf{x}) = \rho_f\,\mathbf{E} - \frac{1}{8\pi k_C}E^2\,\boldsymbol{\nabla}\epsilon. \tag{6.3.3d}$$

Der erste Term ist die Kraft des Feldes auf die freien Ladungen. Der zweite Term liefert auf der Grenzfläche des Dielektrikums zum Vakuum eine Kraft, die dieses in das Vakuum ziehen will. So wird ein Dielektrikum in einen Plattenkondensator hineingezogen, wie später gezeigt wird. Hat man zwei Punktladungen q und q', die in einem konstanten Dielektrikum eingebettet sind, so erhält man das Punktkraftgesetz

$$\mathbf{F}_C = q\mathbf{E} = k_C\frac{qq'}{\epsilon r^2}\mathbf{e}_r.$$

Man kann (6.3.3d) verallgemeinern indem man fordert, dass ϵ eine eindeutige Funktion der Massendichte ρ_m der Materie ist [Becker, Sauter, 1973, (3.4.9)]:

$$\delta\epsilon = \frac{\mathrm{d}\epsilon}{\rho_m}\delta\rho_m = -\frac{\mathrm{d}\epsilon}{\mathrm{d}\rho_m}\boldsymbol{\nabla}\cdot\rho_m\delta\mathbf{s}.$$

Nach den gleichen Schritten wie vorher (partielle Integration) hat das Ergebnis jetzt einen Zusatzterm

$$\mathbf{f}_C(\mathbf{x}) = \rho_f\,\mathbf{E} - \frac{1}{8\pi k_C}E^2\,\boldsymbol{\nabla}\epsilon + \frac{1}{8\pi k_C}\boldsymbol{\nabla}E^2\frac{\mathrm{d}\epsilon}{\mathrm{d}\rho_m}\rho_m.$$

Der dritte Term liefert zwar keine Gesamtkraft, wie durch Anwendung des Gauß'schen Satzes (A.4.4) hervorgeht, aber interne Kräfte, die durch Volumenänderung, Druck, etc. ausgeglichen werden können. Dielektrische Flüssigkeiten können mit diesem Modell beschrieben werden [Panofsky & Phillips, 1962, §6-7].

6.3.2 Energie und Kraft bei Änderung der Dielektrizitätskonstante

Gegeben ist ein Medium mit vorgegebener Ladungsdichte ρ_f und der Dielektrizitätskonstanten ϵ_a. Die elektrostatische Energie des Systems ist dann

$$U_a = \frac{1}{8\pi k_r}\int \mathrm{d}^3x\,\mathbf{E}_a\cdot\mathbf{D}_a\,.$$

Änderung der Dielektrizitätskonstante bei konstanter Ladung

Nun soll die Dielektrizitätskonstante auf ϵ geändert werden, ohne dass ρ_f geändert wird. Man kann sich dabei vorstellen, dass ein Kondensator in ein Dielektrikum eingeschoben wird, wie es in Abb. 6.12 dargestellt ist. Zu berechnen ist die Energiedifferenz, die sich aus der Änderung der Polarisierbarkeit des Mediums ergibt, wobei man von einem Medium der Dielektrizitätskonstante ϵ_a und der Energie U_a ausgeht und zuletzt ϵ und U vorfindet:

$$\Delta U_q = U - U_a = \frac{1}{8\pi k_r} \int d^3x \left(\mathbf{D} \cdot \mathbf{E} - \mathbf{E}_a \cdot \mathbf{D}_a \right) \quad \text{mit} \quad \begin{cases} \mathbf{D}_a = \epsilon_a \epsilon_0 \mathbf{E}_a \\ \mathbf{D} = \epsilon \epsilon_0 \mathbf{E}. \end{cases}$$

Da ρ_f für beide Medien gleich ist, gilt $\boldsymbol{\nabla} \cdot \mathbf{D} = \boldsymbol{\nabla} \cdot \mathbf{D}_a$. Durch Addition von $\mathbf{E}_a \cdot \mathbf{D}$ erhält man einen Term der Form $\mathbf{E}_a \cdot (\mathbf{D} - \mathbf{D}_a)$. Nun ist $\mathbf{E}_a = -\boldsymbol{\nabla}\phi_a$, und nach partieller Integration sieht man, dass dieser Beitrag verschwindet. Nach demselben Schema wird noch der Term $-\mathbf{E} \cdot \mathbf{D}_a$ hinzugefügt:

$$\Delta U_q = \frac{1}{8\pi k_r} \int d^3x \left[\underbrace{(\mathbf{E} + \mathbf{E}_a)}_{-\boldsymbol{\nabla}(\phi+\phi_a)} \cdot (\mathbf{D} - \mathbf{D}_a) + \mathbf{E} \cdot \mathbf{D}_a - \mathbf{E}_a \cdot \mathbf{D} \right]$$

$$= \frac{1}{8\pi k_r} \int d^3x \left[(\phi + \phi_a)\boldsymbol{\nabla} \cdot (\mathbf{D} - \mathbf{D}_a) + \mathbf{E} \cdot \mathbf{D}_a - \mathbf{E}_a \cdot \mathbf{D} \right].$$

Setzt man noch $\mathbf{D} - \epsilon_0 \mathbf{E} = 4\pi k_r \mathbf{P}$, so ergibt sich im Vakuum ($\epsilon_0 \mathbf{E}_a = \mathbf{D}_a$) die Energiedifferenz

$$\Delta U_q = \frac{1}{8\pi k_r} \int d^3x \left(\mathbf{E} \cdot \mathbf{D}_a - \mathbf{E}_a \cdot \mathbf{D} \right) \overset{\epsilon_a = 1}{=} -\frac{1}{2} \int d^3x \, \mathbf{P} \cdot \mathbf{E}_a . \tag{6.3.4}$$

Wird die Ladung konstant gehalten, so ist das System isoliert und die Arbeit δA_q, die vom System geleistet wird, geht auf Kosten der inneren Energie

$$\delta \Delta U_q + \delta A_q = 0 \qquad \text{mit} \qquad \delta A_q = \mathbf{F}_q \cdot \delta\mathbf{x}.$$

$\delta\mathbf{x}$ ist eine starre Verschiebung. Die Variation bei konstant gehaltener Ladung ergibt

$$\delta \Delta U_q = \frac{1}{8\pi k_r} \int d^3x \, \mathbf{D} \cdot \delta\mathbf{E} \overset{\text{part. int.}}{=} \frac{1}{2} \int d^3x \, \rho_f \delta\phi = \frac{1}{2} \int d^3x \, \rho_f (\delta\mathbf{x} \cdot \boldsymbol{\nabla})\phi.$$

Daraus folgt die Kraft

$$\mathbf{F}_q = \frac{1}{2} \int d^3x \, \rho_f \mathbf{E} , \tag{6.3.5}$$

die auch mittels $\mathbf{F}_q = -\boldsymbol{\nabla}\Delta U_q$ bestimmt werden könnte.

Änderung der Dielektrizitätskonstante bei konstantem Potential

Praktisch wichtiger als die oben besprochene Änderung der Dielektrizitätskonstanten bei festen Ladungen ist die bei festem Potential. Hier werden beim Einbringen des Dielektrikums von der Batterie Ladungen auf die Metalle nachgeliefert bzw. davon abgezogen. Es ändert sich so ρ_f, während das Potential unverändert bleibt $\mathbf{E} = \mathbf{E}_a = -\boldsymbol{\nabla}\phi$. Wir gehen vom Vakuum aus, d.h. dass $\epsilon_a = 1$ und $\mathbf{D}_a = \epsilon_0 \mathbf{E}_a$ gilt:

$$\Delta U_\phi = \frac{1}{8\pi k_r} \int d^3x \left(\mathbf{E} \cdot \mathbf{D} - \mathbf{E}_a \cdot \mathbf{D}_a \right) = \frac{1}{8\pi k_r} \int d^3x \left(\mathbf{E}_a \cdot \mathbf{D} - \epsilon_0 \mathbf{E}_a \cdot \mathbf{E} \right)$$

$$= \frac{1}{8\pi k_r} \int d^3x \, \mathbf{E}_a \cdot (\mathbf{D} - \epsilon_0 \mathbf{E}) = \frac{1}{2} \int d^3x \, \mathbf{E}_a \cdot \mathbf{P}. \tag{6.3.6}$$

Die Energieänderung ist entgegengesetzt gleich der Änderung bei festgehaltener Ladungsdichte. Wenn wir jetzt die Kraft auf einen Körper mit der Koordinate $\mathbf{x}$ berechnen, die auf einen Körper wirkt, so haben wir bei konstantem Potential auch die Energieänderung der Spannungsquelle zu beachten. Die vom System geleistete Arbeit δA ist also nicht mehr allein durch die Abnahme der inneren Energie δU bestimmt, sondern es ist auch die von der Spannungsquelle zugeführte Energie einzubeziehen, so dass

$$\delta A_\phi + \delta \Delta U_\phi = \delta U_b = \int \mathrm{d}^3 x \, \phi \delta \rho_f \, .$$

Mit $U_b > 0$ wird die von der Spannungsquelle dem System zugeführte Energie bezeichnet. Anzugeben ist noch

$$\delta \Delta U_\phi = \frac{1}{8\pi k_r} \int \mathrm{d}^3 x \, \mathbf{E}_a \cdot \delta(\mathbf{D} - \epsilon_0 \mathbf{E}) = \frac{-1}{8\pi k_r} \int \mathrm{d}^3 x \, (\boldsymbol{\nabla}\phi) \cdot \delta \mathbf{D}$$

$$\overset{\text{part. int.}}{=} \frac{1}{2} \int \mathrm{d}^3 x \, \phi \, \delta \rho_f \, .$$

Setzt man $\delta \rho_f = (\delta \mathbf{x} \cdot \boldsymbol{\nabla}) \rho_f$ ein, so erhält man

$$\delta A_\phi = \delta U_b - \delta U_\phi = \frac{1}{2} \int \mathrm{d}^3 x \, \phi (\delta \mathbf{x} \cdot \boldsymbol{\nabla}) \rho_f \overset{\text{part. int.}}{=} \frac{1}{2} \int \mathrm{d}^3 x \, \mathbf{E} \cdot \delta \mathbf{x} \, \rho_f \, .$$

Es zeigt also die Kraft, unabhängig davon, ob die Ladung oder das Potential konstant gehalten wird, in die Richtung mit wachsendem ϵ, wie es in Abb. 6.12 skizziert ist

$$\mathbf{F}_\phi = \frac{1}{2} \int \mathrm{d}^3 x \, \mathbf{E} \rho_f \, . \tag{6.3.7}$$

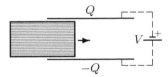

Abb. 6.12. Dielektrikum im Plattenkondensator: Das Dielektrikum wird sowohl bei konstanter Ladung auf den Kondensatorplatten als auch bei konstant gehaltener Spannung V in den Kondensator hineingezogen

Anmerkung: Der leere Plattenkondensator, wie er in Abb. 6.12 dargestellt ist, hat ein homogenes Feld, wenn man von den Randkorrekturen absieht. Befindet sich das Dielektrikum zur Gänze im Kondensator, so wird es polarisiert und hat dann ein Dipolmoment, auf das im homogenen Feld keine Kraft wirkt. Ist jedoch das Dielektrikum nur teilweise eingeschoben, so hat man in dem Bereich des Dielektrikums eine um den Faktor ϵ größere Oberflächenladung. Diese erzeugt im leeren Teil des Randbereiches ein stärkeres und somit inhomogenes Feld, das das Dielektrikum in den Kondensator zieht.

Aufgaben zu Kapitel 6

6.1. *Plattenkondensator*: Ein Kondensator (Ladung Q) sei teilweise mit einem Dielektrikum gefüllt, wie in Abb. 6.6 skizziert. Verifizieren Sie Tab. 6.2, S. 207, d.h. berechnen Sie σ, E, C samt der Polarisationsladung σ_P.

6.2. *Dielektrische Kugel im homogenen Feld*: Eine dielektrische Kugel (Dielektrizitätskonstante ϵ, Radius R) befinde sich in einem homogenen Feld **E**. Potential und Feld für $r \geq R$ sind gleich dem einer konzentrischen, leitenden Kugel mit dem Radius a, der zu bestimmen ist.

6.3. *Ladung vor dielektrischer Kugel*: Die Ladung q befinde sich, wie in Abb. 6.13 skizziert, vor einer dielektrischen Kugel der Permittivität ϵ.

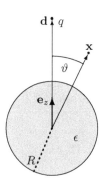

Abb. 6.13. Ladung q vor dielektrischer Kugel mit dem Radius R im Abstand $\mathbf{d} = (0, 0, d)$ vom Zentrum

1. Entwickeln Sie die Potentiale ϕ^i und ϕ^a innerhalb und außerhalb der Kugel nach Legendre-Polynomen und bestimmen Sie die Koeffizienten aus den Randbedingungen.
2. Bilden Sie geeignete Grenzwerte, um die Felder für eine Punktladung im Abstand $d_0 = R - d$ vor einer dielektrischen Halbebene und
3. eine dielektrische Kugel im homogenen Feld beschreiben zu können.

Hinweis: Ihre Ergebnisse können Sie mit denen der Abschnitte 6.2.3, Seite 207 bzw. 6.2.4, Seite 208 vergleichen.

6.4. *Homogen geladenes Ellipsoid*: Gegeben ist ein Ellipsoid mit homogener Ladungsdichte ρ; gesucht ist das zugehörige Potential im Innen- und Außenraum (ϕ_i und ϕ_a), das nach Dirichlet[2] durch den Ansatz

$$\phi_i(\mathbf{x}) = c_0 \int_0^\infty d\lambda \, \frac{1}{\sqrt{g(\lambda)}} \left[1 - \sum_{j=1}^3 f_j(x_j, \lambda) \right] \qquad c_0 = k_C \rho \pi a_1 a_2 a_3 , \qquad (6.3.8)$$

$$\phi_a(\mathbf{x}) = c_0 \int_{\lambda_0}^\infty d\lambda \, \frac{1}{\sqrt{g(\lambda)}} \left[1 - \sum_{j=1}^3 f_j(x_j, \lambda) \right] , \qquad (6.3.9)$$

$$f_j(x_j, \lambda) = \frac{x_j^2}{a_j^2 + \lambda} = \frac{x_j^2}{g_j(\lambda)} , \qquad g(\lambda) = \prod_{j=1}^3 g_j(\lambda) , \qquad g_j(\lambda) = a_j^2 + \lambda \qquad (6.3.10)$$

bestimmt ist. a_j sind die Halbachsen des Ellipsoids und λ_0 ist durch

$$\sum_j f_j(x_j, \lambda_0) = 1 \qquad (6.3.11)$$

definiert. Zu zeigen ist damit in erster Linie, dass ϕ_i die Poisson- und ϕ_a die Laplace-Gleichung im Innen- und Außenraum erfüllen und dass $\phi_i(\partial V) = \phi_a(\partial V)$ stetig auf der Oberfläche sind.

---

[2] siehe Becker-Sauter *Theorie der Elektrizität 1*, Teubner, Stuttgart (1973), S. 53

6.5. *Ellipsoid im homogenen Feld*: Bringt man ein Ellipsoid mit der Permittivität ϵ in ein homogenes äußeres Feld $\mathbf{E}_0$, so wird sich im Inneren das Feld

$$\mathbf{E}_i = \mathbf{E}_0 - \sum_j N_j \mathbf{P}_j$$

einstellen. Anzugeben sind die Entelektrisierungsfaktoren, wobei Sie insbesondere die Relation $\sum_j N_j = 4\pi$ verifizieren sollen.

Hinweis: $\mathbf{P}$ bekommen Sie, wenn Sie zwei Ellipsoide mit den Ladungsdichten $\pm\rho$ infinitesimal gegeneinander verschieben; die zugehörigen Potentiale sind in Aufgabe 6.4 angegeben.

6.6. *Spontane Polarisation: Feldlinien eines Quaders*
Abb. 6.14 zeigt die xy-Ebene eines in der z-Richtung unendlich ausgedehnten Quaders. Dieser bestehe aus einem Medium mit der homogenen Polarisation $\mathbf{P} = P\mathbf{e}_y$. Die Schnittfläche von Abb. 6.14 ist ähnlich der des Stabmagneten in Abb. 7.5. Das

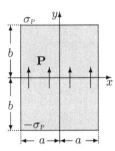

Abb. 6.14. Schnittfläche $z = 0$ durch einen unendlich langen Quader von homogener Polarisation $\mathbf{P}$ und der Oberflächenladung $\sigma_P = P > 0$

$$\mathbf{P} = P\mathbf{e}_y \big[\theta(y+b) - \theta(y-b)\big]\big[\theta(x+a) - \theta(x-a)\big]$$

$$\rho_P = -\boldsymbol{\nabla}\cdot\mathbf{P} = -\sigma_P\big[\delta(y+b) - \delta(y-b)\big]\big[\theta(x+a) - \theta(x-a)\big]$$

gilt auch für die Feldlinien $\mathbf{E} \leftrightarrows \mathbf{H}$ und $\mathbf{D} \leftrightarrows \mathbf{B}$, die für den Quader analytisch berechnet werden können.

1. Berechnen Sie die Felder $\mathbf{E}$ und $\mathbf{D}$.
2. Bestimmen Sie die Feldlinien in der Nähe der Oberflächenladungen $y = b$ für $|x| < a$ und skizzieren Sie den Verlauf der Feldlinien ($\mathbf{E}$ und $\mathbf{D}$).

6.7. *Funktionentheoretische Methode: Feldlinien eines Quaders*
Abb. 6.14 der Aufgabe 6.6 zeigt die xy-Ebene eines in der z-Richtung unendlich ausgedehnten Quaders. Berechnen Sie für diesen mit der Methode der Funktionentheorie, Abschnitt 3.5.2, das Potential $\phi(x,y)$ und die elektrischen Feldlinien $\psi(x,y) = $ const.

6.8. *Vektorpotential der dielektrischen Verschiebung*: Abb. 6.15 zeigt die xy-Ebene eines in der z-Richtung unendlich ausgedehnten, homogen polarisierten Zylinders. $\mathbf{D}$ ist ein quellenfreies Feld dessen Vektorpotential $\mathbf{A}$ Sie berechnen sollen; daraus bestimmen Sie dann $\mathbf{D} = \operatorname{rot}\mathbf{A}$. Skizzieren Sie die Feldlinien $\mathbf{D}$ und $\mathbf{E}$.

Hinweis: Gehen Sie von (4.1.4) aus und berechnen Sie $\operatorname{rot}\mathbf{D}$.

6.9. *Dielektrikum im Plattenkondensator*

1. Auf dem isolierten Plattenkondensator befinde sich die Ladung Q. Berechnen Sie Energiedifferenz $\Delta U_q(x) = U(x) - U_0$ und Kraft $\mathbf{F}_q(x)$ auf das Dielektrikum, wenn dieses um die Strecke x in den Plattenkondensator hineingeschoben wird (siehe Abb. 6.16). Vernachlässigen Sie Streufelder.

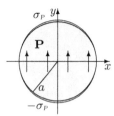

Abb. 6.15. Schnittfläche $z = 0$ durch einen unendlich langen Kreiszylinder von homogener Polarisation **P** und der Oberflächenladung $\sigma_P > 0$

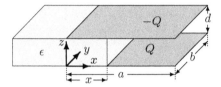

Abb. 6.16. In den Plattenkondensator mit der Ladung $Q > 0$ wird ein Dielektrikum hineingezogen (hineingeschoben)

2. Jetzt wird der Plattenkondensator auf der Spannung $V = Q/d$ gehalten, während das Dielektrikum eingeschoben wird. Berechnen Sie wiederum Energiedifferenz $\Delta U_V(x)$ und Kraft $\mathbf{F}_V(x)$.

Literaturverzeichnis

M. Abraham, R. Becker *Theorie der Elektrizität* Bd. 1, 8. Aufl. Teubner Leipzig (1930)

R. Becker, F. Sauter *Theorie der Elektrizität 1*, 21. Aufl. Teubner, Stuttgart (1973)

W. Greiner *Klassische Elektrodynamik*, 6. Aufl., Harri Deutsch GmbH Frankfurt (2002)

W. Panofsky, M. Phillips *Classical Electricity and Magnetism*, 2. ed. Addison-Wesley (1962)

F. Schwabl *Statistische Mechanik*, 3. Aufl. Springer Berlin (2006)

A. Sommerfeld, *Elektrodynamik*, 5. Aufl. Akad. Verlagsges. Leipzig (1967)

7

Magnetostatik in Materie

7.1 Grundgleichungen der Magnetostatik

Wir haben bereits gesehen, dass für $\dot{\mathbf{D}} = \dot{\mathbf{B}} = 0$ die Maxwell-Gleichungen (5.2.16) in je zwei Differentialgleichungen für die Elektrostatik und die Magnetotostatik entkoppeln. Für Letztere sind die Grundgleichungen

$$\boldsymbol{\nabla} \times \mathbf{H} = \frac{4\pi k_r k_L}{c} \mathbf{j}_f \quad \Rightarrow \quad \text{SI: } \boldsymbol{\nabla} \times \mathbf{H} = \mathbf{j}_f, \qquad \boldsymbol{\nabla} \cdot \mathbf{B} = 0, \qquad (7.1.1)$$

die zusammen mit der Materialgleichung (5.2.17)

$$\mathbf{B} = \mu\mu_0 \mathbf{H} = \mu_0 (\mathbf{H} + 4\pi k_r \mathbf{M}) = \mu_0 \mathbf{H} + 4\pi k_r \mathbf{J} \qquad (7.1.2)$$

die Basis der Magnetostatik bilden. Hier haben wir noch die eher selten verwendete magnetische Polarisation $\mathbf{J} = \mu_0 \mathbf{M}$ angegeben. Schreibt man das Durchflutungsgesetz in der Form

$$\boldsymbol{\nabla} \times \mathbf{B} = \frac{4\pi k_c}{ck_L} \left(\mathbf{j}_f + \mathbf{j}_M \right) \qquad \text{mit} \quad \mathbf{j}_M = \frac{c}{k_L} \boldsymbol{\nabla} \times \mathbf{M}, \qquad (7.1.3)$$

so folgt daraus das Vektorpotential SI: $\frac{k_c}{ck_L} = k_M \frac{k_L}{c} = \frac{\mu_0}{4\pi}$

$$\mathbf{A}(\mathbf{x}) = \frac{k_c}{ck_L} \int \mathrm{d}^3 x' \frac{\mathbf{j}_f(\mathbf{x}') + \mathbf{j}_M(\mathbf{x}')}{|\mathbf{x} - \mathbf{x}'|} \qquad \text{mit} \qquad \boldsymbol{\nabla} \cdot \mathbf{A} = 0. \qquad (7.1.4)$$

Die magnetische Induktion ist gegeben durch $\mathbf{B} = \boldsymbol{\nabla} \times \mathbf{A}$. In linearen Medien (siehe Seite 168) erhält man

$$\mathbf{A}(\mathbf{x}) = \frac{k_c}{ck_L} \int \mathrm{d}^3 x' \, \mu \, \frac{\mathbf{j}_f(\mathbf{x}')}{|\mathbf{x} - \mathbf{x}'|}. \qquad (7.1.5)$$

Ergänzende Information Die elektronische Version dieses Kapitels enthält Zusatzmaterial, auf das über folgenden Link zugegriffen werden kann https://doi.org/10.1007/978-3-662-68528-0_7.

© Springer-Verlag GmbH Deutschland, ein Teil von Springer Nature 2023
D. Petrascheck und F. Schwabl, *Elektrodynamik*,
https://doi.org/10.1007/978-3-662-68528-0_7

Anmerkung: Aus (7.1.1) und (7.1.2) folgen Wirbel- und Quelldichten von $\mathbf{H}$ und $\mathbf{B}$:

$$\boldsymbol{\omega}_H = \frac{1}{4\pi k_r}\boldsymbol{\nabla}\times\mathbf{H} = \frac{k_L}{c}\mathbf{j}_f, \qquad\qquad \rho_H = \frac{1}{4\pi k_r}\boldsymbol{\nabla}\cdot\mathbf{H} \equiv \rho_M = -\boldsymbol{\nabla}\cdot\mathbf{M},$$

$$\boldsymbol{\omega}_B = \frac{1}{4\pi k_r}\boldsymbol{\nabla}\times\mathbf{B} = \frac{k_L}{c}\mu_0\left(\mathbf{j}_f+\mathbf{j}_M\right), \qquad \rho_B = 0. \qquad\qquad (7.1.6)$$

Für die magnetische Ladungsdichte wird im Folgenden statt ρ_H immer die Bezeichnung ρ_M verwendet. Verschwindet $\mathbf{j}_f = 0$, so ist $\mathbf{H}$ gegeben durch:

$$\phi_M(\mathbf{x}) = k_r\int \mathrm{d}^3x'\,\frac{\rho_M(\mathbf{x}')}{|\mathbf{x}-\mathbf{x}'|}, \qquad\qquad \mathbf{H} = -\boldsymbol{\nabla}\phi_M. \qquad (7.1.6')$$

7.1.1 Übergangsbedingungen an Materialoberflächen

Die Randbedingungen für die beiden Grundgleichungen (7.1.1) wurden bereits im Abschnitt 5.2.5 hergeleitet. Aus $\operatorname{div}\mathbf{B}=0$ folgt die Stetigkeit der Normalkomponente B_n und aus dem Ampère'schen Gesetz erhält man aus (5.2.25) bei der gegebenen Abwesenheit von Oberflächenströmen an der Trennfläche die Stetigkeit der Tangentialkomponenten von $\mathbf{H}$.

Um es anhand von Abb. 7.1 kurz zu wiederholen, zeigt man bei $\operatorname{div}\mathbf{B} = 0$ die Stetigkeit der Normalkomponente mittels des Gauß'schen Satzes durch Integration über einen infinitesimalen Zylinder (Pillendose). Ist $\operatorname{rot}\mathbf{H} = 0$, so erhält man die Stetigkeit der Tangentialkomponente mithilfe des Stokes'schen Satzes durch Integration über ein infinitesimales Rechteck:

$$B_\perp^{(1)} = B_\perp^{(2)}, \qquad\qquad \mathbf{H}_\parallel^{(1)} = \mathbf{H}_\parallel^{(2)}. \qquad (7.1.7)$$

Die Verwendung von $\mathbf{H}$ ist vielfach zweckmäßig, da es durch die freien Ströme, die experimentell gut kontrollierbar sind, bestimmt wird.

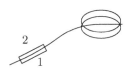

Abb. 7.1. Trennfläche zwischen Medium 1 und 2. Das Rechteck infinitesimaler Höhe wird zur Bestimmung der Übergangsbedingung für die Tangentialkomponenten von $\mathbf{H}$ herangezogen, die zylindrische Scheibe für die Normalkomponente von $\mathbf{B}$

Aus $\operatorname{div}\mathbf{B} = \mu_0(\operatorname{div}\mathbf{H}+4\pi k_r\operatorname{div}\mathbf{M})$ folgt

$$\operatorname{div}\mathbf{H} = 4\pi k_r\rho_M, \qquad\qquad \rho_M = -\operatorname{div}\mathbf{M}, \qquad (7.1.8)$$

was besagt, dass $\mathbf{H}$ Quellen und Senken hat. Da $\operatorname{rot}\mathbf{H} = 0$, ist $\mathbf{H}$ durch ein skalares Potential ϕ_M darstellbar. Die in (7.1.8) definierte Ladungsdichte ρ_M hat in der Elektrostatik ihr Pendant in ρ_P (5.2.6).

Bei einem Permanentmagnet kann man davon ausgehen, dass $\mathbf{M}(\mathbf{x})$ an der Oberfläche einen Sprung hat. In Abb. 7.2 betrachtet man einen infinitesimalen Zylinder um $z=0$. Dann gilt nach (7.1.8) $\mathbf{M}=\mathbf{M}_0\,\theta(-z)$ und $\mathbf{n}=\mathbf{e}_z$:

$$\rho_M = -\boldsymbol{\nabla}\cdot\mathbf{M} = \sigma_M\,\delta(z) \qquad \text{mit} \qquad \sigma_M = \mathbf{M}_0\cdot\mathbf{n}. \tag{7.1.9}$$

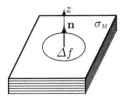

Abb. 7.2. Die xy-Ebene sei eine Oberfläche des Permanentmagneten mit der Oberflächenladung σ_M und dem magnetischen Moment $\mathbf{m} = \sigma_M\,\Delta f\,\mathbf{n}$. Δf ist die Basisfläche eines infinitesimalen Zylinders um den Ursprung des Koordinatensystems

7.1.2 Helmholtz'scher Zerlegungssatz

Ein Vektorfeld kann in ein wirbelfreies und ein quellenfreies Vektorfeld zerlegt werden, wenn gewisse Voraussetzungen, die Stetigkeit und das asymptotische Verhalten betreffend, gegeben sind. Mithilfe der Identitäten (A.2.38) und (2.1.7)

$$\Delta\mathbf{a} = \boldsymbol{\nabla}(\boldsymbol{\nabla}\cdot\mathbf{a}) - \boldsymbol{\nabla}\times(\boldsymbol{\nabla}\times\mathbf{a}), \qquad \mathbf{a} = \mathbf{v}(\mathbf{x}')/|\mathbf{x}-\mathbf{x}'| \tag{7.1.10}$$

kann ein Vektorfeld $\mathbf{v}$, das asymptotisch mit einer Potenz $1/r^\epsilon$ mit $\epsilon > 0$ abfällt, dargestellt werden als

$$\mathbf{v}(\mathbf{x}) = \frac{-1}{4\pi}\int \mathrm{d}^3x'\,\Delta\,\frac{\mathbf{v}(\mathbf{x}')}{|\mathbf{x}-\mathbf{x}'|} \tag{7.1.11}$$

$$= \underbrace{\frac{-1}{4\pi}\int \mathrm{d}^3x'\,\boldsymbol{\nabla}\Big[\boldsymbol{\nabla}\cdot\frac{\mathbf{v}(\mathbf{x}')}{|\mathbf{x}-\mathbf{x}'|}\Big]}_{\mathbf{v}_l(\mathbf{x}) = -\boldsymbol{\nabla}\phi(\mathbf{x})} + \underbrace{\frac{1}{4\pi}\int \mathrm{d}^3x'\,\boldsymbol{\nabla}\times\Big[\boldsymbol{\nabla}\times\frac{\mathbf{v}(\mathbf{x}')}{|\mathbf{x}-\mathbf{x}'|}\Big]}_{\mathbf{v}_t(\mathbf{x}) = \boldsymbol{\nabla}\times\mathbf{A}(\mathbf{x})}.$$

Das ist eine Zerlegung von $\mathbf{v}$ in ein wirbelfreies Feld $\mathbf{v}_l$, da $\boldsymbol{\nabla}\times\mathbf{v}_l = 0$, und ein quellenfreies Feld $\mathbf{v}_t$, da $\boldsymbol{\nabla}\cdot\mathbf{v}_t = 0$. Diese wird als schwache Form des Zerlegungssatzes bezeichnet, wenn die zugehörigen Potentiale $\phi(\mathbf{x})$ und $\mathbf{A}(\mathbf{x})$ in den Zerlegungssatz nicht einbezogen werden.

Fällt v stärker als $1/r$ ab, so erhält man diese Potentiale indem man $\boldsymbol{\nabla}$ bzw. $\boldsymbol{\nabla}\times$ vor das Integral zieht. Zu zeigen ist hierbei, dass das Integral

$$\phi(\mathbf{x}) = \frac{1}{4\pi}\int \mathrm{d}^3x'\,\mathbf{v}(\mathbf{x}')\cdot\boldsymbol{\nabla}\frac{1}{|\mathbf{x}-\mathbf{x}'|}, \tag{7.1.12}$$

das sich über ein einfach zusammenhängendes, unbeschränktes Gebiet $\mathcal{G}\subseteq\mathbb{R}^3$ mit (stückweise) glatter Randfläche erstreckt, endlich ist. Integriert man über eine Kugel K_R vom Radius R, so genügt es zu zeigen, dass der Integrand asymptotisch mit $R\to\infty$ verschwindet, um Konvergenz zu erreichen. Sei $\phi_R(\mathbf{x})$ der Anteil des Potentials der Kugel K_R um $\mathbf{x}$, so ist der Anteil ϕ_a außerhalb derselben, wobei $\mathbf{v}(r''\to\infty) = v_\infty\mathbf{x}''/r''^{2+\epsilon}$ eine obere Grenze bildet:

$$\phi_a(\mathbf{x}) = \frac{1}{4\pi} \int_{r''>R} \mathrm{d}^3 x'' \, \mathbf{v}(\mathbf{x''}+\mathbf{x}) \cdot \frac{\mathbf{x''}}{r''^3} \leq v_\infty \int_R^\infty \frac{\mathrm{d}r''}{r''^{1+\epsilon}} = \frac{v_\infty}{\epsilon R^\epsilon} \to 0.$$

Bei schwächerem Abfall definiert man das Potential ϕ_V für ein (einfach zusammenhängendes) endliches Volumen V mit glattem Rand

$$\phi_V(\mathbf{x}) = \frac{1}{4\pi} \int_V \mathrm{d}^3 x' \, \mathbf{v}(\mathbf{x'}) \cdot \boldsymbol{\nabla} \frac{1}{|\mathbf{x}-\mathbf{x'}|} \tag{7.1.13}$$

und bildet den Grenzwert $V \to \infty$, indem man das (ebenfalls divergierende) Potential eines beliebig gewählten Punktes $\mathbf{x}_0$, an dem $|\mathbf{v}(\mathbf{x}_0)| < \infty$ ist, abzieht:

$$\phi(\mathbf{x}) \to \phi(\mathbf{x}, \mathbf{x}_0) = \phi(\mathbf{x}) - \phi(\mathbf{x}_0) := \lim_{V \to \infty} \big[\phi_V(\mathbf{x}) - \phi_V(\mathbf{x}_0)\big]. \tag{7.1.14}$$

Das Potential ist hier als Differenz zum Potential des Punktes $\mathbf{x}_0$ gegeben. Fällt $\mathbf{v}$ stärker als $1/r$ ab, so wählt man $\mathbf{x}_0$ im Unendlichen, wo $\phi(\mathbf{x}_0 \to \infty)$ verschwindet. $\phi(\mathbf{x})$ ist dann der 'absolute Wert' des Potentials. Die Vorgehensweise zum Vektorpotential $\mathbf{A}(\mathbf{x})$ ist gleich der zum skalaren Potential und die zugrundeliegende Systematik ist im Anhang A.4.7 dargelegt.

Zuletzt ist noch zu bemerken, dass (7.1.11) auch für stückweise stetig differenzierbare Vektorfelder mit endlichen Diskontinuitäten gilt, so dass die Ergebnisse folgendermaßen in Form des *Helmholtz'schen Zerlegungssatzes* zusammengefasst werden:

Satz: Sei $\mathbf{v}(\mathbf{x})$ ein stückweise stetig differenzierbares Vektorfeld mit dem asymptotischen Verhalten

$$\lim_{r \to \infty} v(r)r^\epsilon < \infty \qquad \textit{für} \qquad \epsilon > 0,$$

so gilt die Zerlegung

$$\mathbf{v}(\mathbf{x}) = \mathbf{v}_l(\mathbf{x}) + \mathbf{v}_t(\mathbf{x}) = -\operatorname{grad}\phi(\mathbf{x}) + \operatorname{rot}\mathbf{A}(\mathbf{x}), \tag{7.1.15}$$

wobei die Potentiale

$$\phi(\mathbf{x}) = \frac{-1}{4\pi} \int \mathrm{d}^3 x' \, \mathbf{v}(\mathbf{x'}) \cdot \boldsymbol{\nabla'} \frac{1}{|\mathbf{x}-\mathbf{x'}|},$$

$$\mathbf{A}(\mathbf{x}) = \frac{1}{4\pi} \int \mathrm{d}^3 x' \, \mathbf{v}(\mathbf{x'}) \times \boldsymbol{\nabla'} \frac{1}{|\mathbf{x}-\mathbf{x'}|} \qquad \textit{mit} \qquad \boldsymbol{\nabla} \cdot \mathbf{A}(\mathbf{x}) = 0 \tag{7.1.16}$$

im Bereich $1 \geq \epsilon > 0$ zu ersetzen sind durch die Differenz zu den Potentialen an einem frei wählbaren Konvergenzpunkt $\mathbf{x}_0$:

$$\phi(\mathbf{x}, \mathbf{x}_0) = \phi(\mathbf{x}) - \phi(\mathbf{x}_0), \qquad \mathbf{A}(\mathbf{x}, \mathbf{x}_0) = \mathbf{A}(\mathbf{x}) - \mathbf{A}(\mathbf{x}_0). \tag{7.1.17}$$

Diese Zerlegung ist eindeutig, wenn $v_l(\mathbf{x})$ im Unendlichen verschwindet.

Anmerkungen

1. Ohne die Annahme, dass $\mathbf{v}_l$ asymptotisch verschwindet, können wirbel- und quellenfreie Vektorfelder $\mathbf{v}_h$ dem Vektorfeld $\mathbf{v}_l$ hinzugefügt werden, wenn sie von $\mathbf{v}_t$ wieder abgezogen werden, ohne $\mathbf{v}$ zu ändern.

2. Es genügt, nur das Verschwinden von $\mathbf{v}$ im Unendlichen zu verlangen, ohne Hinweis auf eine Potenz [Blumenthal, 1905]:

$$\begin{aligned}
\phi(\mathbf{x}, \mathbf{x}_0) &= \lim_{V \to \infty} \left[\phi_V(\mathbf{x}) - \phi_V(\mathbf{x}_0) - (\mathbf{x} - \mathbf{x}_0) \cdot \boldsymbol{\nabla}_0 \phi_V(\mathbf{x}_0) \right], \\
\mathbf{A}(\mathbf{x}, \mathbf{x}_0) &= \lim_{V \to \infty} \left[\mathbf{A}_V(\mathbf{x}) - \mathbf{A}_V(\mathbf{x}_0) - (\mathbf{x} - \mathbf{x}_0) \cdot \boldsymbol{\nabla}_0 \mathbf{A}_V(\mathbf{x}_0) \right].
\end{aligned} \tag{7.1.18}$$

Der Preis dafür ist die Aufgabe der strikten Eindeutigkeit; der Satz kann dann auch auf sublinear ansteigende Vektorfelder angewandt werden, wie im Anhang A.4.7 gezeigt wird. Nicht aufrechterhalten werden kann die Bedingung, dass $\mathbf{v}_l$ asymptotisch verschwinden muss. Die Teilfelder $\mathbf{v}_{l,t}$ eines Vektorfeldes $\mathbf{v}$, das asymptotisch logarithmisch verschwindet, können jedes für sich (logarithmisch) divergieren [Blumenthal, 1905; Petrascheck, Folk, 2017]. Eine Konsequenz von 7.1.18 ist die Modifikation von (7.1.15):

$$\mathbf{v}(\mathbf{x}) - \mathbf{v}(\mathbf{x}_0) = -\boldsymbol{\nabla}\phi(\mathbf{x}, \mathbf{x}_0) + \boldsymbol{\nabla} \times \mathbf{A}(\mathbf{x}, \mathbf{x}_0). \tag{7.1.19}$$

3. Der Satz gilt auch, wenn Singularitäten auftreten, solange die Integrale (7.1.16)–(7.1.18) konvergieren, wie etwa für das Feld einer Punktladung (Aufgabe 7.1).

Beweis des Zerlegungssatzes

In (7.1.11) wurde die Zerlegung eines Vektorfeldes $\mathbf{v}$ in ein Quellenfeld $\mathbf{v}_l$ und ein Wirbelfeld $\mathbf{v}_t$ gezeigt, wenn $\mathbf{v}$ asymptotisch wenigstens mit einer kleinen Potenz $\sim 1/r^\epsilon$ verschwindet. Das zugehörige skalare Potential (7.1.12) existiert nur, wenn $v \sim 1/r^{1+\epsilon}$ stärker als linear abfällt. Bei schwächerem Abfall haben wir nur die Konstruktion des Potentials (7.1.14) angegeben und verweisen auf den Anhang A.4.7, wo auch asymptotisch sublinear ansteigende Vektorfelder zur Sprache kommen. Die Existenzbeweise für die Vektorpotentiale sind völlig analog denen für die skalaren Potentiale, so dass eine Wiederholung für jene nicht notwendig ist. Es bleibt also nur der Beweis der Eindeutigkeit der Zerlegung.

Eindeutigkeit der Zerlegung des Vektorfeldes in wirbel- und quellenfreien Teil

Seien $\mathbf{v} = \mathbf{v}_l + \mathbf{v}_t$ und $\mathbf{v} = \mathbf{v}_l' + \mathbf{v}_t'$ zwei verschiedene Zerlegungen von $\mathbf{v}$ in Quellen- und Wirbelfelder zu denselben Quellen und Wirbeln, so ist $\mathbf{v}_d = \mathbf{v}_l - \mathbf{v}_l'$ ein quellen- und wirbelfreies Vektorfeld:

$$\operatorname{div} \mathbf{v}_d = \operatorname{rot} \mathbf{v}_d = 0, \qquad \mathbf{v}_d = -\boldsymbol{\nabla}\phi_d, \qquad \Delta\phi_d = 0.$$

Die allgemeine Lösung der Laplace-Gleichung in Kugelkoordinaten (3.2.38) ist

$$\phi_d(\mathbf{x}) = \sum_{l=0}^{\infty} \sum_{m=-l}^{l} (\alpha_{lm} r^l + \beta_{lm} r^{-l-1}) Y_{lm}(\vartheta, \varphi).$$

Da nach dem Prinzip vom Maximum und Minimum (siehe Anhang A.4.5) die maximalen und minimalen Werte einer harmonischen Funktion auf dem Rand liegen, müssen alle $\beta_{lm} = 0$ sein. Das radiale Vektorfeld

$$\mathbf{v}_d \cdot \mathbf{e}_r = -\frac{\partial \phi_d}{\partial r} = -\sum_{l=0}^{\infty} \sum_{m=-l}^{l} \alpha_{lm} l r^{l-1} Y_{lm}(\vartheta, \varphi) \overset{r \to \infty}{=} 0$$

muss asymptotisch ebenfalls verschwinden, da $v_l(r \to \infty) = 0$. Es verschwinden also alle Koeffizienten $\alpha_{lm} = 0$ außer α_{00}, und die Lösung des skalaren Potentials ist demnach eine Konstante

$$\phi_d(\mathbf{x}) = \alpha_{00} Y_{00} = \alpha_{00}/\sqrt{4\pi}.$$

Damit ist $\mathbf{v}_d = 0$, und die Lösung ist eindeutig. Nicht gezeigt haben wir, dass $\mathbf{v}_l$, berechnet mittels (7.1.16), für $r \to \infty$ verschwindet.

Alternative Darstellung der Potentiale

Die Form der Potentiale ϕ und $\mathbf{A}$ (7.1.16) folgt zwar direkt aus der Zerlegung (7.1.11), wird aber meist durch Darstellungen ersetzt, die aus den partiellen Integrationen von (7.1.16) hervorgehen. Integriert wird hierbei über ein unbeschränktes Gebiet $\mathcal{G} \subseteq \mathbb{R}^3$. Um die Rechnungen zu vereinfachen, gehen wir von einer einzigen Unstetigkeitsfläche F aus. Diese teilt das Gebiet $\mathcal{G}$ in die zwei Teilvolumina $V^>$ und $V^<$. Da $\mathbf{v}$ in beiden Teilvolumina stetig ist, kann der Gauß'sche Satz (A.4.3) angewandt werden

$$\phi(\mathbf{x}) = \frac{1}{4\pi} \int_{\mathcal{G} \backslash F} d^3x' \frac{\boldsymbol{\nabla}' \cdot \mathbf{v}(\mathbf{x}')}{|\mathbf{x}-\mathbf{x}'|} - \frac{1}{4\pi} \left\{ \oiint_{\partial V_<} df' \cdot \frac{\mathbf{v}^<(\mathbf{x}')}{|\mathbf{x}-\mathbf{x}'|} + \oiint_{\partial V_>} df' \cdot \frac{\mathbf{v}^>(\mathbf{x}')}{|\mathbf{x}-\mathbf{x}'|} \right\}.$$

Die restlichen Teile der Oberfläche liefern keinen Beitrag, solange $v(r \to \infty) \sim 1/r^{1+\epsilon}$. Bei schwächerem Abfall greift man auf (7.1.17)–(7.1.18) zurück. Die gleichen Umformungen können auch mit dem Vektorpotential gemacht werden, und man erhält, wobei der Randterm wiederum mithilfe des (erweiterten) Gauß'schen Satzes (A.4.5) ausgewertet wird.

Die Oberflächennormalen von $V^>$ und $V^<$ haben unterschiedliches Vorzeichen, so dass wir an den Unstetigkeitsflächen die Differenz $\mathbf{v}^< - \mathbf{v}^>$ erhalten. Zusammengefasst erhalten wir:

$$\begin{aligned}
\phi(\mathbf{x}) &= \frac{1}{4\pi} \int_{\mathcal{G} \backslash F} d^3x' \frac{\boldsymbol{\nabla}' \cdot \mathbf{v}(\mathbf{x}')}{|\mathbf{x}-\mathbf{x}'|} - \frac{1}{4\pi} \oiint_F df' \cdot \frac{\mathbf{v}^<(\mathbf{x}') - \mathbf{v}^>(\mathbf{x}')}{|\mathbf{x}-\mathbf{x}'|}, \\
\mathbf{A}(\mathbf{x}) &= \frac{1}{4\pi} \int_{\mathcal{G} \backslash F} d^3x' \frac{\boldsymbol{\nabla}' \times \mathbf{v}(\mathbf{x}')}{|\mathbf{x}-\mathbf{x}'|} - \frac{1}{4\pi} \oiint_F df' \times \frac{\mathbf{v}^<(\mathbf{x}') - \mathbf{v}^>(\mathbf{x}')}{|\mathbf{x}-\mathbf{x}'|}.
\end{aligned} \tag{7.1.20}$$

Wie bereits erwähnt, zieht man bei schwächerem Abfall (7.1.17)–(7.1.18) heran und erweitert, wenn nötig, (7.1.20) auf mehrere Diskontinuitäten. Für manche Anwendungen, wie z.B. der Berechnung der Felder von homogen magnetisierten Körpern, wird sich (7.1.20) als günstig erweisen da dort das Volumenintegral verschwindet.

Helmholtz-Theorem

Inhalt des Helmholtz-Theorems ist die eindeutige Bestimmung eines Vektorfeldes $\mathbf{v}$ aus seinen Quellen und Wirbeln (*div-curl-problem*).

Ist nun $\mathbf{v}$ bekannt, so sind das auch seine Quellen $\rho = \boldsymbol{\nabla}\cdot\mathbf{v}/4\pi$ und Wirbel $\mathbf{j} = \boldsymbol{\nabla}\times\mathbf{v}/4\pi$, wobei $\mathbf{x}\notin F$. Hinzu kommen noch Flächenladungen σ_v und Flächenwirbel (Flächenströme) $\mathbf{K}_v$, wobei $\mathrm{d}\mathbf{f}' = \mathrm{d}f'\,\mathbf{n}$ und $\mathbf{n}$ von $V^<$ nach außen zeigen.

$$\sigma_v = \mathbf{n}\cdot(\mathbf{v}^< - \mathbf{v}^>)/4\pi, \qquad \mathbf{K}_v = \mathbf{n}\times(\mathbf{v}^< - \mathbf{v}^>)/4\pi. \tag{7.1.21}$$

Eingesetzt in (7.1.20) erhält man die Potentiale aus den Quellen und Wirbeln, soweit diese asymptotisch genügend schnell abfallen.

Die Beiträge der Flächenladungen/Flächenwirbel sind Folge von Sprungstellen des Vektorfeldes bzw. von Singularitäten der Quellen/Wirbel, die in (7.1.20) aus den Volumenintegralen mittels $\mathcal{G}\backslash F$ ausgeschlossen wurden. Diese können aber auch in den Volumenbeiträgen integriert bleiben. So formulieren wir das Helmholtz-Theorem in Anlehnung an Griffiths [2011, S. 685]:

Sind Divergenz $\rho(\mathbf{x})$ und Rotation $\mathbf{j}(\mathbf{x})$ eines Vektorfeldes $\mathbf{v}(\mathbf{x})$ festgelegt, gehen beide für $r \to \infty$ schneller als $1/r^2$ gegen null, und geht $\mathbf{v}(\mathbf{x})$ ebenfalls gegen null, dann ist $\mathbf{v}$ eindeutig darstellbar durch

$$\mathbf{v}(\mathbf{x}) = -\boldsymbol{\nabla}\phi(\mathbf{x}) + \boldsymbol{\nabla}\times\mathbf{A}(\mathbf{x}), \tag{7.1.22}$$

$$\phi(\mathbf{x}) = \int \mathrm{d}^3x'\, \frac{\rho(\mathbf{x}')}{|\mathbf{x}-\mathbf{x}'|}, \qquad \mathbf{A}(\mathbf{x}) = \int \mathrm{d}^3x'\, \frac{\mathbf{j}(\mathbf{x}')}{|\mathbf{x}-\mathbf{x}'|}. \tag{7.1.23}$$

Bei einem Abfall der Quell- bzw. Wirbeldichte von $1/r^\epsilon$ im Bereich $1 < \epsilon \leq 2$ können die Potentiale mittels (7.1.17) berechnet werden.

Bemerkung: Bei dem noch schwächeren Abfall $1/r^\epsilon$ mit $0 < \epsilon \leq 1$ können die Potentiale mithilfe von (7.1.18) berechnet werden: $\mathbf{v}$ darf dann asymptotisch sublinear divergieren, ist aber nur bis auf eine vektorielle Konstante bestimmt.

7.1.3 Potentiale und Felder in Ferromagneten

Vorgegeben ist die Magnetisierung $\mathbf{M}$. Im betrachteten Volumen sind keine freien Ströme ($\mathbf{j}_f = 0$), so dass $\mathrm{rot}\,\mathbf{H} = 0$. Die Materialgleichung (7.1.2) ist dann eine Zerlegung von $\mathbf{M}$ in ein wirbelfreies und ein quellenfreies Feld:

$$4\pi k_r \mathbf{M} = -\mathbf{H} + \mathbf{B}/\mu_0 \qquad \Leftrightarrow \qquad \mathbf{v} = \mathbf{v}_l + \mathbf{v}_t. \tag{7.1.24}$$

Man berechnet also entweder $\mathbf{H}$ als Gradient von ϕ_M oder $\mathbf{B}$ als Rotation von $\mathbf{A}$. An den Randflächen des Magneten nimmt $\mathbf{M}$ so stark ab, dass, wie in Abb. 7.2 skizziert, eine Diskontinuität die Situation besser beschreibt als eine kontinuierliche Funktion.

Der Magnet habe das Volumen V. Im Außenraum verschwinde die Magnetisierung ($\mathbf{v}^> = 0$). Dann erhält man aus (7.1.16) unter Berücksichtigung von $\mathbf{v}_l = -\mathbf{H} = \boldsymbol{\nabla}\phi_M$:

$$\phi_M(\mathbf{x}) = k_r \int_V \mathrm{d}^3 x' \, \mathbf{M} \cdot \boldsymbol{\nabla}' \frac{1}{|\mathbf{x}-\mathbf{x}'|},$$

$$\mathbf{A}(\mathbf{x}) = k_r \mu_0 \int_V \mathrm{d}^3 x' \, \mathbf{M} \times \boldsymbol{\nabla}' \frac{1}{|\mathbf{x}-\mathbf{x}'|}. \tag{7.1.25}$$

Der Diskontinuität wird jedoch die aus der partiellen Integration folgende Formulierung (7.1.20) besser gerecht:

$$\phi_M(\mathbf{x}) = -k_r \int_V \mathrm{d}^3 x' \, \frac{\boldsymbol{\nabla}' \cdot \mathbf{M}}{|\mathbf{x}-\mathbf{x}'|} + k_r \oiint_{\partial V} \frac{\mathrm{d}\mathbf{f}' \cdot \mathbf{M}}{|\mathbf{x}-\mathbf{x}'|},$$

$$\mathbf{A}(\mathbf{x}) = k_r \mu_0 \left\{ \int_V \mathrm{d}^3 x' \, \frac{\boldsymbol{\nabla}' \times \mathbf{M}}{|\mathbf{x}-\mathbf{x}'|} - \oiint_{\partial V} \frac{\mathrm{d}\mathbf{f}' \times \mathbf{M}}{|\mathbf{x}-\mathbf{x}'|} \right\}. \tag{7.1.26}$$

Das sind die grundlegenden Ausdrücke für die Potentiale in der Magnetostatik. In vielen Fällen hat der Magnet eine konstante Magnetisierung; es trägt dann nur die Oberfläche zum Potential und in Folge zu den Feldern bei.

Im Permanentmagnet hat man die magnetostatischen Ladungs-/Stromdichten (7.1.8), (7.1.3) und die Flächenladungs-/Flächenstromdichten (7.1.9)

$$\rho_M(\mathbf{x}) = -\boldsymbol{\nabla} \cdot \mathbf{M}, \qquad\qquad \mathbf{j}_M(\mathbf{x}) = (c/k_L)\boldsymbol{\nabla} \times \mathbf{M},$$

$$\sigma_M(\mathbf{x}) = \mathbf{M} \cdot \mathbf{n}, \qquad\qquad \mathbf{K}_M(\mathbf{x}) = (c/k_L)\mathbf{M} \times \mathbf{n}. \tag{7.1.27}$$

Setzt man diese in (7.1.26) ein, so erhält man die dem Helmholtz-Theorem entsprechenden Potentiale ($k_r \mu_0 k_L / c = k_C / c k_L \overset{\mathrm{SI}}{=\!=} \mu_0/4\pi$)

$$\phi_M(\mathbf{x}) = k_r \left\{ \int_V \mathrm{d}^3 x' \, \frac{\rho_M(\mathbf{x}')}{|\mathbf{x}-\mathbf{x}'|} + \oiint_{\partial V} \mathrm{d}f' \, \frac{\sigma_M(\mathbf{x}')}{|\mathbf{x}-\mathbf{x}'|} \right\},$$

$$\mathbf{A}(\mathbf{x}) = \frac{k_C}{ck_L} \left\{ \int_V \mathrm{d}^3 x' \, \frac{\mathbf{j}_M(\mathbf{x}')}{|\mathbf{x}-\mathbf{x}'|} + \frac{1}{c} \oiint_{\partial V} \mathrm{d}f' \, \frac{\mathbf{K}_M(\mathbf{x}')}{|\mathbf{x}-\mathbf{x}'|} \right\}. \tag{7.1.28}$$

7.1.4 Anwendungen

Homogen magnetisierte Kugel

Es gibt mehrere Möglichkeiten, das Magnetfeld einer homogen magnetisierten Kugel mit dem Radius R zu berechnen ($\mathbf{M} = \mathbf{M}_0 \theta(R-r)$). Wir bestimmen ϕ_M unter Verwendung von (7.1.25) und $\boldsymbol{\nabla}' |\mathbf{x}-\mathbf{x}'|^{-1} = -\boldsymbol{\nabla} |\mathbf{x}-\mathbf{x}'|^{-1}$ in Polarkoordinaten ($\xi' = \cos\vartheta'$):

$$\phi_M(\mathbf{x}) = -k_r \mathbf{M}_0 \cdot \boldsymbol{\nabla} \phi_R(\mathbf{x}), \tag{7.1.29}$$

$$\phi_R(\mathbf{x}) = \int d^3x' \, \frac{\theta(R-r')}{|\mathbf{x}-\mathbf{x}'|} = \int_0^R dr' \int_{-1}^1 \frac{2\pi \, r'^2 \, d\xi'}{\sqrt{r^2+r'^2-2rr'\xi'}}$$

$$= -\frac{2\pi}{r} \int_0^R dr' \, r' \sqrt{r^2+r'^2-2rr'\xi'} \Big|_{-1}^1 = \frac{2\pi}{r} \int_0^R dr' \, r' \left[(r+r') - |r-r'|\right]$$

$$= \frac{4\pi R^3}{3} \begin{cases} 1/r & \text{für } r \geq R \\ 3/2R - r^2/2R^3 & \text{für } r < R. \end{cases} \tag{7.1.30}$$

Daraus folgt mit $\mathbf{m} = (4\pi R^3/3)\mathbf{M}_0$

$$\phi_M(\mathbf{x}) = k_r \begin{cases} \mathbf{m} \cdot \dfrac{\mathbf{x}}{r^3} & \text{für } r \geq R \\ \dfrac{1}{R^3} \, \mathbf{m} \cdot \mathbf{x} & \text{für } r < R. \end{cases} \tag{7.1.31}$$

Für die Felder gilt dann

$$\mathbf{H}_a = -\boldsymbol{\nabla}\phi_M = k_r \Big[3\frac{(\mathbf{m}\cdot\mathbf{x})\mathbf{x}}{r^5} - \frac{\mathbf{m}}{r^3} \Big] \qquad\qquad r \geq R,$$

$$\mathbf{H}_i = -k_r \frac{1}{R^3}\mathbf{m} = -\frac{4\pi k_r}{3}\mathbf{M}_0 \qquad\qquad r < R. \tag{7.1.32}$$

Daraus folgt unmittelbar

$$\mathbf{B}_a = \mu_0\mathbf{H}_a = k_r\mu_0 \Big[3\frac{(\mathbf{m}\cdot\mathbf{x})\mathbf{x}}{r^5} - \frac{\mathbf{m}}{r^3} \Big] \qquad\qquad r \geq R,$$

$$\mathbf{B}_i = \mu_0(\mathbf{H}_i + 4\pi k_r\mathbf{M}_0) = \frac{8\pi k_r\mu_0}{3}\mathbf{M}_0 \qquad\qquad r < R.$$

Statt $\mathbf{H}$ mittels ϕ_M zu berechnen, kann $\mathbf{B}$ mittels

$$\mathbf{A}(\mathbf{x}) = \frac{k_C}{k_L^2} \begin{cases} \mathbf{m} \times \dfrac{\mathbf{x}}{r^3} & \text{für } r \geq R \\ \dfrac{1}{R^3} \, \mathbf{m} \times \mathbf{x} & \text{für } r < R \end{cases} \tag{7.1.31'}$$

berechnet werden (Aufgabe 7.4), oder man kann die Analogie zwischen Elektro- und Magnetostatik ausnützen

$$\mathbf{P} \leftrightharpoons \mathbf{M}, \qquad\qquad \epsilon_0\mathbf{E} \leftrightharpoons \mathbf{H}, \qquad\qquad \mathbf{D} \leftrightharpoons \mu_0^{-1}\mathbf{B},$$

indem man die Resultate der dielektrischen Kugel, Abschnitt 6.2.4, für $\mathbf{E}_0 = 0$, aber mit $\mathbf{P} \neq 0$ heranzieht:

$$\mathbf{E}_i = -\frac{4\pi k_C}{3}\mathbf{P} = -\frac{4\pi k_r}{3\epsilon_0}\mathbf{P} \qquad \Rightarrow \qquad \mathbf{H}_i = -\frac{4\pi k_r}{3}\mathbf{M}. \tag{6.2.7'}$$

Abb. 7.3 zeigt die Feldlinien von $\mathbf{H}$ und $\mathbf{B}$ einer Kugel. Das $\mathbf{H}$-Feld hat Quellen an der Kugeloberfläche, das $\mathbf{B}$-Feld hat Wirbel.

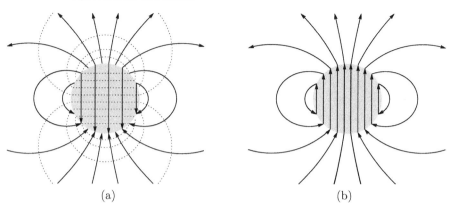

Abb. 7.3. Kugel mit (a) **H**-Feld und (b) **B**-Feld

Homogen magnetisierter Stabmagnet

Ausgangspunkt ist ein Zylinder der Länge $2l$ mit dem Radius a, wie in Abb. 7.4 skizziert. Der Symmetrie des Systems entsprechend werden Zylinderkoordinaten genommen. Die homogene Magnetisierung ist so bestimmt durch

$$\mathbf{M}(\mathbf{x}) = \theta(l^2 - z^2)\,\theta(a - \varrho)M\mathbf{e}_z\,.$$

Zunächst bestimmen wir Divergenz und Rotation von $\mathbf{M}$, bzw. Ladung und

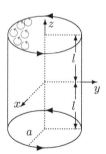

Abb. 7.4. Zylinder vom Radius a und der Länge $2l$. Skizziert sind die magnetischen Momente als kleine Kreisströme, alle mit gleichem Umlaufsinn

Magnetisierungsstrom:

$$\rho_M = -\boldsymbol{\nabla}\cdot\mathbf{M}(\mathbf{x}) = -\frac{\partial M_z}{\partial z} = 2z\delta(l^2 - z^2)\,\theta(a - \varrho)M$$

$$= \big[\delta(l - z) - \delta(l + z)\big]\theta(a - \varrho)M,$$

$$\mathbf{j}_M = \frac{c}{k_L}\,\boldsymbol{\nabla}\times\mathbf{M} = -\frac{c}{k_L}\,\mathbf{e}_\varphi\,\frac{\partial M_z}{\partial \varrho} = \frac{c}{k_L}\,\mathbf{e}_\varphi\,\theta(l^2 - z^2)\,\delta(a - \varrho)M\,.$$

Es sind also magnetische Ladungen an den beiden Basisflächen und Magnetisierungsströme an der gesamten Mantelfläche. Da $\mathbf{j}_f = 0$, ist gemäß (7.1.4)

$$\mathbf{A} = \frac{k_C}{ck_L} \int d^3x' \frac{\mathbf{j}_M(\mathbf{x}')}{|\mathbf{x}-\mathbf{x}'|}, \qquad \mathbf{B} = \frac{k_C}{ck_L} \int d^3x' \, \mathbf{j}_M(\mathbf{x}') \times \frac{\mathbf{x}-\mathbf{x}'}{|\mathbf{x}-\mathbf{x}'|^3}.$$

$\mathbf{j}_M$ entspricht der Stromdichte (4.2.36) in der endlichen Spule. Wir haben nur den Strom pro Längeneinheit I_n durch $(c/k_L)M$ zu ersetzen. Dann kann das Feld der Spule (4.2.37) übernommen werden.

Die Oberflächenstromdichte ist $j_\varphi = (c/k_L)\theta(l^2-z^2)\,\delta(a-\varrho)M$. Die Ströme im Inneren kompensieren sich, wie es in Abb. 7.4 skizziert ist. Seien $\mathbf{B}_i$ und $\mathbf{H}_i$ die Felder im Inneren der Spule und $\mathbf{B}_a$ und $\mathbf{H}_a$ die Felder im Außenraum, so gilt

$$\mathbf{B}_i = \mu_0(\mathbf{H}_i + 4\pi k_r \mathbf{M}), \qquad\qquad \mathbf{B}_a = \mu_0 \mathbf{H}_a.$$

Die Randbedingungen besagen, dass die Normalkomponente B_n und die Tangentialkomponenten H_{tg} stetig sind.

An den Basisflächen sind die B-Linien stetig, da $\mathbf{M}$ senkrecht auf die Oberfläche steht und damit auch die Tangentialkomponente stetig ist. Komplizierter ist die Situation an der Mantelfläche. Die beiden Komponenten B_ϱ und B_φ sind zwar stetig, aber in der z-Richtung tritt wegen $B_{az} = B_{iz} - 4\pi k_r \mu_0 M$ eine Richtungsänderung ein, die das Feld in die negative z-Richtung dreht, wie man der Abb. 7.5 entnehmen kann. Die Linien sind mithilfe von (4.2.38) und (4.2.40) gezeichnet worden, da für $M = I_n k_L/c$ das Feld $\mathbf{B}$ gleich dem der Spule ist. Nun sind B-Linien immer geschlossen, d.h., dass Linien nahe der Mantelfläche eine wirbelähnliche Struktur bilden, da sie dort nur eine kleine Normalkomponente haben.

Skalares Potential

Zunächst kennt man $\mathbf{H} = \mu_0(\mathbf{B} - 4\pi k_r \mathbf{M})$, da $\mathbf{B}$ bekannt ist. Da $\mathbf{M} = M\,\mathbf{e}_z$ konstant ist, verschwindet das Volumenintegral mit $\operatorname{div}\mathbf{M} = 0$ und es bleibt nur der Oberflächenbeitrag und von diesem nur die Integrale über Basis- und Deckfläche

$$\phi_M = k_r \oint\!\!\!\oint \frac{d\mathbf{f}' \cdot \mathbf{M}}{|\mathbf{x}-\mathbf{x}'|} \quad \Rightarrow \quad \mathbf{H} = -\boldsymbol{\nabla}\phi_M = k_r \oint\!\!\!\oint d\mathbf{f}' \cdot \mathbf{M} \frac{\mathbf{x}-\mathbf{x}'}{|\mathbf{x}-\mathbf{x}'|^3}.$$

Es zeigt sich, dass die direkte Berechnung von $\mathbf{H}$ schwieriger ist als die von $\mathbf{B}$, so dass hier $\mathbf{H}$ nur durch $\mathbf{H} = \mathbf{B}/\mu_0 - 4\pi k_r \mathbf{M}$ bestimmt ist.

In Abb. 7.5 ist das $\mathbf{H}$-Feld eines Zylinders skizziert. Die Quellen sind an den Basisflächen, und die Analogie zum $\mathbf{E}$-Feld zweier homogen geladener Platten ist offensichtlich; da $a \ll l$, besteht, wie im Randbereich eines Kondensators, eine Tendenz der Feldlinien nach außen auszuweichen. An der Mantelfläche treten die H-Linien stetig durch, da dort $\mathbf{M}$ parallel zur Oberfläche ist, und an den Basisflächen beginnen (enden) sie in den Quellen (Senken). Ein homogenes Feld hat man im Magnet, analog zur Elektrostatik, im Ellipsoid, d.h. auch in der Kugel Abb. 7.3.

Anmerkung: In älterer Literatur [Sommerfeld, 1967, S. 10] findet man für das magnetische Hilfsfeld **H** den Begriff der *magnetischen Erregung* in Analogie zur *elektrischen Erregung* für die dielektrische Verschiebung. Die **H**-Linien in Abb. 7.5 sind also Erregungslinien.

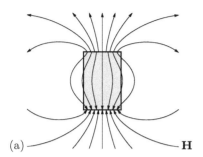

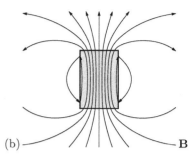

(a) ────────────────── **H**   (b) ──────────────── **B**

Abb. 7.5. (a) Zylinder mit Quellen (+ bzw. *N*) an der oberen und Senken (– bzw. *S*) an der unteren Basisfläche und dazugehörige *H*-Feldlinien; diese werden, ausgehend von den Quellen an den Deckflächen, im Zylinder gegen den Rand gedrängt.
(b) Die *B*-Feldlinien sind an den Basisflächen stetig; Wirbel sind am Mantel; die Feldlinien werden ins Innere des Zylinders gedrückt. Im Außenraum sind *B*- und *H*-Feldlinien gleich

In der z-Achse, $\varrho = 0$, können die Felder in einfacher Form angegeben werden [Sommerfeld, 1967, §12, (7b)]:

$$\mathbf{B} = \frac{4\pi k_C}{k_L^2} \frac{M}{2} \Big[\frac{z+l}{\sqrt{a^2 + (z+l)^2}} - \frac{z-l}{\sqrt{a^2 + (z-l)^2}} \Big] \mathbf{e}_z, \quad \text{SI:} \ \frac{4\pi k_C}{k_L^2} = \mu_0. \quad (7.1.33)$$

Abb. 7.6 zeigt die Feldstärken von **B** und **H** entlang der z-Achse. In einem

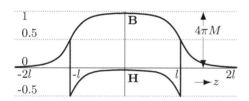

Abb. 7.6. Zylindrischer Permanentmagnet mit dem Radius $a = l/4$ und $\mathbf{M} = M\mathbf{e}_z$. Dargestellt sind die Feldstärken B_z und H_z auf der Zylinderachse $\varrho = 0$

längeren Stabmagnet verschwindet H im Inneren nahezu. Man sagt, dass **H** „entmagnetisierend" wirkt. Notieren Sie insbesondere, dass sich bei der H-Kurve die positiven und negativen Flächen kompensieren, da **H** wirbelfrei ist. Die magnetische Ringspannung Z_B (Wirbelstärke des Magnetfeldes **B**) ist

$$Z_B = \oint d\mathbf{x} \cdot \mathbf{B} \qquad \underset{\varrho < a}{\Longrightarrow} \qquad Z_B = \int_{-\infty}^{\infty} dz\, B_z = \frac{4\pi k_C}{k_L^2} M 2l,$$

$$Z_H = \oint d\mathbf{x} \cdot \mathbf{H} = 0 \qquad \underset{\varrho < a}{\Longrightarrow} \qquad Z_H = \int_{-\infty}^{\infty} dz\, H_z = 0.$$

Aus der Differenz der Wegintegrale erhält man $Z_B = \dfrac{4\pi k_C}{k_L^2} \oint d\mathbf{x} \cdot \mathbf{M}$. Die explizite Rechnung wird in der Aufgabe 7.5 verlangt.

Magnetfeld einer Ringspule

In Abb. 7.7 ist eine Ringspule mit dem Radius R skizziert. Solange der Spalt d sehr klein ist, wird auch das Streufeld zu vernachlässigen sein.

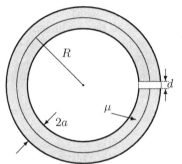

Abb. 7.7. Ringspule mit schmalem Spalt d
R Radius des Torus (Spule)
    Ausdehnung der Spule: $[R-a, R+a]$
N Zahl der Wicklungen.
$n = \dfrac{N}{2\pi R}$ Zahl der Wicklungen pro Längeneinheit
d Spaltbreite
I Strom im Draht
μ Permeabilität des Eisenkerns der Spule

Innerhalb der Spule wird das Magnetfeld $H(\varrho)\,\mathbf{e}_\varphi$ weitgehend konstant sein. $\mathbf{H}$ wird mit dem Ampère'schen Gesetz (4.1.5) berechnet, das die integrale Form der inhomogenen Maxwell-Gleichung (7.1.1) darstellt:

$$\iint_F d\mathbf{f} \cdot (\boldsymbol{\nabla} \times \mathbf{H}) = 4\pi k_r \frac{k_L}{c} \iint_F d\mathbf{f} \cdot \mathbf{j}_f \overset{\text{Stokes}}{\Longrightarrow} \oint_{\partial F} d\mathbf{s} \cdot \mathbf{H} = 4\pi k_r \frac{k_L I_F}{c}. \quad (7.1.34)$$

I_F ist der durch die Fläche F tretende Strom. Betrachtet wird zunächst die geschlossene Spule; der Torus liegt in der Ebene $z=0$ mit dem Mittelpunkt im Koordinatenursprung. Die Fläche F sei die Kreisfläche K_ϱ in der xy-Ebene, die die Spule für Kreise mit $R-a < \varrho < R+a$ schneidet. Mit N Wicklungen bekommt man NI im Inneren der Spule. Wird $\varrho > R+a$, so kompensiert der Beitrag der äußeren Wicklungen den der inneren und man hat wieder $\mathbf{H}=0$:

$$\oint_{\partial K_\varrho} d\mathbf{s} \cdot \mathbf{H} = 2\pi \varrho H = 4\pi k_r \frac{k_L}{c} \iint_{K_\varrho} d\mathbf{f} \cdot \mathbf{j}_f = \frac{4\pi k_r k_L N I}{c} \left[\theta(R-a-\varrho) - \theta(R+a-\varrho) \right].$$

Die geschlossene Ringspule hat also kein Streufeld.

Mit einem Spalt d ersetzt man $2\pi\varrho H$ durch $(2\pi\varrho - d)H + d\,H_s$. Wegen $\operatorname{div}\mathbf{B} = 0$, ist die Normalkomponente von $\mathbf{B}$ stetig und man erhält im Zentrum der Spule für die Felder B, H im Magnetkern und B_s, H_s im Spalt: $B = B_s$, $\mu_0 H_s = B = \mu\mu_0 H$, d.h. $H_s = \mu H$:

$$\text{G:}\ H_s = \mu \frac{4\pi}{c} \frac{IN}{(2\pi R - d) + d\mu}, \qquad \text{SI:}\ H_s = \mu \frac{IN}{(2\pi R - d) + d\mu}. \qquad (7.1.35)$$

Unendlich lange Spule

Wir können die unendlich lange Spule als Grenzfall $R \to \infty$ der Ringspule ansehen und erhalten dann aus (7.1.35), dass das Feld in der Spule gegeben ist durch

$$H = \frac{k_L}{c} 4\pi k_r I n.$$

Die geschlossene Ringspule hat kein Feld im Außenraum, was auch für die gerade Spule der Länge $l \to \infty$ zutreffen sollte. Das stimmt mit dem im Abschnitt 4.2.5, Seite 141 hergeleiteten Ergebnis überein. Dort wurde $\mathbf{B}$ für eine unendlich lange, gerade Spule als Grenzwert $l \to \infty$ der endlichen Spule der Länge $2l$ mithilfe des Biot-Savart'schen Gesetzes hergeleitet. Einfacher ist es, das Feld aus dem Ampère'schen Gesetz herzuleiten.

Bei der direkten Berechnung erwarten wir wegen der axialen Symmetrie und der unendlichen Länge, dass $\mathbf{H} = \mathbf{H}(\varrho)$. Die Maxwell-Gleichung

$$\boldsymbol{\nabla} \times \mathbf{H}(\varrho) = \frac{k_L}{c} 4\pi k_r\, j\, \mathbf{e}_\varphi$$

schränkt $\mathbf{H} = H(\varrho)\, \mathbf{e}_z$ weiter ein. Jetzt greifen wir, wie in Abb. 7.8 skizziert, ein Rechteck der Fläche F heraus und bewegen uns entlang der Berandung ∂F:

$$\oint_{\partial F} \mathrm{d}\mathbf{x} \cdot \mathbf{H} = \big[H_z(\varrho_1) - H_z(\varrho_2)\big] l_z = \frac{4\pi k_r k_L n I}{c}\, l_z \big[\theta(a - \varrho_1) - \theta(a - \varrho_2)\big].$$

Da $H_z(\varrho_2 \to \infty) = 0$, erhalten wir im Inneren der Spule das homogene Feld

$$\mathbf{B} = \frac{4\pi k_C}{c k_L} I n \mu\, \theta(a - \varrho)\, \mathbf{e}_z, \qquad \text{SI:}\ \mathbf{B} = \mu_0 \mu I n\, \theta(a - \varrho)\, \mathbf{e}_z. \qquad (7.1.36)$$

Bei direkter Berechnung des Vektorpotentials mit (7.1.4) kann $\mathbf{A}$ divergieren, wenn die Ströme nicht auf ein endliches Gebiet beschränkt sind, was für das Feld

$$\mathbf{H} = k_r \frac{k_L}{c} \int \mathrm{d}^3 x'\, \frac{\mathbf{j}_f(\mathbf{x}') \times (\mathbf{x} - \mathbf{x}')}{|\mathbf{x} - \mathbf{x}'|^3} \qquad \text{mit} \qquad \mathbf{j}_f = n I \delta(a - \varrho')\, \mathbf{e}_{\varphi'}$$

(Biot-Savart, siehe Abschnitt 4.2.5) nicht der Fall ist. Das zur Spule gehörende Vektorfeld berechnet man im stromfreien Raum am einfachsten aus der Definition des magnetischen Flusses mithilfe des Stokes'schen Satzes:

$$\Phi_B = \iint_F \mathrm{d}\mathbf{f} \cdot \mathbf{B} = \iint_F \mathrm{d}\mathbf{f} \cdot (\boldsymbol{\nabla} \times \mathbf{A}) = \oint_{\partial F} \mathrm{d}\mathbf{s} \cdot \mathbf{A}.$$

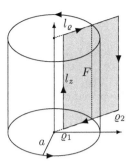

Abb. 7.8. Unendlich lange Spule mit dem Radius a. Zur Berechnung von H mit dem Ampère'schen Gesetz: Wenn das schattierte Rechteck F die Drähte einer Seite einschließt, so ist $H\,l_z = 4\pi n I l_z/c$

Aus Symmetriegründen gilt $\mathbf{A} = A(\varrho)\,\mathbf{e}_\varphi$, das wir aus Φ_B bestimmen

$$2\pi\varrho A_\varphi(\varrho) = \begin{cases} \varrho^2 B\pi & \text{für } \varrho < a \\ a^2 \pi B & \text{für } \varrho > a\,. \end{cases}$$

Daraus folgt, da wir B kennen,

$$\mathbf{A} = \mathbf{e}_\varphi \begin{cases} \dfrac{\varrho B}{2} = \dfrac{4\pi k_r k_L}{c}\dfrac{nI\mu}{2}\varrho \overset{\text{SI}}{=\!=} \dfrac{nI\mu}{2}\varrho, & \varrho < a \\[3mm] \dfrac{a^2 B}{2\varrho} = \dfrac{4\pi k_r k_L}{c}\dfrac{nI\mu}{2}\dfrac{a^2}{\varrho} \overset{\text{SI}}{=\!=} \dfrac{nI\mu}{2}\dfrac{a^2}{\varrho}, & \varrho > a\,. \end{cases} \tag{7.1.37}$$

Magnetfeld eines halbunendlichen Quaders

Es wird hier eine eher exotische Konfiguration betrachtet. Ein unendlicher Quader: $-\infty < x, z < 0$ und $-\infty < y < \infty$ sei homogen magnetisiert, wie in Abb. 7.9 skizziert:

$$\mathbf{M}(\mathbf{x}) = M\mathbf{e}_z\,\theta(-x)\,\theta(-z). \tag{7.1.38}$$

Die magnetische Ladungsdichte ρ_M und die Flächenstromdichte sind:

$$\rho_M(\mathbf{x}) = -\boldsymbol{\nabla}\!\cdot\!\mathbf{M} = M\,\delta(z)\theta(-x), \quad \mathbf{j}_M(\mathbf{x}) = \frac{c}{k_L}\boldsymbol{\nabla}\times\mathbf{M} = \frac{c}{k_L}M\,\delta(x)\theta(-z)\,\mathbf{e}_y.$$

Die der Elektrostatik entsprechende Konfiguration ist die halbunendliche geladene Ebene. Zwei entgegengesetzt geladene Halbebenen wurden in Abb. 2.18 mit dem Plattenkondensator verglichen, und in diesem Zusammenhang sieht die Konfiguration etwas weniger exotisch aus. Hier soll vor allem gezeigt werden, dass ein Vektorfeld ($\mathbf{M}$), das überall endlich ist, ein Quellenfeld ($\mathbf{H}$) und ein Wirbelfeld ($\mathbf{B}$) hat, die logarithmisch divergieren.

Die folgende Rechnung führen wir mit dem Helmholtz-Theorem durch, wonach für die Felder gilt:

$$4\pi k_r \mathbf{M} = -\mathbf{H} + \mathbf{B}\mu_0 \qquad\qquad \Leftrightarrow \qquad\qquad \mathbf{v} = \mathbf{v}_l + v_t.$$

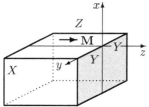

Abb. 7.9. Quader mit den Seiten $(X, Y, Z \to \infty)$: $-X < x < 0$, $-Y < y < Y$ und $-Z < z < 0$ sei homogen magnetisiert: $\mathbf{M} = M\mathbf{e}_z$. Zum Potential ϕ_M trägt für $Z \to \infty$ nur die schattierte Fläche bei

Der Notation des Helmholtz-Theorems folgend, ist

$$\rho = \frac{\boldsymbol{\nabla} \cdot \mathbf{v}}{4\pi} = -k_r \rho_M, \qquad \phi = \int \mathrm{d}^3 x' \, \frac{\rho(\mathbf{x}')}{|\mathbf{x} - \mathbf{x}'|} \overset{(7.1.26)}{=} -\phi_M.$$

Zunächst muss $\phi \to \phi_V$ für einen endlichen Quader berechnet werden. Da die Magnetisierung konstant ist, trägt nur die Oberfläche bei, speziell die in Abb. 7.9 schattierte Vorderfläche. Die Rechnung selbst ist mühsam und Teil der Aufgabe 7.6. Wegen der Divergenz von $\lim\limits_{V \to \infty} \phi_V$ müssen wir auf (7.1.18) zurückgreifen:

$$\begin{aligned}
\phi_2(\mathbf{x}, \mathbf{x}_0) &= \lim_{V \to \infty} \big\{ \phi_V(\mathbf{x}) - \phi_V(\mathbf{x}_0) - (\mathbf{x} - \mathbf{x}_0) \cdot \boldsymbol{\nabla}_0 \phi_V(\mathbf{x}_0) \big\} \\
&= k_r M \Big\{ \pi z (\operatorname{sgn} z - \operatorname{sgn} z_0) - 2z \big(\arctan \frac{x}{z} - \arctan \frac{x_0}{z_0} \big) \\
&\quad - x \big(\ln(x^2 + z^2) - \ln(x_0^2 + z_0^2) \big) + 2(x - x_0) \Big\}.
\end{aligned} \qquad (7.1.39)$$

$$\begin{aligned}
\mathbf{v}_l(\mathbf{x}, \mathbf{x}_0) &= -\boldsymbol{\nabla} \phi_2(\mathbf{x}, \mathbf{x}_0) = \mathbf{v}_l(\mathbf{x}) - \mathbf{v}(\mathbf{x}_0), \\
\mathbf{v}_l(\mathbf{x}) &= k_r M \big\{ \mathbf{e}_x \ln(x^2 + z^2) + \mathbf{e}_z \big[2 \arctan \frac{x}{z} - \pi \operatorname{sgn} z \big] \big\}.
\end{aligned} \qquad (7.1.40)$$

Zurückkommend auf die Magnetostatik gilt $\mathbf{H}(\mathbf{x}, \mathbf{x}_0) = -\mathbf{v}_l(\mathbf{x}, \mathbf{x}_0)$. Das Wirbelfeld folgt aus (7.1.19):

$$\mathbf{B}(\mathbf{x}, \mathbf{x}_0) = 4\pi k_r \mu_0 \big[\mathbf{M}(\mathbf{x}) - \mathbf{M}(\mathbf{x}_0) \big] + \mu_0 \mathbf{H}(\mathbf{x}, \mathbf{x}_0).$$

$\mathbf{B} = \mu_0 \mathbf{H}$ gilt also nur, wenn neben $\mathbf{x}$ auch $\mathbf{x}_0$ außerhalb des magnetisierten Raumes liegt; die Felder sind aber nach wie vor von $\mathbf{x}_0$ abhängig. Bemerkenswert ist, dass $\mathbf{B}$ und $\mathbf{H}$ logarithmisch divergieren, obwohl für $z \to \infty$ die Entfernung zum Quader groß wird.

7.1.5 Magnetostatisches Kraftgesetz

Bereits zur Zeit von Newton gab es Versuche die Abhängigkeit der Anziehung bzw. Abstoßung von Magnetpolen zu bestimmen. Michell hat 1750 [Michell, 1750, S. 19] die Kraft als invers zum Quadrat des Abstandes angegeben. Neben den Versuchen zur Bestimmung der Abstoßung elektrischer Ladungen mittels der Torsionswaage hat Coulomb [Coulomb, 1780–1789] auch das entsprechende Kraftgesetz auf magnetische Pole angewandt. Voraussetzung ist, dass die Magnete lang und dünn sind, so dass die entgegengesetzten Pole nicht wirksam sind [Maxwell, 1883, §373–374]: *Zwei magnetische Pole stossen einander in Richtung ihrer Verbindungslinie und mit einer Kraft ab, welche dem Product ihrer Stärken direct, dem Quadrat ihres Abstandes umgekehrt proportional ist.*

$$\mathbf{F}_M = k_M\, p_m\, p_m' \frac{\mathbf{x} - \mathbf{x}'}{|\mathbf{x} - \mathbf{x}'|^3} \overset{(4.2.46')}{=} p_m\, \mathbf{B} = p_B\, \mathbf{H}. \tag{7.1.41}$$

Sommerfeld [1967, (2.6)] folgend wird hier als Polstärke p_m die magnetische Ladung eines Poles bezeichnet, während Jackson [2006, (6.157)] die Polstärke mit $g = p_B = p_m/\mu_0$ angibt [Petrascheck, 2021]. Für ein dünnes Solenoid wurde die Polstärke in (4.2.46) mit

$$p_m = (k_L/c)\, I_n\, a^2 \pi$$

angegeben, wobei $I_n = I/l$ der Strom pro Längeneinheit ist. Ausgehend von Tab. C.2, S. 642 kann die Polstärke (7.1.6) mit $p_m = (k_L/\sqrt{k_c})\, p_m^*$ angegeben werden, wenn p_m^* in Gauß-Einheiten gegeben ist. Da $k_M p_m p_m'$ unabhängig von den Einheiten ist, erhält man die Beziehung

$$k_M = k_C/k_L^2. \tag{7.1.42}$$

Das magnetostatische Kraftgesetz wurde zur Definition der elektromagnetischen Einheiten (emu) herangezogen und das Coulomb-Gesetz zu der der elektrostatischen (esu), die beide im Abschnitt C.2.1 behandelt werden. Zwei Einheitspole stoßen sich im Abstand $r = 1\,\mathrm{cm}$ mit $F_M = 1\,\mathrm{dyn}$ ab. Der für die Polstärke notwendige Strom I ist in elektromagnetischen Einheiten 1 Biot, wobei $a^2\pi = 1\,\mathrm{cm}^2$, $l = 1\,\mathrm{cm}$ und $c = c_0\,\mathrm{cm\,s^{-1}}$:

$$p_B = \mu_0 k_L r \sqrt{\frac{F_M}{k_C}}, \quad I = \frac{rlc}{a^2\pi}\sqrt{\frac{F_M}{k_C}} = \begin{cases} \sqrt{4\pi/\mu_0}\,\sqrt{\mathrm{dyn}} = 10\,\mathrm{A}, & \mathrm{SI}, \\ \sqrt{\mathrm{dyn}} = 1\,\mathrm{Biot}, & \mathrm{emu}, \\ c_0\sqrt{\mathrm{cm^3\,g\,s^{-2}}} = c_0\,\mathrm{statA}, & \mathrm{G,\ esu}. \end{cases}$$

Es soll nochmals betont werden, dass (7.1.41) sehr begrenzt gültig und nur aus historischer Sicht von Interesse ist.

7.2 Induktion

Aus dem Induktionsgesetz wissen wir, dass bei der zeitlichen Änderung des magnetischen Flusses $(k_L/c)\frac{\mathrm{d}}{\mathrm{d}t}\Phi_B = -\oint_{\partial F}\mathrm{d}\mathbf{s}\cdot\mathbf{E}$ ein elektrisches Wirbelfeld $\mathbf{E}$ aufgebaut wird, das seinerseits in einem Metalldraht einen elektrischen Strom bewirkt. Dieser Vorgang wird als elektromagnetische Induktion bezeichnet. Wird Φ_B von einem stationären Strom I erzeugt, so ist nach dem Biot-Savart-Gesetz $\mathbf{B}$, d.h. auch Φ_B, proportional zu I: $\Phi_B = (k_L/c)IL$. L ist dabei ein durch die Geometrie der Anordnung bestimmter Induktionskoeffizient. Dieser Koeffizient ist uns sowohl über die magnetische Energie als auch über den magnetischen Fluss zugänglich.

7.2.1 Energie des Magnetfeldes

Wir haben die Energie des Magnetfeldes

$$
U = \frac{1}{8\pi k_r} \int \mathrm{d}^3 x \, \mathbf{B} \cdot \mathbf{H} \tag{7.2.1}
$$

als Teil der Feldenergie (5.6.7) bei der Erstellung der Energiebilanz des elektromagnetischen Feldes erhalten. In der nochmaligen Bestimmung soll vor allem auf den Unterschied zwischen magnetischer und elektrostatischer Feldenergie eingegangen werden.

Die In der Elektrostatik ist die Energie einer Ladungsverteilung dadurch bestimmt, dass die Ladungen aus dem Unendlichen in die gewünschte Konfiguration gebracht werden. Für ein herausgegriffenes Teilchen n muss die Energie

$$
U_n = -e \int_{-\infty}^{\mathbf{x}} \mathrm{d}\mathbf{x}' \cdot \mathbf{E}^{(n)}(\mathbf{x}', t') = -e \int_{t_0}^{t} \mathrm{d}t' \, \mathbf{v}(t') \cdot \mathbf{E}^{(n)}(\mathbf{x}', t')
$$

aufgebracht werden, um es an die vorgeschriebene Stelle zu bringen. $\mathbf{E}^{(n)}$ ist das Feld der bereits vorhandenen Konfiguration, wobei die Teilchen an ihren Plätzen festgehalten werden. Die Ladung wird im Zeitintervall $[t_0, t]$ an den Ort $\mathbf{x}$ gebracht, wobei $\mathrm{d}\mathbf{x} = \mathbf{v}\,\mathrm{d}t$.

Die magnetische Energie kann nicht auf diese Weise verstanden werden, da die Kraft $\sim \mathbf{v} \times \mathbf{B}$ senkrecht auf $\mathbf{v}$ steht und daher keine Arbeit leistet. Der Aufbau des Magnetfeldes kostet aber Energie, die von den Strömen, bzw. vom quellenfreien Anteil des elektrischen Feldes aufgebracht wird. Aus dem Induktionsgesetz (1.3.10)

$$
\mathrm{rot}\,\mathbf{E} = -\frac{k_L}{c}\dot{\mathbf{B}} = -\frac{k_L}{c}\,\mathrm{rot}\,\dot{\mathbf{A}}
$$

folgt, dass der quellenfreie Anteil von $\mathbf{E}$ durch $-(k_L/c)\dot{\mathbf{A}}$ gegeben ist.

Wird ein Stromkreis $I(t)$ eingeschaltet, so erzeugt dieser das Magnetfeld $\mathbf{B}(\mathbf{x}, t)$. Die von $\mathbf{E}$ erbrachte Leistung ist dann

$$
\frac{\mathrm{d}U_m}{\mathrm{d}t} = -I(t) \oint_{\partial F} \mathbf{E} \cdot \mathrm{d}\mathbf{x} = \frac{k_L}{c} I(t) \oint_{\partial F} \mathrm{d}\mathbf{x} \cdot \dot{\mathbf{A}}.
$$

$\oint \mathrm{d}\mathbf{x} \cdot \mathbf{E}$ ist die Ringspannung Z_E, die auf ein Elektron bei einem Umlauf auf dem Kreisstrom wirkt.

Nun gehen wir vom Draht zu einer kontinuierlichen Stromverteilung über und setzen $\mathbf{j}_f$ aus dem Ampère-Maxwell-Gesetz (5.2.16c) ein:

$$\frac{\mathrm{d}U_m}{\mathrm{d}t} = -\int_V \mathrm{d}^3x\, \mathbf{j}_f \cdot \mathbf{E} = -\frac{c}{4\pi k_r k_L} \int_V \mathrm{d}^3x\, \left((\boldsymbol{\nabla} \times \mathbf{H}) - \frac{k_L}{c}\, \dot{\mathbf{D}}\right) \cdot \mathbf{E}. \quad (7.2.2)$$

Der letzte Term bestimmt die elektrische Feldenergie

$$\dot{U}_e = \frac{1}{8\pi k_r} \frac{\mathrm{d}}{\mathrm{d}t} \int_V \mathrm{d}^3x\, \mathbf{D} \cdot \mathbf{E}(\mathbf{x}, t) \quad \Rightarrow \quad \int_{t_0}^t \mathrm{d}t'\, U_e(t') = U_e(t) - U_e(t_0) = 0,$$

die aufgebracht werden muss und die verschwindet, da sowohl im Anfangs- als auch im Endzustand $\mathbf{B}$ konstant ist und damit das quellenfreie Feld $\mathbf{E} = 0$ ist. Die weitere Rechnung verläuft völlig analog zu der für die Energiebilanz, Seite 194. Setzt man (5.6.2)

$$\mathbf{E} \cdot (\boldsymbol{\nabla} \times \mathbf{H}) = \mathbf{H} \cdot (\boldsymbol{\nabla} \times \mathbf{E}) - \boldsymbol{\nabla} \cdot (\mathbf{E} \times \mathbf{H}) = -\frac{k_L}{c} \mathbf{H} \cdot \dot{\mathbf{B}} - \frac{4\pi k_r k_L}{c}\, \boldsymbol{\nabla} \cdot \mathbf{S}$$

in (7.2.2) ein, so ergibt sich nach Anwendung des Gauß'schen Satzes

$$\frac{\mathrm{d}U_m}{\mathrm{d}t} = \oiint_{\partial V} \mathrm{d}\mathbf{f} \cdot \mathbf{S} + \frac{1}{4\pi k_r} \int_V \mathrm{d}^3x\, \dot{\mathbf{B}} \cdot \mathbf{H} \stackrel{V \Rightarrow \infty}{=} \frac{1}{8\pi k_r} \frac{\mathrm{d}}{\mathrm{d}t} \int_V \mathrm{d}^3x\, \mathbf{B} \cdot \mathbf{H}. \quad (7.2.3)$$

Der Fluss durch ∂V verschwindet für ein genügend großes V, und zusätzlich sei $\mu(\mathbf{x}, t) = \mu(\mathbf{x})$. Integriert man (7.2.3) mit $U_m(t_0) = 0$, so bekommt man für $U_m(t)$ (7.2.1).

Die magnetische Feldenergie als Funktion der Stromdichte

Die zur Elektrostatik analogen Darstellungen der Feldenergie

$$U_e = \frac{1}{8\pi k_r} \int \mathrm{d}^3x\, \mathbf{E} \cdot \mathbf{D} = \frac{1}{2} \int \mathrm{d}^3x\, \rho_f \phi = \frac{k_C}{2} \int \mathrm{d}^3x \int \mathrm{d}^3x'\, \frac{\rho_f(\mathbf{x})\rho_f(\mathbf{x}')}{\epsilon(\mathbf{x}')|\mathbf{x} - \mathbf{x}'|}$$

können auch in der Magnetostatik gefunden werden. Ausgehend von (7.2.1) für ein lineares Medium kann U_m unter Verwendung von $\mathbf{B} = \mathrm{rot}\,\mathbf{A}$ wie folgt umgeformt werden:

$$U_m = \frac{1}{8\pi k_r} \int \mathrm{d}^3x\, \mathbf{H} \cdot (\boldsymbol{\nabla} \times \mathbf{A}) = \frac{1}{8\pi k_r} \int \mathrm{d}^3x \left[\boldsymbol{\nabla} \cdot (\mathbf{A} \times \mathbf{H}) + \mathbf{A} \cdot (\boldsymbol{\nabla} \times \mathbf{H}) \right]. \quad (7.2.4)$$

Der 1. Term auf der rechten Seite ist die Divergenz von $\mathbf{A} \times \mathbf{H}$ und kann mit dem Gauß'schen Satz in ein Oberflächenintegral umgeformt werden, das für $r \to \infty$ unter der Annahme lokaler Ströme verschwindet:

$$\frac{1}{4\pi} \oiint \mathrm{d}\mathbf{f} \cdot (\mathbf{A} \times \mathbf{H}) \stackrel{r \to \infty}{\propto} r^2 \frac{1}{r} \frac{1}{r^2} \to 0.$$

Nach dem Ampère'schen Gesetz (7.1.1) ist $\mathrm{rot}\,\mathbf{H} = (4\pi k_r k_L/c)\,\mathbf{j}_f$. Für $\mathbf{A}$ setzen wir (7.1.5) ein

$$U_m = \frac{k_L}{2c} \int \mathrm{d}^3x\, \mathbf{A} \cdot \mathbf{j}_f = \frac{k_C}{2c^2} \int \mathrm{d}^3x \int \mathrm{d}^3x'\, \mu(\mathbf{x}')\, \frac{\mathbf{j}_f(\mathbf{x}) \cdot \mathbf{j}_f(\mathbf{x}')}{|\mathbf{x} - \mathbf{x}'|}. \quad (7.2.5)$$

Magnetische Selbst- und Wechselwirkungsenergie

Gegeben seien $n \geq 2$ räumlich getrennte Stromkreise, die von stationären (zeitunabhängigen) Strömen durchflossen werden. Sie seien in ein Medium homogener Permeabilität μ eingebettet, wie es etwa in Abb. 7.10, Seite 248 für $n = 2$ Stromkreise skizziert ist. Stromdichten und Vektorpotentiale können für die Stromkreise separat angegeben werden:

$$\mathbf{j}_f(\mathbf{x}) = \sum_{i=1}^{n} \mathbf{j}_i\,, \qquad\qquad \mathbf{A}(\mathbf{x}) = \sum_{i=1}^{n} \mathbf{A}_i(\mathbf{x})\,.$$

Die von diesen Strömen erzeugte Feldenergie (7.2.5)

$$U_m = \sum_{i,k=1}^{n} U_{ik}\,, \qquad\qquad U_{ik} = \frac{k_L}{2c} \int \mathrm{d}^3x\, \mathbf{A}_i(\mathbf{x}) \cdot \mathbf{j}_k(\mathbf{x}) \qquad (7.2.6)$$

zerfällt in Selbst- und Wechselwirkungsenergie U_s und U_w auf analoge Weise wie in der Elektrostatik die Energie der Ladungsverteilungen (siehe Abschnitt 2.4):

$$U = U_s + U_w\,, \qquad U_s = \sum_{i=1}^{n} U_{ii}\,, \qquad U_w = \sum_{i<k} (U_{ik} + U_{ki})\,.$$

Für das Vektorpotential setzt man (7.1.5) ein und erhält so $\text{SI: } k_C/c^2 = \mu_0/4\pi$

$$U_s = \sum_{i=1}^{n} \frac{k_C\mu}{2c^2} \int \mathrm{d}^3x\, \mathrm{d}^3x'\, \frac{\mathbf{j}_i(\mathbf{x}) \cdot \mathbf{j}_i(\mathbf{x}')}{|\mathbf{x}-\mathbf{x}'|}\,,$$

$$U_w = \sum_{i<k} \frac{k_L}{c} \int \mathrm{d}^3x\, \mathbf{A}_i \cdot \mathbf{j}_k = \sum_{i<k} \frac{k_C\mu}{c^2} \int \mathrm{d}^3x\, \mathrm{d}^3x'\, \frac{\mathbf{j}_i(\mathbf{x}) \cdot \mathbf{j}_k(\mathbf{x}')}{|\mathbf{x}-\mathbf{x}'|}\,. \qquad (7.2.7)$$

Für Linienströme ist die Selbstenergie singulär, was an die Selbstenergie von Punktladungen erinnert und die Rechnung mit endlichen Drahtquerschnitten erfordert.

Um die Gleichung $U_{ik} = U_{ki}$ zu zeigen, ist nur die Vertauschung von $\mathbf{x}$ mit $\mathbf{x}'$ notwendig; auch diese Relation hat ihr Pendant in der Elektrostatik und sie wird auch hier als *Reziprozitätstheorem* bezeichnet. Sie ist hilfreich, wenn die Wechselwirkungsenergie einer Stromschleife $\mathbf{j}_f$ in einem äußeren Feld angegeben werden soll:

$$U_w = \frac{k_L}{c} \int \mathrm{d}^3x\, \mathbf{A}^\mathrm{e} \cdot \mathbf{j}_f\,. \qquad (7.2.8)$$

In einem homogenen äußeren Feld ($\mu=1$) erhält man mithilfe $\mathbf{A}^\mathrm{e} = \mathbf{B}^\mathrm{e} \times \mathbf{x}/2$

$$U_w = \frac{k_L}{2c} \int \mathrm{d}^3x\, (\mathbf{B}^\mathrm{e} \times \mathbf{x}) \cdot \mathbf{j}_f \overset{\text{zykl.vert.}}{=} \mathbf{B}^\mathrm{e} \cdot \frac{k_L}{2c} \int \mathrm{d}^3x\, (\mathbf{x} \times \mathbf{j}_f) \overset{(4.2.1)}{=} \mathbf{B}^\mathrm{e} \cdot \mathbf{m}\,. \quad (7.2.9)$$

$\mathbf{m}$ ist das Dipolmoment der Stromverteilung. Wir bemerken den Unterschied der gesamten Feldenergie zur potentiellen Energie (4.3.5).

Die Energie bei Änderung der Permeabilität

Die magnetische Energie ändert sich, wenn ein magnetisierbarer Körper der Permeabilität μ in ein Gebiet eingebracht wird, in dem die Felder $\mathbf{B}_0$ und $\mathbf{H}_0$ sind. Man kann dabei an ein Solenoid denken, in das ein Kern eingeführt wird, dessen Permeabilität $\mu(\mathbf{x})$ unabhängig von $\mathbf{H}$ ist (lineares Medium). Das entsprechende Problem wurde bereits in der Elektrostatik, Seite 217, behandelt und die dort angewandten Methoden sind auch hier zielführend.

Änderung der Permeabilität bei konstant gehaltenem Potential

Das System sei isoliert, so dass die durch das Einschieben eines Kerns in die Spule verursachte Änderung $\delta\mu$ bei konstantem Potential – wie auch immer das erreicht werden könnte[1] – eine Änderung der Stromverteilung nachsichzieht (siehe (7.1.5)). Wir bringen $\Delta U_\mathbf{A}$ in die gewünschte Form, wobei wir für $\mathbf{B} = \mathbf{B}_0$ und dann $\mathbf{H} = \mathbf{B}/\mu_0 - 4\pi k_r \mathbf{M}$ einsetzen, wobei wir von $\mathbf{H}_0 = \mathbf{B}_0/\mu_0$ ausgehen:

$$\Delta U_\mathbf{A} = \frac{1}{8\pi k_r} \int \mathrm{d}^3 x \, (\mathbf{H} \cdot \mathbf{B} - \mathbf{H}_0 \cdot \mathbf{B}_0) = \frac{-1}{2} \int \mathrm{d}^3 x \, \mathbf{B}_0 \cdot \mathbf{M}.$$

Die Energie ist niedriger, wenn sich der Körper in der Spule befindet, also leistet das (isolierte) System die Arbeit $\delta A = -\delta \Delta U_\mathbf{A}$, indem es den Körper hineinzieht.

Kraft auf magnetisierbaren Körper bei konstant gehaltenem Potential

Wir berechnen jetzt die Kraft auf einen magnetisierbaren Körper bei festgehaltenem Potential, wobei wir nicht die Energiedifferenz $\Delta U_\mathbf{A}$ verwenden, sondern (7.2.5):

$$\delta A = \mathbf{F}_\mathbf{A} \cdot \delta\mathbf{x} = \frac{-k_L}{2c} \int \mathrm{d}^3 x \, \mathbf{A} \cdot \underbrace{(\delta\mathbf{x} \cdot \boldsymbol{\nabla})\mathbf{j}}_{\delta\mathbf{j}} = \frac{-k_L}{2c} \int \mathrm{d}^3 x \left\{ (\delta\mathbf{x} \cdot \boldsymbol{\nabla})\mathbf{A} \cdot \mathbf{j} - \mathbf{j} \cdot (\delta\mathbf{x} \cdot \boldsymbol{\nabla})\mathbf{A} \right\}.$$

Gemäß (A.2.33) ist

$$(\delta\mathbf{x} \cdot \boldsymbol{\nabla}) \mathbf{A} = \boldsymbol{\nabla} (\mathbf{A} \cdot \delta\mathbf{x}) - \delta\mathbf{x} \times (\boldsymbol{\nabla} \times \mathbf{A}),$$
$$\mathbf{j} \cdot (\delta\mathbf{x} \cdot \boldsymbol{\nabla}) \mathbf{A} = \mathbf{j} \cdot \boldsymbol{\nabla} (\mathbf{A} \cdot \delta\mathbf{x}) - \mathbf{j} \cdot (\delta\mathbf{x} \times \mathbf{B}).$$

Nützen wir noch $\boldsymbol{\nabla} \cdot \mathbf{j} = 0$ und den Gauß'schen Satz (A.4.4) für skalare Funktionen, so erhalten wir

$$\delta A = \frac{-k_L}{2c} \int \mathrm{d}^3 x \left\{ \boldsymbol{\nabla} \cdot \left[\delta\mathbf{x} (\mathbf{A} \cdot \mathbf{j}) \right] - \boldsymbol{\nabla} \cdot \left[\mathbf{j}(\mathbf{A} \cdot \delta\mathbf{x}) \right] + \mathbf{j} \cdot (\delta\mathbf{x} \times \mathbf{B}) \right\}$$
$$= \frac{-k_L}{2c} \oiint_{\partial V} \mathrm{d}\mathbf{f} \cdot \left[\delta\mathbf{x} (\mathbf{A} \cdot \mathbf{j}) - \mathbf{j}(\mathbf{A} \cdot \delta\mathbf{x}) \right] + \frac{k_L}{2c} \int \mathrm{d}^3 x \, \delta\mathbf{x} \cdot (\mathbf{j} \times \mathbf{B}).$$

---

[1] $\mathbf{A}$ ist in der klassischen Elektrodynamik eine nicht beobachtbare (Hilfs-)Größe.

Mit $V \to \infty$ verschwinden die Oberflächenintegrale und man erhält, nicht unerwartet, die Lorentz-Kraft:

$$\mathbf{F_A} = -\frac{\partial \Delta U_\mathbf{A}}{\partial \mathbf{x}} = \frac{k_L}{2c} \int \mathrm{d}^3x \, \mathbf{j} \times \mathbf{B}.$$

Änderung der Permeabilität bei konstanten Strömen

Wir wenden uns jetzt dem physikalisch relevanten Fall zu, dass der magnetisierbare Körper in ein Gebiet mit den Feldern $\mathbf{H}_0 = \mathbf{B}_0/\mu_0$ eingeführt wird, wobei die Stromquellen ungeändert bleiben sollen:

$$\Delta U_\mathbf{j} = \frac{1}{8\pi k_r} \int \mathrm{d}^3x \, (\mathbf{H} \cdot \mathbf{B} - \mathbf{H}_0 \cdot \mathbf{B}_0) = \frac{1}{8\pi k_r} \int \mathrm{d}^3x \, (\mathbf{B} \cdot \mathbf{H}_0 - \mathbf{B}_0 \cdot \mathbf{H}) + \bar{U}.$$

Geben wir die Energiedifferenz in dieser Form an, so verschwindet

$$\begin{aligned}
\bar{U} &= \frac{1}{8\pi k_r} \int_V \mathrm{d}^3x \, (\mathbf{B}+\mathbf{B}_0) \cdot (\mathbf{H}-\mathbf{H}_0) = \frac{1}{8\pi k_r} \int_V \mathrm{d}^3x \, [\boldsymbol{\nabla} \times (\mathbf{A}+\mathbf{A}_0)] \cdot (\mathbf{H}-\mathbf{H}_0) \\
&= \frac{1}{8\pi k_r} \int_V \mathrm{d}^3x \, \Big\{ \boldsymbol{\nabla} \cdot [(\mathbf{A}+\mathbf{A}_0) \times (\mathbf{H}-\mathbf{H}_0)] + (\mathbf{A}+\mathbf{A}_0) \cdot [\boldsymbol{\nabla} \times (\mathbf{H}-\mathbf{H}_0)] \Big\} \\
&= \frac{1}{8\pi k_r} \oiint_{\partial V} \mathrm{d}\mathbf{f} \cdot [(\mathbf{A}+\mathbf{A}_0) \times (\mathbf{H}-\mathbf{H}_0)] + \frac{k_L}{2c} \int_V \mathrm{d}^3x \, (\mathbf{A}+\mathbf{A}_0) \cdot (\mathbf{j}-\mathbf{j}_0) \Big\} = 0.
\end{aligned}$$

Der Oberflächenterm verschwindet, da wegen der Stetigkeit der Tangentialkomponenten $(\mathbf{H}-\mathbf{H}_0) \times \mathrm{d}\mathbf{f} = 0$ und wegen $\mathbf{j} = \mathbf{j}_0$ das Volumenintegral verschwinden. Somit erhält man

$$\Delta U_\mathbf{j} = \frac{1}{8\pi k_r} \int \mathrm{d}^3x \, (\mathbf{B} \cdot \mathbf{H}_0 - \mathbf{B}_0 \cdot \mathbf{H}) \overset{\mathbf{B}=\mu_0(\mathbf{H}+4\pi k_r \mathbf{M})}{=} \frac{1}{2} \int \mathrm{d}^3x \, \mathbf{B}_0 \cdot \mathbf{M}.$$

Das entspricht genau dem Ergebnis (6.3.6) bei Einführung eines Dielektrikums in einen Kondensator bei konstant gehaltener Spannung, so dass wir wieder die Korrespondenz zwischen Stromquelle und Spannung vor Augen haben.

Kraft auf magnetisierbaren Körper bei konstanten Strömen

In der Elektrostatik, Seite 217, hatte die Batterie die notwendige Energie U_b geliefert, um beim Einbringen des Dielektrikums in den Kondensator die Spannung konstant zu halten. Die entsprechende Vorgehensweise werden wir jetzt auch bei der magnetischen Energie anwenden. Hier wird die Batterie benötigt, um den Strom konstant zu halten:

$$\delta \Delta U_\mathbf{j} + \delta A = \delta U_b = \frac{k_L}{c} \int \mathrm{d}^3x \, \mathbf{j} \cdot \delta \mathbf{A}.$$

Die Energiedifferenz bei konstantem Strom ergibt

$$\delta \Delta U_\mathbf{j} = \frac{1}{8\pi k_r} \int \mathrm{d}^3x \, \mathbf{H} \cdot \delta \mathbf{B} = \frac{1}{8\pi k_r} \int \mathrm{d}^3x \, \mathbf{H} \cdot (\boldsymbol{\nabla} \times \delta \mathbf{A}) = \frac{k_L}{2c} \int \mathrm{d}^3x \, \mathbf{j} \cdot \delta \mathbf{A}.$$

Hier haben wir (A.2.34) verwendet, wobei der Beitrag der Oberfläche für $V \to \infty$ verschwindet. Die Arbeit am magnetisierbaren Körper ist damit

$$\delta A = \delta\mathbf{x}\cdot\mathbf{F_j} = \frac{k_L}{2c}\int \mathrm{d}^3x\,\mathbf{j}\cdot(\delta\mathbf{x}\cdot\boldsymbol{\nabla})\mathbf{A}.$$

Den zweiten Term formen wir mithilfe von (A.2.33) um

$$\boldsymbol{\nabla}(\delta\mathbf{x}\cdot\mathbf{A}) = (\delta\mathbf{x}\cdot\boldsymbol{\nabla})\mathbf{A} + \delta\mathbf{x}\times(\boldsymbol{\nabla}\times\mathbf{A}),$$

$$\delta A = \frac{k_L}{2c}\int \mathrm{d}^3x\left\{\mathbf{j}\cdot\boldsymbol{\nabla}(\delta\mathbf{x}\cdot\mathbf{A}) - \mathbf{j}\cdot(\delta\mathbf{x}\times\mathbf{B})\right\}$$

$$\overset{\boldsymbol{\nabla}\cdot\mathbf{j}=0}{=} \frac{k_L}{2c}\int \mathrm{d}^3x\left\{\boldsymbol{\nabla}\cdot[\mathbf{j}(\delta\mathbf{x}\cdot\mathbf{A})] + \delta\mathbf{x}\cdot(\mathbf{j}\times\mathbf{B})\right\}.$$

Der erste Term kann mit dem Gauß'schen Satz in ein Oberflächenintegral umgewandelt werden, das für $V \to \infty$ verschwindet. Man erhält so die Kraft

$$\mathbf{F_j} = \frac{k_L}{2c}\int \mathrm{d}^3x\,\mathbf{j}\times\mathbf{B} = \frac{\partial\Delta U_\mathbf{j}}{\partial\mathbf{x}}\bigg|_\mathbf{j}.$$

Anmerkung: Für die infinitesimale Drehung $\delta\mathbf{x} = \delta\boldsymbol{\varphi}\times\mathbf{x}$ eines externen Potentials um den Ursprung erhält man von (7.2.9) eine Energieänderung der Form

$$\delta U_w = \delta\boldsymbol{\varphi}\cdot\frac{k_L}{2c}\int \mathrm{d}^3x\,\mathbf{x}\times(\mathbf{j}\times\mathbf{B}^e) = \delta\boldsymbol{\varphi}\cdot\mathbf{N},$$

wobei $\mathbf{N}$ das Drehmoment (4.3.7) der Stromverteilung ist.

Die magnetische Energie im harten Ferromagnet

In einem Permanentmagnet sind keine freien Ströme vorhanden ($\mathbf{j}_f = 0$). Eine Folge ist, dass die Feldenergie, genommen über den ganzen Raum, verschwindet [Jackson, 2006, Bsp. 5.21]:

$$U_m = \frac{1}{8\pi k_r}\int \mathrm{d}^3x\,\mathbf{H}\cdot\mathbf{B} = \frac{-1}{8\pi k_r}\int \mathrm{d}^3x\,\mathbf{B}\cdot\boldsymbol{\nabla}\phi_M \overset{\text{part. int.}}{=} \frac{1}{8\pi k_r}\int \mathrm{d}^3x\,\phi_M\boldsymbol{\nabla}\cdot\mathbf{B} = 0.$$

Um die magnetische Energie im Ferromagnet zu bestimmen, gehen wir gleich wie bei der elektrostatischen Energie vor und platzieren einen Dipol auf $\mathbf{x}_1$. Das Feld des Dipols am Ort $\mathbf{x}$ ist

$$\mathbf{B}_1(\mathbf{x}) = \frac{k_C}{k_L^2}\left[3\frac{\mathbf{m}_1\cdot(\mathbf{x}-\mathbf{x}_1)(\mathbf{x}-\mathbf{x}_1)}{|\mathbf{x}-\mathbf{x}_1|^5} - \frac{\mathbf{m}_1}{|\mathbf{x}-\mathbf{x}_1|^3} + 4\pi\mathbf{m}_1\,\delta^{(3)}(\mathbf{x}-\mathbf{x}_1)\right]$$

und die potentielle Energie eines magnetischen Moments (Permanentdipols) im äußeren Feld $\mathbf{B}$ ist gemäß (4.3.5): $U = -\mathbf{m}\cdot\mathbf{B}$. Wir erhalten

$$\mathbf{m}_1 \to \mathbf{x}_1 : \quad U_1 = 0$$
$$\mathbf{m}_2 \to \mathbf{x}_2 : \quad U_2 = -\mathbf{m}_2 \cdot \mathbf{B}_1(\mathbf{x}_2)$$
$$\mathbf{m}_3 \to \mathbf{x}_3 : \quad U_3 = U_2 - \mathbf{m}_3 \cdot (\mathbf{B}_1(\mathbf{x}_3) + \mathbf{B}_2(\mathbf{x}_3))$$
$$\vdots \qquad\qquad \vdots$$

$$U = -\sum_{i<j} \mathbf{m}_j \cdot \mathbf{B}_i = -\frac{1}{2}\sum_{i,j}{}' \mathbf{m}_j \cdot \mathbf{B}_i \,,$$

wobei $'$ bedeutet, dass nur über $i \neq j$ summiert werden darf. Beim Übergang zum Kontinuum nimmt man jedoch die Selbstenergie mit $(i = j)$

$$U_m = -\frac{1}{2} \int \mathrm{d}^3x\, \mathbf{M}(\mathbf{x}) \cdot \mathbf{B}(\mathbf{x}) \,.$$

Setzen wir nun für $\mathbf{B}$ ein:

$$U = -\frac{\mu_0}{2} \int \mathrm{d}^3x\, \mathbf{M} \cdot (\mathbf{H} + 4\pi k_r \mathbf{M}) = W_0 - \frac{\mu_0}{2} \int \mathrm{d}^3x\, \mathbf{M} \cdot \mathbf{H},$$
$$W_0 = -\frac{4\pi k_r \mu_0}{2} \int \mathrm{d}^3x\, M^2 \,.$$

Die Selbstenergie ist eine von der Konfiguration unabhängige Größe, was für den Term W_0 zutrifft. Jetzt setzen wir noch für $4\pi k_r \mathbf{M} = \mathbf{B}/\mu_0 - \mathbf{H}$ ein und verwenden $\int \mathrm{d}^3x\, \mathbf{B}\cdot\mathbf{H} = 0$. Der gewünschte Ausdruck, der der elektrostatischen Energie (2.4.3) entspricht, ist somit

$$U = W_0 + \frac{\mu_0}{8\pi k_r} \int \mathrm{d}^3x\, H^2 = -\frac{k_L^2}{8\pi k_C} \int \mathrm{d}^3x\, B^2 \,.$$

7.2.2 Induktionskoeffizienten

Die magnetische Feldenergie eines in ein homogenes Medium eingebetten Stromkreises ist gemäß (7.2.5)

$$U_m = \frac{k_L}{2c} \int \mathrm{d}^3x\, \mathbf{A} \cdot \mathbf{j}_f = \frac{k_C \mu}{2c^2} \int \mathrm{d}^3x\, \mathrm{d}^3x'\, \frac{\mathbf{j}_f(\mathbf{x}) \cdot \mathbf{j}_f(\mathbf{x}')}{|\mathbf{x} - \mathbf{x}'|} \,. \qquad (7.2.10)$$

Kann für die Anordnung der Stromkreise ein Strom I angegeben werden, so kann U dargestellt werden durch SI: $k_C/c^2 = \mu_0/4\pi$

$$U_m = \frac{LI^2}{2} \quad \text{mit} \quad L = \frac{k_C}{c^2}\frac{\mu}{2I^2} \int \mathrm{d}^3x\, \mathrm{d}^3x'\, \frac{\mathbf{j}_f(\mathbf{x}) \cdot \mathbf{j}_f(\mathbf{x}')}{|\mathbf{x} - \mathbf{x}'|} \,, \qquad (7.2.11)$$

wobei L als Selbstinduktivität bezeichnet wird. Besteht die Konfiguration jedoch aus mehreren Stromschleifen

$$\mathbf{j}_f(\mathbf{x}) = \sum_{i=1}^{n} \mathbf{j}_i(\mathbf{x}) \,,$$

so ist es oft sinnvoll, die Ströme einzelner Stromschleifen getrennt zu betrachten:

$$U_m = \frac{1}{2} \sum_{i,k=1}^{n} L_{ik} I_i I_k\,, \tag{7.2.12}$$

$$L_{ik} = \frac{k_C \mu}{c^2} \int d^3x\, d^3x'\, \frac{1}{|\mathbf{x} - \mathbf{x}'|} \frac{\mathbf{j}_i(\mathbf{x})}{I_i} \cdot \frac{\mathbf{j}_k(\mathbf{x}')}{I_k}\,. \tag{7.2.13}$$

L_{ii} heißt für $1 \le i \le n$ *Selbstinduktivität.*
L_{ik} heißt für $1 \le i, k \le n$ und $i \ne k$ *Gegeninduktivität.*

Die L_{ik} sind rein geometrischer Natur Sie hängen nur von der Form der Leiter und der geometrischen Gestalt des Stromlinienbildes darin ab. Besonders deutlich wird dies für dünne Drähte, wo $\int_V d^3x\, \mathbf{j}/I = F \int_C d\mathbf{s}\, \mathbf{j}/jF = \int_C d\mathbf{s}$. Die Gegeninduktivitäten können dann dargestellt werden durch

$$L_{ik} = \frac{k_C \mu}{c^2} \int_{C_i} \int_{C_k} \frac{d\mathbf{s}_i \cdot d\mathbf{s}_k}{|\mathbf{x}(s_i) - \mathbf{x}(s_k)|} \qquad \text{für}\quad i \ne k\,. \tag{7.2.14}$$

C_i gibt den Verlauf des i-ten Drahtes an. Für L_{ii} würde die entsprechende Darstellung divergieren, und man muss mit ausgedehnten Leitern rechnen.

Besonders einfach gestaltet sich die Bestimmung der Selbstinduktivität, wenn man die Energie kennt und diese auf die folgende Form gebracht werden kann:

$$U = \sum_i U^{(i)} = \frac{I^2}{2} \sum_i L^{(i)} \quad \Rightarrow \quad L = \sum_i L^{(i)} = \sum_i \frac{2\,U^{(i)}}{I^2}\,. \tag{7.2.15}$$

Teilinduktivitäten: Wie aus (7.2.15) ersichtlich, kann man Selbstinduktivitäten und Gegeninduktivitäten an einzelnen Teilen eines Stromkreises definieren.

Wir werden das bei der Berechnung der Selbstinduktivität eines geraden Drahtes anwenden. Die Selbstinduktivitäten zweier Spulen kann man addieren, wenn sie weit auseinanderliegen, aufeinander senkrecht stehen oder mit Eisen geschlossen sind.

Die Einschränkung auf eine homogene Permeabilität μ ist nicht gravierend. In langen Spulen verschwindet das Feld außerhalb und es trägt zur Energie nur der Bereich im Inneren mit dem Eisenkern bei.

7.2.3 Magnetischer Fluss und Induktivität

Einen anderen Zugang zu den Induktionskoeffizienten (7.2.14) bekommt man über den magnetischen Fluss

$$\Phi_B = \iint_F d\mathbf{f} \cdot \mathbf{B} = \iint_F d\mathbf{f} \cdot (\boldsymbol{\nabla} \times \mathbf{A}) = \oint_{\partial F} d\mathbf{x} \cdot \mathbf{A} \tag{7.2.16}$$

durch eine Fläche F. Können wir für die Konfiguration den gesamten Strom I angeben, so erhalten wir in Analogie zu (7.2.11)

$$\Phi_B = \frac{c}{k_L} IL, \quad L = \frac{k_C}{c^2} \oint_{\partial F} d\mathbf{x} \cdot \int d^3 x' \frac{\mathbf{j}(\mathbf{x}')/I}{|\mathbf{x} - \mathbf{x}'|}, \quad \text{SI:} \frac{k_C}{c^2} = \frac{\mu_0}{4\pi}. \quad (7.2.17)$$

Die Berechnung der Selbstinduktivität L setzt die Berücksichtigung des endlichen Querschnittes des Drahtes voraus. Ein Liniendraht hat eine logarithmisch singuläre Selbstinduktivität L.

Neumann-Formel

In Abb. 7.10 sind zwei Stromschleifen skizziert. Das vom Strom I_2 der Stromschleife 2 herrührende Feld $\mathbf{B}_2$ durchsetzt teilweise Schleife 1 und erzeugt in dieser den Fluss $\Phi_{B_{12}}$. Wir nehmen an, dass wir einen geschlossenen Strom-

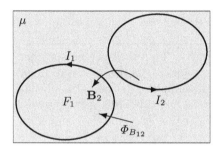

Abb. 7.10. Der Strom I_2 erzeugt das Feld $\mathbf{B}_2$ von dem ein Teil die Schleife 1 durchdringt, was den Fluss $\Phi_{B_{12}}$ ergibt

kreis mit der Umrandung ∂F, bestehend aus einem dünnen Draht für den $\int d^3 x' \mathbf{j}(\mathbf{x}'(s'))... = I \int d\mathbf{s}'...$ gilt, vor uns haben. Die Schleife 2 hat das Vektorpotential

$$\mathbf{A}_2 = \frac{k_C \mu}{c k_L} \int d^3 x' \frac{\mathbf{j}_2(\mathbf{x}')}{|\mathbf{x} - \mathbf{x}'|} = \frac{k_C I \mu}{c k_L} \oint_{\partial F_2} d\mathbf{s}_2 \frac{1}{|\mathbf{x} - \mathbf{x}'(s_2)|}. \quad (7.2.18)$$

Der von $\mathbf{B}_2$ in der Schleife 1 erzeugte Fluss ist gemäß (7.2.18)

$$\Phi_{B_{12}} = \oint_{\partial F_1} d\mathbf{x}_1 \cdot \mathbf{A}_2(\mathbf{x}_1) = \frac{c}{k_L} L_{12} I_2, \quad L_{12} = \frac{k_C \mu}{c^2} \oint_{\partial F_1} \oint_{\partial F_2} \frac{d\mathbf{x}_1 \cdot d\mathbf{x}_2}{|\mathbf{x}_1 - \mathbf{x}_2|}. \quad (7.2.19)$$

Die rechte Gleichung ist die sogenannte *Neumann-Formel*; diese Bezeichnung ist in der Literatur nicht durchgehend; der Ausdruck $L_{12} c^2/\mu$ wird von Sommerfeld *Neumann-Potential* [Sommerfeld, 1967, S. 97] genannt.

Die Induktivitäten erfüllen das Reziprozitätsgesetz

$$L_{12} = L_{21}, \quad (7.2.20)$$

wie aus der Definition von L_{12} unmittelbar hervorgeht.

Mehrere Stromschleifen: Wir können (7.2.19) sofort auf mehrere Stromkreise $\mathbf{j} = \sum_k \mathbf{j}_k$ erweitern. Der Fluss Φ_{B_i} durch eine einzelne Stromschleife i besteht dann aus den Beiträgen aller Schleifen:

$$\Phi_{B\,i} = \frac{k_C \mu}{c k_L} \oint_{\partial F_i} \sum_{k=1}^{n} I_k \oint_{\partial F_k} \frac{\mathrm{d}\mathbf{x}_i \cdot \mathrm{d}\mathbf{x}'_k}{|\mathbf{x}_i - \mathbf{x}'_k|} = \frac{c}{k_L} \sum_{k=1}^{n} L_{ik} I_k \,. \tag{7.2.21}$$

Auch hier gilt für den Selbstinduktionskoeffizienten, dass mit endlichen Drahtquerschnitten gerechnet werden muss.

Eine zeitliche Änderung der Ströme zieht eine Änderung von $\mathbf{B}$ nach sich und damit wird nach dem Induktionsgesetz in der i-ten Schleife die Ringspannung $\mathbf{E} = -\dot{\mathbf{A}} k_L / c$ induziert:

$$\oint_{\partial F_i} \mathrm{d}\mathbf{x} \cdot \mathbf{E} = \iint_{F_i} \mathrm{d}\mathbf{f} \cdot \boldsymbol{\nabla} \times \mathbf{E} = -\frac{k_L}{c} \dot{\Phi}_{B\,i} = -\sum_k L_{ik} \dot{I}_k \,. \tag{7.2.22}$$

7.2.4 Die Selbstinduktivitäten ausgewählter Konfigurationen

Selbstinduktivität einer Spule

Gegeben sei eine Spule der Länge h, dem Radius a und mit n Wicklungen pro cm, wie in Abb. 7.11 skizziert. Wenn die Spule genügend lang ist, ist das Feld

$$H = \frac{4\pi k_r k_L I n}{c} \quad \Rightarrow \quad \text{G: } H = \frac{4\pi I n}{c}, \quad \text{SI: } H = I n. \tag{7.2.23}$$

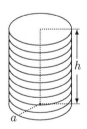

Abb. 7.11. Spule: Höhe h, Radius a, n Wicklungen pro cm, wobei, wie üblich, die Steighöhe des Drahtes pro Umdrehung vernachlässigt wird. $N = nh$ ist die Anzahl der Wicklungen und $l = 2\pi a\,nh$ die Länge des Drahtes.

Damit können wir die magnetische Energie berechnen als

$$U_m = \frac{VBH}{8\pi k_r} = \frac{a^2 \pi h}{8\pi k_r} \mu\mu_0 \Big(\frac{4\pi k_r k_L I n}{c}\Big)^2 = \frac{1}{2}\Big(\frac{4\pi^2 k_r k_L^2}{c^2} n^2 a^2 h \mu\mu_0\Big) I^2 = \frac{LI^2}{2},$$

was die Selbstinduktivität

$$L = \frac{4\pi^2 k_r k_L^2}{c^2 h} l^2 \mu\mu_0, \qquad \text{G: } L = \frac{\mu l^2}{c^2 h}, \qquad \text{SI: } L = \frac{\mu\mu_0 l^2}{4\pi h} = \frac{\mu\mu_0 N^2 F}{h}$$

ergibt, wobei $l = 2\pi a N$ die Drahtlänge und $F = a^2 \pi$ die Fläche der Spule sind.

Gerader Draht und Doppelleitung

Gegeben ist ein Draht der Länge l mit dem (kleinen) Radius a und der Permeabilität $\mu^{(i)}$, wie in Abb. 7.12 dargestellt. Die magnetische Energie teilt man gemäß (7.2.15) in einen inneren Teil $U_m^{(i)}$ und einen äußeren $U_m^{(e)}$ und berechnet die beiden Anteile separat. Das Magnetfeld des Drahtes erhält man aus dem Ampère'schen Gesetz (4.1.5) und (4.1.6). Für den Außenraum können wir direkt (4.1.10) verwenden:

$$2\pi\varrho H_\varphi^{(i)} = \frac{4\pi k_r k_L I}{c}\frac{\varrho^2}{a^2}, \qquad\qquad 2\pi\varrho H_\varphi^{(e)} = \frac{4\pi k_r k_L I}{c}, \qquad (7.2.24)$$

$$L^{(i)} = \frac{2\,U_m^{(i)}}{I^2} = \frac{\mu^{(i)}\mu_0}{4\pi k_r I^2}\int \mathrm{d}^3x\,|H^{(i)}|^2 = \frac{\mu^{(i)}\mu_0 k_r k_L^2}{\pi c^2 a^4}2\pi l\int_0^a \mathrm{d}\varrho\,\varrho^3$$

$$= k_r k_L^2 \frac{\mu^{(i)}\mu_0 l}{2c^2} = k_C \frac{\mu^{(i)} l}{2c^2} \overset{\text{SI}}{=} \frac{\mu^{(i)} l}{8\pi}. \qquad (7.2.25)$$

Bemerkt werden sollte, dass $L^{(i)}$ nicht von a abhängt. Der dominierende

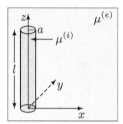

Abb. 7.12. Gerader Draht der Länge l, dem Radius a und der (internen) Permeabilität $\mu^{(i)}$, er ist entlang der z-Achse ausgerichtet und in ein Medium der (externen) Permeabilität $\mu^{(e)}$ eingebettet

Anteil kommt jedoch vom Außenraum mit $\mu^{(e)}$

$$L^{(e)} = \frac{\mu^{(e)}\mu_0}{4\pi k_r I^2}\int \mathrm{d}^3x\,|H^{(e)}|^2 \approx \frac{\mu^{(e)}\mu_0 k_r k_L^2}{\pi c^2}2\pi l\int_a^R \frac{\mathrm{d}\varrho}{\varrho} = \frac{2k_C\mu^{(e)} l}{c^2}\ln\frac{R}{a}$$

und hier ist der endliche Querschnitt des Drahtes wesentlich. Die Divergenz kommt von sehr großen Abständen R vom Draht. Ist der Stromkreislauf geschlossen, so tritt diese Divergenz nicht auf, da Abstände, die größer sind als die Stromschleife nicht mehr beitragen – und eine Voraussetzung bei der Herleitung der magnetischen Energie (7.2.5) waren lokalisierte Ströme. Man kann $R\sim l$ als typische Distanz einsetzen:

$$\text{G:}\ L^{(e)} = \frac{2\mu^{(e)} l}{c^2}\Big(\ln\frac{l}{a} + O(1)\Big), \quad \text{SI:}\ L^{(e)} = \frac{2\mu^{(e)}\mu_0 l}{4\pi}\Big(\ln\frac{l}{a} + O(1)\Big)$$

und bezeichnet $L^{(e)}$ als logarithmisch streng gültig [Landau, Lifschitz VIII, 1990, §34], wenn der relative Fehler von der Ordnung $1/\ln(l/a)$ ist.

Zur Selbstinduktivität eines geraden Drahtes: Innerhalb des Drahtes ist

$$L^{(i)} = k_C \frac{\mu^{(i)} l}{2c^2}$$

bei homogener Stromverteilung, wie vorher gezeigt wurde. Für den äußeren Anteil gehen wir von (7.2.5) aus:

$$U_m = \frac{k_L}{2c} \int \mathrm{d}^3 x \, \mathbf{A} \cdot \mathbf{j}$$

und verwenden, dass das Feld im Außenraum nicht von der Stromverteilung innerhalb des Drahtes abhängt. $U_m^{(e)}$ ändert sich nicht, wenn man annimmt, dass der Strom I nur an der Oberfläche des Drahtes fließt (im Inneren verschwindet dann das Feld)

$$\mathbf{j}(\mathbf{x}) = \frac{I}{2\pi a} \, \delta(\varrho - a) \, \mathbf{e}_z \,.$$

Der Feldwert an der Oberfläche ändert sich durch diese Annahme nicht. Wir erhalten so ein Linienintegral entlang der z-Achse:

$$L^{(e)} = \frac{2U_m}{I^2} = \frac{k_L}{cI} \int_0^l \mathrm{d}z \, \mathbf{e}_z \cdot \mathbf{A}(a, z) \,.$$

Das Vektorpotential berechnen wir aus (7.1.5)

$$\mathbf{A}(\mathbf{x}) = \frac{k_C \mu^{(e)}}{ck_L} \int \mathrm{d}^3 x' \, \frac{\mathbf{j}(\mathbf{x}')}{|\mathbf{x} - \mathbf{x}'|}$$

an der Oberfläche des Drahtes. In einer neuerlichen Annahme über die Stromverteilung legen wir diesen in die Draht-Achse:

$$\mathbf{j}(\mathbf{x}') = I \, \delta(x') \, \delta(y') \, \mathbf{e}_z \,.$$

Der Wert des Feldes ändert sich dadurch nicht. Gesucht ist $\mathbf{A}$ an der Drahtoberfläche

$$\mathbf{A}(a, z) = \frac{I \, k_C \mu^{(e)}}{ck_L} \int_0^l \mathrm{d}z' \, \frac{1}{\sqrt{a^2 + (z - z')^2}} \, \mathbf{e}_z \,.$$

Zusammengefasst erhalten wir

$$L^{(e)} = \frac{k_C \mu^{(e)}}{c^2} \int_0^l \mathrm{d}z \, \mathrm{d}z' \, \frac{1}{\sqrt{a^2 + (z - z')^2}} \overset{u=z'-z}{=} \frac{k_C \mu^{(e)}}{c^2} \int_0^l \mathrm{d}z \int_{-z}^{l-z} \mathrm{d}u \, \frac{1}{\sqrt{a^2 + u^2}}$$

$$\overset{(B.5.15)}{=} \frac{k_C \mu^{(e)}}{c^2} \int_0^l \mathrm{d}z \left[\ln\left((l-z) + \sqrt{a^2 + (l-z)^2}\right) - \ln\left(-z + \sqrt{a^2 + z^2}\right) \right].$$

Jetzt werten wir die beiden Terme getrennt aus

$$\int_0^l \mathrm{d}z \, \ln\left((l-z) + \sqrt{a^2 + (l-z)^2}\right) \overset{v=l-z}{=} \int_0^l \mathrm{d}v \, \ln\left(v + \sqrt{a^2 + v^2}\right)$$

$$\overset{(B.5.12)}{=} v \, \ln\left(v + \sqrt{a^2 + v^2}\right) - \sqrt{a^2 + v^2} \, \Big|_0^l \overset{l \gg a}{\approx} l \, \ln(2l) - l \,.$$

Der 2. Term trägt zu $L^{(e)}$ bei mit

$$-\int_0^l dz\, \ln\left(-z+\sqrt{a^2+z^2}\right) \overset{v=-z}{=} \int_0^{-l} dv\, \ln\left(v+\sqrt{a^2+v^2}\right)$$

$$= v\ln\left(v+\sqrt{a^2+v^2}\right) - \sqrt{a^2+v^2}\,\Big|_0^{-l} = -l\ln\left(-l+\sqrt{a^2+l^2}\right) - \sqrt{a^2+l^2} + a$$

$$\overset{l\gg a}{\approx} -l\ln\frac{a^2}{2l} - l.$$

Daraus folgt

$$L^{(e)} = k_C\, \mu^{(e)}\, \frac{2l}{c^2}\left(\ln\frac{2l}{a} - 1\right).$$

Setzen wir nun $\mu^{(i)} = \mu^{(e)} = 1$, so ist die Selbstinduktivität gegeben durch

$$L = L^{(i)} + L^{(e)} = k_C\frac{2l}{c^2}\left(\ln\frac{2l}{a} - \frac{3}{4}\right), \quad \text{SI: } L = \frac{\mu_0}{4\pi}2l\left(\ln\frac{2l}{a} - \frac{3}{4}\right). \quad (7.2.26)$$

Die Gleichung gibt einen Eindruck, wie L mit der Länge l des Drahtes zunimmt. Quantitative Aussagen zur Selbstinduktivität des Drahtes können jedoch nur gemacht werden, wenn die Konfiguration des gesamten geschlossenen Stromkreises einbezogen wird.

Selbstinduktivität der Doppelleitung

Ein physikalisch sinnvolles Modell ist die Selbstinduktivität der Doppelleitung, wie sie in Abb. 7.13 skizziert ist. Zwar ist der Stromkreis wieder nicht geschlossen, aber die mit $\sim 2l\ln(2l)$ divergenten Anteile der Selbst- und Gegeninduktiväten heben sich gegenseitig weg. Es entspricht demnach die Dop-

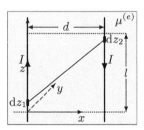

Abb. 7.13. Zwei gerade, parallele und vom Strom I in entgegengesetzten Richtungen durchflossenen Drähte befinden sich im Abstand d voneinander. Sie sind von einem Medium der Permeabilität $\mu^{(e)}$ umgeben. Es wird ein Stück der Länge l herausgegriffen

pelleitung als Ganzes im Unendlichen einem geschlossenen Stromkreis, wenn die gleich großen Ströme entgegengesetzt gerichtet sind. Gemäß (7.2.14) ist die Gegeninduktivität für dünne Drähte ($a \ll d$)

$$L_{12} = \frac{k_C\mu^{(e)}}{c^2}\int_0^l dz_1\int_0^l dz_2\, \frac{1}{\sqrt{d^2+(z_2-z_1)^2}}$$

$$\overset{(B.5.15)}{=} \frac{k_C\mu^{(e)}}{c^2}\int_0^l dz_1\left\{\ln\left[(l-z_1)+\sqrt{d^2+(l-z_1)^2}\right] - \ln\left[-z_1+\sqrt{d^2+z_1^2}\right]\right\}.$$

Beide Terme können mithilfe von (B.5.12) ausgewertet werden; es sind die gleichen Integrale, die wir bereits beim einzelnen Draht hatten und man erhält schließlich im Limes $l \gg d \gg a$ die Gegeninduktivität

$$L_{12} = \frac{k_C \mu^{(e)}}{c^2} \left\{ \left[d + l \ln \left[l + \sqrt{d^2 + l^2} \right] - \sqrt{d^2 + l^2} \right] \right. \tag{7.2.27}$$

$$\left. - \left[l \ln \left[-l + \sqrt{d^2 + l^2} \right] + \sqrt{d^2 + l^2} - d \right] \right\} \stackrel{l \gg d}{=} \frac{k_C \mu^{(e)}}{c^2} \, 2l \left(\ln \frac{2l}{d} - 1 \right).$$

Die gesamte Selbstinduktivität der Doppelleitung erhält man mithilfe (7.2.26)

$$L = 2(L_{11} - L_{12}) = k_C 4l \left[\frac{\mu^{(e)}}{c^2} \ln \frac{d}{a} + \frac{\mu^{(i)}}{4c^2} \right] \tag{7.2.28}$$

$$\text{G: } 4l \left[\frac{\mu^{(e)}}{c^2} \ln \frac{d}{a} + \frac{\mu^{(i)}}{4c^2} \right], \qquad\qquad \text{SI: } \frac{4l\mu_0}{4\pi} \left[\mu^{(e)} \ln \frac{d}{a} + \frac{\mu^{(i)}}{4} \right],$$

wobei mit $\mu^{(i)}$ die Selbstinduktivität innerhalb des Drahtes (7.2.25) separat ausgewiesen ist.

Selbstinduktivität einer kreisförmigen Drahtschleife

Gegeben sei ein Draht der Permeabilität μ_i mit dem Radius a, der eine kreisförmige Schleife mit dem Radius b bildet, wie in Abb. 7.14 dargestellt. Umgeben ist der Draht von einem Medium der Permeabilität $\mu^{(e)}$.

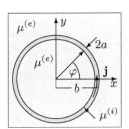

Abb. 7.14. Ein kreisförmiger Draht des Radius a bildet eine kreisförmige Schleife mit dem Radius b

Wiederum teilt man die Selbstinduktivität in einen inneren und einen äußeren Teil:

$$L = L^{(i)} + L^{(e)}.$$

$L^{(i)}$ berechnen wir aus der inneren Energie des Drahtes, wobei wir $\mathbf{j}$ als homogen annehmen. Wir können dabei direkt auf das Ergebnis (7.2.25) des geraden Drahtes zurückgreifen, wenn wir die Länge l des Drahtes durch den Umfang der Schleife $2\pi b$ ersetzen:

$$L^{(i)} = k_C \frac{\mu^{(i)} \pi b}{c^2}. \tag{7.2.29}$$

Für den Außenraum ziehen wir (7.2.14) heran, müssen aber die endliche Ausdehnung des Drahtes berücksichtigen. Das geschieht, indem wir zur Berechnung von $\mathbf{A}$ den Strom in das Zentrum des Drahtes verlegen. Das Vektorpotential $\mathbf{A}$ für eine Drahtschleife mit dem Radius b (4.2.18) haben wir bereits berechnet:

$$\mathbf{A} = \mathbf{e}_\varphi \frac{k_C}{ck_L} Ib\mu^{(e)} \frac{4}{k\sqrt{b\varrho}} \left[(1 - \frac{k^2}{2})K(k) - E(k) \right], \quad k^2 = \frac{4b\varrho}{(b+\varrho)^2 + z^2}. \quad (7.2.30)$$

Jetzt wenden wir uns dem durch den Kreisring C mit dem Radius $b - a$ tretenden magnetischen Fluss zu:

$$\Phi_B = \oint_C d\mathbf{s} \cdot \mathbf{A} = 2\pi \frac{k_C \mu^{(e)} I}{ck_L} \frac{4b(b-a)}{k\sqrt{b(b-a)}} \left[(1 - \frac{k^2}{2})K(k) - E(k) \right]. \quad (7.2.31)$$

Wir sehen aus der Definition ($\varrho = b - a$ und $z = 0$)

$$k^2 = \frac{4b(b-a)}{(2b-a)^2} \approx 1 - \frac{a^2}{4b^2},$$

dass $k \approx 1$ gilt. So ersetzen wir im elliptischen Integral 2. Art $E(k) \approx E(1) = 1$.

Um eine Näherung für das elliptische Integral 1. Art zu bekommen, führen wir den Winkel δ ein, der

$$\frac{a}{2b} \ll \delta \ll 1$$

erfüllt und zerlegen das Integral in zwei Teile und setzen, wo es möglich ist, $k = 1$:

$$\begin{aligned} K(k) &= \int_0^{\pi/2} d\varphi \frac{1}{\sqrt{1 - k^2 \cos^2\varphi}} \approx \int_0^\delta d\varphi \frac{1}{\sqrt{1 - k^2 + k^2\varphi^2}} + \int_\delta^{\pi/2} \frac{d\varphi}{\sqrt{1 - \cos^2\varphi}} \\ &= \frac{1}{k} \ln\left(k\varphi + \sqrt{1 - k^2 + k^2\varphi^2} \right)\Big|_0^\delta + \ln\tan\frac{\varphi}{2}\Big|_\delta^{\pi/2} \\ &\approx \ln\left(\delta + \sqrt{1 - k^2 + \delta^2} \right) - \ln\sqrt{1 - k^2} - \ln\frac{\delta}{2} \approx \ln(2\delta) - \ln\frac{a}{2b} - \ln\frac{\delta}{2} = \ln\frac{8b}{a}. \end{aligned}$$

Zuletzt haben wir hier verwendet, dass $1 - k^2 \ll \delta^2$.

Damit haben wir

$$\Phi_B = \frac{k_C \mu^{(e)} 4\pi b I}{ck_L} \left(\ln\frac{8b}{a} - 2 \right). \quad (7.2.32)$$

Den Selbstinduktionskoeffizienten bekommen wir aus (7.2.19)

$$L^{(e)} = \frac{\Phi_B k_L}{cI} = \frac{k_C \mu^{(e)}}{c^2} 4\pi b \left(\ln\frac{8b}{a} - 2 \right). \quad (7.2.33)$$

Anmerkung: Die Näherung für $\mathbf{A}$ (4.2.21) ist nahe der Drahtoberfläche zu ungenau, so dass wir vom exakten Vektorpotential ausgehen mussten.

7.3 Formen des Magnetismus

Im Abschnitt 5.2 haben wir die Magnetisierungsdichte $\mathbf{M}$ eingeführt, die von *Ampère'schen Molekularströmen* verursacht wird, die ihrerseits der Bewegung von Elektronen und Atomkernen zugeordnet werden können. Da das Proton mit $m_p/m_e \approx 1836$ sehr viel schwerer ist als das Elektron, kann der Beitrag der Kernmomente vernachlässigt werden.

Magnetisches Moment des Elektrons

Im Bohr'schen Atommodell nimmt man an, dass sich die Elektronen auf Kreisbahnen um den Kern bewegen. Sei a der Radius einer solchen Kreisbahn und $\mathbf{v} = a\omega\,\mathbf{e}_\varphi$ die Geschwindigkeit, mit der sich das Elektron um den Atomkern bewegt, so ergibt die Mittelung über die Periode $T = 2\pi/\omega$ die stationäre Stromdichte

$$\mathbf{j}(\mathbf{x}) = \frac{1}{T}\int_0^T \mathrm{d}t\,\varrho\,\mathbf{v} = -\frac{e_0}{T}\int_0^T \mathrm{d}t\,\delta(\varrho - a)\,\delta(\varphi - \omega t - \varphi_0)\,\delta(z)\,\omega\,\mathbf{e}_\varphi$$
$$= -\bigl(e_0\omega/2\pi\bigr)\delta(\varrho - a)\,\delta(z)\,\mathbf{e}_\varphi\,.$$

Hierbei ist $\varrho(\mathbf{x}) = -e_0\delta(\varrho - a)\,\delta(z)/2\pi a$. Wird ein langsam veränderliches, homogenes Magnetfeld $\mathbf{B}(t) = B(t)\mathbf{e}_z$ eingeschaltet, so folgt aus dem Induktionsgesetz rot $\mathbf{E} = -\dot{\mathbf{B}}k_L/c$

$$\mathbf{E} = \bigl(\mathbf{x}\times\dot{\mathbf{B}}\bigr)k_L/2c = -\varrho\,\dot{B}\,\mathbf{e}_\varphi k_L/2c\,. \tag{7.3.1}$$

Dieses induzierte elektrische Feld, das überall (anti-)parallel zur Bewegung der Elektronen verläuft, bewirkt den Ringstrom $(m_e\dot{\mathbf{v}} = -e_0\mathbf{E})$

$$\mathbf{j}^{(\mathrm{ind})}(\mathbf{x},t) = \frac{-e_0}{m_e}\,\varrho(\mathbf{x})\int_0^t \mathrm{d}t'\,\mathbf{E}(\mathbf{x},t') = \varrho(\mathbf{x})\,\omega_L\,\varrho\,\mathbf{e}_\varphi \quad \text{mit} \quad \omega_L = \frac{k_L e_0 B}{2m_e c}\,.$$

ω_L heißt *Larmor-Frequenz*; es ist die Frequenz mit der sich das Elektron um $\mathbf{B}$ dreht. Das magnetische Moment, das durch den Kreisstrom bestimmt wird, ist

$$\boldsymbol{\mu} = \frac{k_L}{2c}\int \mathrm{d}^3x\,\mathbf{x}\times\bigl(\mathbf{j}(\mathbf{x}) + \mathbf{j}^{(\mathrm{ind})}(\mathbf{x})\bigr)\,. \tag{7.3.2}$$

Ersetzt man die Ladungsdichte $\varrho(\mathbf{x}) = -e_0\,\rho_m(\mathbf{x})/m_e$ durch die Massendichte ρ_m, so ergibt sich sofort

$$\boldsymbol{\mu} = \boldsymbol{\mu}^L + \boldsymbol{\mu}^{(\mathrm{ind})} = -\frac{k_L e_0}{2m_e c}\bigl(\mathbf{L} + \mathbf{L}^{(\mathrm{ind})}\bigr) \tag{7.3.3}$$

mit dem Bahndrehpuls $(\mathbf{v} = a\omega\mathbf{e}_\varphi)$

$$\mathbf{L} = \int \mathrm{d}^3x \, \rho_m \, \mathbf{x} \times \mathbf{v} = \frac{m_e}{a} \int_0^\infty \mathrm{d}\varrho \, \varrho \, \delta(a - \varrho) \varrho \times a\omega \mathbf{e}_\varphi = m_e a^2 \, \boldsymbol{\omega} \quad (7.3.4)$$

mit $\boldsymbol{\omega} = \omega \mathbf{e}_z$. Der induzierte Drehimpuls ist

$$\mathbf{L}^{(\mathrm{ind})} = \int \mathrm{d}^3x \, \rho_m \, \mathbf{x} \times \mathbf{v} = m_e a^2 \, \boldsymbol{\omega}_L \qquad \text{mit} \qquad \boldsymbol{\omega}_L = \omega_L \mathbf{e}_z. \quad (7.3.5)$$

Der Bahndrehimpuls besteht also aus zwei Anteilen, dem „eingeprägten" Moment $\boldsymbol{\mu}^L$ und dem induzierten Moment $\mu^{(\mathrm{ind})}$. $\mu^{(\mathrm{ind})}$ ist, unabhängig von μ^L, der Lenz'schen Regel entsprechend, dem Feld $\mathbf{B}$ entgegengerichtet.

Das Elektron hat außerdem noch einen Eigendrehimpuls [Postulierung des Elektronenspins von Uhlenbeck & Goudsmit, 1925] den Spin $\mathbf{S}$, der zum magnetischen Moment des Elektrons den Beitrag

$$\boldsymbol{\mu}^S = -(gk_L e_0/2m_e c) \, \mathbf{S}$$

mit dem gyromagnetischen Faktor $g \approx 2$ liefert. Dieser Faktor folgt aus der Quantentheorie [Schwabl, 2008, S. 129], genauer aus der nicht-relativistischen Näherung der Dirac-Gleichung (Pauli-Gleichung) und ist klassisch nicht begründbar. Das gesamte magnetische Moment des Elektron ist dementsprechend

$$\boldsymbol{\mu}^{(\mathrm{el})} = -\mu_B(\hat{\mathbf{L}} + g\hat{\mathbf{S}}) - (k_L e_0 a^2/2c) \, \boldsymbol{\omega}_L. \quad (7.3.6)$$

Wir haben hier $\mathbf{L}$ und $\mathbf{S}$ durch die dimensionslosen Vektoren $\hat{\mathbf{L}} = \mathbf{L}/\hbar$ und $\hat{\mathbf{S}} = \mathbf{S}/\hbar$ ersetzt[2] und das Bohr'sche Magneton

$$\mu_B = k_L e_0 \hbar/(2m_e c) \approx 9.27 \times 10^{-21} \mathrm{erg/Gauß} \quad (7.3.7)$$

eingeführt.

Anmerkung: Elektronen, die sich je nach Drehsinn des Umlaufs mit den Frequenzen $\pm\omega$ bewegen, haben (unter der Voraussetzung $\omega_L \ll \omega$) nach Einschalten des Feldes die Frequenzen $\pm\omega + \omega_L$. Das entspricht einer Aufspaltung der Energien der Elektronen, die als *Zeeman*-Effekt bekannt ist.

Larmor'scher Satz[3]: Der Einfluss eines langsam eingeschalteten Magnetfeldes $\mathbf{B}$ auf die Bewegung eines Elektrons besteht darin, dass dieses nach dem Einschalten von $\mathbf{B}$ in Bezug auf ein mit ω_L rotierendes Koordinatensystem die gleiche Bewegung ausführt wie vor dem Einschalten in Bezug auf ein ruhendes System.

Wie bereits erwähnt, muss angemerkt werden, dass $\omega_L \ll \omega$ sein muss, was aber für Atome immer erfüllt ist. Ein Elektron kreise also mit $\pm\omega$ um den Kern. Wird nun $\mathbf{B} = B\mathbf{e}_z$ zugeschaltet, so genügt das Elektron nach der Einschaltzeit der Bewegungsgleichung

$$m(\ddot{\mathbf{x}} + \omega^2 \mathbf{x}) = \mathbf{F}_L = (eBk_L/c)\dot{\mathbf{x}} \times \mathbf{e}_z.$$

---

[2] Reduziertes Planck'sches Wirkungsquantum $\hbar = 1.0546 \times 10^{-27} \, \mathrm{erg\,s}$.
[3] Formulierung nach Becker, Sauter [1959, S. 155]

Die zu **B** parallele z-Komponente bleibt ungeändert. Senkrecht auf **B** bilden wir $x + \mathrm{i}y$ und erhalten

$$(\ddot{x} + \mathrm{i}\ddot{y}) + \omega^2(x + \mathrm{i}y) = 2\omega_L(\dot{y} - \mathrm{i}\dot{x}) = -2\mathrm{i}\omega_L(\dot{x} + \mathrm{i}\dot{y})$$

mit der Lösung

$$x + \mathrm{i}y = (A\mathrm{e}^{\mathrm{i}\omega t} + B\mathrm{e}^{-\mathrm{i}\omega t})\mathrm{e}^{\mathrm{i}\omega_L t} \qquad \text{für} \qquad \omega_L \ll \omega.$$

Die anfängliche Bewegung wird durch **B** mit einer Rotation ω_L überlagert und die Einschaltzeit ist notwendig, da nur während dieser ein elektrisches Feld **E** vorhanden ist mit dem Arbeit am System geleistet werden kann. $\mathbf{F}_L$ steht immer senkrecht auf **v** und leistet so keine Arbeit.

Magnetisches Moment eines Atoms

In einem Atom addieren sich die Beiträge der Z Elektronen zu einem gesamten Bahndrehimpuls $\mathbf{L} = \sum_i \mathbf{L}_i$ und einem Spin $\mathbf{S} = \sum_i \mathbf{S}_i$, wobei $\mathbf{L}_i$ und $\mathbf{S}_i$ die Beiträge der einzelnen Elektronen bezeichnen. Der gesamte Drehimpuls eines Atoms ist so $\mathbf{J} = \mathbf{L} + \mathbf{S}$. $\mathbf{L}$ und $\mathbf{S}$ sind im Allgemeinen nicht parallel. Da $\mathbf{J}$ eine Konstante der Bewegung ist, präzediert $\mathbf{S}$ um $\mathbf{J}$ und es trägt zu $\boldsymbol{\mu}$ nur der zu $\mathbf{J}$ parallele Anteil bei

$$\boldsymbol{\mu} = -\frac{e_0 k_L}{2m_e c}\langle \mathbf{J} + \mathbf{S}\rangle = -\frac{e_0 k_L}{2m_e c}(\mathbf{J} + \mathbf{S})\cdot\mathbf{J}\,\frac{1}{\mathbf{J}^2}\,\mathbf{J} = -g_J\frac{e_0 k_L}{2m_e c}\mathbf{J} \qquad (7.3.8)$$

mit dem Landé-Faktor[4]

$$g_J = \frac{(\mathbf{J} + \mathbf{S})\cdot\mathbf{J}}{\mathbf{J}^2} = 1 + \frac{\mathbf{J}^2 + \mathbf{S}^2 - \mathbf{L}^2}{2\mathbf{J}^2}. \qquad (7.3.9)$$

Anders als bei den einzelnen Elektronen ist $\boldsymbol{\mu}$ hier ein „mittleres" Moment.

Bei der Berechnung des induzierten magnetischen Moments haben wir die Bahn des Elektrons in die xy-Ebene gelegt. Die Aufhebung dieser Einschränkung ergibt

$$\langle \varrho^2\rangle = \langle r^2\sin^2\vartheta\rangle = \langle r^2\rangle\frac{1}{2}\int_0^\pi \mathrm{d}\vartheta\,\sin^3\vartheta = \frac{2}{3}\langle r^2\rangle.$$

Für das i-te Elektron ergibt sich so

$$\boldsymbol{\mu}_i^{(\mathrm{ind})} = -\frac{e_0^2 k_L^2\langle r_i^2\rangle}{6m_e c^2}\mathbf{B} = \frac{k_L^2}{k_C}\frac{r_e}{6}\langle r_i^2\rangle\mathbf{B}, \qquad r_e = k_C\frac{e_0^2}{m_e c^2},$$

wobei wir den klassischen Elektronenradius r_e eingesetzt haben. Summieren wir nun über alle Elektronen, so erhalten wir für das Atom das induzierte Moment

$$\langle \boldsymbol{\mu}^{(\mathrm{ind})}\rangle = -Z\frac{k_L^2}{k_C}\frac{r_e}{6}\mathbf{B}\,\langle r^2\rangle, \qquad \langle r^2\rangle = \frac{1}{Z}\sum_i\langle r_i^2\rangle. \qquad (7.3.10)$$

---

[4] In der Quantenmechanik ist $\mathbf{J}^2 = \hbar^2 j(j+1)$ etc.

Magnetismus in Materie

Im Abschnitt 7.1.1 haben wir recht unvermittelt Materialien mit eingeprägter, starker Magnetisierung als Ferromagnete bezeichnet, eine Zuordnung, die wir hier mithilfe einer Einteilung der magnetischen Materialien nachholen wollen. Dieser Einteilung sollen jedoch einige grundlegende Anmerkungen vorangestellt werden.

- Der Spin ist ein Phänomen, das aus der relativistischen Quantenmechanik folgt und keine klassische Erklärung hat [Schwabl, 2008, (5.3.29')].
- Selbst bei der Herleitung der induzierten Momente (7.3.10) steht im Hintergrund die Quantenmechanik in Form des Bohr'schen Atommodells mit seinen stabilen Kreisbahnen.
- Das *Bohr-van-Leeuwen-Theorem* sagt aus, dass im Rahmen der klassischen Statistik kein Magnetismus auftritt.

  Beweis: Die Hamilton-Funktion für N Elektronen im elektromagnetischen Feld sei [Schwabl, 2006, (6.1.1)] gemäß (5.4.11)

  $$\mathcal{H}_{kl} = \sum_{i=1}^{N} \frac{1}{2m_e} \left[\boldsymbol{p}_i - \frac{k_L e}{c} \mathbf{A}(\mathbf{x}_i, t) \right]^2 + V_c(\{\mathbf{x}_i\}, t).$$

  V_c ist die Coulomb-Wechselwirkung der Elektronen. Die freie Energie F ist durch das kanonische Zustandsintegral definiert [Schwabl, 2006, (6.1.32)]:

  $$Z_{kl} = \mathrm{e}^{-F/k_B T} = \frac{1}{(2\pi\hbar)^{3N} N!} \int \mathrm{d}^{3N} \mathrm{p} \int \mathrm{d}^{3N} x \, \mathrm{e}^{-\mathcal{H}_{kl}/k_B T}.$$

  Nach der Koordinatentransformation $\boldsymbol{p}_i' = \mathbf{p}_i - (k_L/c)e\mathbf{A}(\mathbf{x}_i)$ hängt das Zustandsintegral nicht mehr von $\mathbf{A}$, d.h. vom Magnetfeld $\mathbf{B}$ ab. Damit verschwindet auch die Magnetisierung, die durch $\mathbf{M} = -\partial F/\partial \mathbf{B}$ definiert ist. Der Magnetismus ist also im Rahmen der klassischen Physik nicht erklärbar.

7.3.1 Diamagnetismus

Langevin- oder Larmor-Diamagnetismus

Beim Anlegen eines Feldes an ein Atom wird der Lenz'schen Regel entsprechend ein Strom so induziert, dass $\boldsymbol{\mu}^{(\mathrm{ind})}$ antiparallel zum äußeren Feld $\mathbf{B}$ ist. Aus (7.3.10) erhält man für N Atome pro cm^3 mit

$$\chi_B = N\mu_0 \frac{\langle \mu^{(\mathrm{ind})} \rangle}{B} = -NZ\mu_0 \frac{k_L^2 e_0^2}{6m_e c^2} \langle r^2 \rangle = -NZ \frac{1}{k_r} \frac{r_e}{6} \langle r^2 \rangle, \qquad (7.3.11)$$

das von *Langevin*[5] stammende klassische Ergebnis [Kittel, 2013, 11.5]. Es setzt an Atome oder Moleküle gebundene Elektronen voraus und ist daher vor allem für Isolatoren gültig.

---

[5] Paul Langevin, 1872–1946.

Eine Substanz hat pro Elektron etwa 1 Neutron und 1 Proton; damit kann man die Anzahl der Elektronen mit $n \approx 3{\times}10^{23}/\mathrm{g}$ angeben. Nimmt man wieder $\langle r^2 \rangle = a_{\mathrm{B}}^2$ für den mittleren Beitrag des einzelnen Elektrons und berücksichtigt $\chi_m \approx \chi_B$, so ist die Suszeptibilität pro Gramm

$$\chi^{(\mathrm{mass})} = \frac{\chi_m}{\rho_m} = -n\frac{r_e a_{\mathrm{B}}^2}{6k_r} \overset{\mathrm{G}}{\approx} -3 \times 10^{23}\mathrm{g}^{-1} \frac{2.8 \times 10^{-13}\,\mathrm{cm}}{6} 5.3^2 \times 10^{-18}\,\mathrm{cm}^2$$

$$\overset{\mathrm{G}}{\approx} -0.4 \times 10^{-6}\,\mathrm{g}^{-1}\,\mathrm{cm}^3. \tag{7.3.12}$$

$\chi^{(\mathrm{mass})}$ ist die sogenannte *spezifische Suszeptibilität* bzw. *Massensuszeptibilität*. Der Tab. 7.1 kann man entnehmen, dass sich die Suszeptibilitäten $\chi^{(\mathrm{mass})}$ nicht um Größenordnungen unterscheiden und durch (7.3.12) erstaunlich gut genähert werden. Eine Ausnahme bildet Graphit, in dem sich π-Elektronen innerhalb der Sechsecke der Schichtstruktur bewegen können. Daraus resultiert eine stark anisotrope Suszeptibilität, wie aus der Tab. 7.1 hervorgeht.

Tab. 7.1. Diamagnetische Suszeptibilitäten bei Raumtemperatur $\chi_m^{\mathrm{SI}} = 4\pi\chi_m$

Substanz	$\chi^{(\mathrm{mol})}$ $[\mathrm{mol}^{-1}\,\mathrm{cm}^3]$	Molmasse $[\mathrm{g\,mol}^{-1}]$	$\chi^{(\mathrm{mass})}$ $[\mathrm{g}^{-1}\,\mathrm{cm}^3]$	ρ_m $[\mathrm{g\,cm}^{-3}]$	χ_m
H_2O^a	-13.0×10^{-6}	18.0	-0.72×10^{-6}	1.00	-0.7×10^{-6}
Bi^a	-280.1×10^{-6}	209.0	-1.34×10^{-6}	9.78	-13.1×10^{-6}
Diamant^a	-5.9×10^{-6}	12.0	-0.49×10^{-6}	3.51	-1.7×10^{-6}
He^a	-2.0×10^{-6}	4.0	-0.50×10^{-6}	0.00017	-8.5×10^{-11}
Xe^a	-45.5×10^{-6}	131.3	-0.35×10^{-6}	0.0055	-1.9×10^{-9}
pyrolyt. Graphit$^b \chi_\perp$	-189.3×10^{-6}	12.0	-15.78×10^{-6}	2.27	-35.8×10^{-6}
pyrolyt. Graphit$^b \chi_\parallel$	-35.8×10^{-6}	12.0	-2.98×10^{-6}	2.27	-12.6×10^{-6}

^{a} χ^{mol}: *CRC Handbook of Chemistry and Physics*, 79th ed., D.R. Lide, Editor; CRC Press: Boca Raton 1998; chapter 4, S. 130–135.
^{b} χ_m: M.D. Simon und A.K. Geim J. Appl. Phys. **87**, 6200 (2000).
Die Anisotropie des pyrolytischen Graphits kann bei Proben, die höheren Temperaturen ausgesetzt wurden, sehr viel stärker ausgeprägt sein (D.B. Fischbach, Phys.Rev. **123**, 1613 (1961)).

Landau-Diamagnetismus

Die Quantenmechanik beschreibt ein (spinloses) Elektron, das sich in einem konstanten Magnetfeld, gegeben mittels $\mathbf{A} = \mathbf{B} \times \mathbf{x}/2$, befindet, mit dem Hamilton-Operator $\mathcal{H}$ [Schwabl, 2007, (7.2)]

$$\mathcal{H} = \frac{1}{2m_e}\left(\mathbf{p} - \frac{k_L}{c}e\mathbf{A}\right)^2 = \frac{\mathbf{p}^2}{2m_e} - \frac{k_L e}{2m_e c}\mathbf{B}\cdot\mathbf{L} + \frac{k_L^2 e^2 B^2}{8m_e c^2}\varrho^2.$$

Der zweite Term ist paramagnetisch und der dritte diamagnetisch, wobei ein Vergleich zeigt, dass für $\langle \varrho^2 \rangle \sim a_B^2$ der paramagnetische Term dominiert. Für sphärisch symmetrische Atome, d.h. $\langle L_z \rangle = 0$, $\langle \varrho^2 \rangle = 2 \langle r^2 \rangle / 3$, erhalten wir das klassische Ergebnis für das magnetische Moment und die Suszeptibilität der Bahnbewegung eines Teilchens [Kittel, 2013, (11.10)]:

$$\boldsymbol{\mu} = -\frac{\partial E}{\partial \mathbf{B}} = -\frac{k_L^2 e^2 \mathbf{B}}{6 m_e c^2}, \qquad\qquad \chi_B = \mu_0 \frac{\partial \mu}{\partial B}.$$

In den Gebieten der statistischen Mechanik und des Magnetismus geht man immer von (äußeren) Magnerfeldern $\mathbf{H}$ aus, d.h., die obige Berechnung des magnetischen Moments geht von der inneren Energie $E = \langle \mathcal{H} \rangle$ aus, wobei $\langle ... \rangle$ den thermischen Mittelwert bezeichnet [Schwabl, 2006, (6.1.12)] und

$$\langle \mu \rangle = -\left\langle \frac{\partial \mathcal{H}}{\mathbf{H}} \right\rangle.$$

Man betrachtet also nur magnetische Suszeptibilitäten χ_m. In den bisherigen Rechnungen fällt dies nicht ins Gewicht, da χ_B nahezu gleich χ_m ist.

In Metallen können die Leitungselektronen weitgehend als wechselwirkungsfreies Gas betrachtet werden, wobei der Spin später separat betrachtet werden soll. Geladene Teilchen, die sich unter dem alleinigen Einfluss eines homogenen Magnetfeldes $\mathbf{B}$ bewegen, führen in der Ebene senkrecht auf das Feld eine Kreisbewegung mit der Zyklotronfrequenz ω_c aus, wie in (5.4.14) gezeigt wurde. Hier setzen Quantenmechanik und Quantenstatistik ein. Einerseits steht den Elektronen in der Materie nur eine endliche Zahl an Energieniveaus zur Verfügung, die bei genügend tiefen Temperaturen alle bis zur Fermi-Energie E_F besetzt sind. Besetzt heißt hier, dass jeder Zustand, wie es die *Fermi-Statistik* vorschreibt, nur $2s + 1 = 2$-fach entartet sein darf. Das Spektrum der Energieeigenwerte wird jedoch durch das Einschalten des Magnetfeldes geändert, da die Kreisbewegung der Elektronen um das Feld quantisiert ist (*Landau-Niveaus*).

Die Berechnung der Suszeptibilität geht über den in diesem Buch selbstgesteckten Rahmen hinaus, weshalb wir hier nur das Ergebnis angeben [Schwabl, 2006, (6.4.13)]; k_F ist die Wellenzahl zur Fermi-Energie.

$$\chi_{\text{Landau}} = -\mu_0 \frac{e_0^2 k_L^2}{12 \pi^2 m_e c^2} k_F. \tag{7.3.13}$$

Der Spin des Elektrons liefert den paramagnetischen Beitrag (Pauli-Paramagnetismus) $\chi_P = -3 \chi_{\text{Landau}}$ zur Suszeptibilität, so dass vom Elektrongas in Metallen insgesamt ein paramagnetischer Beitrag kommt. Wir nehmen hier vorweg, dass die Suszeptibilität der freien Elektronen sich auf den Teilen

$$\chi = \chi_P + \chi_{\text{Landau}} + \chi_{\text{osz}}$$

zusammensetzt, wobei χ_{osz} ein oszillierender Teil ist, der die de-Haas-van-Alphen-Oszillationen beschreibt [Schwabl, 2006, S. 287].

Supraleiter

In vielen Metallen verschwindet bei sehr niedrigen Temperaturen $T \leq T_c \sim$ 10 K für einen Gleichstrom jeglicher elektrischer Widerstand. Dieses Phänomen, 1911 von *Kamerlingh-Onnes* entdeckt, wird auf mikroskopischer Ebene von der Quantenmechanik erklärt (BCS-Theorie). Aber auch auf makroskopischer Ebene können einige Aspekte verstanden werden, bzw. es kann gezeigt werden, dass diese nicht im Widerspruch zur Elektrodynamik stehen, wie im Abschnitt 5.4.3 dargelegt ist.

Der Strom $\mathbf{j}_s$ fließt in einem Supraleiter nahe der Oberfläche, wie aus (5.4.35), Seite 187 hervorgeht und hindert so $\mathbf{B}$ am Eindringen in den Körper. $\mathbf{B}$ und $\mathbf{j}_s$ streben nach der London'schen Theorie beim Eindringen in den Supraleiter exponentiell gegen null (siehe (5.4.34) und (5.4.35), Seite 187), wobei die Eindringtiefe $\Lambda \sim 10^2 - 10^3$ Å beträgt.

Im Inneren des Supraleiters ist $\mathbf{B} = 0$ (Meissner-Ochsenfeld-Effekt). Wir haben festgestellt, dass aus (5.4.30) div $\mathbf{j}_s = 0$ folgt. Es lässt sich so in Analogie zu $\mathbf{j}_M$ der Strom in die Form

$$\mathbf{j}_s = (c/k_L) \operatorname{rot} \mathbf{M}_s \tag{7.3.14}$$

bringen, womit (Ampère'sches Durchflutungsgesetz)

$$\operatorname{rot}(\mathbf{B}/\mu_0 - 4\pi k_r \mathbf{M}_s) = 0.$$

Somit sind die Tangentialkomponenten von $\mathbf{H} = \mathbf{B}/\mu_0 + 4\pi k_r \mathbf{M}_s$ stetig, und an der Oberfläche ist $\mathbf{H}$ gleich dem externen $\mathbf{B}_e/\mu_0$. Im Inneren ist $\mathbf{B} = \mu_0(1 + 4\pi k_r \chi_m)\mathbf{H} = 0$, d.h.

$$\chi_m = -1/4\pi k_r. \tag{7.3.15}$$

In Abb. 7.15 ist das innere Feld

$$\mathbf{B} = \mathbf{B}_e + 4\pi k_r \mu_0 \mathbf{M}_s$$

als Funktion des äußeren Feldes $\mathbf{B}_e$ aufgetragen. Wird $B_e \geq B_c$, so bricht die Supraleitung zusammen und das System wird normalleitend.

Supraleiter, deren Verhalten durch Abb. 7.15 beschrieben wird, werden als Supraleiter 1. Art bezeichnet. Es sind das fast nur Elemente, kaum Legierungen, die ein sehr niedriges T_c gemeinsam haben, so dass sie für technische Anwendungen kaum in Frage kommen.

Anmerkungen: Man kann für den Meissner-Effekt auch eine andere anschauliche Erklärung finden. Nach der BCS-Theorie sind die an der Supraleitung beteiligten Elektronen über das Kristallgitter zu sogenannten *Cooper-Paaren* gekoppelt. Diese Quasiteilchen haben den Spin $S = 0$, liefern so keinen paramagnetischen Beitrag und schirmen $\mathbf{B}$ komplett ab, da sie aufgrund ihres ganzzahligen Spins der *Bose-Statistik* gehorchen, deren Zustände bezüglich ihrer Besetzungszahlen keiner Einschränkung unterliegen.

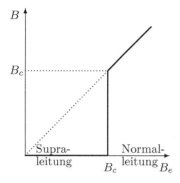

B

B_c

Supra-
leitung

Normal-
leitung

B_c B_e

Abb. 7.15. Inneres Feld B als Funktion des externen Feldes B_e in einem Supraleiter 1. Art. Ist $B_e \leq B_c$ so wird B_e so abgeschirmt, dass $B = 0$ (Meissner-Ochsenfeld-Effekt), was bedeutet, dass $4\pi k_r \mu_0 M_s = -B_e$ linear ansteigt

Der überwiegende Teil der supraleitenden Substanzen, die sogenannten Supraleiter 2. Art (*gemischter Zustand*), haben jedoch ein anderes Verhalten im Magnetfeld. Es treten zwei kritische Werte $\mathbf{B}_{c1}$ und $\mathbf{B}_{c2}$ auf (unteres und oberes kritisches Feld).

$B_e < B_{c1}$: Wir haben einen Meissner-Zustand wie im Supraleiter 1. Art ($\mathbf{B}=0$).

$B_{c1} < B_e < B_{c2}$: Es kommt zu einer Koexistenz von normalleitenden und supraleitenden Bereichen, was einen gemischten Zustand ergibt, der als Shubnikov-Phase bezeichnet wird. Die Kurve fällt bei B_{c1} senkrecht ab.

$B_e > B_{c1}$: Es bilden sich Flussfäden, die man sich als normalleitende Linien vorstellen kann, um die ein Kreisstrom fließt. Die Flussfäden bilden ein Dreiecksgitter.

Fast alle supraleitenden Legierungen und alle Hochtemperatursupraleiter sind von 2. Art; von den Elementen ist es nur Niobium.

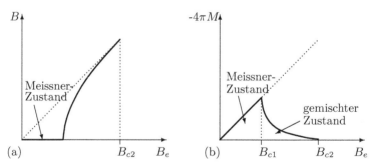

B

Meissner-
Zustand

(a) B_{c2} B_e

$-4\pi M$

Meissner-
Zustand

gemischter
Zustand

(b) B_{c1} B_{c2} B_e

Abb. 7.16. Supraleiter 2. Art: (a) B als Funktion des äußeren Feldes $\mathbf{B}_e$ (b) Die Magnetisierung als Funktion von B_e

7.3.2 Paramagnetismus

Haben die Atome oder Moleküle einer Substanz ein magnetisches Moment und ist die Wechselwirkung zwischen den Momenten so schwach, dass sie vernachlässigt werden kann, so ist die Substanz paramagnetisch. In einem äußeren

Feld versuchen die Momente sich parallel zum Feld auszurichten. Dem steht die Temperaturbewegung entgegen, die keine bestimmte Richtung bevorzugt. Magnetisches Moment (7.3.8) und magnetische Energie eines Atoms sind

$$\boldsymbol{\mu} = -g_J \mu_B \hat{\mathbf{J}}, \qquad\qquad \mathcal{H} = -\boldsymbol{\mu}\cdot\mathbf{B}.$$

$\mu_B = e_0 k_L \hbar / 2 m_e c$ (siehe (7.3.7)) und $\hat{\mathbf{J}} = \mathbf{J}/\hbar$. Von der Quantenmechanik übernehmen wir, dass $\hat{\mathbf{J}}^2 = j(j+1)$ und setzen das in den Landé-Faktor ein (7.3.9)

$$g_J = 1 + \frac{j(j+1) + s(s+1) - l(l+1)}{2j(j+1)}. \qquad (7.3.16)$$

Mit der Boltzmann-Statistik kann das klassische Zustandsintegral

$$Z = \int d\Omega \, e^{\boldsymbol{\mu}\cdot\mathbf{B}/k_B T} = \frac{4\pi k_B T}{\mu B} \sinh\left(\frac{\mu B}{k_B T}\right)$$

analog zum Dipolmoment auf Seite 190 berechnet werden, wobei $\mathbf{B} = B\mathbf{e}_z$. k_B ist die Boltzmann-Konstante und T die Temperatur.

Für das mittlere Moment erhält man

$$\langle \boldsymbol{\mu} \rangle = \frac{1}{Z} \int d\Omega \, \boldsymbol{\mu} \, e^{\boldsymbol{\mu}\cdot\mathbf{B}/k_B T} = L\left(\frac{\mu B}{k_B T}\right) \mu \, \mathbf{e}_z \,, \qquad (7.3.17)$$

wobei

$$L(u) = \left(\coth u - \frac{1}{u}\right) \stackrel{u\to 0}{=} \frac{1}{u}\left(1 + \frac{u^2}{3} - \frac{u^4}{45} + ...\right) - \frac{1}{u} = \frac{u}{3}\left(1 - \frac{u^2}{15}\right) + ... \quad (7.3.18)$$

die Langevin-Funktion ist. Man beachte, dass $\langle \boldsymbol{\mu} \rangle$ sich immer parallel zu $\mathbf{B}$ auszurichten versucht, da der Gewichtsfaktor maximal für $\boldsymbol{\mu}\|\mathbf{e}_z$ ist. Sei N die Dichte der Atome/Moleküle, so ist

$$\mathbf{M} = N\langle \boldsymbol{\mu} \rangle = N \begin{cases} (g_J \mu_B J)^2 \, \mathbf{B}/3k_B T & \text{für} \quad g_J J \mu_B B \ll k_B T \\ g_J \mu_B J \mathbf{B}/B & \text{für} \quad g_J J \mu_B B \gg k_B T \end{cases} \qquad (7.3.19)$$

die Magnetisierung. Daraus folgt für schwache Felder/hohe Temperaturen das *Curie'sche Gesetz*

$$\chi_m = \mu_0 N (g_J \mu_B)^2 \frac{j(j+1)}{3k_B T} \,, \qquad (7.3.20)$$

wobei wiederum $\chi_m \approx \chi_B$ verwendet wurde.

Die Berechnung von $\langle \boldsymbol{\mu} \rangle$ kann nur unter Heranziehung von Quantentheorie und statistischer Mechanik befriedigend erklärt werden [Schwabl, 2006, S. 280]

Die Werte der paramagnetischen Suszeptibilität sind von der Größenordnung $\chi_m \sim 10^{-5}$ und liegen damit insbesondere bei tiefen Temperaturen

Tab. 7.2. Paramagnetische Suszeptibilitäten bei Raumtemperatur. $\chi_m^{SI} = 4\pi\chi_m$.

Substanz	$\chi^{(mol)\,a}$ [$\mathrm{mol^{-1}\,cm^3}$]	Molmasse [$\mathrm{g\,mol^{-1}}$]	$\chi^{(mass)}$ [$\mathrm{g^{-1}\,cm^3}$]	ρ_m [$\mathrm{g\,cm^{-3}}$]	χ_m
Al	16.5×10^{-6}	27.0	0.61×10^{-6}	2.70	1.65×10^{-6}
Cs	29×10^{-6}	132.9	0.22×10^{-6}	1.87	0.41×10^{-6}
K	21×10^{-6}	39.1	0.53×10^{-6}	0.86	0.46×10^{-6}
O_2	3450×10^{-6}	32.0	107.8×10^{-6}	0.00143	0.15×10^{-6}
Pd	540×10^{-6}	106.4	5.07×10^{-6}	12.0	61.0×10^{-6}
Pt	193×10^{-6}	195.1	0.99×10^{-6}	21.5	21.0×10^{-6}
Rb	17×10^{-6}	85.5	0.20×10^{-6}	1.63	0.32×10^{-6}
Sr	92×10^{-6}	87.6	1.05×10^{-6}	2.54	2.67×10^{-6}

[a] Molare Suszeptibilitäten aus: *CRC Handbook of Chemistry and Physics*, 79th ed., D.R. Lide, Editor; CRC Press: Boca Raton 1998; chapter 4, S. 130–135.

um etwa eine Größenordnung über denen der diamagnetischen Suszeptibilität. Charakteristische Werte bei Zimmertemperatur sind in der Tab. 7.2 angeführt. Eine Sättigung von **M** wird erreicht, wenn alle magnetischen Momente parallel zum Feld ausgerichtet sind, was Feldstärken von $10^6\,G$ erfordert.

Der hier skizzierte *Langevin-Paramagnetismus* ist nicht die einzige Form von Paramagnetismus. Man kennt noch den

Pauli-Paramagnetismus: Freie (Leitungs-)Elektronen in Metallen werden als freies Elektronengas im Magnetfeld betrachtet, wobei die Elektronenspins an **B** koppeln. Zum Pauli-Paramagnetismus kommt noch der *Landau-Diamagnetismus* von der Bahnbewegung der Elektronen hinzu.

Van Vleck-Paramagnetismus: Substanzen, deren Atome/Moleküle im Grundzustand durch **J** $= 0$ gekennzeichnet sind, können in angeregten Zuständen **J** $\neq 0$ haben. Diese beiden Formen des Paramagnetismus sind meist schwächer als der Langevin-Paramagnetismus.

7.3.3 Ferromagnetismus

Die Wechselwirkung atomarer magnetischer Momente auf der Basis der Dipol-Dipol-Wechselwirkung (4.3.6) ist zu schwach, um eine eine parallele Ausrichtung benachbarter magnetischer Momente zu bewirken. Ferromagnetismus beruht auf der Austauschwechselwirkung, die auf die Coulomb-Wechselwirkung und das Pauli-Prinzip zurückgeführt werden kann. Es gibt mehrere Formen der Austauschwechselwirkung, denen gemeinsam ist, dass sie mithilfe der klassischen Physik nicht erklärt werden können und so den hier vorgegebenen Rahmen sprengen. Die Austauschwechselwirkung ist kurzreichweitig, d.h., sie ist merkbar nur zwischen nächsten und bestenfalls übernächsten Nachbarn. Je nach Vorzeichen kann sie eine Parallel- oder Antiparallel-Stellung der magnetischen Momente benachbarter Atome bevorzugen. Ordnen sich magnetische

Momente parallel, wie z.B. in Fe, Ni, EuO, Gd, so hat man einen Ferromagneten. Es tritt eine spontane Magnetisierung auf. Einige Eigenschaften:

- Die Sättigungsmagnetisierung wird, verglichen mit dem Paramagneten, bei schwachen Feldern (k Gauß) erreicht.
- Die lineare Relation $\mathbf{M} = \chi_m \mathbf{H}$ muss durch einen funktionalen Zusammenhang ersetzt werden, wie dieser in Abb. 7.21, Seite 270 skizziert ist.
- Die „Anfangssuszeptibilität" liegt beim Ferromagnet im Bereich von $10 - 10^4$ (Paramagnet 10^{-5}).
- Nach dem Abschalten des Magnetfeldes bleibt eine vom Material abhängende Restmagnetisierung zurück.
- Oberhalb der *Curie-Temperatur* T_c reicht die Stärke der Wechselwirkung für die parallele Anordnung benachbarter magnetischer Momente nicht mehr aus und die Substanz wird paramagnetisch.
- Ferromagnete sind feste Körper mit Kristallstruktur. Im Ferromagnet existieren Bereiche, die sogenannten *Weiß'schen Bezirke*, in denen die Orientierung der magnetischen Momente gleich ist. Die Bereiche sind durch *Bloch-Wände* in denen die Orientierung der Magnetisierung wechselt, getrennt.

Molekularfeldnäherung

Im Heisenberg-Modell geht man von Spins aus, die an festen Gitterpunkten sitzen und über eine Austauschwechselwirkung J_{ij}, die hier die Dimension einer Energie hat, gekoppelt sind:

$$\mathcal{H} = -\frac{1}{2} \sum_{i,j} J_{ij} \hat{\mathbf{S}}_i \cdot \hat{\mathbf{S}}_j - g\mu_B \sum_i \hat{\mathbf{S}}_i \cdot \mathbf{B} \quad \text{mit} \quad J_{ii} = 0 \quad \text{und} \quad \mathbf{S}_i = \hbar \hat{\mathbf{S}}_i . \quad (7.3.21)$$

$\mathbf{B} = B\mathbf{e}_z$ ist ein externes Magnetfeld, das die Richtung von $\mathbf{M} \| \mathbf{B}$ festlegt. Wir wechseln nun (7.3.21) von $\mathbf{S}$ zu

$$\boldsymbol{\mu} = g\mu_B \hat{\mathbf{S}} . \quad (7.3.22)$$

Die Richtung von $\boldsymbol{\mu}$ und $\mathbf{S}$ sind hier gleich und haben die Tendenz, sich parallel zu $\mathbf{B}$ einzustellen.

$$\mathcal{H} = -\frac{1}{2(g\mu_B)^2} \sum_{i,j} J_{ij} \boldsymbol{\mu}_i \cdot \boldsymbol{\mu}_j - \sum_i \boldsymbol{\mu}_i \cdot \mathbf{B} . \quad (7.3.23)$$

In der Molekularfeldnäherung nimmt man an, dass die magnetischen Momente

$$\boldsymbol{\mu}_i = \langle \boldsymbol{\mu}_i \rangle + \delta \boldsymbol{\mu}_i$$

nur wenig von ihrem Mittelwert abweichen. Eingesetzt in (7.3.23), vernachlässigt man die Fluktuationen $\delta \boldsymbol{\mu}_i \cdot \delta \boldsymbol{\mu}_j$ und erhält die Hamilton-Funktion in Molekularfeldnäherung

$$\mathcal{H}_{MFT} = -\sum_i \boldsymbol{\mu}_i \cdot \mathbf{h}_i + \frac{1}{2(g\mu_B)^2} \sum_{ij} J_{ij} \langle \boldsymbol{\mu}_i \rangle \langle \boldsymbol{\mu}_j \rangle \quad (7.3.24)$$

mit dem Molekularfeld

$$\mathbf{h}_i = \frac{1}{(g\mu_B)^2} \sum_j J_{ij} \langle \boldsymbol{\mu}_j \rangle + \mathbf{B}\,. \tag{7.3.25}$$

Wir nehmen jetzt noch an, dass der Spin (das magnetische Moment) auf allen Gitterplätzen gleich ist und auch die gleiche Umgebung[6] hat („Bravaisgitter"). Damit sind Mittelwerte und Molekularfeld vom Gitterplatz i unabhängig:

$$\mathbf{h} = \Big(\frac{\tilde{J}}{(g\mu_B)^2} \langle \mu \rangle + B \Big) \mathbf{e}_z \quad \text{mit} \quad \langle \boldsymbol{\mu}_i \rangle = \langle \mu \rangle \mathbf{e}_z \quad \text{und} \quad \tilde{J} = \sum_j J_{ij}\,.$$

Wie beim Paramagnet bewegt sich $\boldsymbol{\mu}_i$ unabhängig in einem mittleren Feld, nur mit dem Unterschied, dass dieses Feld hier nicht extern ist, sondern von den $\langle \boldsymbol{\mu}_j \rangle$ der umgebenden Momente gebildet wird. Daraus folgt analog zu (7.3.17)

$$\langle \boldsymbol{\mu} \rangle = \frac{1}{Z} \int \mathrm{d}\Omega\, \boldsymbol{\mu}\, \mathrm{e}^{\boldsymbol{\mu}\cdot\mathbf{h}/k_B T} = \mu_s\, L\Big(\frac{\mu_s h}{k_B T} \Big)\, \mathbf{e}_z \quad \text{mit} \quad \mu_s = g\mu_B S, \tag{7.3.26}$$

wobei L wiederum die Langevin-Funktion (7.3.18) ist.

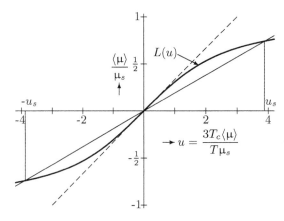

Abb. 7.17. Langevin-Funktion $L(u)$ mit $L(\infty) = 1$. Jede Gerade mit kleinerer Steigung als $L'(0) = 1/3$ (strichlierte Gerade) schneidet $L(u)$ in $\pm x_0$; die Werte $L(\pm u_s)$ sind die Magnetisierung $\langle \mu \rangle / \mu_s$ zu einer gegebenen Temperatur

Für $B = 0$ bestimmt man $\langle \mu \rangle$ selbstkonsistent aus

$$\frac{\langle \mu \rangle}{\mu_s} = u\, \frac{k_B T}{S^2 \tilde{J}} = L(u) \stackrel{u \le 1}{\underset{B=0}{=}} \frac{u}{3}\Big(1 - \frac{u^2}{15} \Big) \quad \text{mit} \quad u = \frac{S^2 \tilde{J}}{k_B T}\, \frac{\langle \mu \rangle}{\mu_s}\,. \tag{7.3.27}$$

$\langle \mu \rangle = 0$ ist immer eine Lösung und Abb. 7.17 ist zu entnehmen, dass für niedrige Temperaturen zwei Lösungen mit endlichem $\langle \mu \rangle$ hinzukommen. Die strichliert eingezeichnete Tangente ist gegeben durch $\langle \mu \rangle / \mu_s = u/3$, was gleich ist zu

$$k_B T_c = S^2 \tilde{J}/3\,. \tag{7.3.28}$$

---

[6] Im NaCl-Kristall haben die Na^+-Ionen die Nachbarn an denselben Positionen wie die Cl^--Ionen, aber es sind jeweils die anderen Ionen; im Diamant wiederum hat ein C-Atom zwar die gleichen Nachbaratome in den gleichen Abständen wie das benachbarte C-Atom, jedoch in unterschiedlichen Richtungen.

Ersetzt man $S^2 \tilde{J}$ durch $3k_B T_c$, so ist $u = \dfrac{3T_c}{T} \dfrac{\langle \mu \rangle}{\mu_s}$. Eingesetzt in (7.3.27) erhält man

$u = \sqrt{15 \dfrac{T_c - T}{T_c}}$. Das ergibt für $T \lesssim T_c$ und $B = 0$ das magnetische Moment

$$\langle \mu \rangle \approx \pm g \mu_B S \sqrt{\frac{5}{3} \frac{T_c - T}{T_c}}. \tag{7.3.29}$$

Wir haben also bei T_c den Übergang von einer Phase mit endlichem $\langle \mu \rangle$ zu einer mit $\langle \mu \rangle = 0$. Das Verhalten des Ordnungsparameters $\langle \mu \rangle$ bei Annäherung an T_c mit $|T_c - T|^{1/2}$ ist typisch für die Molekularfeldtheorie.

Bei endlichem B gibt es keinen Phasenübergang, da in diesem Fall, wie aus Abb. 7.18 hervorgeht, die Magnetisierung $\mathbf{M} = N \langle \mu \rangle$ nie verschwindet (N bezeichnet die Spindichte). Es genügt dann die Näherung $L(u) \approx u/3$, woraus für das magnetische Moment für $T \geq T_c$ folgt

$$\frac{\langle \mu \rangle}{\mu_s} = L\left(\left(3 \frac{\langle \mu \rangle}{\mu_s} + \frac{\mu_s B}{k_B T_c} \right) \frac{T_c}{T} \right) \approx \left(\frac{\langle \mu \rangle}{\mu_s} + \frac{\mu_s B}{3 k_B T_c} \right) \frac{T_c}{T}.$$

Die Substanz ist somit in der paramagnetischen Phase

$$\langle \mu \rangle \approx \frac{\mu_s^2}{3 k_B (T - T_c)} B,$$

woraus für die Suszeptibilität das *Curie-Weiß-Gesetz* folgt

$$\chi_m = \mu_0 N \frac{\mu_s^2}{3 k_B (T - T_c)}. \tag{7.3.30}$$

Auch dieses singuläre Verhalten der Suszeptibilität nahe dem Phasenübergang ist für die Molekularfeldtheorie charakteristisch.

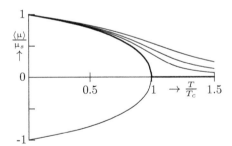

Abb. 7.18. Magnetisierung in Molekularfeldnäherung. Für $B = 0$ sind beide Einstellungen $\pm \langle \mu \rangle$ möglich. Das endliche Feld ($B \mu_s / k_B T_c = 0.1, 0.2, 0.4$) zeichnet eine Magnetisierungsrichtung aus

Weiß'sche Bezirke

Der Ferromagnet auf der Basis der Austauschwechselwirkung hat für $\mathbf{B} \to 0$ zwei Einstellungsmöglichkeiten mit den Magnetisierungen $\pm \mathbf{M}$; beide führen zur gleichen minimalen (freien) Energie; ohne ein Feld sind vorerst alle Richtungen gleichwertig. Ist die Austauschwechselwirkung jedoch anisotrop, so sind nicht alle Richtungen gleichwertig. In Eisen z.B. mit einem kubisch raumzentrierten Gitter (bcc) ist es für die Spins einfacher, sich in Richtung der Achsen $\pm\mathbf{e}_x$, $\pm\mathbf{e}_y$ oder $\pm\mathbf{e}_z$ zu orientieren.

Man kann sich vorstellen, dass sich die Spins in einer größeren Umgebung parallel einstellen, aber in einem anderen Bereich in eine andere Richtung orientiert sind. Diese Bereiche werden *Weiß'sche Bezirke* genannt. Die Grenzen zwischen Bereichen verschieden orientierter Magnetisierung sind die bereits erwähnten Bloch-Wände, die in polykristalliner Struktur manchmal an Korngrenzen liegen können. Es ist energetisch günstiger, wenn die Spins zwischen zwei Bezirken die Orientierung nur langsam ändern, d.h., die Bloch-Wände sind viele Atomlagen dick ($\sim 300\,\text{Å}$).

Zur Energieänderung an einer Bloch-Wand: Die Spins werden entlang der z-Achse um π gedreht. In der yz-Ebene sind dann zu festem x alle Spins parallel. Hierbei nehmen wir an, dass $J \neq 0$ nur zwischen nächsten Nachbarn gilt und dass entlang der z-Achse, also senkrecht auf die Bloch-Wand, nur zwei nächste Nachbarn vorhanden sind, wie es in Abb. 7.19 skizziert ist. Es genügt also die Energieänderung der Spinkonfiguration einer linearen Kette abzuschätzen. Sind die Spins für $1, ..., i$ in die z-Richtung orientiert und $i+1, ...$ in die entgegengesetzte Richtung $(-z)$, so ist die Energieänderung der Kette $\Delta E = 2J\,S^2$.

Wird die Drehung auf n Spins verteilt, $\varphi = \pi/n$, so ist

$$\mathbf{S}_i \cdot \mathbf{S}_{i+1} = \cos(\frac{\pi}{n})\,S^2 \overset{n \gg 1}{\approx} \left(1 - \frac{\pi^2}{2n^2}\right)S^2 \quad \Rightarrow \quad \Delta E = nJS^2\frac{\pi^2}{n^2} \sim \frac{1}{n}.$$

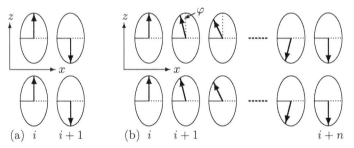

(a) i $i+1$ (b) i $i+1$ $i+n$

Abb. 7.19. Die Domänen-Wand steht senkrecht auf die z-Achse   (a) Der Spin wird in einer Atomlage um π gedreht   (b) Die Drehung von einer Atomlage zur nächsten beträgt $\varphi = \pi/n$ und erstreckt sich so auf n Atomlagen

Innerhalb einer idealen Gitterstruktur sind die Bloch-Wände beim Anlegen eines Feldes in reversibler Form verschiebbar, d.h., wenn an den Ferromagnet ein schwaches Feld angelegt wird, so dehnen sich vorerst die Bezirke mit günstiger Magnetisierung auf Kosten der anderen aus. Erst bei hohen Feldstärken klappt die Magnetisierung ganzer Bezirke in Richtung des Feldes um (*Barkhausen-Sprünge*).

Ist der in Abb. 7.20 skizzierte Quader homogen magnetisiert, $\mathbf{M} = M\,\mathbf{e}_x$, so sind auf den yz-Basisflächen magnetische Oberflächenladungen

$$\rho_M = -\operatorname{div}\mathbf{M} = M\big[\delta(a-x) - \delta(a+x)\big]\theta(b-|y|)\theta(c-|z|)\,,$$

die den Feldlinienverlauf im Außenraum bestimmen. Teilt man den Quader in der skizzierten Art in Domänen auf, so können Oberflächenladungen nur mehr an den schräg eingezeichneten Grenzlinien auftreten. Mithilfe des Normalenvektors $\mathbf{n}$ auf der Grenzlinie zwischen $\mathbf{M}_2$ und $\mathbf{M}_3$ kann man zeigen, dass die Normalkomponente der Magnetisierung stetig durch diese geht, wenn $\alpha = \pi/4$:

$$\mathbf{n} = -\mathbf{e}_x + \tan\alpha\,\mathbf{e}_y \quad\Rightarrow\quad \mathbf{n}\cdot\mathbf{M}_2 = M\tan\alpha\,, \qquad \mathbf{n}\cdot\mathbf{M}_3 = M\,.$$

Es gibt also keine magnetischen Ladungen $\rho_M = -\operatorname{div}\mathbf{M} = 0$ und in Folge ist auch $\operatorname{div}\mathbf{H} = 0$.

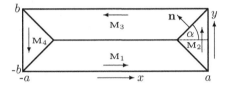

Abb. 7.20. Aufteilung eines Quaders in vier Domänen ($|\mathbf{M}_i| = M$, $i = 1,...,4$). Für $\alpha = \pi/4$ dringt kein Feld in den Außenraum

Weiche und harte Ferromagnete

Wird ein unmagnetisierter Ferromagnet in ein Feld $\mathbf{H}$ gebracht, so wird seine Magnetisierung so lange wachsen, bis bei einem Wert $\mathbf{H}_s$ die Sättigungsmagnetisierung $\mathbf{M}_s$ erreicht ist, bei der alle Drehimpulsmomente parallel zum Feld ausgerichtet sind. In Abb. 7.21 ist das die vom Ursprung ausgehende *Neukurve*. Sie ist im unteren Teil durch die Verschiebung der Domänen gekennzeichnet; ein Vorgang der reversibel ist. Dieser Vorgang wird bei zunehmendem $\mathbf{H}$ irreversibel bis zuletzt die Magnetisierung der verbleibenden Domänen in die Richtung von $\mathbf{H}$ gedreht (gekippt) wird. In diesem Teil der Neukurve wird der Anstieg von M gegen H deutlich schwächer.

Nimmt man jetzt das Feld wieder zurück, so bleibt bei $H = 0$ eine Restmagnetisierung (M_r) zurück. Erst bei der Feldstärke $-H_c$ (*Koerzitivfeldstärke*) geht die Magnetisierung auf null, um bei $-H_s$ wieder den Sättigungswert zu erreichen. Statt im HM-Diagramm der Abb. 7.21 kann man Magnetisierungskurven in einem HB-Diagramm darstellen. M_s ist durch den Wert (H_s, B_s) bestimmt, ab dem $M_s = (B_s/\mu_0 - H_s)/4\pi k_r$ nicht mehr anwächst. Es ist $B_r = 4\pi k_r \mu_0 M_r$. Das Koerzitivfeld H_{cb} für $B = 0$ unterscheidet sich jedoch von H_c für $M = 0$.
Man unterscheidet

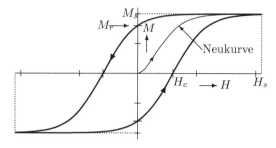

Abb. 7.21. Magnetisierung eines Ferromagneten im äußeren Feld **H**; Hysteresis-Schleife: Sättigungsmagnetisierung $\mathbf{M}_s$; remanente Magnetisierung M_r und Koerzitiv-Feldstärke H_c

- *weichmagnetische Substanzen*: $0.002\,\mathrm{Oe} \leq H_c \leq 1\,\mathrm{Oe}$,
- *Hartmagnete*: $500\,\mathrm{Oe} \leq H_c \leq 10\,000\,\mathrm{Oe}$.

In Abb. 7.21 ist die von der Magnetisierungskurve eingeschlossene Fläche proportional der Energiedichte u, die in einem Umlauf aufgewandt werden muss,

$$u = \frac{1}{8\pi k_r} \oint \mathbf{B}\cdot d\mathbf{H} = \frac{\mu_0}{2} \oint \mathbf{M}\cdot d\mathbf{H}, \tag{7.3.31}$$

da $\oint \mathbf{H} \cdot d\mathbf{H} = 0$. Je kleiner die bei einem Durchlauf der Hysteresekurve eingeschlossene Fläche ist, desto geringer sind die Verluste. Die Energiedichte $(B\,H)_{\max}$ wird in $10^6\,\mathrm{G\,Oe}$ angegeben, was äquivalent zu $10^6\,[\mathrm{erg/cm^3}]$ ist.

- *weichmagnetische Substanzen*: $(B\,H)_{\max}$: $20 - 5\,000\,\mathrm{erg/cm^3}$,
- *hartmagnetische Substanzen*: $(B\,H)_{\max}$: $10^5 - 10^6\,\mathrm{erg/cm^3}$.

χ_m und in Folge μ setzen einen linearen Zusammenhang von M und H voraus, der im Ferromagnet nicht gegeben ist. Es gibt verschiedene Permeabilitäten.

Tab. 7.3. Sättigungsmagnetisierung und Permeabilität ferromagnetischer Substanzen bei Raumtemperatur. J_s ist die Sättigungspolarisation/Magnetisierung. W_H ist der Hysteresis-Verlust pro Zyklus.

Substanz	Formel (Produkt)	J_s [kG]	B_r [kG]	H_c [Oe]	$\mu_{\max}$ 10^5	T_c [°C]	$(BH)_{\max}$ 10^6 G Oe	W_H [erg/cm^3]
Supermalloy[a]	79Ni16Fe5Mo	.63		0.002	10	673		20
78 Permalloy[a]	78Ni22Fe	.84		0.05	1	650		500
reines Eisen[a]		171		0.01	3.5	1040		600
AlNiCo[b]	AlNiCo44/5		13.5	590		850	5.6	
SmCo[b]	Sm32/15–17		11.5	9500		825	31	
Neodym (NdFeB)[b]	N45SH		13.5	12600		340	44	

[a] *CRC Handbook of Cemistry and Physics*, 92th ed., D.R. Lide, Editor; CRC Press: Boca Raton 2012; Kapitel 12, S. 112–114.
[b] http://maurermagnetic.ch/PDF/51_E.pdf (Maurer Magnetic AG) heruntergeladen am 9.8. 2014; keine Angaben zur Zusammensetzung.

Ausgehend von der Neukurve in Abb. 7.21 definiert man die *Anfangspermeabilität*

$$\mu^{(i)} = \frac{1}{\mu_0} \frac{\partial B}{\partial H}\bigg|_{H=0}. \tag{7.3.32}$$

Mit *Amplitudenpermeabilität* bezeichnet man den linearen Zusammenhang $\mu^{(a)} = B/H\mu_0$. $\mu^{(a)}$ beginnt mit dem Wert von $\mu^{(i)}$, steigt dann bis zu einem Maximum an, um bei $B \lesssim B_s$ abzufallen. Nimmt man die Ableitung in (7.3.32) bei endlichen Werten von H, d.h., überlagert man Gleichstromwerte von H mit einem schwachen Wechselfeld, so erhält man die *reversible Permeabilität* $\mu^{(\mathrm{rev})} = (1/\mu_0)\partial B/\partial H\big|_H$.

In der Tab. 7.3 sind Daten für einige Ferromagnete aufgelistet; gerade für Fe hängen die Werte sehr sensibel von Bearbeitung und der Fe-Konzentration ab.

Aufgaben zu Kapitel 7

7.1. *Helmholtz'scher Zerlegungssatz*: Gegeben sei das Feld $\mathbf{v}(\mathbf{x}) = q(\mathbf{x}-\mathbf{x}_0)/|\mathbf{x}-\mathbf{x}_0|^3$. Zeigen Sie, dass der Helmholtz'sche Zerlegungssatz (7.1.16) unverändert gilt, obwohl $\mathbf{v}$ an der Stelle $\mathbf{x}_0$ singulär ist.

7.2. *Teilchen im homogenen Feld*: Nehmen Sie die Hamilton-Funktion $\mathcal{H}(\mathbf{x}, \boldsymbol{P})$ eines Teilchens im homogenen Magnetfeld $\mathbf{B}$ und zeigen Sie, dass das magnetische Moment gegeben ist durch

$$\mathbf{m} = -\frac{\partial \mathcal{H}}{\partial \mathbf{B}} = \mathbf{x} \times \frac{e\mathbf{v}}{2c}.$$

7.3. *Magnetisches Drehmoment*: Vorhanden sei ein Stromkreis $\mathbf{j}(\mathbf{x})$ in einem äußeren Feld, gegeben durch $\mathbf{A}^e(\mathbf{x})$. Bestimmen Sie das Drehmoment des Stromkreises (4.3.7) aus der Feldenergie, indem Sie dem Stromkreis eine infinitesimale starre Drehung $\delta\mathbf{x} = \delta\boldsymbol{\varphi} \times \mathbf{x}$ auferlegen.

Hinweis: $\mathbf{j}'(\mathbf{x}') = \mathbf{j}(\mathbf{x}') - \delta\boldsymbol{\varphi} \times \mathbf{j}(\mathbf{x}')$.

7.4. Berechnen Sie das Vektorpotential (7.1.31') der homogen magnetisierten Kugel.

7.5. *Felder in der Achse des Stabmagneten*: Die Felder $\mathbf{H}(\varrho, z)$ und $\mathbf{B}(\varrho, z)$ eines parallel zur Zylinderachse homogen magnetisierten Stabmagneten vom Radius a und der Länge $2l$ (siehe Abb. 7.4) sind einfach, wenn man sich auf die z-Achse ($\varrho = 0$) beschränkt.

1. Zeigen Sie, dass das Feld für $|z| \gg l$ das eines Dipols ist.
2. Berechnen Sie auf der z-Achse $\mathbf{H}(0, z)$ aus dem skalaren Potential ϕ_M und $\mathbf{B}(0, z)$ aus dem Vektorpotential $\mathbf{A}(0, z)$. Bestimmen Sie noch die Ringspannungen Z_H und Z_B (siehe (1.3.1)).

7.6. *Halbunendlicher, magnetisierter Quader*: Gegeben sei der in Abb. 7.9, S. 238 skizzierte Quader mit homogener Magnetisierung: $\mathbf{M} = M\mathbf{e}_z$.

Berechnen Sie das skalare Potential ϕ_M und die Felder $\mathbf{H}(\mathbf{x}, \mathbf{x}_0)$ und $\mathbf{B}(\mathbf{x}, \mathbf{x}_0)$ für den Referenzpunkt $\mathbf{x}_0$, wenn $X, Y, Z \to \infty$.

7.7. *Gegeninduktivität zweier Kreisleiter*:

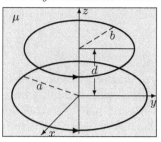

Abb. 7.22. Zwei konzentrische Kreisleiter, eingebettet in ein Medium der Permeabilität μ, seien um d gegeneinander verschoben

1. Zeigen Sie, dass

$$L_{12} = \frac{4\pi\mu}{c^2}\sqrt{ab}\left[\left(\frac{2}{k} - k\right)K(k) - \frac{2}{k}E(k)\right]$$

die Gegeninduktivität der beiden in Abb. 7.22 skizzierten Kreisleiter ist. $K(k)$ und $E(k)$ sind die vollständigen elliptischen Integrale 1. und 2. Art (siehe (B.5.4) und (B.5.5)) mit $k^2 = \dfrac{4ab}{(a+b)^2 + d^2}$.

2. Geben Sie das Resultat im Limes $d \ll a$ für $a = b$ an und vergleichen Sie es mit der Selbstinduktivität einer Drahtschleife.

Literaturverzeichnis

R. Becker, F. Sauter *Theorie der Elektrizität 2*, 8. Aufl. Teubner Stuttgart (1959)

O. Blumenthal *Ueber die Zerlegung unendlicher Vektorfelder*, Math. Ann. **61**, 235–250 (1905)

Charles Augustin de Coulomb *Septième mémoire sur l'éctricité et le magnétisme*, Mémoires del l'Académie royale des sciences **92**, 455–505 (1789), gedruckt 1793; siehe *Collections de Mémoires relatifs à la Physique, publié par la société française de physique, Tome 1, Mémoires de Coulomb*, Paris, Gauthier-Villars (1884)

D. J. Griffiths *Elektrodynamik* 3. Aufl., Pearson München (2011)

J. D. Jackson *Klasssische Elektrodynamik*, 4. Aufl., Walter de Gruyter, Berlin (2006)

Ch. Kittel *Einführung in die Festkörperphysik*, 15. Aufl. Oldenbourg-Verlag München (2013)

L. D. Landau & E. M. Lifschitz, Bd. 8 *Elektrodynamik der Kontinua*, 5. Aufl. Akademie-Verlag Berlin (1990)

J. C. Maxwell *Lehrbuch der Electricität und des Magnetismus* Bd. 2, Springer Berlin (1883)

John Michell *A treatise of artificial magnets*, Cambridge (1750)

D. Petrascheck, R. Folk *Helmholtz' decomposition theorem and Blumenthal's extension by regularization*, Condens. Matter Phys. **20**, 13002 (2017).

D. Petrascheck *Unit system independent formulation fo electrodynamics*, Eur. J. Phys. **42** 045201 (12pp) (2021)

F. Schwabl *Statistische Mechanik*, 3. Aufl., Springer Berlin (2006)

F. Schwabl *Quantenmechanik*, 7. Aufl. Springer Berlin (2007)

F. Schwabl *Quantenmechanik für Fortgeschrittene* 5. Aufl., Springer Berlin (2008)

A. Sommerfeld, *Elektrodynamik*, 5. Aufl. Akad. Verlagsges. Leipzig (1967)

G. Uhlenbeck und S. Goudsmit *Naturwissenschaften* **47**, 953 (1925)

8

Felder von bewegten Ladungen

In diesem Kapitel wird versucht Lösungen der Maxwell-Gleichungen im Vakuum in ihrer vollen Zeitabhängigkeit zu erfassen. Das Hauptinteresse gilt dabei der periodischen Bewegung einer Ladungsverteilung und der von dieser hervorgerufenen elektromagnetischen Strahlung.

8.1 Vektor- und skalares Potential in Lorenz-Eichung

Zu bestimmen sind die Felder $\mathbf{E}$ und $\mathbf{B}$ aus den Maxwell-Gleichungen im Vakuum (1.3.21) für gegebene Ladungs- und Stromdichten:

$$
\begin{array}{lll}
\text{(a)} & \mathbf{\nabla}\cdot\mathbf{E} = 4\pi k_C \rho, & \text{(b)} \quad \mathbf{\nabla}\times\mathbf{E} + \dfrac{k_L}{c}\,\dot{\mathbf{B}} = 0, \\[2mm]
\text{(c)} & k_L\mathbf{\nabla}\times\mathbf{B} - \dfrac{1}{c}\dot{\mathbf{E}} = \dfrac{4\pi k_C}{c}\,\mathbf{j}, & \text{(d)} \quad \mathbf{\nabla}\cdot\mathbf{B} = 0.
\end{array}
\tag{8.1.1}
$$

$$
\text{SI:} \quad
\begin{array}{lll}
\text{(a)} & \mathbf{\nabla}\cdot\mathbf{E} = \rho/\epsilon_0, & \text{(b)} \quad \mathbf{\nabla}\times\mathbf{E} + \dot{\mathbf{B}} = 0, \\[2mm]
\text{(c)} & \mathbf{\nabla}\times\mathbf{B} - \mu_0\epsilon_0\dot{\mathbf{E}} = \mu_0\mathbf{j}, & \text{(d)} \quad \mathbf{\nabla}\cdot\mathbf{B} = 0.
\end{array}
\tag{8.1.1'}
$$

Das sind über Zeitableitungen gekoppelte Differentialgleichungen, die in der Statik wegen $\dot{\mathbf{E}} = \dot{\mathbf{B}} = 0$ entkoppelt waren. Hier werden wir versuchen entkoppelte Gleichungen für geeignet definierte Potentiale $\phi(\mathbf{x}, t)$ und $\mathbf{A}(\mathbf{x}, t)$ anzugeben, mithilfe derer die Felder bestimmt werden können. Aufgrund der Quellenfreiheit $\mathbf{\nabla}\cdot\mathbf{B} = 0$ der magnetischen Flussdichte gilt

$$
\mathbf{B} = \mathbf{\nabla}\times\mathbf{A}.
\tag{8.1.2}
$$

Damit ergibt die Induktionsgleichung (8.1.1b)

Ergänzende Information Die elektronische Version dieses Kapitels enthält Zusatzmaterial, auf das über folgenden Link zugegriffen werden kann https://doi.org/10.1007/978-3-662-68528-0_8.

D. Petrascheck und F. Schwabl, *Elektrodynamik*,
https://doi.org/10.1007/978-3-662-68528-0_8

$$\boldsymbol{\nabla} \times \left(\mathbf{E} + \frac{k_L}{c}\,\dot{\mathbf{A}}\right) = 0\,.$$

Verschwindet die Rotation eines Vektors, so ist dieser aus einem skalaren Potential herleitbar:

$$\left(\mathbf{E} + \frac{k_L}{c}\,\dot{\mathbf{A}}\right) = -\boldsymbol{\nabla}\phi\,.$$

Die Felder sind somit durch die Potentiale ϕ und $\mathbf{A}$ bestimmt:

$$\mathbf{E} = -\boldsymbol{\nabla}\phi - \frac{k_L}{c}\,\dot{\mathbf{A}}, \qquad\qquad \mathbf{B} = \boldsymbol{\nabla} \times \mathbf{A}\,. \qquad (8.1.3)$$

Nun sind Gleichungen herzuleiten mit deren Hilfe ϕ und $\mathbf{A}$ für gegebene Ladungs- und Stromdichten berechnet werden können. Das Einsetzen von $\mathbf{E}$ in den Kraftflusssatz (8.1.1a) ergibt

$$\operatorname{div}\mathbf{E} = -\nabla^2\phi - \frac{k_L}{c}\operatorname{div}\dot{\mathbf{A}} = 4\pi k_C\rho\,. \qquad (8.1.4)$$

Wir addieren auf beiden Seiten $\ddot{\phi}/c^2$ und erhalten so

$$\left(\frac{1}{c^2}\frac{\partial^2}{\partial t^2} - \Delta\right)\phi(\mathbf{x},t) \equiv \Box\,\phi(\mathbf{x},t) = 4\pi k_C\rho + \frac{1}{c}\frac{\partial}{\partial t}\left(k_L\boldsymbol{\nabla}\cdot\mathbf{A} + \frac{1}{c}\frac{\partial\phi}{\partial t}\right). \quad (8.1.5)$$

Der Operator

$$\Box = \frac{1}{c^2}\frac{\partial^2}{\partial t^2} - \Delta \qquad (8.1.6)$$

wird als d'Alembert-Operator oder manchmal auch als „Quabla" bezeichnet.

Anmerkung: Die Definition (8.1.6) hängt mit der verwendeten 4-dimensionalen Schreibweise zusammen. Ein Raum-Zeit-Punkt (12.2.1) ist durch $x^\mu = (ct, \mathbf{x})$ gegeben und $\Box$ ist das 4-dimensionale Pendant zu Δ: $\Box = \frac{\partial}{\partial x_\mu}\frac{\partial}{\partial x^\mu}$ mit $\mu = 0, 1, 2, 3$. Die Vorzeichen im Skalarprodukt sind durch die Diagonalelemente des metrischen Tensors $g^{\mu\mu} = (1, -1, -1, -1)$ bestimmt. Diese werden nach Rindler [2006, S. 214] als *Signatur* bezeichnet. Sexl, Urbantke [1976, S. 159] nennen in ihrem Buch die Differenz von positiven zu negativen Diagonalelementen Signatur; sie hat hier den Wert -2. Gebräuchlich ist auch die Signatur $+2$ bzw. $(-1, 1, 1, 1)$.

Jetzt werden $\mathbf{E}$ und $\mathbf{B}$ (8.1.3) in die Ampère-Maxwell-Gleichung (8.1.1c) eingesetzt, wobei die Identität $\operatorname{rot}\operatorname{rot}\mathbf{A} = \operatorname{grad}\operatorname{div}\mathbf{A} - \Delta\mathbf{A}$ verwendet wird:

$$\operatorname{rot}\mathbf{B} = \operatorname{grad}\operatorname{div}\mathbf{A} - \Delta\mathbf{A} = \frac{4\pi k_C}{ck_L}\,\mathbf{j} - \frac{1}{ck_L}\frac{\partial}{\partial t}\left(\boldsymbol{\nabla}\phi + \frac{k_L}{c}\,\dot{\mathbf{A}}\right).$$

Die Umordnung ergibt

$$\Box\,\mathbf{A} = \frac{4\pi k_C}{ck_L}\,\mathbf{j} - \boldsymbol{\nabla}\left(\boldsymbol{\nabla}\cdot\mathbf{A} + \frac{1}{ck_L}\frac{\partial\phi}{\partial t}\right). \qquad (8.1.7)$$

Es sind das gekoppelte Differentialgleichungen für ϕ und $\mathbf{A}$. Erfüllen die Potentiale die *Lorenz-Bedingung*[1] auch *Lorenz-Eichung* genannt:

$$\boldsymbol{\nabla}\cdot\mathbf{A}+\frac{1}{ck_L}\frac{\partial}{\partial t}\phi=0, \tag{8.1.8}$$

so entkoppeln die Differentialgleichungen für die Potentiale $(\phi,\mathbf{A})$:

$$\Box\phi=4\pi k_C\rho\overset{\text{SI}}{=}\rho/\epsilon_0\,, \qquad\qquad \Box\mathbf{A}=\frac{4\pi k_C}{ck_L}\mathbf{j}\overset{\text{SI}}{=}\mu_0\mathbf{j}. \tag{8.1.9}$$

Die Lorenz-Bedingung (8.1.8) ist nicht die einzige Möglichkeit die Potentiale $(\phi,\mathbf{A})$ festzulegen. Die Felder $\mathbf{E}$ und $\mathbf{B}$ bleiben unter Eichtransformationen

$$\mathbf{A}'=\mathbf{A}+\boldsymbol{\nabla}\chi, \qquad\qquad \phi'=\phi-\frac{k_L}{c}\dot{\chi} \tag{8.1.10}$$

ungeändert (Eichinvarianz), was durch Einsetzen in (8.1.3)

$$\begin{aligned} \mathbf{E}'&=-\boldsymbol{\nabla}\big(\phi-\frac{k_L}{c}\dot{\chi}\big)-\frac{k_L}{c}\big(\dot{\mathbf{A}}+\boldsymbol{\nabla}\dot{\chi}\big)=\mathbf{E},\\ \mathbf{B}'&=\boldsymbol{\nabla}\times\big(\mathbf{A}+\boldsymbol{\nabla}\chi\big)=\mathbf{B} \end{aligned} \tag{8.1.11}$$

unmittelbar ersichtlich wird ($\boldsymbol{\nabla}\times\boldsymbol{\nabla}\chi=0$). Die Eichfunktion χ kann demnach beliebig gewählt werden, soweit sie nur hinreichend glatt (d.h. genügend oft stetig differenzierbar) ist. Dann vertauschen die gemischten Ableitungen.

Wir gehen davon aus, dass $(\phi,\mathbf{A})$ die Lorenz-Bedingung (8.1.8) erfüllen und nützen die Freiheit in der Wahl von χ so, dass $(\phi',\mathbf{A}')$ einer speziellen Eichtransformation genügen:

$$\boldsymbol{\nabla}\cdot\mathbf{A}+\frac{1}{ck_L}\dot{\phi}=\boldsymbol{\nabla}\cdot(\mathbf{A}'-\boldsymbol{\nabla}\chi)+\frac{1}{ck_L}\frac{\partial}{\partial t}\big(\phi'+\frac{k_L}{c}\frac{\partial}{\partial t}\chi\big)=\boldsymbol{\nabla}\cdot\mathbf{A}'+\frac{1}{ck_L}\dot{\phi}'+\Box\chi=0.$$

Die Eichfunktion genügt also der inhomogenen Wellengleichung

$$\Box\chi=-\boldsymbol{\nabla}\cdot\mathbf{A}'-\frac{1}{ck_L}\frac{\partial}{\partial t}\phi'. \tag{8.1.12}$$

Wenn $(\phi',\mathbf{A}')$ die Lorenz-Eichung erfüllen, so sind sie bis auf die Lösung der homogenen Wellengleichung $\Box\chi=0$ festgelegt. Zu jeder speziellen Wahl einer Eichung, wie etwa der *Coulomb-Eichung* $\boldsymbol{\nabla}\cdot\mathbf{A}'=0$ kann zur Lösung der inhomogenen Gleichung (8.1.12) die der homogenen Gleichung addiert werden.

8.2 Retardierte Potentiale

8.2.1 Die inhomogene Wellengleichung

$\rho(\mathbf{x},t)$, $\mathbf{j}(\mathbf{x},t)$ sind vorgegeben und gesucht sind ϕ und $\mathbf{A}$. Zu lösen sind für beide Potentiale inhomogene Wellengleichungen der Form

---

[1] Ludvig Lorenz, 1829–1891

$$\Box\psi(\mathbf{x}, t) = q(\mathbf{x}, t)\,, \tag{8.2.1}$$

wie sie durch (8.1.9) gegeben sind. ϕ und $\mathbf{A}$ erfüllen dann die Lorenz-Bedingung (8.1.8). Vorerst wird jedoch die Green'sche Funktion bestimmt, die eine Lösung der inhomogenen Wellengleichung mit der Inhomogenität $q(\mathbf{x}, t) = \delta^{(3)}(\mathbf{x})\,\delta(t)$ ist:

$$\Box D(\mathbf{x}, t) = \delta^{(3)}(\mathbf{x})\,\delta(t)\,. \tag{8.2.2}$$

Die Lösung ist dann

$$\psi(\mathbf{x}, t) = \int \mathrm{d}^3x'\,\mathrm{d}t'\,D(\mathbf{x}-\mathbf{x}', t-t')\,q(\mathbf{x}', t')\,, \tag{8.2.3}$$

wie man durch Anwendung von $\Box$ auf ψ mittels (8.2.2) verifizieren kann. Zu ψ können noch Lösungen von $\Box\psi' = 0$ addiert werden.

Die retardierte Green-Funktion

Es erweist sich als einfacher, zuerst die Fourier-Transformierte

$$D(\mathbf{k}, \omega) = \int \mathrm{d}^3x\,\mathrm{d}t\,\mathrm{e}^{-\mathrm{i}(\mathbf{k}\cdot\mathbf{x}-\omega t)}D(\mathbf{x}, t) \tag{8.2.4}$$

zu berechnen und dann durch Rücktransformation

$$D(\mathbf{x}, t) = \int \frac{\mathrm{d}^3k}{(2\pi)^3}\,\frac{\mathrm{d}\omega}{2\pi}\,\mathrm{e}^{\mathrm{i}(\mathbf{k}\cdot\mathbf{x}-\omega t)}D(\mathbf{k}, \omega)\,. \tag{8.2.5}$$

Daraus folgt

$$\Box D(\mathbf{x}, t) = \int \frac{\mathrm{d}^3k}{(2\pi)^3}\,\frac{\mathrm{d}\omega}{2\pi}\Big(-\frac{\omega^2}{c^2} + k^2\Big)\mathrm{e}^{\mathrm{i}\mathbf{k}\cdot\mathbf{x}-\mathrm{i}\omega t}D(\mathbf{k}, \omega) = \delta^{(3)}(\mathbf{x})\,\delta(t)\,.$$

Von links multipliziert mit $\int \mathrm{d}^3x\,\mathrm{d}t\,\mathrm{e}^{-\mathrm{i}\mathbf{k}'\cdot\mathbf{x}+\mathrm{i}\omega't}$ erhält man

$$\Big(-\frac{\omega'^2}{c^2} + k'^2\Big)D(\mathbf{k}', \omega') = 1 \quad\Rightarrow\quad D(\mathbf{k}, \omega) = \frac{-c^2}{\omega^2 - c^2k^2}\,. \tag{8.2.6}$$

Zunächst wird

$$D(\mathbf{k}, t) = -c^2 \int \frac{\mathrm{d}\omega}{2\pi}\,\mathrm{e}^{-\mathrm{i}\omega t}\frac{1}{\omega^2 - c^2k^2} \tag{8.2.7}$$

berechnet. In (8.2.3) könnten zum Potential $\psi(\mathbf{x}, t)$ auch Beiträge von $q(\mathbf{x}', t')$ von Zeiten $t' > t$ kommen, die akausal wären. Aus Gründen der Kausalität sollte daher das Integral für $t < t'$ verschwinden:

$$D(\mathbf{k}, t) = 0 \quad\text{für}\quad t < 0\,.$$

Die Integration von (8.2.7) führt man in der komplexen Ebene mit dem *Cauchy'schen Residuensatz* (B.1.10) aus, wobei die Kausalität die Integrationswege C in Abb. 8.1 bestimmt.

Ist $f(z)$ analytisch in dem von C eingeschlossenen Gebiet, ausgenommen m isolierte, einfache Pole, so ist nach (B.1.10)

$$\oint_C \mathrm{d}z\, f(z) = 2\pi\mathrm{i} \sum_{k=1}^{m} R(z_k) \quad \text{mit} \quad R(z_k) = \lim_{z \to z_k} (z - z_k) f(z). \qquad (8.2.8)$$

Die Pole von $f(z) = D(\mathbf{k}, z)\,\mathrm{e}^{-\mathrm{i}zt}/(2\pi)$ sind an den Stellen $z_k = \pm ck$, so dass

$$R(\pm ck) = -\frac{c^2}{2\pi} \lim_{z \to \pm ck} (z \mp ck) \frac{\mathrm{e}^{-\mathrm{i}zt}}{z^2 - c^2k^2} = \mp \frac{c}{4\pi k}\,\mathrm{e}^{\mp\mathrm{i}ckt}. \qquad (8.2.9)$$

Nun liegen die Pole $\omega = \pm ck$ von (8.2.7) auf der reellen Achse und als Integrationsweg C wird die reelle Achse mit einem ∞-Halbkreis genommen, der so zu schließen ist, dass das Integral über den Halbkreis nichts beiträgt. Für $t < 0$ verschwindet der Integrand mit $\mathrm{e}^{-\mathrm{i}\omega t}$ exponentiell in der oberen Halbebene und für $t > 0$ in der unteren.

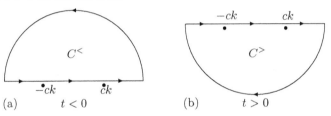

Abb. 8.1. Integrationswege zur Berechnung der retardierten Green-Funktion $G(\mathbf{k}, t)$ in der komplexen ω-Ebene. (a) $C^<$ für $t < 0$ (b) $C^>$ für $t > 0$

$t < 0$: Der Integrationsweg $C^<$ führt entlang der reellen ω-Achse von $-\infty$ zu ∞ und wird mit einem Halbkreis in der oberen komplexen Halbebene geschlossen. $C^<$ darf keinen Pol einschließen, wie in Abb. 8.1 gezeigt, damit $D(\mathbf{k}, t) = 0$

$$\oint_{C^<} \frac{\mathrm{d}\omega}{2\pi}\,\mathrm{e}^{-\mathrm{i}\omega t} D(\mathbf{k}, \omega) = \int_{-\infty}^{\infty} \frac{\mathrm{d}\omega}{2\pi}\,\mathrm{e}^{-\mathrm{i}\omega t} D(\mathbf{k}, \omega) + \underbrace{\int_{\cap} \frac{\mathrm{d}\omega}{2\pi}\,\mathrm{e}^{-\mathrm{i}\omega t} D(\mathbf{k}, \omega)}_{\to\, 0} = 0.$$

$t > 0$: Der geschlossene Integrationsweg $C^>$ führt auf der reellen Achse von $-\infty$ bis ∞ und wird mit dem unendlichen Halbkreis auf der unteren Halbebene geschlossen, so dass beide Pole bei $\omega = \pm ck$ von $C^<$ eingeschlossen sind. (8.2.8) muss ein negatives Vorzeichen vorangestellt werden, da der Weg im Uhrzeigersinn durchlaufen wird. Die Residuen entnehmen wir (8.2.9):

$$\oint_{C>} \frac{d\omega}{2\pi} e^{-i\omega t} D(\mathbf{k},\omega) = \int_{-\infty}^{\infty} \frac{d\omega}{2\pi} e^{-i\omega t} D(\mathbf{k},\omega) + \underbrace{\int_{\cup} \frac{d\omega}{2\pi} e^{-i\omega t} D(\mathbf{k},\omega)}_{\to 0}$$

$$= i\frac{c}{2k}\big(-e^{ickt} + e^{-ickt}\big)$$

$$D(\mathbf{k},t) = \int_{-\infty}^{\infty} \frac{d\omega}{2\pi} e^{-i\omega t} D(\mathbf{k},\omega) = \frac{c}{k}\theta(t)\,\sin(ckt). \tag{8.2.10}$$

Räumliche Fourier-Transformation: Da $D(\mathbf{k},t)$ nur von k abhängt, geht man zu Polarkoordinaten. Die φ-Integration ergibt 2π:

$$D(\mathbf{x},t) = \frac{c\theta(t)}{(2\pi)^2} \int_0^{\infty} dk\, k\,\sin(ckt) \int_{-1}^{1} d\xi\, e^{ikr\xi} = \frac{c\theta(t)}{2r\pi^2} \int_0^{\infty} dk\, \sin(ckt)\,\sin(kr)$$

$$= \frac{c\theta(t)}{8r\pi^2} \int_{-\infty}^{\infty} dk \Big(\cos(kr-ckt) - \cos(kr+ckt)\Big)$$

$$= \frac{c\theta(t)}{8r\pi^2} \int_{-\infty}^{\infty} dk \big(e^{ik(r-ct)} - e^{ik(r+ct)}\big).$$

Beide Terme ergeben δ-Funktionen (siehe (B.6.14)). Da $r + ct$ für $t > 0$ nie verschwindet, trägt der 2. Term auch nicht zu $D(\mathbf{x},t)$ bei und man erhält

$$D(\mathbf{x},t) = \theta(t)\,\frac{c}{4\pi r}\delta(r-ct). \tag{8.2.11}$$

Das ist die retardierte Green-Funktion, die automatisch kausal ist[2]. Allgemeiner formuliert, bekommt man

$$\Box D(\mathbf{x}-\mathbf{x}',t-t') = \delta^{(3)}(\mathbf{x}-\mathbf{x}')\delta(t-t') \tag{8.2.12}$$

mit der retardierten (kausalen) Green-Funktion

$$D(\mathbf{x}-\mathbf{x}',t-t') = \theta(t-t')\,\frac{1}{4\pi|\mathbf{x}-\mathbf{x}'|}\delta\Big(t-t' - \frac{|\mathbf{x}-\mathbf{x}'|}{c}\Big). \tag{8.2.13}$$

Liénard-Wiechert-Potentiale

Setzen wir nun (8.2.13) in (8.2.3) ein, so folgt

$$\psi(\mathbf{x},t) = \frac{1}{4\pi} \int d^3x' \int_{-\infty}^{t} dt' \frac{1}{|\mathbf{x}-\mathbf{x}'|} \delta\Big(t-t' - \frac{|\mathbf{x}-\mathbf{x}'|}{c}\Big) q(\mathbf{x}',t')$$

$$= \frac{1}{4\pi} \int d^3x' \frac{q(\mathbf{x}',t_r)}{|\mathbf{x}-\mathbf{x}'|} \qquad \text{mit} \quad t_r = t - \frac{|\mathbf{x}-\mathbf{x}'|}{c}. \tag{8.2.14}$$

---

[2] Bei der Berechnung der (akausalen) avancierten Green-Funktion inkludiert man die beiden Pole bei der Integration über den oberen Halbkreis für $t < 0$

$$D_a(\mathbf{x},t) = -\theta(-t)\frac{c}{4\pi r}\delta(r+ct).$$

Zum Potential an einem Punkt $\mathbf{x}, t$ tragen Ladungen und Ströme bei, die sich zu einer früheren Zeit t' an einem Punkt $\mathbf{x}'$ in der Entfernung $|\mathbf{x}-\mathbf{x}'| = c(t-t')$ befunden haben, wie es in Abb. 8.2 skizziert ist. $\delta(t-t'-|\mathbf{x}-\mathbf{x}'|/c)$ wählt die Zeit t' aus dem Abstand $|\mathbf{x}-\mathbf{x}'|$ aus, den das Licht in der Zeit $t-t'$ zurücklegt.

Setzen wir nun für die Inhomogenität $q(\mathbf{x}, t) \to 4\pi k_C \rho(\mathbf{x}, t)$ bzw. $q(\mathbf{x}, t) \to \frac{4\pi k_C}{ck_L}\mathbf{j}(\mathbf{x}, t)$ ein, so erhalten wir die retardierten Potentiale

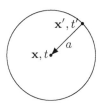

Abb. 8.2. Zum Punkt $(\mathbf{x}, t)$ tragen von einem Zeitpunkt t' nur Ladungen/Ströme $q(\mathbf{x}', t')$ bei, die auf einer Kugeloberfläche um $(\mathbf{x}, t)$ mit dem Radius $a = c(t - t')$ liegen

$$\phi(\mathbf{x}, t) = 4\pi k_C \int \mathrm{d}^3 x' \int \mathrm{d}t' \, D(\mathbf{x}-\mathbf{x}', t-t')\, \rho(\mathbf{x}', t'),$$
$$\mathbf{A}(\mathbf{x}, t) = \frac{4\pi k_C}{ck_L} \int \mathrm{d}^3 x' \, \mathrm{d}t' D(\mathbf{x}-\mathbf{x}', t-t')\, \mathbf{j}(\mathbf{x}', t'). \tag{8.2.15}$$

Durch Auswertung des Integrals über die Zeit erhält man gemäß (8.2.14)

$$\phi(\mathbf{x}, t) = k_C \int \mathrm{d}^3 x' \, \frac{\rho(\mathbf{x}', t_r)}{|\mathbf{x}-\mathbf{x}'|}, \tag{8.2.16}$$
$$\mathbf{A}(\mathbf{x}, t) = \frac{k_C}{ck_L} \int \mathrm{d}^3 x' \, \frac{\mathbf{j}(\mathbf{x}', t_r)}{|\mathbf{x}-\mathbf{x}'|}, \qquad t_r = t - \frac{|\mathbf{x}-\mathbf{x}'|}{c}, \qquad \mathrm{SI:}\ \frac{k_C}{ck_L} = \frac{\mu_0}{4\pi}.$$

Das sind die Liénard-Wiechert-Potentiale. Sie erfüllen die Lorenz-Eichung (8.1.8), da wir ja von den entkoppelten Gleichungen (8.1.9) ausgegangen sind.

Bemerkungen: Man kann die Liénard-Wiechert-Potentiale mithilfe der Faltung (B.5.31) kompakter formulieren:

$$\phi(\mathbf{x}, t) = 4\pi k_C (D * \rho)(\mathbf{x}, t), \qquad \mathbf{A}(\mathbf{x}, t) = \frac{4\pi k_C}{ck_L}(D * \mathbf{j})(\mathbf{x}, t). \tag{8.2.17}$$

Führen wir gemäß Tab. 13.2, S. 501 die folgenden vierdimensionalen Vektoren ein

$$(j^\mu) = (c\rho, \mathbf{j}), \qquad (A^\mu) = (\phi/k_L, \mathbf{A}), \qquad \mu = 0, 1, 2, 3, \tag{8.2.18}$$

so können wir die Liénard-Wiechert-Potentiale (8.2.15) in der Form

$$A^\mu(\mathbf{x}, t) = A_h^\mu(x) + \frac{4\pi k_C}{ck_L} \int \mathrm{d}^4 x' \, \frac{1}{c} D(x-x') j^\mu(x'), \qquad \mu = 0, 1, 2, 3 \tag{8.2.19}$$

angeben. Hierbei haben wir die Integration über t' durch eine über $x'^0 = ct'$, die nullte Komponente des Ereignisvektors, ersetzt und eine Lösung der homogenen

Wellengleichung $A_h^\mu(x)$ hinzugefügt. Man nennt diese Schreibweise *kovariant* und sie wird in der speziellen Relativitätstheorie (SRT) verwendet.

Die retardierten Potentiale, sowohl das skalare als auch das Vektorpotential wurden von Lorenz [1867, S. 247 und S. 249] hergeleitet und es wird auf S. 253 für die Potentiale auch die Lorenz-Eichung angegeben. Die Arbeit ist jedoch wenig beachtet worden [Kragh, 2016]. Bald nach dem Nachweis des Elektrons 1897 berechnen Liénard [1898, (12)–(13)] und Wiechert [1900, (25)–(26)] voneinander unabhängig die retardierten Potentiale für eine Punktladung.

Fourier-Zerlegung

Die Liénard-Wiechert-Potentiale sind Lösungen der inhomogenen Wellengleichung (8.2.1). In vielen Fällen ist eine Zerlegung der Lösung $\psi(\mathbf{x}, t)$ in ihre Fourierkomponenten von Vorteil. Sind Strom- und Ladungsverteilungen, repräsentiert durch $q(\mathbf{x}, t)$, auf ein endliches Volumen begrenzt, dann gilt $q(\mathbf{x}, t) = 0$ für $t \to \infty$, was hinreichend für die Fourier-Transformation in Bezug auf $\mathbf{x}$ ist.

Mehr interessiert man sich für Frequenzen ω eines Systems. Die Fourier-Transformation ist wiederum möglich, wenn $q(\mathbf{x}, t = 0)$ für $t \to \pm\infty$ verschwindet[3]. Die Fourierkomponente von ψ ist nach (8.2.3) dann gegeben durch die Faltung

$$\psi_{\mathbf{k}\omega} = \int \mathrm{d}^3x \mathrm{d}t\, e^{-i\mathbf{k}\cdot\mathbf{x}+i\omega t} \psi(\mathbf{x}, t) \tag{8.2.20}$$

$$= \int \mathrm{d}^3x \mathrm{d}t\, e^{-i\mathbf{k}\cdot\mathbf{x}+i\omega t} \int \mathrm{d}^3x' \mathrm{d}t'\, D(\mathbf{x}-\mathbf{x}', t-t') q(\mathbf{x}', t') \quad \begin{cases} \mathbf{x}'' = \mathbf{x}-\mathbf{x}' \\ t'' = t-t' \end{cases}$$

$$= \int \mathrm{d}^3x'' \mathrm{d}t''\, e^{-i\mathbf{k}\cdot\mathbf{x}''+i\omega t''} \int \mathrm{d}^3x' \mathrm{d}t'\, e^{i\mathbf{k}\cdot\mathbf{x}'-i\omega t'}\, D(\mathbf{x}'', t'') q(\mathbf{x}', t')$$

$$= D(\mathbf{k}, \omega)\, q_{\mathbf{k}\omega}.$$

Ausgehend von (8.2.14) erhalten wir die Fourierkomponenten $(t' = t - \frac{k}{\omega}|\mathbf{x}-\mathbf{x}'|)$

$$\psi_\omega(\mathbf{x}) = \int \mathrm{d}t\, e^{i\omega t} \psi(\mathbf{x}, t) \overset{(8.2.14)}{=} \frac{1}{4\pi} \int \mathrm{d}t'\, e^{i\omega t'} \int \mathrm{d}^3x'\, \frac{e^{ik|\mathbf{x}-\mathbf{x}'|}}{|\mathbf{x}-\mathbf{x}'|}\, q(\mathbf{x}', t')$$

$$= \frac{1}{4\pi} \int \mathrm{d}^3x'\, \frac{e^{ik|\mathbf{x}-\mathbf{x}'|}}{|\mathbf{x}-\mathbf{x}'|}\, q_\omega(\mathbf{x}'), \tag{8.2.21}$$

die mit $q_\omega(\mathbf{x}')$ allein durch die Frequenz ω bestimmt sind, wobei q entweder die Ladungsdichte, $q_\omega(\mathbf{x}) = 4\pi k_C \rho_\omega(\mathbf{x})$, oder eine Komponente der Stromdichte $q_\omega(\mathbf{x}) = (4\pi k_C/k_L c) j_{\omega\,i}(\mathbf{x})$ ist.

---

[3] Auf keinen Fall darf $q(\mathbf{x}, t)$ für $t \to \pm\infty$ anwachsen.

Potentiale einer bewegten Punktladung

Eine Punktladung q bewegt sich auf einer Bahn $\mathbf{s}(t')$ mit der Geschwindigkeit $\mathbf{v}(t')$. Ladungsverteilung und Stromdichte sind so bestimmt durch

$$\rho(\mathbf{x}',t') = q\,\delta^{(3)}\big(\mathbf{x}' - \mathbf{s}(t')\big),$$

$$\mathbf{j}(\mathbf{x}',t') = \rho(\mathbf{x}',t')\,\mathbf{v}(t').$$

Eingesetzt in (8.2.16), folgt zunächst, dass

$$\mathbf{A}_q(\mathbf{x},t) = \frac{1}{k_L}\boldsymbol{\beta}(t_r)\,\phi_q(\mathbf{x},t) \qquad \text{mit} \qquad \boldsymbol{\beta}(t_r) = \frac{\mathbf{v}(t_r)}{c}. \tag{8.2.22}$$

Mit der Einführung von $\boldsymbol{\beta}$ haben wir dem Faktum Rechnung getragen, dass die Geschwindigkeit nur im Verhältnis $\frac{v}{c}$ auftritt, was im SI-System ignoriert wird ($k_L = c$). Die Auswertung der δ-Funktion an der Nullstelle $\mathbf{x}_0 = \mathbf{s}(t_r)$ ergibt

$$\delta^{(3)}\big(\mathbf{x}' - \mathbf{s}(t_r)\big) = \frac{\delta^{(3)}(\mathbf{x}' - \mathbf{x}_0)}{|\det \mathsf{J}|} \qquad \text{mit} \qquad J_{ij} = \frac{\partial\big(x_i' - s_i(t_r)\big)}{\partial x_j'},$$

wobei für $t_r = t - \frac{1}{c}|\mathbf{x} - \mathbf{x}'|$ und aufgrund $\delta^{(3)}(\mathbf{x}' - \mathbf{s})$ auch $\mathbf{x}' = \mathbf{s}$ einzusetzen sind:

$$J_{ij} = \delta_{ij} - \frac{\mathrm{d}s_i(t_r)}{\mathrm{d}t_r}\frac{\partial t_r}{\partial x_j'} = \delta_{ij} - v_i\frac{x_j - s_j}{c|\mathbf{x} - \mathbf{s}|}.$$

Sei $\mathbf{X}$ der Vektor von der Punktladung zum Beobachter, skizziert in Abb. 8.3,

$$\mathbf{X}(\mathbf{x},t_r) = \mathbf{x} - \mathbf{s}(t_r), \qquad R(t_r) = |\mathbf{X}(t_r)|, \qquad \mathbf{e}_R(t_r) = \frac{\mathbf{X}(t_r)}{R(t_r)}, \tag{8.2.23}$$

so lässt sich die Jacobi-Matrix darstellen als

$$\mathsf{J} = \mathsf{E} - \boldsymbol{\beta}(t_r) \circ \mathbf{e}_R(t_r),$$

wobei $\circ$ das tensorielle (dyadische) Produkt (A.1.15) der beiden Vektoren bezeichnet. Die Funktionaldeterminante ist dann

$$J = \det \mathsf{J} = 1 - \boldsymbol{\beta}(t_r)\cdot\mathbf{e}_R(t_r). \tag{8.2.24}$$

Bemerkung: Die Gültigkeit von $\det\big(\mathsf{E} + \mathbf{a}\circ\mathbf{b}\big) = 1 + \mathbf{a}\cdot\mathbf{b}$ kann in drei Dimensionen leicht nachgerechnet werden. Die Formel gilt jedoch in $n > 1$ Dimensionen (siehe Aufgabe A.2).

Eingesetzt in die δ-Funktion erhält man

$$\delta^{(3)}\Big(\mathbf{x}' - \mathbf{s}\big(t - \frac{|\mathbf{x} - \mathbf{x}'|}{c}\big)\Big) = \frac{\delta^{(3)}\big(\mathbf{x}' - \mathbf{s}(t_r)\big)}{\big|1 - \boldsymbol{\beta}(t_r)\cdot\mathbf{e}_R(t_r)\big|}.$$

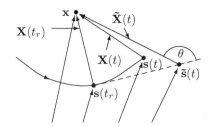

Abb. 8.3. Trajektorie der Punktladung **s**, deren Abstand vom Aufpunkt **x** zu den Zeiten t_r und t gegeben ist durch $\mathbf{X}(t_r)$ und $\mathbf{X}(t)$; $\tilde{\mathbf{s}}(\mathbf{t})$ ist der Ort, an dem sich die Punktladung befinden würde, hätte sie sich mit $\boldsymbol{\beta}(t_r)$ bis zur Zeit t weiterbewegt

Hierbei wird die retardierte Zeit ermittelt aus

$$t_r = t - \frac{R(t_r)}{c} = t - \frac{|\mathbf{x} - \mathbf{s}(t_r)|}{c}. \tag{8.2.25}$$

Die Liénard-Wiechert-Potentiale für eine bewegte Punktladung sind dann

$$\phi_q(\mathbf{x}, t) = k_C \frac{q}{R(t_r)} \frac{1}{1 - \boldsymbol{\beta}(t_r) \cdot \mathbf{e}_R(t_r)} = k_C \frac{q}{R(t_r)\, J(t_r)},$$
$$\mathbf{A}_q(\mathbf{x}, t) = \frac{1}{k_L} \boldsymbol{\beta}(t_r)\, \phi_q(\mathbf{x}, t). \tag{8.2.26}$$

det J ist die Funktionaldeterminante der Koordinatentransformation von $\mathbf{x}' \to \mathbf{x}' - \mathbf{s}(t_r)$, die ($|\det \mathsf{J}| < 1$) eine Kontraktion der Länge parallel zu **v** zur Folge hat. Abb. 8.7 auf Seite 289 zeigt, dass ϕ_q bei gegebenem Abstand von der Punktladung in Richtung von **v** am stärksten ist.

Das skalare Potential ϕ_q einer sich bewegenden Punktladung ist am Ort **x** zur Zeit t das Potential der Punktladung, die sich zur Zeit t_r am Ort $\mathbf{s}(t_r)$ befunden hat, verstärkt um den Faktor $1/\det \mathsf{J}$, wobei der Abstand zur Punktladung durch $R(t_r) = |\mathbf{x} - \mathbf{s}(t_r)|$ gegeben ist.

Felder einer bewegten Punktladung

Mit den Potentialen einer Punktladung (8.2.26) haben wir die nötigen Voraussetzungen zur Bestimmung der elektromagnetischen Felder. Wir bemerken, dass

$$\phi_q(\mathbf{X}, \boldsymbol{\beta}) = \frac{k_C q}{R - \mathbf{X} \cdot \boldsymbol{\beta}} \quad \text{mit} \quad \begin{cases} \mathbf{X}(\mathbf{x}, t_r) = \mathbf{x} - \mathbf{s}(t_r) \\ \boldsymbol{\beta}(t_r) = \dot{\mathbf{s}}(t_r)/c \end{cases} \text{und } t_r(\mathbf{x}, t) = t - \frac{R(\mathbf{x}, t_r)}{c}.$$

Die Potentiale sind von der Ordnung $1/R$. Die Ableitung nach **X** führt zu Termen der Ordnung $1/R^2$ und die nach $\boldsymbol{\beta}$ zu solchen der Ordnung $1/R$. Erstere bilden die sogenannten *Nahfelder* ($\mathbf{E}_n, \mathbf{B}_n$) und Letztere die *Fern-* oder *Strahlungsfelder* ($\mathbf{E}_f, \mathbf{B}_f$) mit $\dot{\boldsymbol{\beta}} \neq 0$, woraus wir schließen, dass nur die beschleunigte Ladung strahlt.

Die Berechnung der elektrischen Felder: Zunächst sind die Ableitungen von $t_r = t - \frac{R}{c}$ selbstkonsistent zu bestimmen:

$$\frac{\partial t_r}{\partial t} = 1 - \frac{1}{c}\frac{\partial R}{\partial \mathbf{X}}\cdot\frac{\partial \mathbf{X}}{\partial t_r}\frac{\partial t_r}{\partial t} = 1 + \mathbf{e}_R\cdot\boldsymbol{\beta}\,\frac{\partial t_r}{\partial t}, \qquad\qquad \frac{\partial t_r}{\partial t} = \frac{1}{J}, \qquad (8.2.27)$$

$$\frac{\partial t_r}{\partial x_i} = -\frac{1}{c}\frac{\partial R}{\partial X_j}\Big(\delta_{ij} - c\beta_j\frac{\partial t_r}{\partial x_i}\Big) = -\frac{e_{Ri}}{c} + \mathbf{e}_R\cdot\boldsymbol{\beta}\,\frac{\partial t_r}{\partial x_i}, \qquad \frac{\partial t_r}{\partial \mathbf{x}} = -\frac{\mathbf{e}_R}{Jc}.$$

Verwendet wurde $\frac{\partial R}{\partial \mathbf{X}} = \mathbf{e}_R$ und $\frac{\partial \mathbf{X}}{\partial t_r} = -\boldsymbol{\beta}c$. Die Ableitungen nach $\mathbf{X}$ sind dem Nahfeld, das mit $1/R^2$ abfällt, zuzuordnen, während die Ableitungen nach $\boldsymbol{\beta}$ die Ordnung $1/R$ ungeändert lassen und so das Fernfeld bilden. Die einzelnen Teile der Felder sind

$$\mathbf{E}_n = -\frac{\partial \phi}{\partial \mathbf{X}} - \Big(\frac{\partial \phi}{\partial \mathbf{X}}\cdot\frac{\partial \mathbf{X}}{\partial t_r}\Big)\Big(\frac{\partial t_r}{\partial \mathbf{x}} + \frac{\boldsymbol{\beta}}{c}\frac{\partial t_r}{\partial t}\Big), \qquad \mathbf{E}_f = -\Big(\frac{\partial \phi}{\partial \boldsymbol{\beta}}\cdot\dot{\boldsymbol{\beta}}\Big)\Big(\frac{\partial t_r}{\partial \mathbf{x}} + \frac{\boldsymbol{\beta}}{c}\frac{\partial t_r}{\partial t}\Big) - \frac{\phi}{c}\dot{\boldsymbol{\beta}}\frac{\partial t_r}{\partial t},$$

$$\mathbf{B}_n = \frac{1}{k_L}\Big[\frac{\partial \phi}{\partial \mathbf{X}}\times\boldsymbol{\beta} + \Big(\frac{\partial \phi}{\partial \mathbf{X}}\cdot\frac{\partial \mathbf{X}}{\partial t_r}\Big)\frac{\partial t_r}{\partial \mathbf{x}}\times\boldsymbol{\beta}\Big], \qquad \mathbf{B}_f = \frac{1}{k_L}\Big[\Big(\frac{\partial \phi}{\partial \boldsymbol{\beta}}\cdot\dot{\boldsymbol{\beta}}\Big)\frac{\partial t_r}{\partial \mathbf{x}}\times\boldsymbol{\beta} + \phi\frac{\partial t_r}{\partial \mathbf{x}}\times\dot{\boldsymbol{\beta}}\Big].$$

Nun berechnen wir die einzelnen Beiträge ($\mathbf{X} = \mathbf{x} - \mathbf{s}(t_r)$)

$$\frac{\partial \phi}{\partial \mathbf{X}} = -\frac{k_c q(\mathbf{e}_R - \boldsymbol{\beta})}{(R - \mathbf{X}\cdot\boldsymbol{\beta})^2}, \qquad \frac{\partial \phi}{\partial \mathbf{X}}\cdot\frac{\partial \mathbf{X}}{\partial t_r} = k_c cq\frac{(\mathbf{e}_R - \boldsymbol{\beta})\cdot\boldsymbol{\beta}}{J^2 R^2}, \qquad \frac{\partial t_r}{\partial \mathbf{x}} + \frac{\boldsymbol{\beta}}{c}\frac{\partial t_r}{\partial t} = -\frac{\mathbf{e}_R - \boldsymbol{\beta}}{Jc},$$

$$\frac{\partial \phi}{\partial \boldsymbol{\beta}} = \frac{k_c q\,\mathbf{X}}{(R - \mathbf{X}\cdot\boldsymbol{\beta})^2}, \qquad \frac{\partial \phi}{\partial \boldsymbol{\beta}}\cdot\dot{\boldsymbol{\beta}} = k_c q\frac{\mathbf{e}_R\cdot\dot{\boldsymbol{\beta}}}{J^2 R}.$$

Die Zusammenfassung der einzelnen Terme ergibt

$$\mathbf{E}_n = \frac{k_c q}{R^2 J^3}\Big[(\mathbf{e}_R - \boldsymbol{\beta})(1 - \boldsymbol{\beta}\cdot\mathbf{e}_R) + \big((\mathbf{e}_R - \boldsymbol{\beta})\cdot\boldsymbol{\beta}\big)\big(\mathbf{e}_R - \boldsymbol{\beta}\big)\Big] = \frac{k_c q}{R^2 J^3}(\mathbf{e}_R - \boldsymbol{\beta})(1 - \beta^2),$$

$$\mathbf{E}_f = \frac{k_c q}{cRJ^3}\Big[(\mathbf{e}_R\cdot\dot{\boldsymbol{\beta}})(\mathbf{e}_R - \boldsymbol{\beta}) - \dot{\boldsymbol{\beta}}(1 - \mathbf{e}_R\cdot\boldsymbol{\beta})\Big] = \frac{-k_c q}{cRJ^3}\Big[\mathbf{e}_R\times(\dot{\boldsymbol{\beta}}\times\mathbf{e}_R) + \mathbf{e}_R\times(\boldsymbol{\beta}\times\dot{\boldsymbol{\beta}})\Big],$$

$$\mathbf{B}_n = \frac{-k_c q}{k_L R^2 J^3}\Big[\mathbf{e}_R\times\boldsymbol{\beta}(1 - \boldsymbol{\beta}\cdot\mathbf{e}_R) + \big((\mathbf{e}_r - \boldsymbol{\beta})\cdot\boldsymbol{\beta}\big)\mathbf{e}_R\times\boldsymbol{\beta}\Big] = \frac{-k_c q}{k_L R^2 J^3}(1 - \beta^2)\mathbf{e}_R\times\boldsymbol{\beta},$$

$$\mathbf{B}_f = \frac{-k_c q}{k_L cRJ^3}\Big[(\mathbf{e}_R\cdot\dot{\boldsymbol{\beta}})\mathbf{e}_R\times\boldsymbol{\beta} + (1 - \mathbf{e}_R\cdot\boldsymbol{\beta})\mathbf{e}_R\times\dot{\boldsymbol{\beta}}\Big]$$

$$= \frac{-k_c q}{k_L cRJ^3}\Big[\mathbf{e}_R\times\dot{\boldsymbol{\beta}} + \mathbf{e}_R\times\big(\underbrace{(\mathbf{e}_R\cdot\dot{\boldsymbol{\beta}})\boldsymbol{\beta} - (\mathbf{e}_R\cdot\boldsymbol{\beta})\dot{\boldsymbol{\beta}}}_{\mathbf{e}_R\times(\boldsymbol{\beta}\times\dot{\boldsymbol{\beta}})}\big)\Big]. \qquad (8.2.28)$$

Als Resultat haben wir erhalten:

$$\mathbf{E}(\mathbf{x}, t) = \frac{k_c q}{R^2 J^3}\Big\{(1 - \beta^2)(\mathbf{e}_R - \boldsymbol{\beta}) + \frac{R}{c}\mathbf{e}_R\times\big((\mathbf{e}_R - \boldsymbol{\beta})\times\dot{\boldsymbol{\beta}}\big)\Big\}\Big|_{t_r}, \qquad (8.2.29)$$

$$\mathbf{B}(\mathbf{x}, t) = \frac{-k_c q}{k_L R^2 J^3}\Big\{(1 - \beta^2)(\mathbf{e}_R\times\boldsymbol{\beta}) + \frac{R}{c}\big(\mathbf{e}_R\times(\dot{\boldsymbol{\beta}} + \mathbf{e}_R\times(\boldsymbol{\beta}\times\dot{\boldsymbol{\beta}}))\big)\Big\}\Big|_{t_r}.$$

Die Felder sind in Anteile ohne ($\mathbf{E}_n$) und mit Beschleunigung gesplittet ($\mathbf{E}_f$). Anders gesagt, zerfallen sie in Nahfelder, die mit $1/R^2$ abfallen und durch gleichförmige Bewegung charakterisiert werden können, und in Strahlungsfelder, die mit $1/R$ abfallen und mit beschleunigter Bewegung verbunden sind.

Anmerkungen: Die Richtung von $\mathbf{E}_n$ kann durch den Vektor

$$\tilde{\mathbf{X}}(t) = \mathbf{X}(t_r) - \boldsymbol{\beta}(t_r)\, c(t - t_r) \stackrel{(8.2.25)}{=} R(t_r)\left(\mathbf{e}_R(t_r) - \boldsymbol{\beta}(t_r)\right) \tag{8.2.30}$$

angegeben werden. Nimmt man an, das Teilchen würde sich, wie in Abb. 8.3 skizziert, mit $\boldsymbol{\beta}(t_r)$ bis zur Zeit t weiterbewegen, so erreicht es den Ort $\tilde{\mathbf{s}}(t)$. Der Vektor $\tilde{\mathbf{X}}(t)$ ist parallel zu $\mathbf{E}_n(\mathbf{x}, t)$. Das Nahfeld $\mathbf{E}_n(\mathbf{x}, t)$ ist so das Feld einer mit $\boldsymbol{\beta}(t_r)$ gleichmäßig bewegten Punktladung.

$\mathbf{B}$ kann aus $\mathbf{E}$ bestimmt werden:

$$\mathbf{B}(\mathbf{x}, t) = \frac{1}{k_L}\mathbf{e}_R(t_r) \times \mathbf{E}(\mathbf{x}, t). \tag{8.2.31}$$

Umgekehrt ist jedoch $\mathbf{E}_n \neq k_L \mathbf{B}_n \times \mathbf{e}_R$.

Für eine im Zeitmittel ruhende Ladung, die bei einer periodischen Bewegung nur sehr kleine Geschwindigkeiten erreicht, ist $\mathbf{E}_n$ das elektrostatische Feld einer Punktladung und $\mathbf{E}_f$ das Strahlungsfeld eines Dipols:

$$\mathbf{E} = \frac{k_C q\, \mathbf{e}_R}{R^2} - \frac{k_C q}{cR}\, \mathbf{e}_R \times (\dot{\boldsymbol{\beta}} \times \mathbf{e}_R)\Big|_{t_r}, \qquad \mathbf{B} = -\frac{k_C q}{k_L cR}\, \mathbf{e}_R \times \dot{\boldsymbol{\beta}}\Big|_{t_r}. \tag{8.2.32}$$

Für die mit $1/R$ abfallenden Strahlungsfelder gilt

$$\mathbf{B}_f = \frac{1}{k_L}\mathbf{e}_R \times \mathbf{E}_f \qquad \mathbf{E}_f = k_L \mathbf{B}_f \times \mathbf{e}_R, = -\frac{k_C q}{cR}\left[\dot{\boldsymbol{\beta}} - (\mathbf{e}_R \cdot \dot{\boldsymbol{\beta}})\mathbf{e}_R\right]. \tag{8.2.33}$$

Strahlungsleistung

Berechnet man den Energiefluss (5.6.3)

$$\mathbf{S}_f(\mathbf{x}, t) = \frac{c}{k_L}\frac{1}{4\pi k_r \mu_0}\, \mathbf{E}_f \times \mathbf{B}_f = \frac{c}{4\pi k_C}\, \mathbf{E}_f \times \left[\mathbf{e}_R(t_r) \times \mathbf{E}_f\right] \tag{8.2.34}$$

durch eine Kugel vom Radius $R \to \infty$, die man zur Zeit t_r um das Teilchen legt, so erhält man die in das Winkelelement $\mathrm{d}\Omega$ in der Zeit $\mathrm{d}t$ abgestrahlte Energie

$$\frac{\mathrm{d}P_t}{\mathrm{d}\Omega}\mathrm{d}t = R^2(t_r)\, \mathbf{S}_f(\mathbf{x}, t) \cdot \mathbf{e}_R(t_r)\mathrm{d}t.$$

Es ist jedoch naheliegend die abgestrahlte Leistung auf t_r zu beziehen, so dass

$$\frac{\mathrm{d}P}{\mathrm{d}\Omega} = \frac{\mathrm{d}P_t}{\mathrm{d}\Omega}\frac{\partial t}{\partial t_r} \stackrel{(8.2.27)}{=} \frac{c}{4\pi k_C} R^2 E_f^2 J, \qquad \text{SI:}\ \frac{\mathrm{d}P}{\mathrm{d}\Omega} = \epsilon_0 c R^2 E_f^2 J. \tag{8.2.35}$$

Berücksichtigt ist, dass $\mathbf{E}_f \cdot \mathbf{e}_R = 0$. Setzen wir noch für $\mathbf{E}_f$ (8.2.28) in (8.2.35) ein, so ist

$$\frac{\mathrm{d}P}{\mathrm{d}\Omega} = \frac{k_C q^2}{4\pi c}\frac{1}{J^5}\left[\mathbf{e}_R \times \left((\mathbf{e}_R - \boldsymbol{\beta}) \times \dot{\boldsymbol{\beta}}\right)\right]^2\Big|_{t_r}. \tag{8.2.36}$$

Die Larmor-Formel

Wir gehen hier von Geschwindigkeiten im Limes $\beta \to 0$ aus, d.h. es sind $J = 1$ und $\frac{\partial t}{\partial t_r} = 1$. (8.2.34) reduziert sich so auf

$$\mathbf{S}_f(\mathbf{x}, t) = \frac{c}{4\pi k_C} E_f^2 \mathbf{e}_R \Big|_{t_r} = \frac{k_C}{4\pi} \frac{q^2}{cR^2} [\dot{\boldsymbol{\beta}}^2 - (\dot{\boldsymbol{\beta}} \cdot \mathbf{e}_R)^2] \mathbf{e}_R \Big|_{t_r}. \tag{8.2.37}$$

Wir bestimmen die für $R \to \infty$ durch das Oberflächenelement einer Kugel pro Zeiteinheit dringende Energie $dP = R^2 \mathbf{S}_f \cdot \mathbf{e}_R d\Omega$. Die pro Winkeleinheit abgestrahlte Leistung ist

$$\frac{dP}{d\Omega} = R^2 \mathbf{S}_f \cdot \mathbf{e}_R = P_0(t_r) \sin^2 \theta \qquad \text{mit} \qquad P_0 = \frac{k_C q^2}{4\pi c} \dot{\beta}^2(t_r). \tag{8.2.38}$$

θ ist der von $\mathbf{e}_R$ und $\dot{\boldsymbol{\beta}}$ eingeschlossene Winkel. Die Winkelintegration über die Kugeloberfläche ergibt die *Larmor-Formel*

$$P = P_0(t_r) \int_0^{2\pi} d\varphi \int_0^{\pi} d\vartheta \sin^3 \vartheta = P_0 \frac{8\pi}{3} = \frac{2k_C q^2}{3c} \dot{\beta}^2, \tag{8.2.39}$$

$$\text{G: } P = \frac{2q^2}{3c^3} \dot{v}^2, \qquad\qquad \text{SI: } P = \frac{\mu_0 q^2}{6\pi c} \dot{v}^2. \tag{8.2.39'}$$

Strahlungsleistung der bewegten Ladung

Die von einer Ladung, die auf hohe Geschwindigkeiten beschleunigt wird, ausgehende Strahlung ist in Teilchenbeschleunigern, ob linear oder kreisförmig, von Relevanz. Während die gesamte abgegebene Strahlungsleistung P nur vom Winkel zwischen $\boldsymbol{\beta}$ und $\dot{\boldsymbol{\beta}}$ abhängt, wie die herzuleitende „Liénard-Formel" (8.2.42) zeigt, sind für die in den Raumwinkel Ω abgegebene Strahlungsleistung auch noch die Richtungen von $\boldsymbol{\beta}$ und $\dot{\boldsymbol{\beta}}$ in Bezug auf die z-Achse relevant. Wir geben die Abhängigkeit von Ω nur für zwei einfache Konfigurationen an:

$$\frac{dP}{d\Omega} = P_0 \frac{\sin^2 \vartheta}{(1 - \beta \cos \vartheta)^5}, \qquad P_0 = \frac{k_C q^2}{4\pi c} \dot{\beta}^2, \qquad \boldsymbol{\beta} \| \dot{\boldsymbol{\beta}} \| \mathbf{e}_z. \tag{8.2.40}$$

Für $\beta = 0$ ist die Strahlungsstärke gleich der der Larmor-Formel (8.2.38). In diesem Fall ist das Maximum senkrecht zu $\dot{\boldsymbol{\beta}}$. Für $\beta > 0$ wird das Maximum mit zunehmender Geschwindigkeit ausgeprägter und wandert in Richtung der z-Achse.

Steht $\boldsymbol{\beta} = \beta \mathbf{e}_x$ senkrecht auf $\dot{\boldsymbol{\beta}} = \dot{\beta} \mathbf{e}_z$, so erhält man

$$\frac{dP}{d\Omega} = P_0 \frac{J^2 - (1 - \beta^2) \cos^2 \vartheta}{J^5}, \qquad J = 1 - \beta \sin \vartheta \cos \varphi \qquad \begin{cases} \dot{\boldsymbol{\beta}} = \dot{\beta} \mathbf{e}_z \\ \boldsymbol{\beta} = \beta \mathbf{e}_x. \end{cases} \tag{8.2.41}$$

Die Intensität steigt für $\beta \to 1$ um $\boldsymbol{\beta}$, das ist die x-Achse, stark an.

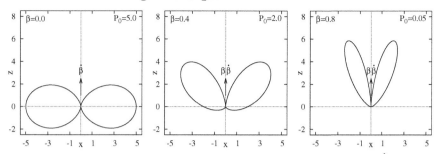

Abb. 8.4. Strahlungsdiagramm für $\beta = 0$, 0.4 und $\beta = 0.8$, wobei $\boldsymbol{\beta} \parallel \dot{\boldsymbol{\beta}}$. P steigt mit $1/(1 - \beta^2)^3$ stark an. Im Diagramm ist das durch die Skalierung von $\mathrm{d}P/\mathrm{d}\Omega$ mit $P_0 = 5$, 2 und 0.05 berücksichtigt

Um die gesamte Strahlungsleistung zu berechnen, hat man (8.2.36) über den gesamten Raumwinkel zu integrieren, eine Rechnung, die in den Aufgaben 8.10 und 8.11 gestellt ist. Die Rechnung ist länger und wir präsentieren hier nur das Ergebnis:

$$P = \frac{2k_C q^2}{3c} \frac{1}{(1-\beta^2)^3} \left[\dot{\beta}^2 - (\boldsymbol{\beta} \times \dot{\boldsymbol{\beta}})^2 \right], \tag{8.2.42}$$

das auf Liénard [1898, S. 13] zurückgeht (siehe auch Heaviside [1902]). Wie in Abb. 8.4 skizziert, steigt für $\boldsymbol{\beta} \parallel \dot{\boldsymbol{\beta}}$ die Abstrahlung für $v \to c$ rund um $\boldsymbol{\beta}$, d.h. um die Vorwärtsrichtung, stark an. Abb. 8.5 zeigt die Strahlungsleistung

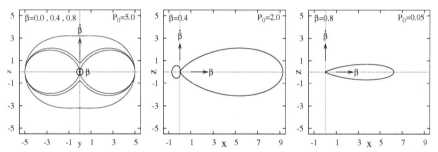

Abb. 8.5. Strahlungsdiagramm für die Intensitätsverteilung (8.2.41), wo $\boldsymbol{\beta} \perp \dot{\boldsymbol{\beta}}$; der steigenden Intensität wird durch die kleiner werdende Skalierung mit P_0 Rechnung getragen. Die Maßstäbe der Achsen sind beliebig, aber in jedem Diagramm gleich

in der von $\dot{\boldsymbol{\beta}}$ und $\boldsymbol{\beta}$ aufgespannten xz-Ebene samt der auf diese senkrecht stehende yz-Ebene. Die Intensität wächst in Richtung von $\boldsymbol{\beta}$ stark an. In der zu $\boldsymbol{\beta}$ senkrechten yz-Ebene ändert sich die Intensität vergleichsweise wenig, wird aber von der Orientierung $\dot{\boldsymbol{\beta}}$ unabhängig.

Anmerkung: Die Gesetze der Elektrodynamik sind, wenn sie geeignet dargestellt werden, forminvariant unter der Lorentz-Transformation. In dieser spielt c die Rolle einer Grenzgeschwindigkeit, die nicht überschritten werden darf. Das zeigt sich in der Liénard-Formel (8.2.42), wo $\beta \leq 1$ sein muss. Später werden wir sehen, dass die Liénard-Formel aus der Larmor-Formel auf einfache Art folgt, wenn man verlangt, dass P ein Lorentz-Skalar ist.

Die Potentiale im linearen, homogenen Medium

Die Maxwell-Gleichungen (8.1.1) lauten für ein homogenes Medium mit konstanten ϵ und μ gemäß (5.2.16):

(a) $\qquad \boldsymbol{\nabla}\cdot\mathbf{E} = \dfrac{4\pi k_C \rho}{\epsilon}$ $\qquad$ (b) $\quad \boldsymbol{\nabla}\times\mathbf{E} + \dfrac{k_L}{c}\dot{\mathbf{B}} = 0$

(c) $\quad \boldsymbol{\nabla}\times\mathbf{B} - \dfrac{\epsilon\mu}{ck_L}\dot{\mathbf{E}} = \dfrac{4\pi k_C \mu}{ck_L}\mathbf{j}$ $\qquad$ (d) $\qquad \boldsymbol{\nabla}\cdot\mathbf{B} = 0.$

Anmerkung: Ersetzt man in den Maxwell-Gleichungen für das Vakuum (8.1.1):

$$c\to\bar{c} = c/n, \quad k_L\to k_L/n, \quad \rho\to\rho/\epsilon \quad \text{und} \quad \mathbf{j}\to\mathbf{j}/\epsilon, \quad \text{wobei} \quad n = \sqrt{\epsilon\mu},$$

so erhält man obige Maxwell-Gleichungen für das Medium mit dem Brechungsindex n. Mit diesem Verfahren können in Folge die Lorenz-Bedingung, Potentiale und Felder im Medium aus den entsprechenden Formeln für das Vakuum ermittelt werden.

Abschnitt 8.1 folgend, erhält man die Lorenz-Bedingung (8.1.8) im Medium:

$$\boldsymbol{\nabla}\cdot\mathbf{A} + \frac{\epsilon\mu}{ck_L}\frac{\partial\phi}{\partial t} = 0.$$

$n = \sqrt{\epsilon\mu}$ sind der Brechungsindex und $\bar{c} = c/n$ die Fortpflanzungsgeschwindigkeit des Lichts im Medium. Die Potentiale genügen den Wellengleichungen

$$\bar{\Box}\phi = \frac{4\pi k_C \rho}{\epsilon}, \qquad \bar{\Box}\mathbf{A} = \frac{4\pi k_C \mu}{ck_L}\mathbf{j}, \qquad \bar{\Box} = \frac{1}{\bar{c}^2}\frac{\partial^2}{\partial t^2} - \Delta.$$

Damit sind die retardierten Potentiale mittels (8.2.14) bestimmt, wenn $c\to\bar{c}$ und $t_r\to\bar{t}_r = t - |\mathbf{x}-\mathbf{x}'|/\bar{c}$ ersetzt werden

$$\phi(\mathbf{x},t) = \frac{k_C}{\epsilon}\int d^3x' \frac{\rho(\mathbf{x}',\bar{t}_r)}{|\mathbf{x}-\mathbf{x}'|}, \qquad \mathbf{A}(\mathbf{x},t) = \frac{k_C\mu}{ck_L}\int d^3x' \frac{\mathbf{j}(\mathbf{x}',\bar{t}_r)}{|\mathbf{x}-\mathbf{x}'|}.$$

Von besonderem Interesse sind die Potentiale von Punktteilchen, die sich jetzt in einem Medium bewegen. Hier kann auf (8.2.26) zurückgegriffen werden

$$\phi_q(\mathbf{x},t) = k_C\frac{q}{\epsilon}\frac{1}{R(\bar{t}_r)|J(\bar{t}_r)|}, \quad J(\bar{t}_r) = 1 - \mathbf{e}_R\cdot\boldsymbol{\beta}n, \quad \mathbf{X}(\bar{t}_r) \equiv \mathbf{X}_r = \mathbf{x} - \mathbf{s}(\bar{t}_r)$$

$$\mathbf{A}_q(\mathbf{x},t) = \frac{\epsilon\mu}{k_L}\phi_q(\mathbf{x},t)\boldsymbol{\beta}(\bar{t}_r), \qquad \bar{t}_r = t - \frac{R_r}{\bar{c}}, \qquad R_r = |\mathbf{X}_r|. \quad (8.2.44')$$

In einem Medium mit $n > 1$ können Teilchen schneller sein als Licht. Die von diesen Teilchen ausgesandte Strahlung heißt *Tscherenkow-Strahlung*. Die Ausbreitung hat Gemeinsamkeiten mit der Überschallgeschwindigkeit und wird in Aufgabe 8.3 thematisiert.

8.2.2 Geichförmig bewegte Ladungen

Potentiale einer gleichförmig bewegten Punktladung

Sowohl die Potentiale (8.2.26) als auch die Felder $\mathbf{E}_n$ und $\mathbf{B}_n$ (8.2.28) der gleichmäßig bewegten Punktladung sind bereits gegeben. Es ist nur die Zeit t_r durch t zu ersetzen. Der Skizze Abb. 8.6 entnimmt man, wie bereits in (8.2.30) festgehalten, dass

$$\mathbf{X}(t_r) - \boldsymbol{\beta} R(t_r) = \mathbf{X}(t)\,.$$

Hieraus kann $R_r \equiv R(t_r)$ durch $\mathbf{X} \equiv \mathbf{X}(t)$ bestimmt werden, wenn man obige Beziehung quadriert und mit $\boldsymbol{\beta}$ multipliziert:

$$R_r^2 - 2\mathbf{X}_r\cdot\boldsymbol{\beta}\,R_r + \beta^2 R_r^2 = R^2, \qquad\qquad \mathbf{X}_r\cdot\boldsymbol{\beta} = \mathbf{X}\cdot\boldsymbol{\beta} + \beta^2 R_r\,.$$

Daraus folgt $R_r^2(1-\beta^2) - 2R_r\,\mathbf{X}\cdot\boldsymbol{\beta} - R^2 = 0$ mit der Lösung

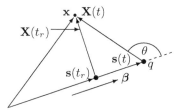

Abb. 8.6. Gleichmäßig bewegte Punktladung $\mathbf{s}(t)$; $R = |\mathbf{X}(t)|$ ist der Abstand der Punktladung vom Beobachter und $\theta = \sphericalangle\,\boldsymbol{\beta}, \mathbf{X}(t)$ und $R(t_r) = c(t - t_r)$

$$R_r = \frac{1}{1-\beta^2}\left[(\mathbf{X}\cdot\boldsymbol{\beta}) \pm \sqrt{(\mathbf{X}\cdot\boldsymbol{\beta})^2 + (1-\beta^2)R^2}\,\right]. \tag{8.2.43}$$

Nun hat man mit

$$(\mathbf{X}\cdot\boldsymbol{\beta})^2 + \left(1-\beta^2\right)R^2 = R^2 - \beta^2 R^2 \sin^2\theta = R^2 - \left(\mathbf{X}\times\boldsymbol{\beta}\right)^2$$

eine alternative Darstellung. Für den Nenner von (8.2.26) folgt daraus

$$JR_r = R_r - \boldsymbol{\beta}\cdot\mathbf{X}_r = (1-\beta^2)R_r - \boldsymbol{\beta}\cdot\mathbf{X} = \sqrt{R^2 - \left(\mathbf{X}\times\boldsymbol{\beta}\right)^2}\,.$$

Nach diesen etwas mühsamen Umformungen haben wir die Potentiale

$$\phi_q(\mathbf{x}, t) = \frac{k_C q}{\sqrt{R^2(t) - \left(\boldsymbol{\beta}\times\mathbf{X}(t)\right)^2}} = \frac{k_C q}{\sqrt{R^2(t)\left(1 - \beta^2 \sin^2\theta\right)}}, \tag{8.2.44}$$

$$\mathbf{A}_q(\mathbf{x}, t) = (\boldsymbol{\beta}/k_L)\phi_q(\mathbf{x}, t), \tag{8.2.45}$$

mit $\mathbf{X}(t) = \mathbf{x} - \mathbf{v}t$ erhalten. $R(t)$ ist der Abstand des Beobachters am Ort $\mathbf{x}$ von der Ladung, die sich am Ort $\mathbf{s} = \mathbf{v}\,t$ befindet und θ ist, wie in Abb. 8.6 zu sehen, der Winkel zwischen $\mathbf{v}$ und $\mathbf{X}$. Abb. 8.7 zeigt die Quetschung der Äquipotentiallinien in Bewegungsrichtung, ein Effekt von 2. Ordnung in β.

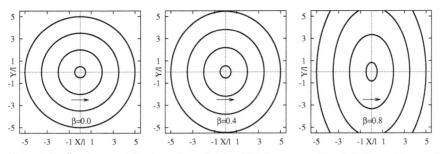

Abb. 8.7. Äquipotentiallinien einer gleichmäßig bewegten Punktladung für $v = 0$, $v = 0.4\,c$ und $v = 0.8\,c$; der Abstand zur Punktladung $R = \sqrt{X^2 + Y^2}$ ist mit einer beliebigen Länge l skaliert

Felder einer gleichförmig bewegten Punktladung

Zur Bestimmung der Felder muss nicht der Weg über die Ableitungen der Potentiale gegangen werden. Einfacher ist es die Ausdrücke für $J R_r$ und $\mathbf{e}_R - \boldsymbol{\beta}$ (8.2.30) direkt in $\mathbf{E}_n$ (8.2.28) einzusetzen. Wir erhalten so

$$\mathbf{E}(\mathbf{x}, t) = k_C q \frac{\left(1 - \beta^2\right) \mathbf{X}(t)}{\sqrt{\left(1 - \beta^2\right) R^2(t) + (\mathbf{X}(t) \cdot \boldsymbol{\beta})^2}^3} \tag{8.2.46}$$

und wegen $\dot{\mathbf{A}} \times \mathbf{A} = 0$ ist

$$\mathbf{B}(\mathbf{x}, t) = \boldsymbol{\nabla} \times \mathbf{A}_q = k_L (\boldsymbol{\nabla} \phi_q) \times \boldsymbol{\beta} = k_L \boldsymbol{\beta} \times \mathbf{E}. \tag{8.2.47}$$

In Abb. 8.8 sind für einen Wert E die Linien konstanter Feldstärke zu drei Ge-

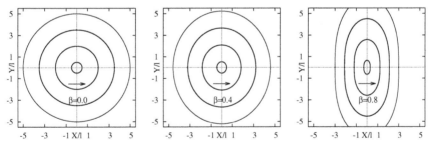

Abb. 8.8. Linien konstanter Feldstärke für verschiedene Geschwindigkeiten $\beta = \beta \mathbf{e}_X$: Feldstärke $E l^2 / q k_C = 1$, wobei X und Y mit der beliebigen Länge l skaliert sind.
Für $\beta > 0.8$ bekommt die Linie (Fläche) konstanter Feldstärke eine Einschnürung um die X-Achse

schwindigkeiten eingezeichnet. Da der Effekt von der Ordnung β^2 ist, müssen für merkbare Unterschiede sehr hohe Geschwindigkeiten angenommen werden. Anders als bei ϕ_q fällt wegen des Faktors $1-\beta^2$ das Feld in Richtung von $\boldsymbol{\beta}$ mit größerer Geschwindigkeit schneller ab. Der Poynting-Vektor (5.6.3) ist so

$$\mathbf{S} = \frac{ck_L}{4\pi k_C}\mathbf{E}\times\mathbf{B} = c\frac{k_L^2}{4\pi k_C}\,\mathbf{E}\times(\boldsymbol{\beta}\times\mathbf{E}).$$

$\mathbf{S}\propto 1/R^4$ für $R\to\infty$. Für genügend große V hat man keinen Energiestrom durch die Oberfläche, wie man es erwarten würde, wenn die Ladung strahlt. Daraus folgt, dass eine gleichförmig bewegte Ladungsverteilung nicht strahlt.

Elektrische Feldlinien

Die Feldlinien selbst sind Geraden, die von $\mathbf{s}(t)$ ausgehen und deren Dichte senkrecht auf die Richtung von $\mathbf{v}$ zunimmt ($\theta=\pi/2$, siehe Abb. 8.6):

$$\left(1-\beta^2\right)R^2(t) + (\mathbf{X}(t)\cdot\boldsymbol{\beta})^2 = R^2(t)\left(1-\beta^2+\beta^2\cos^2\theta\right).$$

Wir legen nun eine Kugel mit dem Radius R_0 um die Ladung und nehmen

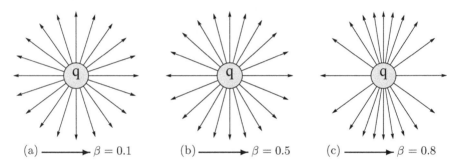

Abb. 8.9. Feldlinien einer bewegten positiven Ladung

an, dass $\boldsymbol{\beta}=\beta\mathbf{e}_z$. Der elektrische Fluss

$$\Delta\Phi_E = R_0^2\int_{\Delta F}\mathrm{d}\Omega\,\mathbf{e}_R(t)\cdot\mathbf{E} = 2\pi k_C q(1-\beta^2)\int_{\vartheta_a}^{\vartheta_b}\frac{\mathrm{d}\vartheta\,\sin\vartheta}{\sqrt{1-\beta^2+\beta^2\cos^2\vartheta}^{\,3}}$$

$$= 2\pi k_C q\frac{\cos\vartheta}{\sqrt{1-\beta^2+\beta^2\cos^2\vartheta}}\bigg|_{\vartheta_b}^{\vartheta_a}$$

durch die Fläche $\Delta F = 2\pi(\cos\vartheta_a-\cos\vartheta_b)$ auf der Einheitskugel bestimmt die Feldliniendichte. Man sieht sofort, dass der gesamte Fluss durch die Oberfläche

$$\Phi_E = \oiint\mathrm{d}\mathbf{f}\cdot\mathbf{E} = 4\pi k_C q$$

unabhängig von $\boldsymbol{\beta}$ ist. Skizzieren wir die Feldlinien in der xz-Ebene so, dass insgesamt $2n$ Linien von der ruhenden Ladung ausgehen, so ist der elektrische Fluss pro Feldlinie gegeben durch $q\pi/n$, was einem Winkelbereich $\vartheta_b - \vartheta_a = \pi/n$ entspricht. Für die bewegte Ladung ist, ausgehend von ϑ_a, der Wert von ϑ_b so zu bestimmen, dass $\Delta\Phi_E = \Delta F\,(\pi k_C \pi q/n)$. Abb. 8.9 zeigt die Feldlinien mit zunehmender Geschwindigkeit. Da der Effekt quadratisch in $\mathbf{v}/c$ ist, wird er erst für Geschwindigkeiten $v/c > 0.2$ merkbar.

8.2.3 Coulomb-Eichung

Neben der Lorenz-Eichung (8.1.8) hat in der Physik, z.B. in der Quantenelektrodynamik, noch die Coulomb-Eichung eine größere Bedeutung. Sie wird auch *Strahlungseichung* oder *transversale Eichung*, da div $\mathbf{A}^C = 0$, genannt. Wir werden sehen, dass in dieser das skalare Potential (8.2.49) nicht zur Strahlung beiträgt und so zur Quantisierung des elektromagnetischen Feldes nur $\mathbf{A}^C$ herangezogen wird.

Ersetzt man die Lorenz-Eichung (8.1.8) durch die Coulomb-Eichung

$$\boldsymbol{\nabla}\cdot\mathbf{A}^C = 0\,, \tag{8.2.48}$$

so ergibt sich aus (8.1.4)

$$\boldsymbol{\nabla}\cdot\mathbf{E} = \boldsymbol{\nabla}\cdot\left(-\boldsymbol{\nabla}\phi^C - \frac{k_L}{c}\dot{\mathbf{A}}^C\right) = 4\pi k_C\rho\,,$$

die aus der Elektrostatik bekannte Poisson-Gleichung $\boldsymbol{\nabla}^2\phi^C = -4\pi k_C\rho$ mit

$$\phi^C(\mathbf{x},t) \equiv \phi^{qs}(\mathbf{x},t) = k_C\int \mathrm{d}^3x'\,\frac{\rho(\mathbf{x}',t)}{|\mathbf{x}-\mathbf{x}'|}\,. \tag{8.2.49}$$

Hierbei ist ϕ^C das momentane (quasistatische) Coulomb-Potential einer Ladungsverteilung; daher auch Coulomb-Eichung.

In der Coulomb-Eichung ist $\mathbf{E}^{qs} = -\boldsymbol{\nabla}\phi^C$ der Quellen- und $\mathbf{E}^{(w)} = -\frac{k_L}{c}\dot{\mathbf{A}}^C$ der Wirbel-Anteil von $\mathbf{E}$. Hier unterscheidet sich die Coulomb-Eichung von der Lorenz-Eichung. Bei Letzterer enthält zwar $-\boldsymbol{\nabla}\phi$ auch Quellen-Anteile, aber in $-\frac{k_L}{c}\dot{\mathbf{A}}$ sind neben dem Wirbelfeld weitere Anteile des Quellenfeldes enthalten.

Das quasistatische (Quellen-)Feld $\mathbf{E}^{qs}$ verschwindet in großer Entfernung, der sogenannten *Fernzone* (siehe Abschnitt 8.3.6) und trägt so nur in der *Nahzone* (siehe Abschnitt 8.3.5) zum Feld bei. Das Strahlungsfeld der Fernzone wird allein durch den quellenfreien Anteil bestimmt. Analog setzt sich die Verschiebungsstromdichte

$$\mathbf{j}_d = \frac{\dot{\mathbf{E}}}{4\pi k_C} = -\mathbf{j}_l + \mathbf{j}_w\,, \qquad \mathbf{j}_l = \frac{\boldsymbol{\nabla}\dot{\phi}^C}{4\pi k_C}\,, \qquad \mathbf{j}_w = -\frac{k_L\ddot{\mathbf{A}}^C}{4\pi k_C c} \tag{8.2.50}$$

aus dem wirbelfreien $-\mathbf{j}_l$ und dem quellenfreien $\mathbf{j}_w$ zusammen.

Aus der Ampère-Maxwell-Gleichung (8.1.7) folgt durch Einsetzen von $\mathrm{rot}\,\mathbf{B} = -\Delta\mathbf{A}^{\mathrm{c}}$ die Wellengleichung

$$\Box\mathbf{A}^{\mathrm{c}} = \frac{4\pi k_C}{ck_L}\left(\mathbf{j} - \mathbf{j}_l\right) = \frac{4\pi k_C}{ck_L}\,\mathbf{j}_t \overset{\mathrm{SI}}{=} \mu_0\mathbf{j}_t\,. \tag{8.2.51}$$

Deren retardierte Lösung ist gemäß (8.2.16)

$$\mathbf{A}^{\mathrm{c}}(\mathbf{x},t) = \frac{k_C}{ck_L}\int \mathrm{d}^3x'\,\frac{\mathbf{j}_t(\mathbf{x}',t_r)}{|\mathbf{x}-\mathbf{x}'|}\,. \tag{8.2.52}$$

Den Eigenschaften von $\mathbf{A}^{\mathrm{c}}$ sehr ähnlich ist das Helmholtz-Potential $\mathbf{A}_h^b$ mit $\mathrm{rot}\,\mathbf{A}_h^b = \mathbf{B}$ und $\mathrm{div}\,\mathbf{A}_h^b = 0$. Wird nun $\mathbf{B} = \mathrm{rot}\,\mathbf{A}^{\mathrm{c}}$ in $\mathbf{A}_h^b$ eingesetzt, so folgt daraus die Gleichheit beider Potentiale (Aufgabe 8.4)

$$\mathbf{A}_h^b(\mathbf{x},t) = \frac{1}{4\pi}\int \mathrm{d}^3x'\,\mathbf{B}(\mathbf{x}',t)\times\boldsymbol{\nabla}'\frac{1}{|\mathbf{x}-\mathbf{x}'|} = \mathbf{A}^{\mathrm{c}}(\mathbf{x}',t)\,. \tag{8.2.53}$$

Im Abschnitt 8.3.2 wird gezeigt, dass für periodische Stromdichten $\mathbf{A}_h^b$ durch das quellenfreie elektrische Feld dargestellt werden kann (siehe (8.3.7b)).

Von $\mathbf{j}$ haben wir den von den Ladungen herrührenden Anteil des Verschiebungsstroms $\mathbf{j}_l$ abgezogen. Nun ist $\Delta\dot{\phi}^{\mathrm{c}} = -4\pi k_C\dot{\rho}$, woraus folgt:

$$\boldsymbol{\nabla}\cdot\mathbf{j}_t = \boldsymbol{\nabla}\cdot\mathbf{j}+\dot{\rho} = 0,\qquad\qquad \boldsymbol{\nabla}\times\mathbf{j}_l = \boldsymbol{\nabla}\times\frac{1}{4\pi k_C}\,\boldsymbol{\nabla}\dot{\phi}^{\mathrm{c}} = 0. \tag{8.2.54}$$

Damit ist die Zerlegung von $\mathbf{j} = \mathbf{j}_t+\mathbf{j}_l$ in eine Wirbel- und eine Quellen-Stromdichte gezeigt. Diese Bezeichnung ist eher zutreffend als die einer Aufteilung in eine transversale und eine longitudinale Stromdichte, da $\mathbf{j}_l$ im Allgemeinen nicht senkrecht auf $\mathbf{j}_t$ steht.

$\mathbf{A}^{\mathrm{c}}$ genügt also der inhomogenen Wellengleichung (8.2.51), wobei der wirbelfreie, longitudinale Anteil des Stromvektors ($\mathrm{rot}\,\mathbf{j}_l = 0$) nicht zum Vektorfeld beiträgt, sondern nur $\mathbf{j}_t$. In der Fernzone ist das Strahlungsfeld allein durch $\mathbf{A}^{\mathrm{c}}$ bestimmt (*Strahlungseichung*).

Quasistatische Potentiale

Ist ein Potential zur Zeit t durch die Ladungs- oder Stromverteilung zu eben dieser Zeit bestimmt, so wird dieses als quasistatisch bezeichnet, wie ϕ^{c} in (8.2.49). Das entsprechende quasistatische Vektorpotential

$$\mathbf{A}^{\mathrm{qs}}(\mathbf{x},t) = \frac{k_C}{ck_L}\int \mathrm{d}^3x'\,\frac{\mathbf{j}(\mathbf{x}',t)}{|\mathbf{x}-\mathbf{x}'|} = \mathbf{A}_t^{\mathrm{qs}}(\mathbf{x},t) + \mathbf{A}_l^{\mathrm{qs}}(\mathbf{x},t) \tag{8.2.55}$$

kann in die beiden Anteile $\mathbf{A}_t^{\mathrm{qs}}$ und $\mathbf{A}_l^{\mathrm{qs}}$, die mit $\mathbf{j}_t$ bzw. $\mathbf{j}_l$ gebildet sind, separiert werden. Für die Divergenz gilt eine der Lorenz-Eichung (8.1.8) ähnliche Bedingung:

$$\boldsymbol{\nabla}\cdot\mathbf{A}^{\mathrm{qs}}(\mathbf{x},t)\overset{\boldsymbol{\nabla}\to-\boldsymbol{\nabla}'}{\underset{\mathrm{part.int.}}{=}}\frac{k_C}{ck_L}\int \mathrm{d}^3x'\,\frac{\boldsymbol{\nabla}'\cdot\mathbf{j}(\mathbf{x}',t)}{|\mathbf{x}-\mathbf{x}'|}\overset{(8.2.54)}{=}-\frac{1}{ck_L}\dot{\phi}^{\mathrm{qs}}(\mathbf{x},t). \qquad (8.2.56)$$

Als quasistatisches Potential genügt $\mathbf{A}^{\mathrm{qs}}$ der vektoriellen Poisson-Gleichung, wie aus (8.2.55) folgt

$$\Delta\mathbf{A}^{\mathrm{qs}}(\mathbf{x},t)=-\frac{4\pi k_C}{ck_L}\,\mathbf{j}(\mathbf{x},t), \qquad\qquad \mathbf{B}^{\mathrm{qs}}=\boldsymbol{\nabla}\times\mathbf{A}^{\mathrm{qs}}. \qquad (8.2.57)$$

Mittels der Identität (A.2.38): $\Delta=\operatorname{grad}\operatorname{div}-\operatorname{rot}\operatorname{rot}$ und (8.2.50) wird $\mathbf{j}(\mathbf{x},t)$ in Quellen- und Wirbelstromdichten zerlegt:

$$\begin{aligned}
\mathbf{j}_l(\mathbf{x},t)&=\frac{-ck_L}{4\pi k_C}\boldsymbol{\nabla}\,\boldsymbol{\nabla}\cdot\mathbf{A}^{\mathrm{qs}}(\mathbf{x},t)=\frac{-1}{4\pi k_C}\dot{\mathbf{E}}^{\mathrm{qs}}(\mathbf{x},t),\\[2mm]
\mathbf{j}_t(\mathbf{x},t)&=\frac{ck_L}{4\pi k_C}\boldsymbol{\nabla}\times\big(\boldsymbol{\nabla}\times\mathbf{A}^{\mathrm{qs}}(\mathbf{x},t)\big)=\frac{ck_L}{4\pi k_C}\boldsymbol{\nabla}\times\mathbf{B}^{\mathrm{qs}}(\mathbf{x},t).
\end{aligned} \qquad (8.2.58)$$

Zunächst erhält man $\mathbf{j}$ durch die Summe der beiden Anteile und setzt diese dann in die Ampère-Maxwell-Gleichung (8.1.1c) ein:

$$\begin{aligned}
\boldsymbol{\nabla}\times\mathbf{B}^{\mathrm{qs}}(\mathbf{x},t)&=\frac{4\pi k_C}{ck_L}\mathbf{j}(\mathbf{x},t)+\frac{1}{ck_L}\dot{\mathbf{E}}^{\mathrm{qs}}(\mathbf{x},t),\\[2mm]
\boldsymbol{\nabla}\times\big[\mathbf{B}(\mathbf{x},t)-\mathbf{B}^{\mathrm{qs}}(\mathbf{x},t)\big]&=\frac{1}{ck_L}\big[\dot{\mathbf{E}}(\mathbf{x},t)-\dot{\mathbf{E}}^{\mathrm{qs}}(\mathbf{x},t)\big]=\frac{1}{ck_L}\dot{\mathbf{E}}_t(\mathbf{x},t).
\end{aligned} \qquad (8.2.59)$$

Auf diese Form der Ampère-Maxwell-Gleichung werden wir bei den Helmholtz-Potentialen im Abschnitt 8.3.2 zurückkommen.

Anmerkung: Geht man von einer räumlich begrenzten Strom- und Ladungsdichte aus, so ist außerhalb dieser $\mathbf{j}(\mathbf{x},t)=0$, d.h. $\mathbf{j}_t=-\mathbf{j}_l$.

Für große r erhält man $\mathbf{A}^{\mathrm{qs}}\sim\frac{k_C}{rck_L}\dot{\mathbf{p}}(t)$ und $\mathbf{j}_l\sim\dot{\mathbf{E}}^{(p)}$ (siehe Aufgabe 8.5). $\mathbf{p}$ ist das Dipolmoment der Ladungsverteilung und $\mathbf{E}^{(p)}$ das Feld des Dipols (2.2.5).

Nur die zu den Beiträgen einzelner Fourier-Komponenten $\mathrm{e}^{\mathrm{i}\mathbf{k}\cdot\mathbf{x}}\,\mathbf{A}^{\mathrm{qs}}(\mathbf{k},t)$ gehörenden Stromanteile $\mathbf{j}_l$ und $\mathbf{j}_t$ stehen orthogonal aufeinander.

Eichfunktion und Kausalität in der Coulomb-Eichung

Im Abschnitt 8.2 wurden die Liénard-Wiechert-Potentiale (8.2.16) in Lorenz-Eichung bestimmt. (8.1.11) zeigt, dass $\mathbf{E}$ und $\mathbf{B}$ durch eine Eichtransformation nicht geändert werden. Nun soll die Eichfunktion für die Coulomb-Eichung bestimmt werden, weshalb div $\mathbf{A}^{\mathrm{c}}=0$ in (8.1.12) eingesetzt wird:

$$\Box\chi=-\frac{1}{ck_L}\dot{\phi}^{\mathrm{c}}, \qquad\qquad \mathrm{bzw.} \qquad\qquad \Delta\chi\overset{(8.1.10)}{=}-\boldsymbol{\nabla}\cdot\mathbf{A}, \qquad (8.2.60)$$

wobei die retardierte Lösung der d'Alembert-Gleichung von den Liénard-Wiechert-Potentialen (8.2.16) her bekannt ist.

Das in Coulomb-Eichung gegebene skalare Potential (8.2.49) ist akausal, da die Beiträge der elektrischen Ladung von verschiedenen Orten keine zeitliche Verzögerung haben. Auch $\mathbf{A}^{\mathrm{C}}$ ist wegen des Quellenstroms (8.2.50) $\mathbf{j}_l = \frac{1}{4\pi k_c}\boldsymbol{\nabla}\dot{\phi}^{\mathrm{C}}$ akausal:

$$\mathbf{A}^{\mathrm{C}} = \mathbf{A} - \mathbf{A}_l \qquad \text{mit} \qquad \mathbf{A}_l(\mathbf{x},t) = \frac{k_C}{ck_L}\int \mathrm{d}^3x'\, \frac{\mathbf{j}_l(\mathbf{x}',t_r)}{|\mathbf{x}-\mathbf{x}'|} \qquad (8.2.61)$$

$\mathbf{B}$ ist jedoch kausal, da $\mathbf{A}_l$ wegen rot $\mathbf{j}_l = 0$ nicht zum Feld beiträgt:

$$\mathbf{B} = \boldsymbol{\nabla}\times\mathbf{A}^{\mathrm{C}} = \boldsymbol{\nabla}\times\mathbf{A}.$$

Beim elektrischen Feld

$$\mathbf{E} = -\boldsymbol{\nabla}\phi^{\mathrm{C}} - \frac{k_L}{c}(\dot{\mathbf{A}} - \dot{\mathbf{A}}_l) \qquad (8.2.62)$$

kann mittels (8.1.10) gezeigt werden, dass sich – wie es sein muss – die akausalen Beiträge aufheben (siehe Aufgabe 8.6).

Ebene elektromagnetische Wellen

Wenn keine Quellen vorhanden sind, bekommt man aus (8.2.49) $\phi^{\mathrm{C}}=0$. Eine Unterscheidung zwischen $\mathbf{A}^{\mathrm{C}}$ und $\mathbf{A}$ ist hinfällig. Die homogene Wellengleichung ergibt

$$\Box\mathbf{A} = 0 \quad \text{mit} \quad \mathbf{A} = \mathbf{e}_1\frac{E_0}{\mathrm{i}k_L k}\mathrm{e}^{\mathrm{i}(\mathbf{k}\cdot\mathbf{x}-\omega t)} \quad \text{und} \quad -\frac{\omega^2}{c^2} + k^2 = 0\,. \quad (8.2.63)$$

Für $\mathbf{A}$ folgt aus div $\mathbf{A} = 0$ und der Dispersion $\omega = ck$

$$\boldsymbol{\nabla}\cdot\mathbf{A} = \mathbf{e}_3\cdot\mathbf{e}_1\frac{1}{k_L}E_0\,\mathrm{e}^{\mathrm{i}\mathbf{k}\cdot\mathbf{x}-\mathrm{i}kct} = 0 \qquad \text{mit} \quad \mathbf{e}_3 = \frac{\mathbf{k}}{k}.$$

Der Wellenvektor $\mathbf{k}$ steht senkrecht auf dem Polarisationsvektor $\mathbf{e}_1$ (Transversalität). Klar ist, dass es in der Ebene senkrecht auf $\mathbf{k}$ nur zwei Polarisationsrichtungen geben kann.

$$\mathbf{E} = -\frac{k_L}{c}\dot{\mathbf{A}} = \mathbf{e}_1\,E_0\,\mathrm{e}^{\mathrm{i}(\mathbf{k}\cdot\mathbf{x}-ckt)},$$

$$\mathbf{B} = \boldsymbol{\nabla}\times\mathbf{A} = \mathbf{e}_3\times\mathbf{e}_1\frac{1}{k_L}E_0\,\mathrm{e}^{\mathrm{i}(\mathbf{k}\cdot\mathbf{x}-ckt)} = \mathbf{e}_2\frac{1}{k_L}\,E_0\,\mathrm{e}^{\mathrm{i}(\mathbf{k}\cdot\mathbf{x}-ckt)}.$$

Die Einheitsvektoren $\mathbf{e}_1$, $\mathbf{e}_2 = \mathbf{e}_3\times\mathbf{e}_1$ und $\mathbf{e}_3 = \mathbf{k}/k$ bilden ein orthonormales Koordinatensystem, das wegen $\mathbf{e}_2 = \mathbf{e}_3\times\mathbf{e}_1$ rechtshändig ist $(\mathbf{E},\mathbf{B},\mathbf{k})$.

Bei Lichtwellen sind die Amplituden von elektrischer und magnetischer Welle orthogonal zueinander $\mathbf{E}\perp\mathbf{B}$ $(\mathbf{e}_1\perp\mathbf{e}_2)$ und zur Fortpflanzungsrichtung $\mathbf{k}$. Der mittlere Energietransport ist durch den Poynting-Vektor (5.6.3) und dieser durch die mittlere Energiedichte (5.6.4) des elektromagnetischen Feldes $\langle u \rangle = |E_0|^2/8\pi k_C$ bestimmt

$$\langle \mathbf{S} \rangle = \frac{c k_L}{8\pi k_C} \mathbf{E} \times \mathbf{B}^* = c\frac{|E_0|^2}{8\pi k_C}\mathbf{e}_3 = c\langle u \rangle \mathbf{e}_3. \tag{8.2.64}$$

Anmerkung: Man kann den Poynting-Vektor auch in der Form

$$\text{G: } \mathbf{S} = \frac{c}{4\pi}\mathbf{E} \times \mathbf{H} = \frac{E^2}{Z_0}\mathbf{e}_3, \qquad\qquad \text{SI: } \mathbf{S} = \mathbf{E} \times \mathbf{H} = \frac{E^2}{Z_0}\mathbf{e}_3 \tag{8.2.65}$$

anschreiben. $Z_0 = 4\pi k_C/c$ ist der sogenannte Wellenwiderstand des Vakuums:

$$\text{G: } Z_0 = \frac{4\pi}{c} = 4.19 \times 10^{-10}\,\text{stat}\Omega, \qquad \text{SI: } Z_0 = \frac{1}{c\epsilon_0} = \sqrt{\mu_0/\epsilon_0} = 377\,\Omega. \tag{8.2.65'}$$

Die Energiestromdichte $\mathbf{S}$ ist eine vektorielle Größe der Mechanik und somit unabhängig vom System.

8.3 Strahlung einer bewegten Ladungsverteilung

Ausgegangen wird von einer Ladungs- und Stromverteilung, die auf ein Volumen der Größe $V \sim d^3$ beschränkt ist.

Eine Ladungs- und/oder Stromverteilung emittiert bei beschleunigter Bewegung Strahlung, wobei diese Bewegung meist periodisch ist. So ist es zunächst von Interesse Maxwell-Gleichungen und Potentiale für die zeitlichen Fourier-Komponenten herzuleiten.

8.3.1 Maxwell-Gleichungen für die Fourier-Komponenten

Die Fourier-Transformierten der Ladungs- und der Stromdichte erhält man aus (8.2.20) und die der Liénard-Wiechert-Potentiale aus (8.2.21)

$$\rho_\omega(\mathbf{x}) = \int \mathrm{d}t\, \mathrm{e}^{\mathrm{i}\omega t}\, \rho(\mathbf{x}, t), \qquad\qquad \mathbf{j}_\omega(\mathbf{x}) = \int \mathrm{d}t\, \mathrm{e}^{\mathrm{i}\omega t}\, \mathbf{j}(\mathbf{x}, t), \tag{8.3.1}$$

$$\phi_\omega(\mathbf{x}) = k_C \int \mathrm{d}^3 x'\, \frac{\mathrm{e}^{\mathrm{i}k|\mathbf{x}-\mathbf{x}'|}}{|\mathbf{x}-\mathbf{x}'|}\rho_\omega(\mathbf{x}'), \quad \mathbf{A}_\omega(\mathbf{x}) = \frac{k_C}{c k_L}\int \mathrm{d}^3 x'\, \frac{\mathrm{e}^{\mathrm{i}k|\mathbf{x}-\mathbf{x}'|}}{|\mathbf{x}-\mathbf{x}'|}\mathbf{j}_\omega(\mathbf{x}'). \tag{8.3.2}$$

Aus der Lorenz-Bedingung (8.1.8) und der Kontinuitätsgleichung folgen nach jeweils partieller Integration des 1. Terms die Fourier-Transformierten

$$\int \mathrm{d}t\, \mathrm{e}^{\mathrm{i}\omega t}\Big[\frac{1}{c k_L}\dot\phi(\mathbf{x}, t) + \boldsymbol{\nabla}\cdot\mathbf{A}(\mathbf{x}, t)\Big] = 0 \;\Rightarrow\; -\frac{\mathrm{i}\omega}{c k_L}\phi_\omega(\mathbf{x}) + \boldsymbol{\nabla}\cdot\mathbf{A}_\omega(\mathbf{x}) = 0, \tag{8.3.3}$$

$$\int \mathrm{d}t\, \mathrm{e}^{\mathrm{i}\omega t}\big[\dot\rho(\mathbf{x}, t) + \boldsymbol{\nabla}\cdot\mathbf{j}(\mathbf{x}, t)\big] = 0 \;\Rightarrow\; -\mathrm{i}\omega\rho_\omega(\mathbf{x}) + \boldsymbol{\nabla}\cdot\mathbf{j}_\omega(\mathbf{x}) = 0. \tag{8.3.4}$$

Bemerkung: Wird die Dichte für $t \to \pm\infty$ konstant, d.h. $\rho(\mathbf{x}, t \to \pm\infty) = \rho(\mathbf{x})$, so verschwindet der Randterm der partiellen Integration auch in diesem Fall:

$$\lim_{T \to \infty} \mathrm{e}^{\mathrm{i}\omega t} \rho(\mathbf{x}, t)\Big|_{-T}^{T} = \lim_{T \to \infty} \rho(\mathbf{x}) 2\mathrm{i}\omega \, \frac{\sin(\omega T)}{\omega} \overset{(\mathrm{B.6.13})}{=} \rho(\mathbf{x}) 2\pi \mathrm{i}\omega \, \delta(\omega).$$

Die zeitlichen Fourier-Komponenten der Felder sind definiert als

$$\mathbf{E}_\omega(\mathbf{x}) = \int \mathrm{d}t \, \mathrm{e}^{\mathrm{i}\omega t} \, \mathbf{E}(\mathbf{x}, t), \qquad \mathbf{B}_\omega(\mathbf{x}) = \int \mathrm{d}t \, \mathrm{e}^{\mathrm{i}\omega t} \, \mathbf{B}(\mathbf{x}, t). \tag{8.3.5}$$

Multipliziert man (8.1.1) mit $\mathrm{e}^{\mathrm{i}\omega t}$ und integriert über t, so erhält man die Maxwell-Gleichungen für die Fourier-Komponenten

$$
\begin{aligned}
&\text{(a)} && \boldsymbol{\nabla} \cdot \mathbf{E}_\omega = 4\pi k_C \rho_\omega, && \text{(b)} && \boldsymbol{\nabla} \times \mathbf{E}_\omega - \frac{\mathrm{i}\omega k_L}{c} \, \mathbf{B}_\omega = 0, \\
&\text{(c)} && \boldsymbol{\nabla} \times \mathbf{B}_\omega + \frac{\mathrm{i}\omega}{ck_L} \, \mathbf{E}_\omega = \frac{4\pi k_C}{ck_L} \, \mathbf{j}_\omega, && \text{(d)} && \boldsymbol{\nabla} \cdot \mathbf{B}_\omega = 0.
\end{aligned}
\tag{8.3.6}
$$

8.3.2 Helmholtz-Potentiale für Quellen- und Wirbelfelder

Von besonderem Interesse sind die Strahlungsfelder, die bei der periodischen Bewegung von Ladungs- und Stromverteilungen auftreten, wobei uns der Zerlegungssatz in die Lage versetzt, diese in longitudinale Quellen- und transversale Wirbelfelder zu zerlegen. So kann gezeigt werden, dass in der Fernzone nur die transversalen Felder überleben.

Vorausgesetzt wird, dass Ladungs- und Stromverteilungen lokal sind. Dann fällt $\mathbf{A}$ asymptotisch nicht schwächer als $1/r$ ab, was auch für die Felder gilt. Im Folgenden wird die Frequenz ω in allen elektromagnetischen Größen weggelassen, d.h. $\rho(\mathbf{x}) \equiv \rho_\omega(\mathbf{x})$, und ω wird durch ck ersetzt.

Helmholtz-Potentiale des Magnetfeldes

Das skalare Helmholtz-Potential ϕ_h^b des Magnetfeldes muss wegen dessen Quellenfreiheit $\operatorname{div} \mathbf{B} = 0$ verschwinden:

$$\phi_h^b(\mathbf{x}) = 0, \qquad \mathbf{B}_l(\mathbf{x}) = -\boldsymbol{\nabla}\phi_h^b(\mathbf{x}) = 0. \tag{8.3.7a}$$

Das vektorielle Helmholtz-Potential $\mathbf{A}_h^b$ des Magnetfeldes erhält man direkt aus der Induktionsgleichung (8.3.6b), wobei das elektrische Feld $\mathbf{E} = \mathbf{E}_l + \mathbf{E}_t$ wegen $\operatorname{rot} \mathbf{E}_l = 0$ durch seinen transversalen Anteil $\mathbf{E}_t$ ersetzt wird. Da $\boldsymbol{\nabla} \cdot \mathbf{E}_t = 0$, ist $\mathbf{E}_t$ das Helmholtz-Potential des Magnetfeldes:

$$\mathbf{A}_h^b(\mathbf{x}) = -(\mathrm{i}/k_L k)\mathbf{E}_t(\mathbf{x}), \qquad \operatorname{rot} \mathbf{A}_h^b(\mathbf{x}) = \mathbf{B}(\mathbf{x}), \qquad \boldsymbol{\nabla} \cdot \mathbf{A}_h^b(\mathbf{x}) = 0. \tag{8.3.7b}$$

Anmerkung: Die Berechnung von $\mathbf{A}_h^b(\mathbf{x})$ mithilfe des Zerlegungssatzes (7.1.16) ist wegen der Konvergenz der Integrale umständlich, da für $r \to \infty$ nicht nur $B \sim 1/r$, sondern wegen der Retardierung auch die Ableitungen von $\mathbf{B}$ und $\mathbf{E}$ mit $1/r$ abfallen (Aufgabe 8.7); man setzt $\mathbf{B}$ aus der Induktionsgleichung ein.

Helmholtz-Potentiale des elektrischen Feldes

Es ist sehr einfach mit dem Helmholtz-Theorem das skalare Potential $\phi_h^e = \phi^{qs}$ aus den Quellen zu bestimmen, da diese durch das Gauß'sche Gesetz (8.3.6a) bekannt sind: $\boldsymbol{\nabla}\cdot\mathbf{E} = 4\pi k_C \rho$

$$\phi_h^e(\mathbf{x}) = \frac{1}{4\pi}\int d^3x' \, \frac{\boldsymbol{\nabla}\cdot\mathbf{E}(\mathbf{x}')}{|\mathbf{x}-\mathbf{x}'|}, \quad \mathbf{E}^{qs}(\mathbf{x}) = -\boldsymbol{\nabla}\phi_h^e(\mathbf{x}), \quad \boldsymbol{\nabla}\times\mathbf{E}^{qs}(\mathbf{x}) = 0. \quad (8.3.8a)$$

Anmerkung: Anspruchsvoller wird das Problem, wenn man versucht, das Potential aus dem Zerlegungssatz zu erhalten

$$\phi_h^e(\mathbf{x}) = \frac{-1}{4\pi}\int d^3x' \, \mathbf{E}(\mathbf{x}')\cdot\boldsymbol{\nabla}'\frac{1}{|\mathbf{x}-\mathbf{x}'|} \overset{!}{=} \frac{1}{4\pi}\int d^3x' \, \frac{\boldsymbol{\nabla}'\cdot\mathbf{E}(\mathbf{x}')}{|\mathbf{x}-\mathbf{x}'|},$$

da das Verschwinden des Randterms nicht offensichtlich ist (Aufgabe 8.7).

Das Vektorpotential des elektrischen Feldes lässt sich direkt aus der Ampère-Maxwell-Gleichung in der Form von (8.2.59) herleiten

$$\boldsymbol{\nabla}\times\big[\mathbf{B}(\mathbf{x})-\mathbf{B}^{qs}(\mathbf{x})\big] = -i(k/k_L)\mathbf{E}_t(\mathbf{x}), \quad (8.3.8b)$$

$$\mathbf{A}_h^e(\mathbf{x}) = i(k_L/k)\big[\mathbf{B}(\mathbf{x})-\mathbf{B}^{qs}(\mathbf{x})\big], \quad \mathrm{rot}\,\mathbf{A}_h^e(\mathbf{x}) = \mathbf{E}_t(\mathbf{x}), \quad \mathrm{div}\,\mathbf{A}_h^e(\mathbf{x}) = 0.$$

$\mathbf{B}^{qs} = \mathrm{rot}\,\mathbf{A}^{qs}$ genügt als quasistatisches Feld der Vektor-Poisson-Gleichung (8.2.57) und ist quellen-, aber nicht wirbelfrei und verschwindet in großer Entfernung (Fernzone) von den Stromquellen ($\sim 1/r^2$).

Anmerkung: Auch bei der Berechnung von $\mathbf{A}_h^e$ mit dem Zerlegungssatz muss wegen des Randterms ein Umweg in Kauf genommen werden, indem man $\mathbf{E}$ aus der Ampère-Maxwell-Gleichung einsetzt (Aufgabe 8.7).

Fassen wir unsere Ergebnisse zusammen, so haben die Felder $\mathbf{E}_l = \mathbf{E}^{qs}$ und $\mathbf{B}^{qs}$ nur eine begrenzte Reichweite (*Nahzone*), während $\mathbf{E}_t$ und $\mathbf{B} - \mathbf{B}^{qs}$ die langreichweitigen Strahlungsanteile enthalten, wobei $\mathbf{E}_t$ senkrecht auf $\mathbf{B} - \mathbf{B}^{qs}$ steht. Die quasistatischen Potentiale ϕ_h^e bzw. $\mathbf{A}^{qs}$ sind nur dann ganz sicher konvergent, wenn ρ bzw. $\mathbf{j}$ stärker als $1/r^2$ abfallen. Das Konvergenzverhalten kann jedoch durch die Berechnung mit G_1 bzw. G_2, (A.4.28) verbessert werden.

Alle Helmholtz-Potentiale konnten direkt aus den Maxwell-Gleichungen bestimmt werden, und man erhält aus den Helmholtz-Potentialen wiederum die Maxwell-Gleichungen, wobei $\mathrm{rot}\,\mathbf{B}^{qs} = (4\pi k_C/ck_L)\mathbf{j} - i(k/k_L)\mathbf{E}_l$:

$$\text{(a)} \quad -\Delta\phi_h^e = \mathrm{div}\,\mathbf{E} = 4\pi k_C \rho, \qquad\qquad \text{(b)} \quad \mathrm{rot}\,\mathbf{A}_h^b = \mathbf{B} = \frac{k_L}{ik}\,\mathrm{rot}\,\mathbf{E},$$

$$\tag{8.3.9}$$

$$\text{(c)} \quad \mathrm{rot}\,\mathbf{A}_h^e = \mathbf{E}_t = \frac{ik_L}{k}\Big[\mathrm{rot}\,\mathbf{B} - \frac{4\pi k_C}{ck_L}\mathbf{j}\Big] - \mathbf{E}_l, \quad \text{(d)} \quad -\Delta\phi_h^b = \mathrm{div}\,\mathbf{B} = 0.$$

8.3.3 Periodische Bewegung

Wir haben gezeigt, dass aufgrund der Linearität der Maxwell-Gleichungen die
Felder für jede Frequenz ω separat bestimmt werden können. Es liegt daher
nahe, eine Zeitabhängigkeit der Form

$$\rho(\mathbf{x},t) = \rho(\mathbf{x})\,e^{-i\omega t} \qquad \text{und} \qquad \mathbf{j}(\mathbf{x},t) = \mathbf{j}(\mathbf{x})\,e^{-i\omega t} \tag{8.3.10}$$

anzunehmen ohne die Allgemeinheit der Lösung einzuengen. In die Potentiale
(8.2.16) geht die retardierte Zeit

$$t_r = t - \frac{|\mathbf{x}-\mathbf{x}'|}{c} \tag{8.3.11}$$

ein, woraus bei der vorgegebenen Zeitabhängigkeit von (8.3.10) für die Dichte
bzw. den Strom folgt, dass ($\omega/c = k$)

$$\rho\big(\mathbf{x}',t_r\big) = \rho(\mathbf{x}')\,e^{-i\omega\big(t-|\mathbf{x}-\mathbf{x}'|/c\big)} = \rho(\mathbf{x}',t)\,e^{ik|\mathbf{x}-\mathbf{x}'|}. \tag{8.3.12}$$

Die Kontinuitätsgleichung lautet

$$\dot{\rho}(\mathbf{x},t) + \boldsymbol{\nabla}\cdot\mathbf{j}(\mathbf{x},t) = 0 \qquad \Rightarrow \qquad \rho(\mathbf{x}) = -\frac{i}{\omega}\boldsymbol{\nabla}\cdot\mathbf{j}(\mathbf{x}). \tag{8.3.13}$$

Potentiale

Man erhält für die Liénard-Wiechert-Potentiale (8.2.16)

$$\phi(\mathbf{x},t) = \phi(\mathbf{x})\,e^{-i\omega t} \quad \text{mit} \quad \phi(\mathbf{x}) = k_C\int d^3x'\,\frac{e^{ik|\mathbf{x}-\mathbf{x}'|}}{|\mathbf{x}-\mathbf{x}'|}\rho(\mathbf{x}'),$$

$$\mathbf{A}(\mathbf{x},t) = \mathbf{A}(\mathbf{x})\,e^{-i\omega t} \quad \text{mit} \quad \mathbf{A}(\mathbf{x}) = \frac{k_C}{ck_L}\int d^3x'\,\frac{e^{ik|\mathbf{x}-\mathbf{x}'|}}{|\mathbf{x}-\mathbf{x}'|}\mathbf{j}(\mathbf{x}'). \tag{8.3.14}$$

Die Retardierung geht so mit dem Faktor $e^{ik|\mathbf{x}-\mathbf{x}'|}$ in $\phi(\mathbf{x})$ und $\mathbf{A}(\mathbf{x})$ ein und
berücksichtigt, dass die verschiedenen Teile der Quelle nicht mit der gleichen
Phase zum Potential (Feld) beitragen. Ausgangspunkt waren die entkoppelten
Wellengleichungen für ϕ und $\mathbf{A}$, was die Lorenz-Eichung (8.1.8) voraussetzt.
Mit $\dot{\phi} = -i\omega\phi$ erhält man für diese gemäß (8.3.3)

$$\frac{1}{ck_L}\dot{\phi}(\mathbf{x},t) + \boldsymbol{\nabla}\cdot\mathbf{A}(\mathbf{x},t) = 0 \qquad \Rightarrow \qquad \phi(\mathbf{x}) = -i\frac{k_L}{k}\boldsymbol{\nabla}\cdot\mathbf{A}(\mathbf{x}). \tag{8.3.15}$$

Im Folgenden werden mit einer Multipolentwicklung Näherungen für $\mathbf{A}$ gemacht. Dieselben Näherungen können nicht ohne Weiteres auf ϕ angewandt
werden, da die Lorenz-Bedingung verletzt sein kann. Es ist daher sinnvoll ϕ
aus (8.3.15) zu bestimmen oder überhaupt zu umgehen. So kann $\mathbf{E}$ über die
Ampère-Maxwell-Gleichung aus $\mathbf{B}$ berechnet werden, wie nachfolgend gezeigt
wird. Damit bleibt die Konsistenz der Näherung von $\mathbf{E}$ und $\mathbf{B}$ gewahrt.

Felder

Nach der Ampère-Maxwell-Gleichung (8.3.9) erhält man für $\mathbf{E}$ außerhalb der Ladungs- und Stromverteilung, wo $\mathbf{j} = 0$:

$$\mathbf{E}(\mathbf{x}, t) = (\mathrm{i}k_L/k)\,\boldsymbol{\nabla} \times \mathbf{B}. \tag{8.3.16}$$

Umgekehrt erhält man aus der Faraday'schen Induktionsgleichung

$$\mathbf{B}(\mathbf{x}, t) = -(\mathrm{i}/kk_L)\,\boldsymbol{\nabla} \times \mathbf{E}. \tag{8.3.17}$$

Wie bereits erwähnt, vermeidet man bei der Berechnung der Felder das skalare Potential ϕ. Das erreicht man mittels (8.3.16), da $\mathbf{B} = \boldsymbol{\nabla} \times \mathbf{A}$.

Die Liénard-Wiechert-Potentiale fallen für $r \to \infty$ mit $1/r$ ab. Bildet man die Ableitungen (Gradient, Rotation) der Potentiale für $r \gg r'$, so ist aufgrund der Retardierung

$$\boldsymbol{\nabla}\,\mathrm{e}^{\mathrm{i}k|\mathbf{x}-\mathbf{x}'|} = \mathrm{i}k\,\frac{\mathbf{x}-\mathbf{x}'}{|\mathbf{x}-\mathbf{x}'|}\,\mathrm{e}^{\mathrm{i}k|\mathbf{x}-\mathbf{x}'|} \approx \mathrm{i}k\mathbf{e}_r\,\mathrm{e}^{\mathrm{i}k|\mathbf{x}-\mathbf{x}'|}$$

der führende Term ebenfalls von der Ordnung $1/r$ und nicht – wie in der Elektrostatik – von $1/r^2$. Wir schließen daraus

$$\begin{aligned} \mathbf{B}(\mathbf{x}, t) &= \mathrm{i}k\mathbf{e}_r \times \mathbf{A} + \mathrm{O}(d/r) \\ \mathbf{E}(\mathbf{x}, t) &= -k_L\mathbf{e}_r \times \mathbf{B} + \mathrm{O}(d/r) \end{aligned} \qquad \text{Fernzone mit} \quad r \gg d\,. \tag{8.3.18}$$

$k = \omega/c = 2\pi/\lambda$ ist die Wellenzahl und $r' \sim d$ die Ausdehnung der Quelle.

8.3.4 Entwicklung nach Multipolen und Zonen

Zur Berechnung der Potentiale (8.3.14) werden Näherungen gemacht. Das nicht nur, weil die Potentiale meist nicht exakt integrierbar sind, sondern weil man sich nicht für alle Spezialfälle gleichermaßen interessiert und oft Näherungen einen besseren Einblick in die physikalischen Vorgänge erlauben.

(8.3.16) zeigt, dass bei periodischer Bewegung $\mathbf{E}$ in einem Gebiet, in dem $\mathbf{j} = 0$, aus rot $\mathbf{B}$, d.h. aus $\mathbf{A}$, berechnet werden kann. Unser Interesse gilt solchen Gebieten, so dass eine Kenntnis des skalaren Potentials ϕ nicht notwendig ist und wir uns daher auf Näherungen für $\mathbf{A}$ beschränken.

Anmerkung: Wir gehen, wie in der Magnetostatik, von der Entwicklung von $\mathbf{A}$ gemäß (4.2.2) aus, nehmen aber an, dass ρ und $\mathbf{j}$ zeitabhängig sind

$$\mathbf{A} = \frac{k_C}{ck_L r}\int \mathrm{d}^3x'\,\mathbf{j}\Big(1 + \frac{\mathbf{x}\cdot\mathbf{x}'}{r^2} + ...\Big) = \frac{k_C}{ck_L}\Big\{\frac{\dot{\mathbf{p}}}{r} + \frac{c}{k_L}\frac{\mathbf{m}\times\mathbf{x}}{r^3} + \frac{1}{2r^3}\int \mathrm{d}^3x'\,\dot{\rho}\,\mathbf{x}'(\mathbf{x}\cdot\mathbf{x}') + ...\Big\}.$$

Zum magnetischen Dipolpotential (4.2.10) kommen jetzt noch Beiträge des elektrischen Dipols und des elektrischen Quadrupols gemäß (4.2.8) und (4.2.9), also zwei Beiträge, die in der Magnetostatik nicht vorhanden sind. $\mathbf{A}$ ist in dieser Näherung ein quasistatisches Potential. Wir haben in der Multipolentwicklung noch die Retardierung durch den Faktor $e^{ik|x-x'|}$ zu berücksichtigen, was zu langreichweitigen Anteilen in den Feldern und so zu einer Aufteilung in Nah-, Zwischen- und Fernzone führt.

Die Entwicklung nach Multipolen ist durch (4.2.2)

$$\frac{1}{|\mathbf{x}-\mathbf{x}'|} = \frac{1}{r}\left[1 + \frac{\mathbf{x}\cdot\mathbf{x}'}{r^2} + O(\frac{d^2}{r^2})\right]$$

vorgegeben. Sodann machen wir die Näherung

$$k|\mathbf{x}-\mathbf{x}'| = kr - k\frac{\mathbf{x}}{r}\cdot\mathbf{x}' + \underbrace{\frac{k}{2r}\left(r'^2 - (\frac{\mathbf{x}}{r}\cdot\mathbf{x}')^2\right)}_{O(kd^2/r)} + \cdots$$

$$e^{ik|\mathbf{x}-\mathbf{x}'|} \approx e^{ikr}\, e^{-i\mathbf{k}\cdot\mathbf{x}'} \qquad\qquad\qquad kd \ll r/d$$

$$\approx e^{ikr}\left[1 - i\mathbf{k}\cdot\mathbf{x}' + O(k^2d^2) + O(\frac{kd^2}{r})\right] \qquad \mathbf{k} = k\mathbf{e}_r\,.$$

Der Term der Ordnung $O(\frac{kd^2}{r})$ verschwindet in der Fernzone. In der Nahzone kann die Retardierung überhaupt vernachlässigt werden. Man erhält

$$\frac{e^{ik|\mathbf{x}-\mathbf{x}'|}}{|\mathbf{x}-\mathbf{x}'|} \approx \frac{e^{ikr}}{r}e^{-i\mathbf{k}\cdot\mathbf{x}'}\left\{1 + O(\frac{d}{r}) + O(\frac{kd^2}{r})\right\} \qquad\qquad (8.3.19a)$$

$$\approx \frac{e^{ikr}}{r}\left\{1 + \frac{\mathbf{x}\cdot\mathbf{x}'}{r^2}(1-ikr) + O(\frac{d^2}{r^2}) + O(k^2d^2) + O(\frac{kd^2}{r})\right\}. \quad (8.3.19b)$$

In beiden Entwicklungen ist der 1. Term der Beitrag des elektrischen Dipolmoments zu $\mathbf{A}$, wobei $e^{-i\mathbf{k}\cdot\mathbf{x}'}$ noch der endlichen Ausdehnung d der Strahlungsquelle durch unterschiedliche Phasenfaktoren an den Raumpunkten $\mathbf{x}'$ Rechnung trägt. Somit enthält $e^{-i\mathbf{k}\cdot\mathbf{x}}$ die weitreichenden Anteile aller elektrischen und magnetischen Multipole.

Der 2. Term von (8.3.19b) bestimmt den Beitrag des magnetischen Dipols und der elektrischen Quadrupolterme, wobei die Fernzone durch den Faktor $(1-ikr)$ berücksichtigt ist. In der intermediären Zone (Zwischenzone) hat man alle Terme von (8.3.19b) zu berücksichtigen. Man unterscheidet ($\mathbf{k} \equiv k\mathbf{e}_r$)

(a) $kd < kr \ll 1 \quad \Leftrightarrow \quad d < r \ll \lambda:$ $\quad \dfrac{1}{|\mathbf{x}-\mathbf{x}'|}$ $\quad$ Nahzone,

(b) $kd \ll kr \sim 1 \quad \Leftrightarrow \quad d \ll r \sim \lambda$ $\qquad\qquad\qquad$ Zwischenzone, $\qquad\qquad$ (8.3.20)

(c) $kd \ll 1 \ll kr \quad \Leftrightarrow \quad d \ll \lambda \ll r:$ $\quad \dfrac{e^{ikr}}{r}e^{-i\mathbf{k}\cdot\mathbf{x}'}$ $\quad$ Fernzone, auch Strahlungs- oder Wellenzone.

Die Bedingung $kd \ll 1$ der Fernzone mag für manche Antennen zu einschränkend sein und kann dort durch $kd \ll r/d$ ersetzt werden.

8.3.5 Nahzone

Ist $r \ll \lambda$, so kann $e^{ik|\mathbf{x}-\mathbf{x}'|}$ durch 1 angenähert werden $(r > d)$. Die Potentiale $\phi(\mathbf{x})$ und $\mathbf{A}(\mathbf{x})$ (8.3.14) werden dann die Potentiale der Elektro- und Magnetostatik, was auch als statische Zone bezeichnet wird:

$$\phi(\mathbf{x}) = k_C \int \mathrm{d}^3 x' \, \frac{\rho(\mathbf{x}')}{|\mathbf{x}-\mathbf{x}'|}, \qquad \mathbf{A}(\mathbf{x}) = \frac{k_C}{ck_L} \int \mathrm{d}^3 x' \, \frac{\mathbf{j}(\mathbf{x}')}{|\mathbf{x}-\mathbf{x}'|}.$$

Quasistatische Potentiale, wie die Näherungen ϕ und $\mathbf{A}$ der Nahzone, genügen der Lorenz-Eichung, wie in (8.2.56) gezeigt wurde. Für die hier angenommene harmonische Zeitentwicklung $\sim e^{-i\omega t}$ kann die Lorenz-Eichung (8.3.15) unter Verwendung der Kontinuitätsgleichung (8.3.13) für das Nahfeld verifiziert werden.

8.3.6 Fernzone

Potentiale und Felder

In der Fernzone gilt immer $d \ll r$. Eine weitere Einschränkung betrifft die Wellenlänge. Wird diese klein gegenüber d, so verschiebt sich der Abstand, ab dem die Fernzone gilt, weiter nach außen. Wir werden hier die Näherung für die Fernzone (8.3.19a) auf ϕ und $\mathbf{A}$ anwenden und zeigen, dass die Lorenz-Eichung in (8.3.21) nur mehr asymptotisch erfüllt ist $(\mathbf{k} = k\mathbf{e}_r)$:

$$\phi(\mathbf{x}) = k_C \frac{e^{ikr}}{r} \int \mathrm{d}^3 x' \, \rho(\mathbf{x}') \, e^{-i\mathbf{k}\cdot\mathbf{x}'} = k_C \frac{e^{ikr}}{r} \rho(\mathbf{k}) = k_C \frac{e^{ikr}}{cr} \mathbf{e}_r \cdot \mathbf{j}(\mathbf{k}). \quad (8.3.21)$$

Den Zusammenhang zwischen ρ und $\mathbf{j}$ liefert die Kontinuitätsgleichung:

$$\int \mathrm{d}^3 x' \, e^{-i\mathbf{k}\cdot\mathbf{x}'} \Big[-i\omega\rho(\mathbf{x}') + \boldsymbol{\nabla}' \cdot \mathbf{j}(\mathbf{x}') \Big] = -i\omega\rho(\mathbf{k}) + i\mathbf{k}\cdot\mathbf{j}(\mathbf{k}) = 0,$$

$$\rho(\mathbf{k}) = (1/c)\,\mathbf{e}_r \cdot \mathbf{j}(\mathbf{k}). \qquad (8.3.21')$$

Für das Vektorpotential erhält man in der Fernzone:

$$\mathbf{A}(\mathbf{x}) = \frac{k_C}{ck_L} \frac{e^{ikr}}{r} \int \mathrm{d}^3 x' \, \mathbf{j}(\mathbf{x}') \, e^{-i\mathbf{k}\cdot\mathbf{x}'} = \frac{k_C}{ck_L} \frac{e^{ikr}}{r} \mathbf{j}(\mathbf{k}). \qquad (8.3.22)$$

Das zu (8.3.22) gehörende skalare Potential erhält man, indem man

$$\boldsymbol{\nabla}\cdot\mathbf{A} = \frac{k_C}{ck_L} \frac{e^{ikr}}{r} \Big[\big(ik - \frac{1}{r}\big) \mathbf{e}_r \cdot \mathbf{j}(\mathbf{k}) + \boldsymbol{\nabla}\cdot\mathbf{j}(\mathbf{k}) \Big]$$

in die Lorenz-Bedingung (8.3.15) einsetzt. Wird angenommen, dass die Ausdehnung der Stromquelle $d \ll \lambda$ erfüllt, so darf der letzte Term vernachlässigt werden und man erhält

$$\phi(\mathbf{x}) = -\mathrm{i}\frac{k_L}{k}\,\boldsymbol{\nabla}\cdot\mathbf{A} \approx k_C\big(1 + \mathrm{i}\frac{1}{kr}\big)\frac{e^{\mathrm{i}kr}}{cr}\,\mathbf{e}_r\cdot\mathbf{j}(\mathbf{k})\,. \tag{8.3.23}$$

Das skalare Potential (8.3.21) erfüllt so, wie bereits erwähnt, die Lorenz-Bedingung nur asymptotisch für $r \to \infty$. $\rho(\mathbf{k})$ ist der aus der Festkörperphysik bekannte Formfaktor einer Ladungsverteilung. Das endliche $\mathbf{k}$ berücksichtigt den Phasenunterschied von Wellen, die von verschiedenen Quellpunkten der Ladungs-/Stromverteilung ausgehen; bei Punktladungen (Punktdipolen) ist die Fourier-Transformierte von $\mathbf{k}$ unabhängig ($\rho(\mathbf{k}) = \rho_0$).

Die zu den Potentialen gehörigen Felder sind nach (8.3.18) bei Vernachlässigung von Beiträgen der Ordnung $1/r^2$

$$\mathbf{B}(\mathbf{x}, t) = \mathrm{i}k\frac{k_C}{ck_L}\frac{e^{\mathrm{i}kr - \mathrm{i}\omega t}}{r}\,\mathbf{e}_r \times \mathbf{j}(\mathbf{k})\,, \tag{8.3.24}$$

$$\mathbf{E}(\mathbf{x}, t) = \mathrm{i}k\frac{k_C}{c}\frac{e^{\mathrm{i}kr - \mathrm{i}\omega t}}{r}\,\mathbf{e}_r \times \big(\mathbf{j}(\mathbf{k}) \times \mathbf{e}_r\big)\,. \tag{8.3.25}$$

Hierbei bilden $\mathbf{E}$, $\mathbf{B}$ und $\mathbf{e}_r$ ein rechtshändiges Koordinatensystem:

$$\mathbf{E} = k_L\mathbf{B}\times\mathbf{e}_r\,, \qquad \mathbf{B} = \frac{1}{k_L}\mathbf{e}_r\times\mathbf{E}\,, \qquad \mathbf{e}_r = \frac{k_L}{\mathbf{B}^2}\mathbf{E}\times\mathbf{B}\,. \tag{8.3.26}$$

Mittlere Strahlungsleistung

Von Interesse ist die von der Quelle abgegebene Strahlungsleistung. Sie wird durch $\mathbf{S}$ bestimmt. Wir beschränken uns auf die mittlere Energiestromdichte $\langle\mathbf{S}\rangle$ in großer Entfernung von der Quelle. Aus den Feldern (8.3.24) und (8.3.25) der Fernzone erhalten wir dann den mittleren Energiestrom ($\mathbf{e}_r\cdot\mathbf{E} = 0$)

$$\langle\mathbf{S}\rangle = \frac{ck_L}{8\pi k_C}\mathbf{E}\times\mathbf{B}^* = \frac{c}{8\pi k_C}\mathbf{E}\times(\mathbf{e}_r\times\mathbf{E}^*) = \frac{c}{8\pi k_C}|\mathbf{E}|^2\mathbf{e}_r \tag{8.3.27}$$

$$= \frac{k_C k^2}{8\pi c\,r^2}\big|\mathbf{e}_r\times(\mathbf{j}(\mathbf{k})\times\mathbf{e}_r)\big|^2\,\mathbf{e}_r = \frac{k_C k^2}{8\pi c\,r^2}\big[|\mathbf{j}(\mathbf{k})|^2 - |\mathbf{e}_r\cdot\mathbf{j}(\mathbf{k})|^2\big]\,\mathbf{e}_r\,.$$

Die mittlere pro Zeiteinheit durch das Flächenelement $\mathrm{d}\mathbf{f}$ tretende Energie ist für eine Kugel mit dem Radius r

$$\mathrm{d}\langle P\rangle = \mathrm{d}\mathbf{f}\cdot\langle\mathbf{S}\rangle\,, \qquad\qquad \mathrm{d}\mathbf{f} = r^2\mathrm{d}\Omega\,\mathbf{e}_r = r^2\sin\vartheta\,\mathrm{d}\vartheta\mathrm{d}\varphi\,\mathbf{e}_r\,.$$

Die vom Raumwinkel $\mathrm{d}\Omega$ abgestrahlte mittlere Leistung ist so

$$\frac{\mathrm{d}\langle P\rangle}{\mathrm{d}\Omega} = r^2\mathbf{e}_r\cdot\langle\mathbf{S}\rangle = \frac{cr^2}{8\pi k_C}|\mathbf{E}|^2 = \frac{k_C k^2}{8\pi c}\big(|\mathbf{j}(\mathbf{k})|^2 - |\mathbf{e}_r\cdot\mathbf{j}(\mathbf{k})|^2\big)\,. \tag{8.3.28}$$

Die auf die Oberflächennormale $\mathbf{e}_r$ senkrechte Komponente von $\mathbf{j}$ bestimmt die abgestrahlte Leistung. Wird hier für den Punktdipol $\mathbf{j}(\mathbf{k}) = -\mathrm{i}\omega\mathbf{p}$ eingesetzt, so erhält man direkt die mittlere Leistung (8.4.15) der Dipolstrahlung.

8.4 Die Strahlungsanteile der Multipole

Wir wenden uns nun der Berechnung der Anteile der Strahlung zu, die den Multipolmomenten zuzuordnen sind. Die Strahlung des elektrischen Dipols liefert hierzu den bei Weitem wichtigsten Beitrag.

8.4.1 Elektrische Dipolstrahlung

Potentiale des Punktdipols

Gegeben ist der am Ursprung ozillierende Punktdipol $\mathbf{p}(t) = \mathbf{p}\,e^{-i\omega t}$, dessen Ladungsdichte (2.2.2) ist. Die Stromdichte erhält man aus der Kontinuitätsgleichung. Zusammen mit ihren Fourier-Transformierten ergibt das

$$\rho_p(\mathbf{x}) = -\mathbf{p}\cdot\boldsymbol{\nabla}\delta^{(3)}(\mathbf{x}), \qquad\qquad \mathbf{j}_p(\mathbf{x}) = -i\omega\mathbf{p}\,\delta^{(3)}(\mathbf{x}) \qquad (8.4.1)$$

$$\rho_p(\mathbf{k}) = \int d^3x\,e^{-i\mathbf{k}\cdot\mathbf{x}}\rho_p(\mathbf{x}) = -i\mathbf{k}\cdot\mathbf{p}, \quad \mathbf{j}_p(\mathbf{k}) = \int d^3x\,e^{-i\mathbf{k}\cdot\mathbf{x}}\mathbf{j}_p(\mathbf{x}) = -i\omega\mathbf{p}.$$

Jetzt berechnet man die Liénard-Wiechert-Potentiale. Zunächst setzt man die Dipoldichte in (8.3.14) ein, integriert partiell und verschiebt die Differentiation von $\boldsymbol{\nabla}'$ zu $-\boldsymbol{\nabla}$:

$$\phi(\mathbf{x}) = -k_C\int d^3x'\,\frac{e^{ik|\mathbf{x}-\mathbf{x}'|}}{|\mathbf{x}-\mathbf{x}'|}\mathbf{p}\cdot\boldsymbol{\nabla}'\delta^{(3)}(\mathbf{x}') = k_C\int d^3x'\,\delta^{(3)}(\mathbf{x}')\mathbf{p}\cdot\boldsymbol{\nabla}'\frac{e^{ik|\mathbf{x}-\mathbf{x}'|}}{|\mathbf{x}-\mathbf{x}'|}$$

$$= -k_C\mathbf{p}\cdot\boldsymbol{\nabla}\frac{e^{ikr}}{r} = k_C\mathbf{p}\cdot\mathbf{e}_r\frac{e^{ikr}}{r^2}\left(1-ikr\right) \qquad (8.4.2a)$$

$$\mathbf{A}(\mathbf{x}) = -ik\frac{k_C\mathbf{p}}{k_L}\int d^3x'\,e^{ik|\mathbf{x}-\mathbf{x}'|}\frac{\delta^{(3)}(\mathbf{x}')}{|\mathbf{x}-\mathbf{x}'|} = -ik\frac{k_C\mathbf{p}}{k_L}\frac{e^{ikr}}{r}. \qquad (8.4.2b)$$

Der Dipolanteil in der Multipolentwicklung

Vom führenden Term der Entwicklung (8.3.19) erhalten wir die Strahlung des elektrischen Dipolmoments der oszillierenden Ladungsverteilung:

$$\mathbf{A}(\mathbf{x}) = \frac{k_C}{ck_L}\int d^3x'\,\mathbf{j}(\mathbf{x}')\frac{e^{ik|\mathbf{x}-\mathbf{x}'|}}{|\mathbf{x}-\mathbf{x}'|} \approx \frac{k_C}{ck_L}\frac{e^{ikr}}{r}\int d^3x'\,\mathbf{j} \stackrel{(4.2.8)}{=} \frac{k_C}{ck_L}\frac{e^{ikr}}{r}\int d^3x'\,\dot\rho\,\mathbf{x}'$$

$$= -ik\frac{k_C}{k_L}\frac{e^{ikr}}{r}\mathbf{p} \qquad\qquad \text{mit} \qquad\qquad \dot{\mathbf{p}} = -i\omega\mathbf{p}. \qquad (8.4.3a)$$

Alle weiteren Terme von $\mathbf{A}$ enthalten im Integranden mindestens ein zusätzliches x'_k, was zu höheren Momenten führt. Obige Näherung für $\mathbf{A}$ ist daher das exakte Potential für den elektrischen Dipol.

   Stellen wir der elektrischen Dipolstrahlung die Näherung für die Fernzone (8.3.22) gegenüber, so sehen wir

$$\frac{e^{ikr}}{r} \quad\longleftrightarrow\quad \frac{e^{ikr}}{r}\,e^{-i\mathbf{k}\cdot\mathbf{x}'} \qquad\Longrightarrow\qquad \mathbf{j}(0) \quad\longleftrightarrow\quad \mathbf{j}(\mathbf{k}).$$

Die Potentiale der elektrischen Dipolstrahlung folgen aus denen der Fernzone (8.3.22)–(8.3.23), wenn man die Fourier-Transformierte $\mathbf{j}(\mathbf{k})$ durch $\mathbf{j}(0)$ ersetzt.

Die beiden Fälle gehen ineinander über, wenn $kd \ll 1$, d.h. $d \ll \lambda$, wie z.B. beim von Atomen ausgestrahlten sichtbaren Licht.

Atom $d \approx 1\,\text{Å}$, sichtbares Licht $\quad \lambda \approx 3.6 \times 10^3 \;\; -7.8 \times 10^3 \text{Å}$
$\qquad\qquad$ Röntgen-Strahlen[4] $\lambda \sim 1.0 \times 10^{-1} - 3.0 \times 10^1 \text{Å}$.

In der elektrischen Dipolstrahlung, bei der $kd \ll 1$, ist es üblich die Fourier-Transformierten von ρ und $\mathbf{j}$ durch das Dipolmoment $\mathbf{p}$ zu ersetzen

$$\dot{\mathbf{p}} = \int_V d^3x\,\mathbf{x}\dot{\rho} = -\int_V d^3x\,\mathbf{x}\,\boldsymbol{\nabla}\cdot\mathbf{j} = \int_V d^3x\,\mathbf{j} \;\Rightarrow\; -i\omega\mathbf{p} = \mathbf{j}(0). \qquad (8.4.3b)$$

Wir setzen jetzt den Dipolanteil des Stroms in (8.3.21') ein

$$\rho_p(\mathbf{k}) = \mathbf{k}\cdot\mathbf{j}(0)/\omega = -i\mathbf{k}\cdot\mathbf{p}$$

und erhalten damit die Ladungsdichte ρ_p des Dipolanteils. Die gesamte, dem Dipol zuzuordnende Ladung $\rho_p(0) = 0$ verschwindet erwartungsgemäß.

Die Ladungsverteilung ρ schwingt mit gleicher Phase, d.h. das Feld der bewegten Ladung wird in der Fernzone als Strahlungsfeld eines Punktdipols wahrgenommen (im allgemeinen Fall sind durch $\rho(\mathbf{k})$ noch Phasenunterschiede durch die endliche Ausdehnung der Quelle zum Tragen gekommen, was einer Beimischung anderer Multipolmomente gleichkommt).

Jetzt können wir, ausgehend von (8.3.22) und (8.3.23) die Potentiale der elektrischen Dipolstrahlung in geeigneter Form angeben und erhalten die schon bekannten Potentiale des Punktdipols (8.4.2):

$$\phi(\mathbf{x},t) = -ikk_C\Big(1 - \frac{1}{ikr}\Big)\frac{e^{ikr-i\omega t}}{r}\,\mathbf{e}_r\cdot\mathbf{p}, \qquad (8.4.4)$$

$$\mathbf{A}(\mathbf{x},t) = \frac{k_C}{ck_L}\frac{e^{ikr-i\omega t}}{r}\,\mathbf{j}(0) = -ik\frac{k_C}{k_L}\frac{e^{ikr-i\omega t}}{r}\,\mathbf{p}. \qquad (8.4.5)$$

In der Coulomb-Eichung ist ϕ^C das quasistatische Potential des Dipols, und $\mathbf{A}^C = \mathbf{A}_h^b$ ist durch (8.3.7b) bestimmt:

$$\phi^C(\mathbf{x}) = k_C\frac{\mathbf{p}\cdot\mathbf{x}}{r^3}, \qquad \mathbf{A}^C(\mathbf{x}) = \frac{1}{ik_L k}\big[\mathbf{E}(\mathbf{x}) + \boldsymbol{\nabla}\phi^C(\mathbf{x})\big]. \qquad (8.4.5')$$

Dipolfelder

Wir sind an den allgemeiner gültigen Ausdrücken für die Dipolfelder interessiert, die aus den Potentialen (8.4.4) und (8.4.5) folgen, jedoch ohne die

---

Einschränkung auf die Fernzone. Das Magnetfeld erhalten wir aus der Rotation des Vektorpotentials (8.4.5):

$$\mathbf{B}(\mathbf{x}, t) = \boldsymbol{\nabla} \times \mathbf{A} = \frac{k_C}{k_L} k^2 \frac{e^{ikr - i\omega t}}{r} \left(1 - \frac{1}{ikr}\right) \mathbf{e}_r \times \mathbf{p}. \tag{8.4.6}$$

Etwas mühsamer ist die Berechnung des elektrischen Feldes. Wir gehen von der Ampère-Maxwell-Gleichung rot $\mathbf{B} = (k_L/c)\dot{\mathbf{E}} = -ik_L k\mathbf{E}$ aus, da an den in Betracht kommenden Orten $\mathbf{x}$ kein Strom fließt ($\mathbf{j}(\mathbf{x}, t) = 0$):

$$\mathbf{E}(\mathbf{x}) \overset{(8.3.16)}{=} (ik_L/k)\boldsymbol{\nabla} \times \mathbf{B}$$

$$= ik_C k \left\{ \left[\boldsymbol{\nabla} \frac{e^{ikr}}{r}\left(1 - \frac{1}{ikr}\right)\right] \times (\mathbf{e}_r \times \mathbf{p}) + \left[\frac{e^{ikr}}{r}\left(1 - \frac{1}{ikr}\right)\right] \boldsymbol{\nabla} \times (\mathbf{e}_r \times \mathbf{p}) \right\}.$$

$$\boldsymbol{\nabla} \frac{e^{ikr}}{r^n} = \frac{e^{ikr}}{r^{n+1}}(-n + ikr)\mathbf{e}_r,$$

$$\boldsymbol{\nabla} \frac{e^{ikr}}{r}\left(1 - \frac{1}{ikr}\right) = \left[\frac{e^{ikr}}{r^2}(-1 + ikr) + \frac{e^{ikr}}{ikr^3}(2 - ikr)\right]\mathbf{e}_r = \frac{e^{ikr}}{r^2}\left[ikr - 2\left(1 - \frac{1}{ikr}\right)\right]\mathbf{e}_r,$$

$$\boldsymbol{\nabla} \times (\mathbf{p} \times \mathbf{e}_r) = \frac{1}{r}\left[2\mathbf{p} - \mathbf{e}_r \times (\mathbf{p} \times \mathbf{e}_r)\right].$$

Man kann das Feld mittels $\mathbf{e}_r \times (\mathbf{p} \times \mathbf{e}_r) = \mathbf{p} - (\mathbf{e}_r \cdot \mathbf{p})\mathbf{e}_r$ in den weitreichenden Strahlungsanteil und das Nahfeld des elektrischen Dipols aufteilen:

$$\mathbf{E}(\mathbf{x}, t) = k_C \frac{e^{ikr - i\omega t}}{r}\left\{k^2 \mathbf{e}_r \times (\mathbf{p} \times \mathbf{e}_r) + \frac{1}{r^2}(1 - ikr)\left[3(\mathbf{p} \cdot \mathbf{e}_r)\mathbf{e}_r - \mathbf{p}\right]\right\}. \tag{8.4.7}$$

Alternativ kann $\mathbf{E} = -\boldsymbol{\nabla}\phi - \frac{k_L}{c}\dot{\mathbf{A}}$ mit den Potentialen (8.4.4) und (8.4.5) berechnet werden. Vernachlässigt man den Term $\sim 1/r^2$ in (8.4.4), d.h., rechnet man mit ϕ in selber Ordnung wie mit $\mathbf{A}$, so ist die Lorenz-Eichung nicht erfüllt und die Konsistenz mit (8.4.7) nur für die Fernzone gegeben.

Nahzone

In der Nahzone gilt $kr \ll 1$ (und $d < r$). Nähert man die Felder (8.4.6) und (8.4.7) mit dieser Vorgabe, so erhält man

$$\mathbf{E}(\mathbf{x}, t) = k_C \frac{3(\mathbf{e}_r \cdot \mathbf{p}(t))\mathbf{e}_r - \mathbf{p}(t)}{r^3} \quad\text{mit}\quad \mathbf{p}(t) = \mathbf{p}\, e^{-i\omega t}, \tag{8.4.8}$$

$$\mathbf{B}(\mathbf{x}, t) = i\frac{k_C}{k_L} kr \frac{\mathbf{e}_r \times \mathbf{p}(t)}{r^3}. \tag{8.4.9}$$

Das elektrische Feld ist das des Dipols $\mathbf{p}(t)$ und das Magnetfeld $k_L\mathbf{B}$ ist um den Faktor kr kleiner als das elektrische Feld $\mathbf{E}$ und steht senkrecht auf dieses ($\mathbf{B} \cdot \mathbf{E} = 0$).

Fernzone

Die Felder erhalten wir aus (8.3.24)–(8.3.27), indem wir $\mathbf{j}(\mathbf{k})$ durch $-\mathrm{i}\omega\mathbf{p}$ ersetzen oder einfacher, aus den exakten Feldern (8.4.6) und (8.4.7) die mit $1/r$ abfallenden Fernfelder herauszunehmen:

$$\mathbf{B}(\mathbf{x}, t) = \frac{k_C}{k_L} k^2 \frac{e^{\mathrm{i}kr-\mathrm{i}\omega t}}{r} \, \mathbf{e}_r \times \mathbf{p} \tag{8.4.10}$$

$$\mathbf{E}(\mathbf{x}, t) = k_L \mathbf{B}(\mathbf{x}, t) \times \mathbf{e}_r = k_C k^2 \frac{e^{\mathrm{i}kr-\mathrm{i}\omega t}}{r} \, \mathbf{e}_r \times \big(\mathbf{p} \times \mathbf{e}_r\big). \tag{8.4.11}$$

$\mathbf{E}$ und $k_L \mathbf{B}$ sind Kugelwellen gleicher Stärke, wobei $\mathbf{E}$ in der Ebene liegt, die von $\mathbf{e}_r$ und $\mathbf{p}$ aufgespannt wird. $\mathbf{B}$ steht senkrecht auf dieser Ebene, wie in Abb. 8.10 skizziert.

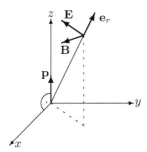

Abb. 8.10. Koordinatensystem für elektrische Dipolstrahlung; $\mathbf{E}$ liegt in der von $\mathbf{e}_r$ und $\mathbf{p}$ aufgespannten Ebene und $\mathbf{B}$ steht senkrecht darauf

Anmerkung: Die Gleichungen für die Strahlung einer mit der Frequenz ω bewegten Ladungsverteilung können umgeformt werden, wenn man in (8.4.10) und (8.4.11)

$$k^2 \mathbf{p} = -\frac{1}{c^2}\ddot{\mathbf{p}} \qquad \text{und} \qquad \ddot{\mathbf{p}}(t_r) = \frac{\partial^2}{\partial t^2}\Big[\mathbf{p}\, e^{-\mathrm{i}\omega t_r}\Big] = e^{\mathrm{i}kr-\mathrm{i}\omega t}\, \ddot{\mathbf{p}}(t)$$

einsetzt ($t_r = t - r/c$):

$$\mathbf{B}(\mathbf{x}, t) = \frac{k_C}{k_L c^2 r}\ddot{\mathbf{p}}(t_r) \times \mathbf{e}_r, \quad \mathbf{E}(\mathbf{x}, t) = \frac{-k_C}{c^2 r}\mathbf{e}_r \times \big(\ddot{\mathbf{p}}(t_r) \times \mathbf{e}_r\big) = k_L \mathbf{B} \times \mathbf{e}_r. \tag{8.4.12}$$

In Abb. 8.11 sieht man im inneren Kreis mit $r \lesssim \lambda/2$ zur Zeit $t = 0$ ein Dipolfeld. In der Folge wird der Dipol schwächer und verschwindet bei $t = \pi/2\omega$, wobei sich die Feldlinien vom Ursprung lösen. Dann baut sich ein Dipolfeld in entgegengesetzter Richtung auf, das bei $t = 3\pi/2$ verschwindet. Dessen Feldlinien, jetzt wiederum vom Ursprung gelöst, sind zu den vorhergehenden entgegengesetzt orientiert, wie man der Abb. 8.11 entnehmen kann.

Das magnetische Feld ist in der xy-Ebene kreisförmig, wie ebenfalls in Abb. 8.11 skizziert ($\mathbf{e}_r \times \mathbf{p} = -\mathbf{e}_\varphi$). Betrachten wir eine Momentaufnahme von $\mathbf{B}$ zu einer Zeit $t_0 = 2\pi n/\omega = n/\nu$ (n ganz), so ist für $r = 2\pi m/k = m\lambda$ das Feld im Uhrzeigersinn und für $r = \pi(2m + 1)/k = (m + 1/2)\lambda$ im Gegenuhrzeigersinn gerichtet (m ganz). Für dazwischenliegende Zeiten t_0 erhält man in der Fernzone aus $\cos(kr - \omega t_0)$ dasselbe Bild wie beim elektrischen Dipol.

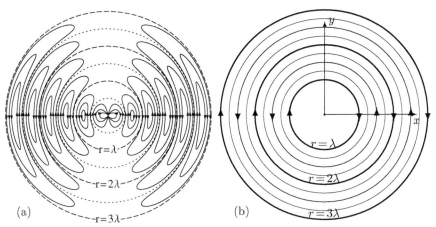

Abb. 8.11. (a) Elektrische Feldlinien eines Dipols in der xz-Ebene, wobei $\mathbf{p}(t) = p(t)\mathbf{e}_z$. Das Nahfeld ist das eines oszillierenden Dipols. Bereits für $r > \lambda/2$ bilden sich Strahlungsfelder (Wirbelfelder) aus, deren Intensität senkrecht auf $\mathbf{p}$ maximal ist. (b) Äquatorialer Querschnitt der magnetischen Feldlinien eines Dipols

Strahlungsleistung

Mit den Feldern der Fernzone, (8.3.24) und (8.3.25) haben wir die mittlere Strahlungsleistung für eine periodisch bewegte Ladungsverteilung bestimmt. Hier beschränken wir uns auf die elektrische Dipolstrahlung. Wir müssen nur $\mathbf{j}(\mathbf{k})$ durch $\mathbf{j}(0) = -\mathrm{i}\omega\mathbf{p}$ ersetzen, um die Felder und die (mittlere) Strahlungsleistung für den Dipol, (8.4.10) und (8.4.11) zu erhalten. Aus der Energiestromdichte (8.3.27)

$$\mathbf{S}(\mathbf{x}, t) = \frac{ck_L}{4\pi k_C}\,\mathrm{Re}\,\mathbf{E}(\mathbf{x}, t) \times \mathrm{Re}\,\mathbf{B}(\mathbf{x}, t) = \frac{c}{4\pi k_C}(\mathrm{Re}\,\mathbf{E})^2\mathbf{e}_r$$

erhält man mittels $\mathrm{d}P = \mathbf{S} \cdot \mathrm{d}\mathbf{f}$ die durch das Oberflächenelement einer Kugel $\mathrm{d}\mathbf{f} = r^2\mathrm{d}\Omega\,\mathbf{e}_r$ mit dem Radius $r \to \infty$ durchgehende Strahlung

$$\frac{\mathrm{d}P}{\mathrm{d}\Omega} = \frac{ck_C}{4\pi}\,k^4\,p^2\,\sin^2\theta\,\cos^2(kr - \omega t)\,,$$

wobei $p^2 - (\mathbf{e}_r \cdot \mathbf{p}) = p^2\sin^2\theta$. Der Dipol zeigt in eine feste Richtung (z-Achse: $\theta \to \vartheta$). Die Formel kann insbesondere dann nicht ohne Weiteres übernommen werden, wenn die Richtung des Dipolmoments zeitlich variiert, wie es etwa bei einem kreisenden Elektron der Fall ist. Die integrale Intensität ist

$$P = \int \mathrm{d}\Omega\,\frac{\mathrm{d}P}{\mathrm{d}\Omega} = k_C\frac{2ck^4}{3}\,p^2\,\cos^2(kr - \omega t)\,.$$

Diese Formel erhält man auch, wenn man $q\,\dot{\boldsymbol{\beta}}(t_r) = \frac{1}{c}\ddot{\mathbf{p}}(t_r)$ in die Larmor-Formel (8.2.39) einsetzt. Ausgedrückt durch die oszillierende Punktladung $q\mathbf{x}(t) = \mathbf{p}\cos(\omega t)$ mit $\mathbf{p} = q\mathbf{x}_0$ ergibt das

$$P = k_C \frac{2q^2}{3c^3}\,\ddot{\mathbf{x}}^2(t_r) \qquad \text{und} \qquad \langle P \rangle = k_C \frac{q^2}{3c^3}\,\omega^4\,\mathbf{x}_0^2, \qquad (8.4.13)$$

was wieder einmal zeigt, dass nur die beschleunigte Ladung strahlt. Die Energie, die pro Periode ausgestrahlt wird ($\lambdabar = \lambda/2\pi = 1/k$):

$$E = \int_0^{2\pi/\omega} dt\, P(t) = k_C \frac{\pi}{3}\frac{q^2}{\lambdabar}\left(\frac{\mathbf{x}_0}{\lambdabar}\right)^2 = \frac{\pi}{3} \times \begin{array}{c} \text{Coulomb-Energie} \\ \text{beim Abstand } \lambdabar \end{array} \times \underbrace{\left(\frac{\text{Amplitude}}{\lambdabar}\right)^2}_{\ll 1}.$$

Mittlere abgestrahlte Energie

Mittelt man die gerade hergeleiteten Größen wie $\mathbf{S}$ und P über eine Periode, so ist jeweils nur $\cos^2(kr - \omega t)$ durch seinen Mittelwert $\langle \cos^2(kr - \omega t)\rangle = 1/2$ zu ersetzen. Da jedoch die komplexen Felder den Problemen besser angepasst sind, definieren wir die zeitlich gemittelte Energiestromdichte (8.3.27) mit diesen, wobei wir uns auf die Fernzone (8.4.10) und (8.4.11) bzw. (8.4.12) einschränken; noch einfacher wäre es in den Ausdrücken für die Fernzone (Abschnitt 8.3.6) $\mathbf{j}(\mathbf{k})$ durch $\mathbf{j}(0) = -\mathrm{i}\omega\mathbf{p}$ zu ersetzen:

$$\langle \mathbf{S}\rangle = \frac{ck_L}{8\pi k_C}\,\mathbf{E}\times\mathbf{B}^* = \frac{c}{8\pi k_C}\,|\mathbf{E}|^2\mathbf{e}_r \overset{(8.4.11)}{=} k_C \frac{c\,k^4}{8\pi\,r^2}\left|\mathbf{e}_r \times (\mathbf{p}\times\mathbf{e}_r)\right|^2 \mathbf{e}_r$$

$$= \frac{k_C}{8\pi\,c^3\,r^2}\left|\mathbf{e}_r \times (\ddot{\mathbf{p}}(t_r)\times\mathbf{e}_r)\right|^2 \mathbf{e}_r. \qquad (8.4.14)$$

In $\langle \mathbf{S}\rangle$ geht die Zeit, also auch die retardierte Zeit, nicht ein. Mit $\langle \mathbf{S}\rangle$ können wir wieder die mittlere abgestrahlte Leistung angeben, die ins Raumwinkelelement $\mathrm{d}\Omega$ abgestrahlt wird, wobei wir wieder von einer Kugel vom Radius r ausgehen:

$$\frac{\mathrm{d}\langle P\rangle}{\mathrm{d}\Omega} = r^2\langle \mathbf{S}\rangle \cdot \mathbf{e}_r = \frac{cr^2}{8\pi k_C}\,|\mathbf{E}|^2 = \frac{ck_C k^4}{8\pi}\left|\mathbf{e}_r \times (\mathbf{p}\times\mathbf{e}_r)\right|^2. \qquad (8.4.15)$$

Nun ist gemäß (A.1.60): $\mathbf{e}_r \times (\mathbf{p}\times\mathbf{e}_r) = \mathbf{p} - (\mathbf{p}\cdot\mathbf{e}_r)\mathbf{e}_r$, so dass

$$|\mathbf{e}_r \times (\mathbf{p}\times\mathbf{e}_r)|^2 = |\mathbf{p} - (\mathbf{e}_r\cdot\mathbf{p})\mathbf{e}_r|^2 = |\mathbf{p}|^2 - |\mathbf{e}_r\cdot\mathbf{p}|^2 = |\mathbf{p}|^2 \sin^2\theta,$$

wobei θ der Winkel ist, den $\mathbf{e}_r$ und $\mathbf{p}$ einschließen. Ist die z-Achse durch $\mathbf{p}$ festgelegt, so gilt $\theta \equiv \vartheta$ und damit

$$\frac{\mathrm{d}\langle P\rangle}{\mathrm{d}\Omega} = k_C \frac{ck^4}{8\pi}|p|^2 \sin^2\vartheta = \frac{Z_0 k^4}{32\pi^2}c^2|p|^2 \sin^2\vartheta, \qquad Z_0 = \frac{4\pi k_C}{c}. \qquad (8.4.16)$$

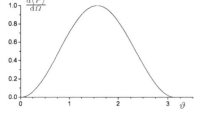

Abb. 8.12. Die abgestrahlte Energie $\mathrm{d}\langle P\rangle/\mathrm{d}\Omega$ ist maximal für $\vartheta = \pi/2$ (willkürliche Einheit für $\mathrm{d}\langle P\rangle/\mathrm{d}\Omega$)

Die Abstrahlung ist am Äquator maximal, wie in Abb. 8.12 skizziert. Für die totale Abstrahlung erhält man

$$\langle P \rangle = \int \mathrm{d}\Omega \, \frac{\mathrm{d}\langle P \rangle}{\mathrm{d}\Omega} = k_C \frac{ck^4}{8\pi} |p|^2 \, 2\pi \int_0^\pi \mathrm{d}\vartheta \sin^3 \vartheta = k_C \frac{ck^4}{3} |p|^2 . \tag{8.4.17}$$

$\mathbf{p}$ ist das Dipolmoment der Ladungsverteilung, die mit ω gemäß $\mathbf{p}(t) = \mathbf{p}\,\mathrm{e}^{-\mathrm{i}\omega t}$ schwingt, d.h. $\ddot{\mathbf{p}}(t) = -\omega^2 \mathbf{p}(t)$. Dementsprechend ist (siehe (8.2.39))

$$\langle P \rangle = \frac{Z_0 k^4}{12\pi} c^2 |\mathbf{p}|^2 = \frac{Z_0}{12\pi c^2} |\ddot{\mathbf{p}}|^2 . \tag{8.4.18}$$

Bewegt sich das Elektron auf einer Kreisbahn, so hat man ein rotierendes Dipolmoment (siehe Aufgabe 8.13) mit der Strahlungsleistung

$$\frac{\mathrm{d}\langle P \rangle}{\mathrm{d}\Omega} = k_C \frac{ck^4 |p|^2}{8\pi}(1 + \cos^2 \vartheta), \qquad \langle P \rangle = k_C \frac{2ck^4 |p|^2}{3} . \tag{8.4.19}$$

Anmerkung: $\langle P \rangle \sim k^4$ erklärt die blaue Farbe des Himmels (Lord Rayleigh): Sonnenstrahlen regen die Luftmoleküle an. Die Aussstrahlung ist am blauen Ende stärker (siehe Rayleigh Streuung).

Rotfärbung von Sonne und Mond bei Auf- und Untergang: Das von ihnen ausgesandte blaue Licht wird stärker aus der Bahn gestreut als das rote.

8.4.2 Dipolstrahlung einer Antenne

Es liege eine lineare Antenne vor, deren Länge d klein ist gegen die Wellenlänge, $kd \ll 1$. Der Antenne wird in der Mitte Strom zugeführt (Koaxialspeisung), wie in Abb. 8.13 skizziert. Somit breitet sich der Strom symmetrisch in der Antenne aus.

Diese Konfiguration soll unter der Annahme, dass der Strom bekannt ist und nur längs des dünnen Drahtes fließt, gelöst werden. Sinnvolle Annahmen für die Stromdichte sind die sinusförmige

$$\mathbf{j}(\mathbf{x}, t) = I \sin\left(\frac{kd}{2} - k|z|\right) \delta(x)\delta(y)\,\theta\!\left(\frac{d}{2} - |z|\right) \mathrm{e}^{-\mathrm{i}\omega t}\, \mathbf{e}_z \tag{8.4.20}$$

oder die lineare Ausbreitung

$$\mathbf{j} = I\left(1 - \frac{2|z|}{d}\right)\delta(x)\delta(y)\theta\!\left(\frac{d}{2} - |z|\right) \mathrm{e}^{-\mathrm{i}\omega t}\, \mathbf{e}_z \tag{8.4.21}$$

in den Antennenarmen. Für das Vektorpotential erhält man nach (8.4.3) den Dipolanteil für $kd \ll 1$ in der Fernzone

$$\mathbf{A}(\mathbf{x}, t) = \frac{k_C}{ck_L} \frac{\mathrm{e}^{\mathrm{i}(kr - \omega t)}}{r} \, \mathbf{j}(0) \qquad \mathrm{mit} \qquad \mathbf{j}(0) = \int \mathrm{d}^3 x' \, \mathbf{j}(\mathbf{x}') = -\mathrm{i}kc\mathbf{p} .$$

Im nur für kurze Antennen sinnvollen Fall linearer Ausbreitung (8.4.21) ist die Fourier-Transformierte des Stroms

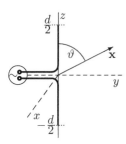

Abb. 8.13. Linearantenne der Länge d; als ideale Antenne ist sie sehr dünn, so dass $\mathbf{j}(\mathbf{x},t)=j(z,t)\,\delta(x)\delta(y)\,\mathbf{e}_z$ und die Konfiguration somit axialsymmetrisch ist

$$\mathbf{j}(0) = I\mathbf{e}_z \int_{-d/2}^{d/2} \mathrm{d}z\,(1-\frac{2|z|}{d}) = 2I\mathbf{e}_z\left(z-\frac{z^2}{d}\right)\Big|_0^{d/2} = \mathbf{e}_z\,\frac{Id}{2},$$

$$\mathbf{p} = \mathrm{i}\frac{Id}{2kc}\,\mathbf{e}_z\,. \tag{8.4.22}$$

Für $\mathbf{B}$ und $\mathbf{E}$ erhält man so in der Fernzone ($\boldsymbol{\nabla}r = \mathbf{e}_r$)

$$\mathbf{A}(\mathbf{x}) = \frac{k_C}{ck_L}\frac{\mathrm{e}^{\mathrm{i}kr}}{r}\mathbf{j}(0) = \frac{k_C}{ck_L}\frac{Id}{2}\frac{\mathrm{e}^{\mathrm{i}kr}}{r}\mathbf{e}_z \quad\Rightarrow\quad \begin{aligned} \mathbf{B} &= \boldsymbol{\nabla}\times\mathbf{A} \approx \mathrm{i}k\mathbf{e}_r\times\mathbf{A},\\ \mathbf{E} &= k_L\mathbf{B}\times\mathbf{e}_r\,,\\ \mathbf{E}\times\mathbf{B}^* &= k_L|\mathbf{B}|^2\mathbf{e}_r\,. \end{aligned}$$

Daraus folgt der Poynting-Vektor

$$\langle\mathbf{S}\rangle = \frac{ck_L^2}{8\pi k_C}|B|^2\,\mathbf{e}_r = \frac{k_C}{8\pi c}\frac{k^2\,I^2\,d^2}{4r^2}\sin^2\vartheta\,\mathbf{e}_r\,. \tag{8.4.23}$$

Die Integration über den Raumwinkel ergibt $4\pi\,(2/3)$, so dass die abgestrahlte Energie, berechnet gemäß (8.4.18):

$$\langle P\rangle = k_C\frac{I^2(kd)^2}{12c} = Z_0\,\frac{I^2(kd)^2}{48\pi} \tag{8.4.24}$$

ergibt, wobei für den Wellenwiderstand des Vakuums entweder G: $Z_0 = 4\pi/c$ oder SI: $Z_0 = 1/c\epsilon_0 = 377\,\Omega$ einzusetzen ist:

$$\begin{aligned} \langle P\rangle &= 100(d/\lambda)^2\,I^2[\Omega\,\mathrm{A}^2] = 0.15\,\mathrm{W} \quad\text{bei}\ \lambda = 50\,\mathrm{m},\ d = 2\,\mathrm{m},\ I = 1\,\mathrm{A},\\ \langle P\rangle &= \phantom{100(d/\lambda)^2\,I^2[\Omega\,\mathrm{A}^2]}= 1\,\mathrm{W} \quad\ \ \text{bei}\ \lambda = 20\,\mathrm{m},\ d = 2\,\mathrm{m},\ I = 1\,\mathrm{A}. \end{aligned}$$

Mithilfe der Kontinuitätsgleichung $\mathrm{i}\omega\rho = \boldsymbol{\nabla}\cdot\mathbf{j}$ erhalten wir auf den Antennenarmen die konstante Linienladungsdichte

$$\rho(\mathbf{x}) = \delta(x)\,\delta(y)\,\mathrm{sgn}(z)\,\frac{2\mathrm{i}I}{\omega d}\,\theta(\frac{d}{2}-|z|)\,.$$

In verlustfreien Antennen kann der Strahlungswiderstand R_s als der Widerstand definiert werden, der die abgestrahlte Leistung erzeugen würde,

$$P = \frac{I^2}{2}\,R_s \qquad\qquad\Rightarrow\qquad\qquad R_s = Z_0\,\frac{(kd)^2}{24\pi}\,.$$

Beiträge höherer Multipole

Mit der Einschränkung von $kd \ll 1$ sind nur die Anteile der elektrischen Dipolstrahlung berücksichtigt. Für diese gilt, dass $P \propto k^2$. Wird $kd \sim 1$, so kommen Beiträge höherer Multipole hinzu, und man greift auf (8.3.22) zurück, was bedeutet, dass man $\mathbf{j}(0)$ durch $\mathbf{j}(\mathbf{k})$ ersetzt. Für den linearen Stromverlauf (8.4.21) erhält man

$$
\mathbf{j}(\mathbf{k}) = \int \mathrm{d}^3x' \, \mathrm{e}^{-\mathrm{i}\mathbf{k}\cdot\mathbf{x}'} \, \mathbf{j}(\mathbf{x}') = I \int_{-d/2}^{d/2} \mathrm{d}z' \, \mathrm{e}^{-\mathrm{i}k_z z'} \Big(1 - \frac{2|z'|}{d} \Big) \mathbf{e}_z
$$

$$
= \frac{4I}{dk_z^2} \Big[1 - \cos\frac{k_z d}{2} \Big] \mathbf{e}_z = \mathbf{j}(0) \, \frac{\sin^2(k_z \frac{d}{4})}{(k_z \frac{d}{4})^2}.
$$

Insbesondere kommt eine Abhängigkeit der Intensitätsverteilung (8.3.28) vom Polarwinkel ϑ durch $\mathbf{j}(\mathbf{k})$ hinzu:

$$
\frac{\mathrm{d}\langle P \rangle}{\mathrm{d}\Omega} = k_C \frac{k^2}{8\pi c} |\mathbf{j}(\mathbf{k})|^2 \sin^2\vartheta = \frac{\mathrm{d}\langle P_{\mathrm{dipol}} \rangle}{\mathrm{d}\Omega} \Big| \frac{\sin(k_z \frac{d}{4})}{k_z \frac{d}{4}} \Big|^4.
$$

Die Strahlungsintensität wird umso schwächer, je größer der Betrag von $k_z = k\cos\vartheta$ ist. Es bleibt also immer ein kleiner Winkelbereich um $\vartheta = \pi/2$ mit nur geringer Schwächung. Als Strahlungsleistung erhält man ($a = kd/4$; $x = \cos\vartheta$):

$$
\langle P \rangle = 2\pi \int_{-1}^{1} \mathrm{d}\cos\vartheta \, \frac{\mathrm{d}\langle P \rangle}{\mathrm{d}\Omega} = \langle P_{\mathrm{dipol}} \rangle \frac{3}{2} \int_{0}^{1} \mathrm{d}x \Big| \frac{\sin(ax)}{ax} \Big|^4 (1 - x^2) \qquad (8.4.25)
$$

Berechnet man für $kd = 2\pi$ die Strahlungsleistung, so ist diese auf $\sim 0.75\langle P_{\mathrm{dipol}} \rangle$ zurückgegangen. Zugleich wird jedoch auch die lineare Stromverteilung (8.4.21) unrealistischer. Für die Stabantenne ist

$$
\mathbf{m} = \frac{k_L}{2c} \int \mathrm{d}^3x' \, \mathbf{x}' \times \mathbf{j} = 0 \,,
$$

so dass nur elektrische Multipole zu $\langle P \rangle$ beitragen.

Anmerkung: Annahmen über den Verlauf des Stroms in einer Antenne, bei gegebener Anregung können nur in einfachen Fällen für sehr dünne und gute Leiter gemacht werden. Das ist ein kompliziertes Randwertproblem.

Zur Anordnung von Antennen

Mit mehreren entsprechend angeordneten, synchron betriebenen Antennen kann die Winkelabhängigkeit der Strahlung beeinflusst werden. Hat man mehrere Antennen an den Punkten $\mathbf{a}_j$, so ist in der Fernzone der einzige Einfluss der unterschiedlichen Standorte $|\mathbf{a}_j| \ll r$ in der Phase der Kugelwelle

$$e^{ik|\mathbf{x}-\mathbf{a}_j|} \approx e^{ikr - i\mathbf{k}\cdot\mathbf{a}_j}$$

zu finden. Man erhält so für n gleiche Dipole (8.4.11)

$$
\begin{aligned}
\mathbf{E}_t(\mathbf{x}, t) &= \sum_{j=1}^{n} \mathbf{E}_j(\mathbf{x}, t) \approx k_C k^2 \frac{e^{ikr - i\omega t}}{r} \, \mathbf{e}_r \times (\mathbf{p} \times \mathbf{e}_r) \sum_{j=1}^{n} e^{-i\mathbf{k}\cdot\mathbf{a}_j} \\
&= \mathbf{E}(\mathbf{x}, t) \, F(\mathbf{k}).
\end{aligned}
\tag{8.4.26}
$$

Das Feld $\mathbf{E}_t$ der gesamten Anordnung ist gleich dem Feld $\mathbf{E}$ des einzelnen Dipols, multipliziert mit einem Strukturfaktor F, der die Richtungsabhängigkeit der Strahlung modifiziert. Dieses Verhalten ist äquivalent dem der Streuung von Röntgen-Strahlen in Materie, wo der Strukturfaktor eines Kristallgitters eine Streuung nur in ganz bestimmte Richtungen erlaubt.

Sind n Antennen entlang einer Kette angeordnet, wie in Abb. 8.14 skizziert, so wird das als Dipolzeile bezeichnet. Bei regelmäßigen Abständen der

Abb. 8.14. Dipolzeile: Übereinander angeordnete Dipole (Linearantennen). Der Abstand zwischen den Dipolen wird meist mit $a = \lambda/2$ festgelegt. Bei einer allgemeineren Anordnung der Dipole, meist nebeneinander, spricht man von einer Dipolgruppe bzw. von einem Dipolfeld

Dipole legt man den Ursprung in die Mitte der Kette, um unnötige Phasenfaktoren zu vermeiden. Für n Dipole erhält man für

$$
F(\mathbf{k}) = e^{i\mathbf{k}\cdot\mathbf{a}(n+1)/2} \sum_{j=1}^{n} e^{-i\mathbf{k}\cdot\mathbf{a}j} \overset{\text{geom.}}{\underset{\text{Reihe}}{=}} \frac{\sin(\frac{n\mathbf{k}\cdot\mathbf{a}}{2})}{\sin(\frac{\mathbf{k}\cdot\mathbf{a}}{2})}
\tag{8.4.27}
$$

die Form der Beugungsfunktion (Kardinalsinus für $\mathbf{k}\cdot\mathbf{a} \ll 1$) mit einem mit n schärfer werdenden Maximum. Dies gilt noch stärker für die Intensität

$$
\frac{\mathrm{d}\langle P_t \rangle}{\mathrm{d}\Omega} = \frac{\mathrm{d}\langle P \rangle}{\mathrm{d}\Omega} \, |F(\mathbf{k})|^2 ,
\tag{8.4.28}
$$

wobei der erste Faktor die Intensität des einzelnen Dipols ist. Zur Beschreibung der Richtungsabhängigkeit der Strahlung sind einige Definitionen notwendig. So spricht man von einem (isotropen) Kugelstrahler, wenn $\mathrm{d}\langle P \rangle/\mathrm{d}\Omega = \langle P \rangle/4\pi$. Ist nun P die Leistung der betrachteten Antenne, so werden D als Richtfaktor, G als Gewinn und η als Wirkungsgrad bezeichnet:

$$
D = \frac{4\pi}{\langle P \rangle} \frac{\mathrm{d}\langle P(\Omega_{\max}) \rangle}{\mathrm{d}\Omega}, \qquad G = \eta D, \qquad \eta = \frac{R_s}{R_s + R_v}.
$$

$\Omega_{\max}$ ist der Winkel maximaler Abstrahlung (in der Fernzone). Ist die Antenne verlustfrei, d.h. $R_v = 0$, so ist $\eta = 1$ und $G = D$. Richtfaktor und

Gewinn werden im Allgemeinen als Logarithmus (Dezibel) angegeben. Amplituden und Phaseninformation des Fernfeldes $(r \to \infty)$ liefert die vektorielle Richtcharakteristik:

$$\mathbf{C}(\Omega) = \frac{\mathbf{E}(r, \Omega)\, \mathrm{e}^{-\mathrm{i}kr}}{|\mathbf{E}(r, \Omega_{\max})|} = C_{\vartheta}(\Omega)\, \mathbf{e}_{\vartheta} + C_{\varphi}(\Omega)\, \mathbf{e}_{\varphi}, \quad C(\Omega) = \frac{|\mathbf{E}(r, \Omega)|}{|\mathbf{E}(r, \Omega_{\max})|}.$$

Statt des Kugelstrahlers wird auch der Hertz'sche Dipol als Vergleichsobjekt herangezogen.

Rahmenantennen

In Rahmenantennen umspannt der Draht eine Fläche (Rechteck, Kreis etc.). Wir werden hier nur auf die kreisförmige Stromschleife eingehen, wie sie in Abb. 8.15 skizziert ist. In einem Kreis vom Radius a fließt der Strom

$$\mathbf{j}(\mathbf{x}', t) = I\, \delta(\varrho' - a)\, \delta(z')\, \mathrm{e}^{-\mathrm{i}\omega t}\, \mathbf{e}_{\varphi'}\,.$$

Das magnetische Moment des Kreisstroms ist $\mathbf{m} = (I/c)a^2\pi\mathbf{e}_z$, während das

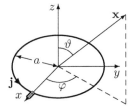

Abb. 8.15. Kreisschleifen bzw. Spulen sind sogenannte Rahmenantennen; ist der gesamte Strom $I(t) = I_0\, \mathrm{e}^{-\mathrm{i}\omega t}$ innerhalb der Schleife gleich, so hat diese kein elektrisches Dipolmoment, und die Antenne wirkt als magnetischer Dipolstrahler

elektrische Dipolmoment $\mathbf{p}$ verschwindet. In der Wellenzone ist das Vektorpotential

$$\mathbf{A}(\mathbf{x}, t) = \frac{k_C}{ck_L}\, \frac{\mathrm{e}^{\mathrm{i}kr - \mathrm{i}\omega t}}{r}\, \mathbf{j}(\mathbf{k}) = \frac{k_C}{ck_L}\, \frac{\mathrm{e}^{\mathrm{i}kr - \mathrm{i}\omega t}}{r}\, (-2\pi\mathrm{i}a)J_1(ka \sin \vartheta)\, \mathbf{e}_{\varphi}\,.$$

J_1 ist die Bessel-Funktion 1. Ordnung (siehe Abschnitt B.4.2); die genaue Rechnung wird in Aufgabe 8.16 verlangt. Die Richtungsabhängigkeit der Strahlungsleistung

$$\frac{\mathrm{d}\langle P\rangle}{\mathrm{d}\Omega} = k_C\, \frac{k^4 c}{8\pi k_L^2}\, m^2 \sin^2 \vartheta = \frac{Z_0 k^4}{32\pi^2}\, \frac{c^2 m^2}{k_L^2}\, \sin^2 \vartheta, \quad \mathbf{m} = \frac{k_L}{c}a^2\pi I\mathbf{e}_z \quad \text{für } ka \ll 1$$

ist gleich der des elektrischen Dipols (8.4.18), wenn man m/k_L durch p ersetzt. Für $ka > 1$ entstehen zusätzliche Keulen. Diese Auffächerung der Strahlung kann auf den mit wachsendem k steigenden Anteil der höheren Multipole zurückgeführt werden.

8.4.3 Magnetische Dipol- und elektrische Quadrupol-Strahlung

Im Vektorpotential einer bewegten Ladungsverteilung (8.3.14) ist nun der 2. Term in der Entwicklung von $e^{ikr|\mathbf{x}-\mathbf{x}'|}/|\mathbf{x}-\mathbf{x}'|$ nach (8.3.19b)

$$\frac{e^{ik|\mathbf{x}-\mathbf{x}'|}}{|\mathbf{x}-\mathbf{x}'|} = \frac{e^{ikr}}{r}\left(1 + \frac{\mathbf{x}'\cdot\mathbf{x}}{r^2}(1 - ikr)\right)$$

zu berücksichtigen (der 1. Term hat ja die elektrische Dipolstrahlung gebracht)

$$A_i(\mathbf{x}) = \frac{k_C}{ck_L}\frac{e^{ikr}}{r^3}(1 - ikr)\,x_k\int d^3x'\,x_k'j_i(\mathbf{x}')\,. \tag{8.4.29}$$

Das Integral kann analog zu (4.2.10) ausgewertet werden, wobei einmal mehr die Hilfsformel (4.2.9) angewandt werden kann ($\boldsymbol{\nabla}\cdot\mathbf{j} = -\dot\rho = i\omega\rho$)[5]:

$$\int d^3x\big[x_i\,j_k(\mathbf{x}) + x_k\,j_i(\mathbf{x})\big] = -\int d^3x\,(\boldsymbol{\nabla}\cdot\mathbf{j})x_ix_k = -i\omega\int d^3x\,\rho(\mathbf{x})\,x_ix_k\,.$$

Man erhält so

$$A_i(\mathbf{x}) = \frac{k_C e^{ikr}}{ck_L r^3}(1 - ikr)\frac{x_k}{2}\int d^3x'\left\{x_k'j_i(\mathbf{x}') - x_i'j_k(\mathbf{x}') - i\omega\rho(\mathbf{x}')x_i'x_k'\right\} \tag{8.4.30}$$

zwei Beiträge, von denen der erste der magnetischen Dipolstrahlung und der zweite der elektrischen Quadrupolstrahlung zuzuordnen ist. In vektorieller Schreibweise lautet (8.4.30)

$$\mathbf{A}(\mathbf{x}) = \frac{k_C e^{ikr}}{2ck_L r^3}(1 - ikr)\int d^3x'\left\{[\mathbf{j}\circ\mathbf{x}' - \mathbf{x}'\circ\mathbf{j}] - i\omega\rho(\mathbf{x}')\mathbf{x}'\circ\mathbf{x}'\right\}\mathbf{x}. \tag{8.4.31}$$

Nun wird der erste Term von (8.4.31) umgeformt zu

$$(\mathbf{j}\circ\mathbf{x}' - \mathbf{x}'\circ\mathbf{j})\mathbf{x} \overset{(A.1.16)}{=} (\mathbf{x}'\times\mathbf{j})\times\mathbf{x}$$

und in das magnetische Dipolmoment (4.2.1)

$$\mathbf{m} = \frac{k_L}{2c}\int d^3x'\,\mathbf{x}'\times\mathbf{j}(\mathbf{x}')$$

eingesetzt. Den letzten Term drücken wir durch das 2. elektrische Moment M (2.5.8) aus:

$$\mathsf{M} = \int d^3x'\,\rho(\mathbf{x}')\,(\mathbf{x}'\circ\mathbf{x}') \qquad \Leftrightarrow \qquad M_{ij} = \int d^3x'\,\rho(\mathbf{x}')\,x_i'x_j'\,.$$

Wir erhalten so das Vektorpotential (8.4.31) separiert in einen magnetischen Dipol- und einen elektrischen Quadrupolanteil

$$\mathbf{A}(\mathbf{x},t) = \frac{k_C}{k_L^2}\frac{e^{ikr-i\omega t}}{r^2}(1 - ikr)\left(\mathbf{m}\times\mathbf{e}_r - \frac{ik_L\omega}{2c}\mathsf{M}\mathbf{e}_r\right). \tag{8.4.32}$$

---

[5] $\int d^3x\,x_kj_i = \int d^3x\,x_k\dfrac{\partial x_i}{\partial x_l}j_l = -\int d^3x\big[\dfrac{\partial x_k}{\partial x_l}x_ij_l + x_kx_i\dfrac{\partial j_l}{\partial x_l}\big] = \dfrac{1}{2}\int d^3x\big[x_kj_i - x_ij_k + x_kx_i\dot\rho\big]$.

Magnetische Dipolstrahlung

Der magnetische Dipolanteil ist gemäß (8.4.32)

$$\mathbf{A}^{(m)}(\mathbf{x},t) = \frac{k_C}{k_L^2} \frac{e^{i(kr-\omega t)}}{r^2} (1-ikr)\mathbf{m}\times\mathbf{e}_r, \qquad \text{SI:}\ \frac{k_C}{k_L^2} = \frac{\mu_0}{4\pi}. \qquad (8.4.33)$$

Daraus folgt für das elektrische Feld

$$\mathbf{E} = -\frac{k_L}{c}\dot{\mathbf{A}} = \frac{k_C}{k_L}k^2 \frac{e^{ikr-i\omega t}}{r}(1-\frac{1}{ikr})\mathbf{m}\times\mathbf{e}_r, \qquad (8.4.34)$$

wobei in der Wellenzone ($kr \gg 1$) nur der 1. Term beiträgt. Das elektrische Feld der magnetischen Dipolstrahlung entspricht so dem magnetischen Feld der elektrischen Dipolstrahlung (8.4.6).

Man erhält die Lösung für den magnetischen Dipol aus dem elektrischen Dipol, indem man dort $\mathbf{E} \to k_L\mathbf{B}$, $\mathbf{B} \to -\mathbf{E}/k_L$ und $\mathbf{p} \to \mathbf{m}/k_L$ ersetzt, was aus dem Vergleich von (8.4.6) mit (8.4.34) hervorgeht. In diesem Sinne wird hier das magnetische Feld aus (8.4.7) übernommen

$$\mathbf{B} = \boldsymbol{\nabla}\times\mathbf{A} = \frac{k_C}{k_L^2}\frac{e^{ikr-i\omega t}}{r}\left[k^2\mathbf{e}_r\times(\mathbf{m}\times\mathbf{e}_r) + \left(3\mathbf{e}_r(\mathbf{e}_r\cdot\mathbf{m})-\mathbf{m}\right)\frac{1}{r^2}(1-ikr)\right].$$

Die Ausstrahlung ist wie beim elektrischen Dipol, d.h. hier hat das Nahfeld die Gestalt eines (magnetischen) Dipolfeldes. Die Strahlungsleistung hat für beide Arten die gleiche Form:

$$\langle\mathbf{S}\rangle = \frac{ck_L}{8\pi k_C}\mathbf{E}\times\mathbf{B}^* = \frac{k_C}{k_L^2}\frac{ck^4}{8\pi r^2}\left(|\mathbf{m}|^2 - |\mathbf{e}_r\cdot\mathbf{m}|^2\right)\mathbf{e}_r. \qquad (8.4.35)$$

Mit $\langle\mathbf{S}\rangle$ können wir wieder die in das Raumwinkelelement $d\Omega$ mittlere abgestrahlte Leistung angeben:

$$\frac{d\langle P\rangle}{d\Omega} = r^2\langle\mathbf{S}\rangle\cdot\mathbf{e}_r = \frac{k_C}{k_L^2}\frac{ck^4}{8\pi}|\mathbf{m}|^2\sin^2\theta, \qquad (8.4.36)$$

wenn θ der von $\mathbf{m}$ und $\mathbf{e}_r$ eingeschlossene Winkel ist. Die gesamte (mittlere) Strahlungsleistung ist nach (8.4.24)

$$\langle P\rangle = \frac{k_C}{k_L^2}\frac{ck^4}{3}|\mathbf{m}|^2 \overset{Z_0=4\pi k_C/c}{=} \frac{Z_0}{12\pi}\frac{c^2}{k_L^2}k^4|\mathbf{m}|^2. \qquad (8.4.37)$$

Das elektrische Feld $\mathbf{E}$ hat in der Wellenzone, je nach dem Beobachtungspunkt $\mathbf{x}$, eine unterschiedliche Polarisation (siehe Abschnitt 10.1). Gehen wir von der elektrischen Dipolstrahlung aus, so liegt der Polarisationsvektor des elektrischen Feldes $\boldsymbol{\epsilon} \sim \mathbf{e}_r\times(\mathbf{p}\times\mathbf{e}_r)$ in der von $\mathbf{p}$ und $\mathbf{e}_r$ aufgespannten Ebene. Bei der magnetischen Dipolstrahlung steht jedoch der Polarisationsvektor $\boldsymbol{\epsilon} \sim \mathbf{m}\times\mathbf{e}_r$ senkrecht auf der von $\mathbf{m}$ und $\mathbf{e}_r$ aufgespannte Ebene.

Die Strahlungsleistung der magnetischen Dipolstrahlung (8.4.37) ist gleich der der elektrischen Dipolstrahlung, wenn man in (8.4.18) das elektrische Dipolmoment **p** durch das magnetische **m** ersetzt. Im Allgemeinen ist jedoch die Strahlungsleistung der magnetischen Dipolstrahlung deutlich schwächer als die der elektrischen Dipolstrahlung.

Nimmt man als Basis für das magnetische Moment einen Kreisstrom $I(t)=Ie^{-i\omega t}$ mit dem Durchmesser d, so ist gemäß (4.2.14) $m = k_L I(t) d^2 \pi/4c$. Eine lineare Antenne der Länge d mit dem Strom I hat gemäß (8.4.22) das Dipolmoment $p = Id/2kc$. Es ist demnach $m/k_L p = k_L(\pi/2)\, dk$. Solange $d\omega \ll c$ ist die elektrische Dipolstrahlung stärker.

Elektrische Quadrupolstrahlung

Der letzte Term in (8.4.32) ist der Beitrag des elektrischen Quadrupols einer Ladungsverteilung zur Strahlung:

$$\mathbf{A}^{(Q)}(\mathbf{x},t) = -i\frac{k_C}{k_L}\frac{k}{2}\frac{e^{ikr-i\omega t}}{r^2}(1-ikr)(\mathsf{M}\mathbf{e}_r). \tag{8.4.38}$$

Nun geht man zu den in (2.5.9) definierten spurfreien Quadrupolmomenten $3\mathsf{M} = \mathsf{Q} + M\mathsf{E}$ mit $M = \mathrm{Sp}\,\mathsf{M}$ und dem Einheitstensor E über:

$$\mathbf{A}^{(Q)}(\mathbf{x},t) = -i\frac{k_C}{k_L}\frac{k}{6}\frac{e^{(ikr-\omega t)}}{r^2}(1-ikr)\left(\mathsf{Q}\mathbf{e}_r + M\,\mathbf{e}_r\right).$$

M trägt nichts zu den Feldern $\mathbf{B}$ und $\mathbf{E}$ bei, so dass wir diesen Term weglassen

$$\mathbf{A}^{(Q)}(\mathbf{x}) = -i\frac{k_C}{k_L}\frac{k}{6}\,f(r)\,\mathsf{Q}\,\mathbf{x} \qquad \text{mit} \qquad f(r) = \frac{e^{ikr}}{r^3}(1-ikr). \tag{8.4.39}$$

Für $\mathbf{B}$ erhält man unter Berücksichtigung von $\boldsymbol{\nabla} \times \mathsf{Q}\mathbf{x} = 0$

$$\mathbf{B}(\mathbf{x}) = -i\frac{k_C}{k_L}\frac{k}{6}\frac{f'(r)}{r}(\mathbf{x}\times\mathsf{Q}\,\mathbf{x}) \qquad \text{mit} \qquad \frac{f'(r)}{r} = \frac{e^{ikr}}{r^5}\left(k^2r^2+3ikr-3\right).$$

Für $\mathbf{E}$ erhält man ($\boldsymbol{\nabla}\cdot\mathsf{Q}\mathbf{x} = 0$)

$$\mathbf{E}(\mathbf{x}) = \frac{k_C}{k_L}\frac{ik_L}{k}\boldsymbol{\nabla}\times\mathbf{B} = k_C\frac{1}{6}\tilde{f}(r)\,\mathbf{x}\times(\mathbf{x}\times\mathsf{Q}\,\mathbf{x}) - \frac{1}{2}\frac{f'(r)}{r}\mathsf{Q}\,\mathbf{x},$$

wobei wir

$$\tilde{f}(r) = \frac{1}{r}\frac{d}{dr}\frac{f'}{r} = \frac{e^{ikr}}{r^7}\left(ik^3r^3 - 6k^2r^2 - 15ikr + 15\right)$$

definiert haben. Der räumliche Anteil des Nahfeldes ($kr = 0$)

$$\mathbf{E}_n(\mathbf{x}) = k_C\frac{1}{2}\frac{1}{r^7}\left\{5\left[(\mathbf{x}\cdot\mathsf{Q}\,\mathbf{x})\,\mathbf{x} - r^2\,\mathsf{Q}\,\mathbf{x}\right] + r^2\,\mathsf{Q}\,\mathbf{x}\right\}$$

ist, wenig überraschend, gleich dem elektrostatischen Quadrupolfeld (2.5.9).

Quadrupolstrahlung in der Fernzone

Es ist hilfreich, das Vektorpotential (8.4.38) für die Fernzone anzuschreiben, da dadurch eine Ähnlichkeit zur elektrischen Dipolstrahlung (8.4.5) sichtbar wird:

$$\mathbf{A}_f^{(Q)}(\mathbf{x},t) = -\frac{k_C}{k_L}\frac{k^2}{6}\frac{e^{ikr-i\omega t}}{r}\,\mathsf{Q}\,\mathbf{e}_r. \tag{8.4.40}$$

Ersetzt man im Dipolpotential den Vektor $\mathbf{p}$ durch den Vektor $-ik(\mathsf{Q}\mathbf{e}_r)$, so erhält man $\mathbf{A}_f^{(Q)}$. Das Fernfeld von $\mathbf{B}$ ist durch den 1. Term von f'/r gegeben und das von $\mathbf{E}$ durch den 1. Term von $\tilde{f}(r)$:

$$\mathbf{B}_f(\mathbf{x}) = -i\frac{k_C}{k_L}\frac{k^3}{6}\frac{e^{ikr}}{r}\,(\mathbf{e}_r \times \mathsf{Q}\mathbf{e}_r), \tag{8.4.41}$$

$$\mathbf{E}_f(\mathbf{x}) = ik_C\frac{k^3}{6}\frac{e^{ikr}}{r}\,\mathbf{e}_r \times (\mathbf{e}_r \times \mathsf{Q}\mathbf{e}_r). \tag{8.4.42}$$

Die mit r^2 multiplizierte Energiestromdichte $\langle\mathbf{S}\rangle$ ergibt die Abstrahlung

$$\begin{aligned}\frac{d P}{d\Omega} &= \frac{ck_L}{8\pi k_C}\frac{1}{k_L}k_C^2\frac{k^6}{36}\big[|\mathsf{Q}\mathbf{e}_r|^2 - |\mathbf{e}_r\cdot(\mathsf{Q}\mathbf{e}_r)|^2\big]\\ &= \frac{ck_C}{8\pi}\frac{k^6}{36}(\mathsf{Q}\mathbf{e}_r)^2\,\sin^2\theta.\end{aligned} \tag{8.4.43}$$

In der 2. Zeile ist ein reeller Tensor Q angenommen. θ ist dann der Winkel zwischen den Vektoren $\mathbf{e}_r$ und $\mathsf{Q}\mathbf{e}_r$. Einfacher werden die Formeln, wenn der Quadrupoltensor in Hauptachsenform vorliegt und axialsymmetrisch ist:

$$Q_{ij} = \frac{3}{2}Q_0(\delta_{iz}\,\delta_{jz} - \frac{1}{3}\delta_{ij}).$$

In dieser Definition ist $Q_0 = Q_{zz}$, woraus

$$\mathbf{E}_f(\mathbf{x}) = ik_C k^3\frac{Q_0}{4}\frac{e^{ikr}}{r}\,\mathbf{e}_r \times (\mathbf{e}_r \times \mathbf{e}_z)\cos\vartheta, \tag{8.4.44}$$

$$\mathbf{B}_f(\mathbf{x}) = -i\frac{k_C}{k_L}k^3\frac{Q_0}{4}\frac{e^{ikr}}{r}\,(\mathbf{e}_r \times \mathbf{e}_z)\cos\vartheta \tag{8.4.45}$$

folgt. In der Wellenzone hat die zeitlich gemittelte Energiestromdichte

$$\langle\mathbf{S}\rangle = \frac{ck_L^2}{8\pi k_C}|\mathbf{B}|^2\,\mathbf{e}_r = \frac{ck_C}{8\pi}\frac{k^6Q_0^2}{r^2 16}\,\sin^2\vartheta\,\cos^2\vartheta\,\mathbf{e}_r \tag{8.4.46}$$

und daraus folgend die Strahlungsleistung

$$\frac{d\langle P\rangle}{d\Omega} = r^2\langle\mathbf{S}\rangle\cdot\mathbf{e}_r = \frac{ck_C}{8\pi}\frac{k^6Q_0^2}{16}\,\sin^2\vartheta\,\cos^2\vartheta \tag{8.4.47}$$

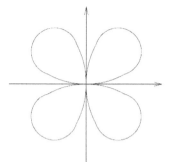

Abb. 8.16. Winkelverteilung der Quadrupolstrahlung für einen axialsymmetrischen Quadrupol in der xz-Ebene

die für einen Quadrupol typische Winkelverteilung, skizziert in Abb. 8.16. Die gesamte Strahlungsleistung erhält man durch Integration über der Raumwinkel ($\xi = \cos\vartheta$):

$$\langle P \rangle = \frac{ck_C}{8\pi}\frac{k^6 Q_0^2}{16}\int_0^{2\pi}\mathrm{d}\varphi\int_{-1}^1 \mathrm{d}\xi(1-\xi^2)\xi^2 = \frac{ck_C}{4}\frac{k^6 Q_0^2}{60} = \frac{c^2 Z_0 k^6 Q_0^2}{960\pi}. \quad (8.4.48)$$

In Atomen ist die elektrische Quadrupolstrahlung viel schwächer als die Dipolstrahlung und kann im Allgemeinen vernachlässigt werden. Als einfaches Modell nehmen wir eine Ladung e (Elektron), die sich auf einer Kreisbahn des Radius a mit der Frequenz ω bewegt, wie in Abb. 8.17a skizziert. Im Zentrum ruht die Ladung $-e$, so dass das Atom elektrisch neutral ist. Wir haben demnach ein rotierendes Dipolmoment $\mathbf{p}(t)=ea(\mathbf{e}_x+\mathrm{i}\mathbf{e}_y)\mathrm{e}^{-\mathrm{i}\omega t}$ und können die dazugehörige mittlere abgestrahlte Energie (8.4.19) angeben $P = 2ce^2 a^2 k^4/3$.

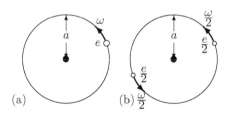

Abb. 8.17. (a) Bewegt sich eine Ladung e auf einer Kreisbahn, so hat sie ein rotierendes Dipolmoment.
(b) Ist die Ladung auf zwei stets gegenüberliegende Punkte der Kreisbahn aufgeteilt, so hat sie ein rotierendes Quadrupolmoment

Bewegen sich 2 auf einem Kreis stets gegenüberliegende Ladungen $e/2$, wie in Abb. 8.17b skizziert, so bilden diese einen Quadrupol der Form Abb. 2.5b, der in der xy-Ebene rotiert. Die Berechnung der Strahlung wird in der Aufgabe 8.20 gestellt. Man erhält

$$\frac{\mathrm{d}\langle P\rangle}{\mathrm{d}\Omega} = \frac{ck_C}{8\pi}\frac{e^2 a^4 k^6}{16}\sin^2\vartheta(1+\cos^2\vartheta), \qquad \langle P\rangle = ck_C\frac{e^2 a^4 k^6}{40}. \quad (8.4.49)$$

Das Verhältnis

$$\langle P\rangle/\langle P^{\mathrm{Dipol}}\rangle = 3a^2 k^2/80$$

sagt uns, dass in Atomen die Quadrupolstrahlung vernachlässigt werden darf, es sei denn die Wellenlängen $\lambda < 2\pi a$ der Strahlung sind von der Größe des Kreisumfanges – und das sind höchstens einige Å. Bei atomaren Übergängen mit Wellenlängen $\sim 10^2$ bis 10^3 Å ist die Quadrupolstrahlung nur bemerkbar, wenn der entsprechende Dipolübergang verboten ist.

8.4.4 Polarisationspotentiale

Abschließend soll noch kurz auf eine alternative Methode zur Berechnung von Strahlungsfeldern eingegangen werden. H. Hertz hat 1889 dafür ein weiteres Vektorpotential, den sogenannten *Hertz'schen Vektor* eingeführt (siehe etwa Born [1933, §74] oder Born, Wolf [1986, §2.2.2]). In der Beschreibung der Ladungen $\rho(\mathbf{x}, t)$ und $\mathbf{j}(\mathbf{x}, t)$ orientieren wir uns an den Materialgleichungen (5.2.17). Ladungs- und Stromdichte (5.2.2) und (5.2.3) stellen wir in formaler Analogie zu den (gebundenen) Strömen und Ladungen im Medium dar durch deren Polarisationsdichten:

$$\rho(\mathbf{x}, t) = -\boldsymbol{\nabla}\cdot\mathbf{P}_e(\mathbf{x}, t) \qquad \mathbf{j}(\mathbf{x}, t) = \dot{\mathbf{P}}_e(\mathbf{x}, t) + \frac{c}{k_L}\boldsymbol{\nabla}\times\mathbf{M}_e(\mathbf{x}, t). \qquad (8.4.50)$$

Der Index e bezeichnet die externen Polarisationen, wobei $\mathbf{P}_e$ als rotationsfrei angenommen werden darf. Man überzeugt sich leicht, dass (8.4.50) die Kontinuitätsgleichung automatisch erfüllt:

$$\dot{\rho}(\mathbf{x}, t) + \boldsymbol{\nabla} \cdot \mathbf{j}(\mathbf{x}, t) = -\boldsymbol{\nabla} \cdot \dot{\mathbf{P}}_e(\mathbf{x}, t) + \boldsymbol{\nabla} \cdot \dot{\mathbf{P}}_e(\mathbf{x}, t) = 0\,.$$

Man definiert nun *Polarisationspotentiale*, die sogenannten *Hertz'schen Vektoren*[6] gemäß (8.2.14)

$$\mathbf{Z}_q(\mathbf{x}, t) = k_C \int \mathrm{d}^3 x' \, \frac{\mathbf{P}_e(\mathbf{x}', t_r)}{|\mathbf{x}-\mathbf{x}'|}, \qquad\qquad (8.4.51)$$

$$\mathbf{Z}_m(\mathbf{x}, t) = \frac{k_C}{k_L^2} \int \mathrm{d}^3 x' \, \frac{\mathbf{M}_e(\mathbf{x}', t_r)}{|\mathbf{x} - \mathbf{x}'|}, \qquad t_r = t - \frac{|\mathbf{x}-\mathbf{x}'|}{c},$$

wobei t_r die retardierte Zeit (8.2.14) ist. Diese Vektorpotentiale sind kausale Lösungen der Wellengleichungen

$$\Box\mathbf{Z}_q(\mathbf{x}, t) = 4\pi k_C\mathbf{P}_e(\mathbf{x}, t), \qquad \Box\mathbf{Z}_m(\mathbf{x}, t) = \frac{4\pi k_C}{k_L^2}\mathbf{M}_e(\mathbf{x}, t). \qquad (8.4.52)$$

Wir verifizieren dass ϕ und $\mathbf{A}$ durch die $\mathbf{Z}_q$ und $\mathbf{Z}_m$ gegeben sind:

$$\phi(\mathbf{x}, t) = -\boldsymbol{\nabla}\cdot\mathbf{Z}_q(\mathbf{x}, t) \qquad \Rightarrow \qquad \Box\phi = -4\pi k_C\boldsymbol{\nabla}\cdot\mathbf{P}_e = 4\pi k_C\rho, \quad (8.4.53)$$

$$\mathbf{A}(\mathbf{x}, t) = \frac{\dot{\mathbf{Z}}_q(\mathbf{x}, t)}{ck_L} + \boldsymbol{\nabla}\times\mathbf{Z}_m(\mathbf{x}, t) \Rightarrow \Box\mathbf{A} = \frac{4\pi k_C}{ck_L}\left(\dot{\mathbf{P}}_e + \frac{c}{k_L}\boldsymbol{\nabla}\times\mathbf{M}_e\right) = \frac{4\pi k_C}{ck_L}\mathbf{j}$$

---

[6] Jackson [2006, §6.13] definiert: $\boldsymbol{\Pi}_e = \mathbf{Z}_q/4\pi k_C$ und $\boldsymbol{\Pi}_m = \mathbf{Z}_m/4\pi k_r$.

und mit diesen Definitionen automatisch die Lorenz-Eichung erfüllen:

$$\frac{1}{ck_L}\dot{\phi} + \operatorname{div}\mathbf{A} = -\frac{1}{ck_L}\operatorname{div}\dot{\mathbf{Z}}_q + \frac{1}{ck_L}\operatorname{div}\dot{\mathbf{Z}}_q = 0.$$

Die elektrischen und magnetischen Felder sind dann

$$\mathbf{B}(\mathbf{x},t) = \boldsymbol{\nabla}\times\mathbf{A} = \frac{1}{ck_L}\boldsymbol{\nabla}\times\dot{\mathbf{Z}}_q(\mathbf{x},t) + \boldsymbol{\nabla}\times\big[\boldsymbol{\nabla}\times\mathbf{Z}_m(\mathbf{x},t)\big],$$

$$\mathbf{E}(\mathbf{x},t) = -\boldsymbol{\nabla}\phi - \frac{k_L}{c}\dot{\mathbf{A}} = \boldsymbol{\nabla}\big(\boldsymbol{\nabla}\!\cdot\!\mathbf{Z}_q\big) - \frac{1}{c^2}\ddot{\mathbf{Z}}_q - \frac{k_L}{c}\boldsymbol{\nabla}\times\dot{\mathbf{Z}}_m. \qquad (8.4.54)$$

Eichtransformation

Wir haben bereits am Anfang dieses Kapitels gelernt, dass es für ϕ und $\mathbf{A}$ verschiedene Eichungen gibt, die zu denselben elektrischen und magnetischen Feldern führen. Eine vergleichbare Freiheit in den Hertz'schen Vektorpotentialen ist durch

$$\mathbf{Z}_q' = \mathbf{Z}_q + \frac{k_L}{c}\boldsymbol{\nabla}\chi + \boldsymbol{\nabla}\times\mathbf{V}, \qquad\qquad \mathbf{Z}_m' = \mathbf{Z}_m - \frac{1}{ck_L}\dot{\mathbf{V}}$$

gegeben, wobei χ und $\mathbf{V}$ Lösungen der homogenen Wellengleichung sind und

$$\phi' = -\boldsymbol{\nabla}\!\cdot\!\mathbf{Z}_q' = \phi - \frac{k_L}{c}\Delta\chi, \qquad \mathbf{A}' = \frac{\dot{\mathbf{Z}}_q'}{ck_L} + \boldsymbol{\nabla}\times\mathbf{Z}_m' = \mathbf{A} + \frac{1}{c^2}\boldsymbol{\nabla}\dot{\chi}$$

die Lorenz-Eichung (8.1.8) erfüllen.

Elektrischer Dipol

Die doch recht unübersichtlichen Gleichungen für $\mathbf{B}$ und $\mathbf{E}$ werden einfacher, wenn man die Strahlungsfelder für den elektrischen Punktdipol berechnet:

$$\rho(\mathbf{x},t) = -\mathbf{p}(t)\cdot\boldsymbol{\nabla}\delta^{(3)}\big[\mathbf{x}-\mathbf{x}_0(t)\big] \overset{(5.2.6)}{\Longrightarrow} \mathbf{P}_e(\mathbf{x},t) = \mathbf{p}(t)\,\delta^{(3)}\big[\mathbf{x}-\mathbf{x}_0(t)\big],$$

$$\mathbf{Z}_q(\mathbf{x},t) = k_C\int \mathrm{d}^3x\,\frac{\mathbf{p}(t_r)\,\delta^{(3)}\big[\mathbf{x}-\mathbf{x}_0(t_r)\big]}{|\mathbf{x}-\mathbf{x}_0(t_r)|} = k_C\frac{\mathbf{p}(t_r)}{|\mathbf{x}-\mathbf{x}_0(t_r)|}.$$

$\mathbf{Z}_m$ verschwindet in diesem Fall, so dass

$$\mathbf{B}(\mathbf{x},t) = \frac{1}{ck_L}\boldsymbol{\nabla}\times\dot{\mathbf{Z}}_q(\mathbf{x},t) \quad\text{und}\quad \mathbf{E}(\mathbf{x},t) = \boldsymbol{\nabla}\big(\boldsymbol{\nabla}\cdot\mathbf{Z}_q\big) - \frac{1}{c^2}\ddot{\mathbf{Z}}_q.$$

Da die Hertz'schen Vektoren der Lorenz-Eichung genügen, sind die mit ihnen näherungsweise berechneten Potentiale und Strahlungsfelder in jeder Ordnung konsistent.

Magnetischer Dipol

$$\mathbf{M}_e(\mathbf{x}, t) = \mathbf{m}(t)\,\delta^{(3)}\big[\mathbf{x} - \mathbf{x}_0(t)\big]$$

$$\mathbf{Z}_m(\mathbf{x}, t) = \frac{k_C}{k_L^2} \int \mathrm{d}^3 x' \, \frac{\mathbf{m}(t_r)\,\delta^{(3)}\big[\mathbf{x}' - \mathbf{x}_0(t_r)\big]}{|\mathbf{x} - \mathbf{x}'|} = \frac{k_C}{k_L^2}\,\frac{\mathbf{m}(t_r)}{|\mathbf{x} - \mathbf{x}_0(t_r)|}.$$

Unter Berücksichtigung von $\mathbf{Z}_e(\mathbf{x}, t) = 0$ sind die Strahlungsfelder

$$\mathbf{B}(\mathbf{x}, t) = \boldsymbol{\nabla} \times \big[\boldsymbol{\nabla} \times \mathbf{Z}_m(\mathbf{x}, t)\big], \qquad \mathbf{E}(\mathbf{x}, t) = -\frac{k_L}{c}\boldsymbol{\nabla} \times \dot{\mathbf{Z}}_m(\mathbf{x}, t).$$

8.5 Strahlungsrückwirkung

Eine beschleunigte Ladung strahlt über die elektromagnetischen Felder Energie ab, was nur auf Kosten seiner mechanischen Energie erfolgen kann. Für ein geladenes Teilchen der Masse m, auf das eine äußere Kraft $\mathbf{F}_{\mathrm{ext}}$ wirkt, muss in der Newton'schen Bewegungsgleichung noch die Energieabstrahlung durch eine dissipative Kraft $\mathbf{F}_{\mathrm{rad}}$ berücksichtigt werden:

$$m\dot{\mathbf{v}} = \mathbf{F}_{\mathrm{ext}} + \mathbf{F}_{\mathrm{rad}}, \tag{8.5.1}$$

wobei $\mathbf{F}_{\mathrm{rad}}$ aus der Energiebilanz bestimmt wird. Die Multiplikation mit $\mathbf{v}$ ergibt

$$\frac{1}{2}\frac{\mathrm{d}}{\mathrm{d}t}mv^2 = \mathbf{v} \cdot (\mathbf{F}_{\mathrm{ext}} + \mathbf{F}_{\mathrm{rad}}).$$

Die Larmor-Formel (8.2.39)

$$P = k_C \frac{2e^2}{3c^3}\,\dot{v}^2 = -\mathbf{v} \cdot \mathbf{F}_{\mathrm{rad}}$$

gibt die Strahlungsenergie für eine bewegte Punktladung im Limes $v \to 0$ an. (8.4.13) ist die entsprechende Formel für eine oszillierende Ladung. Die Integration ergibt

$$\int_{t_1}^{t_2} \mathrm{d}t\, \mathbf{v} \cdot \mathbf{F}_{\mathrm{rad}} = -k_C \frac{2e^2}{3c^3} \int_{t_1}^{t_2} \dot{v}^2 = -k_C \frac{2e^2}{3c^3}\left(\mathbf{v}\cdot\dot{\mathbf{v}}\Big|_{t_1}^{t_2} - \int_{t_1}^{t_2} \mathrm{d}t\, \ddot{\mathbf{v}}\cdot\mathbf{v}\right).$$

Verschwindet der Randterm, wie es der Fall ist, wenn $\mathbf{v} \perp \dot{\mathbf{v}}$, so ist die Selbstkraft durch Strahlungsrückwirkung (*Abraham-Lorentz-Kraft*)

$$\mathbf{F}_{\mathrm{rad}} = k_C \frac{2e^2}{3c^3}\,\ddot{\mathbf{v}} = m\tau_0\,\ddot{\mathbf{v}}, \tag{8.5.2}$$

$$\tau_0 = k_C \frac{2}{3c}\frac{e^2}{mc^2} \overset{m=m_e}{=} \frac{2r_e}{3c} \approx 6 \times 10^{-24}\,\mathrm{sec}. \tag{8.5.3}$$

(8.5.2) gilt näherungsweise, wenn, wie bei beschränkter oder gar periodischer Bewegung, der Randterm nur im zeitlichen Mittel verschwindet. τ_0 ist die (sehr kurze) Zeit, die das Licht benötigt, um 2/3 des klassischen Elektronenradius r_e zurückzulegen. Für andere Teilchen als Elektronen ist τ_0 dem Masseverhältnis entsprechend kleiner. Setzt man nun (8.5.2) in (8.5.1) ein, so erhält man die *Abraham-Lorentz'sche Bewegungsgleichung*

$$m\dot{\mathbf{v}} = \mathbf{F}_{\text{ext}} + \tau_0 m\ddot{\mathbf{v}}, \tag{8.5.4}$$

die von Rohrlich [1997, (2.3)], wo $\mathbf{F}_{\text{ext}}$ die Lorentz-Kraft (1.2.5) ist, als *Lorentz-Gleichung* bezeichnet wird. Wir verwenden diesen Namen für den dämpfungsfreien Fall (5.4.6). Ohne äußere Kraft hat die (homogene) Bewegungsgleichung neben der kräftefreien Bewegung mit konstanter Geschwindigkeit $\mathbf{v} = \mathbf{v}_0$ selbst bei $\mathbf{v}(0) = 0$ noch exponentiell anwachsende Lösungen:

$$\dot{\mathbf{v}} = \dot{\mathbf{v}}_0 \, e^{t/\tau_0} \qquad\qquad \Rightarrow \qquad\qquad \mathbf{v} = \tau_0 \dot{\mathbf{v}}_0 \, e^{t/\tau_0},$$

sogenannte „runaway solutions" (siehe Aufgabe 8.22). Diese Lösungen sind inkompatibel mit der Annahme, dass

$$\mathbf{v} \cdot \dot{\mathbf{v}} = \tau_0 \dot{v}_0^2 \, e^{2t/\tau_0}$$

im zeitlichen Mittel verschwindet und werden daher weggelassen. Betrachten wir nochmals die Energiebilanz der Abraham-Lorentz'schen Bewegungsgleichung (8.5.4), indem wir diese mit $\mathbf{v}$ multiplizieren:

$$\frac{d}{dt}\frac{mv^2}{2} = \mathbf{F}_{\text{ext}} \cdot \mathbf{v} + m\tau_0 \big[\mathbf{v} \cdot \dddot{\mathbf{v}} + \dot{v}^2 - \dot{v}^2 \big] \tag{8.5.5}$$

$$= \mathbf{F}_{\text{ext}} \cdot \mathbf{v} + \tau_0 \frac{d^2}{dt^2}\frac{mv^2}{2} - P, \qquad P = k_C \frac{2e^2}{3c^3}\dot{v}^2 = \tau_0 m\dot{v}^2.$$

Der zweite Term auf der rechten Seite ist der sogenannte *Schott-Term*. Dieser berücksichtigt interne Energie-Raten, die sowohl negativ als auch positiv sein können. $P(t)$ ist die Strahlungsleistung (8.2.39) gemäß der Larmor-Formel.

Lorentz-Modell für ein im Atom gebundenes Elektron

Ein Elektron in einem Atom sei harmonisch gebunden und erfüllt daher die Voraussetzungen für (8.5.2), die zu (8.5.4) führen

$$m_e \big(\ddot{\mathbf{x}} - \tau_0 \dddot{\mathbf{x}} + \omega_0^2 \mathbf{x} \big) = \mathbf{F}_{\text{ext}}(t). \tag{8.5.6}$$

Wir untersuchen die Lösungen der homogenen Gleichung. Mit dem Euler'schen Ansatz

$$\mathbf{x} = \mathbf{x}_0 \, e^{-\alpha t}$$

erhalten wir

$$\tau_0 \alpha^3 = -(\alpha^2 + \omega_0^2).$$

Jede kubische Gleichung mit reellen Koeffizienten hat eine reelle Lösung, die hier negativ sein muss. $\alpha < 0$ bedeutet aber eine exponentiell anwachsende Lösung (*Runaway Lösung*), die wiederum nicht konsistent mit den Voraussetzungen ist. Die beiden anderen (hier konjugiert komplexen) Lösungen kann man in guter Näherung bestimmen, indem man die Koeffizienten α nach τ_0 für $\omega_0\tau_0 \ll 1$ bis zur 1. Ordnung entwickelt

$$\alpha = \alpha_0 + \tau_0\alpha_1 \quad \Rightarrow \quad \tau_0\alpha_0^3 = -(\alpha_0^2 + \omega^2) - 2\tau_0\alpha_0\alpha_1 + O(\tau_0^2).$$

Man erhält mittels Koeffizientenvergleich $\alpha_0 = \pm i\omega_0$ und $\alpha_1 = -\alpha_0^2/2$ und damit die Lösung

$$\mathbf{x}(t) = \mathbf{x}_0\, e^{\pm i\omega_0 t - (\tau_0\omega_0^2/2)t} \quad \Rightarrow \quad \dddot{\mathbf{x}} = -\omega_0^2\dot{\mathbf{x}} + O(\tau_0). \qquad (8.5.7)$$

$\mathbf{x}(t)$ ist die Lösung des gedämpften harmonischen Oszillators, dessen Bewegungsgleichung man erhält, wenn man für $\dddot{\mathbf{x}}$ in (8.5.6) einsetzt

$$m_e\big(\ddot{\mathbf{x}} + \tau_0\omega_0^2\,\dot{\mathbf{x}} + \omega_0^2\mathbf{x}\big) = \mathbf{F}_{\text{ext}}(t). \qquad (8.5.8)$$

Die Strahlungsrückwirkung bei einer allgemeinen Bewegung bleibt hier unbeantwortet.

Anmerkung: Wir haben die Strahlungsrückwirkung de facto in einem dissipativen, nicht abgeschlossenen System behandelt. Die produzierte Strahlung verschwindet und kommt nie mehr ins System zurück; die Felder sind keine dynamischen Variabeln dieses Systems, sondern wir haben nur ihre Energie berücksichtigt.

8.5.1 Allgemeinerer Zugang zur Strahlungsrückwirkung im nichtrelativistischen Fall

Das Scheitern der Berechnung der Strahlungsrückwirkung für eine allgemeine Bewegung ist in erster Linie auf die punktförmige Ladung mit der dazugehörenden divergierenden elektrostatischen Selbstenergie zurückzuführen. Berücksichtigt man die endliche Ladungsverteilung, so treten Differential-Differenzen-Gleichungen auf.

Wir folgen jetzt Rohrlich [2008] um eine dem 2. Newton'schen Gesetz genügende Differentialgleichung zu erhalten. Soll die Ladungsverteilung für die äußere Kraft wie eine Punktladung wirken, so darf die Kraft über die Ausdehnung der Ladungsverteilung nur schwach variieren:

$$|\tau_0\dot{\mathbf{F}}_{\text{ext}}(t)| \ll |\mathbf{F}_{\text{ext}}(t)|. \qquad (8.5.9)$$

Genügt die äußere Kraft dieser Bedingung, so ist der Strahlungsverlust $m\dot{\mathbf{v}} \approx \dot{\mathbf{F}}_{\text{ext}}$ eine kleine Korrektur zur äußeren Kraft. Setzt man nun diesen Ausdruck in die Abraham-Lorentz'sche Bewegungsgleichung (8.5.4) ein, so erhält man in 1. Ordnung in τ_0

$$m\dot{\mathbf{v}} = \mathbf{F}_{\text{ext}}(t) + \tau_0 \dot{\mathbf{F}}_{\text{ext}}(t)\,. \tag{8.5.10}$$

Diese Gleichung hat keine Runaway-Lösungen, wenn mit den Kräften, soweit diese (8.5.9) erfüllen, auch die Beschleunigung des Teilchens asymptotisch verschwindet. Wir bestimmen noch die Energiebilanz indem wir (8.5.10) mit $\mathbf{v}$ multiplizieren

$$\frac{\mathrm{d}}{\mathrm{d}t}\frac{mv^2}{2} = \mathbf{F}_{\text{ext}}\cdot\mathbf{v} + \tau_0\dot{\mathbf{F}}_{\text{ext}}\cdot\mathbf{v} = \mathbf{F}_{\text{ext}}\cdot\mathbf{v} + \tau_0\frac{\mathrm{d}}{\mathrm{d}t}\dot{\mathbf{F}}_{\text{ext}}\cdot\mathbf{v} - P',$$
$$P' = \tau_0\mathbf{F}_{\text{ext}}\cdot\dot{\mathbf{v}} \approx m\tau_0\mathbf{v}\cdot\dot{\mathbf{v}}\,. \tag{8.5.11}$$

Innerhalb der in τ_0 linearen Approximation ist die Strahlungsrückwirkung wiederum durch die Larmor-Formel gegeben.

8.5.2 Endliche Ladungsverteilung

Wir gehen jetzt von der Vorstellung aus, dass das Teilchen, ein Elektron, unabhängig von der Ladung eine Masse m_0 hat. Außerdem hat das Elektron eine starre Ladungsverteilung ρ von endlicher Ausdehnung mit den Feldern $\mathbf{E}_s$ und $\mathbf{B}_s$. $\mathbf{F}_s$ ist die Lorentz-Kraft, die die Felder $\mathbf{E}_s$ und $\mathbf{B}_s$ auf ρ ausüben. In der Newton'schen Bewegungsgleichung für das Elektron muss nun zur äußeren Kraft $\mathbf{F}_{\text{ext}}$ auch die Selbstkraft $\mathbf{F}_s$, hinzugefügt werden:

$$m_0\frac{\mathrm{d}\mathbf{v}}{\mathrm{d}t} = \mathbf{F}_{\text{ext}} + \int \mathrm{d}^3x\,\rho\big(\mathbf{x}-\mathbf{s}(t)\big)\Big[\mathbf{E}_s(\mathbf{x},t) + \frac{k_L\mathbf{v}(t)}{c}\times\mathbf{B}_s(\mathbf{x},t)\Big]. \tag{8.5.12}$$

$\mathbf{s}(t)$ ist der Ort des Elektrons und $\mathbf{v}(t) = \dot{\mathbf{s}}(t)$ seine Geschwindigkeit. Nimmt man für ρ eine Kugelschale und vernachlässigt alle nicht linearen Terme, so erhält man (Aufgabe 8.23)

$$m_0\dot{\mathbf{v}}(t) = \mathbf{F}_{\text{ext}}(t) + k_C\frac{e^2}{3a^2c}\Big[\mathbf{v}\big(t-\frac{2a}{c}\big) - \mathbf{v}(t)\Big] \tag{8.5.13}$$
$$\overset{(8.5.3)}{=} \mathbf{F}_{\text{ext}}(t) + \frac{m_ec^2\tau_0}{2a^2}\Big[\mathbf{v}\big(t-\frac{2a}{c}\big) - \mathbf{v}(t)\Big].$$

Man macht nun eine Taylorentwicklung von $\mathbf{v}\big(t-\frac{2a}{c}\big)$ und vernachlässigt dabei die Terme $O(a^3)$, da diese für $a\to 0$ verschwinden:

$$\Big[m_0 + \frac{m_ec\tau_0}{a}\Big]\dot{\mathbf{v}}(t) = \mathbf{F}_{\text{ext}}(t) + m_e\tau_0\ddot{\mathbf{v}}(t)\,. \tag{8.5.14}$$

Den 2. Term auf der linken Seite bezeichnet man als elektromagnetische Masse

$$m_{\text{em}} = m_e\frac{c\tau_0}{a} \overset{(8.5.3)}{=} k_C\frac{2e^2}{3ac^2}\,. \tag{8.5.15}$$

Die Summe $m_0 + m_{\text{em}}$ wird als die physikalische Masse (Ruhmasse) m_e interpretiert; somit ist (8.5.14) die Abraham-Lorentz'sche Bewegungsgleichung (8.5.4).

Ersetzt man in (8.5.13) m_0 durch $m_0 = m_e - m_{em}$, so erhält man ohne äußere Kräfte

$$\left(1 - \frac{c\tau_0}{a}\right)\dot{\mathbf{v}}(t) = \frac{\tau_0 c^2}{2a^2}\left[\mathbf{v}(t - \frac{2a}{c}) - \mathbf{v}(t)\right]. \tag{8.5.16}$$

Diese Gleichung hat Runaway-Lösungen nur solange a kleiner als $c\tau_0 = (2/3)r_e$ ist. Es ist dann $m_0 < 0$ (und die Hamilton-Funktion ist nicht positiv definit; Moniz, Sharp [1977]). Damit wird deutlich, dass die in punktförmigen Ladungsverteilungen ansteigende elektrostatische Selbstenergie für das akausale Verhalten verantwortlich ist. Mit steigender Konzentration der Ladung erwartet man auch innerhalb des Elektrons stärkere Abstoßungskräfte. Bereits Poincaré hat versucht mithilfe sogenannter *Poincaré-Spannungen* Stabilität zu erreichen. Der elektrostatischen Selbstenergie einer Kugelschale (2.4.10) haben wir bereits im Rahmen der Elektrostatik mithilfe der Einstein-Formel (14.1.2) die Masse $m_{es} = e^2/2ac^2$ zugeordnet, die sich von der elektromagnetischen Masse $m_{em} = (4/3)m_{es}$ unterscheidet. Weder auf die Frage wie diese Ungleichheit von elektromagnetischer zu elektrostatischer Masse, das sogenannte (4/3)-Problem, zu lösen ist, noch wie durch innere Bindungskräfte die elektrostatische Abstoßung ausgeglichen werden kann, wird hier eingegangen [Yaghjian, 2006]. Die Strahlungsrückwirkung, die hier nur im Grenzfall kleiner Geschwindigkeiten behandelt wurde, wird nochmals auf S. 531 für endliche Geschwindigkeiten in kovarianter Form aufgegriffen.

Aufgaben zu Kapitel 8

8.1. *Lorenz-Eichung der Liénard-Wiechert-Potentiale*: Zeigen Sie explizit, dass die Liénard-Wiechert-Potentiale (8.2.16) die Lorenz-Bedingung (8.1.8) erfüllen.

8.2. *Felder der bewegten Punktladung*: Geben Sie, ausgehend von den Potentialen einer bewegten Punktladung $\mathbf{A}$ und ϕ, die Strahlungsfelder in der Fernzone $(r \gg s)$ an.

8.3. *Tscherenkow-Strahlung*: Ein Punktteilchen mit der Ladung q bewegt sich mit der gleichförmigen Geschwindigkeit $\mathbf{v}$ in einem homogenen isotropen linearen Medium $(\epsilon, \mu$ frequenz-unabhängig$)$.

1. Bestimmen Sie ϕ_q und $\mathbf{E}$ als Funktionen von t insbesondere im Bereich $1 \leq \bar{\beta} = n\beta < n$.
2. Bestimmen Sie, d.h. skizzieren Sie auch, wiederum für $1 \leq \bar{\beta} < n$, den Bereich, wo $\mathbf{E}$ nicht verschwindet und geben Sie die Richtung maximaler Intensität an.

8.4. *Coulomb–Helmholtz*: Zeigen Sie, dass das aus dem Zerlegungssatz folgende Helmholtz-Potential (8.2.53) gleich $\mathbf{A}^{\mathrm{c}}$ ist unter der Annahme, dass Quellen/Wirbel lokal sind d.h., dass $\mathbf{A}$ für $r \to \infty$ nicht schwächer als $1/r$ abfällt.

8.5. *Zum quasistatischen Potential*: Zeigen Sie, dass $\mathbf{A}^{\mathrm{qs}}(\mathbf{x}, t) = \dfrac{k_C}{rck_L}\dot{\mathbf{p}}$ für $r \gg d$, wenn d den Bereich charakterisiert, auf den Ladungen und Ströme beschränkt sind. $\mathbf{A}^{\mathrm{qs}}$ ist das Potential einer Punktladung für das Sie $\mathbf{j}(\mathbf{x})$ berechnen sollen. Zeigen Sie dann, dass $\mathbf{j}_t(\mathbf{x}) = -\mathbf{j}_l(\mathbf{x})$ für $r > 0$ und $\mathbf{j}_l(\mathbf{k})\cdot\mathbf{j}_t(\mathbf{k}) = 0$.

8.6. *Kausalität in Coulomb-Eichung*: Zeigen Sie direkt, dass sich die akausalen Terme von $\mathbf{E}$ in (8.2.62) wegheben.

8.7. *Berechnung der Fourierkomponenten* $\mathbf{A}_h^b(\mathbf{x})$, $\phi_h^e(\mathbf{x})$ *und* $\mathbf{A}_h^e(\mathbf{x})$ *mithilfe des Zerlegungssatzes:* Auszugehen ist von Feldern die nicht schwächer als $1/r$ abfallen; aber wegen der Retardierung können auch die Ableitungen mit $1/r$ abfallen.

8.8. *Elektrisches Dipolfeld*: Berechnen Sie das elektrische Dipolfeld (8.4.7) mittels $\mathbf{E} = -\boldsymbol{\nabla}\phi - k_L\dot{\mathbf{A}}/c$.

8.9. *Strahlung eines rotierenden Elektrons*

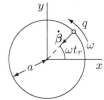

Ein Elektron bewegt sich auf einer Kreisbahn in der xy-Ebene mit dem Radius a und der Frequenz ω. Berechnen Sie die Strahlungsleistungen $\langle\frac{\mathrm{d}P}{\mathrm{d}\Omega}\rangle$ und P, wobei $\langle...\rangle$ die Zeitmittelung bezeichnet. Vernachlässigen Sie $\dot{\beta}$: $\dot{\beta}=0$.

8.10. *Liénard-Formel, Teil 1.* Die Berechnung der Strahlungsleistung einer bewegten Punktladung (8.2.42) machen wir in zwei Schritten. Zunächst berechnen wir mit den Feldern $\mathbf{E}_f$ und $\mathbf{B}_f$ die Strahlungsleistung $\partial P/\partial\cos\vartheta$ durch Integration von (8.2.36) über den Azimutwinkel φ.

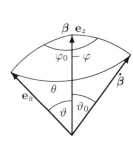

Lagen der Vektoren $\mathbf{e}_R = \mathbf{X}/R$, $\boldsymbol{\beta}$ und $\dot{\boldsymbol{\beta}}$.

Wie in der nebenstehenden Abbildung skizziert, liegt $\boldsymbol{\beta}$ in der z-Achse. Vorgegeben ist der Winkel ϑ_0 zwischen $\boldsymbol{\beta}$ und $\dot{\boldsymbol{\beta}}$.

Hinweis: Nach Ausführung der φ-Integration sollten Sie erhalten:

$$\frac{\partial P}{\partial\cos\vartheta} = \frac{q^2\dot{\beta}^2}{2cJ^5}\Big\{-(1-\beta^2)\Big[\cos^2\vartheta_0\cos^2\vartheta+\frac{1}{2}\sin^2\vartheta_0\sin^2\vartheta\Big]$$
$$+ 2J\cos^2\vartheta_0\,\beta\cos\vartheta + J^2\Big\}. \qquad (8.5.17)$$

8.11. *Liénard-Formel, Teil 2.* Verifizieren Sie nun, ausgehend von $\partial P/\partial\cos\vartheta$ (8.5.17) die Liénard-Formel (8.2.42).

Hinweise: $J = 1 - \mathbf{e}_R\cdot\boldsymbol{\beta} = 1 - \beta\xi$. Es treten Integrale der Form auf:

$$I_{n+1} = \int_{-1}^{1}\frac{\mathrm{d}\xi}{(1-\beta\xi)^{n+1}} = \frac{2}{n(1-\beta^2)^n}\sum_{k=0}^{\lfloor\frac{n-1}{2}\rfloor}\binom{n}{2k+1}\beta^{2k}.$$

Sie erhalten $P = \dfrac{2q^2\dot{\beta}^2}{3c}\gamma^6\left(1-\beta^2\sin^2\vartheta_0\right)$.

8.12. *Frequenzspektrum der Punktladung auf einer Kreisbahn*: Ein Teilchen mit der Ladung q bewegt sich auf einer Kreisbahn in der xy-Ebene mit dem Radius a und der Frequenz ω. $\mathbf{A}(t) = \mathbf{A}(t + T)$ ist eine periodische Funktion mit $T = 2\pi/\omega$ und daher in eine Fourierreihe entwickelbar[7]:

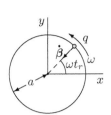

$$\mathbf{A} = \sum_{n=-\infty}^{\infty} (\psi_n, \mathbf{A})\, \psi_n \qquad \text{mit} \quad \psi_n(t) = \mathrm{e}^{-\mathrm{i}\omega n t},$$

$$\mathbf{A}^n = (\psi_n, \mathbf{A}) = \frac{1}{T} \int_0^T \mathrm{d}t\, \psi_n^*(t)\, \mathbf{A}.$$

Sie erhalten ein Linienspektrum mit den Frequenzen $n\omega$, wobei n die Ordnung der harmonischen Frequenz ist.

1. Berechnen Sie die Fourierkoeffizienten $\mathbf{A}^n$ für $r \to \infty$.

   Hinweise: $\mathbf{A}$ kennen Sie nur als Funktion $\mathbf{A}(\mathbf{X}(t_r), \boldsymbol{\beta}(t_r))$, d.h. Sie müssen die zugehörige Transformation von t zu t_r machen.
   Integraldarstellung der ganzzahligen Bessel-Funktion 1. Art und Rekursionsrelationen:

$$J_n(n\zeta) = \frac{1}{2\pi} \int_{-\pi}^{\pi} \mathrm{d}t\, \mathrm{e}^{-\mathrm{i}nt + \mathrm{i}n\zeta \sin t}, \qquad \zeta = ka\sin\vartheta \quad \text{mit } k = \frac{\omega}{c},$$

$$\frac{\mathrm{d}J_n(n\zeta)}{\mathrm{d}n\zeta} = \frac{1}{2}\big[J_{n-1}(n\zeta) - J_{n+1}(n\zeta)\big], \quad J_n(n\zeta) = \frac{\zeta}{2}\big[J_{n-1}(n\zeta) + J_{n+1}(n\zeta)\big],$$

$$\mathbf{A}^n = q\beta \mathrm{e}^{\mathrm{i}n(\varphi - \frac{\pi}{2})} \frac{\mathrm{e}^{\mathrm{i}nkr}}{r}\Big[\mathbf{e}_\varrho \frac{1}{\zeta} + \mathrm{i}\mathbf{e}_\varphi \frac{\mathrm{d}}{\mathrm{d}n\zeta}\Big] J_n(n\zeta) \qquad \text{(Resultat.)}$$

2. Berechnen Sie die asymptotischen Felder $\mathbf{B}^n$ und (zeitlich gemittelt) $\langle \frac{\mathrm{d}P^n}{\mathrm{d}\Omega}\rangle$.

8.13. *Punktdipol*: Gegeben ist ein (Hertz'scher) Punktdipol $\mathbf{p}(t) = \mathbf{p}_0\, \mathrm{e}^{-\mathrm{i}\omega t}$.

1. Geben Sie $\rho(\mathbf{x}, t)$ und $\mathbf{j}(\mathbf{x}, t)$ für den Punktdipol an.
   Hinweis: $\mathbf{j}$ können Sie mithilfe der Kontinuitätsgleichung bestimmen.
2. Berechnen Sie die retardierten Potentiale $\phi(\mathbf{x}, t)$ und $\mathbf{A}(\mathbf{x}, t)$ in Lorenz-Eichung.
3. Berechnen Sie $\mathbf{E}$ und $\mathbf{B}$ für die Nah- und die Fernzone.
4. Bestimmen Sie die mittlere abgestrahlte Leistung $\frac{\mathrm{d}\langle P\rangle}{\mathrm{d}\Omega}$ und $\langle P\rangle$ für die Fälle
   a) $\mathbf{p}$ liegt in der z-Achse
   b) $\mathbf{p}$ rotiert in der xy-Ebene.
   Anmerkung: Sie können (analog zur zirkularen Polarisation) $\mathbf{p}$ komplex definieren; orientieren Sie sich an (10.2.1)

8.14. *Vektor-Potential in Coulomb-Eichung*: Berechnen Sie das Vektorpotential $\mathbf{A}^{(C)}(\mathbf{x}, t)$ eines oszillierenden Punktdipols.

8.15. *Zerlegung des Vektorfeldes der elektrischen Dipolstrahlung*: Gegeben sei das Vektorfeld (8.4.7)

$$\mathbf{v}(\mathbf{x}) = \mathbf{E}(\mathbf{x}) = k_c \frac{\mathrm{e}^{\mathrm{i}kr}}{r}\Big\{k^2\mathbf{e}_r \times (\mathbf{p}\times\mathbf{e}_r) + \frac{1}{r^2}(1 - \mathrm{i}kr)\big[3(\mathbf{p}\cdot\mathbf{e}_r)\mathbf{e}_r - \mathbf{p}\big]\Big\}. \qquad (8.4.7)$$

Bestimmen Sie mithilfe des Helmholtz'schen Zerlegungssatzes folgende Größen:

---

[7] siehe W. Panofsky & M. Phillips *Classical Electricity and Magnetism*, Addison-Wesley Publishing Company, Reading, Massachusetts (1975), Abschnitt 20-4

1. Berechnen Sie die Quellen ρ_H und Wirbel $\mathbf{j}_H$ des Vektorfeldes $\mathbf{v}$ und stellen Sie den Zusammenhang zur Dichte ρ und dem magnetischen Feld $\mathbf{B}$ her.
2. Berechnen Sie die Potentiale $\phi_H(\mathbf{x})$ und $\mathbf{A}_H(\mathbf{x})$. Zeigen Sie, dass $\phi_H(\mathbf{x})$ das quasistatische Potential in Coulomb-Eichung ist und drücken Sie $\mathbf{A}_H$ durch $\mathbf{B}$ aus.
3. Berechnen Sie jetzt mithilfe der Potentiale $\mathbf{v}_l$ und $\mathbf{v}_t$.

Hinweis: Zur Berechnung von $\mathbf{A}_H$ finden Sie im Anhang das Integral (B.5.24):

8.16. *Magnetische Dipolstrahlung*:

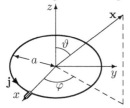

Die Kreisschleife bzw. die Spule sind sogenannte *Rahmenantennen*.
In einem Kreis vom Radius a fließt der Strom

$$\mathbf{j}(\mathbf{x}',t) = I\,\delta(\varrho'-a)\,\delta(z')\,\mathrm{e}^{-i\omega t}\,\mathbf{e}_{\varphi'}\,.$$

1. Berechnen Sie die Fernfelder unter Zuhilfenahme von

$$J_n(n\zeta) = \frac{1}{2\pi}\int_{-\pi}^{\pi} \mathrm{d}t\,\mathrm{e}^{-int+in\zeta\sin t}, \qquad\qquad \zeta = ka\sin\vartheta \quad \text{mit } k = \frac{\omega}{c},$$

$$J_1(\zeta) \approx \zeta/2, \qquad\qquad\qquad\qquad \zeta \ll 1,$$

$$J_1(\zeta) \approx \sqrt{2\pi/\zeta}\,\cos(\zeta - \frac{3\pi}{4}), \qquad \zeta \gg \pi\,.$$

2. Berechnen Sie $\langle\frac{\mathrm{d}P}{\mathrm{d}\Omega}\rangle$ und $\langle P\rangle$.

   Hinweis: Folgendes Integral ist von J. Schwinger, Phys. Rev. **75**, 1912 (1949)

$$\int_0^\pi \mathrm{d}\vartheta\,\sin\vartheta\,J_1^2(ka\sin\vartheta) = \frac{1}{ka}\int_0^{2ka}\mathrm{d}x\,J_2(x),$$

$$\int_0^\infty \mathrm{d}x\,J_n(x) = 1, \qquad\qquad J_2(x) \approx \frac{x^2}{4} \qquad\qquad \text{für } x \ll 1.$$

3. Zeigen Sie, dass es keine elektrische Multipolstrahlung gibt und geben Sie die Beiträge $\langle\frac{\mathrm{d}P}{\mathrm{d}\Omega}\rangle$ und $\langle P\rangle$ der magnetischen Dipolstrahlung an.

8.17. *Rahmenantenne-Kreisschleife*: Gegeben ist wiederum die Drahtschleife mit dem Radius a, wie in Aufgabe 8.16 skizziert. Zu bestimmen sind die elektrische und die magnetische Dipolstrahlung in der Wellenzone für die folgenden Ströme

1. $\mathbf{j}(\mathbf{x},t) = I\,\sin\varphi\,\delta(\varrho-a)\,\delta(z)\,\mathrm{e}^{-i\omega t}\,\mathbf{e}_\varphi$,
2. $\mathbf{j}(\mathbf{x},t) = I\,\sin\frac{\varphi}{2}\,\delta(\varrho-a)\,\delta(z)\,\mathrm{e}^{-i\omega t}\,\mathbf{e}_\varphi$.

Hinweis: Im 1. Fall tritt nur die elektrische Dipolstrahlung auf, im 2. Fall sowohl elektrische als auch magnetische, wobei sich die Strahlungsleistungen addieren.

8.18. *Dipolzeile/Dipolgruppe*: n gleiche und synchrone Antennen (Dipole) bilden eine lineare Kette mit der Gitterkonstanten a. Die Dipole zeigen in die z-Richtung. Versuchen Sie zu begründen, warum man meist den Abstand mit $a = \lambda/2$ angibt und skizzieren Sie die Strahlungscharakteristik, wobei Sie $n = 5$ Dipole nehmen.

1. Die lineare Kette sei in die z-Richtung orientiert (Dipolzeile).
2. Nun seien die $n = 5$ Dipole (ebenfalls in z-Richtung orientiert) entlang der x-Achse aufgereiht (Dipolgruppe).

8.19. *Strahlung einer rotationssymmetrischen Ladung*: Die Ladungs- und Stromverteilung einer Kugel vom Radius R sei rotationssymmetrisch. Zeigen Sie, dass die Kugel nicht strahlt.

8.20. *Quadrupolstrahlung zweier rotierender Ladungen*: Zwei negative elektrische Ladungen $-e_0/2$ bewegen sich auf einer Kreisbahn mit dem Radius a und der Frequenz $\frac{\omega}{2}$ im mathematisch positiven Sinn. Die Punktladungen sind stets gegenüberliegend, d.h. sie bilden mit der positiven Kernladung e eine Gerade. Berechnen Sie

1. das retardierte Vektorpotential in der Fernzone,
2. die Strahlungsleistung $dP/d\Omega$ und die gesamte ausgestrahlte Leistung.

8.21. *Hertz'sche Vektoren*: Zeigen Sie, dass man durch das Einsetzen der Hertz'schen Vektoren $\mathbf{Z}_q$ und $\mathbf{Z}_m$ (8.4.51) in

$$\phi(\mathbf{x},t) = -k_C \int d^3x' \left. \frac{\boldsymbol{\nabla}' \cdot \mathbf{P}_e(\mathbf{x}',t')}{|\mathbf{x}-\mathbf{x}'|} \right|_{t'=t_r}, \qquad t_r = t - \frac{|\mathbf{x}-\mathbf{x}'|}{c},$$

$$\mathbf{A}(\mathbf{x},t) = \frac{k_C}{ck_L} \int d^3x' \left. \frac{\dot{\mathbf{P}}_e(\mathbf{x}',t') + (c/k_L)\boldsymbol{\nabla}' \times \mathbf{M}_e(\mathbf{x}',t')}{|\mathbf{x}-\mathbf{x}'|} \right|_{t'=t_r}$$

direkt die Gleichungen $\phi = -\operatorname{div}\mathbf{Z}_q$ und $\mathbf{A} = \dot{\mathbf{Z}}_q/ck_L + \operatorname{rot}\mathbf{Z}_m$ erhält, während diese in (8.4.53) durch Anwendung des d'Alembert-Operators verifiziert wurden.

8.22. *Runaway-Lösung der Abraham-Lorentz'schen Bewegungsgleichung*: Wir beschränken uns auf die Lösung von (8.5.4) in einer Dimension.

1. Bei ungeladenen Teilchen ist die Beschleunigung an einer Unstetigkeitsstelle der Kraft $F = F_0\theta(t - t_0)$ ebenfalls unstetig (aber v stetig). Zeigen Sie, dass für geladene Teilchen auch $\dot{v}$ stetig ist, soweit die Kraft keine δ-Funktion enthält.
2. Nehmen Sie jetzt an, dass F_0 zur Zeit $t_1 > t_0$ abgeschaltet wird. Bestimmen Sie die allgemeine Lösung für $\dot{v}$.
3. Wenn Sie die Anfangsbedingung so wählen, dass $\dot{v}(t_1) = 0$, steigt die Beschleunigung nach dem Abschalten der Kraft nicht an. Geben Sie noch $v(-\infty) = 0$ vor und bestimmen Sie $\dot{v}(t)$ und $v(t)$.

8.23. *Strahlungsrückwirkung der Kugelschale*: Berechnen Sie die Strahlungsrückwirkung für ein Elektron, wenn $v \ll c$ und die Ladungsverteilung eine sphärisch symmetrische Kugelschale ist, d.h. gehen Sie von (8.5.12) aus und verifizieren Sie (8.5.13). Hinweis: Vernachlässigen Sie Terme höherer Ordnung in $\mathbf{s},\dot{\mathbf{s}}$ etc., um eine lineare Differentialgleichung zu erhalten.

8.24. *Impulsänderung durch Abstrahlung*: Das Elektron schwingt um einen festen Raumpunkt, d.h. $\mathbf{v}$ kann gleich null gesetzt werden. Zeigen Sie dass sich der Impuls (Summe von mechanischem und Feld-Impuls) durch „Abstrahlung" nicht ändert.

Literaturverzeichnis

M. Born *Optik*, Springer Berlin (1933)

M. Born, E. Wolf *Principles of Optics*, 6. ed. Pergamon Press, Oxford (1986)

O. Heaviside *The Waste of Energy from a Moving Electron*, Nature **6**, 6 (1902)

J. D. Jackson *Klassische Elektrodynamik*, 4. Aufl. Walter de Gruyter, Berlin (2006)

H. Kragh *Ludvig Lorenz, Electromagnetism, and the Theory of Telephone Currents* arXiv:1606.00205v1 [physics.hist-ph], 1–16 (2016)

J. A. Liénard *Champ Électrique et Magnétique* in *L'Éclairage Électrique* **16**, 5–14 (1898)

L. V. Lorenz *Ueber die Identität der Schwingungen des Lichts mit den elektrischen Strömen*, Ann. Phys. Chem. **131**, 243–263 (1867)

E. J. Moniz and D. H. Sharp, Phys. Rev. D **15**,2850 (1977)

W. Rindler *Relativitätstheorie: Speziell, Allgemein und Kosmologisch*, John Wiley & Sons (2006)

F. Rohrlich *The dynamics of a charged sphere and the electron*, Am. J. Phys. **65**, 1051-1056 (1997)

F. Rohrlich *Dynamics of a charged particle*, Phys. Rev. E **77**, 046609 (2008)

U. Sexl, H. Urbantke *Relativität, Gruppen, Teilchen* Springer Wien (1976)

E. Wiechert *Elektrodynamische Elementargesetze* Archives Néerlandaises, Série II, **5**, 549–573 (1900); (Vortrag am 7. 1. 1897)

A. D. Yaghjian *Relativistic Dynamics of a Charged Sphere*, Lecture Notes in Physics m11, 2nd ed. Springer Berlin (2006)

9

Quasistationäre Ströme

9.1 Die quasistationäre Näherung

In den Systemen, die hier betrachtet werden, ist die elektrische Leitung auf Drähte beschränkt, die dünn sein sollen, da dann $\mathbf{E}$ und $\mathbf{j} = \sigma\mathbf{E}$ weitgehend homogen sind. Innerhalb einer Leiterstrecke ohne Verzweigung können Widerstände und Induktivitäten zusammengefasst werden. Die leitenden Strecken dürfen auch durch Kondensatoren unterbrochen sein, wie im Weiteren ausgeführt wird.

Unser System besteht also aus Widerständen, Induktivitäten, Kondensatoren und Spannungsquellen, den Bauelementen eines elektrischen Netzwerkes und dessen Verzweigungspunkten. Statt der genauen Kenntnis der Geometrie des Systems genügt es, die Topologie des Netzwerkes zu kennen.

Die Felder in solchen Netzwerken sind in vielen Anwendungen langsam veränderlich, was in diesem Zusammenhang bedeutet, dass innerhalb einer für das System charakteristischen Zeit τ

$$c\tau \gg l$$

ist, wobei l die Abmessung des Netzwerkes darstellt. Bei periodischen Vorgängen ist τ die Schwingungsdauer.

Genügt l dieser Bedingung nicht mehr, wie es bei langen Leitungen der Fall ist, so kann durch Unterteilung des Systems in kleinere Einheiten noch immer die quasistationäre Näherung angewandt werden. Das wird bei der Herleitung der Telegrafengleichung im Abschnitt 9.2.5 benützt.

Unter obiger Voraussetzung kann die Retardierung

$$t_r = t - \frac{|\mathbf{x} - \mathbf{x}'|}{c} \approx t \qquad \text{mit} \qquad \frac{|\mathbf{x} - \mathbf{x}'|}{c} \sim \frac{l}{c} \ll \tau$$

Ergänzende Information Die elektronische Version dieses Kapitels enthält Zusatzmaterial, auf das über folgenden Link zugegriffen werden kann https://doi.org/10.1007/978-3-662-68528-0_9.

vernachlässigt werden. Dieser Teil der quasistatischen Näherung wird durch die Vernachlässigung der Ableitung des Wirbelfeldes $\dot{\mathbf{E}}_\mathbf{w} = -\frac{1}{c}\ddot{\mathbf{A}}^\mathrm{C} = 0$ erreicht. Die Coulomb-Eichung, Abschnitt 8.2.3, wird herangezogen, da in dieser Quellen- und Wirbelanteile getrennt sind und das skalare Potential ϕ^C bereits quasistatisch ist (siehe (8.2.49)). Die Retardierung und die damit verbundene Abstrahlung ist auf $\mathbf{A}^\mathrm{C}$ beschränkt. Mit der Vernachlässigung des Wirbelanteils des Verschiebungsstroms (8.2.50)

$$\mathbf{A}^\mathrm{C}(\mathbf{x},t) \xrightarrow{\ddot{\mathbf{A}}^\mathrm{C}=0} \mathbf{A}^\mathrm{qs}_t(\mathbf{x},t) = \frac{k_C}{ck_L} \int \mathrm{d}^3x'\, \frac{\mathbf{j}_t(\mathbf{x}',t)}{|\mathbf{x}-\mathbf{x}'|}, \quad \boldsymbol{\nabla}\cdot\mathbf{A}^\mathrm{qs}_t \overset{(8.2.54)}{=} 0 \quad (9.1.1)$$

verschwindet die Retardierung. Somit gibt es keine langreichweitigen Felder mehr und keine Abstrahlung. Ab hier ist die quasistatische Näherung für das Leitersystem (Widerstände und Induktivitäten) getrennt von der für Kondensatoren zu betrachten. In quasistationärer (quasistatischer) Näherung wird bei der Behandlung der Kapazität in der Induktionsgleichung $\dot{\mathbf{B}}$ und bei der Induktivität in der Ampère-Maxwell-Gleichung $\dot{\mathbf{D}}$ vernachlässigt.

9.1.1 Die Näherung für den induktiven Teil eines Netzwerkes

In einem Leiter sei innerhalb von Zeitintervallen $\Delta t \ll \tau$ die Verschiebung von Ladungen, d.h. der Quellenanteil des Verschiebungsstroms $\mathbf{j}_l = \frac{1}{4\pi}\boldsymbol{\nabla}\dot{\phi}^\mathrm{qs}$ (8.2.50), verschwindend klein:

$$\boldsymbol{\nabla}\cdot\mathbf{j}(\mathbf{x},t) = \boldsymbol{\nabla}\cdot\mathbf{j}_l \overset{(8.2.50)}{=} -\dot{\rho} = 0.$$

$\mathbf{j}$ ist dann quellenfrei und die Stromstärke an jeder Stelle eines unverzweigten Leiters gleich. Man bezeichnet $\mathbf{j}$ als *quasistationären Strom*. In (9.1.1) ist so $\mathbf{j}_t = \mathbf{j} - \mathbf{j}_l$ durch $\mathbf{j}$ zu ersetzen, was das quasistatische Vektorpotential (8.2.55) ergibt. Die Vernachlässigung des Verschiebungsstroms macht aus dem Ampère-Maxwell-Gesetz (1.3.15) das Ampère'sche (Durchflutungs-)Gesetz der Magnetostatik (4.1.1a–ba), wobei die Zeit ein Parameter im System ist.

Maxwell-Gleichungen

Im Allgemeinen wird unter der quasistatischen Näherung allein die Vernachlässigung des Verschiebungsstroms verstanden:

$$\text{(a)}\quad \mathrm{div}\,\mathbf{D} = 4\pi k_r \rho_f, \qquad\qquad \text{(b)}\quad \mathrm{rot}\,\mathbf{E} + \frac{k_L}{c}\dot{\mathbf{B}} = 0,$$

$$\text{(c)}\quad \mathrm{rot}\,\mathbf{H} = \frac{k_L}{c}4\pi k_r\mathbf{j} \overset{\mathrm{SI}}{=} \mathbf{j}, \qquad \text{(d)}\qquad\quad \mathrm{div}\,\mathbf{B} = 0. \tag{9.1.2}$$

Wir haben also die Ampère-Maxwell-Gleichung durch das Ampère'sche Durchflutungsgesetz der Magnetostatik ersetzt. Damit können die leitenden Teile, insbesondere die Induktivitäten, angegeben werden. Für homogene ϵ und μ sind (8.2.49) und (8.2.55)

$$\phi^{\mathrm{qs}}(\mathbf{x}, t) = \frac{k_C}{\epsilon} \int \mathrm{d}^3 x' \, \frac{\rho_f(\mathbf{x}', t)}{|\mathbf{x} - \mathbf{x}'|} \,, \tag{9.1.3}$$

$$\mathbf{A}^{\mathrm{qs}}(\mathbf{x}, t) = \frac{k_C \mu}{c k_L} \int \mathrm{d}^3 x' \, \frac{\mathbf{j}(\mathbf{x}', t)}{|\mathbf{x} - \mathbf{x}'|} \qquad \text{mit} \qquad \boldsymbol{\nabla} \cdot \mathbf{A}^{\mathrm{qs}} = 0. \tag{9.1.4}$$

Die Abänderung der Ampère-Maxwell-Gleichung impliziert $\boldsymbol{\nabla} \cdot \mathbf{j} = 0$. Folglich ist der Strom I längs des ganzen Leiters konstant. Eingesetzt in (9.1.3) verifiziert man, dass die Coulomb-Eichung div $\mathbf{A}^{\mathrm{qs}} = 0$ automatisch erfüllt ist. Die Felder haben die übliche Form

$$\mathbf{E} = -\boldsymbol{\nabla} \phi^{\mathrm{qs}} - \frac{k_L}{c} \dot{\mathbf{A}}^{\mathrm{qs}}, \qquad\qquad \mathbf{B} = \boldsymbol{\nabla} \times \mathbf{A}^{\mathrm{qs}}. \tag{9.1.5}$$

9.1.2 Die Näherung für den kapazitiven Teil des Netzwerkes

Beim Auf- und Entladen des Kondensators entsteht nach dem Induktionsgesetz ein Magnetfeld. Die quasistatische Näherung besteht beim Kondensator in der Vernachlässigung des Wirbelanteils $\mathbf{E}_w$ oder gleichbedeutend von $\dot{\mathbf{B}}$ im Induktionsgesetz:

$$\mathrm{rot}\,\mathbf{E} = 0 \qquad\qquad \Rightarrow \qquad\qquad \mathbf{E}(\mathbf{x}, t) = -\boldsymbol{\nabla} \phi^{\mathrm{qs}}(\mathbf{x}, t) \,.$$

Der momentane Zustand des Kondensators ist gemäß (2.2.30)

$$Q(t) = C V(t) \tag{9.1.6}$$

durch die Elektrostatik bestimmt. Aus der Kontinuitätsgleichung ergibt sich der Entladestrom $I(t) = -\dot{Q}(t)$, wobei hier $I(t)$ der von der Ladung $Q > 0$ wegfließende Strom ist (siehe Abb. 9.3 auf Seite 336).

Maxwell-Gleichungen

Die Vernachlässigung der Induktion, d.h. des quellenfreien Anteils des Stroms erhält man

(a) $\mathrm{div}\,\mathbf{D} = 4\pi k_r \rho_f$,   (b) $\mathrm{rot}\,\mathbf{E} = 0$,

(c) $\mathrm{rot}\,\mathbf{H} = \dfrac{k_L}{c}\big(4\pi k_r \mathbf{j} + \dot{\mathbf{D}}\big)$,   (d) $\mathrm{div}\,\mathbf{B} = 0$. $\qquad\qquad$ (9.1.7)

Wir können die Ampère-Maxwell-Gleichung umformen, indem wir für den Verschiebungsstrom einsetzen:

$$\mathbf{j}_d = \frac{1}{4\pi k_r} \dot{\mathbf{D}} = -\mathbf{j}_l \overset{(8.2.50)}{=} -\frac{\epsilon}{4\pi k_C} \boldsymbol{\nabla}\dot{\phi}^{\mathrm{c}},$$

wobei $\phi^{\mathrm{c}} = \phi^{\mathrm{qs}}$. Das Vektorpotential genügt also der Vektor-Poisson-Gleichung (siehe Abschnitt 8.2.3)

$$\Delta \mathbf{A}_t^{\mathrm{qs}} = -\frac{k_L}{c} 4\pi k_r \mu_0 \mu (\mathbf{j} - \mathbf{j}_l) = \frac{k_L}{c} 4\pi k_r \mu_0 \mu \mathbf{j}_t \overset{\mathrm{SI}}{=} -\mu \mu_0 \mathbf{j}_t \quad \text{mit} \quad \boldsymbol{\nabla} \cdot \mathbf{j}_t = 0.$$

Wir erhalten also die Potentiale

$$\phi^{\mathrm{qs}}(\mathbf{x}, t) = \frac{k_C}{\epsilon} \int \mathrm{d}^3 x' \, \frac{\rho(\mathbf{x}', t)}{|\mathbf{x} - \mathbf{x}'|},$$

$$\mathbf{A}_t^{\mathrm{qs}}(\mathbf{x}, t) = \frac{\mu k_C}{c k_L} \int \mathrm{d}^3 x' \, \frac{\mathbf{j}_t(\mathbf{x}', t)}{|\mathbf{x} - \mathbf{x}'|} \quad \text{mit} \quad \boldsymbol{\nabla} \cdot \mathbf{A}_t = 0. \tag{9.1.8}$$

Für die Felder folgt daraus, da wir nur ein Quellenfeld haben

$$\mathbf{E} = -\boldsymbol{\nabla} \phi^{\mathrm{qs}}, \qquad\qquad \mathbf{B} = \boldsymbol{\nabla} \times \mathbf{A}^{\mathrm{qs}}. \tag{9.1.9}$$

9.1.3 Kirchoff'sche Regeln

In der 2. Kirchoff'schen Regel wird die Ringspannung eines geschlossenen Stromkreises betrachtet, zu dem naturgemäß auch eine Spannungsquelle gehört, eines der Bauelemente aus denen ein Netzwerk besteht.

Spannungsquelle

In einer galvanischen Zelle (Batterie) geht man von elektrochemischen Vorgängen aus, die den Transport von Ladungsträgern q bewirken und so ein elektrostatisches Feld $\mathbf{E}$ erzeugen, das dem Transport entgegenwirkt, wie es in Abb. 9.1 skizziert ist. Die Kraft auf die Ladungsträger wird durch das *eingeprägte Feld* $\mathbf{E}^e$ beschrieben. Dieses ist typischerweise nur in einem kleinen Bereich der Batterie von null verschieden. Fließt kein Strom, so ist in der Batterie $\mathbf{E}^e + \mathbf{E} = 0$. Als Folge der eingeprägten Spannung V^e hat man eine gleich große, dieser aber entgegengesetzt gerichtete, elektrische Spannung. Die

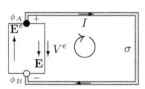

Abb. 9.1. Spannungsquelle (Batterie) und Widerstand bilden einen Stromkreis mit der Klemmenspannung $V^e(t)$

elektromotorische Kraft, die sogenannte EMK, ist definiert als Ringspannung

$$V^e = \oint_C \mathrm{d}\mathbf{s} \cdot (\mathbf{E}^e + \mathbf{E}) = \oint_C \mathrm{d}\mathbf{s} \cdot \mathbf{E}^e = \int_A^B \mathrm{d}\mathbf{s} \cdot \mathbf{E}^e . \tag{9.1.10}$$

Der Weg C wird über die Anschlusspole A und B der Batterie geschlossen. Solange kein Strom fließt, ist

$$V^e = \int_A^B \mathrm{d}\mathbf{s} \cdot \mathbf{E}^e = -\int_A^B \mathrm{d}\mathbf{s} \cdot \mathbf{E} = \phi_B - \phi_A . \tag{9.1.11}$$

Die Spannungsquelle habe den inneren Widerstand R_i. Fließt jetzt der Strom I in der Batterie, so ist

$$\int_A^B d\mathbf{s} \cdot (\mathbf{E}^e + \mathbf{E}) = R_i\, I = V^e - \phi_B + \phi_A\,.$$

An den Polen hat man so die Spannung $V^e - R_i\, I = \phi_B - \phi_A$.

Das quellenfreie eingeprägte Feld $\mathbf{E}^e$ kann durchaus anderer als elektrochemischer Natur sein. Temperaturgradienten können ein elektrisches Feld verursachen, der Druck in piezoelektrischen Kristallen oder der lichtelektrische Effekt in der Fotovoltaik etc. Das bei Weitem wichtigste Beispiel ist jedoch das induzierte Feld im Wechselstromgenerator.

1. Kirchhoff'sche Regel

In quasistationärer Näherung ist $\nabla \cdot \mathbf{j} = 0$, woraus folgt, dass der Strom, auch wenn er sich mit der Zeit ändert, in einem unverzweigten Netzwerk zu jedem Zeitpunkt überall gleich ist. Wir beschränken uns auf Netzwerke in denen der Strom nur innerhalb von Drähten fließt, wie in Abb. 9.2 skizziert, und in denen um die betrachteten Bereiche nur Ohm'sche Widerstände eine Rolle spielen.

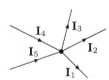

Abb. 9.2. Verzweigungspunkt (Knoten) in einem Netzwerk; nach der 1. Kirchhoff'schen Regel, auch als Knotenregel oder 1. Kirchhoff'scher Verzweigungssatz bezeichnet, ist $I_1 + I_2 + I_3 = I_4 + I_5$

Eine direkte Folge von div $\mathbf{j} = 0$ ist die *1. Kirchhoff'sche Regel*, die besagt, dass in einem Knotenpunkt eines elektrischen Netzwerkes die Summe der zufließenden Ströme gleich der der abfließenden ist:

$$\sum_{j,\text{zufließend}} I_j = \sum_{j,\text{abfließend}} I_j\,. \tag{9.1.12}$$

In einer Zeit $t \ll \tau$ hat im Leiter j die Ladung $Q_j = I_j t$ eine Messstelle passiert. Es muss dann

$$\sum_{j,\text{zufließend}} Q_j = \sum_{j,\text{abfließend}} Q_j$$

sein, was einer Erhaltung der Ladung gleichkommt.

Anmerkung: Die (Netzwerk-)Knoten müssen nicht, so wie in Abb. 9.2 skizziert, einfache Verzweigungspunkte sein, sondern können einzelne Bauelemente, Stromkreise oder auch Teile eines Netzwerkes umfassen. In jedem Fall muss die Summe der in den Netzwerkknoten hineinfließenden Ströme gleich der der abfließenden sein.

2. Kirchhoff'sche Regel

Grundlage der *2. Kirchhoff'schen Regel* ist das Induktionsgesetz in der integralen Form

$$\oint_C d\mathbf{s} \cdot \mathbf{E} = -\frac{k_L}{c}\,\dot{\Phi}_B\,. \tag{9.1.13}$$

C ist ein geschlossener Weg im Netzwerk, wie in Abb. 9.3 skizziert. Man in-

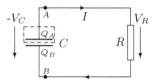

Abb. 9.3. Stromkreis mit Kondensator und Widerstand. Der Umlaufsinn ergibt sich aus der Annahme $Q_A = Q > 0$, woraus $Q_B = -Q$ folgt. Es sind dann $V_R > 0$ und $V_C = -V_R < 0$.

tegriert nun (9.1.13) beginnend am Punkt A und berücksichtigt, dass $\dot{\Phi}_B = 0$

$$V_R + V_C = IR + \frac{Q_B}{C} = 0\,. \tag{9.1.14}$$

Die Spannung am Kondensator ist, wie der Pfeil anzeigt, der am Wirkwiderstand entgegengerichtet. Angenommen ist, dass $Q_A = -Q_B > 0$, so dass $I(t)$ die in Abb. 9.3 angezeigte Richtung hat. Man erhält $I(t)$ aus der Kontinuitätsgleichung, wobei über das in Abb. 9.3 strichlierte Volumen V_A integriert wird:

$$\int_{V_A} d^3x\,\dot{\rho}_A(\mathbf{x},t) = \dot{Q}_A = -\oiint_{\partial V_A} d\mathbf{f} \cdot \mathbf{j} = -I(t) \quad \Rightarrow \quad \dot{Q}_B = I\,. \tag{9.1.15}$$

Den Entladestrom bestimmt man durch Differenzieren von (9.1.14)

$$\dot{I}R + IC = 0 \qquad \text{mit} \qquad I(t) \propto e^{-RCt}\,. \tag{9.1.16}$$

Mit einem längeren Draht in Abb. 9.3 ist auch eine Induktivität L verbunden und damit ist in (9.1.13) für $\Phi_B = cLI$ (7.2.17) einzusetzen. Für den Stromkreis mit Kondensator, Wirkwiderstand und Induktivität ergibt sich

$$L\dot{I} + RI + \frac{Q_B}{C} = 0\,. \tag{9.1.17}$$

Anmerkung: Die Ladung der Platte, der Strom zugeführt wird (hier Q_B), wird zur Festlegung der Spannung V_C herangezogen. Der Strom ist dann durch $I = \dot{Q}_B$ gegeben, statt $I = -\dot{Q}$, wie man es aus der Kontinuitätsgleichung gewohnt ist. Es ist dies die in der Elektrotechnik übliche Schreibweise.

Für einen Stromkreis mit Spannungsquelle, Widerstand, Induktivität und Kondensator (siehe Abb. 9.5, Seite 337) gilt

$$V_L(t) + V_R(t) + V_C(t) = V^e(t)\,. \tag{9.1.18}$$

Eine Gleichung dieser Art kann man in einem Netzwerk für jeden geschlossenen Weg, d.h. für jede Masche, aufstellen. Sie besagt, dass sich die Spannungen auf einem geschlossenen Weg zu null addieren. Abb. 9.4 zeigt sogenannte Maschen mit Widerständen und einer Gleichstromquelle. Für jede Masche i gilt

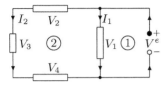

Abb. 9.4. Stromkreis mit zwei Teilstromkreisen (also insgesamt drei Maschen) und zwei Knoten

die 2. Kirchhoff'sche Regel (Maschenregel)

$$\sum_j V_j^{(i)} = 0\,,$$

wobei die Vorzeichen von $V_j^{(i)}$ der Stromrichtung entsprechend zu wählen sind.

9.2 Schwingungsgleichung

Wir betrachten einen Stromkreis, der aus einem Widerstand R, einer Induktivität L, einer Kapazität C und einer elektromotorischen Kraft (EMK) V^e besteht (siehe Abb. 9.5). Alle Bauelemente dieses RLC-Schwingkreises sind in Serie geschaltet; sie werden also vom selben Strom $I(t)$ durchflossen. Wir werden auf der Grundlage des Ohm'schen Gesetzes die Spannungen, die an den einzelnen Elementen abfallen, bestimmen.

In Gegenwart einer Batterie, eines Generators etc. geht in das Ohm'sche Gesetz auch die von diesen erzeugte Stromdichte $\sigma \mathbf{E}^e$ ein:

$$\mathbf{j} = \sigma(\mathbf{E} + \mathbf{E}^e)\,. \tag{9.2.1}$$

Wir integrieren über den gesamten Leiter, d.h. von A nach B (siehe Abb. 9.5)

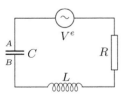

Abb. 9.5. Stromkreis mit EMK, Widerstand, Spule und Kondensator

$$\int_A^B \mathrm{d}\mathbf{s} \cdot \mathbf{E} + \int_A^B \mathrm{d}\mathbf{s} \cdot \mathbf{E}^e = \int_A^B \mathrm{d}\mathbf{s} \cdot \frac{\mathbf{j}F}{\sigma F} = RI\,.$$

Widerstand: $R = \int_A^B \mathrm{d}s\, \dfrac{1}{\sigma F}$,

eingeprägtes elektrisches Feld: $\mathbf{E}^e$,

Elektromotorische Kraft[1]: $V^e = \int_A^B \mathrm{d}s \cdot \mathbf{E}^e$.

Aus $\mathbf{E} = -\boldsymbol{\nabla}\phi - \dfrac{k_L}{c}\dot{\mathbf{A}}$ folgt

$$\int_A^B \mathrm{d}s \cdot \mathbf{E} = -\big(\phi_B - \phi_A\big) - \frac{k_L}{c}\int_A^B \mathrm{d}s \cdot \dot{\mathbf{A}}$$

$$= -\phi_B + \phi_A - \frac{k_C\mu}{c^2}\frac{\partial}{\partial t}\int_A^B \mathrm{d}s \cdot \int \mathrm{d}^3 x'\, \frac{\mathbf{j}(\mathbf{x}',t)}{|\mathbf{x}-\mathbf{x}'|}$$

$$= -\frac{Q}{C} - L\dot{I}.$$

Hier ist $Q = (\phi_B - \phi_A)C$, wobei Q die Ladung von B ist und C die Kapazität. Wie früher setzen wir

$$\mathrm{d}^3 x'\,\mathbf{j} = F\,\mathrm{d}s'\,\mathbf{j} = I\,F\mathrm{d}s'\,\frac{\mathbf{j}}{Fj} = I\,\mathrm{d}s'\,.$$

Die Selbstinduktivität ist so gegeben durch

$$L = \frac{k_C\mu}{c^2}\int \mathrm{d}^3 x' \int_A^B \mathrm{d}s \cdot \frac{\mathbf{j}(\mathbf{x}',t)}{I|\mathbf{x}-\mathbf{x}'|} = \frac{k_C\mu}{c^2}\iint_A^B \frac{\mathrm{d}s \cdot \mathrm{d}s'}{|\mathbf{x}(s)-\mathbf{x}'(s')|}\,.$$

Man erhält dann mithilfe von

$$L\dot{I} + RI + \frac{Q}{C} = V^e \tag{9.2.2}$$

die an Spule, Widerstand und Kondensator auftretenden (Klemmen-)Spannungen. Differenzieren wir nach t und setzen $I = \dot{Q}$ ein, so folgt daraus

$$L\ddot{I} + R\dot{I} + \frac{I}{C} = \dot{V}^e\,. \tag{9.2.3}$$

Wir finden also die Bewegungsgleichung eines gedämpften harmonischen Oszillators[2], wobei $\dot{V}^e$ der Kraft, L der Masse, R der Dämpfung, C^{-1} der Federkonstante und I der Auslenkung entsprechen.

---

[1] auch *eingeprägte elektrische Spannung* oder *Klemmenspannung*
[2] $m\ddot{x} + \gamma\dot{x} + kx = F$ mit $\omega_0^2 = k/m$
m ist die Masse, γ die Dämpfung, k die Federkonstante des Oszillators, auf den die äußere Kraft F einwirkt.

9.2.1 Freie Schwingungen

Wir suchen Lösungen von (9.2.3). Bei freien Schwingungen ist die Kraft $V^e = 0$. Man macht den Ansatz

$$I = I_0 \, e^{-i\omega_0 t} \qquad \text{und erhält} \qquad -L\omega_0^2 - i\omega_0 R + \frac{1}{C} = 0.$$

Daraus folgt

$$\omega_0 = -i\frac{R}{2L} \pm \sqrt{\frac{1}{CL} - \frac{R^2}{4L^2}}. \tag{9.2.4}$$

Zunächst untersuchen wir den dämpfungsfreien Fall, in dem $R = 0$. Es ist dann

$$\omega_0 = \frac{1}{\sqrt{CL}} \qquad \text{und damit} \qquad \tau = 2\pi\sqrt{CL}. \tag{9.2.5}$$

(9.2.5) wird als *Kirchhoff-Thomson-Formel* bezeichnet, ein Spezialfall von (9.2.4). Für

$$\frac{R}{2L} \geq \frac{1}{\sqrt{CL}}$$

ist die Diskriminante von (9.2.4) kleiner als null und damit ist ω_0 imaginär und die Schwingung ist aperiodisch, wie in Abb. 9.6a skizziert.

Andernfalls haben wir es mit einer gedämpften periodischen Bewegung (siehe Abb. 9.6b) zu tun.

Für eine kleine Dämpfung ist $\omega_0 = -i\dfrac{R}{2L} \pm \dfrac{1}{\sqrt{CL}}$.

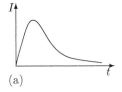

(a)

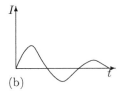

(b)

Abb. 9.6. Strom I versus t:
(a) aperiodischer Fall
(b) gedämpfte Schwingung

9.2.2 Erzwungene Schwingungen

Wir setzen nun in (9.2.3) die Wechselstromquelle

$$V^e(t) = V_0^e e^{-i\omega t}$$

mit der Kreisfrequenz ω ein. Mit dem Ansatz

$$I(t) = I_0 \, e^{-i\omega t}$$

erhält man aus (9.2.3)

$$\left(-L\omega^2 - i\omega R + \frac{1}{C}\right)I = -i\omega V^e .$$

Wir definieren mit

$$Z = R - i\left(\omega L - \frac{1}{\omega C}\right) = |Z|\,e^{-i\varphi} \tag{9.2.6}$$

die Impedanz, d.h. den Wechselstromwiderstand und erhalten so das Ohm'sche Gesetz für den Wechselstrom

$$V^e = Z I . \tag{9.2.7}$$

Die Impedanz hat zwei Anteile, den *Wirkwiderstand* R und die *Reaktanz*, auch *Blindwiderstand* genannt, $\omega L - 1/\omega C$. Die Beziehung zwischen Strom und Spannung hat eine zusätzliche Phase

$$\tan\varphi = -\frac{\operatorname{Im} Z}{\operatorname{Re} Z} = \frac{1}{R}\left(\omega L - \frac{1}{\omega C}\right), \tag{9.2.8}$$

wenn im Stromkreis Kondensatoren und/oder Spulen vorhanden sind. Der Betrag der Impedanz

$$|Z| = \sqrt{R^2 + \left(\omega L - \frac{1}{\omega C}\right)^2}$$

ist der sogenannte *Scheinwiderstand*. Wir legen nun die reelle Spannung

$$V_r^e(t) = \operatorname{Re} V^e(t) = V_0^e \cos(\omega t)$$

an den Stromkreis und erhalten den reellen Strom

$$I_r(t) = \operatorname{Re}\left(|Z|^{-1}e^{i\varphi}V_0^e e^{-i\omega t}\right) = \frac{V_0^e \cos(\omega t - \varphi)}{\sqrt{R^2 + \left(\omega L - \frac{1}{\omega C}\right)^2}} . \tag{9.2.9}$$

Die Phasenverschiebung ist $\varphi = 0$, wenn $\omega = \omega_0 = 1/\sqrt{LC}$. Zugleich hat $|Z| = R$ an der Thomson-Frequenz ω_0 seinen minimalen Wert und gemäß (9.2.9) hat der Strom sein Maximum, wie in Abb. 9.7 skizziert.

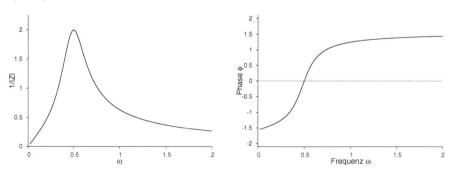

Abb. 9.7. (a) $\frac{1}{|Z|}$ versus ω: Maximum bei $\omega = \frac{1}{\sqrt{LC}}$ (b) φ (in Skizze ϕ) gegen ω mit Nullstelle bei $\omega = \frac{1}{\sqrt{LC}}$; verwendet wurde $R = 1/2$ und $L = C = 2$

Für $\omega < \omega_0$ und $\varphi < 0$ Strom eilt voraus,

     $\omega > \omega_0$ und $\varphi > 0$ Strom hinkt nach,

     $\omega \to 0 :$ $\varphi = -\pi/2$,

     $\omega \to \infty :$ $\varphi = \pi/2$.

Zum Verständnis der Phasenverschiebung muss man $I = \dot{Q}$ beachten:

$$I = Z^{-1}V^e = -\mathrm{i}\omega Q \quad \Rightarrow \quad V^e = -\mathrm{i}\omega Q Z = -\mathrm{i}\omega Q\left[R - \mathrm{i}(\omega L - 1/\omega C)\right]$$

$$= (Q/C)\left[-\mathrm{i}\omega RC - \mathrm{i}\omega^2 LC + 1\right] = Z\,I.$$

(a) $\omega \ll \omega_0$: Bei kleinen Frequenzen wird der Term mit ωL vernachlässigt

$$V^e = \frac{Q}{C}\left(1 - \mathrm{i}\omega RC\right) \approx \frac{Q}{C}\mathrm{e}^{-\mathrm{i}\omega RC} \quad \text{für } \omega \ll \frac{1}{RC}.$$

Wie in Abb. 9.8 dargestellt, haben wir zunächst die von der Stromquelle

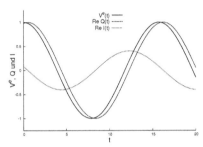

Abb. 9.8. V^e, Q und I gegen t für kleine Frequenzen ($\omega \ll 1/(RC)$; $V_0^e = C = 1$; $\omega = 0.4$ und $R = 0.5$)

vorgegebene Schwingung $\cos(\omega t)$. Die Spannung an der Stromquelle ist bei Aufladung des Kondensators etwas höher als am Kondensator. Der Strom fließt also zum Kondensator.

Mit einer Verzögerung von ωRC folgt die Ladung des Kondensators dieser Schwingung. Der Strom I wiederum wird minimal, wenn Q den maximalen Wert erreicht hat, dreht seine Richtung und wird mit der Entladung des Kondensators maximal, wenn sich bei Q das Vorzeichen der Ladung ändert.

$$Q \approx V^e C \mathrm{e}^{\mathrm{i}\omega RC} = V_0^e\, C\, \mathrm{e}^{\mathrm{i}\omega(RC-t)},$$

$$\mathrm{Re}\, Q = V_0^e\, C \cos(\omega t - \omega RC),$$

$$\mathrm{Re}\, I = -\omega V_0^e\, C \sin(\omega t - \omega RC).$$

(b) Bei hohen Frequenzen $\omega \gg \omega_0$ oder $\omega L \gg 1/\omega C$ dominiert der ωL-Term und die Phasenverschiebung wird positiv; das ist insofern eine Konsequenz der Lenz'schen Regel, als durch die angelegte Spannung der Strom geändert (verstärkt) wird. Das beeinflusst das Magnetfeld, wobei durch die Änderung des Magnetfeldes eine Spannung induziert wird, die der angelegten entgegengerichtet ist.

Tab. 9.1. Widerstand, Kapazität und Induktivität

Symbol(e)	Bezeichnung
$Z = $	Impedanz $\left(R + \mathrm{i}(\omega L - 1/\omega C)\right)$
$|Z| = $	Scheinwiderstand
$\operatorname{Re} Z = R = $	Wirkwiderstand (Ohm'scher Widerstand)
$\operatorname{Im} Z = \omega L - \frac{1}{\omega C} = $	Reaktanz (Blindwiderstand)
$\omega L = $	Induktanz (positive Reaktanz)
$1/(\omega C) = $	Kapazitanz (negative Reaktanz)

9.2.3 Energetische Verhältnisse

Multipliziert man (9.2.2) mit I, so erhält man

$$
\frac{L}{2}\frac{\mathrm{d}}{\mathrm{d}t}I^2 + RI^2 + \frac{1}{2C}\frac{\mathrm{d}}{\mathrm{d}t}Q^2 = IV^e .
$$

Die Integration über eine Periode $\tau = 2\pi/\omega$ ergibt

$$
\frac{1}{\tau}\int_0^\tau \mathrm{d}t\, RI^2 = \frac{1}{\tau}\int_0^\tau \mathrm{d}t\, IV^e \qquad \Longleftrightarrow \qquad R\overline{I^2} = \overline{IV^e} .
$$

Eingeführt wird hier der effektive Strom[3]

$$
I_{\text{eff}} = \sqrt{\overline{I^2}} = \sqrt{\frac{1}{\tau}\int_0^\tau \mathrm{d}t\, I^2(t)} .
$$

Die mittlere Leistung

$$
\overline{IV^e} = R\, I_{\text{eff}}^2 ,
$$

die von der EMK bereitgestellt werden muss, hängt nur vom Wirkwiderstand R ab. Definiert ist die Leistung als

$$
\int \mathrm{d}^3x\, \mathbf{j}(\mathbf{x}) \cdot \mathbf{E}^e(\mathbf{x}) = \int \mathrm{d}\mathbf{s} \cdot \mathbf{E}^e I = IV^e .
$$

Sie unterscheidet sich von (7.2.2) im Vorzeichen und kompensiert die in den Widerständen entstehenden Verluste. Man setzt in die Joule'sche Wärme das Ohm'sche Gesetz (9.2.1) ein und erhält

$$
W_{\text{Joule}} = \int \mathrm{d}^3x\, \mathbf{j}(\mathbf{x}) \cdot \left(\mathbf{E}(\mathbf{x}) + \mathbf{E}^e(\mathbf{x})\right) = \int \mathrm{d}^3x\, \frac{\mathbf{j}^2(\mathbf{x})}{\sigma}
$$

$$
= \int \mathrm{d}s F\, \frac{F}{\sigma F}\mathbf{j}^2 = I^2 R .
$$

---

[3] auch *RMS*-Wert nach *root mean square*

Der Blindwiderstand geht in die Joule'sche Wärme nicht ein. Der Strom ist gegenüber des Spannung um φ verschoben, was keinen Einfluss auf

$$\overline{I^2} = \frac{1}{\tau} \int_0^\tau dt\, I_0^2 \cos^2(\omega t - \varphi) = \frac{1}{2} I_0^2$$

hat, so dass der effektive Strom und die effektive Spannung gegeben sind durch

$$I_{\text{eff}} = \frac{1}{\sqrt{2}} I_0 \qquad \text{und} \qquad V_{\text{eff}} = \frac{1}{\sqrt{2}} V^e.$$

Zur Bestimmung des Winkels φ, wie im Zeigerdiagramm Abb. 9.9 skizziert, ist die mittlere Leistung zu bestimmen:

$$\begin{aligned}
\overline{V^e I} &= \frac{1}{\tau} \int_0^\tau dt\, V_0^e I_0 \cos(\omega t) \cos(\omega t - \varphi) \\
&= \frac{1}{\tau} V^e I_0 \left\{ \int_0^\tau dt\, \cos^2(\omega t) \cos(\varphi) + \int_0^\tau dt\, \cos(\omega t) \sin(\omega t) \sin(\varphi) \right\} \\
&= \frac{1}{2} V^e I_0 \cos\varphi = I_{\text{eff}} V_{\text{eff}} \cos\varphi = R I_{\text{eff}}^2.
\end{aligned}$$

Daraus folgt

$$\begin{aligned}
R I_{\text{eff}} &= V_{\text{eff}} \cos\varphi = \frac{R V^e}{\sqrt{2}\sqrt{R^2 + \left(\omega L - \frac{1}{\omega C}\right)^2}}, \\
\cos\varphi &= \frac{1}{\sqrt{1 + \tan^2\varphi}} = \frac{R}{\sqrt{R^2 + \left(\omega L - \frac{1}{\omega C}\right)^2}}.
\end{aligned} \tag{9.2.10}$$

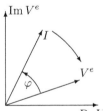

Re Ve **Abb. 9.9.** I läuft der EMK nach

Zeigerdiagramm: Für positives φ bleibt der Strom I um den Winkel φ hinter der EMK zurück. Beide „Zeiger" rotieren mit der Frequenz ω im angezeigten Sinn ($e^{-i\omega t}$). Tatsächlicher Strom und EMK findet man durch Projektion auf die reelle Achse. Verwendet wird diese Darstellung vor allem in der Elektrotechnik.

9.2.4 Gekoppelte Stromkreise

Die 2. Kirchhoff'sche Regel (9.1.18) können wir für einen beliebig zusammengesetzten Stromkreis (Masche) in der Form

$$\sum_k (\pm R_k I_k) + \sum_j (\pm \frac{Q_j}{C_j}) - \sum_l (\pm V_l^e) = -\frac{k_L}{c}\dot{\Phi}_B$$

angeben. Die Vorzeichen berücksichtigen, dass Ströme und Ladungen positiv sind. Abb. 9.10 zeigt zwei induktiv gekoppelte Stromkreise, wobei an-

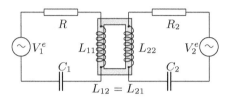

Abb. 9.10. Induktive Kopplung zweier Stromkreise mit EMK, Widerstand, Spule und Kondensator; die Gegeninduktivitäten $L_{12} = L_{21}$ werden mit einem Eisenkern (schattierte Fläche) entsprechend stärker

genommen ist, dass die Kopplung schwach ist, d.h. kein Eisenkern die beiden Spulen verbindet. Der Fluss durch die Schleife i ist gemäß (7.2.21): $\Phi_{Bi} = c(I_1 L_{i1} + I_2 L_{i2})$. Daraus folgt

$$L_{11}\dot{I}_1 + L_{12}\dot{I}_2 + R_1 I_1 + \frac{Q_1}{C_1} = V_1^e \tag{9.2.11}$$

$$L_{12}\dot{I}_1 + L_{22}\dot{I}_2 + R_2 I_2 + \frac{Q_2}{C_2} = V_2^e \,.$$

In einem Transformator – und dieser Fall wird betrachtet – sind $V_2^e = 0$ und $V_1^e = V_0 e^{-i\omega t}$. Des Weiteren werden die Kapazitäten in beiden Kreisen vernachlässigt. Man macht den Ansatz $I_k = I_{0k} e^{-i\omega t + i\varphi_k}$ für $k = 1, 2$ und erhält

$$(R_1 - i\omega L_{11})I_{01} e^{i\varphi_1} - i\omega L_{12} I_{02} e^{i\varphi_2} = V_0$$

$$-i\omega L_{12} I_{01} e^{i\varphi_1} + (R_2 - i\omega L_{22})I_{02} e^{i\varphi_2} = 0 \,.$$

Für die Ströme ergibt sich

$$I_{01} e^{i\varphi_1} = V_0 \frac{R_2 - i\omega L_{22}}{(R_1 - i\omega L_{11})(R_2 - i\omega L_{22}) + \omega^2 L_{12}^2}$$

$$I_{02} e^{i\varphi_2} = V_0 \frac{i\omega L_{12}}{(R_1 - i\omega L_{11})(R_2 - i\omega L_{22}) + \omega^2 L_{12}^2} \,.$$

Man erhält für das Verhältnis der beiden Ströme

$$\frac{I_{01}}{I_{02}} e^{i(\varphi_1 - \varphi_2)} = \frac{R_2 - i\omega L_{22}}{i\omega L_{12}} \,. \tag{9.2.12}$$

Wir stellen hier vor allem fest, dass I_{02} linear mit der Stärke L_{12} der Kopplung zunimmt.

Die Wheatstone-Brücke

Zu Messung von Widerständen, Kapazitäten und Induktivitäten kann die Messbrücke von *Wheatstone* herangezogen werden. Die in Abb. 9.11 skizzierte *Maxwell-Wien-Brücke* ist eine speziell für die Messung von Induktivitäten ausgelegte Variante einer Wheatstone-Brücke. Bei einer Spule hat man neben der Induktivität L immer den Ohm'schen Widerstand R des Drahtes, was durch das Ersatzschaltbild der Reihenschaltung von R und L angedeutet ist. Man gleicht den Widerstand R_d und die Kapazität C_d, beide sind genau

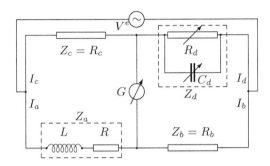

Abb. 9.11. Messbrücke nach Maxwell-Wien zur Messung von R und L. R_d und C_d werden so lange verändert, bis das Galvonometer keinen Strom mehr anzeigt

messbar, so ab, dass kein Strom durch das Galvanometer fließt. Es sind dann

$$I_a = I_b, \qquad I_c = I_d, \qquad I_a Z_a = I_c Z_c \qquad \text{und} \qquad I_b Z_b = I_d Z_d,$$

woraus folgt, dass

$$\frac{I_c}{I_a} = \frac{Z_a}{Z_c} = \frac{Z_b}{Z_d}. \tag{9.2.13}$$

Z_d ist die Impedanz einer Parallelschaltung. Bezeichnet man mit I'_d und I''_d die Teilströme für die $I_d = I'_d + I''_d$ gilt, so ist gemäß (9.2.7)

$$Z_d I_d = Z'_d I'_d = Z''_d I''_d.$$

Daraus leiten wir ab:

$$\frac{1}{Z_d} = \frac{1}{Z'_d} + \frac{1}{Z'_d} = \frac{1}{R_d} - \mathrm{i}\omega C_d. \tag{9.2.14}$$

L und R haben gemäß (9.2.6) in Serienschaltung die Impedanz $Z_a = R - \mathrm{i}\omega L$. Somit erhält man aus (9.2.13)

$$Z_a = \frac{R_b R_c}{R_d}\left(1 - \mathrm{i}\omega R_d C_d\right) \qquad \Rightarrow \qquad \begin{cases} R &= R_b R_c / R_d \\ L &= R_b R_c C_d. \end{cases} \tag{9.2.15}$$

Anmerkung: Für rein Ohm'sche Widerstände genügt Gleichstrom. Sind Kapazität und Induktivität diagonal angeordnet, wie in Abb. 9.11, so hängt die Messung nicht von der Frequenz ab. Dasselbe gilt für zwei Induktivitäten, wenn sie sich nebeneinander befinden. In einer allgemeinen Konfiguration geht jedoch die Frequenz in die Messung ein.

9.2.5 Telegrafengleichung

Sehr lange Doppelleitungen und/oder Koaxialleitungen erfüllen sicher nicht die für die Gültigkeit der quasistationären Näherung notwendige Bedingung, dass ihre Länge l kleiner ist als $c\tau$, wobei τ eine charakteristische Schwingungsdauer ist. Das trifft insbesondere bei Seekabeln für die Signalübertragung (Telegrafie) zu, mit deren Verlegung man um 1850 begonnen hat. Auf *W. Thomson*[4] gehen die ersten Berechnungen, noch vor Maxwell, zurück [Thomson, 1855].

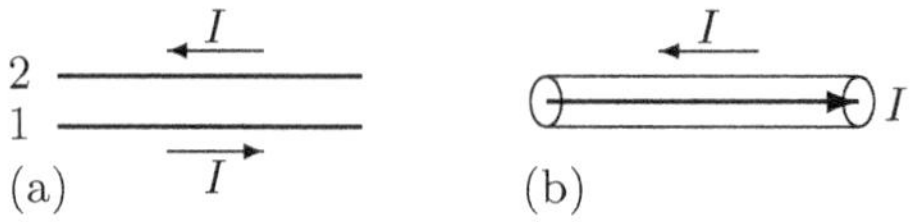

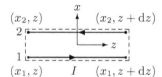

Abb. 9.12. (a) Doppelleitung und (b) Koaxialkabel

In Abb. 9.12 ist ein Ausschnitt einer Doppelleitung skizziert, die als Ganzes die Bedingung $c\tau > l$ keineswegs erfüllt. Dennoch können wir die im vorigen Abschnitt durchgeführten Überlegungen, wenngleich in differentieller Form, verwenden. Wir betrachten daher, wie in Abb. 9.13 skizziert, einen klei-

Abb. 9.13. Teilstück $[z, z+\mathrm{d}z]$ einer Doppelleitung; entlang des strichlierten Weges wird integriert

nen Ausschnitt einer Doppelleitung und integrieren entlang des strichlierten Weges, beginnend bei (x_1, z) unter Anwendung des Induktionsgesetzes und der Neumann-Formel (7.2.19):

$$\oint_{\square} \mathrm{d}\mathbf{x}' \cdot \mathbf{E} = \frac{j}{\sigma}\,\mathrm{d}z + \left[\phi_1(x_1, z+\mathrm{d}z) - \phi_2(x_2, z+\mathrm{d}z)\right]$$

$$+ \frac{j}{\sigma}\,\mathrm{d}z + \left[\phi_2(x_2, z) - \phi_1(x_1, z)\right]$$

$$= -\frac{1}{c}\dot{\Phi}_B = -L\dot{I}\,\mathrm{d}z\,.$$

Bei der Integration über die leitenden Strecken haben wir $\mathbf{E} = \mathbf{j}/\sigma$ eingesetzt. Es sind

L — Selbstinduktivität pro Längeneinheit,
$R = 2/(\sigma F)$ — Widerstand beider Drähte pro Längeneinheit und
$V(z) = \phi_1(x_1, z) - \phi_2(x_2, z)$ Potentialdifferenz zwischen den Drähten.

---

[4] William Thomson, geadelt Lord Kelvin, 1824–1907

Wir erhalten so nach der Taylorentwicklung von $\phi_{1,2}$

$$RI + \frac{\partial V}{\partial z} + L\dot{I} = 0\,. \tag{9.2.16}$$

Die zweite Gleichung ergibt sich aus der Quellenfreiheit des Gesamtstroms:

$$\operatorname{div} \operatorname{rot} \mathbf{H} = 0 = \operatorname{div} \frac{k_L}{c} \frac{1}{k_L^2} \left(4\pi k_r \mathbf{j} + \epsilon_0 \dot{\mathbf{E}}\right).$$

Innerhalb des Leiters 1 erhält man

$$\frac{\partial I}{\partial z} = -\frac{F}{4\pi k_C} \frac{\partial}{\partial t} \operatorname{div} \mathbf{E} = -F\dot{\rho}(\mathbf{x}) = -C\frac{\partial}{\partial t} V(\mathbf{x})\,.$$

Hierbei sind

$\lambda = F\rho(z,t)$ Ladung pro Längeneinheit (Linienladung) und
$C = \lambda/V$ Kapazität pro Längeneinheit.

$$\frac{\partial I}{\partial z} + C\frac{\partial}{\partial t} V + GV = 0\,. \tag{9.2.17}$$

Hinzugefügt wurde hier ein Verlustterm G, der von den Strömen durch das Isoliermaterial kommt und proportional zur Potentialdifferenz V ist.
Aus der Ableitung von (9.2.17) nach z und dem Einsetzen von $\frac{\partial V}{\partial z}$ aus (9.2.16) ergibt sich die Telegrafengleichung

$$\left\{ LC\frac{\partial^2}{\partial t^2} + (RC + LG)\frac{\partial}{\partial t} + RG - \frac{\partial^2}{\partial z^2} \right\} I = 0\,. \tag{9.2.18}$$

Für $R = G = 0$ erhält man mit

$$\left\{ LC\frac{\partial^2}{\partial t^2} - \frac{\partial^2}{\partial z^2} \right\} I = 0 \tag{9.2.19}$$

die Wellengleichung mit der Geschwindigkeit

$$v = \frac{1}{\sqrt{LC}}\,. \tag{9.2.20}$$

Anmerkung: Auf den ersten Blick mag es verwundern, dass (9.2.20) eine Geschwindigkeit, nämlich die Fortpflanzungsgeschwindigkeit v des Signals, definiert, während die (formal gleiche) Kirchhoff-Thomson-Formel (9.2.5) die Eigenfrequenz ω_0 des ungedämpften Schwingkreises bestimmt.

Wir erinnern hier nur daran, dass bei der Doppelleitung, anders als beim Schwingkreis, die angegebenen Größen (R, L, C, G) alle pro Längeneinheit definiert sind, so dass v in (9.2.20) die Dimension einer Geschwindigkeit hat.

(9.2.16) entspricht der für den Schwingkreis hergeleiteten Gleichung (9.2.2), wobei aber, allein aus Dimensionsgründen, in (9.2.16) die Spannung (V^e) durch die Spannungsänderung entlang des Kabels ersetzt ist.

Lösungen der Wellengleichung sind von der Form

$$I = f(z - vt),$$

wobei der zugehörige Wert von V in diesem Fall

$$V = Lvf(z - vt) = \sqrt{\frac{L}{C}}\, I \tag{9.2.21}$$

ist. Spannung und Strom stehen also im Verhältnis

$$Z_W = \sqrt{L/C}\,, \tag{9.2.22}$$

was als *Wellenwiderstand* bezeichnet wird, der unabhängig von z und t ist. Für endliche Doppelleitungen ergibt sich aus (9.2.21), dass, wenn diese am Ende durch einen Ohm'schen Widerstand der Größe des Wellenwiderstandes abgeschlossen werden, keine Unstetigkeiten von Strom und Spannung und somit auch keine Reflexionen auftreten .

Strom und Spannung pflanzen sich in der Leitung unverzerrt fort. Mit R und dem Verlustterm G (9.2.18) tritt zusätzlich Dämpfung auf. Dabei fragt man, ob sich dann Strom und Spannung ebenfalls unverzerrt, aber gedämpft durch das Kabel bewegen können. I muss also dem Ansatz

$$I = e^{-\alpha z} f(z - vt) \tag{9.2.23}$$

genügen. Setzt man in (9.2.18) ein, so erhält man

$$\alpha = R\sqrt{\frac{C}{L}} = \frac{R}{Z_W}\,,$$

wobei aber die Bedingung $RC = LG$ erfüllt sein muss.

(9.2.23) in (9.2.18) eingesetzt, ergibt

$$\left\{ \left(LC\, v^2 - 1 \right) f'' + \left(2\alpha - v(RC + LG) \right) f' + \left(RG - \alpha^2 \right) f \right\} e^{-\alpha z} = 0\,.$$

Der Vorfaktor von f'' verschwindet identisch, während der Vorfaktor von f für $\alpha = \sqrt{RG}$ gleich null ist. Man überzeugt sich, dass dann der Vorfaktor von f'

$$\frac{1}{\sqrt{LC}} \left(2\sqrt{RGLC} - RC - LG \right) = \frac{-1}{\sqrt{LC}} \left(\sqrt{RC} - \sqrt{LG} \right)^2$$

nur für $RC = LG$ verschwindet.

9.3 Magnetohydrodynamik

In der Magnetohydrodynamik (MHD) wird die Hydrodynamik von Plasmen, das sind ionisierte Fluide (Gase, Flüssigkeiten), beschrieben.

Es mag die Frage aufkommen, warum die MHD hier, in der Nähe elektrischer Netzwerke, angesiedelt ist. Die Ähnlichkeiten mit den Netzwerken der vorhergehenden Abschnitte sind nicht allzu augenfällig: In Netzwerken sind die Ströme auf Drähte beschränkt, hier existieren sie im gesamten Plasma, was keinen großen Unterschied macht. Vor allem aber sind die zeitlichen Veränderungen in beiden Systemen langsam, verglichen mit deren Ausdehnung. Das ermöglicht in beiden die Anwendung der quasistationären Näherung und das ist der Grund für die Platzierung der MHD in diesem Kapitel.

9.3.1 Die Grundgleichungen

Hydrodynamik: Ein Fluid, dessen Geschwindigkeitsfeld $\mathbf{v}(\mathbf{x}, t)$ sei, habe die Massendichte $\rho_m(\mathbf{x}, t)$, die Scherviskosität ζ und die Dehnviskosität η. Zur Beschreibung der Dynamik zieht man die Kontinuitätsgleichung

$$\frac{\partial \rho_m}{\partial t} + \boldsymbol{\nabla} \cdot (\mathbf{v}\, \rho_m) = 0 \qquad \overset{\text{inkompressibles Fluid}}{\Longrightarrow} \qquad \boldsymbol{\nabla} \cdot \mathbf{v} = 0 \qquad (9.3.1)$$

und die *Navier-Stokes-Gleichung* [Landau, Lifschitz VI, 1981, §15] heran

$$\rho_m \frac{d\mathbf{v}}{dt} = \rho_m \Big[\frac{\partial \mathbf{v}}{\partial t} + (\mathbf{v} \cdot \boldsymbol{\nabla})\, \mathbf{v}\Big] = -\boldsymbol{\nabla} p + \eta \Delta \mathbf{v} + \big(\zeta + \frac{\eta}{3}\big)\, \boldsymbol{\nabla}\, (\boldsymbol{\nabla} \cdot \mathbf{v}) + \mathbf{f}\,. \quad (9.3.2)$$

p ist der Druck des Fluids für den es eine hier nicht näher definierte thermische Zustandsgleichung[5] $p = p(\rho_m, T)$ gibt, und $\mathbf{f}$ ist eine Volumenkraft wie die Schwerkraft und/oder die Lorentz-Kraft, wobei hier nur Letztere mitgenommen wird. Vernachlässigt man die innere Reibung im Fluid, d.h. die Viskositäten $\eta = \zeta = 0$, so resultiert daraus die *Euler'sche Gleichung*

$$\rho_m \Big[\frac{\partial \mathbf{v}}{\partial t} + (\mathbf{v} \cdot \boldsymbol{\nabla})\, \mathbf{v}\Big] = -\boldsymbol{\nabla} p + \rho \mathbf{E} + \frac{k_L}{c}\, \mathbf{j} \times \mathbf{B}\,, \qquad (9.3.3)$$

wo $\mathbf{E}$ und $\mathbf{B}$ die Felder der bewegten Ladungen sind.

Elektrodynamik: Bestimmt wird das Magnetfeld mithilfe der Induktionsgleichung (1.3.10), wofür einige Annahmen getroffen werden:

1. Elektrische Neutralität: Es seien gleich viele positive wie negative Ladungen vorhanden. Dann verschwinden Ladungsdichte ρ' und elektrisches Feld $\mathbf{E}'$ im Ruhsystem des Fluids; vereinfachend wird $\epsilon = \mu = 1$ angenommen.
2. Nicht relativistische Näherung: Es sei immer $\beta = v/c \ll 1$, woraus folgt, dass $\gamma = 1/\sqrt{1 - \beta^2} \approx 1$.

---

[5] Für das ideale Gas ist $p = n k_B T = \rho_m k_B T / m$.

3. Quasistationäre Näherung: Sei τ eine für die Entwicklung des Systems charakteristische Zeit und l die Ausdehnung des Systems, so gilt $l \ll c\tau$. Man hat dann keine Retardierung und der Verschiebungsstrom $\mathbf{j}_d = \dot{\mathbf{E}}/4\pi k_C$ verschwindet (siehe Abschnitt 9.1, Seite 331).
4. Angenommen wird die Gültigkeit des Ohm'schen Gesetzes $\mathbf{j}' = \sigma \mathbf{E}'$ im Ruhsystem des Fluids, oder $\mathbf{j} = \sigma(\mathbf{E} + k_L \boldsymbol{\beta} \times \mathbf{B})$.

Im Ruhsystem S' des Plasmas, das sich relativ zum Laborsystem S mit $\mathbf{v}$ bewegt, ist aufgrund der Ladungsneutralität die gemittelte Ladungsdichte $\rho' = 0$. Man hat so nur ein magnetisches Feld $\mathbf{B}'$, aber kein elektrisches Feld $\mathbf{E}'$.

Um die Felder in S zu berechnen, ziehen wir die entsprechenden Ergebnisse der SRT (13.1.29) und (13.1.30) für $\beta \ll 1$ heran:

$$\mathbf{E} = \mathbf{E}' - k_L \boldsymbol{\beta} \times \mathbf{B}', \qquad\qquad \mathbf{B} = \mathbf{B}' + k_L \boldsymbol{\beta} \times \mathbf{E}' \approx \mathbf{B}'. \qquad (9.3.4)$$

Ferner soll im Plasma das Ohm'sche Gesetz gelten. Geht man vom Ruhsystem des Fluids S' ins Laborsystem S, so folgt

$$\mathbf{j}' = \sigma \mathbf{E}' \qquad \overset{(9.3.4)}{\Longrightarrow} \qquad \mathbf{j} = \sigma(\mathbf{E} + k_L \boldsymbol{\beta} \times \mathbf{B}). \qquad (9.3.5)$$

Bei der angenommenen hohen Leitfähigkeit des Plasmas ($\sigma \to \infty$: ideale MHD) folgt daraus

$$\mathbf{E} = -k_L \boldsymbol{\beta} \times \mathbf{B}.$$

Eingesetzt in die Induktionsgleichung erhält man durch Elimination von $\mathbf{E}$

$$\frac{\partial \mathbf{B}}{\partial t} = -\frac{c}{k_L} \boldsymbol{\nabla} \times \mathbf{E} = -\frac{c}{k_L} \boldsymbol{\nabla} \times \left[\frac{\mathbf{j}}{\sigma} - k_L \boldsymbol{\beta} \times \mathbf{B} \right].$$

$\mathbf{j}$ entnimmt man der Ampère-Gleichung (4.1.1a–b)

$$\boldsymbol{\nabla} \times \mathbf{j} = \frac{c k_L}{4\pi k_C} \boldsymbol{\nabla} \times (\boldsymbol{\nabla} \times \mathbf{B}) = -\frac{c k_L}{4\pi k_C} \Delta \mathbf{B},$$

woraus sich für das Magnetfeld des Plasmas

$$\frac{\partial \mathbf{B}}{\partial t} = \frac{c^2}{4\pi k_C \sigma} \Delta \mathbf{B} + \mathrm{rot}(\mathbf{v} \times \mathbf{B}), \qquad \text{SI:} \quad \frac{c^2}{4\pi k_C} = \frac{1}{\mu_0} \qquad (9.3.6)$$

ergibt. Ist das Plasma inkompressibel ($\mathrm{div}\,\mathbf{v} = 0$),

$$\boldsymbol{\nabla} \times (\boldsymbol{\beta} \times \mathbf{B}) \overset{(A.2.35)}{=} (\mathbf{B} \cdot \boldsymbol{\nabla})\boldsymbol{\beta} - (\boldsymbol{\beta} \cdot \boldsymbol{\nabla})\mathbf{B},$$

so ist das Magnetfeld durch die Induktionsgleichung in der Form

$$\frac{\partial \mathbf{B}}{\partial t} = \frac{c^2}{4\pi k_C \sigma} \Delta \mathbf{B} + (\mathbf{B} \cdot \boldsymbol{\nabla})\mathbf{v} - (\mathbf{v} \cdot \boldsymbol{\nabla})\mathbf{B} \qquad (9.3.7)$$

bestimmt. Auszuwerten ist noch

$$\frac{1}{c}\big[\mathbf{j}\times\mathbf{B}\big]_i = \frac{-ck_L}{4\pi k_C}\big[\mathbf{B}\times(\boldsymbol{\nabla}\times\mathbf{B})\big]_i = \frac{-ck_L}{4\pi k_C}\epsilon_{ijk}B_j\epsilon_{klm}\nabla_l B_m$$

$$= \frac{-ck_L}{4\pi k_C}(\delta_{il}\delta_{jm}-\delta_{im}\delta_{jl})B_j\nabla_l B_m = \frac{-ck_L}{4\pi k_C}\Big[\frac{1}{2}\nabla_i B^2 - (\mathbf{B}\cdot\boldsymbol{\nabla})B_i\Big].$$

Da $|\mathbf{E}| \ll k_L|\mathbf{B}|$ wird der Term $\rho\mathbf{E}$ in der Euler-Gleichung (9.3.3) vernachlässigt und man erhält für $\mathbf{v}$ die Euler-Gleichung

$$\rho_m\Big[\frac{\partial\mathbf{v}}{\partial t} + (\mathbf{v}\cdot\boldsymbol{\nabla})\mathbf{v}\Big] = -\boldsymbol{\nabla}\Big(p + \frac{k_L^2}{8\pi k_C}B^2\Big) + \frac{k_L^2}{4\pi k_C}(\mathbf{B}\cdot\boldsymbol{\nabla})\mathbf{B}. \qquad (9.3.8)$$

Der Beitrag $k_L^2 B^2/8\pi k_C$, der die magnetische Energiedichte angibt, wird hier als *magnetischer Druck* bezeichnet.

9.3.2 Magnetische Diffusion

Nimmt man ein ruhendes Plasma, $\mathbf{v} = 0$, so reduzieren sich die hydrodynamischen Gleichungen auf die der Hydrostatik, die an die Induktionsgleichung (9.3.6) koppelt. So entsteht für das Magnetfeld eine Diffusionsgleichung mit D_m als Diffusionskoeffizient:

$$\frac{\partial\mathbf{B}}{\partial t} = D_m\Delta\mathbf{B}, \qquad\qquad D_m = \frac{c^2}{4\pi k_C\sigma}. \qquad (9.3.9)$$

Ein vorhandenes Magnetfeld zerfällt in einer Zeit $\tau = l/D_m$, wobei l eine für das System charakteristische Länge ist. Dies definiert für $\mathbf{B}$ eine Zeitskala, in der für die Erde üblicherweise eine Zeit von $\tau \sim 10^4$ Jahre und für die Sonne $\tau \sim 10^{10}$ Jahre angegeben wird.

Für Zeiten $t \ll \tau$ oder für $\sigma \to \infty$ kann im bewegten Plasma (9.3.7) der Diffusionsterm vernachlässigt werden und man erhält

$$\frac{\partial\mathbf{B}}{\partial t} = (\mathbf{B}\cdot\boldsymbol{\nabla})\mathbf{v} - (\mathbf{v}\cdot\boldsymbol{\nabla})\mathbf{B} \qquad\Rightarrow\qquad \frac{d\mathbf{B}}{dt} = (\mathbf{B}\cdot\boldsymbol{\nabla})\mathbf{v}. \qquad (9.3.10)$$

In diesem Fall bewegt sich das Magnetfeld mit der Flüssigkeit, es klebt sozusagen an dieser, was in der Hydrodynamik als *Advektion* bezeichnet wird.

9.3.3 Magnetohydrodynamische Wellen

Wir vernachlässigen wiederum wie in (9.3.10) den Diffusionsterm, berücksichtigen aber jetzt, dass das Plasma fließt, also die Euler-Gleichung (9.3.8) für $\mathbf{v}$. Entwickelt man $\mathbf{B}$ um einen Gleichgewichtswert $\mathbf{B} = \mathbf{B}_0 + \delta\mathbf{B}$ und linearisiert für $\mathbf{B}$ und $\mathbf{v}$, so erhält man

$$\frac{\partial\delta\mathbf{B}}{\partial t} = (\mathbf{B}_0\cdot\boldsymbol{\nabla})\mathbf{v} - (\mathbf{v}\cdot\boldsymbol{\nabla})\delta\mathbf{B}, \qquad (9.3.11)$$

$$\rho_m \frac{d\mathbf{v}}{dt} = \rho_m \frac{\partial \mathbf{v}}{\partial t} = -\frac{k_L^2}{4\pi k_C} \boldsymbol{\nabla} (\mathbf{B}_0 \cdot \delta\mathbf{B}) + \frac{k_L^2}{4\pi k_C}(\mathbf{B}_0 \cdot \boldsymbol{\nabla})\delta\mathbf{B}. \qquad (9.3.12)$$

Angenommen ist, dass der Druck p verschwindet. Jetzt differenziert man die Euler-Gleichung nach t:

$$\rho_m \frac{\partial^2 \mathbf{v}}{\partial t^2} = -\boldsymbol{\nabla}\Big(\frac{k_L^2}{4\pi k_C} \mathbf{B}_0 \cdot \frac{\partial \delta\mathbf{B}}{\partial t}\Big) + \frac{1}{4\pi}(\mathbf{B}_0 \cdot \boldsymbol{\nabla})\frac{\partial \delta\mathbf{B}}{\partial t}.$$

Legt man eine Koordinatenachse parallel zu $\mathbf{B}_0$, teilt $\mathbf{v}$ in seine Komponenten parallel und senkrecht auf $\mathbf{B}_0$ und setzt für $\partial \delta\mathbf{B}/\partial t$ aus der ersten Gleichung ein, so erhält man:

$$\frac{\partial \delta\mathbf{B}}{\partial t} = B_0 \nabla_\| (\mathbf{v}_\| + \mathbf{v}_\perp),$$

$$\rho_m \frac{\partial^2 \mathbf{v}}{\partial t^2} = -\frac{1}{4\pi}\Big[\boldsymbol{\nabla}\big(B_0^2 \nabla_\| v_\|\big) - (B_0 \nabla_\|) B_0 \nabla_\| (\mathbf{v}_\| + \mathbf{v}_\perp)\Big].$$

So erhält man für die zu $\mathbf{B}_0$ senkrechten Komponenten die Wellengleichung

$$\frac{1}{c_A^2} \frac{\partial^2 \mathbf{v}_\perp}{\partial t^2} = \nabla_\|^2 \mathbf{v}_\perp, \qquad\qquad c_A = \frac{k_L B_0}{\sqrt{4\pi k_C \varrho_m}}.$$

Deren Lösungen sind die Alfvén-Wellen. Das sind transversale Wellen, die sich im Plasma mit der Geschwindigkeit c_A ausbreiten, wobei diese meist kleiner ist als die Schallgeschwindigkeit des Fluids, es sei denn, man hat Systeme mit sehr kleinen Dichten ρ_m, wie sie in astrophysikalischen Zusammenhängen auftreten können.

Aufgaben zu Kapitel 9

9.1. *Widerstandsberechnung*: Zeigen Sie, dass das in Abb. 9.14 skizzierte Netzwerk bei der Frequenz

$$\omega^2 = \frac{C_b - \frac{L}{R^2}}{LC_b(C_a + C_b)} > 0$$

nur einen Wirkwiderstand hat und berechnen Sie diesen.

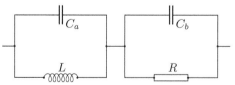

Abb. 9.14. *LC*-Kreis und *RC*-Kreis in Serie

9.2. *Wheatstone'sche Brücke*: Skizzieren Sie eine Wheatstone'sche Brücke zum Messen einer Induktivität samt deren Ohm'schen Widerstand, wobei Sie statt des Kondensators in Abb. 9.11 eine Spule bekannter Induktivität verwenden; R und L sollen unabhängig von der Frequenz der Wechselspannung sein.

9.3. *Telegrafengleichung*: Zeigen Sie, dass die Telegrafengleichung (9.2.18) bei einem „Verlustterm" $G = RC/L$ Lösungen hat, die eine verzerrungsfreie, aber gedämpfte Wellenfortpflanzung

$$I(t) = e^{-\alpha z} f(z - vt)$$

darstellen.

Literaturverzeichnis

L. D. Landau, E. M. Lifschitz *Lehrbuch der Theoretischen Physik*, Bd. VI, Akademie-Verlag Berlin, 4. Aufl. (1981)

W. Thomson *On the theory of the electric telegraph*, Proc. Roy. Soc. **7**, 382–399 (1855) und W. Thomson *On peristaltic induction of electric currents in submarine telegraph wires*, BA Report, 21–22 (1855)

10

Elektromagnetische Wellen

10.1 Ebene Wellen in einem homogenen Medium

Wir gehen davon aus, dass weder Ladungen noch Ströme vorhanden und ϵ und μ konstant sind. Dann ersetzen wir in den Maxwell-Gleichungen $\mathbf{D}$ durch $\epsilon\mathbf{E}$ und $\mathbf{H}$ durch $\mu^{-1}\mathbf{B}$:

$$
\begin{aligned}
&\text{(a)} \quad \operatorname{div}\mathbf{E} = 0 && \text{(b)} \quad \operatorname{rot}\mathbf{E} = -\frac{k_L}{c}\,\dot{\mathbf{B}} \\
&\text{(c)} \quad \operatorname{rot}\mathbf{B} = \frac{\epsilon\mu}{ck_L}\,\dot{\mathbf{E}} && \text{(d)} \quad \operatorname{div}\mathbf{B} = 0\,.
\end{aligned}
\tag{10.1.1}
$$

Zunächst merken wir an, dass die in Frage kommenden Medien ladungsneutral sind ($\rho = 0$) und dass wir uns auf Isolatoren ($\mathbf{j} = \sigma\mathbf{E} = 0$) beschränkt haben.

Aus der Induktionsgleichung folgt, dass $\operatorname{rot}\operatorname{rot}\mathbf{E} = -k_L\operatorname{rot}\dot{\mathbf{B}}/c = -\epsilon\mu\ddot{\mathbf{E}}/c^2$, wobei wir rechts die Ampère-Maxwell-Gleichung eingesetzt haben. Nun ist $\operatorname{rot}\operatorname{rot}\mathbf{E} = \operatorname{grad}\operatorname{div}\mathbf{E} - \Delta\mathbf{E}$, und man erhält

$$
\left(\frac{1}{\bar{c}^2}\frac{\partial^2}{\partial t^2} - \Delta\right)\begin{Bmatrix}\mathbf{E}\\\mathbf{B}\end{Bmatrix} \equiv \Box\begin{Bmatrix}\mathbf{E}\\\mathbf{B}\end{Bmatrix} = 0 \qquad \text{mit} \qquad \bar{c} = \frac{c}{\sqrt{\epsilon\mu}}\,.
\tag{10.1.2}
$$

$\Box$ ist der d'Alembert-Operator mit $\bar{c} = c/n$, der Lichtgeschwindigkeit in einem Medium mit $n = \sqrt{\mu\epsilon} \geq 1$. n ist der dimensionslose Brechungsindex (auch Brechungszahl) des Mediums zum Vakuum. Der Einfluss des homogenen Mediums ist nur in der Phasengeschwindigkeit $\bar{c}$ bemerkbar. Die Wellengleichung (10.1.2) hat als (partikuläre) Lösung ebene Wellen mit der Dispersion

$$
\omega = \bar{c}k = ck/n, \qquad\qquad n = \sqrt{\epsilon\mu}
\tag{10.1.3}
$$

und dem Brechungsindex n. Skalares Potential ist keines vorhanden, so dass das elektrische Feld nur aus dem quellenfreien Anteil besteht:

Ergänzende Information Die elektronische Version dieses Kapitels enthält Zusatzmaterial, auf das über folgenden Link zugegriffen werden kann https://doi.org/10.1007/978-3-662-68528-0_10.

$$\mathbf{E} = -\frac{k_L}{c}\dot{\mathbf{A}} \quad \text{und} \quad \mathbf{B} = \boldsymbol{\nabla} \times \mathbf{A} \quad \text{mit} \quad \boldsymbol{\nabla} \cdot \mathbf{A} = 0 \,. \tag{10.1.4}$$

Setzt man (10.1.4) in die Ampère-Maxwell-Gleichung ein, so erhält man wieder die Wellengleichung

$$\left(\frac{1}{c^2}\frac{\partial^2}{\partial t^2} - \Delta\right)\mathbf{A}(\mathbf{x}, t) = \bar{\Box}\mathbf{A}(\mathbf{x}, t) = 0\,, \tag{10.1.5}$$

deren partikuläre Lösungen die ebenen Wellen

$$\mathbf{A} = -\mathrm{i}\frac{c}{k_L\omega}\boldsymbol{\epsilon}\, E_0\, \mathrm{e}^{\mathrm{i}(\mathbf{k}\cdot\mathbf{x}-\omega t)} \quad \text{mit} \quad \boldsymbol{\epsilon}\cdot\mathbf{k} = 0 \tag{10.1.6}$$

sind. Wegen der transversalen Eichung ($\boldsymbol{\nabla}\cdot\mathbf{A} = 0$) ist $\boldsymbol{\epsilon} \perp \mathbf{k}$. Die Polarisation ist durch den Einheitsvektor $\boldsymbol{\epsilon}$ bestimmt. Man erhält aus (10.1.4) und (10.1.3)

$$\begin{aligned} \mathbf{E} &= \boldsymbol{\epsilon}\, E_0\, \mathrm{e}^{\mathrm{i}(\mathbf{k}\cdot\mathbf{x}-\omega t)}, \\ \mathbf{B} &= \hat{\mathbf{k}} \times \boldsymbol{\epsilon}\,(n/k_L) E_0\, \mathrm{e}^{\mathrm{i}(\mathbf{k}\cdot\mathbf{x}-\omega t)} \quad \text{mit} \quad \hat{\mathbf{k}} = \mathbf{k}/k\,. \end{aligned} \tag{10.1.7}$$

$\mathbf{E}$ und $\mathbf{B}$ sind beide transversale Wellen und $\mathbf{E}$, $\mathbf{B}$ und $\mathbf{k}$ bilden ein rechtshändiges Koordinatensystem. Die Amplitude E_0 ist komplex, jedoch sind $\mathbf{E}$ und $\mathbf{B}$ in Phase und $k_L B_0 = \sqrt{\epsilon\mu}E_0$. Die Fortpflanzungsrichtung der ebenen Wellen ist $\mathbf{k}$. Der zeitlich gemittelte Poynting-Vektor (5.6.3) ist

$$\langle\mathbf{S}\rangle = \frac{c}{8\pi k_r k_L}\mathbf{E}\times\mathbf{H}^* = \frac{c\epsilon_0}{8\pi k_r}\sqrt{\frac{\epsilon}{\mu}}E_0^2\,\hat{\mathbf{k}} = \langle u\rangle \bar{c}\,\hat{\mathbf{k}}\,. \tag{10.1.8}$$

Hierbei wurde $\mathbf{H}$ aus (10.1.7) berechnet und $\epsilon_0 = 1/k_L^2\mu_0$ eingesetzt. Als gemittelte Energiedichte erhält man

$$\langle u\rangle = \frac{1}{16\pi k_r}\left(\epsilon\epsilon_0\mathbf{E}\cdot\mathbf{E}^* + \frac{1}{\mu\mu_0}\mathbf{B}\cdot\mathbf{B}^*\right) = \frac{\epsilon\epsilon_0}{8\pi k_r}E_0^2\,. \tag{10.1.9}$$

Aus (10.1.7) geht hervor, dass auch im Medium magnetische und elektrische Energiedichte der ebenen Wellen gleich sind.

10.2 Polarisation elektromagnetischer Wellen

10.2.1 Lineare und zirkulare Polarisation

Die bisher besprochenen ebenen Wellen sind linear polarisiert, d.h. $\mathbf{E}$ zeigt in eine feste Richtung. Eine allgemein polarisierte Welle erhalten wir durch Superposition zweier linear polarisierter Wellen gleicher Frequenz:

$$\begin{aligned} \mathbf{E}_1 &= \boldsymbol{\epsilon}_1 E_1\, \mathrm{e}^{\mathrm{i}(\mathbf{k}\cdot\mathbf{x}-\omega t)}, \\ \mathbf{E}_2 &= \boldsymbol{\epsilon}_2 E_2\, \mathrm{e}^{\mathrm{i}(\mathbf{k}\cdot\mathbf{x}-\omega t)}, \qquad\qquad \boldsymbol{\epsilon}_2 = \hat{\mathbf{k}}\times\boldsymbol{\epsilon}_1, \qquad \hat{\mathbf{k}} = \mathbf{k}/k, \\ k_L\mathbf{B}_i &= \sqrt{\mu\epsilon}\,\hat{\mathbf{k}}\times\mathbf{E}_i, \qquad\qquad\qquad i = 1, 2, \\ \mathbf{E} &= \left(\boldsymbol{\epsilon}_1 E_1 + \boldsymbol{\epsilon}_2 E_2\right)\mathrm{e}^{\mathrm{i}(\mathbf{k}\cdot\mathbf{x}-\omega t)}. \end{aligned}$$

Lineare Polarisation

Haben E_1 und E_2 dieselbe Phase, so ist die resultierende Welle $\mathbf{E}$ ebenfalls linear polarisiert und schwingt in der von $\mathbf{E}$ und $\mathbf{k}$ aufgespannten Ebene. Diese ist, wie in Abb. 10.1 skizziert, um $\varphi = \arctan(E_2/E_1)$ gegen $\boldsymbol{\epsilon}_1$ gedreht.

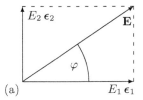 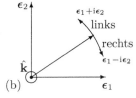

Abb. 10.1. (a) Lineare Polarisation   (b) Zirkular polarisiertes Licht

Anmerkung: Der Begriff *Polarisationsebene* wird nicht immer gleich verwendet. Nach Born, Wolf [1986, S. 28] bzw. Born [1933, S. 24] ist – aus historischen Gründen – die Richtung des Vektors der Polarisation gleich $\mathbf{B} = \hat{\mathbf{k}} \times \mathbf{E}$. Die von $\mathbf{B}$ und $\mathbf{k}$ aufgespannte Ebene wird dann als Polarisationsebene bezeichnet.

Zirkulare Polarisation

Erfüllen die Amplituden $E_2 = E_1 \, e^{\pm i \frac{\pi}{2}}$, so ergibt sich für

$$\mathbf{E} = (\boldsymbol{\epsilon}_1 \pm i\boldsymbol{\epsilon}_2)E_1 \, e^{i(\mathbf{k}\cdot\mathbf{x}-\omega t)}, \tag{10.2.1}$$
$$\operatorname{Re} \mathbf{E} = E_1 \big[\boldsymbol{\epsilon}_1 \, \cos(\mathbf{k}\cdot\mathbf{x} - \omega t) \mp \boldsymbol{\epsilon}_2 \, \sin(\mathbf{k}\cdot\mathbf{x} - \omega t)\big].$$

Bewegt sich die Welle in z-Richtung auf den Beobachter zu, so spricht man bei Drehung im Gegenuhrzeigersinn von linkspolarisiertem Licht oder von Licht positiver Helizität (siehe Abb. 10.1)

$$\operatorname{Re} \mathbf{E} = E_1 \begin{pmatrix} \cos\omega t & \mp\sin\omega t \\ \pm\sin\omega t & \cos\omega t \end{pmatrix} \begin{pmatrix} \cos\mathbf{k}\cdot\mathbf{x} \\ \mp\sin\mathbf{k}\cdot\mathbf{x} \end{pmatrix}.$$

$\mathbf{E}$ dreht sich auf Kreis: $\begin{array}{c} + \text{ links} \\ - \text{ rechts} \end{array}$ polarisiert $= \begin{array}{c} \text{positive} \\ \text{negative} \end{array}$ Helizität.

Gibt man den Basisvektor der links-zirkular polarisierten Welle $\boldsymbol{\epsilon}_+ = (\boldsymbol{\epsilon}_1 + i\boldsymbol{\epsilon}_2)/\sqrt{2}$ vor, so folgt aus der unitären Transformation für $\boldsymbol{\epsilon}_-$:

$$\begin{pmatrix} \boldsymbol{\epsilon}_+ \\ \boldsymbol{\epsilon}_- \end{pmatrix} = \frac{1}{\sqrt{|a|^2+|b|^2}} \begin{pmatrix} a & b \\ -b^* & a^* \end{pmatrix} \begin{pmatrix} \boldsymbol{\epsilon}_1 \\ \boldsymbol{\epsilon}_2 \end{pmatrix} \overset{\substack{a=1 \\ b=i}}{=} \frac{1}{\sqrt{2}} \begin{pmatrix} \boldsymbol{\epsilon}_1+i\boldsymbol{\epsilon}_2 \\ i(\boldsymbol{\epsilon}_1-i\boldsymbol{\epsilon}_2) \end{pmatrix}. \tag{10.2.2'}$$

Es gilt dann $\boldsymbol{\epsilon}_+ \times \boldsymbol{\epsilon}_- = \hat{\mathbf{k}}$ und $\hat{\mathbf{k}} \times \boldsymbol{\epsilon}_\pm = \pm\boldsymbol{\epsilon}_\mp^*$, sowie $\boldsymbol{\epsilon}_+^* \cdot \boldsymbol{\epsilon}_- = \hat{\mathbf{k}} \cdot \boldsymbol{\epsilon}_\pm = 0$.

Allgemeine (elliptische) Polarisation

Wir können auch die beiden zirkular polarisierten ebenen Wellen als Basislösungen verwenden:

$$\boldsymbol{\epsilon}_\pm = \frac{1}{\sqrt{2}}(\boldsymbol{\epsilon}_1 \pm \mathrm{i}\boldsymbol{\epsilon}_2) \qquad \begin{cases} \boldsymbol{\epsilon}_1 & = (\boldsymbol{\epsilon}_+ + \boldsymbol{\epsilon}_-)/\sqrt{2} \\ \mathrm{i}\boldsymbol{\epsilon}_2 & = (\boldsymbol{\epsilon}_+ - \boldsymbol{\epsilon}_-)/\sqrt{2}. \end{cases} \tag{10.2.2}$$

Diese komplexen Einheitsvektoren haben die Eigenschaften ($\hat{\mathbf{k}} = \mathbf{e}_z$)

$$\boldsymbol{\epsilon}_\pm^* \cdot \boldsymbol{\epsilon}_\mp = 0, \quad \boldsymbol{\epsilon}_\pm^* \cdot \hat{\mathbf{k}} = 0, \quad \boldsymbol{\epsilon}_\pm^* \cdot \boldsymbol{\epsilon}_\pm = 1, \quad \boldsymbol{\epsilon}_- \times \boldsymbol{\epsilon}_+ = \mathrm{i}\hat{\mathbf{k}}, \quad \boldsymbol{\epsilon}_\pm \times \hat{\mathbf{k}} = \pm\mathrm{i}\boldsymbol{\epsilon}_\pm.$$

Eine ebene Welle hat dann die Form

$$\mathbf{E} = (E_+ \boldsymbol{\epsilon}_+ + E_- \boldsymbol{\epsilon}_-)\mathrm{e}^{\mathrm{i}(\mathbf{k} \cdot \mathbf{x} - \omega t)}. \tag{10.2.3}$$

Im Allgemeinen sind $E_\pm$ komplexe Amplituden. Haben sie jedoch die gleiche Phase, $E_- = r\,E_+$, so ist (10.2.3) eine elliptisch polarisierte Welle

$$\mathbf{E} = \frac{1}{\sqrt{2}}E_+\Big\{(1+r)\boldsymbol{\epsilon}_1 + \mathrm{i}(1-r)\boldsymbol{\epsilon}_2\Big\}\mathrm{e}^{\mathrm{i}(\mathbf{k} \cdot \mathbf{x} - \omega t)},$$

$$\mathrm{Re}\,\mathbf{E} = \frac{1}{\sqrt{2}}E_+\Big\{(1+r)\boldsymbol{\epsilon}_1 \cos(\mathbf{k} \cdot \mathbf{x} - \omega t) - (1-r)\boldsymbol{\epsilon}_2 \sin(\mathbf{k} \cdot \mathbf{x} - \omega t)\Big\}.$$

Das Hauptachsenverhältnis ist $(1+r)/(1-r)$. Im Grenzfall $r = \pm 1$ hat man lineare Polarisation.

Falls $E_- = E_+ r\mathrm{e}^{\mathrm{i}\alpha}$, ist die ebene Welle ebenfalls elliptisch polarisiert, die Ellipse ist jedoch um den Winkel $\alpha/2$ gedreht, wie in Abb. 10.2 skizziert.

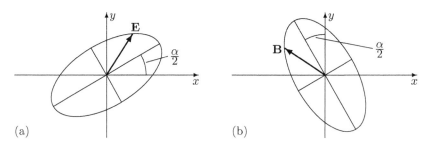

(a)   (b)

Abb. 10.2. Orientierung der Ellipse von $\mathbf{E}$ und $\mathbf{B}$ für α

10.2.2 Stokes'sche Parameter

Meist ist nicht die Lichtwelle samt ihrem Polarisationszustand vorgegeben, sondern man hat von irgendeiner Welle die Polarisation zu bestimmen.

Wir gehen dabei von den Basisvektoren ϵ_1 und ϵ_2 der linearen Polarisation aus, wobei $\mathbf{k}$ senkrecht auf die von ϵ_1 und ϵ_2 aufgespannte Ebene steht:

$$\mathbf{E} = (a_1 e^{i\alpha_1} \, \epsilon_1 + a_2 e^{i\alpha_2} \, \epsilon_2) e^{i\mathbf{k}\cdot\mathbf{x} - i\omega t} \,. \tag{10.2.4}$$

$a_{1,2}$ sind die reellen Amplituden der Welle und $\alpha_{1,2}$ deren Phasen in Richtung der orthogonalen Achsen $\epsilon_{1,2}$. Die Stokes'schen Parameter sind nach Born, Wolf [1986, S. 30]

$$\begin{aligned}
s_0 &= |\epsilon_1 \cdot \mathbf{E}|^2 + |\epsilon_2 \cdot \mathbf{E}|^2 = a_1^2 + a_2^2, \\
s_1 &= |\epsilon_1 \cdot \mathbf{E}|^2 - |\epsilon_2 \cdot \mathbf{E}|^2 = a_1^2 - a_2^2, \\
s_2 &= 2\,\mathrm{Re}\left\{(\epsilon_1 \cdot \mathbf{E})^*(\epsilon_2 \cdot \mathbf{E})\right\} = 2a_1 a_2 \cos(\alpha_2 - \alpha_1), \\
s_3 &= 2\,\mathrm{Im}\left\{(\epsilon_1 \cdot \mathbf{E})^*(\epsilon_2 \cdot \mathbf{E})\right\} = 2a_1 a_2 \sin(\alpha_2 - \alpha_1).
\end{aligned} \tag{10.2.5}$$

Hierbei gilt für die ebene Welle, dass es nur drei unabhängige Parameter gibt:

$$s_0^2 = s_1^2 + s_2^2 + s_3^2 \,. \tag{10.2.6}$$

In der Basis der linearen Polarisationsvektoren ist die Polarisation

$$P = E_2/E_1 = (a_2/a_1)\, e^{i(\alpha_2 - \alpha_1)}. \tag{10.2.7}$$

Sie kann durch Messung der Stokes'schen Parameter bestimmt werden, wobei die lineare und die zirkulare Polarisation charakterisiert sind durch

lineare Polarisation : $\alpha_1 = \alpha_2$, $s_3 = 0$,

zirkulare Polarisation : $a_1 = a_2$ und $\alpha_2 - \alpha_1 = \pm\pi/2$ $s_1 = 0$ und $s_2 = 0$.

Wir können mit den Stokes'schen Parametern auch eine *Kohärenzmatrix* (manchmal auch Polarisationsmatrix genannt) angeben, deren Matrixelemente $J_{ik} = E_i E_k^*$ sind:

$$\begin{aligned}
\mathsf{J} &= \begin{pmatrix} a_1^2 & a_1 a_2\, e^{-i(\alpha_2 - \alpha_1)} \\ a_1 a_2 e^{i(\alpha_2 - \alpha_1)} & a_2^2 \end{pmatrix} = \frac{1}{2}\begin{pmatrix} s_0 + s_1 & s_2 - i s_3 \\ s_2 + i s_3 & s_0 - s_1 \end{pmatrix} \\
&= \frac{1}{2}\left(s_0 \mathsf{E} + s_1 \sigma_z + s_2 \sigma_x + s_3 \sigma_y\right).
\end{aligned} \tag{10.2.8}$$

Hier ist E die Einheitsmatrix, σ_i sind die Pauli-Matrizen[1] und $\det \mathsf{J} = 0$. Es verschwindet also ein Eigenwert und

$$\mathbf{E} = e^{i(\alpha_2 + \alpha_1)/2}\, I\, \epsilon_1'\, e^{i\mathbf{k}\cdot\mathbf{x} - i\omega t} \tag{10.2.9}$$

kann durch einen einzigen Eigenvektor einer komplexen orthonormalen Basis ($\epsilon_{1,2}'$) angegeben werden, was Ausdruck der vollständigen Polarisation ist. Der Eigenwert, die Intensität

---

[1] $\sigma_x = \begin{pmatrix} 0 & 1 \\ 1 & 0 \end{pmatrix}, \qquad \sigma_y = \begin{pmatrix} 0 & -i \\ i & 0 \end{pmatrix}, \qquad \sigma_z = \begin{pmatrix} 1 & 0 \\ 0 & -1 \end{pmatrix}$

$$I = \mathrm{Sp}\,\mathsf{J} = a_1^2 + a_2^2 \tag{10.2.10}$$

ist durch die Invarianz der Spur $\mathrm{Sp}\,\mathsf{J}$ bestimmt. Die Berechnung der Basisvektoren ist Übungsaufgabe 10.2.

Quasimonochromatisches Licht

Unter quasimonochromatischem Licht der Frequenz $\bar{\omega}$ versteht man eine Lichtwelle

$$E_1(\mathbf{x}, t) = a_1(t)\,\mathrm{e}^{\mathrm{i}\alpha_1(t)+\mathrm{i}\mathbf{k}\cdot\mathbf{x}-\mathrm{i}\bar{\omega}t} \qquad E_2(\mathbf{x}, t) = a_2(t)\,\mathrm{e}^{\mathrm{i}\alpha_2(t)+\mathrm{i}\mathbf{k}\cdot\mathbf{x}-\mathrm{i}\bar{\omega}t}, \tag{10.2.11}$$

bei der die Amplituden und Phasen langsam veränderlich sind, aber deren Unterschiede zu allen Zeiten klein bleiben. Die Kohärenzmatrix (10.2.8) wird in diesem Fall durch zeitliche Mittelwerte $E_k E_l^* \to \langle E_k E_l^* \rangle$ bestimmt, bleibt aber sonst gleich

$$\mathsf{J} = \begin{pmatrix} \langle a_1^2 \rangle & \langle a_1 a_2 \mathrm{e}^{-\mathrm{i}(\alpha_2-\alpha_1)} \rangle \\ \langle a_1 a_2 \mathrm{e}^{\mathrm{i}(\alpha_2-\alpha_1)} \rangle & \langle a_2^2 \rangle \end{pmatrix}. \tag{10.2.12}$$

Für die Mittelwerte gilt jetzt statt des Gleichheitszeichens die Schwarz'sche Ungleichung

$$\sqrt{J_{11}}\sqrt{J_{22}} \geq |J_{12}| \qquad \Rightarrow \qquad \det\mathsf{J} \geq 0\,, \tag{10.2.13}$$

was besagt, dass $\mathbf{E}$ nicht mehr vollständig polarisiert ist. Durch die Stokes'schen Parameter ausgedrückt, erhält man

$$s_0^2 \geq s_1^2 + s_2^2 + s_3^2.$$

Bei unpolarisiertem (inkohärentem) Licht besteht keine feste Phasenbeziehung zwischen E_1 und E_2, d.h., $J_{12} = J_{21} = 0$ und die Intensität ist richtungsunabhängig $J_{11} = J_{22}$. Man kann J in eindeutiger Weise in einen unpolarisierten und einen polarisierten Anteil zerlegen:

$$\mathsf{J} = \mathsf{J}_1 + \mathsf{J}_2 = \frac{1}{2}\begin{pmatrix} I_1 & 0 \\ 0 & I_1 \end{pmatrix} + \begin{pmatrix} J_{11} - I_1/2 & J_{12} \\ J_{12}^* & J_{22} - I_1/2 \end{pmatrix} \quad \text{mit} \quad \det\mathsf{J}_2 = 0\,.$$

Wir erhalten so unter Berücksichtigung von $I = \mathrm{Sp}\,\mathsf{J} = J_{11} + J_{22}$ aus $\det\mathsf{J}_2 = 0$:

$$\det\mathsf{J} - \frac{I\,I_1}{2} + \frac{I_1^2}{4} = 0 \qquad \Rightarrow \qquad I_1 = I - \sqrt{I^2 - 4\det\mathsf{J}}\,.$$

Die andere Lösung der quadratischen Gleichung kommt nicht in Frage, da dann $I_1 > I$ wäre. Der polarisierte Anteil der Welle ist $I_2 = I - I_1$ und das Verhältnis

$$\mathcal{P} = \frac{I_2}{I} = \sqrt{1 - \frac{4\det\mathsf{J}}{(J_{11} + J_{22})^2}} \tag{10.2.14}$$

gibt den *Polarisationsgrad* der Welle $\mathbf{E}$ an.

10.3 Reflexions- und Brechungsgesetz für Isolatoren

10.3.1 Brechungsgesetz von Snellius

Eine skalare ebene Welle der Form $\psi = \psi_0 \, e^{i\mathbf{k}\cdot\mathbf{x} - i\omega t}$ treffe auf die Grenzfläche zweier Medien mit den Brechungsindizes n und n'.

Die *Einfallsebene* ist nach Abb. 10.3 die von $\mathbf{k}$ und $\mathbf{n}$ aufgespannte Ebene. Damit verschwindet die Tangentialkomponente $k_s = \mathbf{k} \cdot \mathbf{e}_s = 0$ senkrecht auf die Einfallsebene.

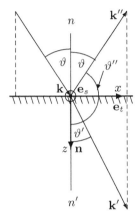

Abb. 10.3. Brechung und Reflexion einer skalaren Welle $\psi(\mathbf{x}, t) = \psi_0 \, e^{i\mathbf{k}\cdot\mathbf{x} - i\omega t}$ in der xz-Ebene. Es ist $k/k' = n/n'$, wobei für elektromagnetische Wellen $n = \sqrt{\epsilon\mu}$ und $n' = \sqrt{\epsilon'\mu'}$ gilt. Die Vektoren $\mathbf{e}_t$, $\mathbf{e}_s$, $\mathbf{n}$ spannen ein rechtshändiges Koordinatensystem auf

Forderung: Einfallende und gestreute Welle sind an der Grenzfläche stetig.

Mit dem Ansatz einer gebrochenen ψ' und/oder einer reflektierten Welle ψ'' kann die Stetigkeit an einer ebenen Grenzfläche erreicht werden:

$$\psi_0 \, e^{i\mathbf{k}\cdot\mathbf{x} - i\omega t} = \psi_0' \, e^{i\mathbf{k}'\cdot\mathbf{x} - i\omega t} + \psi_0'' \, e^{i\mathbf{k}''\cdot\mathbf{x} - i\omega t}\bigg|_{\mathbf{n}\cdot\mathbf{x}=0}, \qquad (10.3.1)$$

die skalare Welle ist dadurch allerdings noch nicht eindeutig bestimmt:

1. Die Stetigkeit ist unabhängig von t, daher ist ω für alle Wellen gleich.
2. Die Stetigkeit der Welle auf der gesamten Grenzfläche ist nur möglich, wenn die Tangentialkomponenten $k_t = \mathbf{e}_t \cdot \mathbf{k}$ aller Wellen gleich sind (siehe Abb. 10.3)

$$k \sin \vartheta = k' \sin \vartheta' = k \sin \vartheta''.$$

Daraus folgen das *Brechungsgesetz von Snellius*

$$\frac{\sin \vartheta}{\sin \vartheta'} = \frac{k'}{k} = \frac{n'}{n} \qquad \text{und} \qquad \vartheta'' = \pi - \vartheta. \qquad (10.3.2)$$

Eingeführt haben wir den Brechungsindex n einer Welle gegenüber dem Vakuum durch $k = n \, k_0$, wenn k_0 die Wellenzahl im Vakuum ist.

Für die Amplituden an der Oberfläche erhält man

$$\psi_0 = \psi_0' + \psi_0'' \,,$$

was besagt, dass die Brechung einer skalaren Welle durch die Stetigkeit von ψ noch nicht festgelegt ist.

(10.3.2) gilt für alle Wellen, seien es vektorielle elektromagnetische oder elastische Wellen oder auch Wellenfunktionen in der Quantentheorie [2].

10.3.2 Übergangsbedingungen für elektromagnetische Wellen

Die bisherigen Überlegungen waren kinematischer Natur, weshalb diese auch für verschiedene Arten von Wellen Gültigkeit haben.

Im Folgenden schränken wir uns auf elektromagnetische Felder ein und ziehen auch dynamische Eigenschaften, d.h. Bedingungen, die aus den Maxwell-Gleichungen folgen, heran:

1. Dispersionsrelation $\omega = ck$ und $n = \sqrt{\epsilon\mu}$,
2. Stetigkeit der Tangentialkomponenten $\mathbf{E}_\|$ und $\mathbf{H}_\|$,
   Stetigkeit der Normalkomponente $\mathbf{D}_\perp$ und $\mathbf{B}_\perp$,
3. homogenes Medium: $\epsilon = $ const. und $\mu = $ const.,
4. ebene elektromagnetische Wellen genügen (10.1.7) $k_L \mathbf{B} = n\hat{\mathbf{k}} \times \mathbf{E}$.

Diese Bedingungen sind insoweit vollständig, als sie auch die kinematischen Bedingungen, d.h. das Snellius'sche Brechungsgesetz beinhalten.

Stetigkeitsbedingungen

Wir verwenden die Stetigkeitsbedingungen für

$$\mathbf{E}(\mathbf{x}, t) = -\frac{k_L}{c}\, \dot{\mathbf{A}} = \mathbf{E}_0(\mathbf{x})\, e^{i\mathbf{k}\cdot\mathbf{x} - i\omega t} \qquad \text{mit} \qquad \mathbf{k}\cdot\mathbf{A} = 0\,.$$

Die Vektoren $\mathbf{k}$ und $\mathbf{n}$ spannen die Einfallsebene auf. Die beiden Tangentialkomponenten werden festgelegt durch den Einheitsvektor $\mathbf{e}_t$ in der Einfallsebene und $\mathbf{e}_s$ senkrecht darauf. $(\mathbf{e}_t, \mathbf{e}_s, \mathbf{n})$ bilden ein rechtshändiges KS. Für $\hat{\mathbf{k}} = \mathbf{k}/k$ gilt:

$$\hat{\mathbf{k}} \cdot \mathbf{e}_t = \sin\vartheta\,, \qquad\qquad \hat{\mathbf{k}} \cdot \mathbf{e}_s = 0\,, \qquad\qquad \hat{\mathbf{k}} \cdot \mathbf{n} = \cos\vartheta\,.$$

Der Vektor $\mathbf{a} \times \mathbf{n}$ liegt auf der Grenzfläche und hat die tangentialen Komponenten

$$(\mathbf{a} \times \mathbf{n}) \cdot \mathbf{e}_t \overset{\text{zykl.}}{=} (\mathbf{n} \times \mathbf{e}_t) \cdot \mathbf{a} = \mathbf{e}_s \cdot \mathbf{a} = a_s\,,$$
$$(\mathbf{a} \times \mathbf{n}) \cdot \mathbf{e}_s \overset{\text{zykl.}}{=} (\mathbf{n} \times \mathbf{e}_s) \cdot \mathbf{a} = -\mathbf{e}_t \cdot \mathbf{a} = -a_t\,.$$

---

[2] Aus der Stetigkeit der Ableitung der Welle folgt, dass neben der gebrochenen Welle auch eine reflektierte auftritt.

Da alle Felder gleiche Frequenz ω und gleiche Tangentialkomponenten $\mathbf{k}_\parallel$ haben, gelten die Bedingungen für die Amplituden $\mathbf{E}_0(\mathbf{x})$ etc. Es ist $\hat{\mathbf{k}} = \mathbf{k}/k$

1. $\mathbf{E}_\parallel$:
$$\left(\mathbf{E}_0 + \mathbf{E}_0'' - \mathbf{E}_0'\right) \times \mathbf{n} = 0,$$

2. $\mathbf{D}_\perp = \epsilon\epsilon_0 \mathbf{E}_\perp$:
$$\left(\epsilon(\mathbf{E}_0 + \mathbf{E}_0'') - \epsilon'\mathbf{E}_0'\right) \cdot \mathbf{n} = 0,$$

3. $\mathbf{H}_\parallel = \dfrac{n}{\mu k_L \mu_0}(\hat{\mathbf{k}} \times \mathbf{E})_\parallel$:
$$\left(\dfrac{n}{\mu}(\hat{\mathbf{k}} \times \mathbf{E}_0 + \hat{\mathbf{k}}'' \times \mathbf{E}_0'') - \dfrac{n'}{\mu'}\hat{\mathbf{k}}' \times \mathbf{E}_0'\right) \times \mathbf{n} = 0,$$ (10.3.3)

4. $\mathbf{B}_\perp = (n/k_L)(\hat{\mathbf{k}} \times \mathbf{E})_\perp$:
$$\left(n(\hat{\mathbf{k}} \times \mathbf{E}_0 + \hat{\mathbf{k}}'' \times \mathbf{E}_0'') - n'\hat{\mathbf{k}}' \times \mathbf{E}_0'\right) \cdot \mathbf{n} = 0.$$

10.3.3 Fresnel'sche Formeln

Bei der Brechung einer elektromagnetischen Welle an der Grenzfläche zweier homogener Medien liegen in der von $\mathbf{k}$ und $\mathbf{n}$ aufgespannten Einfallsebene, auch *Reflexionsebene R* genannt, noch $\mathbf{k}'$ und und $\mathbf{k}''$. Die Stetigkeitsbedingungen der Felder werden jetzt auf die beiden Fälle, $\mathbf{E}^\pi$ in der Einfallsebene ($\mathbf{E}^\pi \in R$) und senkrecht auf diese ($\mathbf{E}^\sigma \perp R$), angewandt. Durch Superposition dieser beiden Fälle kann die allgemeine Lage von $\mathbf{E}$ konstruiert werden. Die Gesetze für die Brechung des elektrischen Feldes an der Grenzfläche homogener Medien sind die Fresnel'schen Formeln. Da die Brechung von einer Reihe von Parametern abhängt, $\vartheta, \epsilon, \mu, n$ für die einfallende Welle und $\vartheta', \epsilon', \mu', n'$ für die gebrochene Welle, und die Parameter untereinander nicht (ganz) unabhängig sind, können die Fresnel'schen Formeln in unterschiedlicher Weise dargestellt werden.

Brechung mit elektrischem Feld senkrecht auf die Einfallsebene

Wir werden jetzt nicht die eben abgeleitete allgemeine Darstellung der Stetigkeitsbedingungen für die Tangentialkomponenten verwenden, sondern diese direkt mit $\mathbf{e}_t$ und $\mathbf{e}_s$ gemäß Abb. 10.4 bestimmen:

$$\mathbf{E} = \mathbf{E}^\sigma \perp R \qquad \Longleftrightarrow \qquad \mathbf{E}_0 = E_0\,\mathbf{e}_s \qquad \Longrightarrow \qquad \mathbf{B} \in R\,.$$

Die Bestimmung von E_0' und E_0'' aus den Stetigkeitsbedingungen ist einfach und muss nicht in allen Details verfolgt werden. Einige dieser Bedingungen enthalten keine (neue) Information, so dass letztlich nur 3 Gleichungen übrig bleiben, aus denen E_0', E_0'' und das Snellius'sche Brechungsgesetz hervorgehen.

Vorgegeben sind $\hat{\mathbf{k}} = \mathbf{e}_t \sin\vartheta + \mathbf{n}\cos\vartheta$ mit $0 < \vartheta < \pi/2$ und $\mathbf{E} = E_0\mathbf{e}_s$. Daraus folgt

$$\mathbf{B}_0 = \frac{n}{k_L}E_0\hat{\mathbf{k}}\times\mathbf{e}_s = \frac{n}{k_L}E_0\left(\mathbf{e}_t\times\mathbf{e}_s\,\sin\vartheta + \mathbf{n}\times\mathbf{e}_s\,\cos\vartheta\right) = \frac{n}{k_L}E_0\left(\mathbf{n}\sin\vartheta - \mathbf{e}_t\cos\vartheta\right).$$

$$\hat{\mathbf{k}} = \mathbf{e}_t\sin\vartheta + \mathbf{n}\cos\vartheta \quad \Rightarrow \quad \hat{\mathbf{k}} = \mathbf{e}_t\sin\vartheta' + \mathbf{n}\cos\vartheta', \qquad \hat{\mathbf{k}}'' = \mathbf{e}_t\sin\vartheta - \mathbf{n}\cos\vartheta,$$

$$\hat{\mathbf{E}}_0 = E_0\,\mathbf{e}_s \qquad\qquad\quad \Rightarrow \quad \hat{\mathbf{E}}_0' = \mathbf{e}_s, \qquad\qquad\qquad\quad \hat{\mathbf{E}}_0'' = \mathbf{e}_s,$$

$$\hat{\mathbf{B}}_0 = -\mathbf{e}_t\cos\vartheta + \mathbf{n}\sin\vartheta \Rightarrow \hat{\mathbf{B}}_0' = -\mathbf{e}_t\cos\vartheta' + \mathbf{n}\sin\vartheta', \quad \hat{\mathbf{B}}_0'' = \mathbf{e}_t\cos\vartheta + \mathbf{n}\sin\vartheta.$$

Daraus ergeben sich die Stetigkeitsbedingungen

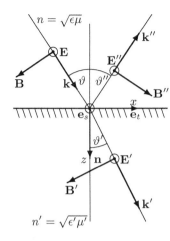

Abb. 10.4. Transmission und Reflexion, wenn $\mathbf{E} \perp$ Einfallsebene. An der Grenzfläche gibt es den Einheitsvektor $\mathbf{e}_t$ in der Einfallsebene und $\mathbf{e}_s$ senkrecht auf diese (σ-Polarisation): $\mathbf{e}_t$, $\mathbf{e}_s$, $\mathbf{n}$ bilden ein rechtshändiges KS. In der Skizze ist $\mathbf{E}_0 = E_0\,\mathbf{e}_s$, d.h., $\mathbf{E}$ ist senkrecht zur Papierebene und nach vorne (oben) gerichtet

1. $(\mathbf{E}_0 + \mathbf{E}_0'') \cdot \mathbf{e}_t = \mathbf{E}_0' \cdot \mathbf{e}_t \quad \Rightarrow$ wegen $\mathbf{E} \cdot \mathbf{e}_t = 0$ automatisch erfüllt,
    $(\mathbf{E}_0 + \mathbf{E}_0'') \cdot \mathbf{e}_s = \mathbf{E}_0' \cdot \mathbf{e}_s \quad \Rightarrow \qquad\quad (E_0 + E_0'') = E_0'.$

2. $\epsilon(\mathbf{E}_0 + \mathbf{E}_0'') \cdot \mathbf{n} = \epsilon' \mathbf{E}_0' \cdot \mathbf{n} \quad \Rightarrow$ wegen $\mathbf{E} \cdot \mathbf{n} = 0$ automatisch erfüllt.

3. $\frac{1}{\mu}(\mathbf{B}_0 + \mathbf{B}_0'') \cdot \mathbf{e}_t = \frac{1}{\mu'}\mathbf{B}_0' \cdot \mathbf{e}_t \Rightarrow \frac{n}{\mu}(-E_0 + E_0'')\cos\vartheta = -\frac{n'}{\mu'} E_0' \cos\vartheta',$
    $\frac{1}{\mu}(\mathbf{B}_0 + \mathbf{B}_0'') \cdot \mathbf{e}_s = \frac{1}{\mu'}\mathbf{B}_0' \cdot \mathbf{e}_s \Rightarrow$ wegen $\mathbf{B} \cdot \mathbf{e}_s = 0$ automatisch erfüllt.

4. $(\mathbf{B}_0 + \mathbf{B}_0'') \cdot \mathbf{n} = \mathbf{B}_0' \cdot \mathbf{n} \quad \Rightarrow \quad n(E_0 + E_0'')\sin\vartheta = n' E_0' \sin\vartheta'.$

Es sind also die Stetigkeitsbedingungen

(a) $\qquad\qquad E_0 + E_0'' = E_0'$
(b) $\mu'n(E_0 - E_0'')\cos\vartheta = \mu n' E_0' \cos\vartheta'$
(c) $\quad n\sin\vartheta(E_0 + E_0'') = n'\sin\vartheta' E_0'$

auszuwerten. Aus (a) und (c) folgt das Brechungsgesetz (10.3.2)

$$n\sin\vartheta = n'\sin\vartheta' \quad \Rightarrow \quad \frac{n'\cos\vartheta'}{n\cos\vartheta} = \frac{\cot\vartheta'}{\cot\vartheta} = \frac{\tan\vartheta}{\tan\vartheta'}.$$

(a) in (b) eingesetzt, bringt

$$\mu'n(E_0 - E_0'')\cos\vartheta = \mu n'(E_0 + E_0'')\cos\vartheta'.$$

Der Rest sind einfache Umformungen, indem man den Brechungsindex eliminiert, um die gewünschte Darstellung zu erreichen:

$$\frac{E_0''}{E_0} = \frac{\mu'n\cos\vartheta - \mu n'\cos\vartheta'}{\mu n'\cos\vartheta' + \mu'n\cos\vartheta} = \frac{\mu'\tan\vartheta' - \mu\tan\vartheta}{\mu'\tan\vartheta' + \mu\tan\vartheta}. \qquad (10.3.4)$$

Multipliziert man (a) mit $\mu'n\cos\vartheta$ und addiert (b), so erhält man

$$2\mu'nE_0\cos\vartheta = E_0'(\mu'n\cos\vartheta + \mu n'\cos\vartheta')\,.$$

Wiederum eliminiert man n und erhält

$$\frac{E_0'}{E_0} = \frac{2\mu'n\cos\vartheta}{\mu'n\cos\vartheta + \mu n'\cos\vartheta'} = \frac{2\mu'\tan\vartheta'}{\mu'\tan\vartheta' + \mu\tan\vartheta}\,. \tag{10.3.5}$$

(10.3.4) und (10.3.5) sind allgemein gehaltene Ausdrücke für die Fresnel'schen Formeln. In der (Licht-)Optik ist fast immer $\mu = \mu'[= 1]$. Setzt man in (10.3.4) und (10.3.5) $\mu = \mu'$, so erhält man die Fresnel'schen Formeln für $\mathbf{E} \perp R$:

$$\frac{E_0'}{E_0} = \frac{2\cos\vartheta\,\sin\vartheta'}{\sin(\vartheta + \vartheta')}\,, \qquad\qquad \frac{E_0''}{E_0} = \frac{\sin(\vartheta' - \vartheta)}{\sin(\vartheta' + \vartheta)}\,. \tag{10.3.6}$$

Senkrechter Einfall

Statt n kann man in den Fresnel'schen Formeln ϑ eliminieren. Das wird vor allem bei senkrechtem Einfall ($\vartheta = 0$) gemacht, wo man auf (10.3.4) und (10.3.5) zurückgreift, da $\cos\vartheta = \cos\vartheta' = 1$. Mit $\mu = \mu'$ erhält man

$$E_0'' = \frac{n - n'}{n + n'}\,E_0\,, \qquad\qquad E_0' = \frac{2n}{n + n'}\,E_0\,. \tag{10.3.7}$$

Brechung mit elektrischem Feld in der Einfallsebene

Liegt $\mathbf{E}$ in der Einfallsebene, so ist das elektrische Feld π-polarisiert:

$$\mathbf{B} \perp R \qquad \Longleftrightarrow \qquad \mathbf{B}_0 = \mathbf{e}_s\,B_0 \qquad \Longrightarrow \qquad \mathbf{E} = \mathbf{E}^\pi \in R\,.$$

Entsprechend der Skizze Abb. 10.5 ist $\mathbf{B}$ parallel zu $\mathbf{e}_s$. Dann ist

$$\mathbf{E}_0 = \frac{k_L}{n}\,\mathbf{B}_0 \times \hat{\mathbf{k}} = E_0\,\mathbf{e}_s \times \hat{\mathbf{k}} = E_0\big(\mathbf{e}_s \times \mathbf{n}\cos\vartheta + \mathbf{e}_s \times \mathbf{e}_t\sin\vartheta\big)$$

$$= E_0\big(\mathbf{e}_t\cos\vartheta - \mathbf{n}\sin\vartheta\big) \qquad \text{mit } k_L B_0 = nE_0\,.$$

Wiederum sind die Stetigkeitsbedingungen auszuwerten, was eher mühsam ist und daher als Nebenrechnung ausgeführt wird.

Vorgegeben sind die Vektoren $\mathbf{k}$ mit $0 < \vartheta < \pi/2$ und $k_L\mathbf{B} = nE_0\,\mathbf{e}_s$. Für deren Einheitsvektoren gilt

$$\hat{\mathbf{k}} = \mathbf{e}_t\sin\vartheta + \mathbf{n}\cos\vartheta \Rightarrow \hat{\mathbf{k}}' = \mathbf{e}_t\sin\vartheta' + \mathbf{n}\cos\vartheta',\ \ \hat{\mathbf{k}}'' = \mathbf{e}_t\sin\vartheta - \mathbf{n}\cos\vartheta,$$

$$\hat{\mathbf{E}}_0 = \mathbf{e}_t\cos\vartheta - \mathbf{n}\sin\vartheta \Rightarrow \hat{\mathbf{E}}_0' = \mathbf{e}_t\cos\vartheta' - \mathbf{n}\sin\vartheta',\ \ \hat{\mathbf{E}}_0'' = -\mathbf{e}_t\cos\vartheta - \mathbf{n}\sin\vartheta,$$

$$\hat{\mathbf{B}}_0 = \mathbf{e}_s \qquad\qquad\quad \Rightarrow \hat{\mathbf{B}}_0' = \mathbf{e}_s, \qquad\qquad\quad\ \hat{\mathbf{B}}_0'' = \mathbf{e}_s\,.$$

Für die Stetigkeitsbedingungen lässt sich daraus ablesen:

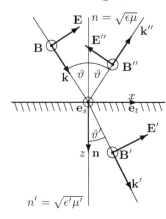

Abb. 10.5. Brechung und Reflexion, wenn $\mathbf{E} \in$ Einfallsebene (π-Polarisation)

1. $(\mathbf{E}_0 + \mathbf{E}_0'') \cdot \mathbf{e}_t = \mathbf{E}_0' \cdot \mathbf{e}_t \quad \Rightarrow \quad (E_0 - E_0'') \cos \vartheta = E_0' \cos \vartheta'$,

    $(\mathbf{E}_0 + \mathbf{E}_0'') \cdot \mathbf{e}_s = \mathbf{E}_0' \cdot \mathbf{e}_s \quad \Rightarrow$ wegen $\mathbf{E} \cdot \mathbf{e}_s = 0$ automatisch erfüllt.

2. $\epsilon(\mathbf{E}_0 + \mathbf{E}_0'') \cdot \mathbf{n} = \epsilon' \mathbf{E}_0' \cdot \mathbf{n} \quad \Rightarrow \epsilon(E_0 + E_0'') \sin \vartheta = \epsilon' E_0' \sin \vartheta'$.

3. $\frac{1}{\mu}(\mathbf{B}_0 + \mathbf{B}_0'') \cdot \mathbf{e}_t = \frac{1}{\mu'} \mathbf{B}_0' \cdot \mathbf{e}_t \Rightarrow$ wegen $\mathbf{B} \cdot \mathbf{e}_t = 0$ automatisch erfüllt,

    $\frac{1}{\mu}(\mathbf{B}_0 + \mathbf{B}_0'') \cdot \mathbf{e}_s = \frac{1}{\mu'} \mathbf{B}_0' \cdot \mathbf{e}_s \Rightarrow \quad \frac{n}{\mu}(E_0 + E_0'') = \frac{n'}{\mu'} E_0'$.

4. $n(\mathbf{B}_0 + \mathbf{B}_0'') \cdot \mathbf{n} = \epsilon' \mathbf{B}_0' \cdot \mathbf{n} \quad \Rightarrow$ wegen $\mathbf{B} \cdot \mathbf{n} = 0$ automatisch erfüllt.

Die drei Stetigkeitsbedingungen sind

(a) $(E_0 - E_0'') \cos \vartheta = E_0' \cos \vartheta'$,

(b) $\epsilon(E_0 + E_0'') \sin \vartheta = \epsilon' E_0' \sin \vartheta'$,

(c) $n\mu'(E_0 + E_0'') = n'\mu E_0'$.

Von diesen drei Gleichungen werden nur zwei benötigt, um E_0' und E_0'' durch E_0 auszudrücken. Setzt man $(E_0 + E_0'')$ aus der (c) in (b) ein, so reproduziert man – wie schon im vorigen Fall – das Brechungsgesetz.

Zunächst multipliziert man (a) mit $n'\mu$ und (c) mit $-\cos \vartheta'$ und addiert

$$n'\mu(E_0 - E_0'') \cos \vartheta - n\mu'(E_0 + E_0'') \cos \vartheta' = 0\,.$$

Ersetzt man den Brechungsindex durch die Winkel, so erhält man

$$\frac{E_0''}{E_0} = \frac{n'\mu \cos \vartheta - n\mu' \cos \vartheta'}{n'\mu \cos \vartheta + n\mu' \cos \vartheta'} = \frac{\mu \sin(2\vartheta) - \mu' \sin(2\vartheta')}{\mu \sin(2\vartheta) + \mu' \sin(2\vartheta')}\,. \tag{10.3.8}$$

Zur Berechnung von E_0' multipliziert man (a) mit $n\mu'$ und (c) mit $\cos \vartheta$ und addiert

$$2n\mu' E_0 \cos \vartheta = E_0'(n\mu' \cos \vartheta' + n'\mu \cos \vartheta)\,.$$

Wiederum wird der Brechungsindex durch den Winkel ersetzt:

$$\frac{E_0'}{E_0} = \frac{2n\mu' \cos\vartheta}{n'\mu \cos\vartheta + n\mu' \cos\vartheta'} = \frac{4\mu' \cos\vartheta \sin\vartheta'}{\mu \sin(2\vartheta) + \mu' \sin(2\vartheta')} \, . \tag{10.3.9}$$

Die Fresnel'schen Formeln für $\mathbf{E} \in R$ sind der Grenzfall $\mu' = \mu$ von (10.3.9) und (10.3.8):

$$\frac{E_0'}{E_0} = \frac{2 \cos\vartheta \sin\vartheta'}{\sin(\vartheta+\vartheta') \cos(\vartheta-\vartheta')} \, , \qquad \frac{E_0''}{E_0} = \frac{\tan(\vartheta-\vartheta')}{\tan(\vartheta+\vartheta')} \, . \tag{10.3.10}$$

Senkrechter Einfall

Es gilt dann $\vartheta = 0 \Rightarrow \vartheta' = 0$. Aus (10.3.9) und (10.3.8) folgt für $\mu = \mu'$ unmittelbar

$$\frac{E_0'}{E_0} = \frac{2n}{n+n'} \, , \qquad \frac{E_0''}{E_0} = \frac{n'-n}{n+n'} \, . \tag{10.3.11}$$

Anmerkungen: Bei senkrechtem Einfall ist die Reflexionsebene nicht mehr gut definiert und wir erwarten, dass E_0' und E_0'' in den beiden Fällen $\mathbf{E} \perp R$ und $\mathbf{E} \in R$ gleich sind, bemerken aber, dass E_0'' in (10.3.7) und (10.3.11) unterschiedliches Vorzeichen haben. Das ist auf die Definition von $\mathbf{E}_0''$ zurückzuführen, da für $\mathbf{E} \perp R$ gilt, dass $\mathbf{E}_0 \parallel \mathbf{E}_0''$ ist, während im anderen Fall $\mathbf{E}_0 \parallel -\mathbf{E}_0''$ ist.

Bei der Reflexion an einem optisch dichteren Medium $n' > n$ sind, wie aus (10.3.7) hervorgeht, $\mathbf{E}_0$ und $\mathbf{E}_0''$ entgegengesetzt gerichtet, d.h., es tritt ein Phasensprung von $\pi/2$ auf.

$$\mathrm{H_2O}: \quad n = \frac{4}{3} \quad n' = 1 \, , \; \frac{E_0''}{E_0} = \frac{1}{7} \quad \Rightarrow \quad \text{Reflexionsvermögen}: \; \left|\frac{E_0''}{E_0}\right|^2 = 2\% \, .$$

Für Wellen niedriger Frequenz könnte man erwarten, dass aus den Fresnel'schen Formeln die aus der Elektrostatik bekannte Brechung von $\mathbf{E}$ an Grenzflächen herausgelesen werden kann, was de facto nicht möglich ist.

Ein grundlegender Unterschied zur Elektrostatik liegt darin, dass sich Wellen gegebener Frequenz, egal ob skalar oder vektoriell, in einem Medium mit einer für dieses charakteristischen Wellenlänge ausbreiten und ein stetiger Übergang an der Grenzfläche nur zusammen mit einer reflektierten Welle möglich ist (Brechungsgesetz von Snellius) und diese für endliche Frequenzen nicht verschwindet. Die Stetigkeitsbedingungen für $\mathbf{E}$ und $\mathbf{D}$ sind zwar für alle Frequenzen eingehalten, gelten aber nur für alle drei Wellen zusammen (siehe S. 362).

Verschwindet jedoch in speziellen Fällen (Brewster-Winkel, (10.3.12)) die reflektierte Welle, so gelten für alle Frequenzen die aus der Statik bekannten Stetigkeitsbedingungen; man sollte nur von den Winkeln $\hat{\mathbf{k}} \cdot \mathbf{n}$ zu $\hat{\mathbf{E}} \cdot \mathbf{n}$ wechseln.

10.3.4 Brewster-Winkel

Es gibt bei parallel zur Einfallsebene liegendem Polarisationsvektor einen Einfallswinkel, bei dem keine Reflexion auftritt. Der Einfachheit halber beschränken wir uns auf $\mu = \mu'$.

Die reflektierte, parallel polarisierte Welle verschwindet ($E_0'' = 0$) für $\tan(\vartheta + \vartheta') \to \infty$, wie aus (10.3.10) zu sehen ist.

$$\vartheta + \vartheta' = \frac{\pi}{2}.$$

Aus dem Brechungsgesetz folgt

$$n \sin\vartheta = n' \sin(\frac{\pi}{2} - \vartheta) = n' \cos\vartheta,$$

$$\vartheta_B = \arctan\frac{n'}{n}, \qquad\qquad \text{Brewster-Winkel.} \qquad (10.3.12)$$

Für diesen Einfallswinkel ist die reflektierte Welle vollkommen polarisiert mit dem Polarisationsvektor $\boldsymbol{\epsilon}''$ senkrecht zur Einfallsebene. Auch für andere Winkel ist die „Normalkomponente" stärker als die parallele im reflektierten Licht. Luft/Glas mit $n'/n = 1.5$ hat einen Brewster-Winkel von 56 Grad. Der reflektierte Strahl ist vollständig linear polarisiert mit $\boldsymbol{\epsilon}$ senkrecht zur Einfallsebene.

10.3.5 Totalreflexion

Beim Übergang zu einem optisch weniger dichten Medium ($n \to n'$ mit $n > n'$) wird der Strahl vom Lot gebrochen ($\vartheta < \vartheta'$), wie in Abb. 10.6 skizziert. Vergrößert man ϑ, so wird bei ϑ_0 der Brechungswinkel $\vartheta' = \pi/2$ erreicht. Der Strahl wird total reflektiert.

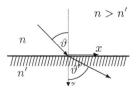

Abb. 10.6. Brechung vom Lot

Die Stetigkeit der Tangentialkomponenten lautet

$$k \sin\vartheta = k' \sin\vartheta' \quad \overset{\vartheta'=\pi/2}{\Longrightarrow} \quad k \sin\vartheta_0 = k',$$

$$\sin\vartheta_0 = \frac{k'}{k} = \frac{n'}{n} \qquad \text{bzw.} \qquad \vartheta_0 = \arcsin\frac{n'}{n}. \qquad (10.3.13)$$

Es sei $\vartheta > \vartheta_0$: Dann ist $\sin\vartheta' = \frac{n}{n'} \sin\vartheta > 1$ und daraus folgt

$$\cos\vartheta' = \sqrt{1 - \sin^2\vartheta'} = \mathrm{i}\sqrt{\left(\frac{n}{n'}\right)^2 \sin^2\vartheta - 1} = \mathrm{i}\sqrt{\frac{\sin^2\vartheta}{\sin^2\vartheta_0} - 1}.$$

Für die in das Medium eindringende Welle gilt

$$e^{i\mathbf{k}'\cdot\mathbf{x}} = e^{ik'(x\,\sin\vartheta' + z\,\cos\vartheta')} = e^{ikx\,\sin\vartheta - kz\,\sqrt{\sin^2\vartheta - \sin^2\vartheta_0}/\sin\vartheta_0}.$$

Die gebrochene Welle fällt exponentiell ins Innere des optisch dünneren Mediums ab. Die Eindringtiefe δ definieren wir als den Wert, bei dem die Amplitude auf den Wert e^{-1} abgefallen ist:

$$\delta = \frac{1}{k}\,\frac{\sin\vartheta_0}{\sqrt{\sin^2\vartheta - \sin^2\vartheta_0}}.$$

Das Eindringen der Welle in das Medium bewirkt eine seitliche Verschiebung des reflektierten Strahls um $d_\| = 2\delta\,\tan\vartheta$. Diese seitliche Verschiebung des totalreflektierten Strahls wird als *Goos-Hänchen-Effekt* bezeichnet. Zuletzt soll noch bemerkt werden, dass der Energiefluss $\langle\mathbf{S}\cdot\mathbf{n}\rangle$ ins Medium verschwindet.

10.3.6 Geometrische Optik und Wellenoptik

Die geometrische Optik wird anwendbar, wenn die $\lambda \ll l$, wobei l eine charakteristische Länge für das System ist. Monochromatisches Licht kann durch das skalare Wellenfeld

$$\psi(\mathbf{x}, t) = A(\mathbf{x})\,e^{i[S(\mathbf{x}) - \omega t]} \tag{10.3.14a}$$

beschrieben werden. Die Amplitude $A(\mathbf{x})$ ist eine räumlich nur langsam variierende Funktion, und die Phase $S(\mathbf{x})$ sollte eine von der Linearität nicht zu stark abweichende Funktion sein. S wird dann als *Eikonal* bezeichnet. Einsetzen von ψ in die Wellengleichung

$$\left(\frac{1}{\bar{c}^2(\mathbf{x})}\,\frac{\partial^2}{\partial t^2} - \nabla^2\right)\psi(\mathbf{x}, t) = 0 \qquad\qquad \text{mit}\quad \bar{c}(\mathbf{x}) = \frac{c}{n(\mathbf{x})}$$

ergibt mithilfe von $\boldsymbol{\nabla}\psi = e^{iS(\mathbf{x}) - i\omega t}\left(\boldsymbol{\nabla}A + iA\boldsymbol{\nabla}S\right)$

$$-\frac{\omega^2}{\bar{c}^2(\mathbf{x})} + \left(\boldsymbol{\nabla}S\right)^2 - i\Delta S + 2i\frac{\left(\boldsymbol{\nabla}S\right)\cdot\left(\boldsymbol{\nabla}A\right)}{A} + \frac{\nabla^2 A}{A} = 0.$$

Diese Gleichung kann man in Real- und Imaginärteil zerlegen:

$$-\frac{\omega^2}{\bar{c}^2(\mathbf{x})} + \left(\boldsymbol{\nabla}S\right)^2 + \frac{\nabla^2 A}{A} = 0, \qquad\qquad -\Delta S + \frac{\left(\boldsymbol{\nabla}S\right)\cdot\left(\boldsymbol{\nabla}A\right)}{A} = 0.$$

Unter der Bedingung, dass

$$\left|\frac{\nabla^2 A}{A}\right| \ll \frac{\omega^2}{\bar{c}^2(\mathbf{x})} = \frac{\omega^2}{c^2}\,n^2(\mathbf{x})$$

kann die Variation der Amplitude gegenüber der Phase vernachlässigt werden:

$$-\frac{\omega^2}{c^2}\,n^2(\mathbf{x}) + \left(\boldsymbol{\nabla}S\right)^2 = 0.$$

Definiert man ϕ durch

$$S(\mathbf{x}) = \frac{\omega}{c}\,\phi(\mathbf{x})\,,$$

so erhält man die Eikonalgleichung

$$\left(\boldsymbol{\nabla}\phi(\mathbf{x})\right)^2 = n^2(\mathbf{x})\,. \tag{10.3.14b}$$

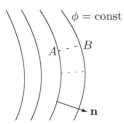

$\phi = \text{const}$

Abb. 10.7. Wellenfront oder Wellenfläche ist die Fläche konstanter Phase $\phi(\mathbf{x})$ =const. und der Strahl ist die Linie normal auf die Wellenfläche (Gradient)

Der Gradient hat so den Betrag des Brechungsindex n und steht senkrecht auf die Wellenfront

$$\boldsymbol{\nabla}\phi = n(\mathbf{x})\,\mathbf{n}\,,$$

wie in Abb. 10.7 skizziert ϕ=const. ist die Fläche konstanter Phase, und $-(\mathrm{i}\,\omega/c)\,\boldsymbol{\nabla}\phi$ der lokale Wellenvektor ($\sim$Impuls). Das Integral

$$s = \int_A^B \mathrm{d}\mathbf{l} \cdot \boldsymbol{\nabla}\phi(\mathbf{x}) = \int_A^B \mathrm{d}l\, n(\mathbf{x}) = \int_A^B \mathrm{d}\phi = \phi(B) - \phi(A)$$

gibt den optischen Weg für den Strahl an. Für den aus der Eikonalgleichung berechneten Strahl ist $n(\mathbf{x})\,\mathbf{n}$ aus dem skalaren Potential ϕ herleitbar und daher vom Weg unabhängig. Die Wellenfläche ist eine Fläche konstanter Phase und der Strahl ist die Linie, die auf die Wellenfläche normal ist, d.h. der Gradient.

Fermat'sches Prinzip

Die Ausbreitung von Strahlen im stationären Fall kann auch aus dem Fermat'schen Prinzip hergeleitet werden. Nach diesem hat das Linienintegral

$$s = \int_A^B \mathrm{d}l\, n(\mathbf{x}) = \text{Extremum}$$

für den Weg des Strahls zwischen den Raumpunkten A und B ein Minimum. Für den auf die Fläche konstanter Phase senkrechten Strahl gilt

$$\mathrm{d}l\, n = \mathrm{d}\mathbf{l} \cdot \boldsymbol{\nabla}\phi = \mathrm{d}\phi\,.$$

Wenn dl nicht senkrecht auf die Wellenfläche ist, so ist

$$dl\, n > d\phi \qquad \Rightarrow \qquad \int_A^B dl\, n > \phi(B) - \phi(A)$$

für jeden anderen Weg.

Anmerkung: Das Fermat'sche Prinzip ist das Analogon zu dem aus der Mechanik bekannten Prinzip der kleinsten Wirkung

$$\delta \int_A^B dl \cdot \mathbf{p} = 0 \,,$$

wobei $\mathbf{p}$ der Impuls des Teilchens ist. Die Variation des optischen Weges bei festgehaltenen Endpunkten führt zu

$$\delta s = \delta \int_A^B dl\, n(\mathbf{x})\delta s = \int_A^B \left(dl\, \delta n + n\, \delta dl \right) .$$

Ist $\delta\mathbf{x}$ die Verschiebung der Bahn, so ist

$$\delta dl = \hat{\mathbf{l}} \cdot d\delta\mathbf{x} \qquad\qquad \text{und} \qquad\qquad \delta n = \delta\mathbf{x} \cdot \boldsymbol{\nabla} n \,.$$

$\hat{\mathbf{l}}$ ist der zum Strahl parallele (tangentiale) Einheitsvektor. Der zweite Term wird umgeformt (partiell integriert) in

$$n\, \delta dl = n\hat{\mathbf{l}} \cdot d\delta\mathbf{x} = d\left(n\hat{\mathbf{l}} \cdot \delta\mathbf{x} \right) - d\left(n\hat{\mathbf{l}} \right) \cdot \delta\mathbf{x} \,,$$

wobei der Randterm verschwindet, da $\delta\mathbf{x} = 0$ an den Randpunkten. Somit ist

$$\delta s = \int_A^B \left(dl\, \boldsymbol{\nabla} n - d(n\hat{\mathbf{l}}) \right) \delta\mathbf{x}\delta s = \int_A^B dl \left(\boldsymbol{\nabla} n - \frac{d(n\hat{\mathbf{l}})}{dl} \right) \delta\mathbf{x} = 0 \,.$$

Damit das Integral für alle $\delta\mathbf{x}$ verschwindet, muss

$$\frac{d(n\hat{\mathbf{l}})}{dl} = \boldsymbol{\nabla} n \qquad\qquad \text{oder} \qquad\qquad \frac{d\hat{\mathbf{l}}}{dl} = \frac{1}{n} \boldsymbol{\nabla} n - \frac{1}{n}\hat{\mathbf{l}}\frac{dn}{dl} \,.$$

Die Auswertung dieser Gleichung [Landau, Lifschitz VIII, 1990, S. 85] ergibt, dass der Strahl in Richtung des wachsenden Brechungsindex gekrümmt wird.

Zur Brechung an Linsen

Es wird zunächst die geometrische Optik auf die Brechung an einer Zylinderfläche (Kreis), skizziert in Abb. 10.8, angewandt. Ausgangspunkt ist das Gesetz von Snellius (10.3.2) $n_1 \sin\alpha' = n_2 \sin\beta'$ für kleine Winkel: $n_1\alpha' = n_2\beta'$

$$n_1[\alpha + (\alpha' - \alpha)] = n_2[\alpha - (\alpha - \beta')] \quad \Rightarrow \quad n_1\left[\frac{h}{r-\delta} + \frac{h}{g+\delta}\right] = n_2\left[\frac{h}{r-\delta} - \frac{h}{b-\delta}\right].$$

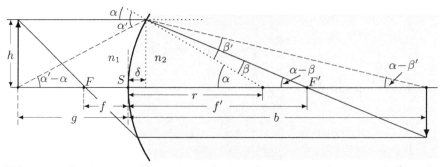

Abb. 10.8. Brechung am Kreissektor: $f > 0$ ist die gegenstandseitige und $f' > 0$ die bildseitige Brennweite; $n = n_2/n_1 \approx 4$

In dieser Näherung kann $\delta = 0$ gesetzt werden. Die durchwegs positiven Abstände gehen vom Scheitelpunkt S aus, wie in Abb. 10.8 dargestellt:

$$\frac{1}{g} + \frac{n}{b} = \frac{n-1}{r} = \frac{n}{f'} = nf, \qquad f' = \frac{nr}{n-1}, \qquad n = \frac{n_2}{n_1}. \tag{10.3.15}$$

Die Substitution der Sinus- und Tangens-Funktionen durch ihre Argumente hat den Nachteil, dass die Genauigkeit schwer abzuschätzen ist. Die Brechung an einer Linse der Dicke $d = 0$ kann aus zwei aufeinanderfolgenden einfachen Brechungen (10.3.15) zusammengesetzt werden (siehe Abb. 10.8 und 10.9, [Pedrotti, 1997, §3]):

$$\frac{1}{g_1} + \frac{n}{b_1} = \frac{n-1}{r_1}, \quad \frac{n}{g_2} + \frac{1}{b_2} = \frac{n-1}{r_2} \quad \overset{b_1 = d - g_2}{\Longrightarrow} \quad \frac{1}{g_1} + \frac{1}{b_2} = \frac{n-1}{r_1} + \frac{n-1}{r_2}.$$

Setzt man Gegenstands- und Bildweite $g = g_1$ und $b = b_2$ ein, so erhält man:

$$\frac{1}{g} + \frac{1}{b} = \frac{1}{f'}, \qquad\qquad \frac{1}{f} = \frac{1}{f'} = \frac{n-1}{r_1} + \frac{n-1}{r_2}. \tag{10.3.16}$$

Ergänzung: Berücksichtigung der Dicke der Linse

In Abb. 10.9 ist eine Bikonvexlinse der Dicke d skizziert. Die Brechungsindizes links und rechts der Linse seien n_1, innerhalb der Linse n_2. Relevant ist wiederum nur $n = n_2/n_1$. Ein auf die Linse parallel zur optischen Achse einfallender Strahl wird jeweils an Vorder- und Rückseite gebrochen und trifft, unabhängig vom Abstand h zur optischen Achse, im Brennpunkt F' auf diese.

Die Brechungen an Vorder- und Rückseite der Linse können formal durch eine einzige an der Hauptebene H_2 ersetzt werden, wie in Abb. 10.9 skizziert ist. Für die entsprechenden Rechnungen werden im Folgenden wiederum die Winkelfunktionen durch ihre Winkel ersetzt:

$$\alpha_1 = n\beta_1, \quad \alpha_2 = \alpha_1 - \beta_1 + \varphi_2, \quad \beta_2 = n\alpha_2, \quad \gamma = \beta_2 - \varphi_2 = (\alpha_1 + \varphi_2)(n-1).$$

Nun werden die Winkel durch die Strecken r_1, r_2, d und h ersetzt:

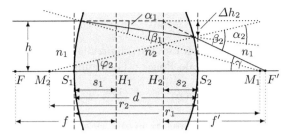

Abb. 10.9. Bikonvexe Linse:
$n = n_2/n_1 \approx 2$.
Kreismittelpunkte $M_{1,2}$: $r_{1,2}$,
Hauptebenen $H_{1,2}$,
Scheitelebenen $S_{1,2}$,
Brennpunkte F, F'.
Winkelsumme im Dreieck:
$\varphi_2 + (\pi - \beta_2) + \gamma = \pi$

$$\frac{\Delta h_2}{h} = \frac{d}{h}(\alpha_1 - \beta_1) = \frac{d(n-1)}{nr_1}, \quad \alpha_1 = \frac{h}{r_1}, \quad \varphi_2 = \frac{h - \Delta h_2}{r_2} = h\frac{nr_1 - d(n-1)}{nr_1 r_2}.$$

Gezeigt wird, dass alle parallel zur optischen Achse einfallenden Strahlen so gebrochen werden, dass sie diese im Brennpunkt F' schneiden:

$$h = f'\gamma, \qquad \gamma = (\alpha_1 + \varphi_2)(n-1) = h\left[\frac{1}{r_1} + \frac{nr_1 - d(n-1)}{nr_1 r_2}\right](n-1)$$

Hieraus erhält man die Gullstrand-Formel (links) und für dünne Linsen ($d \to 0$) die Linsenschleiferformel (rechts). $D = 1/f'$ heißt Brechwert:

$$D = \frac{1}{f'} = \frac{n-1}{r_1} + \frac{n-1}{r_2} - \frac{d(n-1)^2}{nr_1 r_2} \overset{d \to 0}{\Longrightarrow} \frac{n-1}{r_1} + \frac{n-1}{r_2}. \qquad (10.3.17)$$

Zu bestimmen sind noch die Lagen der Hauptebenen $H_{1,2}$:

$$s_2 = \frac{\Delta h_2}{\gamma} = \frac{\Delta h_2}{h}f' = \frac{d(n-1)}{nr_1}f', \qquad f = f', \qquad s_1 = \frac{d(n-1)}{nr_2}f.$$

Der gegenstandsseitige Abstand g und die Brennweite f enden in H_1, während b und f' von H_2 aus definiert sind. Die hier gezeigte Berechnung der Linse ist für komplexere Systeme durch die Matrixmethode zu ersetzen, bei der Brechungen mittels 2×2-Matrizen sukzessiv berechnet werden [Pedrotti, 1997, §4].

Wellenoptik

Für quasi-monochromatisches Licht macht man, ausgehend von der Wellengleichung (10.1.2), einen Separationsansatz der Form $\mathbf{E}(\mathbf{x}, t) = \mathbf{E}(\mathbf{x})\,\mathrm{e}^{-\mathrm{i}\omega t}$, wobei die Felder eine zeit- und ortsunabhängige Orientierung haben sollen (skalare Wellenoptik): $\mathbf{E}(\mathbf{x}) = \mathcal{E}(\mathbf{x})\mathbf{e}_z$. Man erhält so die Helmholtz-Gleichung

$$(\Delta + k^2)\mathcal{E} = 0, \qquad\qquad k^2 = \omega^2/c^2, \qquad (10.3.18)$$

Lösungen sind die ebenen Wellen $\mathrm{e}^{\mathrm{i}\mathbf{k}\cdot\mathbf{x}}$ oder die Kugelwelle $\mathcal{E} = \mathcal{E}_0\,\frac{1}{r}\mathrm{e}^{\mathrm{i}kr}$, eine Lösung von (10.3.18), die keine bevorzugte Ausbreitungsrichtung hat.

Bessel Bündel

Ist die Amplitude der Welle unabhängig von der Fortpflanzungsrichtung, so erhält man aus (10.3.18) die zweidimensionale Poisson-Gleichung

$$(\Delta_\perp + k_\perp^2)u(\boldsymbol{\varrho}) = 0; \qquad \mathcal{E}(\mathbf{x}) = \mathrm{e}^{\mathrm{i}k_z z}\, u(\boldsymbol{\varrho}), \qquad k^2 = k_\perp^2 + k_z^2.$$

Wie im Abschnitt 3.4.1 wird der Separationsansatz $u(\boldsymbol{\varrho}) = u(\varrho)\mathrm{e}^{\mathrm{i}l\varphi}$ gemacht, wobei l ganzzahlig sein muss $(u(\varrho,\varphi)=u(\varrho,\varphi+2\pi))$:

$$[\frac{\mathrm{d}^2\varrho}{\mathrm{d}\varrho^2} + \frac{1}{\varrho}\frac{\mathrm{d}}{\mathrm{d}\varrho} - \frac{l^2}{\varrho^2} + k_\perp^2)]u_l(\varrho) = 0. \tag{10.3.19}$$

Das ist die Bessel'sche Differentialgleichung (3.4.6) bzw. (B.4.1) deren im Nullpunkt reguläre Lösungen die Bessel-Funktionen $u_l(\varrho) \sim J_l(k_\perp\varrho)$ sind. Die Intensität ist ringförmig, bewirkt von den Nullstellen der J_l und nimmt nur langsam ab: $\lim\limits_{\varrho\to\infty}|u_l|^2 \sim 1/\varrho$. Eine Struktur folgt aus der Superposition:

$$u(\mathbf{x}) = \sum_l a_l\mathrm{e}^{\mathrm{i}l\varphi}\, J_l(k_\perp\varrho), \qquad J_{-l}(k_\perp\varrho) = (-1)^l\, J_l(k_\perp\varrho) \tag{10.3.20}$$

Die Paraxialnäherung

Man ist an Wellen interessiert, die sich in einem kleinen Winkelbereich um $\pm\mathbf{e}_z$ ausbreiten. Dabei sei die Variation der Amplitude in der z-Richtung gering, was einen Ansatz der Form $\mathcal{E} = \mathrm{e}^{\mathrm{i}kz}\, u(\mathbf{x})$ nahelegt. Eingesetzt in die Helmholtz-Gleichung folgt:

$$(\Delta + k^2)\mathcal{E} = \mathrm{e}^{\mathrm{i}kz}\Big[\Delta_\perp - k^2 + 2\mathrm{i}k\frac{\partial}{\partial z} + \frac{\partial^2}{\partial z^2} + k^2\Big]u = 0, \qquad |\frac{\partial u}{\partial z}| \ll |2\mathrm{i}ku|.$$

Man vernachlässigt $\partial^2 u/\partial z^2$ und erhält so die Paraxialgleichung:

$$\Big(\Delta_\perp + 2\mathrm{i}k\frac{\partial}{\partial z}\Big)u = 0, \qquad \Delta_\perp = \frac{\partial^2}{\partial\varrho^2} + \frac{1}{\varrho}\frac{\partial}{\partial\varrho} + \frac{1}{\varrho^2}\frac{\partial^2}{\partial\varphi^2}. \tag{10.3.21}$$

Mithilfe des Separationsansatzes $u(\mathbf{x}) = u_l(\varrho, z)\,\mathrm{e}^{\mathrm{i}l\varphi}$ erhält man

$$\Big(\frac{\partial^2}{\partial\varrho^2} + \frac{1}{\varrho}\frac{\partial}{\partial\varrho} - \frac{l^2}{\varrho^2} + 2\mathrm{i}k\frac{\partial}{\partial z}\Big)u_l(\varrho, z) = 0. \tag{10.3.22}$$

Gauss-Bündel

Für $l = 0$ wird eine Lösung der Paraxialgleichung (10.3.22) gesucht. Nimmt man einen schmalen kegelförmigen Ausschnitt der Kugelwelle um die z-Achse $r = \sqrt{z^2 + \varrho^2} \approx z + \varrho^2/2z$:

$$\mathcal{E} = \frac{1}{r}\mathrm{e}^{\mathrm{i}kr} \sim \frac{1}{z}\mathrm{e}^{\mathrm{i}k(z+\varrho^2/2z)} \qquad \Longrightarrow \qquad u_0 \sim \frac{1}{z}\mathrm{e}^{\mathrm{i}k\varrho^2/2z},$$

so ist dieser Lösung der Paraxialgleichung, wie man durch Einsetzen in (10.3.21) zeigen kann:

$$\Delta_\perp u_0 = \frac{\mathrm{i}ku_0}{z} + \left(\frac{\mathrm{i}k}{z} - \frac{k^2\varrho^2}{z^2}\right)u_0, \qquad 2\mathrm{i}k\frac{\partial u_0}{\partial z} = 2\mathrm{i}k\left(\frac{-1}{z} - \frac{\mathrm{i}k\varrho^2}{2z^2}\right)u_0.$$

Ersetzt man nun z durch $q(z) = z - \mathrm{i}z_R$, so ist $u(\mathbf{x})$ noch immer Lösung der Paraxialgleichung, hat aber für $z = 0$ eine endliche Breite ($Taille$):

$$u_0(\mathbf{x}) = c_0\frac{q_0}{q(z)}\mathrm{e}^{\mathrm{i}k\varrho^2/2q(z)}, \qquad \begin{aligned} q_0 &= q(0) \\ q(z) &= z - \mathrm{i}z_R \end{aligned}, \qquad \mathcal{E} = \mathrm{e}^{\mathrm{i}kz}\,u(\mathbf{x}). \qquad (10.3.23)$$

Zur Wellenzahl k ist als weiterer Parameter die *Rayleigh-Länge* z_R hinzugekommen, die für die endliche Breite $w(z)$ des Wellenbündels verantwortlich zeichnet und die Distanz ist, in der sich der Strahlquerschnitt, ausgehend von seiner Taille $w_0 = w(0)$, verdoppelt – siehe Abb. 10.10. Zerlegt man den

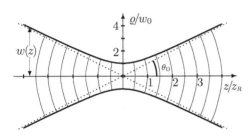

Abb. 10.10. Gauß-Bündel: Öffnungswinkel θ_0 mit $\tan\theta_0 = \sqrt{2/kz_R} = 1/2$, d.h. $kz_R = 8$. Phase des Bündels:
$$\phi(\varrho, z) = kz - \arctan\frac{z}{z_R} + \frac{k\varrho^2}{2R(z)}.$$
Die Phasen der eingezeichneten Wellenfronten sind wegen der Gouy-Phase $\arctan\frac{z}{z_R}$ nicht äquidistant

Exponentialfaktor von (10.3.23) in Real- und Imaginärteil

$$\frac{\mathrm{i}k\varrho^2}{2(z-\mathrm{i}z_R)} = \frac{\mathrm{i}k\varrho^2(z+\mathrm{i}z_R)}{2(z^2+z_R^2)} = \frac{\mathrm{i}k\varrho^2}{2(z+z_R/z)} - \frac{z_Rk\varrho^2}{2(z^2+z_R^2)} = \frac{\mathrm{i}k\varrho^2}{2R} - \frac{\varrho^2}{w^2},$$

so ergibt das

$$u_0 = c_0\frac{q_0}{q}\mathrm{e}^{\mathrm{i}k\varrho^2/2R - \varrho^2/w^2}$$

mit den Definitionen der Parameter des Gauß-Strahls (siehe Abb. 10.10):

$$w^2(z) = \frac{2(z^2+z_R^2)}{kz_R} = \frac{2z_R}{k}\left(1+\frac{z^2}{z_R^2}\right) = w_0^2\left(1+\frac{z^2}{z_R^2}\right) \quad \text{Strahlradius,} \quad (10.3.24)$$

$$w_0 = w(0) = \sqrt{\frac{2z_R}{k}} \qquad\qquad\qquad \text{Taillenradius,}$$

$$R(z) = \frac{z^2+z_R^2}{z} = z_R\left(\frac{z}{z_R}+\frac{z_R}{z}\right) = \frac{z_R^2}{z}\frac{w^2}{w_0^2} \qquad \begin{aligned}&\text{Krümmungsradius} \\ &\text{der Wellenfront,}\end{aligned}$$

$$\phi_G(z) = \arctan\frac{z}{z_R} \qquad\qquad\qquad \text{Gouy-Phase.}$$

Angemerkt werden darf, dass w die doppelte Standardabweichung der Intensität ist ($w = 2\sigma$). Das Gauß-Bündel bleibt, verglichen mit einer ebenen Welle gleicher Wellenzahl, etwas zurück, so dass sich eine Phasendifferenz ϕ_G gegenüber dieser ausbildet.

Normierung des Bündels: Für endliche z_R ist u_0 in der xy-Ebene normierbar:

$$\int dx\,dy\,|u_0|^2 = \frac{2\pi c_0^2 z_R^2}{z^2 + z_R^2}\int_0^\infty d\varrho\,\varrho\,e^{-z_R k\varrho^2/(z^2+z_R^2)} = \frac{2\pi c_0^2 z_R^2}{z^2+z_R^2}\frac{z^2+z_R^2}{2kz_R}$$

$$= \frac{2\pi c_0^2 z_R}{2k} = 1 \quad \Rightarrow \quad c_0 = \sqrt{\frac{k}{\pi z_R}} = \frac{1}{w_0}\sqrt{\frac{2}{\pi}}. \tag{10.3.25}$$

Die Intensität $|u_0|^2$ ist eine Gauß-Verteilung, zentriert um die optische Achse. *Umformung des Vorfaktors* q_0/q: Sei $\phi_G = \arctan\frac{z}{z_R}$ (*Gouy-Phase*), so gilt

$$e^{-i\phi_G} = \cos\phi_G\,(1 - i\tan\phi_G) = \frac{1 - i\tan\phi_G}{\sqrt{1+\tan^2\phi_G}} = \frac{1 - iz/z_R}{\sqrt{1+z^2/z_R^2}}.$$

$$\frac{q_0}{q} = \frac{-iz_R}{z - iz_R} = \frac{1}{1 + i\frac{z}{z_R}} = \frac{1 - iz/z_R}{1 + z^2/z_R^2} = \frac{w_0}{w}e^{-i\phi_G}. \tag{10.3.26}$$

$$u_0 = c_0\frac{q_0}{q}e^{ik\varrho^2/2q} = c_0\frac{q_0}{q}e^{ik\varrho^2/2R - \varrho^2/w^2}, \qquad c_0\frac{q_0}{q} = \frac{1}{w}\sqrt{\frac{2}{\pi}}e^{-i\phi_G}. \tag{10.3.27}$$

Wellenoptik

Wir beschränken uns hier auf dünne Linsen, Zylindersymmetrie und Transmission. Die Reflexion an den Grenzflächen wird vernachlässigt. Durchläuft die Welle der Wellenzahl k ein Medium der Dicke d mit dem Brechungsindex n, so erfährt die Phase die Verschiebung $\delta = k(n-1)d$.

Abb. 10.11 zeigt eine dünne Linse Dicke $d(0)$ mit den Krümmungsradien r_1 und r_2. Auf diese treffe eine ebene Wellenfront. Im Abstand ϱ von der optischen Achse legt die Welle im Medium die Strecke

$$d(\varrho) = d(0) - (\varrho_1 - \sqrt{\varrho_1^2 - \varrho^2}) - (\varrho_1 - \sqrt{\varrho_1^2 - \varrho^2}) \approx d(0) - \varrho^2(\frac{1}{2r_1} + \frac{1}{2r_2})$$

zurück. Die Phasenverschiebung ist dann

$$\delta(\varrho) = k(n-1)d(\varrho) = \delta(0) - k\frac{\varrho^2}{2f'}, \qquad \frac{1}{f'} = (n-1)(\frac{1}{r_1} + \frac{1}{r_2}). \tag{10.3.28}$$

Die Wellenfront hat hinter der Linse den Krümmungsradius, d.h. die Brennweite f'. Nun ist die auf die Linse auftreffende Wellenfront nicht eben, sondern ein Gauß-Bündel zu dem die Wirkung der Linse addiert werden muss:

$$k\varrho^2(\frac{1}{q} - \frac{1}{f'}) = \frac{k\varrho^2}{2q'}, \qquad \frac{1}{q'} = \frac{1}{q} - \frac{1}{f'}. \tag{10.3.29}$$

Ein Gauß-Bündel bleibt also ein Gauß-Bündel mit veränderten Parametern.

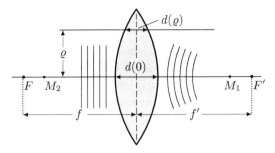

Abb. 10.11. Ebene Welle fällt auf dünne Bikonvexlinse. $M_{1,2}$ sind die Mittelpunkte der Radien r_1 und r_2; ($n \approx 1.5$)

Hermite-Gauß Bündel

Wird das Gauß-Bündel u_0, (10.3.23), in kartesischen Koordinaten dargestellt

$$u_0 = u_{0x}(x,z)\,u_{0y}(y,z), \quad u_{0x} = \sqrt{c_0\frac{q_0}{q}}\,\mathrm{e}^{\mathrm{i}kx^2/2q}, \quad u_{0y} = \sqrt{c_0\frac{q_0}{q}}\,\mathrm{e}^{\mathrm{i}ky^2/2q},$$

so erfüllen u_{0x} und u_{0y} die Paraxialgleichung separat. Man sucht nun Lösungen mit einer inneren Struktur $u_x = v_x\,u_{0x}$ mit einem Polynom v_x und bestimmt die Differentialgleichung der v_x genügt, damit $v_x u_x$ ebenfalls die Paraxialgleichung erfüllt:

$$[\Delta_\perp + 2\mathrm{i}k\frac{\partial}{\partial z}]u_{0x}v_x = v_x[\Delta_\perp+2\mathrm{i}k\frac{\partial}{\partial z}]u_{0x}+u_{0x}[\Delta_\perp+2\mathrm{i}k\frac{\partial}{\partial z}]v_x+2\frac{\partial u_{0x}}{\partial x}\frac{\partial v_x}{\partial x}$$

$$= u_{0x}\Big[\frac{\partial^2}{\partial x^2}+2\frac{\mathrm{i}kx}{q}\frac{\partial}{\partial x}+2\mathrm{i}k\frac{\partial}{\partial z}\Big]v_x \overset{!!}{=} 0. \qquad (10.3.30)$$

Bestimmung der Polynome v_x: Einen Anhaltspunkt gibt $u_{0x}\sim\mathrm{e}^{-x^2/w^2}$, das als Gewichtsfunktion der Hermite-Polynome verstanden werden kann:

$$\int_{-\infty}^{\infty}\mathrm{d}\xi\,\mathrm{e}^{-\xi^2}H_l(\xi)\,H_m(\xi) = \delta_{lm}\,l!\,2^l\sqrt{\pi} \qquad (10.3.31)$$

und demnach nahelegt, dass $\mathrm{e}^{-\xi^2/2}=\mathrm{e}^{-x^2/w^2}\Rightarrow\xi=\frac{x\sqrt{2}}{w}$. Es zeigt sich, dass in v_x zu H_l ein Phasenfaktor kommt: $v_x = \mathrm{e}^{-\mathrm{i}l\phi_G}H_l(\xi)$

$$\Big\{\frac{\partial^2}{\partial x^2}+2\mathrm{i}k[\frac{x}{q}\frac{\partial}{\partial x}+\frac{\partial}{\partial z}]\Big\}v_x = \mathrm{e}^{-\mathrm{i}l\phi_G}\Big\{\frac{2}{w^2}\frac{\mathrm{d}^2}{\mathrm{d}\xi^2}+2\mathrm{i}k[\frac{\xi}{q}-\frac{\mathrm{i}z\,\xi}{z^2+z_R^2}]\frac{\mathrm{d}}{\mathrm{d}\xi}+\frac{4l}{w^2}\Big\}H_l(\xi).$$

Die Auswertung ergibt die Differentialgleichung für Hermite-Polynome

$$\Big[\frac{\mathrm{d}^2}{\mathrm{d}\xi^2}-2\xi\frac{\mathrm{d}}{\mathrm{d}\xi}+2l\Big]H_l(\xi) = 0. \qquad (10.3.32)$$

Als Lösung der Paraxialgleichung erhält man: $u_H(\mathbf{x}) = u_l(x,z)\,u_m(y,z)$

$$u_l(x,z) = c_l\frac{\sqrt{q_0}}{\sqrt{q}}H_l\big(\frac{x\sqrt{2}}{w}\big)\mathrm{e}^{-\mathrm{i}l\phi_G}\,\mathrm{e}^{\mathrm{i}kx^2/q}, \qquad c_l = \frac{1}{\sqrt{l!\,2^l}}, \qquad (10.3.33)$$

$$\int\mathrm{d}x\,|u_l(x)|^2 = |c_l|^2c_0\frac{q_0}{q}|\frac{w}{\sqrt{2}}\int\mathrm{d}\xi\,H_l^2(\xi)\mathrm{e}^{-\xi^2} = |c_l|^2\frac{1}{\sqrt{\pi}}l!\,2^l\sqrt{\pi} = 1.$$

An den Nullstellen der Polynome verschwindet die Intensität und der Strahl wird zugleich mit Polynomen höherer Ordnung breiter.

Laguerre-Gauß Bündel

Rotationssymmetrische Lösungen der Paraxialgleichung (10.3.22) für $l \neq 0$ erhält man mittels zugeordneter Laguerre-Polynome $L_p^l(\eta)$, denen eine Gewichtsfunktion der Form $\mathrm{e}^{-\eta/2}$ zugrunde liegen muss, um die Orthogonalität zu gewährleisten. Demnach ist $\eta = 2\varrho^2/w^2$. Man macht den Ansatz:

$$u_L = c_L \eta^{|l|/2} L_p^{|l|}(\eta) \mathrm{e}^{-\mathrm{i}(|l|+2p)\phi_G} \mathrm{e}^{\mathrm{i}\varphi l} u_0, \quad u_0 = c_0 \frac{q_0}{q} \mathrm{e}^{\mathrm{i}k\varrho^2/2R - \varrho^2/2w^2}. \quad (10.3.34)$$

Eingesetzt in die Paraxialgleichung erhält man mit diesem Ansatz die Differentialgleichung für die Laguerre-Polynome, womit gezeigt ist, dass u_L korrekt ist. Wie bereits bei den Hermite-Gauß-Polynomen verstärkt sich die Retardierung der Gouy-Phase mit steigender Ordnung. Das geht in Hand mit einer Verbreiterung des Strahls. Die Nullstellen der Polynome bilden hier dunkle Ringe, an deren Zahl der Drehimpuls ablesbar ist. Die Wellenbündel sind Eigenfunktionen des Drehimpulsoperators:

$$L_z u_L = -\mathrm{i}\hbar \frac{\partial}{\partial \varphi} u_L = \hbar l \, u_L.$$

In der folgenden Nebenrechnung wird verifiziert, dass u_L Lösung der Paraxialgleichung ist.

Nebenrechnung: Nun wird u_L als Produkt von $v_l \mathrm{e}^{-\mathrm{i}(|l|+2p)\phi_G}$ mit u_0 dargestellt:

$$u_L = c_L \, v_l \, \mathrm{e}^{-\mathrm{i}(|l|+2p)\phi_G} \, \mathrm{e}^{\mathrm{i}\varphi l} \, u_0.$$

Beim Einsetzen des Produktansatzes in die Paraxialgleichung können wir direkt auf (10.3.22) zurückgreifen:

$$\left[\frac{\partial^2}{\partial \varrho^2} + \left(\frac{1}{\varrho} + \frac{2\mathrm{i}k\varrho}{q} \right) \frac{\partial}{\partial \varrho} + 2\mathrm{i}k \frac{\partial}{\partial z} - \frac{l^2}{\varrho^2} \right] v_l \, \mathrm{e}^{-\mathrm{i}(|l|+2p)\phi_G} = 0. \quad (10.3.35)$$

Die Gouy-Phase bringt einen konstanten Beitrag zur Differentialgleichung:

$$\mathrm{e}^{-\mathrm{i}(|l|+2p)\phi_G} \left[\frac{\partial^2}{\partial \varrho^2} + \frac{1}{\varrho} \frac{\partial}{\partial \varrho} + 2\mathrm{i}k \left(\frac{\varrho}{q} \frac{\partial}{\partial \varrho} + \frac{\partial}{\partial z} \right) - \frac{l^2}{\varrho^2} + \frac{4|l|+8p}{w^2} \right] v_l(\eta) = 0.$$

Wir erwarten, dass die beiden zu $2\mathrm{i}k$ proportionalen Terme reell sind:

$$2\mathrm{i}k \left[\frac{\varrho}{q} \frac{\partial \varrho}{\partial \eta} \frac{\partial}{\partial \eta} + \frac{\partial z}{\partial \eta} \frac{\partial}{\partial \eta} \right] v_l(\eta) = 2\mathrm{i}k \left[\frac{z + \mathrm{i}z_R}{z^2 + z_R^2} 2\eta - \frac{2z\eta}{z^2 + z_R^2} \right] \frac{\partial v_l}{\partial \eta} = \frac{-4k\eta z_R}{z^2 + z_R^2} \frac{\partial v_l}{\partial \eta}.$$

Nun wechseln wir generell zu $\eta = 2\varrho^2/w^2$ und multiplizieren von links mit ϱ^2:

$$\left[4\eta^2 \frac{\partial^2}{\partial \eta^2} + (2\eta - 4\eta^2) \frac{\partial}{\partial \eta} - l^2 + (2|l|+4p)\eta \right] v_l(\eta) = 0.$$

Im letzten Schritt setzen wir $v_l = \eta^{|l|/2} v(\eta)$ ein:

$$\frac{\partial v_l}{\partial \eta} = \eta^{|l|/2} \Big[\frac{\partial}{\partial \eta} + \frac{|l|}{2\eta}\Big] v, \qquad \frac{\partial^2 v_l}{\partial \eta^2} = \eta^{|l|/2} \Big[\frac{\partial^2}{\partial \eta^2} + \frac{|l|}{\eta}\frac{\partial}{\partial \eta} + \frac{|l|(|l|-2)}{4\eta^2}\Big] v.$$

$$\eta^{|l|/2} \Big[4\eta^2 \frac{\partial^2 v}{\partial \eta^2} + \big(2|l|+2-2\eta\big) 2\eta \frac{\partial}{\partial \eta} - l^2 + (2|l|+4p)\eta + l^2 - 2|l| + |l|(2-2\eta)\Big] v = 0.$$

Von links dividiert durch 4η ergibt das die Differentialgleichung für zugeordnete Laguerre-Polynome $v = L_p^l(\eta)$ mit folgenden Orthogonalitätsbedingungen:

$$\Big[\eta\frac{\partial^2 v}{\partial \eta^2} + (|l|+1-\eta)\frac{\partial}{\partial \eta} + p\Big] L_p^{|l|} = 0, \qquad \int_0^\infty d\eta\, e^{-\eta}\, \eta^l\, L_p^l L_s^l = \frac{(p+l)!}{p!}\, \delta_{ps}.$$

Wir setzen ein: $(c_0 w_0)^2 = 2/\pi$

$$2\pi \int_0^\infty d\varrho\, \varrho\, |u_L|^2 = 2\pi \frac{w^2}{4} c_L^2 \frac{c_0^2 w_0^2}{w^2} \int_0^\infty d\eta\, e^{-\eta} \eta^{|l|} \big(L_p^{|l|}\big)^2 = c_L^2 \frac{(p+|l|)!}{p!} = 1.$$

Nun kann u_L – (10.3.34) – geeignet dargestellt werden:

$$u_L(\mathbf{x}) = c_L c_0 \frac{q_0}{q} \Big(\frac{\varrho\sqrt{2}}{w}\Big)^{|l|} L_p^{|l|}\Big(\frac{2\varrho^2}{w^2}\Big)\, e^{-\varrho^2/w^2}\, e^{il\varphi - i(|l|+2p)\phi_G + ik\varrho^2/2R},$$

$$c_L c_0 \frac{q_0}{q} \overset{(10.3.27)}{=} \sqrt{\frac{2\, p!}{\pi\, (p+|l|)!}}\, \frac{1}{w}\, e^{-i\phi_G}. \tag{10.3.36}$$

In Abb. 10.12 sind Intensitätsprofile mit $p = 0$ abgebildet $(L_0^l = 1)$. Mit wachsendem l wird der Strahl breiter, wobei zugleich die Intenstät im Zentrum verschwindet, was dem Polynom $(\sqrt{2}\varrho/w)^l$ zuzuschreiben ist.

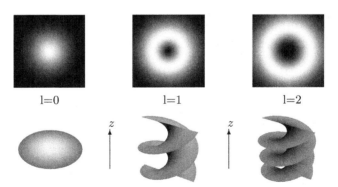

l=0   l=1   l=2

Abb. 10.12. Intensitätsprofil und Phasenverlauf eines Laguerre-Gauß-Strahls gemäß (10.3.36) mit $L_0^l = 1$; in den Skizzen zur Phase ist die Krümmung der Wellenfront $R(z)$ vernachlässigt

Unser Interesse gilt jedoch der Phase des Strahls, die den Drehimpuls widerspiegelt. Die ersten zugeordneten Laguerre Polynome sind $(l \geq 0)$:

$$L_0^l(\eta) = 1, \qquad L_1^l(\eta) = 1 + l - \eta, \qquad L_2^l(\eta) = \frac{(l+1)(l+2)}{2} - (2+l)\eta + \frac{\eta^2}{2},$$

wobei nur Werte mit $\varrho \leq w$, d.h. $\eta \leq 2$ betrachtet werden. In der Darstellung

$$\mathcal{E} = \text{sgn}\, L_p^{|l|}\, |u_L| e^{i\phi}, \quad \phi = kz + l\varphi - (|l| + 1 + 2p) \arctan \frac{z}{z_R} - \frac{z}{z_R} \frac{\varrho^2}{w^2} \quad (10.3.37)$$

ist zu beachten, dass zur Phase ϕ an den Nullstellen der Polynome ein Sprung um π hinzukommt. Das ist in den in Abb. 10.12 dargestellten Phasenverläufen nicht der Fall. Vielmehr wird gezeigt, wie aus einem Gauß-Strahl, in dem die Phase in diskreten (leicht gekrümmten) Ebenen gleich ist, mithilfe des Drehimpulses eine zusammenhängende Spirale entsteht.

10.4 Wellen in Leitern

Die Dielektrizitätskonstante von Metallen divergiert mit $\omega \to 0$. Damit wird die Wellenlänge im Metall mit $\delta \sim 2\pi c/(\omega\sqrt{|\epsilon|})$ klein im Vergleich zur Vakuumwellenlänge von $2\pi c/\omega$. Wenn δ auch noch klein gegen die Krümmung der Metalloberfläche ist, so vereinfacht das die Reflexion an einer Metalloberfläche wesentlich.

10.4.1 Die Gleichungen für die Wellenausbreitung in Metallen

Zur Beschreibung von Wellen in (homogenen) Leitern muss in den Maxwell-Gleichungen (10.1.1) zunächst $\mathbf{j}$ in der Ampère-Maxwell-Gleichung (5.2.16)

$$\boldsymbol{\nabla} \times \mathbf{H} = (k_L/c)(4\pi k_r \mathbf{j} + \dot{\mathbf{D}})$$

mitgenommen werden, wobei nach dem Ohm'schen Gesetz $\mathbf{j} = \sigma \mathbf{E}$

$$\boldsymbol{\nabla} \times \mathbf{B} = \mu\mu_0(k_L/c)(4\pi k_r \sigma \mathbf{E} + \epsilon\epsilon_0 \dot{\mathbf{E}})$$

ist. Hierbei gibt der letzte Term den sogenannten Verschiebungsstrom an. Differenziert man die Ampère-Maxwell-Gleichung nach t, so erhält man

$$\boldsymbol{\nabla} \times \dot{\mathbf{B}} = (1/ck_L)(4\pi k_C \mu\sigma \dot{\mathbf{E}} + \epsilon\mu \ddot{\mathbf{E}}).$$

Nun setzt man für $\dot{\mathbf{B}}$ aus dem Induktionsgesetz $\dot{\mathbf{B}} = -(c/k_L)\,\text{rot}\,\mathbf{E}$ ein und berücksichtigt, dass div $\mathbf{E} = 0$:

$$\Delta \mathbf{E} = \frac{1}{c^2}(4\pi k_C \mu\sigma \dot{\mathbf{E}} + \epsilon\mu \ddot{\mathbf{E}}). \qquad (10.4.0)$$

Betrachtet wird eine senkrecht auf das Metall einfallende Welle, wie in Abb. 10.13 skizziert:

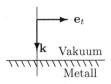

Abb. 10.13. Ein elektrisches Feld trifft senkrecht auf die Grenzfläche Vakuum-Metall

einfallende Welle : $\mathbf{E} = E_0\,\mathbf{e}_t\,\mathrm{e}^{\mathrm{i}kz - \mathrm{i}\omega t}$,

reflektierte Welle : $\mathbf{E}_r = E_{0r}\,\mathbf{e}_t\,\mathrm{e}^{-\mathrm{i}kz - \mathrm{i}\omega t}$,

eindringende Welle : $\mathbf{E}_d = E_{0d}\,\mathbf{e}_t\,\mathrm{e}^{\mathrm{i}qz - \mathrm{i}\omega t}$.

Mit dem obigen Ansatz für $\mathbf{E}_d$ in Metallen erhält man

$$-q^2 = -\mathrm{i}\omega\frac{4\pi k_C\mu\sigma}{c^2} - \frac{\epsilon\mu}{c^2}\,\omega^2 = -\frac{\mu\omega}{c^2}\bigl(\epsilon\omega + \mathrm{i}\,4\pi k_C\sigma\bigr)\,.$$

Von Interesse ist das Größenverhältnis der beiden Terme auf der rechten Seite.

Geringe Leitfähigkeit: $\epsilon\omega \gg 4\pi k_C\sigma$

Der Beitrag von $\sigma\mathbf{E}$ kann vernachlässigt werden und man erhält die übliche Wellengleichung

$$\bigl(\Delta - \frac{\epsilon\mu}{c^2}\,\frac{\partial^2}{\partial t^2}\bigr)\mathbf{E} = 0\,.$$

Das Medium verhält sich wie ein Dielektrikum.

Hohe Leitfähigkeit: $\epsilon\omega \ll 4\pi k_C\sigma$

Ist die Leitfähigkeit groß und die Frequenz nicht zu hoch, so kann der Beitrag des Verschiebungsstroms vernachlässigt werden (quasistationäre Näherung)

$$\omega \ll 4\pi k_C\,\frac{\sigma}{\epsilon} \qquad \Rightarrow \qquad \bigl(\Delta - \frac{4\pi k_C\mu\sigma}{c^2}\,\frac{\partial}{\partial t}\bigr)\mathbf{E} = 0\,. \qquad (10.4.1)$$

In diesem Bereich verhält sich das Medium wie ein guter Leiter. Aus (10.4.1) folgt

$$q^2 = +\mathrm{i}\omega\frac{4\pi k_C\mu\sigma}{c^2} \qquad \Rightarrow \qquad q = \frac{1 + \mathrm{i}}{\sqrt{2}}\,\frac{\sqrt{4\pi k_C\mu\sigma\omega}}{c}\,.$$

Eingesetzt in

$$\mathbf{E}_d = E_{0d}\,\mathrm{e}^{\mathrm{i}qz} = E_{0d}\,\mathrm{e}^{(\mathrm{i}-1)\frac{\sqrt{2\pi k_C\mu\sigma\omega}}{c}\,z}$$

erhält man die Eindringtiefe

$$\delta = \frac{c}{\sqrt{2\pi k_C\mu\sigma\omega}}\,, \qquad\qquad \text{SI: } \delta = \sqrt{\frac{2}{\mu\mu_0\sigma\omega}} \qquad (10.4.2)$$

als den Wert, bei dem die Amplitude von $\mathbf{E}_d$ auf den Wert $1/e$ abgesunken ist. Für das Magnetfeld $\mathbf{B}$ bekommt man denselben Wert für die Eindringtiefe.

In Kupfer ist die Eindringtiefe δ bei einer Frequenz von 50 Hz ca. $\delta = 9.4$ mm, so dass bei „normalen" Querschnitten ($4\,\text{mm}^2 \leftrightarrow 1.28$ mm Durchmesser) der Strom homogen im Draht verteilt ist; bei 500 kHz, dem unteren Ende der Mittelwelle, ist $\delta = 0.1$ mm.

(10.4.1) kann auf die Form

$$\left(\Delta - \frac{2}{\delta^2 \omega}\frac{\partial}{\partial t}\right)\mathbf{E} = 0 \qquad \text{mit} \quad \frac{4\pi k_C \mu \sigma \omega}{c^2} = \frac{2}{\delta^2} \qquad (10.4.3)$$

gebracht werden und die Ungleichung $\;\omega\epsilon \ll 4\pi k_C \sigma\;$ für den Gültigkeitsbereich des metallischen Verhaltens ist dann

$$\omega\epsilon\,\frac{\mu\omega}{c^2} = k^2\epsilon\mu \ll 4\pi k_C\sigma\,\frac{\mu\omega}{c^2} = \frac{2}{\delta^2} \qquad \Rightarrow \qquad n = \sqrt{\epsilon\mu} \ll \frac{\sqrt{2}}{k\,\delta}.$$

Wir haben dabei die Ungleichung mit $(\omega\mu/c^2)$ erweitert und $k = \omega/c$, die Wellenzahl im Vakuum, eingesetzt. $\sqrt{\epsilon\mu}$ ist der Brechungsindex bei kleinem σ und δ die Eindringtiefe.

Mittlere Leitfähigkeit: $\omega\epsilon \lesssim 4\pi k_C \sigma$

In Medien mit schlechterer Leitfähigkeit kann (bei geringer Eindringtiefe) der Verschiebungsstrom nicht vernachlässigt werden und wegen der hohen Frequenzen ist auch der Term mit $\ddot{\mathbf{E}}$ zu berücksichtigen:

$$\left[\Delta - \left(\frac{\epsilon\mu}{c^2} + \frac{2i}{\delta^2\,\omega^2}\right)\frac{\partial^2}{\partial t^2}\right]\mathbf{E} = \left[\Delta - \frac{1}{c^2}\left(\epsilon\mu + \frac{2i}{\delta^2\,k^2}\right)\frac{\partial^2}{\partial t^2}\right]\mathbf{E} = 0. \quad (10.4.4)$$

Unter der Annahme, dass $\mathbf{E} \sim e^{-i\omega t}$ kann $\dot{\mathbf{E}}$ durch $(i/\omega)\,\ddot{\mathbf{E}}$ ersetzt werden. Das ergibt eine Wellengleichung mit einem komplexen, frequenzabhängigen Brechungsindex.

Die Wurzel einer komplexen Zahl[3] nähern wir gemäß

$$\sqrt{a + ib} = \begin{cases} \sqrt{a}\left(1 + i\dfrac{b}{2a}\right) & a \gg b \geq 0 \\[2mm] \dfrac{1 + i}{\sqrt{2}}\,\sqrt{b}\left(1 - i\dfrac{a}{2b}\right) & b \gg a \geq 0. \end{cases}$$

Für den komplexen Brechungsindex erhalten wir so

$$n + i\kappa = \sqrt{\epsilon\mu + \frac{2i}{k^2\delta^2}}$$

$$\approx \sqrt{\epsilon\mu}\left(1 + \frac{i}{k^2\delta^2\,\epsilon\mu}\right) \qquad\qquad \text{für} \quad \epsilon\mu \gg \frac{2}{k^2\,\delta^2}$$

$$\approx \frac{1}{k\delta}\left(1 + \frac{\epsilon\mu k^2\delta^2}{4}\right) + \frac{i}{k\delta}\left(1 - \frac{\epsilon\mu k^2\delta^2}{4}\right) \qquad \text{für} \quad \epsilon\mu \ll \frac{2}{k^2\,\delta^2}.$$

---

[3] exakt: $\;\sqrt{a + ib} = \sqrt{\dfrac{1}{2}\left(\sqrt{a^2 + b^2} + a\right)} + i\sqrt{\dfrac{1}{2}\left(\sqrt{a^2 + b^2} - a\right)}$

Im zweiten Fall, dem guten Leiter, gilt

$$n \approx \kappa \approx \frac{1}{k\delta} \gg 1 \qquad \text{für } 1 \le \sqrt{\epsilon\mu} \ll \frac{\sqrt{2}}{\delta k}. \qquad (10.4.5)$$

Senkrechter Einfall

Wir nehmen die Fresnel'schen Formeln (10.3.11) für den senkrechten Einfall mit $n = 1$ und $n' = n + i\kappa$. Damit berechnen wir die Intensitäten

$$E_r = \frac{n + i\kappa - 1}{1 + n + i\kappa} E_0 \qquad \text{und} \qquad E_d = \frac{2}{n + i\kappa + 1} E_0,$$

$$\left|\frac{E_r}{E_0}\right|^2 = \frac{(n-1)^2 + \kappa^2}{(n+1)^2 + \kappa^2} = 1 - \frac{4n}{(n+1)^2 + \kappa^2},$$

Für gute Leiter ist daher gemäß (10.4.5) $\left|\frac{E_d}{E_0}\right| \to 0$. Fast die gesamte Welle wird reflektiert und wir haben einen Metallspiegel vor uns:

$$e^{i\mathbf{q}\cdot\mathbf{x}} = e^{ik(n+i\kappa)z} \approx e^{(i-1)z/\delta}.$$

10.4.2 Zylinderförmiger Draht (Skineffekt)

Betrachtet wird die Verteilung der Stromdichte in einem Leiter (Draht), in dem ein Strom fließt. Die bisherigen Ergebnisse lassen erwarten, dass sich der Strom nicht gleichmäßig auf den Querschnitt verteilen wird, sondern mehr oder weniger auf die Oberfläche, da aufgrund der Eindringtiefe δ des elektrischen Feldes dieses im Inneren schwächer sein wird. Dieser Effekt wird als *Skineffekt* bezeichnet.

Für das elektrische Feld in einem Leiter können wir (10.4.1) heranziehen

$$\left(\Delta - \frac{4\pi k_C \mu\sigma}{c^2} \frac{\partial}{\partial t}\right)\mathbf{E} \overset{(10.4.3)}{=} \left(\Delta - \frac{2}{\delta^2\omega} \frac{\partial}{\partial t}\right)\mathbf{E} = 0.$$

Der Querschnitt des Drahtes (siehe Abb. 10.14) ist kreisförmig und aus Symmetriegründen ist $\mathbf{E}$=const. an der Oberfläche. Dazu ist im Außenraum $\operatorname{div}\mathbf{E} = 0$ und $\operatorname{rot}\mathbf{E} = 0$. Wir nehmen Zylinderkoordinaten, wobei der Symmetrie des Systems entsprechend $\mathbf{E} = E(\varrho)e^{-i\omega t}\mathbf{e}_z$ und differenzieren nach t

$$\left(\frac{\partial^2}{\partial\varrho^2} + \frac{1}{\varrho}\frac{\partial}{\partial\varrho_2} + \frac{2i}{\delta^2 2j}\right)E(\varrho) = 0. \qquad (10.4.6)$$

Wir definieren $\check{k}^2 = \frac{2}{\delta^2}$, d.h. $\kappa = \frac{1+i}{\delta}$, und setzen in (10.4.6) $\varrho = z/\kappa$ ein. Damit erhalten wir

$$\left(\frac{d^2}{dz^2} + \frac{1}{z}\frac{d}{dz} + 1\right)E(\frac{z}{\kappa}) = 0 \ .$$

Das ist die Bessel'sche Differentialgleichung (B.4.1) mit den Bessel-Funktionen $Z_\nu(z)$ für $\nu = 0$. Es ist also $E(\frac{z}{\kappa}) = Z_0(z)$ oder $E(\varrho) = Z_0(\kappa\varrho)$, und für Z_0 kann die am Ursprung reguläre Funktion J_0 eingesetzt werden:

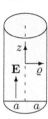

Abb. 10.14. Stück eines geraden Drahtes vom Radius a; Drahtachse und **E** zeigen in z-Richtung.

$$\mathbf{E} = E(\varrho)\,e^{-i\omega t}\,\mathbf{e}_z$$

$$E(\varrho) = C\,J_0(\kappa\varrho)\,.$$

C wird aus dem Gesamtstrom I bestimmt:

$$I = \sigma \iint df\, E(\varrho) = \sigma 2\pi C \int_0^a d\varrho\,\varrho\, J_0(\kappa\varrho) = 2\pi\sigma C \frac{1}{\kappa^2} \int_0^{a\kappa} du\, u\, J_0(u)$$

$$= 2\pi\sigma C \frac{1}{\kappa^2}\, u\, J_1(u)\Big|_0^{a\kappa} = 2\pi a\sigma C \frac{1}{\kappa}\, J_1(a\kappa).$$

Aus (B.4.8) kann die hier verwendete Formel $\dfrac{d}{dz}(z^n\,J_n(z)) = z^n\,J_{n-1}(z)$ hergeleitet werden. Damit sind C und **E** bestimmt (und die Stromdichte):

$$C = \frac{I\kappa}{2\pi a\sigma}\,\frac{1}{J_1(\kappa a)}\,, \qquad\qquad E(\varrho) = \frac{I\kappa}{2\pi a\sigma}\,\frac{J_0(\kappa\varrho)}{J_1(\kappa a)}\,. \qquad (10.4.7)$$

Im größten Bereich des Drahtes ist $\kappa a \gg 1$, so dass wir die asymptotischen Entwicklungen für die Bessel-Funktionen einsetzen:

$$J_\nu(\kappa\varrho) = \sqrt{\frac{2}{\pi\kappa\varrho}}\,\cos\left(\kappa\varrho - \frac{\nu\pi}{2} - \frac{\pi}{4}\right) \sim \frac{1}{2}\sqrt{\frac{2}{\pi\kappa\varrho}}\,e^{-i\left(\kappa\varrho - \frac{\nu\pi}{2} - \frac{\pi}{4}\right)}\,,$$

wobei berücksichtigt ist, dass $e^{i\kappa\varrho} = e^{i(1+i)\varrho/\delta} \to 0$. Das ergibt für

$$\frac{J_0(\kappa\varrho)}{J_1(a\kappa)} = \sqrt{\frac{a}{\varrho}}\,e^{-i\frac{\pi}{2}}\,e^{i\kappa(a-\varrho)} = (-i)\sqrt{\frac{a}{\varrho}}\,e^{\frac{-1+i}{\delta}(a-\varrho)}\,.$$

In dieser asymptotischen Form für das elektrische Feld

$$E(\varrho) = -i\frac{I\kappa}{2\pi a\sigma}\sqrt{\frac{a}{\varrho}}\,e^{-\frac{a-\varrho}{\delta} + i\frac{a-\varrho}{\delta}} \qquad (10.4.8)$$

ist der bereits angekündigte Effekt, dass das Feld nach außen gedrängt wird, zu sehen. Nun geben wir noch den Widerstand für $\varrho = a$ an:

$$\mathfrak{R} = \frac{E(a)}{I} = \frac{\kappa}{2\pi a\sigma}\,\frac{J_0(\kappa a)}{J_1(\kappa a)} = (-i)\frac{\kappa}{2\pi a\sigma}$$

$$= (-i)R_0\frac{\kappa a}{2} = R_0\frac{a}{2\delta}(1-i)\,. \qquad (10.4.9)$$

Gegenüber dem Gleichstromwiderstand

$$R_0 = \frac{E(a)}{I} = \frac{1}{\pi a^2 \sigma}$$

haben wir in (10.4.9) einen etwa um δ/a kleineren Querschnitt. Wirksam wird der Effekt vor allem bei höheren Frequenzen; in Haushalten, bei einer Frequenz von 50 Hz und Drähten mit einem Querschnitt von $\leq 10\,\mathrm{mm}^2$ ist die Stromdichte noch homogen.

Vereinfachte Rechnung: Wir nehmen die asymptotische Form von (10.4.6):

$$\left(\frac{\mathrm{d}^2}{\mathrm{d}\varrho^2} - \kappa^{*2}\right)E(\varrho) = 0, \quad \kappa^* = \frac{1-\mathrm{i}}{\delta}, \quad E(\varrho) = E_0\,\mathrm{e}^{\kappa^*\varrho} = E_0\,\mathrm{e}^{(1-\mathrm{i})\varrho/\delta},$$

$$I = \sigma \iint \mathrm{d}f\, E(\varrho) = 2\pi\sigma \int_0^a \mathrm{d}\varrho\,\varrho\,\mathrm{e}^{\kappa^*\varrho} = 2\pi\sigma\left(\frac{a}{\kappa^*} - \frac{1}{\kappa^{*2}}\right)\mathrm{e}^{\kappa^*a} \approx \frac{2\pi a\sigma}{\kappa^*}\,\mathrm{e}^{\kappa^*a}$$

Das ergibt

$$\Re = \frac{E(a)}{I} = \frac{\kappa^*}{2\pi a\sigma} = \frac{1-\mathrm{i}}{2\pi a\sigma\delta} = \frac{1-\mathrm{i}}{2}\frac{a}{\delta}R_0 \qquad \text{mit} \qquad R_0 = \frac{1}{\pi a^2\sigma}.$$

10.5 Wellen in Hohlraumresonatoren und Hohlleitern

Innerhalb eines Hohlraums oder eines Rohres mit gut leitenden Wänden seien $\mathbf{j}_f = 0$ und $\varrho_f = 0$. Wir halten uns offen, dass der Raum mit einem homogenen Dielektrikum gefüllt ist. Es gelten also die Maxwell-Gleichungen in der Form von (10.1.1) und die Wellengleichungen (10.1.2)-(10.1.5).

Die Eindringtiefe elektromagnetischer Wellen $\delta = c/\sqrt{2\pi k_C \sigma\mu\omega} \xrightarrow{\sigma\to\infty} 0$ in einem Metall nimmt mit zunehmender Leitfähigkeit und Frequenz ab. Wir gehen also von einem idealen Leiter mit $\delta = 0$ aus, dessen Wände spiegelnd sind.

Aus den allgemeinen Randbedingungen folgt, dass an der Metalloberfläche die Tangentialkomponenten von $\mathbf{E}$ und die Normalkomponente von $\mathbf{B}$ verschwinden:

$$\mathbf{E} \times \mathbf{n} = 0 \qquad\qquad \text{und} \qquad\qquad \mathbf{B} \cdot \mathbf{n} = 0, \qquad (10.5.1)$$

wobei $\mathbf{n}$ der Normalenvektor auf die Metalloberfläche sein soll.

10.5.1 Stehende Wellen in einem Hohlraumresonator

Der Hohlraum sei ein Parallelepiped (Würfel) aus leitendem, d.h. spiegelndem Material. Vereinfachend nehmen wir an, dass im Hohlraum kein Dielektrikum ist ($\bar{c} = c$). Im Inneren müssen die Felder $\mathbf{E}$ und $\mathbf{B}$ der homogene Wellengleichung genügen:

$$\Box \mathbf{E} = 0 \qquad\qquad\qquad \Box \mathbf{B} = 0\,,$$

wie es im Abschnitt 10.1 ausgeführt ist. Die Randbedingungen (10.5.1) erfordern, dass die Tangentialkomponenten von $\mathbf{E}$ und die Normalkomponente von $\mathbf{B}$ an der Wand verschwinden. Das wird im Hohlraum zu stehenden (transveralen) Wellen mit diskreten Frequenzen führen.

Rechteck mit spiegelnden Wänden

Abb. 10.15 zeigt ein Rechteck mit ideal leitenden Seiten. Die Felder $\mathbf{E}$ und $\mathbf{B}$ sind so zu bestimmen, dass sie den Randbedingungen genügen. Wir beschränken uns hier auf die Berechnung des elektrischen Feldes. Das Magnetfeld $\mathbf{B}$ kann dann mithilfe der Induktionsgleichung (10.1.1) ermittelt werden:

$$\mathbf{E}(\mathbf{x}, t) = \mathbf{E}(\mathbf{x}) \cos(\omega t) \quad E_x(x, 0) = E_x(x, L_y) = 0 \quad E_y(0, y) = E_y(L_x, y) = 0.$$

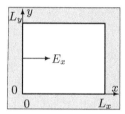

Abb. 10.15. Hohlraumstrahlung: Rechteck mit reflektierenden Seiten der Länge L_x und L_y

Diese Stetigkeitsbedingungen werden offensichtlich vom Ansatz

$$
\begin{aligned}
E_x(x, y) &= A_x(\mathbf{k}) \cos(k_x\, x)\, \sin(k_y\, y) & k_x L_x &= n_x \pi \\
E_y(x, y) &= A_y(\mathbf{k}) \sin(k_x\, x)\, \cos(k_y\, y) & k_y L_y &= n_y \pi
\end{aligned}
\qquad (10.5.2)
$$

erfüllt – wie auch die Wellengleichung selbst. Das sind stehende Wellen die aus der Superposition hin- und herlaufender Wellen entstehen und ein regelmäßiges Interferenzmuster bilden, wie in Abb. 10.16 abgebildet. Dieses Muster oszilliert mit $\cos(\omega t)$.

Wir zeigen hier explizit, dass das mit $\cos(\omega t)$ oszillierende Muster der Abb. 10.16 aus hin- und herlaufenden transversalen elektrischen Wellen besteht. Zunächst zerlegen wir mithilfe des Additionstheorems für trigonometrische Funktionen

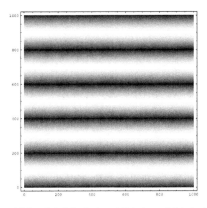 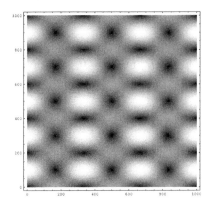

Abb. 10.16. Intensität des elektrischen Feldes (10.5.2), das in einem Quadrat stehende Wellen bildet. Berechnet wurde $|\mathbf{E}|$ mit den Amplituden $A_{x,y} = \pm k_{x,y}/k$ für $n_x = 0$ und 3 bei $n_y = 5$; mit steigender Intensität von $|\mathbf{E}|$ wird das Bild heller.

$$
\begin{aligned}
E_x(x,y,t) &= A_x(\mathbf{k},t) \frac{1}{2}\Big(\sin(\mathbf{k}\cdot\mathbf{x}) - \sin(\mathbf{k}'\cdot\mathbf{x}) \Big) \qquad \begin{cases} \mathbf{k} = (k_x\,,\,k_y) \\ \mathbf{k}' = (k_x\,,\,-k_y) \end{cases} \\
&= A_x(\mathbf{k},t) \frac{1}{4}\Big(\big[\sin(\mathbf{k}\cdot\mathbf{x}+\omega t) + \sin(\mathbf{k}\cdot\mathbf{x}-\omega t) \big] \\
&\quad - \big[\sin(\mathbf{k}'\cdot\mathbf{x}+\omega t) + \sin(\mathbf{k}'\cdot\mathbf{x}-\omega t) \big] \Big), \\
E_y(x,y,t) &= A_y(\mathbf{k},t) \frac{1}{2}\Big(\sin(\mathbf{k}\cdot\mathbf{x}) + \sin(\mathbf{k}'\cdot\mathbf{x}) \Big) \\
&= A_y(\mathbf{k},t) \frac{1}{4}\Big(\big[\sin(\mathbf{k}\cdot\mathbf{x}+\omega t) + \sin(\mathbf{k}\cdot\mathbf{x}-\omega t) \big] \\
&\quad + \big[\sin(\mathbf{k}'\cdot\mathbf{x}+\omega t) + \sin(\mathbf{k}'\cdot\mathbf{x}-\omega t) \big] \Big).
\end{aligned}
$$

Man stellt nun das elektrische Feld als Summe von zwei vorwärts (in x-Richtung: $\mathbf{E}_{1,2}$) und zwei rückwärts laufende Wellen dar

$$
\mathbf{E} = \sum_{i=1}^{4} \mathbf{E}_i \qquad \text{mit} \qquad
\begin{aligned}
\mathbf{E}_{1,3}(\mathbf{x},t) &= \frac{1}{4}\begin{pmatrix} A_x \\ A_y \end{pmatrix} \sin(\mathbf{k}\cdot\mathbf{x}\mp\omega t), \\
\mathbf{E}_{2,4}(\mathbf{x},t) &= \frac{1}{4}\begin{pmatrix} -A_x \\ A_y \end{pmatrix} \sin(\mathbf{k}'\cdot\mathbf{x}\mp\omega t).
\end{aligned}
$$

Die Amplituden sind nun so zu bestimmen, dass die Wellen transversal sind:

$$
\mathbf{k}\cdot\mathbf{E}_1 = 0 \quad \Rightarrow \quad k_x A_x + k_y A_y = 0 \quad \Rightarrow \quad A_x = \frac{A\,k_y}{k} \quad \text{und} \quad A_y = -\frac{A\,k_x}{k}.
$$

Man sieht, dass $\mathbf{k}'\cdot\mathbf{E}_2 = 0$ erfüllt ist. Die beiden Wellen $\mathbf{E}_{1,2}$ sind also transversal und damit auch $\mathbf{E}_{3,4}$. Für jede Mode $\mathbf{k}$ ist $\mathbf{E}$ (bis auf A) eindeutig bestimmt, da es in zwei Dimensionen nur eine transversale Polarisationsrichtung gibt.

Die partikuläre Lösung der Wellengleichung mit (n_x, n_y) Knoten ist demnach eine stehende Welle, die in Partialwellen zerlegt werden kann, die im Hohlraum hin- und herlaufen und dabei an den Wänden reflektiert werden.

Stehende Wellen in einem Quader

Die Randbedingungen für die Tangentialkomponente $\mathbf{E}_x$ an den Randflächen $y = 0, L_y$ und $z = 0, L_z$ lauten:

$$E_x(x, 0, z) = E_x(x, L_y, z) = 0 \quad \text{und} \quad E_x(x, y, 0) = E_x(x, y, L_z) = 0.$$

Für (y, z) gelten die entsprechenden Gleichungen. Das (reelle) elektrische Feld

$$\mathbf{E}(\mathbf{x}, t) = \mathbf{E}(\mathbf{x}) \cos(\omega t),$$

$$E_i(\mathbf{x}) = A_i \cos(k_i x_i) \prod_{j \neq i} \sin(k_j x_j) \quad \begin{cases} \mathbf{k} \cdot \mathbf{e}_i\, L_i = n_i\, \pi \quad n_i \geq 0 \\ \mathbf{k} \cdot \mathbf{A} = 0 \end{cases} \quad (10.5.3)$$

hat jetzt zwei (transversale) Polarisationsrichtungen. Das Magnetfeld wird mit der Induktionsgleichung berechnet:

$$\frac{k_L}{c}\, \dot{B}_i = -\epsilon_{ijl} \nabla_j E_l = -\cos(\omega t)\, \epsilon_{ijl} k_j A_l\, \sin(k_i x_i)\, \cos(k_j x_j)\, \cos(k_l x_l).$$

Aus $\mathbf{B}(\mathbf{x}, t) = \mathbf{B}(\mathbf{x}) \sin(\omega t)$ folgt

$$B_i(\mathbf{x}, t) = -\frac{1}{k_L} \sin(\omega t)\, \epsilon_{ijl} \frac{k_j A_l}{k}\, \sin(k_i x_i)\, \cos(k_j x_j)\, \cos(k_l x_l). \quad (10.5.4)$$

Die Normalkomponenten von $\mathbf{B}$ verschwinden am Rand und $\operatorname{div} \mathbf{B} = 0$.

10.5.2 Elektromagnetische Wellen in Hohlleitern

Die Maxwell-Gleichungen für den Hohlleiter

Innerhalb achsensymmetrischer, gut leitender Rohre, erwartet man in Richtung der zum Rohr parallelen Achse, die immer die z-Achse sein soll, eine fortlaufende Welle, was den Ansatz

$$\mathbf{E}(\mathbf{x}, t) = \mathbf{E}_\perp + \mathbf{E}_z = \Big[\mathbf{E}_{0\perp}(x, y) + \mathbf{E}_{0z}(x, y)\Big]\psi(z, t),$$

$$\psi(z, t) = e^{ik_z z - i\omega t}, \quad (10.5.5)$$

$$\mathbf{B}(\mathbf{x}, t) = \mathbf{B}_\perp + \mathbf{B}_z = \Big[\mathbf{B}_{0\perp}(x, y) + \mathbf{B}_{0z}(x, y)\Big]\psi(z, t)$$

nahelegt. Dieser Ansatz muss den Maxwell-Gleichungen (10.1.1) für die Ausbreitung von Wellen in einem homogenen Medium genügen:

$$\begin{array}{llll} \text{(a)} & \operatorname{div} \mathbf{E} = 0 & \text{(b)} & \operatorname{rot} \mathbf{E} = \dfrac{i\omega}{\sqrt{\epsilon\mu}} \dfrac{k_L}{c}\, \mathbf{B} \\[3mm] \text{(c)} & \operatorname{rot} \mathbf{B} = -\dfrac{i\omega}{ck_L} \sqrt{\epsilon\mu}\, \mathbf{E} & \text{(d)} & \operatorname{div} \mathbf{B} = 0. \end{array} \quad (10.5.6)$$

(10.5.6) sind invariant unter der Vertauschung von $k_L \mathbf{B} \leftrightharpoons -n\mathbf{E}$. Vor allem aber kann man in (10.5.6) vom Vakuum zum Dielektrikum wechseln, wenn man in den für das Vakuum hergeleiteten Formeln durch

$$c \to \bar{c} = \frac{c}{n}, \qquad \mathbf{E} \to n\mathbf{E} \qquad \text{mit} \qquad n = \sqrt{\epsilon\mu} \qquad (10.5.6')$$

ersetzt. Es genügt also, die Wellenausbreitung im Vakuum anzugeben. Diese wird durch durch die homogenen Wellengleichungen (10.1.2) $\Box\mathbf{E} = 0$ und $\Box\mathbf{B} = 0$ bestimmt. Bei den Feldern in Hohlleitern ist man vor allem an den longitudinalen Komponenten E_z bzw. B_z interessiert, für die gilt

$$\Box E_z = \left[\frac{1}{c^2}\frac{\partial^2}{\partial t^2} - \Delta\right] E_z(x,y)\psi(z,t) = 0.$$

Wir verwenden nun die Produktregel für

$$\Delta E_{0z}\psi = \psi\Delta E_{0z} + 2(ik_z\mathbf{e}_z\psi)\cdot(\boldsymbol{\nabla}E_{0z}) - E_{0z}k_z^2 = (\Delta_\perp - k_z^2)E_z$$

und erhalten $(\Delta_\perp = \nabla_x^2 + \nabla_y^2)$

$$\left(\Delta_\perp + \frac{\omega^2}{c^2} - k_z^2\right)\mathbf{E}_z(\mathbf{x},t) = 0. \qquad (10.5.7)$$

Dieselbe Gleichung gilt auch für $\mathbf{B}_z$. Die transversalen Komponenten erhält man unter Verwendung von (10.5.9) aus den longitudinalen. Die folgende Nebenrechnung stellt $\mathbf{E}_\perp$ und $\mathbf{B}_\perp$ als Funktion von E_z und B_z dar.

Die Felder sind in (10.5.5) bereits in einen longitudinalen und einen transversalen Teil zerlegt, was auch für die Operatoren gelten soll $\boldsymbol{\nabla} = \boldsymbol{\nabla}_\perp + \boldsymbol{\nabla}_z$.

(a) $\qquad \boldsymbol{\nabla}_\perp\cdot\mathbf{E}_\perp = -\boldsymbol{\nabla}_z\cdot\mathbf{E}_z \qquad$ (b) $\qquad \boldsymbol{\nabla}_\perp\times\mathbf{E}_\perp = (ik_L\omega/c)\mathbf{B}_z$

$$\boldsymbol{\nabla}_\perp\times\mathbf{E}_z + \boldsymbol{\nabla}_z\times\mathbf{E}_\perp = (ik_L\omega/c)\mathbf{B}_\perp$$

(c) $\qquad \boldsymbol{\nabla}_\perp\times\mathbf{B}_\perp = -(i\omega/ck_L)\mathbf{E}_z \qquad$ (d) $\qquad \boldsymbol{\nabla}_\perp\cdot\mathbf{B}_\perp = -\boldsymbol{\nabla}_z\cdot\mathbf{B}_z$

$$\boldsymbol{\nabla}_\perp\times\mathbf{B}_z + \boldsymbol{\nabla}_z\times\mathbf{B}_\perp = -(i\omega/ck_L)\mathbf{E}_\perp.$$

$$(10.5.8)$$

Wir multiplizieren den transversalen Teil der Induktionsgleichung (b) von links vektoriell mit $\boldsymbol{\nabla}_z\times$

$$\boldsymbol{\nabla}_z\times(\boldsymbol{\nabla}_\perp\times\mathbf{E}_z) = \boldsymbol{\nabla}_\perp\big(\boldsymbol{\nabla}_z\cdot\mathbf{E}_z\big) - \big(\boldsymbol{\nabla}_z\cdot\boldsymbol{\nabla}_\perp\big)\mathbf{E}_z = ik_z\boldsymbol{\nabla}_\perp E_z,$$

$$\boldsymbol{\nabla}_z\times(\boldsymbol{\nabla}_z\times\mathbf{E}_\perp) = \boldsymbol{\nabla}_z\big(\boldsymbol{\nabla}_z\cdot\mathbf{E}_\perp\big) - \big(\boldsymbol{\nabla}_z\cdot\boldsymbol{\nabla}_z\big)\mathbf{E}_\perp = k_z^2\mathbf{E}_\perp,$$

$$\boldsymbol{\nabla}_z\times\mathbf{B}_\perp = -(i\omega/ck_L)\mathbf{E}_\perp - \boldsymbol{\nabla}_\perp\times\mathbf{B}_z,$$

wobei wir in der letzten Zeile aus der Ampère-Maxwell-Gleichung (c) eingesetzt haben. Das ergibt, wenn wir die Terme mit $\mathbf{E}_\perp$ auf die linke Seite bringen,

$$\left(\frac{\omega^2}{c^2} - k_z^2\right)\mathbf{E}_\perp = -ik_z\boldsymbol{\nabla}_\perp E_z + \frac{ik_L\omega}{c}\big(\boldsymbol{\nabla}_\perp\times\mathbf{B}_z\big),$$

$$\left(\frac{\omega^2}{c^2} - k_z^2\right)\mathbf{B}_\perp = -ik_z\boldsymbol{\nabla}_\perp B_z - \frac{i\omega}{ck_L}\big(\boldsymbol{\nabla}_\perp\times\mathbf{E}_z\big). \qquad (10.5.9)$$

Mithilfe dieser Gleichungen können die transversalen Komponenten aus den longitudinalen bestimmt werden.

Randbedingungen für TE- und TM-Wellen

Setzt man $E_z = 0$, so ist das elektrische Feld rein transversal. Diese Wellen sind die sogenannten TE-Wellen, für die die Randbedingungen zu bestimmen sind, wobei natürlich (10.5.1) einzuhalten ist. Multipliziert man die 2. Zeile von (10.5.9) skalar mit dem Normalenvektor der Oberfläche $\mathbf{n}$ und berücksichtigt, dass $\mathbf{n} \cdot \mathbf{B} = 0$, so erhält man $\dfrac{\partial B_z}{\partial n}\bigg|_S = 0$; S bezeichnet die Oberfläche des Hohlleiters.

Im anderen Fall setzt man $B_z = 0$ und erhält so ein rein transversales magnetisches Feld. Die zugehörigen Wellen sind die TM-Wellen. Aus (10.5.1) folgt, dass $E_z\big|_S = 0$, da E_z eine Tangentialkomponente von $\mathbf{E}$ ist.

Rechteckige Hohlleiter

Für einen Hohlleiter mit rechteckigem Querschnitt (siehe Abb. 10.15) mit den Seiten L_x und L_y gelten am Rand die Bedingungen

$$B_x = 0, \qquad E_y = 0, \qquad E_z = 0, \qquad \text{für} \quad x = 0 \qquad \text{und} \quad x = L_x,$$
$$B_y = 0, \qquad E_z = 0, \qquad E_x = 0, \qquad \text{für} \quad y = 0 \qquad \text{und} \quad y = L_y.$$

Wir greifen auf den Lösungsansatz für $\mathbf{E}$ im Rechteck (10.5.2) zurück und nehmen für die z-Richtung eine fortlaufende, komplexe Welle:

$$
\begin{aligned}
E_x(\mathbf{x}, t) &= A_x \, \mathrm{e}^{\mathrm{i}k_z z - \mathrm{i}\omega t} \cos(k_x x) \sin(k_y y), & k_x &= n_x \pi / L_x, \\
E_y(\mathbf{x}, t) &= A_y \, \mathrm{e}^{\mathrm{i}k_z z - \mathrm{i}\omega t} \sin(k_x x) \cos(k_y y), & k_y &= n_y \pi / L_y, & (10.5.10) \\
E_z(\mathbf{x}, t) &= A_z \, \mathrm{e}^{\mathrm{i}k_z z - \mathrm{i}\omega t} \sin(k_x x) \sin(k_y y).
\end{aligned}
$$

Das Gauß'sche Gesetz

$$\nabla \cdot \mathbf{E} = \Big[\mathrm{i}k_z A_z - (k_x A_x + k_y A_y)\Big] \mathrm{e}^{\mathrm{i}k_z z - \mathrm{i}\omega t} \sin(k_x x) \sin(k_y y) = 0 \quad (10.5.11)$$

reduziert die Zahl der unabhängigen Amplituden (Polarisationsrichtungen) auf zwei. Aus der Induktionsgleichung $k_L \mathbf{B} = -\dfrac{\mathrm{i}}{k} \operatorname{rot} \mathbf{E}$ folgt

$$
\begin{aligned}
B_x(\mathbf{x}, t) &= -\tfrac{\mathrm{i}}{k_L}(\hat{k}_y A_z - \mathrm{i}\hat{k}_z A_y) \, \mathrm{e}^{\mathrm{i}k_z z - \mathrm{i}\omega t} \sin(k_x x) \cos(k_y y), & \hat{k}_i &= k_i / k, \\
B_y(\mathbf{x}, t) &= -\tfrac{\mathrm{i}}{k_L}(\mathrm{i}\hat{k}_z A_x - \hat{k}_x A_z) \, \mathrm{e}^{\mathrm{i}k_z z - \mathrm{i}\omega t} \cos(k_x x) \sin(k_y y), & (10.5.12) \\
B_z(\mathbf{x}, t) &= -\tfrac{\mathrm{i}}{k_L}(\hat{k}_x A_y - \hat{k}_y A_x) \, \mathrm{e}^{\mathrm{i}k_z z - \mathrm{i}\omega t} \cos(k_x x) \cos(k_y y),
\end{aligned}
$$

mit der Dispersionsrelation

$$\frac{n_x^2\pi^2}{L_x^2} + \frac{n_y^2\pi^2}{L_y^2} + k_z^2 = \frac{\omega^2}{c^2}\,. \tag{10.5.13}$$

Einteilung der Lösung

Wir unterscheiden die Lösungen

1. TE-Wellen: Die transversale elektrische Welle hat $E_z = 0$ und $B_z \neq 0$; sie genügt der zweidimensionalen Laplace-Gleichung $\Delta_\perp \mathbf{E} = 0$. Am Rand S ist $\dfrac{\partial B_z}{\partial n} = 0$.
2. TM-Wellen: Die transversale magnetische Welle hat $B_z = 0$ und $E_z \neq 0$ und erfüllt $\Delta_\perp \mathbf{B} = 0$. Am Rand ist $E_z = 0$.
3. TEM-Wellen: Es gibt im Hohlleiter keine Wellen mit $E_z = B_z = 0$ (wohl aber im Koaxialleiter).

Die allgemeine Lösung ist eine Superposition von TE- und TM-Wellen.

Zunächst stellen wir fest, dass für die transversalen Wellenzahlen $k_x = k_y = 0$ die Felder $\mathbf{E} = \mathbf{B} = 0$ verschwinden. Es gibt also eine niedrigste kritische Frequenz

$$\omega_c^{\text{TE}} = c\,\frac{\pi}{L_{\max}} \qquad\qquad L_{\max} = \max(L_x, L_y)\,, \tag{10.5.14}$$

wobei aus (10.5.10) und (10.5.12) ersichtlich ist, dass die Lösung eine TE-Welle ist. Ist nun $n_x = n_y = 1$, so können wir mit $A_z = 0$ erreichen, dass $E_z = 0$ und die Lösung ist die TM-Welle mit der niedrigsten, d.h. der kritischen Frequenz

$$\omega_c^{\text{TM}} = c\sqrt{\frac{\pi^2}{L_x^2} + \frac{\pi^2}{L_y^2}}\,. \tag{10.5.15}$$

Unterhalb dieser existieren keine Wellen des entsprechenden Typs im Hohlleiter.

Schnittgeschwindigkeit

Zu jeder Mode (n_x, n_y) gibt es eine minimale Frequenz als Funktion von n_x und n_y:

$$\omega_\perp = \sqrt{\frac{n_x^2\pi^2}{L_x^2} + \frac{n_y^2\pi^2}{L_y^2}} \qquad \Rightarrow \qquad k_z = \frac{1}{c}\sqrt{\omega^2 - \omega_\perp^2}\,,$$

$$v_{\text{P}} = \frac{\omega}{k_z} = \frac{c}{\sqrt{1 - \frac{\omega_\perp^2}{\omega^2}}} = \frac{c}{\sin\epsilon} \geq c\,. \tag{10.5.16}$$

v_{P} ist die Laufgeschwindigkeit der Welle (Phasengeschwindigkeit) in z-Richtung. Zum besseren Verständnis betrachten wir die TE-Welle mit $n_x = 1, n_y = 0$. Die einzige nicht verschwindende Komponente von $\mathbf{E}$,

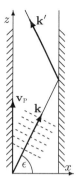

Abb. 10.17. Im Hohlleiter bewegt sich die Wellenfront mit c entlang $\mathbf{k} = (k_x, 0, k_z)$ bzw. $\mathbf{k}' = (-k_x, 0, k_z)$ und die Phasengeschwindigkeit in z-Richtung ist dann $v_{\mathrm{P}} = c/\sin\epsilon$

$$E_y = \frac{A_y}{2\mathrm{i}}\left(\mathrm{e}^{\mathrm{i}\mathbf{k}\cdot\mathbf{x}} - \mathrm{e}^{\mathrm{i}\mathbf{k}'\cdot\mathbf{x}}\right)\mathrm{e}^{-\mathrm{i}\omega t} \quad \text{mit} \quad \mathbf{k} = (\frac{\pi}{L_x}, 0, k_z) \quad \text{u.} \quad \mathbf{k}' = (-\frac{\pi}{L_x}, 0, k_z),$$

besteht aus der Superposition zweier Wellen in der xz-Ebene mit dem Winkel ϵ zur x-Achse, wie in Abb. 10.17 skizziert ($\cos\epsilon = \pm\omega_\perp/\omega$). Wir können uns E_y entstanden denken aus der fortlaufenden Reflexion der Wellen an den Grenzflächen, wobei die Laufgeschwindigkeit v_{P} gleich der *Schnittgeschwindigkeit* der Wellenebene mit den Flächen $x = 0$ und $x = L_x$ ist.

Wellenpaket und Gruppengeschwindigkeit

Superponiert man ebene Wellen, so ergibt das ein Wellenpaket

$$\Psi(\mathbf{x}, t) = \int \frac{\mathrm{d}^3 k}{(2\pi)^3}\, F(\mathbf{k})\, \mathrm{e}^{\mathrm{i}\mathbf{k}\cdot\mathbf{x} - \mathrm{i}\omega t},$$

das dem Gewicht der Amplituden $F(\mathbf{k})$ der ebenen Partialwelle $\mathrm{e}^{\mathrm{i}\mathbf{k}\cdot\mathbf{x} - \mathrm{i}\omega t}$ und der Dispersion $\omega = \omega(k)$ entsprechend lokalisiert ist. Eine breite $\mathbf{k}$-Verteilung führt zu einem auf einen engen Raum begrenzten Wellenpaket. Umgekehrt hat ein Wellenpaket mit einer schmalen $\mathbf{k}$-Verteilung eine große Ausdehnung im Ortsraum. Unter der Annahme, dass $f(\mathbf{k})$ nur in einem kleinen Bereich um $\mathbf{k}_0$ nicht verschwindet, erhält man aus der Taylorentwicklung

$$\omega(k) \approx \omega(k_0) + \mathbf{v}_g \cdot (\mathbf{k} - \mathbf{k}_0), \qquad \mathbf{v}_g = \frac{\partial\omega(k_0)}{\partial\mathbf{k}}, \qquad (10.5.17)$$

wobei $\mathbf{v}_g$ die *Gruppengeschwindigkeit* des Wellenpaketes ist. Setzt man für $\mathbf{k} = \mathbf{k}_0 + \mathbf{k}'$ ein und führt eine um $\mathbf{k}' = 0$ zentrierte Verteilung $f(\mathbf{k}') = F(\mathbf{k}_0 + \mathbf{k}')$ ein, so ergibt sich

$$\Psi(\mathbf{x}, t) = \mathrm{e}^{\mathrm{i}\mathbf{k}_0\cdot\mathbf{x} - \mathrm{i}\omega_0 t}\, \psi(\mathbf{x}, t), \qquad \psi(\mathbf{x}, t) = \int \frac{\mathrm{d}^3 k'}{(2\pi)^3}\, f(\mathbf{k}')\, \mathrm{e}^{\mathrm{i}\mathbf{k}'\cdot(\mathbf{x} - \mathbf{v}_g t)}.$$

$\psi(\mathbf{x}, t)$, die Einhüllende des Wellenpaketes, bewegt sich mit der Gruppengeschwindigkeit $\mathbf{v}_g$. Dieser Bewegung überlagert ist eine ebene Welle, die sogenannte Führungswelle, mit der Phasengeschwindigkeit $v_p = \omega_0/k_0$.

Auf den Hohlleiter zurückkommend, ist das Wellenpaket eindimensional (k_z) mit der Gruppengeschwindigkeit

$$v_g = \frac{\mathrm{d}\omega}{\mathrm{d}k_z}\bigg|_{\omega_0} = c\sqrt{1 - \frac{\omega_\perp^2}{\omega_0^2}},$$

die, wie es sein muss, stets kleiner als c ist.

Hohlleiter mit kreisförmigem Querschnitt

Wir unterscheiden jetzt von vornherein TM-Wellen und TE-Wellen und untersuchen diese getrennt.

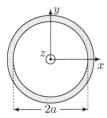

Abb. 10.18. Hohlleiter mit Kreisquerschnitt vom Radius a

TM-Wellen

Für TM-Wellen ist $B_z = 0$, so dass in erster Linie die Komponente E_z von Interesse ist, für die in z-Richtung eine fortlaufende ebene Welle angesetzt wird

$$E_z(\mathbf{x},t) = E_z(\varrho,\varphi)\,\mathrm{e}^{\mathrm{i}k_z z - \mathrm{i}\omega t}\,. \tag{10.5.18}$$

Der Symmetrie der Konfiguration angepasst, nimmt man für die Wellengleichung $\Box\mathbf{E} = 0$ den Laplace-Operator in Zylinderkoordinaten (3.4.1) und separiert z-Komponente ab:

$$\left(-\frac{\omega^2}{c^2} - \frac{1}{\varrho}\frac{\partial}{\partial\varrho}\varrho\frac{\partial}{\partial\varrho} - \frac{1}{\varrho^2}\frac{\partial^2}{\partial\varphi^2} + k_z^2\right)E_z(\varrho,\varphi) = 0\,. \tag{10.5.19}$$

Wie im Abschnitt 3.4.1 vorgeführt, machen wir für

$$E_z(\varrho,\varphi) = R(\varrho)\,\Phi(\varphi) \qquad \text{mit} \qquad \Phi(\varphi) = A_n\cos(n\varphi) + B_n\sin(n\varphi)$$

einen Produktansatz und erhalten

$$\left(\frac{1}{\varrho}\frac{\partial}{\partial\varrho}\varrho\frac{\partial}{\partial\varrho} + k_\perp^2 - \frac{n^2}{\varrho^2}\right)R(\varrho) = 0 \qquad \text{mit} \qquad k_\perp^2 = k^2 - k_z^2\,. \tag{10.5.20}$$

Mit $k_\perp > 0$ ist (10.5.20) die Bessel'sche Differentialgleichung mit den im Ursprung regulären Lösungen $J_n(k_\perp \varrho)$. Legen wir noch das Koordinatensystem so, dass $B_n = 0$, so ist

$$E_z(\varrho, \varphi) = A_n \, J_n(k_\perp \varrho) \, \cos(n\varphi) \qquad \text{mit} \qquad J_n(k_\perp a) = 0. \qquad (10.5.21)$$

Sei x_{nl} die l-te Nullstelle $J_n(x_{nl}) = 0$, so ist $k_{nl} = x_{nl}/a$ die zugehörige Wellenzahl mit $n \geq 0$ und $l \geq 1$. Wir haben wiederum diskrete, transversale Wellenzahlen. Die kritische (niedrigste) Frequenz der TM-Welle ist bestimmt durch $n = 0$ und $l = 1$

$$\omega_c^{\mathrm{TM}} = c \, k_{01}. \qquad (10.5.22)$$

Einige Werte für x_{nl} sind in der Tab. B.3, S. 630 angeführt. Für die Phasengeschwindigkeit in z-Richtung gilt

$$v_{\mathrm{P}} = \frac{\omega}{k_z} = \frac{\omega}{\sqrt{k^2 - k_{nl}^2}}, \qquad \omega = c\sqrt{k_z^2 + k_{nl}^2}, \qquad v_g = \frac{\mathrm{d}\omega}{\mathrm{d}k_z} = c\frac{k_z}{k},$$

da $\omega = c\sqrt{k_z^2 + k_{nl}^2}$.

Anmerkung: Lösungen mit $k_\perp^2 < 0$ sind die modifizierten Bessel-Funktionen, von denen nur I_n im Ursprung regulär ist. Diese haben jedoch keine Nullstellen, so dass $E_z(a) = 0$ nicht auf dem ganzen Kreis erfüllt werden kann. Für TM/TE-Wellen stehen $\mathbf{E}_\perp$ und $\mathbf{B}_\perp$ orthogonal aufeinander.

TE-Wellen

In TE-Wellen ist $E_z = 0$. Bei Berechnung von B_z kann direkt auf die Ergebnisse der TM-Wellen zurückgegriffen werden. Mit dem Ansatz (10.5.18)

$$B_z(\mathbf{x}, t) = B_z(\varrho, \varphi) \, \mathrm{e}^{\mathrm{i}k_z z - \mathrm{i}\omega t} \qquad (10.5.23)$$

erhält man

$$B_z(\varrho, \varphi) = A_n \, J_n(k_\perp \varrho) \, \cos(n\varphi) \qquad \text{mit} \qquad \frac{\mathrm{d}J_n(k_\perp a)}{\mathrm{d}\varrho} = 0. \qquad (10.5.24)$$

Aus (10.5.9) folgt, dass in TE-Wellen

$$\left(\frac{\omega^2}{c^2} - k_z^2\right)\mathbf{B}_\perp = -\mathrm{i}k_z \, \boldsymbol{\nabla}_\perp B_z.$$

Daraus folgt für die Randbedingung

$$\mathbf{n} \cdot \mathbf{B} = 0 \qquad \Rightarrow \qquad \frac{\partial B_z}{\partial \varrho} = 0.$$

Die transversalen Frequenzen sind jetzt durch die Maxima und Minima ξ_{nl} und $k_\perp = \xi_{nl}/a$ bestimmt. Die kritische Frequenz ist $\omega = c\xi_{11}/a$.

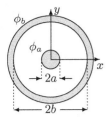

Abb. 10.19. Querschnitt durch ein Koaxialkabel

Koaxialleiter

In Abb. 10.19 ist der Querschnitt durch ein Koaxialkabel skizziert. Anders als in Hohlleitern sind hier neben TE- und TM-Wellen auch TEM-Wellen möglich. Der Koaxialleiter kann TEM-Wellen „beliebiger" Frequenz mit c bzw. $\bar c$, wenn sich im Koaxialkabel ein Medium befindet, übertragen, d.h., es eignet sich zur Übertragung breiter Frequenzbänder.

TEM-Wellen

Wir gehen von den in transversale und longitudinale Anteile zerlegten Maxwell-Gleichungen (10.5.8) aus und setzen, gemäß der Definition von TEM-Wellen $E_z = B_z = 0$

$$
\begin{aligned}
&\text{(a)} \quad \boldsymbol{\nabla}_\perp \cdot \mathbf{E}_\perp = 0 && \text{(b)} \quad \boldsymbol{\nabla}_\perp \times \mathbf{E}_\perp = 0 \\
& && \quad \boldsymbol{\nabla}_z \times \mathbf{E}_\perp = (\mathrm{i}\omega k_L/c)\,\mathbf{B}_\perp \\
&\text{(c)} \quad \boldsymbol{\nabla}_\perp \times \mathbf{B}_\perp = 0 && \text{(d)} \quad \boldsymbol{\nabla}_\perp \cdot \mathbf{B}_\perp = 0 \\
& \quad \boldsymbol{\nabla}_z \times \mathbf{B}_\perp = -(\mathrm{i}\omega/ck_L)\,\mathbf{E}_\perp .
\end{aligned}
\tag{10.5.25}
$$

Setzen wir in (10.5.9) $E_z = B_z = 0$, so erhält man für TEM-Wellen die Dispersion

$$
\left(\frac{\omega^2}{c^2} - k_z^2\right)\mathbf{E}_\perp = 0 \qquad \Rightarrow \qquad \left(\frac{\omega^2}{c^2} - k_z^2\right) = 0 .
\tag{10.5.26}
$$

Ferner folgt aus $\square\mathbf{E} = 0$ mit (10.5.26), dass $\Delta_\perp \mathbf{E}_\perp = 0$. Es genügen demgemäß $\mathbf{E}_\perp$ und $\mathbf{B}_\perp$ der zweidimensionalen Laplace-Gleichung. Nach (10.5.25) ist rot $\mathbf{E}_\perp^{(0)} = 0$, weshalb

$$
\mathbf{E}_\perp^{(0)} = -\boldsymbol{\nabla}\phi(x,y).
$$

Aus $\boldsymbol{\nabla}_\perp \cdot \mathbf{E}_\perp^{(0)} = 0$ folgt $\Delta_\perp \phi = 0$. Das Potential ist auf einem idealen Leiter konstant, d.h. $\phi_a = \phi(a)$ und $\phi_b = \phi(b)$, weshalb ϕ nur von ϱ abhängt:

$$
\Delta_\perp \phi(\varrho) = \frac{1}{\varrho}\frac{\partial}{\partial\varrho}\frac{1}{\varrho}\frac{\partial}{\partial\varrho}\phi(\varrho) = 0 \qquad \Rightarrow \qquad \phi = A\ln\varrho + C
\tag{10.5.27}
$$

$$
\phi_a = A\ln a + C \quad \phi_b = A\ln b + C \quad \Rightarrow \quad A = \frac{\phi_b - \phi_a}{\ln b - \ln a} \quad C = \frac{\phi_a \ln b - \phi_b \ln a}{\ln b - \ln a} .
$$

Für die TEM-Felder erhält man mittels (10.5.25)

$$\mathbf{E}_\perp(\mathbf{x}, t) = \frac{\phi_a - \phi_b}{\ln b - \ln a} \frac{1}{\varrho} e^{ik_z z - i\omega t} \mathbf{e}_\varrho = \frac{a}{\varrho} E_0 e^{ik_z z - i\omega t} \mathbf{e}_\varrho,$$

$$\mathbf{B}_\perp(\mathbf{x}, t) = \frac{c}{ik_L \omega} \boldsymbol{\nabla}_z \times \mathbf{E}_\perp = \frac{ck_z}{k_L \omega} \frac{a}{\varrho} E_0 e^{ik_z z - i\omega t} \mathbf{e}_\varphi, \tag{10.5.28}$$

$$E_0 = E_\perp^{(0)}(a) = \frac{\phi_a - \phi_b}{\ln b - \ln a} \frac{1}{a}. \tag{10.5.29}$$

E_0 ist die Stärke des elektrischen Feldes auf der Oberfläche des Innenleiters. Nun ist $ck_z/\omega = 1$. In einem Medium wäre die rechte Seite noch mit n zu multiplizieren. Ohne Metalldraht wäre ϕ für $\varrho = 0$ singulär und es gäbe, wie im Hohlleiter, keine TEM-Lösung.

Aufgaben zu Kapitel 10

10.1. *Lineare, zirkulare und elliptische Polarisation*: Zwei linear polarisierte monochromatische Wellen $\mathbf{E}_{a,b}(\mathbf{x}, t) = \mathbf{E}_{0a,0b} e^{i\mathbf{k}\cdot\mathbf{x} - i\omega t}$ mit $\mathbf{k} = k\,\mathbf{e}_z$, von denen die erste in x-, die zweite in y-Richtung polarisiert sei, haben unterschiedliche Amplituden und Phasen.

Bestimmen Sie die verschiedenen Möglichkeiten der Polarisation von $\mathbf{E} = \mathbf{E}_a + \mathbf{E}_b$, die sich aus der Phasendifferenz und den Amplituden ergeben, insbesondere auch im Fall mit $E_a = E_b$.

10.2. *Basis einer monochromatischen Welle*: Geben Sie für die monochromatische Welle

$$\mathbf{E} = \left(a_1 e^{i\alpha_1} \boldsymbol{\epsilon}_1 + a_2 e^{i\alpha_2} \boldsymbol{\epsilon}_2\right) e^{i\mathbf{k}\cdot\mathbf{x} - i\omega t} = I\,\boldsymbol{\epsilon}_1' \, e^{i\mathbf{k}\cdot\mathbf{x} - i\omega t}$$

die orthogonale Basis $\boldsymbol{\epsilon}_1'$ und $\boldsymbol{\epsilon}_2'$ an.

10.3. *Kohärenzmatrix*: Zeigen Sie, dass die Kohärenzmatrix von unabhängigen Lichtwellen $E^{(n)}$ die Summe der Kohärenzmatrizen der einzelnen Lichtwellen ist.

10.4. *Eigenschwingungen im Inneren einer leitenden Hohlkugel*
Bestimmen Sie mithilfe des Hertz'schen Vektors die elektrischen und magnetischen Felder im Inneren einer Hohlkugel. Für die Eigenschwingungen erhalten Sie eine transzendente Gleichung.

Hinweis: $\mathbf{Z}_q$ soll auch im Mittelpunkt der Kugel regulär sein, d.h., man überlagert die auslaufende Kugelwelle mit einer einfallenden ($\propto \sin(kr)/r$).

Literaturverzeichnis

M. Born *Optik*, Springer Berlin (1933)

M. Born & E. Wolf *Principles of Optics*, 6. ed. Pergamon Press, Oxford (1986)

L. D. Landau & E. M. Lifschitz, Bd. 8 *Elektrodynamik der Kontinua*, 5. Aufl. Akademie-Verlag Berlin (1990)

F. Pedrotti & L. Pedrotti *Introduction to Optics* 2. ed. Prentice Hall (1997)

11

Röntgen-Streuung

Zur Streuung elektromagnetischer Wellen

Thomson-Streuung

Ein freies Elektron schwingt mit dem elektrischen Feld der Licht-/Röntgen-Welle und erzeugt so eine Dipolstrahlung gleicher Frequenz. Die Streuwelle ist eine sphärische Welle mit der für Dipolfelder typischen Winkelverteilung. Die Stärke der Wechselwirkung ist durch den klassischen Elektronenradius r_e bestimmt.

Streuung an einer Ladungsverteilung

Bei der Streuung an einem Atom (Molekül) gehen die Streuwellen von verschiedenen Raumpunkten aus und haben daher verschiedene Phasen. Die Streuwellen interferieren, wobei die Phasendifferenzen von der Richtung abhängen unter der man das Atom beobachtet. Einfallende und gestreute Welle haben gleiche Frequenz.

Streuung an einem Kristallgitter

Trifft die elektromagnetische Welle auf ein Kristallgitter, haben die asymptotischen Streuwellen der einzelnen Atome in Vorwärtsrichtung keine Phasenunterschiede und ihre Intensität ist dort maximal. Schon bei kleinen Abweichungen von der Vorwärtsrichtung interferieren die Wellen destruktiv, so dass wir dort keine Strahlung beobachten. Man kann jedoch den Wellenvektor $\mathbf{k}$ der einfallenden Welle so wählen, dass in einer weiteren Richtung die Interferenz wieder konstruktiv wird. Dann tritt neben dem durchgehenden Strahl auch ein gebeugter Strahl auf. Das ist der Fall, wenn die Differenz von einfallendem Strahl $\mathbf{k}$ und gebeugtem Strahl $\mathbf{k}'$ gleich einem Vektor $\mathbf{g}$ aus dem reziproken Gitter ist, wobei jedoch, da die Streuung elastisch ist, $|\mathbf{k}'| = |\mathbf{k}|$. Dann ist die

Ergänzende Information Die elektronische Version dieses Kapitels enthält Zusatzmaterial, auf das über folgenden Link zugegriffen werden kann https://doi.org/10.1007/978-3-662-68528-0_11.

Bragg-Bedingung erfüllt. Grafisch kann das mittels einer Kugel vom Radius k, der sogenannten *Ewald-Kugel*, dargestellt werden. $\mathbf{k}$, dessen Richtung und Länge ja vorgegeben sind, zeige vom Mittelpunkt der Kugel zu einem Punkt des reziproken Gitters. Liegt auf der Oberfläche der *Ewald-Kugel* ein weiterer Gitterpunkt, so ist die Bragg-Bedingung erfüllt, da beide Vektoren gleich lang sind und die Differenz ein Vektor aus dem reziproken Gitter ist.

Bei dieser Beschreibung der Streuung wird angenommen, dass weder die einfallende Welle durch die Streuung geschwächt wird, noch die Streuwellen an weiteren Gitteratomen gestreut werden. Die Streuung ist kinematisch.

Dynamische Beugung

Jetzt nehmen wir an, dass sich sowohl die einfallende Welle als auch die Streuwelle in einem Medium mit periodischer dielektrischer Funktion ϵ befinden, wobei für Röntgen-Strahlung die mittlere Dielektrizitätskonstante nahezu 1 ist ($|1 - \epsilon| \lesssim 10^{-5}$).

Wir suchen jetzt Lösungen für die Maxwell-Gleichungen im Medium, einem Einkristall, wenn auf diesen eine einfallende ebene Welle trifft. Ist man weit von einer Bragg-Bedingung entfernt, so geht die Welle (fast) ungestört durch den Kristall. Nahe der Bragg-Bedingung besteht die (näherungsweise) Lösung aus zwei Wellenfeldern mit leicht unterschiedlichen Wellenvektoren, die interferieren und so Intensitätsoszillationen bilden (*Pendellösungen*). Charakteristisch ist auch eine anomale Absorption, da die beiden Wellenfelder im Kristall unterschiedlich stark gedämpft werden: Ein Wellenfeld hat die Maxima zwischen den Atomen, eines bei den Atomen; Letzteres wird stärker geschwächt. Jedes dieser Wellenfelder setzt sich aus einer transmittierten und einer reflektierten Welle zusammen, die einzeln keine Lösungen der Maxwell-Gleichungen sind. An der Rückfläche des Kristalls trennen sich die austretenden Wellen in einen transmittierten und einen reflektierten Strahl.

In sehr dünnen Kristallen, deutlich unter $100\,\mu\text{m}$, steigt die Intensität der gestreuten Welle gleich wie in der kinematischen Streuung mit der Dicke an. Darüber hinaus macht sich die Erhaltung des Energiestroms bemerkbar nach der bei Abwesenheit von Absorption die Gesamtintensität von transmittiertem und reflektiertem Strahl gleich der des einfallenden Strahls sein muss. Da jedoch die transmittierten und die reflektierten Wellen im Kristall kohärent sind, kommt es zu Oszillationen zwischen transmittierter und reflektierter Intensität.

Die dynamische Theorie der Elektronen- und insbesondere der Neutronenbeugung ist der von Röntgen-Strahlung sehr ähnlich. In Teilchenstrahlen ist jedoch, statt der Maxwell-Gleichungen, die Schrödinger-Gleichung für die Dynamik verantwortlich. Die Lösungsmethode selbst hat Analogien zu schwach gebundenen Elektronen im Festkörper[1].

---

[1] Die Energie-Eigenwerte schwach gebundener Teilchen sind nahe der Zonengrenze (Bragg-Ebene) durch ein zwei-Niveau-System (2×2-Matrix) mit geringer Aufspal-

Die Teilchen haben im Kristall nahe einer Bragg-Ebene eine sehr geringe effektive Masse, d.h., es genügt ein sehr kleiner Impuls, um die Richtung der Teilchen drastisch zu ändern.

11.1 Streuung von Licht an Elektronen

11.1.1 Streuung an freien Elektronen

Der grundlegende Mechanismus für die Streuung von Licht an ruhenden Elektronen geht auf J. J. Thomson [1893] zurück. Die Elektronen folgen dem elektrischen Feldvektor des Lichtes und werden so zu Schwingungen angeregt. Man hat dann oszillierende Dipole, die eine Hertz'sche Dipolstrahlung aussenden. Soweit die Frequenz der einfallenden Strahlung nicht zu hoch ist, hat die Dipolstrahlung dieselbe Frequenz wie die einfallende Welle. Wird die Frequenz zu hoch, so steigt die Wahrscheinlichkeit, dass das Elektron von der Lichtwelle, d.h. vom Photon, einen Stoß bekommt und wegfliegt; die gestreute Strahlung hat dann eine entsprechende geringere Frequenz. Das ist der *Compton-Effekt*, auf den im Abschnitt 14.3.2 näher eingegangen wird.

Für unsere Zwecke genügt es, im Auge zu behalten, dass die folgenden Überlegungen nur für Wellenlängen gelten, die deutlich über der Compton-Wellenlänge (siehe Tab. C.7, S. 653) $\lambda_c = 2.43 \times 10^{-10}$ cm liegen. Licht mit $\lambda < \lambda_c$ stößt das Elektron mit hoher Wahrscheinlichkeit weg. Man spricht dann besser von Teilchen (Photonen) als von Lichtwellen.

Bei den einfallenden elektromagnetischen Wellen hat man es meist mit Röntgen-Strahlen zu tun, deren Wellenlängen im Ångström-Bereich liegen. Die Elektronen der Elektronhülle von Atomen mit Bindungsenergien in der Größe von Elektronenvolt können, verglichen mit der Energie von $10\,$keV des Röntgen-Strahls, als frei betrachtet werden. Bei dieser Energie hat man, wie in der Einleitung dargelegt, eine Wellenlänge von 1.24 Å und eine Frequenz von $\nu = c/\lambda = 2.41 \cdot 10^{18}$ Hz.

Die Potentiale einer einfallenden ebenen Welle sind

$$\phi(\mathbf{x}, t) = 0 \qquad \text{und} \qquad \mathbf{A}(\mathbf{x}, t) = \mathbf{A}_0 \, e^{i(\mathbf{k}\cdot\mathbf{x} - \omega t)} \,. \qquad (11.1.1)$$

Daraus ergeben sich die Felder

$$\mathbf{E}(\mathbf{x}, t) = -\frac{k_L}{c}\frac{\partial \mathbf{A}}{\partial t} - \boldsymbol{\nabla}\phi = -\frac{k_L}{c}\frac{\partial \mathbf{A}}{\partial t} = i k_L \frac{\omega}{c} \mathbf{A} \qquad (11.1.2)$$

$$\mathbf{B}(\mathbf{x}, t) = \boldsymbol{\nabla} \times \mathbf{A} = i\mathbf{k} \times \mathbf{A} = (1/k_L)\hat{\mathbf{k}} \times \mathbf{E} \,. \qquad (11.1.3)$$

Hier sind $\omega = k\,c$ und $\hat{\mathbf{k}} = \mathbf{k}/k$. Der mittlere Energiefluss des einfallenden Strahls ist durch den Poynting-Vektor (8.2.64) gegeben:

---

tung gegeben. Bei der Streuung hat man dasselbe Gleichungssystem, nur sucht man die Wellenvektoren zu vorgegebener Energie.

$$\langle \mathbf{S} \rangle = \frac{ck_L}{8\pi k_C} \mathbf{E} \times \mathbf{B}^* \overset{(11.1.3)}{=} \frac{c}{8\pi k_C} |\mathbf{E}_0|^2 \hat{\mathbf{k}} = \frac{1}{2Z_0} |\mathbf{E}_0|^2 \hat{\mathbf{k}}. \tag{11.1.4}$$

Hierbei sind $Z_0 = \frac{4\pi k_C}{c}$ der Vakuumwellenwiderstand (8.2.65') und

$$\mathbf{E}(\mathbf{x}, t) = \mathbf{E}_0 \, e^{i(\mathbf{k}\cdot\mathbf{x}-\omega t)}. \tag{11.1.5}$$

Auf das anfänglich im Ursprung ruhende Elektron wirkt die Coulomb-Kraft

$$m_e \ddot{\mathbf{s}} = e\mathbf{E}(\mathbf{s}, t) \approx e\mathbf{E}_0 \, e^{-i\omega t} \tag{11.1.6}$$

und zwingt dem Elektron oszillatorische Bewegungen auf. Die Situation ist der Abb. 11.1 zu entnehmen.

Wir gehen davon aus, dass das Elektron nur Geschwindigkeiten $v_0 \ll c$ erreicht. Der Lorentz-Anteil $e(k_L/c)\,\mathbf{v} \times \mathbf{B}$ darf dann vernachlässigt werden. Für (11.1.6) führt der Ansatz $\mathbf{s} = \mathbf{s}_0 e^{-i\omega t}$ zu

$$|\dot{s}_0| = v_0 = \frac{e_0 E_0}{m_e \omega} \qquad \text{und} \qquad s_0 = \frac{e_0 E_0}{m_e \omega^2} = \frac{v_0}{ck}. \tag{11.1.7}$$

Das rechfertigt die Annahme $\mathbf{E}(\mathbf{s}, t) = \mathbf{E}_0(0, t)$, da mit $v_0/c \ll 1$ auch $ks_0 = v_0/c \ll 1$.

Für Röntgen-Strahlung von $\hbar\omega = 10\,\text{keV}$ ($\lambda = 1.24\,\text{Å}$) wären Feldstärken von $E_0 \approx 8.7 \times 10^9\,\text{statV cm}^{-1} \hat{=} 2.6 \times 10^{14}\,\text{V m}^{-1}$ notwendig, damit $v_0/c = 0.01$. Mit dieser Feldstärke ist $s_0 = 2 \times 10^{-11}\,\text{cm}$. Man sieht nicht nur, dass alle Voraussetzungen für die klassische Behandlung eingehalten sind, sondern auch, dass für ein Atom/Molekül die Phasenunterschiede zwischen den Streuwellen der einzelnen Elektronen relevant sind. Durch die Bewegung der Ladung

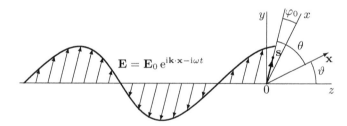

Abb. 11.1. Das elektrische Feld $\mathbf{E}$ der einfallenden Strahlung regt das Elektron zu Hertz'schen Dipolschwingungen mit der Auslenkung $\mathbf{s}(t)$ an, wobei die maximale Auslenkung $s_0 \ll \lambda$

entsteht das oszillierende Dipolmoment

$$\mathbf{p}(t) = e\,\mathbf{s}(t) = \frac{e_0^2}{m_e \omega^2}\,\mathbf{E}_0 e^{-i\omega t}. \tag{11.1.8}$$

Die Strahlungsfelder dieses Dipolmoments sind nach (8.4.12)

$$\mathbf{B}_s(\mathbf{x}, t) = \frac{k_C}{k_L c^2 r} \ddot{\mathbf{p}}(t_r) \times \mathbf{e}_r = \frac{r_e}{k_L r} e^{ikr - i\omega t} \mathbf{E}_0 \times \mathbf{e}_r \,,$$

$$\mathbf{E}_s(\mathbf{x}, t) = -\frac{k_C}{c^2 r} \mathbf{e}_r \times \left(\ddot{\mathbf{p}}(t_r) \times \mathbf{e}_r \right) = -\frac{r_e}{r} \mathbf{e}_r \times \left(e^{ikr - i\omega t} \mathbf{E}_0 \times \mathbf{e}_r \right). \quad (11.1.9)$$

$t_r = t - r/c$ ist die retardierte Zeit und $r_e = k_C e^2 / m_e c^2$ der klassische Elektronenradius. Die Streuwellen sind Kugelwellen mit r_e als Vorfaktor.

Intensität und Polarisation

Bei der Streuung betrachtet man die ins Raumwinkelelement $d\Omega$ abgestrahlte Energie. Bei dem durch das elektrische Feld bewegten Elektron haben wir in der Fernzone eine elektrische Dipolstrahlung, für die wir in (8.4.14) und (8.4.15) die Intensitäten hergeleitet haben:

$$\langle \mathbf{S}_s \rangle = \frac{k_L}{2Z_0} \mathbf{E}_s \times \mathbf{B}_s^* = \frac{1}{2Z_0} \frac{r_e^2}{r^2} |\mathbf{E}_0|^2 \, \mathbf{e}_r \,. \quad (11.1.10)$$

Daraus bekommt man für die ins Raumwinkelelement $d\Omega$ gestreute Strahlung, dividiert durch den Fluss der einfallenden Strahlung (11.1.4)

$$\frac{d\sigma}{d\Omega} = \frac{|\langle \mathbf{S}_s \rangle|}{|\langle \mathbf{S} \rangle|} r^2 = \frac{|\mathbf{E}_{s0}|^2}{|\mathbf{E}_0|^2} = r_e^2 \sin^2 \theta \,. \quad (11.1.11)$$

Nach Abb. 11.1 ist die Fortpflanzungsrichtung der ebenen Welle $\mathbf{k} = k \mathbf{e}_z$. Die transversale Schwingungsebene des elektrischen Feldes ist in der xy-Ebene durch φ_0 festgelegt:

$$\mathbf{E}_0 = E_0 \left(\cos \varphi_0 \, \mathbf{e}_x + \sin \varphi_0 \, \mathbf{e}_y \right).$$

Parallel zu $\mathbf{E}$ schwingt $\mathbf{p}$. θ ist bestimmt durch das Skalarprodukt

$$\mathbf{E}_0 \cdot \mathbf{e}_r = E_0 \cos \theta = \cos \varphi_0 \mathbf{e}_x \cdot \mathbf{e}_r + \sin \varphi_0 \mathbf{e}_x \cdot \mathbf{e}_r$$
$$= E_0 \sin \vartheta \left(\cos \varphi_0 \cos \varphi + \sin \varphi_0 \sin \varphi \right) = E_0 \sin \vartheta \cos(\varphi - \varphi_0).$$

Bei unpolarisierten X-Strahlen sind die φ_0 statistisch verteilt und mitteln sich heraus:

$$\langle \cos^2 \theta \rangle = \langle \sin^2 \vartheta \, \cos^2 (\varphi_0 - \varphi) \rangle = \frac{\sin^2 \vartheta}{2} \,.$$

Für den differentiellen Streuquerschnitt unpolarisierter Röntgen-Strahlung an einem freien Elektron erhält man die in Abb. 11.2 dargestellte *Thomson'sche Streuformel*

$$\left\langle \frac{d\sigma}{d\Omega} \right\rangle = r_e^2 \frac{1}{2} (1 + \cos^2 \vartheta) \,. \quad (11.1.12)$$

$r_e^2 \approx 8 \times 10^{-26} \, \text{cm}^2 = 0.08 \, \text{barn}$ ist die für den differentiellen Streuquerschnitt charakteristische Fläche. Die gleiche Winkelabhängigkeit erhält man für ein in der xy-Ebene kreisendes Elektron. Die Intensität selbst ist zwar axialsymmetrisch, doch gilt das nicht für die einzelnen einfallenden linear polarisierten Wellen. Eine unter φ_0 einfallende Welle wird mit

$$\sin^2 \theta = 1 - \sin^2 \vartheta \, \cos^2(\varphi - \varphi_0) \tag{11.1.13}$$

bevorzugt in die auf φ_0 senkrecht stehende Richtung $\varphi = \varphi_0 \pm \pi/2$ gestreut. Die Streustrahlung der unpolarisiert einfallenden Röntgen-Strahlen ist somit teilweise polarisiert.

Totaler Wirkungsquerschnitt

Die Winkelintegration ergibt den totalen Thomson-Streuquerschnitt

$$\sigma_t = \frac{r_e^2}{2} \int_0^{2\pi} \mathrm{d}\varphi \int_0^\pi \sin\vartheta \mathrm{d}\vartheta \left(1 + \cos^2\vartheta\right) = \frac{8\pi r_e^2}{3} = 0.665 \times 10^{-24}\,\mathrm{cm}^2. \tag{11.1.14}$$

Die Thomson-Streuung ist elastisch, d.h., das Elektron schwingt genau mit der Frequenz der einfallenden Strahlung. Das gilt nur für „große" Wellenlängen. Bei hinreichend kleiner Wellenlänge $\lambda \sim \lambda_c \approx 2.4 \times 10^{-2}$ Å, der Compton-Wellenlänge des Elektrons (Tab. C.7, S. 653), versetzt das Photon dem Elektron einen (elastischen) Stoß. Mittels der Energie-Impulserhaltung wird im Abschnitt 14.3.2 die Frequenz der Streustrahlung berechnet.

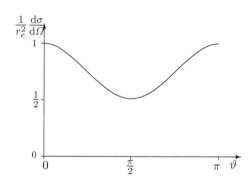

Abb. 11.2. Der (mittlere) differentielle Streuquerschnitt der Thomson-Streuung in Abhängigkeit vom Streuwinkel ϑ

Die Thomson-Formel gilt also nur für Wellenlängen $\lambda \gg \lambda_c$. Für Röntgen-Strahlen mit $\lambda > 0.5$ Å ist diese Bedingung erfüllt. Die in der Röntgen-Streuung verwendeten charakteristischen Strahlungen liegen zwischen 0.55 Å (Ag) und 2.3 Å (Cr).

11.1.2 Streuung an schwach gebundenen Elektronen

Einen phänomenologischen Ansatz zur Polarisierbarkeit von Atomen gibt das Lorentz-Drude- oder Oszillator-Modell (5.5.5). Die Elektronen j sind je nach Stärke der Bindungskräfte mit Federn $k_j = m_e \omega_j^2$ an den Kern gebunden und unterliegen einer Dämpfung γ_j, in der alle Prozesse inkludiert sind, durch die das Elektron Energie verliert

$$m_e\big(\ddot{\mathbf{x}}_j + \gamma_j\dot{\mathbf{x}}_j + \omega_j^2\mathbf{x}_j\big) = -e_0\,\mathbf{E}_0 e^{-i\omega t}.$$

Wiederum ist das elektrische Feld $\mathbf{E}$ periodisch in der Zeit, was dann auch für das Dipolment des Elektrons, das mit $\mathbf{E}$ schwingt, gilt:

$$\mathbf{p}_j = -e_0\,\mathbf{x}_j = \frac{e_0^2}{m_e}\,\frac{1}{\omega_j^2 - \omega^2 - i\gamma_j\omega}\,\mathbf{E} = \alpha_j(\omega)\,\mathbf{E}. \tag{11.1.15}$$

Der Beitrag des j-ten Elektrons zur Polarisierbarkeit (5.5.6) ist somit

$$\alpha_j(\omega) = \frac{e_0^2}{m_e}\,\frac{1}{\omega_j^2 - \omega^2 - i\gamma_j\omega}\,. \tag{11.1.16}$$

Wir setzen nun $\mathbf{p}$ (11.1.15) in das Streufeld (11.1.9) ein:

$$\mathbf{E}_s = r_e\,\alpha_j(\omega)\,\mathbf{e}_r \times (\mathbf{E}_0 \times \mathbf{e}_r)\,\frac{e^{ikr-i\omega t}}{r}\,. \tag{11.1.17}$$

In Hinsicht auf das Streufeld (11.1.9) hat sich nur die Polarisierbarkeit des Elektrons geändert, indem wir $\alpha = -e^2/m_e\,\omega^2$ durch (11.1.16) ersetzt haben. Dementsprechend unterscheiden sich die Streuwellen der freien und der schwach gebundenen Elektronen nur durch den Faktor $-\alpha_j\,\omega^2$, weshalb der differentielle Streuquerschnitt (11.1.12) für die schwach gebundenen Elektronen nur mit $|\omega^2\,\alpha_j|^2$ multipliziert werden muss:

$$\frac{d\sigma}{d\Omega} = \left(\frac{d\sigma}{d\Omega}\right)_t |\omega^2\,\alpha_j(\omega)|^2 = r_e^2\,\frac{1}{2}\big(1 + \cos^2\vartheta\big)\frac{\omega^4}{(\omega^2 - \omega_j^2)^2 + \gamma_j^2\,\omega^2}\,. \tag{11.1.18}$$

Die rechte Seite setzt wiederum einfallendes unpolarisiertes Licht voraus. Das gestreute Licht ist jedoch in Bezug auf seine Polarisation gemäß (11.1.13) nicht axialsymmetrisch.

Rayleigh-Streuung

Für Frequenzen die kleiner sind als die Anregungsfrequenzen ω_j, $\omega \ll \omega_j$, vereinfacht sich (11.1.18) zu

$$\frac{d\sigma}{d\Omega} = \left(\frac{d\sigma}{d\Omega}\right)_t \frac{\omega^4}{\omega_j^4}\,. \tag{11.1.19}$$

Die hier in Frage kommenden Frequenzen sind im sichtbaren Bereich und darunter. Sonnenstrahlen, die auf Partikel der Luft treffen, erzeugen in diesen mitschwingende elektrische Momente, die ihrerseits Licht ausstrahlen. Kürzere Wellenlängen werden stärker gestreut, so dass sichtbares Licht eine Frequenzverschiebung zur blauen Farbe hin erfährt.

Die Rayleigh-Streuung wird sowohl zur Erklärung der blauen Farbe des Himmels, als auch der Rotfärbung der untergehenden Sonne herangezogen. Im letzteren Fall wird auf dem längeren Weg durch die Atmosphäre der kurzwellige Anteil vermehrt weggestreut, so dass der langwellige Anteil überwiegt.

Resonanzstreuung

Für Frequenzen $\omega \approx \omega_j$ hat der differentielle Streuquerschnitt (11.1.18) eine Resonanz, deren Breite von der Stärke der Dämpfung γ_j abhängt. Gibt ein gebundenes Elektron Streustrahlung ab, so muss in der Bewegungsgleichung neben der externen Kraft noch die dissipative Kraft $\mathbf{F}_{\text{rad}}$ (8.5.2) berücksichtigt werden, die durch die Abraham-Lorentz-Gleichung gegeben ist:

$$\mathbf{F}_{\text{rad}} = k_C \frac{2e^2}{3c^3} \dot{\ddot{\mathbf{v}}} \overset{(8.5.7)}{=} -k_C \frac{2e^2\omega_j^2}{3c^3} \mathbf{v} = -m_e\gamma_j \mathbf{v}$$

(den Index j des betrachteten Elektrons haben wir in Kraft und Geschwindigkeit unterschlagen). Verwendet wurde, dass bei gebundener Bewegung $\ddot{\mathbf{v}} = -\omega_j^2\mathbf{v}$ (siehe (8.5.7)). Jetzt setzen wir in die Abraham-Lorentz'sche Bewegungsgleichung (8.5.4) ein und erhalten die Bewegungsgleichung (8.5.8) des gedämpften harmonischen Oszillators

$$m_e \dot{\mathbf{v}} = \mathbf{F}_{\text{ext}} - m_e\gamma_j \mathbf{v} \,. \tag{11.1.20}$$

Die aus der alleinigen Strahlungsrückwirkung resultierende Dämpfung ist sehr klein, so dass die Resonanz in (11.1.18) sehr scharf wird. In Abb. 11.3 ist der

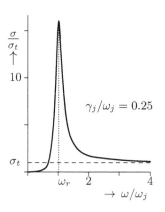

$\gamma_j/\omega_j = 0.25$

Abb. 11.3. Resonanzstreuung an einem Elektron; σ_t ist der Thomson-Streuquerschnitt, ω_j ist die Frequenz des Oszillators und γ_j seine Dämpfung

Verlauf des totalen Streuquerschnittes

$$\sigma(\omega) = \sigma_t \frac{\omega^4}{(\omega^2 - \omega_j^2)^2 + \gamma_j^2\omega^2} \qquad \Rightarrow \qquad \omega_r^2 \approx \frac{\omega_j^2}{1 - \gamma_j^2/2\omega_j^2},$$

$$\sigma_r = \sigma(\omega_r) = \sigma_t \frac{\omega_j^2}{\gamma_j^2} \frac{1}{1 - \gamma_j^2/4\omega_j^2} \tag{11.1.21}$$

als Funktion von ω skizziert, wobei die Frequenz der Resonanz ω_r für stärkere Dämpfung γ_j geringfügig zu höheren Frequenzen verschoben wird, die Schärfe der Resonanz aber drastisch abnimmt.

Die Linienbreite der Resonanz ist durch γ_j bestimmt. Wir versuchen eine Abschätzung, wobei wir das H-Atom heranziehen. ω_j sei durch den Übergang vom Grundzustand mit $n = 1$ in den Zustand $n = 2$ bestimmt (Lyman-Serie), dessen Energie gemäß (C.2.14) gegeben ist durch

$$k_C^2 \frac{m_e e^4}{2\hbar^2}\left(1 - \frac{1}{4}\right) = \hbar\omega_0 \quad \Rightarrow \quad \hbar\omega_0 = \frac{3}{8}\, m_e c^2\, \alpha_f^2 \quad \text{und} \quad \alpha_f = k_C \frac{e^2}{\hbar c} \approx \frac{1}{137}.$$

α_f ist die Feinstrukturkonstante. $\omega_j = \omega_0$ ist jetzt die für das Modell relevante Oszillatorfrequenz. Hat man keine weitere Dämpfung als die Strahlungsrückwirkung, so ist

$$\gamma_0 = k_C \frac{2e^2}{3m_e c^3}\omega_0^2 = \frac{2}{3}\frac{\hbar\omega_0}{m_e c^2}\,\alpha_f\,\omega_0 = \frac{1}{4}\,\alpha_f^3\,.$$

Der dimensionslose Faktor für die Dämpfung und die Höhe der Resonanz sind

$$\frac{\gamma_0}{\omega_0} = \frac{1}{4}\,\alpha_f^3 \qquad \text{und} \qquad \sigma_r = \frac{8\pi}{3}\,r_e^2\,\frac{16}{\alpha_f^6}\sigma_r = \frac{2\pi}{3}\left(\frac{8\,a_{\mathrm{B}}}{\alpha_f}\right)^2. \qquad (11.1.22)$$

Man spricht in diesem Fall bei γ_0 von der *natürlichen Linienbreite*. Gibt man den Streuquerschnitt mit $\sigma_r = \pi R^2$ an, so ist $R \sim 900\, a_{\mathrm{B}}$, wobei $a_{\mathrm{B}} = 0.529\,\text{Å}$ der Bohr'sche Radius ist.

Eine Verbreiterung der Linien, verbunden mit einer Frequenzverschiebung, ist unter anderem auf die Bewegung der Atome (Doppler-Verbreiterung) oder auf den Rückstoß, den das emittierte (absorbierte) Photon (γ-Quant) auf das Atom überträgt, zurückzuführen. In manchen Kristallen kann der Rückstoß jedoch vom Kristallgitter aufgenommen worden, wie von ^{57}Fe bei $\hbar\omega_0 = 14.4\,\text{keV}$. Das ist der Mößbauer-Effekt. Man erreicht Linien, die so scharf sind ($\gamma_0/\omega_0 \sim 10^{-13}$), dass an ihnen der Energieverlust des Photons im Gravitationsfeld der Erde nachgewiesen werden kann.

11.1.3 Streuung an einer Ladungsverteilung

Nach dem Beitrag eines einzelnen Elektrons zur Streuung wird nun der Beitrag eines Atoms, d.h. einer Ladungsverteilung, berechnet, indem die Streuwellen der einzelnen Elektronen aufsummiert werden. Dazu benötigt man den Ausdruck für die gestreute Welle (11.1.9), wenn sich das Elektron nicht im Ursprung, sondern am Ort $\mathbf{x}'$ befindet, wie in Abb. 11.4 skizziert.

Die einfallende Welle, die am Ursprung den Wert $\mathbf{E}_0$ hatte, hat am Ort $\mathbf{x}'$ mit $\mathbf{E}_0\,e^{i\mathbf{k}\cdot\mathbf{x}'}$ einen zusätzlichen Phasenfaktor bekommen. Außerdem ersetzt man $\mathbf{e}_r = \dfrac{\mathbf{x}}{r}$ durch $\dfrac{\mathbf{x}-\mathbf{x}'}{|\mathbf{x}-\mathbf{x}'|}$:

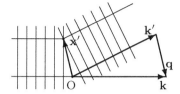

Abb. 11.4. Die Streuung an einer Ladungsverteilung; um O sieht man die Phasenverschiebung $\mathbf{q} \cdot \mathbf{x}'$ zwischen O und $\mathbf{x}'$, sie ist hier gering; $\mathbf{q}$ ist der Streuvektor

$$\mathbf{E}_s(\mathbf{x}, \mathbf{x}', t) = -r_e \left\{ \frac{\mathbf{x} - \mathbf{x}'}{|\mathbf{x} - \mathbf{x}'|} \times \left(\mathbf{E}_0\, e^{i\mathbf{k}\cdot\mathbf{x}'} \times \frac{\mathbf{x} - \mathbf{x}'}{|\mathbf{x} - \mathbf{x}'|} \right) \right\} \frac{e^{-i\omega t + ik|\mathbf{x} - \mathbf{x}'|}}{|\mathbf{x} - \mathbf{x}'|}.$$

Die Differenz $|\mathbf{x} - \mathbf{x}'|$ von r muss nur im Exponenten berücksichtigt werden, was der Fernzone der Multipolstrahlung einer Ladungsverteilung entspricht:

$$k|\mathbf{x} - \mathbf{x}'| \approx kr - k\,\frac{\mathbf{x} \cdot \mathbf{x}'}{r} = kr - \mathbf{k}' \cdot \mathbf{x}' \quad \text{mit} \quad \mathbf{k}' = k\frac{\mathbf{x}}{r} = k\mathbf{e}_r.$$

Die Aufsummation der Streuwellen ergibt so

$$\mathbf{E}_s(\mathbf{x}, t) = -r_e \int d^3x'\, \left(\mathbf{e}_r \times (\mathbf{E}_0\, e^{i\mathbf{k}\cdot\mathbf{x}'} \times \mathbf{e}_r) \right) \frac{n(\mathbf{x}')}{r}\, e^{ikr - i\mathbf{k}'\cdot\mathbf{x}' - i\omega t}.$$

$\rho(\mathbf{x}) = e\, n(\mathbf{x})$ ist die Ladungsdichte der Elektronen des Atoms (Moleküls). Der atomare Formfaktor

$$f_0(\mathbf{q}) = \int d^3x'\, n(\mathbf{x}')\, e^{-i\mathbf{q}\cdot\mathbf{x}'} \quad \text{mit dem Streuvektor } \mathbf{q} = \mathbf{k}' - \mathbf{k} \qquad (11.1.23)$$

ist definiert als Fouriertransformierte der Elektronendichte. Er berücksichtigt die endliche Ausdehnung des Systems durch die unterschiedlichen Phasen mit denen die einzelnen Bereiche zur Streuwelle beitragen.

Anmerkung: Berechnungen der atomaren Formfaktoren sind in den internationalen Tabellen für Kristallografie zu finden. Die folgende Summe von Exponentialfunktionen ist eine Näherung für den Formfaktor von Silizium (siehe Tab. 10.5.9, S. 389):

$$f\left(\frac{\sin\theta}{\lambda}\right) = \sum_{i=1}^{4} a_i\, e^{-b_i (\sin\theta/\lambda)^2} + c.$$

Abb. 11.5 zeigt den mit obiger Näherung berechneten Formfaktor für Silizium.

Tab. 11.1. Atomarer Formfaktor; Koeffizienten für Silizium

$a_1 = 6.2915$	$a_2 = 3.0353$	$a_3 = 1.9891$	$a_4 = 1.5410$
$b_1 = 2.4386$	$b_2 = 32.3337$	$b_3 = 0.6785$	$b_4 = 81.6937$ $c = 1.1407$

Die atomare Streuwelle ist nun bestimmt als

$$\mathbf{E}_s(\mathbf{x}, t) = -r_e\, f_0(\mathbf{q})\, (\mathbf{e}_r \times (\mathbf{E}_0 \times \mathbf{e}_r))\, \frac{1}{r}\, e^{ikr - i\omega t}. \qquad (11.1.24)$$

Der differentielle Wirkungsquerschnitt für das Atom ist so gegeben als

$$\left(\frac{d\sigma}{d\Omega}\right)_a = \left(\frac{d\sigma}{d\Omega}\right)_e |f_0(\mathbf{q})|^2. \qquad (11.1.25)$$

Dispersionskorrekturen

In (11.1.23)–(11.1.25) sind die Elektronen freie Teilchen, was berechtigt ist, wenn man die $\sim 10\,\mathrm{keV}$ der Röntgen-Strahlung mit $\sim$eV Bindungsenergien der Elektronen vergleicht.

In einer genaueren Studie wird man jedoch den Einfluss der Bindungskräfte der Elektronen an den Kern mitberücksichtigen, was zu sogenannten Dispersionskorrekturen führt. Gerade von den inneren Schalen, wo die Elektronen stärker lokalisiert sind, erwarten wir Beiträge zu $f_0(\mathbf{q})$, die mit q schwächer abfallen als (11.1.23):

$$f(\mathbf{q}) = f_0(\mathbf{q}) + \Delta f' - \mathrm{i}\Delta f''. \qquad (11.1.26)$$

$\Delta f'(\mathbf{q})$ und $\Delta f''(\mathbf{q})$ sind Dispersions- oder *Hönl*-Korrekturen. Sie hängen natürlich von ω ab, werden aber meist für eine konkrete X-Strahlung, wie Cu-$K_{\alpha 1}$, d.h. für ein bestimmtes ω angegeben, so dass die ω-Abhängigkeit nicht separat angeführt wird.

Im Lorentz-Modell (5.5.7) ist die Bindung der Elektronen durch harmonische Kräfte zwischen Elektronen-Schalen und Kern gegeben. Die Schalen sind durch ihren Ladungsschwerpunkt als punktförmige Teilchen repräsentiert. Kombinieren wir nun die kontinuierliche Dichteverteilung $n_k(\mathbf{x})$ des k-ten Elektrons mit dem Oszillator-Modell (5.5.6), so erhalten wir eine verallgemeinerte Elektronendichte

$$\tilde{n}(\mathbf{x}) = \sum_k g_k\, n_k(\mathbf{x}) \quad \text{mit} \quad g_k = \frac{f_k \omega^2}{\omega^2 - \omega_k^2 + \mathrm{i}\gamma_k \omega} \approx f_k\Big(1 + \frac{\omega_k^2}{\omega^2} - \mathrm{i}\frac{\gamma_k}{\omega}\Big),$$

in der die g_k die Resonanzen der Elektron-Photon-Wechselwirkung beinhalten. Anhand der g_k ist ersichtlich, dass die Absorption über $\Delta f''$ mit $1/\omega$ abfällt

$$f(\mathbf{q}) = \sum_k f_k \int \mathrm{d}^3 x\, e^{-\mathrm{i}\mathbf{x}\cdot\mathbf{q}}\, n_k(\mathbf{x})\Big(1 + \frac{\omega_k^2}{\omega^2} - \mathrm{i}\frac{\gamma_k}{\omega}\Big) = f_0(\mathbf{q}) + \frac{\overline{\omega^2}}{\omega^2} - \mathrm{i}\frac{\overline{\gamma}}{\omega}.$$

Für quantitative Aussagen greifen solche phänomenologischen Ansätze zu kurz.

Die Röntgen-Streuung gibt also Auskunft über die Ladungsverteilung in Festkörpern. Die hier betrachtete Streuung ist kohärent, weil man die Amplituden der Streuwellen der einzelnen Ladungen superponiert. Werden jedoch die Intensitäten überlagert, so wird die Streuung als inkohärent bezeichnet.

Interferenzeffekte treten nur in der kohärenten Strahlung auf. Die Erweiterung des Streuquerschnittes auf die (kohärente) Streuung an mehreren Atomen

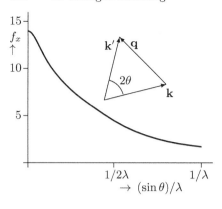

Abb. 11.5. Atomformfaktor von Si (Z=14). θ ist der halbe Streuwinkel; die Kurve wurde für Mo-K_α Strahlung mit $\lambda = 0.7107\,\text{Å}$ gezeichnet

(Flüssigkeit, Kristall) ist evident. Sie wird später behandelt. Die entsprechende Theorie ist aus der Elektrodynamik und der Festkörperphysik bekannt. Die Streuung am Atom kann als Summe der Streuamplituden der einzelnen Elektronen aufgefasst werden. Weit vom Atom entfernt kann die Streuwelle des Atoms als Kugelwelle betrachtet werden. Die Überlagerung der Kugelwellen von regelmäßig angeordneten Atomen führt zu Interferenzen, die ihren Ausdruck in der Bragg-Bedingung finden. Es ist dies eine rein geometrische Beziehung zwischen der Wellenlänge des einfallenden Strahls und dem starren Kristallgitter des Festkörpers.

Der nächste Schritt, der über die Geometrie des Streuprozesses, die Kinematik, hinausführt wurde unabhängig von Ewald [1916] und von Laue (1917) gemacht. Diese dynamische Theorie bildet noch heute den wesentlichen Bestandteil der Röntgen-Beugung. Sie ist die Grundlage für die Kristalloptik mit X-Strahlen. Soviel zur elastischen Streuung.

In der letzten Zeit jedoch ist die inelastische, d.h. die diffuse Streuung mehr in den Vordergrund gerückt. Obwohl die Anregungsenergien im Festkörper (Phononen, etc.) mit 0.01–0.1 eV um fünf Größenordnungen kleiner sind als die Energie des einfallenden Strahls, ermöglichen die immer weiter entwickelten Messmethoden eine immer bessere Auswertung der inelastischen Streuung.

Um den klassischen nicht relativistischen Zugang zu rechtfertigen, sollte man auch die Geschwindigkeit abschätzen mit der sich Elektronen um den Kern bewegen. Ausgangspunkt sei ein wasserstoffartiges Atom mit der Kernladungszahl Z und dem Potential $V = -Ze^2/r$. Nach dem Virialtheorem gilt für die Erwartungswerte

$$2\langle T \rangle = \langle \mathbf{x} \cdot \boldsymbol{\nabla} V \rangle = -\langle V \rangle \qquad \Rightarrow \qquad \mathrm{E} = \langle T + V \rangle = -\langle T \rangle.$$

Die Energieeigenwerte sind bekanntlich [Schwabl, 2007, S. 131]

$$\mathrm{E}_n = -k_C^2 \frac{m_e Z^2 e^4}{2\hbar^2 n^2} \qquad n = 1, 2, \ldots \tag{C.2.14}$$

Auf Kreisbahnen hat man eine konstante Geschwindigkeit v des Elektrons, die gegeben ist durch $\langle T \rangle = m_e v^2/2$, woraus folgt

$$v = k_C \frac{Z\,e^2}{n\,\hbar} = \frac{Z}{n}\,c\alpha_f \qquad \text{mit} \qquad \alpha_f = k_C \frac{e^2}{\hbar c} \approx \frac{1}{137}.$$

Daraus wird ersichtlich, dass die Geschwindigkeiten der Elektronen in schwereren Kernen relativistisch zu behandeln sind.

11.1.4 Streuung am Gitter

Nachdem wir die Streuung am Atom durch die Addition der Beiträge der einzelnen Elektronen angeben konnten, bestimmen wir nun die Streuung einer Lichtwelle an einem Kristall durch die Aufsummierung der Beiträge der einzelnen, regelmäßig angeordneten Atome zur Streuwelle.

Analog zur Streuung am Atom, wo wir die Phasen der einfallenden Welle an den Orten der Elektronen zu berücksichtigen hatten, haben wir jetzt noch die Phasen der einfallende Welle an den Gitterpunkten hinzuzufügen.

Lineare Kette

Wir gehen jetzt von der atomaren Streuwelle (11.1.24) aus, wobei die Atome eine lineare Kette aus $N = 2M + 1$ Atomen bilden sollen. Die Kette mit der Gitterkonstante a liege auf der x-Achse.

$$\mathbf{E}_s(\mathbf{x},t) = -r_e\,f_0(\mathbf{q}) \sum_{n=-M}^{M} \mathbf{e}_r \times \left(\mathbf{E}_0\,\mathrm{e}^{-i\mathbf{q}\cdot a n \mathbf{e}_x} \times \mathbf{e}_r\right) \frac{1}{r}\,\mathrm{e}^{ikr-i\omega t}. \qquad (11.1.27)$$

Nun ist $(\mathbf{q} = \mathbf{k}' - \mathbf{k})$

$$\begin{aligned}
S(q_x) &= \sum_{n=-M}^{M} \mathrm{e}^{-iq_x an} = \mathrm{e}^{iq_x aM} \sum_{n=0}^{2M} \mathrm{e}^{-iq_x an} = \mathrm{e}^{iq_x aM}\,\frac{\mathrm{e}^{-iq_x a(2M+1)}-1}{\mathrm{e}^{-iq_x a}-1} \\
&= \frac{\sin\left(\frac{q_x a}{2}N\right)}{\sin\frac{q_x a}{2}} \overset{m\,\text{ganz}}{=} \frac{\sin\left[\left(\frac{q_x a}{2}-m\pi\right)N\right]}{\sin\left(\frac{q_x a}{2}-\pi m\right)} = \frac{\sin\left[\frac{a}{2}\left(q_x-\frac{2\pi m}{a}\right)N\right]}{\sin\left[\frac{a}{2}\left(q_x-\frac{2\pi m}{a}\right)\right]}.
\end{aligned}$$

Solange (im Limes $N \to \infty$) der Nenner endlich ist, verschwindet aufgrund der raschen Variation des Zählers jedes Integral in diesem Bereich. Für Werte $q_x \approx 2\pi m/a$ kann der Sinus im Nenner durch sein Argument genähert werden, und wir haben die übliche Darstellung für eine δ-Funktion (siehe Tab. B.4, S. 636). Für den Strukturfaktor erhalten wir so

$$S(q_x) = \sum_{m=-\infty}^{\infty} \lim_{N\to\infty} \frac{\sin\left[\frac{a}{2}\left(q_x-\frac{2\pi m}{a}\right)N\right]}{\frac{a}{2}\left(q_x-\frac{2\pi m}{a}\right)} = \sum_{m=-\infty}^{\infty} \frac{2\pi}{a}\,\delta\left(q_x - \frac{2\pi m}{a}\right). \qquad (11.1.28)$$

$2\pi/a$ ist die Gitterkonstante der zur linearen Kette reziproken Kette und $g = 2\pi m/a$ ist ein Gitterpunkt dieser Kette.

Obiger Strukturfaktor wird auch als *Gitterdeltafunktion* bezeichnet, da deren Beiträge in Form von δ-Funktionen nur von Punkten des reziproken Gitters kommen.

Dreidimensionales Bravais-Gitter

Ein Bravais-Gitter ist ein Punktgitter in dem alle Gitterpunkte die gleiche Umgebung haben. Es gibt drei Basisvektoren $\mathbf{a}_i$ mit deren Hilfe man jeden Gitterpunkt erreichen kann:

$$\mathbf{a_n} = \sum_{i=1}^{3} n_i \, \mathbf{a}_i \qquad \text{mit} \qquad n_i = 0, \pm 1, \pm 2, \ldots$$

Eine primitive Einheitszelle enthält genau einen Gitterpunkt, wie das Parallelepiped, das von den drei Basisvektoren aufgespannt wird. Erweitert man den Strukturfaktor (11.1.28) auf drei Dimensionen, so erhält man

$$S(\mathbf{q}) = \frac{(2\pi)^3}{v_c} \sum_{\mathbf{g}} \delta^{(3)}(\mathbf{q} - \mathbf{g}) . \tag{11.1.29}$$

v_c ist das Volumen der Einheitszelle, die von den Basisvektoren $\mathbf{a}_i$ mit $i = 1, 2, 3$ gebildet wird: $v_c = \mathbf{a}_1 \cdot (\mathbf{a}_2 \times \mathbf{a}_3)$. Die Basisvektoren des reziproken Gitters sind

$$\mathbf{g}_1 = \frac{2\pi}{v_c} \mathbf{a}_2 \times \mathbf{a}_3, \qquad \mathbf{g}_2 = \frac{2\pi}{v_c} \mathbf{a}_3 \times \mathbf{a}_1, \qquad \mathbf{g}_3 = \frac{2\pi}{v_c} \mathbf{a}_1 \times \mathbf{a}_2, \text{ d.h.}$$

$$\mathbf{g}_i = \frac{\pi}{v_c} \epsilon_{ijk} \, \mathbf{a}_j \times \mathbf{a}_k . \tag{11.1.30}$$

Die Reziprozität zeigt sich in

$$\mathbf{g}_i \cdot \mathbf{a}_j = 2\pi \delta_{ij}. \tag{11.1.31}$$

Zurückkommend auf die Streuwelle, haben wir für diese

$$\mathbf{E}_s(\mathbf{x}, t) = -r_e \, f_0(\mathbf{q}) \, S(\mathbf{q}) \, \mathbf{e}_r \times (\mathbf{E}_0 \times \mathbf{e}_r) \frac{1}{r} \, e^{ikr - i\omega t} \tag{11.1.32}$$

erhalten. Der differentielle Streuquerschnitt ergibt sich daraus als

$$\left(\frac{d\sigma}{d\Omega}\right)_N = \frac{r^2 |E_s|^2}{|E_0|^2} = \left(\frac{d\sigma}{d\Omega}\right)_a |S(\mathbf{q})|^2 . \tag{11.1.33}$$

Der erste Term ist der differentielle Streuquerschnitt des Atoms (11.1.25). Multipliziert man (11.1.33) mit $1/N$, so erhält man mit (11.1.29) ($|S(\mathbf{q})|^2 = N \, S(\mathbf{q})$) für den differentiellen Streuquerschnitt eines einzelnen Atoms:

$$\frac{d\sigma}{d\Omega} = \left(\frac{d\sigma}{d\Omega}\right)_a \frac{(2\pi)^3}{v_c} \sum_{\mathbf{g}} \delta^{(3)}(\mathbf{q} - \mathbf{g}).$$ \hfill (11.1.34)

Es ist das die bekannte Bragg-Streuung an Kristallen, bei der man nur Beiträge erhält, wenn der Impulsübertrag zwischen einfallender und gestreuter Welle die Bragg-Bedingung

$$\mathbf{q} = \mathbf{k}' - \mathbf{k} = \mathbf{g}$$ \hfill (11.1.35)

erfüllt. Die Intensität steigt dabei linear mit dem vom Röntgen-Strahl erfassten Volumen des Kristalls. Die Zunahme der Intensität ist jedoch in größeren Einkristallen schwächer als linear, was als *primäre Extinktion* bezeichnet wird. Da die gesamte Intensität von durchgehender und gebeugter Welle erhalten ist, kann die Intensität der gebeugten Welle nicht beliebig ansteigen. Es muss jedoch angefügt werden, dass bei vorgegebener Wellenlänge der Bereich, in dem Beugung auftritt, nur die Breite von Winkelsekunden hat.

Ein Realkristall (Mosaikkristall) besteht jedoch aus vielen kleinen Kristalliten, deren Orientierung sich um $\lesssim 1°$ unterscheidet. Die primäre Extinktion hängt dann vor allem von der Größe dieser Kristallite ab. Da die einzelnen Kristallite untereinander inkohärent streuen, ist die gesamte Intensität wiederum proportional dem Volumen.

Sind in dem Kristall mehrere Kristallite genau parallel ausgerichtet, so trifft die weiter hinten liegenden Kristallite ein schwächerer Strahl, was ebenfalls zu einer Abweichung von der Linearität führt. Man nennt das *sekundäre Extinktion*. In einem guten Mosaikkristall spielt auch die sekundäre Extinktion nur eine untergeordnete Rolle.

Hingegen ist die Röntgen-Streuung immer von einer mehr oder minder starken Absorption betroffen.

Grafisch stellt man die Bragg-Bedingung (11.1.35) mithilfe der *Ewald-Kugel*, Abb. 11.6, dar.

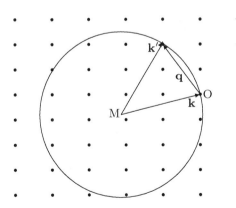

Abb. 11.6. Elastische Streuung. Die Streuoberfläche ist die Ewald-Kugel; wenn neben dem Ursprung noch ein weiterer reziproker Gitterpunkt auf der Ewald-Kugel liegt, ist $\mathbf{q} = \mathbf{k}' - \mathbf{k}$ ein Vektor aus dem reziproken Gitter und es tritt Bragg-Streuung auf

Laue-Bedingungen: Wir gehen von den (Miller-)Indizes (h, k, l) aus, die den für die Streuung verantwortlichen reziproken Gitterpunkt festlegen

$$\mathbf{g} = h\mathbf{g}_1 + k\mathbf{g}_2 + l\mathbf{g}_3 \, .$$

Die Laue-Bedingungen sind dann $\mathbf{a}_1 \cdot \mathbf{q} = 2\pi h$, $\mathbf{a}_2 \cdot \mathbf{q} = 2\pi k$ und $\mathbf{a}_3 \cdot \mathbf{q} = 2\pi l$.

Nicht primitives Gitter

Hat man zwei verschiedene Atomsorten, wie es bei NaCl der Fall ist, so ist es evident, dass die Na^+-Ionen eine andere Umgebung haben als die Cl^- Ionen. Aber auch mit nur einer Atomsorte kann es sein, dass das Kristallgitter kein Bravais-Gitter ist, wie beim Diamantgitter eines Si-Kristalls, wo benachbarte Atome ihre jeweiligen Nachbarn unter unterschiedlicher Orientierung sehen.

Im Kristallgitter gehen wir von einer Einheitszelle aus, wo sich die insgesamt r Atome auf den Lagen $\mathbf{b}_s$ relativ zum Ursprung der Zelle befinden. In der Streuwelle (11.1.27) sind nur die Atome innerhalb der Einheitszelle einzufügen:

$$\mathbf{E}_s(\mathbf{x}, t) = -r_e \sum_{n=-M}^{M} e^{-i\mathbf{q} \cdot \mathbf{a_n}} \sum_{s=1}^{r} e^{-i\mathbf{q} \cdot \mathbf{b}_s} f_s(\mathbf{q}) \mathbf{e}_r \times \left(\mathbf{E}_0 e^{-i\mathbf{q} \cdot \mathbf{a_n}} \times \mathbf{e}_r \right) \frac{1}{r} e^{ikr - i\omega t} \, .$$

Wir haben den atomaren Formfaktor f_0 durch den Strukturfaktor der Einheitszelle

$$f_0(\mathbf{q}) \to F(\mathbf{q}) = \sum_{s=1}^{r} e^{-i\mathbf{q} \cdot \mathbf{b}_s} f_s(\mathbf{q}) \quad f_s(\mathbf{q}) = \int d^3x \, n(\mathbf{x}) \, e^{-i\mathbf{q} \cdot \mathbf{x}} \quad (11.1.36)$$

zu ersetzen. Das ergibt

$$\left(\frac{d\sigma}{d\Omega} \right)_N = r_e^2 \, |F(\mathbf{q})|^2 \, |S(\mathbf{q})|^2 \, . \tag{11.1.37}$$

Mit den Dispersionskorrekturen (11.1.26) erhält man auch hier

$$\begin{aligned} F(\mathbf{q}) &= \sum_{s=1}^{r} e^{-i\mathbf{q} \cdot \mathbf{b}_s} \left[f_{0s}(\mathbf{q}) + \Delta f_s'(\mathbf{q}) - i\Delta f_s''(\mathbf{q}) \right] \\ &= F_0(\mathbf{q}) + \Delta F'(\mathbf{q}) - i\Delta F''(\mathbf{q}). \end{aligned} \tag{11.1.38}$$

Wiederum ist die Abhängigkeit von ω in $\Delta F'$ und $\Delta F''$ nicht angeführt.

Anmerkung: Wir haben nur die Streuung an starren Gittern behandelt. Berücksichtigt man die Wechselwirkung der Röntgen-Strahlen mit den Phononen der Probe, so muss diese im thermischen Gleichgewicht betrachtet werden

$$\langle e^{-i\mathbf{q}\cdot\mathbf{x_n}}(t)\rangle = e^{-i\mathbf{q}\cdot(\mathbf{a_n}+\mathbf{b}_s)}\langle e^{-i\mathbf{q}\cdot\mathbf{u}_{ns}}(t)\rangle\,,$$

wobei $\mathbf{u}_{ns(t)}$ die Auslenkung des Atoms ns aus der Gleichgewichtslage ist. Der Debye-Waller Faktor $W_s(\mathbf{q})$ kann für harmonische Kristalle exakt berechnet werden und hat für kubische Symmetrie die Form

$$e^{-W_s(\mathbf{q})} = \langle e^{-i\mathbf{q}\cdot\mathbf{u}_{ns}}\rangle \approx e^{-\frac{q^2}{6}\langle u_s^2\rangle} \qquad \text{mit} \qquad \langle u_s^2\rangle \propto T\,.$$

$e^{-2W_s(\mathbf{g})}$ gibt die Abschwächung der Intensität der gestreuten Strahlung durch ihre Wechselwirkung mit den Phononen der Probe an.

11.2 Dynamische Theorie der Röntgen-Beugung

Im letzten Abschnitt sind wir davon ausgegangen, dass einfallende ebene Wellen eine eher kleine Probe durchdringen und dabei die Elektronen der Atome zu Schwingungen und damit zur Ausstrahlung von Streuwellen anregen. Von den Streuwellen selbst haben wir angenommen, dass sie sich ungehindert ausbreiten, ohne Elektronen zur Strahlung anzuregen oder mit der einfallenden Welle zu interferieren. Bei der angenommenen regelmäßigen Anordnung der Atome kommt es bei der Superposition der Streuwellen nur in den durch die Bragg-Bedingung (11.1.35) gekennzeichneten Richtungen zu endlicher Intensität.

In großen Idealkristallen müssen jedoch die Röntgen-Strahlen, ob einfallend oder gebeugt, Lösungen der Maxwell-Gleichungen in einer periodischen Ladungsverteilung sein. Es sind also die Bewegungsgleichungen für die elektromagnetische Strahlung, die Maxwell-Gleichungen, im Kristall zu lösen.

Wie bereits in der Einleitung zu diesem Kapitel erwähnt, spielt die dynamische Theorie in der Kristalloptik eine zentrale Rolle, wobei die Unterschiede zwischen Röntgen-, Neutronen- und Elektronenstrahlen gering sind. Gemeinsam ist ihnen die schwache Wechselwirkung mit den Atomen eines (versetzungfreien) Kristallgitters. Angeführt wurde dort auch die Nähe der fundamentalen Gleichungen der dynamischen Theorie zur Theorie schwach gebundener Elektronen in einem periodischen Potential.

11.2.1 Elektromagnetische Wellen im Kristall

Bei der Ausbreitung von Röntgen-Strahlen geht man von den Maxwell-Gleichungen (5.2.16) aus, wobei keine freien Ladungen ρ_f und keine freien Ströme $\mathbf{j}_f$ vorhanden sind:

$$\begin{aligned} &\text{(a)} \quad \boldsymbol{\nabla}\cdot\mathbf{D} = 0 &&\text{(b)} \quad \boldsymbol{\nabla}\times\mathbf{E} = \frac{-k_L}{c}\,\dot{\mathbf{B}}\\ &\text{(c)} \quad \boldsymbol{\nabla}\times\mathbf{H} = \frac{k_L}{c}\,\dot{\mathbf{D}} &&\text{(d)} \quad \boldsymbol{\nabla}\cdot\mathbf{B} = 0\,. \end{aligned} \qquad (11.2.1)$$

Die Wechselwirkung kann mittels der Polarisation des Mediums (5.2.3) durch das elektrische Feld beschrieben werden, wobei $\mu = 1$, d. h. $\mathbf{H} = \mathbf{B}$ angenommen wird. Die relevante Materialgleichung (5.2.17) ist

$$\mathbf{D} = \epsilon_0\mathbf{E} + 4\pi k_r\mathbf{P} = (1+4\pi k_r\chi_e)\epsilon_0\mathbf{E}. \tag{11.2.2}$$

$\chi_e(\mathbf{x})$ ist hier eine skalare, aber gitterperiodische Funktion, über die nicht gemittelt wird, da die Wellenlängen der Röntgen-Strahlen vergleichbar mit den Atomabständen sind (Cu-K$_{\alpha1}$ = 1.54056 Å).

Die Ausbreitung der Röntgen-Strahlen in Materie wird meist mittels $\mathbf{D}$, das quellenfrei ist, beschrieben, wobei verwendet wird, dass die Wechselwirkung sehr schwach ist ($\sim 10^{-5}$), so dass $\epsilon_0\mathbf{E} \approx (1-4\pi k_r\chi_e)\mathbf{D}$.

Wir setzen jetzt $\mathbf{D}$ in die Induktionsgleichung ein, bilden die Rotation und verwenden anschließend die Ampère-Maxwell-Gleichung:

$$\boldsymbol{\nabla}\times\left[\boldsymbol{\nabla}\times\frac{1-4\pi k_r\chi_e}{\epsilon_0}\mathbf{D}\right] = -\frac{k_L}{c}\frac{\partial}{\partial t}\boldsymbol{\nabla}\times\mu_0\mathbf{H} = -\frac{k_L^2\mu_0}{c^2}\frac{\partial^2\mathbf{D}}{\partial t^2}. \tag{11.2.3}$$

Daraus folgt mithilfe (A.2.38) $\boldsymbol{\nabla}\times(\boldsymbol{\nabla}\times\mathbf{D}) = -\Delta\mathbf{D}$:

$$-\Delta\mathbf{D} + \frac{1}{c^2}\frac{\partial^2\mathbf{D}}{\partial t^2} = 4\pi k_r\boldsymbol{\nabla}\times(\boldsymbol{\nabla}\times\chi_e\mathbf{D}). \tag{11.2.4}$$

Der einzige Unterschied in den verschiedenen Systemen besteht hier im Vorfaktor der Suszeptibilität χ_e, der mithilfe der Definition

$$\chi(\mathbf{x}) = 4\pi k_r\chi_e(\mathbf{x}) \quad\Rightarrow\quad \text{G: } \chi = 4\pi\chi_e, \quad\quad \text{SI: } \chi = \chi_e \tag{11.2.2'}$$

beseitigt werden kann. Jetzt machen wir noch den Ansatz

$$\mathbf{D}(\mathbf{x},t) = \mathbf{D}(\mathbf{x})\,e^{-i\omega t}$$

und erhalten ($k = \omega/c$)

$$(\Delta + k^2)\mathbf{D} = -\boldsymbol{\nabla}\times(\boldsymbol{\nabla}\times\chi\mathbf{D}). \tag{11.2.5}$$

Wir entwickeln χ in eine Fourierreihe

$$\chi(\mathbf{x}) = \sum_{\mathbf{g}}\chi_{\mathbf{g}}\,e^{i\mathbf{g}\cdot\mathbf{x}} \tag{11.2.6}$$

und machen für $\mathbf{D}$ einen Bloch-Ansatz:

$$\mathbf{D}(\mathbf{x}) = e^{i\mathbf{K}\cdot\mathbf{x}}\mathbf{d}(\mathbf{x}) = e^{i\mathbf{K}\cdot\mathbf{x}}\sum_{\mathbf{g}}\mathbf{d}_{\mathbf{g}}\,e^{i\mathbf{g}\cdot\mathbf{x}}. \tag{11.2.7}$$

wobei $\mathbf{d}(\mathbf{x})$ gitterperiodisch ist. Für die linke Seite von (11.2.5) erhält man

$$(\Delta+k^2)\mathbf{D}(\mathbf{x}) = -\sum_{\mathbf{g}}(K_{\mathbf{g}}^2-k^2)e^{i\mathbf{K_g}\cdot\mathbf{x}}\mathbf{d_g}, \quad\quad \mathbf{K_g} = \mathbf{K}+\mathbf{g}. \tag{11.2.8}$$

Etwas komplexer gestaltet sich die Auswertung der rechten Seite von (11.2.5).
Zuerst werden die folgenden Ausdrücke ausgewertet ($\mathbf{g}'' = \mathbf{g} - \mathbf{g}'$):

$$\chi \mathbf{D}(\mathbf{x}) = \sum_{\mathbf{g}''} \chi_{\mathbf{g}''} e^{i \mathbf{g}'' \cdot \mathbf{x}} \sum_{\mathbf{g}'} \mathbf{d}_{\mathbf{g}'} e^{i \mathbf{K}_{\mathbf{g}'} \cdot \mathbf{x}} = \sum_{\mathbf{g}} e^{i \mathbf{K}_{\mathbf{g}} \cdot \mathbf{x}} \sum_{\mathbf{g}'} \chi_{\mathbf{g}-\mathbf{g}'} \mathbf{d}_{\mathbf{g}'}, \quad (11.2.9)$$

$$\boldsymbol{\nabla} \times [\boldsymbol{\nabla} \times \chi \mathbf{D}(\mathbf{x})] = \sum_{\mathbf{g}} e^{i \mathbf{K}_{\mathbf{g}} \cdot \mathbf{x}} \sum_{\mathbf{g}'} \chi_{\mathbf{g}-\mathbf{g}'} \, i \mathbf{K}_{\mathbf{g}} \times [i \mathbf{K}_{\mathbf{g}} \times \mathbf{d}_{\mathbf{g}'}].$$

Auf die rechte Seite von (11.2.5) gebracht, erhält man [Kato, 1974, (4-9a)]

$$\sum_{\mathbf{g}} e^{i \mathbf{K}_{\mathbf{g}} \cdot \mathbf{x}} \left\{ (K_{\mathbf{g}}^2 - k^2) \mathbf{d}_{\mathbf{g}} - \sum_{\mathbf{g}'} \chi_{\mathbf{g}-\mathbf{g}'} \mathbf{K}_{\mathbf{g}} \times (\mathbf{d}_{\mathbf{g}'} \times \mathbf{K}_{\mathbf{g}}) \right\} = 0.$$

Wenn diese Gleichung für alle $\mathbf{x}$ gelten soll, muss jeder einzelne Summand getrennt verschwinden. Man hat somit ein homogenes lineares Gleichungssystem
für die Fourier-Koeffizienten, das durch die Definition[2]

$$\mathbf{d}_{\mathbf{g}'[\mathbf{g}]} = \hat{\mathbf{K}}_{\mathbf{g}} \times (\mathbf{d}_{\mathbf{g}'} \times \hat{\mathbf{K}}_{\mathbf{g}}), \qquad \hat{\mathbf{K}}_{\mathbf{g}} = \mathbf{K}_{\mathbf{g}}/K_{\mathbf{g}}, \qquad \mathbf{d}_{\mathbf{g}} = \mathbf{d}_{\mathbf{g}[\mathbf{g}]} \qquad (11.2.10)$$

die folgende Form annimmt:

$$\left[K_{\mathbf{g}}^2 - k^2 \right] \mathbf{d}_{\mathbf{g}} - K_{\mathbf{g}}^2 \sum_{\mathbf{g}'} \chi_{\mathbf{g}-\mathbf{g}'} \mathbf{d}_{\mathbf{g}'[\mathbf{g}]} = 0. \qquad (11.2.11)$$

Das sind die *fundamentalen Gleichungen der dynamischen Theorie*. Die in
(11.2.10) rechts stehende Bedingung erhält man aus dem Gauß'schen Gesetz:

$$\boldsymbol{\nabla} \cdot \mathbf{D} = i \sum_{\mathbf{g}} e^{i \mathbf{K}_{\mathbf{g}} \cdot \mathbf{x}} \mathbf{K}_{\mathbf{g}} \cdot \mathbf{d}_{\mathbf{g}} = 0 \qquad \Rightarrow \qquad \mathbf{K}_{\mathbf{g}} \cdot \mathbf{d}_{\mathbf{g}} = 0.$$

Damit ist $\mathbf{d}_{\mathbf{g}[\mathbf{g}]} = \hat{\mathbf{K}}_{\mathbf{g}} \times (\mathbf{d}_{\mathbf{g}} \times \hat{\mathbf{K}}_{\mathbf{g}}) = \mathbf{d}_{\mathbf{g}}$. Die Partialwellen des Verschiebungsfel-
des (11.2.7) sind also alle transversal, und sie haben (jeweils) zwei Polarisati-
onsrichtungen.

Einfache Aussagen zur Polarisation sind möglich, wenn in (11.2.12) nur ein
Summand mit $\mathbf{g} \neq 0$ beiträgt (*Zweistrahlnäherung*). Dann existiert nur eine
von $\mathbf{K}$ und $\mathbf{K}_{\mathbf{g}}$ aufgespannte Streuebene R und man kann wie bei der Brechung von $\mathbf{E}$ im homogenen Feld vorgehen (Fresnel'sche Formeln, Abschnitt
10.3.3, S. 363), bei der die Reflexion am homogenen Medium für ein line-
ar polarisiertes elektrisches Feld senkrecht auf die Streuebene ($\mathbf{E}^\sigma$) und in
der Streuebene ($\mathbf{E}^\pi$) separat behandelt wurde. Das allgemeine Feld ist eine
Superposition der beiden Felder.

Man legt so die Polarisationsrichtungen für $\mathbf{d}_{\mathbf{g}}$ einmal senkrecht (σ) und
einmal parallel (π) zur Streuebene fest und setzt diese in die fundamentalen
Gleichungen (11.2.11) ein. Es genügt dann jeweils, die Stärke der Amplitude
$|\mathbf{d}_{\mathbf{g}}|$ zu berechnen.

---

[2] Zu $\mathbf{d}_{\mathbf{g}'[\mathbf{g}]}$ siehe: Authier [2002, §5.1–5.3]; üblich ist auch $[\mathbf{d}_{\mathbf{g}'}]_{\mathbf{g}}$.

$$\mathbf{d_g} \cdot \mathbf{d_{g[g]}} = d_g^2, \ \ \mathbf{d_{g'[g]}} \cdot \mathbf{d_{g[g]}} = \left[\mathbf{d_{g'}} - (\hat{\mathbf{K}}_\mathbf{g} \cdot \mathbf{d_{g'}}) \hat{\mathbf{K}}_\mathbf{g}\right] \cdot \mathbf{d_g} = \mathbf{d_{g'}} \cdot \mathbf{d_g} = C_{g'g} d_g d_{g'},$$

wobei $|C_{g'g}| \leq 1$ 'Polarisationsfaktoren' sind. Die fundamentalen Gleichungen für d_g erhält man durch die skalare Multiplikation von (11.2.11) mit $\mathbf{d_{g'[g]}}$:

$$(K_\mathbf{g}^2 - k^2) d_g - K_\mathbf{g}^2 \sum_{g'} \chi_{\mathbf{g}-\mathbf{g'}} \, C_{g'g} \, d_{g'} = 0 \,. \tag{11.2.12}$$

Das ist ein lineares homogenes Gleichungssystem zur Berechnung der Fourierkoeffizienten d_g. Nicht triviale Lösungen erhält man nur, wenn die Determinante der Koeffizientenmatrix verschwindet. Das legt $\mathbf{K}$, wenn auch nicht zur Gänze, fest. Zusätzlich ist noch zu beachten, dass die einfallende Welle die Randbedingungen an der Kristalloberfläche erfüllen muss.

Vernachlässigt man in (11.2.12) alle Summanden außer $\mathbf{g'} = \mathbf{0}$, $\mathbf{g}$, so reduziert sich das Gleichungssystem auf eine 2×2-Matrix (Zweistrahlnäherung) und man hat nur je zwei Partialwellen, die in den Richtungen $\mathbf{K}_{1,2}$ und $\mathbf{K}_{1,2} + \mathbf{g}$ propagieren, wobei sich $\mathbf{K}_1$ und $\mathbf{K}_2$ nur wenig vom Wellenvektor $\mathbf{k}$ der einfallenden Welle unterscheiden.

Dann ist auch nur eine Streuebene R vorhanden und die Polarisationsfaktoren C sind

$$\begin{aligned} \mathbf{d_g} \text{ und } \mathbf{d_0} \perp R \quad &\Longrightarrow C = 1, & \sigma - Polarisation, \\ \mathbf{d_g} \text{ und } \mathbf{d_0} \parallel R \quad &\Longrightarrow C = |\cos 2\theta_B|, & \pi - Polarisation. \end{aligned}$$

$2\theta_B$ ist der Winkel, den $\mathbf{K}$ und $\mathbf{K_g}$ einschließen. In der dynamischen Theorie ist es üblich, $C \geq 0$ zu definieren; das ist möglich, da in der Zweistrahlnäherung (11.2.19) nur C^2 auftritt.

Polarisierbarkeit

Der überwiegende Anteil der Wechselwirkung des elektrischen Feldes mit Materie ist auf die Thomson-Streuung zurückzuführen, wobei die Frequenzen ω weit über den Anregungsenergien ω_j der (äußeren) Elektronen (11.1.16) liegen. In einem Medium mit der Ladungsdichte $\rho(\mathbf{x}) = e\, n(\mathbf{x})$ erhält man für die Polarisation in einem zeitlich veränderlichen Feld $\mathbf{E} = \mathbf{E}_0 \, e^{-i\omega t}$

$$\mathbf{P} = \rho(\mathbf{x}) \, \mathbf{x} = -\frac{e_0^2 \, n(\mathbf{x})}{m_e \omega^2} \, \mathbf{E} = \chi_e \epsilon_0 \mathbf{E} \ \Rightarrow \ \chi = 4\pi k_r \chi_e = -4\pi k_C \frac{e_0^2 \, n(\mathbf{x})}{m_e \omega^2}.$$

Für freie Elektronen ist $\mathbf{x} = (e_0/m_e\omega^2)\,\mathbf{E}$. Die Suszeptibilität χ_e haben wir für sichtbares Licht als eine über viele Atome gemittelte Größe definiert, die für die meisten Substanzen isotrop ist.

Röntgen-Strahlen haben Wellenlängen, die mit dem atomaren Abstand vergleichbar sind, so dass in χ die Periodizität des Kristallgitters berücksichtigt werden muss:

$$\rho(\mathbf{x}) = \sum_{\mathbf{n},s} \rho_s(\mathbf{x} - \mathbf{a_n} - \mathbf{b}_s).$$

Die Entwicklung (11.2.6) von χ in eine Fourierreihe hat die Koeffizienten

$$\chi(\mathbf{g}) = \frac{1}{V} \int_V \mathrm{d}^3 x \, \mathrm{e}^{-\mathrm{i}\mathbf{g}\cdot\mathbf{x}} \chi(\mathbf{x}) = -4\pi k_c \frac{e_0^2}{v_c m_e \omega^2} \sum_s \int \mathrm{d}^3 x \, \mathrm{e}^{-\mathrm{i}\mathbf{g}\cdot\mathbf{x}} n_s(\mathbf{x})$$

$$= -4\pi \frac{r_e}{v_c k^2} F(\mathbf{g}). \tag{11.2.13}$$

Hierbei sind $\rho_s(\mathbf{x}) = -e_0 \, n_s(\mathbf{x})$ die Ladungsdichte der Atomsorte s, $r_e = k_c e_0^2 / m_e c^2$ (klassischer Elektronenradius), $k = \omega/c$, v_c das Volumen der Einheitszelle und $F(\mathbf{g})$ der Strukturfaktor der Einheitszelle (11.1.38). Bei diesem darf die Dispersionskorrektur $\Delta F''$ wegen der Absorption in großen Kristallen nicht vernachlässigt werden:

$$\chi(\mathbf{x}) = 4\pi k_r \chi_e(\mathbf{x}) = \chi_r(\mathbf{x}) + \mathrm{i}\chi_i(\mathbf{x}). \tag{11.2.14}$$

Mit der Trennung von $\chi(\mathbf{x})$ in einen Real- und einen (absorptiven) Imaginärteil sind die Fouriertransformierten

$$\chi_{\mathbf{g}} = \chi(\mathbf{g}) = \chi_r(\mathbf{g}) + \mathrm{i}\chi_i(\mathbf{g}) \tag{11.2.15}$$

bei Reflexen ohne Inversionssymmetrie $\chi_r(\mathbf{g})$ und $\chi_i(\mathbf{g})$ ebenfalls komplex. In der Tab. 11.2 sind Werte für $\chi_{\mathbf{g}}$ angegeben.

Tab. 11.2. Experimentelle Werte für die Streuung von Cu-K$_{\alpha 1}$ Strahlung in Silizium und Germanium[a]. Die Pendellösungslängen Δ_0 (11.2.34) sind an symmetrischer Reflexion($\gamma_i = \gamma_g$) gemessen; die angegebenen Werte beziehen sich auf Cu-K$_{\alpha 1}$-Strahlung ($\lambda = 1.54$ Å) und Mo-K$_{\alpha 1}$-Strahlung ($\lambda = 0.71$ Å)

	λ [Å]	$\chi_{r0} \times 10^6$	$\chi_{i0} \times 10^6$	$|\chi_{r\,220}| \times 10^6$	$\chi_{i\,220} \times 10^6$	$\Delta_0(220)$ [μm]	μ_0 [mm^{-1}]
Si	1.54	-15.1	0.35	9.13	0.34	15.4	14.4
Ge	1.54	-28.7	0.86	20.3	0.83	7.0	35.3
Si	0.71	-3.16	0.0165	1.90	0.159	36.6	1.46
Ge	0.71	-6.40	0.36	4.60	0.35	15.2	31.9

[a] Die Werte sind von Pinsker [1978, S. 84, 95 und 97]

Anmerkung: Manchmal wird die Leitfähigkeit σ_P in die Wechselwirkung einbezogen [Vartanyants, Kovalchuk, 2001]: Ohm'sches Gesetz (5.3.2") und isotrope lokale Kopplung $(\sigma(\mathbf{x}, \mathbf{x}') = \delta^{(3)}(\mathbf{x} - \mathbf{x}')\sigma(\mathbf{x}))$ ergeben

$$\mathbf{j}_P(\mathbf{x}, t) = \int \mathrm{d}t' \, \sigma_P(\mathbf{x}, t-t') \mathbf{E}(\mathbf{x}, t') \qquad \Rightarrow \qquad \mathbf{j}_P(\mathbf{x}, \omega) = \sigma_P(\mathbf{x}, \omega) \mathbf{E}(\mathbf{x}, \omega).$$

Das elektrische Feld polarisiert das Medium gemäß (5.2.3) mit der Stromdichte

$$\mathbf{j}_P(\mathbf{x}, t) = \dot{\mathbf{P}}(\mathbf{x}, t) \qquad \Rightarrow \qquad \mathbf{j}_P(\mathbf{x}, \omega) = -\mathrm{i}\omega \mathbf{P}(\mathbf{x}, \omega) = -\mathrm{i}\omega \chi_e(\mathbf{x}, \omega) \epsilon_0 \mathbf{E}(\mathbf{x}, \omega).$$

Man erhält also $\sigma_P(\mathbf{x}, \boldsymbol{\omega}) = -\mathrm{i}\epsilon_0 \omega \chi_e(\mathbf{x}, \omega)$.

11.2.2 Verfahren zur Lösung der fundamentalen Gleichungen

Die dynamischen Grundgleichungen (11.2.12) bilden ein homogenes lineares Gleichungssystem

$$\left[K_{\mathbf{g}}^2(1 - \chi_0) - k^2\right] d_g - K_{\mathbf{g}}^2 \sum_{\mathbf{g}' \neq \mathbf{g}} \chi_{\mathbf{g}-\mathbf{g}'} C_{g'g} \, d_{g'} = 0. \tag{11.2.16}$$

Für nicht triviale Lösungen muss die Säkulardeterminante (Determinante der Koeffizientenmatrix) verschwinden. Die Wechselwirkung ist von der Größenordnung $|\chi_{\mathbf{g}}| \sim 10^{-5} \ll 1$, wie der Tab. 11.2 für Silizium und Germanium entnommen werden kann, d.h., die nicht diagonalen Matrix-Elemente sind um diese Größenordnung kleiner als die diagonalen.

Der (mittlere) Brechungsindex von Röntgen-Strahlen vom Vakuum zum Kristall ist gemäß (11.2.2) $n = \sqrt{\epsilon} \approx 1 + \chi_0/2$ nahezu 1, weshalb die durchgehende Welle mit $\mathbf{K}$ nur minimal von der einfallenden Welle mit $\mathbf{k}$ abweichen sollte, d.h. $K \approx k$. Für Partialwellen $\mathbf{K_g}$, die im Kristall angeregt sind, d.h. eine endliche Amplitude d_g haben, gilt

$$|K_{\mathbf{g}}^2 - k^2| \sim k^2|\chi_0|.$$

Alle Punkte $\mathbf{g}$ des reziproken Gitters, die diese Bedingung erfüllen, liegen auf (nahe) der Ewald-Kugel Abb. 11.6.

1. K kann immer so gewählt werden, dass

$$K^2(1 - \chi_0) - k^2 = 0.$$

Ist kein weiteres Diagonalelement klein, so reduziert sich die Säkulardeterminante von (11.2.16) auf

$$K^2 - K_0^2 = 0 \qquad \text{mit} \qquad K_0^2 = k^2/(1 - \chi_0). \tag{11.2.17}$$

2. Liegt neben dem Nullpunkt noch ein weiterer Punkt ($\mathbf{g}$) nahe der Ewald-Kugel, wie es bei Bragg-Streuung der Fall ist, so reduziert sich (11.2.16) auf die 2×2-Matrix [Kato, 1974, (4-18)]

$$\begin{aligned}
\left(K^2 - K_0^2\right) d_0 - \frac{K^2}{1 - \chi_0} C \chi_{-\mathbf{g}} \, d_g &= 0, \\
\frac{-K_{\mathbf{g}}^2}{1 - \chi_0} C \chi_{\mathbf{g}} \, d_0 + \left(K_{\mathbf{g}}^2 - K_0^2\right) d_g &= 0.
\end{aligned} \tag{11.2.18}$$

Wir ersetzen in den Nichtdiagonalelementen $K^2/(1-\chi_0)$ bzw. $K_{\mathbf{g}}^2/(1-\chi_0)$ durch k^2 und erhalten so die Säkulardeterminante

$$\left(K^2 - K_0^2\right)\left(K_{\mathbf{g}}^2 - K_0^2\right) - k^4 \, C^2 \chi_{\mathbf{g}} \chi_{-\mathbf{g}} = 0. \tag{11.2.19}$$

Anmerkung: Für (photonische) Kristalle hätte man dieselbe Säkulargleichung für ein vorgegebenes $\mathbf{K}$, das dann jedoch periodischen Randbedingungen genügt. Zu berechnen wäre daraus die Dispersion (Bandstruktur) im Kristall ($\omega = kc$).

3. An speziellen Punkten hoher Symmetrie können mehr als zwei Punkte des reziproken Gitters nahe der Ewald-Kugel Abb. 11.6 liegen. Man spricht dann von Mehrstrahl-Fällen und hat eine entsprechend kompliziertere Säkulardeterminante zu lösen. Wir gehen auf solche Lösungen nicht ein.

11.2.3 Brechung im Einstrahl-Fall

Befindet sich nur der Nullpunkt nahe der Ewald-Kugel, wie es durch (11.2.17) beschrieben wird:

$$K^2 = K_0^2 = k^2(1 + \chi_0) = k^2\epsilon = k^2 n^2\,, \tag{11.2.20}$$

so liegt der Einstrahl-Fall vor. Im Medium spürt der Röntgen-Strahl das mittlere „Potential" χ_0. Der Brechungsindex des Mediums ist mit $n = \sqrt{\epsilon} \approx 1 + \chi_0/2 < 1$. Der Strahl wird also vom Lot gebrochen, aber n unterscheidet sich nur unmerklich von 1. Aus der Stetigkeit der Tangentialkomponente folgt zunächst

$$K_{0\perp}^2 = k_\perp^2 + (K_0^2 - k^2)$$

und hieraus, wie aus Abb. 11.7 hervorgeht,

$$\mathbf{K}_0 \approx \mathbf{k} + \frac{k\chi_0}{2\gamma}\,\mathbf{n} = \mathbf{k} + \frac{k\chi_{0r}}{2\gamma}\,\mathbf{n} + \mathrm{i}\frac{\mu_0}{2\gamma}\,\mathbf{n} \quad \text{mit} \quad \mu_0 = k\chi_{0i}\,. \tag{11.2.21}$$

Hierbei sind $\gamma = \cos\vartheta = \mathbf{k}\cdot\mathbf{n}/k$ der Kosinus des Einfallswinkels und μ_0 der lineare Absorptionskoeffizient, den wir aus der komplexen Suszeptibilität

$$\chi_0 = \chi_{0r} + \mathrm{i}\chi_{0i}$$

erhalten. (11.2.21) folgt aus dem Brechungsgesetz von Snellius, (10.3.2) $\sin\vartheta = \sqrt{1+\chi_{0r}}\sin\vartheta'$ in Medien mit Absorption. Wir haben bisher nur $\mathbf{K}_0$ im Medium berechnet. Die Amplituden sind aus den Stetigkeitsbedingungen (10.3.3) zu berechnen, wobei wir auf die Fresnel'schen Formeln (10.3.9) und (10.3.5) für die σ- bzw. π-Polarisation zurückgreifen. Wie in Abb. 11.7 skizziert, tritt neben der durchgehenden Welle auch eine reflektierte Welle mit $\mathbf{k}'' = \mathbf{k}_\parallel - \mathbf{k}_\perp$ auf, deren Amplitude aber in beiden Fällen (σ- und π-Polarisation) von der Größe $\sim \chi_0$ ist und damit vernachlässigt werden kann, soweit kein streifender Einfall vorliegt.

11.2.4 Der Zweistrahlfall

Neben dem Ursprung liegt jetzt ein weiterer Punkt des reziproken Gitters auf der Ewald-Kugel. Somit haben wir die 2×2-Matrix (11.2.18) vor uns, deren Säkulardeterminante (11.2.19) zu berechnen ist. Wiederum schließen wir streifenden Einfall aus.

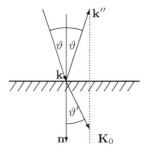

Abb. 11.7. Streuung an einem Kristall, weit von jeder Bragg-Bedingung ($\vartheta \approx \vartheta'$).
$\mathbf{k}'' = (\mathbf{k}_\parallel, -\mathbf{k}_\perp)$ ist der Wellenvektor der reflektierten Welle, die aber wegen ihrer im Vergleich zur einfallenden Welle kleinen Amplitude $D_0''/D_0 \sim \chi_0$ vernachlässigt werden kann

In der Zweistrahlnäherung tritt die Polarisation C nur zusammen mit $\chi_{\pm\mathbf{g}}$ auf:

$$\tilde{\chi}_{\mathbf{g}} = C\,\chi_{\mathbf{g}}\,, \tag{11.2.22}$$

so dass die Säkulargleichung (11.2.19) jetzt

$$\left(K^2 - K_0^2\right)\left(K_{\mathbf{g}}^2 - K_0^2\right) - k^4\,\tilde{\chi}_{\mathbf{g}}\,\tilde{\chi}_{-\mathbf{g}} = 0\,. \tag{11.2.23}$$

lautet. Voraussetzung für die Gültigkeit der Säkulargleichung ist, dass $\mathbf{k}$ eine Bragg-Bedingung nahezu erfüllt, d.h. $|K^2 - K_0^2| \ll k^2$ und $|K_{\mathbf{g}}^2 - K_0^2| \ll k^2$. Das reduziert die Anzahl der Lösungen auf zwei. Wir erwarten somit im Kristall eine Aufspaltung der einfallenden Welle $\mathbf{k} \to K_{1,2}$, die durch $C\chi_{\mathbf{g}}$ bestimmt ist. Man hat also zwei Wellenfelder deren Superposition zu den Interferenzphänomenen der dynamischen Theorie führt.

Innere Winkel: Wir versuchen zunächst (11.2.23) ohne Einbeziehung der Oberfläche des Kristalls zu lösen. Dazu formen wir um:

$$K_{\mathbf{g}}^2 - K_0^2 = K^2 - K_0^2 + 2(\mathbf{K} - \mathbf{k})\cdot\mathbf{g} + (2\mathbf{k} + \mathbf{g})\cdot\mathbf{g}. \tag{11.2.24}$$

Wenn $\mathbf{k}$ der Wellenvektor der einfallenden Welle ist, so parametrisiert der letzte Term die Winkelabweichung der einfallenden Welle vom Bragg-Winkel. Wir orientieren uns an Abb. 11.8, wobei $\mathbf{k}_B$ die Bragg-Bedingung für $|\mathbf{k}_B| = k$ exakt erfüllen soll,

$$(\mathbf{k} - \mathbf{k}_B)\cdot\mathbf{g} = kg\left[\cos\left(\theta + \frac{\pi}{2}\right) - \cos(\theta_B + \frac{\pi}{2})\right] = kg\left[\sin\theta_B - \sin\left(\theta - \theta_B + \theta_B\right)\right]$$

$$\approx kg\cos\theta_B\,(\theta_B - \theta) = k^2\,\sin(2\theta_B)\,(\theta_B - \theta)\,. \tag{11.2.25}$$

In Anlehnung an Max von Laue [1960, (28.8)] definieren wir den Abweichungsparameter

$$\alpha_L = \frac{1}{k^2}\left(\mathbf{k} + \frac{\mathbf{g}}{2}\right)\cdot\mathbf{g} = \frac{(\mathbf{k} - \mathbf{k}_B)\cdot\mathbf{g}}{k^2} \approx \sin(2\theta_B)\,(\theta_B - \theta)\,. \tag{11.2.26}$$

Für Rückstreuung ($\theta_B = \pi/2$) ist der Winkelbereich, in dem die Wellen reflektiert werden (Akzeptanzbereich), wesentlich größer: $\alpha_L = (\theta_B - \theta)^2$.

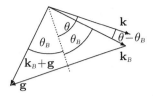

Abb. 11.8. Die inneren Winkel θ und θ_B werden von $\mathbf{g}$, $\mathbf{k}$ und $\mathbf{k}_B$ bestimmt. $\mathbf{k}$ und $\mathbf{k}_B$ mit $|\mathbf{k}_B| = k$ sind der einfallenden Welle zugeordnet

Die Einbeziehung der Oberfläche

Die Säkulargleichung (11.2.23) kann ohne Bezugnahme auf die Oberfläche(n) des Kristalls nicht gelöst werden. $\mathbf{n}$ ist der Normalenvektor der ebenen Vorderfläche des Kristalls, der in den Kristall zeigt, wie in Abb. 11.9 dargestellt. Die einfallende Welle hat im Außenraum den Wellenvektor $\mathbf{k}$, und die Tangentialkomponenten der Wellenvektoren sind an der Eintrittsfläche stetig:

$$\mathbf{k}_{\|} = \mathbf{K}_{0\|} = \mathbf{K}_{\|} \,.$$

$\mathbf{K}_0$ ist der durch Brechung im Medium entstandene Wellenvektor (11.2.21). Die Vektoren $\mathbf{K}$ bzw. $\mathbf{K}_0$ können sich also nur in der Normalkomponente von $\mathbf{k}$ unterscheiden.

Aus rechentechnischen Gründen ist es zweckmäßig, in (11.2.24) den Vektor der einfallenden Welle $\mathbf{k}$ durch $\mathbf{K}_0$ zu ersetzen. Wir definieren dann mittels

$$\mathbf{K} - \mathbf{K}_0 = k\epsilon\mathbf{n} \tag{11.2.27}$$

den dimensionslosen Parameter ϵ, der die Aufspaltung von $\mathbf{K}_{1,2}$ in Bezug auf $\mathbf{K}_0$ parallel zum Normalenvektor $\mathbf{n}$ der Eintrittsfläche festlegt. $\epsilon_L = (K-k)/k$ wird von Max von Laue als *Anregungsfehler* bezeichnet. Wird nun noch der Parameter der Winkelabweichung α_L durch

$$k^2\alpha = \left(\mathbf{K}_0 + \frac{\mathbf{g}}{2}\right) \cdot \mathbf{g} \overset{(11.2.21)}{=} k^2\alpha_L + \frac{k^2\chi_0}{4\mathbf{n}\cdot\mathbf{k}}\,\mathbf{n}\cdot\mathbf{g} \tag{11.2.28}$$

ersetzt, so erhält man für (11.2.24)

$$(\mathbf{K}+\mathbf{g})^2 = K^2 - K_0^2 + 2k\epsilon\,\mathbf{n}\cdot\mathbf{g} + 2k^2\alpha \,.$$

Externe Winkel: Exerimentell direkt zugänglich sind der Winkel ϑ_i des einfallenden und der Winkel ϑ_g des gebeugten Strahls in Bezug auf die Oberflächennormale. Dabei kommt es zu Fallunterscheidungen, je nachdem, ob der gebeugte Strahl in den Kristall eintritt (*Laue-Fall*), siehe Abb. 11.9, oder von diesem reflektiert wird (*Bragg-Fall*). Der Einfallswinkel ϑ_i sei auf $0 \leq \vartheta_i < \pi/2$ eingeschränkt. Während θ und θ_B immer positiv sind, werden ϑ_i und ϑ_g im Gegenuhrzeigersinn, ausgehend von der Oberflächennormale, angegeben. ϑ_g hat so den Bereich $-\pi/2 < \vartheta_g < 3\pi/2$. In Abb. 11.9 sind für den gebeugten Strahl vier unterschiedliche Konfigurationen skizziert.

Die Fälle (b) und (d) unterscheiden sich von (a) und (c) in einem Wechsel des Vorzeichens beim Übergang von den inneren Winkeln $\theta_B - \theta$ zu den äußeren Winkeln $\vartheta - \vartheta_i$, was zwar von untergeordneter Bedeutung ist aber, um

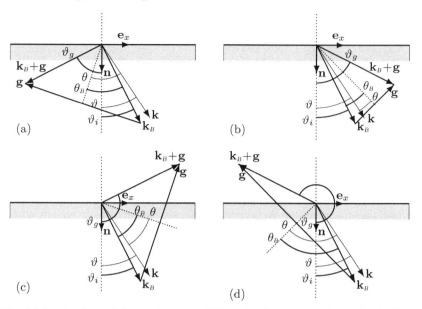

Abb. 11.9. ϑ_i, ϑ_g und θ_B werden vom Vektor $\mathbf{k}_B$ bestimmt, der exakt in Bragg-Richtung einfällt ($k_B = k$).
Laue-Fall $\gamma_g > 0$: (a) $-\pi/2 < \vartheta_g < \vartheta_i$ und (b) $\vartheta_i < \vartheta_g < \pi/2$
Bragg-Fall $\gamma_g < 0$: (c) $\pi/2 < \vartheta_g < 3\pi/2 - \vartheta_i$ und (d) $3\pi/2 - \vartheta_i < \vartheta_g < 3\pi/2$

Unklarheiten zu vermeiden, ist im Folgenden, wenn vom Laue-Fall gesprochen wird, nur der Fall (a) gemeint, während der Bragg-Fall sich nur auf den Fall (c) bezieht. In diesen beiden Fällen ist ($\gamma_g = \cos\vartheta_g$)

$$\vartheta_i - \vartheta = \operatorname{sgn}\gamma_g\,(\theta_B - \theta) \overset{(11.2.26)}{=} \frac{\alpha\,\operatorname{sgn}\gamma_g}{\sin(2\theta_B)}, \quad 2\theta_B = \operatorname{sgn}\gamma_g(\vartheta_i - \vartheta_g). \quad (11.2.29)$$

Nun sind einige geometrische Beziehungen festzuhalten, wobei man sich an Abb. 11.9 orientieren kann:

$$\gamma_i = \cos\vartheta_i \qquad\qquad \text{und} \qquad\qquad \gamma_g = \cos\vartheta_g,$$
$$\mathbf{n}\cdot\mathbf{k}_B = k\,\gamma_i, \qquad \mathbf{n}\cdot(\mathbf{k}_B + \mathbf{g}) = k\,\gamma_g, \qquad \mathbf{n}\cdot\mathbf{g} = k(\gamma_g - \gamma_i). \qquad (11.2.30)$$

Diese Relationen können meistens im Rahmen der erforderlichen Genauigkeit auch für $\mathbf{k}$, $\mathbf{K}_0$ oder $\mathbf{K}$ verwendet werden; so ist $\mathbf{k}\cdot\mathbf{n} = k\gamma_i$.

Wellenvektoren im Zweistrahlfall

Nun kann ϵ aus (11.2.23) bestimmt werden, wobei die Säkulargleichung (11.2.23) nur gilt, wenn die Diagonalelemente klein sind, d.h., wenn $\epsilon \ll 1$ ist:

$$K^2 - K_0^2 = (\mathbf{K} - \mathbf{K}_0) \cdot (\mathbf{K} + \mathbf{K}_0) \approx 2k^2 \gamma_i \epsilon,$$

$$K_{\mathbf{g}}^2 - K_0^2 \approx 2k^2 \gamma_i \epsilon + 2k^2 \alpha + 2k^2 (\gamma_g - \gamma_i) \epsilon. \tag{11.2.31}$$

Daraus ergibt sich die charakteristische Gleichung (11.2.23)

$$4\gamma_i \epsilon (\epsilon \gamma_g + \alpha) - \tilde{\chi}_{\mathbf{g}} \tilde{\chi}_{-\mathbf{g}} = 0 \quad \Rightarrow \quad \epsilon^2 + \frac{\epsilon \alpha}{\gamma_g} - \nu^2 \frac{|\tilde{\chi}_{\mathbf{g}} \tilde{\chi}_{-\mathbf{g}}|}{4\gamma_i \gamma_g} = 0. \tag{11.2.32}$$

Der absorptive Anteil von $\chi_{\mathbf{g}}$ wird in (11.2.32) durch

$$\nu^2 = \frac{\chi_{\mathbf{g}} \chi_{-\mathbf{g}}}{|\chi_{\mathbf{g}} \chi_{-\mathbf{g}}|} \quad \Rightarrow \quad \begin{cases} \nu = \sqrt{1 - \kappa^2} + \mathrm{i}\kappa \\ \kappa = \mathrm{Im}\,\nu \overset{\chi_{\mathbf{g}} = \chi_{-\mathbf{g}}}{\approx} \chi_{\mathbf{g}i}/\chi_{\mathbf{g}r} \end{cases} \tag{11.2.33}$$

berücksichtigt. Wir definieren noch eine charakteristische Länge, die Pendel-lösungslänge

$$\Delta_0 = \frac{2\pi}{k} \frac{\sqrt{|\gamma_i \gamma_g|}}{\sqrt{|\tilde{\chi}_{\mathbf{g}} \tilde{\chi}_{-\mathbf{g}}|}} \tag{11.2.34}$$

und erhalten so die Lösung

$$\epsilon_{1,2} = -\frac{\alpha}{2\gamma_g} \pm \sqrt{\frac{\alpha^2}{4\gamma_g^2} + \mathrm{sgn}\,\gamma_g \left(\frac{\nu\pi}{k\Delta_0}\right)^2}$$

$$= \frac{\pi}{k\Delta_0} \left(-\zeta \pm \sqrt{\zeta^2 + \nu^2 \,\mathrm{sgn}\,\gamma_g}\right). \tag{11.2.35}$$

Die Streuintensität misst man durch Drehung der Probe durch den Bragg-Reflex (Rockingkurve), wobei man beim Drehwinkel von der Abweichung zur exakten Bragg-Lage ausgehen kann, um dann den Winkel geeignet zu parame-trisieren. (11.2.35) entnehmen wir die Definition [Zachariasen, 1945, (3.141)]

$$\zeta = \frac{k\Delta_0}{\pi} \frac{\alpha}{2\gamma_g} \overset{(11.2.28)}{=} \frac{k\Delta_0}{\pi} \left(\frac{\alpha_L}{2\gamma_g} + \frac{\chi_0}{4k\gamma_i\gamma_g} \mathbf{n} \cdot \mathbf{g}\right) = y + \mathrm{i}\eta. \tag{11.2.36}$$

Die Zerlegung von ζ in Realteil und Imaginärteil ergibt

$$y = \frac{k\Delta_0}{\pi} \left(\frac{\sin(2\theta_B)(\theta_B - \theta)}{2\gamma_g} + \chi_{0r} \frac{\gamma_g - \gamma_i}{4\gamma_i\gamma_g}\right), \tag{11.2.37}$$

$$\eta = \frac{k\Delta_0}{\pi} \chi_{0i} \frac{\gamma_g - \gamma_i}{4\gamma_i\gamma_g} = \mathrm{sgn}\,\gamma_g \frac{\chi_{0i}}{\sqrt{|\tilde{\chi}_{\mathbf{g}} \tilde{\chi}_{-\mathbf{g}}|}} \frac{\gamma_g - \gamma_i}{2\sqrt{\gamma_i|\gamma_g|}}. \tag{11.2.38}$$

y ist der relevante Winkel und η hat nur einen Einfluss auf die Absorption. Δ_0 ist die bereits angesprochene Pendellösungslänge, die die charakteristische Länge der Theorie ist. Die Lösung ergibt für die Wellenzahlen im Kristall

$$\mathbf{K}_{1,2} = \mathbf{K}_0 + k\epsilon_{1,2}\,\mathbf{n} = \mathbf{K}_0 + \frac{\pi}{\Delta_0} \left(-\zeta \pm \sqrt{\zeta^2 + \nu^2 \,\mathrm{sgn}\,\gamma_g}\right)\mathbf{n}, \tag{11.2.39}$$

$$\mathbf{K}_0 = \mathbf{k} + k\chi_0/(2\gamma_i)\,\mathbf{n}.$$

Anmerkungen:

1. Die Differenz $\mathbf{K}_1 - \mathbf{K}_2 = (2\pi/\Delta_0)\sqrt{\zeta^2 + \mathrm{sgn}\,\gamma_g\,\nu^2}\,\mathbf{n}$ führt zu Interferenzen, d.h. zu Intensitätsoszillationen der charakteristischen Länge Δ_0. Diese hängt jedoch nicht nur vom Reflex $\mathbf{g}$ ab, sondern auch von $\mathbf{k}$ und der Orientierung der Oberfläche.

$$\Lambda = \frac{g}{k^2\sqrt{|\chi_{\mathbf{g}}\chi_{-\mathbf{g}}|}} \overset{(11.2.13)}{=} \frac{v_c}{4\pi r_e}\frac{1}{\sqrt{|F(\mathbf{g})\,F(-\mathbf{g})|}} \tag{11.2.40}$$

ist eine charakteristische Länge, die nur von $\mathbf{g}$ und der Stärke der Wechselwirkung (r_e) abhängt. Für die Abweichung $\mathbf{k} - \mathbf{k}_B$ ist nur die Komponente parallel zu $\mathbf{g}$ relevant – und deren Größenordnung ist durch Λ bestimmt:

$$\zeta = \mathrm{sgn}\,\gamma_g\,\sqrt{\frac{\gamma_i}{|\gamma_g|}}\left[\Lambda(\mathbf{k}-\mathbf{k}_B)\cdot\frac{\mathbf{g}}{g} + \frac{\gamma_g - \gamma_i}{2|\gamma_i\gamma_g|}\frac{\chi_0}{\sqrt{|\tilde{\chi}_{\mathbf{g}}\tilde{\chi}_{-\mathbf{g}}|}}\right]. \tag{11.2.41}$$

Zur Pendellösungslänge besteht der Zusammenhang

$$\Lambda = \frac{g}{2\pi k}\frac{C}{\sqrt{|\gamma_i\gamma_g|}}\,\Delta_0. \tag{11.2.42}$$

2. Für $\theta_B = \pi/4$ ist $C = 0$, und es gibt keine gebrochene π-Welle. Trifft eine Welle unter dem Winkel ϑ_i auf eine Oberfläche und ist ϑ_g der Winkel der gebrochenen Welle (siehe Abb. 11.9(a)), so hat man im Laue-Fall für $\vartheta_i + |\vartheta_g| = 2\theta_B = \pi/2$ eine gewisse Ähnlichkeit zum Brewster-Winkel, wo ebenfalls bei π-Polarisation für $\vartheta + \vartheta' = \pi/2$ die reflektierte Welle verschwindet.

3. Man kann die Parametrisierung des Winkels (11.2.37) umschreiben in

$$y = \frac{\theta_B - \theta}{\delta_0} + \frac{\Delta\vartheta_0}{\delta_0}, \qquad \delta_0 = \frac{\lambda\,\gamma_g}{\Delta_0\,\sin(2\theta_B)}, \qquad \Delta\theta_0 = \frac{\chi_{0r}(\gamma_g - \gamma_i)}{2\gamma_g\sin(2\theta_B)}. \tag{11.2.43}$$

Die Halbwertsbreite der gemittelten Reflexionskurve (11.3.13) für den Laue-Fall, gegeben durch $y = \pm 1$, kann durch δ_0 ausgedrückt werden:

$$|\theta(y=1) - \theta(y=-1)| = |-2\delta_0|.$$

Das ist zugleich auch die Breite des Plateaus im Bragg-Fall (*Darwin-Breite*) (11.3.8), die ebenfalls durch $y = \pm 1$ bestimmt ist. Die Verschiebung des Maximums der Reflexion vom Bragg-Winkel ist $\theta - \theta_B = \Delta\theta_0$.

4. Die dynamische Theorie hat leider keine einheitliche Notation. Überall gleich bezeichnet werden die Suszeptibilitäten χ_0 und χ_g oder die Bragg-Winkel θ_B, aber schon bei den reziproken Gittervektoren beginnen die Unterschiede ($\mathbf{g} \Leftrightarrow 2\pi\mathbf{h}$). Die Winkelabweichung y und die Pendellösungslänge Δ_0 werden von „allen" Autoren, ob Zachariasen [1945]; Kato [1974] oder Authier [2002] verschieden parametrisiert. Wir halten uns hier im Wesentlichen an die Notation von Rauch, Petrascheck [1978], die sich ihrerseits an Zachariasen orientiert und stellen einen Bezug zu den Definitionen η und Λ_0 von Authier her: $\eta = \zeta/\nu$ und $\Lambda_0 = \Delta_0/\nu$.

Amplitudenverhältnisse

Für die Berechnung der Felder verwendet man die Amplitudenverhältnisse, die man aus den fundamentalen Gleichungen (11.2.18) erhält:

$$X = \frac{d_\mathbf{g}}{d_0} = \frac{K^2 - K_0^2}{K^2 C \chi_{-\mathbf{g}}} (1 - \chi_0) \approx \frac{2\gamma_i \epsilon}{C \chi_{-\mathbf{g}}} \, .$$

Dabei haben wir $K^2 - K_0^2$ mittels (11.2.31) durch den Anregungsfehler $\epsilon \to \epsilon_{1,2}$ (11.2.35) ersetzt. Den Vorfaktor $\pi/(k\Delta_0)$ von $\epsilon_{1,2}$ formen wir unter Verwendung von (11.2.34) um, so dass

$$X_{1,2} = \frac{d_{1,2}(\mathbf{g})}{d_{1,2}(0)} = \frac{\sqrt{|\chi_\mathbf{g} \chi_{-\mathbf{g}}|}}{\chi_{-\mathbf{g}}} \sqrt{\frac{\gamma_i}{|\gamma_g|}} \left(-\zeta \pm \sqrt{\zeta^2 + \nu^2 \operatorname{sgn}\gamma_g} \right), \qquad (11.2.44)$$

$$X_1 X_2 = -\frac{\chi_\mathbf{g}}{\chi_{-\mathbf{g}}} \frac{\gamma_i}{\gamma_g} \, . \qquad (11.2.45)$$

Wir haben jetzt aus der Säkulargleichung (11.2.19) die Wellenvektoren $\mathbf{K}_{1,2}$ (11.2.39) für den Zweistrahlfall berechnet, wenn die Welle unter dem Winkel ϑ auf die Kristalloberfläche trifft (siehe Abb. 11.9, S. 422). Die Welle kann dabei, je nach der Lage der Bragg-Ebenen, in den Kristall eindringen ($\gamma_g > 0$) oder reflektiert werden ($\gamma_g < 0$). Wegen der kleinen Differenz von $\mathbf{K}_1$ zu $\mathbf{K}_2$ wird man mit Interferenzen auf der Skala der Pendellösungslänge $\Delta_0 \lesssim 100\,\mu\mathrm{m}$ rechnen müssen.

   Wir kennen jetzt zwar die Amplitudenverhältnisse $X_{1,2}$, (11.2.44), nicht aber die Amplituden $d_{1,2}(0)$ und $d_{1,2}(\mathbf{g})$, die erst mit den Stetigkeitsbedingungen an der Austrittsfläche bestimmt sind, was Aufgabe des nächsten Abschnitts ist.

11.3 Laue- und Bragg-Fall

Klassisches Anwendungsgebiet der dynamischen Theorie ist die Beugung eines einfallenden Strahls an einer planparallelen Platte, wie in Abb. 11.10 skizziert. Die einfallende Welle soll linear polarisiert (σ oder π) und normiert (Amplitude = 1) sein

$$\mathbf{D}_i(\mathbf{x}) = \boldsymbol{\epsilon}_{\sigma,\pi}\, \mathrm{e}^{\mathrm{i}\mathbf{k}\cdot\mathbf{x}} = \boldsymbol{\epsilon}_{\sigma,\pi}\, \psi_i(\mathbf{x}) \, .$$

Die allgemeine dielektrische Verschiebung ist dann eine Superposition dieser beiden Polarisationen, senkrecht auf die Reflexionsebene (σ) und in der Reflexionsebene (π). Für unsere weiteren Überlegungen ist der Vektorcharakter nicht von Relevanz; die beiden Polarisationen werden getrennt behandelt. Wir definieren Kristallwellen für die Richtungen $\mathbf{k}_B$ und $\mathbf{k}_B + \mathbf{g}$

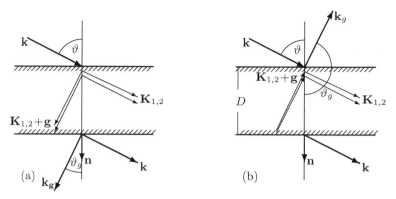

Abb. 11.10. Beugung an Kristallplatte:
(a) Laue-Fall: $\gamma_g = \cos\vartheta_g > 0$. Der gebeugte Strahl tritt an der Rückseite heraus
(b) Bragg-Fall: $\gamma_g < 0$. Der gebeugte Strahl tritt an der Eintrittsfläche heraus

$$\Psi_0(\mathbf{x}) = d_1(0)e^{i\mathbf{K}_1\cdot\mathbf{x}} + d_2(0)e^{i\mathbf{K}_2\cdot\mathbf{x}}, \tag{11.3.1}$$

$$\Psi_g(\mathbf{x}) = d_1(\mathbf{g})\,e^{i(\mathbf{K}_1+\mathbf{g})\cdot\mathbf{x}} + d_2(\mathbf{g})\,e^{i(\mathbf{K}_2+\mathbf{g})\cdot\mathbf{x}}.$$

An der Eintrittsfläche folgt aus der Stetigkeit $\Psi_0 = \psi_i$. Für Ψ_g gilt, dass es entweder an der Eintrittsfläche (Abb. 11.10a) oder an der Rückfläche (Abb. 11.10b) verschwindet. Mit diesen beiden Randbedingungen ist das Problem bestimmt. Obwohl im Folgenden jeweils $\Psi_{0,g}$ bestimmt werden, sind doch die Lösungen der fundamentalen Gleichungen die Wellenfelder $\Psi_{1,2}$.

11.3.1 Beugung in einer Dimension

Es ist sinnvoll die Streuung an einem eindimensionalen Modell zu studieren, da hier manche Mechanismen besonders einfach sind.

Es ist in einer Dimension offensichtlich, dass der gebeugte Strahl nur auf der Vorderseite herauskommen kann und damit nach Abb. 11.10 der Bragg-Geometrie zuzuordnen ist. Wir werden dabei auch nur den absorptionsfreien Fall beschreiben, möchten aber gleich darauf hinweisen, dass die für den eindimensionalen Fall erhaltenen Intensitäten unverändert für drei Dimensionen gelten, nur dass der Parameter y in drei Dimensionen die Winkelabweichung von der Bragg-Lage (statt der Energie) charakterisiert.

Ist die Energie des einfallenden Strahls weit von jeder Bragg-Bedingung entfernt, so wird der Strahl mit leicht geändertem Wellenvektor $|\mathbf{K}_0|$ in das Medium eindringen. Abb. 11.11 zeigt das periodische Zonenschema für ein Teilchen (Photon) mit linearer Dispersion im eindimensionalen reziproken Gitter. Aufgrund der schwachen Wechselwirkung mit dem Gitter wird die lineare Dispersion nur nahe der Zonengrenze geändert; die Krümmung wird dort sehr stark, und es entsteht eine verbotene Zone. Die Bandlücke besagt, dass sich in diesem Energiebereich keine Strahlung aufhalten kann, was für einfallende Strahlung Totalreflexion bedeutet.

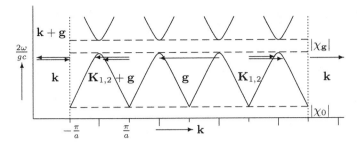

Abb. 11.11. Erweitertes Zonenschema einer eindimensionalen Struktur mit linearer Dispersion. Innerhalb der Bandlücke können sich keine Wellen ausbreiten und man hat Totalreflexion; knapp oberhalb und unterhalb treten Interferenzen von $K_{1,2}$ im reflektierten und transmittierten Strahl auf; in weiterer Entfernung von der Bandlücke wird (fast) nichts reflektiert

Jetzt wird versucht, diese qualitativen Aussagen mathematisch zu fassen. Wir gehen von einer einfallenden Welle $\psi(x) = e^{i\mathbf{k} \cdot \mathbf{x}}$ mit linearer Dispersion $c|k| = \omega$ aus. Im Kristall breiten sich dann die Strahlen

$$\Psi_0 = d_1(0)\, e^{i\mathbf{K}_1 \cdot \mathbf{x}} + d_2(0)\, e^{i\mathbf{K}_2 \cdot \mathbf{x}},$$

$$\Psi_g = d_1(\mathbf{g})\, e^{i(\mathbf{K}_1 + \mathbf{g}) \cdot \mathbf{x}} + d_2(\mathbf{g})\, e^{i(\mathbf{K}_2 + \mathbf{g}) \cdot \mathbf{x}}$$

aus. Setzen wir $\gamma_i = 1$ und $\gamma_g = -1$ in (11.2.42), (11.2.36) und (11.2.39) ein, so erhalten wir

$$\mathbf{K}_{1,2} = \left(K_0 + \frac{\pi}{\Delta_0}(-\zeta \pm \sqrt{\zeta^2 - \nu^2}) \right) \mathbf{e}_x \,.$$

$$\zeta = y + i\eta = -\Lambda(k - \frac{|g|}{2}) - \frac{\chi_0}{|\chi_{\mathbf{g}}|} \,.$$

Gemäß (11.2.21) ist $K_0 = k + \chi_0/2 < k$, bedingt durch das mittlere Potential des Mediums. Wir bemerken, dass Wellen mit $\mathbf{k} = \mathbf{k}_B$ im Kristall Wellenvektoren haben, die mit $y \geq 1$ außerhalb des Bereiches der Totalreflexion (Bandlücke) liegen. An der Vorderfläche $x = 0$ ist die durchgehende Welle kontinuierlich:

$$d_1(0) + d_2(0) = 1$$

und an der Rückfläche mit $x = D$ verschwindet Ψ_g:

$$d_1(g)\, e^{i(K_1 + g)D} + d_2(g)\, e^{i(K_2 + g)D} = 0 \,.$$

Wir beschränken uns hier jedoch auf den absorptionsfreien Fall und berechnen mit den $X_{1,2}$ aus (11.2.44) und $X_1 X_2 = 1$ die Wellenfunktionen explizit.

$$X_1 d_1(0)\, e^{iK_1 D} + X_2 \left(1 - d_1(0) \right) e^{iK_2 D} = 0 \,. \tag{11.3.2}$$

Zweckmäßig ist es, die parametrisierte Kristalldicke [Zachariasen, 1945, (3.140)]

$$A = \frac{D}{\Lambda} = \frac{\pi D}{\Delta_0} \tag{11.3.3}$$

einzuführen. Die Amplituden lauten dann

$$d_{1,2}(0) = \frac{\mp X_{2,1} e^{iK_{2,1}D}}{X_1 e^{iK_1 D} - X_2 e^{iK_2 D}} = \frac{1}{2} \frac{(\pm y + \sqrt{y^2-1}) e^{\mp iA\sqrt{y^2-1}}}{\sqrt{y^2-1} \cos(A\sqrt{y^2-1}) - iy \sin(A\sqrt{y^2-1})}, \tag{11.3.4}$$

$$d_{1,2}(\mathbf{g}) = \frac{\mp X_1 X_2 e^{iK_{2,1}D}}{X_1 e^{iK_1 D} - X_2 e^{iK_2 D}} = \frac{1}{2} \frac{\mp e^{\mp iA\sqrt{y^2-1}}}{\sqrt{y^2-1} \cos(A\sqrt{y^2-1}) - iy \sin(A\sqrt{y^2-1})}.$$

Die in direkter Richtung fortschreitende Wellenfunktion erhält man durch die Addition der entsprechenden Amplituden $(d_{1,2}(0))$ an der Rückseite:

$$\Psi_0(D) = \frac{\sqrt{y^2-1}}{\sqrt{y^2-1} \cos(A\sqrt{y^2-1}) - iy \sin(A\sqrt{y^2-1})} e^{iK_0 D - iAy}. \tag{11.3.5}$$

Die Intensität ist das Absolutquadrat der Wellenfunktion:

$$P_0 = |\Psi_0(D)|^2 = \frac{y^2 - 1}{y^2 - \cos^2(A\sqrt{y^2-1})}. \tag{11.3.6}$$

Völlig analog ist die Berechnung des abgebeugten Strahls, nur dass hier die Wellenfunktion an der Vorderfläche zu nehmen ist:

$$\Psi_g(0) = \frac{i \sin A\sqrt{y^2-1}}{\sqrt{y^2-1} \cos(A\sqrt{y^2-1}) - iy \sin(A\sqrt{y^2-1})}. \tag{11.3.7}$$

Angegeben wird hier die Strahlstärke, bei der die Intensität der einfallenden und gebrochenen Welle auf den gleichen Querschnitt bezogen wird ($P_g = |\Phi_g|^2 \gamma_g/\gamma_i$):

$$P_g = |\Psi_g(0)|^2 = \frac{\sin^2(A\sqrt{y^2-1})}{y^2 - \cos^2(A\sqrt{y^2-1})}. \tag{11.3.8}$$

Die Erhaltung des Energiestroms drückt sich in

$$P_0(y) + P_g(y) = 1 \tag{11.3.9}$$

aus. Die Intensitätsverteilung $P_g(y)$ ist in Abb. 11.12 abgebildet. A ist ein Parameter für die Dicke des Kristalls. Um die Intensitätsoszillationen, die von der Interferenz der beiden Wellenfelder herrühren, auflösen zu können, sollte der Kristall nicht zu dick sein. y ist ein Parameter für den Abstand von K_0 von der Bragg-Bedingung. Ist $-1 \le y \le 1$, wird der Strahl total reflektiert. Die $K_{1,2}$ sind imaginär, und der Strahl dringt nur in eine Tiefe der Größenordnung Δ_0 ein. Die relativen Abweichungen y von der Bragg-Bedingung sind gering, d.h. von der Größe χ_0. In einer Dimension tastet y die Energie im Bereich um die Bandlücke bei $k \approx |g|/2$ ab.

In drei Dimensionen erhält man das gleiche Intensitätsprofil, wenn der gebeugte Strahl den Kristall wieder an der Vorderfläche verlässt. Man nennt das den *Bragg-Fall*.

Es ist dann jedoch die Frequenz des einfallenden Strahls fest vorgegeben, und man bekommt Abb. 11.12 mittels Drehung durch die Bragg-Stellung. Die Breite des Reflexes wird wieder durch y bestimmt, das jetzt ein Maß für die Abweichung in Winkelsekunden ist. Im Kristall hat man als Lösungen für $\mathbf{D}$

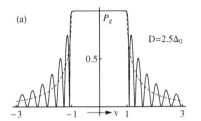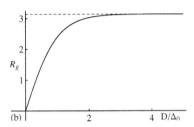

Abb. 11.12. (a) Intensitätsoszillationen im Rückstrahlungsfall (Bragg-Fall) für einen Kristall der Dicke $D = 2.5\Delta_0$ im Vergleich zu der über die Oszillationen gemittelten Rockingkurve (strichliert). (b) Integrierte Intensität in Abhängigkeit von der Dicke

stehende Wellen (11.2.7), die Bloch-Wellen $\mathbf{D}_j(\mathbf{x})$ für jedes Wellenfeld $j = 1, 2$. Hat ein Wellenfeld seine Knoten an den Orten $\mathbf{a}_n$ der Atome, so kann erwartet werden, dass die Wechselwirkung von $\mathbf{D}_j$ mit dem Kristall gering ist, d.h. die Absorption eher schwach ist. Dieser Gedanke wurde von Borrmann [1950] aufgegriffen, der gezeigt hat, dass $|\mathbf{D}_1(\mathbf{a}_n)|^2$ an den Gitterpunkten ($\cos \mathbf{a}_n \cdot \mathbf{g} = 1$) minimal ist und $|\mathbf{D}_2(\mathbf{a}_n)|^2$ maximal. Das gilt in dieser Form nur für den Laue-Fall, was in Übungsaufgabe 11.4 zu zeigen ist.

Integrale Reflektivitäten

Auch im Bragg-Fall ist die integrale Reflektivität exakt berechenbar. Im absorptionsfreien Fall erhält man

$$R_g^y = \int_{-\infty}^{\infty} dy \, \frac{\sin^2\left(A\sqrt{y^2-1}\right)}{y^2 - \cos^2\left(A\sqrt{y^2-1}\right)} = \pi \tanh A. \tag{11.3.10}$$

Die Berechnung des Integrals wurde *von Laue*[3] vorgenommen (siehe Aufgabe 11.2). Wiederum hat man die für die kinematische Theorie gültige Linearität in kleinen (dünnen) Kristallen (siehe Abb. 11.12). Man erreicht jedoch sehr bald eine Sättigung ab der die Intensität unverändert bleibt.

---

[3] Max von Laue, 1879–1960, Nobelpreis 1914, [Max von Laue, 1960]

11.3.2 Laue-Geometrie

Dieser Fall (siehe Abb. 11.10a) hat keine Entsprechung in einer Dimension, da dort nicht durch seitliche Ablenkung des Strahls erreicht werden kann, dass die Bragg-Bedingung erfüllt ist. Der Feldvektor $\mathbf{D}_0$ des einfallenden Strahls steht entweder senkrecht auf die Streuebene (σ-) oder liegt in der Streuebene (π-Polarisation).

Die einfallende Welle und die durchgehende Kristallwelle (11.3.1) sind an der Vorderfläche ($z = 0$) stetig, während die gebeugte Kristallwelle dort verschwindet:

$$d_1(0) + d_2(0) = 1,$$
$$d_1(\mathbf{g}) + d_2(\mathbf{g}) = X_1\, d_1(0) + X_2\, d_2(0) = 0.$$

Für $\gamma_g > 0$ (Laue-Fall, siehe Abb. 11.10) folgt aus (11.2.44) und (11.2.45)

$$d_{1,2}(0) = \frac{\mp X_{2,1}}{X_1 - X_2} = \frac{\pm\zeta + \sqrt{\zeta^2 + \nu^2}}{2\sqrt{\zeta^2 + \nu^2}},$$

$$d_{1,2}(\mathbf{g}) = \frac{\mp X_1 X_2}{X_1 - X_2} = \frac{\chi_{\mathbf{g}}}{\sqrt{|\chi_{\mathbf{g}}\chi_{-\mathbf{g}}|}}\sqrt{\frac{\gamma_i}{\gamma_g}}\frac{\pm 1}{2\sqrt{\zeta^2 + \nu^2}}.$$

Die Wellenfunktionen (11.3.1) erhält man mittels (11.2.39) und (11.2.36):

$$\Psi_0(\zeta, D) = \left(\cos\left(A\sqrt{\zeta^2 + \nu^2}\right) + \frac{iz}{\sqrt{\zeta^2 + \nu^2}}\sin\left(A\sqrt{\zeta^2 + \nu^2}\right)\right) e^{i\mathbf{K}_0\cdot\mathbf{x} - iA\zeta},$$

$$\Psi_g(\zeta, D) = \frac{\chi_{\mathbf{g}}}{\sqrt{|\chi_{\mathbf{g}}\chi_{-\mathbf{g}}|}}\sqrt{\frac{\gamma_i}{\gamma_g}}\frac{i\sin(A\sqrt{\zeta^2 + \nu^2})}{\sqrt{\zeta^2 + \nu^2}} e^{i(\mathbf{K}_0 + \mathbf{g})\cdot\mathbf{x} - iA\zeta}. \qquad (11.3.11)$$

Das Absolutquadrat der Wellenfunktion ergibt die Intensität, wobei hier die Absorption ($\zeta \to y$) vernachlässigt werden soll. Wir haben aber immer statt der Intensität die Strahlstärke $P_g = |\Psi_g|^2\,\gamma_g/\gamma_i$ angegeben, da diese die Intensität auf den Querschnitt des einfallenden Strahls bezieht, was nur für den gebeugten Strahl ($\gamma_i \neq \gamma_g$) von Relevanz ist:

$$P_0(y, D) = 1 - \frac{\sin^2(A\sqrt{1 + y^2})}{1 + y^2}. \qquad (11.3.12)$$

Aus der Erhaltung des Energiestroms $P_0(y, D) + P_g(y, D) = 1$ folgt sofort dass

$$P_g(y) = \frac{\sin(A\sqrt{1 + y^2})}{1 + y^2} \qquad \Longrightarrow \qquad \overline{P}_g = \frac{1}{2(1 + y^2)}. \qquad (11.3.13)$$

Insbesondere ist die Rockingkurve $P_g(y)$ für die abgebeugte Richtung experimentell zugänglich. Sie ist in Abb. 11.13 für eine dünne Kristallplatte dargestellt.

In „dicken" Kristallen werden die Oszillationen sehr eng und können experimentell nicht aufgelöst werden. Die gemittelte Verteilung ist eine Lorentz-Kurve.

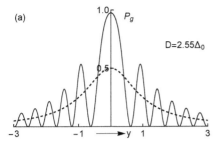
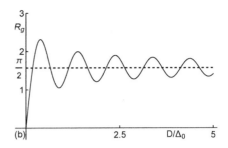

Abb. 11.13. (a) Rockingkurve im Laue-Fall bei einer Kristalldicke von $D/\Delta_0 = 2.55$. Die gemittelte Kurve ist strichliert.   (b) Integrierte Intensität

Reflexionskurven bei schwacher Absorption

Die Bedeutung der Pendellösungsoszillationen nimmt bei merklicher Absorption schnell ab, da eines der beiden Wellenfelder sehr viel stärker abgeschwächt wird, so dass die Interferenzen (Oszillationen) verschwinden. Man spricht dann von anomaler Absorption.

Der Imaginärteil von $\mathbf{K}_0 \cdot \mathbf{x} - A\zeta$ in (11.3.11) wird an der Rückfläche berechnet. Das ergibt

$$\mathrm{Im}(\mathbf{K}_0 \cdot \mathbf{x} - A\zeta) = \mu_0 \frac{D_e}{2} \qquad \text{mit} \qquad D_e = \left(\frac{1}{\gamma_i} + \frac{1}{\gamma_g}\right) \frac{D}{2}. \qquad (11.3.14)$$

Die effektive Dicke D_e gibt die Wegstrecke an, die der Strahl im Kristall zurücklegt, um zur Rückfläche zu gelangen, wenn er dabei einen Zick-Zack-Weg in den beiden Richtungen $\mathbf{k}_B$ und $\mathbf{k}_B + \mathbf{g}$ wählt. Die normale Schwächung des Strahls ergibt sich so aus der im Kristall zurückgelegten effektiven Wegstrecke.

In Abb. 11.14 sind die Rockingkurven für unterschiedliche Absorption dargestellt. Bei normaler Schwächung würde im Falle $\mu_0 D_e = 5$ weder im abgebeugten noch im durchgehenden Strahl merkbare Intensität vorhanden sein. Dass trotzdem merkliche Intensität durchkommt, wie aus Abb. 11.14 ersichtlich, geht auf die anomale Absorption, die unterschiedliche Dämpfung der beiden Wellenfelder zurück

$$\mathbf{K}_{1,2} \cdot \mathbf{x}\big|_{\mathbf{n} \cdot \mathbf{x} = D} = \mathbf{K}_{0r} \cdot \mathbf{x} + \mathrm{i}\frac{\mu_0 D}{2\gamma_i} + \frac{\pi D}{\Delta_0}\left(-\zeta \pm \sqrt{\zeta^2 + \nu^2}\right).$$

Daraus folgt unter Bezugnahme auf (11.2.36)

$$\mathrm{Im}\left(\mathbf{K}_{1,2} \cdot \mathbf{x}\right)\bigg|_{\mathbf{n} \cdot \mathbf{x} = D} = \frac{\mu_0 D}{2\gamma_i} \mp \frac{\kappa A}{\sqrt{y^2 + 1}}. \qquad (11.3.15)$$

Hieraus ist unmittelbar ersichtlich, dass, wenn $2\kappa A = \mu_0 D_e$ (d.h. $\chi_0 = \chi_g$), die Dämpfung für das Wellenfeld 1 für kleine y (fast) verschwindet. Zugleich stellt man fest, dass die Pendellösungsoszillationen mit zunehmender Absorption rasch an Bedeutung verlieren. Die gemittelten Strahlstärken sind

$$P_g(y) = \frac{e^{-\mu_0 D_e}}{2(1+y^2)} \cosh \frac{2\kappa A}{\sqrt{1+y^2}}, \tag{11.3.16}$$

$$P_0(y) = \frac{e^{-\mu_0 D_e}}{2(1+y^2)} \left((1+2y^2) \cosh \frac{2\kappa A}{\sqrt{1+y^2}} + 2y\sqrt{1+y^2} \sinh \frac{2\kappa A}{\sqrt{1+y^2}}\right).$$

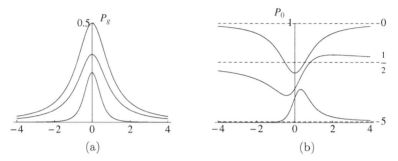

(a)   (b)

Abb. 11.14. Gemittelte Intensitäten im Laue-Fall bei steigender Absorption $\mu_0\,D_e$. Die Skalen richten sich nach den in (11.3.16) angegebenen reduzierten Strahlstärken. Die angegeben Kurven haben die normale Schwächung $N_a = e^{-\mu D_e}$ von $0, 0.5$ und 5. (a) Reflexionskurven.   (b) Transmissionskurven: Die strichlierte Linie gibt die für N_a zu erwartende (normale) Schwächung an

Integrale Reflektivitäten

Integriert man die Rockingkurven, so erhält man die integralen Reflektivitäten

$$R_g^y = \int_{-\infty}^{\infty} dy\, P_g(y) = \frac{\pi}{2} \int_0^{2A} dx\, J_0(x) \approx \frac{\pi}{2} \begin{cases} 1 & \text{für } A \to \infty \\ 2A & \text{für } A \to 0. \end{cases} \tag{11.3.17}$$

$J_0(x)$ ist eine Bessel-Funktion, *Wallers Formel*, die im Anhang B.4 genauer behandelt wird; für kleine Argumente hat man die Entwicklung

$$J_0(z) = \sum_{k=0}^{\infty} (-1)^k \frac{z^{2k}}{2^{2k}(k!)^2} \approx 1 - \frac{z^2}{2}, \qquad |\arg z| < \pi.$$

Diese Resultate sind experimentell sehr gut gestützt. Der nach (11.3.17) berechnete Verlauf ist in Abb. 11.13b aufgezeichnet. Bis zu Dicken $D < \Delta_0/2$ steigt die Intensität linear an. In diesem Bereich ist die kinematische Theorie gültig. Die Abweichung von der Linearität wird als *primäre Extinktion* bezeichnet.

Im Experiment wird der Kristall durch den Braggwinkel gedreht und die Intensität als Funktion des Glanzwinkels θ bzw. $\theta - \theta_B$ gemessen:

$$R_g^\theta = \int \mathrm{d}(\theta - \theta_B) P_g = \int \mathrm{d}y\, P_g(y) \left| \frac{\mathrm{d}\theta}{\mathrm{d}y} \right| = R_g^y \left| \frac{\mathrm{d}\theta}{\mathrm{d}y} \right|. \tag{11.3.18}$$

Die integralen Reflektivitäten R_g^y haben wir sowohl für den Laue-Fall (11.3.17) als auch für den Bragg-Fall (11.3.10) angegeben.

11.3.3 Die Bragg-Geometrie

Die bereits im eindimensionalen Fall hergeleiteten Ergebnisse gelten weitgehend auch in drei Dimensionen. Eine Erweiterung ist nur durch die Berücksichtigung der Absorption notwendig. Die Randbedingungen lauten analog zum eindimensionalen Fall:

1. Stetigkeit der Wellenfunktion an der Vorderfläche ($z{=}0$):

$$1 = d_1(0) + d_2(0).$$

2. Verschwinden der abgebeugten Welle an der Rückfläche ($z{=}D$):

$$0 = d_1(\mathbf{g})\, \mathrm{e}^{\mathrm{i}k\epsilon_1 D} + d_2(\mathbf{g})\, \mathrm{e}^{\mathrm{i}k\epsilon_2 D}.$$

Die Rechnungen sind völlig analog dem eindimensionalen Fall, und man erhält (siehe Aufgabe 11.3) für die Amplituden:

$$d_{1,2}(0) = \frac{\left(\pm \zeta + \sqrt{\zeta^2 - \nu^2} \right) \mathrm{e}^{\mp \mathrm{i}A\sqrt{\zeta^2 - \nu^2}}}{\left(\zeta + \sqrt{\zeta^2 - \nu^2} \right) \mathrm{e}^{-\mathrm{i}A\sqrt{\zeta^2 - \nu^2}} - \left(-\zeta + \sqrt{\zeta^2 - \nu^2} \right) \mathrm{e}^{\mathrm{i}A\sqrt{\zeta^2 - \nu^2}}},$$

$$d_{1,2}(\mathbf{g}) = \frac{\chi_{\mathbf{g}}}{\sqrt{|\chi_{\mathbf{g}}\chi_{-\mathbf{g}}|}} \sqrt{\frac{\gamma_i}{|\gamma_g|}} \tag{11.3.19}$$

$$\times \frac{\pm \mathrm{e}^{\mp \mathrm{i}A\sqrt{\zeta^2 - \nu^2}}}{\left(\zeta + \sqrt{\zeta^2 - \nu^2} \right) \mathrm{e}^{-\mathrm{i}A\sqrt{\zeta^2 - \nu^2}} - \left(-\zeta + \sqrt{\zeta^2 - \nu^2} \right) \mathrm{e}^{\mathrm{i}A\sqrt{\zeta^2 - \nu^2}}}.$$

Die Wellen an Vorder- ($\mathbf{n} \cdot \mathbf{x} = 0$) und Rückfläche ($\mathbf{n} \cdot \mathbf{x} = D$) sind

$$\Psi_0(\zeta, D) = d_1(0)\, \mathrm{e}^{\mathrm{i}\mathbf{K}_1 \cdot \mathbf{x}} + d_2(0)\, \mathrm{e}^{\mathrm{i}\mathbf{K}_2 \cdot \mathbf{x}},$$

$$\Psi_g(\zeta, 0) = \left[d_1(\mathbf{g}) + d_2(\mathbf{g}) \right] \mathrm{e}^{\mathrm{i}(\mathbf{k}+\mathbf{g}) \cdot \mathbf{x}}. \tag{11.3.20}$$

Mehr noch als im Laue-Fall ist im Bragg-Fall nur die reflektierte Welle von Interesse. Wie man es bei der Reflexion von der Oberfläche erwartet, fehlt in Ψ_g der Term mit der normalen Schwächung. Es ist etwas mühsam, die komplexen Winkelfunktionen in Real- und Imaginärteil zu zerlegen, weshalb hier auf eine weitere Auswertung verzichtet wird

$$P_g(y) = \left| \frac{\chi_{\mathbf{g}}}{\chi_{-\mathbf{g}}} \right| \left| \frac{\sin A\sqrt{\zeta^2 - \nu^2}}{\sqrt{\zeta^2 - \nu^2}\, \cos A\sqrt{\zeta^2 - \nu^2} - \mathrm{i}\zeta\, \sin A\sqrt{\zeta^2 - \nu^2}} \right|^2. \tag{11.3.21}$$

Bei verschwindender Absorption erhält man die Ergebnisse der Reflexion am eindimensionalen Gitter (11.3.8) dargestellt in Abb. 11.12, Seite 429. Die Pendellösungen spielen im Bragg-Fall im Allgemeinen eine geringere Rolle als im Laue-Fall, da von ihnen nur etwa 15% der Intensität betroffen sind, die in den Kristall eindringen und nicht gleich nahe der Oberfläche reflektiert werden. Auch die Berechnung der gemittelten Verteilung (siehe Aufgabe 11.1) ist etwas mühsamer.

Für die über die Pendellösungen gemittelten Intensitäten erhält man so

$$
P_g(y) = \begin{cases} 1 & \text{für } |y| \le 1 \\ 1 - \sqrt{1 - y^{-2}} & \text{für } |y| > 1. \end{cases} \tag{11.3.22}
$$

Abb. 11.12 zeigt die mittlere Intensität.

Die Reflexionskurven bei schwacher Absorption

Die Absorption hat bei der Bragg-Reflexion eine etwas andere Bedeutung als im Laue-Fall. So wird bei jener der überwiegende Teil an der Oberfläche reflektiert, wobei die Eindringtiefe proprtional zu Δ_0 ist. Bei geringer Absorption wird dieser Beitrag kaum geschwächt. Von der Rückfläche kommt ein weiterer Beitrag – etwa 15% – der stärker absorbiert wird. Das trifft aber nur Beiträge mit $|y| > 1$, d.h., die Halbwertsbreite der Rockingkurve wird ein wenig schmäler.

Um zu genaueren Aussagen zu kommen, betrachten wir eine einfachere geometrische Anordnung, den sogenannten *symmetrischen Bragg-Fall*. Bei diesem sind die Netzebenen parallel zur Oberfläche, so dass für den zugehörigen Gittervektor $\hat{\mathbf{g}} = \mathbf{g}/g = -\mathbf{n}$ gilt, wobei wir uns auf Abb. 11.10 beziehen. Es ist dann $\gamma_g = -\gamma_i$. Darüberhinaus soll der betrachtete Reflex Inversionssymmetrie haben, woraus $\chi_{-\mathbf{g}} = \chi_{\mathbf{g}}$ folgt.

Für die Suszeptibilität gilt immer $|\chi_{\mathbf{g}}| \le |\chi_0|$. In der hier betrachteten Situation nehmen wir $\chi_{\mathbf{g}} = \chi_0$ mit der Polarisation $C = 1$. Wir bekommen dann unter Bezugnahme auf (11.2.37)

$$
\zeta = y + i\eta \qquad \begin{cases} y &= -\Lambda\,(\mathbf{k} - \mathbf{k}_B) \cdot \hat{\mathbf{g}} + \chi_{0r}/|\chi_{\mathbf{g}}| \\ \eta &= \chi_{0i}/|\chi_{\mathbf{g}}|. \end{cases} \tag{11.3.23}
$$

Mit diesen Annahmen wird die Absorption bestimmt durch $\mu_0 D_e = 2\eta\Lambda$ und $\kappa = \eta$ (siehe (11.2.33)). Zunächst ein Faktum, das wir bisher nicht erwähnt haben: Die exakt in Bragg-Richtung einfallenden Wellen $\mathbf{k} \equiv \mathbf{k}_B$ liegen, ausgenommen beim symmetrischen Laue-Fall, alle asymmetrisch in Bezug auf die Reflexionskurven. Hier hat $\mathbf{k}_B$ den Wert $y = 1$, liegt also am Rande des Plateaus. Wir kommen nun nochmals auf die Feldstärken $|\mathbf{D}_j(\mathbf{a}_n)|^2$ an den Gitterpunkten $\mathbf{a}_n$ zurück (siehe Aufgabe 11.4). Im Bereich $|y| < 1$ ist

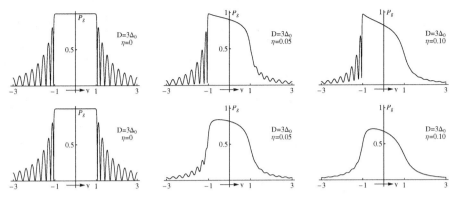

Abb. 11.15. Bragg-Reflexion an einem absorbierenden Kristall mit Inversionssymmetrie. Angenommen ist, dass $\chi_{\mathbf{g}} = \chi_0$. Die Absorption wird durch $\eta = \chi_{0i}/|\chi_{\mathbf{g}}|$ beschrieben. Die obere Zeile beschreibt den symmetrischen Bragg-Fall, während die zweite Zeile eine asymmetrische Situation mit $(\gamma_i - \gamma_g)/(2\sqrt{\gamma_i|\gamma_g|}) = 2$ angibt

$|\mathbf{D}_1(\mathbf{a}_n)|^2 = |\mathbf{D}_2(\mathbf{a}_n)|^2$, d.h., beide Intensitäten sind gleich, aber man beobachtet im Bereich $-1 < y < 1$, beginnend bei $y = -1$, eine Abnahme der Intensität und damit eine Zunahme der Absorption, wie man es auch Abb. 11.15 entnehmen kann.

11.4 Dynamische Beugung sphärischer Wellen

Ausgangspunkt für die sphärische Theorie sollte die Kugelwelle sein. Die genaue Form ist hier jedoch nicht wesentlich, denn die dynamischen Gleichungen wählen aus dem angebotenen breiten Strahl ein sehr schmales *Bragg-Fenster* aus, in dem Beugung auftritt. Der Rest geht ungehindert durch. Man nimmt an, dass innerhalb dieses schmalen Fensters die Amplituden der Partialwellen konstant sind. Die „sphärischen" Wellen in der gebeugten bzw. durchgehenden Richtung werden durch Superposition der ebenen Partialwellen aus dem Bereich des Bragg-Fensters gebildet:

$$\Phi_{0,g}(\mathbf{x}) = \int_{-\infty}^{\infty} \mathrm{d}y\, \Psi_{0,g}(y), \tag{11.4.1}$$

wobei für $\Psi_{0,g}(y)$ die Wellenfunktionen des Laue- bzw. Bragg-Falles einzusetzen sind.

Die einfallende Welle

Die mit (11.4.1) zu berechnenden Kristallwellen können von einer einfallenden Welle der Form

$$\Phi_i = \int_{-\infty}^{\infty} dy\, e^{i\mathbf{k}\cdot\mathbf{x}} = \int_{-\infty+i\eta}^{\infty+i\eta} d\zeta\, e^{i\mathbf{k}\cdot\mathbf{x}} \qquad (11.4.2)$$

hervorgerufen werden. Für beide, (11.4.1) und (11.4.2), ist $\mathbf{k}$ als Funktion von y zu bestimmen. Wir orientieren uns an der Skizze Abb. 11.16 und entwickeln bis zur 1. Ordnung in $\vartheta - \vartheta_i$:

$$\mathbf{k} = k\left\{\cos\vartheta\, \mathbf{n} + \sin\vartheta\, \mathbf{e}_x\right\} \approx \mathbf{k}_B + k(\vartheta - \vartheta_i)\cos\vartheta_i\left(\mathbf{e}_x - \tan\vartheta_i\, \mathbf{n}\right). \quad (11.4.3)$$

Wir ersetzen nun mittels (11.2.29) $\alpha \to y$:

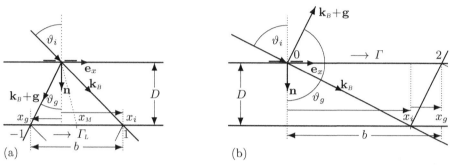

Abb. 11.16. Γ_L bzw. Γ parametrisieren die Breite b des Borrmann-Fächers. (a) Laue-Fall: $b = x_i - x_g$ und $\Gamma_L = 2(x - x_M)/b$. (b) Bragg-Fall: $b = x_i + x_g$ und $\Gamma = 2x/b$

$$\vartheta - \vartheta_i = -\operatorname{sgn}\gamma_g \frac{\alpha}{\sin(2\theta_B)} \overset{(11.2.36)}{=} -\operatorname{sgn}\gamma_g \frac{2\gamma_g}{\sin(2\theta_B)}\left(\frac{\pi y}{k\Delta_0} - \chi_{0r}\frac{\gamma_g - \gamma_i}{4\gamma_i\gamma_g}\right)$$

und erhalten

$$\mathbf{k} = \mathbf{k}_B - \left[\frac{2|\gamma_g|\gamma_i}{\sin(2\theta_B)}\frac{y\pi}{\Delta_0} - \operatorname{sgn}\gamma_g\, k\chi_{0r}\frac{\gamma_g - \gamma_i}{2\sin(2\theta_B)}\right]\left(\mathbf{e}_x - \tan\vartheta_i\, \mathbf{n}\right). \quad (11.4.4)$$

Anhand von Abb. 11.16 können wir den Ausdruck

$$D\frac{\sin(2\theta_B)}{|\gamma_i\gamma_g|} = D\frac{\sin(\vartheta_i - \vartheta_g)}{\gamma_i\gamma_g} = D\tan\vartheta_i - D\tan\vartheta_g = x_i - \operatorname{sgn}\gamma_g\, x_g = b$$

umformen. Damit definieren wir den Parameter

$$\Gamma = \frac{2\gamma_i|\gamma_g|}{\sin(2\theta_B)}\frac{x}{D} = \frac{2x}{b} \qquad (11.4.5)$$

und erhalten

$$\mathbf{k}\cdot\mathbf{x} = \mathbf{k}_B\cdot\mathbf{x} - Ay\left(\Gamma - \frac{2z}{b}\tan\vartheta_i\right) + \frac{k\chi_{0r}}{2b}\frac{\gamma_g - \gamma_i}{\gamma_i\gamma_g}\left(x - z\tan\vartheta_i\right). \quad (11.4.6)$$

Man erhält so für die einfallende Welle

$$\phi_i(\mathbf{x}) = \lim_{y_0 \to \infty} \int_{-y_0}^{y_0} \mathrm{d}y\, \mathrm{e}^{\mathrm{i}\mathbf{k}\cdot\mathbf{x}} = \mathrm{e}^{\mathrm{i}\mathbf{k}_B\cdot\mathbf{x}}\, 2\pi\, \frac{b}{2A}\, \delta(x - z\tan\vartheta_i). \qquad (11.4.7)$$

Es ist dies ein Wellenbündel, das entlang der Bragg-Richtung lokalisiert ist und genau in einem Punkt (Linie) auf den Kristall auftritt. Dort breitet sich das Bündel innerhalb des *Borrmann-Fächers*, dem Winkelbereich von $2\theta_B$, der von den Vektoren $\mathbf{k}_B$ und $\mathbf{k}_B+\mathbf{g}$ begrenzt wird, fächerartig aus. Es wird so die Ausbreitung von einer punktförmigen (linienförmigen) Quelle an der Kristall-vorderfläche behandelt. Die Intensität der einfallenden Welle normieren wir auf

$$I_i = \frac{1}{2y_0} \int_{-\infty}^{\infty} \mathrm{d}x\, |\phi_i(\mathbf{x})|^2 = \frac{b\Delta_0}{D}. \qquad (11.4.8)$$

Phasenfaktor

Die Phase der einfallenden Welle ist zwar in (11.4.6) gegeben, doch kann man sie auf eine anschaulichere Form bringen. Man geht davon aus, dass der Strahl im Kristall einen Zick-Zack-Weg in den Richtungen von $\mathbf{k}_B$ und $\mathbf{k}_B + \mathbf{g}$ zurücklegt, um zu einem Punkt x auf der Oberfläche zu kommen. In Abb. 11.17 ist diese im Kristall zurückgelegte Wegstrecke zusammengefasst zu

$$s = s_0 + s_g = \frac{D - d_g}{\gamma_i} + \frac{d_g}{\gamma_g} = \frac{D}{\gamma_i} - \operatorname{sgn}\gamma_g\, \frac{D\tan\vartheta_i - x}{\sin(2\theta_B)}\,(\gamma_g - \gamma_i).$$

Die analoge Überlegung kann auch für den Bragg-Fall gemacht werden und man erhält für den Weg im Kristall

$$s = \frac{z}{\gamma_i} + \operatorname{sgn}\gamma_g\, \frac{x - z\tan\vartheta_i}{\sin(2\theta_B)}\,(\gamma_g - \gamma_i) \quad z = 0 \quad \text{oder} \quad z = D. \qquad (11.4.9)$$

Daraus folgt

$$\mathbf{k}\cdot\mathbf{x} = \mathbf{k}_B\cdot\mathbf{x} - Ay\big(\Gamma - \frac{2z}{b}\tan\vartheta_i\big) + \frac{k\chi_{0r}}{2}\Big(s - \frac{z}{\gamma_i}\Big), \qquad (11.4.10)$$

$$\mathbf{K}_0\cdot\mathbf{x} = \mathbf{k}_B\cdot\mathbf{x} - A\zeta\big(\Gamma - \frac{2z}{b}\tan\vartheta_i\big) + \frac{k\chi_0}{2}\, s\,.$$

11.4.1 Laue-Fall

Hat man einen divergenten einfallenden Strahl, der wie in Abb. 11.17 darge-stellt durch einen schmalen Schlitz einfällt, so breitet sich dieser innerhalb der beiden Richtungen $\mathbf{k}_B$ und $\mathbf{k}_g$ aus. Dieser *Borrmann-Fächer* hat einen Öffnungswinkel von $2\theta_B$ und an der Rückfläche eine Breite b. Man erhält also in diesem Bereich ein räumliches Intensitätsprofil. Wir gehen davon aus, dass unser Strahl monochromatisch ist und alle ebenen Partialwellen kohärent sind. Läßt man die Normierung beiseite, so kann die Kristallwelle (11.4.1) durch

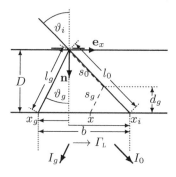

Abb. 11.17. Im Laue-Fall breitet sich der Strahl bei punkt- bzw. linienförmigem Eintritt innerhalb der Borrmann-Fächers aus. Um zu x zu kommen, legt der Strahl die Strecke s_0 in der Richtung von $\mathbf{k}_B$ und s_g in der von $k_B + \mathbf{g}$ zurück.
Laue-Fall: $b = x_i - x_g$, $\Gamma_L = 2(x - x_M)/b$, $l_{0,g} = D/\gamma_{0,g}$

einfache Superposition der Lösungen der ebenen Partialwellen der dynamischen Theorie (11.3.11) gebildet werden:

$$\Phi_g(\mathbf{x}) = c_g \int_{-\infty+i\eta}^{\infty+i\eta} d\zeta \, \frac{\sin\left(A\sqrt{\zeta^2+\nu^2}\right)}{\sqrt{\zeta^2+\nu^2}} e^{-iA\Gamma_L\zeta} \tag{11.4.11}$$

$$\Phi_0(\mathbf{x}) = c_0 \int_{-\infty+i\eta}^{\infty+i\eta} d\zeta \left[\cos\left(A\sqrt{\zeta^2+\nu^2}\right) + \frac{i\zeta}{\sqrt{\zeta^2+\nu^2}}\sin\left(A\sqrt{\zeta^2+\nu^2}\right)\right] e^{-iA\Gamma_L\zeta}$$

$$= \frac{c_0}{c_g}\left(\frac{\partial}{\partial A} - \frac{1+\Gamma_L}{A}\frac{\partial}{\partial\Gamma_L}\right)\Phi_g(\mathbf{x}). \tag{11.4.12}$$

Die Vorfaktoren und Γ_L sind gegeben durch

$$c_0 = e^{i\mathbf{k}_B\cdot\mathbf{x}+ik\chi_0 \, s/2}, \qquad c_g = \frac{i\chi_{\mathbf{g}}}{\sqrt{|\chi_{\mathbf{g}}\chi_{-\mathbf{g}}|}} e^{i(\mathbf{k}_B+\mathbf{g})\cdot\mathbf{x}+ik\chi_0 s/2},$$

$$\Gamma_L = \frac{2(x-x_M)}{b} = \frac{2(x-x_i)+b}{b} = \Gamma - \Gamma_i + 1.$$

Das Integral (11.4.11) hat einerseits keinen Schnitt in der komplexen ζ-Ebene, da in den Potenzreihenentwicklungen des Integranden $\sqrt{\zeta^2+\nu^2}^n$ nur in geraden Potenzen auftritt und der Weg C in Abb. 11.18 keinen Pol einschließt, so dass nach dem Cauchy'schen Integralsatz

$$\oint_C d\zeta \, \Psi_g = 0 \qquad \Rightarrow \qquad \int_{-\infty+i\eta}^{\infty+i\eta} d\zeta \, \Psi_g = \int_{-\infty}^{\infty} d\zeta \, \Psi_g.$$

Dieses Fourierintegral ist exakt lösbar und kann in Integraltafeln [Gradshteyn,

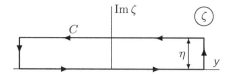

Abb. 11.18. Integrationsweg C in der komplexen ζ-Ebene

Ryzhik, 1965, Ziff. 3.876-1] nachgesehen werden:

$$\Phi_g(\mathbf{x}) = c_g \pi \, J_0(\nu A \sqrt{1 - \Gamma_L^2}) \, \theta(1 - |\Gamma_L|) \,. \qquad (11.4.13)$$

J_0 und J_1 sind Bessel-Funktionen. Für die durchgehende Wellenfunktion erhält man

$$\Phi_0(\mathbf{x}) = c_0 \left[\frac{2\pi}{A} \delta(1 - \Gamma_L) - \pi \nu^2 (1 + \Gamma_L) \frac{J_1(\nu A \sqrt{1 - \Gamma_L^2})}{\nu A \sqrt{1 - \Gamma_L^2}} \, \theta(1 - |\Gamma_L|) \right]. \quad (11.4.14)$$

Da aus dem Bereich $-\infty < y < \infty$ nur ein sehr kleiner Teil gebeugt wird, geht fast alles ungestört durch, wenn man von der Phasenverschiebung durch das mittlere Kristallpotential absieht. Die δ-Funktion ist Ausdruck dafür, dass fast alles ungestreut durchgeht.

Intensitätsprofile

Im Limes $A \to \infty$ können die asymptotischen Entwicklungen der Bessel-Funktionen eingesetzt werden:

$$\Phi_g(\mathbf{k}_0, \mathbf{x}) \approx c_g \left[\frac{2\pi}{\nu A \sqrt{1 - \Gamma^2}} \right]^{\frac{1}{2}} \sin \left(\nu A \sqrt{1 - \Gamma^2} + \frac{\pi}{4} \right) \theta(1 - |\Gamma|). \quad (11.4.15)$$

Unter Vernachlässigung der Absorption erhalten wir

$$P_0(\Gamma) = \frac{(1 + \Gamma_L) \cos^2 \left(A \sqrt{1 - \Gamma_L^2} + \frac{\pi}{4} \right)}{(1 - \Gamma_L) \sqrt{1 - \Gamma_L^2}}, \qquad (11.4.16)$$

$$P_g(\Gamma) = \frac{\sin^2 \left(A \sqrt{1 - \Gamma_L^2} + \frac{\pi}{4} \right)}{\sqrt{1 - \Gamma_L^2}}. \qquad (11.4.17)$$

Für den absorptionsfreien Fall zeigt Abb. 11.19 das Intensitätsprofil für den abgebeugten Strahl gebildet aus (11.4.13) und (11.4.8):

$$P_g(\Gamma_L) = \frac{A\pi}{2} \, J_0^2(A \sqrt{1 - \Gamma_L^2}).$$

Die Kristallplatte ist mit $D/\Delta_0 = 5.6$ dünn. Die asymptotische Entwicklung von J_0 für dicke Kristalle führt zum Ergebnis der Strahlenbetrachtungen des vorhergehenden Abschnitts. Die Bedeutung der Pendellösungsoszillationen nimmt mit steigender Absorption rasch ab, d.h. die gemittelten Intensitätsprofile sind die physikalisch relevanteren Größen. Eine Ausnahme bilden Neutronen, die in vielen Kristallen nur sehr geringe Verluste durch Absorption haben.

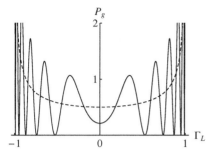

Abb. 11.19. Räumliches Intensitätsprofil für $D/\Delta_0 = 5.6$ und gemittelte Intensität (strichlierte Linie)

Näherungsweise Berechnung der Intensitätsprofile

Methode der stationären Phase

Einen etwas besseren Einblick bekommt man durch die approximative Lösung der Gleichungen mit der Methode der stationären Phase. Diese wird zur Auswertung von Integralen herangezogen, deren Integranden stark oszillieren. Sie findet demnach ihre Anwendung vor allem in der Optik. Gegeben sei das Integral

$$I = \int_a^b \mathrm{d}u \, A(u) \mathrm{e}^{\mathrm{i} f(u)}.$$

In dieser Schreibweise sei A(u) eine langsam variierende Funktion verglichen mit den raschen Oszillationen des Faktors $\mathrm{e}^{\mathrm{i} f(u)}$. Die Integrationsgrenzen seien so gewählt, dass das Minimum von $f(u)$ im Integrationsbereich liegt und durch die Grenzen keine Cutoff-Effekte auftreten. Entwickelt man um das Minimum ($f''(u_0) > 0$) bei u_0, so folgt

$$I \sim A(u_0) \, \mathrm{e}^{\mathrm{i} f(u_0)} \int_{-\infty}^{\infty} \mathrm{d}u \, \mathrm{e}^{(\mathrm{i}/2) f''(u_0)(u-u_0)^2}$$
$$= A(u_0) \, \sqrt{2\pi/f''(u_0)} \, \mathrm{e}^{\mathrm{i} f(u_0) + \mathrm{i}\pi/4}. \tag{11.4.18}$$

Das hier auftretende Integral ist ein vollständiges Fresnel-Integral

$$\int_{-\infty}^{\infty} \mathrm{d}u \, \mathrm{e}^{\mathrm{i}\alpha \, u^2} = \sqrt{\frac{\pi}{|\alpha|}} \, \mathrm{e}^{(\mathrm{i}\pi/4)\,\mathrm{sgn}\,\alpha}.$$

Der Beitrag zum Integral kommt von einem schmalen Bereich um die stationäre Phase u_0.

Der Integrand von (11.4.11) wird mit zunehmender Dicke A eine sehr schnell variierende Funktion. Zerlegt man den Sinus in seine beiden exponentiellen Anteile

$$\Phi_g(\mathbf{x}) = c_g \int_{-\infty}^{\infty} \frac{\mathrm{d}y}{2\mathrm{i}\sqrt{y^2+\nu^2}} \left[\mathrm{e}^{\mathrm{i}A\left(\sqrt{y^2+\nu^2}-\Gamma y\right)} - \mathrm{e}^{\mathrm{i}A\left(-\sqrt{y^2+\nu^2}-\Gamma y\right)} \right],$$

so bietet sich Φ_g für die Berechnung mit der Methode der stationären Phase an:

$$\frac{\partial}{\partial y} A\left(\pm\sqrt{\nu^2 + y^2} - \Gamma y\right) = 0 \qquad \Rightarrow \qquad y_{1,2} = \frac{\pm\nu\Gamma}{\sqrt{1-\Gamma^2}}. \qquad (11.4.19)$$

Wertet man nun das Integral mit den stationären Phasen $y_{1,2}$ aus, so erhält man die asymptotische Wellenfunktion (11.4.15).

Berechnung des Intensitätsprofils mit ebenen Wellen

$y_{1,2}$ gibt nicht nur den Wert der stationären Phase, sondern auch die Richtung Γ des Energietransports (Poynting-Vektor) des jeweiligen Wellenfeldes an. Summiert man die Partialwellen, die zum einem fixen Wert Γ gehören, so erhält man wiederum

$$P_{0,g}(\Gamma) = \left| \Psi_{0,g}^1(y_1)\sqrt{\frac{dy_1}{d\Gamma}}\,e^{i\pi/4} + \Psi_{0,g}^2(y_2)\sqrt{\left|\frac{dy_2}{d\Gamma}\right|}\,e^{-i\pi/4} \right|^2$$

für die Wellenfunktion das schon bekannte Resultat (11.4.15) und für die Intentsität (11.4.17). Es gibt so keine Diskrepanz zwischen der sphärischen Theorie und dieser Theorie ebener Wellen [Shull, Oberteuffer, 1972]

11.4.2 Die Intensitätsprofile im Bragg-Fall

Die Intensitätsprofile im Bragg Fall sind von geringerer Bedeutung als die im Laue-Fall, da der Hauptbeitrag nahezu unabhängig von der Dicke der Kristallplatte unmittelbar am Eintrittspunkt reflektiert wird und keine deutliche Interferenzstruktur aufweist.

Die folgende Berechnung der sphärischen Welle [Kato, 1974] ist relativ lang und enthält technische Details, die nur für einige Leser von Interesse sind. Wir empfehlen, mit dem Abschnitt 11.4.4 weiterzumachen, bzw. sich auf die Endresultate (11.4.47) und (11.4.48) zu konzentrieren.

Die Amplituden im Bragg-Fall

Im Bragg-Fall können die Integrale nicht wie im Laue-Fall durch Integration der Wellenfunktion $\Psi_g(\zeta)$ direkt berechnet werden (siehe (11.4.11)). Mit der Entwicklung der Amplituden (11.3.19) in eine Potenzreihe trägt man, wie später deutlich wird, der Tatsache Rechnung, dass an der Rückseite der Kristallplatte Wellen reflektiert werden, die räumlich getrennt von dem an der Vorderfläche reflektierten Anteil sind (siehe Abb. 11.22). Zunächst bemerkt man, dass

$$\frac{1}{\zeta + \sqrt{\zeta^2 - \nu^2}} = \frac{\zeta - \sqrt{\zeta^2 - \nu^2}}{\nu^2}.$$

Diese Relation ist für die Entwicklung von (11.3.19) in eine geometrische Reihe nützlich:

$$
d_1(\mathbf{g}) = \hat{d}_g \frac{\zeta - \sqrt{\zeta^2 - \nu^2}}{\nu^2} \frac{1}{1 - \left(\frac{\zeta - \sqrt{\zeta^2 - \nu^2}}{\nu}\right)^2 e^{2iA\sqrt{\zeta^2 - \nu^2}}} , \tag{11.4.20}
$$

$$
d_2(\mathbf{g}) = -\hat{d}_g \frac{\zeta - \sqrt{\zeta^2 - \nu^2}}{\nu^2} \frac{e^{2iA\sqrt{\zeta^2 - \nu^2}}}{1 - \left(\frac{\zeta - \sqrt{\zeta^2 - \nu^2}}{\nu}\right)^2 e^{2iA\sqrt{\zeta^2 - \nu^2}}} ,
$$

wobei wir die Abkürzung

$$
\hat{d}_g = \frac{\chi_{\mathbf{g}}}{\sqrt{|\chi_{\mathbf{g}}\chi_{-\mathbf{g}}|}} \sqrt{\frac{\gamma_i}{|\gamma_g|}} \tag{11.4.21}
$$

eingeführt haben:

$$
d_1(\mathbf{g}) + d_2(\mathbf{g}) = \frac{\hat{d}_g}{\nu}\left(1 - e^{2iA\sqrt{\zeta^2 - \nu^2}}\right) \sum_{n=0}^{\infty} \left(\frac{\zeta - \sqrt{\zeta^2 - \nu^2}}{\nu}\right)^{2n+1} e^{2iAn\sqrt{\zeta^2 - \nu^2}}.
$$

$$\tag{11.4.22}$$

Die Wellenfunktion

Die ebene Welle im Kristall ist

$$
\Psi(\mathbf{x}) = \left(d_1(\mathbf{g})\, e^{i\mathbf{K}_1\cdot\mathbf{x}} + d_2(\mathbf{g})\, e^{i\mathbf{K}_2\cdot\mathbf{x}}\right) e^{i\mathbf{g}\cdot\mathbf{x}}. \tag{11.4.23}
$$

Wir benötigen die Wellenvektoren (11.4.10) an der Vorderfläche $\mathbf{x} = (x, 0)$ für die gilt

$$
\mathbf{K}_{1,2}\cdot\mathbf{x} = \mathbf{k}\cdot\mathbf{x} = \mathbf{k}_B\cdot\mathbf{x} - Ay\Gamma + \frac{k\chi_{0r}}{2}\, s. \tag{11.4.24}
$$

Die sphärische Welle an der Vorderfläche ist dann

$$
\Phi_g(x) = e^{i(\mathbf{k}_B + \mathbf{g})\cdot\mathbf{x} + \frac{k\chi_{0r}}{2} s} \int_{-\infty}^{\infty} \mathrm{d}y\, e^{-iA\Gamma y} \left(d_1(\mathbf{g}) + d_2(\mathbf{g})\right). \tag{11.4.25}
$$

s ist wiederum der Zick-Zack-Weg zum Punkt x. Wir gehen nun von y zu ζ. Γ haben wir in (11.4.5) bereits bestimmt, wobei D die Dicke der Kristallplatte ist. Wir definieren nun

$$
\tilde{d}_g = \hat{d}_g\, e^{i(\mathbf{k}_B + \mathbf{g})\cdot\mathbf{x} + isk\chi_0/2} \tag{11.4.26}
$$

und erhalten für die Wellenfunktion

$$
\Phi_g(x) = \frac{\tilde{d}_g}{\nu} \int_{-\infty + i\eta}^{\infty + i\eta} \mathrm{d}\zeta\, e^{-iA\Gamma\zeta} \left(1 - e^{2iA\sqrt{\zeta^2 - \nu^2}}\right)
$$

$$
\times \sum_{n=0}^{\infty} \left(\frac{\zeta - \sqrt{\zeta^2 - \nu^2}}{\nu}\right)^{2n+1} e^{2iAn\sqrt{\zeta^2 - \nu^2}}. \tag{11.4.27}
$$

Zur Berechnung von Φ_g hat man Integrale der Form

$$R_m(s_1, s_2) = \frac{1}{\nu} \int_{-\infty+i\eta}^{\infty+i\eta} d\zeta \left(\frac{\zeta - \sqrt{\zeta^2 - \nu^2}}{\nu} \right)^m e^{-is_2\zeta} e^{is_1\sqrt{\zeta^2 - \nu^2}} \qquad (11.4.28)$$

zu berechnen, da

$$\Phi_g(x) = \tilde{d}_g \sum_{n=0}^{\infty} \left[R_{2n+1}(2nA, A\Gamma) - R_{2n+1}(2(n+1)A, A\Gamma) \right] \qquad (11.4.29)$$

$$= \tilde{d}_g \left\{ R_1(0, A\Gamma) + \sum_{n=1}^{\infty} \left[R_{2n+1}(2nA, A\Gamma) - R_{2n-1}(2nA, A\Gamma) \right] \right\}.$$

11.4.3 Auswertung des Integrals R_m

Die folgende Berechnung des Integrals R_m wird nur für wenige von Interesse sein. Trotzdem zeigen wir die Herleitung detailliert, da diese nur selten zu finden ist und aufgrund der uneinheitlichen Bezeichnungen das Nachvollziehen der Rechnung in anderen Büchern noch mühsamer ist:

$$R_m(s_1, s_2) = \frac{1}{\nu} \int_{-\infty+i\eta}^{\infty+i\eta} d\zeta \left(\frac{\zeta - \sqrt{\zeta^2 - \nu^2}}{\nu} \right)^m e^{-is_2\zeta + is_1\sqrt{\zeta^2 - \nu^2}}$$

$$= \frac{1}{\nu} \oint_{C'} d\zeta \left(\frac{\zeta - \sqrt{\zeta^2 - \nu^2}}{\nu} \right)^m e^{-is_2\zeta + is_1\sqrt{\zeta^2 - \nu^2}}. \qquad (11.4.30)$$

Nun ist sowohl $s_1 = 2nA > 0$ als auch $s_2 = A\Gamma > 0$. Nach Abb. 11.20 ist das Integral über den unteren Halbkreis C_- zu schließen, wenn

$$s_2 - s_1 = A(\Gamma - 2n) > 0, \qquad (11.4.31)$$

da dann C_- nichts beiträgt. Der Integrand hat im eingeschlossenen Bereich keine Pole, so dass nach dem Cauchy'schen Integralsatz[4] der Weg auf C' zusammengezogen werden kann. Im nächsten Schritt machen wir die Transformation $w = \zeta/\nu$:

$$R_m(s_1, s_2) = \oint_{C''} dw \left(w - \sqrt{w^2 - 1} \right)^m e^{-is_2\nu w + is_1\nu\sqrt{w^2 - 1}}. \qquad (11.4.32)$$

Die Koordinatentransformation

$$\varrho\, e^{i\varphi} = w + \sqrt{w^2 - 1} \qquad \text{mit} \qquad \varrho = \sqrt{\frac{s_2 + s_1}{s_2 - s_1}} \qquad (11.4.33)$$

macht aus dem im Uhrzeigersinn verlaufenden Weg C'' einen Kreis mit dem Radius ϱ, der im Gegenuhrzeigersinn durchlaufen wird. Es ist

---

[4] $\oint_{\partial F} dz\, f(z) = 0$, wenn die $f(z)$ analytisch in F ist.

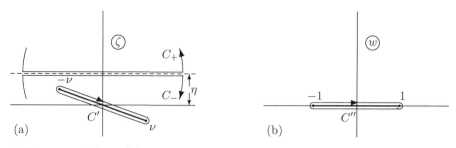

Abb. 11.20. (a) $\eta > |\kappa| > 0$; in der Skizze ist $\mathrm{Im}\,\nu < 0$; für $s_2 - s_1$ trägt C_- nicht bei und der Weg kann auf C' zusammengezogen werden.   (b) C'' ist der Weg C' in der w-Ebene

$$s_2 w - s_1 \sqrt{w^2-1} = \frac{s_2+s_1}{2}\left(w - \sqrt{w^2-1}\right) + \frac{s_2-s_1}{2}\left(w + \sqrt{w^2-1}\right)$$
$$= \frac{s_2+s_1}{2}\frac{1}{\varrho}e^{-i\varphi} + \frac{s_2-s_1}{2}\varrho\,e^{i\varphi} = \sqrt{s_2^2-s_1^2}\cos\varphi,$$

$$R_m(s_1,s_2) = \frac{i}{2}\oint d\varphi\left(\varrho e^{i\varphi} - \frac{1}{\varrho e^{i\varphi}}\right)\varrho^{-m}\,e^{-i\varphi m}\,e^{-i\nu\sqrt{s_2^2-s_1^2}\cos\varphi}. \quad (11.4.34)$$

Hier greift man auf eine Integraldarstellung der Bessel-Funktionen [Gradshteyn, Ryzhik, 1965, Ziff. 8.411] zurück:

$$J_n(z) = \frac{1}{2\pi}\int_{-\pi}^{\pi} d\phi\,e^{-in\phi+iz\sin\phi} \overset{\phi=\phi'-\pi/2}{=} \frac{e^{in\pi/2}}{2\pi}\int_{-\pi}^{\pi} d\phi'\,e^{-in\phi'-iz\cos\phi'}. $$
$$(11.4.35)$$

Danach ist

$$R_m(s_1,s_2) = i\pi\,(-i)^{m-1}\left(\sqrt{\frac{s_2-s_1}{s_2+s_1}}\right)^{m-1} \quad (11.4.36)$$
$$\times\left\{J_{m-1}\left(\nu\sqrt{s_2^2-s_1^2}\right) + \frac{s_2-s_1}{s_2+s_1}J_{m+1}\left(\nu\sqrt{s_2^2-s_1^2}\right)\right\}\theta(s_2-s_1).$$

Die θ-Funktion berücksichtigt, dass für $s_2 < s_1$ das Integral (11.4.28) über den Halbkreis C_+ ausgewertet wird, wo es verschwindet.

11.4.4 Die gesamte Wellenfunktion

Wir fassen die einzelnen Summanden zusammen:

$$\Phi_g(x) = \tilde{d}_g\left\{R_1(0,A\Gamma) + \underbrace{\sum_{n=1}^{\infty}\left(R_{2n+1}(2nA,A\Gamma) - R_{2n-1}(2nA,A\Gamma)\right)}_{I\pi\Phi_{gn}}\right\}.$$
$$(11.4.37)$$

Wir ziehen noch den Faktor $i\pi$ heraus und erhalten

$$\Phi_g(x) = i\pi\, \tilde{d}_g \Big\{ \Phi_{g0}(\Gamma) + \sum_{n=1}^{\infty} \Phi_{gn}(\Gamma) \Big\}. \tag{11.4.38}$$

Der Vorfaktor

$$\tilde{d}_g = \frac{\chi_{\mathbf{g}}}{\sqrt{|\chi_{\mathbf{g}}\chi_{-\mathbf{g}}|}} \sqrt{\frac{\gamma_i}{|\gamma_g|}}\, e^{i\mathbf{k}_B\cdot\mathbf{x}+isk\chi_0/2} \tag{11.4.39}$$

wurde bereits in (11.4.26) festgelegt. Die Wegstrecke s, die ein Strahl zurücklegen muss, um zum Punkt x zu kommen ist in Abb. 11.21 skizziert.

Die Φ_{gn}-Funktionen sind die Beiträge der an der Rückseite n-fach reflektierten Wellen, wie man der Skizze 11.21 oder Abb. 11.22 entnehmen kann.

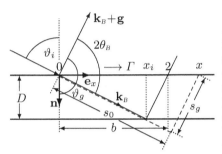

Abb. 11.21. Länge $s = s_0 + s_g$ des Zick-Zack-Weges (strichliert) zum Punkt x; anders als in der Skizze geht man davon aus, dass der Strahl jeweils nur kurze Wege in den Richtungen $\mathbf{k}_B$ und $\mathbf{k}_B + \mathbf{g}$ innerhalb des Kristalls zurücklegt; man sieht unmittelbar, dass die normale Dämpfung bei der an der Vorderfläche gebeugten Welle Φ_{g0} nur eine untergeordnete Rolle spielt; $\Gamma = 2x/b$

Reflexion an der Vorderfläche

Der bei Weitem überwiegende Beitrag kommt von $n = 0$:

$$\Phi_{g0}(x) = \tilde{d}_g\, R_1(0, A\Gamma) = \tilde{d}_g\, i\pi \Big[J_0\big(\nu A\Gamma\big) + J_2\big(\nu A\Gamma\big) \Big]\theta(\Gamma) \tag{11.4.40}$$

$J_0(x) + J_2(x) = 2J_1(x)/x.$

$$\Phi_{g0}(x) = \tilde{d}_g\, \frac{2\pi i}{\nu A\Gamma}\, J_1(\nu A\Gamma)\,\theta(\Gamma), \tag{11.4.41}$$

$$\tilde{d}_g = \frac{\chi_{\mathbf{g}}}{\sqrt{|\chi_{\mathbf{g}}\chi_{-\mathbf{g}}|}} \sqrt{\frac{\gamma_i}{|\gamma_g|}}\, e^{i\mathbf{k}_B\cdot\mathbf{x}+isk\chi_0/2}.$$

Das ist der direkt an der Vorderfläche reflektierte Anteil, der gemäß (11.4.20) der 1. Term in der Entwicklung von $d_1(\mathbf{g})$ ist. Trägt jedoch nur ein Wellenfeld zur Intensität bei, so kann man keine den Pendellösungslängen entsprechende Interferenzstruktur erwarten.

Die Halbwertsbreite der Amplitude von Φ_{0g} ist von der Dicke D der Platte unabhängig und beträgt ungefähr $A\Gamma \approx 2.2$, was einer Breite $x = (2.2\,b/2\pi D)\Delta_0 \sim \Delta_0$ entspricht. $\tilde{d}_g$ enthält die durch $\mu_0 = k\chi_{0i}$ gegebene normale Schwächung, die proportional der Länge s des Zick-Zack-Weges zum Punkt x ist. In Abb. 11.21 ist s als strichlierte Linie eingezeichnet.

Beiträge von der Rückfläche

Wir gehen hier von der Vorstellung aus, dass diese Teile der sphärischen Welle in den Kristall eintreten und an der Rückfläche (teilweise) reflektiert werden. Verfolgt man den Weg analog der Strahlenoptik, so beginnen die Beiträge mit $\Gamma = 2$ oder $x = b$:

$$
\begin{aligned}
\Phi_{gn}(x) = \tilde{d}_g \,(-\mathrm{i}\pi)\,(-1)^{n-1}\Bigg[&\left(\frac{\Gamma - 2n}{\Gamma + 2n}\right)^{n-1} J_{2n-2}\big(\nu A\sqrt{\Gamma^2 - 4n^2}\big) \\
&+ 2\left(\frac{\Gamma - 2n}{\Gamma + 2n}\right)^{n} J_{2n}\big(\nu A\sqrt{\Gamma^2 - 4n^2}\big) \\
&+ \left(\frac{\Gamma - 2n}{\Gamma + 2n}\right)^{n+1} J_{2n+2}\big(\nu A\sqrt{\Gamma^2 - 4n^2}\big)\Bigg]\theta(\Gamma - 2n).
\end{aligned} \tag{11.4.42}
$$

Das Intensitätsprofil

Die Vorgehensweise zur Berechnung der Intensität ist einfach, da man nur das Absolutquadrat der Wellenfunktion Φ_g anzugeben hat. Φ_g erhält man, indem man in (11.4.38) die einzelnen Summanden (11.4.42) einfügt. Unser Interesse gilt weniger der auf die x-Komponente bezogenen Intensität als der mit der Intensität I_i (11.4.8) der einfallenden Welle normierten und auf mit Γ (11.4.5) parametrisierten: Strahlstärke

$$
P_g(\Gamma) = \frac{|\gamma_g|}{\gamma_i}\frac{|\Phi_g|^2}{I_i}\frac{\mathrm{d}x}{\mathrm{d}\Gamma} = \frac{|\gamma_g|}{\gamma_i}\frac{D}{b\Delta_0}\frac{b}{2}\,|\tilde{d}_g|^2\,\pi^2\left|\sum_{n=0}^{\infty}\Phi_{gn}(\Gamma)\right|^2. \tag{11.4.43}
$$

In dickeren Kristallen, $D/\Delta_0 \gg 1$, fällt die Wellenfunktion Φ_{g0} (11.4.41) als Funktion von Γ stark ab, und es gibt praktisch keine Überlappung mit Φ_{gn} für $n \geq 1$. Es gilt auch für nicht zu große n, dass Φ_{gn} mit $n \geq 1$ keine Überschneidung mit $\Phi_{gn'}$ für $n' \geq n$ hat. Zudem nehmen Beiträge mit wachsendem n zur Gesamtintensität rasch ab. Die gesamte Intensität kann daher mit der Summe der Intensitäten $|\Phi_{gn}|^2$ genähert werden:

$$
P_g(\Gamma) = \left|\frac{\chi_{\mathbf{g}}}{\chi_{-\mathbf{g}}}\right| \mathrm{e}^{-\mu_0 s}\frac{\pi A}{2}\left|\sum_{n=0}^{\infty}\Phi_g^n(\Gamma)\right|^2 \approx \mathrm{e}^{-\mu_0 s}\frac{\pi A}{2}\sum_{n=0}^{\infty}\left|\Phi_g^n(\Gamma_g)\right|^2. \tag{11.4.44}
$$

$\mu_0 = k\chi_{0i}$ ist der lineare Schwächungskoeffizient und s die in Abb. 11.21 strichliert dargestellte Wegstrecke, die der Strahl zum Punkt x an der Vorderfläche zurücklegt:

$$s = \frac{x}{\sin(2\theta_B)}(\gamma_i - \gamma_g)\,. \tag{11.4.45}$$

$\Gamma = 2x/b$ ist auch in Abb. 11.22 eingezeichnet. Der Hauptbeitrag zur Intensität kommt von

$$P_{g0}(\Gamma) = \frac{\pi A}{2}\big|\Phi_{g0}(\Gamma)\big|^2 \theta(\Gamma) = \left|\frac{2\,J_1(A\Gamma)}{A\Gamma}\right|^2 \theta(\Gamma)\,. \tag{11.4.46}$$

Die Halbwertsbreite liegt bei $A\Gamma \approx 1.6$, wobei $A\Gamma = 2\pi\,(x/\Delta_0)\,(D/b)$ mit $D/b = |\gamma_i\gamma_g|/\sin(2\theta_B)$. $P_{g0}(x)$ ist somit von D unabhängig. Die Breite der Reflexionskurve in Abb. 11.22 ist $\sim \Delta_0$. Die Beträge mit $n \geq 1$ haben eine Pendellösungsstruktur über die gemittelt werden kann. Die strichlierte Linie in Abb. 11.22 deutet diese Mittelung an. Mit ihr ist es auch möglich, die Größe der einzelnen Beiträge zur gesamten Intensität anzugeben:

$$\overline{P}_g(\Gamma) = \frac{\pi A}{2}\left|\frac{2J_1(A\Gamma)}{A\Gamma}\right|^2 \theta(\Gamma) + 8\sum_{n=1}^{\infty}\left(\frac{2n}{\Gamma+2n}\right)^4\left(\frac{\Gamma-2n}{\Gamma+2n}\right)^{2n-2}\frac{\theta(\Gamma-2n)}{\sqrt{\Gamma^2-4n^2}}\,. \tag{11.4.47}$$

Integriert man die Intensitäten, so erhält man (wie es sein muss)

$$R_g = \frac{8}{3} + \sum_{n=1}^{\infty}\frac{3\cdot 16}{(16\,n^2-9)(16\,n^2-1)} = \pi\,. \tag{11.4.48}$$

Die gesamte Reflektivität muss natürlich gleich der der ebenen Wellen sein, aber man sieht, dass – keine Absorption vorausgesetzt – ungefähr 15% der Intensität aus dem Bereich $\Gamma > 2$ kommen, aber nur 4‰ aus dem $\Gamma > 4$. Die

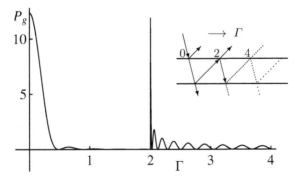

Abb. 11.22. Intensitätsprofil im Bragg-Fall. Bemerkenswert ist der Anteil der Strahlung von der Rückfläche, der, da räumlich getrennt vom Hauptanteil, nicht immer den Rockingkurven und integralen Intensitäten zugerechnet wird

Gleichungen (11.4.47) und (11.4.48) legen nahe, dass die durchgehende Welle im Kristall mehrfach hin und her reflektiert wird und an Orten, die räumlich weit getrennt sind, austritt (siehe Abb. 11.22). Die einzelnen Anteile interferieren kaum, so dass die Intensität als eine Summe von n-fach reflektierten Wellen interpretiert werden kann.

Es soll damit nicht gesagt sein, dass die Teilstrahlen Φ_{gn} inkohärent zueinander sind; es ist nur sicher, dass sie wegen der räumlichen Trennung nicht interferieren. Daher ist in Spektrometern, die mehrere Bragg-Reflexe verwenden, wie z.B. die Bonse-Hart-Kamera [Villa et al., 2003] zu achten, dass die Beiträge von der Rückfläche nicht störend eingreifen.

11.5 Takagi-Taupin-Gleichungen

Im Abschnitt 11.2 wurde die Wellengleichung (11.2.5) mithilfe des Bloch-Ansatzes (11.2.7) in ein lineares, homogenes Gleichungssystem transformiert, das nahe einer Bragg-Bedingung auf die 2×2-Matrix (11.2.18) reduziert und gelöst werden konnte. Während beim Eintritt in den Kristall die Tangentialkomponente des Wellenvektors ungeändert bleibt, tritt in der Normalkomponente eine Aufspaltung in zwei sehr nahe beieinanderliegende Vektoren $\mathbf{K}_i$ auf, die zu Interferenzen (Pendellösungen) führen. Die Röntgenstrahlen breiten sich im Kristall mit den für sie typischen Wellenlängen von $\sim 1\,\text{Å} = 10^{-4}\,\mu\text{m}$ aus, denen Pendellösungsoszillationen von $\sim 10\,\mu\text{m}$ überlagert sind.

Liegen nun leicht veränderte Bedingungen vor, wie sie z.B. durch ein verformtes Kristallgitter gegeben sind, so muss der Bloch-Ansatz modifiziert werden, damit eine Separation der beiden Oszillationen erreicht wird. Takagi [1969] hat in seinem Ansatz für die nahe beeinanderliegenden Werte von $\mathbf{K}_i$ einen in der Nähe der Bragg-Bedingung liegenden, aber 'frei' zu wählenden Wert von $\mathbf{K}_0$ vorgegeben. Die Bloch-Amplituden sind dann zwar ortsabhängig, variieren aber innerhalb einiger Einheitszellen nur wenig, was einer Eikonalnäherung (10.3.14a) für die einzelnen Strahlrichtungen gleichkommt.

11.5.1 Idealkristalle

Es wird hier die Beugung einer ebenen Welle an einer Kristallplatte mittels der Eikonalnäherung Takagis hergeleitet:

$$\mathbf{D}(\mathbf{x}) = \sum_{\mathbf{g}} e^{iS_g(\mathbf{x})} \mathbf{D}_g(\mathbf{x}), \qquad S_g(\mathbf{x}) = \mathbf{K}_g \cdot \mathbf{x}, \qquad \mathbf{K}_g = \mathbf{K}_0 + \mathbf{g}. \qquad (11.5.1)$$

Hierbei ist $\mathbf{K}_0$ der Wellenvektor, mit dem sich die Röntgen-Strahlen in einem homogenen Medium oder, was gleichwertig ist, in einem Kristall fern von jeder Bragg-Bedingung ausbreiten:

$$K_0 = nk = (1 + \chi_0/2)k, \qquad\qquad \mathbf{K}_{0\parallel} = \mathbf{k}_\parallel. \qquad (11.5.2)$$

(11.5.1) entspricht dem Ansatz (10.3.14a) für jeden Strahl der Richtung $\mathbf{K}_g$. $\mathbf{D_g}(\mathbf{x})$ ist die langsam variierende Amplitude,x nicht-korrigiert.txt deren 2. Ableitung vernachlässigt wird. Nun wird der Ansatz (11.5.1) in (11.2.5) eingesetzt. Man erhält unter Verwendung von (11.2.9) die Takagi-Taupin-Gleichungen in der (11.2.11) entsprechenden Form, wobei in der Summe K_g durch k ersetzt wurde:

$$2\mathrm{i}\mathbf{K}_0\cdot\boldsymbol{\nabla}\mathbf{D}_{\mathbf{g}}(\mathbf{x}) = \left[K_{\mathbf{g}}^2 - k^2 - k^2\chi_0\right]\mathbf{D}_{\mathbf{g}}(\mathbf{x}) - k^2\sum_{\mathbf{g}'\neq\mathbf{g}}\chi_{\mathbf{g}-\mathbf{g}'}\,\mathbf{D}_{\mathbf{g}'[\mathbf{g}]}(\mathbf{x}). \quad (11.5.3)$$

Für das Wirbelfeld $\mathbf{D}$ gilt, da $|\boldsymbol{\nabla}\cdot\mathbf{D}_{\mathbf{g}}|\ll|\mathbf{K}_{\mathbf{g}}\cdot\mathbf{D}_{\mathbf{g}}|$:

$$\boldsymbol{\nabla}\cdot\mathbf{D}_{\mathbf{g}} = \sum_{\mathbf{g}}e^{\mathrm{i}\mathbf{K}_{\mathbf{g}}\cdot\mathbf{x}}(\mathrm{i}\mathbf{K}_{\mathbf{g}}+\boldsymbol{\nabla})\cdot\mathbf{D}_{\mathbf{g}} = 0 \quad\Rightarrow\quad \mathbf{K}_{\mathbf{g}}\cdot\mathbf{D}_{\mathbf{g}} = 0. \quad (11.5.4)$$

Jetzt wird, analog zur Vorgangsweise für (11.2.12) mit $\mathbf{D}_{\mathbf{g}}$ skalar multipliziert ($\mathbf{D}_{\mathbf{g}'[\mathbf{g}]}\cdot\mathbf{D}_{\mathbf{g}} = D_{\mathbf{g}}D_{\mathbf{g}'}C_{g'g}$):

$$\hat{\mathbf{K}}_{\mathbf{g}}\cdot\boldsymbol{\nabla}D_{\mathbf{g}}(\mathbf{x}) = -\mathrm{i}k\beta_g D_{\mathbf{g}}(\mathbf{x}) + \frac{\mathrm{i}k}{2}\sum_{\mathbf{g}'\neq\mathbf{g}}\chi_{\mathbf{g}-\mathbf{g}'}\,C_{g'g}D_{\mathbf{g}'}(\mathbf{x}),$$

$$\beta_g = \frac{1}{2k^2}\left[K_{\mathbf{g}}^2 - k^2(1+\chi_0)\right]. \quad (11.5.5)$$

Die Bezeichnung β_g folgt Authier [2002, (11.6)] und ist gleich α (11.2.28).

Der Zweistrahlfall

Erfüllt die einfallende Welle eine Bragg-Bedingung nur für $\mathbf{g}$, so reduziert sich die Summe in (11.5.5) auf einen Summanden, und es ist $C_{g0} = C_{0g} = C$, d.h. $\tilde{\chi}_{\pm\mathbf{g}} = C\chi_{\pm\mathbf{g}}$, und $\beta_0 = 0$. Zugleich wechseln wir zu den schiefwinkeligen Koordinaten $\hat{\mathbf{s}}_0 = \hat{\mathbf{K}}_0$, und $\hat{\mathbf{s}}_g = \hat{\mathbf{K}}_{\mathbf{g}}$, die entlang der Strahlrichtungen orientiert sind, wie Abb. 11.23 zu entnehmen ist. Die Takagi-Taupin-Gleichungen (TT-Gleichungen) sind nun

$$\mathrm{i}\frac{\partial}{\partial s_0}D_0(\mathbf{x}) = -\frac{k}{2}\tilde{\chi}_{-\mathbf{g}}D_{\mathbf{g}}(\mathbf{x}), \quad (11.5.6)$$

$$\mathrm{i}\frac{\partial}{\partial s_g}D_{\mathbf{g}}(\mathbf{x}) = k\beta_g D_{\mathbf{g}}(\mathbf{x}) - \frac{k}{2}\tilde{\chi}_{\mathbf{g}}D_0(\mathbf{x}).$$

Der Skizze Abb. 11.23 folgend ist ($\gamma_g = \cos\vartheta_g$)

$$\hat{\mathbf{s}}_0 \equiv \hat{\mathbf{K}}_0 = \mathbf{e}_x\sin\vartheta_i + \mathbf{e}_z\gamma_i, \qquad \hat{\mathbf{s}}_g \equiv \hat{\mathbf{K}}_g = \mathbf{e}_x\sin\vartheta_g + \mathbf{e}_z\gamma_g.$$

Im Laue-Fall ist $\gamma_g > 0$, aber meist $\sin\vartheta_g < 0$. $P(x,z)$ hat die Koordinaten:

$$x = s_0\sin\vartheta_i + s_g\sin\vartheta_g, \qquad z = s_0\cos\vartheta_i + s_g\cos\vartheta_g. \quad (11.5.7)$$

Es ist $s_g < 0$, d.h. $s_g\sin\vartheta_g > 0$. Die Stetigkeit an der Eintrittsfläche $\mathbf{x}_e$ ist gewährleistet, wenn $D_0(\mathbf{x}_e)$ nicht von x abhängt. Das legt den Ansatz nahe:

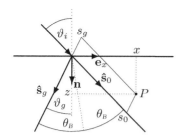

Abb. 11.23. Laue-Fall: $P(x,z)$ ist Punkt im Kristall. Hier ist $\vartheta_i = \vartheta_0 > 0$ und $\vartheta_g < 0$. s_0 und s_g sind Wege entlang der Richtungen $\hat{\mathbf{s}}_0$ und $\hat{\mathbf{s}}_g$

$$D_0(\mathbf{x}) = D_0(z) = e^{ik\epsilon(\gamma_i s_0 + \gamma_g s_g)} \quad \Rightarrow \quad D_{\mathbf{g}}(z) = \frac{2\epsilon\gamma_i}{\tilde{\chi}_{-\mathbf{g}}} D_0(z). \quad (11.5.8)$$

Eingesetzt in (11.5.6) folgt

$$-k\epsilon\gamma_i D_0 + \frac{k}{2}\tilde{\chi}_{-\mathbf{g}}D_{\mathbf{g}} = 0, \quad (11.5.9)$$

$$\frac{k}{2}\chi_{\mathbf{g}}D_0 - k(\epsilon\gamma_g + \beta_g)D_{\mathbf{g}} = 0.$$

Damit die homogene Gleichung nicht triviale Lösungen hat, muss die Säkulardeterminante verschwinden:

$$\epsilon\gamma_i(\epsilon\gamma_g + \beta_g) - |\tilde{\chi}_g|^2/4 = 0. \quad (11.5.10)$$

Das ist die Säkulargleichung (11.2.32), da $\beta_g = \alpha$. Es kann demnach das Resultat (11.2.35) übernommen werden, wobei festzuhalten ist, dass hier der Bragg-Fall noch enthalten ist, da als Randbedingung nur die Stetigkeit der Tangentialkomponente an der Eintrittsfläche eingegangen ist. Das ergibt zwei Lösungen (Wellenfelder) D_{01} und D_{02}, wobei ϵ in (11.2.39) gegeben ist:

$$k\epsilon_{1,2}z = \frac{\pi z}{\Delta_0}\left[-y \pm \sqrt{y^2 + \mathrm{sgn}\,\gamma_g}\right].$$

Im nächsten Schritt sind die Randbedingungen (Stetigkeit der durchgehenden Welle; keine abgebeugte Welle an der Eintrittsfläche) zu berücksichtigen, wobei die Gesamtlösung eine Superposition der beiden Wellenfelder ist:

$$a_1 D_{01}(0) + a_2 D_{02}(0) = a_1 + a_2 = 1,$$
$$a_1 D_{\mathbf{g}1}(0) + a_2 D_{\mathbf{g}2}(0) = (a_1\epsilon_1 + a_2\epsilon_2)/\chi_{-\mathbf{g}} = 0. \quad (11.5.11)$$

Setzt man die Lösungen

$$a_1 = \epsilon_2/(\epsilon_2 - \epsilon_1), \qquad\qquad a_2 = \epsilon_1/(\epsilon_1 - \epsilon_2)$$

in die Amplituden $D_0(z)$ und $D_{\mathbf{g}}(z)$ ein, so erhält man die bereits bekannten Wellenfunktionen (11.3.11). Dasselbe Verfahren kann naturgemäß auch für den Bragg-Fall angewandt werden. Die Vorteile der Eikonalnäherung werden jedoch erst bei komplizierteren Randbedingungen evident.

11.5.2 Leicht verzerrtes Kristallgitter

Ausgehend vom Raumpunkt $\mathbf{x}_0$ wird eine Verzerrung $\mathbf{u}(\mathbf{x}_0)$ des Kristallgitters angenommen, so dass $\mathbf{x} = \mathbf{x}_0 + \mathbf{u}(\mathbf{x}_0)$. Eingesetzt in die gitterperiodische Wechselwirkung (11.2.6) erhält man

$$\chi'(\mathbf{x}) = \chi(\mathbf{x} - \mathbf{u}(\mathbf{x}_0)) = \sum_{\mathbf{g}} \chi_{\mathbf{g}} \, e^{i\mathbf{g} \cdot (\mathbf{x} - \mathbf{u})}, \tag{11.5.12}$$

wobei sich der Verschiebungsvektor $\mathbf{u}$ über mikroskopische Distanzen nur wenig ändert, so dass in (11.5.12) $\mathbf{u}(\mathbf{x}_0)$ durch $\mathbf{u}(\mathbf{x})$ ersetzt werden kann. Das verzerrte Gitter wird im Verschiebungsfeld durch den Ansatz

$$\mathbf{D}(\mathbf{x}) = \sum_{\mathbf{g}} e^{i\mathbf{K}_g \cdot (\mathbf{x} - \mathbf{u})} \mathbf{D}'_g(\mathbf{x}) \tag{11.5.13}$$

berücksichtigt. Für den Basisvektor des verzerrten Gitters gilt (Aufgabe 11.5) in 1. Ordnung

$$\mathbf{a}'_i(\mathbf{x}) = \mathbf{a}_i + \mathbf{a}_i \cdot \boldsymbol{\nabla} \mathbf{u}(\mathbf{x}), \qquad\qquad i = 1, 2, 3,$$

wobei $\mathbf{a}_i$ der Basisvektor des unverzerrten Gitters ist. Die Basisvektoren $\mathbf{b}'_i$ des verzerrten reziproken Gitters erfüllen in 1. Ordnung in $\mathbf{u}$

$$\mathbf{a}'_i \cdot \mathbf{b}'_j = 2\pi \delta_{ij}, \qquad \mathbf{b}'_i = \mathbf{b}_i - \mathbf{b}_i \cdot \boldsymbol{\nabla} \mathbf{u}, \qquad v'_c = v_c(1 + \boldsymbol{\nabla} \cdot \mathbf{u}). \tag{11.5.14}$$

$v_c = \mathbf{a}_1 \cdot (\mathbf{a}_2 \times \mathbf{a}_3)$ bzw. v'_c ist das Volumen der Einheitszelle des idealen bzw. des verzerrten Gitters. Der (allgemeine) reziproke Gittervektor des verzerrten Gitters ist dann gemäß (11.5.14)

$$\mathbf{g}'(\mathbf{x}) = \mathbf{g} - \boldsymbol{\nabla} \mathbf{g} \cdot \mathbf{u}(\mathbf{x}). \tag{11.5.15}$$

Aus der Quellenfreiheit von $\mathbf{D}$ (11.5.4) folgt ($\mathbf{K}'_{\mathbf{g}} = \mathbf{K}_0 + \mathbf{g}'(\mathbf{x})$):

$$i(\mathbf{K}'_{\mathbf{g}} + \boldsymbol{\nabla}) \cdot \mathbf{D}'_g = 0, \qquad\qquad |\boldsymbol{\nabla} \cdot \mathbf{D}'_g| \ll |\mathbf{K}'_g \cdot \mathbf{D}'_g|. \tag{11.5.16}$$

Da sich die Richtung von $\mathbf{K}'_g$ nur wenig von $\mathbf{K}_g$ und damit von $\mathbf{s}_g$ unterscheidet, können die TT-Gleichungen (11.5.5) nahezu unverändert übernommen werden:

$$\frac{\partial}{\partial s_g} D'_{\mathbf{g}}(\mathbf{x}) = -ik\beta'_g D'_{\mathbf{g}}(\mathbf{x}) + \frac{ik}{2} \sum_{\mathbf{g}' \neq \mathbf{g}} \chi_{\mathbf{g} - \mathbf{g}'} \, C_{g'g} D'_{\mathbf{g}'}(\mathbf{x}),$$

$$\beta'_g = \left[K'^2_{\mathbf{g}} - k^2(1 + \chi_0) \right] / 2k^2. \tag{11.5.17}$$

Der relevante Unterschied zu (11.5.5) besteht in der Ortsabhängigkeit der Koeffizienten β'_g. Eingeschränkt auf den Zweistrahlfall erhält man

$$\frac{\partial}{\partial s_0} D_0' = -\mathrm{i}k\beta_0' D_0' + \mathrm{i}\frac{k}{2}\chi_{-\mathbf{g}}\, C\, D_g',$$

$$\frac{\partial}{\partial s_g} D_g' = -\mathrm{i}k\beta_g' D_g' + \mathrm{i}\frac{k}{2}\chi_0\, C\, D_0'. \tag{11.5.18}$$

Randbedingungen für den Zweistrahlfall

Die Eintrittsfläche $\mathbf{x}_e$, die bislang unendlich ausgedehnt und eben war, sei nun 'quasi-eben', d.h., in dem Bereich, in dem die einfallende Welle nicht verschwindet, kann $\mathbf{x}_e$ als eben angesehen werden

$$D_i(\mathbf{x}) = \psi_i(\mathbf{x})\, \mathrm{e}^{\mathrm{i}\mathbf{k}\cdot\mathbf{x}}. \tag{11.5.19}$$

Es handelt sich dabei im Allgemeinen um eine sphärische Welle bzw. ein Wellenbündel endlicher Breite. Die Kontinuität auf der Eingangsfläche kann geschrieben werden als

$$\psi_i(\mathbf{x}_e)\, \mathrm{e}^{\mathrm{i}\mathbf{k}\cdot\mathbf{x}_e} = D_0'(\mathbf{x}_e)\mathrm{e}^{\mathrm{i}\mathbf{K}_0\cdot\mathbf{x}_e} + D_g'(\mathbf{x}_e)\, \mathrm{e}^{\mathrm{i}\mathbf{K}_g\cdot\mathbf{x}_e - \mathrm{i}\mathbf{g}\cdot\mathbf{u}}. \tag{11.5.20}$$

Mithilfe der Definition

$$\phi_i(\mathbf{x}) = \psi_i(\mathbf{x})\, \mathrm{e}^{\mathrm{i}(\mathbf{k}-\mathbf{K}_0)\cdot\mathbf{x}}$$

kann die Randbedingung (11.5.20) umgeschrieben werden:

$$\left[D_0'(\mathbf{x}_e) - \phi_i(\mathbf{x}_e)\right] + D_g'(\mathbf{x}_e)\mathrm{e}^{\mathrm{i}\mathbf{g}\cdot(\mathbf{x}_e-\mathbf{u})} = 0 \quad \Rightarrow \quad \begin{cases} D_0'(\mathbf{x}_e) = \phi_i(\mathbf{x}_e) \\ D_g'(\mathbf{x}_e) = 0. \end{cases} \tag{11.5.21}$$

Eingesetzt in die TT-Gleichungen erhält man die Randbedingungen für die Ableitungen, wenn $\beta_0 = 0$

$$\frac{\partial D_0'(\mathbf{x}_e)}{\partial s_0} = 0, \qquad\qquad \frac{\partial D_g'(\mathbf{x}_e)}{\partial s_g} = \frac{\mathrm{i}k}{2}\tilde{\chi}_{\mathbf{g}}'\phi_i(\mathbf{x}_e). \tag{11.5.22}$$

Aufgaben zu Kapitel 11

11.1. *Mittelung der Rockingkurve im Bragg-Fall*: Berechnen Sie die gemittelte Intensität $\bar{P}_g$ (11.3.22) ausgehend von (11.3.8).

Hinweis: Bilden Sie den Mittelwert für $y > 1$ durch Integration über ein Dicke-Intervall ΔA.

11.2. *Integrale Reflektivität im Bragg-Fall*: Verifizieren Sie die integrale Intensität (11.3.10) durch Integration von P_g.

Anleitung: Zunächst formen Sie das Integral um:

$$R = -\mathrm{i}\int_{-\infty}^{\infty} \mathrm{d}y\, \frac{1}{y}\, \frac{1}{\sqrt{y^2-1}\,\cot\left(A\sqrt{y^2-1}\right) - \mathrm{i}y}\,.$$

Dann zeigen Sie, dass der Integrand auf der reellen Achse nur einen Pol bei $y = 0$ und auf der oberen Hälfte der komplexen Ebene ($\mathrm{Im}\, y > 0$) regulär ist. Das geht etwa mit der Transformation

$$u = \mathrm{i}\sinh y = \xi + \mathrm{i}\eta \qquad \Rightarrow \qquad \mathrm{Im}\, y = \sinh \xi \cos \eta > 0\,.$$

Dann können Sie mit dem Residuensatz das Integral auswerten.

11.3. *Berechnung der Wellenfunktion für den Bragg-Fall*:

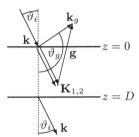

Nebenstehende Skizze zeigt eine Kristallplatte an der der einfallende Strahl $\psi_i(\mathbf{x}) = \mathrm{e}^{\mathrm{i}\mathbf{k}\cdot\mathbf{x}}$ gemäß dem Bragg-Fall reflektiert wird.
Verifizieren Sie mit den im Abschnitt 11.3.3 angegebenen Stetigkeitsbedingungen die Amplituden der reflektierten und der durchgehenden Welle (11.3.19) und geben Sie die zugehörigen Wellenfunktionen an.

11.4. *Anomale Absorption*: Zeigen Sie, dass im Laue-Fall das Wellenfeld 1 seine Knoten nahe den Atomlagen hat, während die Knoten des Wellenfeldes 2 zwischen den Atomen liegen. Analysieren Sie die Situation auch für den Bragg-Fall, wo eine solch einfache Unterscheidung nicht mehr zielführend ist.

Hinweis: Berechnen Sie die Intensität $|\mathbf{D}(\mathbf{x})|^2$ für die Bloch-Wellen (11.2.7) von inversionssymmetrischen Reflexen.

11.5. *Schwach verzerrtes reziprokes Gitter*: Ein Bravaisgitter mit den Basisvektoren $\mathbf{a}_i$ und den zugehörigen reziproken Basisvektoren $\mathbf{b}_i$, $i = 1, 2, 3$ werde verzerrt: $\mathbf{x}' = \mathbf{x} + \mathbf{u}(\mathbf{x})$. Bestimmen Sie die Basisvektoren des verzerrten Gitters $\mathbf{a}'_i$, $\mathbf{b}'_i$ und das Volumen v'_c der verzerrten Einheitszelle in erster Ordnung in $\mathbf{u}$.

Literaturverzeichnis

A. Authier *Dynamical Theory of X-Ray Diffraction*, Oxford University Press (2002)

G. Borrmann, Z. Physik **127**, 297 (1950)

P.P. Ewald, Ann. Physik **49**,1 (1916)

I.S. Gradshteyn and I.M. Ryzhik, *Table of Integrals, Series, and Products*, Academic Press N.Y.(1965)

N. Kato *Dynamical Theory for perfect crystals* in L. Azaroff et al. *X-Ray Diffraction*, McGraw-Hill (1974)

Max von Laue *Röntgenstrahlinterferenzen*, 3. Aufl. Akadem. Verlagsges. Frankfurt (1960)

Z.G. Pinsker *Dynamical Scattering of X-Rays in Crystals*, Solid State Sciences **3**, Springer Berlin (1978)

H. Rauch und D. Petrascheck in Neutron Diffraction, *Topics of Current Physics* **6**, Springer (1978)

F. Schwabl *Quantenmechanik*, 7. Aufl. Springer Berlin (2007)

C.G. Shull and J. Oberteuffer, Phys.Rev.Lett. **29**, 871 (1972)

S. Takagi *A Dynamical Theory of Diffraction for a Distorted Crystal* J. Phys. Soc. Japan **26**, 1239–1253 (1969)

J. J. Thomson *Notes on recent researches in electricity and magnetism*, Clarendon Press, Oxford (1893)

I A Vartanyants and M V Kovalchuk, *Theory and applications of x-ray standing waves in real crystals*, Rep. Prog. Phys. **64**, 1009–1084 (2001)

M. Villa et al., J. Appl. Cryst. **36**, 769 (2003)

W.H. Zachariasen *Theory of X-Ray Diffraction in Crystals*, John Wiley & Sons, London (1945)

Spezielle Relativitätstheorie

Die Vorstellung von der Fortpflanzung von Licht bzw. elektromagnetischen Wellen war mit einem Medium verbunden, dem sogenannten *(Licht-)Äther*. Daher war es anfangs nicht sehr störend, dass die Maxwell-Gleichungen nicht invariant waren unter mit verschiedener Geschwindigkeit bewegten Inertialsystemen. Es gab ja ein Koordinatensystem (KS), das ausgezeichnet war, da in diesem der Äther ruhte.

Nachdem alle Versuche fehlgeschlagen waren, die Bewegung gegen den Äther festzustellen, hat das Auffinden der Lorentz-Transformation (LT), unter der die Maxwell-Gleichungen invariant bleiben, an Bedeutung gewonnen. Es hat einiger Anläufe bedurft bis die LT feststand.

Die Gleichwertigkeit aller gegeneinander gleichförmig bewegten Systeme erforderte eine Revision der Begriffe von Raum und Zeit, deren Akzeptanz auch bei Physikern eine längere Zeit in Anspruch nahm. Das ist ein Grund, warum der LT sehr viel, vielleicht zu viel, Platz eingeräumt wurde.

Die Elektrodynamik und die Galilei-Transformation

Die Gesetze der klassischen Mechanik sind invariant unter der Translation, Drehung (Drehmatrix R) und Relativgeschwindigkeit zweier KS. Diese allgemeine Transformation heißt *Galilei-Transformation*, eine Bezeichnung die oft für die alleinige Transformation der Geschwindigkeit verwendet wird. Für Letztere verwenden wir den aus dem Englischen kommenden Begriff *Boost* und haben damit auch die Bezeichnung Lorentz-Transformation nicht allein mit der Geschwindigkeitstransformation besetzt. Die allgemeine (homogene) Galilei-Transformation lautet

$$
\begin{aligned}
t' &= t \\
\mathbf{x}' &= \mathsf{R}\mathbf{x} - \mathbf{v}t
\end{aligned}
\qquad \overset{\text{Boost}}{\Longrightarrow} \qquad
\begin{aligned}
t' &= t \\
\mathbf{x}' &= \mathbf{x} - \mathbf{v}t.
\end{aligned}
\tag{12.0.1}
$$

Es soll nun anhand der Wellengleichung untersucht werden, ob auch die Gesetze der Elektrodynamik unter der Galilei-Transformation invariant sind

Ergänzende Information Die elektronische Version dieses Kapitels enthält Zusatzmaterial, auf das über folgenden Link zugegriffen werden kann https://doi.org/10.1007/978-3-662-68528-0_12.

$$\Box\phi = \Big(\frac{1}{c^2}\frac{\partial^2}{\partial t^2} - \nabla^2\Big)\phi = 0\,. \tag{12.0.2}$$

Für den Boost (12.0.1) erhalten wir

$$\frac{\partial}{\partial t} = \frac{\partial t'}{\partial t}\frac{\partial}{\partial t'} + \frac{\partial x_i'}{\partial t}\frac{\partial}{\partial x_i'} = \frac{\partial}{\partial t'} - v_i\frac{\partial}{\partial x_i'}, \qquad \frac{\partial}{\partial x_i} = \frac{\partial t'}{\partial x_i}\frac{\partial}{\partial t'} + \frac{\partial x_k'}{\partial x_i}\frac{\partial}{\partial x_k'} = \frac{\partial}{\partial x_i'},$$

woraus folgt, dass der d'Alembert-Operator nicht invariant bleibt:

$$\Box = \Box' + \frac{1}{c^2}\Big[-2\mathbf{v}\cdot\boldsymbol{\nabla}'\,\frac{\partial}{\partial t'} + (\mathbf{v}\cdot\boldsymbol{\nabla}')^2\Big].$$

Wenn die Galilei-Transformation die richtige Transformation zwischen zwei Bezugssystemen wäre, die sich mit $\mathbf{v}$ relativ zueinander bewegen, so wären die Gesetze der Elektrodynamik in verschiedenen Inertialsystemen verschieden. Die Galilei-Transformation ist bereits die allgemeinste lineare Transformation in drei Raum-Dimensionen, woraus folgt, dass eine Transformation, die die Gesetze der Elektrodynamik invariant lässt, die Zeit miteinbeziehen muss.

12.1 Invarianzeigenschaften und das Relativitätsprinzip

Zur Beschreibung der Naturvorgänge brauchen wir ein Bezugssystem, in dem wir die Lagen der Teilchen zu gegebenen Zeiten bestimmen. Unter den verschiedenen Bezugssystemen nehmen die Inertialsysteme eine ausgezeichnete Stellung ein:

Ein Bezugssystem heißt Inertialsystem, wenn sich in ihm kräftefreie Teilchen gleichförmig bewegen.

Dazu ist erforderlich, dass

1. Raum und Zeit homogen sind und
2. der Raum isotrop ist.

Es dürfen also kein Raum-Zeitpunkt (Ereignis) und keine Richtung ausgezeichnet sein. Aus dem ersten Punkt folgt, dass eine Transformation zwischen zwei Inertialsystemen S und S' linear sein muss. Jede andere Potenz, abgesehen von Konstanten, zeichnet einen Raum-Zeitpunkt aus. Die Isotropie stellt sicher, dass die Orientierung des Koordinatensystems (KS) beliebig sein darf.

Wir haben keine Möglichkeit, die absolute Geschwindigkeit eines KS festzustellen, sondern können nur Relativgeschwindigkeiten zwischen verschiedenen KS bestimmen. Inertialsysteme sind völlig gleichwertig, was im *Relativitätsprinzip* Ausdruck findet:

1. *Spezielles Relativitätsprinzip*[1]: Es beruht einzig auf der Äquivalenz zweier Inertialsysteme. Zwei Inertialsysteme unterscheiden sich nur in der Relativgeschwindigkeit ($\mathbf{v} \leftrightharpoons -\mathbf{v}$).

[1] Manchmal auch *universelles Relativitätsprinzip* genannt [Schröder, 2014, S. 17].

Anmerkung: Einstein [1916, S. 770] hat diesem Relativitätsprinzip den Beinamen 'speziell' gegeben und damit vom *allgemeinen Relativitätsprinzip*, das auch die Gravitation einbezieht, unterschieden [Einstein, 1916, S. 776].

2. *Galilei'sches Relativitätsprinzip* oder *Relativitätsprinzip der klassischen Mechanik*: Es gelten die Gesetze der klassischen Mechanik. In diesen sind die Zeitdifferenzen in allen Inertialsystemen gleich und daraus folgend auch die räumlichen Abstände gleichzeitiger Ereignisse (Raum-Zeitpunkte). Das spezielle Relativitätsprinzip wird so eingeschränkt.

3. *Einstein'sches Relativitätsprinzip*: Das spezielle Relativitätsprinzip wird hier von den Gesetzen der Elektrodynamik, z.B. der Wellengleichung, eingeschränkt.

Anmerkung: Das Galilei'sche und das Einstein'sche Relativitätsprinzip sind nur bei kleinen Geschwindigkeiten miteinander verträglich. Für größere Geschwindigkeiten sind die Gesetze der Mechanik dem Einstein'schen Relativitätsprinzip anzupassen.

Das *Postulat der Konstanz der Lichtgeschwindigkeit* wurde bis jetzt nicht thematisiert. Zur Herleitung der Lorentz-Transformation ist es nicht zwingend notwendig.

12.1.1 Konstruktion der Lorentz-Transformation

Es soll nun die Transformation, die sogenannte *Lorentz-Transformation*, bestimmt werden, unter der die Gesetze der Elektrodynamik, wie sie durch die Wellengleichung repräsentiert sind, forminvariant bleiben. Wie bereits ausgeführt, muss die Transformation linear und vierdimensional sein.

Wir beschränken uns auf einen Boost, bei dem sich das Inertialsystem S' gegen S mit $\mathbf{v} = v\mathbf{e}_x$ bewegt und die Koordinatenachsen zueinander parallel sind. Kein Raum-Zeit-Punkt ist ausgezeichnet, weshalb die Transformation linear ist. Zur Zeit $t = t' = 0$ soll der Ursprung von S' mit S zusammenfallen, und wir berücksichtigen mit dem folgenden Ansatz nur Homogenität und Isotropie:

$$t' = \alpha_0 t - a_1 x - a_2 y - a_3 z, \qquad y' = \beta_2 t + d_{21} x + d_{22} y + d_{23} z,$$
$$x' = \gamma(-vt+x) + d_{12} y + d_{13} z, \qquad z' = \beta_3 t + d_{31} x + d_{32} y + d_{33} z.$$

Die Koeffizienten $a_2 = a_3 = 0$ verschwinden, da diese bei gegebenem Abstand von der x-Achse zu richtungsabhängigen Zeiten t' führen würden. $\beta_2 = \beta_3 = 0$, da sonst die Richtungen $\perp \mathbf{v}$ ungleich wären. Die Achsen sind parallel, also sind für $i \neq j$: $d_{ij} = 0$. Weiter gilt $d_{22} = d_{33} = d_\perp$. α_1 wechselt mit v das Vorzeichen, da t' für $v \to -v$ und $x \to -x$ ungeändert bleiben muss. Wir setzen daher $\alpha_1 = -v\alpha$. Die Koeffizienten γ, α_0, α und $d_\perp$ hängen nur von $|v|$ ab:

$$t' = \alpha_0 t - v\alpha x, \qquad y' = d_\perp y, \qquad (12.1.1)$$
$$x' = \gamma(-vt+x), \qquad z' = d_\perp z.$$

Wir leiten im Folgenden die Lorentz-Transformation (LT) auf mehrere Arten her, wobei wir die Voraussetzungen schrittweise einschränken.

Relativitätsprinzip und Konstanz der Lichtgeschwindigkeit

Zunächst wird eine elegante und einfache Herleitung skizziert, die auf Einstein [1905] zurückgeht und der hier (im Wesentlichen) gefolgt wird. Das Inertial-

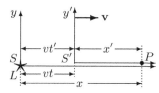

Abb. 12.1. S' bewegt sich mit $\mathbf{v} = v\mathbf{e}_x$ relativ zu S. Zur Zeit $t = t' = 0$ geht von $\mathbf{x} = \mathbf{x}' = 0$ ein Lichtblitz L aus, der in S' am Punkt $P(\mathbf{x}', t')$ beobachtet wird. Die Achsen von S und S' sind parallel

system S' bewege sich mit $\mathbf{v} = v\mathbf{e}_x$ gegen S, wie es in Abb. 12.1 angedeutet ist. Die Koordinatenachsen der beiden Systeme sind parallel, es kann also bestenfalls $y' = d_\perp\, y$ sein. Nach dem Relativitätsprinzip muss jedoch auch $y = d_\perp\, y'$ sein, woraus $d_\perp = 1$ folgt.

Zur Zeit $t = t' = 0$ geht von $\mathbf{x} = \mathbf{x}' = 0$ ein Lichtblitz L aus. Beobachtet wird der Lichtblitz von einem Punkt $P(\mathbf{x}', t')$ in S' zur Zeit t'. In dieser Zeit hat sich S um $-vt'$ wegbewegt. Für den Beobachter in S' ist also der Abstand in S gegeben durch

$$x = \gamma(x' + vt') \quad \overset{\text{Relativitätsprinzip}}{\Longrightarrow} \quad x' = \gamma(x - vt). \qquad (12.1.2)$$

Im speziellen Fall eines Lichtsignals gilt nach Anwendung des Postulats der Konstanz der Lichtgeschwindigkeit $x = ct$ und $x' = ct'$, was in die vorhergehenden Formeln eingesetzt wird:

$$ct = \gamma(c + v)t', \qquad\qquad ct' = \gamma(c - v)t.$$

Man multipliziert die beiden Gleichungen miteinander und erhält

$$\gamma = \frac{1}{\sqrt{1 - \beta^2}}, \qquad\qquad \beta = \frac{v}{c}. \qquad (12.1.3)$$

γ ist der sogenannte *Lorentz-Faktor*. Es fehlt noch das Transformationsverhalten der Zeit. Ausgangspunkt ist die Umkehrtransformation

$$x = \gamma(x' + vt') \quad \Rightarrow \quad t' = \frac{x - \gamma x'}{\gamma v} = \frac{x - \gamma^2(x - vt)}{\gamma v} = -x\frac{\gamma v}{c^2} + \gamma t.$$

Benützt haben wir, dass $\frac{\gamma^2 - 1}{\gamma v} = \frac{\gamma v}{c^2}$. Die LT (Boost) lautet somit:

$$ct' = \gamma(ct - \beta x), \qquad x' = \gamma(x - \beta ct), \qquad y' = y, \qquad z' = z. \qquad (12.1.4)$$

Die Umkehrtransformation unterscheidet sich nur durch $v \to -v$. Vor Einstein haben Larmor [1900, Abschn. XI], Lorentz [1904, S. 812] und Poincaré [1905, S. 1505], der die Transformation nach Lorentz benannt hat, die LT hergeleitet.

Einstein'sches Relativitätsprinzip

Jetzt wird die Lorentz-Transformation mithilfe der Forminvarianz der Wellengleichung in Inertialsystemen S und S', die sich mit $\mathbf{v} = v\mathbf{e}_x$ gegeneinander bewegen, hergeleitet. Die Forderung der Konstanz der Lichtgeschwindigkeit ist nicht notwendig. Diese folgt automatisch, wenn das Relativitätsprinzip auf die Wellengleichung angewandt wird. Wir können damit von (12.1.2) ausgehen und uns auf x und t beschränken:

$$x' = \gamma(x - vt), \qquad \Longrightarrow \qquad x = \gamma(x' + vt'). \qquad (12.1.5)$$

Löst man die zweite Gleichung nach t' auf und eliminiert x', so erhält man

$$t' = \frac{1}{\gamma v}\left(x - \gamma x'\right) = \frac{1 - \gamma^2}{\gamma v}\, x + \gamma t. \qquad (12.1.6)$$

Das ist eine lineare Transformation, in der der Parameter γ noch frei ist. $\gamma = 1$ stellt die Galilei-Transformation dar. Mittels der Forderung der Invarianz der Wellengleichung unter der Transformation wird γ bestimmt. Dazu werden

$$\frac{\partial}{\partial t} = \frac{\partial t'}{\partial t}\frac{\partial}{\partial t'} + \frac{\partial x'}{\partial t}\frac{\partial}{\partial x'} = \gamma\frac{\partial}{\partial t'} - \gamma v\frac{\partial}{\partial x'}\,,$$

$$\frac{\partial}{\partial x} = \frac{\partial t'}{\partial x}\frac{\partial}{\partial t'} + \frac{\partial x'}{\partial x}\frac{\partial}{\partial x'} = \frac{1 - \gamma^2}{\gamma v}\frac{\partial}{\partial t'} + \gamma\frac{\partial}{\partial x'}$$

berechnet und in den d'Alembert-Operator eingesetzt. Der Term mit den gemischten Ableitungen wird null gesetzt, woraus der Rest folgt:

$$\Box = \frac{1}{c^2}\frac{\partial^2}{\partial t^2} - \frac{\partial^2}{\partial x^2} = \frac{1}{c^2}\left(\gamma\frac{\partial}{\partial t'} - \gamma v\frac{\partial}{\partial x'}\right)^2 - \left(\frac{1 - \gamma^2}{\gamma v}\frac{\partial}{\partial t'} + \gamma\frac{\partial}{\partial x'}\right)^2$$

$$= \underbrace{\left(\frac{\gamma^2}{c^2} - \frac{(1 - \gamma^2)^2}{\gamma^2 v^2}\right)}_{\Rightarrow 1/c^2}\frac{\partial^2}{\partial t'^2} - \underbrace{2\left(\frac{\gamma\gamma v}{c^2} + \frac{\gamma(1 - \gamma^2)}{\gamma v}\right)}_{0}\frac{\partial^2}{\partial t'\partial x'} + \underbrace{\left(\frac{\gamma^2 v^2}{c^2} - \gamma^2\right)}_{\Rightarrow -1}\frac{\partial^2}{\partial x'^2}.$$

Die Auswertung ergibt

$$\gamma = \frac{1}{\sqrt{1 - v^2/c^2}} \qquad \Rightarrow \qquad \frac{1}{c^2}\frac{\partial^2}{\partial t^2} - \frac{\partial^2}{\partial x^2} = \frac{1}{c^2}\frac{\partial^2}{\partial t'^2} - \frac{\partial^2}{\partial x'^2}. \qquad (12.1.7)$$

Setzt man γ in (12.1.6) ein, so erhält man die LT in der Form von (12.1.4):

$$t' = \gamma(t - vx/c^2), \qquad\qquad x' = \gamma(-vt + x). \qquad (12.1.8)$$

Das Licht hat in S' wiederum die Geschwindigkeit c, was nicht explizit gefordert wurde. Zudem setzt die Transformation Geschwindigkeiten $|v| \leq c$ voraus. Die Abweichungen ($\gamma > 1$) von der Galilei-Transformation ($\gamma = 1$) sind von der Ordnung v^2/c^2, weshalb die klassische Mechanik für nicht zu hohe Geschwindigkeiten gültig bleibt.

Äquivalenz der Inertialsysteme

Es stellt sich die Frage, wie die Transformation zwischen Inertialsystemen auf der alleinigen Basis des Relativitätsprinzips ohne Bezugnahme auf physikalische Gesetze aussieht. Man kann diese Transformation bis auf eine universelle Geschwindigkeit festlegen, was von Ignatowsky [1910], Frank und Rothe [1911] schon früh bemerkt wurde. Die diesbezügliche Rechnung ist aufwendiger als die Herleitung der LT auf der Basis der Postulate des Einstein'schen Relativitätsprinzips und der Konstanz der Lichtgeschwindigkeit [Einstein, 1905], aber von prinzipiellem Interesse. In den meisten Lehrbüchern der Elektrodynamik wird darauf nicht eingegangen, eher in denen über die Relativitätstheorie, wie z.B. Sexl, Urbantke [1976, §1.3] oder Schröder [2014, §3.4.1].

S und S' unterscheiden sich nur in der Relativgeschwindigkeit. Daher erhält man aus der Umkehrtransformation $d_\perp = 1$: Die zu $\mathbf{v}$ senkrechten Komponenten bleiben ungeändert. Wir setzen nun $\alpha = \gamma\eta$ in (12.1.1) ein:

$$\begin{pmatrix} t' \\ x' \end{pmatrix} = \mathsf{L}(v) \begin{pmatrix} t \\ x \end{pmatrix}, \qquad \mathsf{L} = \begin{pmatrix} \alpha_0 & -v\gamma\eta \\ -\gamma v & \gamma \end{pmatrix}. \tag{12.1.9}$$

Da die inverse Transformation $\mathsf{L}^{-1}(v)$ gleich $\mathsf{L}(-v)$ sein muss, erhält man

$$\mathsf{L}^{-1}(v) = \frac{1}{\det \mathsf{L}} \begin{pmatrix} \gamma & v\gamma\eta \\ v\gamma & \alpha_0 \end{pmatrix} = \mathsf{L}(-v). \tag{12.1.10}$$

Aus dem Vergleich folgt, dass $\alpha_0 = \gamma$ und $\det \mathsf{L} = \gamma^2(1 - v^2\eta) = 1$:

$$\mathsf{L}(v) = \gamma \begin{pmatrix} 1 & -v\eta \\ -v & 1 \end{pmatrix}, \qquad \gamma = \frac{1}{\sqrt{1 - v^2\eta}}. \tag{12.1.11}$$

Für $\eta = 0$ ist das die Galilei-Transformation.

Addition paralleler Geschwindigkeiten

Führt man zwei Transformationen hintereinander durch, so muss man wiederum eine Transformation des Typs (12.1.9) erhalten:

$$\mathsf{L}_2\mathsf{L}_1 = \gamma_1\gamma_2 \begin{pmatrix} 1 + v_1v_2\eta_2 & -v_1\eta_1 - v_2\eta_2 \\ -v_1 - v_2 & 1 + v_1v_2\eta_1 \end{pmatrix} = \mathsf{L}_3 = \gamma_3 \begin{pmatrix} 1 & -v_3\eta_3 \\ -v_3 & 1 \end{pmatrix}. \tag{12.1.12}$$

Die rechte Seite stellt nur dann eine Transformation (12.1.9) dar, wenn $\eta_1 = \eta_2 = \eta_3$, d.h. η ist eine universelle Konstante. Es gilt dann

$$v_3 = \frac{v_1 + v_2}{1 + \eta v_1 v_2}, \qquad \gamma_3 = \frac{1 + \eta v_1 v_2}{\sqrt{(1 - \eta v_1^2)(1 - \eta v_2^2)}} = \frac{1}{\sqrt{1 - \eta v_3^2}}. \tag{12.1.13}$$

Setzt man hier $\eta = 1/c^2$ ein, so hat man das bekannte Additionstheorem für parallele Geschwindigkeiten (12.4.16) vor sich. Die Transformationen L bilden eine (kommutative) Gruppe mit der Multiplikation als Verknüpfung.

Einheitselement $L(0)$ und inverses Element $L(-v)$, (12.1.10) existieren, und es gilt das assoziative Gesetz[2].

Definiert man mit $V = 1/\sqrt{|\eta|}$ eine universelle Geschwindigkeit, so bekommt die Transformation die Gestalt

$$
t' = \gamma(t - \operatorname{sgn}\eta \frac{vx}{V^2}), \qquad\qquad \gamma = \frac{1}{\sqrt{1 - \operatorname{sgn}\eta\, v^2/V^2}}. \qquad (12.1.14)
$$
$$
x' = \gamma(-vt + x),
$$

Das Skalarprodukt des Vierervektors $(Vt, \mathbf{x})$:

$$
s^2 = V^2 t^2 - \operatorname{sgn}\eta\, r^2 \qquad\qquad \Rightarrow \qquad\qquad s'^2 = s^2 \qquad (12.1.15)
$$

ist eine Invariante der Transformation. Für $\operatorname{sgn}\eta = -1$ ist die Geometrie der Raum-Zeit euklidisch, die Addition hat aber für $v_1 v_2 = V^2$ eine (unendliche) Diskontinuität; ist also nicht eindeutig. Dort wird v_3 singulär und wechselt das Vorzeichen. Dieser Fall wird ausgeklammert. $\eta = 0$ wurde bereits der Galilei-Transformation zugeordnet, so dass nur $\operatorname{sgn}\eta = 1$ bleibt. Die zugehörige Geometrie nennt man pseudoeuklidisch, und deren Eigenschaften werden im Abschnitt 12.2 noch ausführlich besprochen, wobei dort die LT aus der Invarianz des Skalarproduktes (12.1.15) hergeleitet wird. Hier haben wir die Lorentz-Transformation aus der Gleichwertigkeit der Inertialsysteme erhalten.

Zur allgemeinen Lorentz-Transformation

Um die allgemeine lineare und homogene Transformation zwischen zwei Inertialsystemen herzuleiten, scheint es sinnvoll, zunächst die Transformation für eine allgemeine Richtung von $\boldsymbol{\beta} = \mathbf{v}/c$, d.h. $\Lambda(\boldsymbol{\beta}, 0)$ zu konstruieren. S' bewege sich zu relativ zu S mit $\mathbf{v}$ wie in der folgenden Skizze dargestellt.

Abb. 12.1': S' bewege sich mit $\mathbf{v}$ relativ zu S. Die Koordinaten von $\mathbf{x}$ werden in die zu $\mathbf{v}$ parallele Komponente $\mathbf{x}_\| = \mathbf{x} \cdot \hat{\mathbf{v}}$ mit dem Einheitsvektor $\hat{\mathbf{v}} = \mathbf{v}/v$ und in die dazu senkrechten Komponenten $\mathbf{x}_\perp = \mathbf{x} - \mathbf{x}_\|$ aufgeteilt. Gemäß (12.1.8) erhält man

$$
t' = \gamma(t - \frac{\mathbf{v}\cdot\mathbf{x}}{c^2}), \quad \mathbf{x}_\|' = \gamma(\mathbf{x}_\| - \mathbf{v}t) = \gamma(\mathbf{x}\cdot\hat{\mathbf{v}} - \mathbf{v}t), \quad \mathbf{x}_\perp' = \mathbf{x}_\perp.
$$

Wir wechseln zu $\boldsymbol{\beta} = \mathbf{v}/c$ mit dem Einheitsvektor $\hat{\boldsymbol{\beta}} = \boldsymbol{\beta}/\beta$ und erhalten die LT für beliebige Orientierung von $\mathbf{v}$:

$$
\begin{aligned} ct' &= \gamma(ct - \mathbf{x}\cdot\boldsymbol{\beta}) \\ \mathbf{x}' &= -\gamma\boldsymbol{\beta}ct + \mathbf{x} + (\gamma-1)(\mathbf{x}\cdot\hat{\boldsymbol{\beta}})\hat{\boldsymbol{\beta}} \end{aligned} \qquad \Rightarrow \qquad \begin{pmatrix} ct' \\ \mathbf{x}' \end{pmatrix} = \Lambda(\boldsymbol{\beta}, 0)\begin{pmatrix} ct \\ \mathbf{x} \end{pmatrix}. \qquad (12.1.16)
$$

Die räumliche Drehung $\Lambda(0, \boldsymbol{\alpha})$ wird erst viel später im Abschnitt 12.4 thematisiert und die Kombination beider Transformationen ergibt die allgemeine Lorentz-Transformation.

---

[2] $(L_1 L_2)L_3 = L_1(L_2 L_3)$.

Bemerkung: Komplizierter wird die Bestimmung der LT, wenn man von der allgemeinen Transformation ausgeht. Man hat dann 16 Parameter. Sechs Parameter (β und Drehwinkel α) sind vorzugeben, die restlichen können mithilfe der Invarianz des d'Alembert-Operators bestimmt werden, was Gegenstand der Aufgaben 12.1 und 12.2 ist.

Voigt [1887] hat die Bedingungen untersucht, unter denen die Wellengleichung invariant bleibt und so die Lorentz-Transformation lange vor Larmor und Lorentz gefunden und das gleich in allgemeiner Form, jedoch mit dem Schönheitsfehler, dass er $\gamma = 1$ gesetzt hat. Somit müssen die Variablen mit einem Skalenfaktor multipliziert werden.

12.1.2 Zur Äthertheorie

Es war zunächst Huygens [1690][3], der eine Wellentheorie des Lichts präsentierte. Eine Welle benötigt – analog zur Schallwelle – ein Medium, in dem sie sich ausbreiten kann, was nach damaliger Vorstellung ein feines, nicht sichtbares inponderables Fluid sein sollte. Die Wellentheorie konnte sich jedoch im 18. Jahrhundert nicht gegen die *Newton*[4] zugesprochene Korpuskulartheorie durchsetzen.

Für die Korpuskulartheorie sprach u.a. die einfache Erklärung der von Bradley um 1728 beobachteten Aberration: Beobachtet man Licht, das von einem Stern kommt, so muss man, da man sich mit der Erde um die Sonne mit v bewegt, das Fernrohr um den Winkel $\alpha \approx v/c$ schräg stellen, um den Stern beobachten zu können. Die Entdeckung der Aberration war so zugleich ein wichtiges Indiz für die Bewegung der Erde um die Sonne. In Abb. 12.2a sind die Strahlwege einer Lichtquelle L, die sich mit v relativ zu einem Beobachtungspunkt F bewegt, skizziert. Das letzte Stück des Weges geht durch ein Teleskop, wobei sich in der Zeit t, die ein Lichtteilchen für die Strecke innerhalb des Teleskops benötigt, F um vt verschiebt.

Durch den Äther ist in einer Wellentheorie zunächst die Gleichwertigkeit der Inertialsysteme von Lichtquelle und Beobachter aufgehoben, da das System, in dem der Äther ruht, eine bevorzugte Stellung hat: Ruht der Beobachter gegenüber dem Äther, so wird er immer die Geschwindigkeit c messen, egal ob sich die Lichtquelle bewegt oder nicht. Bewegt sich aber der Beobachter gegen den Äther, so sollte er eine geänderte Geschwindigkeit messen. Wie in Abb. 12.2b dargelegt, wird man im Ruhsystem des Äthers überhaupt keine Aberration bemerken können, da sich die Wellen im Äther konzentrisch von L ausbreiten und so das Fernrohr senkrecht auf die Wellenfront gerichtet sein muss; eine Bewegung von L spielt da keine Rolle (außer dass man mit dem Teleskop der Bewegung von L folgen muss).

Erst bei einer Bewegung mit v gegen den Äther wird man das Fernrohr um den gleichen Winkel α schräg stellen müssen, damit sich die Wellen im Brennpunkt treffen. In Abb. 12.2c ist vor dem Teleskop die von L ausgehende

---

[3] Christiaan Huygens, 1629–1695
[4] Sir Isaac Newton, 1643–1727

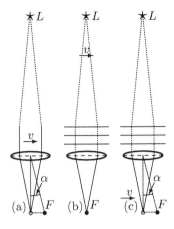

Abb. 12.2. Zur Aberration: L ist die Lichtquelle (Stern) und F der Beobachtungspunkt; da man im Teleskop, egal ob das Licht Welle oder Teilchen ist, die geometrische Optik anwenden kann, sind auch unter (b) und (c) nur Strahlen skizziert.
(a) Licht besteht aus Korpuskeln und F bewegt sich gegen L mit v: Schrägstellung um $\alpha \approx v/c$ auszugleichen
(b) F ruht im Äther: Die Bewegung von L hat keinen Einfluss
(c) F bewegt sich mit v relativ zum Äther: Die geometrische Optik zeigt die gleiche Aberration wie unter (a)

Wellenfront durch horizontale Linien skizziert. Das Teleskop bewegt sich jedoch in der Zeit, in der die Wellen das Teleskop durchlaufen, weiter. Für die Skizzierung der Bewegung der Lichtwellen im Teleskop wurde jedoch auf die geometrische Optik zurückgegriffen.

Zu Beginn des 19. Jahrhunderts verhalf *Young*[5] durch seine Beugungsexperimente am Doppelspalt der Auffassung, dass es sich bei Licht um ein Wellenphänomen handelt, zum Durchbruch. Fresnel stellte durch Experimente mit polarisiertem Licht fest, dass Lichtwellen rein transversal, ohne longitudinale Komponente sind. Wegen der Transversalität mussten dem Äther jetzt eher Eigenschaften eines festen Körpers, wie Elastizität, zugeordnet werden. Das ist nicht leicht vereinbar mit einer Bewegung der Erde relativ zum Äther und dem Eindringen des Äthers in Materie.

Maxwell erkannte, dass Lichtwellen elektromagnetische Wellen sind, und so wurde aus dem Lichtäther ein elektromagnetischer Äther. Maxwell selbst konstruierte komplizierte mechanische Modelle[6]. Erwähnt sei noch, dass gemäß Kragh [2016] Lorenz zu den wenigen Ausnahmen zählte, die nicht an die Existenz des Äthers glaubten.

Grundlegend war jedoch die Auffassung, dass die Elektrodynamik nur im Ruhsystem des Äthers gilt. Im Rahmen dieser klassischen Vorstellung würde man erwarten, dass die Lichtgeschwindigkeit von der Geschwindigkeit des Beobachters abhängt.

Im absolut ruhenden System S werde eine Lichtwelle ausgesandt, die sich mit der Geschwindigkeit c ausbreitet. Die Koordinaten der Wellenfront auf der x-Achse sind $\pm ct$.

Das System S' bewege sich mit der Geschwindigkeit v nach rechts, wie in Abb. 12.3 skizziert. Man glaubte auf Grund dieser Überlegungen, dass man

---

[5] Thomas Young, 1773–1829

[6] Für **B** waren rotierende Wirbelelemente vorgesehen, zwischen denen sich für **E** kleine polarisierbare Kügelchen („Molekeln") befanden [Schöpf, 1982]

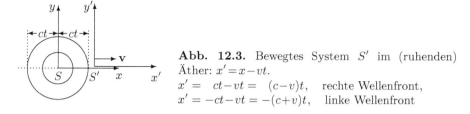

Abb. 12.3. Bewegtes System S' im (ruhenden) Äther: $x' = x - vt$.
$$x' = ct - vt = (c-v)t, \quad \text{rechte Wellenfront,}$$
$$x' = -ct - vt = -(c+v)t, \quad \text{linke Wellenfront}$$

durch Messung der Lichtgeschwindigkeit in verschiedenen Richtungen, die Bewegungen gegen den absoluten Äther feststellen könne.

12.1.3 Michelson-Morley-Experiment

Das Ruhsystem des Lichtäthers ist nach den vorangegangenen Überlegungen ausgezeichnet, da nur in diesem die Gesetze der Elektrodynamik unverändert gültig wären. Michelson[7] versuchte mit der in Abb. 12.4 skizzierten Anordnung, die Geschwindigkeit $\mathbf{v}$ der Erde gegenüber dem Äther festzustellen. Das nachfolgend beschriebene Experiment wurde 1887 von Morley[8] mit höherer Genauigkeit wiederholt.

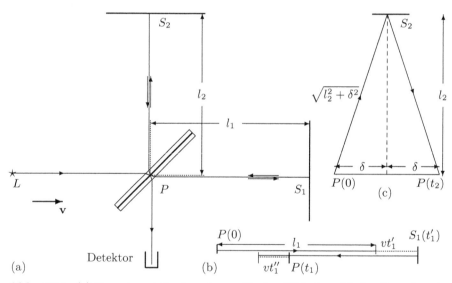

Abb. 12.4. (a) Experimentelle Anordnung für das Michelson-Morley-Experiment; L ist die (kohärente) Lichtquelle, P der halbdurchlässige Spiegel
(b) Weg $P \to S_1 \to P$ vom ruhenden Äther aus gesehen: $t_1 = t_1' + t_1''$
(c) Weg $P \to S_2 \to P$ vom ruhenden Äther aus gesehen

---

[7] Albert Abraham Michelson, 1852–1932, Nobelpreis 1907
[8] Edward Morley, 1838–1923

Annahme: Wie in Abb. 12.4 skizziert, bewegt sich das Labor mit v nach rechts. Die Zeit t_1, die der Lichtstrahl von $P \to S_1 \to P$ benötigt und die Zeit t_2 für den Weg von $P \to S_2 \to P$ werden vom System des ruhenden Äthers aus betrachtet. In diesem hat das Licht die Geschwindigkeit c, aber in der Zeit, die das Licht zum Passieren der Strecke l_1 benötigt, hat sich der Spiegel S_1 wegbewegt; dafür kommt beim Rückweg P dem Strahl entgegen. Hin- und Rückweg zu S_2 dauern gleich lang, wobei sich aber P um die Strecke $2\delta = vt_2$ weiterbewegt hat:

$$
\begin{aligned}
P \to S_1: \quad & ct_1' = l_1 + vt_1' && \Rightarrow \quad t_1' = l_1/(c-v), \\
S_1 \to P: \quad & ct_1'' = l_1 - vt_1'' && \Rightarrow \quad t_1'' = l_1/(c+v), \\
P \to S_2: \quad & ct_2' = \sqrt{l_2^2 + (vt_2')^2} && \Rightarrow \quad t_2' = l_2/\sqrt{c^2-v^2}.
\end{aligned}
$$

$$
\begin{aligned}
P \to S_1 \to P: \quad & t_1 = t_1' + t_2' = 2l_1 c/(c^2-v^2), \\
P \to S_2 \to P: \quad & t_2 = 2t_2' = 2l_2/\sqrt{c^2-v^2}.
\end{aligned}
$$

Das ergibt einen Laufzeitunterschied

$$
\Delta t = t_1 - t_2 = \frac{2l_1}{c\left(1 - v^2/c^2\right)} - \frac{2l_2}{c\sqrt{1-v^2/c^2}}. \tag{12.1.17}
$$

Dreht man das Interferometer um $90°$ im Uhrzeigersinn, so ist die Zeitdifferenz zwischen $\bar{t}_1$ für den zum Spiegel S_1 gehenden Strahl und $\bar{t}_2$ für den zu S_2 gehenden Strahl gegeben durch

$$
\overline{\Delta t} = \bar{t}_1 - \bar{t}_2 = \frac{2l_1}{c\sqrt{1-v^2/c^2}} - \frac{2l_2}{c\left(1 - v^2/c^2\right)}.
$$

Bei Drehung des Apparates um $90°$ ist der gesamte Zeitunterschied

$$
\Delta t - \overline{\Delta t} = \frac{2(l_1 + l_2)}{c}\left(\frac{1}{\left(1 - v^2/c^2\right)} - \frac{1}{\sqrt{1-v^2/c^2}}\right).
$$

Für $l_1 = l_2 = l$ erhält man den Zeitunterschied

$$
\Delta t = \frac{2l}{c}\left[\frac{1}{1 - v^2/c^2} - \frac{1}{\sqrt{1-v^2/c^2}}\right] \overset{v \ll c}{=} l\,\frac{v^2}{c^3}.
$$

Zwischen den beiden Strahlen ist also eine Zeitdifferenz, die von der Geschwindigkeit abhängt, aber nur von 2. Ordnung ist. Da die Strahlen, die von verschiedenen Punkten der Lichtquelle kommen, nicht genau parallel sind, ergibt sich bei diesem Interferometer in jedem Fall ein Interferenzbild; maximale Verstärkung für $\omega(t_1 - t_2) = 2n\pi$ und Auslöschung für $\omega(t_1 - t_2) = (2n+1)\pi$.

Bei einer Drehung des Interferometers um $90°$ ändert sich das Vorzeichen von Δt, und die gesamte Verschiebung wird für $l = l_1 = l_2$ doppelt so groß. Das Interferenzbild müsste sich verschieben, wenn sich v ändert.

Nimmt man an, dass der ruhende Äther durch das Sonnensystem bestimmt ist, so bewegt sich die Erde mit ca. 30 km/s gegenüber dem Äther. Das entspricht einer Wegdifferenz $\Delta s = c(t_1 - t_2) = l \times 10^{-8}$. Das Michelson-Interferometer hatte $l = 11$ m, was bei Mitberücksichtigung einer Drehung der Apparatur um 90° eine Wegdifferenz von $\Delta s = 220$ nm ergibt, die im sichtbaren Licht ($\lambda \sim 500$ nm) wahrnehmbar wäre.

Es konnte keine Wegdifferenz festgestellt werden, woraus folgt, dass die Lichtgeschwindigkeit unabhängig von der Richtung ist.

Eigentlich sollte die Forderung der Gültigkeit der Elektrodynamik (Relativitätsprinzip) in allen Inertialsystemen ausreichend sein, um die Ätherhypothese fallen zu lassen; mit der experimentellen Feststellung der Unabhängigkeit der Lichtgeschwindigkeit von der Orientierung und damit auch von der Bewegung der Erde kann die Lorentz-Transformation (LT) als Transformation zwischen Inertialsystemen hergeleitet werden.

1. *Relativitätsprinzip*: Die Naturgesetze sind in allen Inertialsystemen gleich.
2. *Konstanz der Lichtgeschwindigkeit*: Die Lichtgeschwindigkeit ist von der Bewegung der Lichtquelle und des Beobachters unabhängig.

12.1.4 Versuch von Fizeau

Es wird der Einfluss der Bewegung einer transparenten Flüssigkeit (Wasser) auf die Lichtgeschwindigkeit untersucht, indem in einem Interferometer, wie in Abb. 12.5 skizziert, Strahlen zur Interferenz gebracht werden, die den gleichen Weg mit und gegen die Strömung der Flüssigkeit durchlaufen haben. Dieser Versuch wurde von Fizeau[9] 1851 gemacht.

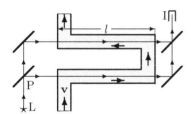

Abb. 12.5. L ist die Lichtquelle, P ein halbdurchlässiger Spiegel und I ein Interferometer

Das experimentelle Ergebnis ergab für den unteren Weg eine Geschwindigkeit w, wobei $\bar{c} = c/n$ die Lichtgeschwindigkeit in der ruhenden Flüssigkeit ist, mit

$$w = \bar{c} + vf \qquad \text{und} \qquad f = 1 - 1/n^2. \qquad (12.1.18)$$

f ist der Fresnel'sche Mitführungskoeffizient. Die Erklärung einer teilweisen Mitführung des Äthers in der bewegten Flüssigkeit durch f scheint nicht besonders elegant, aber die Formel selbst wird durch die Geschwindigkeitsaddition (12.4.16) der SRT bestätigt, wenn man $\bar{c} \gg v$ annimmt:

---

[9] Hippolyte Fizeau, 1819–1896

$$w = \frac{\bar{c}+v}{1+\frac{\bar{c}v}{c^2}} = \frac{\bar{c}+v}{1+\frac{v}{n^2\bar{c}}} \approx (\bar{c}+v)(1-\frac{v}{n^2\bar{c}}) \approx \bar{c}+v(1-\frac{1}{n^2}).$$

Im Rahmen der SRT hat man also die (volle) Mitführung des Lichtes durch bewegte Körper, wobei diese naturgemäß dem Additionstheorem für Geschwindigkeiten genügen muss.

12.2 Die Lorentz-Transformation

Wir haben die Lorentz-Transformation (LT) bereits aus mehreren Blickwinkeln hergeleitet, indem wir die Bedingungen bestimmt haben, unter denen die Wellengleichung invariant bleibt oder mithilfe eines Lichtblitzes, der in den Systemen S und S' beobachtet wird. Vor allem aber konnte die LT allein aus der Gleichwertigkeit der Inertialsysteme bis auf eine Geschwindigkeit $V \to c$ festgelegt werden, wobei gemäß (12.1.15) die quadratische Form $s^2 = c^2t^2 - \mathbf{x}^2$ invariant unter LT ist und zu einer pseudoeuklidischen Geometrie führt.

Hier gehen wir direkt von Invarianzüberlegungen aus. Wie bisher fallen zum Zeitpunkt $t = t' = 0$ die Systeme S und S' zusammen. Wegen des Einstein'schen Relativitätsprinzips muss die Transformation die Wellengleichung, d.h. den d'Alembert-Operator, invariant lassen (12.1.7):

$$\frac{\partial^2}{c^2\partial t^2} - \mathbf{\nabla}^2 = \frac{\partial^2}{c^2\partial t'^2} - \mathbf{\nabla}'^2.$$

Dieser ist eine quadratische Form des vierdimensionalen Gradientenvektors. Die unter linearen Transformationen invariante quadratische Form ist das Skalarprodukt. Der d'Alembert-Operator ist demnach das Skalarprodukt des Gradientenvektors in der pseudoeuklidischen Geometrie.

In der Vektorrechnung unterscheidet man bei schiefwinkeligen Koordinaten im euklidischen Raum zwischen ko- und kontravarianten Vektoren. In nicht euklidischen Geometrien tut man das immer. Im Anhang A.1 findet man eine Darstellung der Vektorrechnung. Der Vierervektor eines Ereignisses ist definiert durch die Koordinaten

$$x^0 = ct, \quad x^1 = x, \quad x^2 = y, \quad x^3 = z, \quad \Leftrightarrow \quad (x^\mu) = (x^0, \mathbf{x}) \quad \text{kontravariant,}$$
$$x_0 = ct, \quad x_1 = -x, \quad x_2 = -y, \quad x_3 = -z, \quad \Leftrightarrow \quad (x_\mu) = (x_0, -\mathbf{x}) \text{ kovariant, } (12.2.1)$$

wobei griechische Indizes μ immer die Werte 0 bis 3 durchlaufen. Indizes in lateinischer Schrift, wie k oder l gehen wie bisher von 1 bis 3. Das unterschiedliche Vorzeichen von Zeit- und Raumkomponenten wird offensichtlich vom metrischen Tensor $\mathbf{g}$ erfüllt:

$$\mathbf{g} = (g_{\mu\nu}) = (g^{\mu\nu}) = \begin{pmatrix} 1 & 0 & 0 & 0 \\ 0 & -1 & 0 & 0 \\ 0 & 0 & -1 & 0 \\ 0 & 0 & 0 & -1 \end{pmatrix}, \qquad (12.2.2)$$

$$x_\mu = g_{\mu\nu}\, x^\nu, \qquad\qquad\qquad x^\mu = g^{\mu\nu}\, x_\nu. \qquad (12.2.3)$$

Anmerkung: Die Diagonalelemente von **g** haben die Vorzeichen $(+,-,-,-)$. Als Signatur einer Matrix wird die Gesamtheit der Vorzeichen der Diagonalelemente bezeichnet [Landau, Lifschitz II, 1997, S. 270], die durch die Anzahl der positiven und negativen Elemente angegeben werden kann. In der SRT sind das die Signaturen $(1,3)$ [Jackson, 2006, (11.81)] und $(3,1)$ [Griffiths, 2011, (12.33)]:

$$(g_{\mu\nu}) = k_s \begin{pmatrix} 1 & \mathbf{0}^{\scriptscriptstyle T} \\ \mathbf{0} & -(\delta_{mn}) \end{pmatrix}, \quad \begin{cases} k_s = 1 & \text{Signatur (1,3): „time-like convention”} \\ & \qquad\qquad\qquad\qquad\qquad\qquad (12.2.2') \\ k_s = -1 & \text{Signatur (3,1): „space-like convention”.} \end{cases}$$

Das Skalarprodukt des Gradientenvektors (12.2.6) und das Linienelement sind somit:

$$\Box = \partial^\mu \partial_\mu = k_s\Big(\frac{1}{c^2}\frac{\partial^2}{\partial t^2} - \boldsymbol{\nabla}^2\Big), \qquad \mathrm{d}s^2 = \mathrm{d}x^\mu \mathrm{d}x_\mu = k_s(c^2\mathrm{d}t^2 - \mathrm{d}\mathbf{x}^2).$$

In der „zeitartigen" Konvention, die im Folgenden verwendet wird, ist das Linienelement mit $\mathrm{d}s^2 > 0$ zeitartig, siehe Abb. 12.13. Sie hat die Signatur $(1,3)$ für die $k_s = 1$.

Die Koordinaten zweier gleichförmig bewegter Bezugssysteme müssen durch eine lineare Transformation zusammenhängen:

$$x'^\mu = \Lambda^\mu{}_\nu\, x^\nu + a^\mu. \qquad (12.2.4)$$

Für die kovarianten Komponenten folgt daraus die Transformation

$$x'_\mu = \Lambda_\mu{}^\nu\, x_\nu + a_\mu, \qquad\qquad \Lambda_\mu{}^\nu = g_{\mu\mu'}\,\Lambda^{\mu'}{}_{\nu'}\, g^{\nu'\nu}. \qquad (12.2.5)$$

Mit dem Vierervektor des Gradienten

$$\partial_\mu = \frac{\partial}{\partial x^\mu}, \qquad\qquad\qquad \partial^\mu = \frac{\partial}{\partial x_\mu} \qquad (12.2.6)$$

kann der d'Alembert-Operator dargestellt werden als

$$\Box = g^{\mu\nu}\,\partial_\mu\partial_\nu = \partial_\mu\,\partial^\mu, \qquad (12.2.7)$$

Aus (12.2.4) und (12.2.5) erhält man die Umkehrtransformationen

$$\partial_\lambda = \frac{\partial x'^\mu}{\partial x^\lambda}\frac{\partial}{\partial x'^\mu} = \Lambda^\mu{}_\lambda\partial'_\mu, \qquad \partial^\lambda = \frac{\partial x'_\mu}{\partial x_\lambda}\frac{\partial}{\partial x'_\mu} = \Lambda_\mu{}^\lambda\partial'^\mu, \qquad (12.2.8)$$

wobei auf die Sonderstellung der Vorzeichen beim Gradientenvektor hingewiesen werden soll: $(\partial^\mu) = (\partial^0, -\boldsymbol{\nabla})$ und $(\partial_\mu) = (\partial_0, \boldsymbol{\nabla})$. Nach dem Relativitätsprinzip ist die Wellengleichung in allen Inertialsystemen gleich, d.h.

$$\partial_\lambda\,\partial^\lambda = \Lambda^\mu{}_\lambda\partial'_\mu\,\Lambda_\nu{}^\lambda\partial'^\nu = \partial'_\mu\,\partial'^\mu, \qquad (12.2.9)$$
$$= \partial'_\mu\,\Lambda^\mu{}_\lambda\, g^{\lambda\rho}\Lambda^\sigma{}_\rho\,\partial'_\sigma = \partial'_\mu\, g^{\mu\sigma}\,\partial'_\sigma$$

ist invariant unter der Lorentz-Transformation. Aus der 1. Zeile folgt, dass

$$\Lambda^{\mu}{}_{\lambda}\,\Lambda_{\nu}{}^{\lambda} = \delta^{\mu}{}_{\nu} = \begin{cases} 1 & \text{für } \mu = \nu \\ 0 & \text{sonst} \end{cases} \quad \Rightarrow \quad \Lambda_{\nu}{}^{\lambda} = \left(\Lambda^{-1}\right)^{\lambda}{}_{\nu}. \tag{12.2.10}$$

Der 2. Zeile von (12.2.9) entnehmen wir, dass für die Invarianz von $\Box$

$$\Lambda^{\mu}{}_{\lambda}\, g^{\lambda\rho}\, \Lambda^{\sigma}{}_{\rho} = g^{\mu\sigma}, \quad \Lambda^{\sigma}{}_{\rho} = (\Lambda^{T})_{\rho}{}^{\sigma} \quad \Rightarrow \quad \mathsf{\Lambda g}^{-1}\mathsf{\Lambda}^{T} = \mathsf{g}^{-1} \tag{12.2.11}$$

erfüllt sein muss. Diese Bedingung definiert die LT, wobei eine Matrix-Notation verwendet wurde, auf die noch genauer einzugehen ist.

Ergänzung: Die Bedingungen (12.2.10)–(12.2.11) erhält man in leicht modifzierter Form auch mittels $x'^{\mu}x'_{\mu} = x^{\lambda}x_{\lambda}$:

$$\Lambda^{\mu}{}_{\lambda}\,\Lambda_{\mu}{}^{\nu} = (\Lambda^{T})_{\lambda}{}^{\mu}\,\Lambda_{\mu}{}^{\nu} = \delta_{\lambda}{}^{\nu}, \quad \Lambda_{\mu}{}^{\nu} = (\Lambda^{-1})^{\nu}{}_{\mu} = ((\Lambda^{-1})^{T})_{\mu}{}^{\nu} := (\Lambda^{C})_{\mu}{}^{\nu}.$$

$\mathsf{\Lambda}^{C} = \mathsf{\Lambda}^{-1\,T}$ ist die zu $\mathsf{\Lambda}$ kontragrediente Matrix (invers und transponiert). Des Weiteren muss an die LT die Forderung

$$\Lambda^{\mu}{}_{\lambda}\, g_{\mu\nu}\, \Lambda^{\nu}{}_{\rho} = g_{\lambda\rho} \quad \Rightarrow \quad \mathsf{\Lambda}^{T}\mathsf{g}\mathsf{\Lambda} = \mathsf{g} \tag{12.2.12}$$

gestellt werden. (12.2.11) und (12.2.12) sind gleichwertig, nur sind wir in (12.2.11) von der Umkehrtransformation ausgegangen.

Matrix-Notation

Man legt dem Minkowski-Raum zwar eine orthonormierte Basis ($\{\vec{e}_{\lambda}\}$) zugrunde, verwendet aber die Vektorschreibweise in der Form $\vec{x} = x^{\mu}\vec{e}_{\mu} = x_{\nu}\vec{e}^{\nu}$ nur selten, sondern reduziert die Notation auf Komponenten:

$$\vec{a} \cdot \vec{b} \qquad \Longleftrightarrow \qquad a^{\mu}b_{\mu}.$$

Beginnen wir mit den Vektoren. Wir haben in (8.2.18) bereits vorweggenommen, dass die Liénard-Wiechert-Potentiale $\phi(\mathbf{x},t)/k_{L}$, $\mathbf{A}(\mathbf{x},t)$ Komponenten eines vierdimensionalen Vektorfeldes $(A^{\mu}(\mathbf{x},t))$ sind.

Für Tensoren 2. Stufe wird neben der Schreibweise in Komponenten auch eine in Matrix-Symbolik [Sexl, Urbantke, 1976, §3] verwendet. In dieser sind manche Gleichungen übersichtlicher, wobei wir gleich einschränkend feststellen, dass die Hoch- und Tiefstellung der Indizes aus der gemischten Matrix $\mathsf{\Lambda} = (\Lambda^{\mu}{}_{\nu})$ und der Einstein-Summenkonvention hervorgehen sollte:

$$\mathsf{\Lambda} \equiv (\Lambda^{\alpha}{}_{\beta}), \qquad \mathsf{E} = (g^{\alpha}{}_{\beta}) = (\delta^{\alpha}{}_{\beta}) = (\delta_{\beta}{}^{\alpha}). \tag{12.2.13}$$

Die Bezeichnung g (12.2.2) steht sowohl für den kontravarianten ($\mathsf{g}^{-1} = (g^{\mu\nu})$) als auch den kovarianten ($\mathsf{g} = (g_{\mu\nu})$) metrischen Tensor, die ja beide gleich sind. Die Indexstellung sollte durch $\mathsf{\Lambda}$ vorgegeben sein. In Matrixschreibweise lautet (12.2.5)

$$\Lambda_{\mu}{}^{\nu} = g_{\mu\mu'}\,\Lambda^{\mu'}{}_{\nu'}\,g^{\nu'\nu} = (\mathsf{g}\mathsf{\Lambda}\mathsf{g}^{-1})_{\mu}{}^{\nu} \quad \Leftrightarrow \quad \mathsf{\Lambda}^{C} := (\mathsf{\Lambda}^{-1})^{T} = \mathsf{g}\,\mathsf{\Lambda}\,\mathsf{g}^{-1}. \tag{12.2.14}$$

Die Elemente der transponierten und der kontragredienten Matrix $\mathsf{\Lambda}^{T}$ und $\mathsf{\Lambda}^{C}$ sind von der Form $(\Lambda^{T})_{\mu}{}^{\nu}$ und $(\Lambda^{C})_{\mu}{}^{\nu}$, d.h. $(\Lambda^{\mu}{}_{\nu})^{T} = \Lambda_{\nu}{}^{\mu} = (\Lambda^{C})_{\nu}{}^{\mu} = (\Lambda^{-1})^{\mu}{}_{\nu}$. In Ergänzung zu (12.2.14) notieren wir

$$\Lambda^\lambda{}_\nu\,\Lambda_\mu{}^\nu = \Lambda^\lambda{}_\nu\,(g^{\nu\nu'}\Lambda^\mu{}_{\nu'}\,g_{\mu'\mu}) = \delta^\lambda{}_\mu \quad \Leftrightarrow \quad \Lambda\Lambda^{-1} = \Lambda(\mathbf{g}^{-1}\Lambda^T\mathbf{g}) = \mathbf{E}. \quad (12.2.15)$$

Mit den Definitionen $\Lambda = (\Lambda^\mu{}_\nu)$ und $\mathbf{g} = (g_{\mu\nu})$ kann die ad hoc eingeführte tensorielle Form der Bedingungen (12.2.11)–(12.2.12) verifiziert werden

$$\Lambda\,\mathbf{g}\,\Lambda^T = \mathbf{g} \qquad\qquad \text{bzw.} \qquad\qquad \Lambda^T\mathbf{g}\,\Lambda = \mathbf{g}. \qquad (12.2.16)$$

Jetzt führen wir noch eine abgekürzte Notation für die inhomogene LT ein

$$x'^\mu = \Lambda^\mu{}_\nu x^\nu + a^\mu \quad \Rightarrow \quad x' = \Lambda x + a \quad \Leftrightarrow \quad x' = (\Lambda, a)x\,. \quad (12.2.17)$$

Die inhomogenen Lorentz-Transformationen, auch Poincaré-Transformationen genannt, bilden eine Gruppe, d.h. sie erfüllen die folgenden vier für die Bildung einer Gruppe notwendigen Eigenschaften.

1. *Verknüpfung*: Die Multiplikation zweier LT $(\bar\Lambda, \bar a)$ und (Λ, a) ergibt

$$x'' = \bar\Lambda x' + \bar a = \bar\Lambda\big(\Lambda x + a\big) + \bar a = \bar\Lambda\Lambda x + (\bar\Lambda a + \bar a),$$
$$(\bar{\bar\Lambda}, \bar{\bar a}) = (\bar\Lambda, \bar a)\,(\Lambda, a) = (\bar\Lambda\Lambda,\; \bar\Lambda a + \bar a), \qquad (12.2.18)$$

wobei $\bar{\bar\Lambda} = \bar\Lambda\Lambda$ die Eigenschaft (12.2.16) einer LT hat: $\bar{\bar\Lambda}\,\mathbf{g}\,\bar{\bar\Lambda}^T = \mathbf{g}$.

2. *Assoziatives Gesetz*: $(\bar{\bar\Lambda}, \bar{\bar a})\big((\bar\Lambda, \bar a)(\Lambda, a)\big) = \big((\bar{\bar\Lambda}, \bar{\bar a})(\bar\Lambda, \bar a)\big)(\Lambda, a)$.
3. *Einheitselement*: $(\mathbf{E}, 0)$.
4. *Inverses Element*: $(\Lambda, a)^{-1} = (\Lambda^{-1}, -\Lambda^{-1}a)$ mit $\Lambda^{-1} = \mathbf{g}^{-1}\Lambda^T\mathbf{g}$.

Naturgemäß bilden dann auch die homogenen LT eine Untergruppe der Poincaré Gruppe. Es ist evident, dass die Translationen $(\mathbf{E}, a)$ eine Untergruppe, die Translationsgruppe, bilden. Eine weitere Untergruppe der inhomogenen Lorentzgruppe ist die Drehgruppe $(\Lambda, \mathbf{0})$. Für Drehungen $(\mathsf{R}^{-1} = \mathsf{R}^T)$ gilt die Bedingung

$$\Lambda = \begin{pmatrix} 1 & \mathbf{0}^T \\ \mathbf{0} & \mathsf{R} \end{pmatrix}: \qquad \Lambda\mathbf{g}\Lambda^T = \begin{pmatrix} 1 & \mathbf{0}^T \\ \mathbf{0} & -\mathsf{R} \end{pmatrix}\begin{pmatrix} 1 & \mathbf{0}^T \\ \mathbf{0} & \mathsf{R}^T \end{pmatrix} = \begin{pmatrix} 1 & \mathbf{0}^T \\ \mathbf{0} & -\mathbf{E} \end{pmatrix} = \mathbf{g}.$$

12.2.1 Klassifikation der Lorentz-Gruppe

Die homogene Lorentz-Transformation ist nach (12.2.16) durch $\Lambda\,\mathbf{g}\,\Lambda^T = \mathbf{g}$ definiert. Daraus folgt für die Determinanten, dass

$$\det\Lambda\,\det\mathbf{g}\,\det\Lambda^T = \det\mathbf{g}$$

und daraus, dass $\det\Lambda = \pm 1$. Für das Matrixelement $\Lambda^0{}_0$ gilt

$$\Lambda^0{}_\mu g^{\mu\nu}\Lambda^0{}_\nu = \big(\Lambda^0{}_0\big)^2 - \sum_k \big(\Lambda^0{}_k\big)^2 = 1\,,$$

weshalb $|\Lambda^0{}_0| \geq 1$ und $\operatorname{sgn}\Lambda^0{}_0 = \pm 1$. Diese Unterscheidung ist wesentlich, weil eine Transformation mit $\Lambda^0{}_0 \leq -1$ eine Zeitspiegelung T beinhaltet. Ist

Tab. 12.1. Einteilung der Lorentz-Transformationen in Klassen und Gruppen

Lorentz-Transformation	sgn $\Lambda^0{}_0$	det Λ	Darstellung durch $L_+^\uparrow$
eigentliche orthochrone LT	1	1	$L_+^\uparrow$
uneigentliche orthochrone LT (Raumspiegelung)	1	-1	$L_-^\uparrow = P \cdot L_+^\uparrow$
Raum-Zeit-Spiegelungen	-1	1	$L_+^\downarrow = P \cdot T \cdot L_+^\uparrow$
Zeitspiegelungen	-1	-1	$L_-^\downarrow = T \cdot L_+^\uparrow$

Lorentz-Gruppe	Darstellung durch Lorentz-Klassen
eigentliche orthochrone Lorentz-Gruppe	$L_+^\uparrow$
eigentliche Lorentz-Gruppe	$L_+ = L_+^\uparrow \cup L_+^\downarrow$
orthochrone Lorentz-Gruppe	$L^\uparrow = L_+^\uparrow \cup L_-^\uparrow$
orthochore Lorentz-Gruppe	$L_0 = L_+^\uparrow \cup L_-^\downarrow$

außerdem det $\Lambda = 1$, so ist auch eine Raumspiegelung P vorhanden[10] [Sexl, Urbantke, 1976, §6.3] bzw. [Schwabl, 2008, §6.1].

LT die eine Raumspiegelung, aber keine Zeitspiegelung enthalten ($L_-^\uparrow$), bilden keine Gruppe, sondern gehören zu einer (Neben-)Klasse der Lorentz-Gruppe L. Es können alle Elemente der Klassen $L_\pm^\uparrow$, $L_\pm^\downarrow$ Produkte von $L_+^\uparrow$ mit P und T dargestellt werden, wie aus Tab. 12.1 hervorgeht. In dieser Notation stehen der Pfeil für die Zeitrichtung und $\mp$ für die (un)eigentliche Drehung. Nicht alle dieser Klassen bilden Gruppen; diese werden durch Vereinigung von Klassen gebildet, die ebenfalls in Tab. 12.1 aufgelistet sind.

Die volle Lorentz-Gruppe L enthält alle Transformationen inklusive Raum- und Zeitspiegelungen. Lässt man keine Raumspiegelungen zu, so erhält man als Untergruppe die eigentliche Lorentz-Gruppe L_+. Klammert man noch die Zeitspiegelungen aus, so bilden die verbleibenden Lorentz-Transformationen die eigentliche orthochrone (auch eingeschränkte) Lorentz-Gruppe $L_+^\uparrow$.

12.2.2 Die eigentliche orthochrone Lorentz-Gruppe

Diese Gruppe besteht aus den Elementen det $\Lambda = 1$ und $\Lambda^0{}_0 \geq 1$ und beinhaltet

a) Drehungen,
b) Lorentz-Transformationen im engeren Sinne.

---

[10] Die Darstellungen von Zeit- und Raumspiegelung sind

$$T = \begin{pmatrix} -1 & & & \\ & 1 & & \\ & & 1 & \\ & & & 1 \end{pmatrix}, \quad P = \begin{pmatrix} 1 & & & \\ & -1 & & \\ & & -1 & \\ & & & -1 \end{pmatrix} \quad \rightarrow \quad P \cdot T = -1.$$

Betrachtet wird einmal mehr eine eigentliche orthochrone LT (det $\Lambda = 1$, $\Lambda^0{}_0 \geq 1$) bei der die y- und die z-Achse ungeändert bleiben. Die allgemeine Form ist

$$\Lambda = \begin{pmatrix} L^0{}_0 & L^0{}_1 & 0 & 0 \\ L^1{}_0 & L^1{}_1 & 0 & 0 \\ 0 & 0 & 1 & 0 \\ 0 & 0 & 0 & 1 \end{pmatrix} : \quad \begin{aligned} \Lambda^T g \Lambda &= g \\ \det \Lambda &= 1 \end{aligned} \quad \Rightarrow \quad L^0{}_0 = L^1{}_1, \quad L^1{}_0 = L^0{}_1. \quad (12.2.20)$$

Die reelle 2×2-Matrix L mit $L^0{}_0 = \cosh \eta \geq 1$ und $\det L = 1$ ist dann

$$L = \begin{pmatrix} \cosh \eta & -\sinh \eta \\ -\sinh \eta & \cosh \eta \end{pmatrix} = \begin{pmatrix} \gamma & -\beta\gamma \\ -\beta\gamma & \gamma \end{pmatrix} \quad \text{mit} \begin{cases} \gamma = \cosh \eta \\ \beta = \tanh \eta \end{cases} \quad (12.2.21)$$

und

$$\gamma = \cosh \eta = \frac{1}{\sqrt{1 - \tanh^2 \eta}} = \frac{1}{\sqrt{1 - \beta^2}} \quad \text{mit} \begin{cases} -\infty < \eta < \infty \\ -1 < \beta < 1 \,. \end{cases}$$

Ein Boost kann so formal als „Drehung" dargestellt werden, wobei als Folge der pseudoeuklidischen Metrik der Drehwinkel imaginär ist ($\cos(i\eta) = \cosh \eta$). Die Transformation lautet nun

$$x'^0 = \gamma(x^0 - \beta x^1), \qquad x'^1 = \gamma(-\beta x^0 + x^1).$$

Wir haben nun β und γ in Relation zu v und c zu bringen. Im Limes $c \to \infty$ muss die LT in die Galilei-Transformation übergehen, was bedeutet, dass

$$\begin{aligned} t' &= t\gamma - x\frac{\beta\gamma}{c} \to t &&\Longrightarrow \gamma = 1 \quad \text{und} \quad \frac{\beta}{c} = 0\,, \\ x' &= x\gamma - \gamma\beta ct \to x - vt &&\Longrightarrow \beta c = v\,. \end{aligned}$$

Damit haben wir, wenngleich etwas umständlich, die LT (12.1.4) hergeleitet.

12.3 Raum-Zeit-Begriff

Bewegter Zug und Zeitbegriff

Das Relativitätsprinzip zusammen mit der Konstanz der Lichtgeschwindigkeit hat zur Folge, dass wir unseren Zeitbegriff ändern müssen. Das können wir uns an einem einfachen Beispiel klarmachen [Einstein, 2009, S. 16]. Gegeben sei ein Zug der Länge $2l_0$, der sich mit der Geschwindigkeit v bewegt (siehe Abb. 12.6).

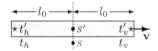

Abb. 12.6. Die Beobachter im Zug (S') und am Bahnsteig (S) beobachten beide zur Zeit $t' = t = 0$ die Lichtblitze.

Ein Signal vom hinteren Ende des Zuges und eines vom vorderen Ende trifft genau zur Zeit $t = 0$ in der Mitte des Zuges ein.

Beobachter im Zug: Die Lichtgeschwindigkeit in meinem System ist c, also wurde das Signal zur gleichen Zeit $t'_v = t'_h = -l_0/c$ von den beiden Enden abgesandt.

Beobachter am Bahnsteig: Die Lichtgeschwindigkeit in meinem System ist c; das Signal vom vorderen Ende hatte einen kürzeren Weg als das vom hinteren Ende, also wurde es später abgesandt: ($\beta = v/c$ und $l = l_0\sqrt{1 - \beta^2}$)

$$t_h = \frac{vt_h}{c} + \frac{l}{c} = \frac{l}{c}\frac{1}{1-\beta} = \frac{l_0}{c}\sqrt{\frac{1+\beta}{1-\beta}}, \quad t_v = \frac{-vt_v}{c} + \frac{l}{c} = \frac{l}{c}\frac{1}{1+\beta} = \frac{l_0}{c}\sqrt{\frac{1-\beta}{1+\beta}}.$$

12.3.1 Synchronisation von Uhren

Nach dem im vorangehenden Abschnitt zuletzt gebrachten Beispiel verliert der Begriff der Gleichzeitigkeit seinen vom Bewegungszustand unabhängigen Charakter, weshalb wir Uhren innerhalb eines Systems nicht einfach durch Transport von einem Ort zu einem anderen synchronisieren können. Einstein [1905] hat daher der Herleitung der LT die Definition der Gleichzeitigkeit samt der Synchronisation von Uhren vorangestellt.

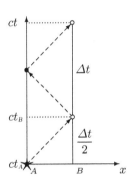

Abb. 12.7. Raum-Zeit-Diagramm zur Synchronisation der Uhr B mit der Uhr A. Der Lichtblitz (strichlierte Linie) bewegt sich in der Zeitspanne $\Delta t/2 = t_B - t_A$ (unter $45°$) von A nach B, wird dort das erste Mal gespiegelt und gelangt nach einer weiteren Spiegelung bei A wieder nach B. Der Beobachter bei B kann die Zeit $\Delta t = t - t_B$ messen, die das Licht gebraucht hat, um wieder nach B zu gelangen; wenn dem Beobachter bei B noch der Zeitpunkt t_A bekannt ist, zu dem der Lichtblitz ausgesandt wurde, kann er die Uhr auf die Zeit $t = t_A + 3\Delta t/2$ einstellen.

Um eine Uhr am Ort B mit einer Uhr am Ort A zu synchronisieren, sendet man, wie in Abb. 12.7 skizziert, zur Zeit t_A ein Lichtsignal von A aus; dieses trifft nach der Zeit $\Delta t/2 = (x_B - x_A)/c$ in B ein. Man stellt die Uhr in B dann auf $t_B = (t_A + t_B)/2$ ein und hat synchrone Uhren. Für dieses nicht sehr elegante Verfahren wird sowohl die Kenntnis des Abstandes als auch die der Lichtgeschwindigkeit vorausgesetzt. Will man ohne genaue Kenntnis des Abstandes und der Lichtgeschwindigkeit eine sich am Ort B befindliche Uhr mit der in A synchronisieren, so genügt es, dem Beobachter in B mitzuteilen, dass zur Zeit t_A ein Lichtblitz ausgesandt wird. In B kann dann nach Reflexionen des Strahls in B und nachfolgend in A gemäß Abb. 12.7 die einzustellende Zeit berechnet werden.

Gleichzeitigkeit: Zwei an den Orten A und B stattfindende Ereignisse sind gleichzeitig, wenn die sich an diesen Orten befindlichen synchronisierten Uhren die gleiche Zeit anzeigen.

Die Forderung, dass zwei Signale zur gleichen Zeit in der Mitte $(x_B - x_A)/2$ eintreffen, kann sowohl zur Synchronisation als auch zur Feststellung der Gleichzeitigkeit verwendet werden. Es liegt also der Definition der Gleichzeitigkeit die Konstanz der Lichtgeschwindigkeit zugrunde.

12.3.2 Raum-Zeit-Diagramm

Zur grafischen Darstellung von Ereignissen (Raum-Zeit-Punkt) in der SRT hat Minkowski[11] Diagramme entwickelt, die ein Ereignis in zwei gegeneinander bewegten Inertialsystemen S und S' in eindeutiger Weise abbilden. Man beschränkt sich dabei auf die Raumkomponente x, die parallel zu $\mathbf{v}$ gewählt wird. Das gegen das „ruhende" System S bewegte System S' ist nicht nur schiefwinkelig, sondern es sind auch seine Einheitsmaßstäbe, die aufgrund der pseudoeuklidischen Geometrie auf Hyperbeln liegen, länger als im System S, das orthonormale Achsen hat.

Galilei-Transformation

Beschreibt man den Raum nur durch die Komponente x, so wird ein Ereignis, das im ruhenden Inertialsystem S zur Raum-Zeit (x, t) stattfindet, im mit v bewegten Inertialsystem S' die Koordinaten $P(x - vt, t)$ haben. Linien gleicher Zeiten $t = t'$ sind in Abb. 12.8 horizontal, d.h. die Länge der Zeiteinheit auf der t'-Achse ist größer als die auf der t-Achse.

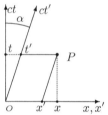

Abb. 12.8. Raum-Zeit-Diagramm für die Galilei-Transformation; die t'-Achse gibt den Ort des Ursprungs $(x' = 0)$ des Systems S' zur Zeit t in S an; aus Dimensionsgründen sind die t- und t'-Achsen mit irgendeiner Geschwindigkeit, hier c, skaliert: $\tan\alpha = v/c$, wobei $v > c$ durchaus möglich ist.
$S':\ t' = t,$
$\qquad x' = x - vt$

Lorentz-Transformation

Der Neigungswinkel α der t'-Achse ist in Abb. 12.8 und Abb. 12.9 gleich. Bei der LT kommt jedoch hinzu, dass die x'^1-Achse, gegeben durch $x'^0 = 0$, ebenfalls mit α gegenüber der x^1-Achse geneigt ist. Unterschiedlich in den beiden Skizzen sind auch die Längen im bewegten System S', was im Folgenden noch behandelt wird.

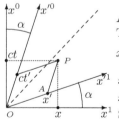

Abb. 12.9. Raum-Zeit-Diagramm für die Lorentz-Transformation.

$x'^0 = \gamma(x^0 - \beta x^1),$ $\qquad\qquad x'^1 = \gamma(-\beta x^0 + x^1),$

x'^0-Achse : $x'^1 = 0 \quad \rightarrow \quad x^1 = \beta\, x^0,$

x'^1-Achse : $x'^0 = 0 \quad \rightarrow \quad x^0 = \beta\, x^1,$

Steigung $= \tan\alpha = \beta = v/c$

---

[11] Hermann Minkowski, 1864–1909

In S' hat A die Koordinaten $(x', 0)$, woraus ersichtlich ist, dass dort O und A gleichzeitig sind. In S hat A die Zeit $x^0 = \beta x$ $(t = xv/c^2)$, was zugleich die Zeitdifferenz zwischen O und A ausmacht.

Einheitsmaßstäbe

In euklidischen Systemen ist der Einheitsmaßstab der Einheitskreis (die Einheitskugel), der aus der Invarianz des Skalarprodukts folgt. In der nicht euklidischen Geometrie der SRT werden daraus Hyperbeläste (Hyperboloide), wie in Abb. 12.10 skizziert.

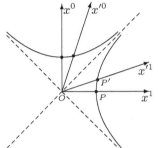

Abb. 12.10. Raum-Zeit-Diagramm für Einheitslängen.

Hyperbel um Zeit-Achse (x^0), wobei $y = z = 0$:

$$(x'^0)^2 - (x'^1)^2 = (x^0)^2 - (x^1)^2 = 1\,.$$

Hyperbel um Raum-Achse (x^1), wobei $y = z = 0$:

$$(x'^0)^2 - (x'^1)^2 = (x^0)^2 - (x^1)^2 = -1$$

Aus der Invarianz des Skalarprodukts folgt für die Einheitslänge

$$x'^\mu x'_\mu = x^\nu x_\nu = \pm 1\,.$$

Die Einheitslängen in den Systemen S und S' sind unterschiedlich. In S schneidet die Hyperbel die x'^1-Achse in $P' = (\gamma, \beta\gamma)$. Die Länge der Einheit $\overline{OP'}$ ist in S $\gamma\sqrt{1 + \beta^2}$.

Lorentz-Kontraktion

Gegeben sind die Systeme S und S'. Ein Maßstab bewege sich mit S', seine Anfangs- und Endkoordinaten seien x'_a und x'_b und seine Länge ist damit $l_0 = x'_b - x'_a$.

Messung der Länge des Maßstabes in S: Die Positionen von Anfangs- und Endpunkt x_a und x_b werden zu ein und derselben Zeit t festgestellt, wobei $l = x_b - x_a$, wie in Abb. 12.11 eingezeichnet. Drückt man $x_b - x_a$ durch die Koordinaten in S' aus, erhält man die Lorentz-Kontraktion

$$l = l_0/\gamma = l_0\sqrt{1 - \beta^2}\,, \tag{12.3.1}$$

wie in Abb. 12.11 explizit vorgerechnet. Die Kontraktion misst man, indem man die Positionen x_a und x_b des bewegten Maßstabes im System S gleichzeitig feststellt.

Vom Standpunkt des Beobachters in S' erfolgt die Markierung des Anfangspunktes x'_a zur Zeit $t' = 0$ und die Markierung des Endpunktes x'_b zu

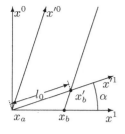

Abb. 12.11. Raum-Zeit-Diagramm für einen Maßstab der Länge l_0. Gemessen werden x_a und x_b zur Zeit t. Die Koordinaten des Maßstabs in S' sind:

$$x_a' = \gamma(x_a - vt), \qquad\qquad x_b' = \gamma(x_b - vt).$$

Die Differenz ergibt $l = x_b - x_a = (x_b' - x_a')/\gamma = l_0/\gamma$

einer früheren Zeit $t' < 0$; daher die Verkürzung. Die Lorentz-Kontraktion ist reziprok. Ein in S ruhender Maßstab sieht in S' kontrahiert aus.

Maßzeiten und deren Differenz von S' aus gesehen:

$$ct_a' = \gamma(ct - \beta x_a), \quad ct_b' = \gamma(ct - \beta x_b) \quad \text{und} \quad ct_b' - ct_a' = -\gamma\beta(x_b - x_a).$$

Vergleicht man in Abb. 12.11 die Länge $x_b - x_a$ mit l_0, so erhält man mit dem Sinussatz[12]

$$\frac{x_b - x_a}{l_0} = \frac{\sin(\frac{\pi}{2} - 2\alpha)}{\sin(\frac{\pi}{2} + \alpha)} = \frac{\cos 2\alpha}{\cos \alpha} = \frac{\cos \alpha}{\gamma^2} = \frac{1}{\gamma^2 \sqrt{1 + \beta^2}}, \qquad \tan \alpha = \beta.$$

Bei den Einheitsmaßstäben haben wir gesehen, dass in Abb. 12.10 die Einheit $\overline{OP'}$ in S um den Faktor $\gamma\sqrt{1+\beta^2}$ länger erscheint als die Einheit $\overline{OP}$. Daher folgt erst durch Multiplikation mit diesem Faktor die korrekte Lorentz-Kontraktion $x_b - x_a = l_0/\gamma$.
Diese Raum-Zeit-Diagramme verzerren also die Längenverhältnisse etwas.

Zeitdilatation

Zwei Ereignisse t_a' und t_b' finden in S' am gleichen Ort x' statt. Für die Zeiten und deren Differenz in S erhält man

$$t_a = \gamma\left(t_a' + \frac{v}{c^2}x'\right), \quad t_b = \gamma\left(t_b' + \frac{v}{c^2}x'\right) \quad \text{und} \quad \Delta t = \gamma(t_b' - t_a') = \gamma\tau.$$

Während in S' die Zeit τ vergeht, vergeht in S die längere Zeit $\Delta t = \gamma\tau$ (siehe Abb. 12.12): *Bewegte Uhren gehen langsamer*. Auch dieser Effekt ist reziprok.

Man kann die Zeitdilation an der Lebensdauer von Elementarteilchen sehen:

$$\pi^+ - \text{Mesonen} \quad \tau_0 = 2.56 \times 10^{-8}\,\text{s (in Ruhe)}$$
$$\tau = 1.5 \qquad \tau_0 \approx 3.8 \ \times 10^{-8}\,\text{s (für } v = 0.75\,c)$$

$$\mu - \quad \text{Mesonen} \quad \tau_0 = 2.2 \times 10^{-6}\,\text{s}$$
$$\text{Reichweite } \lambda_0 = c\tau_0 = 6.6 \times 10^4\,\text{cm} = 0.66\,\text{km}$$

Da $v \lesssim c$ ist die Reichweite tatsächlich größer: $\lambda \approx 10 - 20\,\text{km}$[13].

---

[12] In einem Dreieck mit den Seiten a, b, c und den den Seiten gegenüberliegenden Winkeln α, β, γ gilt: $\sin\alpha/a = \sin\beta/b = \sin\gamma/c$.
[13] μ-Mesonen entstehen in 10–20 km Höhe und gelangen auf die Erdoberfläche.

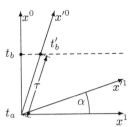

Abb. 12.12. Raum-Zeit-Diagramm zur Beobachtung zweier Ereignisse in S zu den Zeiten t_a und t_b, die in S' am selben Ort $\mathbf{x}'=0$ zu den Zeiten $t'_a=0$ und t'_b stattgefunden haben. Man erhält in S für $\Delta t = t_b - t_a$:

$\Delta t = \tau\gamma\sqrt{1+\beta^2}\cos\alpha = \gamma\tau$.

$\tau\gamma\sqrt{1+\beta^2}$ ist, wegen der Verzerrung der Maßstäbe, die Länge von τ in Einheiten von S und $\cos\alpha = 1/\sqrt{1+\beta^2}$

Gegenwart-Zukunft

Längen und Zeitdifferenzen ändern sich bei einer Lorentz-Transformation; es gibt so keine absolute Gleichzeitigkeit. Invariant ist aber

$$s^2 = \Delta x_\mu \Delta x^\mu \quad \text{mit} \quad \Delta x^\mu = x_b^\mu - x_a^\mu .$$

Die Bereiche mit $s^2 > 0$ (zeitartig) und $s^2 < 0$ (raumartig) sind in Abb. 12.13 eingezeichnet. Eine LT bewegt sich also nur innerhalb des von s^2 vorgegebenen Bereichs:

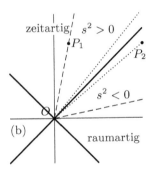

Abb. 12.13. (a) Raum-Zeit-Diagramm mit Lichtkegeln.
(b) Die Ereignisse in O und P_1 finden im strichlierten KS am gleichen Ort zu verschiedenen Zeiten statt, während die Ereignisse in O und P_2 im punktierten KS gleichzeitig, aber an verschiedenen Orten stattfinden

$s^2 > 0$: zeitartiger Vektor; es gibt ein System, in dem die beiden Ereignisse am gleichen Ort zu verschiedenen Zeiten stattfinden

$s^2 = 0$: lichtartiger Vektor

$s^2 < 0$: raumartiger Vektor; hier gibt es ein System in dem die beiden Ereignisse zwar zur gleichen Zeit stattfinden, aber räumlich getrennt bleiben

Ereignisse im Zukunftskegel sind von O beeinflussbar.
Ereignisse im Vergangenheitskegel können das Geschehen in O beeinflussen.
Ereignisse im Gegenwartsbereich sind unabhängig von O.

Eigenzeit

Die Zeitdifferenz und der räumliche Abstand hängen vom KS ab. Invariant ist nur

$$s^2 = (x_b^\mu - x_a^\mu)g_{\mu\nu}(x_b^\nu - x_a^\nu).$$

Sind die Ereignisse infinitesimal benachbart, $dx^\mu = x_b^\mu - x_a^\mu$, so ergibt das Skalarprodukt das invariante Linienelement $ds^2 = dx^\mu dx_\mu$. Wir setzen voraus, dass dx^μ zeitartig ($ds^2 > 0$) ist. In dem KS, in dem die Komponenten beider Ereignisse gleich sind, also im momentanen Ruhsystem des Teilchens, ist die Zeitdifferenz

$$ds = cd\tau \equiv \text{Zeitdifferenz auf mitbewegter Uhr.}$$

Aus der Definition des Linienelements

$$(ds)^2 = (dx^0)^2 \Big(1 - \big(\frac{d\mathbf{x}}{dx^0}\big)^2\Big)$$

folgt für zeitartige Ereignisse

$$ds = dx^0 \sqrt{1 - \beta^2} = cdt/\gamma \qquad \Longleftrightarrow \qquad d\tau = dt/\gamma. \qquad (12.3.2)$$

Definition: Die Eigenzeit τ ist die Zeit, die eine mitbewegte Uhr anzeigt:

$$\tau = \int_0^t dt' \sqrt{1 - \beta^2} \le t. \qquad (12.3.3)$$

Den Minkowski-Diagrammen und vielen anderen Fällen besser angepasst ist es, die Eigenzeit τ durch den Weg s anzugeben:

$$s = \int_0^s ds' = c \int_0^t dt' \sqrt{1 - \beta^2} = c\tau \le ct. \qquad (12.3.4)$$

Bewegte Uhren gehen langsamer; hierin ist keine Beschränkung auf gleichförmige Bewegung gemacht. Wir haben die Zeitdifferenz dt in einem fixen System mit der Differenz im jeweiligen momentanen Ruhsystem der Uhr in Beziehung gesetzt.

Bewegte Uhren hat man in Satelliten. Die Gangunterschiede zu den auf der Erde positionierten Uhren hat man in Navigationssystemen wie GPS einzurechnen [Campbell, 2006]. Die Effekte der Relativgeschwindigkeit des Satelliten von ca. $4\,\text{km/s}$ sind von der Größe $\sim 10^{-10}$; hinzu kommen noch verschiedene Korrekturen durch das Gravitationspotential, so dass die Borduhren um ca. $40\,\mu\text{s}$ pro Tag zurückbleiben.

Die Bahn $\mathbf{x}(t)$ eines Teilchens wird als Weltlinie bezeichnet (siehe Abb. 12.14). Für sie gilt $dx_\mu dx^\mu > 0$. Wenn wir $\mathbf{x}(t)$ kennen, können wir aus (12.3.3) die Eigenzeit berechnen.

Es ist zweckmäßig die Weltlinie eines Teilchens nicht durch $\mathbf{x} = \mathbf{x}(t)$, sondern als Funktion der Eigenzeit bzw. des Weges $s = c\tau$ anzugeben: $t = t(s)$ und $\mathbf{x} = \mathbf{x}(t(s))$.

$$(z^\mu(s)) = (x^\mu(t(s))) = \big(c\,t(s), \mathbf{x}(t(s))\big) \quad \text{Vierervektor der Weltlinie.} \quad (12.3.5)$$

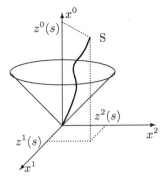

Abb. 12.14. Raum-Zeit-Diagramm einer Weltlinie und des Lichtkegels

Uhrenparadoxon

Im Uhrenparadoxon wird die Zeit einer Uhr, die sich von der Erde mit einer Geschwindigkeit β wegbewegt und dann wieder auf die Erde zurückkehrt, verglichen mit der auf der Erde verbliebenen Uhr, wie es in Abb. 12.15a skizziert ist. Aus (12.3.3)

$$t_B - t_A = \frac{1}{c} \int_{s(A)}^{s(B)} \mathrm{d}s \, \sqrt{1 - \beta^2(s)}$$

schließen wir, dass bewegte Uhren langsamer gehen, wobei sich aber die schnellere Bewegung auch in einer (in der Zeichenebene) längeren Weltlinie manifestiert.

Anders ausgedrückt – als sogenanntes *Zwillingsparadoxon* – wird der Zwilling, der bei A auf die Reise geht, am Punkt B feststellen, dass der in S ruhende Zwilling älter geworden ist als er selbst. Nimmt man keinen Zwilling (da dieser nicht beliebig große Beschleunigungen aushält), sondern gleicht im Inertialsystem S' die Uhren im Startpunkt A ab und macht dasselbe von S'' aus am Umkehrpunkt P, so wird man bei Vergleich der Zeiten am Endpunkt B den Zeitunterschied $t_1 - t_2 = t_1\left(1 - \sqrt{1 - \beta^2}\right)/c$ feststellen, der ohne Beschleunigungsphasen zustande gekommen ist. t_1 ist der in S ruhenden Uhr zuzuordnen.

Das scheinbare Paradoxon besteht nun darin, dass vom Inertialsystem S' aus betrachtet, die Zeit im System S langsamer vergeht und der reisende Zwilling seinen zurückbleibenden Bruder langsamer altern weiß; um ihn zu treffen, muss er zu S'' wechseln und kann so seine Reise nicht als in einem Inertialsystem ruhend beschreiben.

Zieht man nun, wie in Abb. 12.15b skizziert, das System S' als Ruhsystem des reisenden Zwillings heran, so muss sich dieser in P nach dem Additionstheorem für Geschwindigkeiten mit $-2\beta/(1 + \beta^2)$ auf den Weg machen, um den ruhenden Zwilling zu erreichen. Wieder ist die Weltlinie des reisenden Zwillings „länger" und damit die vergangene Zeit kürzer.

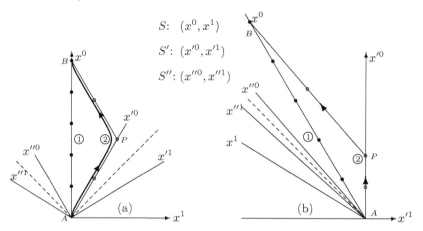

Abb. 12.15. Uhrenparadoxon; die strichlierten Linien sind Lichtkegel, und die Punkte sind Zeiteinheiten des jeweils ruhenden Systems: in (a) S; in (b) S'

(a) Die Uhr 1 ruht in S, während sich Uhr 2 mit $\beta = 0.6$ bis P wegbewegt und dann mit $\beta' = -0.6$ zu B zurückkehrt; die dicke Linie deutet denselben Weg mit Beschleunigungsphasen bei A, P und B an

(b) Die Uhr 2 ruht anfangs in S', während sich Uhr 1 mit $\beta = -0.6$ entfernt. Ab dem Umkehrpunkt P nähert sich die Uhr 2 mit $\beta \approx -0.882$ der Uhr 1

Den im Zwillingsparadoxon angesprochenen starken Beschleunigungen kann man ausweichen, indem man sich auf die komfortable Form einer Reise mit gleichmäßiger Beschleunigung/Verzögerung in der Stärke der Erdbeschleunigung ($g = 981\,\text{cm/s}^2$) festlegt (siehe Aufgabe 12.4).

Vierergeschwindigkeit

Die Geschwindigkeit ist definiert durch

$$\text{v}^\mu(\tau) = \frac{\mathrm{d}x^\mu}{\mathrm{d}\tau} = \frac{\mathrm{d}x^\mu}{\mathrm{d}t}\frac{\mathrm{d}t}{\mathrm{d}\tau} = v^\mu \gamma \qquad \Leftrightarrow \qquad (\text{v}^\mu) = \gamma \begin{pmatrix} c \\ \mathbf{v} \end{pmatrix}, \qquad (12.3.6)$$

wobei wir gemäß (12.3.2) für $\mathrm{d}t/\mathrm{d}\tau = \gamma$ eingesetzt haben. Sowohl für Diagramme als auch für die Notation ist oft (analog zu $\boldsymbol{\beta}$) die dimensionslose Vierergeschwindigkeit

$$u^\mu(s) = \dot{x}^\mu(s) = \frac{\mathrm{d}x^\mu}{\mathrm{d}t}\frac{\mathrm{d}t}{\mathrm{d}s} = \frac{\text{v}^\mu}{c} \qquad \Leftrightarrow \qquad (u^\mu) = \gamma \begin{pmatrix} 1 \\ \boldsymbol{\beta} \end{pmatrix} \qquad (12.3.7)$$

geeigneter. Wie in Abb. 12.16 gezeigt, ist die momentane Geschwindigkeit eines Teilchens gegenüber einem Inertialsystem S aus der Steigung der Weltlinie ablesbar: (u^μ) ist ein Einheitsvektor, der die Weltlinie tangiert. Aus dem Skalarprodukt folgt $u^\mu u_\mu = 1$, was man der Abb. 12.16 entnehmen kann, wo u die Länge des Einheitsmaßstabes im (lokalen) bewegten System hat.

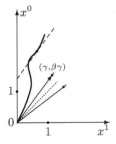

Abb. 12.16. Vierergeschwindigkeit in einem Punkt einer Weltlinie: Die Tangente an den Punkt wird parallel in den Ursprung verschoben und ergibt dort das momentane bewegte System S'. Die Einheitslänge der Zeitachse von S', d.h. der Punkt $(\gamma, \beta\gamma)$ bestimmt die Vierergeschwindigkeit u (hier ist $\beta = 0.75$)

Anmerkung: Im Folgenden wird bei den Ableitungen $\dot{x}^\mu(t)$, $\dot{x}^\mu(\tau)$ bzw. $\dot{x}^\mu(s)$ durch das Argument angegeben, ob nach t, der Eigenzeit τ oder dem Weg s abgeleitet wird. Es gilt somit

$$\dot{x}^\mu(t) = \frac{\mathrm{d}x^\mu}{\mathrm{d}t}, \quad \dot{x}^\mu(\tau) = \frac{\mathrm{d}x^\mu}{\mathrm{d}\tau} = \mathrm{v}^\mu = \gamma\dot{x}^\mu(t), \quad \dot{x}^\mu(s) = \frac{\mathrm{d}x^\mu}{\mathrm{d}s} = u^\mu = \frac{\gamma}{c}\dot{x}^\mu(t). \quad (12.3.8)$$

Diese Regel ist naturgemäß nicht allein auf x^μ beschränkt.

12.3.3 Beobachtung schnell bewegter Körper

Die Lorentz-Kontraktion von Körpern längs ihrer Bewegungsrichtung, schon vor der Aufstellung der Relativitätstheorie von FitzGerald [1889] postuliert, wurde lange Zeit als ohne Weiteres direkt beobachtbar angenommen.

Die endliche Geschwindigkeit des Lichts bewirkt, dass Licht, das zu einer bestimmten Zeit beim Beobachter (Kamera) eintrifft, von verschiedenen Stellen eines sich schnell bewegenden Körpers, zu verschiedenen Zeiten, d.h. von verschiedenen Positionen des Körpers, ausgegangen ist. Das hat, mit oder ohne Lorentz-Kontraktion, ein verändertes Erscheinungsbild zur Folge, und die Auswirkungen der Laufzeitunterschiede sind meist größer als die der Lorentz-Kontraktion, da sie von 1. Ordnung in β sind.

In dem Artikel *Wie erscheint nach der Relativitätstheorie ein bewegter Stab einem ruhenden Beobachter* hat dies Lampa [1924] diskutiert. Erstaunlicherweise wurde die Arbeit nicht wahrgenommen, so dass Gamow [1940] eine nicht zutreffende Darstellung bewegter Körper machen konnte.

Das Bild wurde erst mit Artikeln von Terrell [1959] und Penrose [1959] korrigiert, die zeigten, dass eine vorbeifliegende Kugel dem Beobachter bzw. der Kamera immer als Kugel erscheint, wenngleich verdreht. In der Folge wurden zahlreiche Artikel zu diesem Thema verfasst und es fand Eingang in Lehrbücher [Ruder, 1993]

Man unterscheidet zwischen Effekten, die die Gestalt und solchen, die die Helligkeit und Farbe betreffen, wobei hier nur die zuerst genannten behandelt werden.

Da das Erscheinungsbild schnell bewegter Körper die Relativitätstheorie und vor allem die Elektrodynamik nicht direkt betrifft, werden wir uns auf die Skizzierung der einfachsten Effekte beschränken.

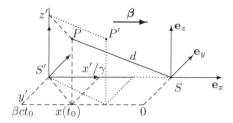

Abb. 12.17. Eine Lichtquelle bewegt sich mit $\boldsymbol{\beta} = \beta \mathbf{e}_x$ gegen S; Vom System S' aus betrachtet ist sie immer am Punkt P'; von S aus betrachtet, ist sie zur Zeit t_0 am Ort P. d ist die Distanz, die das Licht zum Punkt S, wo die Kamera ist, zurücklegen muss

In Abb. 12.17 wird eine punktförmige Lichtquelle $P'(\mathbf{x}')$ dargestellt, die sich mit $\boldsymbol{\beta}$ gegen S bewegt und deren Lichtstrahl die Kamera bei S zur Zeit t_1 erreicht. Zu bestimmen ist der Ort $x(t_0)$ der Lichtquelle, wenn zur Zeit t_1 fotografiert wird:

$$x(t_0) = \frac{x'}{\gamma} + \beta\, ct_0\,, \qquad y(t_0) = y'\,, \qquad z(t_0) = z'\,.$$

t_0 ist hier negativ, da S' auf S zufliegt. Zur Zeit t_1 erreicht das zu t_0 ausgesandte Licht den Punkt S:

$$ct_1 = ct_0 + d \quad \Rightarrow \quad x(t_1) = \beta ct_1 + \frac{x'}{\gamma} = x(t_0) + \beta\sqrt{x^2(t_0) + y^2 + z^2}\,.$$

Man bestimmt $x(t_0)$ als Funktion von t_1 bzw. $x(t_1)$ und kann so den Ort der Lichtquelle zur Zeit t_1 angeben:

$$x(t_0) = \gamma^2\, x(t_1) - \beta\gamma\sqrt{\gamma^2 x^2(t_1) + y^2 + z^2} \quad \text{mit} \quad x(t_1) = \beta ct_1 + \frac{x'}{\gamma}\,.$$

Das Vorzeichen der Wurzel ergibt sich aus $x(t_0) < x(t_1)$. Damit kann zu jedem in S' vorgegebenen Körper zu jeder Zeit t_1 sein Aussehen in S bestimmt werden [Kern et. al., 1997].

Heranfliegender Stab

Ein heranfliegender, leuchtender Stab, wie in Abb. 12.18a dargestellt, wird von einem Punkt P aus beobachtet (gefilmt). Das Licht von den weiter außen liegenden Punkten hat einen längeren Weg zu P und kommt daher von früheren Zeiten, zu denen der Stab weiter von P entfernt war. So sieht man in P eine Hyperbel der Form

$$\frac{(x - x_0)^2}{a^2} + \frac{y^2}{b^2} = 1\,, \qquad x_0 = \frac{-\varrho_0}{1+\beta}\,, \qquad a = \frac{\varrho_0\,\beta}{1+\beta}\,, \qquad b = \varrho_0\sqrt{\frac{1-\beta}{1+\beta}}\,.$$

Bewegt sich der Stab nicht zentral auf P zu, sondern fliegt er vorbei ($y > 0$), so sieht man ihn in größerer Entfernung gedreht. In Längsrichtung, wie in Abb. 12.18b skizziert, wirkt der auf P zufliegende Stab verlängert/verkürzt, gemäß

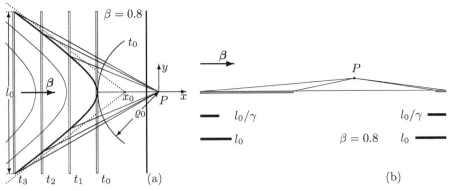

Abb. 12.18. (a) Dem Beobachter fliegt ein querliegender Stab der Länge l_0 mit $\beta = 0.8$ entgegen und wird in P als Hyperbel gesehen. Die von den jeweils zwei Punkten des Stabes zu den Zeiten t_i ausgehenden Lichtstrahlen treffen alle zur Zeit t_0 auf den Kreis und kommen so gleichzeitig in P an; die punktierte Linie ist die Asymptote, außerhalb der sich der zu P gerichtete Lichtstrahl parallel zu β langsamer fortbewegt als der Stab. Zur Zeit der Beobachtung der Hyperbel ist der Stab bereits sehr nahe an P (schwarze Linie)
(b) Der längsgerichtete Stab erscheint verlängert, wenn er auf P zufliegt und verkürzt, wenn er sich entfernt; l_0 ist die Ruhelänge und l_0/γ die gemessene, Lorentzkontrahierte Länge

$$l = l_0\sqrt{1 \pm \beta}/\sqrt{1 \mp \beta}\,.$$

Das gilt so nur, wenn P in der Stabachse liegt und nicht, wie in Abb. 12.18b, etwas daneben, was notwendig ist, wenn man die Verlängerung (Verkürzung) beobachten will.

Anmerkung: Der auf den Beobachter zufliegende Stab scheint diesem schneller als der sich entfernende. Wir betrachten ein Raster der Länge $s = c\Delta t$. Legt das Licht also die Strecke s zurück, so hat der Stab $s\beta$ zurückgelegt. Für den Beobachter in P bedeutet das, dass der heranfliegende Stab nach $(1-\beta)c\,\Delta t$ die nächste Marke des Rasters passiert hat, oder dass sich der Stab scheinbar mit der Geschwindigkeit $s/\Delta t = 1/(1-\beta)$ dem Punkt P nähert. Das kann zu scheinbaren Überlichtgeschwindigkeiten führen, wie man sie bei Quasaren beobachtet hat [Kraus, 2005, S. 40]. Umgekehrt scheint sich der entfernende Stab langsamer zu bewegen.

Bemerkt werden sollte auch, dass eine schnell bewegte Kamera auch rückwärts „sehen" kann. Lichtstrahlen, deren Geschwindigkeit parallel zur Kamera kleiner als die der Kamera ist ($\mathbf{c}\cdot\hat{\boldsymbol{\beta}} < \beta$), werden von der Kamera eingeholt und so auf den Film gebracht.

Terrell Rotation

Wir haben bereits am Beispiel des Stabes gesehen, dass sich nähernde/entfernende Körper in Momentaufnahmen größer/kleiner erscheinen, auch verdreht, wenn sie seitlich vorbeifliegen und verzerrt, wenn sie nahe sind. Der seitlich vorbeifliegende Stab wird, wenn die Kamera senkrecht auf die Bewegungsrichtung steht, die Lorentz-Kontraktion zeigen.

Wie sich das Bild ändert, wenn ein dreidimensionaler Körper, ein Würfel, vorbeifliegt, wird in Abb. 12.19 skizziert. Angenommen ist, dass alle Lichtstrahlen, die vom Würfel ausgehen und zu einem bestimmten Zeitpunkt zum Beobachter P kommen, als parallel betrachtet werden können.

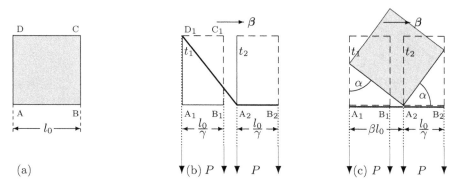

Abb. 12.19. Würfel der Länge l_0; Die Kamera P ist weit genug entfernt, so dass alle Strahlen parallel sind. Der Würfel bewegt sich mit $\beta = 0.8$; sichtbar sind jeweils Rück- und Unterfläche; die Vorderfläche ist verdeckt.
(a) Seitenfläche eines Würfels der Länge l_0 im Ruhsystem
(b) Die Lichtstrahlen, die von der durchgezogenen Linie im Intervall $[t_1, t_2]$ von der Rückfläche ausgehen, kommen alle gleichzeitig mit den Strahlen von der Unterfläche in P an
(c) Das Bild auf dem Film lässt sich als gedrehter Würfel interpretieren: $\tan \alpha = \beta\gamma$

Die Körper sind dann eher klein und weit genug entfernt. Zur Zeit t_1 befindet sich der Eckpunkt D in der Position D_1. Licht, das von dort ausgestrahlt wird erreicht nach $c(t_2 - t_1) = l_0$ die Vorderseite des Kubus.

Damit treffen alle Strahlen, die von $\overline{D_1 A_2}\ \overline{A_2 B_2}$ ausgehen, zur selben Zeit beim (unendlich entfernten) Beobachter P ein.

In Abb. 12.19c ist dargestellt, dass das beobachtete Bild dem eines um den Winkel α gedrehten Kubus entspricht: $\sin \alpha = \beta$ und $\cos \alpha = \gamma^{-1}$.

12.4 Zusammensetzung von Lorentz-Transformationen

12.4.1 Lorentz-Transformation für beliebige Orientierung der Relativgeschwindigkeit

Die eingeschränkte LT ($\Lambda^0{}_0 = 1$ und $\det \Lambda = 1$) setzt sich aus einer Drehung R und einer Geschwindigkeitstransformation, dem Boost, zusammen. Sie ist durch die Geschwindigkeit $\boldsymbol{\beta} = \mathbf{v}/c$ und die Drehung $\boldsymbol{\alpha}$ charakterisiert:

$$\Lambda = \Lambda(\boldsymbol{\beta}, \boldsymbol{\alpha}) \equiv \Lambda(\mathbf{0}, \boldsymbol{\alpha}) \, \Lambda(\boldsymbol{\beta}, \mathbf{0}) = \Lambda(\boldsymbol{\beta}', \mathbf{0}) \, \Lambda(\mathbf{0}, \boldsymbol{\alpha}). \tag{12.4.1}$$

Wird die Drehung $\mathsf{R}(\boldsymbol{\alpha})$ zuerst ausgeführt, so wird auch $\boldsymbol{\beta}$ gedreht: $\boldsymbol{\beta}' = \mathsf{R}\boldsymbol{\beta}$.

Boost

Die Bewegung von S' zu S sei nicht auf die x-Richtung beschränkt, wie in Abb. 12.20 skizziert und auf Seite 461 berechnet wurde.

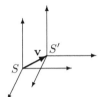

Abb. 12.20. Mit $\mathbf{v}$ gegeneinander bewegte Inertialsysteme

$$\begin{aligned} ct' &\overset{(12.1.16)}{=} \gamma(ct - \mathbf{x} \cdot \boldsymbol{\beta}), \\ \mathbf{x}' &\overset{(12.1.16)}{=} -\gamma\boldsymbol{\beta}ct + \mathbf{x} + (\gamma - 1)(\mathbf{x} \cdot \hat{\boldsymbol{\beta}})\hat{\boldsymbol{\beta}} \end{aligned} \tag{12.4.2}$$

$$(\Lambda^{\kappa}{}_{\lambda}) = \begin{pmatrix} \gamma & -\gamma\boldsymbol{\beta}^{T} \\ -\gamma\boldsymbol{\beta} & \left(\delta_{kl} + (\gamma - 1)\hat{\beta}_{k}\hat{\beta}_{l}\right) \end{pmatrix}$$

Matrixdarstellung: Mittels (12.4.2) erhalten wir aus $(x'^{\mu}) = \Lambda \, (x^{\mu})$:

$$\Lambda(\boldsymbol{\beta}, \mathbf{0}) = \begin{pmatrix} \gamma & -\gamma\boldsymbol{\beta}^{T} \\ -\gamma\boldsymbol{\beta} & \mathsf{E} + (\gamma - 1)\hat{\boldsymbol{\beta}} \circ \hat{\boldsymbol{\beta}} \end{pmatrix}. \tag{12.4.3}$$

Das Symbol $\circ$ bezeichnet das tensorielle (dyadische) Produkt (A.1.15). Für kleine Werte von β ist $\gamma - 1 \approx \beta^{2}/2$.

Drehung

Die Drehung ist hier eine Operation, die nur auf die räumlichen Dimensionen der LT wirkt: $\mathbf{x}' = \mathsf{R}\mathbf{x}$. Sie kann aufgefasst werden als

1. abstrakte Operation, die das Skalarprodukt $\mathbf{x} \cdot \mathbf{x} = \mathbf{x}' \cdot \mathbf{x}'$ invariant lässt, als
2. Matrixoperation, bei der ein Punkt P gegenüber einer festen Basis gedreht wird (aktive Drehung), oder als
3. Matrixoperation, bei der die Basis gegenüber einem raumfesten Punkt verdreht wird (passive Drehung).

In der hier verwendeten Notation wird nicht zwischen aktiver und passiver Drehung[14] unterschieden. Sind $\boldsymbol{\alpha}$ die beliebig orientierte Drehachse und α der im mathematisch positiven Sinn (Rechtsschraubenregel) gegebene Drehwinkel, so ist [§1.3, Sexl, Urbantke, 1976; Iro, 2002, (8.13)]

$$\mathbf{x}' = \mathbf{x}\cos\alpha + (\hat{\boldsymbol{\alpha}} \cdot \mathbf{x})\hat{\boldsymbol{\alpha}}(1 - \cos\alpha) + \hat{\boldsymbol{\alpha}} \times \mathbf{x}\sin\alpha, \qquad \hat{\boldsymbol{\alpha}} = \boldsymbol{\alpha}/\alpha. \tag{12.4.4}$$

Die Matrix einer Drehung ist

---

[14] Man kann zwischen der Drehung des Vektors $x_{k} \to x'_{k}$ und der Drehung des KS: $\mathbf{e}_{k} \to \mathbf{e}'_{k} \Leftrightarrow x_{k} \to x_{k'}$ unterscheiden.

$$\begin{pmatrix} 1 & \mathbf{0}^T \\ \mathbf{0} & \mathsf{R} \end{pmatrix} \quad \text{mit} \quad R^k{}_l = \delta_{kl}\cos\alpha + \hat{\alpha}_k\hat{\alpha}_l(1-\cos\alpha) + \epsilon_{kjl}\hat{\alpha}_j\sin\alpha. \quad (12.4.5)$$

Da $\boldsymbol{\beta}$ und $\boldsymbol{\alpha}$ Vektoren aus dem dreidimensionalen euklidischen Raum sind, unterscheiden wir bei diesen nicht zwischen ko- und kontravarianten Komponenten. Drehmatrizen sind orthogonal, d.h. $\mathsf{R}^T = \mathsf{R}^{-1}$. Zur Bestimmung des Drehwinkels kann die Invarianz der Spur herangezogen werden:

$$\cos\alpha = \frac{1}{2}\Big(\sum_k R^k{}_k - 1\Big), \qquad (12.4.6)$$

wobei der Drehwinkel zwischen $0 \le \alpha \le \pi$ variiert. Drehungen mit $\alpha > \pi$ beschreibt man mit $\alpha' = 2\pi - \alpha$. Die Drehachse wechselt dabei die Richtung: $\boldsymbol{\alpha}' = -\boldsymbol{\alpha}$. Damit ist die Drehung eindeutig beschrieben, ausgenommen für $\alpha = \pi$, wo $\Lambda(\boldsymbol{\beta}, \boldsymbol{\alpha}) = \Lambda(\boldsymbol{\beta}, -\boldsymbol{\alpha})$.

Die Drehachse wird aus der Differenz $R^k{}_l - R^l{}_k$ bestimmt:

$$\hat{\alpha}_i\sin\alpha = -\frac{1}{4}\epsilon_{ikl}\big(R^k{}_l - R^l{}_k\big). \qquad (12.4.7)$$

Boost und Drehung

Die allgemeine LT (12.4.1) setzt sich aus Boost und Drehung [Sexl, Urbantke, 1976, §6.1] zusammen

$$\begin{aligned} \begin{pmatrix} \bar{x}^0 \\ \bar{\mathbf{x}} \end{pmatrix} &= \begin{pmatrix} 1 & \mathbf{0}^T \\ \mathbf{0} & \mathsf{R} \end{pmatrix} \begin{pmatrix} \gamma & -\gamma\boldsymbol{\beta}^T \\ -\gamma\boldsymbol{\beta} & \mathsf{E} + (\gamma-1)\hat{\boldsymbol{\beta}}\circ\hat{\boldsymbol{\beta}} \end{pmatrix} \begin{pmatrix} x^0 \\ \mathbf{x} \end{pmatrix} \\ &= \begin{pmatrix} \gamma & -\gamma\boldsymbol{\beta}^T \\ -\gamma\mathsf{R}\boldsymbol{\beta} & \mathsf{R} + (\gamma-1)(\mathsf{R}\hat{\boldsymbol{\beta}})\circ\hat{\boldsymbol{\beta}} \end{pmatrix} \begin{pmatrix} x^0 \\ \mathbf{x} \end{pmatrix}. \end{aligned} \qquad (12.4.8)$$

Wird zuerst gedreht, so bleibt das Ergebnis wegen $\boldsymbol{\beta}' = \mathsf{R}\boldsymbol{\beta}$ ungeändert. Von Interesse ist vor allem der umgekehrte Weg, d.h. aus den Elementen einer gegebenen LT auf Geschwindigkeit und Drehung rückzuschließen. Wir gehen davon aus, dass Λ keine Zeit- oder Raumspiegelungen enthält[15]:

$$\gamma = \Lambda^0{}_0, \qquad \beta_k = -\Lambda^0{}_k/\gamma, \qquad \sum_k \big(\Lambda^0{}_k\big)^2 = \beta^2\gamma^2. \qquad (12.4.9)$$

$$\mathsf{R} = \Lambda - \frac{\gamma-1}{\beta^2}(\mathsf{R}\boldsymbol{\beta})\circ\boldsymbol{\beta} \quad \Leftrightarrow \quad R^k{}_l = \Lambda^k{}_l - \frac{1}{\gamma+1}\Lambda^k{}_0\Lambda^0{}_l. \qquad (12.4.10)$$

Auf der rechten Seite haben wir

$$(\gamma-1)/\beta^2 = \gamma^2/(\gamma+1) \qquad (12.4.11)$$

eingesetzt. Die detaillierte Rechnung ist Übungsaufgabe (12.5). Drehwinkel und Drehachse sind mittels (12.4.6) bzw. (12.4.7) zu bestimmen.

---

[15] Für $L^0{}_0 < 0$ ist zuvor eine Zeitspiegelung T auszuführen; analoges gilt für die Raumspiegelung.

12.4.2 Addition von Geschwindigkeiten

Allgemeines Geschwindigkeitsadditionstheorem

Im Inertialsystem S' bewegt sich ein Teilchen mit $\boldsymbol{\beta}' = \mathbf{v}'/c$, wie in Abb. 12.21 skizziert. S' wiederum bewegt sich mit $\boldsymbol{\beta} = \mathbf{v}/c$ gegenüber S. Gesucht ist die Geschwindigkeit $\boldsymbol{\beta}'' = \mathrm{d}\mathbf{x}/\mathrm{d}x^0$, mit der sich das Teilchen in S bewegt.

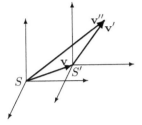

Abb. 12.21. In S' bewegt sich ein Teilchen mit $\mathbf{v}'$, wobei S' gegenüber S die Geschwindigkeit $\mathbf{v}$ hat. Zu berechnen ist die Geschwindigkeit $\mathbf{v}'' = \mathrm{d}\mathbf{x}/\mathrm{d}t$ des Teilchens in S. Nicht skizziert ist die Verkürzung der von S aus gesehenen Achsen von S' (und umgekehrt); so wäre das Teilchen auch bei Vertauschung von $\mathbf{v} \leftrightarrows \mathbf{v}'$ an einem anderen Ort

Zunächst benötigt man die Umkehrtransformation von (12.4.2), die durch Ersetzung von $\mathbf{v} \to -\mathbf{v}$ aus (12.4.2) hervorgeht:

$$x^0 = \gamma(x'^0 + \boldsymbol{\beta}\cdot\mathbf{x}'), \tag{12.4.12}$$

$$\mathbf{x} = \gamma\beta x'^0 + \mathbf{x}' + (\gamma-1)(\hat{\boldsymbol{\beta}}\cdot\mathbf{x}')\hat{\boldsymbol{\beta}}.$$

Zur Zeit $t' = 0$ befand sich das Teilchen am Ursprung von S', so dass $\mathbf{x}' = \boldsymbol{\beta}'x'^0$:

$$x^0 = \gamma(x'^0 + \boldsymbol{\beta}\cdot\boldsymbol{\beta}'\,x'^0), \tag{12.4.13}$$

$$\mathbf{x} = \gamma\beta x'^0 + \boldsymbol{\beta}'x'^0 + (\gamma-1)(\hat{\boldsymbol{\beta}}\cdot\boldsymbol{\beta}')\hat{\boldsymbol{\beta}}\,x'^0.$$

Aus der ersten Gleichung erhält man als Folge der Zeitdilatation

$$\frac{\mathrm{d}x'^0}{\mathrm{d}x^0} = \frac{\mathrm{d}t'}{\mathrm{d}t} = \frac{1}{\gamma(1 + \boldsymbol{\beta}\cdot\boldsymbol{\beta}')}. \tag{12.4.14}$$

Mit der Kettenregel $\boldsymbol{\beta}'' = \dfrac{\mathrm{d}\mathbf{x}}{\mathrm{d}x^0} = \dfrac{\mathrm{d}\mathbf{x}}{\mathrm{d}x'^0}\dfrac{\mathrm{d}x'^0}{\mathrm{d}x^0}$ ergibt sich aus (12.4.13)

$$\boldsymbol{\beta}'' = \frac{\gamma\beta + \boldsymbol{\beta}' + (\gamma-1)(\hat{\boldsymbol{\beta}}\cdot\boldsymbol{\beta}')\hat{\boldsymbol{\beta}}}{\gamma(1 + \boldsymbol{\beta}\cdot\boldsymbol{\beta}')} = \frac{\boldsymbol{\beta} + \boldsymbol{\beta}'_\parallel + \boldsymbol{\beta}'_\perp/\gamma}{1 + \boldsymbol{\beta}\cdot\boldsymbol{\beta}'}. \tag{12.4.15}$$

(12.4.15) ist das *allgemeine Geschwindigkeitsadditionstheorem* für die Addition beliebig gerichteter Geschwindigkeiten. Der rechte Ausdruck ist einfacher zu merken, da zuerst $\boldsymbol{\beta}'_\parallel = (\boldsymbol{\beta}'\cdot\hat{\boldsymbol{\beta}})\hat{\boldsymbol{\beta}}$ zu $\boldsymbol{\beta}$ nach dem „üblichen" Additionstheorem addiert wird und dann $\boldsymbol{\beta}'_\perp = \hat{\boldsymbol{\beta}}\times(\boldsymbol{\beta}'\times\hat{\boldsymbol{\beta}})$ hinzukommt, wobei der Faktor γ^{-1} der Zeitdilatation zuzuschreiben ist, wie im Folgenden erwähnt wird.

Vertauscht man in Abb. 12.21 $\mathbf{v} \leftrightarrows \mathbf{v}'$, so bleibt zwar $|\boldsymbol{\beta}''|$ ungeändert, aber die Richtung von $\boldsymbol{\beta}''$ ist eine andere. Wir werden darauf bei der Multiplikation zweier Lorentz-Transformationen, Seite 491, eingehen.

Addition paralleler Geschwindigkeiten

Ist nun $\boldsymbol{\beta}'$ parallel zu $\boldsymbol{\beta}$, so vereinfacht sich (12.4.15) zum *Geschwindigkeits-additionstheorem*

$$\boldsymbol{\beta}'' = \frac{\beta + \beta'}{1 + \beta\beta'}\,\hat{\boldsymbol{\beta}} \qquad \Leftrightarrow \qquad v'' = \frac{v + v'}{1 + vv'/c^2}\,, \qquad (12.4.16)$$

wobei v und v' bei antiparalleler Bewegung entgegengesetzte Vorzeichen haben. Sei $v/c = \beta = \tanh\eta$, so lautet die Geschwindigkeitsaddition

$$\beta'' = \tanh\eta'' = \tanh(\eta + \eta')\,.$$

Da $|\tanh\eta| \leq 1$, ist die Aussage dieser Gleichung, dass die Addition von zwei Geschwindigkeiten, die jeweils kleiner oder gleich der Lichtgeschwindigkeit sind, eine Geschwindigkeit $v'' \leq c$ ergibt. Die Lichtgeschwindigkeit ist also eine Grenzgeschwindigkeit. Es gilt

$$\begin{aligned} \text{für} \quad v, v' &\ll c &\Rightarrow\quad v'' &= v + v',\\ \text{für} \quad v \;\;\text{und/oder}\;\; v' &= c \Rightarrow\quad v'' &= \frac{v + v'}{1 + vv'/c^2} = c. \end{aligned}$$

Addition orthogonaler Geschwindigkeiten

Wenn $\boldsymbol{\beta}' \perp \boldsymbol{\beta}$, so vereinfacht sich (12.4.15) zu

$$\boldsymbol{\beta}'' = \boldsymbol{\beta} + \boldsymbol{\beta}'/\gamma\,. \qquad (12.4.17)$$

Da in S' die zu $\boldsymbol{\beta}$ senkrechten Komponenten unverkürzt sind, ist einzusehen, dass die Verlangsamung der zu $\boldsymbol{\beta}$ senkrechten Komponente der Geschwindigkeit der Zeitdilatation zuzuschreiben ist: $\mathrm{d}x'/\mathrm{d}t' = \mathrm{d}x'/(\gamma\mathrm{d}t)$.

Unerreichbarkeit der Lichtgeschwindigkeit

Eine Folge aus der Geschwindigkeitsaddition (12.4.16) war, dass c eine Grenzgeschwindigkeit ist, die durch Addition zweier Geschwindigkeiten $\beta = v/c = 1 - \epsilon$ und $\beta' = v'/c = 1 - \epsilon'$ nicht erreicht werden kann:

$$\beta'' = \frac{\beta + \beta'}{1 + \beta\beta'} = \frac{2 - \epsilon - \epsilon'}{2 - \epsilon - \epsilon' + \epsilon\epsilon'} < 1\,.$$

In einer eher umständlichen Rechnung erhält man aus (12.4.15)

$$\gamma'' = \frac{1}{\sqrt{1 - \beta''^2}} = \gamma\gamma'(1 + \boldsymbol{\beta} \cdot \boldsymbol{\beta}')$$

(der einfachere Weg wäre die Multiplikation zweier Boost's (12.4.21)). Man sieht unmittelbar, dass β'' seinen maximalen Wert hat, wenn $\boldsymbol{\beta}\|\boldsymbol{\beta}'$ und seinen minimalen, wenn β und β' antiparallel sind. Für parallele Geschwindigkeiten haben wir bereits gezeigt, dass c eine Grenzgeschwindigkeit ist. Wir können noch verifizieren, dass $\gamma'' \geq 1$, unabhängig von den Richtungen der Geschwindigkeiten:

$$\gamma''^2{}_{\min} = \frac{(1 - \beta\beta')^2}{(1 - \beta^2)(1 - \beta'^2)} \geq 1 .$$

Eine Überlichtgeschwindigkeit wird daher nicht erreicht. Diese hätte ein akausales Verhalten zur Folge, da ein Signal, das zur Zeit $t' = t = 0$ ausgesandt wird, zur Zeit $t'(P) < 0$ in $x'(P)$ einlangen würde.

Geschwindigkeit eines Teilchens in verschiedenen Inertialsystemen

Ein Teilchen bewege sich in S mit der Geschwindigkeit $\mathbf{w} = \frac{d\mathbf{x}}{dt}$. In dem gegen S mit $\mathbf{v}$ bewegten System S' habe das Teilchen die Geschwindigkeit $\mathbf{w}' = \frac{d\mathbf{x}'}{dt}$.

Das ist genau die Situation, die wir bei der Geschwindigkeitsaddition (siehe Abb. 12.21, Seite 487) hatten: $\mathbf{w}\widehat{=}\mathbf{v}''$ und $\mathbf{w}'\widehat{=}\mathbf{v}'$. Mithilfe des allgemeinen Additionstheorems für Geschwindigkeiten (12.4.15) können wir $\mathbf{w} = \mathbf{v} + \mathbf{w}'$ angeben, wobei daran erinnert werden soll, dass diese Addition im Allgemeinen nicht kommutativ ist:

$$w_\| = \frac{w'_\| + v}{1 + \mathbf{v} \cdot \mathbf{w}'/c^2} , \qquad \mathbf{w}_\perp = \frac{\mathbf{w}'_\perp}{\gamma(1 + \mathbf{v} \cdot \mathbf{w}'/c^2)} , \qquad (12.4.18)$$

$$w'_\| = \frac{w_\| - v}{1 - \mathbf{v} \cdot \mathbf{w}/c^2} , \qquad \mathbf{w}'_\perp = \frac{\mathbf{w}_\perp}{\gamma(1 - \mathbf{v} \cdot \mathbf{w}/c^2)} . \qquad (12.4.19)$$

Bei Vertauschung von $\mathbf{w} \leftrightarrows \mathbf{w}'$ ist nur $\mathbf{v}$ durch $-\mathbf{v}$ zu ersetzen.

Aberration des Lichtes

Von einem Körper wird Licht in der Richtung $\mathbf{w}'$ mit $w' = c$ ausgesandt. Dieser Körper bewegt sich mit $\mathbf{v} = v\mathbf{e}_x$ gegen einen Beobachter, für den das Licht aus der Richtung $\mathbf{w}$ ($w = c$) zu kommen scheint. Soweit $\mathbf{v}$ nicht parallel (oder antiparallel) zu $\mathbf{w}'$ ist, wird das Licht abgelenkt, was bedeutet, dass $\mathbf{w}$ und $\mathbf{w}'$ nicht parallel sind. Diese Ablenkung von $\mathbf{w}'$ nach $\mathbf{w}$ wird als Aberration bezeichnet.

Gegeben seien also zwei Bezugssysteme, S und S', wobei sich S' gegen S mit $\mathbf{v}$ bewegt. Ein Teilchen bewege sich mit $\mathbf{w}'$ gegenüber dem System S'; in S hat es dann die Geschwindigkeit $\mathbf{w} = \mathbf{v} + \mathbf{w}'$.

Der Zusammenhang von $\mathbf{w}$ mit $\mathbf{w}'$ ist durch (12.4.18) gegeben. Von Interesse sind hier die unterschiedlichen Winkel, die $\mathbf{w}$ und $\mathbf{w}'$ mit der x-Achse einschließen. Abb. 12.22 skizziert den Spezialfall mit $\alpha = 90°$. Es gilt

$$\tan \alpha = \frac{w_z}{w_x} \qquad \begin{cases} w_x = w \cos \alpha \\ w_y = 0 \\ w_z = w \sin \alpha \end{cases}, \qquad \tan \alpha' = \frac{w'_z}{w'_x} \qquad \begin{cases} w'_x = w' \cos \alpha' \\ w'_y = 0 \\ w'_z = w' \sin \alpha' \end{cases},$$

$$\tan \alpha = \frac{w_z}{w_x} = \frac{w'_z}{\gamma(w'_x + v)} = \frac{w' \sin \alpha'}{w' \cos \alpha' + v} \sqrt{1 - \beta^2},$$

$$\tan \alpha' = \frac{w'_z}{w'_x} = \frac{w_z}{\gamma(w_x - v)} = \frac{w \sin \alpha}{w \cos \alpha - v} \sqrt{1 - \beta^2}.$$

Betrachtet wird ein in S senkrecht einfallender Lichtstrahl

$$w = c, \qquad\qquad \alpha = \frac{\pi}{2}, \qquad\qquad \tan \alpha' = -\frac{c}{v} \sqrt{1 - \frac{v^2}{c^2}}.$$

Im System S' fällt der Strahl nicht mehr senkrecht ein, sondern ist um den

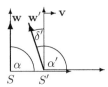

Abb. 12.22. S' bewege sich gegen S mit $\mathbf{v} = v\mathbf{e}_x$. Ein Teilchen, das sich mit $\mathbf{w}'$ in der xz-Ebene in S' bewegt, hat in S die Geschwindigkeit $\mathbf{w}$. Angenommen ist hier, dass das Teilchen ein Lichtstrahl ist, der in S unter $\alpha = 90°$ beobachtet wird; er erscheint um δ' gedreht

Winkel $\delta' = \alpha' - \frac{\pi}{2}$ gedreht, was als Aberration bezeichnet wird.

$$\tan \delta' = \tan(\alpha' - \frac{\pi}{2}) = \frac{-\cos \alpha'}{\sin \alpha'} = \frac{-1}{\tan \alpha'} = \frac{v/c}{\sqrt{1 - v^2/c^2}} \approx \frac{v}{c} \approx 10^{-4}.$$

Scheinwerfereffekt

Bewegt sich ein Beobachter sehr schnell, so wird er die Umgebung vor sich in einem kleinen Winkelbereich um die Richtung von $\mathbf{v}$ heller sehen als die seitlichen Bereiche. Die hinter ihm liegenden Teile erscheinen dagegen dunkler. Es ist so, wie wenn man die Umgebung in Richtung der Bewegung mit einem Scheinwerfer ausleuchtet (headlight effect).

Wir betrachten hier ein sehr schnell, nahe vorbeifliegendes Objekt. Seine Geschwindigkeit sei $\mathbf{v} = v\,\mathbf{e}_x$ und das von ihm unter dem Winkel α' ausgesandte Licht $\mathbf{w}'$ hat in S die Richtung $\mathbf{w}$ und wird dort, wie in Abb. 12.22 skizziert, unter dem Winkel α beobachtet ($\beta = v/c$)

$$\tan \alpha = \frac{w_z}{w_x} = \frac{c \sin \alpha'}{c \cos \alpha' + v} \sqrt{1 - \beta^2} \overset{\alpha' \ll 1}{\approx} \tan \alpha' \frac{1}{1 + \beta} \sqrt{1 - \beta^2} = \tan \alpha' \sqrt{\frac{1 - \beta}{1 + \beta}}.$$

Der Winkelbereich $[-\alpha', \alpha']$ von S' wird also in einen um $\sqrt{(1 - \beta)/(1 + \beta)}$ kleineren Bereich abgebildet und daher dementsprechend heller. Umgekehrt wird das wegfliegende Objekt ($v \to -v$) um denselben Faktor dunkler gesehen. Erwähnt werden sollte, dass der zusätzlich auftretende Doppler-Effekt das Licht heranfliegender Objekte zu höheren Frequenzen verschiebt und das der wegfliegenden zu niedrigeren.

12.4.3 Multiplikation zweier Boosts

Es werden hier nochmals das allgemeine Geschwindigkeitsadditionstheorem (12.4.15) aus der Multiplikation zweier Boosts hergeleitet (siehe Abb. 12.23) und insbesondere die mit der Addition verbundene Drehung berechnet:

$$
\begin{pmatrix} \gamma'' & -\mathbf{a}^T \\ -\mathbf{b} & \mathsf{D} \end{pmatrix} = \begin{pmatrix} \gamma' & -\gamma'\boldsymbol{\beta}'^T \\ -\gamma'\boldsymbol{\beta}' & \mathsf{E}+(\gamma'-1)\hat{\boldsymbol{\beta}}'\circ\hat{\boldsymbol{\beta}}' \end{pmatrix} \begin{pmatrix} \gamma & -\gamma\boldsymbol{\beta}^T \\ -\gamma\boldsymbol{\beta} & \mathsf{E}+(\gamma-1)\hat{\boldsymbol{\beta}}\circ\hat{\boldsymbol{\beta}} \end{pmatrix}
$$

$$
= \begin{pmatrix} \gamma'' & -\gamma''\boldsymbol{\beta}''^T \\ -\gamma''\mathsf{R}\boldsymbol{\beta}'' & \mathsf{R}+(\gamma''-1)(\mathsf{R}\hat{\boldsymbol{\beta}}'')\circ\hat{\boldsymbol{\beta}}'' \end{pmatrix}. \tag{12.4.20}
$$

Die Multiplikation der beiden Boosts ergibt für die erste Zeile

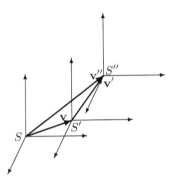

Abb. 12.23. S' bewegt sich relativ zu S mit $\mathbf{v}$ und S'' relativ zu S' mit $\mathbf{v}'$; von S aus gesehen sind die Achsen von S'' nicht nur verkürzt, sondern auch verdreht, was nicht eingezeichnet ist

$$
\gamma'' = \gamma'\gamma(1+\boldsymbol{\beta}'\cdot\boldsymbol{\beta}), \tag{12.4.21}
$$

$$
\boldsymbol{\beta}'' = \frac{\mathbf{a}}{\gamma''} = \frac{1}{\gamma\gamma'(1+\boldsymbol{\beta}\cdot\boldsymbol{\beta}')}\,\gamma'\Big[\gamma\boldsymbol{\beta}+\boldsymbol{\beta}'+(\gamma-1)(\hat{\boldsymbol{\beta}}\cdot\boldsymbol{\beta}')\hat{\boldsymbol{\beta}}\Big].
$$

Damit haben wir auf einfache Art das allgemeine Geschwindigkeitsadditionstheorem hergeleitet und zugleich gezeigt, dass $\boldsymbol{\beta}''$ nicht von der Reihenfolge der Boosts abhängt. Die Berechnung der restlichen Zeilen, insbesondere von D ist etwas mühsam[16]:

$$
\mathbf{b} = \gamma\Big[\boldsymbol{\beta}+\gamma'\boldsymbol{\beta}'+(\gamma'-1)(\boldsymbol{\beta}\cdot\hat{\boldsymbol{\beta}}')\hat{\boldsymbol{\beta}}'\Big], \tag{12.4.22}
$$

$$
\mathsf{D} = \mathsf{E}+(\gamma-1)(\hat{\boldsymbol{\beta}}\circ\hat{\boldsymbol{\beta}})+(\gamma'-1)(\hat{\boldsymbol{\beta}}'\circ\hat{\boldsymbol{\beta}}')+\gamma\gamma'\Big[1+\frac{\gamma}{\gamma+1}\frac{\gamma'}{\gamma'+1}\boldsymbol{\beta}\cdot\boldsymbol{\beta}'\Big]\boldsymbol{\beta}'\circ\boldsymbol{\beta}.
$$

Die Drehung ist durch (12.4.10)

$$
\mathsf{R} = \mathsf{D}-(\gamma''-1)(\mathsf{R}\hat{\boldsymbol{\beta}}'')\circ\hat{\boldsymbol{\beta}}'' = \mathsf{D}-\frac{1}{\gamma''+1}\,\mathbf{b}\circ\mathbf{a} \tag{12.4.23}
$$

---

[16] $(\mathbf{v}\circ\mathbf{v})(\mathbf{w}\circ\mathbf{w}) = (\mathbf{v}\cdot\mathbf{w})(\mathbf{v}\circ\mathbf{w})$

gegeben. Die Drehachse kann aus dem antisymmetrischen Teil der Drehmatrix (12.4.5) bestimmt werden. Es müssen das Terme der Form

$$\left[\boldsymbol{\beta} \circ \boldsymbol{\beta}' - \boldsymbol{\beta}' \circ \boldsymbol{\beta} \right]_{ij} = \epsilon_{ijk} \left[\boldsymbol{\beta} \times \boldsymbol{\beta}' \right]_k$$

sein. $\boldsymbol{\alpha} \propto \pm \boldsymbol{\beta} \times \boldsymbol{\beta}'$ gibt die Drehachse an, wobei das Vorzeichen aus dem Drehwinkel $0 \leq \alpha \leq \pi$ folgt.

Von Interesse ist der Fall, in dem $\boldsymbol{\beta}' \ll 1$, so dass in $\Lambda(\boldsymbol{\beta}'', \boldsymbol{\alpha})$ nur Terme linear in $\boldsymbol{\beta}'$ zu berücksichtigen sind. Die entsprechende Entwicklung von (12.4.23) – Aufgabe 12.7 – ergibt die infinitesimale Drehung $\boldsymbol{\alpha}$:

$$\mathsf{R}^i{}_j = \delta^i{}_j + \frac{\gamma}{\gamma+1} \, \epsilon_{ijk} \left[\boldsymbol{\beta} \times \boldsymbol{\beta}' \right]_k = \delta^i{}_j - \epsilon_{ijk}\alpha_k . \tag{12.4.24}$$

Die (infinitesimale) Drehung ist gemäß (12.4.4)

$$\mathbf{x}' = \mathbf{x} + \boldsymbol{\alpha} \times \mathbf{x} \quad \Rightarrow \quad \boldsymbol{\alpha} = \frac{\gamma}{\gamma+1} \boldsymbol{\beta}' \times \boldsymbol{\beta}, \quad \alpha = \frac{\gamma-1}{\gamma} \frac{\beta'}{\beta} \sin\left(\sphericalangle \boldsymbol{\beta}', \boldsymbol{\beta}\right). \tag{12.4.25}$$

Thomas-Präzession

Wir gehen nun von der Vorstellung aus, dass S' kein Inertialsystem ist, sondern eine konstante kreisförmige Rotation in Bezug auf S ausführt. In S hat S' dann nach kurzer Zeit Δt die Geschwindigkeit in 1. Ordnung von Δt:

$$\boldsymbol{\beta}'' = \boldsymbol{\beta}(t) + \Delta\boldsymbol{\beta} \approx \boldsymbol{\beta} + \frac{d\boldsymbol{\beta}}{dt} \Delta t \overset{(12.4.17)}{=} \boldsymbol{\beta} + \frac{\boldsymbol{\beta}'}{\gamma}.$$

Damit kann die in der Zeit Δt erfolgte Drehung (12.4.25) samt der zugehörigen Winkelgeschwindigkeit $\lim\limits_{\Delta \to 0} \Delta\boldsymbol{\alpha}/\Delta t$ angegeben werden:

$$\Delta\boldsymbol{\alpha} = \frac{\gamma^2}{\gamma+1} \Delta\boldsymbol{\beta} \times \boldsymbol{\beta} \qquad \Rightarrow \qquad \boldsymbol{\omega}_T = -\frac{\gamma^2}{\gamma+1} \boldsymbol{\beta} \times \frac{d\boldsymbol{\beta}}{dt}. \tag{12.4.26}$$

$\boldsymbol{\omega}_T$ ist die sogenannte *Thomas-Präzession*; sie ist eine Folge der durch die Raum-Zeit-Kopplung der LT auftretende Drehung bei der Multiplikation zweier Boosts. Die Thomas-Präzession ist damit ein kinematischer, relativistischer Effekt; dass es sich um einen relativistischen Effekt handelt, wird auch aus $\lim\limits_{c \to \infty} \omega_T = 0$ deutlich. Wir kommen auf die Thomas-Präzession im Abschnitt 14.3.3 zurück, um die Spin-Bahn-Kopplung eines Elektrons zu berechnen.

Anmerkung: Ohne die Beschränkung auf eine kreisförmige Bewegung mit konstanter Geschwindigkeit β erhält man mithilfe des Additionstheorems (12.4.15) die zu $\boldsymbol{\beta}'$ linearen Beiträge

$$\frac{\boldsymbol{\beta}'}{\gamma} = \Delta\boldsymbol{\beta} + \frac{\boldsymbol{\beta} \cdot \boldsymbol{\beta}'}{1+\gamma} \boldsymbol{\beta},$$

wobei der Zusatzterm proportional $\boldsymbol{\beta}$ ist und somit zu ω_T beiträgt.

12.4.4 Doppler-Effekt

Wenn eine bewegte Lichtquelle Strahlung der Frequenz ω_0 aussendet, so sieht der ruhende Beobachter die Strahlung mit der Frequenz ω. Es ist das der analoge Effekt zu den Schallwellen, bei dem wir das Pfeifsignal eines herannahenden Zuges in einem höheren Ton hören als das des sich entfernenden.

Die Lichtquelle bewege sich in x-Richtung, wie in Abb. 12.24 skizziert, mit der Geschwindigkeit $\mathbf{v} = v\,\mathbf{e}_x$ und sende Licht der Frequenz ω_0 aus. Der

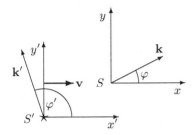

Abb. 12.24. Eine Lichtquelle S' bewegt sich mit $\mathbf{v}$ gegen S und sendet Licht der Frequenz $\omega' = \omega_0$ aus. Licht, das von S' in Richtung φ' ausgeht, wird in S unter φ beobachtet

vierdimensionale Wellenvektor hat die Form

$$(k^\mu) = (\omega/c,\, \mathbf{k}) \qquad \text{mit} \qquad k_\mu k^\mu = 0\,. \qquad (12.4.27)$$

(k^μ) ist ein lichtartiger Vektor mit der Dispersionsrelation $\omega = kc$ als Invariante. Um die Frequenzverschiebung im System S allgemein zu beschreiben, genügt es, sich im System S' auf die $x'y'$-Ebene zu beschränken.

Wir gehen von einer Frequenz ω und einem Winkel φ aus unter denen wir die Quelle S' beobachten, und können so auf $\omega' = k'c$ und $\mathbf{k}' = k'\cos\varphi'\,\mathbf{e}_{x'} + \sin\varphi'\,\mathbf{e}_{y'}$ rückschließen:

$$(k'^\mu) = \begin{pmatrix} \gamma & -\beta\gamma & 0 & 0 \\ -\beta\gamma & \gamma & 0 & 0 \\ 0 & 0 & 1 & 0 \\ 0 & 0 & 0 & 1 \end{pmatrix} k \begin{pmatrix} 1 \\ \cos\varphi \\ \sin\varphi \\ 0 \end{pmatrix} = k \begin{pmatrix} \gamma(1 - \beta\cos\varphi) \\ \gamma(-\beta + \cos\varphi) \\ \sin\varphi \\ 0 \end{pmatrix}. \qquad (12.4.28)$$

Im Detail ergibt das

$$\omega' \equiv \omega_0 = \omega\gamma\big(1 - \beta\,\cos\varphi\big), \qquad (12.4.29)$$

$$\cos\varphi' = \frac{k\gamma}{k'}\big(-\beta + \cos\varphi\big) = \frac{-\beta + \cos\varphi}{1 - \beta\cos\varphi}, \qquad (12.4.30)$$

$$\sin\varphi' = \frac{k}{k'}\sin\varphi = \frac{\sin\varphi}{\gamma\big(1 - \beta\cos\varphi\big)}. \qquad (12.4.31)$$

Im ruhenden System S ist die Frequenz der Lichtquelle gemäß (12.4.29)

$$\omega = \frac{\omega_0}{\gamma\big(1 - \beta\,\cos\varphi\big)}\,. \qquad (12.4.32)$$

Die Ablenkung, die das von S' unter φ' ausgehende Signal erfährt, die Aberration, ist durch (12.4.30) und (12.4.31) bestimmt. Wir unterscheiden:

1. *Longitudinaler Doppler-Effekt*

Die Lichtquelle bewege sich in x-Richtung mit der Geschwindigkeit $\mathbf{v} = v\,\mathbf{e}_x$ auf einen Beobachter in S zu. Beobachtet wird unter $\varphi = 0$, d.h. $(k^\mu) = (k\; k\; 0\; 0)$. In S beobachtet man somit

$$\omega = \omega_0 \sqrt{\frac{1+\beta}{1-\beta}} \qquad \text{und} \qquad \cos\varphi' = 1, \qquad \text{d.h.} \qquad \varphi' = 0.$$

Entfernt sich die Lichtquelle unter $\varphi = \pi$, so ist $\varphi' = \pi$ und $\omega = \omega_0\gamma(1-\beta)$.

2. *Transversaler Doppler-Effekt*

Die Lichtquelle bewege sich weiterhin mit $\mathbf{v} = v\mathbf{e}_x$, nur wird das von S' ausgesandte Licht unter dem Winkel $\varphi = \pi/2$ beobachtet. Man hat so $(k^\mu) = (k\; 0\; k\; 0)$ und es ist $\mathbf{k} \perp \mathbf{v}$. Aus (12.4.32) folgt

$$\omega = \omega_0 \sqrt{1 - \beta^2}. \tag{12.4.33}$$

Aus $\cos\varphi' = -\beta$ folgt, dass in S' die Wellen „rückwärts" ausgestrahlt werden und erst durch die Aberration vom ruhenden Beobachter unter $\pi/2$ gesehen werden. Die Frequenz $\omega \approx \omega_0(1 - v^2/(2c^2))$ ist also niedriger, unabhängig vom Vorzeichen von $\mathbf{v}$ und wir haben einen Effekt von 2. Ordnung in $\beta = v/c$ vor uns. In nicht relativistischer Näherung tritt im transversalen Fall keine Frequenzverschiebung auf. Zum transversalen Doppler-Effekt tragen nur Signale bei, die in S' im Bereich $\pi/2 < \varphi' < \pi$ ausgestrahlt werden, also „rückwärts" gerichtet sind und durch die Aberration unter $\varphi = \pi/2$ beobachtet werden.

Die Abnahme der Frequenz beim transversalen Doppler-Effekt ist auf Zeitdilatation zurückzuführen und war daher von prinzipiellem Interesse. Das Experiment von Ives-Stilwell [1938] war der erste Nachweis des transversalen Doppler-Effekts, wobei Kanalstrahlen (H-Ionen) mit Geschwindigkeiten von $\sim 10^6\,\mathrm{m\,s^{-1}}$ verwendet wurden.

Der auf die Zeitdilatation zurückzuführende Faktor von $\sqrt{1 - \beta^2}$ in (12.4.29) ist isotrop und daher auch in longitudinaler Richtung messbar. Der erste direkte Nachweis in transversaler Richtung wurde von Hasselkamp, Mondry, Scharmann [1979] durchgeführt.

3. *Allgemeiner Doppler-Effekt*

Für die sich entfernende Lichtquelle ist $\cos\varphi < 0$, was nach (12.4.32) eine Absenkung der Frequenz zur Folge hat. Bewegt sich die Lichtquelle auf den Beobachter zu, so ist, wenn

$$\gamma(1 - \beta\cos\varphi) = 1,$$

keine Frequenzverschiebung ($\omega = \omega_0$) zu erwarten. Beim klassischen nicht relativistischen Doppler-Effekt ist das stets bei $\varphi_0 = \pi/2$. Die Verschiebung $\varphi_0 < \pi/2$ ist Folge der SRT, und für ein vorgegebenes β_0 ist

$$\varphi_0 = \arccos\Big(\frac{1 - \sqrt{1 - \beta_0^2}}{\beta_0}\Big).$$

Abb. 12.25 zeigt diese Kurve, die den Fall $\omega > \omega_0$ von $\omega < \omega_0$ trennt. In S' werden die unter φ_0 ohne Frequenzverschiebung einfallenden Wellen im Winkel $\varphi_0' = \pi - \varphi_0$ ausgestrahlt ($k_x' = -k_x$ und $k_y' = k_y$). Wir gehen

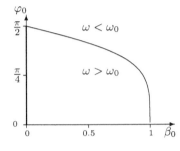

Abb. 12.25. Winkel φ_0 unter dem ein Objekt der Geschwindigkeit $\beta_0 < 1$ ohne Frequenzverschiebung beobachtet werden kann - inklusive des trivialen Falls $\beta_0 = 0$. Das Signal wird unter $\varphi_0' = \pi - \varphi_0$ ausgesandt

jetzt von der Lichtquelle S' aus und bestimmen (k^μ) aus der zu (12.4.28) inversen LT

$$\omega = \omega_0\gamma\big(1 + \beta \cos\varphi'\big) \qquad \text{und} \qquad \cos\varphi = \frac{\beta + \cos\varphi'}{1 + \beta \cos\varphi'}.$$

Der Zusammenhang zwischen $\omega \leftrightharpoons \omega_0$ und $\varphi \leftrightharpoons \varphi'$ ist durch die Ersetzung von $\mathbf{v}$ durch $-\mathbf{v}$ gegeben, wie es nach dem Relativitätsprinzip sein muss. Das trifft beim nicht relativistischen Doppler-Effekt nicht zu, wo man unterscheiden muss, ob sich der Beobachter oder die Quelle gegenüber dem Medium (Gas) bewegt.

Bei Quellen mit sehr hohen Geschwindigkeiten werden fast alle von S' ausgehenden Signale in einem kleinen Bereich $\varphi \approx 0$ beobachtet. Die empfangenen Frequenzen ω hängen aber von φ' ab, so dass um die Vorwärtsrichtung eine Verschiebung von blau nach rot einsetzt.

Bei einem schnell vorbeifliegenden Objekt wird man so zusätzlich zur Verzerrung und Verdrehung durch die Terrell-Rotation, zur Helligkeitsänderung durch den Scheinwerfer-Effekt, noch Farbänderungen durch den Doppler-Effekt beobachten können.

In nicht relativistischer Näherung ist $\mathbf{x}' = \mathbf{x} - \mathbf{v}t$. Man erhält die Frequenzverschiebung aus

$$\psi' = \mathrm{e}^{\mathrm{i}(\mathbf{k}'\cdot\mathbf{x}' - \omega_0 t)} = \mathrm{e}^{\mathrm{i}(\mathbf{k}'\cdot(\mathbf{x} - t\mathbf{v}) - \omega_0 t)} = \mathrm{e}^{\mathrm{i}(\mathbf{k}'\cdot\mathbf{x} - \omega t)},$$

was die Frequenzverschiebung von

$$\omega = \omega_0 + \mathbf{k}' \cdot \mathbf{v}$$

ergibt. Der in der nicht-relativistischen Physik auftretende Doppler-Effekt wird ebenfalls durch (12.4.32) beschrieben, aber mit $\gamma = 1$ und ist so die Näherung 1. Ordnung in β.

Aufgaben zu Kapitel 12

12.1. *Invarianz der Wellengleichung: Bedingungen an die Transformation.* In Anlehnung an eine Arbeit von Voigt [1887] versuchen wir die Transformation Λ (12.1.16) soweit einzugrenzen, dass der d'Alembert-Operator ($x_0 = ct$) invariant bleibt:

$$\Box = \frac{\partial^2}{\partial x_0^2} - \frac{\partial^2}{\partial \mathbf{x}^2} = \Box' = \frac{\partial^2}{\partial x_0'^2} - \frac{\partial^2}{\partial \mathbf{x}'^2} \qquad \begin{cases} x_0' = \gamma x_0 - \mathbf{a} \cdot \mathbf{x} \\ \mathbf{x}' = -\mathsf{D}\boldsymbol{\beta}\, x_0 + \mathsf{D}\,\mathbf{x} . \end{cases}$$

Zeigen Sie, dass $\mathbf{a} = \gamma\boldsymbol{\beta}$ und die Koeffizienten von D zusätzlich die sechs Bedingungen

$$\gamma^2(1-\beta^2) = \mathbf{q}_i^2 - (\mathbf{q}_i \cdot \boldsymbol{\beta})^2 \qquad \text{für} \quad i = 1,2,3 ,$$
$$(\mathbf{q}_i \cdot \boldsymbol{\beta})(\mathbf{q}_j \cdot \boldsymbol{\beta}) = \mathbf{q}_i \cdot \mathbf{q}_j \qquad \text{für} \quad i < j \qquad (12.4.34)$$

erfüllen müssen. Hierbei sind $\mathbf{q}_i^T = \begin{pmatrix} d_{i1} & d_{i2} & d_{i3} \end{pmatrix}$ die Zeilenvektoren von D.

12.2. *Invarianz der Wellengleichung: Bestimmung der Transformation.*

1. Zeigen Sie, dass aus (12.4.34) folgt, dass $\det \mathsf{D} = \gamma$ und $\det \Lambda = \gamma^2(1-\beta^2)$.
2. Bestimmen Sie mithilfe von (12.4.34) die Bedingungsgleichungen für R, wenn Sie die Zerlegung $\mathsf{D} = \mathsf{R}\,\mathsf{Q}$ mit $\mathsf{Q} = \mathsf{E} + (\gamma-1)\hat{\boldsymbol{\beta}} \circ \hat{\boldsymbol{\beta}}$ durchführen (siehe (12.4.3)). Q ersetzt, angewandt auf $\mathbf{x}$, die zu $\boldsymbol{\beta}$ parallele Komponente $\mathbf{x}_{\parallel}$ durch $\gamma\mathbf{x}_{\parallel}$.

$$\det \mathsf{R} = 1 \quad \text{u.} \quad \mathbf{r}_i \cdot \mathbf{r}_j = \mathbf{q}_i \cdot \mathbf{q}_j - \frac{\gamma^2-1}{\gamma^2\beta^2}(\mathbf{q}_i \cdot \boldsymbol{\beta})(\mathbf{q}_j \cdot \boldsymbol{\beta}) \quad \text{mit} \quad \mathbf{r}_i^T = \text{Zeilenvektor von } \mathsf{R}$$

3. Zu bestimmen ist γ als Funktion von β, was mithilfe von $\det \Lambda = 1$ gemacht werden kann. Zeigen Sie, dass dann die allgemeine Transformation ein Boost, gefolgt von einer Drehung ist.

12.3. *Universelle Geschwindigkeit in LT.* Wir haben in der Aufgabe 12.2 die Transformation

$$\begin{pmatrix} x_0' \\ \mathbf{x}' \end{pmatrix} = \begin{pmatrix} 1 & \mathbf{0}^T \\ \mathbf{0} & \mathsf{R} \end{pmatrix} \begin{pmatrix} \gamma & -\gamma\boldsymbol{\beta}^T \\ -\gamma\boldsymbol{\beta} & \mathsf{E} + (\gamma-1)\hat{\boldsymbol{\beta}} \circ \hat{\boldsymbol{\beta}} \end{pmatrix} \begin{pmatrix} x_0 \\ \mathbf{x} \end{pmatrix}, \qquad \gamma = \frac{1}{\sqrt{1-\beta^2}}$$

hergeleitet unter der die Wellengleichung invariant bleibt. Verwendet haben wir, dass $x_0 = ct$, aber keine Aussage zu x_0' gemacht. Eine andere Wahl als $x_0' = ct'$ siehe (12.4.3) widerspricht dem Relativitätsprinzip.

Zeigen Sie explizit, dass für Inertialsysteme auch in S' die Lichtgeschwindigkeit c sein muss, d.h., dass es in der LT nur eine (universelle) Geschwindigkeit gibt.

12.4. *Zwillingsparadoxon*: Castor begibt sich auf die Reise zum Sirius und kehrt dort angekommen, auf der Stelle um. Sein Raumschiff beschleunigt die erste Hälfte des Weges zum Sirius gleichmäßig mit $b_c = 981\,\mathrm{cm\,s^{-2}}$ und bremst dann ebenso gleichmäßig ab, so dass es beim Sirius zum Stillstand kommt. Die Rückreise verläuft auf gleiche Weise wie die Hinreise. Die Enfernung zum Sirius $l = 8.6$ Lichtjahre (oder $2.64\,\mathrm{parsec}$). $1\,\mathrm{parsec} = 3.0857 \times 10^{18}\,\mathrm{cm}$. Das Jahr wiederum hat ca. $3.1536 \times 10^7\,\mathrm{s}$.

Wie groß ist die maximale Geschwindigkeit, die das Raumschiff erreicht, wie lange dauert die Reise für Castor und wie lange hat der zurückgebliebene Zwillingsbruder Pollux auf Castor gewartet? Geben Sie die Weltlinie der Reise (inkl. Skizze) an.

Hinweis: Auf die gleichmäßige Beschleunigung wird auf Seite 528 eingegangen, siehe (14.1.12).

12.5. *Berechnung der Drehung* R *aus einer eingeschränkten LT*: $\Lambda(\beta, \boldsymbol{\alpha})$ sei eine eingeschränkte LT ($\Lambda^0{}_0 \geq 1$, $\det \Lambda = 1$). Stellen Sie diese Transformation als Produkt einer Drehung und eines Boosts dar und bestimmen Sie die Drehachse, d.h. verifizieren Sie (12.4.10).

12.6. *Zur allgemeinen Geschwindigkeitsaddition*: S' bewege sich mit $\mathbf{v} = v\mathbf{e}_x$ gegenüber S und S'' mit $\mathbf{v}'$ gegen S', wobei die Richtung von $\mathbf{v}'$ allgemein zu halten ist. Berechnen Sie durch Multiplikation von $\Lambda \Lambda'$ die Geschwindigkeit $\mathbf{v}'' = \mathbf{v} + \mathbf{v}'$ und γ'' und zeigen Sie, dass $|\mathbf{v}''| \leq c$.

1. Zeigen Sie, dass Sie für $\mathbf{v}' = v'\mathbf{e}_x$ die Formel für die Geschwindigkeitsaddition (12.4.16) erhalten.
2. Berechnen Sie $|\mathbf{v}''| = |\mathbf{v} + \mathbf{v}'|$ für eine allgemein gehaltene Richtung von $\mathbf{v}'$ und zeigen Sie, dass $v'' \leq c$.
   Hinweis: Es genügt $\Lambda''^0{}_0$ auszurechnen (warum?).
3. Berechnen Sie noch $\tilde{\mathbf{v}} = \mathbf{v}' + \mathbf{v}$. Worin unterscheidet sich $\tilde{\mathbf{v}}$ von $\mathbf{v}''$?

12.7. *Drehung*: Gegeben sind wiederum zwei reine Boosts $\Lambda(\beta, \mathbf{0})$ mit $\beta = \mathbf{v}/c$ und $\Lambda(\beta', \mathbf{0})$ mit $\beta' = \mathbf{v}'/c$. Die resultierende LT enthält neben der Geschwindigkeit β'' auch eine Drehung $\boldsymbol{\alpha}$: $\Lambda(\beta'', \boldsymbol{\alpha})$. Sei

$$\begin{pmatrix} \gamma'' & -\mathbf{a}^T \\ -\mathbf{b} & \mathsf{D} \end{pmatrix} = \begin{pmatrix} \gamma' & -\gamma'\beta'^T \\ -\gamma'\beta' & 1 + (\gamma'-1)\hat{\beta}' \circ \hat{\beta}' \end{pmatrix} \begin{pmatrix} \gamma & -\gamma\beta^T \\ -\gamma\beta & 1 + (\gamma-1)\hat{\beta} \circ \hat{\beta} \end{pmatrix}.$$

Sei $\beta' \ll 1$, so dass nur die 1. Ordnung in β' zu berücksichtigen ist. Berechnen Sie für diesen Fall die Drehmatrix R und geben Sie Drehachse $\boldsymbol{\alpha}$ und Drehwinkel α an.

12.8. *Ladungserhaltung*: Zeigen Sie durch Integration der Kontinuitätsgleichung, dass die Gesamtladung Q eines abgeschlossenen System erhalten ist.

12.9. *Stab und Loch*: Gegeben sei ein Loch der Länge d_0. Ein Stab, der in seinem Ruhsystem die Länge l_0 habe, bewege sich mit $\beta = \sqrt{3}/2$ gegenüber dem Loch. Passt der Stab in das Loch, wenn $d = l$? Beschreiben Sie die Situation von S, dem Inertialsystem des Loches, und von S', dem Intertialsystem des Stabes, aus gesehen.

Literaturverzeichnis

J. Campbell *GPS im Schatten des Uhrenparadoxon – Betrachtungen zu den Auswirkungen der Relativitätstheorie bei den Satellitennavigationssystemen* in „Festschrift 125 Jahre Geodäsie und Geoinformatik". Wiss. Arbeiten der Fachrichtung Geodäsie und Geoinformatik der Universität Hannover, Heft **263**, 129–146 (2006)

A. Einstein *Zur Elektrodynamik bewegter Körper*, Ann. Physik **17**, 891-921 (1905)

A. Einstein *Die Grundlage der allgemeinen Relativitätstheorie*, Ann. Physik **49**, 769–822 (1916)

A. Einstein *Über die spezielle und die allgemeine Relativitätstheorie* 24. Aufl. Springer (2009); 1. Aufl. (1917)

G. F. FitzGerald *The Ether and the Earth's Atmosphere*, Science **30**, 390 (1889)

Ph. Frank und H. Rothe *Über die Transformation von Raumzeitkoordinaten von ruhenden und bewegten Systemen*, Ann. Physik **34**, 825–855 (1911)

G. Gamow *Mr. Tompkins in Wonderland* Cambridge University Press (1940)

D. J. Griffiths *Elektrodynamik* 3. Aufl., Pearson München (2011)

D. Hasselkamp, E. Mondry, A. Scharmann *Direct observation of the transversal Doppler-shift* Z. Physik A, **289**, 151–155 (1979)

C. Huygens *Traité de la lumière*, Marchand Libraire, Leide (1690)

W. von Ignatowsky *Das Relativitätsprinzip*, Archiv für Mathmatik und Physik **17**, 1–24 (1910) und **18**, 17–40 (1911)

H. Iro *A Modern Approach to Classical Mechanics*, World Scientific, New Jersey (2002)

Herbert E. Ives and G. R. Stilwell, *An Experimental Study of the Rate of a Moving Atomic Clock*, J. Opt. Soc. Am. **28**, 215-226 (1938)

J. D. Jackson *Klassische Elektrodynamik*, 4. Aufl. Walter de Gruyter, Berlin (2006)

J. Kern, U. Kraus, B. Lehle, R. Rau und H. Ruder *Aussehen relativistisch bewegter Objekte*, Praxis der Naturwissenschaften Physik **46**, Heft 2, 2-6 (1997)

H. Kragh *Ludvig Lorenz, Electromagnetism, and the Theory of Telephone Currents* arXiv:1606.00205v1 [physics.hist-ph], 1–16 (2016)

U. Kraus *Bewegung am kosmischen Tempolimit* in *Sterne und Weltraum*, August 2005, Spektrum.de (2005)

A. Lampa *Wie erscheint nach der Relativitätstheorie ein bewegter Stab einem ruhenden Beobachter*, Z. Physik **27**, 138–148 (1924)

L. D. Landau und E. M. Lifschitz *Lehrbuch der theoretischen Physik II, Klassische Feldtheorie*, 12. Aufl. Harri Deutsch, Frankfurt (1997)

L. D. Landau, E. M. Lifschitz *Elektrodynamik der Kontinua*, Bd. 8, 5. Aufl. Akademie-Verlag Berlin (1985)

J. Larmor in *Aether and Matter*, Cambridge University Press (1900)

H. Lorentz *Die relative Bewegung der Erde und des Äthers* in Abhandlungen über Theoretische Physik, Teubner Leipzig, 443–447 (1892/1907)

H. Lorentz *Electromagnetic phenomena in a system moving with any velocity smaller than that of light*, KNAW, Proceedings **6**, 809–831 (1904)

R. Penrose *The apparent shape of a relativistically moving sphere*, Proc. Cambridge Phil. Soc. **55**, 137–139 (1959)

H. Poincaré *Sur la dynamique de l'électron*, Comptes rendus de l'Academie de schiences **140**, 1504-1508 (1905)

H. & M. Ruder *Die spezielle Relativitätstheorie*, Vieweg (1993)

F. Schwabl *Quantenmechanik für Fortgeschrittene*, 5. Aufl. Springer, Berlin (2008)

H. G. Schöpf *Maxwell Äthertheorien*, Astron. Nachr. **303**, 29–37 (1982)

U. Schröder *Spezielle Relativitätstheorie*, 5. Aufl. Harri Deutsch, Frankfurt (2014)

R. U. Sexl und H. K. Urbantke *Relativität, Gruppen, Teilchen*, Springer Wien (1976)

J. Terrell *Invisibility of the Lorentz Contraction*, Phys. Rev. **116**, 1041–1045 (1959)

W. Voigt *Über das Dopplersche Prinzip*, Nachr. Ges. Wiss. Göttingen **8**, 41–51 (1887)

Kovariante Elektrodynamik

13.1 Maxwell-Gleichungen in kovarianter Form

Wir haben bereits gesehen, dass eine Punktladung, die in Ruhe nur ein elektrostatisches Feld hat, in Bewegung von elektrischen und magnetischen Feldern umgeben ist ((8.2.46) und (8.2.47)) deren Stärke von der Geschwindigkeit abhängig ist, und schließen daraus, dass $\mathbf{E}$ und $\mathbf{B}$ separat nicht einfach zu Vierervektoren ergänzt werden können. Bevor jedoch gezeigt wird, dass $\mathbf{E}$ und $\mathbf{B}$ in Form eines antisymmetrischen Feldstärketensors $F^{\mu\nu}$, der sechs unabhängige Elemente hat, zusammengefasst werden können, wird das Transformationsverhalten von Tensoren und Tensorfeldern untersucht.

13.1.1 Tensoreigenschaften

Tensoren sind Objekte, die in jedem Bezugssystem durch die gleiche Anzahl von Komponenten (Indizes) festgelegt sind, wobei zwischen den Bezugssystemen die einzelnen Komponenten durch eine lineare Transformation, die LT, nach den für jeden Vektor geltenen Regeln verknüpft sind. Tab. 13.1 zeigt Tensoren und ihre Transformationseigenschaften für verschiedene Stufen.

Bei der Transformation von Feldern bleibt, wie in Abb. 13.1 anhand einer Drehung im dreidimensionalen Raum skizziert, der Punkt P des Ereignisses fest, hat aber im System S' die Koordinaten $x' = \Lambda x$: $x'^{\mu} = \Lambda^{\mu}{}_{\nu}x^{\nu}$. Die Analogie zur Drehung kann auch auf andere Transformationen wie den Boost ausgedehnt werden.

Transformationseigenschaften von Feldern

1. Skalare Felder: $\phi'(P) = \phi(P)$,

Ergänzende Information Die elektronische Version dieses Kapitels enthält Zusatzmaterial, auf das über folgenden Link zugegriffen werden kann https://doi.org/10.1007/978-3-662-68528-0_13.

2. Vektorfelder: $A'^\mu(P) = \Lambda^\mu{}_\nu A^\nu(P)$,
$A'^\mu(x')$ ergibt sich aus $A^\mu(x)$ (mit $x'^\rho = \Lambda^\rho{}_\sigma x^\sigma$), indem mit dem KS auch die Vektorkomponenten $A^\mu(x)$ transformiert werden:

$$A'^\mu(x') = \Lambda^\mu{}_\nu A^\nu(x), \qquad A'_\mu(x') = \Lambda_\mu{}^\nu A_\nu(x).$$

3. Tensorfelder n^{ter} Stufe:

$$T'^{\mu_1\cdots}{}_{\mu_l\cdots}{}^{\cdots\mu_n}(x') = \Lambda^{\mu_1}{}_{\bar\mu_1}\cdots\Lambda_{\mu_l}{}^{\bar\mu_l}\cdots\Lambda^{\mu_n}{}_{\bar\mu_n}\ T^{\bar\mu_1\cdots}{}_{\bar\mu_l\cdots}{}^{\cdots\bar\mu_n}(x)\,.$$

4. Durch Kontraktion (Verjüngung) eines Tensors transformiert der folgende Tensor 3. Stufe wie ein Vektor; verwendet wurde $\Lambda_\nu{}^{\bar\lambda}\,\Lambda^\nu{}_{\bar\nu} = \delta^{\bar\lambda}{}_{\bar\nu}$:

$$T'^{\mu\nu}{}_{,\nu} = \Lambda_\nu{}^{\bar\lambda}\,\Lambda^\mu{}_{\bar\mu}\,\Lambda^\nu{}_{\bar\nu}\,T^{\bar\mu\bar\nu}{}_{,\bar\lambda} = \Lambda^\mu{}_{\bar\mu}\,T^{\bar\mu\bar\nu}{}_{,\bar\nu}\,. \tag{13.1.1}$$

In Tab. 13.1 sind die Transformationseigenschaften zusammengefasst.

Tab. 13.1. Transformationsverhalten von Tensoren und Tensorfeldern

kontra-/kovarianter Vektor	$v'^\mu = \Lambda^\mu{}_\nu v^\nu$	$v'_\mu = \Lambda_\mu{}^\nu v_\nu$
Tensor 2. Stufe	$T'^{\mu\nu} = \Lambda^\mu{}_{\bar\mu}\Lambda^\nu{}_{\bar\nu}T^{\bar\mu\bar\nu}$	
Tensor 3. Stufe	$T'^{\mu\nu,\lambda} = \Lambda_\lambda{}^{\bar\lambda}\Lambda^\mu{}_{\bar\mu}\Lambda^\nu{}_{\bar\nu}\partial_{\bar\lambda}T^{\bar\mu\bar\nu}$	
	$\cdots \quad \cdots$	
skalares Feld	$\phi'(x') = \phi(x)$	$\phi(x) = \phi(\Lambda^{-1}x')$
Vektorfeld	$A'^\mu(x') = \Lambda^\mu{}_\nu A^\nu(x)$	
Tensorfeld 2. Stufe	$T'^{\mu\nu}(x') = \Lambda^\mu{}_{\bar\mu}\Lambda^\nu{}_{\bar\nu}T^{\bar\mu\bar\nu}(x)$	
	$\cdots \quad \cdots$	

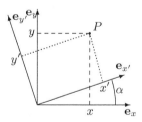

$$\phi'(P) = \phi(P) \qquad \Leftrightarrow \qquad \phi'(\mathbf{x}') = \phi(\mathsf{R}^{-1}\mathbf{x}') = \phi(\mathbf{x})$$
$$A'_i(P) = R_{ij}\,A_j(P) \qquad \Leftrightarrow \qquad A'_i(\mathbf{x}') = R_{ij}\,A_j(\mathsf{R}^{-1}\mathbf{x}')$$
$$= R_{ij}\,A_j(\mathbf{x})\,.$$

Abb. 13.1. (Passive) Drehung $\mathsf{R}(\alpha)$ um z-Achse um den Winkel α; ϕ ist ein skalares Feld und $\mathbf{A}$ ein Vektorfeld

Transformation von Vierervektoren

In der bisherigen Ausformung der SRT haben wir noch keine Tensoren höherer Stufe benötigt, sondern es haben Vierervektoren genügt. Für diese gelten die Transformationseigenschaften (12.2.21)

$$\left(u'^\mu\right) = \left(\gamma(u^0 - \beta u^1),\ \gamma(u^1 - \beta u^0),\ u^2,\ u^3\right), \tag{13.1.2}$$

wenn $\beta = v_x/c$. Für die allgemeine Orientierung erhält man aus (12.4.2)

$$u'^0 = \gamma(u^0 - \mathbf{u} \cdot \boldsymbol{\beta}), \tag{13.1.3}$$

$$\mathbf{u}' = \gamma(\mathbf{u}_\parallel - u^0 \boldsymbol{\beta}) + \mathbf{u}_\perp \quad \text{mit} \quad \mathbf{u}_\parallel = \frac{\mathbf{u} \cdot \boldsymbol{\beta}}{\beta} \quad \text{und} \quad \mathbf{u}_\perp = \frac{\boldsymbol{\beta} \times (\mathbf{u} \times \boldsymbol{\beta})}{\beta^2}.$$

In der Umkehrtransformation ist einfach $\boldsymbol{\beta}$ durch $-\boldsymbol{\beta}$ zu ersetzen. Die nachfolgende Tab. 13.2 gibt eine Übersicht über Vierervektoren. Hierbei gibt das invariante Skalarprodukt Auskunft darüber, ob ein Vektor raum-, licht- oder zeitartig ist. Zeitartig bedeutet, dass durch eine LT der räumliche Anteil zum Verschwinden gebracht werden kann. Bei (x^μ) ist das der gleiche Ort zu verschiedenen Zeiten. Bei raumartigen Vektoren kann höchstens die nullte Komponente verschwinden. Bei (x^μ) kann dann ein Ereignis zwar zur gleichen Zeit, aber nur an verschiedenen Orten stattfinden, und für die Beschleunigung bedeutet es, dass diese durch keine LT zum Verschwinden gebracht werden kann. Der Gradientenvektor passt als Operator nicht in das obige Schema.

Tab. 13.2. Vierervektoren

Vierervektor	Referenz	kontravar. Vektor	Skalarprodukt
Ereignisvektor	(12.2.1)	x^μ	$(ct, \mathbf{x})$	$s^2 = c^2 t^2 - r^2$
Weltlinie	(12.3.5)	$z^\mu = x^\mu(s)$	$(ct(s), \mathbf{x}(s))$	$s^2 \geq 0$
Gradient	(12.2.6)	$\partial^\mu = \dfrac{\partial}{\partial x_\mu}$	$\left(\dfrac{1}{c}\dfrac{\partial}{\partial t}, -\boldsymbol{\nabla}\right)$	$\square = \dfrac{1}{c^2}\dfrac{\partial^2}{\partial t^2} - \nabla^2$
Wellenzahl	(12.4.27)	k^μ	$(\omega/c, \mathbf{k})$	$\omega^2/c^2 - \mathbf{k}^2 = 0$
Geschwindigkeit	(12.3.7)	$u^\mu = \dot{x}^\mu(s)$	$\gamma(1, \boldsymbol{\beta})$	1
	(12.3.6)	$v^\mu = \dot{x}^\mu(\tau)$	$\gamma(c, \mathbf{v})$	c^2
Impuls	(14.1.1)	$p^\mu = mcu^\mu$	$(E/c, \boldsymbol{p})$	$m^2 c^2$
Beschleunigung	(14.1.6)	$a^\mu = \dot{u}^\mu(s)$	$\left(\dot{\gamma}(s), \dot{\gamma}(s)\boldsymbol{\beta} + \gamma\dot{\boldsymbol{\beta}}(s)\right)$	$-\gamma^{-2}\dot{\gamma}^2 - \gamma^2\dot{\boldsymbol{\beta}}^2$
	(14.1.5)	$b^\mu = \dot{v}^\mu(\tau)$		
Stromdichte	(13.1.4)	j^μ	$(c\rho, \rho\mathbf{v})$	$c^2\rho^2\gamma^{-2}$
Potential	(13.1.10)	A^μ	$(\phi/k_L, \mathbf{A})$	$\phi_q^2/\gamma^2 k_L^2$
Kraftdichte	(14.1.25)	f^μ	$\rho\left(\boldsymbol{\beta}\cdot\mathbf{E}, \mathbf{E} + k_L\boldsymbol{\beta}\times\mathbf{B}\right)$	$-\rho^2 E'^2 \gamma^{-2}$

Der Ereignisvektor ist raum-, zeit- oder lichtartig, die Weltlinie zeit- oder lichtartig. Die Geschwindigkeitsvektoren, Impuls und Stromdichte, sind zeitartig. Beschleunigung und Kraftdichte sind raumartig; ρ ist die Dichte einer eng begrenzten Ladungsverteilung (Punkt) und $\mathbf{E}'$ das Feld (13.1.29) im Ruhsystem des Teilchens. (A_q^μ) ist das Viererpotential einer Punktladung (8.2.22), das zeitartig ist.

13.1.2 Kovariante Tensoren der Elektrodynamik

Stromdichte

Um eine kovariante Formulierung der Elektrodynamik zu erreichen, fassen wir zunächst die Ladungsdichte ρ und die Stromdichte $\mathbf{j}$ zusammen, wie wir es bereits in (8.2.18) durchgeführt haben:

$$(j^\mu) = \begin{pmatrix} c\rho(\mathbf{x},t) \\ \mathbf{j}(\mathbf{x},t) \end{pmatrix} = \sum_n e_n \begin{pmatrix} c \\ \mathbf{v}_n \end{pmatrix} \delta^{(3)}(\mathbf{x} - \mathbf{x}_n(t)). \qquad (13.1.4)$$

Zu zeigen ist jedoch, dass sich die Stomdichte j^μ wie ein Vierervektor verhält (transformiert). Dazu wird zunächst die Darstellung

$$j^\mu(x) = c \sum_n e_n \int_{-\infty}^{\infty} ds\, \dot{z}_n^\mu(s)\, \delta^{(4)}(x - z_n(s)) \qquad (13.1.5)$$

verifiziert. Hierbei ist[1] nach (12.3.7)

$$\left| \frac{d}{ds}(x^0 - z^0(s)) \right| = \dot{z}^0(s) = \gamma, \qquad \delta\left(x^0 - z^0(s)\right) = \delta\left(s - s(t)\right) \frac{1}{\gamma},$$

$$j^\mu(x) = c \sum_n e_n\, \dot{z}_n^\mu(s(t))\delta^{(3)}\left(\mathbf{x} - \mathbf{z}_n(s(t))\right)\frac{1}{\gamma} = \sum_n e_n \begin{pmatrix} c \\ \mathbf{v}_n \end{pmatrix} \delta^{(3)}\left(\mathbf{x} - \mathbf{z}_n(t)\right).$$

j^μ ist ein Vierervektor, da $\dot{z}^\mu$ ein Vierervektor ist und gemäß (B.6.11)

$$\delta^{(4)}(x') = \delta^{(4)}(\Lambda x) = \delta^{(4)}(x') \cdot |\det \Lambda|^{-1} = \delta^{(4)}(x). \qquad (13.1.6)$$

$\delta^{(4)}(x)$ transformiert unter LT nach den Regeln für skalare Felder.

Kontinuitätsgleichung

Die Kontinuitätsgleichung (1.1.15) ist die Viererdivergenz der Stromdichte und damit invariant unter der LT:

$$\dot{\rho} + \boldsymbol{\nabla} \cdot \mathbf{j} = 0 \qquad \Leftrightarrow \qquad \partial_\mu j^\mu \equiv j^\mu{}_{,\mu} = 0. \qquad (13.1.7)$$

Skalarprodukt

Die Stromdichte sei $\mathbf{j} = \rho\,\mathbf{v}$, woraus aus

$$j^\mu j_\mu = c^2 \rho^2 (1 - \beta^2) > 0$$

folgt, dass (j^μ) zeitartig ist. Im mitbewegten System ist $\mathbf{j}=0$.

Ladungsdichte einer Punktladung

Ein Punktteilchen $\mathbf{x}'_q$ hat im Ruhsystem S' die Dichte

$$n'(\mathbf{x}',t') = \delta^{(3)}(\mathbf{x}' - \mathbf{x}'_q) = \int ds\, \delta^{(4)}(\Lambda(x - x_q)) \qquad (13.1.8)$$

$$= \int ds\, \frac{\delta^{(3)}(\mathbf{x} - \mathbf{x}_q)\delta(x^0 - x_q^0(s))}{|\det \Lambda|} = \frac{\delta^{(3)}(\mathbf{x} - \mathbf{x}_q)}{\gamma} = \frac{n(\mathbf{x},t)}{\gamma}.$$

---

[1] $\delta(f(x)) = \sum_i \delta(x - x_i) \left| \dfrac{df(x)}{dx} \right|^{-1}$, siehe (B.6.7).

Wir haben uns dabei am Beweis der Kovarianz von (j^μ) (13.1.5) orientiert. Für die Ladungsdichte folgt aus $\rho(\mathbf{x},t) = e\,n(\mathbf{x},t)$: $\rho' = \rho/\gamma$; die Ladungsdichte erscheint durch die Lorentz-Kontraktion im Vergleich zum Ruhsystem erhöht.

Ladungsinvarianz

Berechnet man aus der im mitbewegten System S' vorhandendenen Ladungs- dichte ρ' die im Laborsystem S, so hat man beim Volumenelement die Lorentz- Kontraktion zu berücksichtigen: $\mathrm{d}^3 x' = \gamma \mathrm{d}^3 x$. Daraus folgt

$$\rho'\,\mathrm{d}^3 x' = \rho\,\mathrm{d}^3 x\,, \tag{13.1.9}$$

was Ausdruck der Ladungsinvarianz ist. Wir werden etwas später im Abschnitt 13.2.3 nochmals darauf zurückkommen.

Vektorpotential

Wir haben bereits erwähnt, siehe (8.2.18), dass nicht nur Ladungs- und Strom- dichte zu einem Vierervektor zusammengefasst werden können, sondern auch das skalare und das Vektorpotential, wobei wir auf (8.2.19) zurückgreifen:

$$(A^\mu) = \begin{pmatrix} \phi/k_{\mathrm{L}} \\ \mathbf{A} \end{pmatrix}, \quad A^\mu(\mathbf{x},t) = \frac{4\pi k_C}{c k_L} \int \mathrm{d}^4 x'\,\frac{1}{c} D(x-x') j^\mu(x'). \tag{13.1.10}$$

$D(x-x')$ ist Lösung der inhomogenen Wellengleichung (8.2.12)

$$\Box D(x) = c\,\delta^{(4)}(x)\,.$$

Unter LT ist $\Box$ invariant und $\delta^{(4)}(x)$ ein Skalar, woraus zu schließen ist, dass auch $D(x)$ ein skalares Feld ist. Da wir gezeigt haben, dass j^μ ein Vierervektor ist, muss auch A^μ einer sein. Direkt abzulesen ist dies der Wellengleichung

$$\partial^\nu \partial_\nu A^\mu = \Box A^\mu = \frac{4\pi k_C}{c k_L}\,j^\mu. \tag{13.1.11}$$

Lorenz-Eichung

Eine Eichtransformation lässt die Wellengleichung ungeändert:

$$A^\mu \to \bar{A}^\mu = A^\mu + \partial^\mu \chi \quad \overset{\text{Lorenz-Eichung}}{\longrightarrow} \quad \partial_\mu \partial^\mu \chi = \Box \chi = 0.$$

(8.1.8) ist die Viererdivergenz von (A^μ) und so invariant unter LT:

$$\frac{1}{c k_L}\frac{\partial}{\partial t}\phi + \boldsymbol{\nabla}\cdot\mathbf{A} = 0 \qquad \Leftrightarrow \qquad \partial_\mu A^\mu \equiv A^\mu{}_{,\mu} = 0. \tag{13.1.12}$$

Skalarprodukt und Punktteilchen

Das Liénard-Wiechert-Potential für eine bewegte Punktladung (8.2.26) hat die Form $(\phi_q, \boldsymbol{\beta}\phi_q)$, woraus folgt, dass (A_q^μ) ein zeitartiger Vektor ist:

$$A_q^\mu A_{q\,\mu} = \phi_q^2/\gamma^2 k_L^2 > 0. \tag{13.1.13}$$

13.1.3 Feldstärketensor

Wie in diesem Abschnitt eingangs erwähnt, sind $\mathbf{E}$ und $\mathbf{B}$ sicher nicht als Vierervektoren darzustellen, da etwa durch die Bewegung einer Ladung ein Magnetfeld entsteht und so unter einer LT $\mathbf{E}$ und $\mathbf{B}$ gemeinsam transformiert werden müssen. Das richtet unsere Aufmerksamkeit auf Tensoren 2. Stufe. Die Elemente des Feldstärketensors[2]

$$F^{\mu\nu} = \partial^\mu A^\nu - \partial^\nu A^\mu = A^{\nu,\mu} - A^{\mu,\nu} \tag{13.1.14}$$

sind Komponenten der Felder $\mathbf{E}$ und $\mathbf{B}$

$$F^{k0} = \partial^k A^0 - \partial^0 A^k = -\frac{\partial \phi}{\partial x^k} - \frac{\partial A^k}{c \partial t} = E_k/k_L, \tag{13.1.15}$$

$$F^{kl} = \partial^k A^l - \partial^l A^k = (\delta_{ka}\delta_{lb} - \delta_{kb}\delta_{la})\partial^a A^b = \epsilon_{klj}\epsilon_{abj}\partial^a A^b = -\epsilon_{klj}B_j.$$

Den (lateinischen) Indizes wie k, l sind die Werte 1 bis 3 zugeordnet. Eine Unterscheidung von ko- und kontravarianten Komponenten ist für E_k und B_k, aber auch für ϵ_{ijk} obsolet, da diese keine Vierervektoren (Tensoren) im pseudoeuklidischen Raum sind. Aus (13.1.15) ergibt sich

$$\left(F^{\mu\nu}\right) = \begin{pmatrix} 0 & -\mathbf{E}^T/k_L \\ \mathbf{E}/k_L & -(\epsilon_{mnk}B_k) \end{pmatrix}. \tag{13.1.16}$$

$F^{\mu\nu} = -F^{\nu\mu}$ ist ein kontravarianter antisymmetrischer 4×4-Tensor und hat so sechs unabhängige Elemente, die Felder $\mathbf{E}$ und $\mathbf{B}$. Für den kovarianten Feldstärketensor gilt

$$F_{\mu\nu} = g_{\mu\rho}g_{\nu\sigma} F^{\rho\sigma} \quad \Longrightarrow \quad F_{k0} = -F^{k0} \qquad F_{kl} = F^{kl}. \tag{13.1.17}$$

Nun können wir diese beiden Feldstärketensoren direkt angeben:

$$\left(F^{\mu\nu}\right) = \begin{pmatrix} 0 & -\frac{E_x}{k_L} & -\frac{E_y}{k_L} & -\frac{E_z}{k_L} \\ E_x/k_L & 0 & -B_z & B_y \\ E_y/k_L & B_z & 0 & -B_x \\ E_z/k_L & -B_y & B_x & 0 \end{pmatrix}, \left(F_{\mu\nu}\right) = \begin{pmatrix} 0 & \frac{E_x}{k_L} & \frac{E_y}{k_L} & \frac{E_z}{k_L} \\ -E_x/k_L & 0 & -B_z & B_y \\ -E_y/k_L & B_z & 0 & -B_x \\ -E_z/k_L & -B_y & B_x & 0 \end{pmatrix}. \tag{13.1.18}$$

Für weitere Rechnungen benötigt man die Felder $\mathbf{E}$ und $\mathbf{B}$ als Funktionen der $F^{\mu\nu}$:

$$E_k = k_L F^{k0}, \qquad B_k = -\epsilon_{klm}\partial^l A^m = -\frac{1}{2}\epsilon_{klm} F^{lm}. \tag{13.1.19}$$

Der duale Feldstärkentensor

Mittels des total antisymmetrischen Tensors definiert man den zu $F^{\mu\nu}$ dualen Tensor

---

[2] Einstein [1916, (1)], Becker, Sauter [1973, (11.1.11)] oder Schwabl [2008, (14.1.7)] haben $F^{\mu\nu}$ mit entgegengesetztem Vorzeichen definiert: $F^{\mu\nu} = A^{\mu,\nu} - A^{\nu,\mu}$.

$$\tilde{F}^{\mu\nu} = \frac{1}{2}\,\epsilon^{\mu\nu\rho\sigma}\,F_{\rho\sigma}\,, \qquad\qquad F^{\mu\nu} = -\frac{1}{2}\,\epsilon^{\mu\nu\rho\sigma}\,\tilde{F}_{\rho\sigma}\,. \qquad (13.1.20)$$

Im Anhang A.1.3, S. 569 sind die Eigenschaften des total antisymmetrischen Tensors (Levi-Civita-Symbol) angeführt:

$$\epsilon_{\mu\nu\rho\sigma} = -\epsilon^{\mu\nu\rho\sigma} = \begin{cases} 1 & \text{für alle geraden Permutationen (0123)} \\ -1 & \text{für ungerade Permutationen} \\ 0 & \text{sonst.} \end{cases} \qquad (13.1.21)$$

Der Vorzeichenunterschied zwischen ko- und kontravariantem Tensor kommt von $\det \mathbf{g} = -1$. In der folgenden detaillierten Rechnung wird gezeigt, dass $\tilde{F}^{\mu\nu}$ aus $F^{\mu\nu}$ hervorgeht, indem man $\mathbf{E}/k_L \to -\mathbf{B}$ und $\mathbf{B} \to \mathbf{E}/k_L$ ersetzt

$$\left(\tilde{F}^{\mu\nu}\right) = \begin{pmatrix} 0 & \mathbf{B}^{\mathsf{T}} \\ -\mathbf{B} & -(\epsilon_{mnk}E_k/k_L) \end{pmatrix}. \qquad (13.1.22)$$

Die nicht diagonalen Elemente sind ($\epsilon^{mn0l} = \epsilon^{0mnl} = -\epsilon_{mnl}$)

$$\tilde{F}^{0n} = \frac{1}{2}\epsilon^{0nkl}F_{kl} = \frac{-1}{2}\epsilon_{nkl}F^{kl} = B_n\,, \quad \tilde{F}^{mn} = \frac{1}{2}\epsilon^{mn\kappa\lambda}F_{\kappa\lambda} = \epsilon^{mn0l}F_{0l} = -\epsilon_{mnl}\frac{E_l}{k_L}.$$

Es muss entweder $\kappa = 0$ oder $\lambda = 0$ sein, da sonst der Index 0 nicht im ϵ-Tensor vorkommt. Die beiden verbleibenden Terme sind gleich. Verwendet wurden (13.1.15), (13.1.17) und (13.1.21).

Analog zu den Relationen (13.1.19) für (F^{lk}) gelten für den dualen Tensor

$$B_k = -\tilde{F}^{k0} = \tilde{F}_{k0}\,, \qquad \tilde{F}^{k0} = -B_k\,, \qquad \tilde{F}_{k0} = -\tilde{F}^{k0}\,,$$

$$E_k = -\frac{1}{2}\epsilon_{klm}\,\tilde{F}^{lm}\,, \qquad \tilde{F}^{ij} = -\epsilon_{ijk}E_k\,, \qquad \tilde{F}_{kl} = \tilde{F}^{kl}. \qquad (13.1.23)$$

Anmerkung: Während $(F^{\mu\nu})$ weitgehend einheitlich definiert ist, gibt es Differenzen beim dualen Tensor, die auf eine unterschiedliche Definition des antisymmetrischen Tensors zurückzuführen sind. Hier wird gemäß Sexl, Urbantke [1976, (5.50)] bzw. Scheck [2016, (2.50)] die Definition

$$\epsilon_{0123} = 1 \qquad \Rightarrow \qquad \epsilon^{0123} = -1$$

verwendet, während in den Büchern von Landau, Lifschitz II [1997, (6.8)] oder Jackson [2006, (11.139)] $\epsilon^{0123} = 1$. Auf die (homogenen) Maxwell-Gleichungen (13.1.25) hat das keinen Einfluss. $\tilde{F}^{\mu\nu}$ wechselt das Vorzeichen, wenn x_4 die Zeitachse ist: $\epsilon_{0123} = -\epsilon_{1230} \mathrel{\widehat{=}} -\epsilon_{1234}$.

13.1.4 Maxwell-Gleichungen

Wir werden nun analog zur bisherigen Vorgehensweise in die Maxwell-Gleichungen Vierervektoren und Feldtensoren einsetzen, um zu einer geeigneten

kovarianten Notation zu kommen. Die vier inhomogenen Maxwell-Gleichungen
sind

$$\boldsymbol{\nabla}\cdot\mathbf{E} = 4\pi k_C\rho \qquad \Rightarrow \qquad \partial_k F^{k0} = \frac{4\pi k_C}{ck_L}j^0,$$

$$\boldsymbol{\nabla}\times\mathbf{B} = \frac{4\pi k_C\mathbf{j}+\dot{\mathbf{E}}}{ck_L} \quad \Rightarrow \quad \frac{-1}{2}\epsilon_{ijk}\partial_j\epsilon_{klm}F^{lm} = \partial_j F^{ji} = \frac{4\pi k_C}{ck_L}j^i - \partial_0 F^{0i}.$$

Das ergibt die kovarianten Gleichungen[3]

$$F^{\nu\mu}{}_{,\nu} = \frac{4\pi k_C}{ck_L}j^\mu. \tag{13.1.24}$$

Die vier homogenen Maxwell-Gleichungen können so geschrieben werden als

$$\boldsymbol{\nabla}\cdot\mathbf{B}=0 \implies \qquad\qquad -\partial_k\tilde{F}^{k0}=0,$$

$$\boldsymbol{\nabla}\times\mathbf{E}+\frac{k_L}{c}\dot{\mathbf{B}}=0 \overset{\times 1/k_L}{\implies} -\frac{1}{2}\epsilon_{ijk}\partial_j\epsilon_{klm}\tilde{F}^{lm}-\partial_0\tilde{F}^{i0} = -\partial_j\tilde{F}^{ij}-\partial_0\tilde{F}^{i0}=0.$$

Daraus folgen die homogenen Maxwell-Gleichungen in kovarianter Form

$$\tilde{F}^{\nu\mu}{}_{,\nu} = 0. \tag{13.1.25}$$

Diese können auch dargestellt werden durch

$$F_{\lambda\mu,\nu} + F_{\nu\lambda,\mu} + F_{\mu\nu,\lambda} = 0. \tag{13.1.26}$$

Obige Gleichung ist antisymmetrisch bezüglich der Vertauschung zweier Indizes. Die
linke Seite verschwindet damit identisch, wenn zwei Indizes gleich sind. Nichttriviale
Bedingungen erhält man so nur, wenn alle drei Indizes verschieden sind. Das sind
die vier homogenen Maxwell-Gleichungen – Aufgabe 13.2.

Die Kovarianz der Maxwell-Gleichungen

Gezeigt haben wir, dass die Stromdichte ein Vierervektor ist. Nach dem Relativitätsprinzip muss die inhomogene Wellengleichung $\Box A^\mu = \frac{4\pi}{c}j^\mu$ in allen
Inertialsystemen die gleiche Form haben, das bedeutet, dass A^μ ein Vierer-
vektor sein muss, da $\Box$ invariant ist. Damit muss $F^{\mu\nu} = \partial^\mu A^\nu - \partial^\nu A^\mu$ ein
Tensor 2. Stufe sein. Es gilt also

$$F'^{\nu\mu}{}_{,\nu}=\Lambda_\nu{}^\lambda\partial_\lambda\,\Lambda^\nu{}_{\bar{\nu}}\Lambda^\mu{}_{\bar{\mu}}F^{\bar{\nu}\bar{\mu}}=\partial_{\bar{\nu}}\Lambda^\mu{}_{\bar{\mu}}F^{\bar{\nu}\bar{\mu}}=\frac{4\pi k_C}{ck_L}\Lambda^\mu{}_{\bar{\mu}}j^{\bar{\mu}}=\frac{4\pi k_C}{ck_L}j'^\mu, \quad (13.1.27)$$

was die Kovarianz der inhomogenen Maxwell-Gleichungen belegt.

---

[3] Fügt man auf der rechten Seite von (13.1.24) den Faktor $k_s=\pm 1$ ein, so berücksichtigt $k_s=-1$ die Signatur (3,1): siehe (12.2.2').

13.1.5 Transformation des elektromagnetischen Feldes

Um das Transformationsverhalten der elektromagnetischen Felder zu bestimmen, geht man vom Feldtensor aus:

$$F'^{\mu\nu} = \Lambda^\mu{}_{\bar\mu}\Lambda^\nu{}_{\bar\nu}F^{\bar\mu\bar\nu}.$$

Die explizite Berechnung der $F'^{\mu\nu}$ ist wenig anregend, aber der Vollständigkeit halber im Folgenden angegeben.

LT des Feldstärketensors: Die $\Lambda^\mu{}_\nu$ der LT (12.4.3) sind in Teile separiert

$$\Lambda^0{}_0 = \gamma, \qquad \Lambda^0{}_l = \Lambda^l{}_0 = -\gamma\beta_l, \qquad \Lambda^k{}_l = \delta_{kl} + (\gamma-1)\hat\beta_k\hat\beta_l,$$

um die $F'^{\mu\nu}$ mithilfe von (13.1.15) stückweise zu berechnen:

$$F'^{i0} = \Lambda^i{}_\kappa\Lambda^0{}_\lambda F^{\kappa\lambda} = \Lambda^i{}_0\Lambda^0{}_l F^{0l} + \Lambda^i{}_k\Lambda^0{}_0 F^{k0} + \Lambda^i{}_k\Lambda^0{}_l F^{kl} \qquad (13.1.28')$$
$$= \gamma^2\beta_i\beta_l F^{0l} + \gamma[F^{i0} + (\gamma-1)\hat\beta_i\hat\beta_k F^{k0}] - \gamma\beta_l[F^{il} + (\gamma-1)\hat\beta_i\hat\beta_k F^{kl}]$$
$$= -\gamma^2\beta_i\boldsymbol{\beta}\cdot\mathbf{E}/k_{\mathrm{L}} + \gamma E_i/k_{\mathrm{L}} + \gamma(\gamma-1)\hat\beta_i\hat{\boldsymbol{\beta}}\cdot\mathbf{E}/k_{\mathrm{L}} + \gamma(\boldsymbol{\beta}\times\mathbf{B})_i.$$

$$F'^{ij} = \Lambda^i{}_\kappa\Lambda^j{}_\lambda F^{\kappa\lambda} = \Lambda^i{}_0\Lambda^j{}_l F^{0l} + \Lambda^i{}_k\Lambda^j{}_0 F^{k0} + \Lambda^i{}_k\Lambda^j{}_l F^{kl} \qquad (13.1.28'')$$
$$= -\gamma\beta_i F^{0j} - \gamma\beta_j F^{i0} + [F^{ij} + (\gamma-1)\hat\beta_i\hat\beta_k F^{kj} + (\gamma-1)\hat\beta_j\hat\beta_l F^{il}]$$
$$= \gamma\beta_i E_j/k_{\mathrm{L}} - \gamma\beta_j E_i/k_{\mathrm{L}} - \epsilon_{ijm}B_m - (\gamma-1)[\epsilon_{kjm}\hat\beta_i\hat\beta_k + \epsilon_{ilm}\hat\beta_j\hat\beta_l]B_m.$$

Das Interesse gilt weniger dem Tensor F' als den Feldern, die in Anteile parallel und senkrecht zu $\boldsymbol{\beta}$ aufgeteilt werden:

$$E'_n = k_{\mathrm{L}}F'^{n0} = \hat\beta_n\hat{\boldsymbol{\beta}}\cdot\mathbf{E} + \gamma(E_n - \hat\beta_n\hat{\boldsymbol{\beta}}\cdot\mathbf{E}) + \gamma k_{\mathrm{L}}(\boldsymbol{\beta}\times\mathbf{B})_n,$$
$$B'_n = -\frac{1}{2}\epsilon_{nij}F'^{ij} = -\gamma(\boldsymbol{\beta}\times\mathbf{E}/k_{\mathrm{L}})_n + B_n + (\gamma-1)[B_n - \hat\beta_n(\hat{\boldsymbol{\beta}}\cdot\mathbf{B})]$$

Für beliebige Richtungen von $\mathbf{v}$ erhält man

$$\mathbf{E}' = \mathbf{E}_\parallel + \gamma(\mathbf{E}_\perp + k_{\mathrm{L}}\boldsymbol{\beta}\times\mathbf{B}), \qquad\qquad (13.1.29)$$
$$\mathbf{B}' = \mathbf{B}_\parallel + \gamma(\mathbf{B}_\perp - \boldsymbol{\beta}\times\mathbf{E}/k_{\mathrm{L}}). \qquad\qquad (13.1.30)$$

Die Zerlegung in zu $\mathbf{v}$ parallele und senkrechte Komponenten ist

$$\mathbf{E} = \mathbf{E}_\parallel + \mathbf{E}_\perp = (\mathbf{E}\cdot\hat{\boldsymbol{\beta}})\,\hat{\boldsymbol{\beta}} + \hat{\boldsymbol{\beta}}\times(\mathbf{E}\times\hat{\boldsymbol{\beta}}).$$

Invarianten der Feldstärketensoren

Da die Spur eines antisymmetrischen Tensors verschwindet, bleibt nur die 2. Stufe mit den beiden Invarianten $\mathrm{Sp}\{\mathsf{F}\mathsf{F}^T\}$ und $\mathrm{Sp}\{\tilde{\mathsf{F}}\mathsf{F}^T\}$:

$$
\begin{aligned}
F^{\kappa\lambda} F_{\kappa\lambda} &= 2F^{0l} F_{0l} + F^{kl} F_{kl} = -2E^2/k_L^2 + \epsilon_{kli} B_i \epsilon_{klj} B_j \\
&= -2(E^2/k_L^2 - B^2),
\end{aligned}
\tag{13.1.31}
$$

$$
\begin{aligned}
\tilde{F}^{\kappa\lambda} F_{\kappa\lambda} &= 2\tilde{F}^{0l} F_{0l} + \tilde{F}^{kl} F_{kl} = 2B_l E_l/k_L + \epsilon_{kli}(E_i/k_L) \epsilon_{klj} B_j \\
&= 4\mathbf{E}\cdot\mathbf{B}/k_L.
\end{aligned}
\tag{13.1.32}
$$

Anmerkungen:

Ist $\mathbf{B} = 0$ und $\mathbf{E} \neq 0$ in S, so ist $|\mathbf{E}'/k_L| > |\mathbf{B}'|$ in S'.

Ist $\mathbf{E} \perp \mathbf{B}$ in S, so ist auch $\mathbf{E}' \perp \mathbf{B}'$ in S'. $(\epsilon_{\alpha\beta\gamma\delta})$ ist ein Pseudotensor, woraus folgt, dass (13.1.32) ein Lorentz-Pseudoskalar ist.

13.2 Kovariante Elektrodynamik in Medien

13.2.1 Maxwell-Gleichungen in Materie

In Materie bleiben die homogenen Maxwell-Gleichungen unverändert, verglichen mit dem Vakuum und in den inhomogenen Gleichungen sind $\mathbf{E}$ durch $\mathbf{D}$ und $\mathbf{B}$ durch $\mathbf{H}$ zu ersetzen. Das legt die Einführung eines Feldstärketensors $H^{\mu\nu}$ nahe, der sich von $F^{\mu\nu}$ nur durch das Ersetzen von $\mathbf{E}/k_L$ durch $\mathbf{D}k_L$ und $\mathbf{B}$ durch $\mathbf{H}$ unterscheidet:

$$
(H^{\mu\nu}) = \begin{pmatrix} 0 & -k_L \mathbf{D}^T \\ k_L \mathbf{D} & -(\epsilon_{ijk} H_k) \end{pmatrix}.
\tag{13.2.1}
$$

Daraus folgen unmittelbar die inhomogenen Gleichungen

$$
H^{\nu\mu}{}_{,\nu} = \frac{k_L}{c} 4\pi k_C \epsilon_0 j^\mu.
\tag{13.2.2}
$$

Die homogenen Gleichungen (13.1.25) bzw. (13.1.26) sind unverändert. Die Felder $\mathbf{D}$ und $\mathbf{H}$ sind aber mit der dielektrischen Verschiebung $\mathbf{D} = \epsilon\epsilon_0\mathbf{E}$ und dem Magnetfeld $\mathbf{H} = \mu\mu_0\mathbf{B}$ nur identisch, wenn wir im Ruhsystem der Materie sind. So transformieren die Felder $(\hat{\boldsymbol{\beta}} = \boldsymbol{\beta}/\beta)$

$$
\begin{aligned}
\mathbf{D}' &= \mathbf{D}_\| + \gamma\big(\mathbf{D}_\perp + \boldsymbol{\beta} \times \mathbf{H}/k_L\big), \\
\mathbf{H}' &= \mathbf{H}_\| + \gamma\big(\mathbf{H}_\perp - k_L \boldsymbol{\beta} \times \mathbf{D}\big)
\end{aligned}
\tag{13.2.3}
$$

für $\mathbf{D}$ und $\mathbf{H}$ analog denen zu $\mathbf{E}$ und $\mathbf{B}$, (13.1.29) und (13.1.30), aber die Materialgleichungen (konstitutive Gleichungen) (5.2.17) gelten nur für Felder im Ruhsystem der Materie. Der duale Tensor

$$
\tilde{H}^{\mu\nu} = \frac{1}{2} \epsilon^{\mu\nu\rho\sigma} H_{\rho\sigma}
$$

geht aus $(H^{\mu\nu})$ hervor, indem $k_L\mathbf{D} \to -\mathbf{H}$ und $\mathbf{H} \to k_L\mathbf{D}$ ersetzt werden. Unter den für die Felder $\mathbf{D}$ und $\mathbf{H}$ geltenden Einschränkungen erhält man die den Invarianten (13.1.31) und (13.1.32) entsprechenden Gleichungen durch Substitution von $\mathbf{E}/k_L \to k_L\mathbf{D}$ und $\mathbf{B} \to \mathbf{H}$.

13.2.2 Materialgleichungen

Wir gehen nun von der Annahme aus, dass die (homogene) Materie im System S' ruht, d.h. $\mathbf{D}' = \epsilon\epsilon_0 \mathbf{E}'$ und $\mathbf{B}' = \mu\mu_0 \mathbf{H}'$, und erhalten damit aus der LT (13.2.3) die konstitutiven Gleichungen.

Nebenrechnung zu den Materialgleichungen in bewegter Materie:

$$\mathbf{D}'_\| = \mathbf{D}_\| = \epsilon\epsilon_0 \mathbf{E}'_\| \overset{(13.1.29)}{=} \epsilon\epsilon_0 \mathbf{E}_\|, \qquad \mathbf{H}'_\| = \mathbf{H}_\| = \mu\mu_0 \mathbf{B}'_\| \overset{(13.1.30)}{=} \mu\mu_0 \mathbf{B}_\|.$$

Für die Normalkomponenten geht man von

1. $\mathbf{D}_\perp + \boldsymbol{\beta} \times \mathbf{H}_\perp / k_L = \epsilon\epsilon_0 \left(\mathbf{E}_\perp + k_L \boldsymbol{\beta} \times \mathbf{B}_\perp \right),$
2. $\mathbf{H}_\perp - k_L \boldsymbol{\beta} \times \mathbf{D}_\perp = (\mu\mu_0)^{-1} \left(\mathbf{B}_\perp - \boldsymbol{\beta} \times \mathbf{E}_\perp / k_L \right)$

aus und multipliziert von links vektoriell mit $\boldsymbol{\beta} \times$ bzw. $(1/k_L)\boldsymbol{\beta} \times$

3. $\boldsymbol{\beta} \times \mathbf{D}_\perp - \beta^2 \mathbf{H}_\perp / k_L = \epsilon\epsilon_0 \left[\boldsymbol{\beta} \times \mathbf{E}_\perp + k_L \boldsymbol{\beta} \times (\boldsymbol{\beta} \times \mathbf{B}_\perp) \right],$
4. $\boldsymbol{\beta} \times \mathbf{H}_\perp / k_L + \beta^2 \mathbf{D}_\perp = (\mu\mu_0)^{-1} \left[\boldsymbol{\beta} \times \mathbf{B}_\perp / k_L - \boldsymbol{\beta} \times (\boldsymbol{\beta} \times \mathbf{E}_\perp) / k_L^2 \right].$

Verwendet haben wir noch $\boldsymbol{\beta} \times (\boldsymbol{\beta} \times \mathbf{H}) = -\beta^2 \mathbf{H}_\perp$. Subtrahiert man die 4. Gleichung von der 1. (bzw. addiert die 3. zur 2.) und erweitert die rechte Seite mit $-\epsilon\epsilon_0(\beta^2 \mathbf{E}_\perp + \boldsymbol{\beta} \times (\boldsymbol{\beta} \times \mathbf{E}_\perp))$, so erhält man

$$\mathbf{D}_\perp(1 - \beta^2) = \epsilon\,\epsilon_0 \left\{ \mathbf{E}_\perp(1 - \beta^2) + (1 - 1/\epsilon\mu) \left[k_L \boldsymbol{\beta} \times \mathbf{B}_\perp - \boldsymbol{\beta} \times (\boldsymbol{\beta} \times \mathbf{E}_\perp) \right] \right\}$$
$$\mathbf{H}_\perp(1 - \beta^2) = (\mu\mu_0)^{-1} \left\{ \mathbf{B}_\perp(1 - \beta^2) + (\epsilon\mu - 1) \left[\boldsymbol{\beta} \times \mathbf{E}_\perp / k_L + \boldsymbol{\beta} \times (\boldsymbol{\beta} \times \mathbf{B}_\perp) \right] \right\}.$$

Zusammengefasst ergibt das die Materialgleichungen für lineare Medien [Becker, Sauter, 1973, (11.1.23)]

$$\mathbf{D} = \epsilon\epsilon_0 \left[\mathbf{E} + \gamma^2 (1 - \tfrac{1}{\epsilon\mu}) \boldsymbol{\beta} \times (k_L \mathbf{B} - \boldsymbol{\beta} \times \mathbf{E}) \right],$$
$$\mathbf{H} = (\mu\mu_0)^{-1} \left[\mathbf{B} + \gamma^2 (\epsilon\mu - 1) \boldsymbol{\beta} \times (\mathbf{E}/k_L + \boldsymbol{\beta} \times \mathbf{B}) \right]. \tag{13.2.4}$$

Ruht die Materie in S', so gilt dort $\mathbf{D}' = \epsilon\epsilon_0 \mathbf{E}'$, wobei für $\mathbf{E}'$ und $\mathbf{D}'$ (13.1.29) und (13.2.3) einzusetzen sind. Die zu $\mathbf{v}$ parallelen Komponenten sind ungeändert und kürzen sich weg. Damit erhält man, wie Minkowski [1908, (C),(D)] gezeigt hat, die konstitutiven Gleichungen:

$$\mathbf{D} + \frac{1}{k_L} \boldsymbol{\beta} \times \mathbf{H} = \epsilon\epsilon_0 [\mathbf{E} + k_L \boldsymbol{\beta} \times \mathbf{B}], \qquad \mathbf{H} - k_L \boldsymbol{\beta} \times \mathbf{D} = \frac{1}{\mu\mu_0} [\mathbf{B} - \frac{1}{k_L} \boldsymbol{\beta} \times \mathbf{E}].$$

Das sind die sogenannten *Minkowski-Gleichungen* [Sommerfeld, 1967, (34.5)].

Momententensor

Für manche Anwendungen lassen sich die Felder im Ruhsystem der Materie besser durch die Materialgleichungen (5.2.17)

$$\mathbf{D} = \epsilon_0(\mathbf{E} + 4\pi k_C \mathbf{P}) \qquad \text{und} \qquad \mathbf{H} = \mathbf{B}/\mu_0 - 4\pi k_r \mathbf{M}.$$

als durch Permittivität ϵ und Permeabilität μ beschreiben. Definiert man den Momententensor. Bei Becker, Sauter [1973, (11.3.3)] und

$$(M^{\mu\nu}) = \begin{pmatrix} 0 & -k_L \mathbf{P}^T \\ k_L \mathbf{P} & (\epsilon_{mnk} M_k) \end{pmatrix}, \tag{13.2.5}$$

so folgen daraus die Materialgleichungen

$$\mathsf{H} = k_L^2 \epsilon_0 \mathsf{F} + 4\pi k_r \mathsf{M}.$$

Anmerkung: M hat bei Becker, Sauter [1973, (11.3.3)], Panofsky, Phillips [1962, (18-65)] oder Chaichian et al. [2016, (8.87)] das entgegengesetzte Vorzeichen. Bartelmann et al. [2018, (8.114)] bezeichnet M als Polarisationsfeldtensor P.

Ruht die Materie im System S', das sich mit $\boldsymbol{\beta}$ relativ zu S bewegt, so sind

$$\begin{aligned} \mathbf{P} &= \mathbf{P}'_\parallel + \gamma\big(\mathbf{P}'_\perp + \boldsymbol{\beta}\times\mathbf{M}'/k_L\big), \\ \mathbf{M} &= \mathbf{M}'_\parallel + \gamma\big(\mathbf{M}'_\perp - k_L\boldsymbol{\beta}\times\mathbf{P}'\big). \end{aligned} \tag{13.2.6}$$

Diese Verknüpfung ist insofern bemerkenswert, als im Ruhsystem ein polarisierter, jedoch nicht magnetisierter Körper ($\mathbf{M}' = 0$) durch die Bewegung eine endliche Magnetisierung bekommt. Andererseits erscheint ein nicht polarisierter Körper, wie etwa ein Permanentmagnet, der sich relativ zu S bewegt, in S polarisiert.

Gebundene Ströme

In Materie sind zur freien Ladungdichte ρ_f die gebundene Polarisationsladungsdichte ρ_P und zur freien Stromdichte $\mathbf{j}_f$ die gebundenen Stromdichten der Polarisation $\mathbf{j}_P$ und der Magnetisierung $\mathbf{j}_M$ hinzugekommen:

$$\rho_P = -\boldsymbol{\nabla}\cdot\mathbf{P}, \qquad\qquad \mathbf{j}_b = \dot{\mathbf{P}} + (c/k_L)\boldsymbol{\nabla}\times\mathbf{M}. \tag{5.2.2–5.2.3}$$

$\mathbf{j}_b$ kann als Vierervektor dargestellt werden. Die Kontinuitätsgleichung (5.2.5) ist dann gegeben als

$$(j_b^\mu) = (c\rho_P, \mathbf{j}_b): \qquad j_{b\,,\mu}^\mu = 0 \qquad \Leftrightarrow \qquad \dot{\rho}_P + \boldsymbol{\nabla}\cdot\mathbf{j}_b = 0.$$

Mittels $(M^{\mu\nu})$ kann (5.2.2–5.2.3) in kovarianter Form geschrieben werden:

$$M^{\mu\nu}{}_{,\mu} = -(k_L/c)j_b^\nu.$$

Randbedingungen

In S', dem System, in dem die Materie ruht, gelten die üblichen Stetigkeitsbedingungen: Stetigkeit der Tangentialkomponenten $\mathbf{E}'_t$ und $\mathbf{H}'_t$ und der Normalkomponenten $\mathbf{D}_n$ und $\mathbf{B}_n$. Da jedoch $\operatorname{div}\mathbf{D} = 0$ und $\operatorname{div}\mathbf{B} = 0$ auch in S gelten, bleibt die Stetigkeit der Normalkomponenten D_n und B_n ungeändert.

Stetig sind dann die Tangentialkomponenten der Felder (13.1.29) und (13.1.30), die linear in β gegeben sind durch

$$\mathbf{E} + k_L\boldsymbol{\beta}\times\mathbf{B} \qquad \text{und} \qquad \mathbf{H} - k_L\boldsymbol{\beta}\times\mathbf{D}.$$

In dieser Näherung sind die Randbedingungen an der Grenzfläche der Medien 1 und 2 bestimmt durch

$$\mathbf{n}\times(\mathbf{E}_1 - \mathbf{E}_2) = k_L(\boldsymbol{\beta}\cdot\mathbf{n})(\mathbf{B}_1 - \mathbf{B}_2), \tag{13.2.7}$$

$$\mathbf{n}\times(\mathbf{H}_1 - \mathbf{H}_2) = -k_L(\boldsymbol{\beta}\cdot\mathbf{n})(\mathbf{D}_1 - \mathbf{D}_2). \tag{13.2.8}$$

Für die Felder $\mathbf{D}$ und $\mathbf{H}$ kann (13.2.4) herangezogen werden.

13.2.3 Ladungstransport in bewegten Leitern

Ladung und Strom bilden einen Vektor $(j^\mu) = (c\rho, \mathbf{j})$, der sich gemäß

$$c\rho' = \gamma(c\rho - \boldsymbol{\beta}\cdot\mathbf{j}), \qquad\qquad \mathbf{j}' = \gamma(\mathbf{j}_\| - \rho\mathbf{v}) + \mathbf{j}_\perp \tag{13.2.9}$$

transformiert, wenn S' sich mit $\mathbf{v}$ relativ zu S bewegt. Hierbei genügt (j^μ) stets der Kontinuitätsgleichung $\partial_\mu j^\mu = 0$, und $\mathbf{j}_\|$ ist parallel zu $\mathbf{v}$.

Ladungserhaltung

Die Erhaltung und die Gleichheit des Betrages der Ladung von Proton und Elektron sind experimentell gut gesicherte Fakten. Die Geschwindigkeiten von Elektronen und Atomkernen sind in Materie unterschiedlich, so dass eine durch die LT hervorgerufene Ladungsänderung beobachtet worden wäre.

Dabei ist in Betracht zu ziehen, dass in einem System S mit $\rho = 0$ bei vorhandenem Strom $\mathbf{j} \neq 0$ in einem gegenüber S mit $v\mathbf{e}_x$ bewegten System S' die Ladungsdichte $\rho' \neq 0$ wird. Andererseits wird eine sich in Ruhe befindliche Ladung ρ in einem sonst materiefreien Raum von einem bewegten System S' aus als Strom wahrgenommen:

$$j^0 = c\rho, \qquad j^1 = 0, \qquad j'^0 = \gamma j^0, \qquad j'^1 = -\gamma\beta j^0. \tag{13.2.10}$$

Die Ladungsdichte j'^0 ist von S' aus betrachtet zwar größer, doch ist aufgrund der Lorentz-Kontraktion auch das Volumen, auf das die Ladung verteilt ist, um denselben Faktor kleiner:

$$Q = \int \mathrm{d}^3x\,\rho, \qquad\qquad Q' = \int \mathrm{d}^3x'\,\gamma\rho = \int \mathrm{d}^3x\,\rho.$$

Die Gesamtladung Q ist somit eine relativistische Invariante. Das gilt für die Gesamtladung jedes abgeschlossenen Systems, wie man durch Integration der Kontinuitätsgleichung über das Systemvolumen zeigen kann.

Strom von Elektronen in einem Leiter

In einem Draht, skizziert in Abb. 13.2, fließt ein Strom $\mathbf{j}$, hervorgerufen durch sich im Draht bewegende Elektronen. Das System ist ladungsneutral (positive

$\uparrow y$ _____

$e\overline{\bullet}\!\longrightarrow \overline{\mathbf{v}}$ $\overline{\mathbf{v}}$: Geschwindigkeit der Elektronen

x $\mathbf{j} = -ne_0\overline{\mathbf{v}}$: Stromdichte.

_____

$\mathbf{j} \longleftarrow$ **Abb. 13.2.** Strom von Elektronen in einem Leiter

Ionen). Teilen wir das System in Elektronen und Ionen, so ist im Ruhsystem des Drahtes

$$(j^0\,,\,j^1) = (j^0_{\text{ion}}\,,\,j^1_{\text{ion}}) + (j^0_{\text{el}}\,,\,j^1_{\text{el}}) = ne_0(c\,,\,0) - ne_0(c\,,\,\bar{v}) = -ne_0(0\,,\,\bar{v})\,,$$

wobei $j^1_{\text{el}} = -ne_0\bar{v}$ der Leitungsstrom der Elektronen ist. Vom mit v bewegten System S' aus erhalten wir von $j^0 = c\rho_{\text{ion}}$ den Konvektionsstrom j'^1_{ion} (siehe (13.2.10)):

$$j'^0_{\text{ion}} = \gamma cne_0\,, \qquad\qquad j'^1_{\text{el}} = -\gamma c\beta ne_0\,.$$

Der elektronische Leitungsstrom ändert sich gemäß (13.2.9)

$$j'^0_{\text{el}} = -ne_0\gamma(c - \beta\bar{v})\,, \qquad\qquad j'^1_{\text{el}} = -ne_0\gamma(\bar{v} - \beta c)\,.$$

Die Summe ergibt den gesamten Strom

$$j'^0 = ne_0\gamma\beta\bar{v} = -\gamma\beta j^1\,, \qquad\qquad j'^1 = -ne_0\gamma\bar{v} = \gamma j^1\,.$$

Wir bemerken, dass in S' die Ladungsdichte nicht mehr verschwindet und so das System nicht länger elektrisch neutral ist, sondern eine positive Ladungsdichte aufweist.

Von j^0_{el} rührt ebenfalls ein Konvektionsstrom her, der den der Ionen kompensiert. Es verbleibt ein um γ verstärkter Leitungsstrom.

Ab jetzt nehmen wir an, dass $\overline{\mathbf{v}} = \mathbf{v}$. In Abb. 13.3 ist dann S' das Ruhsystem der Elektronen. Eingezeichnet sind die Weltlinien von Elektronen und Ionen. Man erkennt, dass die x'^1-Achse (zur Zeit $t' = 0$) weniger Weltlinien von Elektronen als von Ionen schneidet. Daraus resultiert als Folge der Lorentz-Kontraktion eine erhöhte Ladungsdichte der Ionen. Aus der in S' vorhandenen Ladungsdichte könnte man schließen, dass auf eine ins System eingebrachte Testladung q, die in S ruht ($\mathbf{v}_q = 0$), eine Kraft wirkt.

In Abb. 13.4a ist skizziert, dass die Stromdichte $\mathbf{j} = -I\delta(y)\delta(z)\,\mathbf{e}_x$ ein Feld $\mathbf{B}$ erzeugt, das nach dem Biot-Savart'schen Gesetz (4.1.11) gegeben ist durch

$$\mathbf{B} = \frac{k_C}{ck_L}\frac{2I}{\varrho}(0\,,\,\frac{z}{\varrho}\,,\,-\frac{y}{\varrho}) \qquad\qquad \text{mit} \qquad\qquad \varrho = \sqrt{y^2 + z^2}\,.$$

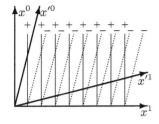

Abb. 13.3. Von S', hier das Ruhsystem der e^-, da $\bar{\mathbf{v}} = \mathbf{v}$, aus betrachtet ist $j'^0 > 0$, d.h. das System ist nicht neutral [Becker, Sauter, 1973, §11.2]

Wegen der Ladungsneutralität gibt es kein elektrisches Feld ($\mathbf{E}=0$) und da die Testladung ruht $\mathbf{v}_q = 0$, wirkt in S keine Kraft auf das Teilchen.

In Abb. 13.4b ist S' das System, in dem die Elektronen ruhen. Man hat jetzt einen Strom von den bewegten Ionen und auch das Testteilchen hat die Geschwindigkeit $-\mathbf{v}$. Gesucht ist die Kraft, die auf die Testladung wirkt.

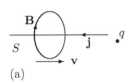
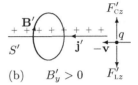

Abb. 13.4. Kraft auf eine Testladung q
(a) S: Elektronen bewegen sich mit $\mathbf{v}$, q ruht
(b) S': Elektronen ruhen, Ionen und q bewegen sich mit $-\mathbf{v}$

S: Kraft auf Test-Teilchen verschwindet, da $\mathbf{E} = 0$ und $\mathbf{v}_q = 0$:

$$\mathbf{F} = q\left(\mathbf{E} + k_L\boldsymbol{\beta}_q \times \mathbf{B}\right) = 0.$$

S': Auf q wirken $\mathbf{E}' \neq 0$ und $\mathbf{B}' \neq 0$, aber die Kräfte kompensieren sich

$$\mathbf{E}' \overset{(13.1.29)}{=} \gamma k_L\boldsymbol{\beta}\times\mathbf{B}, \quad \mathbf{B}' \overset{(13.1.30)}{=} \mathbf{B}_\parallel + \gamma\mathbf{B}_\perp \quad \Rightarrow \quad \mathbf{F}' = q(\mathbf{E}' - k_L\boldsymbol{\beta}\times\mathbf{B}') = 0.$$

Auf das Testteilchen wirkt auch in S' keine Kraft.

Bewegte Stromschleife

Eine Stromschleife, skizziert in Abb. 13.5, bewege sich mit der Geschwindigkeit v in die positive x-Richtung (konstanter Querschnitt F_0).

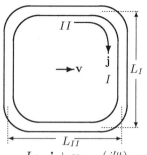

Abb. 13.5. Stromschleife, die sich mit **v** bewegt. Im mitbewegten System S' ist $j'^\mu = (0\ \mathbf{j})$.

Die Schleife teilen wir in zwei Abschnitte, wobei im ersten **j** senkrecht auf **v** steht (I) und im zweiten **j** parallel zu **v** ist (II)

$$I:\ \mathbf{j} \perp \mathbf{v}, \quad (j'^\mu) = (0,\,0,\,-j,\,0), \qquad (j^\mu) = (0,\,0,\,-j,\,0),$$

$$II:\mathbf{j}\|\mathbf{v}, \quad (j'^\mu) = (0,\,j,\,0,\,0), \qquad (j^\mu) = (\gamma\beta j,\,\gamma j,\,0,\,0).$$

Die Stromschleife hat also im System S das elektrische Dipolmoment $p = vjF_0L_{II}L_I$ und nach (4.2.14) das magnetische Dipolmoment $m = k_L jF_0L_{II}L_I/c$. Man kann zeigen, dass mit jedem magnetischen Moment **m** ein elektrischer Dipol verbunden ist:

$$\mathbf{p} = \boldsymbol{\beta} \times \mathbf{m}/k_L. \tag{13.2.11}$$

Jetzt soll sich die Stromschleife, wie in Abb. 13.6 angedeutet, mit **v** bewegen.

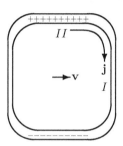

Abb. 13.6. Dipolmoment einer Stromschleife, die sich mit **v** bewegt

Wegen der Lorentz-Kontraktion sind die Ströme ($I = Fj$):

$$I:\ \mathbf{j} \perp \mathbf{v}, \quad F = F_0\sqrt{1-\beta^2}, \quad I_I = F_0\sqrt{1-\beta^2}\,j,$$

$$II:\mathbf{j}\|\mathbf{v}, \quad F = F_0, \qquad\qquad I_{II} = \gamma F_0 j$$

Das scheint auf den ersten Blick im Widerspruch zur Ladungserhaltung zu stehen. Tatsächlich folgt aber bei Integration über ein raumfestes Volumen V, dass

$$\frac{\mathrm{d}}{\mathrm{d}t}\int_V \mathrm{d}^3x\,\rho(\mathbf{x},t) = -\oiint \mathrm{d}\mathbf{f}\cdot\mathbf{j}.$$

Es ist

$$\oiint \mathrm{d}\mathbf{f}\cdot\mathbf{j} = F_0 j\left(\sqrt{1-\beta^2}-\gamma\right) = -F_0 j\gamma\beta^2$$

und ($j^0 = c\rho$)

$$\frac{\mathrm{d}}{\mathrm{d}t}\int_V \mathrm{d}^3x\,\rho(\mathbf{x},t) = F_0\frac{v}{c}\gamma\beta j.$$

Also sind linke und rechte Seite gleich. Der Strom muss dafür sorgen, dass die Ladung an den Orten aufgebaut wird, wo sich die Schleife hinbewegt. Die Ladungsdichte ist also zeitlich nicht konstant.

13.2.4 Maxwell-Gleichungen für nicht magnetische Materie

Es ist instruktiv die Maxwell-Gleichungen in 'langsam' bewegter (linear in $\mathbf{v}$), nicht magnetischer Materie ($\mu = 1$) herzuleiten. In den homogenen Gleichungen tritt die Materie nicht direkt in Erscheinung und die Induktionsgleichung (1.3.10) sowie die Quellenfreiheit von $\mathbf{B}$ (1.3.19) sind unverändert in bewegter Materie gültig. Es ist sinnvoll Strom, Polarisation, Magnetisierung in deren Ruhsystem S' darzustellen. Gemäß (13.2.9) erhält man in 1. Ordnung in β:

$$c\rho_f = c\rho'_f + \boldsymbol{\beta}\cdot\mathbf{j}'_f, \qquad\qquad \mathbf{j}_f = \mathbf{j}'_f + c\rho'_f\boldsymbol{\beta}.$$

Die von der Bewegung relativ zum Strom herrührende Ladungsdichte $\boldsymbol{\beta}\cdot\mathbf{j}'_f/c$, eine Folge der Gleichzeitigkeit in der LT, ist im Allgemeinen ein kleiner Effekt. $\rho'_f\mathbf{v}$ ist der Konvektionsstrom der freien Ladungen. Eingesetzt in (13.2.2) folgt:

$$H^{\kappa 0}{}_{,\kappa} = k_L\boldsymbol{\nabla}\cdot\mathbf{D} = \frac{k_L}{c}4\pi k_r j^0_f = \frac{k_L}{c}4\pi k_r\,(c\rho'_f + \boldsymbol{\beta}\cdot\mathbf{j}'_f)$$

$$H^{\kappa l}{}_{,\kappa} = \boldsymbol{\nabla}\times\mathbf{H} - \frac{k_L}{c}\dot{\mathbf{D}} = \frac{k_L}{c}4\pi k_r j^l = \frac{k_L}{c}4\pi k_r\,(j'^l_f + c\rho'_f\boldsymbol{\beta}).$$

Jetzt sind noch die Polarisation und Magnetisierung (13.2.6) der langsam bewegten, nicht magnetisierten Materie einzufügen:

$$\mathbf{P}(\mathbf{x},t) = \mathbf{P}'(\mathbf{x}',t'), \qquad\qquad \mathbf{M}(\mathbf{x},t) = -\boldsymbol{\beta}\times\mathbf{P}'(\mathbf{x}',t').$$

Daraus folgen die Maxwell-Gleichungen

$$\boldsymbol{\nabla}\cdot\mathbf{D} = 4\pi k_r\,(\rho'_f + \frac{1}{c}\boldsymbol{\beta}\cdot\mathbf{j}'_f)$$

$$\boldsymbol{\nabla}\times\mathbf{B} - \frac{k_L}{c}\dot{\mathbf{D}} = \frac{4\pi k_C}{k_L}\big[\frac{1}{c}\mathbf{j}'_f + \boldsymbol{\beta}\,\rho'_f + \boldsymbol{\nabla}'\times(\mathbf{P}'\times\boldsymbol{\beta})\big].$$

Bei Vernachlässigung der Ladungsdichte $\boldsymbol{\beta}\cdot\mathbf{j}'_f/c$ sind das die auf Lorentz zurückgehenden und von Panofsky, Phillips [1962, (9-18)] angegebenen Maxwell-Gleichungen in langsam bewegter, nicht magnetisierter Materie. Der letzte Term der Stromdichte, der der Polarisation zuzuordnen ist, wird als *Röntgen-Strom* bezeichnet.

13.2.5 Ohm'sches Gesetz

Im System S' in dem der Leiter ruht, gilt das Ohm'sche Gesetz (5.3.2) in der Form: $\mathbf{j}' = \sigma\mathbf{E}'$, wobei $\mathbf{j}'$ der Leitungsstrom ist. Vom Laborsystem aus betrachtet, resultiert aus (13.2.9) und (13.1.29)

$$\mathbf{j}'_\| = \sigma\mathbf{E}'_\| : \qquad (\mathbf{j} - c\rho\boldsymbol{\beta})_\| = \sigma\gamma^{-1}\mathbf{E}_\| = \sigma\gamma(1-\beta^2)\,(\mathbf{E} + k_L\boldsymbol{\beta}\times\mathbf{B})_\|,$$

$$\mathbf{j}'_\perp = \sigma\mathbf{E}'_\perp : \qquad (\mathbf{j} - c\rho\boldsymbol{\beta})_\perp = \sigma\gamma(\mathbf{E} + k_L\boldsymbol{\beta}\times\mathbf{B})_\perp.$$

Berücksichtigt man, dass

$$\beta^2(\mathbf{E}+k_L\boldsymbol{\beta}\times\mathbf{B})_\parallel = \boldsymbol{\beta}\,\boldsymbol{\beta}\cdot(\mathbf{E}+k_L\boldsymbol{\beta}\times\mathbf{B}),$$

so erhält man das Ohm'sche Gesetz für bewegte Leiter in der von Sommerfeld [1967, (34.9)] angegebenen Form:

$$\mathbf{j}-c\rho\boldsymbol{\beta} = \sigma\gamma\big[\mathbf{E}+k_L\boldsymbol{\beta}\times\mathbf{B} - \boldsymbol{\beta}\,\boldsymbol{\beta}\cdot(\mathbf{E}+k_L\boldsymbol{\beta}\times\mathbf{B})\big], \qquad (13.2.12)$$
$$j^i - c\rho\beta_i = \sigma k_L\big[F^{i\lambda}u_\lambda - \beta_i F^{0\lambda}u_\lambda\big].$$

Im Laborsystem kommt zum Leitungsstrom der Konvektionsstrom hinzu, der mit der Leitfähigkeit im Metall nichts zu tun hat und daher von $\mathbf{j}$ abgezogen werden muss: $\mathbf{j}_L=\mathbf{j}-\mathbf{j}_K$.

Von Sommerfeld wird $\rho\mathbf{v}$ als Konvektionsstrom bezeichnet, was aber nicht ganz mit der folgenden Definition übereinstimmt, nach der für $\rho'=0$ kein Konvektionsstrom auftreten soll.

Kovariante Formulierung des Ohm'schen Gesetzes

Zunächst wird der Vierervektor des Konvektionsstroms (j_K^μ) definiert:

$$j_K^\mu := c\rho'\,u^\mu \overset{(13.2.9)}{=} \gamma(c\rho-\mathbf{j}\cdot\boldsymbol{\beta})u^\mu = j^\lambda u_\lambda u^\mu. \qquad (13.2.13)$$

Dann legt (13.2.12) die folgende kovariante Formulierung für das Ohm'sche Gesetz nahe [(8.108) Chaichian et al., 2016; Bartelmann et al., 2018, §8.6]:

$$j_L^\mu = j^\mu - j_K^\mu = j^\mu - (j^\lambda u_\lambda)u^\mu = \sigma k_L F^{\mu\lambda}u_\lambda. \qquad (13.2.14)$$

Für die nullte Komponente des Leitungsstromes erhält man

$$c\rho_L = \mathbf{j}_L\cdot\boldsymbol{\beta} = \sigma\gamma\mathbf{E}\cdot\boldsymbol{\beta}.$$

Setzt man diese in (13.2.12) ein, so ist die Übereinstimmung mit (13.2.14) leicht zu verifizieren. Zudem gilt $j_L^\mu u_\mu=0$.

13.3 Unipolarinduktion

Das Barlow'sche Rad

Barlow [1822] hat mithilfe der in Abb. 13.7 dargestellten Anordnung gezeigt, dass ein Zahnrad, dessen Spitzen in Quecksilber tauchen, zu rotieren beginnt, wenn sich dieses in einem Magnetfeld befindet, das parallel zur Drehachse ist und ein Strom von der Radnabe (W) zur Spitze fließt. In diesem Teil des Stromkreises wirkt auf die Leitungselektronen die Lorentz-Kraft und setzt das Rad in tangentialer Richtung in Bewegung. Diese Vorrichtung kann als der

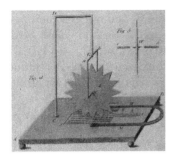

Abb. 13.7. Versuchsanordnung nach Barlow [1822]: Um das Quecksilberbecken (f,g,i) befindet sich ein Hufeisenmagnet (H,M). Das Cu-Zahnrad (W) ist auf einem Rahmen aus Kupfer (a,b,c,d) befestigt, so dass es frei rotieren kann. Wird nun eine Gleichspannung an die Radachse und das Hg-Becken (D und i) angelegt, so beginnt sich das Rad zu drehen

erste (unipolare) Elektromotor angesehen werden. Zur gleichen Zeit hat Faraday [1822] die Bewegung eines stromführenden Drahtes um einen Magnetpol beobachtet.

Etwas später hat Arago [1824] eine Magnetnadel knapp oberhalb einer Kupferscheibe, getrennt durch Glas, frei aufgehängt. Das Magnetfeld der Nadel erzeugt in der sich drehenden Scheibe Wirbelströme, deren Feld bewirkt, dass die Nadel der Scheibe folgt (siehe Wirbelstrombremse, Aufgabe 5.8). Das Experiment wurde bald nachgestellt [Babbage, Herschel, 1825] und nur für gute Leiter bestätigt[4]. Faraday [1832, §4] hat es mithilfe der Induktion erklärt. Die Kupferscheibe wird bisweilen als *Arago-Scheibe* bezeichnet.

13.3.1 Induktion und EMK

Stationäre Ströme können nicht von konservativen elektrostatischen Feldern aufrechterhalten werden, da die Energierate (5.3.6) $\dot{u}_{\text{mech}}=\mathbf{jE}$ nicht von diesen geliefert werden kann. Zerlegt man das elektrische Feld in einen konservativen Quellenanteil $\mathbf{E}^q$ und einen nicht-konservativen (Wirbel-)Anteil $\mathbf{E}^w$, so ist die elektromotorische Kraft (1.3.1) gegeben durch

$$\mathfrak{E} = \oint_C \mathrm{d}\mathbf{x}\cdot(\mathbf{E}^q+\mathbf{E}^w) = \oint_C \mathrm{d}\mathbf{x}\cdot\mathbf{E}^w, \tag{13.3.1}$$

wobei die Kurve C teilweise innerhalb eines Mediums, eines Drahtes oder im Vakuum liegen kann. Auf dem geschlossenen Weg C soll nur ein Teil des Weges zur EMK beitragen. Das entspricht bei dem in Abb. 13.8 skizzierten Unipolargenerator dem Weg von der Achse zum Rand des Zylinders $(A \rightarrow B)$. Des Weiteren soll der Strom verschwinden:

$$\int_A^B \mathrm{d}\mathbf{x}\cdot(\mathbf{E}^q+\mathbf{E}^w) \overset{(5.3.2)}{=} \int_A^B \mathrm{d}\mathbf{x}\cdot\mathbf{j}/\sigma = 0.$$

Damit erhält man

$$\int_A^B \mathrm{d}\mathbf{x}\cdot\mathbf{E}^w = \oint \mathrm{d}\mathbf{x}\cdot\mathbf{E}^w = \mathfrak{E} = -\int_A^B \mathrm{d}\mathbf{x}\cdot\mathbf{E}^q = \phi_B-\phi_A. \tag{13.3.2}$$

---

[4] Arago experimentierte mit verschiedenen Materialien

Daraus folgt, dass in einem offenen Stromkreis die Spannung zwischen zwei Punkten gleich der EMK ist. Es folgt daraus ebenfalls, dass in einem Medium, wenn kein Strom fließt, für nicht-konservative Kräfte $\mathbf{E}^w = -\mathbf{E}^q$. Die nicht-konservativen Felder (hervorgerufen z.B. durch chemische Potentiale) sind dann gleich den elektrostatischen Feldern, die von diesen hervorgerufen werden [Panofsky, Phillips, 1962, Abschn. 9-1].

13.3.2 Der Unipolargenerator

Der Unipolargenerator geht auf ein Experiment von Faraday [1832] zurück; siehe etwa Montgomery [1999]. Hierbei wurde ein magnetisierter Zylinder in ein Quecksilberbad getaucht und in Rotation versetzt. Ersetzt man das Quecksilberbad durch Schleifkontakte, so entspricht das der in Abb. 13.8 skizzierten Konfiguration[5]. Der sich in Ruhe befindliche Magnet sei nicht polarisiert

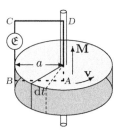

Abb. 13.8. Der Unipolargenerator besteht aus einem zylindrischem Permanentmagneten ($\mathbf{M} = M\mathbf{e}_z$) vom Radius a und der Dicke (Länge) d mit Schleifkontakten an Scheibe und Welle. Der Magnet dreht sich mit der Winkelgeschwindigkeit $\boldsymbol{\omega} = \omega\mathbf{e}_z$, so dass $\mathbf{v} = \boldsymbol{\omega}\times\mathbf{x} = \omega\varrho\,\mathbf{e}_\varphi$. In der Zeit dt dreht sich mit dem Zylinder auch der Integrationsweg, und man hat einen Zuwachs des magnetischen Flusses gemäß $d\varphi = \omega dt$

($\mathbf{P}' = 0$) und parallel zur Drehachse magnetisiert: Bei Bewegung erscheint die magnetisierte Scheibe im Laborsystem S jedoch gemäß (13.2.6) polarisiert:

$$\mathbf{M} = \gamma\mathbf{M}' = M\mathbf{e}_z\,\theta(a-\varrho)\big[\theta(z)-\theta(z-d)\big],$$

$$\mathbf{P} = \gamma\boldsymbol{\beta}\times\mathbf{M}'/k_L = \boldsymbol{\beta}\times\mathbf{M}/k_L = (M\omega/ck_L)\varrho\,\theta(a-\varrho)\big[\theta(z)-\theta(z-d)\big].$$

Da $\beta = v/c \ll 1$, sind $\gamma = 1$ und $M = M'$. Für das Magnetfeld erhält man dementsprechend

$$\mathbf{B} = (1-\gamma)\hat{\boldsymbol{\beta}}\cdot\mathbf{B}'\,\hat{\boldsymbol{\beta}} + \gamma\mathbf{B}'\overset{\gamma=1}{=}\mathbf{B}', \qquad\qquad \hat{\boldsymbol{\beta}} = \mathbf{v}/v. \qquad (13.3.3)$$

Wir orientieren uns an Becker, Sauter [1973, §11.3] und Panofsky, Phillips [1962, §9-5]. Das Induktionsgesetz in integraler Form (1.3.4) lautet, wenn man für die konvektive Ableitung (1.3.6) einsetzt

$$\mathfrak{E} = \oint_{\partial F} d\mathbf{x}\cdot\mathbf{E} = -\frac{k_L}{c}\frac{d}{dt}\iint_F d\mathbf{f}\cdot\mathbf{B} = -\frac{k_L}{c}\iint_F d\mathbf{f}\cdot\big[\dot{\mathbf{B}} - \boldsymbol{\nabla}\times(\mathbf{v}\times\mathbf{B})\big]$$

$$= \frac{k_L}{c}\oint_{\partial F} d\mathbf{x}\cdot(\mathbf{v}\times\mathbf{B}) = \frac{k_L\omega}{c}\int_0^a d\varrho\,\varrho\,\mathbf{B}\cdot\mathbf{e}_z = \frac{k_L\omega}{2\pi c}\Phi_B(a), \qquad (13.3.4)$$

---

[5] Der magnetisierte Zylinder kann durch eine Kupferscheibe (Faraday-Scheibe) ersetzt werden, die sich in einem (homogenen) äußeren Magnetfeld $\mathbf{B}$ dreht.

wobei wir den Radius der Welle vernachlässigt haben. Eine Berechnung von **B** aus dem vorgegebenen **M** wird hier nicht vorgenommen. Man kann jedoch davon ausgehen, dass in der Mitte eines langen Zylinders das Feld nahezu konstant ist und $\Phi_B = 4\pi k_C \epsilon_0 M a^2 \pi$. Die Polarisationsladung

$$\rho_P = -\boldsymbol{\nabla}\cdot\mathbf{P} = \frac{M\omega}{ck_L}\left[-2\theta(a-\varrho) + \delta(a-\varrho)\right]\left[\theta(z) - \theta(z-d)\right]$$

ist innerhalb des Zylinders negativ, begleitet von einer positiven Oberflächenladung auf dem Zylindermantel. Somit ist auch die Ladungsneutralität hergestellt.

Folgerung aus der Lorentz-Kraft

Die Elektronen bewegen sich mit dem Permanentmagnet. Somit wirkt auf diese die Lorentz-Kraft $\mathbf{F}_L$. Durch die Verschiebung der Elektronen, hier ins Zentrum der Scheibe, entsteht ein rücktreibendes elektrisches Feld **E**. Im Gleichgewicht darf jedoch keine Kraft **F** auf die Elektronen wirken:

$$\mathbf{F} = e(\mathbf{E} + \frac{k_L}{c}\mathbf{v}\times\mathbf{B}) = 0 \quad \Rightarrow \quad \mathbf{E} = -\frac{k_L}{c}\mathbf{v}\times\mathbf{B} = -\frac{k_L\omega}{c}B\varrho. \quad (13.3.5)$$

Die am Zylinder (Radius a) entstehende Spannung ist demnach

$$\phi_B - \phi_A = -\int_0^a \mathrm{d}\mathbf{s}\cdot\mathbf{E} = \frac{k_L\omega}{2\pi c}\Phi_B. \quad (13.3.6)$$

In üblicher Betrachtung verbindet man mit der Lorentz-Kraft ein elektrisches Teilchen, das die magnetischen Feldlinien schneidet, was schwierig scheint, wenn man sich das Magnetfeld als auf dem Zylinder befestigt vorstellt, so dass es sich mit dem Elektron dreht. Nun ist $\mathbf{B} = \mathbf{B}'$ zeitlich konstant und nur das Elektron bewegt sich.

Die rotierende Kugel

In Anlehnung an Landau, Lifschitz [Bd. VIII, 1985, §63] wird noch die in Abb. 13.9 skizzierte, homogen magnetisierte Kugel betrachtet. Das Magnetfeld $\mathbf{B}_i = (8\pi k_r\mu_0/3)\mathbf{M}$ ist innerhalb der Kugel homogen. Außerhalb der Kugel haben wir ein Dipolfeld. Die Drehachse ist parallel zur Magnetisierung **M** angeordnet, so dass

$$\mathbf{E}_i = k_L\mathbf{B}_i\times\mathbf{v}/c = \frac{8\pi k_r k_L}{3}\mu_0\mathbf{M}\times\boldsymbol{\beta} = -\frac{8\pi k_r k_L\mu_0 M\omega}{3c}\varrho \quad r < a. \quad (13.3.7)$$

Durch die Rotation erscheint die Kugel polarisiert mit der Ladungsdichte ρ_P:

$$\mathbf{P} = \boldsymbol{\beta}\times\mathbf{M}/k_L, \quad \rho_P = -\boldsymbol{\nabla}\cdot\mathbf{P} = -\frac{2M\omega}{ck_L}\theta(a-r) + \frac{M\omega a}{ck_L}\sin^2\vartheta\,\delta(a-r).$$

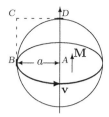

Abb. 13.9. Die Drehachse der homogen magnetisierten Kugel ist parallel zur Magnetisierung. $\mathbf{v} = \boldsymbol{\omega} \times \mathbf{x}$.
$\mathbf{B}_i = (8\pi k_r \mu_0/3)\,\mathbf{M}$ für $r < a$

Die Kugel hat eine homogene negative Polarisationsladung, die von einer positiven Polarisationsladung an der Kugeloberfläche ausgeglichen wird. Für das elektrische Feld ist die Situation komplizierter. Zwar ist die Ladungsdichte innerhalb der Kugel ebenfalls negativ, und $\mathbf{E}$ ist wirbelfrei

$$\rho = \frac{\boldsymbol{\nabla}\cdot\mathbf{E}}{4\pi k_C} = -\frac{4M\omega}{3ck_L}, \qquad\qquad \boldsymbol{\nabla}\times\mathbf{E} = 0,$$

aber die Oberflächenladung ist nicht so einfach zu bestimmen, da das Feld $\mathbf{E}_a$ außerhalb der Kugel nicht bekannt ist. Aufgrund der Symmetrie muss es das Feld eines Quadrupols sein, dessen Berechnung in Aufgabe 13.3 vorzunehmen ist. Man erhält das skalare Potential

$$\phi(\mathbf{x}) = k_C \frac{4\pi M\omega}{9ck_L} \begin{cases} 2(r^2-a^2)+(r^2-3z^2) & r < a \\[2mm] \dfrac{a^5}{r^5}(r^2-3z^2) & r > a. \end{cases} \qquad (13.3.8)$$

Das Potential auf der Drehachse ist negativ.

13.3.3 Bewegung eines unendlich langen Quaders

Die Unipolarinduktion haben wir zunächst mittels (13.3.4) als Induktionsphänomen beschrieben und dann mithilfe von (13.3.5) die Lorentz-Kraft als Verursacher von $\mathbf{E}$ festgemacht. Darüber hinaus haben wir in (13.3.7) die Felder $\mathbf{E}_i$ und $\mathbf{P}$ mithilfe der aus der Lorentz-Transformation folgenden Formeln angegeben. In der nun zu besprechenden Konfiguration soll die Unipolarinduktion nur auf der Grundlage der LT, d.h. der SRT behandelt werden.

Wir gehen jetzt von einem gleichmäßig bewegtem und langem Permanentmagneten aus. Die Magnetisierungsrichtung sei, wie in Abb. 13.10 eingezeichnet, die z-Richtung. Der Grund für dieses Beispiel ist, dass wir zwei Inertialsysteme haben für die die Lorentz-Transformation sicherlich gilt. Wir verweisen in diesem Zusammenhang auf Becker, Sauter [1973, §11.3]. Ausgangspunkt ist der in Abb. 13.10 skizzierte Permanentmagnet. Im Ruhsystem des Magneten seien die Magnetisierung $\mathbf{M}' = M'\mathbf{e}_z$ und die Polarisation $\mathbf{P}' = 0$. Bewegt sich der Magnet mit $\mathbf{v} = v\mathbf{e}_x$, so erscheint dieser gemäß (13.2.6) dem ruhenden Beobachter polarisiert:

$$\mathbf{M} = (1-\gamma)\mathbf{M}'\cdot\hat{\boldsymbol{\beta}}\,\hat{\boldsymbol{\beta}} + \gamma\mathbf{M}' = \gamma M'\mathbf{e}_z,$$
$$\mathbf{P} = \gamma\boldsymbol{\beta}\times\mathbf{M}'/k_L = \boldsymbol{\beta}\times\mathbf{M}/k_L = -\gamma\beta M'\mathbf{e}_y/k_L. \qquad (13.3.9)$$

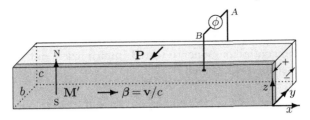

Abb. 13.10. Polarisation eines langen, magnetisierten und geradlinig bewegten Quaders: $\mathbf{M}' = M'\mathbf{e}_z$, $\boldsymbol{\beta} = \beta\mathbf{e}_x$ und $\mathbf{P} = \gamma\boldsymbol{\beta}\times\mathbf{M}'/k_L = -\gamma\beta M'\mathbf{e}_y/k_L$. Die Polarisationsladungen befinden sich an den Seitenflächen. Der ruhende Leiterbügel ist mit Schleifkontakten zum bewegten Magnet versehen

Für die Felder ($\mathbf{E}' = 0$) bedeutet dies

$$\mathbf{B} = (1-\gamma)\hat{\boldsymbol{\beta}}\cdot\mathbf{B}'\,\hat{\boldsymbol{\beta}} + \gamma\mathbf{B}' \equiv \mathbf{B}'_\| + \gamma\mathbf{B}'_\perp,$$

$$\mathbf{E} = -k_L\gamma\boldsymbol{\beta}\times\mathbf{B}' = -k_L\boldsymbol{\beta}\times\mathbf{B} = -\frac{1}{k_L\epsilon_0}\boldsymbol{\beta}\times(\mathbf{H}+4\pi k_r\mathbf{M}). \tag{13.3.10}$$

Zu $\mathbf{E}$ trägt der zu $\boldsymbol{\beta}$ parallele Anteil nicht bei. Es gilt also in den folgenden Formeln: $\mathbf{B} \equiv \gamma\mathbf{B}'_\perp$. Definiert man

$$\psi(y,z) = \big[\theta(y)-\theta(y-b)\big]\big[\theta(z)-\theta(z-c)\big] \qquad \Rightarrow \qquad \mathbf{M} = \mathbf{M}_0\psi,$$

so erhält man für $\mathbf{P}$ und die Polarisationsladungen

$$\mathbf{P} = \boldsymbol{\beta}\times\mathbf{M}/k_L = -\beta M\psi\,\mathbf{e}_y/k_L,$$

$$\rho_P = -\boldsymbol{\nabla}\cdot\mathbf{P} = \beta(M/k_L)\big[\delta(y)-\delta(y-b)\big]\big[\theta(z)-\theta(z-c)\big]. \tag{13.3.11}$$

$\mathbf{P}$ ist parallel zu den Deckflächen (unten und oben), weshalb dort $\boldsymbol{\nabla}\cdot\mathbf{P}$ verschwindet. Innerhalb des Quaders gibt es keine Polarisationsladungen, aber an den Seitenflächen sind Oberflächenladungen. Die nächste Frage gilt der (gesamten) Ladungsdichte $\rho = \rho_f + \rho_P$:

$$\rho = \frac{\boldsymbol{\nabla}\cdot\mathbf{E}}{4\pi k_C} = k_L\frac{\boldsymbol{\nabla}\cdot(\mathbf{B}\times\boldsymbol{\beta})}{4\pi k_C} = k_L\frac{\boldsymbol{\beta}\cdot(\boldsymbol{\nabla}\times\mathbf{B})}{4\pi k_C}$$

$$\overset{\mathrm{rot}\,\mathbf{H}=0}{=} \frac{1}{k_L}\boldsymbol{\beta}\cdot(\boldsymbol{\nabla}\times\mathbf{M}) = \rho_P. \tag{13.3.12}$$

Das ergibt nicht unerwartet $\rho_f = 0$, d.h. $\boldsymbol{\nabla}\cdot\mathbf{E} = -4\pi k_C\boldsymbol{\nabla}\cdot\mathbf{P}$. Nun fragen wir noch nach den Wirbeldichten:

$$\boldsymbol{\nabla}\times\mathbf{P} = -(\beta M/k_L)(\boldsymbol{\nabla}\psi)\times\mathbf{e}_y = (\beta M/k_L)\mathbf{e}_z\cdot\boldsymbol{\nabla}\psi = \beta\boldsymbol{\nabla}\cdot\mathbf{M}/k_L,$$

$$\boldsymbol{\nabla}\times\mathbf{E} = k_L\boldsymbol{\nabla}\times(\mathbf{B}\times\boldsymbol{\beta}) \overset{(\mathrm{A.2.35})}{=} k_L[(\boldsymbol{\beta}\cdot\boldsymbol{\nabla})\mathbf{B}-\boldsymbol{\beta}\boldsymbol{\nabla}\cdot\mathbf{B}] = k_L(\boldsymbol{\beta}\cdot\boldsymbol{\nabla})\mathbf{B}. \tag{13.3.13}$$

Die Polarisation hat Wirbel an den Deckflächen. Teilt man $\mathbf{P}$ in einen Wirbelanteil $\mathbf{P}_w$ und einen Quellenanteil $\mathbf{P}_q$, so sind innerhalb des Balken $\mathbf{E} = -4\pi k_C\mathbf{P}_q$ und $\mathbf{D} = 4\pi k_r\mathbf{P}_w$ und außerhalb des Balken $\mathbf{D} = \epsilon_0\mathbf{E}$.

Das elektrische Feld $\mathbf{E}$ ist aufgrund der unendlichen Länge des Balkens wirbelfrei und der Sprung von $\mathbf{E}$ in der Normalkomponente ist durch den Sprung der Tangentialkomponente von $\mathbf{B}$ (multipliziert mit β) bestimmt. Die Spannung berechnen wir gemäß

$$\phi = -\int_A^B \mathrm{d}\mathbf{s}\cdot\mathbf{E} = \frac{k_L}{c}\int_A^B \mathrm{d}\mathbf{s}\cdot(\mathbf{v}\times\mathbf{B}) = -k_L\beta\int_{y_A}^{y_B}\mathrm{d}y\,B_z\,. \tag{13.3.14}$$

Aufgaben zu Kapitel 13

13.1. *Bewegte Punktladung*: Im Ursprung des Inertialsystems S' ruht eine Punktladung q. S' bewegt sich mit $\mathbf{v}$ gegenüber S, wobei zur Zeit $t = t' = 0$ auch $\mathbf{x} = \mathbf{x}' = 0$ zusammenfallen.

Berechnen Sie mithilfe von Λ das Feld $\mathbf{E}$ der Punktladung in S und vergleichen Sie dieses mit dem aus den Liénard-Wiechert-Potentialen folgenden Feld (8.2.46):

$$\mathbf{E}(\mathbf{x},t) = q\frac{\left(1-\beta^2\right)\mathbf{X}(t)}{\sqrt{\left(1-\beta^2\right)R^2(t)+(\mathbf{X}(t)\cdot\boldsymbol{\beta})^2}^3}\,, \qquad \mathbf{X}(t) = \mathbf{x} - \boldsymbol{\beta}ct\,.$$

13.2. *Homogene Maxwell-Gleichungen*: Zeigen Sie, dass die Summe

$$F_{\mu\nu,\lambda} + F_{\lambda\mu,\nu} + F_{\nu\lambda,\mu} = 0 \tag{13.1.26}$$

verschwindet und die homogenen Maxwell-Gleichungen beschreibt.

13.3. *Potential und Feld einer rotierenden magnetisierten Kugel*: Eine homogen magnetisierte Kugel (Radius a), wie in Abb. 13.8 dargestellt, drehe sich mit der Winkelgeschwindigkeit ω, wobei die Magnetisierung $\mathbf{M}$ parallel zur Drehachse ist. Berechnen Sie die elektrischen Felder innerhalb und außerhalb der Kugel samt den zugehörigen Potentialen.

Literaturverzeichnis

M. Arago, Notiz zu einem Vortrag vom 22. 11. 1824 in der Académie royale des Sciences, Ann. chim. phys. **27**, 363 (1824), publiziert als *Sur la découverte d'une novelle action magnétique* in Nouveau Bulletin des Sciences, 5–6 (1825)

C. Babbage, J. Herschel *Account of the Repetition of M. Arago's Experiments on the Magnetism Manifested by Various Substances during the Act of Rotation*, Phil. Trans. R. Soc. London **115**, 467–496 (1825)

P. Barlow *A curious electro-magnetic Experiment*, Phil. Mag. **59**, 241–242 (1822)

M. Bartelmann, B. Feuerbacher, T.Krüger, E. Lüst, A. Rebhan, A. Wipf *Theoretische Physik 2/ Elektrodynamik*, Springer Spektrum (2018)

R. Becker, F. Sauter *Theorie der Elektrizität 1*, 21. Aufl. Teubner, Stuttgart (1973)

M. Chaichian, I. Merches, D. Radu, A. Tureanu *Electrodynamics*, Springer Berlin (2016)

A. Einstein *Eine neue formale Deutung der Maxwellschen Feldgleichungen der Elektrodynamik*, S.B. preuss. Akad. Wiss. 184–188 (1916)

M. Faraday *On some new Electro-Magnetical Motions, and on the Theory of Magnetism*, Quaterly Journal of Science **12**, 74–96 (1822) und weitere Artikel hierin.

M. Faraday *Experimental Researches in Electricity*, Phil. Trans. R. Soc. Lond. **122**, 125–162 (1832)

J. D. Jackson *Klassische Elektrodynamik*, 4. Aufl. Walter de Gruyter, Berlin (2006)

L. D. Landau und E. M. Lifschitz *Lehrbuch der theoretischen Physik II, Klassische Feldtheorie*, 12. Aufl. Harri Deutsch, Frankfurt (1997)

L.D. Landau, E.M. Lifschitz *Elektrodynamik der Kontinua*, Bd. 8, 5. Aufl. Akademie-Verlag Berlin (1985)

J. Larmor in *Aether and Matter*, Cambridge University Press (1900)

H. Minkowski *Die Grundgleichungen für die elektromagnetischen Vorgänge in bewegten Körpern*, Nachrichten von der Königlichen Ges. d. Wissenschaften zu Göttingen, 53–111 (1908)

H. Montgomery *Unipolar induction: a neglected topic in the teaching of electromagnetism*, Eur. J. Phys. **20**, 271–280 (1999)

W. Panofsky, M. Phillips *Classical electricity and magnetism*, 2. Aufl. Addison – Wesley, Reading (1962)

F. Scheck *Theoretische Physik 3* 4. Aufl., Springer Spektrum (2017)

F. Schwabl *Quantenmechanik für Fortgeschrittene*, 5. Aufl. Springer, Berlin (2008)

R.U. Sexl und H.K. Urbantke *Relativität, Gruppen, Teilchen* Springer, Wien (1976)

A. Sommerfeld *Elektrodynamik*, 5. Aufl. Akad. Verlagsges. Leipzig (1967)

Relativistische Mechanik

14.1 Newtons Lex Secunda

Gemäß [Mach, 1933, S. 240] lautet das 2. Newton'sche Gesetz das unverändert in der relativistischen Mechanik gilt:

Die Änderung der Bewegung ist der Einwirkung der bewegenden Kraft proportional und geschieht nach der Richtung derjenigen geraden Linie, nach welcher jene Kraft wirkt.

Wir suchen die kovariante Form für dieses (und andere) Gesetze der klassischen Mechanik. Zunächst werden, ausgehend von der Geschwindigkeit (v^μ), die kovarianten Vektoren für Impuls, Beschleunigung und (Lorentz-)Kraft definiert.

14.1.1 Geschwindigkeit, Impuls und Beschleunigung

Vierergeschwindigkeit und Viererimpuls

In der relativistischen Mechanik geht man von der Annahme aus, dass im mitbewegten System, in dem ein Körper ruht, die Gesetze der klassischen Mechanik unverändert gelten. Die Zeit in diesem System (12.3.2), die sogenannte Eigenzeit τ bzw. $s = c\tau$, definiert die Geschwindigkeit (v^μ) (12.3.6) bzw. $(u^\mu) = (v^\mu)/c$ (12.3.7) als Ableitung der Weltlinie (x^μ) nach τ bzw. s

$$(v^\mu) = \left(\frac{\mathrm{d}x^\mu}{\mathrm{d}\tau}\right) = \gamma \begin{pmatrix} c \\ \mathbf{v} \end{pmatrix} \quad \text{und} \quad (u^\mu) = \left(\frac{\mathrm{d}x^\mu}{\mathrm{d}s}\right) = \gamma \begin{pmatrix} 1 \\ \boldsymbol{\beta} \end{pmatrix}. \quad (14.1.1')$$

Wir haben somit die Vierergeschwindigkeit unmittelbar in kovarianter Form erhalten. Der Vektor ist zeitartig, $u^\mu u_\mu = 1$, d.h. seine nullte Komponente

Ergänzende Information Die elektronische Version dieses Kapitels enthält Zusatzmaterial, auf das über folgenden Link zugegriffen werden kann https://doi.org/10.1007/978-3-662-68528-0_14.

ist größer als der räumliche Anteil, der damit durch eine geeignete Lorentz-Transformation zum Verschwinden gebracht werden kann, was eben im mitbewegten System der Fall ist.

Anmerkung: Es ist oft sinnvoll das Argument nach dem differenziert wurde anzugeben: $v^l = \dot{x}^l(\tau)$ oder $v^l = \dot{x}^l(t)$. Zudem ist die Bezeichnung der Vierergeschwindigkeit nicht einheitlich[1].

Multipliziert man (v^μ) mit m, so erhält man den Viererimpuls

$$p^\mu = mv^\mu(\tau) = mcu^\mu \qquad \Leftrightarrow \qquad (p^\mu) = m\gamma \begin{pmatrix} c \\ \mathbf{v} \end{pmatrix} = \begin{pmatrix} p^0 \\ \mathbf{p} \end{pmatrix}. \qquad (14.1.1)$$

m ist die Ruhmasse, oft auch mit $m(0)$ oder m_0 bezeichnet. Für die Energie E gilt die als *Einstein-Formel* bekannte Beziehung

$$E = \gamma mc^2 = m(v)\,c^2 \qquad \text{mit} \quad m(v) = \gamma m. \qquad (14.1.2)$$

Die relativistische Masse $m\gamma$, die als träge Masse in die Bewegungsgleichungen eingeht, ist geschwindigkeitsabhängig. Wächst die kinetische Energie eines Teilchens, so wird es schwerer, d.h. träger gegen eine Beschleunigung. Mittels (14.1.2) ist

$$p^0 = p_0 = \gamma mc = E/c, \qquad\qquad \mathbf{p} = \gamma m\mathbf{v}. \qquad (14.1.3)$$

Durch Kontraktion erhält man unter Verwendung von $u^\mu u_\mu = 1$ die Invariante

$$p^\mu p_\mu = (p^0)^2 - \mathbf{p}^2 = m^2c^2 = E^2/c^2 - \mathbf{p}^2. \qquad (14.1.4)$$

Wie aus (14.1.4) hervorgeht, ist die Energie als Funktion von $\mathbf{p}$ bzw. von $\mathbf{v}$

$$E = \sqrt{m^2c^4 + c^2\mathbf{p}^2} = mc^2/\sqrt{1 - \beta^2}$$

in Abb. 14.1 skizziert. Nahe der Lichtgeschwindigkeit, d.h. wenn $|\mathbf{p}| \gg mc$, ist $E \approx |\mathbf{p}|c$.

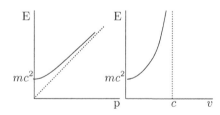

Abb. 14.1. Energie als Funktion von $p = |\mathbf{p}|$ und v; E(p) ist ein Hyperboloid, die sogenannte *Massenschale*

---

[1]
$$v^\lambda = \frac{dx^\lambda}{d\tau}$$
| u^λ Becker, Sauter [1973, (10.5.12)] | u^λ Nolting [2016, (2.39)] |
| U^λ Jackson [2006, (11.36)] | η^λ Griffiths [2011, (12.41)] |

$$u^\lambda = \frac{dx^\lambda}{ds}$$
| u^λ Panofsky, Phillips [1962, (17-27)] | u^λ Sexl, Urbantke [1976, (4.3)] |
| u^λ Landau, Lifschitz II [1997, (7,1)] | u^λ Chaichian et al. [2016, (7.65)] |

Der Viererimpuls des Photons

Der Vierervektor (12.4.27) der Wellenzahl ist uns bereits beim Doppler-Effekt begegnet. Nun hat das Photon die Geschwindigkeit $|\mathbf{v}| = c$, was nur in Verbindung mit der Ruhmasse $m = 0$ möglich ist. Daraus folgt

$$(\mathrm{p}^{\mu}) = \bigl(|\boldsymbol{p}|,\, \boldsymbol{p}\bigr) \qquad \text{mit} \qquad \mathrm{E} = c|\boldsymbol{p}|.$$

$\boldsymbol{p}$ und $\mathrm{E} = c|\boldsymbol{p}|$ sind Impuls und Energie des Photons, wobei für masselose Teilchen $\mathrm{p}^{\mu}\mathrm{p}_{\mu} = 0$ gilt. Die Energie des Photons ist nach der Quantentheorie bestimmt durch $\mathrm{E} = \hbar\omega$. Somit ist

$$\mathrm{p}^0 = \hbar\omega/c = \hbar k \qquad \Rightarrow \qquad \boldsymbol{p} = \hbar\mathbf{k} \qquad \text{und} \qquad (\mathrm{p}^{\mu}) = \hbar\,(k,\, \mathbf{k}).$$

Viererbeschleunigung

Die Ableitung der Geschwindigkeit nach der Eigenzeit

$$\mathrm{b}^{\mu} = \frac{\mathrm{d}^2 x^{\mu}}{\mathrm{d}\tau^2} = \dot{\mathrm{v}}^{\mu}(\tau) = a^{\mu} c^2 \tag{14.1.5}$$

definiert die Beschleunigung, wobei

$$a^{\mu} = \frac{\mathrm{d}^2 x^{\mu}}{\mathrm{d}s^2} \qquad \Rightarrow \qquad (a^{\mu}) = (\dot{u}^{\mu}(s)) = (\dot{\gamma}(s),\, \dot{\gamma}(s)\boldsymbol{\beta} + \gamma\dot{\boldsymbol{\beta}}) \tag{14.1.6}$$

die Ableitung nach s der dimensionslosen Geschwindigkeit (u^{μ}) ist. Aus

$$\frac{\mathrm{d}}{\mathrm{d}s} u^{\mu} u_{\mu} = 0 \qquad\qquad \text{folgt} \qquad\qquad \dot{a}^{\mu} u_{\mu} = 0.$$

Vierergeschwindigkeit und Viererbeschleunigung sind also orthogonal zueinander. Für das Skalarprodukt gilt

$$a^{\mu} a_{\mu} = -\gamma^{-2}\,\dot{\gamma}^2(s) - \gamma^2\dot{\boldsymbol{\beta}}^2(s) \leq 0\,,$$

d.h. die Beschleunigung ist raumartig. Dieses Resultat war bereits aufgrund der Orthogonalität $u^{\mu}\dot{u}_{\mu} = 0$ zu erwarten, da (u^{μ}) zeitartig ist. Mit einer LT kann man also in kein Inertialsystem wechseln in dem die räumliche Komponente der Beschleunigung verschwindet. Mithilfe von $\dot{\gamma}(s) = \gamma^3\,\boldsymbol{\beta}\cdot\dot{\boldsymbol{\beta}}(s)$ kann

$$a^{\mu} a_{\mu} = -\gamma^4\bigl[(1-\beta^2)\dot{\boldsymbol{\beta}}^2(s) + (\boldsymbol{\beta}\cdot\dot{\boldsymbol{\beta}})^2\bigr] = -\gamma^4\bigl[\dot{\boldsymbol{\beta}}^2(s) - (\boldsymbol{\beta}\times\dot{\boldsymbol{\beta}})^2\bigr] \tag{14.1.7}$$

in eine Form gebracht werden, die uns bei der Strahlungsleistung (8.2.42) begegnet ist.

Bewegungsgleichung

In der einfachsten Form sagt das zweite Newton'sche Gesetz, dass Kraft gleich Masse mal Beschleunigung ist

$$m\mathrm{b}^\mu = \dot{\mathrm{p}}^\mu(\tau) = K^\mu \quad \Leftrightarrow \quad mc^2 a^\mu = c\dot{\mathrm{p}}^\mu(s) = K^\mu \quad \Rightarrow \quad \dot{\boldsymbol{p}}(t) = \mathbf{K}/\gamma. \quad (14.1.8)$$

$\mathbf{K}_N = \mathbf{K}/\gamma$ ist die Newton'sche Kraft. Je nach Fragestellung ist es günstiger die Bewegungsgleichung durch den Weg s, die Eigenzeit τ oder die Zeit t auszudrücken. Die Viererkraft (K^μ) ist die sogenannte *Minkowski-Kraft* [Sommerfeld, 1967, §32 (5)], wobei gemäß (14.1.10): $K^0 = \mathbf{K} \cdot \boldsymbol{\beta}$.

Freies Teilchen

Bevor man die Einwirkung einer Kraft auf das Teilchen berücksichtigt, vergewissert man sich über die kräftefreie Bewegung:

$$mc\dot{u}^\mu = 0 \quad \Rightarrow \quad p^\mu = mcu^\mu = \text{const.} \quad \Rightarrow \quad x^\mu(s) = x^\mu(0) + u^\mu s. \quad (14.1.9)$$

Die Weltlinie ist eine Gerade. (14.1.9) ist Ausdruck des *1. Newton'schen Gesetzes* (*Trägheitsprinzip*), hier in der Formulierung von Mach [1933, S. 240]:

Ein Körper beharrt in seinem Zustand der Ruhe oder der gleichförmigen geradlinigen Bewegung, wenn er nicht durch einwirkende Kräfte gezwungen wird, seinen Zustand zu ändern.

Bewegung unter dem Einfluss einer Kraft

$$mc^2 \ddot{x}^\mu(s) = mc^2 a^\mu(s) = K^\mu.$$

Die Bedeutung der nullten Komponente der *Minkowksi*-Kraft:

$$\dot{u}^\mu u_\mu = 0 \qquad \Rightarrow \qquad mc^2 \dot{u}^\mu u_\mu = K^\mu u_\mu = 0.$$

Daraus folgt, dass $K_0 c$ gleich der von $\mathbf{K}$ am Teilchen geleisteten Arbeit ist:

$$K^0 = \mathbf{K} \cdot \boldsymbol{\beta} = mc^2 \frac{\mathrm{d}\gamma}{\mathrm{d}s} = \frac{1}{c}\frac{\mathrm{dE}}{\mathrm{d}\tau}. \quad (14.1.10)$$

Gleichmäßig beschleunigtes Bezugssystem

Ist im Ruhsystem S' eines Teilchens seine Beschleunigung (hier in der x^1-Richtung) konstant, $(\mathrm{b}'^\mu) = (0, b, 0, 0)$, so wird das Teilchen gleichmäßig beschleunigt. Wir fragen uns, wie sich die Zeit im „unbewegten Laborsystem" zur Eigenzeit im gleichmäßig beschleunigten System verhält, wenn sich dieses zur Zeit $t = 0$ mit der Anfangsgeschwindigkeit $\mathbf{v} = 0$ wegbewegt.

Zunächst transformieren wir gemäß (13.1.2) die Beschleunigung vom mitbewegten System ins Laborsystem, wo sie durch (14.1.5) gegeben ist:

$$b^\mu = \frac{d^2x^\mu}{d\tau^2} = (c\frac{d\gamma}{d\tau}, \frac{d\gamma v}{d\tau}, 0, 0) = (\gamma\beta b, \gamma b, 0, 0).$$

Daraus ergibt sich für den räumlichen Anteil durch Integration unter Verwendung von $\gamma d\tau = dt$ (12.3.2)

$$\frac{1}{\gamma}\frac{d\gamma v}{d\tau} = b \quad \Rightarrow \quad \int_0^t dt' \frac{d\gamma v}{dt'} = \frac{v(t)}{\sqrt{1 - v(t)^2/c^2}} = bt. \tag{14.1.11}$$

Solange $v \ll c$ haben wir das klassische Ergebnis $v = bt$, ein Ergebnis, das für $t \to \infty$ wenig überraschend in $v = c$ übergeht. Die Auflösung nach v und eine nochmalige Integration ergibt

$$v = \frac{bt}{\sqrt{1 + b^2t^2/c^2}} \quad \Rightarrow \quad x = \int_0^t dt'\, v(t') = b\frac{c^2}{b^2}\left(\sqrt{1 + \frac{b^2t^2}{c^2}} - 1\right).$$

Wiederum haben wir für kurze Zeiten (oder kleine Geschwindigkeiten) das klassische Ergebnis $x = b\,t^2/2$, das für $t \to \infty$ in $x = ct$ übergeht.

Die Eigenzeit erhält man mittels[2]: (12.3.3)

$$\tau = \int_0^t dt'\,\sqrt{1-\beta^2} = \int_0^t \frac{dt'}{\sqrt{1+(bt'/c)^2}} = \frac{c}{b}\ln\left(\frac{bt}{c} + \sqrt{1 + \left(\frac{bt}{c}\right)^2}\right). \tag{14.1.12}$$

Für kurze Zeiten oder kleine Geschwindigkeiten, $bt \ll c$, ist die Eigenzeit $\tau \lesssim t$ wie es klassisch zu erwarten ist, während für $t \to \infty$ die Eigenzeit nur logarithmisch zunimmt: $\tau \sim (c/b)\ln(2bt/c)$. In diesem Grenzfall ist zwar $v \approx c$, aber erreicht trotzdem nie c, da dann τ nicht weiter zunehmen dürfte.

14.1.2 Strahlungsleistung und Strahlungsrückwirkung

Zur Strahlungsleistung der Punktladung

Man kann erwarten, dass die Strahlungsleistung P der bewegten Ladung invariant gegenüber der LT ist. Geht man von der Larmor-Formel (8.2.39) aus, so ist gemäß (14.1.7) $\dot{u}^\mu(\tau)\dot{u}_\mu(\tau) = -\dot{\beta}^2(\tau)$, wenn $\beta = 0$. Daraus folgt

$$P = -\frac{2k_c e^2}{3c}\frac{du^\mu}{d\tau}\frac{du_\mu}{d\tau} = -\frac{2k_c e^2}{3m^2c^3}\frac{dp^\mu}{d\tau}\frac{dp_\mu}{d\tau}. \tag{14.1.13}$$

Da P ein Skalar ist, muss seine Form unter Lorentz-Transformationen, d.h. für endliche β erhalten bleiben. $\dot{u}^\mu\dot{u}_\mu$ wurde für endliche β in (14.1.7) berechnet. Ersetzt man $d\tau$ durch dt/γ, so folgt aus (14.1.13) Liénards Resultat (8.2.42). Die Abstrahlung im relativistischen Fall ist vor allem in Teilchenbeschleunigern von Interesse, wobei man zwischen linearen und kreisförmigen Beschleunigern unterscheidet.

---

[2] Hilfsformel (B.5.15): $\int dx/\sqrt{1+a^2x^2} = (1/a)\ln\left(ax + \sqrt{1+a^2x^2}\right)$ $a > 0$.

Lineare Beschleunigung

Bei der linearen Bewegung sind $\boldsymbol{\beta}$ und $\dot{\boldsymbol{\beta}}$ parallel, so dass sich (14.1.7) entsprechend vereinfacht:

$$\frac{\mathrm{d}\gamma\boldsymbol{\beta}}{\mathrm{d}t} = \gamma^3\boldsymbol{\beta}\cdot\dot{\boldsymbol{\beta}}\boldsymbol{\beta}+\gamma\dot{\boldsymbol{\beta}} = \gamma^3\dot{\boldsymbol{\beta}} \quad\Rightarrow\quad \frac{\mathrm{d}u^\mu}{\mathrm{d}s}\frac{\mathrm{d}u_\mu}{\mathrm{d}s} = -\left(\gamma^2\frac{\mathrm{d}\beta}{\mathrm{d}s}\right)^2 = -\left(\frac{1}{c}\frac{\mathrm{d}\gamma\beta}{\mathrm{d}t}\right)^2.$$

Geschwindigkeit und Impuls sind $(u^\mu)=(\gamma,\boldsymbol{\beta}\gamma)$ und $\mathrm{p}^\mu=mcu^\mu$, woraus folgt:

$$P = \frac{2k_c e^2}{3c}\left(\frac{\mathrm{d}\mathbf{u}}{\mathrm{d}t}\right)^2 = \frac{2k_c e^2}{3m^2 c^3}\left(\frac{\mathrm{d}\boldsymbol{p}}{\mathrm{d}t}\right)^2.$$

Von Interesse ist das Verhältnis der Strahlungsleistung zur Leistung der äußeren Kräfte [Schwinger, 1949], wozu wir einige Zwischenrechnungen machen:

$$\frac{\mathrm{d}\mathrm{E}}{\mathrm{d}t} = mc^2\frac{\mathrm{d}\gamma}{\mathrm{d}t} = mc^2\gamma^3\boldsymbol{\beta}\cdot\frac{\mathrm{d}\boldsymbol{\beta}}{\mathrm{d}t} = mc^2\gamma^3\beta\dot{\beta},$$
$$\frac{\mathrm{d}\boldsymbol{p}}{\mathrm{d}t} = mc\frac{\mathrm{d}\gamma\boldsymbol{\beta}}{\mathrm{d}t} = mc\gamma^3\dot{\boldsymbol{\beta}} = \frac{\boldsymbol{\beta}}{\beta^2 c}\frac{\mathrm{d}\mathrm{E}}{\mathrm{d}t}.$$

Wir nehmen jetzt an, dass m die Elektronenmasse ist, so dass r_e der klassische Elektronenradius und $\mathrm{E}_0 = mc^2 \approx 0.511\,\mathrm{MeV}$ die Ruhenergie des Elektrons sind:

$$\frac{P}{\mathrm{d}\mathrm{E}/\mathrm{d}t} = \frac{2k_c e^2}{3m^2 c^3}\frac{1}{\beta^2 c^2}\frac{\mathrm{d}\mathrm{E}}{\mathrm{d}t} = \frac{2r_e}{3\mathrm{E}_0}\frac{1}{\beta^2 c}\frac{\mathrm{d}\mathrm{E}}{\mathrm{d}t}. \tag{14.1.14}$$

In einem weiteren Schritt messen wir das Verhältnis von P zu $\mathrm{d}\mathrm{E}/\mathrm{d}t$ mit der Energieänderung pro Längeneinheit $\mathrm{d}x = \beta c\mathrm{d}t$:

$$\frac{P}{\mathrm{d}\mathrm{E}/\mathrm{d}t} = \frac{2r_e}{3\mathrm{E}_0}\frac{1}{\beta}\frac{\mathrm{d}\mathrm{E}}{\mathrm{d}x}. \tag{14.1.15}$$

Der Energiezuwachs ist aber auf einer Strecke r_e sehr viel kleiner als E_0, so dass die Abstrahlung im Linear-Beschleuniger kaum eine Rolle spielen sollte.

Synchroton

Wird das Elektron auf einer Kreisbahn gehalten, so nimmt man an, dass trotz der Energieänderung in Bewegungsrichtung $\dot{\boldsymbol{\beta}} \perp \boldsymbol{\beta}$. Für P erhält man dann unter Verwendung von (14.1.7) und $\dot{\gamma} = 0$

$$P = \frac{2k_c e^2}{3c}\gamma^4\dot{\boldsymbol{\beta}}(t)^2 = \frac{2k_c e^2}{3c}\gamma^2\dot{\mathbf{u}}(t)^2. \tag{14.1.16}$$

Sind R der Radius der Kreisbahn und ω die Winkelgeschwindigkeit, mit der sich Elektron bewegt, so sind

$$|\dot{\mathbf{u}}(t)| = \gamma\beta\omega = \gamma\beta\,(c\beta/R) \qquad\text{und}\qquad \gamma = \mathrm{E}/\mathrm{E}_0.$$

Daraus ergibt sich

$$P = k_C \frac{2}{3} \omega \frac{e^2}{R} \beta^3 \left(\frac{E}{E_0}\right)^4 . \tag{14.1.17}$$

Bei einem vollen Umlauf mit $v \approx c$ wird so die Energie

$$\frac{\Delta E}{E_0} = \frac{4\pi}{3} \frac{r_e}{R} \left(\frac{E}{E_0}\right)^4 \tag{14.1.18}$$

abgestrahlt. Man sieht daraus, dass zum Erreichen hoher Energien große Radien R notwendig sind. In einem Synchroton, wo man höhere Strahlungsleistungen erreichen will, wird man der Kreisbahn Wellenlinien, die von Undulatoren erzeugt werden, überlagern.

Strahlungsrückwirkung

Im Abschnitt 8.5 wurde die Rückwirkung der Strahlung auf das Elektron für den Grenzwert $|\mathbf{v}| \to 0$ behandelt. Jetzt soll der allgemeinere Fall endlicher Geschwindigkeiten behandelt werden, wobei versucht wird, aus Überlegungen zur Kovarianz die Verallgemeinerung der Abraham-Lorentz'schen Bewegungsgleichung (8.5.4), die relativistische *Lorentz-Abraham-Dirac-Gleichung*, die sogenannte LAD-Gleichung, zu erhalten. Wir orientieren uns wiederum an der Arbeit von Rohrlich [2008].

Wir erinnern uns, dass die abgestrahlte Energie für ein schnell bewegtes Elektron nicht durch die Larmor-Formel, sondern durch die Liénard-Formel (8.2.42) bzw. (14.1.13)

$$P = -\frac{2k_C e^2}{3c^3} \dot{\mathrm{v}}^\mu(\tau) \dot{\mathrm{v}}_\mu(\tau) \overset{(8.5.3)}{=} -m\tau_0 \dot{\mathrm{v}}^\mu \dot{\mathrm{v}}_\mu = m\tau_0 \ddot{\mathrm{v}}^\mu \mathrm{v}_\mu \tag{14.1.19}$$

gegeben ist. Die Punkte bezeichnen hier durchwegs Ableitungen nach τ. Rechts haben wir ausgenützt, dass $\mathrm{v}^\mu(\tau)\dot{\mathrm{v}}_\mu(\tau) = 0$, d.h.

$$\frac{\mathrm{d}}{\mathrm{d}\tau}\dot{\mathrm{v}}^\mu \mathrm{v}_\mu = \dot{\mathrm{v}}^\mu \dot{\mathrm{v}}_\mu + \ddot{\mathrm{v}}^\mu \mathrm{v}_\mu .$$

Eine Bewegungsgleichung der Form

$$m\dot{\mathrm{v}}^\mu(\tau) = m\tau_0 \ddot{\mathrm{v}}^\mu(\tau)$$

ist nicht kovariant, da bei Multiplikation mit v_μ nur die linke Seite verschwindet. Man kann das „reparieren", indem man den bei der Multiplikation mit v_μ entstehenden Beitrag abzieht:

$$m\dot{\mathrm{v}}^\mu = m\tau_0 \left[\ddot{\mathrm{v}}^\mu + \frac{1}{c^2}\ddot{\mathrm{v}}^\nu \dot{\mathrm{v}}_\nu \, \mathrm{v}^\mu\right].$$

Die nullte Komponente dieser Gleichung multipliziert mit c muss die Energie-bilanz, zumindest für $v \to 0$, wiedergeben:

$$\frac{\mathrm{d}E}{\mathrm{d}\tau} = \tau_0 \frac{\mathrm{d}^2 E}{\mathrm{d}\tau^2} - P(\tau)\frac{v^0}{c}.$$

Wir haben hier die relativistische Energie $E = mc^2\gamma$ eingesetzt. Der Vergleich mit (8.5.5) zeigt unmittelbar, dass der 1. Term auf der rechten Seite der Schott-Term ist und der 2. Term den Energieverlust nach der Liénard-Formel angibt. Jetzt fügen wir noch eine äußere Kraft F_{ext}^μ hinzu und erhalten die LAD-Gleichung

$$m\dot{\mathrm{v}}^\mu(\tau) = F_{\mathrm{ext}}^\mu + m\tau_0\Big(\ddot{\mathrm{v}}^\mu + \frac{1}{c^2}\dot{\mathrm{v}}^\nu\dot{\mathrm{v}}_\nu\,\mathrm{v}^\mu\Big). \tag{14.1.20}$$

Zu bemerken wäre noch, dass die LAD-Gleichung auch die Impulsänderungen des Elektrons durch die Abstrahlung einbezieht. Wie im nicht-relativistischen Fall gibt es auch hier Lösungen mit akausalem Verhalten. Es wird auf gleiche Art versucht, diese durch Anforderungen an die äußeren Kräfte zu eliminieren. Um die Notation zu vereinfachen, führen wir einen Projektionstensor ein:

$$P^{\mu\nu} = g^{\mu\nu} - \frac{1}{c^2}\mathrm{v}^\mu\mathrm{v}^\nu \qquad \Rightarrow \qquad m\dot{\mathrm{v}}^\mu(\tau) = F_{\mathrm{ext}}^\mu + m\tau_0 P^{\mu\nu}\,\ddot{\mathrm{v}}_\nu.$$

Wir differenzieren die LAD-Gleichung, um $\ddot{\mathrm{v}}_\mu$ wieder in diese einzusetzen, wobei wir die Beiträge der Ordnung $O(\tau_0^2)$ vernachlässigen:

$$m\dot{\mathrm{v}}^\mu = F_{\mathrm{ext}}^\mu + \tau_0 P^{\mu\nu}\,\dot{F}_{\mathrm{ext}\,\nu} \qquad \text{mit} \qquad |\tau_0 P^{\mu\nu}\,\dot{F}_{\mathrm{ext}\,\nu}| \ll |F_{\mathrm{ext}}^\mu|. \tag{14.1.21}$$

Die rechts stehende Bedingung ist die von Rohrlich angegebene relativistische Formulierung von (8.5.9), die eine zu schnelle Variation der äußeren Kraft verhindern soll.

14.1.3 Lorentz-Kraft

Nach der Elektronentheorie von Lorentz ist die Kraft pro Volumeneinheit auf eine räumlich begrenzte Ladungsverteilung (Punktladung, siehe Abschn. 5.1)

$$\mathbf{f}(\mathbf{x}, t) = \rho\big(\mathbf{E} + k_L\boldsymbol{\beta}\times\mathbf{B}\big) = \frac{1}{c}\big(j^0\,\mathbf{E} + k_L\mathbf{j}\times\mathbf{B}\big). \tag{14.1.22}$$

$\mathbf{E}$ und $\mathbf{B}$ sind äußere Felder. Setzt man für E_i und B_k die Komponenten des Feldstärketensors (13.1.19) ein und berücksichtigt, dass $j_j = -j^j$ die kovariante Komponente ist, so erhält man

$$\begin{aligned} f^i &= \frac{1}{c}\big(E_i j_0 - k_L\epsilon_{ijk}j_j B_k\big) = \frac{k_L}{c}\big(F^{i0}\,j_0 + \frac{1}{2}\epsilon_{ijk}\epsilon_{klm}j_j F^{lm}\big) \\ &= \frac{k_L}{c}\big(F^{i0}\,j_0 + F^{ij}\,j_j\big) = \frac{k_L}{c}\,F^{i\lambda}j_\lambda. \end{aligned} \tag{14.1.23}$$

Das ist offensichtlich der räumliche Anteil eines Vierervektors der Kraftdichte, dessen nullte Komponente

$$f^0 = \frac{k_L}{c} F^{0l} j_l = \frac{1}{c} \mathbf{E} \cdot \mathbf{j} \qquad (14.1.24)$$

die mit $1/c$ multiplizierte Leistungsdichte des Stroms ist ($(5.3.6)$: $\dot{u}_{\text{mech}} = \mathbf{j} \cdot \mathbf{E}$):

$$f^\mu = \frac{k_L}{c} F^{\mu\nu} j_\nu \,. \qquad (14.1.25)$$

Für eine Punktladung gilt (13.1.4)

$$(j^\mu) = \rho_q(x) \left(c\, \mathbf{v} \right) = \rho_q c \gamma^{-1} (u^\mu), \qquad \rho_q(x) = q \delta^{(3)}(\mathbf{x} - \mathbf{x}_q(t)),$$

woraus die Kraftdichte

$$(f^\mu) = k_L \rho_q \, \gamma^{-1} (F^{\mu\nu} u_\nu) = \rho_q \left(\mathbf{E} \cdot \boldsymbol{\beta}, \; \mathbf{E} + k_L \boldsymbol{\beta} \times \mathbf{B} \right)$$

folgt. Die gesamte Kraft auf die Punktladung, die Lorentz-Kraft (1.2.5)

$$\mathbf{F} = \int \mathrm{d}^3 x \, \mathbf{f} = q(\mathbf{E} + k_L \boldsymbol{\beta} \times \mathbf{B}) \qquad (14.1.26)$$

wird durch Multiplikation mit γ kovariant. Das ergibt die Minkowski-Kraft:

$$(K^\mu) = \gamma \left(\boldsymbol{\beta} \cdot \mathbf{F}, \; \mathbf{F} \right) = \gamma q \left(\boldsymbol{\beta} \cdot \mathbf{E}, \; \mathbf{E} + k_L \boldsymbol{\beta} \times \mathbf{B} \right) \overset{(14.1.23)}{=} q k_L (F^{\mu\nu} u_\nu). \quad (14.1.27)$$

Im Ruhsystem der Ladung S' wirkt auf diese die nicht-relativistische (Newton'sche) Kraft $\mathbf{K}'$

$$(K'^\mu) \overset{(13.1.3)}{=} (0, \mathbf{F}_\parallel + \gamma \mathbf{F}_\perp) \overset{(13.1.29)}{=} (0, q\mathbf{E}') \; \Rightarrow \; \mathbf{F} = \mathbf{K}'_\parallel + \gamma^{-1} \mathbf{K}'_\perp. \quad (14.1.28)$$

Es gibt Auffassungsunterschiede, ob $\mathbf{K}'$ [Weinberg, 1972, (2.3.5)] oder $\mathbf{F}$ [Nolting, 2016, (2.47)] die klassische nicht-relativistische Kraft ist, was Fließbach [2018, §4] ausführlich darlegt. Die Bewegungsgleichung für ein Elektron im elektromagnetischen Feld (5.4.6)

$$\frac{\mathrm{d}\boldsymbol{p}}{\mathrm{d}t} = \mathbf{F} = e\left(\mathbf{E} + k_L \boldsymbol{\beta} \times \mathbf{B} \right) \qquad (14.1.29)$$

haben wir im Hinblick auf die einwirkende Kraft $\mathbf{F}$ als Lorentz-Gleichung bezeichnet. (14.1.29) ist der räumliche Anteil einer kovarianten Bewegungsgleichung, obwohl sowohl die linke als auch die rechte Seite nicht kovariant formuliert sind. Multipliziert man (14.1.29) mit γ und erweitert gemäß (14.1.25) mit der vom Feld erbrachten Leistung $\boldsymbol{\beta} \cdot \mathbf{E}$, so erhält man Kovarianz

$$\frac{\mathrm{d}p^\mu}{\mathrm{d}\tau} = K^\mu \overset{(14.1.27)}{=} e k_L F^{\mu\nu} u_\nu \,. \qquad (14.1.30)$$

$\mathbf{K} = \gamma \mathbf{F}$ ist der räumliche Anteil der kovarianten Kraft; zuletzt sind die Felder $\mathbf{E}$ und $\mathbf{B}$ durch den Feldstärketensor ersetzt worden.

Wird in die Bewegungsgleichung auch die Strahlungsrückwirkung einbezogen, so erhalten wir im nicht-relativistischen Fall die Abraham-Lorentz-Gleichung (8.5.4) und kovariant formuliert die Lorentz-Abraham-Dirac-Gleichung (14.1.20).

14.1.4 Energie-Impulstensor

Der Spannungstensor und die Energie-Impulsbilanz

Im Abschnitt 5.6 zur Energie und Impulsbilanz wurde in (5.6.12) gezeigt, dass die gesamte Kraftdichte, d.h. die „mechanische" Lorentz-Kraftdichte plus der Kraftdichte des Feldes durch die Divergenz des Maxwell'schen Spannungstensors (T_{ij}) (5.6.11) gegeben ist (Impulssatz). Es wird nun versucht den den T_{ij} zugeordneten kovarianten Tensor $(T_M^{\mu\nu})$ zu finden, dessen Divergenz die „mechanische" Kraftdichte f^i ist:

$$\dot{p}_{\text{mech}\,i} = -\dot{p}_{\text{Feld}\,i} + T_{ni,n} \quad \Rightarrow \quad f^i = T_M^{\nu i},_\nu: \quad T_M^{0i} = -c p_{\text{Feld}\,i}, \quad T_M^{ni} = T_{ni}.$$

f^0 wird mithilfe des Satzes von Poynting (5.6.5) bestimmt:

$$\dot{u}_{\text{mech}} = -\dot{u}_{\text{Feld}} - \boldsymbol{\nabla}\cdot\mathbf{S} \quad \Rightarrow \quad f^0 = T_M^{\nu 0},_\nu: \quad T_M^{00} = -u_{\text{Feld}}, \quad T_M^{n0} = -S_n/c.$$

Energie- und Impulsbilanz sind durch die Divergenz des von Sommerfeld [1967, §35] als *Spannungs-Energie-Tensor* bezeichneten Tensors bestimmt:

$$f^\mu = T_M^{\nu\mu},_\nu, \qquad\qquad (T_M^{\mu\nu}) = \begin{pmatrix} -u_{\text{Feld}} & -c\boldsymbol{p}_{\text{Feld}}^T \\ -\mathbf{S}/c & (T_{mn}) \end{pmatrix}. \qquad (14.1.31)$$

Bei der Herleitung des auf Minkowski [1908, (74)] zurückgehenden Tensors gehen wir von der Lorentz-Kraftdichte (14.1.25) aus und setzen in diese den Viererstrom aus der inhomogenen Maxwell-Gleichung (13.2.2) ein:

$$j_f^\mu = \frac{c}{k_L}\frac{1}{4\pi k_r} H^{\nu\mu},_\nu,$$

$$f^\mu = \frac{k_L}{c} F^{\mu\nu} j_{f\nu} = \frac{1}{4\pi k_r} F^{\mu\nu} g_{\nu\rho} H^{\sigma\rho},_\sigma = \frac{1}{4\pi k_r}\Big[\partial_\sigma(F^{\mu\nu} g_{\nu\rho} H^{\sigma\rho}) - F^{\mu\nu},_\sigma g_{\nu\rho} H^{\sigma\rho}\Big].$$

Nun formt man der 2. Term mittels (13.1.26) um $(F_{\lambda\rho,\sigma} + F_{\sigma\lambda,\rho} = F_{\sigma\rho,\lambda})$:

$$F^{\mu\nu},_\sigma g_{\nu\rho} H^{\sigma\rho} = g^{\mu\lambda} F_{\lambda\rho,\sigma} H^{\sigma\rho} \overset{\sigma \rightleftharpoons \rho}{=} \frac{g^{\mu\lambda}}{2} H^{\sigma\rho}\big(F_{\lambda\rho,\sigma} - F_{\lambda\sigma,\rho}\big)$$

$$= \frac{g^{\mu\lambda}}{2} H^{\sigma\rho} F_{\sigma\rho,\lambda} \overset{\epsilon,\mu=\text{const.}}{=} \frac{g^{\mu\lambda}}{4} \partial_\lambda H^{\sigma\rho} F_{\sigma\rho}.$$

Der gesuchte Tensor, der (14.1.31) erfüllt, hat so die Form

$$T_M^{\mu\nu} = \frac{1}{4\pi k_r}\Big(F^{\mu\lambda} g_{\lambda\rho} H^{\nu\rho} - \frac{g^{\mu\nu}}{4} H^{\lambda\rho} F_{\lambda\rho}\Big). \qquad (14.1.32)$$

T_M ist spurfrei $(T_M^{\mu\nu} g_{\mu\nu} = 0)$ und hängt nicht von der Signatur (12.2.2') ab.

Die Darstellung der $T_M^{\mu\nu}$ durch $\mathbf{E}$, $\mathbf{D}$ und $\mathbf{B}$, $\mathbf{H}$ ist etwas mühsam. Wir beginnen hier mit dem 1. Term $(T_1^{\mu\nu})$ von (14.1.32):

$$4\pi k_r T_1^{00} = -F^{0l}H^{0l} = -\mathbf{E}\cdot\mathbf{D}, \quad 4\pi k_r T_1^{0n} = -F^{0l}H^{nl} = -E_l\epsilon_{nlk}H_k/k_L,$$

$$4\pi k_r T_1^{mn} = F^{m0}H^{n0} - F^{ml}H^{nl}, \quad 4\pi k_r T_1^{m0} = -F^{ml}H^{0l} = -\epsilon_{mlk}B_k D_l k_L,$$

$$= E_m D_n - \epsilon_{mlr}\epsilon_{nls}B_r H_s = E_m D_n - \delta_{mn}\mathbf{B}\cdot\mathbf{H} + H_m B_n.$$

Im letzten Term setzen wir für die Invariante ein: $H^{\sigma\rho}F_{\sigma\rho} = 2(\mathbf{B}\cdot\mathbf{H} - \mathbf{E}\cdot\mathbf{D})$. Zusammengefasst ergibt das den Spannungstensor (14.1.31)

$$(T_M^{\mu\nu}) = \frac{1}{4\pi k_r}\begin{pmatrix} -(\mathbf{E}\cdot\mathbf{D}+\mathbf{B}\cdot\mathbf{H})/2 & -k_L\mathbf{D}\times\mathbf{B} \\ -\mathbf{E}\times\mathbf{H}/k_L & (E_m D_n + H_m B_n - \delta_{mn}(\mathbf{E}\cdot\mathbf{D}+\mathbf{B}\cdot\mathbf{H})/2) \end{pmatrix}.$$

Nicht angesprochen wurde, dass T_M in Materie asymmetrisch ist, was (in Analogie zur Elastizitätstheorie) zu Drehmomenten führen könnte [Sommerfeld, 1967, §35]. Der von Abraham [1909] vorgeschlagene symmetrische Tensor [Pauli, 1921, (303)] hat zur sogenannten Abraham-Minkowski-Debatte geführt zu der McDonald [2017] Literatur angibt.

Der symmetrische Energie-Impulstensor

Der Energie-Impuls-Tensor eines Systems besteht aus der Summe des mechanischen und des elektromagnetischen Teiles: $T_S^{\nu\mu} = T_{\text{mech}}^{\nu\mu} + T^{\nu\mu}$. Er erfüllt die Kontinuitätsgleichung $T_S^{\nu\mu},_\nu = 0$ [Schwabl, 2008, (12.4.3)]. Der „mechanische" Teil ist durch $\dot{p}^\mu$ bestimmt. Somit ändert sich in (14.1.31) das Vorzeichen:

$$f^\mu = (k_L/c)F^{\mu\nu}j_\nu = -T^{\nu\mu},_\nu. \tag{14.1.31'}$$

In der mikroskopischen Theorie der Elektrodynamik ist der mittels (14.1.31) hergeleitete Energie-Impuls-Tensor symmetrisch. $(T^{\mu\nu})$ ist bis auf $T^{\nu\mu},_\nu = 0$ festgelegt. Man setzt in (14.1.32) $\epsilon = \mu = 1$ und wechselt das Vorzeichen:

$$(T^{\kappa\lambda}) = \frac{-k_L^2}{4\pi k_C}\left(F^{\kappa\nu}g_{\nu\rho}F^{\lambda\rho} - \frac{g^{\kappa\lambda}}{4}F^{\nu\rho}F_{\nu\rho}\right) = \begin{pmatrix} u_{\text{Feld}} & \mathbf{S}^T/c \\ \mathbf{S}/c & -(\sigma_{kl}) \end{pmatrix}. \tag{14.1.33}$$

Die Spannung T_{kl} heißt fortan σ_{kl}, um nicht mit $(T_{\kappa\lambda})$ in Konflikt zu geraten. Die zum dreidimensionalen Tensor hinzugekommene Zeile bzw. Spalte sind die Feldenergiedichte (5.6.4) und die Energiestromdichte (5.6.3):

$$\sigma_{kl} \overset{(5.6.11)}{=} \frac{1}{4\pi k_C}\left[E_k E_l + k_L^2 B_k B_l - \frac{1}{2}(E^2 + k_L^2 B^2)\delta_{kl}\right]. \tag{14.1.34}$$

$$u_{\text{Feld}} = \frac{1}{8\pi k_C}(E^2 + k_L^2 B^2), \qquad \mathbf{S} = c^2\mathbf{p}_{\text{Feld}} = \frac{k_L c}{4\pi k_C}\mathbf{E}\times\mathbf{B}, \tag{14.1.35}$$

Die nullte Komponente der Viererdivergenz des Energie-Impuls-Tensors

$$f^0 = -\partial_\lambda T^{\lambda 0} \quad \Leftrightarrow \quad \dot{u}_{\text{mech}}(t) = \mathbf{j}\cdot\mathbf{E} = -\dot{u}_{\text{Feld}}(t) - \boldsymbol{\nabla}\cdot\mathbf{S} \tag{14.1.36}$$

ergibt die Energiebilanz (5.6.5). $cf^0 = \mathbf{j}\cdot\mathbf{E}$ ist die von $\mathbf{E}$ erbrachte Leistungsdichte (siehe (14.1.24) bzw. (5.3.6)). Die räumlichen Komponenten der Viererdivergenz von $T^{\kappa\lambda}$

$$f^k = -\partial_\lambda T^{\lambda k} \quad \Leftrightarrow \quad f^k = \rho E_k + (\mathbf{j} \times \mathbf{B})_k = -\dot{\mathrm{p}}_{\mathrm{Feld}\,k} + \nabla_l \sigma_{lk} \qquad (14.1.37)$$

stellen die Bilanzgleichung für die Impulsdichten (5.6.12) dar.

Aus allen bisherigen Darstellungen zur Elektrodynamik war zu erkennen, dass die Kovarianz in die Gesetze „eingebaut" ist, und alle Gleichungen und Erhaltungsgrößen in einfacher und eleganter Art aus den Tensoren (j^μ), (A^μ) und $(F^{\mu\nu})$ hergeleitet werden können.

14.2 Lagrange-Formalismus

Es ist notwendig, die Dynamik der Relativitätstheorie anzupassen, was hier mittels des bereits im Abschnitt 5.4 verwendeten Prinzips der kleinsten Wirkung mit einer für die Relativitätstheorie geeigneten Lagrange-Funktion geschehen soll. Jackson [2006, §12] folgend wird im Abschn. 14.2.1 die Lagrange-Funktion analog zur nicht-relativistischen Theorie im Abschn. 5.4 bestimmt, während im Abschn. 14.2.2 eine nur auf der Kovarianz beruhende Herleitung angewandt wird. Das bedingt eine gewisse Doppelgleisigkeit.

14.2.1 Relativistische Lagrange-Funktion

Unverändert gehen wir vom Wirkungsintegral (5.4.1) aus. In einer relativistischen Theorie muss S ein Lorentz-Skalar sein:

$$\mathrm{S} = \int_{t_1}^{t_2} \mathrm{d}t\, \mathrm{L}(\mathbf{x}, \mathbf{v}) = \frac{1}{c} \int_{s_1}^{s_2} \mathrm{d}s\, \mathrm{L}_r \qquad \text{mit} \qquad \mathrm{L}_r = \gamma\, \mathrm{L}\,. \qquad (14.2.1)$$

Das Wegelement $\mathrm{d}s = \sqrt{x_\mu x^\mu}$ der Weltlinie ist ein Lorentz-Skalar. Daraus folgt, dass $\mathrm{L}_r = \gamma\, \mathrm{L}$ ebenfalls ein solcher ist.

Wir nützen hier nicht die Gelegenheit, mittels L_r durch Variation von x^μ und u^μ die Weltlinie des Teilchens zu minimalisieren, sondern gehen zum Integral über $\mathrm{d}t\, \mathrm{L}$ zurück und erhalten durch Variation $\delta \mathrm{S} = 0$ von $\mathbf{x}$ und $\mathbf{v}$ die schon bekannten Euler-Lagrange-Gleichungen (5.4.2):

$$\frac{\partial \mathrm{L}}{\partial \mathbf{x}} - \frac{\mathrm{d}}{\mathrm{d}t}\left(\frac{\partial \mathrm{L}}{\partial \mathbf{v}}\right) = 0\,. \qquad (14.2.2)$$

Lagrange-Funktion für ein freies Teilchen

L darf für freie Teilchen nicht vom Ort, sondern nur von der Geschwindigkeit abhängen. Die einzige Invariante, die man mit der Geschwindigkeit (12.3.7) bilden kann, ist $u^\mu u_\mu = 1$. Demgemäß muss L_r eine Konstante von der Dimension einer Energie sein: $\mathrm{L}_r = -\alpha\, mc^2$. L muss noch für $v \ll c$ mit der nicht-relativistischen Form $\mathrm{L}_{\mathrm{nr}} = mv^2/2$ kompatibel sein, was für $\alpha = 1$ der Fall ist:

$$L = -\frac{mc^2}{\gamma} \overset{v \ll c}{=} -mc^2 + \frac{mv^2}{2}. \tag{14.2.3}$$

Die Ruhenergie mc^2 hat keinen Einfluss auf die Variation der Wirkung.

Anmerkung: Als *kinetisches Potential* K bezeichnet man in der Lagrange-Funktion L = K − V den Anteil für das freie Teilchen [Sommerfeld, 1967, §32]. Die Ableitungen $p_i = \partial K / \partial v_i$ sind die Impulse. In der klassischen, nicht-relativistischen Mechanik ist K die kinetische Energie T. Diese verschwindet mit $v \to 0$. Die Definition

$$L_{\text{frei}} = K = mc^2 \left(1 - 1/\gamma\right) \tag{14.2.4}$$

wäre in mancher Hinsicht adäquater, da $K(v \ll c) \approx T = mv^2/2$. Verwendet wurde hier wiederum die Abkürzung

$$\gamma = 1/\sqrt{1 - \beta^2} \quad \text{mit} \quad \boldsymbol{\beta} = \mathbf{v}/c. \tag{14.2.5}$$

Für den Impuls erhält man aus den Euler-Lagrange-Gleichungen (14.2.2)

$$\boldsymbol{p} = \frac{\partial L}{\partial \mathbf{v}} = m\gamma \mathbf{v}, \tag{14.2.6}$$

ein Resultat, das wir bereits verwendet haben. Aus (14.2.2):

$$\frac{\mathrm{d}}{\mathrm{d}t} \frac{\partial L}{\partial \mathbf{v}} = \frac{\mathrm{d}\boldsymbol{p}}{\mathrm{d}t} = \frac{\partial L}{\partial \mathbf{x}} = 0$$

folgt auch, dass das freie Teilchen keine Beschleunigung erfährt, so dass seine Geschwindigkeit konstant bleibt. Die Energie E des Teilchens folgt aus

$$E = \boldsymbol{p} \cdot \mathbf{v} - L = m\gamma v^2 + \frac{mc^2}{\gamma} = mc^2 \gamma \overset{\beta \to 0}{\approx} mc^2 + \frac{mv^2}{2}. \tag{14.2.7}$$

Der erste Term ist die Ruhenergie des Teilchens. Setzt man (14.2.6) in (14.2.5) ein, so erhält man

$$\gamma = \sqrt{m^2 c^2 + \mathrm{p}^2}/mc \tag{14.2.8}$$

und die Energie als Funktion des Impulses

$$H = c\sqrt{m^2 c^2 + \mathrm{p}^2}. \tag{14.2.9}$$

Teilchen im elektromagnetischen Feld

Die Lorentz-Transformation ist unter der Voraussetzung hergeleitet worden, dass die Gesetze der Elektrodynamik in allen Inertialsystemen gelten. Wir konnten daher den Anteil des elektromagnetischen Feldes der Lagrange-Funktion direkt (5.4.9) entnehmen:

$$L_{\text{el}} = -e\left(\phi - k_L \boldsymbol{\beta} \cdot \mathbf{A}\right) = -e k_L \gamma^{-1} u_\mu A^\mu. \tag{14.2.10}$$

Wie zu erwarten war, ist $\gamma\, \mathrm{L}_{el}$ ein Lorentz-Skalar. Einen direkteren Zugang zum Wirkungsintegral bekommen wir über das elektromagnetische Potential:

$$S_{el} = -e\frac{k_L}{c}\int_1^2 \mathrm{d}x^\mu\, A_\mu = -e\frac{k_L}{c}\int_{s_1}^{s_2}\mathrm{d}s\,\frac{\mathrm{d}x^\mu}{\mathrm{d}s}A_\mu \;\Rightarrow\; \mathrm{L}_{el} = -\frac{ek_L}{\gamma}u^\mu A_\mu. \quad (14.2.11)$$

Das Vorzeichen ist durch $L = T - V$ bestimmt, wobei V hier das elektromagnetische Potential ist. Damit ist

$$\mathrm{L} = -\frac{mc^2}{\gamma} - \frac{ek_L}{\gamma}u^\mu A_\mu = -\frac{mc^2}{\gamma} - e\big(\phi - \frac{k_L}{c}\mathbf{A}\cdot\mathbf{v}\big). \quad (14.2.12)$$

Das ergibt den verallgemeinerten (kanonischen) Impuls

$$\boldsymbol{P} = \frac{\partial \mathrm{L}}{\partial \mathbf{v}} = \boldsymbol{p} + e\frac{k_L}{c}\mathbf{A} \quad (14.2.13)$$

mit $\boldsymbol{p} = m\gamma\mathbf{v}$, den räumlichen Komponenten des kinetischen Viererimpulses. Die Euler-Lagrange-Gleichung (14.2.2) ist

$$\dot{\boldsymbol{P}}(t) = \dot{\boldsymbol{p}} + e\big(\frac{k_L}{c}\frac{\partial \mathbf{A}}{\partial t} + k_L(\boldsymbol{\beta}\cdot\boldsymbol{\nabla})\mathbf{A}\big) = \frac{\partial \mathrm{L}}{\partial \mathbf{x}} = -e\boldsymbol{\nabla}\big(\phi - k_L\boldsymbol{\beta}\cdot\mathbf{A}\big).$$

Die einzelnen Terme können in die kompaktere Form[3] der Lorentz-Gleichung (14.1.30)

$$\dot{\boldsymbol{p}}(t) = e\big(\mathbf{E} + k_L\boldsymbol{\beta}\times\mathbf{B}\big) = \mathbf{F} = \mathbf{K}/\gamma \quad (14.2.14)$$

gebracht werden, wobei anders als in (5.4.6) der Impuls relativistisch ist. Eine Multiplikation beider Seiten mit $\boldsymbol{\beta} = \boldsymbol{p}/\mathrm{p}^0$ ergibt (Aufgabe 14.1)

$$\boldsymbol{\beta}\cdot\dot{\boldsymbol{p}}(t) = \dot{\mathrm{p}}^0(t) = K^0/\gamma = \boldsymbol{\beta}\cdot\mathbf{E} \qquad \Leftrightarrow \qquad \frac{\mathrm{d}E}{\mathrm{d}t} = \mathbf{v}\cdot\mathbf{E}. \quad (14.2.15)$$

Kovariant wird (14.2.14) erst, wenn beide Seiten mit γ multipliziert werden:

$$\big(\dot{\mathrm{p}}^\mu(\tau)\big) = \big(K^\mu\big) = e\gamma\big(\boldsymbol{\beta}\cdot\mathbf{E},\ \mathbf{E} + k_L\boldsymbol{\beta}\times\mathbf{B}\big).$$

Für die Hamilton-Funktion (siehe Abschn. 5.4) erhält man [Jackson, 2006, (12.17)]

$$\mathcal{H} = \boldsymbol{P}\cdot\mathbf{v} - \mathrm{L} = mc^2\gamma + e\phi = c\sqrt{m^2c^2 + \big(\boldsymbol{P} - e\frac{k_L}{c}\mathbf{A}\big)^2} + e\phi.$$

---

[3] Hilfsformel: $\mathbf{b}\cdot\nabla_i\mathbf{a} - \mathbf{b}\cdot\boldsymbol{\nabla}\,a_i = [\mathbf{b}\times(\boldsymbol{\nabla}\times\mathbf{a})]_i$

14.2.2 Kovariante Formulierung des Hamilton-Prinzips

Wir haben uns bisher von der Idee leiten lassen, dass die klassischen Gesetze im Ruhsystem des Teilchens gelten, weshalb wir annehmen, dass im Wirkungsintegral (14.2.1) t durch die Eigenzeit τ bzw. $s = c\tau$ zu ersetzen ist, um die Weltlinie durch Variation von $x^\mu(s)$ und $u^\mu(s)$ zu bestimmen, weshalb in (14.2.1) jetzt direkt nach dem Minimum gefragt wird:

$$S = \frac{1}{c} \int_{s_1}^{s_2} ds\, L_r(x, u). \tag{14.2.16}$$

In dieser Notation sind S, $ds = \sqrt{dx_\mu dx^\mu}$ und $L_r(x, u)$ alle Skalare. Eine Variation nach x^μ und s^μ führt so direkt zu kovarianten Gleichungen, wobei allerdings zu beachten ist, dass die Variation der Geschwindigkeit der Bedingung $u_\mu u^\mu = 1$ unterliegt ([Jackson, 2006, §12.1.B]).

Prinzip des kürzesten Weges

Die Variation der Bahn des freien Teilchens

$$\delta \int_{t_1}^{t_2} \frac{dt}{\gamma} = \delta \int_{\tau_1}^{\tau_2} d\tau$$

ist von Sommerfeld [1967, §32.C] als *Prinzip der kürzesten Eigenzeit* bezeichnet worden. Wir werden jedoch von $d\tau$ zu $ds = cd\tau$ wechseln, so dass

$$\delta \int_{s_1}^{s_2} ds = \int_{s_1}^{s_2} \delta ds \tag{14.2.17}$$

nach Sommerfeld das *Prinzip des kürzesten Weges* oder das *Prinzip der geodätischen Bahn* darstellt. In der SRT mit konstanten metrischen Koeffizienten g_{ik} ist die Geodäte eine Gerade und beschreibt auch die Bahn des freien Teilchens, worauf wir im Folgenden zurückkommen.

Prinzip der kleinsten Wirkung

Wir wenden uns nun der Variation des Wirkungsintegrals (14.2.16) zu:

$$\delta S = \frac{1}{c} \int_{s_1}^{s_2} \delta \big(ds\, L_r\big). \tag{14.2.18}$$

Hier ist, wie bereits in (14.2.17), das Wegelement mitzuvariieren. Die Identität

$$ds = \sqrt{dx_\mu dx^\mu} = \sqrt{u_\mu u^\mu}\, ds \tag{14.2.19}$$

zeigt, dass ohne die Einschränkung $u_\mu u^\mu = 1$ die Variation bei konstantem Wegelement durchgeführt werden könnte. Zu diesem Zweck gehen wir von s zu einer Variablen λ über, die wie s monoton wachsend sein soll

$$\mathrm{d}s = \sqrt{w_\mu w^\mu}\,\mathrm{d}\lambda, \qquad w^\mu(\lambda) = \frac{\mathrm{d}x^\mu}{\mathrm{d}\lambda} = u^\mu \frac{\mathrm{d}s}{\mathrm{d}\lambda} = u^\mu \sqrt{w_\nu w^\nu}. \qquad (14.2.20)$$

Die Geschwindigkeit $w^\mu(\lambda)$ unterliegt jetzt keiner Zwangsbedingung mehr, und S ist ein Funktional der Weltlinie $x^\mu(\lambda)$ und der Geschwindigkeit $w^\mu(\lambda)$:

$$\mathrm{S} = \frac{1}{c}\int_{\lambda_1}^{\lambda_2} \mathrm{d}\lambda \tilde{\mathrm{L}}_r(x,w) \quad \text{mit} \quad \tilde{\mathrm{L}}_r(x,w) = \sqrt{w^\mu w_\mu}\, \mathrm{L}_r(x, \frac{w}{\sqrt{w^\mu w_\mu}}). \qquad (14.2.21)$$

Die Variation wird nun in der üblichen Weise

$$\delta\mathrm{S} = \frac{1}{c}\int_{\lambda_1}^{\lambda_2} \mathrm{d}\lambda\,\delta\tilde{\mathrm{L}}_r(x,w) = \frac{1}{c}\int_{\lambda_1}^{\lambda_2} \mathrm{d}\lambda \left[\frac{\partial \tilde{\mathrm{L}}_r}{\partial x^\mu}\delta x^\mu + \frac{\partial \tilde{\mathrm{L}}_r}{\partial w^\mu}\delta w^\mu \right] = 0 \qquad (14.2.22)$$

durchgeführt. Man integriert den Term mit δw^μ partiell:

$$\delta\mathrm{S} = \frac{1}{c}\frac{\partial \tilde{\mathrm{L}}_r}{\partial w^\mu}\delta x^\mu\Big|_{\lambda_1}^{\lambda_2} + \frac{1}{c}\int_{\lambda_1}^{\lambda_2}\mathrm{d}\lambda\left(\frac{\partial \tilde{\mathrm{L}}_r}{\partial x^\mu} - \frac{\mathrm{d}}{\mathrm{d}\lambda}\frac{\partial \tilde{\mathrm{L}}_r}{\partial w^\mu}\right)\delta x^\mu = 0 \qquad (14.2.23)$$

und berücksichtigt, dass die Variation am Rand $\delta x^\mu(\lambda_1) = \delta x^\mu(\lambda_2) = 0$ ist, weshalb der Randterm verschwindet. Man erhält die kovarianten Euler-Lagrange-Gleichungen

$$\frac{\partial \tilde{\mathrm{L}}_r}{\partial x^\mu} = \frac{\mathrm{d}}{\mathrm{d}\lambda}\frac{\partial \tilde{\mathrm{L}}_r}{\partial w^\mu}. \qquad (14.2.24)$$

Lagrange-Funktion für ein freies Teilchen

Für ein freies Teilchen ist L_r ein Skalar, da die einzige Invariante $u_\mu u^\mu = 1$ ein Skalar ist und L_r nicht von x^μ abhängen darf. L_r muss negativ sein, damit die wahre Bahn ein Minimum wird; die Gerade zwischen s_1 und s_2 ist der maximale Weg. Darüber hinaus muss L_r die Dimension einer Energie haben, so dass $\mathrm{L}_r \propto -mc^2$. Den genauen Zusammenhang bekommen wir für das freie Teilchen mittels (14.2.1) und (14.2.3):

$$\mathrm{L}_r = \gamma\,\mathrm{L} = -mc^2. \qquad (14.2.25)$$

Damit bestimmen wir mithilfe der Euler-Lagrange-Gleichungen (14.2.24)

$$\tilde{\mathrm{L}}_r = -mc^2\sqrt{w_\mu w^\mu} \qquad (14.2.26)$$

die Bewegungsgleichung für das freie Teilchen:

$$-mc^2\frac{\mathrm{d}}{\mathrm{d}\lambda}\frac{\partial}{\partial w_\mu}\sqrt{w_\nu w^\nu} = -mc^2\frac{\mathrm{d}}{\mathrm{d}\lambda}\frac{w^\mu}{\sqrt{w_\nu w^\nu}} \overset{(14.2.20)}{=} -mc^2\sqrt{w_\lambda w^\lambda}\frac{\mathrm{d}}{\mathrm{d}s}u^\mu(s) = 0$$

und erhalten mit $u^\mu(s) = $const eine geradlinige Bewegung

$$\mathrm{L}_r = -mc^2 \qquad\qquad \text{und} \qquad\qquad m\,c\dot{u}^\mu(s) = \mathrm{p}^\mu(s) = 0. \qquad (14.2.27)$$

Lagrange-Funktion für ein Teilchen im elektromagnetischen Feld

Die Lagrange-Funktion, die als Euler-Lagrange-Gleichung die Lorentz-Gleichung hat, ist nach (5.4.9) bzw. (14.2.12)

$$ L = \frac{m\,v^2}{2} + e\frac{k_L}{c}\,\mathbf{v}\cdot\mathbf{A} - e\phi \overset{(14.2.3)}{\longrightarrow} -\frac{mc^2}{\gamma} - \frac{ek_L}{\gamma}u_\mu A^\mu. \tag{14.2.28}$$

Nun ist $L_r = \gamma L$, woraus für das Elektron im elektromagnetischen Feld

$$ L_r = -mc^2 - ek_L u_\mu A^\mu, \qquad \tilde{L}_r = -mc^2\sqrt{w_\mu\,w^\mu} - ek_L w_\mu A^\mu \tag{14.2.29}$$

folgt. Eingesetzt in (14.2.24) erhalten wir

$$ -ek_L w_\lambda \partial^\mu A^\lambda = -\frac{\mathrm{d}}{\mathrm{d}\lambda}\left(mc^2\,\frac{w^\mu}{\sqrt{w^\lambda w_\lambda}} + ek_L A^\mu \right). $$

Wir gehen hier zur Variablen s zurück, wobei wir w^λ durch u^λ ersetzen:

$$ -ek_L u_\lambda \partial^\mu A^\lambda = -\frac{\mathrm{d}}{\mathrm{d}s}\left(mc^2\,u^\mu + ek_L A^\mu \right). $$

Jetzt verwenden wir noch, dass $\dfrac{\mathrm{d}A^\mu}{\mathrm{d}s} = \dfrac{\partial A^\mu}{\partial x_\nu}\dfrac{\mathrm{d}x_\nu}{\mathrm{d}s}$ und erhalten

$$ mc\frac{\mathrm{d}u^\mu}{\mathrm{d}s} = e\frac{k_L}{c}\left(\frac{\partial A^\nu}{\partial x_\mu} - \frac{\partial A^\mu}{\partial x_\nu} \right)u_\nu \quad \Leftrightarrow \quad \frac{\mathrm{d}p^\mu}{\mathrm{d}s} = e\frac{k_L}{c}\,F^{\mu\nu}\,u_\nu\,. \tag{14.2.30}$$

Das ist die Lorentz-Gleichung (14.1.30) in kovarianter Form für ein Teilchen der Ladung e im elektromagnetischen Feld.

Anmerkung: Variiert man (siehe Aufgabe 14.3)

$$ \delta\big(\mathrm{d}s\,L_r\big) = u_\mu\,\delta\mathrm{d}x^\mu\,L_r + \left[\mathrm{d}s\,\frac{\partial L_r}{\partial x^\mu}\,\delta x^\mu + \frac{\partial L_r}{\partial u^\mu}\big(\delta^\mu{}_\nu - u^\mu\,u_\nu\big)\delta\mathrm{d}x^\nu \right] \tag{14.2.31}$$

direkt, so erhält man modifizierte Euler-Lagrange-Gleichungen

$$ \frac{\partial L_r}{\partial x^\mu} = \frac{\mathrm{d}}{\mathrm{d}s}\left(\frac{\partial L_r}{\partial u^\nu}\big(\delta^\nu{}_\mu - u^\nu u_\mu\big) + L_r\,u_\mu \right). \tag{14.2.32}$$

Setzt man für L_r (14.2.29) ein, so erhält man wiederum die kovarianten Lorentz-Gleichungen.

14.2.3 Elektromagnetische Feldgleichungen

Das Wirkungsintegral eines Teilchens in einem vorgegebenem Feld (siehe (14.2.16) und (14.2.29)) kann durch Superposition auf ein System von Teilchen erweitert werden:

$$S = -\frac{1}{c} \int_{s_1}^{s_2} \mathrm{d}s \sum_n \left(m_n c^2 + e_n k_L u_n^\mu A_\mu \right). \tag{14.2.33}$$

Wir wollen nun zum Wirkungsintegral den Beitrag des elektromagnetischen Feldes hinzufügen. Dieser muss ein Lorentz-Skalar von der Dimension einer Energiedichte sein. Damit kommt nur die Invariante $F^{\mu\nu} F_{\mu\nu}$ (13.1.31) in Frage, da die andere Invariante $\tilde{F}^{\mu\nu} F_{\mu\nu}$ (13.1.32) ein Pseudoskalar ist. Für eine ruhende Ladungsverteilung, d.h. $\mathbf{B}=0$, sollte die Lagrange-Dichte des Feldes $\mathcal{L}_{\mathrm{Feld}}$ gleich der elektrostatischen Energiedichte sein:

$$\alpha F^{\mu\nu} F_{\mu\nu} = -2\alpha E^2 / k_L^2 = \frac{1}{8\pi k_C} E^2 \qquad \Rightarrow \qquad \alpha = -\frac{k_L^2}{16\pi k_C}.$$

Mit dem korrekten Vorfaktor α erhält man

$$S_{\mathrm{Feld}} = \frac{1}{c} \int \mathrm{d}^4 x\, \mathcal{L}_{\mathrm{Feld}} \qquad \mathrm{mit} \qquad \mathcal{L}_{\mathrm{Feld}} = -\frac{k_L^2}{16\pi k_C} F^{\mu\nu} F_{\mu\nu}. \tag{14.2.34}$$

Die Frage gilt nicht mehr der Bewegung von Teilchen in einem vorgegebenen Feld, sondern betrifft die Bestimmung des Feldes bei vorgegebener Ladungs- und Stromverteilung. Der erste Term von (14.2.33) die freien Teilchen betreffend ist daher nicht mehr von Relevanz und wird weggelassen. Im zweiten Term werden wir jetzt von den Punktladungen e_n zu ρ wechseln, wobei wir auf die Stromdichte (13.1.4) zurückgreifen:

$$\sum_n e_n u_n^\mu = \int \mathrm{d}^3 x \sum_n e_n \delta^{(3)}(\mathbf{x} - \mathbf{x}_n(s))\, u_n^\mu = \frac{\gamma}{c} \int \mathrm{d}^3 x\, j^\mu.$$

Setzen wir für $\mathrm{d}s \to \mathrm{d}x^0/\gamma$ ein, so erhalten wir zusammen mit S_{Feld}

$$S = -\frac{1}{c} \int \mathrm{d}^4 x \left(\frac{k_L}{c} j^\mu A_\mu + \frac{k_L^2}{16\pi k_C} F^{\mu\nu} F_{\mu\nu} \right). \tag{14.2.35}$$

Variiert wird $\mathcal{L}$ nach den Feldern A_μ und den Feldableitungen $A_{\mu,\nu}$:

$$\delta S = \frac{1}{c} \int \mathrm{d}^4 x\, \delta\mathcal{L} = \frac{1}{c} \int \mathrm{d}^4 x \left(\frac{\partial \mathcal{L}}{\partial A_{\mu,\nu}} \delta A_{\mu,\nu} + \frac{\partial \mathcal{L}}{\partial A_\mu} \delta A_\mu \right)$$

$$\overset{\substack{\mathrm{Gauss}\\\mathrm{Satz}}}{=} \frac{1}{c} \oiint \mathrm{d}O_\nu \frac{\partial \mathcal{L}}{\partial A_{\mu,\nu}} \delta A_\mu - \frac{1}{c} \int \mathrm{d}^4 x \left(\partial_\nu \frac{\partial \mathcal{L}}{\partial A_{\mu,\nu}} - \frac{\partial \mathcal{L}}{\partial A_\mu} \right) \delta A_\mu = 0.$$

Die räumlichen Integrationsgrenzen liegen im Unendlichen, wo keine Ströme und Felder sind und so keinen Beitrag zum Oberflächenterm bringen. Gemäß dem Prinzip der kleinsten Wirkung verschwindet die Variation der Potentiale an den Grenzen der Zeitintegration, so dass insgesamt der Oberflächenterm nichts beiträgt. Die Euler-Lagrange-Gleichungen des Variationsproblems, die Feldgleichungen [Schwabl, 2008, (12.2.15)]

$$\partial_\nu \frac{\partial \mathcal{L}}{\partial A_{\mu,\nu}} = \frac{\partial \mathcal{L}}{\partial A_\mu} \tag{14.2.36}$$

sind für die Lagrange-Dichte

$$\mathcal{L} = -\frac{k_L}{c} j_\mu A^\mu - \frac{k_L^2}{16\pi k_C} F^{\mu\nu} F_{\mu\nu} \tag{14.2.37}$$

die inhomogenen Maxwell-Gleichungen (13.1.24)

$$F^{\nu\mu}{}_{,\nu} = \frac{4\pi k_C}{c k_L} j^\mu. \tag{14.2.38}$$

Zur Variation des Feldterms:

$$\frac{\partial F^{\mu\nu} F_{\mu\nu}}{\partial A_{\alpha,\beta}} = 2 F^{\mu\nu} \frac{\partial F_{\mu\nu}}{\partial A_{\alpha,\beta}} = 2 F^{\mu\nu} \frac{\partial A_{\nu,\mu} - \partial A_{\mu,\nu}}{\partial A_{\alpha,\beta}} = 4 F^{\beta\alpha}.$$

Der kanonische Energie-Impuls-Tensor

Sind keine Ladungen und Ströme vorhanden, so ist die Lagrangedichte des freien elektromagnetischen Feldes gemäß (14.2.34) und (13.1.31):

$$\mathcal{L} = \mathcal{L}_{\text{Feld}} = \frac{-k_L^2}{16\pi k_C} F^{\mu\nu} F_{\mu\nu} = \frac{1}{8\pi k_C} (E^2 - k_L^2 B^2), \tag{14.2.39}$$

$$\text{SI: } \mathcal{L} = -\frac{1}{4\mu_0} F^{\mu\nu} F_{\mu\nu} = \frac{1}{2}(\epsilon_0 E^2 - \frac{1}{\mu_0} B^2).$$

Definiert man den zu den A^μ konjugierten Impuls mittels

$$\Pi^\mu = \frac{\partial \mathcal{L}}{\partial A_{\mu,0}} = -\frac{k_L^2}{4\pi k_C} F^{0\mu} = \frac{k_L}{4\pi k_C} \begin{cases} 0 & \mu = 0 \\ E_m & \mu = m > 0, \end{cases} \tag{14.2.40}$$

wobei $F^{\mu\nu} = A^{\nu,\mu} - A^{\mu,\nu}$, so ist die Hamilton-Dichte des Strahlungsfeldes:

$$\mathcal{H} = \Pi^\mu A_{\mu,0} - \mathcal{L} = \frac{\partial \mathcal{L}}{\partial A_{\lambda,0}} A_{\lambda,0} - \mathcal{L} = \frac{E^2 + k_L^2 B^2}{8\pi k_C} = u_{\text{Feld}}(\mathbf{x}, t). \tag{14.2.41}$$

Anmerkung: Der konjugierte Impuls ist oft als $\Pi^\mu = \partial \mathcal{L}/\partial \dot{A}_\mu$ definiert. Für $\mathcal{H} = \Pi^\mu \dot{A}_\mu - \mathcal{L}$ ändert das nichts.

Die Erweiterung der Hamilton-Dichte zu einem kovarianten Tensor [Jackson, 2006, (12.103)] legt die folgende Form nahe:

$$T^\mu_{C\,\nu} = \frac{\partial \mathcal{L}}{\partial A_{\lambda,\mu}} A_{\lambda,\nu} - \delta^\mu{}_\nu \mathcal{L}.$$

Das ist der kanonische Energie-Impuls-Tensor; zur Auswertung der Differentiation ziehen wir (14.2.36) heran und erhalten:

$$T^{\mu\nu}_C = g^{\nu\nu'} T^\mu_{C\,\nu'} = \frac{-k_L^2}{16\pi k_C} \big[g^{\nu\nu'} 4 F^{\mu\lambda} A_{\lambda,\nu'} + g^{\mu\nu} F^{\rho\sigma} F_{\rho\sigma} \big] \tag{14.2.42}$$

Setzt man im ersten Term $A_{\lambda,\nu'} = F_{\nu'\lambda} + A_{\nu',\lambda}$ ein, so erhält man den symmetrischen Energie-Impulstensor $(T^{\mu\nu})$: (14.1.33) und einen asymmetrischen Anteil $(T^{\mu\nu}_{as})$, dessen Divergenz verschwindet $T^{\mu\nu}_{as},_\mu = 0$

$$T^{\mu\nu}_C = T^{\mu\nu} + T^{\mu\nu}_{as}, \qquad T^{\mu\nu}_{as} = -\frac{k_L^2}{4\pi k_C} g^{\nu\nu'} F^{\mu\lambda} A_{\nu',\lambda}. \qquad (14.2.43)$$

14.2.4 Das freie elektromagnetische Feld und seine Quantisierung

Das Strahlungsfeld

Nach dem Satz von Helmholtz, Abschnitt 7.1.2, kann 'jedes' Vektorfeld in ein quellenfreies (transversales) und ein wirbelfreies (longitudinales) Feld zerlegt werden. Freie Strahlungsfelder ($\mathbf{E}$, $\mathbf{B}$, $\mathbf{A}$) sind divergenzfrei und daher transversal. Im Folgenden wird die Coulomb-Eichung $\boldsymbol{\nabla} \cdot \mathbf{A} = 0$ verwendet. Das freie Strahlungsfeld genügt so der homogenen Wellengleichung $\Box\mathbf{A} = 0$. Das reelle Feld $\mathbf{A}$ kann für periodische Randbedingungen in einem Volumen $V = L^3$ nach Partialwellen entwickelt werden. Die auftretenden Faktoren sind so gewählt, dass die Fourier-Koeffizienten $\mathbf{A_k}$ dimensionslos sind:

$$\mathbf{A}(\mathbf{x},t) = \frac{c\sqrt{4\pi k_C}}{k_L\sqrt{2V}} \sum_\mathbf{k} \frac{\sqrt{\hbar}}{\sqrt{\omega_k}}\left(e^{i\mathbf{k}\cdot\mathbf{x}}\mathbf{A_k}(t) + e^{-i\mathbf{k}\cdot\mathbf{x}}A_\mathbf{k}^*(t)\right),$$

$$\mathbf{A_k}(t) = \sum_\lambda \boldsymbol{\epsilon}_{\mathbf{k}\lambda} a_{\mathbf{k}\lambda}(t), \qquad a_{\mathbf{k}\lambda}(t) = e^{-i\omega_k t}a_{\mathbf{k}\lambda}, \qquad \omega_k = ck, \qquad (14.2.44)$$

wobei $a_{\mathbf{k}\lambda}$ die dimensionslosen Amplituden der Partialwellen sind. Aus der Transversalität $\boldsymbol{\nabla}\cdot\mathbf{A} = 0$ folgt, dass alle Faktoren $\mathbf{k}\cdot\mathbf{A_k}(t) = 0$. Die Partialwellen $\mathbf{A_k}$ sind demnach senkrecht auf ihre Fortpflanzungsrichtung $\mathbf{k}$ polarisiert (transversale Eichung) und die beiden Polarisationsvektoren $\boldsymbol{\epsilon}_{\mathbf{k}\lambda}$ bilden mit $\hat{\mathbf{k}} = \mathbf{k}/k$ ein orthogonales Dreibein:

$$\boldsymbol{\epsilon}_{\mathbf{k}\lambda}^*\cdot\boldsymbol{\epsilon}_{\lambda'} = \delta_{\lambda,\lambda'}, \qquad \hat{\mathbf{k}}\cdot\boldsymbol{\epsilon}_{\mathbf{k}\lambda} = 0, \qquad \lambda = 1,2. \qquad (14.2.45)$$

Komplex sind die Polarisationsvektoren insbesondere bei zirkularer Polarisation, siehe Abschnitt 10.2. In der Coulomb-Eichung ist die kovariante Notation nicht notwendig, wie man in (14.2.44) sieht. Bis zum Ende des Abschnitts wird statt A^i die Bezeichnung A_i verwendet. Aus der Fourier-Entwicklung für $\mathbf{A}$ folgen die Entwicklungen für $\mathbf{E}$ und $\mathbf{B}$ in der folgenden Form:

$$\mathbf{E}(\mathbf{x},t) = \frac{-k_L}{c}\dot{\mathbf{A}} = \frac{i\sqrt{4\pi k_C}}{\sqrt{2V}}\sum_\mathbf{k}\sqrt{\hbar\omega_k}\left[e^{i\mathbf{k}\cdot\mathbf{x}}\mathbf{A_k}(t) - e^{-i\mathbf{k}\cdot\mathbf{x}}\mathbf{A}_\mathbf{k}^*(t)\right], \quad (14.2.46)$$

$$\mathbf{B}(\mathbf{x},t) = \boldsymbol{\nabla}\times\mathbf{A} = \frac{i\sqrt{4\pi k_C}}{k_L\sqrt{2V}}\sum_\mathbf{k}\sqrt{\hbar\omega_k}\left[e^{i\mathbf{k}\cdot\mathbf{x}}(\hat{\mathbf{k}}\times\mathbf{A_k}(t)) - e^{-i\mathbf{k}\cdot\mathbf{x}}(\hat{\mathbf{k}}\times\mathbf{A}_\mathbf{k}^*(t))\right].$$

Die Feldenergie

Die Hamilton-Funktion erhält man durch Integration über die Energiedichte $\mathcal{H}$ (Aufgabe 14.4):

$$H = \int d^3x \, \frac{E^2 + k_L^2 B^2}{8\pi k_C} = \frac{1}{2} \sum_{\mathbf{k},\lambda} \hbar\omega_{\mathbf{k}}(a_{\mathbf{k}\lambda}a_{\mathbf{k}\lambda}^* + a_{\mathbf{k}\lambda}^* a_{\mathbf{k}\lambda}). \tag{14.2.47}$$

Die Energien des elektrischen und des magnetischen Feldes variieren mit t, aber deren Summe ist zeitunabhängig. Formal betrachtet, heben sich Terme wie $\sim \mathbf{A_k} \cdot \mathbf{A_{-k}}$ erst in $E^2 + k_L B^2$ weg. (14.2.47) ist eine Summe harmonischer Ozillatoren. Die Energie des gesamten Systems ist so als Summe von der Energien $\hbar\omega_k$ der Partialwellen ohne jeden Bezug auf eine räumliche Verteilung, und es ist auch die Abhängigkeit von elektromagnetischen Einheiten verschwunden.

Anmerkung: Dargestellt durch die konjugierten Variabeln P und Q erhält man die Hamilton-Funktion

$$Q_{\mathbf{k}\lambda} = \frac{\sqrt{\hbar}}{\sqrt{2\omega_k}}[a_{\mathbf{k}\lambda}(t) + a_{\mathbf{k}\lambda}^*(t)], \qquad P_{\mathbf{k}\lambda} = -i\frac{\sqrt{\hbar\omega_k}}{\sqrt{2}}[a_{\mathbf{k}\lambda}(t) - a_{\mathbf{k}\lambda}^*(t)],$$

$$H = \frac{1}{2} \sum_{\mathbf{k},\lambda}(P_{\mathbf{k}\lambda}^2 + \omega_{\mathbf{k}}^2 Q_{\mathbf{k}\lambda}^2). \tag{14.2.48}$$

Für die konjugierten Variabeln gelten die Hamilton'schen Bewegungsgleichungen

$$\dot{Q}_{\mathbf{k}\lambda} = \{Q_{\mathbf{k}\lambda}, H\} = \frac{\partial H}{\partial P_{\mathbf{k}\lambda}}, \qquad \dot{P}_{\mathbf{k}\lambda} = \{P_{\mathbf{k}\lambda}, H\} = -\frac{\partial H}{\partial Q_{\mathbf{k}\lambda}}.$$

Die Poisson-Klammer, das klassische Pendant zum Kommutator lautet

$$\{Q_{\mathbf{k}\lambda}, P_{\mathbf{k}'\lambda'}\} = \sum_{\mathbf{q}\nu} \left(\frac{\partial Q_{\mathbf{k}\lambda}}{\partial Q_{\mathbf{q}\nu}} \frac{\partial P_{\mathbf{k}'\lambda'}}{\partial P_{\mathbf{q}\nu}} - \frac{\partial Q_{\mathbf{k}\lambda}}{\partial P_{\mathbf{q}\nu}} \frac{\partial P_{\mathbf{k}'\lambda'}}{\partial Q_{\mathbf{q}\nu}} \right) = \delta_{\mathbf{k},\mathbf{k}'}\delta_{\lambda,\lambda'}.$$

Diese Darstellung der Feldenergie als Summe harmonischer Oszillatoren weist bereits auf das Schema der aus der Mechanik bekannten Quantisierung hin.

Der Feldimpuls

Im gleichen Sinne wird nun der Impuls, berechnet mit Hilfe der Impulsdichte (5.6.15), als Summe der Impulse der Partialwellen dargestellt, wobei auf die nachfolgende explizite Rechnung hingewiesen wird:

$$\boldsymbol{P}_{\text{Feld}} = \frac{k_L}{4\pi c k_C} \int d^3x \, \mathbf{E} \times \mathbf{B} = \sum_{\mathbf{k}\lambda} \hbar\mathbf{k}\, a_{\mathbf{k}\lambda}^* a_{\mathbf{k}\lambda}. \tag{14.2.49}$$

Nebenrechnung: Die mithilfe von (14.2.46) durchgeführte Auswertung ergibt:

$$\boldsymbol{P}_{\text{Feld}} = \frac{-\hbar}{2cV} \sum_{\mathbf{k},\mathbf{q}} \sqrt{\omega_k \omega_q} \int \mathrm{d}^3 x \left\{ \mathbf{A_k} \times (\hat{\mathbf{q}} \times \mathbf{A_q}) \, \mathrm{e}^{\mathrm{i}(\mathbf{k}+\mathbf{q})\cdot \mathbf{x}} + \ldots \right\}$$

$$= \frac{\hbar}{2} \sum_{\mathbf{k}} \mathbf{k} \left\{ \mathbf{A_k} \cdot \mathbf{A_{-k}} \, \mathrm{e}^{-2\mathrm{i}\omega_k t} + \mathbf{A_k^*} \cdot \mathbf{A_k} + \mathbf{A_k} \cdot \mathbf{A_k^*} + \mathbf{A_k^*} \cdot \mathbf{A_{-k}^*} \mathrm{e}^{2\mathrm{i}\omega_k t} \right\}$$

Ausgenützt wurde, dass $\mathbf{A}$ tansversal ist, d.h. $\boldsymbol{\nabla} \cdot \mathbf{A} = 0$, woraus folgt, dass $\mathbf{k} \cdot \mathbf{A_k} = 0$ und $\mathbf{A_k} \times (\hat{\mathbf{k}} \times \mathbf{A_k^*}) = \hat{\mathbf{k}}(\mathbf{A_k} \cdot \mathbf{A_k^*})$. Es verschwinden noch die Beiträge von $\hat{\mathbf{k}}(\mathbf{A_k} \cdot \mathbf{A_{-k}})$ und $\hat{\mathbf{k}}(\mathbf{A_k^*} \cdot \mathbf{A_{-k}^*})$, da diese antisymmetrisch in $\mathbf{k}$ sind. Somit erhält man (14.2.49).

Die Quantisierung des freien elektromagnetischen Feldes

Ersetzt man die Amplituden $a_{\mathbf{k}\lambda}$, $a_{\mathbf{k}\lambda}^*$ durch Operatoren $\hat{a}_{\mathbf{k}\lambda}$, $\hat{a}_{\mathbf{k}\lambda}^\dagger$ mit den Vertauschungsregeln

$$[a_{\mathbf{k}\lambda}, a_{\mathbf{k}'\lambda'}^\dagger] = \delta_{\mathbf{k},\mathbf{k}'} \delta_{\lambda,\lambda'}, \qquad [a_{\mathbf{k}\lambda}, a_{\mathbf{k}'\lambda'}] = [a_{\mathbf{k}\lambda}^\dagger, a_{\mathbf{k}'\lambda'}^\dagger] = 0, \qquad (14.2.50)$$

so kann die Feldenergie (14.2.47) dargestellt werden durch

$$\mathrm{H} = \sum_{\mathbf{k},\lambda} \hbar \omega_{\mathbf{k}} (\hat{a}_{\mathbf{k}\lambda}^\dagger \hat{a}_{\mathbf{k}\lambda} + \frac{1}{2}). \tag{14.2.51}$$

Die Anregungen sind Photonen. Der Operator $\hat{a}_{\mathbf{k}\lambda}^\dagger$ erzeugt ein Photon der Frequenz ω_k; deren Anzahl ist nicht begrenzt, d.h. Photonen unterliegen der Bose-Statistik.

Anmerkung: Für die konjugierten Operatoren P und Q (14.2.48) lauten die Kommutatoren $[\hat{Q}_{\mathbf{k}\lambda}, \hat{P}_{\mathbf{k}'\lambda'}] = \mathrm{i}\hbar\delta_{\mathbf{k},\mathbf{k}'} \delta_{\lambda,\lambda'}$ und $[\hat{Q}_{\mathbf{k}\lambda}, \hat{Q}_{\mathbf{k}'\lambda'}] = [\hat{P}_{\mathbf{k}\lambda}, \hat{P}_{\mathbf{k}'\lambda'}] = 0$.

Man kann erwarten, dass im kontinuierlichen Ortsraum die Kommutatoren Delta-Funktionen beinhalten werden, statt der Kronecker-Delta des diskreten k-Raumes. Die Transversalität der Felder bringt jedoch eine zusätzliche Einschränkung, so dass man eine *transversale Delta-Funktion* erhält

$$[\hat{A}_i(\mathbf{x},t), \hat{E}_j(\mathbf{x}',t)] = -\mathrm{i}\hbar \frac{4\pi k_C}{2V} \sum_{\mathbf{k},\lambda,\mathbf{q},\lambda'} \frac{\sqrt{\omega_q}}{\sqrt{\omega_k}} \left\{ \mathrm{e}^{\mathrm{i}\mathbf{k}\cdot\mathbf{x}-\mathrm{i}\omega_k t} \epsilon_{\mathbf{k}\lambda,i} \, \mathrm{e}^{-\mathrm{i}\mathbf{q}\cdot\mathbf{x}'+\mathrm{i}\omega_q t} \epsilon_{\mathbf{q}\lambda',j}^* \right.$$

$$[\hat{a}_{\mathbf{k}\lambda}, \hat{a}_{\mathbf{q}\lambda'}^\dagger] - \mathrm{e}^{-\mathrm{i}\mathbf{k}\cdot\mathbf{x}+\mathrm{i}\omega_k t} \epsilon_{\mathbf{k}\lambda,i}^* \, \mathrm{e}^{\mathrm{i}\mathbf{q}\cdot\mathbf{x}'-\mathrm{i}\omega_q t} \epsilon_{\mathbf{q}\lambda',j} \left. [\hat{a}_{\mathbf{k}\lambda}^\dagger, \hat{a}_{\mathbf{q}\lambda'}] \right\}$$

$$= -\mathrm{i}\hbar \frac{4\pi k_C}{2V} \sum_{\mathbf{k},\lambda} \left\{ \mathrm{e}^{\mathrm{i}\mathbf{k}\cdot(\mathbf{x}-\mathbf{x}')} \epsilon_{\mathbf{k}\lambda,i} \epsilon_{\mathbf{k}\lambda,j}^* + \mathrm{e}^{-\mathrm{i}\mathbf{k}\cdot(\mathbf{x}-\mathbf{x}')} \epsilon_{\mathbf{k}\lambda,i}^* \epsilon_{\mathbf{k}\lambda,j} \right\} \tag{14.2.52}$$

Die Polarisationsvektoren bilden mit $\hat{\mathbf{k}}$ ein orthonormales KS, so dass gilt

$$\sum_\lambda \epsilon_{\mathbf{k}\lambda,i}^* \epsilon_{\mathbf{k}\lambda,j} + \hat{k}_i \hat{k}_j = \delta_{ij}.$$

Eingesetzt in (14.2.52), erhält man ($\hat{\mathbf{k}} = \mathbf{k}/k$)

$$[\hat{A}_i(\mathbf{x},t),\hat{E}_j(\mathbf{x}',t)] = -i\hbar\frac{4\pi k_C}{V}\sum_{\mathbf{k}}(\delta_{ij}-\hat{k}_i\hat{k}_j)e^{i\mathbf{k}\cdot(\mathbf{x}-\mathbf{x}')}$$

$$= (-i\hbar)4\pi k_C\delta^T_{ij}(\mathbf{x}-\mathbf{x}'). \tag{14.2.53}$$

Definiert wird hier die transversale Delta-Funktion, sowohl für diskrete **k**-Werte in einem endlichen Volumen als auch für ein kontinuierliches k-Spektrum

$$\delta^T_{ij}(\mathbf{x}) = \frac{1}{V}\sum_{\mathbf{k}}(\delta_{ij}-\hat{k}_i\hat{k}_j)e^{i\mathbf{k}\cdot\mathbf{x}} = \int\frac{\mathrm{d}^3k}{(2\pi)^3}(\delta_{ij}-\hat{k}_i\hat{k}_j)e^{i\mathbf{k}\cdot\mathbf{x}}. \tag{14.2.54}$$

Weitere Kommutatoren sind [Schwabl, 2008, (14.4.12)]:

$$[\hat{E}_i(\mathbf{x},t),\hat{B}_j(\mathbf{x}',t)] = \epsilon_{jln}\nabla'_l[\hat{E}_i(\mathbf{x},t),\hat{A}_n(\mathbf{x}',t)] = i\hbar 4\pi k_C\,\epsilon_{ijl}\,\nabla'_l\delta^{(3)}(\mathbf{x}-\mathbf{x}'),$$

$$[\hat{A}_i(\mathbf{x},t),\hat{A}_j(\mathbf{x}',t)] = [\hat{A}_i(\mathbf{x},t),\hat{B}_j(\mathbf{x}',t)] = 0. \tag{14.2.55}$$

14.2.5 Der Drehimpuls

Legt $\mathbf{x}_0$ den Bezugspunkt für den Drehimpuls fest, so ist der gesamte Drehimpuls bestimmt durch

$$\boldsymbol{J} = \boldsymbol{J}_{\mathrm{Feld}}-\boldsymbol{J}_0 = \int\mathrm{d}^3x\,(\mathbf{x}-\mathbf{x}_0)\times\boldsymbol{P}_{\mathrm{Feld}}, \qquad \boldsymbol{J}_0 = \mathbf{x}_0\times\boldsymbol{P}_{\mathrm{Feld}},$$

$$\boldsymbol{J}_{\mathrm{Feld}} = \boldsymbol{L}+\boldsymbol{S} = \frac{k_L}{4\pi ck_C}\int\mathrm{d}^3x\,\mathbf{x}\times(\mathbf{E}\times\mathbf{B}). \tag{14.2.56}$$

$\boldsymbol{J}_{\mathrm{Feld}}$ ist der sogenannte transversale Impuls, da **A** und **E** transversal sind. Der Integrand kann folgendermaßen aufgeteilt werden:

$$\big(\mathbf{x}\times(\mathbf{E}\times(\boldsymbol{\nabla}\times\mathbf{A}))\big)_r = \epsilon_{rsi}x_s(E_j\nabla_iA_j-E_j\nabla_jA_i) \tag{14.2.57}$$

$$= E_j(\mathbf{x}\times\boldsymbol{\nabla})_rA_j - \mathbf{E}\cdot\boldsymbol{\nabla}(\mathbf{x}\times\mathbf{A})_r + (\mathbf{E}\times\mathbf{A})_r.$$

Bahndrehimpuls und Eigendrehimpuls sind bestimmt durch:

$$\boldsymbol{L} = \frac{k_L}{4\pi ck_C}\int\mathrm{d}^3x\,E_j(\mathbf{x}\times\boldsymbol{\nabla})A_j, \qquad \boldsymbol{L}_2 = \frac{-k_L}{4\pi ck_C}\int\mathrm{d}^3x\,\mathbf{E}\cdot\boldsymbol{\nabla}(\mathbf{x}\times\mathbf{A}),$$

$$\boldsymbol{S} = \frac{k_L}{4\pi ck_C}\int\mathrm{d}^3x\,(\mathbf{E}\times\mathbf{A}). \tag{14.2.58}$$

Zu zeigen ist noch, dass für transversale Felder $\boldsymbol{L}_2=0$.

Der Spin

Der Eigendrehimpuls ist gemäß (14.2.58) definiert als

$$\boldsymbol{S} = \frac{k_L}{4\pi ck_C}\int\mathrm{d}^3x\,(\mathbf{E}\times\mathbf{A}). \tag{14.2.59}$$

Das Vektorprodukt kann nur in die Richtung von $\hat{\mathbf{k}}$ zeigen, da $\mathbf{E}$ und $\mathbf{A}$ transversal sind:

$$
\begin{aligned}
\boldsymbol{S} &= \frac{i\hbar}{2V} \sum_{\mathbf{k},\mathbf{q}} \frac{\sqrt{\omega_k}}{\sqrt{\omega_q}} \int d^3x \left(e^{i\mathbf{k}\cdot\mathbf{x}}\mathbf{A}_{\mathbf{k}} - e^{-i\mathbf{k}\cdot\mathbf{x}}\mathbf{A}_{\mathbf{k}}^* \right) \times \left(e^{i\mathbf{q}\cdot\mathbf{x}}\mathbf{A}_{\mathbf{q}} + e^{-i\mathbf{q}\cdot\mathbf{x}}\mathbf{A}_{\mathbf{q}}^* \right) \\
&= \frac{i}{2} \sum_{\mathbf{k}} \hbar \left(\mathbf{A}_{\mathbf{k}} \times \mathbf{A}_{-\mathbf{k}} - \mathbf{A}_{\mathbf{k}}^* \times \mathbf{A}_{\mathbf{k}} + \mathbf{A}_{\mathbf{k}} \times \mathbf{A}_{\mathbf{k}}^* - \mathbf{A}_{\mathbf{k}}^* \times \mathbf{A}_{-\mathbf{k}}^* \right).
\end{aligned}
$$

$\mathbf{A}_{\mathbf{k}} \times \mathbf{A}_{-\mathbf{k}}$ und $\mathbf{A}_{\mathbf{k}}^* \times \mathbf{A}_{-\mathbf{k}}^*$ verschwinden, da sie antisymmetrisch in $\mathbf{k}$ sind:

$$
\boldsymbol{S} = -i \sum_{\mathbf{k}} \hbar \mathbf{A}_{\mathbf{k}}^* \times \mathbf{A}_{\mathbf{k}} = -i \sum_{\mathbf{k},\lambda,\lambda'} \hbar a_{\mathbf{k}\lambda}^* a_{\mathbf{k}\lambda'} \left(\boldsymbol{\epsilon}_{\mathbf{k}\lambda}^* \times \boldsymbol{\epsilon}_{\mathbf{k}\lambda'} \right). \tag{14.2.60}
$$

Der Symmetrie angepasst sind zirkular polarisierte Moden (10.2.2') mit $\lambda = \pm$

$$
\boldsymbol{\epsilon}_{\mathbf{k},\pm} = \frac{\mp 1}{\sqrt{2}} (\boldsymbol{\epsilon}_{\mathbf{k},1} \pm i\boldsymbol{\epsilon}_{\mathbf{k},2}), \qquad \boldsymbol{\epsilon}_{\mathbf{k}\lambda}^* \cdot \boldsymbol{\epsilon}_{\mathbf{k}\lambda'} = \delta_{\lambda,\lambda'}, \qquad \boldsymbol{\epsilon}_{\mathbf{k}\lambda}^* \times \boldsymbol{\epsilon}_{\mathbf{k}\lambda'} = \lambda i \hat{\mathbf{k}} \delta_{\lambda,\lambda'}
$$

mit deren Hilfe der Drehimpuls die Form

$$
\boldsymbol{S} = \sum_{\mathbf{k}} \hbar \hat{\mathbf{k}} \left(a_{\mathbf{k}+}^* a_{\mathbf{k}+} - a_{\mathbf{k}-}^* a_{\mathbf{k}-} \right) \tag{14.2.61}
$$

annimmt. Der Eigendrehimpuls einer Partialwelle ist demnach parallel oder antiparallel zur Fortpflanzungsrichtung.

Der Bahndrehimpuls

Die Berechnung von $\boldsymbol{L}$ in einem endlichen Volumen V mit periodischen Randbedingungen bedingt Einschränkungen, da dann $\boldsymbol{L}$ keine exakte Konstante der Bewegung ist [Lenstra, Mandel, 1982]. Mit der Fourier-Transformation kann man die Schwierigkeiten umgehen [Simmons, Guttmann, 1970, Anhang VI.2]:

$$
\begin{aligned}
\mathbf{A}(\mathbf{x},t) &= \frac{c\sqrt{4\pi k_c \hbar}}{k_L \sqrt{2}} \int \frac{d^3k}{\sqrt{2\pi}^3} \frac{1}{\sqrt{\omega_k}} \left[e^{i\mathbf{k}\cdot\mathbf{x}} \mathbf{A}(\mathbf{k},t) + e^{-i\mathbf{k}\cdot\mathbf{x}} \mathbf{A}^*(\mathbf{k},t) \right], \\
\mathbf{A}(\mathbf{k},t) &= \sum_{\lambda} a_\lambda(\mathbf{k},t) \boldsymbol{\epsilon}_\lambda(\mathbf{k}), \qquad a_\lambda(\mathbf{k},t) = e^{-i\omega_k t} a_\lambda(\mathbf{k}). \tag{14.2.62}
\end{aligned}
$$

Die Fourier-Transformation ist hier symmetrisch definiert; beim Wechsel von der Summe zum Integral hat man nur V durch $(2\pi)^3$ zu ersetzen.

Nebenrechnung: Zu zeigen ist, dass $\boldsymbol{L}_2$ (14.2.58) verschwindet:

$$
\boldsymbol{L}_2 = \frac{-k_L}{4\pi c k_c} \int d^3x \, E_j (\mathbf{x} \times \nabla_j \mathbf{A}) - \boldsymbol{S} = \frac{-i\hbar}{2} \int \frac{d^3k \, d^3q}{(2\pi)^3} \sqrt{\omega_k} \int d^3x
$$

$$
[e^{i\mathbf{k}\cdot\mathbf{x}} A_j(\mathbf{k}) - e^{-i\mathbf{k}\cdot\mathbf{x}} A_j^*(\mathbf{k})][e^{i\mathbf{q}\cdot\mathbf{x}}(\mathbf{x} \times \mathbf{A}(\mathbf{q})) - (\mathbf{x} \times \mathbf{A}^*(\mathbf{q}))e^{-i\mathbf{q}\cdot\mathbf{x}}] \frac{iq_j}{\sqrt{\omega_q}} - \boldsymbol{S}.
$$

Jetzt werden die Faktoren $e^{\pm i k \cdot x}$ nach rechts verschoben und durch $x\, e^{\pm i k \cdot x} = \mp i \frac{\partial}{\partial \mathbf{k}} e^{\pm i k \cdot x}$ ersetzt. Dann kann die Integration über $d^3 x$ ausgeführt werden. Man erhält nach Elimination von $\mathbf{q}$ mittels $\delta^{(3)}(\mathbf{k} \pm \mathbf{q})$

$$L_2 = \frac{i}{2} \int d^3 k \, \sqrt{\omega_k} \Big\{ A_j(\mathbf{k})[(\frac{\partial}{\partial \mathbf{k}} \times \mathbf{A}(-\mathbf{k})) + (\frac{\partial}{\partial \mathbf{k}} \times \mathbf{A}^*(\mathbf{k}))]$$

$$- A_j^*(\mathbf{k})[(\frac{\partial}{\partial \mathbf{k}} \times \mathbf{A}(\mathbf{k})) + (\frac{\partial}{\partial \mathbf{k}} \times \mathbf{A}^*(-\mathbf{k}))] \Big\} \frac{k_j}{\sqrt{\omega_k}} - \mathbf{S} = 0.$$

Die Beiträge der Form $A_j(\mathbf{k}) \, k_j \, (\frac{\partial}{\partial \mathbf{k}} \times \mathbf{A}(-\mathbf{k})) \frac{1}{\sqrt{\omega_k}}$ verschwinden aufgrund der Transversalität. Es bleiben also nur die Vektorprodukte der Form $\mathbf{A}(\mathbf{k}) \times \mathbf{A}(-\mathbf{k})$, die gemäß (14.2.60) $\mathbf{S}$ ergeben. Damit ist gezeigt, dass $\mathbf{L}_2 = 0$.

Der Bahndrehimpuls $\mathbf{L}$, wie er aus der Aufteilung (14.2.58) folgt, lautet

$$\mathbf{L} = \frac{k_L}{4\pi c k_C} \int d^3 x \, E_j(\mathbf{x} \times \boldsymbol{\nabla}) A_j = \frac{i\hbar}{2} \int \frac{d^3 k \, d^3 q}{(2\pi)^3} \frac{\sqrt{\omega_k}}{\sqrt{\omega_q}} \tag{14.2.63}$$

$$\int d^3 x \, [e^{i k \cdot x} A_j(\mathbf{k}) - e^{-i k \cdot x} A_j^*(\mathbf{k})](\mathbf{x} \times \boldsymbol{\nabla})[e^{i q \cdot x} A_j(\mathbf{q}) + e^{-i q \cdot x} A_j^*(\mathbf{q})].$$

Die Vereinfachung dieses Ausdrucks ist ähnlich der von $\mathbf{L}_2$, wie in der Nebenrechnung gezeigt wird.

Nebenrechnung: Es wird gezeigt, dass $\mathbf{L}_1$ keinen Beitrag liefert

$$\mathbf{L}_1 = \frac{i\hbar}{2} \int \frac{d^3 k \, d^3 q}{(2\pi)^3} \frac{\sqrt{\omega_k}}{\sqrt{\omega_q}} \int d^3 x \, \mathbf{A}(\mathbf{k}) \cdot \mathbf{A}(\mathbf{q}) \, (\mathbf{x} \times i\mathbf{q}) \, e^{i(\mathbf{k}+\mathbf{q}) \cdot \mathbf{x}}.$$

$\mathbf{L}_1$ wird mithilfe von $\mathbf{q} = \frac{\hat{\mathbf{q}} \omega_q}{c}$ symmetrisiert, indem der halbe Beitrag genommen wird, dann $\mathbf{k}$ mit $\mathbf{q}$ vertauscht und zur ursprünglichen Hälfte addiert wird:

$$\mathbf{L}_1 = \frac{i\hbar}{4c} \int \frac{d^3 k \, d^3 q}{(2\pi)^3} \sqrt{\omega_k \omega_q} \int d^3 x \, \mathbf{A}(\mathbf{k}) \cdot \mathbf{A}(\mathbf{q}) \, (\mathbf{x} \times i(\hat{\mathbf{k}}+\hat{\mathbf{q}})) e^{i(\mathbf{k}+\mathbf{q}) \cdot \mathbf{x}}.$$

Wie bereits bei der Berechnung von $\mathbf{L}_2$ wird $x\, e^{i k \cdot k}$ durch $-i \frac{\partial}{\partial \mathbf{k}} e^{i k \cdot k}$ ersetzt und die Integration über $d^3 x$ unter Berücksichtigung von $\frac{\partial}{\partial \mathbf{k}} \times \hat{\mathbf{k}} = 0$ ausgeführt:

$$\mathbf{L}_1 = \frac{i\hbar}{4c} \int d^3 k \sqrt{\omega_k} A_j(\mathbf{k}) \frac{\partial}{\partial \mathbf{k}} \times \int d^3 q \, (\hat{\mathbf{k}}+\hat{\mathbf{q}}) \, A_j(\mathbf{q}) \sqrt{\omega_q} \, \delta^{(3)}(\mathbf{k}+\mathbf{q}) = 0. \tag{14.2.64}$$

Da $\mathbf{L}_1$ verschwindet, bleiben von (14.2.63) folgende Terme:

$$\mathbf{L} = \frac{i\hbar}{2} \int d^3 k \, [A_j^*(\mathbf{k})(\frac{\partial}{\partial \mathbf{k}} \times \mathbf{k}) A_j(\mathbf{k}) - A_j(\mathbf{k})(\frac{\partial}{\partial \mathbf{k}} \times \mathbf{k}) A_j^*(\mathbf{k})]. \tag{14.2.65}$$

Die Zeitabhängigkeit haben wir weggelassen, da diese nicht beiträgt. Ebene Wellen haben keinen Bahndrehimpuls. Zwecks einer weitergehenden Diskussion sei auf Mandel, Wolf [1995, (10.6-21)] bzw. Cohen-Tannoudji et al [1989, (C.18)] verwiesen.

Anmerkung: Bei der Feldquantisierung im kontinuierlichen (Fock-) Raum [Mandel, Wolf, 1995, §10.10] erhält man den Hamilton-Operator und die Kommutatoren:

$$H = \sum_\lambda \int d^3k\, \hbar\omega_k \left[\hat{a}_\lambda^\dagger(\mathbf{k})\, \hat{a}_\lambda(\mathbf{k}) + \frac{1}{2} \right] \tag{14.2.66}$$

$$[\hat{a}_\lambda(\mathbf{k}), \hat{a}_{\lambda'}^\dagger(\mathbf{q})] = \delta_{\lambda,\lambda'}\, \delta^{(3)}(\mathbf{k}-\mathbf{q}), \qquad [\hat{a}_\lambda(\mathbf{k}), \hat{a}_{\lambda'}(\mathbf{q})] = [\hat{a}_\lambda^\dagger(\mathbf{k}), \hat{a}_{\lambda'}^\dagger(\mathbf{q})] = 0.$$

14.3 Kinematische Effekte

14.3.1 Energie-Impuls-Erhaltungssatz

Zwei Teilchen treten zueinander in Wechselwirkung, wie in Abb. 14.2 skizziert:

$$c^2 m_1 \ddot{x}_1^\mu(s_1) = f_1^\mu(s_1) \qquad \text{und} \qquad c^2 m_2 \ddot{x}_2^\mu(s_2) = f_2^\mu(s_2)\,.$$

Das Teilchen 1 erfährt dabei vom „Austauschteilchen" (Photon,..) den Rück-

Abb. 14.2. Wechselwirkungs (Stoß-)Prozess, bei der ein Teilchen (Photon, Gluon etc.) ausgetauscht wird

stoß bevor das Teilchen 2 den Stoß verspürt. Das Prinzip *actio=reactio*, das dritte Newton'sche Gesetz, lautet in der Formulierung von Mach [1933, §2.7]:

Die Wirkung ist stets der Gegenwirkung gleich, oder die Wirkungen zweier Körper aufeinander sind stets gleich und von entgegengesetzter Richtung,
was in dieser einfachen Form nur bei instantaner Wechselwirkung gelten kann. Das verallgemeinerte Prinzip lautet

$$\int_{-\infty}^\infty ds_1\, f_1^\mu(s_1) + \int_{-\infty}^\infty ds_2\, f_2^\mu(s_2) = 0\,. \tag{14.3.1}$$

Energie- und Impulserhaltung
Aus (14.3.1) folgt für die Impulserhaltung

$$p_1^\mu(\infty) + p_2^\mu(\infty) = p_1^\mu(-\infty) + p_2^\mu(-\infty)\,. \tag{14.3.2}$$

Die nullte Komponente des Viererimpulses gibt die Energie E/c eines Teilchens an, so dass mit (p^μ) Energie- und Impulserhaltung gegeben sind.

Stoßprozess

$$m_i\, \boldsymbol{p}_i(t) = \mathbf{K}_i(t) \qquad i = 1, 2\,. \tag{14.3.3}$$

Die Kräfte sind ungleich null nur im Zeitpunkt des Stoßes t_0, und dann gilt

$$\mathbf{K}_1(t_0) + \mathbf{K}_2(t_0) = 0\,.$$

Die Impulserhaltung ist durch (14.3.2) sichergestellt, wobei die Zeiten unmittelbar vor und nach dem Stoß bei t_0 herangezogen werden können.

14.3.2 Compton-Streuung

Das bekannteste und sicherlich eines der einfachsten Beispiele zur relativistischen Kinematik ist der *Compton-Effekt*, der die Streuung von Licht an Elektronen allein mittels der Energie-Impulserhaltung erklärt. Im Abschnitt 11.1.1 wurde die Streuung elektrischer Wellen an freien Elektronen, die sogenannte Thomson-Streuung, hergeleitet. Bei dieser wird das Elektron vom elektrischen Feld zu Schwingungen angeregt, so dass es eine Streustrahlung gleicher Frequenz aussendet. In Versuchen zeigte sich, dass daneben auch Röntgen-Strahlung niedrigerer Frequenz auftrat, für die ein anderer Mechanismus verantwortlich sein musste.

Als *Compton-Streuung* bezeichnet man den Stoßprozess eines Elektrons mit einem Photon, dessen Kinematik hier untersucht wird. Anders als bei der Thomson-Streuung, wo das Elektron von **E** zu Schwingungen angeregt wurde, wird es hier weggestoßen. Wie in Abb. 14.3 skizziert, wird ein Photon mit dem Impuls ($\vec{q} \equiv (q^\mu)$) an einem Elektron $\vec{p} \equiv (p^\mu)$ gestreut. Nach dem Stoß haben das Photon den Impuls $\vec{q}\,'$ und das Elektron den Impuls $\vec{p}\,'$.

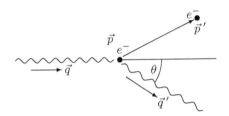

Abb. 14.3. Stoßprozess eines Photons $\vec{q} = \hbar(\omega/c, \mathbf{k})$ mit einem ruhenden Elektron $\vec{p} = (m_e c, \mathbf{0})$

Energie- und Impulserhaltung ergeben

$$\vec{p} + \vec{q} = \vec{p}\,' + \vec{q}\,' + \vec{q}\,'' \quad \Longrightarrow \quad \vec{p} + \vec{q} - \vec{q}\,' = \vec{p}\,' \,.$$

Daraus erhält man durch Quadrieren ($\vec{p} \cdot \vec{q} \equiv p^\mu q_\mu = q_\mu p^\mu$ und $\vec{p}^{\,2} \equiv p^\mu p_\mu$)

$$(\vec{p} + \vec{q} - \vec{q}\,')^2 = \vec{p}^{\,2} + \vec{q}^{\,2} + 2\vec{p} \cdot (\vec{q} - \vec{q}\,') - 2\vec{q} \cdot \vec{q}\,' + \vec{q}^{\,'2} = \vec{p}^{\,'2} \,.$$

Setzt man die Invarianten $p^2 = p'^2 = m^2 c^2$ und $q^2 = q'^2 = 0$ ein:

$$\vec{p} \cdot (\vec{q} - \vec{q}\,') = \vec{q} \cdot \vec{q}\,' \,,$$

so hat man die Koordinaten des gestreuten Elektrons, das ja meist nicht gemessen wird, eliminiert. Nun geht man ins Ruhsystem des Elektrons mit $\vec{p} = (m_e c, \mathbf{0})$, $\vec{q} = (\hbar\omega/c, \hbar\mathbf{k})$, $|\mathbf{k}| = \omega/c$ und erhält

$$m_e \hbar(\omega - \omega') = \frac{\hbar^2}{c^2}\left(\omega\omega' - c^2 \mathbf{k} \cdot \mathbf{k}'\right) = \frac{\omega\omega'}{c^2}(1 - \cos\theta) \,.$$

Setzt man nun die Compton-Frequenz (siehe Tab. C.7, S. 653) $\omega_c = m_e c^2/\hbar$ in die Gleichung ein, so ist

$$\omega_c(\omega - \omega') = \omega\omega'(1 - \cos\theta) \,,$$

oder anders ausgedrückt:

$$\omega' = \frac{\omega}{1 + 2\frac{\omega}{\omega_c}\sin^2\frac{\theta}{2}} \,. \tag{14.3.4}$$

Charakterisiert man die Photonen durch ihre Wellenlängen, so lautet die Compton-Streuformel:

$$\lambda' - \lambda = 4\pi\lambda_c \sin^2(\theta/2) \tag{14.3.5}$$

mit der Compton-Wellenlänge (siehe Tab. C.7, S. 653) $\lambda_c = h/m_e c$.

Die Intensität kann nicht aus den Erhaltungssätzen berechnet werden. Man kann jedoch erwarten, dass für niedrige Energien und kleinem Frequenzunterschied der Thomson-Streuquerschnitt (11.1.14) näherungsweise gelten muss, was man Abb. 14.4 entnehmen kann. Die Berechnung der Compton-Streuung in 2. Ordnung Störungstheorie geht auf Klein, Nishina [1929] zurück:

$$\frac{d\sigma}{d\Omega} = \frac{r_e^2}{2}\left(\frac{\omega'}{\omega}\right)^2\left(\frac{\omega'}{\omega} + \frac{\omega}{\omega'} - \sin^2\theta\right) \,, \tag{14.3.6}$$

wobei für ω'/ω die Compton-Formel (14.3.4) einzusetzen ist. Die Herleitung der Klein-Nishina-Formel ist in Lehrbüchern über relativistische Quantenmechanik zu finden [Bjørken, Drell, 1964, (7.74)]. Wie bereits bei der Thomson'schen Streuformel angesprochen, ist bei höheren Energie die Vorwärtsstreuung stärker ausgeprägt als bei der Thomson-Streuung. Für $\omega = \omega'$ erhält man den differentiellen Streuquerschnitt (11.1.12).

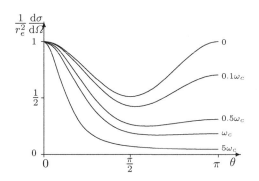

Abb. 14.4. Compton-Streuung (14.3.6): Für $\omega = 0$ erhält man die Thomson-Formel; die Abweichungen von dieser sind bereits bei $\omega = 0.1\omega_c$ beträchtlich

Die Versuche wurden 1923 von Compton durchgeführt. Ihre Bedeutung lag in der Bestätigung von $\mathbf{q} = \hbar\mathbf{k}$.

Vom *inversen Compton-Effekt* spricht man bei der Streuung eines hochenergetischen Elektrons an einem niederenergetischen Photon, wodurch dieses Energie gewinnt. Der Effekt tritt bei der Streuung hochenergetischer Elektronen an der kosmischen Hintergrundstrahlung auf.

14.3.3 Die Bewegung des Elektrons um den Kern

Uhlenbeck und *Goudsmit* konnten 1925 den anomalen Zeeman-Effekt erklären indem sie dem Elektron einen Eigendrehimpuls

$$\boldsymbol{\mu} = \frac{k_L g e}{2 m_e c} \, \mathbf{S} , \tag{14.3.7}$$

gaben, wobei der gyromagnetische Faktor (auch Landé-Faktor) den Wert $g = 2$ hatte[4]. Nicht erklärt werden konnte damit jedoch die Feinstrukturaufspaltung, deren theoretischer Wert um den Faktor 2 größer war als im Experiment gemessen wurde. *Thomas* zeigte 1927, dass bei relativistischer Bewegung eines Drehimpulses auf einer Kreisbahn eine Präzession ω_T auftritt, die den Einfluss der Aufspaltung reduziert[5].

Die Thomas-Präzession (12.4.26) ist ein kinematischer Effekt. Das Elektron erfährt bei seiner Umdrehung um den Kern dauernd eine Beschleunigung senkrecht zu seiner Bewegung. Damit das Elektron in einem momentanen Ruhsystem verbleibt, müssen dauernd Lorentz-Transformationen um zueinander senkrechte Achsen durchgeführt werden.

Zwei Geschwindigkeitstransformationen (Boost) mit nicht kollinearen $\mathbf{v}$ und $\mathbf{w}$ ergeben eine LT, die kein reiner Boost ist, sondern auch eine Drehung um die Achse $\mathbf{v} \times \mathbf{w}$ enthält.

Betrachtet wird die Bewegung eines Elektrons, das sich auf einer Umlaufbahn um den Atomkern befindet, wie in Abb. 14.5 skizziert. Die Energie (4.3.5) eines magnetischen Moments $\boldsymbol{\mu}$ in einem Magnetfeld ist

$$U = -\boldsymbol{\mu} \cdot \mathbf{B} = -\frac{k_L g e}{2 m_e c} \, \mathbf{S} \cdot \mathbf{B} .$$

Nach (13.1.30) „spürt" der Spin des bewegten Elektrons das elektrostatische Feld des Kerns als ein schwaches Magnetfeld, was eine Spin-Bahnwechselwirkung bewirkt.

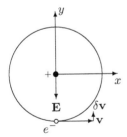

Abb. 14.5. Gemäß der Skizze bewegt sich das Elektron zur Zeit t mit $\mathbf{v} = v \mathbf{e}_x$. Nach der Zeitspanne δt hat das Elektron eine Geschwindigkeit auf $\mathbf{v} + \delta \mathbf{v}$ geändert, wobei $\delta \mathbf{v} = \delta v \mathbf{e}_y$. Aus U folgt die Bewegungsgleichung für ein magnetisches Moment (Spin):
$\mathrm{d}\mathbf{S}/\mathrm{d}t = \mathbf{N} = \boldsymbol{\mu} \times \mathbf{B}$

---

[4] $g = 2.00232$ mit Korrekturen aus der Quantenelektrodynamik.

[5] Die 1928 von *Dirac* gefundene Dirac-Gleichung, beziehungsweise deren nicht relativistische Näherung, die Pauli-Gleichung, führen jedoch automatisch zu den korrekten Ergebnissen, sowohl was den Faktor $g = 2$ als auch was die Spin-Bahn-Wechselwirkung betrifft.

Anmerkung: Die Bewegungsgleichung für den Spin kann in Analogie zum Bahn-drehimpuls $\boldsymbol{L}$ der klassischen Mechanik gesehen werden:

$$\mathrm{d}\boldsymbol{L}/\mathrm{d}t = \mathbf{N}$$

oder aus der Heisenberg-Gleichung [Schwabl, 2007, (8.56)]

$$\frac{\mathrm{d}\mathbf{S}}{\mathrm{d}t} = \frac{\mathrm{i}}{\hbar}\,[\mathrm{H}, \mathbf{S}] \quad \text{mit} \quad \mathrm{H} = -\boldsymbol{\mu}\cdot\mathbf{B} = -\frac{egk_L}{2m_e c}\,\mathbf{S}\cdot\mathbf{B}$$

und den Vertauschungsregeln [Schwabl, 2007, (9.9)]

$$[S_i, S_j] = \mathrm{i}\hbar\epsilon_{ijk}\,S_k,$$

$$\frac{\mathrm{d}S_i}{\mathrm{d}t} = -\frac{\mathrm{i}k_L g e}{2m_e c\hbar}[S_j, S_i]B_j = -\frac{\mathrm{i}k_L g e}{2m_e c\hbar}\epsilon_{jik}\mathrm{i}\hbar S_k B_j = \frac{k_L g e}{2m_e c}\epsilon_{ikj}S_k B_j = \big(\boldsymbol{\mu}\times\mathbf{B}\big)_i = N_i$$

verstanden werden.

Angenommen wird, dass sich das Elektron zur Zeit t mit der Geschwindigkeit $\mathbf{v} = v\,\mathbf{e}_x$ bewegt. Im Ruhsystem des Elektrons, d.h. im körperfesten System, haben wir somit die Bewegungsgleichung [Jackson, 2006, §11.8]

$$\frac{\mathrm{d}\mathbf{S}}{\mathrm{d}t} = \mathbf{N}' = \boldsymbol{\mu}\times\mathbf{B}'. \tag{14.3.8}$$

Die Felder $\mathbf{E}'$ und $\mathbf{B}'$ können mit einer LT aus den Feldern im Laborsystem bestimmt werden, wobei für unsere Zwecke $\mathbf{B}'$ (13.1.30) in der Näherung mit $\gamma = 1$ genügt:

$$\mathbf{B}' \approx \mathbf{B} - \boldsymbol{\beta}\times\mathbf{E}/k_L.$$

Nur befindet sich das Elektron nicht in einem Inertialsystem, sondern erfährt auf seiner Bahn um den Atomkern eine Beschleunigung senkrecht auf seine Bewegungsrichtung, was einer Rotation um den Kern entspricht. Diese baut man gleich wie in der klassischen Mechanik in die Bewegungsgleichung ein.

Es ist das der analoge Effekt zu einem Vektor $\mathbf{a}$, der eine Rotationsbewegung ausführt:

$$\left(\frac{\mathrm{d}\mathbf{a}}{\mathrm{d}t}\right)_{\text{Labor}} = \left(\frac{\mathrm{d}\mathbf{a}}{\mathrm{d}t}\right)'_{\text{körperfest}} + \boldsymbol{\omega}\times\mathbf{a}.$$

Der letzte Term kommt von der Rotation des körperfesten KS [Iro, 2003, §8.5]. Differenziert man $\mathbf{a}(t) = a_i(t)\mathbf{e}_i = a_i'(t)\mathbf{e}_i'(t)$ nach t, so erhält man $\dot{\mathbf{a}} = \dot{a}_i'\mathbf{e}_i' + a_i'\dot{\mathbf{e}}_i'$, wobei $\dot{\mathbf{e}}_i' = \boldsymbol{\omega}\times\mathbf{e}_i'$.

Für eine Bewegungsgleichung der Form

$$\left(\frac{\mathrm{d}\mathbf{S}}{\mathrm{d}t}\right)_{\text{Labor}} = \left(\frac{\mathrm{d}\mathbf{S}}{\mathrm{d}t}\right)'_{\text{körperfest}} + \boldsymbol{\omega}\times\mathbf{S} = \frac{gek_L}{2m_e c}\,\mathbf{S}\times\mathbf{B}' - \mathbf{S}\times\boldsymbol{\omega}_{\mathrm{T}}$$

können wir die innere Energie unmittelbar angeben:

$$U = U' + \mathbf{S} \cdot \boldsymbol{\omega}_{\mathrm{T}} = -\boldsymbol{\mu} \cdot (\mathbf{B} - \boldsymbol{\beta} \times \mathbf{E}/k_L) + \mathbf{S} \cdot \boldsymbol{\omega}_{\mathrm{T}} \,. \tag{14.3.9}$$

In atomarer Umgebung ist $\mathbf{E}$ aus den Potentialen der Kerne herleitbar, wobei wir $\phi = \phi(r)$ annehmen:

$$\mathbf{E} = -\boldsymbol{\nabla}\phi = -\left(\frac{\mathrm{d}\phi}{\mathrm{d}r}\right)\mathbf{e}_r. \tag{14.3.10}$$

Damit ist

$$U = -\frac{k_L g e}{2m_e c}\,\mathbf{S} \cdot \mathbf{B} - \frac{1}{r}\frac{\mathrm{d}\phi}{\mathrm{d}r}\,\frac{ge}{2m_e c}\,\mathbf{S} \cdot (\boldsymbol{\beta} \times \mathbf{x}) + \boldsymbol{\omega}_{\mathrm{T}} \cdot \mathbf{S}. \tag{14.3.11}$$

Nun führen wir noch den Bahndrehimpuls des Elektrons

$$\boldsymbol{L} = \mathbf{x} \times m_e \boldsymbol{\beta}\, c$$

ein und erhalten

$$U = -\frac{k_L g e}{2m_e c}\,\mathbf{S} \cdot \mathbf{B} + \frac{1}{r}\frac{\mathrm{d}\phi}{\mathrm{d}r}\,\frac{ge}{2m_e^2 c^2}\,\mathbf{S} \cdot \boldsymbol{L} + \boldsymbol{\omega}_{\mathrm{T}} \cdot \mathbf{S}. \tag{14.3.12}$$

Der zweite und dritte Term bestimmen die Wechselwirkung des Spins mit der Bahn. Die Frequenz ω_{T}, die die Rotation des Spins (Elektrons) um den Kern angibt, haben wir bereits in (12.4.26) bestimmt:

$$\boldsymbol{\omega}_{\mathrm{T}} = -\frac{\gamma^2}{\gamma+1}\,\boldsymbol{\beta} \times \frac{\mathrm{d}\boldsymbol{\beta}}{\mathrm{d}t}.$$

Die Beschleunigung $\dot{\boldsymbol{\beta}} \perp \mathbf{v}$ ist gegeben durch das elektrische Feld $\mathbf{E}$ vom Atomkern (14.3.10), um den sich das Elektron bewegt $\dot{\boldsymbol{\beta}} = e\mathbf{E}/m_e c$. Daraus folgt

$$\boldsymbol{\omega}_{\mathrm{T}} = -\frac{\gamma^2}{\gamma+1}\,\frac{e}{m_e c^2}\,\mathbf{v} \times \mathbf{E} = -\frac{1}{r}\frac{\mathrm{d}\phi(r)}{\mathrm{d}r}\,\frac{e}{2m_e^2 c^2}\,\boldsymbol{L}. \tag{14.3.13}$$

Eingesetzt in (14.3.12) erhält man

$$U = -\boldsymbol{\mu} \cdot \mathbf{B} + \frac{e}{r}\frac{\mathrm{d}\phi}{\mathrm{d}r}\,\frac{g-1}{2m_e^2 c^2}\,\mathbf{S} \cdot \boldsymbol{L}. \tag{14.3.14}$$

Die Stärke der Spin-Bahnkopplung wird durch den in der Thomas-Präzession auftretenden Faktor $\gamma^2/(\gamma+1) = 1/2$ „halbiert" ($g \to g-1$).

Aufgaben zu Kapitel 14

14.1. *Lorentz-Gleichung*: Berechnen Sie die nullte Komponente $\mathrm{d}p^0/\mathrm{d}t$ aus dem räumlichen Anteil $\mathrm{d}\boldsymbol{p}/\mathrm{d}t$ um (14.2.15) zu verifizieren.

14.2. *Lagrange-Dichte*: Bestimmen Sie die Euler-Lagrange-Gleichungen für

$$\mathcal{L}_\mathrm{L} = -\frac{k_\mathrm{L}^2}{4\pi k_C}\frac{1}{2}A_{\mu,\nu}\,A^{\mu,\nu} - \frac{k_\mathrm{L}}{c}A_\mu j^\mu .$$

14.3. *Euler-Lagrange-Gleichung*: Lösen Sie das Variationsproblem

$$\delta S = \frac{1}{c}\int_{s_1}^{s_2} \delta\big(\mathrm{d}s\,\mathrm{L}_r\big)$$

direkt durch Berechnung von $\delta\mathrm{d}s$ und $\delta\mathrm{L}_r$ als Funktionen von δu^μ (oder $\delta\mathrm{d}x^\mu$) und δx^μ; d.h., verifizieren Sie (14.2.32) und berechnen Sie damit die Bewegungsgleichung.

Hinweis: Zeigen Sie zunächst: $\delta\mathrm{d}s = u_\mu \mathrm{d}\delta x^\mu$, $\delta u^\mu = \big(\delta^\mu{}_\nu - u^\mu u_\nu\big)\dfrac{\mathrm{d}\delta x^\nu}{\mathrm{d}s}$.

14.4. *Hamilton-Funktion*: Berechnen Sie die elektrische und magnetische Feldenergie separat und verifizieren Sie (14.2.47).

14.5. *Inverse Compton-Streuung*: Ein hochenergetisches Elektron und ein langwelliges Photon bewegen sich in x-Richtung, wobei das Photon beim „frontalen" Zusammenstoß reflektiert wird (seine Bewegungsrichtung umkehrt). Zeigen Sie, dass das gestreute Photon näherungsweise folgende Frequenz hat:

$$\omega' = \frac{4\omega\gamma^2}{1 + 4\hbar\omega\gamma/m_e c^2}.$$

Literaturverzeichnis

M. Abraham *Zur Elektrodynamik bewegter Körper*, Rend. Circ. Matem. Palermo **28**,1–28 (1909)

R. Becker, F. Sauter *Theorie der Elektrizität 1*, 21. Aufl. Teubner, Stuttgart (1973)

J. Bjørken und S. Drell *Relativistische Quantenmechanik*, Bibliographisches Institut, Mannheim (1964)

M. Chaichian, I. Merches, D. Radu, A. Tureanu *Electrodynamics*, Springer Berlin (2016)

C. Cohen-Tannoudji, J Dupont-Roc, G. Grynberg *Photons and Atoms: Introduction to Electrodynamics*, Wiley-VCH (1989)

T. Fließbach *Die relativistische Masse*, Springer Spektrum, Berlin (2018)

D. J. Griffiths *Elektrodynamik* 3. Aufl., Pearson München (2011)

H. Iro *A modern Approach to Classical Mechanics*, World Scientific, Singapore (2003)

J. D. Jackson *Klassische Elektrodynamik*, 4. Aufl. Walter de Gruyter, Berlin (2006)

O. Klein und Y. Nishina *Über die Streuung von Strahlung durch freie Elektronen nach der neuen relativistischen Quantendynamik von Dirac*, Z. Physik **52**, 853–868 (1929)

L. D. Landau und E. M. Lifschitz *Lehrbuch der theoretischen Physik II, Klassische Feldtheorie*, 12. Aufl. Harri Deutsch, Frankfurt (1997)

D. Lenstra, L. Mandel *Angular momentum of the quantized electromagnetic field with periodic boundary conditions*, Phys. Rev. A **26**, 3428–3437 (1982)

Ernst Mach *Die Mechanik in ihrer Entwicklung*, 9. Aufl. Brockhaus Leipzig (1933)

L. Mandel, E. Wolf *Optical coherence and quantum optics*, Cambridge University Press, N.Y. (1995)

K. T. McDonald *Bibliography on the Abraham-Minkowski Debate* (2017) url: https://physics.princeton.edu/~mcdonald/examples/ambib.pdf, zuletzt eingesehen am 2.1.2022.

H. Minkowski *Die Grundgleichungen für die elektromagnetischen Vorgänge in bewegten Körpern*, Nachr. Königl. Ges. Wiss. Göttingen, 53–111 (1908)

W. Nolting *Spezielle Relativitätstheorie*, 9. Aufl. Springer Spektrum, Berlin (2016)

W. Panofsky, M. Phillips *Classical electricity and magnetism*, 2. Aufl. Addison – Wesley, Reading (1962)

W. Pauli *Relativitätstheorie*, Encyklopädie der Mathematischen Wissenschaften **V19**, Teubner (1921) und *Theory of Relativity*, Pergamon Press Oxford (1958)

Fritz Rohrlich *Dynamics of a charged particle* Phys. Rev. E **77**, 046609 (2008)

U. Schröder *Spezielle Relativitätstheorie*, 5. Aufl. Harri Deutsch, Frankfurt (2014)

F. Schwabl *Quantenmechanik*, 7. Aufl. Springer Berlin (2007)

F. Schwabl *Quantenmechanik für Fortgeschrittene*, 5. Aufl. Springer Berlin (2008)

Julian Schwinger *On the Classical Radiation of accelerated Electrons*, Phys. Rev. **75**, 1912–1925 (1949)

C.J. Sheppard and B.A. Kemp *Relativistic analysis of field-kinetic and canonical electromagnetic systems*, Phys. Rev. A **93**, 053832 (2016)

J. Simmons and M. Guttmann *States, Waves and Photons: Modern Introduction to Light*, Addison-Wesley (1970)

A. Sommerfeld *Elektrodynamik*, 5. Aufl. Akad. Verlagsges. Leipzig (1967)

R.U. Sexl und H.K. Urbantke *Relativität, Gruppen, Teilchen* Springer Wien (1976)

S. Weinberg *Gravitation and Cosmology*, John Wiley & Sons, N.Y. (1972)

A

Vektoren, Vektoranalysis und Integralsätze

Die mathematische Beschreibung physikalischer Vorgänge muss unabhängig vom Bezugssystem sein. Sie muss also durch Begriffe darstellbar sein, die invariant gegenüber linearen Koordinatentransformationen im euklidischen Raum $\mathbb{R}^n$ sind.

Beispiele sind die Länge einer Strecke, der Flächeninhalt einer Plangröße (Drehmoment) oder das Volumen. Alle genannten Objekte sind Skalare (Tensoren 0. Stufe). Kommt zur Länge noch die Richtung, so sprechen wir von einem Vektor, einem Tensor 1. Stufe. Wechselt man mit einer linearen Koordinatentransformation von einem Bezugssystem in ein anderes, so bilden die Koeffizienten, mit denen die Koordinaten des neuen Bezugssystems durch die des alten festgelegt werden, einen Tensor 2. Stufe.

Wir werden hier nicht ganz systematisch vorgehen und alle Größen und Rechenoperationen definieren, sondern etwa Matrizen und Matrixmultiplikation nur streifen.

A.1 Vektorrechnung im euklidischen Raum

A.1.1 Vektoren

(Euklidische) Vektoren sind definiert durch ihre Länge, ihre Richtung (siehe Abb. A.1) und die folgenden Rechenoperationen:

1. Vektoraddition: $\mathbf{c} = \mathbf{a} + \mathbf{b}$.
2. Multiplikation mit einem Skalar: $\mathbf{b} = \alpha\,\mathbf{a}$.
3. Skalarprodukt: $\alpha = \mathbf{a} \cdot \mathbf{b} = ab\cos\theta$.

Ergänzende Information Die elektronische Version dieses Kapitels enthält Zusatzmaterial, auf das über folgenden Link zugegriffen werden kann https://doi.org/10.1007/978-3-662-68528-0_15.

Abb. A.1. Länge und Richtung definieren einen Vektor; damit ist $\mathbf{a} = \mathbf{b}$. Der Pfeil gibt die Richtung an und der Skalar $a = |\mathbf{a}|$ die Länge

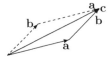

Abb. A.2. Vektoraddition: $\mathbf{c} = \mathbf{a} + \mathbf{b}$, zugleich das kommutative Gesetz zeigend: $\mathbf{c} = \mathbf{b} + \mathbf{a}$

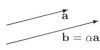

Abb. A.3. Multiplikation von $\mathbf{a}$ mit einer reellen Zahl $(\alpha = 1.5)$

Abb. A.4. Skalarprodukt: $\mathbf{a} \cdot \mathbf{b} = ab \cos\theta$

Das innere Produkt zweier Vektoren, das Skalarprodukt, ist ein Skalar, der sich aus der Multiplikation der Länge von $\mathbf{a}$ mit der Länge der Projektion von $\mathbf{b}$ auf $\mathbf{a}$ $(b\cos\theta)$ zusammensetzt: $\alpha = ab \cos\theta$.

Diese Rechenoperationen erfüllen die folgenden Regeln:

1. Addition
   - a) $\mathbf{a} + \mathbf{b} = \mathbf{b} + \mathbf{a}$ kommutatives Gesetz
   - b) $\mathbf{a} + (\mathbf{b} + \mathbf{c}) = (\mathbf{a} + \mathbf{b}) + \mathbf{c}$ assoziatives Gesetz
   - c) $\mathbf{a} + \mathbf{0} = \mathbf{a}$ Nullvektor (neutrales Element)
   - d) $\mathbf{a} + (-\mathbf{a}) = \mathbf{0}$ inverses Element der Addition
2. Multiplikation mit einem Skalar
   - a) $1\,\mathbf{a} = \mathbf{a}$ Einselement
   - b) $\alpha(\beta\mathbf{a}) = (\alpha\beta)\mathbf{a}$ assoziatives Gesetz
   - c) $(\alpha + \beta)\mathbf{a} = \alpha\mathbf{a} + \beta\mathbf{a}$ distributives Gesetz für skalare Addition
   - d) $\alpha(\mathbf{a} + \mathbf{b}) = \alpha\mathbf{a} + \alpha\mathbf{b}$ distributives Gesetz für Vektoraddition
3. Skalarprodukt
   - a) $\mathbf{a} \cdot \mathbf{b} = \mathbf{b} \cdot \mathbf{a}$ kommutatives Gesetz
   - b) $(\alpha\mathbf{a}) \cdot \mathbf{b} = \mathbf{a} \cdot (\alpha\mathbf{b})$ assoziatives Gesetz
   - c) $\mathbf{a} \cdot (\mathbf{b} + \mathbf{c}) = \mathbf{a} \cdot \mathbf{b} + \mathbf{a} \cdot \mathbf{c}$ distributives Gesetz
   - d) $\mathbf{a} \cdot \mathbf{b} = 0 \quad \forall \mathbf{b} \rightsquigarrow \mathbf{a} = \mathbf{0}$ Nullvektor

Vektorraum V

1. Erfüllen alle Vektoren die oben genannten Bedingungen, so sind diese euklidische Vektoren, und V ist ein euklidischer Vektorraum.
2. Erfüllen die Vektoren nur die ersten 8 Rechenoperationen, d.h., ist kein Skalarprodukt definiert, so sind diese affine Vektoren, und V ist ein affiner Vektorraum.

Beispiel: Einzeilige (einspaltige) Matrizen sind affine Vektoren.

Dem Vektorraum ist eine Basis zugeordnet, mit der jeder Vektor durch eindeutige Koordinaten beschrieben werden kann. Die Anzahl der Basisvektoren ist die Dimension des Vektorraums.

Punktraum

Der n-dimensionale Punktraum $\mathbb{R}^n$ ist die Menge aller n-Tupel reeller Zahlen $P(x_1, ..., x_n) = P(\mathbf{x})$.

Jedem Paar von Punkten (P_1, P_2) aus $\mathbb{R}^n$ soll ein Vektor des Vektorraums V zugeordnet werden mit den folgenden Eigenschaften:

1. $\overrightarrow{P_1 P_2} = -\overrightarrow{P_2 P_1}$,
2. $\overrightarrow{P_1 P_2} = \overrightarrow{P_1 P_3} + \overrightarrow{P_3 P_2}$,
3. ist $O \in \mathbb{R}^n$, so gibt es zu jedem Vektor $\mathbf{x} \in \mathsf{V}$ genau einen Punkt $X \in \mathbb{R}^n$, so dass $\mathbf{x} = \overrightarrow{O X}$.

Der Punktraum $\mathbb{R}^n$ ist ein

1. euklidischer Punktraum, wenn er dem euklidischen Vektorraum zugeordnet ist, oder ein
2. affiner Punktraum, wenn er dem affinen Vektorraum zugeordnet ist.

Lineare Abhängigkeit

$\mathbf{a}$ und $\mathbf{b}$ sind linear abhängig, wenn sie (anti-)parallel zueinander sind: $\mathbf{b} = \alpha \mathbf{a}$.

Allgemeiner gefasst, sind $\mathbf{a}_1, ..., \mathbf{a}_n$ linear abhängig, wenn es reelle Zahlen $\alpha^1, ..., \alpha^n$ gibt, so dass

$$\sum_{k=1}^{n} \alpha^k \, \mathbf{a}_k = \mathbf{0},$$

wobei nicht alle $\alpha^k = 0$ sein dürfen. Die Hochstellung der Indizes der reellen Zahlen α^k hat hier keine tiefere Bedeutung.

Dimension und Basis

Ein Vektorraum V ist n-dimensional, wenn es n linear unabhängige Vektoren $\mathbf{a}_n$ gibt und alle $n+1$-Vektoren linear abhängig sind

$$\sum_{k=1}^{n} \alpha^k \, \mathbf{a}_k = \mathbf{x}.$$

Die $\mathbf{a}_k$ mit $k = 1, ..., n$ bilden eine Basis des Vektorraums, und α^k sind die Koordinaten. Wir verwenden für (nicht orthogonale) Basisvektoren die Bezeichnungen $\mathbf{h}_k$ und für die Koordinaten x^k

$$\mathbf{x} = \sum_{k=1}^{n} x^k \, \mathbf{h}_k = x^k \mathbf{h}_k \, . \tag{A.1.1}$$

Über doppelt vorkommende Indizes wird summiert (Einstein'sche Summen-konvention). Die (holonomen) Basisvektoren $\mathbf{h}_k$ bilden ein schiefwinkeliges Koordinatensystem.

A.1.2 n-dimensionale Vektoren

Skalarprodukt und Metrik

Das Skalarprodukt zweier Vektoren ist gegeben durch

$$\mathbf{x} \cdot \mathbf{y} = x^i \mathbf{h}_i \cdot y^j \mathbf{h}_j = x^i y^j \, g_{ij} \qquad \text{mit } g_{ij} = \mathbf{h}_i \cdot \mathbf{h}_j \, . \tag{A.1.2}$$

Anmerkung: Mit $\mathbf{a}$ wird ein Spaltenvektor bezeichnet. Das Skalarprodukt ist dann

$$\mathbf{a} \cdot \mathbf{b} \equiv \begin{pmatrix} a_1 \ldots a_n \end{pmatrix} \begin{pmatrix} b_1 \\ \vdots \\ b_n \end{pmatrix} = \mathbf{a}^{\mathsf{T}} \mathbf{b} \, . \tag{A.1.3}$$

Abstand

Der Abstand von zwei Punkten wird dargestellt durch

$$d = |\overrightarrow{AB}| \qquad\qquad \rightsquigarrow \qquad\qquad d^2 = \overrightarrow{AB} \cdot \overrightarrow{AB} \, .$$

Mit $\mathbf{a} = \overrightarrow{OA}$ und $\mathbf{b} = \overrightarrow{OB}$ erhält man

$$\overrightarrow{AB} = \overrightarrow{AO} + \overrightarrow{OB} = \mathbf{b} - \mathbf{a} := \mathbf{c} \, .$$

Daraus ergibt sich

$$d^2 = \mathbf{c} \cdot \mathbf{c} = c^i c^j \, g_{ij} \, .$$

Der Abstand $d \geq 0$ zweier Punkte ist positiv und verschwindet nur, wenn die Punkte zusammenfallen ($\mathbf{c}{=}0$). Nun ist $\mathbf{a} \cdot \mathbf{b} = ab\cos\theta$, wobei, wie aus Abb. A.4 hervorgeht, $\theta = \sphericalangle \mathbf{a}, \mathbf{b}$:

$$\cos\theta = \frac{\mathbf{a} \cdot \mathbf{b}}{ab} = \frac{g_{ij} a^i b^j}{\sqrt{g_{ij} a^i a^j} \sqrt{g_{ij} b^i b^j}} \, .$$

Das ist die Cauchy-Schwarz'sche Ungleichung, aus der die Dreiecksungleichung folgt:

$$|\mathbf{a} \cdot \mathbf{b}| \leq |\mathbf{a}| \, |\mathbf{b}| \qquad\qquad \Rightarrow \qquad\qquad |\mathbf{a} + \mathbf{b}| \leq |\mathbf{a}| + |\mathbf{b}| \, . \tag{A.1.4}$$

Kovariante und kontravariante Basis

Wir definieren jetzt kontravariante Basisvektoren (dualen) $\mathbf{h}^i$ durch

$$\mathbf{h}_i \cdot \mathbf{h}^j = g_i{}^j = \delta_i{}^j = \begin{cases} 1 & i = j \\ 0 & i \neq j \end{cases} . \qquad (A.1.5)$$

Zunächst bemerken wir, dass aus $\mathbf{x} = x^k \, \mathbf{h}_k$ folgt

$$\mathbf{h}^i \cdot \mathbf{x} = x^k \, \mathbf{h}^i \cdot \mathbf{h}_k = x^k \, \delta^i{}_k = x^i .$$

Wir können also $\mathbf{x}$ darstellen durch

$$\mathbf{x} = (\mathbf{x} \cdot \mathbf{h}^i) \, \mathbf{h}_i = (\mathbf{x} \cdot \mathbf{h}_i) \, \mathbf{h}^i . \qquad (A.1.6)$$

Die kontravarianten Basisvektoren $\mathbf{h}^i$ sind demnach in der kovarianten Basis

$$\mathbf{h}^i = (\mathbf{h}^i \cdot \mathbf{h}^j) \, \mathbf{h}_j = g^{ij} \, \mathbf{h}_j \qquad \text{mit} \quad g^{ij} = \mathbf{h}^i \cdot \mathbf{h}^j . \qquad (A.1.7)$$

Die kontravarianten Basisvektoren sind also durch den (kontravarianten) metrischen Tensor $\mathbf{g}$ bestimmt. Aus der Multiplikation von (A.1.7) von rechts mit $\mathbf{h}_k$ folgt

$$\mathbf{h}^i \cdot \mathbf{h}_k = \delta^i{}_k = g^{ij} \, \mathbf{h}_j \cdot \mathbf{h}_k = g^{ij} \, g_{jk} . \qquad (A.1.8)$$

(g^{ij}) ist also die Inverse von (g_{ij}). Wir multiplizieren jetzt noch (A.1.7) mit g_{ki}:

$$g_{ki} \mathbf{h}^i = g_{ki} \, g^{ij} \, \mathbf{h}_j = \delta_k{}^j \mathbf{h}_j = \mathbf{h}_k .$$

Analog erhalten wir mit (A.1.6)

$$g_{ik} \, x^k = g_{ik} \, \mathbf{h}^k \cdot \mathbf{x} = \mathbf{h}_i \cdot \mathbf{x} = x_i .$$

Der metrische Tensor (g_{ij}) kann so zum „Herunterziehen" und (g^{ij}) zum „Hinaufziehen" der Indizes der Basisvektoren verwendet werden, wobei das Verfahren nicht nur für vektorielle Größen, sondern auch für Tensoren gilt.

Mit einer kovarianten Basis wird ein Kristallgitter beschrieben. Die Basisvektoren haben so die Dimension einer Länge [l]. Die zugehörige kontravariante Basis ist das reziproke Gitter, deren Basisvektoren die Dimension $[l^{-1}]$ haben und Wellenzahlen beschreiben. Mit der kontravarianten Basis ist der duale Vektorraum V^* verbunden.

Die (g^{ij}) sind invers zu den (g_{ij}). Man benötigt also zur Berechnung der (g^{ij}) die Determinante g des kovarianten metrischen Tensors (g_{ij}):

$$g = \|\mathbf{g}\| = \frac{1}{\|(g^{ij})\|} = \det \mathbf{g} = \begin{vmatrix} g_{11} & \cdots\cdots & g_{1n} \\ \cdots & \cdots\cdots & \cdots \\ \cdots & \cdots\cdots & \cdots \\ g_{n1} & \cdots\cdots & g_{nn} \end{vmatrix} . \qquad (A.1.9)$$

Zweidimensionale schiefwinkelige Basis im euklidischen Raum.

Die bisherigen Überlegungen können im einfachsten System, dem zweidimensionalen euklidischen Raum, anschaulich dargelegt werden.

Vektoren aus dem zweidimensionalen euklidischen Vektorraum, dargestellt mittels kovarianter Basis bzw. aus dem dualen (reziproken) Vektorraum, dargestellt mittels kontravarianter Basis:

kovariante Basisvektoren: $\mathbf{h}_1$ und $\mathbf{h}_2$ mit $|\mathbf{h}_1| = |\mathbf{h}_2| = 1$,

kontravariante Basisvektoren: $\mathbf{h}^1$ und $\mathbf{h}^2$ mit $|\mathbf{h}^1| = |\mathbf{h}^2| = 1/\sin\theta$,

Vektor in kovarianter Basis: $\mathbf{x} = (\mathbf{x} \cdot \mathbf{h}^1)\,\mathbf{h}_1 + (\mathbf{x} \cdot \mathbf{h}^2)\,\mathbf{h}_2$,

Vektor in kontravarianter Basis: $\mathbf{x} = (\mathbf{x} \cdot \mathbf{h}_1)\,\mathbf{h}^1 + (\mathbf{x} \cdot \mathbf{h}_1)\,\mathbf{h}^2 = x^1\,\mathbf{h}_1 + x^2\,\mathbf{h}_2$.

Für die Länge der Basisvektoren gilt gemäß Abb. A.5: $\mathbf{h}^1 \cdot \mathbf{h}_1 = h^1 h_1 \cos(\frac{\pi}{2} - \theta) = 1$, woraus $h^1 = 1(h_1 \sin\theta)$ und $h^2 = 1/(h_1 h_2 \sin\theta))$ folgen.

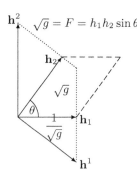

$\sqrt{g} = F = h_1 h_2 \sin\theta$

Abb. A.5. Zweidimensionales, schiefwinkeliges Gitter. Kontra- und kovariante Basis samt Einheitszellen (Parallelogramme); $h^i = 1/(h_i \sin\theta)$

Der metrische Tensor ist gegeben durch

$$(g_{ik}) = \begin{pmatrix} \mathbf{h}_1 \cdot \mathbf{h}_1 & \mathbf{h}_1 \cdot \mathbf{h}_2 \\ \mathbf{h}_2 \cdot \mathbf{h}_1 & \mathbf{h}_2 \cdot \mathbf{h}_2 \end{pmatrix} = \begin{pmatrix} h_1^2 & h_1 h_2 \cos\theta \\ h_1 h_2 \cos\theta & h_2^2 \end{pmatrix} \quad \text{mit} \quad g = h_1^2 h_2^2 \sin^2\theta.$$

Verallgemeinertes Kreuzprodukt

Eine weitere Verknüpfung ist das verallgemeinerte Kreuzprodukt. Wir definieren es durch

$$\mathbf{c} = \mathbf{a}^{(2)} \times \mathbf{a}^{(3)} \times \ldots \times \mathbf{a}^{(n)} = \sqrt{g}\, e^{j_1 \ldots j_n}\, \mathbf{h}_{j_1}\, a_{j_2}^{(2)} \ldots a_{j_n}^{(n)}$$

$$= \frac{1}{\sqrt{g}} \begin{vmatrix} \mathbf{h}_1 & \ldots\ldots & \mathbf{h}_n \\ a_1^{(2)} & \ldots\ldots & a_n^{(2)} \\ \vdots & \ldots\ldots & \vdots \\ a_1^{(n)} & \ldots\ldots & a_n^{(n)} \end{vmatrix}. \tag{A.1.10}$$

Hierbei ist $\epsilon(j_1, ..., j_n) = g\,\epsilon^{j_1,...,j_n}$ der total antisymmetrische Tensor (das Levi-Civita-Symbol (A.1.36)). Es ist (A.1.10) eine Verallgemeinerung des Vektorprodukts $\mathbf{c} = \mathbf{a}^{(2)} \times \mathbf{a}^{(3)}$ aus drei Dimensionen, jedoch ist diese Schreibweise für zwei Dimensionen nicht geeignet.

Verallgemeinertes Spatprodukt

Zum verallgemeinerten Kreuzprodukt kann man noch ein verallgemeinertes Spatprodukt angegeben, indem man das äußere Produkt mit einem weiteren Vektor skalar multipliziert:

$$[\mathbf{a}^{(1)} \dots \mathbf{a}^{(n)}] = \mathbf{a}^{(1)} \cdot [\mathbf{a}^{(2)} \times \dots \times \mathbf{a}^{(n)}] = \sqrt{g}\,\epsilon^{j_1 \dots j_n}\,(\mathbf{a}^{(1)} \cdot \mathbf{h}_{j_1})\,a_{j_2}^{(2)} \dots a_{j_n}^{(n)}$$

$$= \frac{1}{\sqrt{g}} \begin{vmatrix} a_1^{(1)} & \dots \dots & a_n^{(1)} \\ \vdots & \dots \dots & \vdots \\ a_1^{(n)} & \dots \dots & a_n^{(n)} \end{vmatrix}, \tag{A.1.11}$$

wobei wir $a_{j_1}^{(1)} = \mathbf{h}_{j_1}\mathbf{a}^{(1)}$ eingesetzt haben. w verschwindet nur dann nicht, wenn alle $\mathbf{a}^{(i)}$ linear unabhängig sind und es keinen weiteren linear unabhängigen Vektor gibt. Sind $\mathbf{a}^{(i)}$ die Basisvektoren $\mathbf{h}^i$, so sind die $a_j^{(i)} = (\mathbf{h}_j \cdot \mathbf{h}^i) = \delta_j{}^i$, und man erhält:

$$w = [\mathbf{h}^1 \dots \mathbf{h}^n] = \mathbf{h}^1 \cdot [\mathbf{h}^2 \times \dots \times \mathbf{h}^n] = \frac{1}{\sqrt{g}} \begin{vmatrix} 1 & 0 & \dots \dots & 0 \\ 0 & 1 & \dots \dots & 0 \\ \vdots & \vdots & \dots \dots & \vdots \\ 0 & 0 & \dots \dots & 1 \end{vmatrix} = \frac{1}{\sqrt{g}}. \tag{A.1.12}$$

Für die kovarianten Basisvektoren $\mathbf{a}^{(i)} = \mathbf{h}_i$ sind die Matrixelemente $a_j^{(i)} = (\mathbf{h}_j \cdot \mathbf{h}_i) = g_{ji}$ und damit ist das Spatprodukt

$$v = [\mathbf{h}_1 \dots \mathbf{h}_n] = \frac{1}{\sqrt{g}} \begin{vmatrix} g_{11} & \dots & g_{1n} \\ \vdots & \dots & \vdots \\ g_{n1} & \dots & g_{nn} \end{vmatrix} = \sqrt{g}. \tag{A.1.13}$$

Kreuzprodukt in zwei Dimensionen

Der Faktor $\sqrt{g} = F = h_1 h_2 |\sin\theta|$ ist in zwei Dimensionen die Fläche des von den Basisvektoren $\mathbf{h}_1$ und $\mathbf{h}_2$ aufgespannten Parallelogramms, wie in Abb. A.5 dargestellt. Das Kreuzprodukt von $\mathbf{a}$ ist gegeben durch

$$\mathbf{b} = \frac{1}{\sqrt{g}} \begin{vmatrix} \mathbf{h}_1 & \mathbf{h}_2 \\ a_1 & a_2 \end{vmatrix} = \frac{1}{\sqrt{g}}(\mathbf{h}_1 a_2 - \mathbf{h}_2 a_1),$$

$$|\mathbf{b}|^2 = (\mathbf{h}^1 a^2 - \mathbf{h}^2 a^1) \cdot (\mathbf{h}_1 a_2 - \mathbf{h}_2 a_1) = |\mathbf{a}|^2.$$

Das Spatprodukt der $\mathbf{h}_i$ ergibt die von diesen aufgespannte Fläche

$$[\mathbf{h}_1\,\mathbf{h}_2] = \mathbf{h}_1 \cdot \frac{1}{\sqrt{g}}(\mathbf{h}_1 g_{22} - \mathbf{h}_2 g_{21}) = \frac{1}{\sqrt{g}}(g_{11} g_{22} - g_{12} g_{21}) = \sqrt{g}.$$

Dyadisches Produkt

Das *dyadische* oder *tensorielle Produkt* zweier Vektoren

$$\mathbf{a} \circ \mathbf{b} = \mathbf{a}\,\mathbf{b}^T \quad \Leftrightarrow \quad \begin{pmatrix} a_1 \\ \vdots \\ a_n \end{pmatrix} (b_1 \ldots b_n) = \begin{pmatrix} a_1 b_1 & \ldots & a_1 b_n \\ \vdots & \ldots & \vdots \\ a_n b_1 & \ldots & a_n b_n \end{pmatrix} \qquad (\text{A.1.14})$$

ist definiert durch die lineare Transformation in der Form[1]

$$(\mathbf{a} \circ \mathbf{b})\mathbf{x} = \mathbf{a}(\mathbf{b} \cdot \mathbf{x})\,. \qquad (\text{A.1.15})$$

Aus der Definition folgt unmittelbar, dass das dyadische Produkt nicht kommutativ ist. Es gilt vielmehr, wie in der Aufgabe A.1 zu zeigen ist, dass

$$\big[(\mathbf{a} \circ \mathbf{b}) - (\mathbf{b} \circ \mathbf{a})\big]\mathbf{x} = (\mathbf{b} \times \mathbf{a}) \times \mathbf{x}\,. \qquad (\text{A.1.16})$$

In (A.1.14) ist das dyadische Produkt als Matrix dargestellt. Deren Elemente hängen von der Basis ab. Das kann sowohl ein kartesisches KS $\mathbf{e}_i$ sein, als auch ein schiefwinkeliges KS mit $\mathbf{a} = a^k \mathbf{h}_k$ und $\mathbf{b}^T = b_l \mathbf{h}^{T\,l}$:

$$(\mathbf{a} \circ \mathbf{b})_{ij} = \mathbf{e}_i^T (\mathbf{a} \circ \mathbf{b}) \mathbf{e}_j = (\mathbf{e}_i \cdot \mathbf{a})(\mathbf{b} \cdot \mathbf{e}_j) = a_i b_j\,,$$
$$(\mathbf{a} \circ \mathbf{b})^i{}_j = \mathbf{h}^{i\,T}(\mathbf{a} \circ \mathbf{b}) \mathbf{h}_j = (\mathbf{h}^i \cdot \mathbf{a})(\mathbf{b} \cdot \mathbf{h}_j) = a^i b_j\,. \qquad (\text{A.1.17})$$

Die Bedeutung des dyadischen Produkts liegt auch in seiner Verwendung als Projektionsoperator. Sei $\boldsymbol{\epsilon}$ ein Vektor der Länge $|\boldsymbol{\epsilon}| = 1$, so ist

$$(\boldsymbol{\epsilon} \circ \boldsymbol{\epsilon})\mathbf{a} = \boldsymbol{\epsilon}\,(\boldsymbol{\epsilon} \cdot \mathbf{a}) \qquad (\text{A.1.18})$$

ein Vektor in der Richtung von $\boldsymbol{\epsilon}$ mit der Länge der Projektion von $\mathbf{a}$ auf die Richtung von $\boldsymbol{\epsilon}$. Der Operator $\mathsf{P} = (\mathsf{E} - \boldsymbol{\epsilon} \circ \boldsymbol{\epsilon})$ projiziert $\mathbf{a}$ in die Ebene senkrecht auf $\boldsymbol{\epsilon}$.

Mit dem Einheitstensor $\sum_k (\mathbf{e}_k \circ \mathbf{e}_k)$ kann $\mathbf{a}' = \mathsf{T}\mathbf{a}$ in seine Komponenten zerlegt werden:

$$a_i' = \mathbf{e}_i^T \mathbf{a}' = \mathbf{e}_i^T \mathsf{T} \sum_k (\mathbf{e}_k \circ \mathbf{e}_k)\mathbf{a} = (\mathbf{e}_i^T \mathsf{T} \mathbf{e}_k)(\mathbf{e}_k \cdot \mathbf{a}) = T_{ik} a_k\,. \qquad (\text{A.1.19})$$

Die Determinante des dyadischen Produkts zweier Vektoren verschwindet immer, da ihre Zeilen bzw. Spalten proportional zueinander sind:

$$\det(\mathbf{a} \circ \mathbf{b}) = 0 \qquad \text{und} \qquad \det(\mathsf{E} + \mathbf{a} \circ \mathbf{b}) = 1 + \mathbf{a} \cdot \mathbf{b}\,. \qquad (\text{A.1.20})$$

Der Beweis der zweiten Relation, die für die Berechnung des Potentials einer bewegten Punktladung (8.2.24) benötigt wird, ist die Aufgabe A.2.

---

[1] Analog zum Skalarprodukt $\mathbf{a} \cdot \mathbf{b} = \mathbf{a}^T \mathbf{b}$ ist das Tensorprodukt $\mathbf{a} \circ \mathbf{b} = \mathbf{a}\,\mathbf{b}^T$; häufig verwendet wird auch die Schreibweise $\mathbf{a} \otimes \mathbf{b}$.

Wechsel der Basis

In einer linearen, homogenen Koordinatentransformation bleibt der Vektor unverändert, aber man geht zu einer neuen Basis über. Man bezeichnet das als passive Transformation, die hier definiert ist durch

$$\bar{\mathbf{h}}^i = a^i{}_j\,\mathbf{h}^j \qquad\Rightarrow\qquad \mathbf{h}^k = (\mathsf{a}^{-1})^k{}_i\,\bar{\mathbf{h}}^i \qquad\qquad (A.1.21)$$

und eine neue kontravariante Basis festlegt. Rechts steht die Umkehrtransformation, die aus der linken Gleichung durch Multiplikation mit $(a^{-1})^k{}_i$ hervorgeht. Die Transformation (A.1.21) muss, wie auch die ursprüngliche Basis, der Bedingung

$$\bar{\mathbf{h}}^i \cdot \bar{\mathbf{h}}_j = \delta^i{}_j \qquad\qquad (A.1.22)$$

genügen, wobei wir für die kovariante Basis

$$\bar{\mathbf{h}}_i = b_i{}^j\,\mathbf{h}_j \qquad\Rightarrow\qquad \mathbf{h}_k = (\mathsf{b}^{-1})_k{}^i\,\bar{\mathbf{h}}_i \qquad\qquad (A.1.23)$$

ansetzen und die $b_i{}^j$ mittels (A.1.22) bestimmen. Da die kontravariante Basis dual zur kovarianten ist, können wir erwarten, dass das in ähnlicher Form für die Matrizen a und b gilt. Für (A.1.22) erhalten wir

$$\bar{\mathbf{h}}_j \cdot \bar{\mathbf{h}}^i = \mathbf{h}_l\,(\mathsf{b}^T)^l{}_j \cdot a^i{}_k\,\mathbf{h}^k = (\mathsf{b}^T)^k{}_j\,a^i{}_k = \delta^i{}_j\,,$$

woraus folgt

$$(\mathsf{b}^T)^k{}_j = (\mathsf{a}^{-1})^k{}_j \qquad\Leftrightarrow\qquad \mathsf{b}^T = \mathsf{a}^{-1}\,. \qquad\qquad (A.1.24)$$

Es ist b kontragredient zu a. Damit lauten die Transformationen (A.1.23)

$$\bar{\mathbf{h}}_i = (\mathsf{a}^{-1})^j{}_i\,\mathbf{h}_j \qquad\Rightarrow\qquad \mathbf{h}_k = a^i{}_k\,\bar{\mathbf{h}}_i\,. \qquad\qquad (A.1.25)$$

Die metrischen Koeffizienten zur Basis $\bar{\mathbf{h}}^i$ sind

$$\bar{g}^{ij} = \bar{\mathbf{h}}^i \cdot \bar{\mathbf{h}}^j = a^i{}_k\,g^{kl}\,a^j{}_l \qquad\Leftrightarrow\qquad \bar{\mathsf{g}} = \mathsf{a}\,\mathsf{g}\,\mathsf{a}^T\,, \qquad\qquad (A.1.26)$$

wobei $\mathsf{a} = (a^j{}_i)$ und $\mathsf{g} = (g^{kl})$. Analog gilt für die kontravariante Basis

$$\bar{g}_{ij} = \bar{\mathbf{h}}_i \cdot \bar{\mathbf{h}}_j = (\mathsf{a}^{-1})^k{}_i\,g_{kl}\,(\mathsf{a}^{-1})^l{}_j \quad\Leftrightarrow\quad \bar{\mathsf{g}}^{-1} = \mathsf{a}^{-1^T}\mathsf{g}^{-1}\mathsf{a}^{-1} \qquad (A.1.27)$$

mit $\mathsf{g}^{-1} = (g_{kl})$. Diese Relation war zu erwarten, da $\bar{g}^{ij}$ invers zu $\bar{g}_{ij}$ sein muss.

Transformationsverhalten der Komponenten

Bei der passiven Transformation bleibt der Vektor ungeändert, so dass nach (A.1.21)

$$\mathbf{x} = \bar{\mathbf{h}}_i\,\bar{x}^i = \mathbf{h}_j\,x^j = \bar{\mathbf{h}}_i\,a^i{}_j\,x^j$$

gilt. Es transformieren sich die kontravarianten Komponenten

$$\bar{x}^i = a^i{}_j\, x^j \tag{A.1.28}$$

gleich wie die kontravarianten Basisvektoren, was entsprechend für die kovarianten Komponenten gilt:

$$\mathbf{x} = \bar{\mathbf{h}}^i\, \bar{x}_i = \mathbf{h}^j x_j = \bar{\mathbf{h}}^i\, (\mathsf{a}^{-1})^j{}_i\, x_j\, ,$$
$$\bar{x}_i = (\mathsf{a}^{-1\,T})_i{}^j\, x_j\, . \tag{A.1.29}$$

x^i transformieren durch Multiplikation mit a und x_i mit der *kontragredienten* Matrix $\mathsf{a}^{-1\,T}$. Die Transformation der kovarianten Komponenten ist *kontragredient* zur Transformation der kontravarianten Komponenten.

Wir zeigen noch explizit die Invarianz des Skalarprodukts:

$$\bar{x}^i\, \bar{x}_i = a^i{}_j\, x^j\, (a^{-1\,T})_i{}^k\, x_k = (a^{-1})^k{}_i\, a^i{}_j\, x^j\, x_k = x^k\, x_k\, .$$

Drehungen

Bei Drehungen (Drehspiegelungen) bleibt die Länge der Basisvektoren unverändert $|\bar{\mathbf{h}}_i| = |\mathbf{h}_i|$. Also gilt gemäß (A.1.27) für die Determinanten

$$\det \bar{\mathsf{g}} = (\det \mathsf{a})^2\, \det \mathsf{g} \qquad \Rightarrow \qquad \det \mathsf{a} = \pm 1\, .$$

Ergänzung zur Matrixsymbolik

Wir haben die Transformationsmatrix a als Matrix in der Form

$$\mathsf{a} = (a^i{}_k) \tag{A.1.30}$$

definiert; die Matrix b ist als „gemischte" Matrix (ko- und kontravariante Indizes) gleich definiert wie a, aber sie wird als Hilfskonstruktion nicht weiter verwendet, d.h., dass a die einzige „gemischte" Matrix ist. Sie ist aber selbst kein Tensor 2. Stufe im Vektorraum.

Tensorobjekte n-ter Stufe sind durch die Transformationseigenschaften

$$\bar{T}^{\bar{i}_1,\cdots}{}_{\bar{i}_r\ldots}{}^{\cdots\bar{i}_n} = a^{\bar{i}_1}{}_{i_1}\ldots a_{\bar{i}_r}{}^{i_r}\ldots a^{\bar{i}_n}{}_{i_n}\, T^{i_1,\cdots}{}_{i_r\ldots}{}^{\cdots i_n} \tag{A.1.31}$$

definiert. Für Tensoren $n > 2$ ist die Matrixsymbolik nicht anwendbar. Die Indexstellung (ko- oder kontravariant) geht letztlich aus a und der Summenkonvention hervor. Wir haben hier $\mathsf{g} = (g^{kl})$ als kontravarianten Tensor definiert.

Rechenregeln: Die transponierten Matrixelemente, auch von gemischten Matrizen, sind nach dem üblichen Schema der Vertauschung der Indizes bestimmt:

$$c_{ij}^T = (a_{ik}\, b_{kj})^T \equiv (\mathsf{ab})_{ij}^T = (\mathsf{b}^T \mathsf{a}^T)_{ij} = b_{ik}^T\, a_{kj}^T = a_{jk}\, b_{ki} = c_{ji}\, ,$$
$$(c^i{}_j)^T = (a^i{}_k\, b^k{}_j)^T \equiv (\mathsf{ab})^{Ti}{}_j = (\mathsf{b}^T \mathsf{a}^T)^i{}_j = b^{Ti}{}_k\, a^{Tk}{}_j = a_j{}^k\, b_k{}^i = c_j{}^i\, ,$$
$$(d^i)^T = (a^i{}_k\, b^k)^T = (\mathsf{a}\,\mathsf{b})^{T\,i} = (\mathsf{b}^T \mathsf{a}^T)^i = b^{Tk}\, a^T{}_k{}^i = a^i{}_k\, b^{Tk} = d^i\, ,$$
$$(a_k{}^l)^T = (a_{km}\, g^{ml})^T = g^{lm}\, a_{mk} = a^l{}_k\, .$$

Orthonormale Basis und kartesische Koordinaten

Im kartesischen Koordinatensystem (KS) stehen die Basisvektoren senkrecht aufeinander und haben die Länge 1. Wir bezeichnen solche Vektoren mit $\mathbf{e}_i$ und wissen damit, dass ihnen ein orthonormales KS zugrunde liegt[2]:

$$\mathbf{h}_i \cdot \mathbf{h}_j \to g_{ij} = \mathbf{e}_i \cdot \mathbf{e}_j = \delta_{ij} = \begin{cases} 1 & \text{für } i = j \\ 0 & \text{sonst} . \end{cases} \tag{A.1.32}$$

Damit ist auch g^{ij} ein Einheitstensor, und es gilt für alle Basisvektoren $\mathbf{e}_i = \mathbf{e}^i$. Für die Koordinaten folgt ebenfalls $x_i = g_{ij}x^j = x^i$.

Die Unterscheidung von ko- und kontravarianten Indizes ist so in orthogonalen Koordinatensystemen nicht notwendig und wird auch nicht gemacht.

Der Vektor ist dann gegeben durch

$$\mathbf{x} = x^i\,\mathbf{e}_i = x_i\,\mathbf{e}_i = \sum_{i=1}^{n} x_i\,\mathbf{e}_i . \tag{A.1.33}$$

Damit ergeben die Länge eines Vektors

$$r = \sqrt{g_{ij}x^i x^j} = \sqrt{x^j x_j} = \sqrt{(x_j)^2},$$

das Wegelement

$$\mathrm{d}\mathbf{x} = \mathbf{e}_i\,\mathrm{d}x^i = \sum_{i=1}^{n} \mathrm{d}x_i\,\mathbf{e}_i, \tag{A.1.34}$$

und das Abstandsquadrat

$$\mathrm{d}\mathbf{x}^2 = \mathrm{d}x^i\,\mathrm{d}x_i = \sum_{i=1}^{n} \mathrm{d}x_i^2 . \tag{A.1.35}$$

A.1.3 Levi-Civita-Symbol

Das Levi-Civita-Symbol, Permutationssymbol, ϵ-Tensor oder total antisymmetrischer Tensor genannt, ist definiert durch

$$\epsilon(i_1, ..., i_n) \equiv \epsilon_{i_1...i_n} = \begin{cases} -1 & P(i_1, ..., i_n)\,\text{ungerade Permutation} \\ 1 & P(i_1, ..., i_n)\,\text{gerade Permutation} \\ 0 & \text{sonst.} \end{cases} \tag{A.1.36}$$

Eine äquivalente Definition ist die Festlegung der folgenden Eigenschaften

---

[2] δ_{ij} bezeichnet man als Kronecker-Symbol.

1. $\epsilon(1, 2, ..., n) = 1$,

2. unter Vertauschung zweier Indizes ändert sich das Vorzeichen. (A.1.37)

Aus der 2. Eigenschaft folgt, dass $\epsilon_{i_1...i_n} = 0$, wenn zwei Indizes gleich sind.

Nun ist die Determinante der Einheitsmatrix $\det \mathsf{E} = 1$ (Matrixelemente δ_{ij}). Vertauscht man zwei Zeilen, so ändert sich wie bei der 2. Eigenschaft von (A.1.37) nur das Vorzeichen. Sind zwei Zeilen gleich, so verschwindet die Determinante. Es gilt also, wenn $\mathbf{e}_j$ der j-te Einheitsvektor ist:

$$\epsilon(i_1, ..., i_n) = \det(\mathbf{e}_{i_1}, ..., \mathbf{e}_{i_j}) = \begin{vmatrix} \delta_{i_1 1} & ..... & \delta_{i_1 n} \\ ... & ..... & ... \\ ... & ..... & ... \\ \delta_{i_1 n} & ..... & \delta_{i_n n} \end{vmatrix} = \begin{vmatrix} \delta_{1 i_1} & ..... & \delta_{1 i_n} \\ ... & ..... & ... \\ ... & ..... & ... \\ \delta_{n i_1} & ..... & \delta_{n i_n} \end{vmatrix}. \quad (A.1.38)$$

Die Determinante einer Matrix a ist gegeben durch

$$\det \mathsf{a} = \begin{vmatrix} a_{11} & ..... & a_{1n} \\ ... & ..... & ... \\ ... & ..... & ... \\ a_{n1} & ..... & a_{nn} \end{vmatrix} = \epsilon(j_1 ..... j_n)\, a_{1 j_1}\, a_{2 j_2} ... a_{n j_n}. \quad (A.1.39)$$

Die Berechnung der Determinante einer 3×3-Matrix mit dem Levi-Civita-Symbol:

$$\begin{vmatrix} a_1 & a_2 & a_3 \\ b_1 & b_2 & b_3 \\ c_1 & c_2 & c_3 \end{vmatrix} = \epsilon(i, j, k)\, a_i b_j c_k = a_1(b_2 c_3 - b_3 c_2) + a_2(-b_1 c_3 + b_3 c_1) + a_3(b_1 c_2 - b_2 c_1)$$

$$= a_1 \begin{vmatrix} b_2 & b_3 \\ c_2 & c_3 \end{vmatrix} + a_2 \begin{vmatrix} b_1 & b_3 \\ c_1 & c_3 \end{vmatrix} + a_3 \begin{vmatrix} b_1 & b_2 \\ c_1 & c_2 \end{vmatrix}.$$

Das Schema zur Berechnung der Determinante mithilfe der Unterdeterminanten (Laplace'scher Entwicklungssatz) lässt sich auf höhere Dimensionen ausdehnen.

Nimmt man in (A.1.39) eine andere Anordnung der Zeilenvektoren: $a_{k j_k} \rightarrow a_{i_k j_k}$, so kann sich nur das Vorzeichen der Determinante entsprechend der Permutation der i_k ändern, oder die Determinante verschwindet, falls zwei Indizes ($i_k = i_l$) gleich sind. Somit gilt die Relation

$$\epsilon(j_1, ..., j_n)\, a_{i_1 j_1} ... a_{i_n j_n} = \epsilon(i_1, ..., i_n)\, \det \mathsf{a}. \quad (A.1.40)$$

In (A.1.36) wurde der kovariante ϵ-Tensor mit dem Levi-Civita-Symbol gleichgesetzt. Zu bestimmen ist noch der kontravariante ϵ-Tensor, was mittels (A.1.40) geschieht:

$$\epsilon^{i_1...i_n} = g^{i_1 j_1} ... g^{i_n j_n}\, \epsilon_{j_1...j_n} = \begin{vmatrix} g^{i_1 1} & ..... & g^{i_1 n} \\ \vdots & \vdots\vdots & \vdots \\ g^{i_n 1} & ..... & g^{i_n n} \end{vmatrix} = \det(g^{ij})\, \epsilon(i_1, ..., i_n). \quad (A.1.41)$$

Wir erhalten so

$$\epsilon^{i_1\dots i_n}\,\epsilon_{k_1\dots k_n} = \frac{1}{g}\begin{vmatrix} \delta^{i_1}{}_{k_1} & \dots & \delta^{i_1}{}_{k_n} \\ \vdots & \vdots & \vdots & \vdots \\ \delta^{i_n}{}_{k_1} & \dots & \delta^{i_n}{}_{k_n} \end{vmatrix} \qquad \text{mit} \quad g = \det(g_{ij})\,. \qquad \text{(A.1.42)}$$

Rechenregeln

Gebraucht werden Überschiebungen und da vor allem für den dreidimensionalen euklidischen Raum und den vierdimensionalen (pseudoeuklidischen) Minkowski-Raum der SRT. Im 1. Fall gilt:

$$\epsilon^{ijk}\,\epsilon_{ilm} = \frac{1}{g}\begin{vmatrix} \delta^{j}{}_{l} & \delta^{j}{}_{m} \\ \delta^{k}{}_{l} & \delta^{k}{}_{m} \end{vmatrix} = \frac{1}{g}\big(\delta^{j}{}_{l}\,\delta^{k}{}_{m} - \delta^{j}{}_{m}\,\delta^{k}{}_{l}\big),$$

$$\epsilon^{ijk}\,\epsilon_{ijm} = \frac{1}{g}\,2\,\delta^{k}{}_{m}\,, \qquad\qquad\qquad\qquad \text{(A.1.43)}$$

$$\epsilon^{ijk}\,\epsilon_{ijk} = \frac{1}{g}\,3!\,.$$

In vier Dimensionen ist zu beachten, dass im Minkowski-Raum $g = -1$.

$$\epsilon^{\alpha\beta\gamma\delta}\,\epsilon_{\alpha\nu\varrho\sigma} = \frac{1}{g}\begin{vmatrix} \delta^{\beta}{}_{\nu} & \delta^{\beta}{}_{\varrho} & \delta^{\beta}{}_{\sigma} \\ \delta^{\gamma}{}_{\nu} & \delta^{\gamma}{}_{\varrho} & \delta^{\gamma}{}_{\sigma} \\ \delta^{\delta}{}_{\nu} & \delta^{\delta}{}_{\varrho} & \delta^{\delta}{}_{\sigma} \end{vmatrix},$$

$$\epsilon^{\alpha\beta\gamma\delta}\,\epsilon_{\alpha\beta\varrho\sigma} = \frac{1}{g}\,2!\begin{vmatrix} \delta^{\gamma}{}_{\varrho} & \delta^{\gamma}{}_{\sigma} \\ \delta^{\delta}{}_{\varrho} & \delta^{\delta}{}_{\sigma} \end{vmatrix},$$

$$\epsilon^{\alpha\beta\gamma\delta}\,\epsilon_{\alpha\beta\gamma\sigma} = \frac{1}{g}\,3!\,\delta^{\delta}{}_{\sigma}\,, \qquad\qquad\qquad\qquad \text{(A.1.44)}$$

$$\epsilon^{\alpha\beta\gamma\delta}\,\epsilon_{\alpha\beta\gamma\delta} = \frac{1}{g}\,4!\,.$$

A.1.4 Determinanten

Eine *Bilinearform* $f(\mathbf{x}, \mathbf{y})$, d.h. eine Funktion von zwei Vektoren, hat folgende Eigenschaften:

$$\begin{aligned} f(\mathbf{x}+\mathbf{y}, \mathbf{z}) &= f(\mathbf{x}, \mathbf{z}) + f(\mathbf{y}, \mathbf{z}), & f(\mathbf{x}, \mathbf{y}+\mathbf{z}) &= f(\mathbf{x}, \mathbf{y}) + f(\mathbf{x}, \mathbf{z}), \\ f(a\mathbf{x}, \mathbf{y}) &= f(\mathbf{x}, \mathbf{y})a, & f(\mathbf{x}, b\mathbf{y}) &= f(\mathbf{x}, \mathbf{y})b\,. \end{aligned} \qquad \text{(A.1.45)}$$

Setzt man nun für $\mathbf{x} = x^i \mathbf{h}_i$ und $\mathbf{y} = y^j \mathbf{h}_j$ ein, so erhält man

$$f(\mathbf{x}, \mathbf{y}) = x^i\,y^j\,f(\mathbf{h}_i, \mathbf{h}_j) = c_{ij}\,x^i\,y^j\,, \qquad\qquad \text{(A.1.46)}$$

wobei über doppelt vorkommende Indizes summiert wird.

Eine antisymmetrische Bilinearform hat die zusätzliche Eigenschaft

$$f(\mathbf{x} + \mathbf{y}, \mathbf{x} + \mathbf{y}) = 0 \qquad \Rightarrow \qquad f(\mathbf{y}, \mathbf{x}) = -f(\mathbf{x}, \mathbf{y}). \qquad \text{(A.1.47)}$$

Für *antisymmetrische Multilinearformen* gilt entsprechend, dass diese verschwinden, wenn zwei Spalten gleich sind $f(.., \mathbf{x}, .., \mathbf{x}, ..) = 0$. Gehen wir von $c_{1..i..j..n} = c$ aus und vertauschen zwei beliebige Indizes, so ändert sich nur das Vorzeichen $c_{1..j..i..n} = -c$. Sind hingegen mindestens zwei Indizes gleich, so verschwindet der zugehörige Koeffizient. Wir können $c = 1$ wählen und erhalten dann als Multilinearform die sogenannte *Leibniz-Formel*

$$D(\mathbf{x}, \mathbf{y}, \mathbf{z}, ...) = \sum_{i=(i_1,...,i_n)} (-1)^{\sigma(i)} x^{i_1} y^{i_2} z^{i_3} ..., \qquad \text{(A.1.48)}$$

wobei über alle Permutationen i summiert wird und $\sigma(i)$ die Anzahl der notwendigen Vertauschungen ist, um die Permutation i auf die Reihenfolge $1, 2, .., n$ zu bringen. Für die Basisvektoren ist gemäß (A.1.46) $D(\mathbf{h}_1, ..., \mathbf{h}_n) = 1$. Man kann das in folgendem Satz [van der Waerden, 1966, S. 79] ausdrücken:

Es gibt eine einzige antisymmetrische Multilinearform D, die für die Basisvektoren $\mathbf{h}_1, ..., \mathbf{h}_n$ den Wert 1 hat. Jede antisymmetrische Bilinearform f entsteht aus D durch Multiplikation mit $c = f(\mathbf{h}_1, ..., \mathbf{h}_n)$:

$$f(\mathbf{x}, \mathbf{y}, ...) = x^i y^j ... f(\mathbf{h}_i, \mathbf{h}_j, ...) = f(\mathbf{h}_1, \mathbf{h}_2, ...) D(\mathbf{x}, \mathbf{y}, ...). \qquad \text{(A.1.49)}$$

$D(\mathbf{x}, \mathbf{y}, ...)$ heißt Determinante der n Vektoren $\mathbf{x}, \mathbf{y}, ...$ zur Basis $\mathbf{h}_i$. Sei $\mathbf{x} = \mathbf{b}_1$, $\mathbf{y} = \mathbf{b}_2, ...$, so ist

$$D(\mathbf{b}_1, ..., \mathbf{b}_n) = \epsilon_{ijk...} \, b^i{}_1 b^j{}_2 b^k{}_3 ... = \begin{vmatrix} b^1{}_1 & ... & b^1{}_n \\ \vdots & \ddots & \vdots \\ b^n{}_1 & ... & b^n{}_n \end{vmatrix}.$$

Von Relevanz ist der Multiplikationssatz für Determinanten. Gegeben seien zwei quadratische $n \times n$-Matrizen A und B. Für deren Determinanten gilt

$$\det(\mathsf{A}\,\mathsf{B}) = \det(\mathsf{A}) \, \det(\mathsf{B}). \qquad \text{(A.1.50)}$$

Zum Beweis merken wir an, dass nach (A.1.49)

$$D(\mathsf{A}\mathbf{b}_1, ..., \mathsf{A}\mathbf{b}_n) = D(\mathsf{A}\mathbf{h}_1, ..., \mathsf{A}\mathbf{h}_n) D(\mathbf{b}_1, ..., \mathbf{b}_n) \quad \text{mit} \quad \mathsf{A}\mathbf{h}_k = \mathbf{h}_i a^i{}_k = \begin{pmatrix} a^1{}_k \\ a^2{}_k \\ \vdots \end{pmatrix}.$$

Ein Verfahren zur Berechnung der Determinante ist der Laplace'sche Entwicklungssatz

$$\det(\mathsf{A}) = \sum_{k=1}^{n} (-1)^{i+k} a^i{}_k \det(\mathsf{A}_{ik}), \qquad \text{(A.1.51)}$$

wobei A_{ik} die Untermatrix von A ist, die entsteht, wenn man die i-te Zeile und die k-te Spalte ausstreicht. (A.1.51) ist für größere Determinanten aufgrund der Anzahl an Rechenoperationen aufwändig und (numerisch) ungenau.

A.1.5 Dreidimensionale Vektoren

Aufgrund der Bedeutung des dreidimensionalen Raums für die Physik ist es gerechtfertigt diesen Fall separat zu behandeln und so einige Wiederholungen, wie Kreuz- und Spatprodukt, in Kauf zu nehmen. Das ist in Folge sinnvoll für die krummlinigen Koordinaten, die nur in drei Dimensionen behandelt werden.

Vektorprodukt

Im dreidimensionalen Raum ist das Kreuzprodukt (Vektorprodukt oder äußeres Produkt) (A.1.10) gegeben durch

$$
\mathbf{c} = \mathbf{a} \times \mathbf{b} = \sqrt{g}\,\epsilon^{ijk}\,\mathbf{h}_i a_j b_k = \frac{1}{\sqrt{g}}
\begin{vmatrix}
\mathbf{h}_1 & \mathbf{h}_2 & \mathbf{h}_3 \\
a_1 & a_2 & a_3 \\
b_1 & b_2 & b_3
\end{vmatrix}
\tag{A.1.52}
$$

$$
= \sqrt{g}\,\epsilon_{ijk}\,\mathbf{h}^i a^j b^k = \sqrt{g}
\begin{vmatrix}
\mathbf{h}^1 & \mathbf{h}^2 & \mathbf{h}^3 \\
a^1 & a^2 & a^3 \\
b^1 & b^2 & b^3
\end{vmatrix},
$$

was einen auf $\mathbf{a}$ und $\mathbf{b}$ senkrecht stehenden Vektor darstellt. Man sieht das aus (A.1.52), wenn man mit $\mathbf{a}$ oder $\mathbf{b}$ skalar multipliziert:

$$
\mathbf{a} \cdot \mathbf{c} = \mathbf{a} \cdot (\mathbf{a} \times \mathbf{b}) = \sqrt{g}\,\epsilon^{ijk}\,a_i a_j b_k = 0\,.
$$

Den Betrag c bekommen wir unter Zuhilfenahme von (A.1.43) aus

$$
c^2 = g\,\epsilon^{ijk}\mathbf{h}_i a_j b_k\,\epsilon_{lmn}\mathbf{h}^l a^m b^n = g\,\epsilon^{ijk}\,\epsilon_{imn} a_j b_k a^m b^n
$$

$$
= \left(\delta^j{}_m \delta^j{}_n - \delta^j{}_m \delta^j{}_n\right) a_j b_k a^m b^n = a^2 b^2 - (\mathbf{a}\cdot\mathbf{b})^2 = a^2 b^2 \sin^2\theta\,.
$$

$\mathbf{c}$ hat so als Betrag $(c = ab\sin\vartheta)$ die Fläche des in Abb. A.6 eingezeichneten Parallelogramms. Zugleich haben wir die Gültigkeit der *Lagrange-Identität*

$$
(\mathbf{a} \times \mathbf{b}) \cdot (\mathbf{c} \times \mathbf{d}) = (\mathbf{a} \cdot \mathbf{c})(\mathbf{b} \cdot \mathbf{d}) - (\mathbf{a} \cdot \mathbf{d})(\mathbf{b} \cdot \mathbf{c})
\tag{A.1.53}
$$

für $\mathbf{c}=\mathbf{a}$ und $\mathbf{b}=\mathbf{d}$ gezeigt. Die Richtung von $\mathbf{c}$ ist so festgelegt, dass $\mathbf{a}$, $\mathbf{b}$ und $\mathbf{c}$ ein rechtshändiges KS bilden (siehe Abb. A.6).

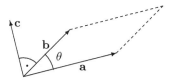

Abb. A.6. Vektorprodukt (Kreuzprodukt): $|\mathbf{c}| = ab\sin\theta$ und $\mathbf{c}$ steht senkrecht auf der von $\mathbf{a}$ und $\mathbf{b}$ aufgespannten Fläche

Rechenregeln für das Vektorprodukt

a) $\mathbf{a} \times \mathbf{b} = -\mathbf{b} \times \mathbf{a}$ anti-kommutatives Gesetz

b) $(\mathbf{a}\alpha) \times \mathbf{b} = \mathbf{a} \times (\mathbf{b}\alpha)$ assoziatatives Gesetz

c) $\mathbf{a} \times (\mathbf{b} + \mathbf{c}) = \mathbf{a} \times \mathbf{b} + \mathbf{a} \times \mathbf{c}$ distributives Gesetz

d) $\mathbf{a} \times \mathbf{b} = 0$ Kollinearitätsbedingung, wenn $\mathbf{a}$, $\mathbf{b} \neq 0$.

Polare und axiale Vektoren

Unter einer Inversion transformieren *polare* Vektoren gemäß $\mathbf{x} \to -\mathbf{x}$, während *axiale* Vektoren ihr Vorzeichen beibehalten $\mathbf{c} \to \mathbf{c}$. Beispiel für einen axialen Vektor ist das Vektorprodukt zweier polarer Vektoren

$$\mathbf{c} = \mathbf{a} \times \mathbf{b} \stackrel{\text{Inversion}}{\longrightarrow} (-\mathbf{a}) \times (-\mathbf{b}) = \mathbf{c},$$

wie es das Magnetfeld $\mathbf{B} = \boldsymbol{\nabla} \times \mathbf{A}$ ist.

Spatprodukt

Als Spatprodukt wird die skalare Multiplikation

$$[\mathbf{abc}] = \mathbf{a} \cdot (\mathbf{b} \times \mathbf{c}) = \sqrt{g}\, \epsilon_{ijk}\, a^i b^j c^k = \sqrt{g}\, \epsilon^{ijk}\, a_i b_j c_k$$

$$= \frac{1}{\sqrt{g}} \begin{vmatrix} a_1 & a_2 & a_3 \\ b_1 & b_2 & b_3 \\ c_1 & c_2 & c_3 \end{vmatrix} \tag{A.1.54}$$

bezeichnet. Aus der Definition geht die Invarianz des Spatprodukts gegenüber zyklischer Vertauschung unmittelbar hervor:

$$\mathbf{a} \cdot (\mathbf{b} \times \mathbf{c}) = \mathbf{b} \cdot (\mathbf{c} \times \mathbf{a}) = \mathbf{c} \cdot (\mathbf{a} \times \mathbf{b}) = -\mathbf{a} \cdot (\mathbf{c} \times \mathbf{b}). \tag{A.1.55}$$

$\mathbf{a} \times \mathbf{b}$ ist ein Vektor, der senkrecht auf das von $\mathbf{a}$ und $\mathbf{b}$ gebildete Parallelogramm steht und den Betrag der Fläche dieses Parallelogramms hat. Multipliziert man ihn skalar mit $\mathbf{c}$, so erhält man das Volumen des von $\mathbf{a}$, $\mathbf{b}$ und $\mathbf{c}$ aufgespannten Parallelepipeds:

$$v = \mathbf{h}_1 \times \mathbf{h}_2 \cdot \mathbf{h}_3 = \frac{1}{\sqrt{g}} \begin{vmatrix} h_{11} & h_{12} & h_{13} \\ h_{21} & h_{22} & h_{23} \\ h_{31} & h_{32} & h_{33} \end{vmatrix} = \sqrt{g}, \tag{A.1.56}$$

da $\mathbf{h}_i = h_{ik}\, \mathbf{h}^k$ mit $h_{ik} = \mathbf{h}_k \cdot \mathbf{h}_i = g_{ki}$.

Kovariante und kontravariante Basis

Die kontravarianten Basisvektoren bekommt man aus den kovarianten durch die Bedingungen $\mathbf{h}_i \cdot \mathbf{h}^j = \delta_i{}^j$. Aus

$$\mathbf{c} = \mathbf{h}_1 \times \mathbf{h}_2 \quad \text{folgen} \quad \mathbf{c} \cdot \mathbf{h}_1 = \mathbf{c} \cdot \mathbf{h}_2 = 0 \quad \text{und} \quad \mathbf{c} \cdot \mathbf{h}_3 = \alpha \quad \Rightarrow \quad \mathbf{c} = \frac{1}{\alpha}\, \mathbf{h}^3.$$

Die kontravarianten Basisvektoren sind so gegeben durch

$$\mathbf{h}^i \, \epsilon_{ijk} = \frac{1}{\sqrt{g}} \, \mathbf{h}_j \times \mathbf{h}_k \,.$$ (A.1.57)

Daraus folgt

$$\mathbf{h}^i = \frac{\sqrt{g}}{2} \, \epsilon^{ijk} \, \mathbf{h}_j \times \mathbf{h}_k \,.$$

Umgekehrt gilt ebenso

$$\mathbf{h}_i \, \epsilon^{ijk} = \frac{1}{\sqrt{g}} \, \mathbf{h}^j \times \mathbf{h}^k \,.$$ (A.1.58)

Mithilfe der angegebenen Definitionen für das Vektorprodukt (A.1.52) lassen sich die folgenden Relationen verifizieren:

$$\mathbf{a} \times (\mathbf{b} \times \mathbf{c}) + \mathbf{b} \times (\mathbf{c} \times \mathbf{a}) + \mathbf{c} \times (\mathbf{a} \times \mathbf{b}) = 0 \qquad \text{Jacobi-Identität,}$$ (A.1.59)

$$\mathbf{a} \times (\mathbf{b} \times \mathbf{c}) = (\mathbf{a} \cdot \mathbf{c}) \, \mathbf{b} - (\mathbf{a} \cdot \mathbf{b}) \, \mathbf{c} \qquad \text{Graßmann-Identität,}$$ (A.1.60)

$$(\mathbf{a} \times \mathbf{b}) \cdot (\mathbf{c} \times \mathbf{d}) = (\mathbf{a} \cdot \mathbf{c})(\mathbf{b} \cdot \mathbf{d}) - (\mathbf{a} \cdot \mathbf{d})(\mathbf{b} \cdot \mathbf{c}) \quad \text{Lagrange-Identität.}$$ (A.1.61)

Metrischer Tensor

Zwei Spatprodukte (gemischte Produkte) können nach folgender Regel multipliziert werden:

$$[\mathbf{a}\,\mathbf{b}\,\mathbf{c}][\mathbf{d}\,\mathbf{e}\,\mathbf{f}] = \begin{vmatrix} \mathbf{a} \cdot \mathbf{d} & \mathbf{a} \cdot \mathbf{e} & \mathbf{a} \cdot \mathbf{f} \\ \mathbf{b} \cdot \mathbf{d} & \mathbf{b} \cdot \mathbf{e} & \mathbf{b} \cdot \mathbf{f} \\ \mathbf{c} \cdot \mathbf{d} & \mathbf{c} \cdot \mathbf{e} & \mathbf{c} \cdot \mathbf{f} \end{vmatrix} \,.$$

Bildet man das Quadrat eines gemischten Produkts, so erhält man die *Gram'sche Determinante*

$$D(\mathbf{a}, \mathbf{b}, \mathbf{c}) = [\mathbf{a}\mathbf{b}\mathbf{c}]^2 = \begin{vmatrix} \mathbf{a} \cdot \mathbf{a} & \mathbf{a} \cdot \mathbf{b} & \mathbf{a} \cdot \mathbf{c} \\ \mathbf{b} \cdot \mathbf{a} & \mathbf{b} \cdot \mathbf{b} & \mathbf{b} \cdot \mathbf{c} \\ \mathbf{c} \cdot \mathbf{a} & \mathbf{c} \cdot \mathbf{b} & \mathbf{c} \cdot \mathbf{c} \end{vmatrix} \geq 0 \,.$$ (A.1.62)

D ist das Quadrat des Volumens des Parallelepipeds, das nicht mehr von der Reihenfolge der Vektoren abhängt und positiv semidefinit ist. Verschwindet die Gram'sche Determinate, so sind die Vektoren linear abhängig. Das gilt auch für den metrischen Tensor

$$\det \mathbf{g} = [\mathbf{h}_1 \mathbf{h}_2 \mathbf{h}_3]^2 = \begin{vmatrix} \mathbf{h}_1 \cdot \mathbf{h}_1 & \mathbf{h}_1 \cdot \mathbf{h}_2 & \mathbf{h}_1 \cdot \mathbf{h}_3 \\ \mathbf{h}_2 \cdot \mathbf{h}_1 & \mathbf{h}_2 \cdot \mathbf{h}_2 & \mathbf{h}_2 \cdot \mathbf{h}_3 \\ \mathbf{h}_3 \cdot \mathbf{h}_1 & \mathbf{h}_3 \cdot \mathbf{h}_2 & \mathbf{h}_3 \cdot \mathbf{h}_3 \end{vmatrix} \geq 0 \,,$$

der für die euklidische Geometrie nicht negativ ist.

A.2 Vektoranalysis und lokale Koordinaten

Vektoren, wie $\mathbf{a}$, waren bisher vom Raumpunkt unabhängig. Fällt diese Einschränkung, ist also $\mathbf{a} = \mathbf{a}(\mathbf{x})$, so wird es in vielen Fällen auch sinnvoll sein, zu Basisvektoren $\mathbf{h}_i = \mathbf{h}_i(\mathbf{x})$ überzugehen, die ebenfalls von $\mathbf{x}$ abhängen.

A.2.1 Krummlinige Koordinaten

Die Basisvektoren, die das KS bilden, mussten zwar nicht orthogonal sein, waren aber vom Raumpunkt unabhängig. Abb. A.7 zeigt für den zweidimensionalen Raum die Kurvenscharen $\xi^i(\mathbf{x})$=const. mit $i = 1, 2$. Die Tangenten zu den Kurven im Punkt $P(\mathbf{x})$ geben die Richtungen der lokalen kovarianten Basisvektoren an.

Im dreidimensionalen Raum stellen die ξ^i=const. Flächen dar. Die Schnittlinien der Flächen bestimmen die Richtungen der Basisvektoren. Voraussetzung ist, dass die $\xi^i(\mathbf{x})$ in einem Gebiet G umkehrbar eindeutig sind.

Kovariante Basisvektoren: $\mathbf{h}_1$, $\mathbf{h}_2$, $\mathbf{h}_3$.
Kontravariante Koordinaten: ξ^1, ξ^2, ξ^3 mit $\xi^i = \xi^i(\mathbf{x})$.

$$\text{Wegelement}: \quad d\mathbf{x} = \mathbf{h}_1 \, d\xi^1 + \mathbf{h}_2 \, d\xi^2 + \mathbf{h}_3 \, d\xi^3 . \tag{A.2.1}$$

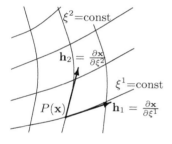

Abb. A.7. Krummlinige, kontravariante Koordinaten $\xi^{1,2}(\mathbf{x}) = $ const. mit den kovarianten Basisvektoren $\mathbf{h}_{1,2}(\mathbf{x})$

Basisvektoren

Im Punkt $P(\mathbf{x})$ schneiden sich die Flächen ξ^i=const. Die kovarianten Basisvektoren $\mathbf{h}_i(\mathbf{x})$ sind definiert als Tangenten an die Schnittlinien der Flächen $\xi_{j \neq i}$=const:

$$\mathbf{h}_i = \frac{\partial \mathbf{x}}{\partial \xi^i} = \frac{\partial x_\alpha}{\partial \xi^i} \, \mathbf{e}^\alpha = h_{i\alpha} \, \mathbf{e}^\alpha \qquad \text{mit} \quad \mathbf{x} = x_\alpha \mathbf{e}^\alpha . \tag{A.2.2}$$

Die $\mathbf{e}^\alpha = \mathbf{e}_\alpha$ bilden ein kartesisches KS in dem die kontra- und kovarianten Basisvektoren zusammenfallen. Außerdem ist $dx_\alpha = \dfrac{\partial x_\alpha}{\partial \xi^i} \, d\xi^i$. Das Abstandsquadrat wird so berechnet als

$$\mathrm{d}\mathbf{x}^2 = \mathbf{h}_i \cdot \mathbf{h}_j \, \mathrm{d}\xi^i \, \mathrm{d}\xi^j = g_{ij} \, \mathrm{d}\xi^i \, \mathrm{d}\xi^j \qquad \text{mit} \quad g_{ij} = \mathbf{h}_i \cdot \mathbf{h}_j \; . \qquad (\text{A.2.3})$$

Hat man mit (A.2.2) die lokalen Basisvektoren $\mathbf{h}_i(\mathbf{x})$, so gelten für diese alle Rechenoperationen und Relationen, die für die schiefwinkeligen Systeme hergeleitet wurden.

Ein krummliniges Koordinatensystem heißt orthogonal, wenn die $\mathbf{h}_i$ in jedem Punkt $P(\mathbf{x})$ orthogonal sind. Der metrische Tensor $\mathbf{g}$ ist dann diagonal, und es ist zweckmäßig, die $\mathbf{h}_i$ als Einheitsvektoren $\mathbf{e}_\alpha = \mathbf{e}^\alpha$ zu definieren. Da die $\mathbf{h}_i$ nicht alle die gleiche Dimension haben müssen, ist $\mathbf{g}$ nicht die Einheitsmatrix.

Für die kontravarianten Basisvektoren gilt (A.1.57)

$$\mathbf{h}^i = \frac{v}{2} \, \epsilon^{ijk} \mathbf{h}_j \times \mathbf{h}_k \qquad \text{mit} \quad v = [\mathbf{h}_1 \mathbf{h}_2 \mathbf{h}_3] \, , \qquad (\text{A.2.4})$$

wobei auch hier v das von den Basisvektoren aufgespannte Volumen (Spatprodukt $[\mathbf{h}_1 \mathbf{h}_2 \mathbf{h}_3]$) ist. Mithilfe von $\mathrm{d}\mathbf{x}$ erhält man

$$\mathrm{d}\mathbf{x} = \mathbf{h}_j \, \mathrm{d}\xi^j \qquad \Rightarrow \qquad \mathbf{h}^i \cdot \mathrm{d}\mathbf{x} = \mathbf{h}^i \cdot \mathbf{h}_j \, \mathrm{d}\xi^j = \delta^i{}_j \, \mathrm{d}\xi^j = \mathrm{d}\xi^i \, ,$$

$$\mathbf{h}_i \cdot \mathrm{d}\mathbf{x} = \mathbf{h}_i \cdot \mathbf{h}_j \, \mathrm{d}\xi^j = g_{ij} \, \mathrm{d}\xi^j = \mathrm{d}\xi_i \, .$$

Im Allgemeinen ist diese Differentialrelation nicht integrabel, d.h., es gibt keine Funktion $\xi_i = \xi_i(\xi^j)$.

Das Spatprodukt $[\mathbf{h}_1 \mathbf{h}_2 \mathbf{h}_3]$ wird mit den kartesischen Komponenten von $\mathbf{h}_i$ berechnet, $(h_{i\alpha} = \partial x_\alpha / \partial \xi^i)$, wobei $\bar{g} = 1$:

$$v = \sqrt{g} = [\mathbf{h}_1 \mathbf{h}_2 \mathbf{h}_3] = \sqrt{\bar{g}} \begin{vmatrix} \dfrac{\partial x}{\partial \xi^1} & \dfrac{\partial x}{\partial \xi^2} & \dfrac{\partial x}{\partial \xi^3} \\ \dfrac{\partial y}{\partial \xi^1} & \dfrac{\partial y}{\partial \xi^2} & \dfrac{\partial y}{\partial \xi^3} \\ \dfrac{\partial z}{\partial \xi^1} & \dfrac{\partial z}{\partial \xi^2} & \dfrac{\partial z}{\partial \xi^3} \end{vmatrix} \; . \qquad (\text{A.2.5})$$

$v = \sqrt{g}$ ist die Determinante der Jacobi-Matrix J, die sogenannte Funktionaldeterminante der Transformation von kartesischen zu krummlinigen Koordinaten

$$\det \mathsf{J} = \left| \frac{\partial(x,y,z)}{\partial(\xi^1, \xi^2, \xi^3)} \right| \; . \qquad (\text{A.2.6})$$

Für das Volumenelement erhält man so

$$\mathrm{d}^3 x = \sqrt{g} \, \mathrm{d}\xi^1 \mathrm{d}\xi^2 \mathrm{d}\xi^3 \; . \qquad (\text{A.2.7})$$

Ein Oberflächenelement ist gegeben durch $\mathrm{d}\mathbf{f}^1 = \mathbf{h}_2 \times \mathbf{h}_3 \mathrm{d}\xi^2 \mathrm{d}\xi^3$. Daraus folgt mit (A.1.57)

$$\mathrm{d}\mathbf{f} = \mathbf{h}^i \, \mathrm{d}f_i \qquad \text{mit} \quad \mathrm{d}f_i = \frac{\sqrt{g}}{2} \, |\epsilon_{ijk}| \mathrm{d}\xi^j \, \mathrm{d}\xi^k \; . \qquad (\text{A.2.8})$$

Anmerkung: Das Vorzeichen eines Flächenelements kann unterschiedlich gewählt werden und richtet sich nach den (physikalischen) Gegebenheiten. So zeigt die Normale auf der Oberfläche eines geschlossenen Volumens in den Außenraum.

Da die $\mathbf{h}_i$ vom Ort abhängig sind, treten bei Differentialoperationen Ausdrücke der Form $\partial \mathbf{h}_i / \partial \xi_j$ auf. Aus (A.2.2) folgt

$$\frac{\partial \mathbf{h}_i}{\partial \xi^j} = \frac{\partial^2 \mathbf{x}}{\partial \xi^j \partial \xi^i} = \frac{\partial \mathbf{h}_j}{\partial \xi^i} \,. \tag{A.2.9}$$

A.2.2 Differentialoperationen

Nabla-Operator

Der Differentialoperator

$$\boldsymbol{\nabla} = \mathbf{e}^\alpha \, \nabla_\alpha = \mathbf{e}^\alpha \, \partial_\alpha = \mathbf{e}^\alpha \, \frac{\partial}{\partial x^\alpha} = \mathbf{e}_\alpha \, \frac{\partial}{\partial x_\alpha} \tag{A.2.10}$$

wird als *Nabla-Operator* bezeichnet. $\mathbf{e}^\alpha = \mathbf{e}_\alpha$ sind die Einheitsvektoren eines kartesischen KS. Bei der Koordinatentransformation (A.1.21) einer schiefwinkeligen Basis transformieren die Komponenten gemäß (A.1.29)

$$\bar{x}^i = a^i{}_j \, x^j \qquad \text{mit} \quad x^j = (\mathsf{a}^{-1})^j{}_k \, \bar{x}^k$$

und man erhält

$$\frac{\partial}{\partial \bar{x}^i} = \frac{\partial x^j}{\partial \bar{x}^i} \frac{\partial}{\partial x^j} = (\mathsf{a}^{-1})^j{}_k \, \frac{\partial \bar{x}^k}{\partial \bar{x}^i} \frac{\partial}{\partial x^j} = (\mathsf{a}^{-1\,T})_i{}^j \, \frac{\partial}{\partial x^j} \,. \tag{A.2.11}$$

Der Nabla-Operator transformiert sich also wie ein Vektor oder genauer: Die Ableitungen nach den kontravarianten Koordinaten sind die kovarianten Komponenten des Nabla-Operators, was durch $\partial_i = \dfrac{\partial}{\partial x^i}$ beschrieben wird.

In krummlinigen Koordinaten (A.2.2) ist der Nabla-Operator gegeben durch

$$\boldsymbol{\nabla} = \mathbf{h}^k \, (\mathbf{h}_k \cdot \mathbf{e}_\alpha) \, \frac{\partial}{\partial x_\alpha} = \mathbf{h}^k \, h_{k\alpha} \, \frac{\partial}{\partial x_\alpha} = \mathbf{h}^k \, \frac{\partial x_\alpha}{\partial \xi^k} \frac{\partial}{\partial x_\alpha} = \mathbf{h}^k \, \frac{\partial}{\partial \xi^k} \,. \tag{A.2.12}$$

Gradient

Die Anwendung des Nabla-Operators auf eine skalare Funktion $\phi(\mathbf{x})$ ist der Gradient dieser Funktion:

$$\operatorname{grad} \phi = \boldsymbol{\nabla} \phi = \mathbf{e}^\alpha \, \frac{\partial \phi}{\partial x^\alpha} = \mathbf{h}^k \, \frac{\partial \phi}{\partial \xi^k} \,. \tag{A.2.13}$$

Bedeutung des Gradienten:

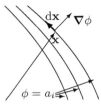

Abb. A.8. Flächen $\phi(\mathbf{x})$=const und Gradient

1. Flächenschar $\phi(x) = a$

$$\phi(\mathbf{x} + \mathrm{d}\mathbf{x}) = \phi(\mathbf{x}) + \mathrm{d}\mathbf{x} \cdot \boldsymbol{\nabla}\phi.$$

Liegt $\mathbf{x}+\mathrm{d}\mathbf{x}$ ebenfalls auf der Fläche, so ist $\mathrm{d}\mathbf{x} \cdot \boldsymbol{\nabla}\phi = 0$, woraus folgt, dass $\boldsymbol{\nabla}\phi$ senkrecht auf die Fläche steht.

2. Aus $\mathrm{d}\phi = \mathrm{grad}\,\phi \cdot \mathrm{d}\mathbf{x}$ sieht man, dass die Änderung von ϕ, $\mathrm{d}\phi$, am größten ist, wenn $\mathrm{d}\mathbf{x}$ parallel zu $\boldsymbol{\nabla}\phi$ ist. Also gibt $\mathrm{grad}\,\phi$ die Richtung der stärksten Änderung von $\phi(\mathbf{x})$ an, wie in Abb. A.8 skizziert.

3. Schichtliniendiagramm in Kartografie. Die Normallinien geben die Falllinien an, längs derer sich $h = \phi(x, y)$ am stärksten ändert.

Vektorgradient

Die Ortsänderung einer vektorwertigen Funktion

$$\mathbf{v}(\mathbf{x} + \mathrm{d}\mathbf{x}) - \mathbf{v}(\mathbf{x}) = \mathrm{d}\mathbf{v}(\mathbf{x}) = \big(\mathrm{d}\mathbf{x} \cdot \boldsymbol{\nabla}\big)\,\mathbf{v}(\mathbf{x})$$

ist in kartesischen Koordinaten

$$\mathrm{d}\mathbf{v} = \mathrm{d}x_\beta \frac{\partial}{\partial x_\beta} \mathbf{e}_\alpha v_\alpha = \mathbf{e}_\alpha\, \mathrm{d}x_\beta \frac{\partial v_\alpha}{\partial x_\beta} = \mathbf{e}_\alpha\, T_{\alpha\beta}\mathrm{d}x_\beta\,. \tag{A.2.14}$$

T wird als Vektorgradient oder Ableitungstensor bezeichnet und ist in kartesischen Koordinaten gleich der Jacobi-Matrix:

$$T_{\alpha\beta} = \frac{\partial v_\alpha}{\partial x_\beta} = v_{\alpha,\beta}\,. \tag{A.2.15}$$

Die Notation $\partial v_\alpha/\partial x_\beta = v_{\alpha,\beta}$ für die Ableitung eines Vektors, Skalars oder Tensors wird fallweise verwendet. Bei nicht kartesischen Koordinaten ist zusätzlich die Tief- und Hochstellung der Indizes für ko- und kontravariante Ableitungen einzuhalten.

In krummlinigen Koordinaten erhält man einen zusätzlichen Beitrag durch die Ortsabhängigkeit der $\mathbf{h}_i$:

$$\mathrm{d}\mathbf{v} = \mathrm{d}\xi^k \frac{\partial}{\partial\xi^k} \mathbf{h}_i\, v^i = \mathrm{d}\xi^k \Big(\frac{\partial v^i}{\partial\xi^k} \mathbf{h}_i + v^i \frac{\partial\mathbf{h}_i}{\partial\xi^k}\Big)\,.$$

Im 2. Beitrag wird i durch j ersetzt und umgeformt zu

$$\frac{\partial \mathbf{h}_j}{\partial \xi^k} = \mathbf{h}^i (\mathbf{h}_i \cdot \frac{\partial \mathbf{h}_j}{\partial \xi^k}) = \mathbf{h}^i \, \Gamma_{i|jk} = \mathbf{h}_i \, g^{il} \Gamma_{l|jk} = \mathbf{h}_i \, \Gamma^i{}_{jk} \, , \tag{A.2.16}$$

woraus folgt:

$$\mathrm{d}\mathbf{v} = \mathrm{d}\xi^k \Big(\frac{\partial v^i}{\partial \xi^k} + v^j \, \Gamma^i{}_{jk} \Big) \mathbf{h}_i = \mathbf{h}_i \, T^i{}_k \, \mathrm{d}\xi^k \, . \tag{A.2.17}$$

Der Vektorgradient ist demgemäß in krummlinigen Koordinaten

$$T^i{}_k = \frac{\partial v^i}{\partial \xi^k} + v^j \, \Gamma^i{}_{jk} \, . \tag{A.2.18}$$

Eingeführt wurden die Christoffel-Symbole 1. (3-IndizesSymbol) und 2. Art

$$\Gamma_{i|jk} = \mathbf{h}_i \cdot \frac{\partial \mathbf{h}_j}{\partial \xi^k} = \Gamma_{i|kj} \, , \qquad \Gamma^i{}_{jk} = \mathbf{h}^i \cdot \mathbf{h}_{j,k} = g^{il} \Gamma_{l|jk} \, . \tag{A.2.19}$$

Eigenschaften der Christoffel-Symbole

Setzt man in (A.2.19) $\mathbf{h}_j = \partial \mathbf{x} / \partial \xi^j$ ein, so folgt die Symmetrie $j \leftrightarrows k$ direkt aus der Vertauschung der Ableitungen:

$$\Gamma_{i|jk} = \mathbf{h}_i \cdot \frac{\partial \mathbf{h}_j}{\partial \xi^k} = \mathbf{h}_i \cdot \frac{\partial^2 \mathbf{x}}{\partial \xi^k \partial \xi^j} = \Gamma_{i|kj} \, . \tag{A.2.20}$$

Anmerkung: In der hier verwendeten Notation für die Christoffel-Symbole wird durch den senkrechten Strich angedeutet, dass Γ in den Indizes j und k symmetrisch ist:

$$\Gamma_{jk|i} = \mathbf{h}_{j,k} \cdot \mathbf{h}_i = \Gamma_{i|jk} = \mathbf{h}_i \cdot \mathbf{h}_{j,k} \, .$$

Bildet man die Ableitung des metrischen Tensors und setzt (A.2.19) ein, so folgt

$$g_{ij,k} = \mathbf{h}_{i,k} \cdot \mathbf{h_j} + \mathbf{h}_i \cdot \mathbf{h}_{j,k} = \Gamma_{j|ik} + \Gamma_{i|jk} \, .$$

Summiert man zu $g_{ij,k}$ noch die Ableitungen $g_{ik,j}$ und $g_{jk,i}$ und nützt die Symmetrie $\mathbf{h}_{i,j} = \mathbf{h}_{j,i}$, so erhält man

$$\Gamma_{i|jk} = \frac{1}{2} \big(g_{ij,k} + g_{ik,j} - g_{jk,i} \big) \, . \tag{A.2.21}$$

In orthogonalen Systemen, wie den Zylinderkoordinaten oder den Polarkoordinaten, verschwindet $\Gamma_{i|jk}$ immer, wenn alle drei Indizes verschieden sind, da die g_{ij} diagonal sind.

Zurückkommend auf (A.2.5) und (A.1.57) berechnen wir in einem Zwischenschritt

$$\frac{\partial \sqrt{g}}{\partial \xi^k} = \frac{\partial}{\partial \xi^k} \Big(\mathbf{h}_1 \cdot \mathbf{h}_2 \times \mathbf{h}_3 \Big) = \Big(\frac{\partial \mathbf{h}_1}{\partial \xi^k} \cdot \mathbf{h}^1 + \frac{\partial \mathbf{h}_2}{\partial \xi^k} \cdot \mathbf{h}^2 + \frac{\partial \mathbf{h}_3}{\partial \xi^k} \cdot \mathbf{h}^3 \Big) \sqrt{g} \, .$$

Daraus folgt die gesuchte Beziehung

$$\mathbf{h}^i \cdot \frac{\partial \mathbf{h}_i}{\partial \xi^k} = \frac{1}{\sqrt{g}} \frac{\partial \sqrt{g}}{\partial \xi^k} = \Gamma^i{}_{ik} \, . \tag{A.2.22}$$

Zu der (A.2.16) entsprechenden Ableitung der kontravarianten Basisvektoren kommt man durch

$$\mathbf{h}_i \cdot \mathbf{h}^k = \delta_i{}^k \qquad \Rightarrow \qquad \mathbf{h}_{i,j} \cdot \mathbf{h}^k + \mathbf{h}_i \cdot \mathbf{h}^k{}_{,j} = 0$$

$$\frac{\partial \mathbf{h}^k}{\partial \xi^j} = \mathbf{h}^i \left(\mathbf{h}_i \cdot \frac{\partial \mathbf{h}^k}{\partial \xi^j} \right) = -\mathbf{h}^i \left(\mathbf{h}_{i,j} \cdot \mathbf{h}^k \right) = -\mathbf{h}^i \, \Gamma^k{}_{ij} \, . \tag{A.2.23}$$

Divergenz

Auf die Bedeutung der Divergenz – wie auch der Rotation – wird später bei den Integralsätzen eingegangen. Hier werden nur die Definitionen in kartesischen und krummlinigen Koordinaten dargelegt, wobei wiederum mit kartesischen Koordinaten angefangen wird:

$$\operatorname{div} \mathbf{v} = \boldsymbol{\nabla} \cdot \mathbf{v} = \frac{\partial v_\alpha}{\partial x_\alpha} = v_{\alpha,\alpha} \, , \tag{A.2.24}$$

$$\operatorname{div} \mathbf{v} = \mathbf{h}^k \cdot \frac{\partial}{\partial \xi^k} \, \mathbf{h}_j \, v^j = \frac{\partial v^j}{\partial \xi^j} + \mathbf{h}^k \cdot \frac{\partial \mathbf{h}_j}{\partial \xi^k} \, v^j = \frac{\partial v^j}{\partial \xi^j} + \mathbf{h}^k \cdot \frac{\partial \mathbf{h}_k}{\partial \xi^j} \, v^j \, .$$

Benützt wurde $\mathbf{h}_{k,j} = \mathbf{h}_{j,k}$. Mit (A.2.22) erhält man für die Divergenz

$$\operatorname{div} \mathbf{v} = \frac{\partial v^j}{\partial \xi^j} + \frac{1}{\sqrt{g}} \frac{\partial \sqrt{g}}{\partial \xi^j} \, v^j = \frac{1}{\sqrt{g}} \frac{\partial \sqrt{g} \, v^j}{\partial \xi^j} \, . \tag{A.2.25}$$

Rotation

Ersetzen wir im Vektorprodukt (A.1.52) den ersten Vektor durch den Nabla-Operator, so erhalten wir für kartesische Koordinaten mit $\bar{g} = 1$:

$$\operatorname{rot} \mathbf{v} = \boldsymbol{\nabla} \times \mathbf{v} = \sqrt{\bar{g}} \epsilon^{\alpha\beta\gamma} \, \mathbf{e}_\alpha \frac{\partial}{\partial x^\beta} v_\gamma = \frac{1}{\sqrt{g}} \begin{vmatrix} \mathbf{e}_1 & \mathbf{e}_2 & \mathbf{e}_3 \\ \frac{\partial}{\partial x^1} & \frac{\partial}{\partial x^2} & \frac{\partial}{\partial x^3} \\ v_1 & v_2 & v_3 \end{vmatrix} \, . \tag{A.2.26}$$

In krummlinigen Koordinaten setzen wir für den Nabla-Operator (A.2.12) ein und erhalten

$$\operatorname{rot} \mathbf{v} = \mathbf{h}^j \frac{\partial}{\partial \xi^j} \times \mathbf{h}^k v_k = \mathbf{h}^j \times \mathbf{h}^k \frac{\partial v_k}{\partial \xi^j} + v_k \, \mathbf{h}^j \times \frac{\partial \mathbf{h}^k}{\partial \xi^j} \, .$$

Der Beitrag von der Differentiation der Basisvektoren, der zweite Term auf der rechten Seite, verschwindet, da nach (A.2.23) bei Vertauschung von $i \leftrightarrows j$ $\Gamma^k{}_{ij}$ symmetrisch und das Vektorprodukt antisymmetrisch ist:

$$\mathbf{h}^j \times \frac{\partial \mathbf{h}^k}{\partial \xi^j} = -\mathbf{h}^j \times \mathbf{h}^i \, \Gamma^k{}_{ij} = 0 \,.$$

Mit (A.1.58) erhält man

$$\mathrm{rot}\,\mathbf{v} = \mathbf{h}^j \times \mathbf{h}^k \frac{\partial v_k}{\partial \xi^j} = \sqrt{g}\,\epsilon^{ijk}\,\mathbf{h}_i\,\frac{\partial v_k}{\partial \xi^j} = \frac{1}{\sqrt{g}} \begin{vmatrix} \mathbf{h}_1 & \mathbf{h}_2 & \mathbf{h}_3 \\ \frac{\partial}{\partial \xi^1} & \frac{\partial}{\partial \xi^2} & \frac{\partial}{\partial \xi^3} \\ v_1 & v_2 & v_3 \end{vmatrix}. \qquad (A.2.27)$$

Laplace-Operator, angewandt auf skalare Funktion

Der Laplace-Operator, angewandt auf eine skalare Funktion ϕ, ist gegeben durch

$$\Delta \phi = \boldsymbol{\nabla} \cdot \boldsymbol{\nabla} \phi = \mathrm{div}\,\mathrm{grad}\,\phi \,. \qquad (A.2.28)$$

In kartesischen Koordinaten erhält man

$$\Delta = \frac{\partial}{\partial x^\alpha} \frac{\partial}{\partial x_\alpha} = \frac{\partial^2}{\partial x_\alpha^2} \qquad (A.2.29)$$

und in krummlinigen Koordinaten mithilfe von (A.2.22) und (A.2.9)

$$\Delta = \mathbf{h}^i \frac{\partial}{\partial \xi^i} \cdot \mathbf{h}_j \frac{\partial}{\partial \xi_j} = \left(\mathbf{h}^i \cdot \frac{\partial \mathbf{h}_j}{\partial \xi^i} + \frac{\partial}{\partial \xi^j} \right) \frac{\partial}{\partial \xi_j} = \left(\frac{1}{\sqrt{g}} \frac{\partial \sqrt{g}}{\partial \xi^j} + \frac{\partial}{\partial \xi^j} \right) \frac{\partial}{\partial \xi_j} \,.$$

Somit ist der Laplace-Operator gegeben durch

$$\Delta = \frac{1}{\sqrt{g}} \frac{\partial}{\partial \xi^j} \sqrt{g}\, g^{ji} \frac{\partial}{\partial \xi^i} = \frac{1}{\sqrt{g}} \left(\sqrt{g}\, g^{ji} \right)_{,j} \frac{\partial}{\partial \xi^i} + g^{ij} \frac{\partial^2}{\partial \xi^i \partial \xi^j} \,. \qquad (A.2.30)$$

Angewandt auf eine skalare Funktion ϕ erhält man

$$\Delta \phi = \frac{1}{\sqrt{g}} \frac{\partial}{\partial \xi^j} \sqrt{g}\, g^{ij} \frac{\partial \phi}{\partial \xi^i} \,. \qquad (A.2.31)$$

Laplace-Operator, angewandt auf vektorwertige Funktion

Um es vorwegzunehmen: Die Berechnung von $\Delta \mathbf{v}$ ist mit $\Delta \mathbf{v} = \mathrm{grad}\,\mathrm{div}\,\mathbf{v} - \mathrm{rot}\,\mathrm{rot}\,\mathbf{v}$ (A.2.38) handlicher als mit der hier hergeleiteten Formel

$$\Delta \mathbf{v} = \Delta v^k \mathbf{h}_k = \mathbf{h}_k \, \Delta v^k + v^k \, \Delta \mathbf{h}_k + 2 g^{ij}\, v^k{}_{,i}\, \mathbf{h}_{k,j} \,.$$

Im letzten Term setzt man (A.2.16) $\mathbf{h}_{k,j} = \mathbf{h}_l \, \Gamma^l_{jk}$ ein. Um eine komponentenweise Berechnung zu ermöglichen, muss noch der 2. Term umgeformt werden:

$$v^k (\Delta \mathbf{h}_k) = v^k \left[\frac{1}{\sqrt{g}} \left(\sqrt{g} g^{ij} \right)_{,j} \mathbf{h}_{k,i} + g^{ij} \frac{\partial}{\partial \xi^j} \mathbf{h}_{k,i} \right]$$

$$= \left[\frac{1}{\sqrt{g}} \frac{\partial \sqrt{g} g^{ij}}{\partial \xi^j} \mathbf{h}_l \Gamma^l{}_{ik} + g^{ij} \left(\mathbf{h}_m \Gamma^m{}_{jl} \Gamma^l{}_{ik} + \mathbf{h}_l \Gamma^l{}_{ik,j} \right) \right] v^k \,.$$

Zusammengefasst ergibt das den Ausdruck

$$\Delta \mathbf{v} = \mathbf{h}_l \left[\Delta v^l + \frac{1}{\sqrt{g}} \frac{\partial \sqrt{g} g^{ij}}{\partial \xi^j} \Gamma^l{}_{ik} + g^{ij} \left(\Gamma^l{}_{jm} \Gamma^m{}_{ik} + \Gamma^l{}_{ik,j} \right) v^k + 2 g^{ij} \Gamma^l_{jk}\, v^k{}_{,i} \right] .$$

$$(A.2.32)$$

Vektoridentitäten

$$\boldsymbol{\nabla}(\mathbf{a}\cdot\mathbf{b}) = (\mathbf{a}\cdot\boldsymbol{\nabla})\mathbf{b} + \mathbf{a}\times(\boldsymbol{\nabla}\times\mathbf{b}) + (\mathbf{b}\cdot\boldsymbol{\nabla})\mathbf{a} + \mathbf{b}\times(\boldsymbol{\nabla}\times\mathbf{a}), \quad (A.2.33)$$

$$\boldsymbol{\nabla}\cdot(\mathbf{a}\times\mathbf{b}) = \mathbf{b}\cdot(\boldsymbol{\nabla}\times\mathbf{a}) - \mathbf{a}\cdot(\boldsymbol{\nabla}\times\mathbf{b}), \quad (A.2.34)$$

$$\boldsymbol{\nabla}\times(\mathbf{a}\times\mathbf{b}) = \mathbf{a}(\boldsymbol{\nabla}\cdot\mathbf{b}) - (\mathbf{a}\cdot\boldsymbol{\nabla})\mathbf{b} - \mathbf{b}(\boldsymbol{\nabla}\cdot\mathbf{a}) + (\mathbf{b}\cdot\boldsymbol{\nabla})\mathbf{a}, \quad (A.2.35)$$

$$\boldsymbol{\nabla}\times\boldsymbol{\nabla}\phi = \mathbf{0}, \quad (A.2.36)$$

$$\boldsymbol{\nabla}\cdot(\boldsymbol{\nabla}\times\mathbf{a}) = 0, \quad (A.2.37)$$

$$\boldsymbol{\nabla}\times(\boldsymbol{\nabla}\times\mathbf{a}) = \boldsymbol{\nabla}(\boldsymbol{\nabla}\cdot\mathbf{a}) - \boldsymbol{\nabla}^2\,\mathbf{a}. \quad (A.2.38)$$

Anmerkung: Die Beweise dieser Identitäten sind durchwegs einfach, wenn man ihnen ein kartesisches Koordinatensystem zugrunde legt ($g = 1$) (siehe Aufgabe A.3):

$$\left(\boldsymbol{\nabla}\times\boldsymbol{\nabla}\phi\right)_\alpha = \epsilon_{\alpha\beta\gamma}\,\nabla_\beta\nabla_\gamma\phi = 0\,,$$

da bei Vertauschung von $\beta \rightleftharpoons \gamma$ der ϵ-Tensor das Vorzeichen wechselt, der gesamte Ausdruck aber unverändert bleibt. Aus dem gleichen Grund gilt auch

$$\left(\boldsymbol{\nabla}\cdot(\boldsymbol{\nabla}\times\mathbf{a})\right)_\alpha = \epsilon_{\alpha\beta\gamma}\,\nabla_\alpha\nabla_\beta a_\gamma = 0\,,$$

$$\left(\boldsymbol{\nabla}\times(\boldsymbol{\nabla}\times\mathbf{a})\right)_\alpha = \epsilon_{\alpha\beta\gamma}\,\nabla_\beta\,\epsilon_{\gamma\delta\lambda}\,\nabla_\delta a_\lambda = (\delta_{\alpha\delta}\,\delta_{\beta\lambda} - \delta_{\alpha\lambda}\,\delta_{\beta\delta})\,\nabla_\beta\nabla_\delta a_\lambda$$

$$= \nabla_\alpha(\boldsymbol{\nabla}\cdot\mathbf{a}) - \boldsymbol{\nabla}\cdot\boldsymbol{\nabla}\,a_\alpha\,.$$

Spezialfälle (**p** ist konstant):

$$\boldsymbol{\nabla}(\mathbf{p}\cdot\mathbf{e}_r) = (1/r)\left[\mathbf{p} - (\mathbf{p}\cdot\mathbf{e}_r)\mathbf{e}_r\right], \quad (A.2.39)$$

$$\boldsymbol{\nabla}(\mathbf{p}\cdot\mathbf{x}/r^3) = (1/r^3)\left[\mathbf{p} - 3(\mathbf{p}\cdot\mathbf{e}_r)\mathbf{e}_r\right], \quad (A.2.40)$$

$$\boldsymbol{\nabla}\times(\mathbf{p}\times\mathbf{x}) = 2\mathbf{p}. \quad (A.2.41)$$

A.3 Orthogonale krummlinige Koordinatensysteme

In wichtigen Fällen hat man bei krummlinigen Koordinatensystemen orthogonale Basisvektoren, wie bei Zylinder- und Polarkoordinaten. In solchen Fällen vereinfachen sich einige der Vektoroperationen etwas, worauf jetzt Bezug genommen wird. In orthogonalen KS ist der metrische Tensor diagonal:

$$g_{ij} = \mathbf{h}_i\cdot\mathbf{h}_j = \delta_{ij}\,h_i^2\,, \qquad \sqrt{g} = h_1 h_2 h_3\,, \qquad h_i = |\mathbf{h}_i|. \quad (A.3.1)$$

Bestimmt man die kartesischen Koordinaten a_α aus den a^i der holonomen Basis, so ist die Transformation durch die Jacobi-Matrix bestimmt

$$a_\alpha = (\mathbf{e}_\alpha\cdot\mathbf{h}_i)a^i = J_{\alpha i}\,a^i\,, \qquad J_{\alpha i} = \mathbf{e}_\alpha\cdot\frac{\partial\mathbf{x}}{\partial\xi^i} = \frac{\partial x_\alpha}{\partial\xi^i}\,.$$

Nicht allein auf orthogonale Koordinatensysteme beschränkt ist

$$J_{i\alpha} J_{\alpha j} = \mathbf{h}_i \cdot \mathbf{h}_j = g_{ij} \qquad\qquad \Leftrightarrow \qquad\qquad \mathsf{J}^T \mathsf{J} = \mathbf{g}.$$

In orthogonalen KS wird statt der holonomen Basis $\mathbf{h}_i$ die (lokale) orthonormale Basis $\mathbf{e}_i$ verwendet. Für diese gilt gleichermaßen $\mathbf{e}^i = \mathbf{e}_i$ wie für die kartesische $\mathbf{e}^\alpha = \mathbf{e}_\alpha$:

$$\mathbf{h}_i = h_i\,\mathbf{e}_i\,, \qquad \mathbf{a} = a^i\,\mathbf{h}_i = a_{\xi^i}\,\mathbf{e}_i\,, \qquad a_{\xi^i} = a^i h_i\,. \qquad (A.3.2)$$

Die Transformation zu den kartesischen Koordinaten ist jetzt durch die Drehung S gegeben:

$$a^\alpha = (\mathbf{e}_\alpha \cdot \mathbf{e}_i)\,a_{\xi^i} = S_{\alpha i}\,a_{\xi^i}\,, \qquad\qquad J_{\alpha i} = h_i S_{\alpha i}\,. \qquad (A.3.3)$$

Für Zylinderkoordinaten sind $a_{\xi^i} = a_\varrho,\ a_\varphi$ und a_z.

A.3.1 Zylinderkoordinaten

Ausgangspunkt ist ein kartesisches Koordinatensystem mit dem die Zylinderkoordinaten (siehe Abb. A.9) die z-Achse gemeinsam haben:

$$\mathbf{x} = \varrho\cos\varphi\,\mathbf{e}_x + \varrho\sin\varphi\,\mathbf{e}_y + z\,\mathbf{e}_z \qquad \begin{cases} 0 \le \varrho < \infty \\ 0 \le \varphi < 2\pi\,. \end{cases} \qquad (A.3.4)$$

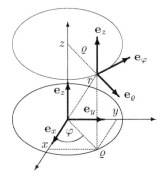

Abb. A.9. Zylinderkoordinaten: $\xi^i = \varrho,\ \varphi,\ z$ und
$$\mathbf{h}_i = \frac{\partial \mathbf{x}}{\partial \xi^i}$$
$$\mathbf{h}_1 = \mathbf{e}_\varrho = \cos\varphi\,\mathbf{e}_x + \sin\varphi\,\mathbf{e}_y\,,$$
$$\mathbf{h}_2 = \varrho\mathbf{e}_\varphi = \varrho(-\sin\varphi\,\mathbf{e}_x + \cos\varphi\,\mathbf{e}_y)\,,$$
$$\mathbf{h}_3 = \mathbf{e}_z$$

Löst man (A.3.4) nach $\xi^i = \varrho,\ \varphi,\ z$ auf, so erhält man

$$\xi^1 = \varrho = \sqrt{x^2+y^2} \quad \xi^2 = \varphi = \begin{cases} \arccos\dfrac{x}{\varrho} & y \ge 0 \\ 2\pi - \arccos\dfrac{x}{\varrho} & y < 0 \end{cases} \quad \xi^3 = z. \qquad (A.3.5)$$

Die kartesischen Koordinaten $h_{i\alpha}$ der $\mathbf{h}_i$ erhält man aus

$$\mathbf{h}_i = \frac{\partial \mathbf{x}}{\partial \xi^i} = \mathbf{e}_\alpha \frac{\partial x_\alpha}{\partial \xi^i}\,.$$

$$\mathbf{h}_1 = \begin{pmatrix} \cos\varphi & \sin\varphi & 0 \end{pmatrix}, \quad \mathbf{h}_2 = \varrho\begin{pmatrix} -\sin\varphi & \cos\varphi & 0 \end{pmatrix}, \quad \mathbf{h}_3 = \begin{pmatrix} 0 & 0 & 1 \end{pmatrix},$$

$$h_1 = 1, \qquad\qquad h_2 = \varrho, \qquad\qquad h_3 = 1, \qquad\qquad \text{(A.3.6)}$$

$$\mathbf{e}_\varrho = \mathbf{h}_1 = \mathbf{h}^1, \qquad \mathbf{e}_\varphi = \frac{1}{\varrho}\mathbf{h}_2 = \varrho\,\mathbf{h}^2, \qquad \mathbf{e}_z = \mathbf{h}_3 = \mathbf{h}^3. \quad \text{(A.3.7)}$$

Umgekehrt folgt aus $\mathbf{e}_\alpha = (\mathbf{e}^i \cdot \mathbf{e}_\alpha)\,\mathbf{e}_i$

$$\mathbf{e}_x = \cos\varphi\,\mathbf{e}_\varrho - \sin\varphi\,\mathbf{e}_\varphi, \qquad\qquad \mathbf{e}_y = \sin\varphi\,\mathbf{e}_\varrho + \cos\varphi\,\mathbf{e}_\varphi \qquad \text{(A.3.8)}$$

Anzugeben sind noch die Koordinaten $(a^i h_i)$ zur Basis $\mathbf{e}_i$ und der diagonale metrische Tensor (A.3.1):

$$a_\varrho = a^1 h_1 \qquad\qquad a_\varphi = a^2 h_2 \qquad\qquad a_z = a^3 h_3$$

$$\quad = a_x \sin\varphi - a_y \cos\varphi, \qquad = a_x \cos\varphi + a_y \sin\varphi, \quad a_z = a^3, \quad \text{(A.3.9)}$$

$$g_{\varrho\varrho} = 1, \qquad\qquad g_{\varphi\varphi} = \varrho^2, \qquad\qquad g_{zz} = 1.$$

Jacobi-Matrix und metrischer Tensor

$$\mathbf{J} = \frac{\partial(x\,y\,z)}{\partial(\varrho\,\varphi\,z)} = \begin{pmatrix} \cos\varphi & -\varrho\sin\varphi & 0 \\ \sin\varphi & \varrho\cos\varphi & 0 \\ 0 & 0 & 1 \end{pmatrix}, \qquad \mathbf{g} = \begin{pmatrix} 1 & 0 & 0 \\ 0 & \varrho^2 & 0 \\ 0 & 0 & 1 \end{pmatrix}. \qquad \text{(A.3.10)}$$

Funktionaldeterminante (A.2.5)

$$v = \sqrt{g} = \varrho. \qquad\qquad \text{(A.3.11)}$$

Volumen- und Oberflächenelement (A.2.7) und (A.2.8)

$$\mathrm{d}^3 x = \varrho\,\mathrm{d}\varrho\mathrm{d}\varphi\mathrm{d}z,$$

$$\mathrm{d}\mathbf{f} = \mathbf{e}_\varrho\,\varrho\,\mathrm{d}\varphi\mathrm{d}z + \mathbf{e}_\varphi\mathrm{d}\varrho\mathrm{d}z + \mathbf{e}_z\varrho\mathrm{d}\varrho\mathrm{d}\varphi. \qquad \text{(A.3.12)}$$

Linienelement (A.2.1)

$$\mathrm{d}\mathbf{s} = \mathbf{e}_\varrho\,\mathrm{d}\varrho + \mathbf{e}_\varphi\,\varrho\mathrm{d}\varphi + \mathbf{e}_z\,\mathrm{d}z, \qquad\qquad \text{(A.3.13)}$$

$$\mathrm{d}s^2 = \mathrm{d}\varrho^2 + \varrho^2\mathrm{d}\varphi^2 + \mathrm{d}z^2. \qquad\qquad \text{(A.3.14)}$$

Delta-Funktion (B.6.11)

$$\delta^{(3)}(\mathbf{x} - \mathbf{x}') = \frac{1}{\varrho}\,\delta(\varrho - \varrho')\,\delta(\varphi - \varphi')\,\delta(z - z'). \qquad \text{(A.3.15)}$$

Nabla-Operator (A.2.12)

$$\boldsymbol{\nabla} = \mathbf{h}^k\frac{\partial}{\partial\xi^k} = \mathbf{e}_\varrho\frac{\partial}{\partial\varrho} + \frac{1}{\varrho}\mathbf{e}_\varphi\frac{\partial}{\partial\varphi} + \mathbf{e}_z\frac{\partial}{\partial z}. \qquad \text{(A.3.16)}$$

Gradient (A.2.13)

$$\boldsymbol{\nabla}\phi = \mathbf{h}^k\,\frac{\partial\phi}{\partial\xi^k} = \Big(\mathbf{e}_\varrho\,\frac{\partial}{\partial\varrho} + \frac{1}{\varrho}\,\mathbf{e}_\varphi\,\frac{\partial}{\partial\varphi} + \mathbf{e}_z\,\frac{\partial}{\partial z}\Big)\phi\,. \tag{A.3.17}$$

Divergenz (A.2.25)

$$\operatorname{div}\mathbf{v} = \frac{1}{\sqrt{g}}\,\frac{\partial\sqrt{g}\,v^j}{\partial\xi^j} = \frac{1}{\varrho}\,\frac{\partial\varrho v_\varrho}{\partial\varrho} + \frac{1}{\varrho}\,\frac{\partial v_\varphi}{\partial\varphi} + \frac{\partial v_z}{\partial z}\,. \tag{A.3.18}$$

Rotation (A.2.27)

$$\operatorname{rot}\mathbf{v} = \frac{1}{\varrho}\begin{vmatrix} \mathbf{e}_\varrho & \varrho\mathbf{e}_\varphi & \mathbf{e}_z \\ \dfrac{\partial}{\partial\varrho} & \dfrac{\partial}{\partial\varphi} & \dfrac{\partial}{\partial z} \\ v_\varrho & \varrho v_\varphi & v_z \end{vmatrix} \tag{A.3.19}$$

$$= \mathbf{e}_\varrho\Big(\frac{1}{\varrho}\,\frac{\partial v_z}{\partial\varphi} - \frac{\partial v_\varphi}{\partial z}\Big) + \mathbf{e}_\varphi\Big(\frac{\partial v_\varrho}{\partial z} - \frac{\partial v_z}{\partial\varrho}\Big) + \mathbf{e}_z\,\frac{1}{\varrho}\Big(\frac{\partial\varrho v_\varphi}{\partial\varrho} - \frac{\partial v_\varrho}{\partial\varphi}\Big)\,.$$

Laplace-Operator (A.2.30)

$$\Delta = \frac{1}{\sqrt{g}}\,\frac{\partial}{\partial\xi^j}\Big(\sqrt{g}\,g^{ji}\,\frac{\partial}{\partial\xi^i}\Big) = \Big(\frac{1}{\varrho}\,\frac{\partial}{\partial\varrho}\varrho\,\frac{\partial}{\partial\varrho} + \frac{1}{\varrho^2}\,\frac{\partial^2}{\partial\varphi^2} + \frac{\partial^2}{\partial z^2}\Big). \tag{A.3.20}$$

Damit ist $\Delta\phi$ bestimmt. $\Delta\mathbf{a}$ bestimmt man mit (A.2.38). Es sei

$$\mathbf{b} = \operatorname{rot}\mathbf{a} = \begin{cases} b_\varrho & = \dfrac{1}{\varrho}\,\dfrac{\partial}{\partial\varphi}\,a_z - \dfrac{\partial}{\partial z}\,a_\varphi \\[2mm] b_\varphi & = \dfrac{\partial}{\partial z}\,a_\varrho - \dfrac{\partial}{\partial\varrho}\,a_z \\[2mm] b_z & = \dfrac{1}{\varrho}\Big(\dfrac{\partial}{\partial\varrho}(\varrho\,a_\varphi) - \dfrac{\partial}{\partial\varphi}\,a_\varrho\Big). \end{cases}$$

Man bildet nun komponentenweise $\operatorname{grad}\operatorname{div}\mathbf{a}$ und $\operatorname{rot}\operatorname{rot}\mathbf{a}$

$$\operatorname{grad}_\varrho\operatorname{div}\mathbf{a} = \frac{\partial}{\partial\varrho}\Big(\underbrace{\frac{1}{\varrho}\,a_\varrho + \frac{\partial a_\varrho}{\partial\varrho} + \frac{1}{\varrho}\,\frac{\partial a_\varphi}{\partial\varphi} + \frac{\partial a_z}{\partial z}}_{\operatorname{div}\mathbf{a}}\Big),$$

$$\operatorname{rot}_\varrho\operatorname{rot}\mathbf{a} = \frac{1}{\varrho}\,\frac{\partial}{\partial\varphi}\Big(\underbrace{\frac{1}{\varrho}\,a_\varphi + \frac{\partial}{\partial\varrho}\,a_\varphi - \frac{1}{\varrho}\,\frac{\partial}{\partial\varphi}\,a_\varrho}_{b_z}\Big) - \frac{\partial}{\partial z}\Big(\underbrace{\frac{\partial}{\partial z}\,a_\varrho - \frac{\partial}{\partial\varrho}\,a_z}_{b_\varphi}\Big).$$

Die Differenz ergibt

$$(\Delta\mathbf{a})_\varrho = \Big(\underbrace{\frac{\partial^2}{\partial\varrho^2} + \frac{1}{\varrho}\,\frac{\partial}{\partial\varrho} + \frac{1}{\varrho^2}\,\frac{\partial^2}{\partial\varphi^2} + \frac{\partial^2}{\partial z^2}}_{\Delta}\Big)a_\varrho - \frac{1}{\varrho^2}\,a_\varrho - \frac{2}{\varrho}\,\frac{\partial}{\partial\varphi}\,a_\varphi\,.$$

Für die beiden anderen Terme erhält man

$$(\Delta\mathbf{a})_\varphi = \Delta\,a_\varphi + \frac{1}{\varrho^2}\,a_\varrho + \frac{2}{\varrho}\,\frac{\partial}{\partial\varphi}\,a_\varphi\,,$$

$$(\Delta\mathbf{a})_z = \Delta\,a_z\,.$$

A.3.2 Kugelkoordinaten

Die Flächen ξ^i=const. sind bei Kugelkoordinaten (siehe Abb. A.10) die Kugeloberfläche mit r, der vom Polarwinkel ϑ gebildete Kegelmantel und die vom Azimutwinkel φ und der z-Achse gebildete Ebene. Ausgangspunkt ist

$$\mathbf{x} = r\sin\vartheta\,\cos\varphi\,\mathbf{e}_x + r\sin\vartheta\,\sin\varphi\,\mathbf{e}_y + r\cos\vartheta\,\mathbf{e}_z\,, \quad \begin{matrix} 0 \le r < \infty\,, \\ 0 \le \vartheta \le \pi\,, \\ 0 \le \varphi < 2\pi\,. \end{matrix} \quad \text{(A.3.21)}$$

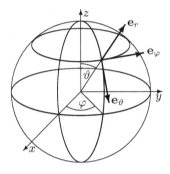

Abb. A.10. Polarkoordinaten: $\xi^i = r,\,\vartheta,\,\varphi$ und

$$\mathbf{h}_i = \mathbf{e}_\alpha \frac{\partial x_\alpha}{\partial \xi^i}\,,$$

$$\mathbf{h}_1 = \mathbf{e}_r = \sin\vartheta\,(\cos\varphi\,\mathbf{e}_x + \sin\varphi\,\mathbf{e}_y) + \cos\vartheta\,\mathbf{e}_z\,,$$
$$\mathbf{h}_2 = r\mathbf{e}_\vartheta = r\cos\vartheta(\cos\varphi\,\mathbf{e}_x + \sin\varphi\,\mathbf{e}_y) - r\sin\vartheta\,\mathbf{e}_z$$
$$\mathbf{h}_3 = r\sin\vartheta\,\mathbf{e}_\varphi = r\sin\vartheta\,(-\sin\varphi\,\mathbf{e}_x + \cos\varphi\,\mathbf{e}_y)$$

Umgekehrt erhält man ($\xi^1 = r,\ \xi^2 = \vartheta,\ \xi^3 = \varphi$)

$$\varrho = \sqrt{x^2 + y^2}\,, \qquad \vartheta = \arccos\frac{z}{r}\,, \qquad \text{(A.3.22)}$$

$$r = \sqrt{\varrho^2 + z^2}\,, \qquad \varphi = \arctan\frac{y}{x} + \pi\theta(-x) + 2\pi\theta(x)\theta(-y)\,.$$

θ ist die Stufenfunktion (B.6.17). In der Legende von Abb. A.10 sind die Basisvektoren $\mathbf{h}_i$ angegeben. Daraus lesen wir ab:

$$h_1 = 1\,, \qquad\qquad h_2 = r\,, \qquad\qquad h_3 = r\sin\vartheta\,,$$

$$\mathbf{e}_r = \mathbf{h}_1 = \mathbf{h}^1\,, \qquad \mathbf{e}_\vartheta = \frac{1}{r}\mathbf{h}_2 = r\mathbf{h}^2\,, \qquad \mathbf{e}_\varphi = \frac{1}{r\sin\vartheta}\mathbf{h}_3 = r\sin\vartheta\,\mathbf{h}^3\,,$$

$$\mathbf{e}_r = \begin{pmatrix} \sin\vartheta\,\cos\varphi \\ \sin\vartheta\,\sin\varphi \\ \cos\vartheta \end{pmatrix}, \quad \mathbf{e}_\vartheta = \begin{pmatrix} \cos\vartheta\,\cos\varphi \\ \cos\vartheta\,\sin\varphi \\ -\sin\vartheta \end{pmatrix}, \quad \mathbf{e}_\varphi = \begin{pmatrix} -\sin\varphi \\ \cos\varphi \\ 0 \end{pmatrix}, \quad \text{(A.3.23)}$$

$$g_{rr} = 1\,, \qquad\qquad g_{\vartheta\vartheta} = r^2\,, \qquad\qquad g_{\varphi\varphi} = r^2\sin^2\vartheta\,.$$

Jacobi-Matrix und metrischer Tensor

$$\mathsf{J} = \frac{\partial(x\,y\,z)}{\partial(r\,\vartheta\,\varphi)} = \begin{pmatrix} \sin\vartheta\cos\varphi & r\cos\vartheta\cos\varphi & -\sin\varphi \\ \sin\vartheta\sin\varphi & r\cos\vartheta\sin\varphi & \cos\varphi \\ \cos\vartheta & -r\sin\vartheta & 0 \end{pmatrix}, \quad \mathsf{g} = \begin{pmatrix} 1 & 0 & 0 \\ 0 & r^2 & 0 \\ 0 & 0 & r^2\sin^2\vartheta \end{pmatrix}.$$

$$\text{(A.3.24)}$$

Funktionaldeterminante (A.2.5)

$$v = \sqrt{g} = r^2 \sin \vartheta \,. \tag{A.3.25}$$

Die Einheitsvektoren sind

$$
\begin{aligned}
\mathbf{e}_x &= \sin \vartheta \, \cos \varphi \, \mathbf{e}_r + \cos \vartheta \, \cos \varphi \, \mathbf{e}_\vartheta - \sin \varphi \, \mathbf{e}_\varphi \,, \\
\mathbf{e}_y &= \sin \vartheta \, \sin \varphi \, \mathbf{e}_r + \cos \vartheta \, \sin \varphi \, \mathbf{e}_\vartheta + \cos \varphi \, \mathbf{e}_\varphi \,, \\
\mathbf{e}_z &= \cos \vartheta \, \mathbf{e}_r \qquad\quad - \sin \vartheta \, \mathbf{e}_\vartheta \,.
\end{aligned}
\tag{A.3.26}
$$

Die Koordinaten von **v** werden mit (A.3.2) berechnet:

$$
\begin{aligned}
a_r &= a^1 h_1 = a_x \sin \vartheta \cos \varphi + a_y \sin \vartheta \sin \varphi + a_z \cos \vartheta \,, \\
a_\vartheta &= a^2 h_2 = a_x \cos \vartheta \cos \varphi + a_y \cos \vartheta \sin \varphi - a_z \sin \vartheta \,, \\
a_\varphi &= a^3 h_3 = -a_x \sin \varphi + a_y \cos \varphi \,.
\end{aligned}
\tag{A.3.27}
$$

Volumen- (A.2.7) und *Oberflächenelement* (A.2.8)

$$\mathrm{d}^3 x = \sqrt{g} \, \mathrm{d}\xi^1 \mathrm{d}\xi^2 \mathrm{d}\xi^3 = r^2 \sin \vartheta \, \mathrm{d}r \, \mathrm{d}\vartheta \, \mathrm{d}\varphi \,, \tag{A.3.28}$$

$$\mathbf{df} = \frac{\sqrt{g}}{2} \, \epsilon_{ijk} \mathbf{h}^i \mathrm{d}\xi^j \, \mathrm{d}\xi^k = \mathbf{e}_r \, r^2 \sin \vartheta \, \mathrm{d}\vartheta \mathrm{d}\varphi + \mathbf{e}_\vartheta \, r \, \sin \vartheta \mathrm{d}r \mathrm{d}\varphi + \mathbf{e}_\varphi \, r \, \mathrm{d}r \mathrm{d}\varphi \,.$$

Linienelement (A.2.1)

$$\mathrm{d}\mathbf{s} = \mathbf{e}_r \, \mathrm{d}r + \mathbf{e}_\vartheta \, r \, \mathrm{d}\vartheta + \mathbf{e}_\varphi \, r \, \sin \vartheta \, \mathrm{d}\varphi \,, \tag{A.3.29}$$

$$\mathrm{d}s^2 = \mathrm{d}r^2 + r^2 \mathrm{d}\vartheta^2 + r^2 \, \sin^2 \vartheta \mathrm{d}\varphi^2 \,. \tag{A.3.30}$$

Delta-Funktion (B.6.11)

$$\delta^{(3)}(\mathbf{x} - \mathbf{x}') = \frac{1}{r^2 \, \sin \vartheta} \, \delta(r - r') \, \delta(\vartheta - \vartheta') \, \delta(\varphi - \varphi') \,. \tag{A.3.31}$$

Nabla-Operator (A.2.12):

$$\boldsymbol{\nabla} = \mathbf{h}^k \frac{\partial}{\partial \xi^k} = \mathbf{e}_r \frac{\partial}{\partial r} + \mathbf{e}_\vartheta \frac{1}{r} \frac{\partial}{\partial \vartheta} + \mathbf{e}_\varphi \frac{1}{r \sin \vartheta} \frac{\partial}{\partial \varphi} \,. \tag{A.3.32}$$

Gradient (A.2.13):

$$\boldsymbol{\nabla}\phi = \mathbf{h}^k \frac{\partial \phi}{\partial \xi^k} = \left(\mathbf{e}_r \frac{\partial}{\partial r} + \mathbf{e}_\vartheta \frac{1}{r} \frac{\partial}{\partial \vartheta} + \mathbf{e}_\varphi \frac{1}{r \sin \vartheta} \frac{\partial}{\partial \varphi} \right) \phi \,. \tag{A.3.33}$$

Christoffel-Symbole: Ausgehend von den metrischen Koeffizienten (A.3.23)

$$g_{11} = 1, \qquad\qquad g_{22} = r^2, \qquad\qquad g_{33} = r^2 \sin^2 \vartheta$$

berechnet man deren nicht-verschwindende Ableitungen

$$g_{22,1} = 2r, \qquad\quad g_{33,1} = 2r \sin^2 \vartheta, \qquad\quad g_{33,2} = 2r^2 \sin \vartheta \cos \vartheta \,.$$

Mit (A.2.21) können wir die nicht verschwindenden 3-Indizes-Symbole bestimmen:

$$\Gamma_{1|22} = -\frac{g_{22,1}}{2} = -r, \qquad\qquad \Gamma_{1|33} = -\frac{g_{33,1}}{2} = -r\sin^2\vartheta,$$

$$\Gamma_{2|12} = \frac{g_{22,1}}{2} = r, \qquad\qquad \Gamma_{2|33} = -\frac{g_{33,2}}{2} = -r^2\sin\vartheta\cos\vartheta,$$

$$\Gamma_{3|13} = \frac{g_{33,1}}{2} = r\sin^2\vartheta, \qquad \Gamma_{3|23} = \frac{g_{33,2}}{2} = r^2\sin\vartheta\cos\vartheta.$$

Multipliziert mit g^{ii} erhält man

$$\Gamma^1{}_{22} = -r, \qquad \Gamma^1{}_{33} = -r\sin^2\vartheta, \qquad \Gamma^2{}_{12} = \frac{1}{r}, \qquad \Gamma^2{}_{33} = -\cot\vartheta,$$

$$\Gamma^3{}_{13} = \frac{1}{r}, \qquad \Gamma^3{}_{23} = \cot\vartheta.$$

Die nicht verschwindenden Ableitungen der Christoffel-Symbole sind

$$\Gamma^1{}_{22,1} = -1, \qquad \Gamma^1{}_{33,1} = -\sin^2\vartheta, \quad \Gamma^1{}_{33,2} = -r\sin 2\vartheta, \quad \Gamma^2{}_{12,1} = -\frac{1}{r^2},$$

$$\Gamma^2{}_{33,2} = -\frac{1}{\sin^2\vartheta}, \qquad \Gamma^3{}_{13,1} = -\frac{1}{r^2}, \qquad \Gamma^3{}_{23,2} = \frac{1}{\sin^2\vartheta}.$$

Divergenz (A.2.25)

$$\operatorname{div}\mathbf{v} = \frac{1}{\sqrt{g}}\frac{\partial\sqrt{g}\,v^j}{\partial\xi^j} = \frac{1}{r^2\sin\vartheta}\left(\frac{\partial r^2\sin\vartheta v_r}{\partial r} + \frac{\partial r\sin\vartheta v_\vartheta}{\partial\vartheta} + \frac{\partial r v_\varphi}{\partial\varphi}\right)$$

$$= \frac{1}{r^2}\frac{\partial r^2 v_r}{\partial r} + \frac{1}{r\sin\vartheta}\frac{\partial\sin\vartheta v_\vartheta}{\partial\vartheta} + \frac{1}{r\sin\vartheta}\frac{\partial v_\varphi}{\partial\varphi}. \tag{A.3.34}$$

Rotation (A.2.27)

$$\operatorname{rot}\mathbf{v} = \frac{1}{r^2\sin\vartheta}\begin{vmatrix} \mathbf{e}_r & r\mathbf{e}_\vartheta & r\sin\vartheta\mathbf{e}_\varphi \\ \frac{\partial}{\partial r} & \frac{\partial}{\partial\vartheta} & \frac{\partial}{\partial\varphi} \\ v_r & r v_\vartheta & r\sin\vartheta v_\varphi \end{vmatrix} = \frac{1}{r^2\sin\vartheta}\left[\mathbf{e}_r\left(\frac{\partial r\sin\vartheta\,v_\varphi}{\partial\vartheta} - \frac{\partial r v_\vartheta}{\partial\varphi}\right)\right.$$

$$\left. + r\mathbf{e}_\vartheta\left(\frac{\partial v_r}{\partial\varphi} - \frac{\partial r\sin\vartheta\,v_\varphi}{\partial r}\right) + r\sin\vartheta\,\mathbf{e}_\varphi\left(\frac{\partial r v_\vartheta}{\partial r} - \frac{\partial v_r}{\partial\vartheta}\right)\right]. \tag{A.3.35}$$

Laplace-Operator (A.2.30)

$$\Delta = \frac{1}{\sqrt{g}}\frac{\partial}{\partial\xi^i}\left(\sqrt{g}\,g^{ij}\frac{\partial}{\partial\xi^j}\right) \tag{A.3.36}$$

$$= \frac{1}{r^2}\frac{\partial}{\partial r}r^2\frac{\partial}{\partial r} + \frac{1}{r^2\sin\vartheta}\frac{\partial}{\partial\vartheta}\sin\vartheta\frac{\partial}{\partial\vartheta} + \frac{1}{r^2\sin^2\vartheta}\frac{\partial^2}{\partial\varphi^2}.$$

Es ist oft sinnvoll den Laplace-Operator in einen radialen und einen winkelabhängigen Operator aufzuteilen: $\Delta = \Delta_r - \hat{\mathbf{L}}^2/r^2$,

$$
\begin{aligned}
\Delta_r &= \frac{1}{r^2}\frac{\partial}{\partial r}\, r^2\,\frac{\partial}{\partial r} = \frac{\partial^2}{\partial r^2} + \frac{2}{r}\frac{\partial}{\partial r} = \frac{1}{r}\frac{\partial^2}{\partial r^2}r, \\
\hat{\mathbf{L}} &= -\mathrm{i}\mathbf{x}\times\boldsymbol{\nabla} = \mathrm{i}\mathbf{e}_\vartheta\,\frac{1}{\sin\vartheta}\frac{\partial}{\partial\varphi} - \mathrm{i}\mathbf{e}_\varphi\frac{\partial}{\partial\vartheta}.
\end{aligned}
\tag{A.3.36'}
$$

Anwendung des Laplace-Operator auf einen Vektor

$\Delta\mathbf{v}$ bestimmt man mit (A.2.32), wobei nur $l=1$, d.h. $\mathbf{h}_1 = \mathbf{e}_r$, berechnet wird.

1. $\Delta v^1 = \Delta v_r$.
2. $v^2 = r^{-1}\,v_\vartheta$ und $v^3 = (r\sin\vartheta)^{-1}\,v_\varphi$.

$$
\begin{aligned}
\frac{1}{\sqrt{g}}\frac{\partial\sqrt{g}g^{ij}}{\partial\xi^j}\,\Gamma^1{}_{ik}v^k &= \frac{1}{\sqrt{g}}\frac{\partial\sqrt{g}g^{22}}{\partial\xi^2}\,\Gamma^1{}_{22}v^2 + \frac{1}{\sqrt{g}}\frac{\partial\sqrt{g}g^{33}}{\partial\xi^3}\,\Gamma^1{}_{33}v^3 \\
&= \frac{1}{r^2\sin\vartheta}\frac{\partial\sin\vartheta}{\partial\vartheta}\Big(-\frac{1}{r}\Big)v^2 = -\frac{\cot\vartheta}{r^2}\,v_\vartheta\,.
\end{aligned}
$$

3. $g^{ij}\,\Gamma^1{}_{jn}\Gamma^n{}_{ik}v^k = g^{22}\,\Gamma^1{}_{22}\Gamma^2{}_{21}v^1 + g^{33}\,\Gamma^1{}_{33}\Gamma^3{}_{31}v^1 = -\dfrac{1}{r^2}\,v^1 - \dfrac{1}{r^2}\,v^1 = -\dfrac{2}{r^2}\,v_r\,.$

4. $g^{ij}\mathbf{h}_1\Gamma^1{}_{ik,j}v^k = 0\,.$

5. $2g^{ij}\,\Gamma^1{}_{jk}\,v^k{}_{,i} = 2\Big[g^{22}\,\Gamma^1{}_{22}\dfrac{\partial v^2}{\partial\vartheta} + g^{33}\,\Gamma^1{}_{33}\dfrac{\partial v^3}{\partial\varphi}\Big] = -2\dfrac{1}{r^2}\Big(\dfrac{\partial v_\vartheta}{\partial\vartheta} + \dfrac{1}{\sin\vartheta}\dfrac{\partial v_\varphi}{\partial\varphi}\Big)\,.$

Damit haben wir erhalten, dass

$$
(\Delta\mathbf{v})_r = \mathbf{e}_r\Big[(\Delta v_r) - \frac{2}{r^2}v_r - \frac{2}{r^2}\cot\vartheta\,v_\vartheta - 2\frac{1}{r^2}\Big(\frac{\partial v_\vartheta}{\partial\vartheta} + \frac{1}{\sin\vartheta}\frac{\partial v_\varphi}{\partial\varphi}\Big)\Big].
$$

Die analoge Rechnung für die anderen Komponenten führt zu

$$
\begin{aligned}
\Delta\mathbf{v} = \ &\mathbf{e}_r\Big[\Delta v_r - \frac{2}{r^2}\,v_r - \frac{2\cot\vartheta}{r^2}\,v_\vartheta - \frac{2}{r^2}\,v_{\vartheta,\vartheta} - \frac{2}{r^2\sin\vartheta}\,v_{\varphi,\varphi}\Big] \\
&+ \mathbf{e}_\vartheta\Big[\Delta v_\vartheta - \frac{1}{r^2\sin^2\vartheta}\,v_\vartheta + \frac{2}{r^2}\,v_{r,\vartheta} - \frac{2\cos\vartheta}{r^2\sin^2\vartheta}\,v_{\varphi,\varphi}\Big] \\
&+ \mathbf{e}_\varphi\Big[\Delta v_\varphi - \frac{1}{r^2\sin^2\vartheta}\,v_\varphi + \frac{2}{r^2\sin\vartheta}\,v_{r,\varphi} + \frac{2\cos\vartheta}{r^2\sin^2\vartheta}\,v_{\varphi,\varphi}\Big].
\end{aligned}
\tag{A.3.37}
$$

A.3.3 Elliptische Koordinaten

Elliptische Koordinaten werden in der Elektrodynamik eher selten verwendet, so dass wir hier nur kurz darauf eingehen. Dies auch, weil es mehrere Varianten gibt und die Defintionen nicht immer einheitlich sind.

Elliptische Koordinaten für ein gestrecktes Rotationsellipsoid

Wir gehen von den elliptischen Koordinaten des gestreckten Rotationsellipsoids, wie in Abb. A.11 skizziert:

$$x = l\sqrt{(\xi^2 - 1)(1 - \eta^2)}\,\cos\varphi, \qquad 1 \leq \xi \leq \infty,$$
$$y = l\sqrt{(\xi^2 - 1)(1 - \eta^2)}\,\sin\varphi, \qquad -1 \leq \eta \leq 1, \qquad \text{(A.3.38)}$$
$$z = l\xi\eta, \qquad 0 \leq \varphi < 2\pi.$$

Die lokalen Variablen sind $\xi^1 = \eta$, $\xi^2 = \xi$, $\xi^3 = \varphi$. Daraus folgen die Basis-

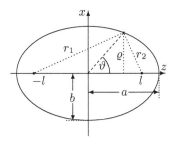

Abb. A.11. Ellipse in der zx-Ebene. $r_{1,2}$ sind die Fahrstrahlen mit $r_1 + r_2 = 2a$ und l ist die lineare Exzentrizität. Verwendet werden auch die Variablen $\xi = \cosh u$ und $\eta = \cos\vartheta$ mit dem Polarwinkel ϑ.
Die Halbachsen sind $a = l\xi$ und $b = l\sqrt{\xi^2 - 1}$

vektoren

$$\mathbf{h}_1 = \frac{\partial \mathbf{x}}{\partial \eta} = -l\eta\sqrt{\frac{\xi^2 - 1}{1 - \eta^2}}\,\big[\cos\varphi\,\mathbf{e}_x + \sin\varphi\,\mathbf{e}_y\big] + l\xi\mathbf{e}_z\,,$$

$$\mathbf{h}_2 = \frac{\partial \mathbf{x}}{\partial \xi} = l\xi\sqrt{\frac{1 - \eta^2}{\xi^2 - 1}}\,\big[\cos\varphi\,\mathbf{e}_x + \sin\varphi\,\mathbf{e}_y\big] + l\eta\mathbf{e}_z\,, \qquad \text{(A.3.39)}$$

$$\mathbf{h}_3 = \frac{\partial \mathbf{x}}{\partial \varphi} = l\sqrt{(\xi^2 - 1)(1 - \eta^2)}\,\big[-\sin\varphi\,\mathbf{e}_x + \cos\varphi\,\mathbf{e}_y\big]\,.$$

Das Spatprodukt, berechnet aus den $\mathbf{h}_i$, ergibt

$$v = \mathbf{h}_1 \cdot (\mathbf{h}_2 \times \mathbf{h}_3) = l^3\big[\xi^2 - \eta^2\big] = \sqrt{\det \mathbf{g}}\,.$$

Der metrische Tensor ist diagonal, da die $\mathbf{h}_i$ lokale, orthogonale Koordinaten sind:

$$g_{11} = \mathbf{h}_1 \cdot \mathbf{h}_1 = l^2\eta^2\frac{\xi^2 - 1}{1 - \eta^2} + l^2\xi^2 = l^2\frac{\xi^2 - \eta^2}{1 - \eta^2} = \frac{v}{l(1 - \eta^2)}\,,$$

$$g_{22} = \mathbf{h}_2 \cdot \mathbf{h}_2 = l^2\xi^2\frac{1 - \eta^2}{\xi^2 - 1} + l^2\eta^2 = l^2\frac{\xi^2 - \eta^2}{\xi^2 - 1} = \frac{v}{l(\xi^2 - 1)}\,, \qquad \text{(A.3.40)}$$

$$g_{33} = \mathbf{h}_3 \cdot \mathbf{h}_3 = l^2(\xi^2 - 1)(1 - \eta^2)\,.$$

Jetzt ist es einfach, das Spatprodukt anzugeben:

$$v = \sqrt{g} = l^3(\xi^2 - \eta^2).$$ (A.3.41)

Die orthonormalen Einheitsvektoren sind gegeben durch $\mathbf{h}_i = h_i\,\mathbf{e}_i$

$$h_1 = l\sqrt{\frac{\xi^2-\eta^2}{\xi^2-1}}, \quad h_2 = l\sqrt{\frac{\xi^2-\eta^2}{1-\eta^2}}, \quad h_3 = l\sqrt{(\xi^2-1)(1-\eta^2)}.$$ (A.3.42)

Der Gradient ist gegeben durch

$$\boldsymbol{\nabla} = \mathbf{h}^i\,\frac{\partial}{\partial\xi^i} = \mathbf{e}_i\,\frac{1}{h_i}\,\frac{\partial}{\partial\xi^i}$$ (A.3.43)

$$= \mathbf{e}_\xi\,\frac{1}{l}\sqrt{\frac{\xi^2-1}{\xi^2-\eta^2}}\,\frac{\partial}{\partial\xi} + \mathbf{e}_\eta\,\frac{1}{l}\sqrt{\frac{1-\eta^2}{\xi^2-\eta^2}}\,\frac{\partial}{\partial\eta} + \mathbf{e}_\varphi\,\frac{1}{l}\,\frac{1}{\sqrt{(1-\eta^2)(\xi^2-1)}}\,\frac{\partial}{\partial\varphi}.$$

Ohne auf die Rechnung einzugehen, geben wir noch den Laplace-Operator (A.2.30) an:

$$\Delta = \frac{1}{l^2(\xi^2-\eta^2)}\left[\frac{\partial}{\partial\eta}(1-\eta^2)\frac{\partial}{\partial\eta} + \frac{\partial}{\partial\xi}(\xi^2-1)\frac{\partial}{\partial\xi}\right] + \frac{1}{l^2(\xi^2-1)(1-\eta^2)}\,\frac{\partial^2}{\partial\varphi^2}.$$ (A.3.44)

Elliptische Koordinaten für ein abgeplattetes Rotationsellipsoid

Wir beschränken uns hier auf die Definition der lokalen Variablen $\xi^1 = \xi$, $\xi^2 = \eta$ und $\xi^3 = \varphi$:

$$x = l\sqrt{(1+\xi^2)(1-\eta^2)}\cos\varphi, \qquad 0 \le \xi < \infty,$$
$$y = l\sqrt{(1+\xi^2)(1-\eta^2)}\sin\varphi, \qquad -1 \le \eta \le 1, \qquad \text{(A.3.45)}$$
$$z = l\xi\eta, \qquad 0 \le \varphi < 2\pi.$$

Wiederum kann $\eta = \cos\vartheta$ durch den Polarwinkel substituiert werden, während $\xi = \sinh u$. Für die Länge der Einheitsvektoren und die g_{ij} erhält man

$$h_1 = l\sqrt{\frac{\xi^2+\eta^2}{1+\xi^2}}, \quad h_2 = l\sqrt{\frac{\xi^2+\eta^2}{1-\eta^2}}, \quad h_3 = l\sqrt{(1+\xi^2)(1-\eta^2)},$$
$$g_{11} = l^2\frac{\xi^2+\eta^2}{1+\xi^2}, \quad g_{22} = l^2\frac{\xi^2+\eta^2}{1-\eta^2}, \quad g_{33} = l^2(1+\xi^2)(1-\eta^2).$$ (A.3.46)

A.4 Vektorfelder und Integralsätze

Ein Vektorfeld $\mathbf{v}(\mathbf{x})$ ist eine Funktion, die jedem Raumpunkt einen Vektor zuordnet. Beispiele sind die elektromagnetischen Felder, das Gravitationsfeld oder das Geschwindigkeitsfeld einer bewegten Flüssigkeit.

Zum Verständnis der Elektrodynamik ist daher die Kenntnis der Eigenschaften von Vektorfeldern $\mathbf{v}(\mathbf{x},t)$ eine Voraussetzung.

Historisch betrachtet, sind in der Physik Vektorfelder zuerst in der Hydrodynamik aufgetreten. Das drückt sich auch in den verwendeten Begriffen wie Fluss, Quelle und Senke oder Wirbel aus. Als Vektorfeld hat man die Geschwindigkeit $\mathbf{v}$ der Strömung bzw. $\rho\,\mathbf{v}$, wobei ρ die Dichte ist, im Auge.

A.4.1 Gauß'scher Satz und Divergenz

Sind $\mathbf{v}$ die Geschwindigkeit der Strömung und $\rho(\mathbf{x},t)$ die Dichte, so ist

$$\rho\,\mathbf{v}(\mathbf{x},t) \cdot \mathrm{d}\mathbf{f}\,\mathrm{d}t$$

die Masse, die im Zeitintervall $\mathrm{d}t$ durch das Flächenelement $\mathrm{d}\mathbf{f}$ strömt. Auf eine endliche Fläche F angewandt ist der (Vektor-)Fluss Φ definiert durch

$$\Phi = \iint_F \mathrm{d}\mathbf{f} \cdot \mathbf{v}(\mathbf{x},t),$$

wie in Abb. A.12 dargestellt. Ersetzt man das Vektorfeld $\mathbf{v}$ wiederum durch

Abb. A.12. Fluss durch eine Fläche (Flächenelement $\mathrm{d}f$)

$\rho\,\mathbf{v}$ mit $\mathbf{v}$ als Geschwindigkeit, so ist Φ die Masse der pro Zeiteinheit durch die Fläche strömenden Flüssigkeit.

Integraldarstellung der Divergenz

Ist nun ein Volumen V mit der Oberfläche ∂V vorgegeben, so nennt man den Fluss durch die Oberfläche

$$\Phi = \oiint_{\partial V} \mathrm{d}\mathbf{f} \cdot \mathbf{v}$$

auch die Ergiebigkeit sämtlicher in V enthaltener Quellen und Senken. Der Normalenvektor $\mathbf{n}$ auf das Oberflächenelement $\mathrm{d}\mathbf{f} = \mathrm{d}f\,\mathbf{n}$ ist dabei immer nach außen gerichtet.

Ist $\Phi = 0$, so kompensiert der (von einer Seite) eindringende Fluss den (auf der anderen Seite) austretenden Fluss, d.h., dass sich im Inneren von V keine Quellen oder Senken befinden, beziehungsweise, dass diese sich kompensieren. Dividiert man nun Φ durch V und führt den Limes $V \to 0$ durch, so erhält man eine *Quelldichte*

$$q = \lim_{V \to 0} \frac{\Phi}{V} = \lim_{V \to 0} \frac{1}{V} \oiint_{\partial V} \mathrm{d}\mathbf{f} \cdot \mathbf{v}\,. \tag{A.4.1}$$

Da $q = \mathrm{div}\,\mathbf{v}$, ist (A.4.1) die Integraldarstellung der Divergenz. Einfach berechnet werden kann dieser Ausdruck in kartesischen Koordinaten, in denen das Volumen $V = \mathrm{d}x\,\mathrm{d}y\,\mathrm{d}z$ ist. In Richtung der x-Achse ist der Fluss die

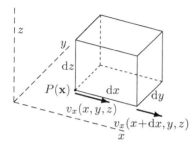

Abb. A.13. Divergenz eines Quaders mit $V = \mathrm{d}x\mathrm{d}y\mathrm{d}z$; die Oberflächennormale ist immer nach außen gerichtet

Differenz

$$\frac{1}{\mathrm{d}x\mathrm{d}y\mathrm{d}z}\left(v_x(x+\mathrm{d}x,y,z)\,\mathrm{d}y\,\mathrm{d}z - v_x(x,y,z)\,\mathrm{d}y\,\mathrm{d}z\right) = \frac{\partial v_x}{\partial x}\,,$$

wie aus der Abb. A.13 hervorgeht. Das analoge Resultat erhält man für die beiden anderen Richtungen, so dass gilt:

$$q = \mathrm{div}\,\mathbf{v} = \frac{\partial v_x}{\partial x} + \frac{\partial v_y}{\partial y} + \frac{\partial v_z}{\partial z} = \boldsymbol{\nabla} \cdot \mathbf{v}\,. \tag{A.4.2}$$

Die Quelldichte wird als Divergenz von $\mathbf{v}$ bezeichnet. Die Divergenz ist eine skalare Differentialinvariante, die vom Bezugssystem unabhängig ist.

Gauß'scher Satz

Teilt man V in zwei Teilvolumina, $V = V_1 + V_2$, mit den Oberflächen $\partial V_{1,2}$, so gilt

$$\Phi = \Phi_1 + \Phi_2 = \sum_{i=1}^{2} \oiint_{\partial V_i} \mathrm{d}\mathbf{f} \cdot \mathbf{v} = \oiint_{\partial V} \mathrm{d}\mathbf{f} \cdot \mathbf{v}\,,$$

da sich die Beiträge der gemeinsamen Grenzfläche von V_1 und V_2 kompensieren. $\mathbf{n}_1 = -\mathbf{n}_2$ an den Berührungsflächen.

Verfeinert man die Einteilung, so erhält man mit $V_i = \Delta V$ gemäß (A.4.2)

$$\Phi = \lim_{n \to \infty} \sum_{i=1}^{n} \Delta V\, q_i = \int_V \mathrm{d}^3x\, q(\mathbf{x}) = \lim_{n \to \infty} \sum_{i=1}^{n} \oiint_{\partial V_i} \mathrm{d}\mathbf{f} \cdot \mathbf{v}\,.$$

Man erhält so für den Fluss die Beziehung, dass das Integral über Quellen und Senken $\boldsymbol{\nabla} \cdot \mathbf{v}$ gleich dem gesamten Fluss durch die Oberfläche von V ist:

$$\Phi = \int_V \mathrm{d}^3 x \, \boldsymbol{\nabla} \cdot \mathbf{v} = \oiint_{\partial V} \mathrm{d}\mathbf{f} \cdot \mathbf{v} \,, \tag{A.4.3}$$

was den bekannten Gauß'schen Satz darstellt.

Das Vektorfeld $\mathbf{v}$ ist durch seine Quellen und Senken allein, d.h. durch die skalare Größe $q(\mathbf{x}, t) = \boldsymbol{\nabla} \cdot \mathbf{v}(\mathbf{x}, t)$ noch nicht ganz festgelegt.

Allgemeine Form des Gauß'schen Satzes

Zunächst ersetzen wir in (A.4.3) $\mathbf{v}$ durch $\mathbf{c}\phi(\mathbf{x})$, wobei $\mathbf{c}$ ein konstanter Vektor sein soll

$$\int_V \mathrm{d}^3 x \, \boldsymbol{\nabla} \cdot \mathbf{c} \, \phi = \oiint_{\partial V} \mathrm{d}\mathbf{f} \cdot \mathbf{c} \, \phi \,.$$

Daraus folgt, wenn wir sowohl auf der linken als auch auf der rechten Seite $\mathbf{c}$ vor das Integral ziehen, der Gauß'sche Satz für skalare Felder

$$\int_V \mathrm{d}^3 x \, \boldsymbol{\nabla} \phi = \oiint_{\partial V} \mathrm{d}\mathbf{f} \, \phi \,. \tag{A.4.4}$$

Ersetzt man in (A.4.3) $\boldsymbol{\nabla} \cdot \mathbf{v}$ durch $\mathbf{c} \cdot \boldsymbol{\nabla} \times \mathbf{v}$, wobei $\mathbf{c}$ konstant sein soll, so erhält man unter Verwendung von

$$\boldsymbol{\nabla} \cdot (\mathbf{v} \times \mathbf{c}) \overset{\mathrm{zykl}}{=} \mathbf{c} \cdot (\boldsymbol{\nabla} \times \mathbf{v})$$

$$\mathbf{c} \cdot \int \mathrm{d}^3 x \, \mathrm{rot}\, \mathbf{v} = \oiint \mathrm{d}\mathbf{f} \cdot (\mathbf{v} \times \mathbf{c}) = \mathbf{c} \cdot \oiint (\mathrm{d}\mathbf{f} \times \mathbf{v}) \,.$$

Da dies für jeden beliebigen konstanten Vektor $\mathbf{c}$ gilt, ist

$$\int_V \mathrm{d}^3 x \, \mathrm{rot}\, \mathbf{v} = \oiint_{\partial V} (\mathrm{d}\mathbf{f} \times \mathbf{v}) \,. \tag{A.4.5}$$

In einer noch allgemeineren Form ersetzt man v_i durch $T_{i\ldots}$:

$$\int_V \mathrm{d}^3 x \, \nabla_i \, T_{i\ldots} = \oiint_{\partial V} \mathrm{d}f_i \, T_{i\ldots} \,. \tag{A.4.6}$$

Setzt man $T_{ij} = \epsilon_{jik} v_k$ in (A.4.6) ein, so erhält man (A.4.5).
Merkregel: $\mathrm{d}^3 x \, \nabla_i \, T_{i\ldots} \to \mathrm{d}f_i \, T_{i\ldots}$.

Mathematische Voraussetzungen für den Gauß'schen Satz

$\mathbf{v}$ sei stetig differenzierbar in V und ∂V soll glatt sein, d.h., auf jeder Teilfläche von ∂V existiert ein Normalenvektor, der (vom umschlossenen Volumen) nach außen gerichtet ist. V darf auch Löcher enthalten und aus mehreren Teilvolumina V_i bestehen.

Anmerkung: Ein singulärer Punkt wird durch eine infinitesimale Kugel (Loch) ausgeschlossen, deren Oberfläche einen zusätzlichen Beitrag bringt. Ist die Singularität eine δ-Funktion (Distribution), so kann man diese wie eine stetige Funktion behandeln, wenn man sie als Grenzwert einer (stetigen) Testfunktion (siehe Tab. B.4, S. 636) auffasst.

Gemäß der Formulierung von Großmann [Großmann, 2012, S. 281] sollen V regulär und ∂V regulär sein: Ein Gebiet im $\mathbb{R}^3$ heißt regulär, wenn es endlich und abgeschlossen ist und nur von endlich vielen geschlossenen regulären Oberflächen umrandet wird.
Eine Oberfläche heißt regulär, wenn sie höchstens aus endlich vielen Flächenstücken mit glatter Randkurve zusammengesetzt ist.
Ein Flächenstück heißt regulär, wenn mindestens eine Darstellung $z = f(x, y)$ mit stetig differenzierbarer Funktion f existiert.
Reguläre Gebiete mit regulärer Oberfläche werden auch als glatt bezeichnet. Unendlich ausgedehnte Gebiete sind zugelassen, wenn man die Integrale als Limes glatter, endlicher Gebiete darstellt (uneigentliche Integrale).

Potentialfeld

Ein Skalarfeld $\phi(\mathbf{x})$ bezeichnet man als Potentialfeld, wenn $\phi(\mathbf{x})$ das Potential eines Vektorfeldes $\mathbf{v}(\mathbf{x}) = -\operatorname{grad}\phi(\mathbf{x})$ ist:
   Potentialströmungen sind Lösungen des Vektorfeldes $\mathbf{v}$, die aus einem skalaren Potential $\phi(\mathbf{x}, t)$ herleitbar sind. Sei $\mathbf{E}$ ein solches Vektorfeld

$$\mathbf{E} = -\boldsymbol{\nabla}\,\phi(\mathbf{x}, t)\,.$$

Der Gradient $-\boldsymbol{\nabla}\phi$ steht senkrecht auf die Äquipotentialflächen und gibt so die Richtung der Strömung an. Das Potential muss die vorgegebene Quelldichte $q(\mathbf{x}, t)$ erfüllen:

$$\boldsymbol{\nabla} \cdot \boldsymbol{\nabla}\phi = \Delta\phi = -\boldsymbol{\nabla} \cdot \mathbf{E} = -q(\mathbf{x}, t)\,, \tag{A.4.7}$$

was als Poisson-Gleichung bekannt ist. Bildet man das Linienintegral[3]

$$\int_{\mathbf{x}_1}^{\mathbf{x}_2} \mathrm{d}\mathbf{s} \cdot \mathbf{E} = -\int_{\mathbf{x}_1}^{\mathbf{x}_2} \mathrm{d}\phi = \phi(\mathbf{x}_1) - \phi(\mathbf{x}_2)\,, \tag{A.4.8}$$

so ist dieses vom Weg unabhängig. Damit verschwindet das Linienintegral auf jedem geschlossenen Weg C:

$$\oint_C \mathrm{d}\mathbf{s} \cdot \mathbf{E} = 0\,. \tag{A.4.9}$$

Man sieht auch, dass für jedes Feld $\mathbf{E} = -\boldsymbol{\nabla}\phi$ die Rotation

---

[3] $\mathrm{d}\phi = \dfrac{\partial\phi}{\partial x}\,\mathrm{d}x + \dfrac{\partial\phi}{\partial y}\,\mathrm{d}y + \dfrac{\partial\phi}{\partial z}\,\mathrm{d}z = \mathrm{d}\mathbf{s} \cdot \boldsymbol{\nabla}\phi$

$$\mathrm{rot}\,\mathbf{E} = \boldsymbol{\nabla} \times \boldsymbol{\nabla}\phi = 0 \qquad\qquad (\mathrm{A.4.10})$$

verschwindet. Ein Vektorfeld $\mathbf{E}$, das aus einem skalaren Potential ϕ herleitbar ist (Potentialfeld), genügt also den Bedingungen (A.4.9) und (A.4.7) und ist damit wirbelfrei. Es gibt dann keine geschlossenen Feldlinien, sondern nur solche mit den Anfangspunkten in den Quellen und den Endpunkten in den Senken.

Vorausgesetzt wird, dass $\mathbf{v}$ stetige partielle Ableitungen in einem einfach zusammenhängenden Gebiet G hat.
Das Vektorfeld $\mathbf{v}(\mathbf{x})$ ist dann nach (A.2.36) rotationsfrei, $\mathrm{rot}\,\mathbf{v} = 0$ und es sind die folgenden Aussagen äquivalent:

1. $\mathrm{rot}\,\mathbf{v} = 0$ \qquad in jedem Punkt in G,

2. $\displaystyle\oint \mathrm{d}\mathbf{s}\cdot\mathbf{v} = 0$ \qquad auf jedem geschlossenen Weg in G,

3. $\displaystyle\int_{\mathbf{x}_0}^{\mathbf{x}} \mathrm{d}\mathbf{s}\cdot\mathbf{v}$ \qquad ist unabhängig vom Weg,

4. $\mathbf{v} = -\mathrm{grad}\,\phi$ \quad mit $\displaystyle\phi(\mathbf{x}) = -\int_{\mathbf{x}_0}^{\mathbf{x}} \mathrm{d}\mathbf{s}\cdot\mathbf{v}$.

A.4.2 Rotation und Stokes'scher Satz

Hat ein Feld geschlossene Feldlinien, so hat das Linienintegral

$$Z = \oint_C \mathbf{v}\cdot\mathrm{d}\mathbf{s} \qquad\qquad (\mathrm{A.4.11})$$

bei einem Umlauf auf der geschlossenen Kurve C einen endlichen Wert. Z heißt Zirkulation.

Ist $\mathbf{v}$ wiederum ein Strömungsfeld, so ist Z die Wirbelstärke.

Bei einem Magnetfeld $\mathbf{B}$, $\mathbf{v} \to \mathbf{B}$ ist Z die magnetische Ringspannung.

Integraldarstellung der Rotation

Analog zur Quelldichte kann auf F eine Flächenbelegung, die Wirbeldichte z,

$$z(\mathbf{x}, t) = \lim_{F\to 0} \frac{Z}{F} = \frac{\mathrm{d}Z}{\mathrm{d}f} = \lim_{F\to 0} \frac{1}{F} \oint_{\partial F} \mathrm{d}\mathbf{s}\cdot\mathbf{v}$$

definiert werden, indem man C um einen Punkt zusammenzieht. F ist dabei die von C eingeschlossene Fläche.

Es ist nun der Wert $\mathrm{d}Z$ der Zirkulation in der Teilfläche $\mathrm{d}\mathbf{f} = \mathrm{d}f\,\mathbf{n}$ zu berechnen. Den Wert charakterisiert man durch einen Vektor $\boldsymbol{\zeta} = \mathrm{rot}\,\mathbf{v}$, den man als Rotor oder Rotation von $\mathbf{v}$ bezeichnet:

$$\mathrm{d}Z = z\,\mathrm{d}f = \boldsymbol{\zeta}\cdot\mathbf{n}\,\mathrm{d}f = \mathrm{rot}\,\mathbf{v}\cdot\mathbf{n}\,\mathrm{d}f .$$

z ist so die Komponente der Rotation von **v** senkrecht auf die Flächennormale **n**. Für die Wirbeldichte erhält man so

$$z(\mathbf{x}, t) = \mathbf{n} \cdot \mathbf{rot}\,\mathbf{v} = \lim_{\Delta F \to 0} \frac{1}{\Delta F} \oint_{\partial F} \mathbf{v} \cdot \mathbf{ds} \;. \tag{A.4.12}$$

(A.4.12) ist eine Integraldarstellung der Rotation von **v**.

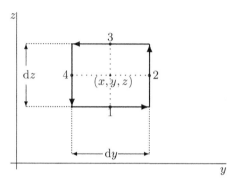

Abb. A.14. Das Flächenelement ist ein Rechteck in der yz-Ebene. Es werden v_y an den Punkten 1 und 3 mit dy multipliziert und v_z an den Punkten 2 und 4 mit dz, um das Linienintegral zu berechnen

Berechnet man das Ringintegral für das in Abb. A.14 dargestellte Rechteck, so erhält man mit einer Taylorentwicklung um (x, y, z)

$$\oint_{\square} \mathbf{ds}\cdot\mathbf{v} = \mathrm{d}y\left[v_y(x, y, z - \frac{\mathrm{d}z}{2}) - v_y(x, y, z + \frac{\mathrm{d}z}{2})\right]$$
$$+ \,\mathrm{d}z\left[v_z(x, y + \frac{\mathrm{d}y}{2}, z) - v_z(x, y - \frac{\mathrm{d}y}{2}, z)\right] \approx \mathrm{d}z\mathrm{d}y\left(\frac{\partial v_z}{\partial y} - \frac{\partial v_y}{\partial z}\right).$$

Daraus folgt für $\mathbf{n} = \mathbf{e}_x = (1\,0\,0)$

$$\mathbf{rot}\,\mathbf{v} \cdot \mathbf{n} = \mathrm{rot}_x\,\mathbf{v} = \frac{1}{\mathrm{d}f} \oint_{\square} \mathbf{ds} \cdot \mathbf{v} = \frac{\partial v_z}{\partial y} - \frac{\partial v_y}{\partial z}\,.$$

Die Rechnung kann analog für die beiden anderen Komponenten gemacht werden, woraus folgt:

$$\mathbf{rot}\,\mathbf{v} = \left(\frac{\partial v_z}{\partial y} - \frac{\partial v_y}{\partial z}, \frac{\partial v_x}{\partial z} - \frac{\partial v_z}{\partial x}, \frac{\partial v_y}{\partial x} - \frac{\partial v_x}{\partial y}\right) = \boldsymbol{\nabla} \times \mathbf{v}\,.$$

Stokes'scher Satz

Teilt man die von C eingeschlossene Fläche in zwei Teilflächen, wie in Abb. A.15a skizziert, so sieht man, dass die Trennlinie der beiden Kurven in entgegensetzter Richtung durchlaufen wird. Es gilt also

$$Z = Z_1 + Z_2 = \oint_{C_1} \mathbf{v} \cdot \mathbf{ds} + \oint_{C_2} \mathbf{v} \cdot \mathbf{ds}\,.$$

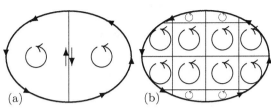

Abb. A.15. (a) Wird die eingeschlossene Fläche F geteilt, so werden die Wege im Inneren jeweils in entgegengesetzter Richtung durchlaufen
(b) Bei feiner Einteilung bleibt nur die Randkurve ∂F über

Bei der Unterteilung in kleine Teilflächen df, wie in Abb. A.15b dargestellt, kompensieren sich wiederum die Beiträge der inneren Linien, die die Teilflächen voneinander trennen, aufgrund der entgegengesetzten Richtung in der sie durchlaufen werden und es bleibt letztlich nur der Beitrag des äußeren Randes, der Kurve C, zurück. Es wird das Integral der Zirkulationsdichte $z(\mathbf{x})$ (A.4.12) gebildet, wobei wobei $\mathbf{n}\,df = \mathbf{df}$ eingesetzt wird. Man erhält dann den *Stokes'schen Satz*[4]

$$Z = \iint_F \mathbf{df}\cdot\mathrm{rot}\,\mathbf{v} = \oint_{\partial F} \mathbf{ds}\cdot\mathbf{v} \tag{A.4.13}$$

Das Magnetfeld, das vom Strom in einem linearen Leiter herrührt, bildet solche geschlossenen Linien. Für einen Umlauf entlang der Feldlinie muss Energie aufgebracht werden, die vorher als Zirkulation bezeichnet wurde. Die Feldlinien können nicht mit einem eindeutigen skalaren Potential beschrieben werden. Für dieses verschwindet die Rotation:

$$\boldsymbol{\nabla} \times \boldsymbol{\nabla}\phi = 0\,. \tag{A.4.14}$$

Anmerkung: Z darf nicht von der Wahl der Oberfläche ∂V abhängen.

Angenommen F_1 und F_2 sind zwei Oberflächen mit der gemeinsamen Randkurve ∂F. F_1 und F_2 sollen sich nicht überschneiden, so dass diese ein Volumen V einschließen. Für die Differenz gilt

$$\oiint_{\partial V} \mathbf{df} \cdot \boldsymbol{\nabla} \times \mathbf{v} = \iint_{F_1} \mathbf{df} \cdot \boldsymbol{\nabla} \times \mathbf{v} - \iint_{F_2} \mathbf{df} \cdot \boldsymbol{\nabla} \times \mathbf{v}\,.$$

Nach dem Gauß'schen Satz gilt für das von F_1 und F_2 eingeschlossene Volumen V

$$\oiint_{\partial V} \mathbf{df} \cdot \boldsymbol{\nabla} \times \mathbf{v} = \int_V \mathrm{d}^3x\, \boldsymbol{\nabla}\cdot\boldsymbol{\nabla} \times \mathbf{v} = 0\,,$$

da ja nach (A.2.36) $\mathrm{div}\,\mathrm{rot}\,\mathbf{v} = 0$.

Aus (A.2.37) folgt, dass die Divergenz jedes Vektorfeldes $\mathbf{B}$, das die Rotation eines anderen Vektorfeldes $\mathbf{A}$ ist, verschwindet:

$$\mathbf{B} = \boldsymbol{\nabla} \times \mathbf{A} \qquad \overset{(A.2.37)}{\Longrightarrow} \qquad \mathrm{div}\,\mathbf{B} = \boldsymbol{\nabla}\cdot(\boldsymbol{\nabla}\times\mathbf{A}) = 0\,.$$

In Abb. A.16 sind zwei Vektorfelder $\mathbf{v}_a = \alpha x\mathbf{e}_x$ und $\mathbf{v}_b = \beta y\mathbf{e}_x$ skizziert, von

---

[4] $\mathrm{rot}\,\mathbf{v} = \mathrm{curl}\,\mathbf{v} = \boldsymbol{\nabla} \times \mathbf{v}$

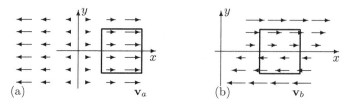

Abb. A.16. Vektorfelder   (a) $\operatorname{div} \mathbf{v}_a \neq 0$ und $\operatorname{rot} \mathbf{v}_a = 0$ (b) $\operatorname{div} \mathbf{v}_b = 0$ und $\operatorname{rot} \mathbf{v}_b \neq 0$

denen das erste rotationsfrei ist und eine konstante Divergenz hat ($\operatorname{rot} \mathbf{v}_a = 0$ und $\operatorname{div} \mathbf{v}_a = \alpha$) und das zweite keine Quellen hat, aber eine konstante, endliche Rotation ($\operatorname{rot} \mathbf{v}_b = -\beta$ und $\operatorname{div} \mathbf{v}_b = 0$).

Der Fluss Φ durch das eingezeichnete Volumen hängt so für $\mathbf{v}_a$ nur von dessen Größe ab und nicht von Ort und Gestalt.

Für die Wirbelstärke Z von $\mathbf{v}_b$ gilt analog, dass sie nur von der Größe der Fläche in der xy-Ebene bestimmt ist und nicht von der Form der Randkurve und deren Ort.

Allgemeine Form des Stokes'schen Satzes

Gleich wie im Fall des Gauß'schen Satzes kann man auch beim Stokes'schen Satz eine allgemeinere Form angeben. Wir setzen zunächst $\mathbf{v} = \phi\,\mathbf{c}$ in (A.4.13) ein, wobei $\mathbf{c}$ ein beliebiger konstanter Vektor sein soll:

$$\mathbf{c} \cdot \int_{\partial F} \mathrm{d}\mathbf{s}\,\phi = \iint_F \mathrm{d}\mathbf{f} \cdot (\boldsymbol{\nabla}\phi \times \mathbf{c}) \overset{\text{zykl}}{=} \mathbf{c} \cdot \iint_F \mathrm{d}\mathbf{f} \times \boldsymbol{\nabla}\phi\,.$$

Daraus folgt

$$\int_{\partial F} \mathrm{d}\mathbf{s}\,\phi = \iint_F \mathrm{d}\mathbf{f} \times \boldsymbol{\nabla}\phi\,. \tag{A.4.15}$$

Jetzt ersetzen wir $\mathbf{v}$ durch $\mathbf{v} \times \mathbf{c}$ ein und erhalten

$$\mathbf{c} \cdot \int_{\partial F} \mathrm{d}\mathbf{s} \times \mathbf{v} = \iint_F \mathrm{d}\mathbf{f} \cdot (\boldsymbol{\nabla} \times (\mathbf{v} \times \mathbf{c})) \overset{\text{zykl}}{=} \iint_F (\mathrm{d}\mathbf{f} \times \boldsymbol{\nabla}) \cdot (\mathbf{v} \times \mathbf{c})$$

$$\overset{\text{zykl}}{=} \mathbf{c} \cdot \iint_F ((\mathrm{d}\mathbf{f} \times \boldsymbol{\nabla}) \times \mathbf{v})\,.$$

Daraus folgt

$$\int_{\partial F} \mathrm{d}\mathbf{s} \times \mathbf{v} = \iint_F (\mathrm{d}\mathbf{f} \times \boldsymbol{\nabla}) \times \mathbf{v}\,. \tag{A.4.16}$$

Wir können wiederum verallgemeinern:

$$\int_{\partial F} \mathrm{d}s_i\,T_{i\ldots} = \epsilon_{ijk} \iint_F \mathrm{d}f_j \nabla_k\,T_{i\ldots}\,. \tag{A.4.17}$$

In dieser Notation sind (A.4.15) und (A.4.16) die Spezialfälle $T_{i\ldots} = \phi$ und $T_{i\ldots} = \epsilon_{lim} v_m$. Die Merkregel lautet hier $\mathrm{d}s_i = \epsilon_{ijk}\,\mathrm{d}f_j \nabla_k$.

A.4.3 Die Green'schen Sätze

Gegeben sei ein Vektorfeld der Form

$$\mathbf{v}(\mathbf{x}, t) = \psi(\mathbf{x}, t) \, \boldsymbol{\nabla}\phi(\mathbf{x}, t) \, . \tag{A.4.18}$$

ψ und ϕ sind skalare Felder für die dann gilt:

$$\boldsymbol{\nabla} \cdot \mathbf{v} = \boldsymbol{\nabla} \cdot (\psi \, \boldsymbol{\nabla}\phi) = (\boldsymbol{\nabla}\psi) \cdot (\boldsymbol{\nabla}\phi) + \psi \, \nabla^2 \phi \, .$$

Eingesetzt in den Gauß'schen Satz (A.4.3) erhält man

$$\oiint_{\partial V} \mathrm{d}\mathbf{f} \cdot (\psi \, \boldsymbol{\nabla}\phi) = \int_V \mathrm{d}^3 x \big[(\boldsymbol{\nabla}\psi) \cdot (\boldsymbol{\nabla}\phi) + \psi \, \nabla^2 \phi \big]. \tag{A.4.19}$$

Diese Gleichung ist als 1. Green'scher Satz bekannt. Aus der Vertauschung von ψ mit ϕ und anschließender Subtraktion erhält man den 2. Green'schen Satz:

$$\oiint_{\partial V} \mathrm{d}\mathbf{f} \cdot \big(\psi \, \boldsymbol{\nabla}\phi - \phi \, \boldsymbol{\nabla}\psi \big) = \int_V \mathrm{d}^3 x \big(\psi \, \nabla^2 \phi - \phi \, \nabla^2 \psi \big) \, . \tag{A.4.20}$$

A.4.4 Green-Funktion des Laplace-Operators

Die Green-Funktion eines linearen Differentialoperators L, der in unserem Falle der Laplace-Operator ist, ist definiert durch

$$\mathrm{L}G(\mathbf{x}) = a\delta^{(3)}(\mathbf{x}) \quad \overset{\mathrm{L}=\Delta}{\underset{a=-4\pi}{\Longrightarrow}} \quad \Delta G(\mathbf{x}-\mathbf{x}') = -4\pi\delta^{(3)}(\mathbf{x}-\mathbf{x}') \, . \tag{A.4.21}$$

G ist demnach die Lösung der inhomogenen Differentialgleichung mit der δ-Funktion als Inhomogenität. Im Allgemeinen ist $a = 1$, aber eben nicht immer.

Die Green'sche Funktion des Laplace-Operators

$$G(\mathbf{x}-\mathbf{x}') = \frac{1}{|\mathbf{x}-\mathbf{x}'|} \tag{A.4.22}$$

wurde schon im Abschnitt 2.1 (siehe (2.1.6)) hergeleitet. Hier wird für die nochmalige Herleitung ein alternativer Weg gewählt:

Stellt man $G(\mathbf{x})$ durch seine Fouriertransformierte $G(\mathbf{k})$ dar und setzt in (A.4.21) ein, so erhält man

$$\Delta G(\mathbf{x}) = \Delta \int \frac{\mathrm{d}^3 k}{(2\pi)^3} \, \mathrm{e}^{\mathrm{i}\mathbf{k}\cdot\mathbf{x}} \, G(\mathbf{k}) = -\int \frac{\mathrm{d}^3 k}{(2\pi)^3} \, k^2 \, \mathrm{e}^{\mathrm{i}\mathbf{k}\cdot\mathbf{x}} \, G(\mathbf{k}) = -4\pi\delta^{(3)}(\mathbf{x}) \, .$$

Multipliziert man von links mit $\int \mathrm{d}^3 x \, \mathrm{e}^{-\mathrm{i}\mathbf{q}\cdot\mathbf{x}}$, so folgt

$$G(\mathbf{q}) = 4\pi/q^2 \, . \tag{A.4.23}$$

Daraus berechnet man $G(\mathbf{x})$ in Kugelkoordinaten ($\xi = \cos\vartheta$) mittels $\int_0^\infty \mathrm{d}x \, \frac{\sin x}{x} = \frac{\pi}{2}$:

$$G(\mathbf{x}) = \int \frac{\mathrm{d}^3 k}{(2\pi)^3} \, \mathrm{e}^{\mathrm{i}\mathbf{k}\cdot\mathbf{x}} \, \frac{4\pi}{k^2} = \frac{1}{\pi} \int_0^\infty \mathrm{d}k \int_{-1}^1 \mathrm{d}\xi \, \mathrm{e}^{\mathrm{i}kr\xi} = \frac{2}{\pi} \int_0^\infty \mathrm{d}k \, \frac{\sin(kr)}{kr} = \frac{1}{r} \, .$$

A.4.5 Mittelwertsatz

Setzt man in den 2. Green'schen Satz (A.4.20) für $\phi(\mathbf{x}')$ eine Lösungsfunktion der Laplace-Gleichung ($\Delta'\phi(\mathbf{x}') = 0$ für $\mathbf{x}' \in V$) und für $\psi = G(\mathbf{x} - \mathbf{x}')$ die Greenfunktion (A.4.22) ein, so erhält man

$$\int_V \mathrm{d}^3 x \left[G\,\Delta'\phi - \phi\,\Delta'G \right] = 4\pi\phi(\mathbf{x}) = \oiint_{\partial V} \mathrm{d}\mathbf{f}' \cdot \left[G\,\boldsymbol{\nabla}'\phi - \phi\,\boldsymbol{\nabla}'G \right] \quad \mathbf{x} \in V .$$

Man nimmt für V eine Kugel K_R um $\mathbf{x}$ mit dem Radius $R = |\mathbf{x} - \mathbf{x}'|$ und erhält

$$\phi(\mathbf{x}) = \frac{1}{4\pi} \oiint_{\partial K_R} \mathrm{d}\mathbf{f}' \cdot \left[\frac{1}{R}\boldsymbol{\nabla}'\phi(\mathbf{x}') - \frac{\mathbf{R}}{R^3}\phi(\mathbf{x}') \right] = \frac{1}{4\pi} \oiint_{\partial K_R} \mathrm{d}\Omega'\,\phi(\mathbf{x}'). \quad \text{(A.4.24)}$$

Im 1. Term ziehen wir das konstante R vor das Integral, wandeln das Oberflächenintegral mit dem Gauß'schen Satz in ein Volumenintegral und bemerken, dass dieses wegen $\Delta'\phi = 0$ verschwindet. Im 2. Term haben wir $\mathrm{d}\mathbf{f}' = -R\mathbf{R}\,\mathrm{d}\Omega'$ eingesetzt.

Es ist demnach $\phi(\mathbf{x})$ das arithmetische Mittel der Werte von $\phi(\partial K_R)$ auf der Kugeloberfläche des Radius R um $\mathbf{x}$, was als *Mittelwertsatz der Potentialtheorie* bezeichnet wird.

Prinzip vom Maximum und Minimum

Aus dem Mittelwertsatz folgt unmittelbar, dass die größten und kleinsten Werte von ϕ am Rand von V liegen. Hätten wir in V ein lokales Maximum am Ort $\mathbf{x}$, so würden wir nach dem Mittelwertsatz auf der Oberfläche einer kleinen Kugel, die noch ganz in V liegt, Werte haben, die größer gleich dem Wert von $\mathbf{x}$ sind; es gibt also kein Maximum (Minimum) im Inneren von V.

Beide Sätze haben ihre Entsprechung in der Theorie komplexer Funktionen (siehe Abschnitt B.1.2).

A.4.6 Lösung der Poisson-Gleichung mit Green-Funktionen

Lösungen linearer inhomogener Differentialgleichungen können mit der Methode der Green-Funktionen gefunden werden. Sei L wiederum ein linearer Differentialoperator, der Laplace-Operator, dessen Green-Funktion durch (A.4.21) bestimmt ist. L angewandt auf ϕ ergibt $a\rho$:

$$\mathrm{L}\phi(\mathbf{x}) = a\,\rho(\mathbf{x}) \quad \overset{\substack{\mathrm{L}=\Delta \\ a=-4\pi}}{\Longrightarrow} \quad \Delta\phi(\mathbf{x}) = -4\pi\rho(\mathbf{x}). \quad \text{(A.4.25)}$$

Eine Lösung ϕ_0 dieser Differentialgleichung ist

$$\phi_0(\mathbf{x}) = \int \mathrm{d}^3 x'\,G_0(\mathbf{x},\mathbf{x}')\rho(\mathbf{x}') \quad \text{mit} \quad G_0(\mathbf{x},\mathbf{x}') = \frac{1}{|\mathbf{x}-\mathbf{x}'|}. \quad \text{(A.4.26)}$$

Durch Berechnung von $\mathrm{L}\phi_0$ kann man verifizieren, dass (A.4.26) der Poisson-Gleichung (A.4.25) genügt; die allgemeine Lösung erhält man durch Addition einer beliebigen harmonischen Lösung ϕ_h der Laplace-Gleichung.

Methode der Regularisierung

Die Lösung ϕ_0 der Poisson-Gleichung (A.4.26) ist durch die erforderliche Endlichkeit des Integrals eingeschränkt. Von der Dichte ρ wird angenommen, dass sie endlich ist, bzw. die Integration über eine Singularität (Punktladung) einen endlichen Beitrag liefert, so dass ein singulärer Beitrag allein dem asymptotischen Verhalten des Produkts $G_0\rho$ zuzuschreiben ist. Fällt ρ für $r \to \infty$ mit $1/r^2$ oder schwächer ab, so wird das Integral im Allgemeinen divergieren.

Blumenthal [1905] hat gezeigt, dass man die Green-Funktion (A.4.21) so modifizieren kann, dass sie im Unendlichen rascher abfällt. Das Potential (A.4.26) kann dann für eine entsprechend schwächer abfallende Dichte ρ angegeben werden. Das wird durch den Ansatz

$$G_i(\mathbf{x}-\mathbf{x}_0, \mathbf{x}'-\mathbf{x}_0) = \frac{1}{|\mathbf{x}'-\mathbf{x}|} - \sum_{l=0}^{i-1} \frac{1}{l!}\big((\mathbf{x}_0-\mathbf{x})\cdot\boldsymbol{\nabla}'\big)^l \frac{1}{|\mathbf{x}'-\mathbf{x}_0|}, \qquad (A.4.27)$$

erreicht. Es wurden hier von G_0 die ersten i Terme der Taylorentwicklung von G_0 um einen weitgehend frei wählbaren Konvergenzpunkt (bzw. Regularisierungspunkt) abgezogen:

$$G_1(\mathbf{x}-\mathbf{x}_0, \mathbf{x}'-\mathbf{x}_0) = \frac{1}{|\mathbf{x}'-\mathbf{x}|} - \frac{1}{|\mathbf{x}'-\mathbf{x}_0|},$$

$$G_2(\mathbf{x}-\mathbf{x}_0, \mathbf{x}'-\mathbf{x}_0) = G_1(\mathbf{x}-\mathbf{x}_0, \mathbf{x}'-\mathbf{x}_0) - (\mathbf{x}_0-\mathbf{x})\cdot\boldsymbol{\nabla}'\frac{1}{|\mathbf{x}'-\mathbf{x}_0|}, \qquad (A.4.28)$$

$$G_3(\mathbf{x}-\mathbf{x}_0, \mathbf{x}'-\mathbf{x}_0) = G_2(\mathbf{x}-\mathbf{x}_0, \mathbf{x}'-\mathbf{x}_0) - \frac{1}{2}\big[(\mathbf{x}-\mathbf{x}_0)\cdot\boldsymbol{\nabla}'\big]^2 \frac{1}{|\mathbf{x}'-\mathbf{x}_0|}.$$

Damit erreicht man einen asymptotischen Abfall $G_i \sim 1/r'^{1+i}$. Die Entwicklung hat jedoch den Haken, dass G_i um den Regularisierungspunkt gemäß $1/|\mathbf{x}'-\mathbf{x}_0|^i$ singulär wird, so dass das Potential für $i>3$ im Allgemeinen divergiert. Ein weiterer Schwachpunkt in der Entwicklung ist, dass G_i für $i>2$ keine Green-Funktion der ursprünglichen Poisson-Gleichung ist:

$$\Delta G_i(\mathbf{x}-\mathbf{x}_0, \mathbf{x}'-\mathbf{x}_0) = -4\pi\big[\delta^{(3)}(\mathbf{x}-\mathbf{x}') - \delta_{i,3}\delta^{(3)}(\mathbf{x}'-\mathbf{x}_0)\big], \quad i \le 3 \quad (A.4.29)$$
$$\Delta\phi_i(\mathbf{x},\mathbf{x}_0) = -4\pi\big[\rho(\mathbf{x}) - \delta_{i,3}\rho(\mathbf{x}_0)\big].$$

Für $i=3$ kann der Zusatzterm durch eine Funktion 2. Grades in $\mathbf{x}$ berücksichtigt werden, deren linearer Anteil frei wählbar ist, da dieser eine harmonischen Lösung ist. Es ist zweckmäßig

$$\phi_\epsilon(\mathbf{x}) = \frac{2\pi}{3}\rho(\mathbf{x}_0)|\mathbf{x}-\mathbf{x}_0|^2 \qquad \Rightarrow \qquad \Delta\phi_c(\mathbf{x}) = 4\pi\rho(\mathbf{x}_0)$$

zu wählen, da dann $\phi_\epsilon(\mathbf{x})$ der Anteil von $\phi_3(\mathbf{x})$ ist, der vom Integral einer infinitesimalen Kugel K_ϵ um die singuläre Stelle $\mathbf{x}' = x_0$ herrührt. Somit ist

$$\bar{\phi}_3(\mathbf{x},\mathbf{x}_0) = \phi_3(\mathbf{x},\mathbf{x}_0) - \phi_\epsilon(\mathbf{x}) \qquad\qquad (A.4.30)$$

die Lösung der Poisson-Gleichung. Aus (A.4.27) lässt sich eine Hilfsformel herleiten, die wir im Folgenden mehrmals anwenden werden, um in den Integranden von $\boldsymbol{\nabla}$ zu $\boldsymbol{\nabla}'$ zu wechseln:

$$\boldsymbol{\nabla} G_{i+1}(\mathbf{x}-\mathbf{x}_0, \mathbf{x}'-\mathbf{x}_0) = -\boldsymbol{\nabla}' G_i(\mathbf{x}-\mathbf{x}_0, \mathbf{x}'-\mathbf{x}_0). \tag{A.4.31}$$

A.4.7 Ergänzungen zum Helmholtz'schen Zerlegungssatz

Der Zerlegungssatz wurde von Stokes [1849] gezeigt und von Helmholtz [1858] vervollständigt. In die Lehrbücher Elektrodynamik eingeführt wurde er von Föppl [1894]. Dieser hat angenommen, dass die Quellen und Wirbel (und Unstetigkeitsflächen) im Endlichen liegen; das zugehörige Vektorfeld $\mathbf{v}$ fällt dann asymptotisch mindestens mit $1/r^2$ ab. Bereits 1905 hat Blumenthal [Blumenthal, 1905] gezeigt, dass es genügt anzunehmen, dass das Vektorfeld asymptotisch „irgendwie" verschwindet.

In der Physik, anders als in der Mathematik, wurden die Erkenntnisse Blumenthals weitgehend ignoriert. Die hier und im Abschnitt 7.1.2 dargelegte Helmholtz-Zerlegung basiert auf der Arbeit von Petrascheck, Folk [2015]; Petrascheck [2016]. Bezeichnet wird die Zerlegung als (Helmholtz'scher) Zerlegungssatz, als (Helmholtz'scher) Hauptsatz der Vektoranalysis ([Blumenthal, 1905]; [Großmann, 2012, S. 368]; [Fließbach, 2008, S. 27]) oder als Fundamentalsatz der Vektoranalysis ([Sommerfeld II, 1970, § 20])

Der Zerlegung eines Vektorfeldes verwandt ist das *Div-Curl-Problem*. Zu bestimmen ist hier das Vektorfeld $\mathbf{v}$ zu vorgegebenen Quellen und Wirbeln unter Einhaltung gewisser asymptotischer Bedingungen. Bezeichnet wird dies als Helmholtz-Theorem ([Griffiths, 2011, S. 685]; [Arfken & Weber, 2005, S. 97]), wobei zwischen den beiden Theoremen oft nicht klar unterschieden wird, da aus den Quellen und Wirbeln nicht nur das Vektorfeld $\mathbf{v}$, sondern auch dessen Quellen- und Wirbelanteile $\mathbf{v}_{l,t}$ bestimmt werden können.

Sublinear divergierende Vektorfelder

Vektorfelder können im Allgemeinen, unabhängig von ihrem asymptotischen Verhalten, in Quellen- und Wirbelanteile zerlegt werden; darauf wird nur selten hingewiesen. Wir nehmen das als Anlass den Beweis, einer Arbeit von Gregory [1996] folgend, zu skizzieren, ohne auf die Voraussetzungen einzugehen. Ausgangspunkt sind die vektorielle Poisson-Gleichung und die Identität (A.2.38):

$$\mathbf{v} = \Delta \mathbf{a} = \boldsymbol{\nabla}(\boldsymbol{\nabla}\cdot\mathbf{a}) - \boldsymbol{\nabla}\times(\boldsymbol{\nabla}\times\mathbf{a}) = -\boldsymbol{\nabla}\phi + \boldsymbol{\nabla}\times\mathbf{A} \tag{A.4.32}$$

mit $\phi = -\boldsymbol{\nabla}\cdot\mathbf{a}$ und $\mathbf{A} = -\boldsymbol{\nabla}\times\mathbf{a}$. Jede Lösung $\mathbf{a}$ bestimmt so eine Zerlegung von $\mathbf{v}$ in ein wirbelfreies und ein quellenfreies Vektorfeld. Jetzt entwickelt man $\mathbf{a}$ (und $\mathbf{v}$) nach Kugelflächenfunktionen:

$$\mathbf{a}(\mathbf{x}) = \sum_{l=0}^{\infty} \sum_{m=-l}^{l} \tilde{\mathbf{a}}_{lm}(r)\, Y_{lm}(\vartheta, \varphi), \qquad \tilde{\mathbf{a}}_{lm}(r) = \int d\Omega\, \mathbf{a}(\mathbf{x})\, Y_{lm}^{*}(\vartheta, \varphi)$$

und wendet den Laplace-Operator (A.2.30) auf $\mathbf{a}$ an. Man erhält gewöhnliche Differentialgleichungen für den radialen Anteil von der Form

$$\left[\frac{d}{dr}\, r^2\, \frac{d}{dr} - l(l+1)\right]\tilde{\mathbf{a}}_{lm}(r) = \tilde{\mathbf{v}}_{lm}(r).$$

Damit ist eine Zerlegung prinzipiell möglich, wenngleich nicht ganz so einfach, wie es hier scheint [Gregory, 1996]. Wir setzen daher mit der Anwendung der Regularisierung für die Poisson-Gleichung fort, bei der Lösungsverfahren für bestimmte asymptotische Bedingungen angegeben werden können.

Im Abschnitt 7.1.2 (7.1.11) wurde gezeigt, dass (A.4.32) für

$$\mathbf{a} = \mathbf{v}(\mathbf{x}')\, G_i(\mathbf{x}, \mathbf{x}')$$

mit $i = 0$ die Zerlegung von $\mathbf{v}$ in einen wirbelfreien und einen quellenfreien Teil bewirkt, wenn über $\mathbf{x}'$ integriert wird. Für $i \leq 3$ und $\mathbf{x}_0 = 0$ erhält man für (7.1.11) unter Verwendung von (A.4.29):

$$\mathbf{v}(\mathbf{x}) - \delta_{i,3}\mathbf{v}(0) = \frac{-1}{4\pi} \int d^3x'\, \Delta\mathbf{v}(\mathbf{x}')\, G_i(\mathbf{x}, \mathbf{x}') \tag{A.4.33}$$

$$= \underbrace{-\boldsymbol{\nabla} \frac{1}{4\pi} \int d^3x' \left[\boldsymbol{\nabla} \cdot \mathbf{v}(\mathbf{x}')G_i(\mathbf{x}, \mathbf{x}')\right]}_{\phi(\mathbf{x}, 0)} + \underbrace{\boldsymbol{\nabla} \times \frac{1}{4\pi} \int d^3x' \left[\boldsymbol{\nabla} \times \mathbf{v}(\mathbf{x}')G_i(\mathbf{x}, \mathbf{x}')\right]}_{\mathbf{A}(\mathbf{x}, 0)}.$$

Das asymptotische Verhalten von $\mathbf{v}$ wird durch die Green-Funktion G_i beeinflusst. Für $i = 0$ und $i = 1$ muss v stärker als $1/r$ abfallen, während für $i = 2$ der Abfall mit einer kleinen Potenz ausreicht, und für $i = 3$ sogar bei einem sublinearen Anstieg von v die Integrale in (A.4.33) endlich bleiben. Die Anwendung von (A.4.31) $\boldsymbol{\nabla} G_{i+1} = -\boldsymbol{\nabla}' G_i$ mit anschließender partieller Integration ergibt unter Zulassung von $\mathbf{x}_0 \neq 0$:

$$\phi_i(\mathbf{x}, \mathbf{x}_0) = -\frac{1}{4\pi} \int d^3x'\, \mathbf{v}(\mathbf{x}') \cdot \boldsymbol{\nabla}' G_i(\mathbf{x} - \mathbf{x}_0, \mathbf{x}' - \mathbf{x}_0),$$

$$\mathbf{A}_i(\mathbf{x}, \mathbf{x}_0) = \frac{1}{4\pi} \int d^3x'\, \mathbf{v}(\mathbf{x}') \times \boldsymbol{\nabla}' G_i(\mathbf{x} - \mathbf{x}_0, \mathbf{x}' - \mathbf{x}_0). \tag{A.4.34}$$

Die Zerlegung (A.4.33) von $\mathbf{v}$ lautet nun

$$\mathbf{v}(\mathbf{x}) - \delta_{i,2}\mathbf{v}(\mathbf{x}_0) = -\boldsymbol{\nabla}\phi_i(\mathbf{x}, \mathbf{x}_0) + \boldsymbol{\nabla} \times \mathbf{A}_i(\mathbf{x}, \mathbf{x}_0) \qquad i \leq 2. \tag{A.4.35}$$

Man kann jetzt den Zerlegungssatz nahezu identisch zum Abschnitt 7.1.2 formulieren

Satz: Sei $\mathbf{v}(\mathbf{x})$ *ein stückweise stetig differenzierbares Vektorfeld mit dem asymptotischen Verhalten*

$$\lim_{r \to \infty} v(r) r^{\epsilon+1-i} < \infty \qquad\qquad mit \qquad\qquad \epsilon > 0 \quad und \quad i \leq 2,$$

so gilt die Zerlegung

$$\mathbf{v}(\mathbf{x}) - \delta_{i,2}\mathbf{v}(\mathbf{x}_0) = -\operatorname{grad}\phi_i(\mathbf{x}, \mathbf{x}_0) + \operatorname{rot}\mathbf{A}_i(\mathbf{x}, \mathbf{x}_0) \tag{A.4.36}$$

in ein wirbelfreies und ein quellenfreies Vektorfeld mit den Potentialen (A.4.34), *wobei die Green-Funktionen G_i durch* (A.4.27) *gegeben sind. Diese Zerlegung ist eindeutig für $i < 2$, wenn v_l asymptotisch verschwindet, und eindeutig bis auf eine Konstante für $i = 2$, wenn v_l schwächer als linear ansteigt.*

Bemerkung: Die asymptotischen Bedingungen für $\mathbf{v}_l$ sind durch die Potentiale (A.4.34) gewährleistet; sie verhindern nur, dass harmonische Vektorfelder $\mathbf{v}_h$ dem wirbelfreien Feld $\mathbf{v}_l$ zugeschlagen und von $\mathbf{v}_t$ wieder abgezogen werden.

Beweis: Die Existenz der Zerlegung haben wir bereits gezeigt. Die Eindeutigkeit dieser Zerlegung wurde für $i \leq 1$ bereits im Abschnitt 7.1.2 gezeigt. Es genügt also nachzuweisen, dass diese für $i = 2$ bis auf eine vektorielle Konstante eindeutig ist. Man geht wiederum von zwei verschiedenen Zerlegungen aus und definiert das quellen- und wirbelfreie Feld $\mathbf{v}_d = \mathbf{v}_l - \mathbf{v}_l'$. Dieses kann als Gradient eines skalaren Potentials ϕ_d (siehe (3.2.38)) geschrieben werden. Das radiale Vektorfeld ist dann $\mathbf{e}_r \cdot \mathbf{v}_d = -\mathbf{e}_r \cdot \boldsymbol{\nabla}\phi_d$. Für $r \to \infty$ müssen alle Koeffizienten mit $l - 1 > 1 - \epsilon$ und $\epsilon > 0$ verschwinden, da die entsprechenden Terme zu einer stärkeren Divergenz führen würden. So verbleiben nur die Beiträge mit $l = 0$ und $l = 1$:

$$\phi_d(r, \vartheta, \varphi) = \alpha_{00}Y_{00} + \sum_{m=-1}^{1} \alpha_{1m}Y_{1m}(\vartheta, \varphi)\, r = \frac{\alpha_{00}}{\sqrt{4\pi}} - \mathbf{w} \cdot \mathbf{x}. \tag{A.4.37}$$

Wir erhalten so

$$\mathbf{v}_d(\mathbf{x}) = -\boldsymbol{\nabla}\phi_d = \mathbf{w}.$$

Daher ist $\mathbf{v}_d = \mathbf{w}$ eindeutig, bis auf eine vektorielle Konstante.

Zur Berechnung der Potentiale

Es ist von vornherein nicht immer klar, welches G_i zu endlichen Integralen führt; sicher ist nur, dass für $\lim_{r \to \infty} v(r) r^{\epsilon+1-i} < \infty$ die mit G_i berechneten Potentiale konvergieren. Ausgangspunkt ist das für ein endliches Volumen V mit glattem Rand berechnete Potential $\phi_V(\mathbf{x})$ (7.1.13):

$$\phi_V(\mathbf{x}) = \frac{1}{4\pi}\int_V \mathrm{d}^3x'\, \mathbf{v}(\mathbf{x}') \cdot \boldsymbol{\nabla}\frac{1}{|\mathbf{x}-\mathbf{x}'|}, \tag{A.4.38}$$

$$\phi_0(\mathbf{x}) = \lim_{V \to \infty} \phi_V(\mathbf{x}).$$

Daraus folgt unmittelbar mithilfe von (A.4.28)

$$\phi_{v1}(\mathbf{x}, \mathbf{x}_0) = \frac{1}{4\pi} \int_V \mathrm{d}^3x' \, \mathbf{v}(\mathbf{x}') \cdot \boldsymbol{\nabla} G_1(\mathbf{x}-\mathbf{x}_0, \mathbf{x}'-\mathbf{x}_0) \tag{A.4.39}$$

$$= \frac{1}{4\pi} \int_V \mathrm{d}^3x' \, \mathbf{v}(\mathbf{x}') \cdot \boldsymbol{\nabla} \Big[\frac{1}{|\mathbf{x}-\mathbf{x}'|} - \frac{1}{|\mathbf{x}_0 - \mathbf{x}'|} \Big] = \phi_v(\mathbf{x}) - \phi_v(\mathbf{x}_0),$$

$$\phi_1(\mathbf{x}, \mathbf{x}_0) = \lim_{V \to \infty} \big[\phi_{v1}(\mathbf{x}) - \phi_{v1}(\mathbf{x}_0) \big]. \tag{A.4.40}$$

Analog erhält man

$$\phi_{v2}(\mathbf{x}, \mathbf{x}_0) = \frac{1}{4\pi} \int_V \mathrm{d}^3x' \, \mathbf{v}(\mathbf{x}') \cdot \boldsymbol{\nabla} \Big[G_1(\mathbf{x}-\mathbf{x}_0, \mathbf{x}'-\mathbf{x}_0) - (\mathbf{x}-\mathbf{x}_0) \cdot \boldsymbol{\nabla}_0 \frac{1}{|\mathbf{x}_0 - \mathbf{x}'|} \Big]$$

$$= \phi_v(\mathbf{x}) - \phi_v(\mathbf{x}_0) - (\mathbf{x}-\mathbf{x}_0) \boldsymbol{\nabla}_0 \cdot \phi_v(\mathbf{x}_0), \tag{A.4.41}$$

$$\phi_2(\mathbf{x}, \mathbf{x}_0) = \lim_{V \to \infty} \big[\phi_{v1}(\mathbf{x}) - (\mathbf{x}-\mathbf{x}_0) \cdot \boldsymbol{\nabla}_0 \phi_v(\mathbf{x}_0) \big].$$

Man kann den Weg zu ϕ_1 und ϕ_2 noch etwas vereinfachen, indem man ϕ_V im Grenzwert $V \to \infty$ entwickelt und einteilt in

$$\phi_v(\mathbf{x}) = \phi_r(\mathbf{x}) + \boldsymbol{\alpha}_2(V) \cdot \mathbf{x} + \alpha_1(V). \tag{A.4.42}$$

ϕ_r muss für $V \to \infty$ endlich sein, aber $\boldsymbol{\alpha}_2$ und α_1 können divergieren:

$$\phi_1(\mathbf{x}) = \phi_r(\mathbf{x}) - \phi_r(\mathbf{x}_0) + (\mathbf{x}-\mathbf{x}_0) \cdot \boldsymbol{\alpha}_2(V),$$
$$\phi_2(\mathbf{x}) = \phi_r(\mathbf{x}) - \phi_r(\mathbf{x}_0) - (\mathbf{x}-\mathbf{x}_0) \cdot \boldsymbol{\nabla}_0 \phi_r(\mathbf{x}_0). \tag{A.4.43}$$

Es ist also nur notwendig, das Potential $\phi_v(\mathbf{x})$ mit G_0 zu berechnen und für $V \to \infty$ zu entwickeln, womit sich der Mehraufwand für ϕ_1 und ϕ_2 in Grenzen halten sollte.

Analoge Gleichungen erhält man für die Vektorpotentiale:

$$\mathbf{A}_V(\mathbf{x}) = \frac{1}{4\pi} \int_V \mathrm{d}^3x' \, \mathbf{v}(\mathbf{x}') \times \boldsymbol{\nabla}' \frac{1}{|\mathbf{x}-\mathbf{x}'|},$$

$$\mathbf{A}_{V1}(\mathbf{x}, \mathbf{x}_0)) = \lim_{V \to \infty} \big[\mathbf{A}_V(\mathbf{x}) - \mathbf{A}_V(\mathbf{x}_0) \big], \tag{A.4.44}$$

$$\mathbf{A}_{V2}(\mathbf{x}, \mathbf{x}_0)) = \lim_{V \to \infty} \big[\mathbf{A}_V(\mathbf{x}) - \mathbf{A}_V(\mathbf{x}_0) - (\mathbf{x}-\mathbf{x}_0) \cdot \boldsymbol{\nabla}_0 \mathbf{A}_V(\mathbf{x}_0) \big].$$

Aufgaben zu Anhang A

A.1. *Dyaden sind nicht kommutativ*: Zeigen Sie die Gültigkeit der Relation (A.1.16), die insbesondere in der Magnetostatik angewandt wird.

A.2. *Berechnung einer Determinante*: Bei der Berechnung der Potentiale der bewegten Punktladung tritt eine Funktionaldeterminante der Form $|\mathsf{E} + \mathbf{a} \circ \mathbf{b}|$ auf (siehe (8.2.24)). Zeigen Sie, dass

$$\det \big(\mathsf{E} + \mathbf{a} \circ \mathbf{b} \big) = 1 + \mathbf{a} \cdot \mathbf{b}.$$

Hinweis: Sie können den Beweis mit vollständiger Induktion führen.

A.3. *Beweis der Identitäten*:

1. $\nabla(\mathbf{a}\cdot\mathbf{b}) = (\mathbf{a}\cdot\nabla)\mathbf{b} + \mathbf{a}\times(\nabla\times\mathbf{b}) + (\mathbf{b}\cdot\nabla)\mathbf{a} + \mathbf{b}\times(\nabla\times\mathbf{a})$.
2. $\nabla\cdot(\mathbf{a}\times\mathbf{b}) = \mathbf{b}\cdot(\nabla\times\mathbf{a}) - \mathbf{a}\cdot(\nabla\times\mathbf{b})$.
3. $\nabla\times(\mathbf{a}\times\mathbf{b}) = \mathbf{a}\times(\nabla\times\mathbf{b}) - \mathbf{b}\times(\nabla\times\mathbf{a}) = \mathbf{a}(\nabla\cdot\mathbf{b}) - \mathbf{b}(\nabla\cdot\mathbf{a}) + (\mathbf{b}\cdot\nabla)\mathbf{a} - (\mathbf{a}\cdot\nabla)\mathbf{b}$.

A.4. *Anwendung von Differentialoperatoren auf Einheitsvektoren*: In krummlinigen KS hat man auch die Wirkung der Differentialoperatoren auf die Basisvektoren einzubeziehen. Verifizieren Sie in diesem Zusammenhang die folgenden Relationen

Zylinderkoordinaten :

$$\operatorname{div}\mathbf{e}_\varrho = \frac{1}{\varrho}, \quad \operatorname{grad}\operatorname{div}\mathbf{e}_\varrho = -\frac{1}{\varrho^2}\mathbf{e}_\varrho, \quad \operatorname{rot}\mathbf{e}_\varrho = 0, \quad \operatorname{rot}\operatorname{rot}\mathbf{e}_\varrho = 0,$$
$$\operatorname{div}\mathbf{e}_\varphi = 0, \quad \operatorname{grad}\operatorname{div}\mathbf{e}_\varphi = 0, \quad \operatorname{rot}\mathbf{e}_\varphi = \frac{1}{\varrho}\mathbf{e}_z, \quad \operatorname{rot}\operatorname{rot}\mathbf{e}_\varphi = \frac{1}{\varrho^2}\mathbf{e}_\varphi, \qquad \text{(A.4.45)}$$
$$\operatorname{div}\mathbf{e}_z = 0, \quad \operatorname{grad}\operatorname{div}\mathbf{e}_z = 0, \quad \operatorname{rot}\mathbf{e}_z = 0, \quad \operatorname{rot}\operatorname{rot}\mathbf{e}_z = 0.$$

Kugelkoordinaten:

$$\operatorname{div}\mathbf{e}_r = \frac{2}{r}, \qquad \operatorname{grad}\operatorname{div}\mathbf{e}_r = -\frac{2}{r^2}\mathbf{e}_r, \qquad \operatorname{rot}\mathbf{e}_r = 0,$$
$$\operatorname{div}\mathbf{e}_\vartheta = \frac{\cot\vartheta}{r}, \qquad \operatorname{grad}\operatorname{div}\mathbf{e}_\vartheta = -\frac{\cot\vartheta}{r^2}\mathbf{e}_r - \frac{\mathbf{e}_\vartheta}{r^2\sin^2\vartheta}, \qquad \operatorname{rot}\mathbf{e}_\vartheta = \frac{\mathbf{e}_\varphi}{r}, \qquad \text{(A.4.46)}$$
$$\operatorname{div}\mathbf{e}_\varphi = 0, \qquad \operatorname{grad}\operatorname{div}\mathbf{e}_\varphi = 0, \qquad \operatorname{rot}\mathbf{e}_\varphi = \frac{\cot\vartheta}{r}\mathbf{e}_r - \frac{\mathbf{e}_\vartheta}{r},$$
$$\operatorname{rot}\operatorname{rot}\mathbf{e}_r = 0, \qquad \operatorname{rot}\operatorname{rot}\mathbf{e}_\vartheta = \frac{\cot\vartheta}{r^2}\mathbf{e}_r, \qquad \operatorname{rot}\operatorname{rot}\mathbf{e}_\varphi = \frac{\mathbf{e}_\varphi}{r^2\sin^2\vartheta}. \qquad \text{(A.4.47)}$$

A.5. *Drehimpuls in Polarkoordinaten*: Zeigen Sie, dass

$$\hat{\mathbf{L}} = -\mathrm{i}\mathbf{x}\times\nabla = \mathrm{i}\frac{1}{\sin\vartheta}\mathbf{e}_\vartheta\frac{\partial}{\partial\varphi} - \mathrm{i}\mathbf{e}_\varphi\frac{\partial}{\partial\vartheta}$$

und berechnen Sie mittels $\hat{\mathbf{L}}$ das Skalarprodukt $\hat{\mathbf{L}}^2$.

A.6. *Differentialoperatoren, angewandt auf* $\mathbf{a} = f(r)\mathbf{p}$: In den meisten Fällen wird der konstante Vektor $\mathbf{p}$ in die z-Richtung zeigen, was hier nicht gefordert ist. Verifizieren Sie die folgenden Relationen, wobei $f'(r) = \mathrm{d}f/\mathrm{d}r$ und $f'' = \mathrm{d}^2f/\mathrm{d}r^2$:

$$\operatorname{div}\mathbf{a} = f'\,\mathbf{e}_r\cdot\mathbf{p}, \qquad \operatorname{grad}\operatorname{div}\mathbf{a} = \left(f'' - \frac{f'}{r}\right)(\mathbf{e}_r\cdot\mathbf{p})\,\mathbf{e}_r + \frac{f'}{r}\mathbf{p},$$

$$\operatorname{rot}\mathbf{a} = f'\,\mathbf{e}_r\times\mathbf{p}, \qquad \operatorname{rot}\operatorname{rot}\mathbf{a} = \left(f'' - \frac{f'}{r}\right)(\mathbf{e}_r\cdot\mathbf{p})\,\mathbf{e}_r - \left(f'' + \frac{f'}{r}\right)\mathbf{p},$$

$$\Delta\mathbf{p} = \left(f'' + \frac{2f'}{r}\right)\mathbf{p}.$$

A.7. *Elliptische Koordinaten*: Gegeben sind die elliptischen Koordinaten des gestreckten Rotationsellipsoids in der Form

$$x = l\sqrt{(\xi^2 - 1)(1 - \eta^2)}\,\cos\varphi, \qquad\qquad 1 \le \xi \le \infty,$$
$$y = l\sqrt{(\xi^2 - 1)(1 - \eta^2)}\,\sin\varphi, \qquad\qquad -1 \le \eta \le 1,$$
$$z = l\xi\eta, \qquad\qquad 0 \le \varphi < 2\pi\,.$$

1. Berechnen Sie die metrischen Tensoren (g^{ij}) und (g_{ij}) und $\sqrt{g}$ mit $g = \det(g_{ij})$.
   Hinweis: Verwenden Sie die Größen $\xi^1 = \eta, \xi^2 = \xi, \xi^3 = \varphi$. Damit können Sie $\mathbf{h}_i = \partial\mathbf{x}/\partial\xi^i$ berechnen; dann $g_{ij} = \mathbf{h}_i \cdot \mathbf{h}_j$ und g^{ij}.
2. Berechnen Sie den Laplace-Operator in diesen Koordinaten

A.8. *Zum Levi-Civita-Symbol*:

1. Berechnen Sie, ausgehend von $\epsilon_{\mu\nu\rho\sigma}$, mithilfe des metrischen Tensors $\mathbf{g}$ den kontravarianten Tensor $\epsilon^{\mu\nu\rho\sigma}$.
2. Berechnen Sie

$$\epsilon^{\alpha\beta\gamma\delta}\,\epsilon_{\alpha\beta\rho\sigma}, \qquad \epsilon^{\alpha\beta\gamma\delta}\,\epsilon_{\alpha\beta\gamma\sigma}, \qquad \epsilon^{\alpha\beta\gamma\delta}\,\epsilon_{\alpha\beta\gamma\delta}.$$

A.9. *Zur Eindeutigkeit der Zerlegung eines Vektorfeldes*: Zeigen Sie mithilfe des 2. Green'schen Satzes, dass die Zerlegung eines Vektorfeldes $\mathbf{v}$, das asymptotisch sublinear divergiert, in ein wirbelfreies Feld $\mathbf{v}_l$ und ein quellenfreies Feld $\mathbf{v}_t$ bis auf eine vektorielle Konstante eindeutig ist.

Hinweis: Setzen Sie in (A.4.20) $\phi(\mathbf{x}') = \phi_d(\mathbf{x}')$ mit $\Delta\phi_d = 0$ und $\psi(\mathbf{x}') = G_2(\mathbf{x}, \mathbf{x}')$ ein.

A.10. *Potential und Feld einer Flächenladung*: Gegeben sei die Ladungsdichte der Halbebene

$$\rho(\mathbf{x}) = \sigma\delta(z)\,\theta(x)$$

Zu berechnen sind Potential und elektrisches Feld der Konfiguration. Zeigen Sie noch, dass $\boldsymbol{\nabla}\cdot\mathbf{E} = 4\pi k_C \rho$. Hilfsintegral:

$$\int \mathrm{d}x \ln\left(b + \sqrt{a^2 + x^2}\right) = x\ln[b + \sqrt{a^2 + x^2}] + b\ln[x + \sqrt{a^2 + x^2}] - x$$

$$+ \sqrt{a^2 - b^2}\left\{ \arctan[\frac{x}{\sqrt{a^2 - b^2}}] - \arctan\left[\frac{bx}{\sqrt{a^2 - b^2}\sqrt{a^2 + x^2}}\right]\right\}.$$

Das Potential bleibt bis auf eine lineare Funktion und das Feld bis auf eine Konstante unbestimmt.

Literaturverzeichnis

G. Arfken & H. Weber *Mathematical Methods for Physicists*, 6. ed. Elsevier (2005)

O. Blumenthal *Ueber die Zerlegung unendlicher Vektorfelder*, Math. Ann. **61**, 235–250 (1905)

T. Fließbach *Elektrodynamik*, 5. Aufl. Springer Spektrum (2008)

A. Föppl, *Einführung in die Maxwellsche Theorie der Elektrizität*, Teubner Leipzig (1894)

D. J. Griffiths *Elektrodynamik* 3. Aufl., Pearson München (2011)

R. D. Gregory *Helmholtz's theorem when the domain is infinite and when the field has singular points*, Q Jl Mech. appl. Math. **49**, 439–450, 1996

S. Großmann *Mathematischer Einführungskurs für die Physik*, 10. Aufl. Springer-Vieweg (2012)

H. Helmholtz *Über die Integrale der Hydrodynamischen Gleichungen, welche den Wirbelbewegungen entsprechen*, Journal für die reine und angewandte Mathematik, **55**, 25–55 (1858)

D. Petrascheck and R. Folk *The Helmholtz Decomposition of decreasing and increasing vector fields* arXiv:1506.00235 [physics.class-ph] (2015)

D. Petrascheck *The Helmholtz decomposition revisited*, Eur. J. Phys. **37**, 015201 (2016)

A. Sommerfeld *Mechanik der deformierbaren Medien*, 6. Aufl. Akad. Verlagsges. Leipzig (1970)

G. Stokes *On the dynamical theory of diffraction*, Trans. Cambridge Phil. Soc., **9**,1, Compl. Works vol. II, siehe S. 10, Item 8; vorgestellt 1849 und veröffentlicht 1856

B. L. van der Waerden *Algebra, 1. Teil*, 7. Aufl. Springer Berlin (1966)

B

Mathematische Hilfsmittel

B.1 Elemente der Funktionentheorie

In der Elektrodynamik, vor allem in der Elektrostatik (Potentialtheorie), ist in einigen Gebieten die Funktionentheorie sehr hilfreich. Dazu seien die konforme Abbildung, die Mittelwerteigenschaften aus der Elektrostatik, die Kramers-Kronig-Dispersionsrelationen der dielektrischen Funktion und die Berechnung von Integralen mit dem Residuensatz in der dynamischen Beugung genannt.

B.1.1 Analytische Funktionen

Wir zerlegen eine komplexe Funktion $f(z)$ in Real- und Imaginärteil:

$$f(z) = \phi(x,y) + \mathrm{i}\psi(x,y) \qquad \text{mit} \qquad z = x + \mathrm{i}y \qquad x, y \in \mathbb{R}. \qquad \text{(B.1.1)}$$

Komplexe Ableitung

Eine im Gebiet $A \in \mathbb{C}$ eindeutige Funktion $f(z)$ ist im Punkt z differenzierbar, wenn

$$f'(z) \equiv \frac{\mathrm{d}f(z)}{\mathrm{d}z} = \lim_{h \to 0} \frac{f(z+h) - f(z)}{h} \qquad z \in A \qquad \text{(B.1.2)}$$

eindeutig und unabhängig von der Richtung ist.

Cauchy-Riemann'schen Differentialgleichungen

Aus der Richtungsunabhängigkeit der Ableitung folgt, dass Real- und Imaginärteil nicht unabhängig sind:

Ergänzende Information Die elektronische Version dieses Kapitels enthält Zusatzmaterial, auf das über folgenden Link zugegriffen werden kann https://doi.org/10.1007/978-3-662-68528-0_16.

$$\frac{\partial f}{\partial x} = \frac{\partial f}{\partial (iy)} \qquad \Rightarrow \qquad \frac{\partial \phi}{\partial x} = \frac{\partial \psi}{\partial y} \qquad \frac{\partial \phi}{\partial y} = -\frac{\partial \psi}{\partial x}. \qquad \text{(B.1.3)}$$

Das sind die Cauchy-Riemann'schen Differentialgleichungen. Aus diesen erhalten wir die Laplace-Gleichungen

$$\frac{\partial^2 \phi}{\partial x^2} + \frac{\partial^2 \phi}{\partial y^2} = 0 \qquad \text{und} \qquad \frac{\partial^2 \psi}{\partial x^2} + \frac{\partial^2 \psi}{\partial y^2} = 0, \qquad \text{(B.1.4)}$$

deren Lösungen harmonische Funktionen sind.

Definition analytischer Funktionen

Eine Funktion $f(z)$ ist analytisch (holomorph) in einem offenen Gebiet $A \subseteq \mathbb{C}$, wenn eine der folgenden Eigenschaften in jedem Punkt $z \in A$ erfüllt ist.

- $f(z)$ ist eindeutig und differenzierbar.
- Real- und Imaginärteil erfüllen die Cauchy-Riemann'schen Differentialgleichungen.
- $f(z)$ ist beliebig oft differenzierbar.
- $f(z)$ ist durch eine Potenzreihe (Taylorreihe) darstellbar.
- $\oint_C dz\, f(z) = 0 \qquad \forall C \in A$ *(Satz von Morera)*.

B.1.2 Eigenschaften analytischer Funktionen

Grundintegral der Funktionentheorie

$$J_k = \oint dz\, (z-z_0)^k = i\varrho^{k+1} \int_0^{2\pi} d\varphi\, e^{i(k+1)\varphi} = 2\pi i\, \delta_{k,-1} \quad k \text{ ganz.} \quad \text{(B.1.5)}$$

Cauchy'scher Integralsatz

Ist $f(z)$ in einem einfach zusammenhängendem Gebiet A analytisch, so ist

$$\oint_C dz\, f(z) = 0 \qquad\qquad \text{(B.1.6)}$$

längs jeder ganz in A verlaufenden, geschlossenen Kurve C. Ist in A eine singuläre Stelle, so kann der Cauchy'sche Integralsatz angewendet werden, wenn, wie in Abb. B.1 skizziert, vom Integrationsweg keine Singularität eingeschlossen wird. Das Verfahren kann auf mehrere isolierte Singularitäten erweitert werden

$$\oint_C dz\, f(z) + \oint_{C_1^{-1}} dz\, f(z) = 0 \quad \Rightarrow \quad \oint_C dz\, f(z) = \sum_k \oint_{C_k} dz\, f(z). \quad \text{(B.1.7)}$$

Cauchy'sche Integralformel

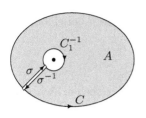

Abb. B.1. Durch eine Singularität wird das Gebiet zweifach zusammenhängend. Sie wird, wie skizziert, umgangen, so dass sich der gesamte Weg in A befindet

Die Funktion $f(z)$ sei analytisch in $z \in A$. Damit hat $f(z)/(z - z_0)$ einen Pol an der Stelle z_0. Gemäß (B.1.7) und dem Grundintegral (B.1.5) ist

$$f(z_0) = \frac{1}{2\pi i} \oint_{C_0} dz \, \frac{f(z)}{z - z_0} \, . \tag{B.1.8}$$

Man kann die Formel verifizieren, indem man den Weg C_0 auf einen infinitesimalen Kreis um z_0 zusammenzieht.

Höhere Ableitungen analytischer Funktionen

$f(z)$ ist nicht nur einfach differenzierbar, sondern es existieren alle Ableitungen höherer Ordnung, wie mittels (B.1.8) gezeigt wird:

$$\frac{d^n f(z)}{dz^n} = \frac{1}{2\pi i} \oint_C d\zeta \, \frac{d^n}{dz^n} \frac{f(\zeta)}{(\zeta - z)^n} = \frac{n!}{2\pi i} \oint_C d\zeta \, \frac{f(\zeta)}{(\zeta - z)^n} \, . \tag{B.1.9}$$

Residuensatz

Die C_k in (B.1.7) seien infinitesimale Kreise um den Pol bei z_k. Ist der Pol einfach, so ist $g(z) = f(z)(z - z_k)$ eine analytische Funktion um z_k und nach der Cauchy'schen Integralformel (B.1.8) ist

$$R_k = \frac{1}{2\pi i} \oint_{C_k} dz \, \frac{g(z)}{z - z_k} = g(z_k) = \lim_{z \to z_k} f(z_k)(z - z_k) \, .$$

Ist der Pol von der Ordnung $n > 1$, so entwickelt man die analytische Funktion $g(z) = f(z)(z - z_k)^n$ in eine Taylorreihe

$$R_k = \frac{1}{2\pi i} \oint_{C_k} dz \, f(z) = (z - z_k)^n \sum_{l=1}^{\infty} (z - z_k)^l \frac{1}{l!} \frac{d^l g(z_k)}{dz^l}$$

$$\overset{(B.1.5)}{=} \frac{1}{(n - 1)!} \frac{d^{n-1} g(z_k)}{dz^{n-1}}$$

und erhält so den *Residuensatz*

$$\oint_C dz \, f(z) = \frac{1}{2\pi i} \sum_k R_k(z_k) \, ,$$

$$R_k(z_k) = \frac{1}{(n-1)!} \frac{d^{n-1}}{dz^{n-1}} \Big[f(z)(z - z_k)^n \Big] \Big|_{z = z_k} \, . \tag{B.1.10}$$

Die Pole dürfen keine Verzweigungspunkte sein, da man dann bei einem Umlauf in ein anderes Riemann-Blatt kommen würde.

Cauchy'scher Hauptwert

$f(x)$ habe eine Singularität an der Stelle $x = x_0$ auf der reellen Achse wie in Abb. B.2a skizziert, und das Integal erstrecke sich über einen Bereich mit $a < x_0 < b$. Der Hauptwert ist definiert durch

$$P \int_a^b dx\, f(x) = \lim_{\epsilon \to 0} \int_a^{x_0 - \epsilon} dx\, f(x) + \int_{x_0 + \epsilon}^b dx\, f(x). \tag{B.1.11}$$

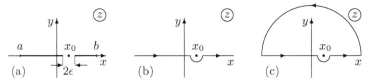

Abb. B.2. (a) Integrationsweg zum Hauptwertintegral $a < x_0 < b$
(b) Integrationsweg zur Plemelj-Relation, wenn der Pol infinitesimal in der oberen Halbebene liegt
(c) Zur Berechnung der Kramers-Kronig-Relationen wird der Integrationsweg über den oberen Halbkreis, der zum Integral nichts beiträgt, geschlossen

Plemelj-Relation

Ist auf der reellen Achse ein einfacher Pol x_0, so hat man bei einer Integration den Hauptwert $P\dfrac{1}{x - x_0}$ zu nehmen und den Pol in einem infinitesimalen Halbkreis unterhalb, wie in Abb. B.2b dargestellt, oder oberhalb zu umgehen. Man erhält

$$\lim_{\epsilon \to 0} \frac{1}{x - (x_0 \pm i\epsilon)} = P\left(\frac{1}{x - x_0}\right) \pm i\pi\delta(x - x_0), \tag{B.1.12}$$

wobei der zweite Beitrag vom Halbkreis kommt. Das ist die sogenannte *Plemelj-* bzw. *Plemelj-Sokhotsky-Relation*.

Dispersionsrelationen

Sei $f(z)$ eine in der oberen Halbebene analytische Funktion mit $\lim\limits_{|z| \to \infty} f(z) = 0$, die einen einfachen Pol $z = x_0 + i\epsilon$ habe. Wir wählen den in Abb. B.2(c) skizzierten Integrationweg. Gemäß der Cauchy'schen Integralformel (B.1.8) ist

$$f(z) = \frac{1}{2\pi i} \left\{ \int_{-\infty}^{\infty} dx' \frac{f(x')}{x' - (x_0 + i\epsilon)} + \oint dz' \frac{f(z')}{z' - (x_0 + i\epsilon)} \right\}.$$

Der zweite Term, das Integral über den unendlichen Halbkreis, verschwindet, und im ersten Integral setzen wir die Plemelj-Formel (B.1.12) ein. Daraus folgt

$$\operatorname{Re} f(x_0) = \frac{1}{\pi} P \int_{-\infty}^{\infty} \mathrm{d}x\, \frac{\operatorname{Im} f(x)}{x - x_0} \qquad \operatorname{Im} f(x_0) = \frac{-1}{\pi} P \int_{-\infty}^{\infty} \mathrm{d}x\, \frac{\operatorname{Re} f(x)}{x - x_0}. \tag{B.1.13}$$

Real- und Imaginärteil einer analytischen Funktion sind nicht unabhängig. Diese Beziehungen sind in der Physik als Kramers-Kronig-Relationen oder auch als Dispersionsrelationen bekannt.

Der Satz von Morera

Der Satz von Morera ist die Umkehrung des Cauchy'schen Integralsatzes und besagt, dass $f(z)$ in A eine analytische Funktion ist, wenn

$$\oint_C \mathrm{d}z\, f(z) = 0$$

für jeden geschlossenen Weg C in einem einfach zusammenhängendem Gebiet A gilt.

Der Satz vom arithmetischen Mittel

Ist $f(z)$ analytisch und eindeutig in A und C ein ganz in A gelegener Kreis um den Punk z, so ist $f(z)$ gleich dem arithmetischen Mittel der Funktionswerte auf dem Kreis.

Das Prinzip vom Maximum und Minimum

Der absolute Betrag einer in einem abgeschlossenen Gebiet A eindeutigen analytischen Funktion $f(z)$ erreicht seinen größten und, wenn $f(z)$ nullstellenfrei in A ist, auch seinen kleinsten Wert auf dem Rand von A, wenn $f(z)$ in A nicht konstant ist.

Satz von Liouville

Ist $f(z)$ in der ganzen z-Ebene analytisch, eindeutig und beschränkt, so ist $f(z)$ konstant.

B.1.3 Die konforme Abbildung

Definition: Eine analytische Funktion $f(z)$ vermittelt an jedem Punkt, an dem $f'(z) \neq 0$ eine konforme, d.h. winkel- und streckentreue Abbildung.

Beweis: $z(t)$ sei die Parameterdarstellung einer Kurve in der komplexen z-Ebene durch den reellen Parameter t. Gegeben sei $w(t) = f(z(t))$.

1. Winkeltreue:

$$\dot{w}(t) = \frac{\mathrm{d}w}{\mathrm{d}t} = \frac{\mathrm{d}f}{\mathrm{d}z}\frac{\mathrm{d}z}{\mathrm{d}t} = f'(z)\,\dot{z}(t)\,.$$

Für das Argument gilt dann

$$\arg \dot{w} = \arg(f'(z)) + \arg(\dot{z})\,.$$

Zwei Kurven, $z(t)$ und $z(s)$, die sich in einem Punkt z_0 schneiden, werden in der w-Ebene jeweils um den gleichen Winkel $\arg(f'(z_0))$ gedreht.

2. Streckentreue: Man betrachtet die Bogenlänge $s(t)$ einer Abbildung an der durch t_0 gegebenen Stelle z_0:

$$\left(\frac{\mathrm{d}s}{\mathrm{d}t}\right)^2 = |z(t_0)|^2 \qquad \Rightarrow \qquad \frac{\mathrm{d}s}{\mathrm{d}t} = |\dot{z}(t_0)|\,.$$

Für die Bodenlänge $S(t)$ der Abbildung $w(t) = f(z(t))$ gilt analog

$$\left(\frac{\mathrm{d}S}{\mathrm{d}t}\right) = |\dot{w}(t_0)| = |f'(z_0)|\,|\dot{z}(t_0)| \overset{\text{Streckungsverhältnis}}{\Longrightarrow} \frac{\mathrm{d}S}{\mathrm{d}s} = |f'(z_0)|\,.$$

Das *Streckungsverhältnis* hängt nur vom Punkt z_0, nicht aber von Kurve $z(t)$ ab. $\frac{\mathrm{d}S}{\mathrm{d}s}$ heißt auch *linearer Abbildungsmodul* oder *Maßstab* an der Stelle z_0.

Elementare Transformationen

- *Translation*: $w = z + b$ $b \in \mathbb{C}$.
  Streckungsfaktor: $|f'(z)| = 1\,,$ Drehwinkel: $\arg f'(z) = 0\,.$

- *Drehung*: $w = z\,\mathrm{e}^{\mathrm{i}\alpha}$ $\alpha \in \mathbb{R}$.
  Streckungsfaktor: $s|f'(z)| = 1\,,$ Drehwinkel: $\arg f'(z) = \alpha\,.$

- *Drehstreckung*: $w = a\,z$ $a \in \mathbb{C}$.
  Streckungsfaktor: $|f'(z)| = |a|\,.$ Drehwinkel: $\arg f'(z) = \arg a\,.$

- *Inversion*: $w = \dfrac{1}{z}\,.$
  Streckungsfaktor: $|f'(z)| = |f(z)|^2$, Drehwinkel: $\arg f'(z) = \pi + 2\arg f(z)\,.$

Allgemeinere Transformationen, wie die gebrochen lineare (Möbius-)Transformation

$$w = \frac{az+b}{cz+d}, \qquad\qquad ad-bc \neq 0\,, \qquad\qquad a,b,c,d \in \mathbb{C}$$

setzen sich aus diesen elementaren Transformationen zusammen. So bildet

$$w = \frac{z+a}{z-a} \quad a \in \mathbb{R}$$

die imaginäre Achse auf einen Einheitskreis ab, wie aus $w\,w* = 1$ hervorgeht.

B.2 Legendre-Polynome

Die Legendre-Polynome sind eindeutige und reguläre Lösungen der Legendre'schen Differentialgleichung (3.2.18)

$$\left((1-\xi^2)\frac{\mathrm{d}^2}{\mathrm{d}\xi^2} - 2\xi\frac{\mathrm{d}}{\mathrm{d}\xi} + l(l+1)\right)P_l(\xi) = 0 \tag{B.2.1}$$

im Grundgebiet $[-1,1]$. Einige ihrer Eigenschaften, betreffend Rekursionsrelationen, Orthogonalität, Vollständigkeit etc. sind Gegenstand dieses Abschnitts.

B.2.1 Rodrigues-Formel

Der direkte Weg der Verifizierung der Rodrigues-Formel (B.2.2) durch die P_l aus (3.2.20) wird hier nicht gewählt, da wir an einem unabhängigen alternativen Weg zur Bestimmung der P_l interessiert sind.

So wird zunächst gezeigt, dass die mit der Rodrigues-Formel

$$P_l(\xi) = \frac{1}{2^l\, l!}\frac{\mathrm{d}^l}{\mathrm{d}\xi^l}(\xi^2-1)^l \tag{B.2.2}$$

definierten Polynome die Legendre'sche Differentialgleichung (B.2.1) erfüllen. Danach wird mit (B.2.2) P_l explizit berechnet, was zu (3.2.20) führt.

Beweis der Rodrigues-Formel

Zur Abkürzung führen wir ein:

$$c_l = \frac{1}{2^l\, l!}, \qquad \text{woraus folgt} \quad P_l = c_l\frac{\mathrm{d}^l}{\mathrm{d}\xi^l}(\xi^2-1)^l.$$

Strapaziert wird auch die Produktregel

$$\frac{\mathrm{d}^l}{\mathrm{d}\xi^l}(f\,g) = \sum_{k=0}^{l}\binom{l}{k} f^{(k)}\, g^{(l-k)},$$

wobei $f^{(k)}$ die k-te Ableitung von f bedeutet. Es gilt so

$$
\begin{aligned}
P_{l+1} &= c_{l+1}\frac{\mathrm{d}^{l+1}}{\mathrm{d}\xi^{l+1}}(\xi^2-1)(\xi^2-1)^l \\
&= c_{l+1}\Big[(\xi^2-1)\frac{\mathrm{d}^{l+1}}{\mathrm{d}\xi^{l+1}}(\xi^2-1)^l + (l+1)2\xi\frac{\mathrm{d}^l}{\mathrm{d}\xi^l}(\xi^2-1)^l \\
&\quad + (l+1)l\frac{\mathrm{d}^{l-1}}{\mathrm{d}\xi^{l-1}}(\xi^2-1)^l\Big] \\
&= \frac{1}{2(l+1)}(\xi^2-1)\frac{\mathrm{d}}{\mathrm{d}\xi}P_l + \xi\,P_l + c_l\frac{l}{2}\frac{\mathrm{d}^{l-1}}{\mathrm{d}\xi^{l-1}}(\xi^2-1)^l\Big].
\end{aligned} \tag{B.2.3}
$$

Der letzte Term ist noch nicht einfach durch die P_l darstellbar, aber da wir einen Ausdruck für $(1 - \xi^2)P_l''$ brauchen, differenzieren wir (B.2.3):

$$P_{l+1}' = \frac{1}{2(l+1)}\left[2\xi\,P_l' + (\xi^2 - 1)P_l''\right] + P_l + \xi\,P_l' + \frac{l}{2}\,P_l\,. \tag{B.2.4}$$

Aus der Rodrigues-Formel (B.2.2) leiten wir durch Differentiation

$$P_{l+1}' = c_{l+1}\,\frac{\mathrm{d}^{l+1}}{\mathrm{d}\xi^{l+1}}\left[2\xi(l+1)(\xi^2 - 1)^l\right]$$

und anschließende Verwendung der Produktregel

$$\begin{aligned}
P_{l+1}' &= c_{l+1}\,2(l+1)\left[\xi\,\frac{\mathrm{d}^{l+1}}{\mathrm{d}\xi^{l+1}}(\xi^2 - 1)^l + (l+1)\frac{\mathrm{d}^l}{\mathrm{d}\xi^l}(\xi^2 - 1)^l\right] \\
&= \xi\,P_l' + (l+1)P_l
\end{aligned} \tag{B.2.5}$$

einen Ausdruck her, den wir in (B.2.4) einsetzen und nach $(1-\xi^2)P_l''$ auflösen:

$$\begin{aligned}
(1 - \xi^2)P_l'' &= 2\xi\,P_l' + 2(l+1)\left[P_l + \xi P_l' + \frac{l}{2}P_l - P_{l+1}'\right] \\
&= 2\xi\,P_l' - 2(l+1)\left[P_l + \frac{l}{2}P_l - (l+1)P_l\right] = 2\xi\,P_l' + l(l+1)P_l\,.
\end{aligned}$$

Damit erfüllen die durch die Rodrigues-Formel (B.2.2) definierten Polynome die Legendre'sche Differentialgleichung (B.2.1), was zu zeigen war.

Bestimmung der P_l aus (B.2.2) mithilfe des Binomialsatzes

$$\begin{aligned}
P_l(\xi) &= \frac{1}{2^l\,l!}\,\frac{\mathrm{d}^l}{\mathrm{d}\xi^l}\sum_{m=0}^{l}\binom{l}{m}(-1)^{l-m}\,\xi^{2m} \\
&= \frac{1}{2^l\,l!}\sum_{m=\lfloor\frac{l}{2}\rfloor}^{l}(-1)^{l-m}\,\frac{l!}{m!\,(l-m)!}\,\underbrace{2m(2m-1)\ldots(2m-l+1)}_{(2m)!/(2m-l)!}\,\xi^{2m-l} \\
&= \sum_n\frac{(-1)^{\frac{1}{2}(l-n)}}{2^l\,(\frac{l+n}{2})!\,(\frac{l-n}{2})!}\,\frac{(n+l)!}{n!}\,\xi^n
\end{aligned}$$

Eingesetzt haben wir: $n = 2m - l\,,\quad m = (n + l)/2\,.$

B.2.2 Die erzeugende Funktion der Legendre-Polynome

Die erzeugende Funktion der P_l ist

$$(1 - 2\xi t + t^2)^{-\frac{1}{2}} = \sum_{l=0}^{\infty} P_l(\xi)\, t^l \qquad \text{für} \qquad |t| < 1\,. \qquad \text{(B.2.6)}$$

Differenzieren wir (B.2.6) l-mal und setzen anschließend $t = 0$, so erhalten wir

$$\frac{\partial^l}{\partial t^l}\,(1 - 2\xi t + t^2)^{-\frac{1}{2}}\Big|_{t=0} = l!\, P_l(\xi)\,. \qquad \text{(B.2.7)}$$

Können wir die Gültigkeit dieser Relation nachweisen, so ist zugleich gezeigt, dass (B.2.6) die Erzeugende der P_l ist. Zum Beweis benötigen wir die Schläfli-Integraldarstellung der P_l.

Schläfli-Integraldarstellung

Die Schläfli-Integraldarstellung ist eine sehr spezielle Darstellung der P_l, die nur deswegen ausführlich behandelt wird, weil man über sie zur erzeugenden Funktion der P_l kommt.

Ausgangspunkt ist die Cauchy'sche Integralformel

$$f(z) = \frac{1}{2\pi\mathrm{i}} \oint \mathrm{d}t\, \frac{f(t)}{t - z}\,.$$

$f(z)$ ist eine analytische Funktion und darf in der vom Weg um z eingeschlossenen Fläche keine Pole haben. Die n-fache Differentiation ergibt

$$\frac{\mathrm{d}^n}{\mathrm{d}z^n} f(z) = \frac{1}{2\pi\mathrm{i}} \oint \mathrm{d}t\, \frac{f(t)\, n!}{(t - z)^{n+1}}\,. \qquad \text{(B.2.8)}$$

Setzen wir nun für $f(z)$ die Rodrigues-Formel (B.2.2) ein, so erhalten wir mit

$$P_l(z) = \frac{1}{2^l\, l!} \frac{\mathrm{d}^l}{\mathrm{d}z^l}(z^2 - 1)^l = \frac{1}{2^l}\frac{1}{2\pi\mathrm{i}} \oint \mathrm{d}t\, \frac{(t^2 - 1)^l}{(t - z)^{l+1}} \qquad \text{(B.2.9)}$$

die Schläfli-Darstellung der $P_l(z)$.

Nun kehren wir zum Nachweis der erzeugenden Funktion (B.2.6) zurück und setzen (B.2.7)

$$f(z) = \frac{1}{l!}\,\frac{1}{\sqrt{1 - 2\xi z + z^2}}\Big|_{z=0}$$

in (B.2.8) ein:

$$P_l(\xi) = \frac{1}{l!}\frac{\partial^l}{\partial z^l}(1 - 2\xi z + z^2)^{-\frac{1}{2}}\Big|_{z=0} = \frac{1}{2\pi\mathrm{i}} \oint_{z=0} \mathrm{d}t\, \frac{1}{t^{l+1}\,\sqrt{1 - 2\xi t + t^2}}\,. \qquad \text{(B.2.10)}$$

Die Transformation auf die Variable y ergibt:

$$\sqrt{1 - 2\xi t + t^2} = 1 - ty\,,$$

$$1 - 2\xi t + t^2 = 1 - 2ty + t^2 y^2 \qquad \Rightarrow \qquad t = 2\frac{y - \xi}{y^2 - 1}\,.$$

Demnach ist

$$\frac{\mathrm{d}t}{\mathrm{d}y} = 2\frac{y^2 - 1 - 2y(y - \xi)}{(y^2 - 1)^2} = -2\frac{y^2 - 2y\xi + 1}{(y^2 - 1)^2}\,,$$

$$\sqrt{1 - 2\xi t + t^2} = \frac{y^2 - 1 - 2y^2 + 2y\xi}{y^2 - 1} = -\frac{y^2 - 2y\xi + 1}{y^2 - 1}\,.$$

Eingesetzt in (B.2.10) ist das die Schläfli-Darstellung (B.2.9)

$$P_l(\xi) = \frac{1}{2\pi\mathrm{i}} \oint_\xi \mathrm{d}y\, 2^{-l} \frac{(y^2 - 1)^l}{(y - \xi)^{l+1}}\,. \tag{B.2.11}$$

Damit ist gezeigt, dass die Darstellung der Erzeugenden (B.2.6) gültig ist.

B.2.3 Eigenschaften der Legendre-Polynome

Symmetrie

Die P_l sind gerade oder ungerade Funktionen, wie bereits aus der Darstellung (3.2.20) hervorgeht:

$$P_l(-\xi) = (-1)^l P_l(\xi)\,. \tag{B.2.12}$$

Spezialfälle sind

$$P_0 = 1\,, \qquad P_1 = \xi\,, \qquad P_2 = \frac{1}{2}(3\xi^2 - 1)\,, \qquad P_3 = \frac{1}{2}(5\xi^3 - 3\xi)\,.$$

Orthogonalität

Die P_l bilden ein vollständiges und orthogonales System

$$\int_{-1}^1 \mathrm{d}\xi\, P_l(\xi)\, P_{l'}(\xi) = \frac{2}{2l + 1}\, \delta_{ll'}\,. \tag{B.2.13}$$

Zum Beweis der Orthogonalitätsrelation gehen wir von (siehe (3.2.17) bzw. (B.2.19))

$$\frac{\mathrm{d}}{\mathrm{d}\xi}(1 - \xi^2)\frac{\mathrm{d}}{\mathrm{d}\xi} P_l(\xi) = -l(l + 1)P_l(\xi)$$

aus. Daraus folgt

$$-l(l+1) \int_{-1}^{1} d\xi \, P_{l'}(\xi) \, P_l(\xi) = \int_{-1}^{1} d\xi \, P_{l'}(\xi) \frac{d}{d\xi}(1-\xi^2)\frac{dP_l}{d\xi} . \qquad \text{(B.2.14)}$$

Eine partielle Integration der rechten Seite führt zu

$$-\int_{-1}^{1} d\xi \, \frac{dP_{l'}}{d\xi} \, (1-\xi^2)\frac{dP_l}{d\xi} ,$$

da der Randterm wegen $(1-\xi^2)$ verschwindet. Eine weitere partielle Integration führt zum ursprünglichen Integral, wobei l mit l' vertauscht erscheint

$$\int_{-1}^{1} d\xi \, P_l(\xi) \frac{d}{d\xi}(1-\xi^2)\frac{dP_{l'}}{d\xi} .$$

Damit muss (B.2.14)folgende Gleichung erfüllen:

$$-l(l+1) \int_{-1}^{1} d\xi \, P_{l'}(\xi) \, P_l(\xi) = -l'(l'+1) \int_{-1}^{1} d\xi \, P_{l'}(\xi)P_l(\xi) .$$

Das Integral verschwindet also für $l \neq l'$.

Zu bestimmen ist noch der Normierungsfaktor. Ausgehend von der Rodrigues-Formel (B.2.2) berechnen wir den Normierungsfaktor, wobei wir vorerst l-mal partiell integrieren:

$$\int_{-1}^{1} d\xi \, [P_l(\xi)]^2 = \frac{1}{(2^l \, l!)^2} \int_{-1}^{1} d\xi \left(\frac{d^l}{d\xi^l}(\xi^2-1)^l \right) \left(\frac{d^l}{d\xi^l}(\xi^2-1)^l \right)$$

$$= \frac{(-1)^l}{2^{2l}(l!)^2} \int_{-1}^{1} d\xi(\xi^2-1)^l \frac{d^{2l}}{d\xi^{2l}}(\xi^2-1)^l$$

$$= \frac{(2l)!}{2^{2l}(l!)^2} \int_{-1}^{1} d\xi(1-\xi^2)^l .$$

Hier haben wir in der letzten Zeile für $\frac{d^{2l}}{d\xi^{2l}}(\xi^2-1)^l = (2l)!$ eingesetzt. Auszuwerten bleibt das Integral

$$\int_{-1}^{1} d\xi(1-\xi^2)^l = \int_{0}^{\pi} d\vartheta \, \sin^{2l+1}\vartheta = B(\frac{1}{2}, l+1) = \frac{2^{2l+1}(l!)^2}{(2l+1)!} .$$

Daraus folgt die in (B.2.13) angegebene Orthogonalitätsrelation.

Vollständigkeit

$$\sum_{l=0}^{\infty} \frac{2l+1}{2} P_l(\xi) \, P_l(\xi') = \delta(\xi-\xi') . \qquad \text{(B.2.15)}$$

Die Vollständigkeit der P_l lässt sich am einfachsten verifizieren, indem man eine Funktion aus dem Bereich $[-1, 1]$ nach Legendre-Polynomen entwickelt. Multipliziert man (B.2.15) von links mit

$$\int_{-1}^{1} d\xi'\, f(\xi')\,,$$

so erhält man

$$f(\xi) = \sum_{l=0}^{\infty} f_l\, P_l(\xi) \qquad \text{mit} \qquad f_l = \frac{2l+1}{2} \int_{-1}^{1} d\xi'\, P_l(\xi')\, f(\xi')\,. \qquad \text{(B.2.16)}$$

Nun multiplizieren wir (B.2.16) mit

$$\frac{2l'+1}{2} \int_{-1}^{1} d\xi\, P_{l'}(\xi)$$

und verwenden auf der rechten Seite die Orthogonalität:

$$f_{l'} = \frac{2l'+1}{2} \sum_{l=0}^{\infty} f_l \int_{-1}^{1} d\xi\, P_{l'}(\xi)\, P_l(\xi) = f_{l'}\,. \qquad \text{q.e.d.}$$

Rekursionsrelationen

Für alle orthogonalen Polynome, daher auch für die Legendre-Polynome, gibt es Rekursionsformeln der Form

$$(l+1)P_{l+1}(\xi) - (2l+1)\xi P_l(\xi) + l P_{l-1}(\xi) = 0 \quad \text{mit} \quad \begin{cases} P_{-1} = 0 \\ P_0 = 1\,, \end{cases} \qquad \text{(B.2.17)}$$

was in den Aufgaben B.2 und B.3 zu zeigen ist. Weitere Rekursionsformeln gibt es auch für die Ableitungen, wobei die erste bereits beim Beweis der Rodrigues-Formel hergeleitet wurde (B.2.5):

$$\frac{dP_{l+1}(\xi)}{d\xi} - \xi \frac{dP_l(\xi)}{d\xi} = (l+1)P_l(\xi),$$

$$(1-\xi^2)\frac{dP_l(\xi)}{d\xi} = -l\big[\xi P_l(\xi) - P_{l-1}(\xi)\big]. \qquad \text{(B.2.18)}$$

B.2.4 Zugeordnete Legendre-Polynome

Die zugeordneten (assoziierten) Legendre-Polynome sind Lösungen des polaren Teils der Laplace-Gleichung (3.2.17):

$$\left[\frac{d}{d\xi}(1-\xi^2)\frac{d}{d\xi} - \frac{m^2}{1-\xi^2} + l(l+1)\right] P_l^m(\xi) = 0\,. \qquad \text{(B.2.19)}$$

Die P_l^m wurden im Abschnitt 3.2.4, Seite 92 bestimmt, so dass hier nur einige Ergänzungen gemacht werden.

Erzeugende Funktion

Differenziert man (B.2.6) m-mal und multipliziert mit $\sqrt{1-\xi^2}\,t^{-m}/(2m-1)!!$, so erhält man die erzeugende Funktion der zugeordneten Legendre-Polynome:

$$\frac{1}{\sqrt{1-2\xi t+t^2}}\left(\frac{\sqrt{1-\xi^2}}{1-2\xi t+t^2}\right)^m = \frac{1}{(2m-1)!!}\sum_{l=0}^{\infty}P_l^m(\xi)\,t^{l-m}. \quad (B.2.20)$$

Mittels Integration des Produkts zweier erzeugender Funktionen zu verschiedenen Werten (s und t) könnte man die Orthogonalität (3.2.30) verifizieren.

Die zugeordneten Polynome für $m < 0$

Mit der Identität

$$P_l^{-m}(\xi) = (-1)^m \frac{(l-m)!}{(l+m)!}\,P_l^m(\xi) \quad (B.2.21)$$

ist die Orthogonalitätsrelation (3.2.30) auch für P_l^{-m} erfüllt. Wir können die Identität zeigen, indem wir mit (3.2.28), S. 95, jeweils den führenden Term von P_l^m und P_l^{-m} vergleichen [Schwabl, 2007, Anhang C]:

$$(1-\xi^2)^{m/2}P_l^m = \frac{1}{2^l\,l!}(1-\xi^2)^m \frac{d^{l+m}}{d\xi^{l+m}}(\xi^2-1)^l = \frac{(-1)^m}{2^l\,l!}\frac{(2l)!}{(l+m)!}\xi^{l+m}+...,$$

$$(1-\xi^2)^{m/2}P_l^{-m} = \frac{1}{2^l\,l!}\frac{d^{l-m}}{d\xi^{l-m}}(\xi^2-1)^l = \frac{1}{2^l\,l!}\frac{(2l)!}{(l-m)!}\xi^{l+m}+....$$

Durch den Vergleich der Terme sieht man die Gültigkeit von (B.2.21).

Rekursionsrelationen

Die angegebenen Relationen stammen aus der Integraltafel Gradshteyn, Rhyzhik [1965, Ziff. 8.733(2.) und 8.733(4.)]:

$$(l-m+1)P_{l+1}^m(\xi) + (l+m)P_{l-1}^m(\xi) = (2l+1)\xi P_l^m(\xi), \quad |m|\le l-1, \quad (B.2.22)$$

$$P_{l+1}^m(\xi) - P_{l-1}^m(\xi) = -(2l+1)\sqrt{1-\xi^2}P_l^{m-1}(\xi), \quad |m|\le l-1. \quad (B.2.23)$$

B.3 Kugelflächenfunktionen

Die Y_{lm} sind Lösungen des winkelabhängigen Teils (3.2.9) der Laplace-Gleichung

$$\left(\frac{1}{\sin\vartheta}\frac{\partial}{\partial\vartheta}\sin\vartheta\frac{\partial}{\partial\vartheta} + \frac{1}{\sin^2\vartheta}\frac{\partial^2}{\partial\varphi^2} + l(l+1)\right)Y_{lm}(\vartheta,\varphi) = 0 \quad (B.3.1)$$

und als solche harmonische Funktionen. Sie sind gegeben durch (3.2.32)

$$Y_{lm}(\vartheta, \varphi) = \Theta_{lm}(\cos \vartheta) \, \Phi_m(\varphi) \tag{B.3.2}$$

mit $\Phi_m = \mathrm{e}^{\mathrm{i}m\varphi}/\sqrt{2\pi}$ und den normierten P_l^m

$$\Theta_{lm}(\cos \vartheta) = (-1)^m \sqrt{\frac{2l+1}{2} \frac{(l-m)!}{(l+m)!}} \, P_l^m(\cos \vartheta) \,, \tag{B.3.3}$$

wobei der Normierungsfaktor durch die Orthogonalitätsrelation (3.2.30) gegeben ist:

$$Y_{lm}(\vartheta, \varphi) = \frac{(-1)^{m+l}}{2^l l!} \left[\frac{2l+1}{4\pi} \frac{(l-m)!}{(l+m)!} \right]^{\frac{1}{2}} \sin^m \vartheta \, \frac{\mathrm{d}^{l+m} \sin^{2l} \vartheta}{\mathrm{d}\cos \vartheta^{l+m}} \, \mathrm{e}^{\mathrm{i}m\varphi}. \tag{B.3.4}$$

Rekursionsrelationen

Wir haben bereits anhand der P_l gezeigt, dass für alle orthogonalen Polynome Rekursionsrelationen hergeleitet werden können. Hier geben wir zwei Relationen an, wobei die erste direkt aus (B.2.22) folgt, wenn man diese für die normierten Θ_{lm} umschreibt. Die zweite Rekursionsformel folgt letztlich aus (B.2.23):

$$\cos \vartheta \, Y_{lm}(\vartheta, \varphi) = \frac{\sqrt{(l-m+1)(l+m+1)}}{\sqrt{(2l+3)(2l+1)}} \, Y_{l+1m}(\vartheta, \varphi)$$
$$+ \frac{\sqrt{(l-m)(l+m)}}{\sqrt{(2l+1)(2l-1)}} \, Y_{l-1m}(\vartheta, \varphi), \tag{B.3.5}$$

$$\mathrm{e}^{\pm \mathrm{i}\varphi} \sin \vartheta \, Y_{lm \mp 1}(\vartheta, \varphi) = \mp \frac{\sqrt{(l \pm m)(l \pm m+1)}}{\sqrt{(2l+3)(2l+1)}} \, Y_{l+1m}(\vartheta, \varphi)$$
$$\pm \frac{\sqrt{(l \mp m+1)(l \mp m)}}{\sqrt{(2l+1)(2l-1)}} \, Y_{l-1m}(\vartheta, \varphi). \tag{B.3.6}$$

Die Relationen gelten auch für $l = m$, da dort der Vorfaktor von Y_{l-1l} verschwindet.

Additionstheorem für Kugelflächenfunktionen

Im Abschnitt 3.3.2 wurde das Additionstheorem für Kugelflächenfunktionen (3.3.4)

$$\sum_{m=-l}^{l} Y_{lm}(\vartheta, \varphi) \, Y_{lm}^*(\vartheta', \varphi') = \frac{2l+1}{4\pi} P_l(\cos \theta) \tag{B.3.7}$$

für die Entwicklung der Green-Funktion nach Kugelflächenfunktionen herangezogen. Hier soll das Theorem bewiesen werden.

Das Polynom $P_l(\cos\theta)$ mit $\cos\theta = \mathbf{e}_r \cdot \mathbf{e}_{r'}$ – siehe Abb. B.3 – ist Lösung des winkelabhängigen Teils (3.2.9) der Laplace-Gleichung

$$\left[\hat{\mathbf{L}}^2 - l(l+1)\right]Y(\Omega) = 0. \tag{B.3.8}$$

Wir legen nun $\mathbf{e}_{r'}$ in die z-Achse $\mathbf{e}_z$. Dann ist nach Abb. B.3 der Winkel $\vartheta = \theta$, und $Y(\Omega) = P_l(\cos\vartheta)$ ist eine Lösung der obigen Gleichung.

Jetzt wird eine Drehung D durchgeführt, so dass $\mathbf{e}_{r'}$ in die in Abb. B.3 dargestellte Lage kommt:

$$\mathsf{D}\left[\hat{\mathbf{L}}^2 - l(l+1)\right]Y(\Omega) = \left[\hat{\mathbf{L}}'^2 - l(l+1)\right]Y'(\Omega) = 0.$$

Wegen der Invarianz des Skalarprodukts unter Drehungen ($\hat{\mathbf{L}}' = \mathsf{D}\,\hat{\mathbf{L}}\,\mathsf{D}^{-1}$) gehört Y' zum gleichen l wie Y:

$$\mathsf{D}Y(\Omega) = Y'(\Omega) = Y(\bar{\Omega}) \qquad \Rightarrow \qquad \mathsf{D}\,P_l(\cos\vartheta) = P_l(\cos\theta)\,.$$

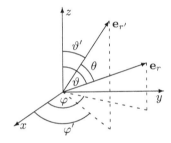

Abb. B.3. Lage der Vektoren $\mathbf{x}$ und $\mathbf{x}'$ in Bezug auf die $\mathbf{e}_z$-Achse: $\cos\theta = \mathbf{e}_r \cdot \mathbf{e}_{r'}$

Das Legendre-Polynom

$$P_l(\cos\theta) = f(\Omega, \Omega') \qquad \text{mit } \Omega = (\vartheta, \varphi) \quad \text{und } \Omega' = (\vartheta', \varphi')$$

kann als Funktion von Ω mit dem Parameter Ω' (und umgekehrt) betrachtet werden, da

$$\cos\theta = \cos\vartheta\,\cos\vartheta' + \sin\vartheta\,\sin\vartheta'\,\cos(\varphi - \varphi') \qquad \text{(sphärischer Kosinussatz)}.$$

Wird $P_l(\cos\theta)$ als Funktion von Ω bzw. Ω' nach Kugelflächenfunktionen entwickelt,

$$P_l(\cos\theta) = \sum_{m=-l}^{l} A_{lm}(\Omega')\,Y_{lm}(\Omega) = \sum_{m=-l}^{l} A_{lm}(\Omega)\,Y_{lm}(\Omega')\,, \tag{B.3.9}$$

so genügt es, da auch $P_l(\cos\theta)$ Lösung von (B.3.8) ist, nur die Summe über den Unterraum der m zu nehmen:

$$A_{lm}(\Omega') = \oiint d\Omega'' \, Y_{lm}^*(\Omega'') \, f(\Omega'', \Omega') \,.$$

Integriert wird über die Oberfläche der Einheitskugel. Die beiden Entwicklungen nach Ω bzw. Ω' sind nur kompatibel, wenn A_{lm} proportional zu Y_{lm} bzw. $Y_{l-m} = (-1)^m Y_{lm}^*$ ist. Nun dürfen die einzelnen Summanden nur von der Differenz $\varphi - \varphi'$ abhängen, weshalb

$$A_{lm}(\Omega') = a_m Y_{lm}^*(\Omega') \quad \Rightarrow \quad P_l(\cos\theta) = \sum_{m=-l}^{l} a_m Y_{lm}^*(\Omega') Y_{lm}(\Omega). \quad \text{(B.3.10)}$$

Im Grenzfall $\theta = 0$ fallen $\mathbf{e}_r$ und $\mathbf{e}_{r'}$ zusammen und es ist $\Omega = \Omega'$. Die Integration über Ω ergibt, da $P_l(1) = 1$,

$$4\pi = \sum_{m=-l}^{l} a_m \oiint d\Omega \, |Y_{lm}(\Omega)|^2 \overset{(3.2.36)}{=} \sum_{m=-l}^{l} a_m \,. \quad \text{(B.3.11)}$$

Jetzt wird (B.3.10) quadriert und über $d\Omega$ integriert. Dabei wird die z-Achse der Integrationsvariablen Ω parallel zu $\mathbf{e}_{r'}$ gelegt. Sei $\bar{\Omega} = (\theta, \phi)$, so ist

$$\oiint d\Omega \, |P_l(\cos\theta)|^2 = \oiint d\bar{\Omega} \, |P_l(\cos\theta)|^2 \overset{(B.2.13)}{=} \frac{4\pi}{2l+1} = \sum_{m=-l}^{l} a_m^2 |Y_{lm}(\Omega')|^2.$$

Nach Integration über Ω' erhält man eine weitere Bedingung:

$$4\pi \frac{4\pi}{2l+1} = \sum_{m=-l}^{l} a_m^2 \,. \quad \text{(B.3.12)}$$

(B.3.11) und (B.3.12) sind ausreichend, um die a_m zu bestimmen. Dazu definieren wir die beiden $2l+1$-dimensionalen Vektoren $\mathbf{a}$ mit den Komponenten a_i und $\mathbf{b}$ mit $b_i = 1$. Die Cauchy-Schwarz'sche Ungleichung besagt

$$(\mathbf{a} \cdot \mathbf{a})(\mathbf{b} \cdot \mathbf{b}) \geq (\mathbf{a} \cdot \mathbf{b})^2 \quad \Rightarrow \quad (2l+1) \sum_{m=-l}^{l} a_m^2 \geq \left[\sum_{-l}^{l} a_m \right]^2.$$

Das Gleichheitszeichen gilt nur, wenn die beiden Vektoren kollinear sind, d.h. $\mathbf{a} = a_0 \mathbf{b}$. Setzt man für die Summen in der rechten Gleichung (B.3.11) und (B.3.12) ein, so sind beide Seiten gleich, d.h., dass $a_m = a_0 = 4\pi/(2l+1)$. Somit ist das Additionstheorem (B.3.7) bewiesen.

B.4 Bessel-Funktionen

B.4.1 Bessel'sche Differentialgleichung

Die Bessel-Funktionen sind Lösungen der Bessel'schen Differentialgleichung

$$\left(x^2 \frac{\mathrm{d}^2}{\mathrm{d}x^2} + x \frac{\mathrm{d}}{\mathrm{d}x} + x^2 - \nu^2\right) J_\nu(x) = 0 \,. \tag{B.4.1}$$

ν, die Ordnung der Bessel-Funktion, ist hier reell, meist sogar ganzzahlig und $x = k\varrho \geq 0$; beide Größen können komplex sein.

Lösungsansatz

Um zu Lösungen von (B.4.1) zu kommen, betrachtet man das asymptotische Verhalten für $x \to 0$ und erhält

$$J_{\pm\nu}(x) \sim x^{\pm\nu} \,.$$

In Folge macht man einen Potenzreihenansatz, wobei man das asymptotische Verhalten extra ausweist:

$$J_\nu(x) = x^\nu \sum_{j=0}^\infty a_j x^j \,.$$

Damit (B.4.1) erfüllt ist, muss der Vorfaktor jeder Potenz von x verschwinden. Man erhält so eine Rekursionsformel für die Koeffizienten a_j

$$x^{j+\nu} \left\{ \left[(\nu+j)^2 - \nu^2 \right] a_j + a_{j-2} \right\} = 0 \,.$$

Für $j = 1$ muss $a_1 = 0$ sein, womit alle ungeraden a_j verschwinden.

a_0 wird vorgegeben mit $a_0 = 1/\left[2^\nu \, \Gamma(\nu+1)\right]$. Für die Rekursionsrelation erhält man dann

$$a_{2j} = -\frac{1}{4j(j+\nu)} \, a_{2j-2} = \frac{(-1)^j \, \Gamma(\nu+1)}{2^{2j} j! \, \Gamma(j+\nu+1)} \frac{1}{2^\alpha \Gamma(\nu+1)} \,.$$

Nun gelten alle Schritte gleichermaßen für $-\nu$, so dass die beiden linear unabhängigen Lösungen

$$J_{\pm\nu}(x) = \left(\frac{x}{2}\right)^{\pm\nu} \sum_{j=0}^\infty \frac{(-1)^j}{j! \, \Gamma(j \pm \nu + 1)} \left(\frac{x}{2}\right)^{2j} \tag{B.4.2}$$

sind. $\Gamma(x)$ ist die Gamma-Funktion, die der Funktionalgleichung

$$\Gamma(x+1) = x\Gamma(x), \qquad \Gamma(1) = 1, \qquad \Gamma(\tfrac{1}{2}) = \sqrt{\pi} \tag{B.4.3}$$

genügt. Für ganze Zahlen $n > 0$ ist somit $\Gamma(n+1) = n!$.

Im Allgemeinen werden die Bessel-Funktionen $J_\nu(x)$ und die Neumann-Funktionen

$$N_\nu(x) = \frac{\cos(\nu\pi) J_\nu(x) - J_{-\nu}(x)}{\sin(\nu\pi)}, \quad N_n(x) = \lim_{\nu \to n} N_\nu(x), \quad n \text{ ganz} \tag{B.4.4}$$

Tab. B.1. Bessel- oder Zylinder-Funktionen

$J_\nu(x)$	Bessel-Funktion 1. Art
$N_\nu(x) = \dfrac{\cos(\nu\pi)J_\nu(x) - J_{-\nu}(x)}{\sin(\nu\pi)}$	Neumann-Funktion (Bessel-Funktion 2. Art)
$Y_\nu(x) = N_\nu(x)$	Weber-Funktion
$H_\nu^{(1)}(x) = J_\nu(x) + \mathrm{i}N_\nu(x)$	Hankel-Funktion 1. Art (Bessel-Funktion 3. Art)
$H_\nu^{(2)}(x) = J_\nu(x) - \mathrm{i}N_\nu(x)$	Hankel-Funktion 2. Art (Bessel-Funktion 3. Art)
$I_\nu(x) = (-\mathrm{i})^\nu J_\nu(\mathrm{i}x)$	modifizierte Bessel-Funktion 1. Art (hyperbolische Bessel-Funktion)
$K_\nu(x) = \dfrac{\pi\mathrm{i}}{2} H_\nu^{(1)}(\mathrm{i}x)$	modifizierte Bessel-Funktion 2.Art (Mac-Donald- oder Basset-Funktion)

als linear unabhängige Lösungen angegeben (für ganzzahliges ν ist der Grenzwert zu bilden). Die Bessel-Funktionen 2. Art werden auch als Weber-Funktionen $Y_\nu(x)$ bezeichnet – siehe Tab.B.1: $Y_\nu(x) = N_\nu(x)$.

Modifizierte Bessel'sche-Differentialgleichung

Ersetzt man in (B.4.1) x durch $\mathrm{i}x$, so erhält man

$$\left(x^2\frac{\mathrm{d}^2}{\mathrm{d}x^2} + x\frac{\mathrm{d}}{\mathrm{d}x} - x^2 - \nu^2\right)I_\nu(x) = 0 \,. \tag{B.4.5}$$

Die Lösungen, die modifizierten Bessel-Funktionen, sind definiert als

$$I_\nu(x) = \mathrm{i}^{-\nu} J_\nu(\mathrm{i}x), \qquad K_\nu = \frac{\pi}{2}\mathrm{i}^{\nu+1}\underbrace{\left[J_\nu(\mathrm{i}x) + \mathrm{i}N_\nu\mathrm{i}x)\right]}_{H_\nu^{(1)}(\mathrm{i}x)} \,. \tag{B.4.6}$$

$H_\nu^{(1)}(x)$ ist die *Hankel-Funktion 1. Art*.

B.4.2 Eigenschaften der Bessel-Funktionen

Die Bessel-Funktionen bzw. modifizierten Bessel-Funktionen 1. Art und 2. Art sind die Funktionen $J_\nu(x)$ und $N_\nu(x)$ bzw. $I_\nu(x)$ und $K_\nu(x)$. Sie sind für die ganzzahligen Werte $\nu = n = 0, 1, 2$ in Abb. B.4 und Abb. B.5 dargestellt.

Für $x \to 0$ sind $J_n(x)$ und $I_n(x)$ regulär und für $x \to \infty$ oszillieren J_n und N_n mit der Amplitude $\sim 1/\sqrt{x}$, während I_n exponentiell divergiert.

Symmetrie

Alle ganzzahligen Bessel-Funktionen (J_n und N_n) und die modifizierten Bessel-Funktionen (I_n und K_n) haben die Symmetrie

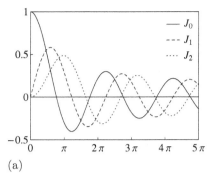
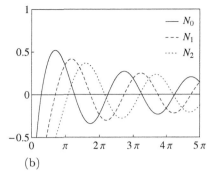

(a)   (b)

Abb. B.4. (a) Bessel-Funktionen 1. Art $J_n(x)$ für $n = 0, 1, 2$ (b) Bessel-Funktionen 2. Art (Neumann-Funktionen) $N_n(x) \equiv Y_n(x)$

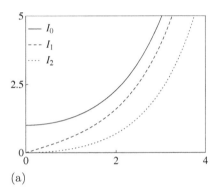
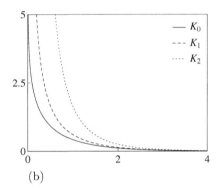

(a)   (b)

Abb. B.5. (a) Modifizierte Bessel-Funktionen 1. Art $I_n(x)$ für $n = 0, 1, 2$ (b) Modifizierte Bessel-Funktionen 2. Art $K_n(x)$

$$J_{-n}(x) = (-1)^n J_n(x), \qquad\qquad I_{-n}(x) = I_n(x),$$
$$N_{-n}(x) = (-1)^n N_n(x), \qquad\qquad K_{-n}(x) = K_n(x). \qquad (B.4.7)$$

Das mag vielleicht auf den ersten Blick erstaunen, wenn man das asymptotische Verhalten für $x \to 0$ aus Tab.B.2 heranzieht. Aus (B.4.2) sieht man, dass für ganzzahliges $n > 0$ die Summe für J_{-n} mit $j = n$ beginnt.

Rekursionsrelationen

Die Bessel-Funktionen genügen Rekursionsrelationen (Funktionalgleichungen), wobei wir für J_ν, $N_\nu(x)$ und $H_\nu^{(1,2)}(x)$ die Bezeichnung Z_ν mit $Z'_\nu(x) = \frac{\mathrm{d}Z_\nu(x)}{\mathrm{d}x}$ verwenden:

$$x\big[Z_{\nu-1}(x) + Z_{\nu+1}(x)\big] = 2\nu Z_\nu(x), \qquad Z_{\nu-1}(x) - Z_{\nu+1}(x) = 2Z'_\nu(x),$$
$$x\big[I_{\nu-1}(x) - I_{\nu+1}(x)\big] = 2\nu I_\nu(x), \qquad I_{\nu-1}(x) + I_{\nu+1}(x) = 2I'_\nu(x) \quad (B.4.8)$$
$$x\big[K_{\nu-1}(x) - K_{\nu+1}(x)\big] = -2\nu K_\nu(x), \quad K_{\nu-1}(x) + K_{\nu+1}(x) = -2K'_\nu(x).$$

Asymptotisches Verhalten

Die Bessel-Funktionen 1. Art $J_\nu(x)$, abgebildet in Abb. B.4, sind für $\nu \geq 0$ im Ursprung regulär, während die 2. Art, die Neumann-Funktionen $N_\nu(x)$ im Ursprung singulär sind. Tab.B.2, gibt das asymptotische Verhalten für $x \to 0$ an.

Tab. B.2. Asymptotisches Verhalten der Bessel-Funktionen

Verhalten für $x \ll 1$ und $n > 0$	
$J_0(x) = 1$	$N_0(x) = \dfrac{2}{\pi} \ln x$
$J_n(x) = \dfrac{1}{n!} \left(\dfrac{x}{2}\right)^n$	$N_n(x) = -\dfrac{(n-1)!}{\pi} \left(\dfrac{x}{2}\right)^{-n}$
$I_0(x) = 1$	$K_0(x) = -\ln x + C$ [a]
$I_n(x) = \dfrac{1}{n!} \left(\dfrac{x}{2}\right)^n$	$K_n(x) = \dfrac{(n-1)!}{2} \left(\dfrac{x}{2}\right)^{-n}$
Verhalten für $x \gg 1$ und $n \geq 0$	
$J_n(x) = \sqrt{\dfrac{2}{\pi x}} \cos(x - \dfrac{n\pi}{2} - \dfrac{\pi}{4})$	$N_n(x) = \sqrt{\dfrac{2}{\pi x}} \sin(x - \dfrac{n\pi}{2} - \dfrac{\pi}{4})$
$I_n(x) = \dfrac{1}{\sqrt{2\pi x}} e^x$	$K_n(x) = \sqrt{\dfrac{\pi}{2x}} e^{-x}$

[a] $C = 0.577215...$ (Euler-Mascheroni-Konstante)

Für das weitere Vorgehen benötigen wir die Lagen der Nullstellen der Bessel-Funktionen, insbesondere der J_n. Die ersten Nullstellen, aufgelistet in Tab.B.3 sind numerisch zu ermitteln. Für große Argumente gelten die in Tab.B.2 aufgelisteten Formeln, wobei die Beziehungen

$$J_n(x) = \sqrt{\frac{2}{\pi x}} \cos(x - \frac{n\pi}{2} - \frac{\pi}{4}), \qquad N_n(x) = \sqrt{\frac{2}{\pi x}} \sin(x - \frac{n\pi}{2} - \frac{\pi}{4})$$

aus Abb. B.4 hervorgehen. Man erhält für $J_n(x_{nl}) = 0$ für $l \gg n$ näherungsweise

$$x_{nl} = l\pi + \frac{\pi}{2}\left(n - \frac{1}{2}\right) - \frac{4n^2 - 1}{(8l + 4n - 2)\pi} + \dots \tag{B.4.9}$$

Tab. B.3. Nullstellen x_{nk} der Bessel-Funktionen

Nullstellen von $J_n(x_{nk})$				Nullstellen von $N_n(x_{nk})$			
J_0: x_{0k}	2.40483	5.52008	8.65373	N_0: x_{0k}	0.89358	3.95768	7.08605
J_1: x_{1k}	3.83171	7.01559	10.17347	N_1: x_{1k}	2.19714	5.42968	8.59601
J_2: x_{2k}	5.13562	8.41724	11.61984	N_2: x_{2k}	3.38424	6.79381	10.02348

B.5 Integrale

B.5.1 Elliptische Integrale

In der Potentialtheorie, d.h. in Elektro- und Magnetostatik, treten bei Konfigurationen mit axialer Symmetrie des Öfteren elliptische Integrale auf. Es gibt in den Definitionen manchmal kleine Unterschiede, so dass es sinnvoll erscheint, die verwendeten Definitionen anzugeben.

Die elliptischen Integrale sind hier in der *Legendre'schen Normalform* aufgezählt; man unterscheidet hierbei die elliptischen Integrale erster, zweiter und dritter Art (bzw. Gattung). Sie sind in dieser Reihenfolge definiert durch

$$F(\varphi, k) = \int_0^\varphi d\alpha \, \frac{1}{\sqrt{1 - k^2 \sin^2 \alpha}}, \qquad 0 \le k \le 1, \ 0 \le \varphi \le \frac{\pi}{2}, \quad (B.5.1)$$

$$E(\varphi, k) = \int_0^\varphi d\alpha \, \sqrt{1 - k^2 \sin^2 \alpha}, \tag{B.5.2}$$

$$\Pi(\varphi, n, k) = \int_0^\varphi d\alpha \, \frac{1}{(1 + n \sin^2 \alpha)\sqrt{1 - k^2 \sin^2 \alpha}}. \tag{B.5.3}$$

k wird auch als *Modulus* der elliptischen Integrale bezeichnet und n als Parameter der Integrale 3. Art. φ ist eine Amplitude. Hat diese den Wert $\varphi = \pi/2$, so hat man ein *vollständiges elliptisches Integral* vor sich:

$$K(k) = F(\frac{\pi}{2}, k) = \int_0^{\pi/2} d\alpha \, \frac{1}{\sqrt{1 - k^2 \sin^2 \alpha}}, \tag{B.5.4}$$

$$E(k) = E(\frac{\pi}{2}, k) = \int_0^{\pi/2} d\alpha \, \sqrt{1 - k^2 \sin^2 \alpha}, \tag{B.5.5}$$

$$\Pi(n, k) = \Pi(\frac{\pi}{2}, n, k) = \int_0^{\pi/2} d\alpha \, \frac{1}{(1 + n \sin^2 \alpha)\sqrt{1 - k^2 \sin^2 \alpha}}. \tag{B.5.6}$$

Funktionalgleichungen

Die folgende und weitere Relationen findet man bei Gradshteyn, Rhyzhik [1965, ellipt. Integrale Abschnitt 8.1]

$$\frac{dK(k)}{dk} = \frac{1}{k} \Big[\frac{E(k)}{1 - k^2} - K(k) \Big]. \tag{B.5.7}$$

Andererseits erhält man durch Differentiation von (B.5.4)

$$\frac{dK(k)}{dk} = \frac{1}{k} \int_0^{\pi/2} d\alpha \, \frac{k^2 \sin^2 \alpha}{\sqrt{1 - k^2 \sin^2 \alpha}^3} = \frac{1}{k} \big[\Pi(-k^2, k) - K(k) \big]. \tag{B.5.8}$$

Aus den beiden letzten Gleichungen folgt

$$\Pi(-k^2, k) = \int_0^{\pi/2} d\alpha \, \frac{1}{\sqrt{1 - k^2 \sin^2 \alpha}^3} = \frac{E(k)}{1 - k^2}. \tag{B.5.9}$$

B.5.2 Integrale zur Potentialtheorie

Es werden hier einige Integrale aufgelistet, die in Elektro- und Magnetostatik auftreten, ohne jedoch deren Herleitung anzuführen. Die Integrale sind im Wesentlichen den Integraltafeln Gradshteyn, Rhyzhik [1965] entnommen:

$$\int dx \, \frac{1}{a^2 + b^2 x^2} = \frac{1}{ab} \arctan \frac{bx}{a}, \qquad\qquad a \geq 0, \qquad (B.5.10)$$

$$\int dx \, \ln\left(a^2 + x^2\right) = x \ln(a^2 + x^2) - 2x + 2a \arctan \frac{x}{a}, \qquad (B.5.11)$$

$$\int dx \, \ln(x + \sqrt{a^2 + x^2}) = x \ln(x + \sqrt{a^2 + x^2}) - \sqrt{a^2 + x^2} \qquad (B.5.12)$$

$$\int_0^\pi d\varphi \, \cos \varphi \ln\left(1 + a^2 \pm 2a \cos \varphi\right) = -\pi \left[a\, \theta(1-a) + \frac{1}{a}\, \theta(a-1)\right]. \qquad (B.5.13)$$

$$\int dx \, \sqrt{a^2 + x^2} = \frac{a^2}{2} \ln(x + \sqrt{a^2 + x^2}) + \frac{x}{2} \sqrt{a^2 + x^2}, \qquad (B.5.14)$$

$$\int dx \, \frac{1}{\sqrt{a^2 + x^2}} = \ln(x + \sqrt{a^2 + x^2}) = \operatorname{arsinh} \frac{x}{a} + \ln a, \qquad (B.5.15)$$

$$\int dx \, \frac{1}{\sqrt{a^2 + x^2}^3} = \frac{1}{a^2} \frac{x}{\sqrt{a^2 + x^2}}, \qquad (B.5.16)$$

$$\int dx \, \frac{x^2}{\sqrt{a^2 + x^2}^3} = -\frac{x}{\sqrt{a^2 + x^2}} + \ln(x + \sqrt{a^2 + x^2}), \qquad (B.5.17)$$

$$\int_0^\pi d\varphi \, \frac{1}{\alpha^2 - 2\alpha\beta \cos \varphi + \beta^2} = \frac{\pi}{|\alpha^2 - \beta^2|}, \qquad \alpha^2 \neq \beta^2, \qquad (B.5.18)$$

$$\int_0^\pi d\varphi \, \frac{\cos \varphi}{\alpha^2 - 2\alpha\beta \cos \varphi + \beta^2} = \frac{\pi}{|\alpha^2 - \beta^2|} \begin{cases} \alpha/\beta, & \alpha^2 < \beta^2, \\ \beta/\alpha, & \alpha^2 > \beta^2, \end{cases} \qquad (B.5.19)$$

$$\int_0^\pi d\varphi \, \frac{\cos^2 \varphi}{\alpha^2 - 2\alpha\beta \cos \varphi + \beta^2} = \frac{\alpha^2 + \beta^2}{|\alpha^2 - \beta^2|} \begin{cases} \pi/2\beta^2, & \alpha^2 < \beta^2, \\ \pi/2\alpha^2, & \alpha^2 > \beta^2, \end{cases} \qquad (B.5.20)$$

$$\int_0^\pi d\varphi \, \frac{\alpha - \beta \cos \varphi}{\alpha^2 - 2\alpha\beta \cos \varphi + \beta^2} = \frac{\pi}{\alpha} \theta(\alpha - \beta), \qquad 0 < \alpha, \qquad 0 < \beta, \quad (B.5.21)$$

$$\int_0^\pi d\varphi \, \frac{\alpha \cos \varphi - \beta \cos^2 \varphi}{\alpha^2 - 2\alpha\beta \cos \varphi + \beta^2} = \begin{cases} -\pi/2\beta, & 0 < \alpha < \beta, \\ \pi\beta/2\alpha^2, & \alpha > \beta > 0. \end{cases} \qquad (B.5.22)$$

Oberflächenintegrale

Integriert wird über die Kugeloberfläche: $\oiint d\Omega' = \int_0^{2\pi} d\varphi' \int_{-1}^1 d\xi'$ mit $\xi' = \cos \vartheta'$.

$$\frac{1}{4\pi} \oiint d\Omega' \, \frac{1}{|\mathbf{x}'-\mathbf{x}|} = \frac{1}{r}\theta(r-r') + \frac{1}{r'}\theta(r'-r), \tag{B.5.23}$$

$$\frac{1}{4\pi} \oiint d\Omega' \, \frac{\xi'}{|\mathbf{x}'-\mathbf{x}|} = \frac{1}{3}\Big[\frac{r'}{r^2}\theta(r-r') + \frac{r}{r'^2}\theta(r'-r)\Big], \tag{B.5.24}$$

$$\frac{1}{4\pi} \oiint d\Omega' \, \frac{\xi'^2}{|\mathbf{x}'-\mathbf{x}|} = \frac{1}{3}\Big\{\big(\frac{1}{r} + \frac{2r'^2}{5r^3}\big)\theta(r-r') + \big(\frac{1}{r'} + \frac{2r^2}{5r'^3}\big)\theta(r'-r)\Big\}. \tag{B.5.25}$$

$G_i(\mathbf{x}, \mathbf{x}')$ mit $i=1$ und $i=2$ sind die Green-Funktionen (A.4.27):

$$G_1(\mathbf{x}, \mathbf{x}') = \frac{1}{|\mathbf{x}'-\mathbf{x}|} - \frac{1}{r'}, \qquad\qquad G_2(\mathbf{x}, \mathbf{x}') = G_1(\mathbf{x}, \mathbf{x}') - \frac{\mathbf{x}\cdot\mathbf{x}'}{r'^3}.$$

$$\frac{1}{4\pi} \oiint d\Omega' \, G_i(\mathbf{x}, \mathbf{x}') = \big(\frac{1}{r} - \frac{1}{r'}\big)\theta(r-r'), \qquad\qquad i=1,2, \quad \tag{B.5.26}$$

$$\frac{1}{4\pi} \oiint d\Omega' \, \xi' \, G_1(\mathbf{x}, \mathbf{x}') = \frac{1}{3}\Big[\frac{r'}{r^2}\theta(r-r') + \frac{r}{r'^2}\theta(r'-r)\Big], \tag{B.5.27}$$

$$\frac{1}{4\pi} \oiint d\Omega' \, \xi' \, G_2(\mathbf{x}, \mathbf{x}') = \frac{1}{3}\big(\frac{r'}{r^2} - \frac{r}{r'^2}\big)\theta(r-r'), \tag{B.5.28}$$

$$\frac{1}{4\pi} \oiint d\Omega' \, \xi'^2 \, G_i(\mathbf{x}, \mathbf{x}') = \frac{1}{3}\Big\{\Big[\big(\frac{1}{r} - \frac{1}{r'}\big) + \frac{2}{5}\frac{r'^2}{r^3}\Big]\theta(r-r') + \frac{2}{5}\frac{r^2}{r'^3}\theta(r'-r)\Big\}, \tag{B.5.29}$$

$$\int d^3x' \, \frac{f(r')}{|\mathbf{x}-\mathbf{x}'|} = 4\pi\Big\{\frac{1}{r}\int_0^r dr' \, r'^2 f(r') + \int_r^\infty dr' \, r' f(r')\Big\}. \tag{B.5.30}$$

B.5.3 Faltung

Unter der Faltung versteht man, je nach Dimension, eine Operation der Form

$$(f * g)(t) = \int_{-\infty}^\infty dt' \, f(t - t') \, g(t'),$$

$$(f * g)(\mathbf{x}) = \int_{-\infty}^\infty d^3x' \, f(\mathbf{x} - \mathbf{x}') \, g(\mathbf{x}'),$$

$$(f * g)(\mathbf{x}, t) = \int_{-\infty}^\infty d^3x' dt' \, f(\mathbf{x} - \mathbf{x}', t - t') \, g(\mathbf{x}', t') \tag{B.5.31}$$

$$= \int_{-\infty}^\infty \frac{d^3k \, d\omega}{(2\pi)^4} \, e^{i\mathbf{k}\cdot\mathbf{x}-i\omega t} f(\mathbf{k}, \omega) \, g(\mathbf{k}, \omega).$$

Die Faltung genügt den Rechenregeln:

$$\begin{aligned}
(f * g) &= (g * f) && \text{Kommutativität} \\
(f * g) * h &= f * (g * h) && \text{Assoziativität} \\
f * (g + h) &= f * g + f * h && \text{Distributivität} \\
c(f * g) &= (cf * g) && \text{Multiplikation mit Skalar.}
\end{aligned}$$

Sei $\mathcal{D}$ ein Differentialoperator, so gilt

$$\mathcal{D}(f * g) = (\mathcal{D}f * g) = (f * \mathcal{D}g).$$

Bis auf die letzte Zeile von (B.5.31) sind die Definitionen in der Literatur einheitlich. Die Fouriertransformation kann jedoch unterschiedlich definiert werden, so dass hier Vorsicht geboten ist. Bezeichnet man die Fouriertransformation mit $\mathcal{F}$

$$\mathcal{F}\{f(\mathbf{x},t)\} = f(\mathbf{k},\omega) = \int_{-\infty}^{\infty} \mathrm{d}^3 x \mathrm{d}t \, \mathrm{e}^{-\mathrm{i}\mathbf{k}\cdot\mathbf{x}+\mathrm{i}\omega t} \, f(\mathbf{x},t) \,,$$

so lautet das *Faltungstheorem*

$$\mathcal{F}\{(f * g)(\mathbf{x},t)\} = f(\mathbf{k},\omega) \, g(\mathbf{k},\omega) \,. \tag{B.5.32}$$

B.6 Distributionen

B.6.1 Die Dirac'sche Delta-Funktion

Die δ-Funktion ist keine Funktion im eigentlichen Sinn, sondern eine Distribution, die für unsere Zwecke ausreichend als Funktionenfolge δ_n mit

$$\lim_{n\to\infty} \delta_n(x - x_0) = \delta(x - x_0)$$

definiert werden kann. Wir haben es dabei mit Funktionenfolgen zu tun, deren Fläche (Integral) konstant bleibt, die aber mit $n \to \infty$ eine immer schärfere Spitze um x_0 bekommen. Zuletzt trägt nur die singuläre Stelle x_0 zum Integral bei; man nennt das *Ausblendeigenschaft*:

$$\int_a^b \mathrm{d}x \, \delta(x - x_0) \, f(x) = \int_a^b \mathrm{d}x \, \delta(x_0 - x) \, f(x) = f(x_0), \quad a < x_0 < b. \tag{B.6.1}$$

$f(x)$ soll stetig und um x_0 von beschränkter Variation sein. Man verlangt daher von δ-Funktionen: $\delta(x) = \lim_{n\to\infty} \delta_n(x)$:

1. $\displaystyle\int_{-\infty}^{\infty} \mathrm{d}x \, \delta_n(x) = 1.$

   Folge dieser Bedingung: $\delta_n(ax) = \dfrac{1}{a} \delta_n(x).$
2. Es scheint sinnvoll die Symmetrie

   $$\delta_n(x) = \delta_n(-x)$$

   zu verlangen: Bei $x = 0$ trägt ein antisymmetrischer Anteil nichts bei, und für $x \neq 0$ soll δ_n möglichst verschwinden.

   Zusammen mit dem 1. Punkt folgt: $\delta_n(ax) = \dfrac{1}{|a|}\delta_n(x), \qquad a \neq 0$, reell.

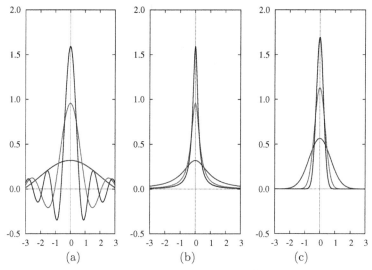

Abb. B.6. $\delta_n(x)$ für $n = 1, 3, 5$.   (a) $\frac{n}{\pi}$ si(nx)   (b) $\frac{1}{\pi}\,\dfrac{n}{n^2 x^2 + 1}$ (c) $\dfrac{n}{\sqrt{\pi}}\,e^{-n^2 x^2}$

3. $\lim\limits_{n\to\infty} \delta_n(x) = 0$ für $x \neq 0$.

4. $I = \displaystyle\int_a^b dx\, \delta(x)\,f(x) = \lim_{n\to\infty} \int_a^b dx\, \delta_n(x)\,f(x) = f(0)$, $a < 0 < b$.   (B.6.2)

In der Tab.B.4 sind vier Funktionenfolgen $\delta_n(x)$ angegeben, die zur Darstellung der δ-Funktion geeignet sind. Abb. B.6 zeigt, wie diese Funktionen mit steigendem n bei gleichbleibender Fläche unter den Kurven schmäler werden.

Den Nachweis, dass sich $\delta_n(x)$ im Limes $n \to \infty$ wie eine δ-Funktion verhält, zeigen wir anhand der Spaltfunktion mittels (B.6.2). Es sei $a < 0 < b$, so dass $x = 0$ im Integrationsintervall liegt. Dann gilt

$$I = \lim_{n\to\infty} \frac{n}{\pi} \int_a^b dx\, f(x)\,\mathrm{si}(nx) \overset{t=nx}{=} \lim_{n\to\infty} \frac{1}{\pi} \int_{na}^{nb} dt\, f\!\left(\frac{t}{n}\right)\mathrm{si}(t) = f(0)\, \underbrace{\frac{1}{\pi} \int_{-\infty}^{\infty} dt\, \frac{\sin t}{t}}_{1}.$$

Eigenschaften der Delta-Funktion

Die grundlegende Eigenschaft haben wir bereits in (B.6.1) dargestellt:

$$\int_a^b dx\, \delta(x - x_0)\, f(x) = \begin{cases} f(x_0) & a < x_0 < b \\ 0 & x_0 < a \quad \text{und} \quad b < x_0 \, . \end{cases} \qquad (B.6.3)$$

Ersetzt man hier $f(x) \to f(x)\,x$ und setzt $x_0 = 0$, so erhält man

Tab. B.4. $\delta_n(x)$-Funktionen zur Darstellung der Delta-Funktion; für alle Fourier-transformierten gilt $\lim\limits_{n\to\infty} \delta_n(k) = 1$.

	$\delta_n(x)$	Bezeichnung	$\delta_n(k) = \int_{-\infty}^{\infty} \mathrm{d}x\, \mathrm{e}^{-ikx}\, \delta_n(x)$
(a)	$\dfrac{1}{\pi}\dfrac{\sin(nx)}{x}$	Kardinalsinus[1]	$\theta(n-|k|)$
(b)	$\dfrac{1}{\pi}\dfrac{n}{n^2x^2 + 1}$	Lorentz-Funktion	$\mathrm{e}^{-|k|/n}$
(c)	$\dfrac{n}{\sqrt{\pi}}\,\mathrm{e}^{-x^2 n^2}$	Gaußverteilung	$\mathrm{e}^{-k^2/(4n^2)}$
(d)	$\dfrac{n}{2\cosh^2(nx)}$	Pöschl-Teller-Potential	$\dfrac{k\pi/2n}{\sinh(k\pi/2n)}$

[1]Beugungsfunktion am Spalt oder Spaltfunktion: $\mathrm{si}\,(x) \equiv \mathrm{sinc}\,(x) := \dfrac{\sin x}{x}$

$$\int_a^b \mathrm{d}x\, x\, \delta(x)\, f(x) = 0 \qquad \text{oder} \quad x\, \delta(x) = 0\,, \tag{B.6.4}$$

soweit $f(0)$ regulär ist. Außerdem stellen wir fest, dass

$$\int_{-\infty}^a \mathrm{d}x\, \delta(x) = \theta(a) = \begin{cases} 0 & \text{für } a < 0 \\ 1 & \text{für } a > 0\,. \end{cases} \tag{B.6.5}$$

Aus den an die δ_n-Funktionen gestellten Anforderungen (bzw. aus (B.6.1)) folgt

$$\begin{aligned} \delta(x) &= \delta(-x)\,, \\ \delta(ax) &= \frac{1}{|a|}\,\delta(x)\,, \qquad a \neq 0 \quad \text{und} \quad a \in \mathbb{R}\,, \\ \delta(x^2 - a^2) &= \delta((x-a)(x+a)) = \frac{1}{2|a|}\big\{\delta(x-a) + \delta(x+a)\big\}\,. \end{aligned} \tag{B.6.6}$$

Sei nun $f(x)$ eine Funktion mit isolierten Nullstellen x_i, so dass um diese eine Taylorentwicklung gemacht werden kann. Dann gilt

$$\begin{aligned} \delta\big(f(x)\big) &= \sum_i \delta\Big(f(x_i) + (x - x_i)\,f'(x_i) + \frac{1}{2}\,f''(x_i)\,(x - x_i)^2 + ...\Big) \\ &= \sum_i \delta\Big((x-x_i)\big[f'(x_i) + \frac{1}{2}\,f''(x_i)\,(x-x_i) + ...\big]\Big) = \sum_i \frac{\delta(x-x_i)}{|f'(x_i)|}\,, \end{aligned}$$

$$\delta\big(f(x)\big) = \sum_i \frac{\delta(x-x_i)}{|f'(x_i)|} \qquad \text{mit} \quad f(x_i) = 0\,. \tag{B.6.7}$$

Für die Ableitungen gilt

$$\int_a^b \mathrm{d}x\, f(x)\, \delta'(x-x_0) \overset{\text{part.int.}}{=} -\int_a^b \mathrm{d}x\, f'(x)\, \delta(x-x_0) = -f'(x_0). \quad \text{(B.6.8)}$$

Der Randterm der partiellen Integration verschwindet, da $\delta(a) = \delta(b) = 0$. Daraus folgt für die n^{te} Ableitung

$$\int_a^b \mathrm{d}x\, f(x)\, \frac{\mathrm{d}^n}{\mathrm{d}x^n}\delta(x-x_0) = (-1)^n \frac{\mathrm{d}^n}{\mathrm{d}x^n} f(x)\Big|_{x=x_0}. \quad \text{(B.6.9)}$$

Mehrdimensionale Delta-Funktionen

In kartesischen Koordinaten ist die n-dimensionale Delta-Funktion definiert durch das Produkt

$$\delta^{(n)}(\mathbf{x}) = \delta(x_1)\delta(x_2)....\delta(x_n)\,. \quad \text{(B.6.10)}$$

Am häufigsten begegnen wir der δ-Funktion in drei Dimensionen, manchmal auch in der Form

$$\delta^{(3)}\big(\mathbf{f}(\mathbf{x})\big) = \delta\big(f_1(\mathbf{x})\big)\, \delta\big(f_2(\mathbf{x})\big)\, \delta\big(f_3(\mathbf{x})\big)$$

mit den Nullstellen $\mathbf{f}(\mathbf{x}_i) = 0$. Die (B.6.7) entsprechende Relation ist dann

$$\delta^{(3)}\big(\mathbf{f}(\mathbf{x})\big) = \sum_i \frac{\delta^{(3)}(\mathbf{x}-\mathbf{x}_i)}{|J|} \quad \text{mit} \quad J = \frac{\partial(f_1, f_2, f_3)}{\partial(x, y, z)} = \begin{vmatrix} \dfrac{\partial f_1}{\partial x} & \cdots & \dfrac{\partial f_1}{\partial z} \\ \cdots & \cdots & \cdots \\ \dfrac{\partial f_3}{\partial x} & \cdots & \dfrac{\partial f_3}{\partial z} \end{vmatrix}. \quad \text{(B.6.11)}$$

J ist hier die Jacobi-Determinante (Funktionaldeterminante). Diese Relation kann verständlich gemacht werden, wenn man die Koordinatentransformation

$$\int \mathrm{d}^3x\, \delta^{(3)}\big(\mathbf{f}(\mathbf{x})\big) = \int \mathrm{d}^3 f \left|\frac{\partial(x, y, z)}{\partial(f_1, f_2, f_3)}\right| \delta^{(3)}(\mathbf{f}) = \int \mathrm{d}^3 f\, \frac{\delta^{(3)}(\mathbf{f})}{|J|} = \frac{1}{|J(\mathbf{x}_0)|}$$

für eine einzelne Nullstelle $\mathbf{f}(\mathbf{x}_0) = 0$ betrachtet. In drei Dimensionen erhält man im Detail

$$\begin{aligned} \delta^{(3)}(\mathbf{x}-\mathbf{x}') &= \delta(x-x')\,\delta(y-y')\,\delta(z-z'), & \text{kartesische Koordinaten,} \\ &= \frac{\delta(r-r')\,\delta(\vartheta-\vartheta')\,\delta(\varphi-\varphi')}{r\sin\vartheta}, & \text{Polarkoordinaten,} \quad \text{(B.6.12)} \\ &= \frac{\delta(\varrho-\varrho')\,\delta(\varphi-\varphi')\,\delta(z-z')}{\varrho}, & \text{Zylinderkoordinaten.} \end{aligned}$$

Integraldarstellung

Die Integraldarstellungen

$$\text{(a)} \quad \delta_n(x) = \frac{1}{\pi} \frac{\sin(nx)}{x} \quad = \int_{-n}^{n} \frac{dk}{2\pi} e^{ikx},$$

$$\text{(b)} \quad \delta_n(x) = \frac{1}{\pi} \frac{\frac{1}{n}}{x^2 + \frac{1}{n^2}} \quad = \int_{-\infty}^{\infty} \frac{dk}{2\pi} e^{ikx - |k|/n}, \qquad \text{(B.6.13)}$$

$$\text{(c)} \quad \delta_n(x) = \frac{n}{\sqrt{\pi}} e^{-x^2 n^2} \quad = \int_{-\infty}^{\infty} \frac{dk}{2\pi} e^{ikx - k^2/4n^2}$$

entnehmen wir der Tab. B.4, in der auch die $\delta_n(k)$ angegeben sind. Wir schließen daraus, dass $\delta(k) = \lim_{n \to \infty} \delta_n(k) = 1$,

$$\delta(x) = \int_{-\infty}^{\infty} \frac{dk}{2\pi} e^{ikx}. \qquad \text{(B.6.14)}$$

Halbseitige Delta-Funktion

Wir zerlegen die Integraldarstellung von $\delta_n(x)$ mit der Lorentz-Funktion in

$$\delta_n(x) = \int_{-\infty}^{0} \frac{dk}{2\pi} e^{ikx - |k|/n} + \int_{0}^{\infty} \frac{dk}{2\pi} e^{ikx - |k|/n} = \delta_{n-}(x) + \delta_{n+}(x),$$

wobei wir der Zerlegung entsprechend

$$\delta_{n\pm}(x) = \int_{0}^{\infty} \frac{dk}{2\pi} e^{\pm ikx - k/n} = \frac{1}{2\pi} \frac{e^{\pm ikx - k/n}}{\pm ix - \frac{1}{n}} \Big|_{0}^{\infty}$$

definiert haben. Jetzt machen wir den Limes $n \to \infty$. Der Konvergenzfaktor $\epsilon = 1/n$ im Exponenten garantiert, dass die obere Grenze verschwindet:

$$\delta_{\pm}(x) = \mp \frac{1}{2\pi i} \lim_{\epsilon \to 0} \frac{1}{x \pm i\epsilon}. \qquad \text{(B.6.15)}$$

Im Nenner bleibt ϵ stehen, damit deutlich ist, wie die Integration beim Pol $1/x$ auszuführen ist. Man umgeht bei $\delta_-(x)$ den Pol bei $x = 0$ in einem Halbkreis unterhalb der reellen Achse, wie in Abb. B.7b skizziert ist:

$$\int_{a}^{b} dx\, f(x)\, \delta_-(x) = \frac{1}{2\pi i} \left\{ \int_{a}^{-\epsilon} dx\, \frac{f(x)}{x} + \int_{\epsilon}^{b} dx\, \frac{f(x)}{x} + f(0) \int_{\pi}^{2\pi} d\varphi\, i \right\}$$

$$= \frac{1}{2\pi i} P \int_{a}^{b} dx\, \frac{f(x)}{x} + \frac{f(0)}{2}.$$

Bei der Integration auf der reellen Achse wird der Pol von $\frac{1}{x}$ ausgelassen, was als Hauptwertintegral bezeichnet wird und mit einem P gekennzeichnet ist. Der Halbkreis um den Pol liefert den halben Beitrag einer δ-Funktion. Zusammengefasst ist so

$$\delta_{\pm}(x) = \frac{1}{2} \delta(x) \pm \frac{i}{2\pi} P\left(\frac{1}{x}\right) = \int_{0}^{\infty} \frac{dk}{2\pi} e^{\pm ikx}. \qquad \text{(B.6.16)}$$

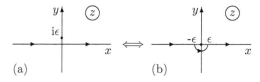

Abb. B.7. Gleichwertige Integrationswege für $\delta_-(x)$

B.6.2 Stufenfunktion

Die Stufen- oder Heaviside-Funktion ist definiert als

$$\theta(x) = \begin{cases} 0 & x < 0 \\ 1 & x > 0 \,. \end{cases} \tag{B.6.17}$$

Der Wert $\theta(0)$ muss nicht gesondert definiert sein, wird aber meist mit $1/2$ angegeben. Eine Testfunktion für die Distribution $\theta(x)$ ist

$$\theta_n(x) = \frac{1}{2}\left[1 + \tanh(nx)\right], \quad \theta(x) = \lim_{n \to \infty} \theta_n(x) = \begin{cases} 0 & x < 0 \\ 0.5 & x = 0. \\ 1 & x > 0 \end{cases} \tag{B.6.18}$$

Signum-Funktion

$$\mathrm{sgn}(x) = -1 + 2\theta(x) = \theta(x) - \theta(-x) = \begin{cases} -1 & x < 0 \\ 0 & x = 0 \,. \\ 1 & x > 0 \end{cases} \tag{B.6.19}$$

Ableitung der Stufenfunktion

Aus der Testfunktion $\theta_n(x)$ folgt die Testfunktion (d) der Tab.B.4:

$$\theta'_n(x) = \frac{n}{2} \frac{1}{\cosh^2(nx)} = \delta_n(x) \,. \tag{B.6.20}$$

Im Limes $n \to \infty$ gilt daher

$$\frac{\mathrm{d}}{\mathrm{d}x}\theta(x) = \delta(x) \qquad \text{und} \qquad \frac{\mathrm{d}}{\mathrm{d}x}\,\mathrm{sgn}(x) = 2\delta(x) \,. \tag{B.6.21}$$

Integraldarstellung der Stufenfunktion

Wenn nun die Ableitung der Stufenfunktion die δ-Funktion ist, so liegt es nahe, die Integraldarstellung (B.6.14) zu integrieren:

$$\theta(x) = \lim_{\epsilon \to 0} \int_{-\infty}^{\infty} \frac{\mathrm{d}k}{2\pi} \frac{e^{ikx}}{i(k - i\epsilon)} \begin{cases} 0 & x < 0 \\ 0.5 & x = 0 \,, \\ 1 & x > 0 \end{cases} \tag{B.6.22}$$

wobei aber mit $\epsilon \to 0_+$ der Pol infinitesimal oberhalb der reellen Achse liegen soll. Damit trägt der Pol für $x > 0$, wo das Integral über den oberen Halbkreis geschlossen wird, zum Integral bei, wie in Abb. B.8 skizziert.

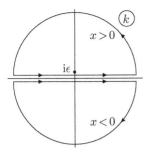

Abb. B.8. Integrationswege zur Integraldarstellung der $\theta(x)$-Funktion. Mit $|k| \to \infty$ verschwindet für $x > 0$ das Integral über den oberen Halbkreis und für $x < 0$ über den unteren Halbkreis

Aufgaben zu Anhang B

B.1. *Bestimmung der Legendre-Polynome*: Zeigen Sie, dass man aus der Rekursionsrelation (3.2.19) die P_l erhält.
Hinweis: Sie können die a_n durch vollständige Induktion bestimmen. Induktionsannahme:

$$a_n = (-1)^{\frac{l-n}{2}} \frac{(l+n-1)!!}{(l-n)!!} \frac{1}{n!} .$$

B.2. *Rekursionsrelation für orthonormale Polynome*: Zeigen Sie, dass orthonormale Polynome $p_k(x)$ vom Rang k, die auf dem Grundgebiet $[\alpha, \beta]$ definiert sind und mit einer normierten Gewichtsfunktion $w(x)$ den Orthonormalitätsrelationen

$$\int_\alpha^\beta \mathrm{d}x \, w(x) \, p_k(x) p_l(x) = \delta_{kl} \tag{B.6.23}$$

genügen, eine Rekursionsrelation der Form

$$p_l(x) = \big(a_l \, x + b_l\big) p_{l-1}(x) - c_l \, p_{l-2}(x) \tag{B.6.24}$$

erfüllen. Die Rekursion beginnt mit $l = 1$, wobei $p_{-1} = 0$ und p_0.
Hinweis: Machen Sie einen Ansatz der Form

$$p_l(x) = \big(a_l \, x + b_l\big) p_{l-1}(x) - c_l \, p_{l-2}(x) + \sum_{j=0}^{l-3} \gamma_{lj} \, p_j(x)$$

und nützen Sie die Orthonormalitätsrelation (B.6.23) für $k \le l$.

B.3. *Rekursionsrelation für Legendre-Polynome*: In der Aufgabe B.2 war die allgemeine Form der Rekursionsrelation (B.6.24) für orthonormale Polynome herzuleiten. Verifizieren Sie nun diese Rekursionsrelation (B.2.17) für die Legendre-Polynome $P_l(x)$.
Hinweis: Verwenden Sie in (B.6.24) den Ansatz $p_l = q_l x^l + s_l x^{l-1} + \ldots$, wobei Ihnen diese Koeffizienten aus (3.2.20) bekannt sind.

Literaturverzeichnis

I.S. Gradshteyn & I.M. Ryzhik *Table of Integrals, Series, and Products* Academic Press N.Y. (1965)
F. Schwabl *Quantenmechanik*, 7. Aufl. Springer Berlin (2007)

C

Maßeinheiten in der Elektrodynamik

C.1 Mechanische Einheiten

Im 19. Jahrhundert stand auch das Maßsystem im Fokus des Interesses. Das betraf nicht nur elektromagnetische Einheiten, sondern auch die mechanischen Basiseinheiten (Länge L, Masse M, Zeit T). Die Definition elektromagneti-

Tab. C.1. Mechanische Basiseinheiten in Hinblick auf die Elektrodynamik

	MKS[a] 1889	CGS[b] 1874	prakt. System[c] 1863	BAAS[d]	W. Thomson[c]	Weber/Gauß[c] 1832
Länge	1 m	1 cm	1×10^7 m	1 m	1 cm	1 mm
Masse	1 kg	1 g	1×10^{-11} g	1 g	1 g	1 g
Zeit	1 s	1 s	1 s	1 s	1 s	1 s

Definitionen der Basiseinheiten im MKS-System.

$1\,\mathrm{m} = \dfrac{c\,\mathrm{s}}{299\,792\,458}$	1983	Strecke, die Licht im Vakuum in 1 s zurücklegt
$1\,\mathrm{kg} = \dfrac{h \times 10^{34}\,\mathrm{s\,m^{-2}}}{6.626\,070\,15}$	2019	Vielfaches des Planck'schen Wirkungsquantums
$1\,\mathrm{s} = \dfrac{9\,192\,631\,770}{\Delta\nu}$	1967	$\Delta\nu$ = Frequenz des Hyperfeinstrukturübergangs in Cs^{133}

Abgeleitete Einheiten des CGS-Systems im MKS-System

Kraft	$1\,\mathrm{dyn} = 1\,\mathrm{g\,cm\,s^{-2}}$	$= 1 \times 10^{-5}$ N(ewton)
Energie	$1\,\mathrm{erg} = 1\,\mathrm{dyn\,cm} = 1\,\mathrm{g\,cm^2\,s^{-2}}$	$= 1 \times 10^{-7}$ J(oule)
Leistung	$1\,\mathrm{erg/s} = 1\,\mathrm{g\,cm^2\,s^{-3}}$	$= 1 \times 10^{-7}\,\mathrm{J\,s^{-1}} = 1 \times 10^{-7}$ W(att)

[a] Forster et al. [1890]   [b] W. Thomson et al. [1875, S. 255]
[c] Maxwell [1873, Art. 629]   [d] Wheatstone et al. [1864, S. 131]

Ergänzende Information Die elektronische Version dieses Kapitels enthält Zusatzmaterial, auf das über folgenden Link zugegriffen werden kann https://doi.org/10.1007/978-3-662-68528-0_17.

scher Größen durch die drei mechanischen Basiseinheiten führte in diesen zu sehr großen bzw. kleinen Zahlenwerten. Ein Versuch, dem auch Maxwell nahestand, betraf das sogenannte *praktische System* mit dem Erdquadranten als Längeneinheit und einer sehr kleinen Einheit der Masse. Da hier die historische Entwicklung nicht ganz weggelassen werden soll, sind diverse mechanische Systeme in Tab. C.1 angeführt. Erwähnt werden sollte, dass die Namen der mechanischen Einheiten seit 1889 gleich geblieben sind, aber ihre Definitionen mehreren Änderungen unterworfen waren.

C.2 Systeme der Elektrodynamik

Tab. C.2 ist eine Zusammenfassung der wichtigsten Systeme. Hierbei sind die elektrostatischen (esE oder esu) und die elektromagnetischen (emE oder emu) Systeme vor allem von historischem Interesse.

Tab. C.2. Umrechnung elektromagnetischer Größen, ausgehend vom Gauß-System. Für die Feldkonstanten gilt $\mu_0 = 1/k_L^2 \epsilon_0 \;\Rightarrow\; SI:\; k_C/k_L^2 = \mu_0/4\pi$

System	k_C	k_L		$\rho' = \frac{1}{\sqrt{k_C}}\rho$	$j' = \frac{1}{\sqrt{k_C}}j$	$E' = \sqrt{k_C}\,E$	$B' = \frac{\sqrt{k_C}}{k_L}B$
Gauß	1	1		ρ	j	E	B
Heaviside-Lorentz	$\frac{1}{4\pi}$	1		$\rho^{\mathrm{H}} = \sqrt{4\pi}\rho$	$j^{\mathrm{H}} = \sqrt{4\pi}j$	$E^{\mathrm{H}} = \frac{E}{\sqrt{4\pi}}$	$B^{\mathrm{H}} = \frac{1}{\sqrt{4\pi}}B$
SI*	$\frac{1}{4\pi\epsilon_0}$	c		$\rho^{\mathrm{SI}} = \sqrt{4\pi\epsilon_0}\rho$	$j^{\mathrm{SI}} = \sqrt{4\pi\epsilon_0}j$	$E^{\mathrm{SI}} = \frac{E}{\sqrt{4\pi\epsilon_0}}$	$B^{\mathrm{SI}} = \sqrt{\frac{\mu_0}{4\pi}}\,B$
elstat. Einheiten	1	c		$\rho^{\mathrm{esu}} = \rho$	$j^{\mathrm{esu}} = j$	$E^{\mathrm{esu}} = E$	$B^{\mathrm{esu}} = \frac{1}{c}B$
elmagn. Einheiten	c^2	c		$\rho^{\mathrm{emu}} = \frac{1}{c}\rho$	$j^{\mathrm{emu}} = \frac{1}{c}j$	$E^{\mathrm{emu}} = cE$	$B^{\mathrm{emu}} = B$

System	k_C	k_L	ϵ_0	μ_0	$P' = \frac{1}{\sqrt{k_C}}P$	$M' = \frac{k_L}{\sqrt{k_C}}M$	$D' = \epsilon_0\sqrt{k_C}\,D$	$H' = \frac{\sqrt{k_C}}{\mu_0 k_L}H$
Gauß	1	1	1	1	P	M	D	H
Heaviside-Lorentz	$\frac{1}{4\pi}$	1	1	1	$P^{\mathrm{H}} = \sqrt{4\pi}P$	$M^{\mathrm{H}} = \sqrt{4\pi}M$	$D^{\mathrm{H}} = \frac{D}{\sqrt{4\pi}}$	$H^{\mathrm{H}} = \frac{H}{\sqrt{4\pi}}$
SI*	$\frac{1}{4\pi\epsilon_0}$	c	ϵ_0	μ_0	$P^{\mathrm{SI}} = \sqrt{4\pi\epsilon_0}P$	$M^{\mathrm{SI}} = \sqrt{\frac{4\pi}{\mu_0}}M$	$D^{\mathrm{SI}} = \sqrt{\frac{\epsilon_0}{4\pi}}D$	$H^{\mathrm{SI}} = \frac{H}{\sqrt{4\pi\mu_0}}$
elstat. Einheiten	1	c	1	$\frac{1}{c^2}$	$P^{\mathrm{esu}} = P$	$M^{\mathrm{esu}} = cM$	$D^{\mathrm{esu}} = D$	$H^{\mathrm{esu}} = cH$
elmagn. Einheiten	c^2	c	$\frac{1}{c^2}$	1	$P^{\mathrm{emu}} = \frac{1}{c}P$	$M^{\mathrm{emu}} = M$	$D^{\mathrm{emu}} = \frac{1}{c}D$	$H^{\mathrm{emu}} = H$

*Das symmetr. SI-System unterscheidet sich von SI nur durch $k_L = 1$, d.h. $\mu_0{}^s = \frac{1}{\epsilon_0}$

Anmerkung: In der Elektrodynamik kommt man mit drei Basiseinheiten aus und hat dann zwei freie Parameter (k_L, k_C). Bei vier Basisvektoren hat man nur einen unabhängigen Parameter. Im rationalen MKSA-System ist $k_C = 10^{-7} c^2 \text{N}/\text{A}^2$ und k_L ist frei. Mit $k_L = c$ hat man das SI-System gewählt und mit $k_L = 1$ dessen symmetrische Variante. Zur Festlegung des Amperes, und daraus folgend die von k_C, wird die Kraft zwischen parallelen Strömen herangezogen; man könnte aber auch F_C vorgeben. Bei der maximalen Anzahl von fünf Basisvektoren gibt es keinen freien Parameter mehr: Wenn Tesla die fünfte Basiseinheit sein soll, so hat man zu beachten, dass im Feld von 1 T auf ein Teilchen mit der Ladung 1 C und der Geschwindigkeit $v = 1\,\text{m/s}$ die Kraft $F_L = 1\,\text{N}$ wirkt. Im MKSAT-System wäre $k_L \approx 3 \times 10^8\,\text{N/sAT}$.

C.2.1 Systeme der Elektrodynamik mit 3 Basiseinheiten

Elektrostatisches und elektromagnetisches System

Maxwell [1873, Art. 620] stellt fest, dass jede elektromagnetische Größe mit Bezug auf die drei Einheiten M, L, T definiert werden kann und sucht den Zusammenhang mit diesen. Dazu ist zu bemerken, dass Maxwell [1873, Art. 599] das Feld (*electromotive intensity*), das ein bewegtes Teilchen im Magnetfeld spürt, mit $\mathbf{E}_1 = \mathbf{v} \times \mathbf{B}$ definiert. Damit ist $k_L = c$ bestimmt und man hat nur einen Parameter, um die Dimensionen der elektromagnetischen Größen festzulegen.

Führt man die Ladung $[Q]$ als vierte Basiseinheit ein, so erhält man das *elektrische Einheitensystem*. Die Einheit der Ladung kann jedoch aus der Coulomb-Kraft (1.2.1) mittels $k_C = 1$: $[Q] = [\sqrt{\text{LML}}\,\text{T}^{-1}]$ hergeleitet werden. Somit hat man alle Größen auf 3 Einheiten (M, L, T) zurückgeführt, die das sogenannte *elektrostatische Einheitensystem* (esE oder esu) bilden.

Mit der Polstärke $[p_m]$ als vierter fundamentaler Einheit erhält man das *magnetische Einheitensystem*. Den Einheitspol bestimmt man aus dem magnetostatischen Kraftgesetz (7.1.41), wobei $k_M = k_C/k_L^2 = 1$, d.h. $k_C = c^2$. Jetzt hat die Polstärke die Dimension $[p_m] = [\sqrt{\text{LML}}\,\text{T}^{-1}]$ und das zugehörige System mit 3 Einheiten ist das *elektromagnetische Einheitensystem* (emE oder emu). Zusammengefasst, ergibt das die in Tab. C.2 angeführten Koeffizienten.

Elektrostatisches und elektromagnetisches System in Materie

Bei den elektrostatischen und elektromagnetischen Einheiten beziehen wir uns auf die Lehrbücher von Maxwell und Föppl. In beiden Büchern ist die dielektrische Verschiebung definiert als

$$\mathbf{D} = K\mathbf{E}/4\pi, \quad \text{[Maxwell, 1873, Art. 619] u. [Föppl, 1894, (115)]} \quad \text{(C.2.1)}$$

Die Dielektrizitätskonstante wird also mit K bezeichnet und entspricht in unserer Notation $K \hat{=} \epsilon\epsilon_0$. Den zusätzlichen Faktor $1/4\pi$ unterschlagen wir, da dieser nicht in unser Schema passt (siehe auch Jackson [2006, Tab. A2]). Des Weiteren definieren wir auch die Polarisation durch $\mathbf{D} = \epsilon_0\mathbf{E} + \mathbf{P}$ und gehen so über die beiden Bücher hinaus, die nur lineare dielektrische Medien beschreiben. Für magnetische Systeme lesen wir bei Föppl [1894, (210)]

$$\mathbf{B} = \mu_0(\mathbf{H} + 4\pi\mathbf{J}), \qquad\qquad \mathbf{J} \hat{=} \mathbf{M}. \qquad\qquad (C.2.2)$$

Die entsprechende Gleichung von Maxwell [1873, Art. 619]: $\mathbf{B} = \mathbf{H} + 4\pi\mathbf{J}$ passt nur für emE in unser Schema, d.h., wir halten uns an Föppl und können so die esE und emE auch für Materie in Tab. C.2, S. 642 einordnen.

Elektrostatische und elektromagnetische Einheiten

Beide Systeme sind wie das Gauß'sche System auf dem CGS-System aufgebaut. Elektrostatische Einheiten (esE) haben die Silbe *stat* vor dem Namen der Einheit und elektromagnetische Einheiten (emE) das Wort *absolut*, abgekürzt mit *ab*. Für Ladung und Spannung bedeutet dies gemäß (C.2.11):

$$1\,\mathrm{statC} = 1\sqrt{\mathrm{cm^3 g}}\,\mathrm{s^{-1}} = c^{-1}\mathrm{abC} = c^{-1}\sqrt{\mathrm{cmg}} \approx \tfrac{1}{3}\times 10^{-10}\,\mathrm{abC} = \tfrac{1}{3}\times 10^{-9}\,\mathrm{C},$$
$$1\,\mathrm{statV} = 1\sqrt{\mathrm{cmg}}\,\mathrm{s^{-1}} \;\; = c\,\mathrm{abV} \;\; = c\sqrt{\mathrm{cm^{-1}g}} \approx 3\times 10^{10}\,\mathrm{abV} \;\; = 300\,\mathrm{V}.$$

esE und emE haben unterschiedliche Dimensionen; genauer, sie unterscheiden sich um Potenzen von c. Charakteristische Einheiten für das elektromagnetische System sind $1\,\mathrm{Biot} = 1\,\mathrm{abA} = 0.1\,\mathrm{A}$ und weiterhin Gilbert, Oersted, Gauß und Maxwell (siehe Tab. C.4, S. 646), die auch dem Gauß-System zugerechnet werden.

Die Lichtgeschwindigkeit in der Elektrodynamik

Ein entscheidender Punkt in Maxwell's Gleichungen ist das Feld $\mathbf{E}_1 = \mathbf{v} \times \mathbf{B}$, das auf bewegte geladene Teilchen wirkt. Einerseits wurde erst spät erkannt, dass es sich hier um die Lorentz-Kraft handelt (Clausius [1882] kannte die Kraft auf bewegte Teilchen noch nicht), andererseits ist eine Folge dieser Definition von $\mathbf{E}_1$ ($k_L = c$), dass die Dimensionen elektromagnetischer Größen, berechnet auf der Basis der Coulomb-Kraft (esu) und der magnetischen Kraft (emu), unterschiedlich sind.

Vergleicht man die Coulomb-Kraft mit der magnetischen Kraft (7.1.41), so erhält man

$$K c q^2 = (k_C/k_L^2) p_m^2 \quad\Rightarrow\quad p_m = cq \quad\Rightarrow\quad q^{\mathrm{esu}} = c q^{\mathrm{emu}}. \qquad (C.2.3)$$

Messungen einer Größe in esE und emE unterscheiden sich in Potenzen einer Geschwindigkeit c. Weber & Kohlrausch [1856] haben c erstmals als $c = 310\,740\,\mathrm{km/s}$ gemessen. Maxwell [1873, Art. 771] schreibt zu dem Verfahren, dass die gleiche Ladung zuerst elektrostatisch und dann elektromagnetisch gemessen wurde:

Man bringt in eine Leydener Flasche bekannter Kapazität C die Ladung $q = VC$ (siehe (2.2.30)) und misst die Spannungsdifferenz mit einem Elektrometer in esE.

Zur Messung der Ladung in emE wird diese durch ein Galvanometer entladen. Die plötzliche Entladung bewirkt eine Schwingung des Magneten aus der die Elektrizitätsmenge berechnet werden kann. Gemäß (C.2.3) kann der Wert von c bestimmt werden.

Hinzugefügt werden sollte, dass Weber eigene Formulierungen der Gesetze zur Elektrodynamik hatte, so dass der Vergleich nicht so einfach war [Stille, 1957]. Als Folge der Lichtgeschwindigkeit hat die Ladungseinheit in emE (*absolutes Coulomb*, abC) einen sehr viel größeren Zahlenwert als in esE (*statcoulomb*, statC): $1\,\mathrm{abC} \approx 3 \times 10^{10}\,\mathrm{statC}$, was nicht allein auf die Ladung beschränkt ist, wie Tab. C.3 entnommen werden kann.

Praktische Einheiten

Man hielt die elektromagnetischen Einheiten für wichtiger als die elektrostatischen, konnte aber mit den üblichen Basiseinheiten (CGS,...) keine vernünftige Größenordnung für die elektromagnetischen Einheiten erreichen. Aus diesem Grund führte man „praktische Einheiten"[1] (Tab. C.1, S. 641) ein. Das sind elektromagnetische Einheiten mit $L = 10^7\,\mathrm{m}$ und $M = 10^{-11}\,\mathrm{g}$. Gemäß diesen (auch) von Maxwell [1873, Art. 629] propagierten und 1881 angenommenen Einheiten [Fischer, 1961, S. 78] ist die Spannung im elektromagnetischen System $1\,\mathrm{V} = 10^8\,\mathrm{cm}^{3/2}\,\mathrm{g}^{1/2}\,\mathrm{s}^{-2}$. Die praktische Einheit für den Widerstand ist $1\,\mathrm{Ohm} = 10^9\,\mathrm{cm\,s}$ und daraus folgend ist das Ampere, hier eine abgeleitete Einheit, $1\,\mathrm{A} = 1\mathrm{V}/\mathrm{Ohm} = 0.1\,\mathrm{cm}^{1/2}\,\mathrm{g}^{1/2}\,\mathrm{s}$, wie der Tab. C.3 entnommen werden kann. Wegen des Erdquadranten als Längeneinheit führten die „prakti-

Tab. C.3. Praktische elektrische Einheiten (Quadrant-Einheiten) in elektromagnetischen (emu) und elektrostatischen (esu) Einheiten; $c \approx 3 \times 10^{10}\,\mathrm{cm}$

(el.) Größe	Einheit	Quadrant Einheit	emu	esu
Kapazität	Farad	$\mathrm{F} = (10^9\,\mathrm{cm})^{-1}\,\mathrm{s}^2$	$= 10^{-9}\ \mathrm{cm}^{-1}\mathrm{s}^2$	$\times c^2$
Widerstand	Ohm	$\Omega = 10^9\,\mathrm{cm\,s}$	$= 10^9\ \mathrm{cm\,s}$	$\times c$
Ladung	Coulomb	$\mathrm{C} = \sqrt{10^9\,\mathrm{cm}}\,\sqrt{10^{-11}\,\mathrm{g}}$	$= 10^{-1}\ \mathrm{cm}^{1/2}\mathrm{g}^{1/2}$	$\times c$
Stromstärke	Ampere	$\mathrm{A} = \sqrt{10^9\,\mathrm{cm}}\,\sqrt{10^{-11}\,\mathrm{g}}\,\mathrm{s}$	$= 10^{-1}\ \mathrm{cm}^{1/2}\mathrm{g}^{1/2}\mathrm{s}$	$\times c$
Energie[a]	Joule	$\mathrm{J} = (10^9\,\mathrm{cm})^2\,10^{-11}\,\mathrm{g\,s}^{-2}$	$= 10^7\ \mathrm{erg}$	
Leistung[a]	Watt	$\mathrm{W} = (10^9\,\mathrm{cm})^2\,10^{-11}\,\mathrm{g\,s}^{-3}$	$= 10^7\ \mathrm{erg\,s}^{-1}$	
Spannung	Volt	$\mathrm{V} = \sqrt{10^9\,\mathrm{cm}}^3\,\sqrt{10^{-11}\,\mathrm{g\,s}^{-2}}$	$= 10^8\ \mathrm{cm}^{3/2}\mathrm{g}^{1/2}\mathrm{s}^{-2}$	$/c$
Mag. Fluss[b]	Weber	$\mathrm{Wb} = \sqrt{(10^9\,\mathrm{cm})^3\,10^{-11}\,\mathrm{g\,s}}$	$= 10^8\ \mathrm{cm}^{3/2}\mathrm{g}^{1/2}\mathrm{s}$	$/c$
Induktivität[a]	Henry	$\mathrm{H} = 10^9\,\mathrm{cm}$	$= 10^9\ \mathrm{cm}$	$/c^2$

[a] 1889 hinzugefügt, siehe Stille [1961, S. 214]; W=VA.
[b] Vorschlag von Clausius [1882] die Einheit für Φ_B nach Weber zu benennen.

schen Einheiten" etwa bei der Ladungs- oder Stromdichte zu „unpraktischen" Zahlenwerten und wurden von CGS-Einheiten verdrängt.

[1] Q.E.: Quadrant des Erdmeridian $\simeq 10^7\,\mathrm{m}$ (Definition des Meters von 1799).

Zur Eichung der elektrischen Größen benötigte man Etalons (Normgrößen), die den „absoluten" Einheiten möglichst nahe kommen sollten. Festgelegt wurden von der *British Association for the Advancement of Science* 1863 die Spannung (Daniell-Element) und das Ohm (mittels Silberdraht).

Gauß'sches Einheitensystem

Die Basiseinheiten des Gauß'schen Maßsystems sind, wie bereits erwähnt, die des CGS-Systems. Alle elektromagnetischen Größen werden durch diese drei Basiseinheiten ausgedrückt. Im symmetrischen CGS-System, wie das Gauß'sche System auch genannt wird, sind die Faktoren $k_C = k_M = k_C/k_L^2 = 1$. Daraus folgt, dass für alle Größen, in denen nur k_C vorkommt, die elektrostatischen Einheiten gleich den Gauß'schen, d.h. symmetrischen CGS-Einheiten sind. In den anderen Größen tritt k_L nur als $k_M = k_C/k_L^2$ auf, das in elektromagnetischen Einheiten gleich eins ist. Eine Gauß-Einheit ist also entweder einer esE oder emE gleich.

Die Einheit des magnetischen Dipolmoments wird über die potentielle Energie (4.3.5) $U = -\mathbf{m} \cdot \mathbf{B}$ bestimmt: $[m] = [\text{erg/G}]$. Tab. C.4 listet elektromagnetische Einheiten auf, die auch im Gauß-System verwendet werden. Es gibt nur wenige eigene Gauß'sche Einheiten, wie Franklin (Fr) für die La-

Tab. C.4. Elektromagnetische Einheiten, die auch Gauß-Einheiten sind

magn. Spannung	ϕ_M	Gilbert	$1\,\text{Gb}$	$= 1\,\sqrt{\text{cm}\,\text{g}}\,s^{-1}$	$\frac{1}{4\pi} \times 10\,\text{A}$
magn. Hilfsfeld	$\mathbf{H}$	Oersted	$1\,\text{Oe}$	$= 1\,\sqrt{\text{cm}^{-1}\,\text{g}}\,s^{-1}$	$\frac{1}{4\pi} \times 10^3\,\text{A/m}$
magn. Feld	$\mathbf{B}$	Gauß	$1\,\text{G}$	$= 1\,\sqrt{\text{cm}^{-1}\,\text{g}}\,s^{-1}$	$10^{-4}\,\text{T}$
magn. Fluss	Φ_B	Maxwell	$1\,\text{Mx}$	$= 1\,\sqrt{\text{cm}^3\,\text{g}}\,s^{-1}$	$10^{-8}\,\text{Wb}$
magn. Dipol	$\mathbf{m}$	erg/Gauß	$1\,\text{erg/G}$	$= 1\,\sqrt{\text{cm}^5\,\text{g}}\,s^{-1}$	$1 \times 10^{-3}\,\text{Am}^2$

Die Symbole Gb, Oe, Gs (hier G) und Mx wurden 1935 von der IEC (internationale elektrotechnische Kommission) festgelegt [Stille, 1961, S. 212].

dung, aber wir werden statt Franklin die (gleich große) Einheit statcoulomb verwenden.

Heaviside-Lorentz-System

Nimmt man den Vorfaktor $k_C = 1/4\pi$, so haben die inhomogenen Maxwell-Gleichungen keine 4π-Faktoren mehr. Die homogenen Gleichungen bleiben ungeändert. Man nennt das System rational. Natürlich treten dann 4π-Faktoren bei anderen Größen, wie den Potentialen, auf. Die Einheiten sind hier unerheblich, da einerseits die Umrechnung auf SI-Einheiten einfach ist, andererseits in der Quantenelektrodynamik meist natürliche Einheiten ($c = 1$) verwendet werden. Das rationale System ist einfacher und konsequenter als das Gauß-System, z.B. die Felder in Materie betreffend:

$$\mathbf{D} = \mathbf{E} + 4\pi\mathbf{P} \quad \Leftrightarrow \quad \mathbf{D}^{\mathrm{H}} = \mathbf{E}^{\mathrm{H}} + \mathbf{P}^{\mathrm{H}} \quad \Leftrightarrow \quad \mathbf{D}^{\mathrm{SI}} = \epsilon_0\mathbf{E}^{\mathrm{SI}} + \mathbf{P}^{\mathrm{SI}},$$

$$\mathbf{B} = \mathbf{H} + 4\pi\mathbf{M} \quad \Leftrightarrow \quad \mathbf{B}^{\mathrm{H}} = \mathbf{H}^{\mathrm{H}} + \mathbf{M}^{\mathrm{H}} \quad \Leftrightarrow \quad \mathbf{B}^{\mathrm{SI}} = \mu_0\mathbf{H}^{\mathrm{SI}} + \mu_0\mathbf{M}^{\mathrm{SI}}.$$

C.2.2 Systeme in der Elektrodynamik mit 4 Basiseinheiten

Die Reduktion der elektrischen Größen auf drei mechanische Größen ist gegen Ende des 19. Jahrunderts auf Kritik gestoßen. In der 1. Auflage des Buches *Theorie der Elektrizität*, das über lange Zeit als Standard im deutschsprachigen Raum[2] angesehen werden konnte, bemerkt Föppl [1894, S. 119]:

Man unterschied zwischen den Dimensionen des elektrostatischen und des elektromagnetischen Systems. Selbstverständlich kann es nur eine wahre Dimension für jede Grösse geben, woraus sofort zu schliessen ist, dass mindestens eines jener Systeme unzutreffend ist. Wahrscheinlich sind sie aber beide falsch.

Für drei Dimensionen ist der Ausweg das symmetrische CGS-System (d.h. Gauß-System). In diesem haben jedoch, gemäß den alten Bezeichnungen, „wahre" (ρ_f) und „freie" ($\rho = \rho_f/\epsilon\epsilon_0$) Elektrizität die gleiche Dimension. Föppl [1894, S. 120] schreibt dazu:

Damit werden freie und wahre Elektricitätsmengen Größen gleicher Art, ebenso die elektrische Kraft und die dielektrische Verschiebung. Dies alles ist aber willkürlich und durchaus unglaubwürdig. Wahre und freie Elektricitätsmengen sind überall und namentlich auch in Bezug auf die Dimensionen vollständig getrennt zu halten.

Für diese Forderung benötigt man vier Basiseinheiten. Vom physikalischen Standpunkt ist es verständlich, dass eine für die Elektrizität charakteristische Basiseinheit wünschenswert ist. Beim Kraftgesetz der Gravitation hat man die Masse M, deren Größe die Kraft bestimmt, als Basiseinheit und der Vorfaktor, die Gravitationskonstante $G = 6.674 \times 10^{-11}\,\mathrm{m}^3/\mathrm{kg\,s}^2$ ist dimensionsbehaftet. Im SI-System wird $\epsilon_0 = 1/4\pi k_C$ dimensionsbehaftet und man hat für $k_L = c$ auch im Vakuum vier in den Dimensionen unterschiedliche Felder. Das widerspricht dem Prinzip der Parsimonie (*Ockham's Rasiermesser*) nach dem eine Theorie mit möglichst wenigen Annahmen und Variablen auskommen sollte.

Elektrisches und magnetisches Maßsystem

Es ergibt sich, in Analogie zur Schwerkraft fast automatisch die Ladung q als vierte Basiseinheit zu nehmen. Man erhält so zusammen mit $k_L = c$ das nicht

---

[2] Föppl [1894, 1. Aufl.], Abraham [1904, 2. Aufl.], Abraham-Becker [1930, 8. Aufl.] und Becker, Sauter [1973, 21. und letzte Aufl.]

rationale *elektrische Maßsystem*. Maxwell [1873, Art. 623] gibt jedoch nur die Dimensionen der Felder an, vermeidet jedoch die Berechnung der Größen, sondern führt diese mit $k_C = 1$ durch, d.h., er wechselt zu elektrostatischen Einheiten.

Mit der Polstärke p_m als vierte Einheit und $k_L = c$ erhält Maxwell das (ebenfalls nicht rationale) *magnetische System*, jedoch wird p_m mittels $k_M = 1$ berechnet, d.h., er wechselt zum elektromagnetischen System.

Der Zugang zu einem System mit einer elektromagnetischen Basiseinheit war nicht einfach. So gibt Föppl [1894, §70] die Dimensionen der elektromagnetischen Größen mittels der Permittivität ($K \widehat{=} \epsilon \epsilon_0$) für ein elektrisches bzw. der Permeabilität ($\mu \widehat{=} \mu \mu_0$) für ein magnetisches System an und sagt dazu:

Für jede Dimension werde ich der bequemeren Uebersichtlichkeit und Vergleichbarkeit wegen, zwei Ausdrücke geben, indem ich einmal K und das andere Mal μ als die eine Grösse ansehe, über deren Dimension sich bisher nichts entscheiden liess.

Mit der im Vakuum geltenden Relation $K \mu k_L^2 = 1$ wäre Föppl den entscheidenden Schritt weiter gekommen.

SI-System

Fixiert man das SI-System, so wie es hier gemacht wird, auf die Elektrodynamik, d.h. auf deren Darstellung, so ist das zu kurz gegriffen. Es sind die Standards für die Einheiten, insgesamt 7 physikalische Konstanten die diese festlegen. Macht man das „elektrische System" rational ($k_C = 1/4\pi\epsilon_0$, $k_L = c$) und nimmt MKSA-Einheiten, d.h., man ersetzt die Ladung durch den Strom (C.2.8), so hat man das SI-System, in dem die Coulomb-Kraft (C.2.5) im Nenner die elektrische Feldkonstante ϵ_0 hat (auch Influenzkonstante, Permittivität oder Dielektrizitätskonstante des Vakuums genannt). Die magnetische Feldkonstante μ_0 (auch Induktionskonstante oder Permeabilität des Vakuums genannt) erfüllt die Relation (C.2.7):

$$c = \frac{1}{\sqrt{\epsilon_0 \mu_0}}. \tag{C.2.4}$$

Festgelegt wurden die Feldkonstanten, siehe (C.2.10), mittels des Ampère'schen Kraftgesetzes (4.3.10). In Tab. C.5 sind einige elektrische Einheiten des SI-Systems aufgelistet. Erstaunlich ist, dass im SI-System trotz Kenntnis der SRT wieder auf die in den symmetrischen Systemen (Gauß, Heaviside-Lorentz) beseitigte Asymmetrie ($k_L = c$) zwischen elektrischen und magnetischen Größen zurückgegriffen wurde. Die beiden Definitionen, die Magnetisierung $\mathbf{M}$ und magnetische Polarisation $\mathbf{J}$ mögen als unvorteilhaft für SI gelten, da ihre Dimensionen verschieden sind [Goldfarb, 2018]:

Sommerfeld-Konvention: $\mathbf{B} = \mu_0(\mathbf{H} + \mathbf{M})$, Kennelly-Konvention: $\mathbf{B} = \mu_0\mathbf{H} + \mathbf{J}$.

Tab. C.5. SI-Einheiten; $c = \{c\}$m/s mit $\{c\} \approx 3 \times 10^8$, $\{\mu_0\} \approx 4\pi \times 10^{-7}$; $\{\epsilon_0\} \approx \frac{10^{-9}}{36\pi}$

μ_0	mag. Feldkonst. $\mu_0 = \{\mu_0\}$ m kg s^{-2} A^{-2}	(...) Vs/Am
$\epsilon_0 = 1/c^2\mu_0$	el. Feldkonst. $\epsilon_0 = \{\epsilon_0\}$ m^{-3} kg^{-1} s^4 A^2	(...) As/Vm
$\phi = \mathbf{E} \cdot \mathbf{l}$	Volt	$V = m^2$ kg s^{-3} A^{-1}	W/A
$\mathbf{E} = \mathbf{F}_c/Q$	V/m	$= m$ kg s^{-3} A^{-1}	
$Q = I\,t$	Coulomb	$C = s A$	
$\mathbf{D} = \epsilon\epsilon_0\mathbf{E}$	C/m^2	$= m^{-2}$ s A	
$C = Q/\phi$	Farad	$F = m^{-2}$ kg^{-1} s^4 A^2	C/V
$R = \phi/I$	Ohm	$\Omega = m^2$ kg s^{-3} A^{-2}	V/A
$G = 1/R$	Siemens	$S = m^{-2}$ kg^{-1} s^3 A^2	1/Ω
$H = I/2\pi l$	A/m	$= m^{-1}$ A	
$\mathbf{B} = \mu\mu_0\mathbf{H}$	Tesla	$T = $ kg s^{-2} A^{-1}	Vs/m$^2 = $ N/Am
$\Phi_B = Bl^2$	Weber	$Wb = m^2$ kg s^{-2} A^{-1}	Tm$^2 = $ Vs
$L = \phi/\dot{I}$	Henry	$H = m^2$ kg s^{-2} A^{-2}	Wb/A

Die Feldkonstanten ϵ_0 und μ_0

In Materie wird das elektrische Feld um den Faktor ϵ geschwächt und entsprechend schwächer ist daher auch die Coulomb-Kraft (1.2.1) zwischen zwei in einem homogenen, linearen Medium eingebetteten Ladungen:

$$\mathbf{F}_C = q\mathbf{E}, \qquad\qquad \mathbf{E} = -k_C \frac{q'}{\epsilon} \boldsymbol{\nabla} \frac{1}{|\mathbf{x} - \mathbf{x}'|}. \qquad (C.2.5)$$

Führt man eine elektrische Basiseinheit ein, so muss das Produkt $k_C qq'$ eine mechanische Größe ergeben, da ja links die Kraft $\mathbf{F}_C$ steht, d.h., k_C ist dimensionsabhängig. Es ist naheliegend, den Proportionalitätsfaktor für die Stärke der Wechselwirkung im Vakuum analog zum Medium, wo er $1/\epsilon$ beträgt, mit $k_C \sim 1/\epsilon_0$ anzusetzen. Entscheidet man sich für ein rationales System, so kommt noch $1/4\pi$ hinzu, d.h., man hat im SI-System $k_C = 1/4\pi\epsilon_0$.

Im Vakuum sind die beiden Konstanten k_C und k_L ausreichend, aber in Materie war es vorteilhaft die Hilfsfelder (5.2.17) einzuführen

$$\mathbf{D} = \epsilon\epsilon_0\mathbf{E}, \qquad\qquad \mathbf{B} = \mu\mu_0\mathbf{H}. \qquad (C.2.6)$$

$\epsilon\epsilon_0$ ist die Dielektrizitätskonstante und $\mu\mu_0$ die Permeabilität; hierbei sind ϵ und μ Zahlen, die man auch als Dielektrizitäts- und Permeabilitätszahlen bezeichnet. Der Dielektrizitätskonstante des Vakuums ϵ_0 entsprechend wird die Konstante μ_0 als „Permeabilität des Vakuums" eingeführt. Berechnet man die Feldenergie (5.6.7) mittels (5.2.8'), so stellt $k_L^2 \epsilon_0\mu_0 = 1$ die Symmetrie zwischen elektrischer und magnetischer Feldenergie her:

$$u = \frac{1}{8\pi k_C \epsilon_0} \left[\mathbf{E} \cdot \mathbf{D} + (k_L^2 \epsilon_0\mu_0)\mathbf{B} \cdot \mathbf{H} \right] \qquad \Rightarrow \qquad \mu_0 = 1/k_L^2\epsilon_0. \qquad (C.2.7)$$

μ_0 war dann durch den Strom (4.3.10) in zwei parallelen Drähten bestimmt. Es soll hier nochmals darauf hingewiesen werden, dass ϵ_0 und μ_0 keine Naturkonstanten sind, sondern eine Folge des Maßsystems. ϵ_0 ist durch k_C bestimmt und zu μ_0 trägt noch k_L bei.

C.2.3 Zum Wechsel zwischen Systemen und Einheiten

Die Definition der Stromstärke

Im Bestreben alle Basiseinheiten auf Naturkonstanten zurückzuführen, ist das Ampere im Rahmen der Revision des SI-Systems seit 2019 neu definiert, zurückgreifend auf die Elementarladung e_0. Dazu kommt, dass nun μ_0 aus den in der Revision des SI-Systems festgelegten Konstanten h, e_0 und c mit dem experimentellen Wert der Feinstrukturkonstante α_f (siehe Tab. C.7, S. 653) bestimmt wird [Goldfarb, 2018]:

$$\text{SI: } 1\,\text{A} = \frac{e_0 \times 10^{19}\,\text{s}^{-1}}{1.602\,176\,634}, \quad \mu_0 = \frac{2h}{ce_0^2}\alpha_f = \{\mu_0\}\frac{\text{N}}{\text{A}^2}, \quad \{\mu_0\} \cong 4\pi \times 10^{-7}. \quad (\text{C.2.8})$$

μ_0 ist also nicht mehr exakt durch den Strom von 1 A bestimmt, sondern durch eine unabhängige Messung von α_f. In der Elektrodynamik gibt es drei ältere Definitionen des Ampere [Stille, 1961, S. 214]. In den Quadrant-Einheiten ist das absolute Ampere 1881 auf dem 1. Internationalen Elektrizitätskongreß in Paris als abgeleitete Einheit definiert: $1\,\text{A} = 1\,\text{V}/\Omega$.

Das *internationale Ampere* wurde als der Strom definiert, der aus einer Silbernitratlösung 0.00111800 g Silber ausscheidet (1898 in Deutschland; 1908 auf der Internationalen Konferenz in London festgelegt).

Die bis vor kurzem gültige Definition wurde vom *Comité International des Poids et Mesures* 1946 vorgeschlagen [Stille, 1961, S. 221] und 1948 von der IUPAP (The International Union of Pure and Applied Physics) anerkannt:

Ein Ampere ist die Stärke eines zeitlich konstanten elektrischen Stroms, der durch zwei im Vakuum parallel im Abstand von 1 Meter voneinander angeordnete, geradlinige, unendlich lange Leiter von vernachlässigbar kleinem, kreisförmigem Querschnitt fließend, zwischen diesen Leitern pro Meter Leiterlänge die Kraft von 2×10^{-7} Newton hervorrufen würde.

Die Kraft, die zwei parallele gleiche Ströme aufeinander ausüben, wie in Abb. C.1 skizziert, ist durch (4.3.10) bestimmt. Gibt man diese als $K = 2 \times 10^{-7}\,\text{N} = 0.02\,\text{dyn}$ für eine Länge $l = d$ vor, so ist die Stromstärke immer gleich 1 Ampere:

$$K = \frac{k_C}{c^2}\frac{2l\,I^2}{d} \quad \overset{d=l,\,K=0.02\text{dyn}}{\Longrightarrow} \quad \begin{aligned} I^{\text{SI}} &= \sqrt{4\pi/\mu_0}\,\sqrt{10^{-7}\text{N}} = 1\,\text{A}, \\ I^{\text{emu}} &= 0.1\sqrt{\text{dyn}} = 0.1\,\text{abA}, \\ I^{\text{esu}} &= 0.1c\sqrt{\text{dyn}} \approx 3 \times 10^9\,\text{statA}. \end{aligned} \quad (\text{C.2.9})$$

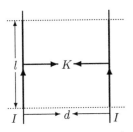

Abb. C.1. Kraft, die zwei parallele stromdurchflossene Leiter aufeinander ausüben:
$d = l \, [= 1\,\mathrm{m}]$, $K = 2 \times 10^{-7}\mathrm{N} \Rightarrow I = 1\,\mathrm{A}$.
Sind die Ströme gleichgerichtet, ziehen sich die Leiter an

Das Ampere hat also unterschiedliche Dimensionen (Zahlenwerte), je nach Einheitensystem [Cardarelli, 2003, S. 20–25]. Im alten SI-System ist die Induktionskonstante durch (C.2.9) exakt gegeben. Mittels (C.2.4) ist dann auch die elektrische Feldkonstante (Influenzkonstante) bestimmt:

$$
\mathrm{SI}: \mu_0 = \frac{4\pi K}{2 I^2} \frac{d}{l} \overset{\substack{d=l \\ K=2\times 10^{-7}\mathrm{N}}}{=} 4\pi \times 10^{-7} \frac{\mathrm{N}}{\mathrm{A}^2},
$$

$$
\epsilon_0 = \frac{1}{\mu_0 c^2} = \frac{10^7}{4\pi\{c^2\}} \frac{\mathrm{A}^2\,\mathrm{s}^2}{\mathrm{m}^2\,\mathrm{N}} \approx \frac{1}{36\pi} \times 10^{-9} \frac{\mathrm{A}^2\,\mathrm{s}^2}{\mathrm{m}^2\,\mathrm{N}}. \tag{C.2.10}
$$

Tab. C.6 drückt die Gauß'schen Größen durch die SI-Größen aus und gibt so die einfache Möglichkeit, jede Gleichung mit elektromagnetischen Feldgrößen sofort in das SI-System umzuschreiben.

Umrechnung der Einheiten

Der Ausgangspunkt für den Wechsel von Gauß-Einheiten, d.h. esE oder emE, zu SI-Einheiten ist die Definition des Amperes (C.2.9):

$$
1\,\mathrm{statA} = 1\,\sqrt{\mathrm{cm}^3\mathrm{g}}\,\mathrm{s}^{-2} = \frac{1\,\mathrm{A}}{10\{c\}} \approx \frac{1}{3} \times 10^{-9}\,\mathrm{A}, \qquad c = \{c\}\mathrm{ms}^{-1},
$$

$$
1\,\mathrm{abA} = 1\,\sqrt{\mathrm{cmg}}\,\mathrm{s}^{-1} = 10\,\mathrm{A}. \tag{C.2.11}
$$

Mithilfe dieser Relationen zwischen den Stromstärken können die Umrechnungsfaktoren angegeben werden:

$$
\frac{\mu_0}{4\pi} \overset{\mathrm{emu}}{=} 10^{-7} \frac{10^5\,\mathrm{dyn}}{0.01\,\mathrm{dyn}} = 1, \qquad 4\pi\epsilon_0 \overset{\mathrm{esu}}{=} \frac{10^7}{c^2} \frac{0.01\,c^2\mathrm{dyn}}{10^5\,\mathrm{dyn}} = 1. \tag{C.2.12}
$$

Einfacher ist der umgekehrte Weg, indem man bei der Umrechnung von SI zu esE/emE für das Ampere obigen cgs-Faktor einsetzt. So hat das SI-System vier Felder ($\mathbf{E}$, $\mathbf{D}$; $\mathbf{B}$, $\mathbf{H}$), die im Gauß-System alle die gleiche cgs-Dimension $\sqrt{\mathrm{cm}^{-1}\mathrm{g}}\,\mathrm{s}^{-1}$ haben. Mithilfe von (C.2.12) erhält man:

Tab. C.6. Umrechnung Gauß $\leftrightharpoons$ SI. Der Faktor 3 ist eigentlich $2.997\,924\,58$

Dipolmoment	$\mathbf{p}=\dfrac{1}{\sqrt{4\pi\epsilon_0}}\,\mathbf{p}^{\text{SI}}$	$10^{18}\,\text{Debye}$	$=1\sqrt{\text{g cm}^5}\,\text{s}^{-1}$	$\widehat{=}\,\tfrac{1}{3}\times10^{-11}\,\text{Cm}$
Ladung	$Q=\dfrac{1}{\sqrt{4\pi\epsilon_0}}\,Q^{\text{SI}}$	$1\,\text{statC}$	$=1\sqrt{\text{g cm}^3}\,\text{s}^{-1}$	$\widehat{=}\,\tfrac{1}{3}\times10^{-9}\,\text{C}$
Polarisation	$\mathbf{P}=\dfrac{1}{\sqrt{4\pi\epsilon_0}}\,\mathbf{P}^{\text{SI}}$	$1\,\dfrac{\text{statC}}{\text{cm}^2}$	$=1\sqrt{\text{g cm}^{-1}}\,\text{s}^{-1}$	$\widehat{=}\,\tfrac{1}{3}\times10^{-5}\,\dfrac{\text{C}}{\text{m}^2}$
Ladungsdichte	$\rho=\dfrac{1}{\sqrt{4\pi\epsilon_0}}\,\rho^{\text{SI}}$	$1\,\dfrac{\text{statC}}{\text{cm}^3}$	$=1\sqrt{\text{g cm}^{-3}}\,\text{s}^{-1}$	$\widehat{=}\,\tfrac{1}{3}\times10^{-3}\,\dfrac{\text{C}}{\text{m}^3}$
Stromstärke	$I=\dfrac{1}{\sqrt{4\pi\epsilon_0}}\,I^{\text{SI}}$	$1\,\text{statA}$	$=1\sqrt{\text{g cm}^3}\,\text{s}^{-2}$	$\widehat{=}\,\tfrac{1}{3}\times10^{-9}\,\text{A}$
Stromdichte	$\mathbf{j}=\dfrac{1}{\sqrt{4\pi\epsilon_0}}\,\mathbf{j}^{\text{SI}}$	$1\,\dfrac{\text{statA}}{\text{cm}^2}$	$=1\sqrt{\text{g cm}^{-1}}\,\text{s}^{-2}$	$\widehat{=}\,\tfrac{1}{3}\times10^{-5}\,\dfrac{\text{A}}{\text{m}^2}$
el. Fluss	$\Phi_E=\sqrt{4\pi\epsilon_0}\,\Phi_E^{\text{SI}}$	$1\,\text{statV cm}$	$=1\sqrt{\text{g cm}^3}\,\text{s}^{-1}$	$\widehat{=}\,3\times10^0\,\text{V m}$
Spannung	$\phi=\sqrt{4\pi\epsilon_0}\,\phi^{\text{SI}}$	$1\,\text{statV}$	$=1\sqrt{\text{g cm}}\,\text{s}^{-1}$	$\widehat{=}\,3\times10^2\,\text{V}$
el. Feld	$\mathbf{E}=\sqrt{4\pi\epsilon_0}\,\mathbf{E}^{\text{SI}}$	$1\,\dfrac{\text{statV}}{\text{cm}}$	$=1\sqrt{\text{g cm}^{-1}}\,\text{s}^{-1}$	$\widehat{=}\,3\times10^4\,\dfrac{\text{V}}{\text{m}}$
diel. Fluss $[\Psi]$	$\Phi_D=\sqrt{\dfrac{4\pi}{\epsilon_0}}\,\Phi_D^{\text{SI}}$	$1\,\text{statC}$	$=1\sqrt{\text{g cm}^3}\,\text{s}^{-1}$	$\widehat{=}\,\tfrac{1}{12\pi}\times10^{-9}\,\text{C}$
diel. Feld	$\mathbf{D}=\sqrt{\dfrac{4\pi}{\epsilon_0}}\,\mathbf{D}^{\text{SI}}$	$1\,\dfrac{\text{statC}}{\text{cm}^2}$	$=1\sqrt{\text{g cm}^{-1}}\,\text{s}^{-1}$	$\widehat{=}\,\tfrac{1}{12\pi}\times10^{-5}\,\dfrac{\text{C}}{\text{m}^2}$
Leitfähigkeit	$\sigma=\dfrac{1}{4\pi\epsilon_0}\,\sigma^{\text{SI}}$	$\dfrac{1}{\text{statO cm}}$	$=1\,\text{s}^{-1}$	$\widehat{=}\,\tfrac{1}{9}\times10^{-9}\,\dfrac{\text{S}}{\text{m}}$
Kapazität	$C=\dfrac{1}{4\pi\epsilon_0}\,C^{\text{SI}}$	$1\,\text{statF}$	$=1\,\text{cm}$	$\widehat{=}\,\tfrac{1}{9}\times10^{-11}\,\text{F}$
Widerstand	$R=4\pi\epsilon_0\,R^{\text{SI}}$	$1\,\text{statO}$	$=1\,\text{cm}^{-1}\,\text{s}$	$\widehat{=}\,9\times10^{11}\,\Omega$
Induktivität	$L=4\pi\epsilon_0\,L^{\text{SI}}$	$1\,\text{statH}$	$=1\,\text{cm}^{-1}\,\text{s}^2$	$\widehat{=}\,9\times10^{11}\,\text{H}$
mag. Fluss	$\Phi_B=\sqrt{\dfrac{4\pi}{\mu_0}}\,\Phi_B^{\text{SI}}$	$1\,\text{Mx}$	$=1\sqrt{\text{g cm}^3}\,\text{s}^{-1}$	$\widehat{=}\,1\times10^{-8}\,\text{Wb}$
Vektorpotential	$\mathbf{A}=\sqrt{\dfrac{4\pi}{\mu_0}}\,\mathbf{A}^{\text{SI}}$	$1\,\dfrac{\text{abVs}}{\text{cm}}$	$=1\sqrt{\text{g cm}}\,\text{s}^{-1}$	$\widehat{=}\,1\times10^{-6}\,\dfrac{\text{Vs}}{\text{m}}$
Magnetfeld	$\mathbf{B}=\sqrt{\dfrac{4\pi}{\mu_0}}\,\mathbf{B}^{\text{SI}}$	$1\,\text{G}$	$=1\sqrt{\text{g cm}^{-1}}\,\text{s}^{-1}$	$\widehat{=}\,1\times10^{-4}\,\text{T}$
mag. Polarisation	$\mathbf{J}=\dfrac{1}{\sqrt{4\pi\mu_0}}\,\mathbf{J}^{\text{SI}}$	$1\,\text{G}$	$=1\sqrt{\text{g cm}^{-1}}\,\text{s}^{-1}$	$\widehat{=}\,4\pi\times10^{-4}\,\text{T}$
mag. Polstärke[a]	$p_B=\dfrac{1}{\sqrt{4\pi\mu_0}}\,p_B^{\text{SI}}$	$1\,\text{Einheitspol}$	$=1\sqrt{\text{g cm}^3}\,\text{s}^{-1}$	$\widehat{=}\,4\pi\times10^{-8}\,\text{Wb}$
mag. Potential	$\phi_M=\sqrt{4\pi\mu_0}\,\phi_M^{\text{SI}}$	$1\,\text{Gb}$	$=1\sqrt{\text{g cm}}\,\text{s}^{-1}$	$\widehat{=}\,\tfrac{1}{4\pi}\times10^1\,\text{A}$
mag. Hilfsfeld	$\mathbf{H}=\sqrt{4\pi\mu_0}\,\mathbf{H}^{\text{SI}}$	$1\,\text{Oe}$	$=1\sqrt{\text{g cm}^{-1}}\,\text{s}^{-1}$	$\widehat{=}\,\tfrac{1}{4\pi}\times10^3\,\dfrac{\text{A}}{\text{m}}$
mag. Moment	$\mathbf{m}=\sqrt{\dfrac{\mu_0}{4\pi}}\,\mathbf{m}^{\text{SI}}$	$1\,\text{erg/G}$	$=1\sqrt{\text{g cm}^5}\,\text{s}^{-1}$	$\widehat{=}\,1\times10^{-3}\,\text{A m}^2$
mag. Polstärke	$p_m=\sqrt{\dfrac{\mu_0}{4\pi}}\,p_m^{\text{SI}}$	$1\,\text{dyn/G}$	$=1\sqrt{\text{g cm}^3}\,\text{s}^{-1}$	$\widehat{=}\,1\times10^{-1}\,\text{A m}$
Magnetisierung	$\mathbf{M}=\sqrt{\dfrac{\mu_0}{4\pi}}\,\mathbf{M}^{\text{SI}}$	$1\,\text{erg/cm}^3\,\text{G}$	$=1\sqrt{\text{g cm}^{-1}}\,\text{s}^{-1}$	$\widehat{=}\,1\times10^3\,\dfrac{\text{A}}{\text{m}}$
Poynting-Vektor	$\mathbf{S}=\mathbf{S}^{\text{SI}}$	$1\,\text{erg/cm}^2\,\text{s}$	$=1\,\text{g}\,\text{s}^{-3}$	$\widehat{=}\,1\times10^{-3}\,\text{kg}\,\text{s}^{-3}$
elektr./magn. Suszeptibilität	$\chi=\dfrac{1}{4\pi}\,\chi^{\text{SI}}$			

[a] Semat, Katz [1958, (29-2)]: Konversion cgs-Einheitspolstärke $\rightarrow$ Wb.

$$B: \quad 1\,\text{T} = \frac{1\,\text{kg}}{\text{s}^2\,\text{A}}\sqrt{\frac{\mu_0}{4\pi}} = \frac{10^3\,\text{gs}^{-2}}{0.1\sqrt{\text{dyn}}} = 10^4\,\sqrt{\text{cm}^{-1}\text{gs}^{-1}} = 10^4\,\text{G},$$

$$H: \quad \frac{1\,\text{A}}{\text{m}} = \frac{1\,\text{A}}{\text{m}\sqrt{4\pi\mu_0}} = \frac{0.1\sqrt{\text{dyn}}}{4\pi10^2\text{cm}} = \frac{10^{-3}}{4\pi}\sqrt{\text{cm}^{-1}\text{gs}^{-1}} = \frac{10^{-3}}{4\pi}\,\text{Oe},$$

$$J: \quad 1\,\text{T} = 1\,\text{T}\sqrt{4\pi\mu_0} = 4\pi\times10^4\,\text{G},$$

$$m: 1\,\text{Am}^2 = 1\,\text{Am}^2\sqrt{\frac{4\pi}{\mu_0}} = 10^3\,\sqrt{\text{cm}^5\text{gs}^{-2}} = 10^3\,\text{erg/G}.$$

Die magnetische Polarisation zu einer Magnetisierung von $1\,\text{A/m}$ ist gegeben durch $J^{\text{SI}} = \{\mu_0\}\frac{\text{N}}{\text{mA}} = 4\pi\times10^{-7}\text{T}$, da $\text{N/A} = \text{mT}$ [$= \text{Impuls/Ladung}$].

Tab. C.7. Atomare Größen: G: $k_C = 1$, $k_L = 1$,   SI: $k_C = 1/4\pi\epsilon_0$, $k_L = c$

Vakuumlichtgeschwindigkeit	$c = 2.997\,924\,58\ \times10^{10}\,\text{cm}\,\text{s}^{-1}$
Elementarladung	$e_0 = 4.803\,204\,40\ \times10^{-10}\,\text{statC}$
	$= 1.602\,176\,634\times10^{-19}\,\text{C}$
Planck'sches Wirkungsquantum	$h = 6.626\,070\,15\ \times10^{-34}\,\text{J}\,\text{s}$
	$\hbar = h/2\pi = 1.054\,572\ \ \ \ \times10^{-27}\,\text{erg}\,\text{s}$
	$= 6.582\,119\ \ \ \ \times10^{-16}\,\text{eV}\,\text{s}$
Boltzmann-Konstante	$k_B = 1.380\,649\times10^{-16}\,\text{erg/K}$
	$= 8.617\,343\times10^{-5}\,\text{eV/K}$
Elektronenmasse	$m_e = 9.109\,382\times10^{-28}\,\text{g}$
	$= 0.510\,999\times10^6\,\text{eV}\,/c^2$
Feinstrukturkonstante	$\alpha_f = k_C e_0^2/\hbar c = 1/137.036$
Wellenwiderstand des Vakuums	$Z_0 = 4\pi k_C/c = 376.73\,\Omega$
Compton-Wellenlänge des Elektrons $\lambda_c = h/m_e c$	$= 2.426\,31\times10^{-10}\,\text{cm}$
Bohr-Radius $a_B = \hbar^2/k_C e_0^2 m_e$	$= 5.291\,77\times10^{-9}\,\text{cm}$
klassischer Elektronenradius $r_e = k_C e_0^2/m_e c^2$	$= 2.817\,94\times10^{-13}\,\text{cm}$
Ruhenergie des Elektrons $m_e c^2$	$= 8.187\,10\times10^{-7}\,\text{erg}$
	$= 8.187\,10\times10^{-14}\,\text{J}$
	$= 5.109\,99\times10^5\,\text{eV}$
Bohr'sches Magneton $\mu_B = k_L e_0\hbar/2m_e c$	$= 9.274\,01\times10^{-21}\,\text{erg/G}$
	$= 9.274\,01\times10^{-24}\,\text{J/T}$
	$= 5.788\,38\times10^{-5}\,\text{eV/T}$
Larmor-Freqenz des Elektrons $\omega_L = k_L e_0 B/2m_e c$	

Physikalische Konstanten

Die in Tabelle C.7 aufgelisteten physikalischen Größen beziehen sich auf Elektrodynamik und Atomphysik. Es gibt Beziehungen der Größen untereinander, die vor allem bei Abschätzungen von Bedeutung sind. Ausgehend von a_B gilt

$$\lambda_c = a_B\alpha_f \qquad \text{und} \qquad r_e = \lambda_c\alpha_f = a_B\alpha_f^2. \qquad (\text{C.2.13})$$

Die Energieniveaus wasserstoffartiger Atome der Kernladungszahl Z sind [Schwabl, 2007, S. 131]

$$E_n = k_C{}^2 \frac{m_e Z^2 e_0^4}{2\hbar^2 n^2} = -k_C \frac{Z^2}{n^2} \frac{e_0^2}{2a_B} = -\frac{Z^2}{n^2} m_e c^2 \alpha_f^2 \,. \tag{C.2.14}$$

C.3 Euklidische Metrik mit imaginärer Zeit

Minkowski [1907] führte eine vierdimensionale Schreibweise in SRT und Elektrodynamik ein. Die pseudoeuklidische Metrik ist in einer imaginären Zeitachse verpackt, die meist als x_4 aufscheint. Wir halten an x_0 fest:

$$(\bar{x}_\mu) = (\mathrm{i}ct, \mathbf{x}), \qquad (\bar{\partial}_\mu) = (-\mathrm{i}\frac{\partial}{c\partial t}, \boldsymbol{\nabla}) = -(\mathrm{i}\partial^0, (\partial^j))\,. \tag{C.3.1}$$

Ko- und kontravariante Indizes sind gleich, weshalb auf die Hochstellung der Indizes verzichtet wird:

$$\bar{s}^2 = \bar{x}_\mu \bar{x}_\mu = \mathbf{x}^2 - c^2 t^2 \overset{(12.2.2')}{=} -g_{\mu\nu} x^\mu x^\nu\,. \tag{C.3.2}$$

In dieser Notation hat man automatisch die Signatur $(-1,1,1,1)$: Raumartige- bzw. Ostküsten-Konvention. Sie wird in vielen, vor allem älteren Büchern und Artikeln verwendet [Pauli, 1921; Landau, Lifschitz, 1966; Greiner, 2002]. Tab. C.8 orientiert sich an den Vierervektoren von Tab. 13.2, S. 501, wobei zu beachten ist, dass die Skalarprodukte das entgegengesetzte Vorzeichen haben.

Tab. C.8. Vierervektoren in der Metrik mit imaginärer Zeitachse

Vierervektor	Referenz	Darstellung des Vierervektors
Ereignisvektor	(12.2.1)	$(\bar{x}_\mu) = (\mathrm{i}ct, \mathbf{x})$
Gradient	(12.2.6)	$(\bar{\partial}_\mu) = (-\mathrm{i}\partial_0, \boldsymbol{\nabla})$
Geschwindigkeit	(12.3.7)	$(\bar{u}_\mu) = (\mathrm{i}\gamma, \gamma\boldsymbol{\beta})$
Impuls	(14.1.1)	$(\bar{p}_\mu) = (\mathrm{i}\gamma mc, \boldsymbol{p})$
Beschleunigung	(14.1.6)	$(\bar{a}_\mu) = \big(\mathrm{i}\dot{\gamma}(s), \dot{\gamma}(s)\boldsymbol{\beta} + \gamma\dot{\boldsymbol{\beta}}(s)\big)$
Stromdichte	(13.1.4)	$(\bar{j}_\mu) = (\mathrm{i}c\rho, \rho\mathbf{v})$
Potential	(13.1.10)	$(\bar{A}_\mu) = (\mathrm{i}\phi/k_L, \mathbf{A})$
Kraftdichte	(14.1.25)	$(\bar{f}_\mu) = \rho\big(\mathrm{i}\boldsymbol{\beta}\cdot\mathbf{E}, \mathbf{E} + k_L\boldsymbol{\beta}\times\mathbf{B}\big)$

$$\begin{pmatrix} \bar{T}_{00} & (\bar{T}_{0j}) \\ (\bar{T}_{i0}) & (\bar{T}_{ij}) \end{pmatrix} = \begin{pmatrix} -T^{00} & \mathrm{i}(T^{0j}) \\ \mathrm{i}(T^{i0}) & (T^{ij}) \end{pmatrix}, \quad \begin{pmatrix} \bar{F}_{00} & (\bar{F}_{0j}) \\ (\bar{F}_{i0}) & (\bar{F}_{ij}) \end{pmatrix} = -\begin{pmatrix} -F^{00} & \mathrm{i}(F^{0j}) \\ \mathrm{i}(F^{i0}) & (F^{ij}) \end{pmatrix}. \tag{C.3.3}$$

Zieht man den Spannungs-Energie-Tensor von Minkowski [1908, (74)] heran, so erhält man

$$(T_M^{\mu\nu}) \overset{(14.1.31)}{=} \begin{pmatrix} -u_{\mathrm{Feld}} & -c\boldsymbol{p}_{\mathrm{Feld}}^T \\ -\boldsymbol{S}/c & (T_{mn}) \end{pmatrix} \quad \rightarrow \quad (\bar{T}_{M\mu\nu}) = \begin{pmatrix} u_{\mathrm{Feld}} & -\mathrm{i}c\boldsymbol{p}_{\mathrm{Feld}}^T \\ -\mathrm{i}\boldsymbol{S}/c & (T_{mn}) \end{pmatrix}. \quad \text{(C.3.4)}$$

Für die Feldtensoren [Sommerfeld, 1967, (26.17), (26.14)] ergibt sich, wobei im Vakuum $H^{\mu\nu} = (1/\mu_0)F^{\mu\nu}$:

$$(F^{\kappa\lambda}) \overset{(13.1.16)}{=} k_s \begin{pmatrix} 0 & -\mathbf{E}^T/k_L \\ \mathbf{E}/k_L & -(\epsilon_{kln}B_n) \end{pmatrix} \quad \rightarrow \quad (\bar{F}_{\kappa\lambda}) = \begin{pmatrix} 0 & \mathrm{i}\mathbf{E}^T/k_L \\ -\mathrm{i}\mathbf{E}/k_L & (\epsilon_{kln}B_n) \end{pmatrix}$$
$$\text{(C.3.5)}$$

$$(H^{\kappa\lambda}) \overset{(13.2.1)}{=} k_s \begin{pmatrix} 0 & -k_L\mathbf{D}^T \\ k_L\mathbf{D} & -(\epsilon_{kln}H_n) \end{pmatrix} \quad \rightarrow \quad (\bar{H}_{\kappa\lambda}) = \begin{pmatrix} 0 & \mathrm{i}k_L\mathbf{D}^T \\ -\mathrm{i}k_L\mathbf{D} & (\epsilon_{kln}H_n) \end{pmatrix}.$$

Zuletzt noch die Maxwell-Gleichungen ((13.1.24) und (13.2.2)):

$$F^{\nu\mu},_\nu = k_s \frac{4\pi k_C}{ck_L} j^\mu, \qquad \bar{F}_{\nu\mu,\nu} = -\frac{4\pi k_C}{ck_L} \bar{j}_\mu, \qquad \text{(C.3.6)}$$

$$H^{\nu\mu},_\nu = k_s \frac{k_L}{c} 4\pi k_C \epsilon_0 j^\mu, \qquad \bar{H}_{\nu\mu,\nu} = -\frac{k_L}{c} 4\pi k_C \epsilon_0 \bar{j}_\mu, \qquad k_s \overset{(12.2.2')}{=} \pm 1.$$

Somit sind wesentliche Gleichungen für alle Systeme zugänglich.

Literaturverzeichnis

M. Abraham *Theorie der Elektizität: Einführung in die Maxwellsche Theorie der Elektrizität*, 2. Aufl. Teubner, Leipzig (1904); 4. Aufl. (1912)

M. Abraham, R. Becker *Theorie der Elektrizität 1*, 8. Aufl. Teubner, Leipzig (1930)

R. Becker, F. Sauter *Theorie der Elektrizität 1*, 21. Aufl. Teubner, Stuttgart (1973)

F. Cardarelli *Encyclopaedia of Scientific Units, Weights and Measures: Their SI Equivalences and Origins* 1. ed., Springer London (2003)

R. Clausius *Ueber die verschiedenen Maasssysteme zur Messung electrischer und magnetischer Grössen*, Annalen der Physik und Chemie **252**, 529–551 (1882)

J. Fischer *Größen und Einheiten der Elektrizitätslehre* Springer Berlin (1961)

A. Föppl *Einführung in die Maxwellsche Theorie der Elektrizität*, Teubner, Leipzig (1894)

C. Forster et al. *Report of the Committee appointed for the purpose of constructing and issuing Practical Standards for use in Electrical Measurements* in Report of the 59. Meeting of the British Association for the Advancement of Science (BAAS), John Murray, London (1890), 41–44

R. B. Gorldfarb *Electromagnetic Units, the Giorgi System, and the Revised International System of Units*, IEEE Magn. Lett. **9**, Article Sequence Number 1205905 (2018)

W. Greiner *Klassische Elektrodynamik*, 6. Aufl. Harri Deutsch, Frankfurt (2002)

J. D. Jackson, *Klassische Elektrodynamik*, 4. Aufl., Walter de Gruyter, Berlin (2006)

L. D. Landau, E. M. Lifshitz *Klassische Feldtheorie*, 3. Aufl. Akademie-Verlag Berlin (1966)ă

J. C. Maxwell *A treatise on electricity and magnetism*, 2 volumes, Clarendon Press Oxford (1873), auf deutsch:
Lehrbuch der Electricität und des Magnetismus, 2 Bände, Springer Berlin (1883)

H. Minkowski *Die Grundgleichungen für die elektromagnetischen Vorgänge in bewegten Körpern*, Nachr. Königl. Ges. Wiss. Göttingen, 53–111 (1908)

H. Minkowski *Das Relativitätsprinzip*, Vortrag vor der Göttinger mathemat. Gesellschaft am 5. 11. 1907, Ann. Physik **47**, 927–938 (1915)

W. Pauli *Relativitätstheorie*, Encyklopädie der Mathematischen Wissenschaften **V19**, Teubner (1921) und *Theory of Relativity*, Pergamon Press Oxford (1958)

F. Schwabl *Quantenmechanik*, 7. Aufl. Springer Berlin (2007)

H. Semat, R.Katz *Physics*, Rinehart & Company Inc. New York (1958)

A. Sommerfeld *Elektrodynamik*, 5. Aufl. Akad. Verlagsges. Leipzig (1967)

U. Stille *Die Konstante c in der Elektrodynamik*, Phys. Blätter **13**, 14–22 (1957)

U. Stille *Messen und Rechnen in der Physik*, 2. Aufl. Springer Berlin (1961)

W. Thomson et al. *Second Report of the Committee for the Selection and Nomenclature of Dynamical and Electrical Units* in Report of the 44. Meeting of the BAAS, John Murray, London (1875)

W. Weber & R. Kohlrausch *Über die Elektrizitätsmenge welche bei galvanischen Strömen durch den Querschnitt der Kette fließt*, Pogg. Ann. XCIX, 10–25 (1856) bzw. Ostwalds Klassiker Bd. **142**, Akad. Verlagsges. Leipzig (1904)

C. Wheatstone et al. *Report of the Committee appointed to the British Association on Standards of Electrical Resistance* in Report of the 33. Meeting of the BAAS, John Murray, London (1864), S. 111–176

Sachverzeichnis

© Springer-Verlag GmbH Deutschland, ein Teil von Springer Nature 2023
D. Petrascheck und F. Schwabl, *Elektrodynamik*,
https://doi.org/10.1007/978-3-662-68528-0

Printed in the United States
by Baker & Taylor Publisher Services